Waldemar Berg

Tourismusmanagement

umweltfreundlich
... weil auf chlor- und säurefrei
gefertigtem Papier gedruckt

www.kiehl.de

Tourismusmanagement

Von Waldemar Berg

2., aktualisierte Auflage

ISBN 13 978 3-470-**54862**-3 · 2. Auflage 2008
© Friedrich Kiehl Verlag GmbH, Ludwigshafen (Rhein), 2006
Herstellung: Präzis-Druck, Karlsruhe – wa

Vorwort zur 2. Auflage

Vorab bedanke ich mich ganz herzlich bei den Lesern der 1. Auflage meines im Kiehl Verlag erschienenen Werkes „Tourismusmanagement" für das Vertrauen, dass Sie mir mit dem Erwerb dieses Standardwerkes entgegengebracht haben und für die vielen positiven und konstruktiven Kritiken zu diesem Buch.

Die Tourismusbranche ist immer noch eine von starken Veränderungen geprägte Branche, deren Spezifika immer noch sehr komplexe Anforderungen an alle im Tourismus tätigen Akteure stellen. In den Fokus der Betrachtung rücken immer stärker die volkswirtschaftlichen Effekte und neue Produktions- und Managementtechniken.

In dieser 2. Auflage wurde das Kapitel A. Grundlagen komplett neu formuliert, erweitert und mit dem aktuellsten Zahlen- und Datenmateriel unterlegt. Alle anderen Kapitel wurden überarbeitet, sind in ihrer Struktur aber unverändert geblieben. Sie wurden mit aktuellen Zahlen und Fakten sowie Branchenwissen ergänzt. Neu hinzugekommen ist das Kapitel Corporate Social Responsibility.

Ganz herzlich bedanke ich mich bei meiner Frau Gülay, die trotz starker beruflicher Beanspruchung (natürlich im Tourismus) immer noch die Zeit hatte, mir mit Anregungen und konstruktiven Beiträgen zur Seite zu stehen und das Erscheinen der 2. Auflage Tourismusmanagement zu ermöglichen.

München, im Oktober 2008   *Waldemar Berg*
                                              Diplom Betriebswirt (Univ. Hamburg)

Inhaltsverzeichnis

A. Grundlagen

B. Angebotsseite

C. Nachfrageseite

D. Ausgewählte Managementstrategien im Tourismus

Tabellenverzeichnis

B. Angebotsseite

1. Reiseveranstalter

6. Touristische Dienstleister

C. Nachfrageseite

1. Einflussfaktoren auf die Nachfrage im Tourismus

2. Entwicklungsfaktoren des Reiseverhaltens und Reisesozialisation

3. Strukturierung der Nachfrager nach dem touristischen Angebot und dem Anlass

D. Ausgewählte Managementstrategien im Tourismus

1. Yield-Management

2. Qualitäts-Management im Tourismus

3. Krisen-Management

4. Lean-Management

5. Projekt-Management

6. Change-Management

7. Personalmanagement

8. Risk-Management

9. Event- und Veranstaltungsmanagement

10. Weitere Managementformen im Tourismus

A. Grundlagen

1. Wirtschaftsfaktor Tourismus – Zahlen, Daten, Fakten

Die Tourismusbranche ist eine der wichtigsten Wachstumsbranchen weltweit. Die WTO (World Tourism Organisation – Welttourismusorganisation) bescheinigt der Tourismuswirtschaft ein stetiges und über dem Durchschnitt anderer Branchen liegendes Wachstum trotz hoher Schwankungen in den Jahren 2000 bis 2005 bedingt durch schwache Konjunktur, SARS, Irak- und Afghanistan-Krieg und weltweite Terroraktionen. Nach Angaben der WTO und des WTM (World Travel Monitors) wird für die Jahre bis 2010 ein weltweites Wachstum um 5 % erwartet. In Europa als volumenstärkster Markt wird mit einem Wachstum von 4 bis 5 % gerechnet.

Die deutsche Reisebranche hat sich erneut als Wachstumsmotor der deutschen Wirtschaft bewährt. Der gesamtwirtschaftliche Produktionswert der Tourismusindustrie in Deutschland beläuft sich auf mehr als 185 Mrd. Euro pro Jahr. Hierbei wird von einer Wertschöpfung der Tourismusbranche von ca. 94 Mrd. Euro ausgegangen. Die Deutschen sind die größten Nettodevisenbringer im internationalen Reiseverkehr. Die Reiseausgaben im Ausland entsprechen 4,7 % des gesamten privaten Verbrauchs (*DRV 2007*).

1.1 Tourismus weltweit – Zahlen und Fakten

Die Größen an denen die Bedeutung und die Wichtigkeit des weltweiten Tourismus gemessen werden können, sind u. a. die direkten und indirekten Effekte durch die Tourismuswirtschaft, die Anzahl der Beschäftigten sowie die Kapitalinvestitionen. Nachfolgende Tabellen zeigen im Überblick die Bedeutung der Tourismuswirtschaft weltweit.

Zunächst einmal die zehn beliebtesten Reiseziele weltweit im Jahr 2007 im Vergleich zum Jahr 2006.

Besuchtes Land	Besucher im Jahr in Mio.	
	2006	2007
Frankreich	79,1	80,0
Spanien	58,5	59,2
USA	51,1	56,6
China	49,6	54,7
Italien	41,1	43,0
Großbritannien	30,7	32,9
Deutschland	23,6	24,0
Türkei	18,9	22,2
Mexiko	21,4	21,6
Österreich	10,3	20,8

Tab. A. 1.1: Die zehn beliebtesten Reiseziele weltweit
Quelle: UNWTO 2008 in DRV 2008

Im Jahr 2007 wurden laut UNWTO **898 Mio. (+ 6,1 %)** internationale Ankünfte weltweit registriert. Die Verteilung zeigt nachfolgende Tabelle.

Region	Anzahl Ankünfte in Mio.	Wachstum in %
Europa	480	+ 4
Asien/Pazifik	185	+ 10
Amerika	142	+ 5
Mittlerer Osten	46	+ 13
Afrika	44	+ 8
Weltweit	**898**	**+ 6**

Tab. A. 1.2: Verteilung der internationalen Ankünfte 2007
Quelle: UNWTO 2008

Der ökonomische Beitrag der Tourismuswirtschaft lässt sich in direkte und indirekte Effekte aufzeigen. Die **direkten Effekte** der Tourismuswirtschaft (tourismustypische Bereiche) zeigen die engeren ökonomischen Wirkungen, insbesondere Güter und Dienstleistungen, die direkt für den Besucher erstellt werden, z. B. Beherbergung und Beförderung, auf (angebotseitige Betrachtung). Die **indirekten Effekte** der Tourismuswirtschaft (Tourismusindustrie im weitesten Sinne) zeigen den weitgehenden Einfluss der touristischen Nachfrage auf andere Bereiche der Volkswirtschaft, also alle Auswirkungen, die die touristische Nachfrage auf die jeweilige lokale oder nationale Volkswirtschaft hat (nachfrageseitige Betrachtung). Nachfolgende Tabelle zeigt diese Effekte auf.

Direkte Effekte			Direkte und indirekte Effekte		
Rang	Land	Mrd. USD	Rang	Land	Mrd. USD
1	USA	542,4	1	USA	1.442,8
2	Japan	162,5	2	China	508,6
3	Frankreich	115,7	3	Japan	438,1
4	China	109,0	4	**Deutschland**	**316,2**
5	Spanien	102,5	5	Frankreich	307,0
6	UK	97,0	6	Spanien	276,7
7	Italien	94,0	7	UK	262,3
8	**Deutschland**	**88,7**	8	Italien	226,1
9	Australien	46,3	9	Kanada	154,6
10	Kanada	45,8	10	Mexiko	130,2

Tab. A. 1.3: Beitrag der Tourismuswirtschaft – direkte und indirekte Effekte 2008
Quelle: TSA/WTTC 2008 nach DZT

Die Tourismuswirtschaft trägt auch positiv zur Beschäftigungssituation und zu Kapitalinvestitionen bei, wie in nachfolgender Tabelle dargestellt.

Beschäftigte in Mio.			Kapitalinvestitionen (KI) in Mrd. USD		
Rang	Land	Beschäftigte	Rang	Land	KI/Mrd. USD
1	China	74,5	1	USA	285,6
2	Indien	30,5	2	China	224,6
3	USA	14,9	3	Spanien	70,0
4	Japan	6,8	4	Japan	56,4
5	Mexiko	6,6	5	Frankreich	46,1
6	Indonesien	5,9	6	UK	45,9
7	Brasilien	5,5	7	**Deutschland**	**39,7**
8	Vietnam	4,9	8	Italien	38,9
9	Russland	4,1	9	Russland	38,4
10	**Deutschland**	**3,6**	10	Australien	35,7

Tab. A. 1.4: Beschäftigte und Kapitalinvestitionen in der Tourismuswirtschaft 2008 (nach Länder)
Quelle: TSA/WTTC 2008 nach DZT

Neben o. a. wichtigen und ernsthaften ökonomischen Kennzahlen der Tourismuswirtschaft wird nachfolgende Untersuchung möglicherweise eher als Kuriosität abgetan. Gleichwohl räumt sie mit dem einen oder anderen Vorurteil auf. Nachfolgende Tabelle zeigt den Index der beliebtesten/unbeliebtesten Touristen der Welt, basierend auf zehn Kategorien (Index für die Beliebtheit von 0 = unbeliebt bis 100 = äußerst beliebt).

Rang	Nationalität	Grad der Beliebtheit (in %)
1	Japaner	68
2	Briten	53
3	**Deutsche**	**53**
4	Kanadier	51
5	Schweizer	49
6	Niederländer	48
7	Australier	47
8	Schweden	47
9	Belgier	46
10	Norweger	45

Tab. A. 1.5: Die beliebtesten Touristen der Welt
Quelle: TNS Infratest in: Expedia-Publikationen, Statista 2008

Bei dieser von TNS Infratest im Auftrag von Expedia durchgeführten Untersuchung (n = 4.004) wurden u. a. folgende Kategorien untersucht: Großzügigkeit der Touristen, Kleidungsstil, Interesse am landestypischen Essen, Sauberkeit und Ordnung im Hotelzimmer, Beschwerdefreudigkeit, Trinkgeldfreudigkeit (sowohl Höhe als auch Häufigkeit), Höflichkeit, Lautstärke der Kommunikation.

1.2 Tourismus in Europa – Zahlen und Fakten

Mit 480 Mio. Ankünften und einem Wachstum von ca. + 4,0 % im Jahr 2007 gegenüber 2006, stellt Europa die wichtigste touristische „Destination" weltweit dar. Die Wachstumsprognosen für Europa werden von der UNWTO bis zum Jahr 2020 mit jährlich ca. 3,0 % angegeben. Nachfolgende Tabelle zeigt die tatsächlichen Ankünfte bis 1995 und die Prognosen bis zum Jahr 2010 und 2020.

Regionen	Ankünfte in Mio.			Jährliches Wachstum in % 1995-2020	Marktanteile in %	
	1995	2010	2020		1995	2020
Europa	336,0	527,9	717,0	3,1	59,8	45,9
Amerika	110,0	190,0	282,0	3,8	19,3	18,1
Ostasien/ Pazifik	81,0	195,0	397,0	6,5	14,4	25,4
Afrika	20,0	47,0	77,0	5,5	3,6	5,0
Mittlerer Osten	14,0	36,0	68,0	6,7	2,2	4,4
Südasien	4,0	11,0	19,0	6,2	0,7	1,2
Welt	565,0	1.006,0	1.561,0	4,1	100,0	100,0

Tab. A. 1.6: Wachstumsprognosen für Europa und weltweit
Quelle: UNWTO 2008

Die Region mit dem zurzeit und künftig rasantesten Wachstum ist zweifelsohne der Mittlere Osten. Nicht nur bedingt durch Neugründungen und die internationale Ausrichtung der heimischen Fluggesellschaften, sondern auch durch die weltweit ehrgeizigsten Hotelprojekte und Freizeitanlagen. Dennoch wird Europa als touristische Destination Marktführer bleiben.

Rund drei Viertel aller Europäer verbringen ihren Urlaub innerhalb Europas. Ein tendenzieller Zuwachs der Reisen in die osteuropäischen Regionen und Länder ist zu erwarten. Die am 01. Mai 2004 der Europäischen Union beigetretenen osteuropäischen Staaten haben einen Anteil von fast 80 % des gesamten osteuropäischen Reisevolumens und sind zusammen mit Russland ausgesprochen wichtige Quellmärkte der Zukunft. Fachleute prognostizieren eine Absenkung des europäischen Marktanteils an internationalen Ankünften von derzeit 60 % auf 45 %, der Anteil an ankommenden Reisenden nach Europa wird jedoch steigen. Die WTO schätzt für das Jahr 2020 ca. 717 Mio. grenzüberschreitende Touristenankünfte in Europa.

Wie verreisen die Europäer? „Luft" und „Straße" sind die dominierenden Kategorien bei Reisen in Europa. Nachfolgende Tabelle zeigt die Auslandsreisen der Europäer 2007 nach Transportart.

Kategorie	Anteil in %	Veränderungen in %
Flugreisen	50	+ 1
Autoreisen	29	+ 1
Busreisen	9	+/- 0
Bahnreisen	7	+ 1
Schiffsreisen	3	+/- 0
Sonstige	2	- 1

Tab. A. 1.7: Verteilung internationaler Reisen der Europäer nach Transportart
Quelle: DZT/WTM 2008

Ein weiteres Indiz für die Bedeutung Europas als touristische Destination sind die Zimmerpreise/Übernachtungspreise in europäischen Städten. Nachfolgende Tabelle zeigt die durchschnittlichen Zimmerpreise/Übernachtungspreise der fünf teuersten europäischen Städte und im Vergleich dazu die fünf teuersten Städte in Deutschland.

Top 5 Europa (durchschnittlicher Zimmerpreis pro Nacht in €)				
Moskau	Genf	Paris	London	Mailand
257,00	227,00	217,00	192,00	169,00
Top 5 Deutschland (durchschnittlicher Zimmerpreis pro Nacht in €)				
München	Frankfurt & Heidelberg	Düsseldorf	Hamburg	Köln
114,00	106,00	102,00	99,00	94,00

Tab. A. 1.8: Durchschnittliche Zimmerpreise in europäischen und deutschen Städten 2007
Quelle: IHA/Deloitte 2008

Bei Betrachtung der Aktivitäten von europäischen Städtereisenden im Ausland fallen folgende Urlaubs-„Programme" auf:

Inhalte/Aktivitäten von Städtereisenden 2007	Städtereisen der Europäer ins Ausland (in %)	Rang
Sightseeing und Sehenswürdigkeiten	62	1
Genießen von Atmosphäre/Ambiente	49	2
Einkäufe	44	3
Genießen von Essen und Trinken	42	4
Besuch von Museen	40	5
Nachtleben	25	6
Besuch von Parks/Grünanlagen	24	7
Besuch von Ausstellungen	23	6

Tab. A. 1.9: Urlaubsinhalte von Europäern bei Städtereisen in Europa 2007
Quelle: DZT/WTM 2008

1.3 Tourismus in Deutschland – Zahlen und Fakten

Die Bedeutung der Tourismuswirtschaft lässt sich u. a. an deren Anteil am BIP (Bruttoin-landsprodukt) aufzeigen. Die Tourismuswirtschaft trägt mit ca. 8,0 % nicht unwesentlich zum deutschen BIP bei. Nachfolgende Tabelle zeigt wichtige Kennzahlen zum Tourismus in Deutschland auf.

Eckdaten	
Hauptstadt	Berlin
Bundesländer, davon:	16
Flächenländer	13
Stadtstaaten	3
Mitglied der UNWTO (ehemals WTO)	seit 1976
Fläche	357.000 qm
Bevölkerung	82,6 Mio.
BIP 2007 (Euro)	2.423,0 Mrd.
BIP pro Kopf (Euro)	29.455
BIP Wachstum 2007 (preisbereinigt)	+ 2,25 % (2006: + 2,9 %; 2005: + 0,8 %)
Wirtschaftliche Bedeutung des Tourismus	
Gesamtwirtschaftlicher Produktionswert der Tourismusindustrie (Euro)	185 Mrd.
Wertschöpfung der Tourismusbranche (Euro)	94 Mrd.
Direkter Anteil am BIP* (Euro)	3,2 %
Internationale Ankünfte 2007 (in Tsd. – Incoming)	24.400
Ankünfte per 100 Einwohner	30
Deutschland Tourismus 2007	
Übernachtungen aus dem Inland (in Tsd.)	307.060
Wachstum Inland	+ 3,0 %
Übernachtungen aus dem Ausland (in Tsd.)	54.779
Wachstum Ausland	+ 3,5 %
Übernachtungen insgesamt (in Tsd.)	361.839
Wachstum insgesamt	+ 3,0 %
davon Hotel/Pension	
Übernachtungen aus dem Inland (in Tsd.)	170.234
Übernachtungen aus dem Ausland (in Tsd.)	44.441
Übernachtungen insgesamt (in Tsd.)	216.675
Anzahl Hotelbetten (Stand Juli 2007)	1.643.748
Auslastung der Hotelbetten	36,7 % (2006: 35,9 %)
Outgoing Tourismus 2007	
Reisen der Deutschen (in Tsd.)	296.900
davon ins Ausland (in Tsd.)	75.900
Urlaubsauslandsreisen per 100 Einwohner	63
Tourismusbilanz 2007	
Reiseausgaben	60,5 Mrd.
Reiseeinnahmen	26,3 Mrd.
Saldo Internationale Tourismusbilanz	**-34,2 Mrd.**
*ohne Geschäftsreisen, VFR-Reisen, öffentliche Investitionen	

Tab. A. 1.10: Wichtige Kennziffern zum Tourismus in Deutschland

Quelle: Statistisches Bundesamt 2008, Deutsche Bundesbank 2008, DZT/WTM 2008

Den wichtigsten Leistungsträger der Tourismusindustrie in Deutschland stellt das Gastgewerbe dar. Nachfolgende Tabelle zeigt die Kapazitäten der Beherbergungsindustrie in Deutschland aus dem Jahr 2007 auf.

Betriebsart	Beherbergungskapazität	
	Anzahl der Betriebe	Anteil in %
Klassisches Beherbergungsgewerbe/ Hotellerie, davon:	**35.941**	**68,9**
Hotels	13.156	25,2
Hotel Garni	8.200	15,7
Gasthöfe	9.351	17,9
Pensionen	5.243	10,0
Ergänzendes Beherbergungsgewerbe/Parahotellerie, davon:	**16.227**	**31,1**
Erholungs-, Ferien- und Schulungsheime	2.784	5,3
Ferienzentren	87	0,2
Ferienhäuser und -wohnungen	10.600	20,3
Hütten, Jugendherbergen	1.728	3,3
Vorsorge und Reha-Kliniken	941	1,8
Boardinghouses	87	0,2
Alle Betriebe	**52.168**	**100,0**

Tab. A. 1.11: Kapazitäten nach Betrieben in Deutschland 2007
Quelle: DZT 2008, Statistisches Bundesamt 2007

Wenngleich das am meisten genutzte Verkehrsmittel der eigene Pkw ist, spielt die Erreichbarkeit mit dem Flugzeug, insbesondere für Geschäftsreisende im weitesten Sinne, eine wichtige Rolle. Eine starke Luftverkehrsindustrie zeigt sich u. a. auch am Verkehrsaufkommen deutscher Flughäfen. Im Jahr 2007 stieg das Verkehrsaufkommen der internationalen Flughäfen in Deutschland um 6,0 %. Nachfolgende Tabelle zeigt die Verteilung auf die zehn wichtigsten Flughäfen; auf diese entfallen ca. 94 % des Passagiervolumens von 184,7 Mio. Passagieren.

Top 10: Flughäfen mit dem höchsten Passagiervolumen		
Rang	**Flughafen**	**Fluggäste in Mio.**
1	Frankfurt a. M.	54,2
2	München	34,0
3	Berlin (alle Flughäfen)	20,0
4	Düsseldorf	17,8
5	Hamburg	12,8
6	Köln/Bonn	10,5
7	Stuttgart	10,3
8	Hannover	5,6
9	Nürnberg	4,2
10	Hahn	4,0

Tab. A. 1.12: Verkehrsaufkommen der internationalen Flughäfen in Deutschland 2007
Quelle: ADV 2008, DZT 2008

Getragen wird der Tourismus in und nach Deutschland von:

*   Deutschen, die in Deutschland verreisen (Binnentourismus oder Domestic-Tourismus),
*   Ausländern, die nach Deutschland reisen (Incoming-Tourismus),
*   Deutschen, die ins Ausland verreisen (Outgoing-Tourismus).

1.3.1 Incoming-Tourismus/Binnentourismus

Die Bedeutung Deutschlands als Reiseland wächst kontinuierlich. Deutschland verfügt zwar nicht über die vielzitierte „Wetter- und Sonnenbeständigkeit" wie viele Fernziele oder Ziele im Mittelmeer-Raum, auch nicht über eine exotische Küche, bietet aber ein hohes Potenzial an Kultur, Veranstaltungen und Events. Darüber hinaus etabliert sich Deutschland immer stärker als eine wichtige Messe-/Kongress- und Veranstaltungsdestination. In nachfolgenden Ausführungen werden die volkswirtschaftliche Bedeutung, die Potenziale und die Nachfrage des Binnen- und Incoming-Tourismus anhand von Zahlen aufgezeigt.

Das Verhältnis Binnen-/Domestic-Tourismus und Incoming-Tourismus lag im Jahr 2007 bei 81 zu 19 %. Nachfolgende Tabelle zeigt, aus welchen Kontinenten/Regionen die Gästeankünfte generiert wurden.

Kontinente/Regionen	Anteil in %
Inland	81
Europa	14
Amerika	2
Asien	2
Afrika, Australien, Neuseeland und Ozeanien	< 1

Tab. A. 1.13: Verteilung der Gästeankünfte 2007 in Deutschland nach Kontinenten
Quelle: DZT 2008, Statistisches Bundesamt 2008

Die Übernachtungen ausländischer Gäste beliefen sich im Jahr 2007 auf ca. 54,8 Mio. Diese teilen sich nach Bundesländern wie folgt auf:

Rang	Bundesland/Stadtstaat	Anzahl Übernachtungen
1	**Bayern**	**12.802.538**
2	Nordrhein-Westfalen	7.755.399
3	Baden-Württemberg	7.436.523
4	Berlin	6.613.928
5	Hessen	5.381.567
6	Rheinland-Pfalz	4.823.600
7	Niedersachsen	2.733.591
8	Hamburg	1.536.324
9	Sachsen	1.344.860

10	Schleswig-Holstein	1.276.197
11	Mecklenburg-Vorpommern	753.631
12	Brandenburg	705.529
13	Thüringen	529.787
14	Sachsen-Anhalt	416.508
15	Bremen	369.905
16	Saarland	299.190

Tab. A. 1.14: Ausländerübernachtungen 2007 in Deutschland nach Bundesländern
Quelle: Statistisches Bundesamt 2008, DZT 2008

Tabelle A. 1.14 stützt die Behauptung, Bayern sei das am meisten besuchte Bundesland. Die Gründe dafür liegen in der stringenten Tourismusorientierung des Angebotes, in der landschaftlichen Bevorzugung, der hervorragenden Erreichbarkeit und in der großen Bedeutung als Wirtschaftsstandort, die letztendlich für die hohe Zahl von Geschäftsreisen im weitesten Sinne verantwortlich ist.

Die Verteilung der Ausländerübernachtungen nach den gewählten Beherbergungsformen zeigt nachfolgende Tabelle.

Marktanteil der Übernachtungen in Prozent nach Beherbergungsformen					
Hotel	Hotel Garni	Gasthöfe	Pensionen	Camping	Sonstige
57	17	4	2	6	14

Tab. A. 1.15: Übernachtung von Ausländern nach Unterkunftsform 2007 in Deutschland
Quelle: Statistisches Bundesamt 2008, DZT 2008

Die wichtigsten zehn Städte haben einen Marktanteil von durchschnittlich 37 % an allen Übernachtungen von ausländischen Gästen. Nachfolgende Tabelle zeigt den Anteil der realisierten Übernachtungen in ausgewählten Städten und den Anteil, den ausländische Gäste zum Übernachtungsvolumen beitragen.

Städte	Anzahl Übernachtungen	Anteil Ausländerübernachtungen in Prozent
Berlin	6.613.928	38,3
München	**4.522.759**	**47,4**
Frankfurt a. M.	2.544.661	47,3
Köln	1.585.412	35,4
Hamburg	1.536.324	20,8
Düsseldorf	1.219.392	40,0
Stuttgart	774.252	29,9
Nürnberg	698.827	31,9
Dresden	514.873	15,5
Hannover	400.391	24,5

Tab. A. 1.16: Top-Städte in Deutschland 2007 (Übernachtungen)
Quelle: Statistische Landesämter 2008 in DZT 2008

München verfügt über den höchsten Anteil ausländischer Übernachtungen im Jahr 2007. Dies ist u. a. auf den hohen Anteil von Gesundheitsgästen (Medical and Health Tourismus) aus dem arabischen Raum zurückzuführen.

Bei Betrachtung der Aktivitäten von Städtereisenden nach Deutschland fallen folgende Urlaubs-„Programme" auf:

Inhalte/Aktivitäten von Städtereisenden 2007	Städtereisen der Europäer nach Deutschland (in Prozent)	Rang
Sightseeing und Sehenswürdigkeiten	62	1
Genießen von Atmosphäre/Ambiente	58	2
Einkäufe	54	3
Genießen von Essen und Trinken	50	4
Besuch von Museen	43	5
Nachtleben	24	8
Besuch von Parks/Grünanlagen	28	6
Besuch von Ausstellungen	26	7

Tab. A. 1.17: Urlaubsinhalte von Europäern bei Städtereisen nach Deutschland 2007
Quelle: DZT/WTM 2008

Eine wichtige Säule im Deutschlandtourismus mit einem Gesamtumsatz von 66,7 Mrd. Euro im Jahr 2007 ist der Geschäftstourismus. Dieser Markt untergliedert sich in (*DZT, DWIF*):

* **Geschäftsreisen mit Übernachtungen** (2007):
  - 72,8 Mio. Geschäftsreisende aus dem Inland (Deutschland) mit einem Umsatz von 39,0 Mrd. Euro,
  - 10,3 Mio. Geschäftsreisende aus Europa mit einem Umsatz von 8,4 Mrd. Euro,
  - 1,5 Mio. Geschäftsreisende aus Übersee mit einem Umsatz von 5,3 Mrd. Euro,

* **Tagesgeschäftsreisen** (2007):
  - 540 Mio. Tagesgeschäftsreisen mit einem Gesamtumsatz von 14,0 Mrd. Euro.

Das Angebot im Tagungs-, Messe-, Kongress- und Ausstellungswesen ist mittlerweile beachtlich. Deutschland ist auf dem Weg, auch durch die Unterstützung und Mitwirkung der DZT, sich auf eine Top-Position in diesem Segment zu etablieren. Allein im Tagungs- und Kongressmarkt stellt sich die Angebots- und Nachfragesituation wie folgt dar:

Angebotssituation		Nachfragesituation	
Tagungs- und Veranstaltungsstätten insgesamt*	**6.200**	**Veranstaltungen**	**2,8 Mio.**
Kongress- und Veranstaltungscenter (VC)	1.498	Durchschnittsdauer, davon: Tagungen Events	1,4 Tage 64 % 36 %
Tagungshotels (TH)	3.091	Teilnehmer insgesamt, davon: aus dem Ausland	314,0 Mio. 5,3 %
Eventlocations (EL)**	1.611	Tagungsteilnehmer	123,9 Mio.
Tagungsräume insgesamt	**64.000**	Event-Teilnehmer	190,1 Mio.
* Betriebe mit mindestens 100 Sitzplätzen ** Burg, Schloss, Fabrikhalle, Studio, Freizeitpark, u. a.			

Tab. A. 1.18: Tagungs- und Kongressmarkt in Deutschland – Gesamtüberblick
Quelle: EITW 2008 in DZT 2008

Ebenso stark wird in den Standort Deutschland als Messestandort investiert. Deutschland liegt innerhalb Europas sehr zentral, ist gut erreichbar und verfügt über eine hervorragende Infrastruktur. Die von der AUMA 2007 durchgeführte Untersuchung zeigt die wichtigsten Messestädte in Deutschland und deren Rang innerhalb Europas auf.

Messestadt	Hallenfläche (brutto in qm)	Freifläche (brutto in qm)	Rang innerhalb Europas
Hannover	495.265	58.700	1
Frankfurt a. M.	321.750	83.700	3
Köln	284.000	100.000	4
Düsseldorf	251.083	32.500	5
München	180.000	255.000	10
Berlin	160.000	100.000	12

Tab. A. 1.19: Angebot im Messewesen – die sechs größten Messe- und Ausstellungsgelände 2007
in Deutschland
Quelle: AUMA 2007 (8) in DZT 2008

Ein wichtiger Aspekt im Incoming- und Binnentourismus ist die Betrachtung der Quellmärkte, d. h. die Betrachtung und Bewertung der Märkte/Länder, aus denen die Besucher nach Deutschland reisen. Eine wichtige Bewertung ist die Untersuchung des Reisezweckes der Europäer bei Reisen ins Ausland.

Reisezweck	Europa 2007, in Mio.	Deutschland 2007, in Mio.	Europa 2007, Anteil in %	Deutschland 2007, Anteil in %
Urlaubsreisen	279,0	18,8	68	53
Kurzurlaub (1-3 Nächte)	48,6	7,5	12	21
Langurlaub (4+ Nächte)	230,4	11,3	56	32
Verwandten- und Bekannten- besuche (VFR)	30,4	3,1	8	9
Sonstige Reisen	37,1	3,4	9	9
Geschäftsreisen	62,9	10,3	15	29
Alle Reisen	**409,3**	**35,6**	**100**	**100**

Tab. A. 1.20: Reisezweck der Europäer bei Reisen ins Ausland und nach Deutschland 2007
Quelle: DZT/WTM 2008

Zunächst einmal sollen die TOP 20 Quellmärkte für Deutschland nach Übernachtungen für das Jahr 2007 und deren Veränderungen zum Vorjahr dargestellt werden.

Quellenmarkt (Land)	Anzahl Übernachtungen in Mio.	Veränderung zu 2006 in %
Niederlande	9,0	+ 2,5
USA	4,7	+ 0,2
UK	4,4	- 2,6
Schweiz	3,6	+ 4,4
Italien	3,0	+ 6,4
Belgien	2,4	+ 7,4
Österreich	2,4	+ 8,8
Frankreich	2,4	+ 5,7
Dänemark	2,1	+ 9,0
Spanien	1,8	+ 16,8
Schweden	1,5	- 1,4
Polen	1,2	+ 6,2
Japan	1,2	- 13,7
Russland	1,1	+ 13,6
VR China und Hongkong	1,0	+ 2,8
Arabische Golfstaaten	0,7	+ 8,8
Norwegen	0,6	+ 9,0
Tschechische Republik	0,6	+ 2,4
Kanada	0,5	+ 6,0
Finnland	0,5	+ 15,8

Tab. A. 1.21: Top 20 Quellmärkte für Deutschland nach Übernachtungen 2007
Quelle: Statistisches Bundesamt 2008 in DZT 2008

Sowohl die schwachen Zuwächse aus den USA als auch die starken Verluste aus dem japanischen Markt sind mit dem starken Euro gegenüber dem amerikanischen Dollar und dem japanischen Yen einerseits und mit der wirtschaftlichen Situation in Japan andererseits zu erklären.

Für Deutschland ist Europa und insbesondere die Eurozone eine der wichtigsten Quellregionen für Übernachtungen aus dem Ausland. Aus welchen Regionen/Kontinenten die Übernachtungen generiert werden, zeigt nachfolgende Tabelle.

Regionen, aus denen die Übernachtungen generiert werden	Anteil der Übernachtungen in % (ca. Werte)
Europa	75,0
Amerika	11,0
Asien	9,0
Australien, Neuseeland und Ozeanien	1,0
Afrika	1,0
Sonstige	3,0

Tab. A. 1.22: Verteilung der Übernachtungen in Deutschland nach Kontinenten, aus denen die Übernachtungen generiert werden (in Prozent) 2007
Quelle: Statistisches Bundesamt 2008 in DZT 2008

Wo informieren sich Reisende und wie buchen sie ihre Reisen nach Deutschland? Diese Frage vermag nachfolgende Tabelle beantworten.

Informationsstellen für Reisen der Europäer nach Deutschland (Mehrfachnennung)			Buchungsstellen/-kanäle der Europäer nach Deutschland (Mehrfachnennung)	
Nutzung der Informationsstelle	alle Reisen (Anteil in %)	Urlaubsreisen (Anteil in %)	Buchungsstellen	Anteil
Internet	45	51	Internet	49
Reisebüro/ Reiseveranstalter	36	41	Reisebüro	27
Fluggesellschaften	26	29	Direktbuchung Unterkunft	18
Freunde und Bekannte	13	18	Direktbuchung Transport	14
Firmenreisestellen	13	2	Tourismusbüro	1
Reiseführer	7	16	Verein/Zeitung/Kirche/Schule	2
National Tourist Office	1	1	Firmenreisebüro	4
Medien (TV, Zeitung)	< 0,5	< 0,5	Sonstige Stellen	10

Tab. A. 1.23: Informations- und Buchungsstellen bei Reisen von Europäern nach Deutschland
Quelle: DZT/WTM 2007, 2008

Abschließend einige Feststellungen und Prognosen zum Incoming-Tourismus nach Deutschland *(DZT/WTM/Statistisches Bundesamt 2008)*:

* China wird für Deutschland mittelfristig der wichtigste Quellenmarkt in Asien.
* Russland, China und die Schweiz gehören zu den umsatzstärksten Quellmärkten (2007) beim Tax-Free Einkauf in Deutschland.
* Im Travel & Toursim Competitiveness Index liegt Deutschland weltweit auf Platz 3 nach der Schweiz und Österreich.
* Mit einem erfolgreichen Marketing kann Deutschland 2015 ca. 66 Mio. Übernachtungen aus dem Ausland erzielen.
* Tourismus ist einer von sechs wichtigen Standortfaktoren für das Image von Nationen. Deutschland lag erstmals im 4. Quartal 2007 auf Platz 1 (nachhaltiger Erfolg durch die WM).

Um dieses Ziel zu erreichen bzw. zu erhalten, bedarf es strategischer Handlungsfelder für den Incoming-Tourismus Deutschland. Die DZT, in der Hauptsache für die Vermarktung Deutschlands als Urlaubs-, Tagungs- und Messestandort zuständig, definiert diese wie folgt:

* Image des Reiselandes Deutschland stärken,
* Wachstum des Tourismus auf Weltniveau erzielen,
* Vernetzung und touristischer Ausbau von Flug, Bahn und Straße,
* Sicherung des Geschäftsreisestandortes Nr. 1 in Europa,
* Herausforderungen der Soziodemografie international meistern,
* Kulturstandort Deutschland touristisch nutzen und entwickeln,
* Gesundheitstourismus vor allem national ausbauen,
* aufgrund des Klimawandels neue Szenarien und Produkte entwickeln,
* Internationalisierung der Städte und Regionen vorantreiben,
* Multichanneling im Vertrieb weltweit nutzen.

1.3.2 Outgoing-Tourismus

Im Gegensatz zum Incoming-Tourismus, der in den letzten Jahren eine freundliche Entwicklung aufzeigte, ist die Entwicklung in Outgoing-Tourismus eher verhalten bis gleichbleibend. Die mit Abstand größte **Zielregion im Tourismus** der Deutschen bleibt Deutschland, gefolgt vom Mittelmeerraum einschließlich Nordafrika (Marokko, Tunesien, Ägypten). Das wichtigste ausländische Einzelziel der deutschen und in Deutschland lebenden Bevölkerung ist und bleibt Spanien (inkl. Balearen und Kanaren). Nachfolgende Tabelle zeigt die Anzahl der Reisen in die einzelnen Zielgebiete im Jahr 2007 im Vergleich zu 2003. Erfasst wurden nur Urlaubsreisen der Deutschen ab einem Aufenthalt von fünf Tagen. Kurz- und Ausflugsreisen sind in dieser Aufstellung nicht enthalten.

Zielgebiete	Urlaubsreisen 2007 in Mio.	Urlaubsreisen 2003 in Mio.
Deutschland, davon:	**29,7**	**26,3**
Nord-/Ostsee	10,0	8,5
Alpen und Voralpen	2,8	2,4
sonstiges Bayern	3,4	2,9
Baden-Württemberg	2,4	2,0
Übrige Nahziele, davon:	**20,5**	**19,5**
Österreich	5,3	5,7
Frankreich	2,4	2,9
Dänemark/Benelux	4,3	3,6
GB, Irland, Skandinavien	4,0	2,1
Mittelmeer/Mittelstrecke, davon:	**23,8**	**26,6**
Balearen	3,4	3,4
Kanaren	2,6	2,6
span. Festland/Portugal	2,6	3,0
Italien	7,2	7,1
Griechenland	2,0	**2,3**
Türkei	3,2	**3,6**
Nordafrika	1,8	**1,5**
Fernziele, davon:	**4,7**	**3,9**
USA/Kanada	1,7	1,4
Karibik, Mittel- und Südamerika	0,9	0,8
Gesamt	**78,8**	**76,5**

Tab. A. 1.24: Zielgebiete 2007 und 2003 im Vergleich
Quelle: DRV/Tourist Scope 2004, DRV/GfK 2008

Im Jahr 2007 gaben die Deutschen laut UNWTO 78,0 Mrd. amerikanische Dollar für Reisen ins Ausland aus. Damit bestätigten die Deutschen erneut ihre Position als Reiseweltmeister.

Die USA rangieren mit Reiseausgaben in Höhe von 76,5 Mrd. USD für Auslandsreisen weiterhin auf Platz 2. Nachfolgende Tabelle zeigt die Entwicklung (Einnahmen und Ausgaben) Deutschlands im internationalen Reiseverkehr.

Jahr	Einnahmen (Mrd. Euro)	Ausgaben (Mrd. Euro)	Saldo (Mrd. Euro)
2007	26,5	61,0	- 34,5
2006	26,0	60,5	- 34,5
2005	23,3	58,2	- 34,9
2004	22,2	57,1	- 34,9
2003	20,4	57,2	- 36,8

Tab. A. 1.25: Ausgaben und Einnahmen Deutschlands im internationalen Reiseverkehr
Quelle: Deutsche Bundesbank in DRV 2008

Abschließend noch einen Blick auf die Urlaubsreisen der Deutschen.

Urlaubsreisen	Kurzreisen in Mio. (< 4 Tage Reisedauer)	Urlaubsreisen in Mio. (> 5 Tage Reisedauer)
Auslandsreisen	11,0	50,3
Inlandsreisen	34,2	26,3

Tab. A. 1.26: Urlaubsreisen der Deutschen 2007
Quelle: DRV/Tourist Scope, 2005, 2007

Es dominiert nach wie vor die Inlands- vor der Auslandsreise in den Ausprägungen Kurz- und Urlaubsreise. Als weitere zunehmende Trends sind All-Inclusive-Urlaube, Cluburlaub und Wellness-Reisen zu beobachten. Sehr populär ist das Thema Wellness sowohl im Inlands- als auch im Auslandstourismus.

1.3.3 Urlaubsverhalten der Deutschen

Der deutsche Urlaubermarkt ist in Bewegung. Während die Vergangenheit durch ein quantitatives Wachstum geprägt war, konnten in den letzten Jahren qualitative Veränderungen beobachtet werden. Diese Veränderungen erklären sich sowohl durch die zunehmende Reiseerfahrung der Deutschen als auch durch den demografischen Wandel, aber auch durch immer neuere auf den Markt drängende Angebote bei den Reisezielen und den Reiseformen. Die Forschungsgemeinschaft Urlaub und Reisen erforscht den Tourismusmarkt regelmäßig und kommt in ihrer Reiseanalyse (Kurzfassung) für das Jahr 2008 zu u. a. folgenden Ergebnissen (*F.U.R.*):

* stabile Gesamtnachfrage – qualitative Änderungen der Struktur,
* Türkei gewinnt verlorene Marktanteile zurück,
* deutliche Zunahme der Online- und E-Mail-Buchungen,
* immer professionellere und anspruchsvollere Urlauber,
* Urlaubs-Hit bleibt das Meer im Süden,
* Urlaubsintensität im Jahr 2007 beträgt 74,8 % (1972: 49,0 %),
* Reiseregelmäßigkeit im Jahr 2007 beträgt 58,0 % (1972: 24,0 %),
* stabiles Verhältnis Inland-Ausland,
* außereuropäisches Mittelmeer gewinnt verlorene Marktanteile zurück,
* Wachstum in West-, Ost- und Nordeuropa,
* die Deutschen zieht es im Inland in die Berge oder an die Küste,
* trotz leichter Verluste bleibt Spanien in der Beliebtheit deutlich vor seinen Mitbewerbern,
* Polen und Kroatien festigen ihre Position,
* das Flugzeug gewinnt, die Bahn verliert kontinuierlich Marktanteile,
* Hotels dominieren den Unterkunftssektor,
* die Tagesausgaben stiegen seit 1997 um 25 %,
* Pauschal-/Bausteinreisen dominieren, der Anteil der Einzelbuchungen steigt.

Nachfolgende Darstellungen und Tabellen zeigen Veränderungen im Vergleich zu den Vorjahren auf. Gegenstand der Betrachtung ist zunächst der Wandel der Urlaubslandschaftpräferenzen der Deutschen von 1987 bis 2008.

Urlaubslandschaftpräferenzen	1987 (in %)	2008 (in %)
Meer im Süden	40	46
Inseln im Süden	30	41
Seenlandschaft	22	26
Meer im Norden	20	20
Flachland	9	17
Inseln im Norden	16	16
Städte	11	16
Mittelgebirge	20	14
Flusslandschaft	13	13
Hochgebirge	18	11

Tab. A. 1.27: Urlaubslandschaftpräferenzen
Quelle: F.U.R. – RA 2008

Im Jahr 2007 haben mindestens 48,5 Mio. Deutsche eine Urlaubsreise (ab 5 Tage Dauer) unternommen und somit geringfügig mehr als im Jahr 2006. Die aktuellen Kennziffern zur Urlaubsnachfrage bzw. zu Urlaubsreisen der Deutschen sind in nachfolgender Tabelle dargestellt.

Kennziffern	1997	2002	2006	2007
Bevölkerung ab 14 Jahre (in Mio.)	63,30	64,30	65,10	64,80
Eine oder mehrere Urlaubsreisen gemacht (= Urlaubsreiseintensität) (in %)	74,30	75,30	74,70	74,80
Eine Urlaubsreise gemacht (in %)	56,00	57,70	56,30	58,30
Mehrere Urlaubsreisen gemacht (in %)	18,30	17,60	18,40	16,50
Urlaubsreisende (in Mio.)	47,00	48,40	48,60	48,50
Urlaubsreisehäufigkeit (Reisen pro Reisendem)	1,32	1,30	1,33	1,30
Urlaubsreisen (5+ Tage in Mio.)	62,20	63,10	64,40	62,90

Tab. A. 1.28: Urlaubsreise-Kennziffern
Quelle: F.U.R. – RA 2008

Ein Blick auf die Urlaubsreiseziele der Deutschen 2007 zeigt: Bayern baut seine Führungsposition im Vergleich zum Jahr 2006 etwas aus (7,6 % der Urlaubsreisenden besuchen Bayern), gefolgt von Mecklenburg-Vorpommern und Schleswig-Holstein. Bei den Auslandsreisezielen im Jahr 2007 ist Spanien mit 13,0 % unangefochten die Nummer 1. Nachfolgende Tabelle zeigt den Anteil aller von Deutschen unternommenen Urlaubsreisen pro Land in Prozent (auch Mehrfachnennungen).

Rang	Urlaubsziele Inland 2007	Anteil in %
1	Bayern	7,6
2	Mecklenburg-Vorpommern	5,2
3	Schleswig-Holstein	4,3
4	Niedersachsen	3,4
5	Baden-Württemberg	2,7
Rang	Urlaubsziele Ausland 2007	Anteil in %
1	Spanien	13,0
2	Italien	7,3
3	Türkei	6,1
4	Österreich	5,9
5	Griechenland	3,6
6	Frankreich	2,7
7	Kroatien	2,2
8	Polen	2,0
9	Niederlande	1,9
10	Fernreisen	6,0

Tab. A. 1.29: Urlaubsziele Inland und Ausland 2007
Quelle: F.U.R. – RA 2008

Auch für das Reiseverhalten gilt: Entwicklungen und Tendenzen zeigen sich erst bei einer langfristigen Betrachtung. Die stärksten Veränderungen zeigen sich bei der Wahl des Verkehrsträgers Flugzeug, bedingt durch Low-Cost-Airlines. Nachfolgende Tabelle gibt einen Überblick über das Urlaubsreiseverhalten bei der Wahl der Verkehrsmittel, der Unterkunft sowie der durchschnittlichen Reisedauer und über die Reiseausgaben für das Jahr 2007 (in Vergleich zu 1997).

Kategorie (alle Urlaubsreisen = 100 %)	1997	2007		
	gesamt	gesamt	Inland	Ausland
Verkehrsträger				
PKW/Wohnmobil	49,4	47,1	74,5	34,6
Flugzeug	32,1	36,4	0,9	52,7
Bus	9,9	9,3	11,1	8,5
Bahn	6,9	4,9	12,0	1,7
Unterkunft				
Hotel/Gasthof	44,9	48,4	29,9	56,9
Ferienwohnung/Ferienhaus	23,5	23,7	33,9	19,0
Pension/Privatzimmer	11,5	7,7	12,2	5,7
Camping	7,3	5,5	6,9	4,9
Reiseausgaben ges. pro Person pro Reise (durchschnittlich in Euro)	729	810	504	950
Reisedauer (durchschnittlich in Tagen)	13,9	12,5	10,4	13,5
Urlaubsreisen – Gesamt (in Mio.)	**62,2**	**62,9**	**19,8**	**43,1**

Tab. A. 1.30: Urlaubsreisen 2007
Quelle: F.U.R. – RA 2008

Die zunehmende Reiseerfahrung der Deutschen zeigt sich auch im Organisations- und Buchungsverhalten. Nach wie vor buchten im Jahr 2007 ca. 56 % der Urlauber persönlich, 23 % per Telefon, immerhin schon 20 % im Internet (2005: nur 14 %) und nur 4 % per Brief/Fax. Nachfolgende Tabelle zeigt die Inanspruchnahme von Buchungsstellen und die Art der Organisation von Urlaubsreisen der Deutschen im Jahr 2007 (im Vergleich zum Jahr 2005).

Organisation (alle Urlaubsreisen = 100 %, Mehrfach-nennungen möglich)	2005 (in %)	2007 (in %)		
	gesamt	gesamt	Inland	Ausland
Pauschal- und Bausteinreisen	48	46	25	57
Unterkunft einzeln	27	29	45	22
Anreiseticket einzeln	11	12	9	14
Sonstiges einzeln	6	6	5	6
Nichts vorher gebucht	17	16	25	12
Buchungsstellen	gesamt	gesamt	Inland	Ausland
Reisebüro	44	41	17	51
Reiseveranstalter direkt	8	8	9	7
Internetportal	7	10	7	12
Unterkunft direkt	21	22	39	16
Verkehrsträger direkt	13	12	11	13

Tab. A. 1.31: Organisation und Buchungsstellen von Urlaubsreisen 2007
Quelle: F.U.R. – RA 2008

Weitere wichtige Verhaltensmerkmale und Kennzahlen der Deutschen hinsichtlich ihres Reiseverhaltens (*DRV*):

* beliebteste Stadt bei Städtereisen ist Berlin mit 7,6 Mio. Besucher (gefolgt von München, Hamburg, Frankfurt a. M. und Köln),
* durchschnittliche Aufenthaltsdauer einer Urlaubsreise 2007 betrug 10,7 Tage (2003: 11,6 Tage),
* mehrheitlich (54 %) werden die Reisen immer noch vom Reisenden selbst organisiert,
* die Mehrheit der Reisen (67 %) wird ohne Inanspruchnahme eines Reisebüros/Reiseveranstalters gebucht,
* das beliebteste Verkehrsmittel für die Urlaubsreise war 2007 mit 52 % der PKW (gefolgt von Flug mit 33 %, Bus mit 7 % und Bahn mit 7 %).

1.4 Tourismus und Internet

Ungefähr 800 Mio. Menschen weltweit nutzen das Internet und buchen verstärkt online. Zu Beginn des Internetzeitalters stand überwiegend noch die Informationsbeschaffung im Vordergrund, heute zeigt der Trend der Internetbuchungen stark nach oben. In der EU werden heute ca. 273 Mio. Internetnutzer gezählt. Allein Deutschland nimmt mit ca. 53 Mio. Internetnutzern vor Großbritannien und Frankreich einen Spitzenplatz ein. Fachleute gehen heute davon aus, dass jeder vierte Europäer das World Wide Web als Informations- und Buchungsmedium für Reisen ins In- und Ausland nutzt. Allein die Zahl der Onlinebuchungen von Reisen innerhalb Deutschlands und Reisen nach Deutschland aus Europa hat sich seit dem Jahre 2000 von 1,2 Mio. auf ca. 2,5 Mio. pro Jahr um ca. 175 % erhöht. Nachfolgende Tabelle zeigt die Länder mit der höchsten Anzahl von Internetnutzern in Europa auf.

Rang	Land	Anzahl der Nutzer in Mio.	Anteil Verbreitung in %
1	Deutschland	53,2	64,6
2	Großbritannien	40,4	66,4
3	Frankreich	34,9	54,7
4	Italien	33,1	57,0
5	Spanien	22,8	56,5
6	Niederlande	14,5	87,8
7	Polen	11,4	29,6
8	Portugal	7,8	73,1
9	Rumänien	7,0	31,4
10	Schweden	7,0	77,3
Gesamt 1 - 10		232,1	59,8
EU gesamt		273,2	55,7

Tab. A. 1.32: Länder mit der höchsten Zahl an Internetnutzern in EU-Staaten
Quelle: Internet World Stats 2008 in DZT 2008

Nicht nur die Verbraucher haben das Internet als Medium und Plattform für die Informationsbeschaffung und Buchung von Reisen entdeckt. Verstärkt nutzen auch Low-Budget-Airlines, Charter-Fluggesellschaften, Reiseveranstalter, Hoteliers und DMOs (Destination Marketing Organisation) das Internet als ausgesprochen kostengünstigen und schnellen Vertriebsweg für ihre Produkte und Dienstleistungen.

In Deutschland haben im Jahr 2008 ca. 62 % der Bevölkerung ab 14 Jahre Zugang zum Internet. Von diesen 40,1 Mio. Menschen haben bereits 29,2 Mio. das Internet zur Information über Urlaubsreisen verwendet. 15,2 Mio. Menschen haben schon einmal online gebucht. Damit setzt sich der Bedeutungszuwachs des Mediums Internet für die Information über und die Buchung von Urlaubsreisen unvermindert fort. Die Wege zu Website führen über Suchmaschinen (z. B. Google), über direktes Eintippen der Webadresse oder über Klicks auf Online-Werbebanner (*F.U.R. – RA 2008*).

2. Abgrenzungen und Grundbegriffe im Tourismus

Nachfolgendes Kapitel erklärt die spezifischen Fachbegriffe bzw. Fachsprache, die im Tourismus verwendet werden und nimmt notwendige und wichtige Abgrenzungen vor.

2.1 Begriffsdefinitionen im Tourismus

Der Begriffe Tourismus, Fremdenverkehr, Reiseverkehr werden wahlweise synonym oder für unterschiedliche Erscheinungen verwendet. Der Begriff Fremdenverkehr wird aufgrund der Dienstleistungs- und Kundenorientierung heute zunehmend durch den Begriff Tourismus ersetzt. Denn ein Gast oder Kunde wird ungern als Fremder bezeichnet.

Alle diese Bezeichnungen meinen das Reisen, also den Verkehr zwischen dem Heimatort und dem vorübergehenden Aufenthaltsort einer Person zum Zweck der Erholung, der Regeneration, des Gelderwerbs oder aus sonstigen Gründen. Der Begriff Fremdenverkehr wird für die Gesamtheit der Beziehungen und Erscheinungen, die mit einer Reise in Verbindung steht, verwendet (*Freyer*). Im Zeitablauf wurden mehrere Definitionsansätze formuliert. Nachfolgend eine Auswahl:

„Fremdenverkehr ist der Begriff all jener und in erster Reihe aller wirtschaftlichen Vorgänge, die sich im Zuströmen, Verweilen und Abströmen Fremder nach, in und aus einer bestimmten Gemeinde, einem Lande, betätigen und damit unmittelbar verbunden sind." (*Schullern zu Schrattenhofen*, 1911)

„Summe der Beziehungen zwischen einem am Orte seines Aufenthaltes nur vorübergehend befindlichen Menschen an diesem Ort." (*Glücksmann*, 1935)

„Fremdenverkehr ist somit der Inbegriff der Beziehungen und Erscheinungen, die sich aus dem Aufenthalt Ortsfremder ergeben, sofern durch den Aufenthalt keine Niederlassung zu Ausübung einer dauernder oder zeitweilig hauptsächlichen Erwerbstätigkeit begründet wird." (*Aiest*, 1954)

„Das Studium des Tourismus sei folglich das Studium von Personen außerhalb von ihrem normalen Lebensraum, der Einrichtungen, die den Erfordernissen der Reisenden entsprechen und der Wirkungen, die sich auf das ökonomische, physische und soziale Wohlergehen der Gastgeber haben." (*Jafari*, 1977)

Definitionsansatz im angelsächsischen Raum: „Tourismus ist eine temporäre Bewegung/Reise von Personen nach Destinationen außerhalb ihrer normalen Arbeits- und Wohnstätte definiert." (*Mathieson/Wall*, 1982)

Definitionsansatz nach WTO analog zu o. g. Definitionen: „... sind Touristen Personen, die ein anderes Land besuchen als da, in dem sie den normalen Wohnsitz haben, für irgendeinen Grund, außer einer Beschäftigung nachzugehen, die vom besuchten Land bezahlt wird". (*Inskeep*, 1991)

„Die Gesamtheit der Beziehungen und Erscheinungen, die sich aus dem Reisen und dem Aufenthalt von Personen ergeben, für die der Aufenthaltsort weder hauptsächlicher und dauernder Wohn- noch Arbeitsort ist." (*Kaspar*, 1996)

„Fremdenverkehrspolitik ist die zielgerichtete Planung und Beeinflussung/Gestaltung der touristischen Realität und Zukunft durch verschiedene Träger - staatliche, private, übergeordnete." *(Freyer, 2001)*

Demzufolge ist ein Reisender jemand, der einen befristeten Ortswechsel (vorübergehende Ortsveränderung) zum Zweck der Erholung (Regeneration) oder dem Gelderwerb vornimmt.

Freyer bilanziert aus den o. g. Definitionsansätzen und unterscheidet im weiteren Verlauf die Begriffe:

* **weiter Tourismusbegriff;** alle Erscheinungen, die mit dem Verlassen des gewöhnlichen Aufenthaltsortes und dem Aufenthalt am anderen Ort verbunden sind,
* **enger Tourismusbegriff;** Abgrenzung hinsichtlich der Zeit und Reisedauer, des Ortes und der Entfernung und der Motive des Ortswechsels mit der jeweiligen Schwerpunktsetzung,
* **touristischer Kernbereich;** mindestens mehrtägige Urlaubs- und Erholungsreise enthalten.

Tourismus (oder Fremdenverkehr) schließt außer der Urlaubsreise auch den gesamten Geschäftsreiseverkehr, Tagungs-, Messe- und Kongressreisen sowie die Kur- und Bäderreisen mit ein.

Bei der wissenschaftlichen Betrachtung (*Eisenstein*) ergeben sich folgende Ansätze:

* **Normaldefinition;** Teilung zwischen „Verkehr" und „fremd",
* **Realdefinition;** Betrachtung des Fremdenverkehrs überwiegend bzw. ausschließlich aus Sicht seiner ökonomischen Wirkungen,
* **Universaldefinition;** Versuch der Erfassung aller mit dem Begriff Fremdenverkehr in Zusammenhang stehenden Arten, Erscheinungsformen und Merkmale durch Verallgemeinerungen.

Ökonomische Faktoren einer positiven Tourismus-Entwicklung (*Kaspar*) sind:

* Zunahme des verfügbaren Einkommens,
* stabile Währungslage,
* günstige Konjunktursituation.

Ökonomische Faktoren einer negativen Tourismus-Entwicklung (*Kaspar*) sind:

* Rückgang der industriellen Produktion,
* unstabile Währungslage,
* ungünstige Konjunktursituation.

Tourismus ist von zwei wesentlichen Faktoren abhängig. Zum einen von den von *Freyer* postulierten konstitutiven Elementen des Reisens (der Ortswechsel, der Aufenthalt und das Motiv) und zum anderen von der verfügbaren Zeit bzw. Freizeit (gebunden und/oder ungebunden). Die **konstitutiven Elemente des Reisens** sind nach *Freyer:*

- der **Ortswechsel** von Personen vom dauerhaften Wohnort zu einem vorübergehenden Wohnort,
- der **Aufenthalt** am vorübergehenden Wohnort und
- das **Motiv**, also der Umstand, warum gereist wird.

Merkmale des Tourismus nach *Bieger*

- Tourismus beinhaltet sowohl Geschäfts- als auch Freizeitreisen,
- Tourismus erfasst nicht nur die Angebote und Nachfrager, sondern auch die wirtschaftlichen, ökologischen, politischen und gesellschaftlichen Folgen,
- der Tourismus ist nicht nur ein Wirtschafts-, sondern ein Lebensbereich (12-15 % seines aktiven Lebens verbringt eine Person in einem europäischen Industrieland, die konsequent alle gesetzlichen Ferien ausschöpft, als Tourist – Geschäftsreisen nicht eingerechnet),
- Ansätze zur Abgrenzung des Begriffs Tourismus: Mobilität im normalen Wohn- und Arbeitsbereich (Freizeit- und Geschäftsreisen) und Bewegung/Mobilität außerhalb des normalen Wohn- und Arbeitsbereiches = Tourismus (Reisen mit Übernachtungen, dazu gehören Urlaubs- und Geschäftsreisen).

2.2 Entstehung der Tourismuswissenschaft

Die Tourismuswissenschaft ist eine Querschnitts-Wissenschaft; eine Verknüpfung zwischen Erkenntniswissenschaften und Branchenwissen. Die Entstehung der Tourismuswissenschaft wird nachfolgend anhand wichtiger „Stationen" aufgezeigt:

Im Jahr **1905** verfasste *Josef Stradner* die „Volkswirtschaftslehre des Fremdenverkehrs". Erste Ansätze und Bemühungen, den Begriff Fremdenverkehr von Reiseverkehr abzugrenzen.

Im Jahr **1914** wurde das **„Internationale Institut für Hotelbildungswesen"** in Düsseldorf gegründet, 1920 zur **„Hochschule für Hotel- und Verkehrswesen"** erweitert und im Jahr 1921 aufgrund der Inflation geschlossen.

In den darauf folgenden Jahren führte *Schullern-Schrattenhofen* eine erste wissenschaftliche Untersuchung zum Fremdenverkehr durch – Fremdenverkehr wurde als wissenschaftliches Thema behandelt.

Paul Neff verfasste ein Werk mit dem Titel: **„Über den internationalen Fremdenverkehr als Wirtschaftsfaktor"**.

Im Jahr **1928** fand der **erste Fortbildungskurs** zum Thema Fremdenverkehr in Berlin statt. Im gleichen Jahr veröffentlicht die Zeitschrift **„Verkehr und Bäder"** den ersten Artikel mit der Überschrift **„Fremdenverkehr als Wissenschaft"**.

Leopold von Wiese gab die Anregung, den Fremdenverkehr unter beziehungswissenschaftlichen Aspekten zu sehen und zu beschreiben.

Im Jahr **1929** erfolgte die Gründung des **„Forschungsinstitutes für den Fremdenver-kehr"** an der Berliner Handelshochschule. Gelehrt wurden die Fächer: Bau und tech-nische Einrichtungen von Gaststätten, Einführung in die Fremdenverkehrskunde, Mes-se- und Ausstellungswesen, Kur- und Bäderwesen, Personenverkehr der Reichsbahn. Vorlesungen und Seminare führten jedoch zu keinem Abschluss.

Artur Bormann verlangte die Zuordnung der Fremdenverkehrswissenschaft in die Ver-kehrsbetriebswirtschaftslehre. Im Jahr 1931 publizierte er **„Die Lehre vom Fremdenver-kehr"** (Lehrbuch).

Im Jahr **1934** trat *Grünthal* mit seinen Forschungsarbeiten an die Fachöffentlichkeit. Im selben Jahr gab *Glücksmann* den entscheidenden Anschub für die Fremdenverkehrs-lehre durch das **„Archiv für den Fremdenverkehr"** mit seinem interdisziplinären Ansatz. Ebenfalls 1934 erfolgte die Gründung des **„Institut für Fremdenverkehrsforschung"** an der Hochschule für Welthandel in Wien.

Im Jahr **1935** publizierte *Glücksmann* sein Lehrbuch **„Allgemeine Fremdenverkehrs-kunde".**

Im Jahr **1939** erfolgte die Gründung der **„Herrmann-Esser- Forschungsgemeinschaft für den Fremdenverkehr"** in Frankfurt.

Der erste **„Reichshochschulkurs für Fremdenverkehr"** wurde **1940** in Wien angebo-ten und durchgeführt. Dieser Kurs besteht immer noch, jedoch unter der Bezeichnung **„Universitätslehrgang für Fremdenverkehr bzw. Tourismus".**

In der Schweiz wurden im Jahr **1941 Fachkurse zum Thema Fremdenverkehr** durch die **„Schweizer Zentrale für Verkehrsförderung"** veranstaltet.

Im Jahr **1942** publizierten *Hunziker* und *Krapf* das Werk **„Grundriss der allgemei-nen Fremdenverkehrslehre".** Das Werk blieb für Jahrzehnte das Standardwerk für die Grundlagenforschung. Die Autoren wollten statt des üblichen ökonomisch geprägten An-satzes einen kulturwissenschaftlichen Ansatz.

Im Jahr **1950** wurde das **„Deutsches Wirtschaftswissenschaftliche Institut für Frem-denverkehr"** gegründet. Die Zielsetzung: weniger akademische Forschung, mehr Praxi-sorientierung.

Poser verfasste die **„Geographische Studien über den Fremdenverkehr im Riesen-gebirge".** Sein methodologisches Konzept prägte die Fragestellungen der Fremdenver-kehrsgeografie bis weit in die 60er Jahre hinein.

Gründung des **„Forschungsinstitut für Fremdenverkehr"** in Bern im Jahr **1950**.

Im Jahr **1955** publizierte *Paul Bernecker* **„Der moderne Fremdenverkehr"** und **1956 „Die Stellung des Fremdenverkehrs im Leitungssystem der Wirtschaft".** *Bernecker* gilt zusammen mit *Hunziker* und *Krapf* als Begründer der wissenschaftlichen Fremden-verkehrsforschung im deutschen Sprachraum. *Bernecker* rief auch die **„Gesellschaft für Fremdenverkehrswissenschaft"** in Wien ins Leben.

Im Jahr **1958 diplomierte der erste Student zu Fremdenverkehrsthemen** an der Friedrich-List-Hochschule zu Dresden.

Im Jahr **1964** wurde der **erste Lehrstuhl für „Ökonomik des Fremdenverkehrs"** eingerichtet.

Im Jahr **1968** fand die Gründung des **„Studienkreises für Tourismus"** durch *Ruppert* und *Maier* statt.

1970 publizierte *Gustav Zedek* das Werk *„Fremdenverkehr – Grundlagen und Instrumentarium"*. Im Jahr **1972** definiert *Hunziker* den Begriff „Tourismuswirtschaft" und Mitte der 70er publiziert *Claude Kaspar* das Standardwerk **„Fremdenverkehrslehre im Grundriss"**.

Beate Kunz publiziert im Jahr **1984** das Werk **„Unternehmensführung im Fremdenverkehr"**.

Im Jahr **1986** publizierte *Jost Krippendorf* das Werk **„Freizeit und Tourismus"**. Er gilt als Vordenker der Tourismuskritik.

Im Jahr **1989** publiziert *Horst Opaschowski* ein Lehrbuch zum Tourismus, mit den Schwerpunktthemen Tourismuspsychologie, -prognosen und -theorie.

2.3 Einflussfaktoren auf das Reiseverhalten

Tourismus, wenn auch in einem anderem Verständnis, existiert seit es Menschen gibt. Gereist wurde bereits in der Antike, im Mittelalter in der Neuzeit und natürlich in der Gegenwart. Das Reiseverhalten der o. g. Zeiträume kann abgegrenzt werden nach:

* **Motiv;** z. B. Reisen zur Orakelbefragung oder zu kurativen Zwecken in der Antike, Handels- und Eroberungsreisen im Mittelalter, erste Ansätze von beruflichem Reisen und Kuraufenthalte in der Neuzeit, Reisen zu Erholung und Gelderwerb in der Gegenwart,
* **Zielgruppe;** z. B. Patrizier in der Antike, Adel im Mittelalter, Großbürgertum in der Neuzeit und breite Bevölkerungsschichten in der Gegenwart.

Die Tatsache, dass Reisen sich von einem Gut (Luxusgut) für wenige Schichten zu einem Gut für die breite Masse (Massengut in der Gegenwart) entwickelt hat, wird getragen durch eine Reihe von Faktoren (*Freyer*):

* **Transportwesen und Motorisierung** der Gesellschaft; vom Pferdekarren und der Sänfte zum Flugzeug,
* **verbesserte Einkommenssituation** und gestiegener Wohlstand der Bevölkerung insbesondere ab 1960,
* **Anstieg der Freizeit** und stetige Erweiterung des Jahresurlaubes von abhängig Beschäftigten,
* **rasante Entwicklung im Kommunikationswesen** mit der Möglichkeit zur Echtzeitübertragung von Anfragen und Buchungen,
* **zeitweiliges Bevölkerungswachstum**,
* **höheres Bildungsniveau**,

- **Entstehen einer Tourismusindustrie**, die spezifischen Produkte für die spezifische Nachfrage nach Ortsveränderungen erstellt.

Weitere **Einflussfaktoren** auf das Reiseverhalten sind:

- touristisches Angebot; dies ist u. a. abhängig von der Technik, Natur und Ressourcen, Ökonomie und den Entwicklungen in den einzelnen Feldern bzw. Bereichen,
- touristische Nachfrage; diese ist u. a. abhängig von Individuen, Gesellschaft, Politik,
- wirtschaftliche und politische Stabilität und Wandel im Entsende- und im Zielland,
- Gesellschaft und demografischen Wandel,
- ökonomischer, technologischer und ökologischer Wandel,
- Wandel der individuellen Werte, persönlichen Einstellungen, Wandel des Konsumverhaltens,
- Freizeitentwicklung,
- Einkommensentwicklung,
- Trends.

2.4 Wirtschaftsfaktor Tourismus

Die volkswirtschaftliche Bedeutung des Tourismus kann man an dessen Anteil am BIP einer Nation und am Anteil der Erwerbstätigen im Tourismus ersehen. In Deutschland ist fast jeder vierzehnte, in Österreich jeder siebte Erwerbstätige im Tourismus beschäftigt (*OECD*). Tourismus gehört zum Dienstleistungssektor (tertiärer Sektor) in einer Volkswirtschaft und leistet folgende wichtige Beiträge:

- Beitrag zum Sozialprodukt und zur Wertschöpfung,
- Beitrag zu Beschäftigung und Einkommen,
- Anschubfaktor und Katalysator für andere Wirtschaftszweige,
- Förderung der Entwicklung strukturschwacher Regionen,
- Förderung des kulturellen Austausches zwischen den Nationen und Ethnien.

Tourismus gilt als „unsichtbarer" Export des Ziellandes und Import für das Entsendeland. Beispiel: ein Urlaubsland „exportiert" Sonne, Strand, Meer, exotische Küche, das Entsendeland importiert diese „Güter"; jedoch muss der Reisende sich in das Zielland begeben, um das importierte „Produkt" zu erfahren.

Alle touristischen Aktivitäten werden in Deutschland über die Reiseverkehrsbilanz abgeschlossen. Diese ist traditionell negativ, also nicht ausgeglichen, d. h. der Anteil der Geldströme, die bedingt durch die Reiseaktivitäten der Deutschen ins Ausland fließen, ist größer als die Geldströme, die durch ausländische Besucher nach Deutschland fließen. Dies ist insofern, volkswirtschaftlich gesehen, nicht problematisch, da das Ausland somit Einnahmen erzielt, mit denen wiederum Investitionsgüter aus Deutschland (Deutschland ist bekanntlich Exportweltmeister) bestellt und bezahlt werden können.

Durch den Tourismus werden eine Reihe von Effekten generiert. Diese sind u. a.:

- Brutto-/Nettodeviseneffekte,
- Beschäftigungseffekte,

- Einkommenseffekte,
- Ausgleichseffekte.

Brutto-/Nettodeviseneffekte: der Bruttodeviseneffekt (gesamte Einnahmen durch den Tourismus) abzüglich der sog. „Sickerrate" ergibt den Nettodeviseneffekt.

Bruttodeviseneffekt – Sickerrate = Nettodeviseneffekt

Die Sickerrate ist der Anteil der touristischen Deviseneinnahmen, der zur Bezahlung importierter Vorleistungen wieder ins Ausland fließt. Die Determinanten der Sickerrate sind u. a.: Entwicklungsstand der Volkswirtschaft, Phase der touristischen Entwicklung und Art des Tourismus. Typische Vorleistungen (mit Devisenabfluss) sind u. a.:

- Infrastrukturaufbau,
- Verpflegung,
- ausländische Experten,
- Ausbildung im Ausland,
- Marketing im Ausland,
- Zins-, Tilgungsleistungen für ausländisches Kapital.

Beschäftigungseffekte: Beschäftigungseffekte lassen sich unterteilen in (*Eisenstein*):

- direkte Beschäftigungseffekte (bei Betrieben des Tourismussektors i. e. S.),
- indirekte Beschäftigungseffekte (bei vorgelagerten Zulieferbetrieben),
- induzierte Beschäftigungseffekte (durch die tourismusinduzierte Einkommensausweitung – Einkommensmultiplikatoren),
- katalysierte Beschäftigungseffekte.

Grundsätzlich ergibt sich bei den Beschäftigungseffekten eine Problematik der Quantifizierung und Qualifizierung.

Quantifizierungsproblematik der Beschäftigten	**Qualitative Problematiken der Beschäftigung**
• Probleme bei der Ermittlung der Anteile von „rein" touristischen Arbeitsplätzen speziell in der Gastronomie • Probleme bei der Ermittlung der saisonalen Arbeitsplätze • Probleme bei Feststellung der indirekten und induzierten sowie katalysierten Arbeitsplätze	• geringes Anspruchsniveau & niedriges Anforderungsprofil • geringes Sozialprestige & viele Saisonarbeitsplätze • geringes Lohnniveau & ungünstige Arbeitszeiten

Tab. A. 2.1: Quantifizierungs- und Qualifizierungsproblematik der Beschäftigung im Tourismus
Quelle: in Anlehnung an Eisenstein, 2002

Einkommenseffekte: primäre (direkte) Einkommenseffekte der ersten Stufe sind:

- Arbeitslöhne,
- Verkauf von Gütern und Dienstleistungen,
- Steuern für Tourismusleistungen.

Eine wichtige Rolle spielt der touristische Einkommensmultiplikator: Der touristische Einkommensmultiplikator gibt an, um wie viel größer die durch die touristischen Ausgaben bewirkte Einkommensvermehrung im Vergleich zur Ausgabe selbst ist. Problematik: häufige zahlenmäßige Angaben zum Multiplikator ohne Nennung der Berechnungsgröße, riesige Schwankungsbreite bei der Quantifizierung, keine einheitlich gültige Berechnungsmethode, häufig als Propagandainstrument missbraucht.

Determinanten der Einkommens- und Multiplikatoreneffekte sind (*Eisenstein*):

* wirtschaftliche Strukturen (Entwicklungsstand),
* Konsumneigung/Sparquote,
* Vorhandensein von Produktionsreserven.

Ausgleichseffekte: von *Häussler* stammt nachfolgendes Zitat: „Wenn Ziel aller Volkswirtschaftspolitik Steigerung der Produktionsfähigkeit zwecks Hebung der gesamten Volkswohlfahrt ist, so trägt der Fremdenverkehr nicht unwesentlich hierzu bei, indem er erweiterte Basis für wirtschaftliche Betätigung gerade in Gegenden schafft, die sonst mehr oder weniger wirtschaftlich darniederliegen würden." Zu den wichtigsten Ausgleichseffekten des Tourismus gehört der Abbau regionaler Disparitäten.

* Tourismus hat die ausgeprägte Tendenz des Vordringens in periphere Räume – oftmals Zusammenhang zwischen der wirtschaftlichen Unterentwicklung und touristischen Attraktivität (industrieller Standortnachteil wird zum touristischen USP),
* Tourismus als Instrument der Regionalpolitik zum Abbau regionaler Disparitäten und zur Herstellung gleichwertiger Lebensverhältnisse,
* Ausgleichseffekte als Konglomerat der wirtschaftlichen Effekte transformiert auf die regionale Dimension mit Ausnahme der Deviseneffekte,
* Einkommensumverteilung mit Beschäftigungs- und Wertschöpfungseffekten von industriellen Bevölkerungsagglomerationen in wirtschaftlich schlechter gestellte Gebiete,
* häufig: Inkompatibilität von industrieller und tourismuswirtschaftlicher Nutzung (Monoindustrie),
* Verbesserung der regionalen Wirtschaftsstruktur, Verhinderung von Landflucht, Aktivierung der Regionalwirtschaft, verbesserte Versorgungssituation, Verbesserung der allgemeinen Infrastruktur (z. B. Energie, Verkehr, Telekommunikation).

Die Dimensionen des Ausgleichseffektes können wie folgt unterteilt werden (*Eisenstein*):

* intraregionale Ausgleichseffekte (z. B. HH/Lüneburger Heide),
* interregionale Ausgleichseffekte (z. B. HH/Dithmarschen),
* internationale Ausgleichseffekte (z. B. BRD/Spanien),
* interkontinentale (globale) Ausgleichseffekte (z. B. BRD/Namibia).

Auch die Ausgleichseffekte können sich positiv oder negativ auf die Region auswirken. Zu den positiven Auswirkungen gehören u. a.:

* Verbesserung der Lebensqualität durch Tourismus,
* Verbesserung der Infrastruktur (z. B. Wellenbäder, Wellness-Einrichtungen, Boutiquen, Bars, Konzerte, Museen und Veranstaltungen),
* Erhöhung des Bekanntheitsgrades und Verbesserung des Images des Ortes.

Jedoch nicht alle Tourismusarten haben positive Ausgleichseffekte. Negative Ausgleichseffekte können u. a. sein:

- Trend zur Inszenierung (Lage und natürliche Landschaft verlieren an Bedeutung – entscheidend ist die Frage wo inszeniert wird),
- Belastung durch Events/Megatrends (meist in Ballungszentren, Sport),
- Städtetourismus (Run auf Agglomerationen, UEC),
- Geschäftsreiseverkehr (Kongress- und Tagungstourismus in Agglomerationen),
- Industrietourismus; positive oder negative Gesamtbilanz?

Darüber hinaus können nach *Eisenstein* auch folgende schwerwiegende negative wirtschaftliche Effekte auftreten:

- Knappheits- und Preissteigerungseffekte,
- Arbeitskraftabzugseffekte (besonders in Entwicklungsländern aber auch in den Alpen und im ländlichen Raum),
- Saisonalitätsproblem (totes Kapital – Auslastungsprobleme, Auslastung p. a. im Durchschnitt bei 35 %),
- Investitionssubstitutionseffekt (Verschleuderung knapper Fördermittel für die Finanzierung der Infrastruktur).

Freyer sieht in den Knappheits- und Preissteigerungseffekten, die durch den Tourismus ausgelöst werden, folgende Probleme:

- mangelnde Ressourcen- bzw. Produktionsreserven führen zu höheren Preisen (Import von Wasser und Lebensmitteln),
- aufgrund der gestiegenen, tourismusinduzierten Nachfrage kommt es z. B. zu Grundstückpreissteigerungen, insbesondere in nur begrenzt nutzbaren Flächen, z. B. Alpentäler, Inseln,
- höhere Ausgabefreudigkeit der Touristen kann zu einem höheren Preisniveau führen,
- Verschlechterung der Kaufkraftsituation für Bewohner bei Produkten, die sowohl von Bewohnern als auch von Touristen nachgefragt werden (z. B. Lebensmittel, Genussmittel, Gastronomie, Freizeiteinrichtungen – genau detaillierte wissenschaftliche Ergebnisse liegen (noch) nicht vor).

Weitere negative Effekte sind: gesellschaftliche, soziale und politische Effekte (z. B. Akkulturation, Kriminalität) sowie außenwirtschaftliche Abhängigkeitsverhältnisse. Dies können u. a. sein:

- Abhängigkeiten von einem Quellland,
- konjunkturelle Schwankungen und Modetrends (z. B. USA/Mexiko),
- Abhängigkeiten von ausländischen Unternehmen und/oder Kapitalgebern,
- Preisdiktat z. B. durch Reiseveranstalter,
- Verlust der Kontrolle über einen Absatzmarkt z. B. durch ausländische CRS/GDS (z. B. Neckermann in Österreich).

Eine kurze Übersicht zeigt nachfolgende Tabelle.

Bereich	Folgeerträge/Nutzen	Folgekosten/Schäden
Devisen	Deviseneinnahmen durch touristische Dienstleistungen	Ausgaben für Infrastruktur und ausländisches Personal
Einkommen und Beschäftigung	neugeschaffene Arbeitsplätze	Strukturveränderungen, Investitionssubstitution, Arbeitskraftabzugseffekte & Arbeitsplatzvernichtung in traditionellen Bereichen, ausländisches Personal, Anstieg der Preise für Ressourcen
Wachstum und Wertschöpfung	Infrastrukturausbau, höheres Bildungsniveau, Multiplikatorenwirkung, Erschließung neuer Märkte für einheimische Produkte	Kosten für Unterhalt und Infrastruktur, Importkosten, sektorale Verschiebung (Strukturveränderung)
Abhängigkeiten	weniger internationale Abhängigkeiten durch stärker diversifizierte Produktion, Erschließung neuer Märkte für einheimische Produkte	Abhängigkeiten von ausländischem Kapital und Konjunktur, Krisenanfälligkeit des Tourismussektors

Tab. A. 2.2: Übersicht der Ausgleichseffekte
Quelle: in Anlehnung an Bieger 1997, Eisenstein 1995, Freyer 1998

2.5 Wichtige Kennzahlen im Tourismus

Um die Bedeutung des Tourismus zu messen und zu bewerten bedient man sich unterschiedlicher Kennwerte bzw. Kennzahlen. Hierbei kann es sich um absolute oder relative Werte/Kennzahlen handeln. Absolute Werte/Kennzahlen können u. a. sein:

• Kapazität eines Leistungsträgers, z. B. Anzahl der Betten,
• Anzahl der Ankünfte,
• Anzahl der Übernachtungen,
• Aufenthaltsdauer,
• Reisedauer in Tagen,
• Reiseausgaben in Euro.

Relative Werte/Kennzahlen haben gegenüber den absoluten Werten/Kennzahlen eine höhere Aussagekraft, da Werte in Bezug zueinander gesetzt werden bzw. sie sich auf eine einheitliche Größe oder auf sich selbst (Veränderungen von Zeitpunkt zu Zeitpunkt) beziehen und damit direkt vergleichbar sind. Wichtige relative Werte/Kennzahlen im Tourismus sind u. a.:

• durchschnittliche Auslastungen, z. B. der Leistungsträger,
• durchschnittlicher Aufenthalt,
• durchschnittliche Reiseausgaben,
• Reiseintensität (RI),

- Reisehäufigkeit (RH),
- Fremdenverkehrsintensität (FI).

Reiseintensität (RI); die RI gibt an, welcher Anteil der Gesamtbevölkerung über 14 Jahre innerhalb eines Jahres eine oder mehrere Urlaubsreisen von mindestens fünf Tage Dauer unternommen hat; dies entspricht der **Nettoreiseintensität**. Anteil der Reisen an der Gesamtbevölkerung entspricht der **Bruttoreiseintensität**. Reiseintensität (RI) wird häufig zur Charakterisierung des Reiseverhaltens verwendet. RI gilt als globaler Indikator, da keine Aussagen über Reiseziel und Reiseart getroffen wird. Differenzierte Analysen der RI zeigen, dass sie mit der Höhe des Einkommens, dem Bildungsgrad, der beruflichen Stellung, der Wohnortgröße steigt und in Abhängigkeit des Alters fällt. Geringe RI bei den Beziehern niedriger Einkommen (vermehrtes Verreisen im Inland).

Die RI ist eine sich ständig ändernde Größe. Sie zeigt das allgemeine Reiseverhalten der Bundesbürger auf und wird beeinflusst durch z. B. die Kaufkraft, Konjunktur, wirtschaftlichen Rahmenbedingungen und Arbeitslosigkeit. Im Zeitraum von 1990 bis 2007 entsprach die durchschnittliche Reiseintensität einem Wert von ca. 75 was einem Volumen von ca. 48 Mio. Urlaubsreisenden entsprach.

Problematisch wird die Betrachtung des Reisevolumens bei Kurzereisen, Ausflügen und Langzeitreisen im Vergleich zu Reisen von einer Dauer von mehr als 4 Wochen.

- **RI für Kurzreisen:** Anteil der Gesamtbevölkerung über 14 Jahre, die innerhalb eines Jahres eine oder mehrere Kurzreisen von bis zu fünf Tage Dauer oder vier Übernachtungen unternommen hat. Die RI für Kurzreisen ist i. d. R. geringfügig höher als die RI für Urlaubsreisen, da erfahrungsgemäß mehr Menschen eine Kurzreise unternehmen.
- **RI für Ausflugsverkehr:** Anteil der Gesamtbevölkerung über 14 Jahre, die innerhalb eines Jahres einen Ausflug oder mehrere Ausflüge (Aufenthalt von max. 24 Stunden und ohne Übernachtung im Zielgebiet) unternommen hat. Die RI für Ausflüge kann nicht genau erfasst werden, da viele Ausflügler statistisch nicht erfasst werden, da sie keine Leistungsträger und wirtschaftliche Dienste (z. B. Reisemittler, Besuch von gastronomischen Einrichtungen, Bootsfahrten) in Anspruch nehmen.
- **RI für Langzeitreisen:** diese Werte sind bereits in der RI für Urlaubsreisen erfasst. Es wäre jedoch sinnvoll hier eine eigene Kennzahl für Reisende mit einem Aufenthalt von mehr als vier Wochen zu definieren, denn die Langzeiturlauber verfälschen das Bild und die Aussagekraft der RI für Urlaubsreisen.

Reisehäufigkeit (RH): mit der RH wird erfasst, wie häufig jemand eine Urlaubsreise von mindestens fünf Tagen Dauer unternommen hat. Im Zeitraum von 1990 bis 2007 lag der Wert dieser Kennzahl bei durchschnittlich 1,3 Reisen pro Jahr. Das entsprach im Zeitraum einem Volumen von durchschnittlich ca. 62 Mio. Reisen. Analog zur RH für Urlaubsreisen ist die Erfassung der RH für Kurzreisen, Ausflüge und Langzeitreisen sinnvoll.

Fremdenverkehrsintensität (FI): während mit der Reiseintensität und der Reisehäufigkeit die Potenziale der Nachfrage gemessen werden, wird mit der Fremdenverkehrsintensität (FI) die Belastung und der Grad der Überfremdung der Feriengebiete und Orte durch Touristen gemessen. Die FI errechnet sich:

FI = Übernachtungen + Tagesbesucher : Einwohner x 100

Dabei können noch unterschieden werden in eine:

Übernachtungsintensität: „Diese Zahl drückt die Zahl der Fremdenübernachtungen je 100 Personen der Bevölkerung aus." (*Koch*)

Übernachtungsintensität = Anzahl der Übernachtungen : Einwohner x 100

Die Übernachtungsintensität kann differenziert werden in Urlaubs- und Geschäftsaufenthalte.

Darüber hinaus kann auch eine **Tagesbesucherintensität** ermittelt werden.

Tagesbesucherintensität = Anzahl der Tagesbesucher : Einwohner x 100

Auch die Tagesbesucherintensität ist unterteilbar in Ausflugs- und Geschäftsreiseintensität.

Beispielrechnung
Ein Kurort mit 5.000 Einwohnern, 150.000 Tagesbesuchern und 100.000 Übernachtungen weist eine ÜI von 2.000 (Übernachtungsintensität) und eine FI von 5.000 auf.

Bewertung der Intensitätsmethode: eine Fremdenverkehrsintensität (FI) im Sinne der Übernachtungsintensität (ÜI) von 500 entspricht einem Beitrag zum Volkseinkommen von 1 % (bei einer FI/ÜI von 2.000 entspricht das ca. 4 %).

Probleme der Intensitätsmethode; die FI ist eine reine Schätzmethode, die allerdings i. d. R. zu einer Unterschätzung der wirtschaftlichen Wertschöpfung führt, da keine Tagesausflugsgäste erfasst werden. Sie nimmt ferner Bezug auf die amtliche Statistik, die i. d. R. als wenig aussagekräftig gilt.

Grundsätzlich ist im Umgang mit Kennzahlen Vorsicht angebracht. Dies liegt u. a. an der:

• „falschen" Methode der Erhebung,
• Aktualität des Zahlenmaterials,
• Repräsentativität,
• kritischen Größe der Stichprobe,
• Gültigkeit der Daten.

Am Beispiel der nachfrage- und angebotseitigen Umsatzmethode sollen die Probleme aufgezeigt werden. Probleme der angebotseitigen Umsatzmethode sind u. a.:

• Trennung der Einnahmen/Ausgaben von ortsansässigen und ortsfremden Personen (z. B. Gastronomie),
• Umsätze im Tourismus nicht explizit in der volkswirtschaftlichen Gesamtrechnung (fehlende Abgrenzung des Tourismussektors),

- ein nicht unerheblicher Teil der touristischen Umsätze wird nicht in der Umsatzstatistik erfasst (informeller Sektor),
- „Eine solche Schätzung von der Angebotsseite her, muss ... als sehr gewagt, aber auch als allzu unpräzise bezeichnet werden." (*Becker*, 1988).

Probleme der nachfrageseitigen Umsatzmethode:

- Übernachtungszahlen der amtlichen Tourismusstatistik sind nicht vollständig (Primärerhebung zum durchschnittlichen Tagesausgabesatz mit anschließender Hochrechnung),
- hoher Aufwand für erfolgreiche Primärerhebung,
- Einschätzung der Vorleistungen,
- Tagesausflugsverkehr kaum erfasst und erfassbar.

3. Das System Tourismus

Das System Tourismus umfasst im weiteren Sinne die Gesellschaft, Ökonomie, Politik, Ökologie, Individuum und Freizeit (*Freyer*). Im engeren Sinne umfasst Tourismus die Ökonomie, das Individuum bzw. die Gesellschaft (als Nachfrager) und die Ökologie.

3.1 Das touristische Angebot

Das touristische Angebot wird nach Freyer u. a. bestimmt durch:

- Ziele der im Tourismus agierender Unternehmen (z. B. Reiseveranstalter, Fluggesellschaften, Beherbergungsbetriebe),
- Kosten der Produktion für die Erstellung der touristischen Dienstleistung,
- Verfügbarkeit von Ressourcen, z. B. Arbeitskräfte,
- Werte, Normen und Sozialstruktur der Gesellschaft,
- Zustand der Landschaft, des Klimas und der Umwelt,
- Bedürfnisse, Motive und Kaufkraft der Nachfrager,
- Freizügigkeit des Reisens, Gesetzgebungen des Staates und Vorschriften (z. B. Zoll, Visa, Ein- und Ausreise),
- Wandel in der Technologie und Kommunikation,
- den gesamtwirtschaftlichen Entwicklungsstand eines Landes bzw. einer Volkswirtschaft,
- die touristische Infrastruktur der Quell- und Zielgebiete und Erreichbarkeit dieser.

Das touristische Angebot in Deutschland wird i. d. R. von privatwirtschaftlichen Unternehmen und Betrieben erstellt. Die Angebotsseite umfasst:

- **Produzenten (Gesamtleistungsträger)**, z. B. Reiseveranstalter, Tour Operator,
- **Vertreiber**, z. B. Reisemittler, Reisemakler, Reisehändler, Mietwagenmakler,
- **Verkehrsträger (Einzelleistungsträger)**, z. B. Fluggesellschaften, Autovermieter, Busunternehmen, Schifffahrtsunternehmen,
- **gastwirtschaftliche Betriebe (Einzelleistungsträger)**, z. B. Hotellerie, Parahotellerie, Gastronomie,

- **Destination und die Träger der Angebote in der Destination**, z. B. Kur- und Bade-
  betriebe, Kur- und Badeorte, Freizeit- und Erlebniswelten, Messe-, Tagungs- und Kongressveranstalter,
- **touristische Dienstleister**, z. B. Informations- und Reservierungssysteme, Verlage,
  Reiseversicherungen, Bildungseinrichtungen, Beratungsunternehmen,
- **Handel**, z. B. Souvenirindustrie, Reiseausstatter,
- **selbstständige Dienstleister**, z. B. Reiseleiter, Animateure, Masseure.

Die Ersteller der Leistungen und Angebote werden nach *Freyer* nach Zugehörigkeiten zur
Tourismuswirtschaft systematisiert:

- **Tourismuswirtschaft im engeren Sinn;** sie sind typische Tourismusbetriebe, die typische Tourismusleistungen anbieten, die ausschließlich von Reisenden nachgefragt
  werden,
- **ergänzende Tourismuswirtschaft (tourismusspezialisierte Betriebe);** es handelt
  sich hierbei um untypische Tourismusbetriebe die typische Tourismusleistungen für typische Nachfrager (Reisende) erstellen, z. B. Souvenirindustrie, Journalisten, Verlage,
  Arzneimittelindustrie,
- **touristische Randindustrie (tourismusunabhängige Betriebe);** es handelt sich um
  untypische Tourismusbetriebe, die sich mit untypischen Tourismusleistungen auf typische Nachfrager (Reisende) spezialisiert haben, d. h. diese Leistungen werden auch
  von Nicht-Reisenden bzw. von ortsansässigen Personen nachgefragt. Dazu gehören
  Gastronomieleistungen, Foto- und Kosmetikleistungen, Friseur- und Gesundheitsleis-
  tungen.

3.2 Die touristische Nachfrage

Die touristische Nachfrage lässt sich im Wesentlichen abgrenzen nach:

- **Motivation**,
- **Reisedauer**,
- **Zielgebiet**,
- **Grad der Organisation der Reise**.

Die **Motive** zu reisen sind u. a.:

- Erholung und Regeneration; z. B. Erholungs-, Badeurlaub,
- kultureller Art; z. B. Studien-, Rund-, Abenteuer-, Städtereisen,
- sportliches Motiv; z. B. aktive Gestaltung oder passive Teilnahme an Sportveranstaltun-
  gen,
- religiöses Motiv; z. B. Pilgerreisen und Reisen zur Selbstfindung,
- gesundheitliches Motiv; z. B. Kur- und Wellness-Reisen,
- gesellschaftliches Motiv; z. B. Verwandten- und Bekanntenbesuche, Club- und Vereins-
  reisen,
- geschäftliches Motiv; z. B. Geschäfts-, Tagungs-, Kongress-Reisen,
- politisches Motiv; z. B. Reisen zu Kundgebungen.

Grundsätzlich können Erscheinungsformen des Tourismus private und/oder geschäftliche Zwecke verfolgen.

Das Angebot kann auch nach der **Reisedauer** abgegrenzt werden; z. B.

- Tagestourismus, Ausflüge,
- Kurzreise, bis zu vier Übernachtungen bzw. fünf Tage,
- Urlaubsreise, mehr als fünf Tage,
- Langzeitreisen, länger als vier Wochen.

Auch kann hinsichtlich der Reisedauer noch eine abweichende Abgrenzung vorgenommen werden in:

- übernachtende Touristen; z. B. gebietsfremde Besucher,
- nicht-übernachtende Touristen; z. B. Kreuzfahrtreisende, Tagesbesucher, Besatzungen von Schiffen und Flugzeugen.

Nach der Differenzierung der **Zielgebiete bzw. der Entfernung**; z. B.

- nähere Umgebung des Heimatortes (z. B. Nah-, Städte-, Kur- und Geschäftstourismus),
- Inlands- und Auslandsreisen (z. B. Städte-, Erholungs-, Kultur- und Geschäftstourismus),
- kontinentale und interkontinentale Reisen (z. B. Fernreisen).

Abgrenzung nach dem **Organisationsgrad** der Reise

- Individualreisen,
- Pauschalreisen, auch Teil-Pauschalreisen.

Nicht dem Tourismus zugeordnet (und auch nicht in den zahlreichen Tourismusstatistiken erfasst) werden folgende Erscheinungsformen des vorübergehenden Ortswechsels:

- Einwanderer (ständige als auch zeitweilige) bzw. Auswanderer,
- Grenzgänger und Nomaden,
- Umsiedler,
- Transitreisende und Flüchtlinge,
- Fahrten zum Arbeitsplatz,
- Diplomaten sowie diplomatisches und konsularisches Personal,
- Angehörige der Streitkräfte, Truppenverlegungen und -stationierungen des Militärs,
- Aufenthalte zu Studienzwecken.

3.3 Kulturelle, soziologische und ökologische Faktoren

> **„Der Tourist zerstört das was er sucht indem er es findet"** (unbekannte Quelle)

Während die wirtschaftliche Einschätzung und Bedeutung des Tourismus nachvollziehbar und bedeutsam ist, z. B. durch die Investition ausländischen Kapitals, Import von Know-how, Deviseneinnahmen, neugeschaffene Arbeitsplätze, Fortschritt durch Kulturaustausch, mehr Verständnis für andere Nationen und Ethnien, ist die kulturelle, soziologische und ökologische Einschätzung schwer erfassbar und durchaus nicht unproblematisch (*Freyer*).

Faktoren, die für die bereisten Länder eine Rolle spielen sind durchaus kritikwürdig. Tourismus sorgt in diesen Ländern für wirtschaftliche Folgeerträge, diese haben auch Folgen und Auswirkungen auf die Kultur, das Sozialgefüge und die Umwelt. Entwicklungsländer sind von diesen Folgen und Auswirkungen i. d. R. stärker betroffen als Schwellen- oder Industrieländer. Beispiele dafür sind (*Freyer*):

- Abhängigkeit der bereisten Länder von ausländischem Kapital und Know-how,
- Kosten für den Unterhalt der Infrastruktur sowie starke Krisenanfälligkeit des bereisten Landes, da Tourismus eine Monoindustrie ist,
- Aussterben der traditionellen Berufe und Abwanderungen in touristische Regionen,
- Strukturveränderungen durch Investitionen in den Tourismus und Rückbau traditioneller Industrie- und Handwerkszweige,
- Verwestlichung der Gesellschaft oft einhergehend mit dem Verlust kultureller Werte (Akkulturation),
- Devisenabfluss durch Konsum westlicher Güter,
- Sitten- und Kulturverfall, Kriminalität und Prostitution,
- Kommerzialisierung und Profanisierung der Kultur, Tradition und Brauchtum,
- Zerstörung von gewachsenen Familienstrukturen durch Abwanderung in touristische Regionen,
- Zerstörung der Landschaft und Verbrauch endlicher Ressourcen,
- Verfestigung von Vorurteilen und Ressentiments.

Um negative Auswirkungen wie z. B. die o. g. im Tourismus zu vermeiden, ist es wichtig, einen nachhaltigen und sanften Tourismus zu etablieren und die interkulturellen Aspekte stärker zu problematisieren.

Sanfter und nachhaltiger Tourismus steht im Spannungsfeld zwischen den Interessen der bereisten Kultur, deren soziologischem Gefüge, der Umwelt, den Interessen des Unternehmens und dem Mehrwert, den die Kunden durch eine Reise erwarten. Sanfter und nachhaltiger Tourismus muss ökologisch sein, soll sozial sein, sollte ökonomisch sein und den Erwartungen der Kunden entsprechen. Um diesen Zustand zu erreichen, bedarf es folgender Maßnahmen:

- sanfter Veranstaltertourismus; z. B. durch Projekte zur Wiederherstellung der Landschaft und Natur, Einflussnahme durch engere und langfristige Kooperationen mit einheimischen Leistungsträgern sowie gemeinsame Projekte mit diesen,
- veränderte Anforderungen an die Gäste; durch z. B. aktivere und bewusste Freizeitgestaltung, mehr Individual- statt Massentourismus, Qualität vor Quantität, stärkere Preisorientierung beim Ausgabeverhalten im Zielgebiet,
- Unternehmen (Leistungsträger) müssen die Umweltorientierung als Handlungsmaxime erkennen und langfristige Strategien für die zu erschließenden Destinationen entwickeln.

> „Zukünftig wird es nicht mehr darauf ankommen, dass wir überall hinfahren können, sondern ob es sich lohnt, dort anzukommen." (*Löns*)

Die verstärkte Problematisierung des **interkulturellen Aspekts** stellt sowohl für die Reiseveranstalter als auch für die Destination eine Chance dar, die nachhaltigen und sanften Tourismus fördert. „Kultur ist die kollektive mentale Programmierung des Geistes, die die Mitglieder einer Gruppe oder Kategorie von Menschen von einer anderen unterscheidet." (*Hofstede*)

Der Verstehensprozess im Rahmen der interkulturellen Kommunikation ist nicht nur von der Sprachkompetenz abhängig, er ist besonders fehleranfällig und es besteht die Gefahr der Verallgemeinerung und Pauschalisierung. Durch den Tourismus treffen unterschiedliche Kulturstandards aufeinander, wobei die Gefahr groß ist, Verhalten der anderen mit den eigenen Kulturstandards zu bewerten. Daraus resultiert u. U. eine Fehlinterpretation, Enttäuschung oder gar Unvereinbarkeit hinsichtlich des Verhandlungsgegenstandes. Chancen der optimalen interkulturellen Kommunikation sind:

• kulturelle Diversität als Potenzial für das Unternehmen,
• Unternehmen oder Destination ist attraktiver Arbeitgeber für Bewerber aus der ganzen Welt,
• Möglichkeiten der Abgrenzung von Mitbewerbern durch Weltoffenheit und erweiterte Sprachkompetenzen.

Lösungsansätze, um die interkulturelle Kommunikation zu optimieren, sind:

• interkulturelles Training,
• Konfliktmanagement für alle Beteiligten,
• Informations- und Aufklärungsschriften für Kunden, Mitarbeiter, Lieferanten und Geschäftspartner,
• Erfahrungs- und Arbeitsgruppen,
• Maßnahmen zur Verbesserung der Sprachkenntnisse.

4. Tourismuspolitik

Die Notwendigkeit der Tourismuspolitik ergibt sich aus der Tatsache, dass Tourismus eine wirtschaftliche Erscheinung einerseits, ein gesellschaftliches, soziales und ein Umweltproblem andererseits ist. Erschwerend ist der Umstand, dass die Zuständigkeiten für Tourismus in Deutschland bei Wissenschaftsbereichen (z. B. Ökonomie, Geografie, Soziologie, Rechtswissenschaft), Systemen (z. B. Wirtschafts-, Rechts-, Gesellschaftssystemen) und Politikressorts (z. B. Wirtschafts-, Finanz- und Steuer-, Arbeitsmarkt-, Rechtspolitik) liegen und wahrgenommen werden. Es gilt ein Interessensausgleich zwischen den Unternehmen, dem Staat, der Gesellschaft, der Umwelt und der Quell- und Zielgebiete zu schaffen. Darüber hinaus ist unter Politik auch immer die „Kunst des Machbaren" zu verstehen.

Eine gängige Definition des Begriffes Tourismuspolitik nach *Kaspar* ist: **„Unter Tourismuspolitik verstehen wir bewusste Förderung und Gestaltung des Tourismus durch Einflussnahme auf die touristisch relevanten Gegebenheiten von Gemeinschaften."**

Nachfolgendes Kapitel beschäftigt sich mit:

* **Zielbereichen, Zielen und Trägern der Tourismuspolitik,**
* **Instrumenten der Tourismuspolitik,**
* **Ebenen der Tourismuspolitik.**

4.1 Zielbereiche und Ziele der Tourismuspolitik

Die **Zielbereiche der Tourismuspolitik** lassen sich im Wesentlichen untergliedern in:

* Gestaltung des Tourismus bzw. der touristischen Rahmenbedingungen allgemein,
* Gestaltung spezifischer touristischer Segmente bzw. deren Wirkungen,
* Gestaltung einzelner Standorte,
* Gestaltung der individuellen Bedingungen für die Akteure im Tourismus.

Aus der Festlegung der Zielbereiche lassen sich sodann die **Ziele der Tourismuspolitik** ableiten. Nach *Freyer* können diese unterteilt werden in:

* **ökonomische Ziele;** z. B. Schaffung von Arbeitsplätzen, Sicherung der Wertschöpfung und des Wirtschaftswachstums, Erzielung von Steuereinnahmen,
* **soziale Ziele;** z. B. Vereinbarkeit und Verträglichkeit mit Sitte, Moral, Tradition und Gesundheit,
* **ökologische Ziele;** z. B. Schonung von endlichen Ressourcen, Abfallvermeidung, Landschaftsschutz,
* **Bereichsziele;** z. B. Gesundheit, Raumplanung, Recht.

Konkret bedeutet dies (*Freyer*):

* die Sicherung der Rahmenbedingungen für einen funktionierenden Tourismus,
* Steigerung der Leistungs- und Wettbewerbsfähigkeit der Tourismuswirtschaft in Deutschland,
* Verbesserung der Möglichkeiten der Teilnahme breiter Bevölkerungsschichten am Tourismus,
* Verbesserung und Ausbau der regionalen und internationalen Zusammenarbeit im Tourismus,
* Erhaltung der Landschaft, der Ökosysteme und der Natur.

Die **Träger der Tourismuspolitik** in Deutschland nach *Freyer* sind:

* **staatliche Träger;** z. B. Ministerien, Ämter und Verwaltungen, Gebietskörperschaften,
* **Mischformen;** z. B. Tourismusverbände und Tourismusvereine, Werbegemeinschaften und Vereine,
* **private Träger;** z. B. Unternehmen, Verbände, Berufs- und Branchenorganisationen, Einzelpersonen, öffentlich-rechtliche Institutionen und Dienstleister.

Die Tätigkeiten der o. g. Träger erfolgen auf unterschiedlichen Ebenen. So nehmen z. B. auf nationaler Ebene das Ministerium des Bundes oder die Branchenverbände die Interessen des Tourismus wahr, während auf Länderebene die Landes- und Regionalverbände, sowie Verbände und Vereine Tourismuspolitik betreiben. Auf kommunaler Ebene sind es die Tourismusämter und die Unternehmen, denen die Aufgabe der Vertretung der Interessen des Tourismus zukommt.

4.2 Instrumente der Tourismuspolitik

Um Tourismuspolitik umsetzen zu können, bedarf es mehrerer Instrumente bzw. Mittel. Diese können u. a. sein:

- **wirtschaftliche Instrumente;** z. B. durch direkte finanzielle Zuwendungen (z. B. direkte und indirekte Subventionen, Förderprogramme) oder indirekte Steuer- und Finanzbestimmungen (z. B. Kurtaxe und Tourismus-/Fremdenverkehrsabgabe),
- **soziale/sozialpolitische Instrumente;** z. B. durch direkte und indirekte Mittel für soziale und medizinische Problemgruppen (z. B. Kuren, Rehabilitationen), Ferien- oder Arbeitszeitregelungen, ggf. auch die Aus-, Fort- und Weiterbildung (kann aber auch als wirtschaftliches Mittel gesehen werden),
- **rechtliche/ordnungsrechtliche Instrumente;** z. B. durch Gesetzgebung und Verordnungen (z. B. Raumordnung, Bau, Umweltbelastung) oder durch lokale Verbote/Gebote (z. B. Befahrung, Gewässerschutz),
- **kommunikative/meinungsbildende Instrumente;** z. B. durch Image-Kampagnen und Themen-Jahre z. B. der DZT, Resolutionen, Memoranden, Untersuchungsergebnisse aus der wissenschaftlichen Forschung.

4.3 Ebenen der Tourismuspolitik

Tourismuspolitik findet auf nachfolgenden Ebenen statt:

- **internationale/globale Ebene,**
- **nationale Ebene,**
- **regionale Ebene,**
- **lokale bzw. betriebliche Ebene.**

4.3.1 Internationale Tourismuspolitik

Das besondere Problem der internationalen Tourismuspolitik ist, dass sie nur Empfehlungen geben, aber keine direkten, steuernden Entscheidungen treffen kann. Denn Entscheidungen sind i. d. R. an die Gesetzgebung und damit an die staatliche (nationale) Ebene gebunden. Ausnahmen gibt es nur in den Fällen, in denen Nationalstaaten auch politische Zuständigkeiten an internationale Gremien abgegeben haben. Dies wäre z. B. in der EU möglich, wird dort aber bisher nicht ausreichend bzw. gar nicht genutzt.

Auf internationaler Ebene wird die Tourismuspolitik einerseits von:

- internationalen Organisationen und Institutionen, aber auch von
- internationalen Fach- und Dachverbänden wahrgenommen.

Internationale Organisationen und Institutionen sind u. a.:

UNO (United Nation Organization): die UNO hatte bis 2004 keine eigene Einrichtung, die sich mit Fragen des Tourismus bzw. der Tourismuspolitik beschäftigte; bis dahin enge Zusammenarbeit mit der WTO,

WTO (World Tourism Organization) auch UNWTO: nicht zu verwechseln mit der WTO – World Trade Organization! WTO ist die wichtigste Organisation, in der Staaten bzw. staatliche Tourismusorganisationen Mitglieder sind, mit Hauptsitz in Madrid; Hauptziel der WTO: Unterstützung der Staaten bei der ökonomischen Entwicklung des Tourismus und bei der Minimierung negativer ökologischer und sozialer Auswirkungen (*Bütow*),

WTTC (World Travel & Tourism Council): die WTTC ist die wichtigste internationale Organisation touristischer Unternehmen mit Hauptsitz in London; Ziele der WTTC: Gestaltung der Marktbedingungen, Verantwortung der Tourismuswirtschaft gegenüber allen übrigen Umfeldbereichen,

OECD (Organization for Economic Cooperation and Development), Directorate Science, Technology & Industry: die OECD versteht sich als Beobachter von Politik und Veränderungen und Unterstützer für eine nachhaltige ökonomische Tourismusentwicklung,

EU (Europäische Union/European Union): direkte Beschäftigung mit dem Tourismus (in einer Unterstruktur) Direktion D-Dienstleistung, Handel, Tourismus und elektronischer Geschäftsverkehr, Referat D.3-Fremdenverkehr; Ziel der EU: Verbesserung der Qualität, der Wettbewerbsfähigkeit und der Nachhaltigkeit des europäischen Tourismus,

BTC (The Baltic Sea Tourism Commission): eine Non-Profit-Organisation mit derzeit 80 Mitgliedern aus dem „baltischen Raum"; Ziel der BTC: die Vermarktung des Baltikums.

Internationale Dach- und Fachverbände

Die vordergründigen Zielsetzungen der internationalen Fach- und Dachverbände sind in der Hauptsache:

• zwischen ihren Mitgliedern zu koordinieren,
• Erfahrungen und Informationen auszutauschen,
• die eigenen Aktivitäten zu professionalisieren,
• die Kooperation zu fördern.

Dennoch beeinflussen sie über ihre gemeinsame öffentliche Interessensvertretung – und ggf. auch ihre ökonomische Stärke und Bedeutung – auch die internationale bzw. nationale Tourismuspolitik (*Bütow*). Wichtige Dach- und Fachverbände sind u. a. (*Bütow, Schroeder, TID*):

IATA (International Air Transport Association): Weltverband der Unternehmen des kommerziellen Luftverkehrs (i. d. R. Fluggesellschaften) mit Sitz in Montreal; ständige Ausschüsse der IATA: Legal Committee, Financial C., Technical C., Traffic C.,

IH&RA (International Hotel & Restaurant Association): Weltverband des Hotel- und Gaststättengewerbes,

FITEC (Fédération Internationale du Thermalisme et du Climatisme): gesundheitspolitische Interessensvertretung im Bereich des Kur- und Bäderwesens,

UFTAA (Universal Federation of Travel Agents Association): internationale Vereinigung von Reisemittlern, Reiseveranstaltern sowie deren nationale Dachverbände,

IRU (International Road Union): internationale Vereinigung der Straßenbeförderungsunternehmen (i. d. R. Bus- und Verkehrsunternehmen),

AIEST (Association Internationale d'Experts Scientifiques du Tourisme): internationale Organisation/Zusammenschluss von Personen und Institutionen aus dem Bereich der touristisch relevanten Wissenschaften,

PATA (Pacific Asia Travel Association): Vereinigung aller touristischer Einzel-, Gesamtleistungsträger sowie Dienstleister mit einem touristischem Bezug zum asiatisch-pazifischen Raum,

SKAL (Association Internationale de Professionnels du Tourisme): internationale Vereinigung von Führungskräften aller touristischer Berufe; Ziel der Bewegung: Freundschaft und Zusammenarbeit von Führungskräften touristischer Berufe,

IACA (International Air Carrier Association): internationaler Dachverband der Charterfluggesellschaften,

AEA (Association of European Airlines): internationaler Zusammenschluss europäischer Luftverkehrsgesellschaften,

ASTA (American Society of Travel Agents): internationale Vereinigung der Reisemittler aus Nord-, Mittel- und Südmerika.

4.3.2 Nationale Ebene

In Deutschland liegt die Tourismuspolitik nach der föderalen Ordnung der Verfassung in den Zuständigkeiten der Länder, i. d. R. angebunden an die Wirtschaftsministerien der (Bundes-) Länder (*Bütow*). Durch den Querschnittscharakter des Tourismus berührt sie in vielen Einzelfragen auch die Zuständigkeitsbereiche anderer Ressorts.

Die staatlichen Akteure der Tourismuspolitik sind:

* Parteien; jede Partei benennt eine/n Tourismus-Sprecher/in,
* Ministerien:
  - Bundesministerium für Wirtschaft und Arbeit: federführende Kompetenz für die Tourismuspolitik der Bundesregierung liegt beim Bundesministerium für Wirtschaft und Arbeit, im Referat Tourismus,
  - Bundesministerium für Verkehr, Bau- und Stadtentwicklung (BMVBS): Koordinierung internationaler und nationaler Fragen des Tourismus für den Verkehrsbereich, Raumordnung,
  - Bundesministerium für Justiz: Schuldrecht, u. a. Reisevertragsrecht und Verbraucherschutz im Vertragsrecht, Internationale Abkommen,
  - Auswärtiges Amt: Herausgabe aktueller Länderinformationen, Reise- und Sicherheitshinweise, medizinische Empfehlungen, Reisewarnungen,
  - Bundesministerium für Verbraucherschutz, Ernährung und Landwirtschaft: allgemeine und besondere Angelegenheiten der gesellschaftlichen Entwicklung, auch Natur- und Landschaftsschutz, Nachhaltigkeit im Tourismus, Förderung des Landurlaubs,
  - Ministerium für Bildung und Forschung (z. B. Aus- und Weiterbildung, Tourismusforschung),
  - Bundesministerium für Inneres (z. B. Tourismusstatistiken, Ein-/Ausreiseregelungen, Arbeits- und Erholungsverordnung),
  - Bundesministerium für Umwelt und Naturschutz: Natur- und Landschaftsschutz, Nachhaltigkeit im Tourismus Agenda 2,

- Referenten für Tourismus der Bundesländer; jedes Land benennt einen Referenten (meist im Rang eines Ministerialrates, i. d. R. bei den jeweiligen Ministerien für Wirtschaft, Infrastruktur, Verkehr angesiedelt),
- Vertretungen der Europäischen Kommission in der Bundesrepublik Deutschland (Berlin, München, Bonn); für Tourismus zuständig: Direktion D (Dienstleistung), Direktion E (Landverkehr), Direktion F (Luftverkehr), Direktion G (Seeverkehr).

In Ermangelung einer höheren administrativen Einordnung wie in anderen Ländern wird die deutsche Tourismuspolitik übergreifend durch folgende drei Gremien unterstützt (*Bütow*):

- „Ausschuss für Tourismus" des Deutschen Bundestages (ein parlamentarischer Vollausschuss), in dem durch die Experten der Fraktionen Verhandlungen im Bundestag zur jeweiligen Thematik vorbereitet und z. B. auch Gesetzesentwürfe diskutiert werden.
- „Bund-Länder-Ausschuss Tourismus", der die gegenseitige Unterrichtung und Koordinierung tourismuspolitischer Aktivitäten zwischen den zuständigen Ministerien von Bund und Ländern vornimmt.
- „Beirat für Fragen des Tourismus beim Bundesministerium für Wirtschaft", der den jeweiligen Bundesminister in Fragen der Tourismuspolitik unterstützt und der Zusammenführung der Interessen von Politik, Wirtschaft, Wissenschaft, kommunalen Gremien und tourismuspolitischen Verbänden dient.

Folgende fünf **grundlegende Ziele der Tourismuspolitik** hat die Bundesregierung 1994 formuliert:

- Sicherung der für eine kontinuierliche Entwicklung im Tourismus erforderliche Rahmenbedingungen,
- Steigerung der Leistungs- und Wettbewerbsfähigkeit der deutschen Fremdenverkehrswirtschaft (heute eher Tourismuswirtschaft),
- Verbesserung der Möglichkeiten für die Teilnahme breiter Bevölkerungsschichten am Tourismus,
- Ausbau der internationalen Zusammenarbeit im Tourismus,
- Erhaltung von Umwelt, Natur und Landschaft als Grundlage des Tourismus.

Auf nationaler Ebene wird die Tourismuspolitik darüber hinaus von Dach- und Fachverbänden aber auch von Vereinigungen und Interessensvertretungen getragen bzw. unterstützt aber auch stark beeinflusst. Nachfolgend einige wichtige Dach- und Fachverbände sowie Vereinigungen und Interessensvertretungen (*Bütow, Schroeder, TID*):

DZT - Deutsche Zentrale für Tourismus

- wirbt für Deutschland als Urlaubsland sowie als Messe-, Tagungs-, Kongress- und Konferenzstandort im Ausland; seit 1999 auch für überregionales Inlandsmarketing zuständig; setzt sich aus derzeit 49 Mitgliedern aus den Bereichen Touristische Unternehmen, Landesorganisationen und Verbände zusammen,
- Ziele der DZT sind u. a.: Steigerung des Reiseaufkommens und Erhöhung der Deviseneinnahmen, Stärkung des Wirtschaftsfaktors Tourismus, Erhaltung und Schaffung von Arbeitsplätzen, Positionierung Deutschlands als vielfältiges und attraktives Reiseland, Darstellung kultureller Werte im In- und Ausland, Beratung bei der Aufarbeitung touris-

tischer Produkte im Inland, Marketing und Vertrieb in den wichtigsten ausländischen Märkten,
* die DZT sieht sich eher in der Tradition eines „Umsetzungsorgans" für Tourismuspolitik; sie wird dabei vom BTW, DZT und Fachverbänden unterstützt.

DTV - Deutscher Tourismusverband (früher DFV – Deutscher Fremdenverkehrsverband)

* Interessenvertretung des öffentlichen Tourismus auf nationaler Ebene, im DTV sind die touristischen Organisationen aus den Bundesländern organisiert,
* fördernde Mitglieder wie z. B. der ADAC oder die Deutsche Bahn AG unterstützen die Arbeit gegenüber den politischen Entscheidungsträgern auf Bundes- und europäischer Ebene,
* der DTV sieht sich als: politischer Vertreter seiner Mitglieder beim Bund und bei der EU, als Dienstleister für die Mitglieder und alle Interessierten, Qualitätsmanager für touristische Einrichtungen und Angebote (z. B. TIN, AGBs, Klassifizierungen und Standards), Koordinator und Initiator von Aus-, Fort- und Weiterbildungsmaßnahmen, Innovations- und Kompetenzzentrum für den Deutschlandtourismus.

BTW – Bundesverband der Deutschen Tourismuswirtschaft

* der BTW ist der unternehmerisch ausgerichtete Dachverband, der die wirtschafts-, sozialpolitischen und ideellen Interessen der Tourismuswirtschaft wahrnimmt (vergleichbar der WTTC auf internationaler Ebene),
* die Ziele des BTW sind u. a.: Tourismusstandort Deutschland stärken,˙Steuerlasten senken, Mobilität zukunftsfähig gestalten, Subsidiarität in Europa wahrnehmen, Nachhaltigkeit fördern,
* seit 2003 ist der BTW Mitglied im BDI (Bundesverband der Deutschen Industrie) und seit 2002 ist der DTV Mitglied im BTW.

Weitere Organisationen und Verbände sind u. a.:

* DRV - Deutscher ReiseVerband,
* asr - Allianz selbständiger Reiseunternehmer – Bundesverband e. V.,
* Deutscher Kur- und Heilbäderverband (früher DBV- Deutscher Bäderverband),
* VDR - Verband Deutsches Reisemanagement,
* VPR - Verband der Paketreiseveranstalter International,
* DeHoGa - Deutscher Hotel und Gaststättenverband,
* IHA - Hotelverband Deutschland,
* BVCD - Bundesverband der Campingwirtschaft in Deutschland,
* DJH - Deutsches Jugendherbergswerk,
* AUMA - Ausstellungs- und Messe-Ausschuss der Deutschen Wirtschaft,
* gbk - Gütegemeinschaft Buskomfort,
* BDO - Bundesverband Deutscher Omnibusunternehmer,
* RDA - Internationaler Bustouristik Verband,
* ADFC - Allgemeiner Deutscher Fahrrad Club,
* ADL - Arbeitsgemeinschaft Deutscher Luftfahrt-Unternehmen,
* ADV - Arbeitsgemeinschaft Deutscher Verkehrsflughäfen,
* BVML - Bundesverband mittelständischer Luftfahrt,
* BAV - Bundesverband der Autovermieter,
* VFF - Verband der Fährschifffahrt & Fährtouristik.

Vereinigungen und Interessensvertretungen; nationale Vereinigungen und Interessensvertretungen nehmen über unterschiedliche Wege, Methoden und Instrumente Einfluss auf die touristische Entwicklung.

* DANTE (Die Arbeitsgemeinschaft für Nachhaltige Tourismus Entwicklung),
* Studienkreis für Tourismus und Entwicklung,
* forum anders reisen,
* Bundesforum Kinder- und Jugendreisen,
* BRAG (Bundesverband der Reiseleiter, Animateure und Gästeführer),
* Deutscher Wanderverband,
* DGfR (Deutsche Gesellschaft für Reiserecht),
* Evangelischer Arbeitskreis Freizeit, Erholung, Tourismus in der Evangelischen Kirche in Deutschland,
* Gate (Gemeinsamer Arbeitskreis Tourismus und Ethnologie),
* Touristik Arbeitsgemeinschaft Deutsche Alpenstrasse,
* VDRJ (Vereinigung Deutscher Reisejournalisten),
* Verein der Touristikfachwirte,
* Willy Scharnow-Stiftung für Touristik,
* AAC (Arbeitskreis Aktiver Counter),
* ARA (Anti-Rassistischer Arbeitskreis),
* Arbeitsgemeinschaft Karibik (ebenso Arbeitsgemeinschaften für Indien, Lateinamerika, Jemen u. a.),
* Verkehrsverbände (z. B. ADAC, ADV),
* Umweltverbände (z. B. BUND, DNR, NABU),
* Behindertenverbände,
* Sportverbände,
* u. a.

4.3.3 Regionale Ebene

Auf regionaler Ebene sind die Landesverbände und Landesmarketingorganisationen die politischen Interessensvertreter des Tourismus gegenüber der Landes- und Bundesebene und geben den tourismuspolitischen Rahmen innerhalb der (Bundes-)Länder vor. Die Tätigkeit bzw. der Zweck der Landestourismusverbände kann gemeinwirtschaftlich (d. h. keine Gewinnerzielung) oder eigenwirtschaftlich (d. h. mit Gewinnerzielung) erfolgen und ist durch die dem Landestourismusverband angefügte Rechtsform (z. B. GmbH oder e. V.) gekennzeichnet. Ziele (Schnittmengen) der Landestourismusverbände können u. a. sein:

* Förderung aller Maßnahmen, die dem Tourismus und der touristischen Infrastruktur dienen,
* Vermarktung der (Bundes-)Länder und der touristisch relevanten Regionen im Inland und teilweise im Ausland,
* Bindeglied zwischen den regionalen/lokalen Leistungsträgern, regionalen Verbänden, Dach- und Fachverbänden, politischen Entscheidungsträgern.

Die Organisationsform ist i. d. R. der Landestourismusverband, der als Dachverband bzw. als Dachorganisation für die Regionalverbände fungiert. Dies können u. a. sein:

- Bayern Tourismus Marketing GmbH,
- Berlin Tourismus Marketing GmbH,
- Tourismus-Marketing Brandenburg GmbH (TMB) - Landestourismusverband Brandenburg e. V.,
- Bremer Touristik Zentrale (BTZ),
- Hamburg Tourismus GmbH,
- Hessen Agentur (HA),
- Tourismusverband Mecklenburg-Vorpommern e. V.,
- Tourismus Marketing Niedersachsen GmbH,
- Nordrhein-Westfalen Tourismus e. V.,
- Rheinland-Pfalz Tourismus GmbH/Tourismus- und Heilbäderverband Rheinland-Pfalz e. V.,
- Tourismus Zentrale Saarland GmbH,
- Tourismus Marketing Gesellschaft Sachsen mbH,
- Landesmarketing Sachsen-Anhalt GmbH,
- Tourismus-Agentur Schleswig Holstein GmbH,
- Thüringer Tourismus GmbH.

Regionalverbände (RV) und Regionalmarketingorganisationen entwickeln sich zunehmend von imagebildenden und politischen zu wirtschaftlich (trotz der Rechtsform eines z. B. e. V. – auch diese dürfen kommerziell tätig sein) ausgerichteten „Destination Management Company" (Destinations-Agenturen) sog. DMCs (*Bütow*). Wichtige Regionalverbände/Regionalmarketingorganisationen sind u. a.:

- Baden Württemberg: Schwarzwald Tourismus GmbH und weitere zwölf RV,
- Bayern: Tourismusverband München & Oberbayern e. V. und weitere zweiunddreißig RV,
- Brandenburg: Potsdam Tourismus Service und weitere acht RV,
- Hessen: Wiesbaden Congress & Tourist Service und weitere neun RV,
- Mecklenburg-Vorpommern: Tourismuszentrale Rostock & Warnemünde und weitere sieben RV,
- Niedersachsen: Hannover Tourismus Service und weitere vierzehn RV,
- Nordrhein-Westfalen: Köln Tourismus GmbH und weitere fünfzehn RV,
- Rheinland-Pfalz: Tourismus & Service GmbH Ahr, Rhein, Eifel und weitere zehn RV,
- Saarland: Fremdenverkehrszweckverband Saarpfalz-Touristik und ein weiterer RV,
- Sachsen: Dresden-Werbung und Tourismus GmbH und weitere neun RV,
- Sachsen-Anhalt: Tourismusverband Sachsen-Anhalt e. V. und weitere vier RV,
- Schleswig-Holstein: Tourist Information Kiel e. V. und weitere fünf RV,
- Thüringen: Tourismusgesellschaft Erfurt und weitere drei RV.

4.3.4 Lokale bzw. betriebliche Ebene

Lokale Tourismuspolitik spielt sich näher am „touristischen Alltag" ab; die Tätigkeiten liegen somit in (*Bütow*):

- **administrativer Tätigkeit** (z. B. Tourismus-/Fremdenverkehrsämter, Kurverwaltungen),
- **öffentlicher und privatrechtlicher Tätigkeit** (z. B. Tourismusvereine, Tourist-Info),

- **unternehmerischer/privatrechtlicher Tätigkeit** (z. B. Marketinggesellschaften, Einzelbetriebe),
- **informeller Tätigkeit** (z. B. Stammtische).

Die **Organisations- und Rechtsformen** auf lokaler Ebene können sein:

- Regiebetriebe,
- Eigenbetriebe,
- eingetragener Vereine (e. V.),
- Gesellschaften mit beschränkter Haftung.

Kontrollfragen

1. An welchen Größen kann die Bedeutung des Tourismus weltweit gemessen werden?

2. Welche Faktoren spielen bei dem rasanten Wachstum des Tourismus im Mittleren Osten eine Rolle?

3. Welches ist die wichtigste Quellregion für den Tourismus in Deutschland?

4. Welche ungünstigen Rahmenbedingungen haben den Tourismus in Deutschland, aber auch weltweit, seit 2000 beeinflusst?

5. Welche Rolle spielt das Internet in der heutigen Zeit im Tourismus?

6. Was beinhaltet der Binnentourismus oder Incoming-Tourismus?

7. Was beinhaltet der Outgoing-Tourismus?

8. Was ist mit der Bezeichnung „enger Tourismusbegriff" gemeint?

9. Welches sind die konstitutiven Elemente des Reisens?

10. Nach welchen Faktoren kann das Reiseverhalten abgegrenzt werden?

11. Bedingt durch welche Faktoren entwickelte sich das Reisen von einem Luxusgut zu einem Massengut?

12. Durch was wird das touristische Angebot bestimmt?

13. Was verstehen Sie unter „Tourismuswirtschaft im engeren Sinn", „ergänzender Tourismuswirtschaft" und „touristischer Randindustrie"?

14. Nach welchen Kriterien kann die touristische Nachfrage abgegrenzt werden?

15. Welche Motive bewegen den Menschen zu reisen?

16. Welche Bedeutung hat Tourismus für eine Volkswirtschaft?

17. Was besagen die Kennzahlen RI, RH und FI?

18. Welche reisenden Personen werden nicht zum Tourismus gezählt und in keiner Tourismusstatistik erfasst?

19. Welche Erträge fließen einem Entwicklungsland durch den Aufbau einer Tourismusindustrie zu?

20. Welche kulturellen, sozialen und ökologischen Nachteile sind mit dem Aufbau einer Tourismusindustrie in einem Entwicklungsland i. d. R. verbunden?

21. In welchem Spannungsfeld steht sanfter und nachhaltiger Tourismus?

22. Worin besteht die Notwendigkeit für Tourismuspolitik?

23. Welche Ziele werden mit der Tourismuspolitik verfolgt?

24. Wer sind die Träger der Tourismuspolitik in Deutschland?

B. Angebotsseite

1. Reiseveranstalter

1.1 Die Anfänge der Reiseveranstalter

> Ein Reiseveranstalter ist ein Unternehmen, welcher die Leistungen Dritter (anderer Leistungsträger) zu einer Pauschalreise bündelt, diese im eigenen Namen und auf eigene Rechnung zu einem Pauschalpreis selbst oder über Mittler an den Kunden/Reisenden verkauft.

Die **Anfänge des Reiseveranstalters** und der Pauschalreise liegen zweifelsohne in Großbritannien und nahmen ihren Anfang mit der legendären ersten Pauschalreise, eine organisierte Bahnreise von Loughborough nach Leicester, organisiert von Thomas Cook. Großbritannien gilt als Mutterland der Pauschalreise, die fortan als Flugreise/Flugpauschalreise durchgeführt wurde. Gründe für diese Entwicklung nach *Holloway* sind:

- Die Bevölkerung war der Isolation während des Zweiten Weltkrieges überdrüssig und wollte reisen.
- Es bestand nach der Berliner Blockade durch die von den Alliierten aufgebauten Luftbrücke ein Überhang an Flugzeugen, die nun nicht mehr gebraucht wurden und für die eine Beschäftigung gesucht wurde.
- Lockerung bzw. Aufhebung der grenzüberschreitenden Währungsrestriktionen.

In Deutschland, dem heutigen Rekordland der Pauschalreise entwickelten sich Reiseveranstalter erst in den 60iger Jahren und verhalfen der Pauschalreise zu ihrem Durchbruch. Allerdings und im Unterschied zu Großbritannien, waren die ersten Pauschalreisen der Deutschen keine Auslands-, sondern Inlandsreisen. Mit der Gründung der LTU (Lufttransport-Unternehmen) und dem DFD (Deutschen Flugdienst) wurden die ersten Charterfluggesellschaften gegründet. 1959 fiel die DFD ganz an die Lufthansa und wurde 1961 in Condor umbenannt. Dies kann als die Geburtsstunde der Flugpauschalreise bezeichnet werden, wenngleich sich nur wenig wohlhabende Bürger eine Auslands-Flugreise leisten konnten. In dieser Zeit war Mallorca schon das Flugreiseziel Nr. 1 der deutschen Reisenden. Gründe für die dann rasante Entwicklung der Flugpauschalreise waren (*Mundt*):

- **Wegfall der Deviseneinschränkungen** und volle Konvertierbarkeit der D-Mark,
- **gesellschaftliche Hintergründe** (z. B. Arbeitsplatzsicherheit, steigende Freizeit),
- **stetig steigendes Einkommen**,
- der **Wunsch vieler Bürger**, etwas von anderen **Ländern** und deren **Kulturen kennen** zu lernen.

Während der Markt der Reiseveranstalter früher eher mittelständisch geprägt war, wird er heute von einigen großen Konzernen mit Milliarden-Umsätzen aus den Geburtsländern der Pauschalreise, Großbritannien, Deutschland und der Schweiz beherrscht.

Rangfolge und Marktanteile der zehn größten deutschen Reiseveranstalter 2006/2007 (bis 31.10.)*					
Reiseveranstalter	Umsatz in Mrd. Euro	Marktanteil in Prozent	Teilnehmer in Mio.	Anzahl Vertriebsstellen (gesamt)	davon eigene Reisebüros
TUI Deutschland	4,63	28,36	13,51	9.600	1.535
Thomas Cook	2,83	17,36	5,72	10.517	1.401
Rewe Touristik	2,66	16,32	5,38	9.405	2.552
Alltours	1,19	7,28	1,57	10.700	216
FTI	0,73	4,46	1,30	10.112	72
Öger-Gruppe	0,72	4,42	1,40	12.240	14
Aida Cruises	0,45	2,76	0,26	k. A.	k. A.
L'Tur	0,37	**	0,76	k. A.	k. A.
Phoenix	0,25	1,54	0,16	9.693	keine
Schauinsland	0,25	1,52	0,41	10.700	1

* das touristische Geschäftsjahr entspricht nicht dem Kalenderjahr; es wird vom 01.11. bis 31.10. gerechnet
** im TUI Umsatz enthalten

Tab. B. 1.1: Deutschlands zehn größte Reiseveranstalter
Quelle: in Anlehnung an fvw Dokumentation, 2007

1.2 Der Markt der Reiseveranstalter

Schätzungen zufolge, gibt es in der Bundesrepublik ca. 800 bis 1.200 Reiseveranstalter. Der Grund dafür, dass es keine präzise Angabe zu der Zahl der Reiseveranstalter gibt, liegt in der Tatsache begründet, dass immer mehr Reisemittler auch als Reiseveranstalter auftreten und somit ein Problem der Erfassung und Abgrenzung auftritt.

1.2.1 Reiseveranstaltermarkt im Wandel

Der derzeitige rasante Wandel verändert das Bild der Touristik kontinuierlich. Sowohl im Reiseveranstaltermarkt als auch in den vor- und nachgelagerten Bereichen Beförderung, Beherbergung und Vertrieb. Ebenso tragen zum Wandel die technologische Entwicklung, die Bevölkerungsstruktur als auch die politischen Rahmenbedingungen bei.

1.2.1.1 Ausgangssituation und Rahmenbedingungen im Reiseveranstaltermarkt

Der Reiseveranstaltermarkt ist stets in einem Spannungsfeld zwischen neuen Entwicklungen auf Anbieter- und Nachfragerseite, immer schneller werdenden und sich ändernden Prozessabläufen. Die derzeitigen Rahmenbedingungen lassen sich wie folgt systematisieren:

Entwicklungen auf der Anbieterseite

- **starke Konzentrationsprozesse in der Reiseveranstalterszene** (z. B. Fusionen, vertikale und horizontale Integrationen),
- **neue Technologien** (z. B. Buchungsmaschinen, Internet),
- **weltweite agierende GDS/CRS** mit immer mehr Tools,
- **Internationalisierung des Wettbewerbs** (z. B. ausländische Reiseveranstalter kaufen sich in Deutschland ein, sowie deutsche Reiseveranstalter ihre Quellgebiete im Ausland erschließen),
- **Profilierung der Reisemittler** (z. B. durch Zusammenschlüsse in Kooperationen um Provisionsforderungen an die Reiseveranstalter effizienter durchsetzen zu können, immer mehr Eigenveranstaltung im Reisebüro und somit direkter Mitbewerber zum Reiseveranstalter),
- **Aufhebung der Vertriebsbindung** (seit 1995 wurde den Reiseveranstaltern vom Kartellamt untersagt, Reisebüros mit einer Ausschließlichkeitsklausel an sich zu binden; dem Reisbüro darf nicht untersagt werden, einen Mitbewerber zu vermitteln),
- **Lockerung der Preisbindung** (faktisch noch nicht gegeben, kann jedoch mit dem Wegfall des Handelsvertreterstatus des Reisebüros eintreten).

Entwicklung auf der Nachfragerseite

- **soziodemografische Entwicklung** (z. B. rapider Anstieg der Altersstufe 50plus),
- **verändertes Käuferverhalten** (z. B. Markenuntreue der Kunden, hybride Nachfrager),
- **Wertewandel in der Gesellschaft** (z. B. Arbeit steht nicht mehr im Mittelpunkt des Lebens, sondern der Konsum),
- **schnellerer Lebensrhythmus**,
- **unterschiedliche Verteilung von Einkommen und Besitz,**
- **Anstieg des frei verfügbaren Einkommens,**
- **stetige Steigerung der Freizeit** (z. B. Reduktion der Arbeitszeit),
- **unterschiedliche Entwicklung des Freizeitverhaltens** (z. B. Eventisierung vieler Freizeitaktivitäten).

Entwicklungen auf der Seite der Leistungsträger

- **Direktvertrieb der Leistungsträger** (z. B. durch Internet werden die Produkte und Dienstleistungen unter Umgehung des Reiseveranstalters direkt vermarktet),
- **Eigenveranstaltung der Reisemittler** (z. B. durch die Tools der Buchungsmaschinen und der GDS/CRS ist der Reisemittler nicht mehr auf den Bündelungsprozess eines Reiseveranstalters angewiesen),
- **Etablierung der Low-Budget-Airlines**, die ihren preisgünstigen Flug mit einem Hotelangebot kombinieren und somit ebenfalls auf den Bündelungsprozess eines Reiseveranstalters verzichten,
- **neue Mitbewerber und Substitutionsmärkte** (z. B. kann Freizeit oder Urlaub auch in einer Therme, einem Shopping-Center, einem Freizeit- oder Naturpark verbracht werden).

1.2.1.2 Der Reiseveranstaltermarkt im Überblick

Die Entwicklung des heutigen Reiseveranstaltermarktes ist geprägt von der Entwicklung und Entstehung von Touristik-Konzernen. Ehemals Familienbetriebe und mittelständische Unternehmen wandeln sich zu globalen, z. T. börsennotierten Unternehmen. Der Markt ist geprägt von einer Welle der Konzentration und der Internationalisierung. Die **Vorteile** dieses Prozesses bedeuten für die Reiseveranstalter:

- **Größenvorteile** (economies of scale and scope) für die Touristik-Konzerne,
- **komplette Marktabdeckung** durch ein breites Markenportfolio,
- **Risikoausgleich** durch Erschließung neuer Quellmärkte.

Die **vertikale Integration**, also die Integration einzelner Wertschöpfungsstufen in einen Touristik-Konzern, ein Prozess der seit Jahren beobachtbar ist, wird begründet mit:

- den **Synergiepotenzialen** durch die Systeme,
- **Steuerung der gesamten Wertschöpfungskette** auf Auslastung-, Qualität- und Renditeziele,
- **flexible Planung** und Steuerung der Produktionskapazitäten,
- **Differenzierung** der Angebote und des touristischen Dienstleistungsprozesses (Markt- und Produktspezialisierung),
- **verbesserte Diversifikation** (horizontal, vertikal, lateral),
- die Wertschöpfungskette wird zum **aktiven Netzwerk**.

Nachfolgende Tabelle zeigt in Auszügen und am Beispiel den Integrationsprozess und die Wertschöpfung sowie Marken anhand ausgewählter Reisekonzerne in Deutschland auf.

TUI AG/TUI Travel Plc.	
Die TUI Travel Plc. ist aus der Fusion der Touristiksparte der TUI AG und First Choice Holidays Plc. hervorgegangen und wird an der Londoner Börse notiert. Die TUI beschäftigt weltweit ca. 48.000 Mitarbeiter und gilt mit einem Gesamtumsatz von ca. 18 Mrd. Euro als der weltweit größte Reisekonzern.	
Veranstalter (Deutschland/ Europa)	**Deutschland:** TUI Deutschland GmbH, 1-2-Fly, Discount Travel, Airtours, Berge & Meer Touristik, Fox-Tours Reisen, Gebeco, Dr. Tigges, L'Tur, OFT Reisen, Touropa, Wolters Reisen **Österreich:** TUI Austria, Gulet, TUI Reisecenter Austria **Osteuropa:** TUI Polska, TUI Hungary, TUI Slovenia **Schweiz:** TUI Suisse, TUI Suisse Direct (Vögele), TUI Suisse Retail
Fluggesellschaften* **Reedereien****	TUIfly* Hapag Lloyd Kreuzfahrten**, TUI Cruises**
Hotelbeteiligungen (weltweit)	TUI Hotels & Resort, Atlantica Hotels & Resorts, Dorfhotel, Gran Resort Hotels, Grecotel, Grupotel, Iberotel, Jaz, Magic Life, Nordotel, Paladien Hotels et Clubs, Riu Hotels, Robinson Club, Sol y Mar
Vertrieb	L'Tur, TUI 4U, TUI Interactive, TUI Leisure Travel, TUI Reise Center, First Reisebüros, Hapag Lloyd Reisebüros, Discount Travel, TUI Star Travel
Thomas Cook Deutschland und International	
Thomas Cook AG ist im Juli 2007 mit der britischen My Travel fusioniert und seitdem als Thomas Cook Plc. an der Londoner Börse gelistet. Für die Gruppe arbeiten weltweit ca. 33.000 Mitarbeiter, Hauptaktionär des Konzerns ist mit 52 % die Arcandor AG (früher Karstadt/Quelle).	

Veranstalter (Deutschland/ Europa)	**Deutschland:** Neckermann Reisen, Neckermann Preisknüller, Thomas Cook Reisen, Bucher, Last Minute **Großbritannien:** Thomas Cook, JMC, Sunset, Neilson, Club 18-30, Style, Sunset Sunworld (Irl), Thomas Cook Signature, Latitude, Flexibletrips.com **Niederlande:** Neckermann Reizen, Vrij Uit, Thomas Cook **Belgien & Frankreich:** Neckermann (B), Pegase (B), Thomas Cook (B), Thomas Cook Voyages (F), Neckermann Voyages (F), Aquatour (F) **Polen:** Neckermann, HIT **Ungarn:** Neckermann, Lastminute.hu
Fluggesellschaften	Condor, Thomas Cook Airlines UK, Thomas Cook Airlines Belgium
Hotelbeteiligungen (weltweit)	Hoteles y Clubes de Vacaciones und Iberostar (Mehrheitsbeteiligungen), Sunrise, Coplay, H 10 und Aldiana (Minderheitsbeteiligungen)
Vertrieb	Thomas Cook Reisebüro, Holiday Land Reisebüro, Alpha Reisebüro
Touristik der Rewe Group (Deutschland und International) Im Rewe Konzern (Handel) ist die Touristik das zweite Standbein des Unternehmens.	
Veranstalter (Deutschland/ Europa)	**Deutschland** (Pauschal): ITS, Tjaereborg, Jahn Reisen, ITS Billa Reisen und (Baustein): Dertour, ADAC Reisen, Meier's Weltreisen **Österreich** (Pauschal): Rewe Austria Touristik, ITS Billa, Jahn Austria und Dertour Austria (Baustein) **Italien & UK & Rumänien** (Baustein): DER Viaggi, DER Travel Service, Dertour Romania
Fluggesellschaften	keine (LTU-Beteiligung wurde an Air Berlin verkauft)
Hotelbeteiligungen (weltweit)	LTI International Hotels, Primasol, Calimera Aktiv-Hotels
Vertrieb	**Touristik:** DER Reisebüro, Atlasreisen, Derpart, RSG, Tour Contact, Deutscher Reisering, Pro Tours, Prima Urlaub, RCE **Business Travel:** FCM DER Travel Solution, Derpart Travel Service

Tab. B. 1.2: Wertschöpfungskette von Reiseveranstalter
Quelle: in Anlehnung an TID, 200

1.2.1.3 Reiseveranstalter und der Wandel im unmittelbaren Umfeld

Zum unmittelbaren Umfeld eines Reiseveranstalters, der die Rolle des Produzenten einnimmt, gehören die Lieferanten und der Vertrieb. Die Lieferanten sind die Anbieter von Beherbergungsleistungen, Beförderungsleistungen und sonstige Dienstleister. Auf Vertriebsseite sind in erster Linie die Reisemittler (z. B. Reisebüros) zu erwähnen. In diesem unmittelbaren Umfeld haben sich die letzten Jahre gewaltige Veränderungen vollzogen, die nachhaltige Auswirkungen auf die Reiseveranstalterlandschaft haben.

Vertriebssituation
Der Vertrieb ist geprägt durch starke Konzentrationsprozesse. Immer mehr Reisebüros schließen sich zu Kooperationen (z. B. RCE, AER, TSS) zusammen. Diese Kooperationen, um ihre Verhandlungspositionen gegenüber den Reiseveranstalter zu stärken, schließen sich wiederum in Mega-Kooperationen (z. B. QTA) zusammen, die sodann mehrere tausend Reisebüros vertreten. Dadurch das Reiseveranstalter, um diesen Abhängigkeiten zu entkommen, ihrerseits immer stärker den Direktvertrieb (z. B. über Internet und Call Center) und den Eigenvertrieb ausbauen (z. B. durch eigene oder mehrheitlich beteiligte Vertriebsorganisationen, steigt der Wettbewerb beim Fremdvertrieb (unabhängigen,

nicht konzerngebundenen Einzelreisebüros), was wiederum den Kooperationsprozess beschleunigt.

Weiterhin wird durch den Direktvertrieb der Leistungsträger (z. B. Low-Budget-Airlines, Hotels, Freizeitparks) der Druck auf den Vertrieb stärker, welches zu einer Konsolidierungsphase im Vertrieb führt und gravierende Auswirkungen auf den Reiseveranstalter hat. Diese versuchen sich vermehrt in den Vertrieb einzukaufen, den Direktvertrieb über Internet zu forcieren und den Eigenvertrieb als flankierende Maßnahme zur Absicherung des Absatzes auszubauen.

Auch führten in der Vergangenheit diverse Modelle über Vertriebsalternativen dazu, dass Reiseveranstalter Anstrengungen unternahmen und auch noch unternehmen, um sich von den Abhängigkeiten des Fremdvertriebs zu lösen bzw. diese stark zu reduzieren.

Eine dieser Vertriebsalternativen sah vor, auf den Reiseveranstalter als ein Glied in der Wertschöpfungskette ganz zu verzichten. Durch neue technologische Fortschritte der GDS/CRS wäre es denkbar, die Leistungen der einzelnen Leistungsträger mit den Leistungen einer Destinationsagentur in einer Datenbank zu bündeln. Der Reisemittler (Reisebüro) wäre somit Veranstalter, da er jede Reise für den Kunden ganz individuell zusammenstellen würde.

Beförderungssituation
Auch bei den Lieferanten in der Beförderungsindustrie sind starke Veränderungs- und Wandlungsprozesse feststellbar, insbesondere im Flugverkehr. Die klassische Abgrenzung zwischen Linien- und Charterflugverkehr verwischt immer stärker. Dies hat Auswirkungen auf den Einzelplatzverkauf der Charterfluggesellschaften, die immer größere Kontingente in eigenem Namen verkaufen und somit dem Produzenten weniger Block-Kontingente liefern. Bedingt durch den starken Wandel im Luftverkehr, wie z. B. Wachstum des Luftverkehrsmarktes, Ergebnisdruck, Zwang zu Effizienzsteigerung, internationale Allianzen, Eintritt von Billigfluggesellschaften, Flottenpolitik durch technologischen Fortschritt sowie ein geändertes Kundenverhalten, machen eine Fluggesellschaft zu einem weniger berechenbaren Lieferanten. Reiseveranstalter beantworten diese Herausforderung mit dem Kauf bzw. Gründung eigener Fluggesellschaften (siehe Tab. B. 1.2: Wertschöpfungskette eines Reiseveranstalters).

Beherbergungssituation
Auch in der Beherbergungssituation vollzieht sich derzeit eine grundlegende Veränderung. Der immer stärkere Aufbau von Hotelmarken durch branchenfremde Investoren (z. B. Private Equity- und Venture Capital Unternehmen, Bauträger) zieht eine Änderung der Geschäftspolitik nach sich. Diese Unternehmen sind in hohem Maße renditegesteuert, ein Umstand der die Einkaufsverhandlungen nicht gerade erleichtert. Auch eine zunehmende Konzentration (z. B. Kettenbildung, Beitritt zu Kooperationen) erleichtert den Einkauf nicht. Weitere Umstände, die den Beherbergungsmarkt kennzeichnen und die Einkaufsmacht der Reiseveranstalter stark beeinflussen, sind:

• limitierte Verfügbarkeit in Top-Lagen,
• zunehmende Exklusivität einzelner Marken,
• Gewinneinflussfaktoren in der Hotellerie,
• Trend zur Verlagerung des Geschäftsrisikos auf den Reiseveranstalter (z. B. durch Abgabe hoher und garantierter Festkontingente und durch Management-Verträge).

1.2.2 Reiseveranstaltungsmanagement

Um den **Produktions- und Leistungserstellungsprozess** eines Reiseveranstalters zu begreifen, bedarf es einen Überblick über:

- Klassifikationsansätze der Reiseveranstalter,
- Funktionen eines Reiseveranstalters,
- Dienstleistungsprozess und die Leistungskette eines Reiseveranstalters,
- Geschäftsmodelle,
- Unternehmensziele und Zielhierarchien,
- Organisationsstrukturen,
- Markteintrittstrategien sowie Integrationsgrade eines Reiseveranstalters,
- Strategieebenen und Strategiealternativen.

1.2.2.1 Klassifikationsansätze der Reiseveranstalter heute

Es gibt unterschiedliche Möglichkeiten, Reiseveranstalter zu klassifizieren, die jedoch alle vor dem Hintergrund der Marktentwicklung zu betrachten sind.

Klassifizierungsansätze (nach *Pompl*):

- **Größe:** Großveranstalter, mittlere Reiseveranstalter, Kleinveranstalter und Gelegenheitsveranstalter,
- **Angebotsregion:** multinationale, überregionale, regionale und lokale Reiseveranstalter,
- **Programmspezialisierung und Programmumfang:** Generalisten, Sortimenter und Spezialisten,
- **wirtschaftlicher Status:** kommerzielle, gemeinnützige Reiseveranstalter und „Schwarztouristiker".

Die heute üblichste und dem Markt entsprechende Klassifizierung besteht in dem nachfolgenden Klassifizierungsansatz:

- **profilierte Großveranstalter (integrierte Konzerne),**
- **unprofilierte Massenanbieter,**
- **Spezialisten/Nischenanbieter.**

Der profilierte Großveranstalter zeichnet sich durch starke Diversifikations- sowie vertikale und horizontale Integrationsprozesse aus. Die Kostenreduzierung durch Standardisierung im Erstellungsprozess steht im Vordergrund. Das Unternehmen sucht laufend nach alternativen Vertriebswegen und setzt auf flexible IT-Systeme mit einem hohen Grad an Individualisierung (Baukastensystem) der Reisen.

Der unprofilierte Massenanbieter kämpft um den Verbleib seiner Kataloge im Sortiment der Reisebüroketten und Reisebürokooperationen und setzt sich einem harten Preiswettbewerb aus. Unprofilierte Massenanbieter verfolgen i. d. R. eine Preis-Mengen-Strategie.

Spezialisten/Nischenanbieter sind die Gewinner in der heutigen Marktsituation. Sie streben die Marktführerschaft im jeweiligen Segment an und verteidigen diese Position auch. Die Folge ist ein stets optimiertes Produkt.

1.2.2.2 Funktionen eines Reiseveranstalters

Die Unternehmung Reiseveranstaltung erfüllt im gesamten Erstellungs- und Dienstleistungsprozess mehrere Funktionen, die in nachfolgender Tabelle näher ausgeführt werden.

• **Produktionsfunktion** **(Leistungserstellungs-, Leistungs-** **bereitschafts-, Organisations- und** **After-Sales & Service Funktion)**	• RVA erstellt ein Produkt mit einem Mehrwert (Nutzenvorteil) gegenüber der selbstorganisierten Reise • Ergebnis der Produktion des RVA: Kostenvorteil für den Kunden • Produktion: Planung, Reservierung, Beratung, Reiseleitung
• **Handels- bzw. Absatzfunktion**	• RVA übernehmen Handelsfunktion durch Einkauf eines Teils der Kapazitäten von Leistungsträgern über einen längeren Zeitraum zu einem festen Preis • RVA ist Bindeglied zwischen Anbietern und Nachfragern • Zur Erfüllung der Handelsfunktion ist Produktstandardisierung Voraussetzung • Prinzip der Bündelung von Einzelnachfrage durch Vorgabe eines konkreten Angebotes
• **Risikoübernahmefunktion**	• RVA haftet für die Mängel • Absatzrisiko; beim Einkauf von Festkontingenten übernimmt der RVA das Absatzrisiko der Leistungsträger • Produktrisiko; der RVA bietet mit seiner Erfahrung und Fachkompetenz die Gewähr für die Qualität der Reise und Abwicklung
• **Informationsfunktion**	• Information über Zielgebiete und Leistungsträger in den Katalogen • Hohe Werbetätigkeit der RVA für die Zielländer • Nutzung der Kataloge als Anregung und Infoquelle
• **Zielgebietserschließungsfunktion**	• Oft entwickeln sich Zielgebiete erst durch die Tätigkeit der RVA • Pauschalreisen setzen eine touristische Infrastruktur voraus, an deren Entwicklung und Bereitstellung der RVA maßgeblich mitwirkt • Der durch RVA geförderte Tourismus führt i. d. R. zu relativen Prognosen, hohen Gästezahlen und mehr Investitionen
• **Emanzipatorische Funktion**	• Großer Beitrag der RVA zur Entwicklung touristischer Leistungsträger im Transport und Unterkunftsbereich • RVA ermöglichen durch Pauschalierung der Angebote Reisen auch für weniger kaufkräftige Bevölkerungsschichten und Personen, die sich aus sprachlichen und organisatorischen Gründen scheuen würden zu reisen

Tab. B. 1.3: Funktionen eines Reiseveranstalters
Quelle: Pompl, 1997

1.2.2.3 Dienstleistungsprozesse eines Reiseveranstalters

Um die von einem Reiseveranstalter erstellte Dienstleistung zu systematisieren, bedarf es im Vorfeld einer Gliederung der Leistungen aus denen sich das Produkt/die Dienstleistung eines Reiseveranstalters (z. B. eine Pauschalreise) zusammensetzt. Die drei wesentlichen Leistungen einer Pauschalreise sind:

- **Reisevorleistungen,**
- **Basisleistungen,**
- **Nachreiseleistungen.**

Nachfolgende Tabelle zeigt ausführlich die Zugehörigkeiten zu den einzelnen Leistungen.

Reisevorleistungen	Basisleistungen	Nachreiseleistungen
• Planungsleistung • Einkaufsleistung • Organisationsleistung • Distributionsleistung • Selektion/Kombination der Produktbestandteile • Serviceleistungen gegenüber Reisemittlern • Kommunikation • Serviceleistungen gegenüber Kunden	• Beförderung • Transfers • Mietwagen • Zielgebiet/Zielort • Unterbringung • Verpflegung • Reiseleitung • Reisebetreuung • Animation • Begleitprogramme	• Serviceleistungen • Dialog-Marketing • Reklamationsservice • Nachbereitung der Reise

Tab. B. 1.4: Leistungskette eines Reiseveranstalters
Quelle: Mundt, 1998

Das erstellte Produkt eines Reiseveranstalters ist die Pauschalreise. Nach *Pompl* lässt sich dieser Dienstleistungsprozess in folgende Sequenzen einteilen:

Sequenz 1	Leistungsbereitschaft	• Produktplanung und Kapazitätsvorhaltung • Katalogerstellung • Bereitstellung der Vertriebsleistung
Sequenz 2	Absatzleistung	• Erbringung bzw. Vermittlung von Beratungs- und Verkaufsleistung • Buchung
Sequenz 3	Reiseorganisation	• Reservierung bei Leistungsträgern • Organisation eigener Leistungen • Erstellung der Reisedokumente • Abrechnung
Sequenz 4	Leistungserstellung	• Erbringung der Teilleistungen: • Anreise, Transfer, Unterkunft, Verpflegung, Betreuung, Ausflüge, Rückreise
Sequenz 5	After Sales Service	• Leistungen nach Reiseabschluss

Tab. B. 1.5: Pauschalreise als Dienstleistungssequenz
Quelle: Pompl, 1996

Einen anderen Ansatz des Dienstleistungsprozesses aus Sicht touristischer Leistungsträger nach *Pompl/Lieb* ist die Systematisierung in drei Phasen:

- **Potenzialphase**,
- **Prozessphase**,
- **Ergebnisphase**.

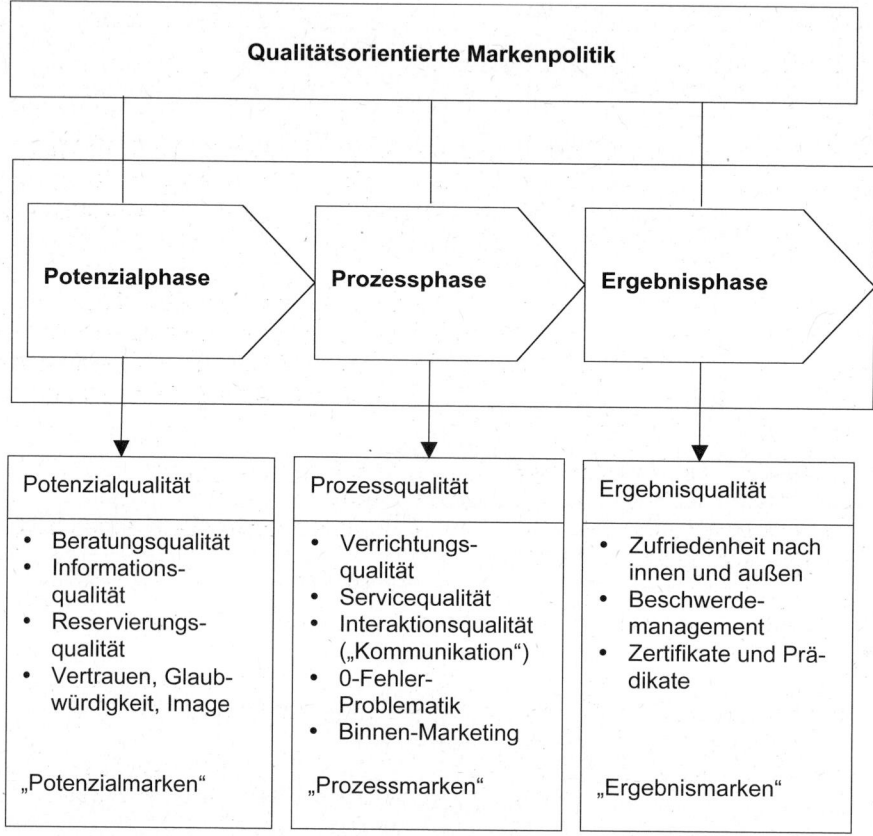

Abb. B. 1.6: Prozessorientierte Marken- und Qualitätspolitik
Quelle: Freyer, 1998

1.2.2.4 Das touristische Geschäftsmodell eines Reiseveranstalters

Die touristische Wertschöpfungskette, mit dem Reiseveranstalter im Mittelpunkt, ergibt sich aus den vor- und nach gelagerten Wertschöpfungsstufen:

Lieferanten	Produzent	Vertrieb
• Fluggesellschaften • Busunternehmen • Mietwagenanbieter • Beherbergungsanbieter • Cateringunternehmen • CRS-/GDS Dienstleistungsunternehmen	• Reiseveranstalter	• Reisemittler • Reisemakler

Tab. B. 1.7: Die touristische Wertschöpfungskette
Quelle: eigene Darstellung

Wo früher der Reiseveranstalter sich lediglich als Produzent eines Produktes/einer Dienstleistung sah, und auf eine geringe Fertigungstiefe Wert legte, trat an seine Stelle der vertikal integrierte Tourismus-Konzern. Erreicht wurde dies durch eine starke horizontale und vertikale Diversifikation.

Dies bedeutet, dass das klassische Geschäftsmodell eines Reiseveranstalters immer weiter durch die vor- und nachgelagerten Produktionsstufen erweitert wird. Dies macht insofern Sinn, als das aus einem Reiseveranstalter ein Tourismus-Konzern entsteht der ein Produkt/eine Dienstleistung aus einer Hand anbietet. Vorteile dieser Unternehmenspolitik bestehen in der:

• Absicherung der Einkaufskapazitäten,
• gemeinsame Einkaufs- und Steuerungsplattformen,
• Preisvorteile im Einkauf bei Lieferanten, die dem eigenen Konzern angehören,
• Abdeckung aller Nachfragesegmente,
• direkter Einfluss und somit Steuerung des Vertriebes,
• Partizipation an der Wertschöpfung der einzelnen Wertschöpfungsstufen.

Beispielhaft wird dies in nachfolgender Tabelle aufgezeigt; der Anteil der jeweiligen Wertschöpfung und die jeweilige Umsatzrendite pro Wertschöpfungsstufe:

Wertschöpfungsstufen	Wertschöpfung in Prozent (ca. Werte)	Umsatzrendite in Prozent (ca. Werte)
Vertrieb	12	0 – 1
Veranstalter	9	1 – 2
Beförderung (Flug)	33	4 – 5
Zielgebietsagentur	3	5 – 6
Beherbergung (Hotel)	43	6 – 7

Tab. B. 1.8: Wertschöpfung und Umsatzrendite der einzelnen Wertschöpfungsstufen
Quelle: eigene Darstellung in Anlehnung an Hebestreit, 2004

1.2.2.5 Unternehmensziele und Organisation eines Reiseveranstalters

Wie jedes andere Unternehmen, verfolgt auch ein Reiseveranstalter Ziele, anhand derer sich die Unternehmensführung orientiert. Diese lassen sich unterteilen in:

• **Wirtschaftliche Ziele** und
• **soziale Ziele**.

Wirtschaftliche Ziele		
Leistungsziele	**Erfolgsziele**	**Finanzziele**
• Teilnehmerzahlen • Umsatz • Marktanteil • Marktstellung • Neue Märkte	• Gewinn • Umsatz-Rentabilität • Kapital-Rentabilität	• Liquidität • Liquiditäts-Reserven • Cashflow • Selbst-Finanzierungs-Grad • Kapitalstruktur

Tab. B. 1.9: Wirtschaftliche Unternehmensziele eines Reiseveranstalters
Quelle: Pompl, 1997

Soziale Ziele	
Mitarbeiterbezogene Ziele	**Gesellschaftsbezogene Ziele**
• Arbeitszufriedenheit • Leistungsfähigkeit • Einkommen • Soziale Sicherheit • Integration • Persönliche Entwicklung	• Image und Prestige • Umweltverträglichkeit der Produkte • Sozialpolitische Ziele • Bildungspolitische Ziele

Tab. B. 1.10: Soziale Unternehmensziele eines Reiseveranstalters
Quelle: Pompl, 1997

Im nächsten Schritt muss jeder Reiseveranstalter eine Zielhierarchie festlegen. Das Gesamtziel eines Unternehmens lässt sich untergliedern in:

- **Funktionsziele**,
- **Geschäftsziele**,
- **Instrumentalziele**.

Die jeweiligen Unternehmensziele der Teilziele des Gesamtzieles zeigt nachfolgende Tabelle.

Gesamtziele	Unternehmensziele
Funktionsziele	• Beschaffungsziele • Produktionsziele • Marketingziele • Finanzierungsziele
Geschäftsfeldziele	• Badereisen • Studienreisen • Rundreisen • u. v. m.
Instrumentalziele	• Programmziele • Entgeltziele • Konditionenziele • Kommunikationsziele

Tab. B. 1.11: Zielhierarchie eines Reiseveranstalters
Quelle: in Anlehnung an Pompl, 1997

Das Geschehen bei einem Reiseveranstalter muss sich auch in einer bestimmten Ordnung vollziehen. Die Regeln für diese Ordnung sind zunächst zu planen und sodann mit Hilfe organisatorischer Maßnahmen zu verwirklichen. Die Einflussfaktoren auf die Organisation eines Reiseveranstalters sind:

- **Unternehmensmerkmale** (z. B. Rechtsform, Größe des Unternehmens, Leistungsprogramm),
- **Aufgabenmerkmale** (z. B. Fachkenntnisse, Komplexität der Aufgaben, Wiederholungshäufigkeit, finanzielle Risiken),
- **Merkmale der Entscheidungsträger** (z. B. Professionalität, Führungswissen, Wertesysteme, Verwandtschaftsgrad).

Die **Aufbauorganisation** führt zur Schaffung von überschaubaren Aufgabeneinheiten (Stellen und Abteilungen) und der Zuweisung von entsprechenden Kompetenzen und Weisungsbefugnissen.

Zur Aufbauorganisation eines Reiseveranstalters gehören:

- **Aufgabenanalyse,**
- **Stellen-, Instanzen- und Abteilungsbildung,**
- **Leitungssysteme und praxisrelevante Strukturierungskonzeptionen,**
- **Projekt-Organisation.**

Besonderes Augenmerk gilt den Leitungssystemen und den praxisrelevanten Strukturierungskonzeptionen, stellen sie doch in einem sich stark wandelnden Markt ein wesentliches Element der Organisation im Hinblick auf Integrationsprozesse und Internationalisierung dar. Leitungssysteme und praxisrelevante Strukturierungskonzeptionen lassen sich unterscheiden in:

Leitungssysteme	Strukturierungssysteme
• Einliniensysteme • Mehrliniensysteme • Stab-Linien-Systeme	• Funktionale Organisationen • Divisionale Organisation (Spartenorganisation) • Matrix-Organisationen • Projektorganisationen

Tab. B. 1.12: Leitungs- und Strukturierungssysteme
Quelle: eigene Darstellung

Einliniensystem: Eine Stelle erhält nur von einer Instanz Anordnungen. Anzutreffen ist dieses Leitungssystem noch bei kleinen, z. T. familiengeführten Reiseveranstaltern und bei Spezialveranstaltern.

Mehrliniensystem: Jeder Stelle werden mehrere Instanzen vorgesetzt. Diese Mehrfachunterstellung fördert die Spezialisierung von Leitungsfunktionen und verkürzt die Kommunikationswege, führt gelegentlich zu Kompetenzstreitigkeiten. Anzutreffen ist dieses Leitungssystem bei mittelständischen Reiseveranstaltern und unprofilierten Massenanbietern.

Stab-Linien-System: Das Liniensystem wird durch besondere, nicht weisungsbefugte Stellen – Stäbe – ergänzt, die fachlich beraten und Entscheidungen vorbereiten; die Stäbe sind Leitungshilfsstellen. Anzutreffen ist dieses Leitungssystem im Bereich der Reiseveranstalter eher selten, da Stabstellen nach herrschender Meinung vieler mittelständischen Unternehmen zu viel Geld kosten und der Nutzwert als nicht im Verhältnis zu den Kosten angesehen wird. Lediglich Konzerne verfügen über Stabstellen in der ersten und zweiten Hierarchieebene.

Funktionale Organisationen: Die Gesamtaufgabe der Unternehmung eines Reiseveranstalters wird auf der zweiten Hierarchieebene nach Sachfunktionen gegliedert. Bei einem Reiseveranstalter erfolgt so z. B. eine Spezialisierung nach den Funktionen Einkauf, Produktion, Marketing und Vertrieb, Personal, Finanzen. Die Weisungsbeziehungen beruhen auf dem Einliniensystem. Diese Strukturierungskonzeption ist überwiegend bei Konzernen und großen Reiseveranstaltern anzutreffen.

Divisionale Organisation (Spartenorganisation): Die Gliederung auf der zweiten Hierarchieebene nach Objekten führt zu einer divisionalen Organisation. Hier stehen Produkte oder Produktgruppen im Vordergrund der Arbeitsteilung und Spezialisierung. Die Produkte oder Produktgruppen können auch zu eigenen Geschäftsbereichen werden und stellen „Profit-Center" dar, d. h. sie verfügen über hohe Entscheidungsbefugnis und Autonomie, sind aber in hohem Maße ergebnisverantwortlich und werden wie „Unternehmen" im Unternehmen behandelt. Derzeit bei vielen Reisekonzernen im Zuge der Konsolidierung nach einer heftigen Integrationsphase zu beobachten.

Matrix-Organisation: Kennzeichen der Matrix-Organisation ist die Überlagerung der nach Funktionen gegliederten Organisation von einer produktorientierten Organisation. Die Form gleicht einer Matrix und führt zu einer Überschneidung von zwei Kompetenzsystemen. In der Praxis so gut wie gar nicht anzutreffen, obwohl die Struktur sehr fortschrittlich gilt.

Projekt-Organisation: Zeitlich befristete Organisationseinheiten, die Projektaufgaben erledigen, die im Rahmen traditioneller Organisationsformen nur schwer gelöst werden können. Möglich ist damit eine vorübergehende Konzentration von Fachkräften, die ihre gesamte Arbeitszeit dem Projekt widmen. Dabei kann die Zusammensetzung der Projektgruppe im Verlauf des Projektfortschritts variieren. Projekt-Organisationen werden im Veranstaltergeschäft initiiert bei Unternehmensaufkäufen, Entwicklung neuer Destinationen, Einführung von flexiblen IT-Systemen, also alles was einmaligen Charakter aufweist.

Die **Ablauforganisation** stellt die Ordnung der Arbeitsprozesse dar. Sie lässt sich als dienstleistungsbezogene Koordination der durch die Aufbauorganisation spezialisierten Erfüllungseinheiten verstehen. Üblicherweise werden ablauforganisatorische Überlegungen erst nach der Aufbauorganisation angestellt. Man geht von einem vorhandenen, in bestimmter Weise strukturierten Betrieb aus und überlegt, welche Stellen einzuschalten sind, um ein gewünschtes Produkt herzustellen oder eine gewünschte Dienstleistung zu erbringen. Auch der umgekehrte Weg ist denkbar: ein Betrieb wird organisatorisch anhand vorgegebener technischer oder wirtschaftlicher Abläufe aufgebaut.

1.2.2.6 Markteintrittsstrategien, Internationalisierung und Strategieebenen sowie Alternativen

Im Zuge strategischer Überlegungen und angesichts der Wettbewerbssituation muss sich das Management eines Reiseveranstalters profunde Gedanken über mögliche Strategien machen. Hierzu gibt es mehrere, sich z. T. überlagernde Ansätze. Alle möglichen Strategieebenen sowie die jeweiligen Strategiealternativen zeigt nachfolgende Tabelle:

Strategieebenen	Strategiealternativen
Markteintritt	• Pionier • Folger
Marktfeld	• Massenmarktstrategie • Marktsegmentierungsstrategie
Marktstimulierung	• Präferenzstrategie • Preis-Mengen-Strategie
Differenzierung der Marktbearbeitung	• Undifferenzierte Marktbearbeitung • Konzentrierte Marktbearbeitung • Differenzierte Marktbearbeitung (verschiedene Spezialisierungen)
Marktstellung	• Marktführer • Marktherausforderer • Marktmitläufer • Marktnischenbearbeiter
Strategiestil	• Offensives Wettbewerbsverhalten, Wettbewerb nach neuen Regeln (innovativ), aktives Wettbewerbsverhalten • Defensives Wettbewerbsverhalten, Wettbewerb nach alten Regeln (konventionell), reaktives Wettbewerbsverhalten
Marktposition	• Beibehaltung der Position • Umpositionierung • Neupositionierung
Marktareal	• Lokal • Regional • National • International • Global
Strategie-Absicherung	• Anpassung • Konflikt • Kooperation • Umgehung

Tab. B. 1.13: Strategieebenen und Strategiealternativen eines Reiseveranstalters

Gerade der Markteintrittsstrategie kommt eine wichtige Bedeutung in gesättigten Märkten zu. Nach *Weiermair/Peters* kann die Wahl einer Markteintrittstrategie wie folgt aussehen:

Gewählte Markteintrittsstrategie	Begründung der Wahl
Joint Venture (JV)	• Risikoreduktion • Kontrolle durch den JV-Partner • Unabhängigkeit bis auf Abhängigkeit vom JV-Partner
Vertragliche Kooperation	• Günstige Werbemöglichkeiten • Erfahrung ist bereits vorhanden
Akquisition	• Wunsch nach Selbständigkeit • Optimale Einfluss- und Gestaltungsmöglichkeiten • Relativ hohe Sicherheiten
Strategische Allianzen	• Geringes Risiko • Eigenständigkeit bleibt trotz Allianz erhalten

Tab. B. 1.14: Markteintrittsstrategien eines Reiseveranstalters
Quelle: Weiermair/Peters, 2003

Durch die Sättigung der nationalen Märkte und dem damit verbundenen geringem Wachstum in den heimischen Quellmärkten (Entsendegebiete) entwickeln viele Veranstalter internationale und globale Expansionsstrategien um sich neue Quellmärkte zu erschließen. Es findet ein **Prozess der Internationalisierung** der Reiseveranstalter statt. Gründe dafür sind:

• **Sicherung von Hotelkapazitäten** in wichtigen ausländischen Destinationen,
• **Steigerung der Umsatzrendite**,
• **Schutz vor Marktausschluss** durch mögliche Veränderungen der Vertriebswege,
• **Wettbewerbsrechtliche Begrenzung** von Unternehmenswachstum im Heimatmarkt,
• **Erzielung von Skalen- und Verbunderträgen** durch den Zukauf ausländischer Einzel- und/oder Gesamtleistungsträger,
• **Realisierung von Finanzierungsvorteilen**,
• **Widerstand nationaler Einzel- und/oder Gesamtleistungsträger** gegen vertikale Integration.

Im Zuge von Integrationsstrategien ergibt sich die Frage nach dem jeweiligen Integrationsgrad eines Reiseveranstalters mit den Vor- und Nachteilen. Nach *Mundt* können folgende Integrationsgrade definiert werden.

Integrationsgrad	Vorteile	Nachteile
Vollständig • nur Belieferung der konzerneigenen Veranstalter	• Sicherung von Kapazitäten • hohe Gesamtumsatzrendite • durchgängig konzipiertes und kontrolliertes Produkt • Chancen einer Alleinstellung durch klare Produktdifferenzierung • Schärfung des Markenprofils des Veranstalters	• hohe Fixkosten • hohes Auslastungsrisiko • negative Entwicklungen summieren sich über alle Wertschöpfungsstufen, keine interne Konkurrenz im Reisekonzern • Abkopplung vom Markt auf der Beschaffungsseite mit der Gefahr zu hoher Kosten • Verringerung der Chancen für Innovationen aus den Tochterunternehmen

Partiell (Varianten)	• geringes Investitionsrisiko	• nur teilweise Sicherung von Kapazitäten
• nicht alleiniger Lieferant	• Verringerung der Fixkosten	• geringere Gesamtumsatz-Rendite
	• Verringerung des Unternehmensrisikos durch geringere Kapazitäten	
	• Verringerung des Auslastungsrisikos	• Aufweichung der Markenprofile
• Lieferbeziehungen auch zu Mitbewerbern	• Sicherung der Marktfähigkeit	• Konkurrenten werden Nutznießer möglicher Markenvorteile
	• kaum Investitionskosten	• Gefahr bei Engpasssituationen
	• Verringerung des Auslastungsrisikos	• eigene Markenkonzepte sind faktisch nicht mehr möglich
	• Notwendigkeit ständiger Anpassung am Markt	• Abhängigkeit von Entscheidungen der Wettbewerber
• weder alleiniger Lieferant, noch Konzernveranstalter als alleiniger Kunde	• Sicherung der Marktfähigkeit	
Quasi Integration	• geringe Fixkosten	• nur auf Zeit angelegt
• Exklusivverträge	• verringertes Risiko des Wissenstransfers bei Minderheitsbeteiligungen	• keine Möglichkeit den Lieferant in ein dauerhaftes Konzept einzubinden
• Kreditgarantien		
• Minderheits-Beteiligungen	• Perspektive einer Übernahme bei Minderheitsbeteiligungen	• geringe Gesamtumsatzrendite

Tab. B. 1.15: Integrationsgrad eines Reiseveranstalters
Quelle: Mundt, o. J.

1.3 Rechtliche Besonderheiten der Reiseveranstaltung

Die rechtlichen Grundlagen aus denen die rechtlichen Besonderheiten der Veranstaltung hervorgehen, sind im Wesentlichen folgende Rechtsquellen:

* **EU-Richtlinien** (90/14/EWG) des Rates vom 13. Juni 1990 über Pauschalreisen,
* **§§ 651 a – m BGB**, samt der allgemein geltenden Regeln des BGB,
* **BGB – InfV**, Abschnitt 3, Informationspflichten des RVA,
* **Rechtssprechung**.

1.3.1 Reiserecht ist Verbraucherschutzrecht

Geprüft wird erst nach Wahrnehmung des Kunden. Entscheidend für die Beurteilung ist das geschäftliche Auftreten des Reiseveranstalters. Geprüft wird zunächst ob die AGB's und die gesetzlichen Regelungen den Grundsätzen der Rechtssprechung entsprechen.

Grundlagen der Rechtsbeziehungen zwischen Reiseveranstalter, Reisemittler und Kunden sind:

* Die Rechtsbeziehungen zwischen Kunden und Reiseveranstalter sind im **Reisevertrag** *§§ 651 a) ff. BGB* geregelt.
* Zwischen Kunden und Reisemittler kommt ein **Reisevermittlungsvertrag/Geschäftsbesorgungsvertrag** nach *§§ 311, 675 BGB* zu Stande.

- Zwischen Reiseveranstalter und Reisemittler kommt ein **Agenturvertrag** nach §§ *84 ff. HGB* zu Stande.

1.3.1.1 Grundlagen und definitorische Besonderheiten des Reiserechts

Definition Pauschalreise: Die im Voraus festgelegte Verbindung von mindestens zwei touristischen Hauptleistungen, die als Leistungsbündel angeboten werden und zu einem Gesamtpreis verkauft werden.

Eine häufig auftretende Frage ist: **Kann auch eine einzige touristische Hauptleistung eine Pauschalreise sein?** Ja, der Hauptanwendungsfall – auf die gewerbliche Ferienhausvermietung wird §§ 651 a ff. BGB auch angewendet. Der Vermieter muss vor allem auch bei der Kundengeldabsicherung das Pauschalreiserecht beachten. Auch (Tendenz) bei der Buchung eines Nur-Hotels über einen Reiseveranstalter wird §§ 651 a ff. BGB angewendet.

Strittig ist auch die Frage, wer ist Reiseveranstalter? Reiseveranstalter ist jeder, der eine Pauschalreise im Sinne des § 651 a BGB (o. g. Definition) anbietet. Reiseveranstalter kann jede natürliche und juristische Person sein. Es gibt nach heutiger Rechtsprechung keine Ausnahme darüber, wer nicht als Reiseveranstalter bei entsprechender Tätigkeit anzusehen ist. **Reiseveranstalter** können demnach sein: Einzelpersonen, Gruppe, rechtsfähige Vereine, Verbände, Kirchen, Schulen, Behörden, Hotelbetriebe, Fremdenverkehrsstellen, Fluggesellschaften, Städte, Kommunen, Landkreise u. v. m.

Die nach **§§ 651 a ff. BGB definierten Pflichten eines Reiseveranstalters** sind:

- **Informationspflicht,**
- **Leistungsbereitstellungspflicht,**
- **Leistungserbringungspflicht,**
- **Fürsorgepflicht,**
- **Reisepreisabsicherungspflicht.**

Auch die Abgrenzung zwischen Reiseveranstalter und Reisevermittler ist oftmals nicht ganz eindeutig. Ebenso wird immer wieder die Tätigkeit von Fremdenverkehrsstellen und Tourismusämtern versucht einzuordnen.

Vermittler ist, wer lediglich Reiseleistungen in fremden Namen und auf fremde Rechnung vermittelt. Wer als Vermittler auftreten will, muss zur Vermeidung der Annahme einer Veranstalterstellung nach den Grundsätzen des §§ 651 a ff, BGB zahlreiche und eindeutige Maßnahmen treffen, die ihn als Vermittler ausweisen. Abgrenzungsmaßstab ist §§ 651 a Abs. 2 BGB. Es kommt nicht darauf an, wie sich der Anbieter der Leistung selbst sieht, sondern vielmehr welcher Anschein aus Sicht des Kunden nach den Gesamtumständen erweckt wird. Diese Klausel wird als sehr kundenfreundlich von den Gerichten ausgelegt.

Auch **Fremdenverkehrsstellen** sind als Pauschalreiseveranstalter anzusehen, wenn die vorstehenden Voraussetzungen erfüllt sind. Sie müssen mithin alle Vorschriften, die für

Pauschalreiseveranstalter gelten, beachten. Ausnahmen können sich lediglich im Bereich der Kundengeldabsicherung ergeben, wenn die Fremdenverkehrsstelle integraler Bestandteil einer juristischen Person des öffentlichen Rechts ist. Es wird unterstellt und angenommen, dass Gebietskörperschaften nicht insolvent werden können.

Die **Tätigkeit von Hotels, Pensionen und anderen Beherbergungsunternehmen** können als Reiseveranstaltung eingeordnet werden. Auch sie müssen in diesem Fall die Vorschriften die für Reiseveranstalter gelten, beachten. Beispiel: „Wanderwochen", angeboten zu einem Pauschalpreis mit Übernachtung, Verpflegung, Führung und einem Weinabend.

Grundsätzlich muss jeder der als Pauschalreiseveranstalter anzusehen ist, die **Informationsverordnung** beachten. Ausgenommen sind nach § 5 InfV lediglich die sog. Gelegenheitsveranstalter. **Gelegenheitsveranstalter** sind nur solche Reiseveranstalter, die nur **gelegentlich und außerhalb ihrer gewerblichen Tätigkeit** Pauschalreisen veranstalten. Dies bedeutet, immer dann wenn eine gewerbliche Tätigkeit vorliegt, greift die Ausnahmeregelung nicht. Unter gelegentlich ist zu verstehen, dass nicht mehr als zwei Reisen pro Jahr veranstaltet werden.

Kundengeldabsicherung nach § 651 k BGB: Grundsätzlich muss jeder Reiseveranstalter Kundengeldabsicherung durchführen, gleich welcher Art, es sei denn, dass die Ausnahme des § 651 k Abs. 6 BGB eingreift. **Keine Kundengeldabsicherung** müssen Gelegenheitsveranstalter durchführen:

Gelegenheitsveranstalter ist derjenige, der eine Reise veranstaltet, die nicht länger als 24 Std. dauert und keine Übernachtung einschließt und deren Reisepreis 75,00 € nicht übersteigt.

Eine Kundengeldabsicherung durchzuführen bedeutet einen Kundengeldabsicherungsvertrag mit einem anerkannten Kundengeldversicherer oder eine entsprechende Vereinbarung mit der Bank abzuschließen. Es müssen Sicherungsscheine gemäß § 651 k Abs. 4 BGB ausgegeben werden, wobei auch Anzahlungen gleich welcher Höhe ebenfalls nur noch nach Übergabe eines Sicherungsscheins angenommen werden dürfen.

Verstöße gegen die Kundengeldabsicherung sind gemäß § 147 b der Gewerbeordnung eine Ordnungswidrigkeit und können mit Geldbußen bis zu 10.000,00 € im Einzelfall belegt werden. Gegen die Pflicht zur Kundengeldabsicherung kann nicht nur der Reiseveranstalter, sondern auch der Reisemittler verstoßen, nämlich sobald er vom Kunden Geld annimmt, ohne das ein Sicherungsschein ausgehändigt wird. Die abgesicherten Risiken sind: Der gezahlte Reisepreis, soweit Reiseleistungen infolge Zahlungsunfähigkeit oder Eröffnung des Insolvenzverfahrens über das Vermögen des Reiseveranstalters, ausfallen.

Notwendige Aufwendungen, die dem Reisenden infolge Zahlungsunfähigkeit oder Eröffnung des Insolvenzverfahrens über das Vermögen des Reiseveranstalters für die Rückreise entstehen. Die Insolvenzversicherung bietet keinen Schutz für Veruntreuung und Unterschlagung der Kundengelder durch den Reiseveranstalter oder Reisemittler.

1.3.1.2 Der Reisevertrag

Der Abschluss des Reisevertrages erfolgt bei Reiseanmeldung des Kunden und Buchungsbestätigung des Reiseveranstalters, d. h. bei zwei übereinstimmenden Willenserklärungen, nämlich zwischen dem Kunden und dem Reiseveranstalter. Der Abschluss des Reisevertrages erfolgt über die:

* Leistungsbeschreibung laut Katalog,
* Zeit der Reise,
* Reisepreis,
* Reise-AGBs,
* Sonderwünsche des Kunden,
* den Leistungspflichten des Reiseveranstalters laut Buchungsbestätigung und Reise-AGB's,
* Leistungs- und Informationspflichten des Reiseveranstalters aus dem Reisevertrag § 6 InfV,
* Produktbeschreibung laut Prospekt und verbindlich bestätigte Sonderwünsche,
* Reisepreis und Zahlungsweise laut Prospekt § 4 InfV,
* ergänzende Angaben zum Bestimmungsort.
* Zeit und Ort der Abreise und Rückreise,
* Name und Anschrift des Reiseveranstalters,
* Info zu Obliegenheiten (z. B. Mängelanzeige, Abhilfe, Fristsetzung, Kündigung),
* Information der Stelle für Mängelrüge und Geltendmachung von Ansprüchen,
* Reiseversicherung § 6 Abs. 2 i InfV,
* Vertragspartner des Reiseveranstalters,
* Verpflichtungserklärung des/der Reiseanmelders/in zur Zahlung des Reisepreises bei Mehrpersonenbuchungen,
* Informationspflichten des RVA bei der Buchungsbestätigung.

1.3.1.3 Änderungen des Reisevertrages

Änderungen des Reisevertrages sind grundsätzlich möglich und entsprechen der Vertragsfreiheit der Vertragspartner.

Eine Vertragsübertragung (name change) nach § 651 b BGB kann der Kunde verlangen. Der Reiseveranstalter kann jedoch den Ersatzkunden ablehnen.

Weitere **Gründe für eine Umbuchung**, außer einer Namensänderung, können sein:

* Leistungsänderung,
* Preisänderung § 651 a Abs. 5 BGB,
* Rücktritt des Kunden vom Reisevertrag § 651 i BGB (siehe Tab. B. 1.16: Stornierung und Kündigung des Reisevertrages),
* Zahlungspflicht des Kunden: Der Reiseanmelder haftet grundsätzlich für den Reisepreis und die Stornokosten § 651 a Abs. I BGB.

1.3.1.4 Stornierung und Kündigung des Reisevertrages

Wer kann stornieren?	Gründe und Form	Wann und unter welchen Voraussetzungen	Stornokosten
Kunde	• Ohne Gründe • Formfrei	• Jederzeit vor Reisebeginn	• § 651 i BGB • Konkrete Berechnung • Nach Stornostaffel laut Reise-AGB
Kunde und Reiseveranstalter	• Nicht voraussehbare höhere Gewalt • § 651 j BGB erschwert, beeinträchtigt, gefährdet die Reiseleistung und den Ablauf der Reise erheblich	• Nach Eintritt des Ereignisses bzw. Erkennbarkeit der Gefahr • Formfrei	• Vor Reiseantritt: keine Stornokosten • Nach Reiseantritt: Reiseveranstalter muss die nicht genutzte Leistung erstatten • Rückbeförderung durch Reiseveranstalter • Mehrkosten Rückreise: Kunden und Reiseveranstalter je zu ½ • Sonstige Mehrkosten: Kunde
Kunde	• Wichtiger Grund • § 651 e BGB – erheblicher Mangel den der Veranstalter zu vertreten hat	• Sobald die Tatsache mangelhafter Leistung bekannt wird • Kunde hat zuvor Mangel anzuzeigen und Frist zur Abhilfe zu setzen • Bei Nichtabhilfe durch den Veranstalter oder Unmöglichkeit der Abhilfe kann die Kündigung des Reisevertrages und/oder Selbstabhilfe erfolgen	• Erstattung Reisepreis durch den Reiseveranstalter § 651 e Abs. 3 BGB • Rückbeförderung durch den Reiseveranstalter • Kosten der Rückbeförderung durch den Reiseveranstalter • u. U. Schadensersatz

Tab. B. 1.16: Stornierung und Kündigung des Reisevertrages
Quelle: Nies, 2005

1.3.1.5 Leistungspflichten aus dem Reisevertrag

Der Reiseveranstalter muss folgende **vertraglich vereinbarten Leistungen** erbringen:

• Verpflegung,
• Beförderung,
• Art der Reise,
• Ort der Leistung,
• Art und Qualität der Unterbringung/Verpflegung,
• Hotelqualität,
• Verpflegung.

Weiterhin ist er an die Informationspflicht und deren Einhaltung gebunden, z. B. in Bezug auf:

- Pass und Visum,
- Reiseablauf,
- Gesundheit,
- heraufziehende Gefahren.

Zu den Organisationspflichten und Verkehrssicherungspflichten eines Reiseveranstalters gehören u. a.:

- **Organisation:** Reiseveranstalter muss für das Gelingen des Ablaufs der Reise sorgen,
- **Verkehrssicherungspflicht**: D. h. die Wahrnehmung der zugesagten Leistungen darf für den Kunden keine Gefährdung mit sich bringen, die von dem Reiseveranstalter abgewendet hätte werden können,
- **Fürsorgepflicht:** Beseitigung der Reisestörungen und Behebung von unvermutet auftretenden Störungen.

1.3.1.6 Rechte und Pflichten des Kunden

Der Kunde hat im Rechtsverhältnis zum Reiseveranstalter Rechte und Pflichten.
Die Rechte und Obliegenheiten des Kunden **während der Reise** sind:

- **Abhilfeverlangen des Kunden mit Fristsetzung und Selbstabhilfe**
  - z. B. Überbuchung, DZ statt EZ, verschmutztes Zimmer,
  - kein Abhilfeverlangen nötig, wenn den Umständen nach Abhilfe offenkundig nicht möglich ist (z. B. Hurrikan zerstört die Infrastruktur),
  - die angebotene Ersatzleistung muss objektiv mindestens gleichwertig der gebuchten Qualität sein,
  - unzureichende Ersatzangebote,
  - Badeurlaub statt Studienreise,
  - Festland statt Insel,
  - Unterbringung an einem anderen Ort als dem gebuchten,
  - Unzumutbarkeit des Ersatzangebotes,
  - Umzug in eine andere Unterkunft wenige Tage vor Abreise,
  - Umzug in eine andere Unterkunft als die gemeinsam reisende Familie.
- **Mängelprotokoll**
- **Kündigung wegen eines Mangels und Rückbeförderungspflicht des Reiseveranstalters, wenn**
  - die Fortsetzung der Reise infolge des Mangels nicht möglich oder unzumutbar ist,
  - Überbuchung des Fluges – Nichtbeförderung,
  - Wechsel Zielflughafen um mehr als 100 km,
  - fluguntaugliches Flugzeug,
  - Überbuchung des Hotels – kein zumutbares Ersatzquartier.
- **Anzeige des Mangels und Abhilfeverlangen mit Fristsetzung**
- **Abhilfe wird verweigert oder ist nicht möglich**
  - Kunde wird weder mit dem gebuchten Flug noch mit einem anderen zumutbaren Flug befördert,
  - Reiseleitung kann innerhalb der gesetzten Frist (zwei Stunden) kein Ersatzquartier bereitstellen.

Die Rechte des Kunden **nach Reiseende** sind:

- **Minderung**
  - bei objektiv mangelhafter Leistung – Mängelanzeige während der Reise (unverzüglich) und Abhilfeverlangen mit Fristsetzung,
  - Unmöglichkeit der Anzeige des Mangels und/oder
- **Schadensersatz**
  - Anspruch auf Schadensersatz setzt voraus, dass der Reiseveranstalter den Reisemangel entweder durch Eigenverschulden oder durch das Fremdverschulden seiner Erfüllungsgehilfen verursacht,
  - nicht zur Haftung und Gefahrensphäre des Reiseveranstalters gehören z. B. bauliche Umfeld des Hotels, Wasserqualität bedingt durch Algen (außer bei Zusage),
  - bei mangelhafter Leistung und Schaden für den Kunden z. B. Transferbus steht nicht zur Verfügung, zusätzliche Taxikosten oder/und Kosten für ein anderes Hotel,
- **Entschädigung wegen nutzlos aufgewendeter Urlaubszeit bei**
  - Reisemangel, der zur Vereitelung oder erheblicher Beeinträchtigung der Reise führt,
  - Nichtabhilfe, nutzlos aufgewendete Urlaubszeit u. v. m. ,
- **Haftungsbeschränkung**
  - Reiseveranstalter kann Haftungssumme auf max. 4.000,00 € beschränken (nicht bei Körperschäden und bei Fahrlässigkeit des Reiseveranstalters),
  - gehört zu den wichtigsten Regelungen der Reise-AGB's.

1.3.2 Grundlagen der Haftung

Grundlagen der Haftung definieren den Tatbestand Reisemangel, und welche Ansprüche des Kunden bei Reisemängel in Betracht kommen. Weiterhin werden Minderungsansprüche und Schadensersatzansprüche und deren Rechtsfolgen erläutert.

1.3.2.1 Haftung bei Reisemängeln

Ein Reisemangel liegt immer bei einer Abweichung im Ist-Soll-Vergleich vor. Ein Reisemangel liegt weiter vor, wenn die Leistungen zwar vertragsmäßig und vollständig erbracht werden, aber Mängel haben. Es gibt keine gesetzliche Definition des Reisemangels; der Begriff und seine Grenzen sind Gegenstand zahlreicher Gerichtsentscheidungen. Eine zuverlässige Beurteilung ist immer vom Einzelfall abhängig; maßgebliche Kriterien sind:

- die Reiseausschreibung und ergänzende Hinweise,
- die Verhältnisse am Reiseort,
- der Charakter der Reise,
- teilweise der Preis,
- der Ursprung des Mangels.

Nach §§ 651 a ff. BGB können folgende Ansprüche des Kunden bei Reisemängel in Betracht kommen:

- Minderung des Reisepreises,
- Schadensersatz,
- Schadensersatz wegen nutzlos aufgewendeter Urlaubszeit,

- Ersatz von Aufwendungen des Kunden zur Behebung von Reisemängel,
- Ansprüche aus sog. deliktischer Haftung (Schmerzensgeld, §§ 823 ff. BGB)
- Ansprüche aus den besonderen Haftungsbestimmungen für den Luft-, See-, Schienen- und Straßenverkehr.

Der **Minderungsanspruch** ist der Anspruch auf nachträgliche Herabsetzung des Reisepreises üblicherweise in Prozent des Reisepreises bemessen nach § 651 d Abs. 1 BGB. Die Höhe des Minderungsanspruches ist gesetzlich nicht geregelt. Sie liegt im Ermessen des Gerichts – siehe Tab.B.1.17: Frankfurter Tabelle (Auszüge); diese dient bestenfalls als Orientierungshilfe.

Der **Schadensersatzanspruch nach § 651 f. Abs. 1 BGB** steht dem Reisenden zu, wenn er wegen eines Reisemangels Geldaufwendungen hat. „Schaden" kann bei einem Verschulden des Reiseveranstalters auch der bezahlte Reisepreis sein. Voraussetzung ist, dass der Reiseveranstalter oder einer seiner Erfüllungsgehilfen den Mangel verschuldet hat. Der Kunde muss aber nicht das Verschulden des Reiseveranstalters nachweisen, sondern der Reiseveranstalter muss sein Nichtverschulden nachweisen.

Schadensersatz wegen nutzlos aufgewendeter bzw. vertaner Urlaubszeit ist eine Art „Schmerzensgeld", die der Kunde erhält, wenn die Reise erheblich beeinträchtigt ist. Dies wird angenommen, wenn dem Kunden Minderungsansprüche von 50 % oder mehr zustehen. Dieser Anspruch besteht dann zusätzlich zum Minderungsanspruch (§ 651 f Abs. 2 BGB). Verschulden des Reiseveranstalters ist Voraussetzung; die Bemessung erfolgt nach dem Nettoeinkommen der Reisenden, teilweise aber auch pauschal (z. B. 100,00 €) pro Tag und Person.

Haftung des Reiseveranstalters wegen Verletzung der Verkehrssicherungspflicht: Der Reiseveranstalter muss u. U. haften, wenn der Reisende durch Sicherheitsmängel zu Schaden kommt (§§ 823, 847 BGB – Balkon-Geländer-Urteil des BGH). Gerade wegen dieses, betragsmäßig u. U. sehr hohen Haftungsrisikos ist der Abschluss einer Personen-Sachschadenversicherung unverzichtbar.

Formale Voraussetzungen von Kundenansprüchen bei Minderung und Schadensersatz sind eine sofortige Mängelrüge und Abhilfeverlangen am Urlaubsort (§ 651 d Abs. 2 BGB) und Geltendmachung innerhalb der Ausschlussfrist (§ 651 g Abs. 1 BGB) auch als „doppelte Rügepflicht" bekannt. Der Kunde muss auf diese Pflichten hingewiesen werden (InfV). Sehr viele Klagen von Kunden scheitern aufgrund formaler Voraussetzungen.

Kundenansprüche verjähren nach sechs Monaten (§ 651 g Abs. 2 BGB). Deliktische Ansprüche verjähren erst in drei Jahren. Vorschriften über die Hemmung der Verjährung sind zu beachten. Die Verjährungsfrist ist angehalten/gehemmt vom Zeitpunkt des Eingangs der Reklamation des Reisenden beim Reiseveranstalter bis zum Eingang einer Zurückweisung der Ansprüche durch den Reiseveranstalter beim Kunden (§ 651 g Abs. 2 BGB). Viele Ansprüche verjähren, da selbst Anwälte der Kunden mit dieser Vorschrift und Berechnung der Frist Schwierigkeiten haben. Formulierungen in Schreiben des Reiseveranstalters kommt für die Hemmung große Bedeutung zu.

Der Kunde kann den Reisevertrag bei erheblichen Reisemängeln, vor und nach Antritt der Reise nach § 651 e BGB kündigen. Die Voraussetzungen für eine solche Kündigung sind:

- bei erheblicher Beeinträchtigung der Reise nach § 651 e Abs. 2 BGB,
- eine Mängelrüge mit Abhilfeverlangen,
- eine Fristsetzung, wenn keine Ausnahme vorliegt.

Oft werden Kündigungen von Kunden nicht als berechtigt anerkannt. Wann eine „erhebliche" Beeinträchtigung vorliegt, ist in der Rechtssprechung streitig. Überwiegende Meinung: bei Mängel in einem Gewicht von 50 % des Reisepreises.

Der Reisevertrag kann bei höherer Gewalt vom Reisenden und/oder Reiseveranstalter nach § 651 j BGB gekündigt werden. Es muss sich um einen Fall unvorhersehbarer höherer Gewalt handeln. Wann ein Fall höherer Gewalt vorliegt, ist in der Rechtssprechung strittig; vor allem bei terroristischen Anschlägen.

1.3.2.2 Frankfurter Tabelle

Die Frankfurter Tabelle wurde von der 24. Zivilkammer des LG Frankfurt entwickelt, die als Berufungskammer ausschließlich für Reisevertragssachen zuständig ist. Die Angaben in der Frankfurter Tabelle dienen lediglich als Orientierung bei Rechtsstreitigkeiten rund um die Reise. Sie wird i. d. R. von den erstinstanzlichen Kammern des LG Frankfurt nicht angewendet.

Art der Leistung	Mängelposition (Auszüge)	Prozentsatz/Bemerkung
Unterkunft	• Abweichung vom gebuchten Objekt	10 – 15, je nach Entfernung
	• Abweichende örtliche Lage	5 – 15
	• Abweichende Art der Unterbringung im gebuchten Hotel (Hotel statt Bungalow, Stockwerk)	5 – 10
	• Abweichende Art der Zimmer (DZ statt EZ, 3-Bett-Zimmer statt DZ, 4-Bett-Zimmer statt DZ)	20 – 30, entscheidend ob mit bekannten oder unbekannten Personen genächtigt wird
	• Mängel in der Ausstattung (Einrichtung/Ausstattung)	5 – 10, je nach Jahreszeit, Zusage bei Buchung
	• Ausfall von Versorgungseinrichtungen	5 – 20, je nach Jahreszeit und Stockwerk
	• Service	5 – 25
	• Beeinträchtigungen (Lärm)	5 – 25
	• Fehlen der zugesagten Kureinrichtungen	20 – 40 je nach Prospektzusage, Kururlaub
Verpflegung	• Vollkommener Ausfall	50
	• Inhaltliche Mängel (kalte, eintönige Speisen)	5 – 30
	• Service (Wartezeiten, Schichtessen, Schmutz)	5 – 15
	• Fehlende Klimaanlage	5 – 10, bei Zusage

Beförde-rung	• Zeitlich verschobener Abflug über 4 Std. hinaus	5
	• Ausstattungsmängel (niedriger Klasse)	5 – 15
	• Service (Fehlen der Verpflegung)	5
	• Auswechselung des Transportmittels	Der aufgrund der Transport-verzögerung entfallende anteilige Preis
	• Fehlender Transfer vom Flughafen	Kosten des Ersatztransportmittels
Sonstiges	• Fehlender/verschmutzter Swimmingpool	5 – 10, bei Zusage
	• Fehlendes Hallenbad	10 – 20, bei Zusage, je nach Jahreszeit
	• Fehlende Mini-Golf-Anlage, Reitmöglichkeit, Tennisplatz, Sauna, Kinderbetreuung	3 – 10, bei Zusage
	• Unmöglichkeit des Badens im Meer, verschmutzter Strand	10 – 20, je nach Beschreibung
	• Fehlende Strandliegen, Schirme	5 – 10, bei Zusage
	• Fehlender FKK Strand	10 – 20, bei Zusage
	• Fehlendes Restaurant, Vergnügungs-Einrichtungen oder Supermarkt	0 – 20, bei Zusage, je nach Ausweichmöglichkeiten
	• Ausfall der Landausflüge bei Kreuzfahrten	20 – 30, des anteiligen Reisepreises je Tag und Landausflug
	• Fehlende Reiseleitung (Organisation, Besichtigung, Studienreise)	0 – 30, bei Zusage
	• Zeitverlust durch notwendigen Umzug (im gleichen Hotel oder in ein anderes Hotel)	Anteiliger Reisepreis für ½ oder 1 Tag

Tab. B. 1.17: Frankfurter Tabelle (Auszüge)
Quelle: Nies, 2005

1.3.3 Versicherungsrechtliche Absicherung eines Reiseveranstalters

Reiseveranstalter haben die Pflicht, ihre Tätigkeit und ihre Kunden durch die möglichen Schäden, die sich aufgrund ihrer Tätigkeit ergeben, abzusichern. Einige der nachfolgend genannten Versicherungen sind Pflicht, werden also vom Gesetzgeber vorgeschrieben. Andere Versicherungen sind nicht zwingend, sind jedoch in hohem Maße zu empfehlen.

1.3.3.1 Versicherungen für Reiseveranstalter

• **Kundengeldabsicherung nach § 651 k BGB.** Die Durchführung der Kundengeldversicherung – über Banken oder Kundengeldversicherer – ist gesetzlich vorgeschrieben.

- **Personen- und Sachschadenversicherung** für Reiseveranstalter: Der Abschluss der Versicherung ist gesetzlich nicht vorgeschrieben, jedoch dringendst zu empfehlen, da die Durchführung einer Pauschalreise ohne die Versicherung wirtschaftlicher „Selbstmord" wäre. Das Fehlen der Versicherung setzt sowohl das Unternehmen als auch seine Gesellschafter und Geschäftsführer unübersehbaren Haftungsrisiken aus.

- **Vermögensschadens-Haftpflichtversicherung für Reiseveranstalter**: Sie ist gesetzlich nicht vorgeschrieben, auch nicht zwingend erforderlich, kann aber empfehlenswert sein. Sie deckt Vermögensschäden des Reisenden z. B. bei Schadensersatz wegen nutzlos vertaner Urlaubszeit oder Mehrkosten, die dem Reisenden aufgrund von Reisemängel entstehen. Soll für jedes Unternehmen individuell geprüft werden, ob es sinnvoll ist eine solche Versicherung abzuschließen.

- **Vermögensschadens-Haftpflichtversicherung für Reisevermittler**: Versicherung ist nicht gesetzlich vorgeschrieben, jedoch dringendst zu empfehlen, denn die Haftungsrisiken des Mittlers sind sehr weitgehend. Die Versicherung deckt die vertragliche und gesetzliche Haftung des Mittlers gegenüber dem Kunden aus dem Reisevermittlungsvertrag ab. Sie umfasst sowohl Sach-, Vermögens- und Personenschäden.

- **IATA-Bürgschaftversicherung**: Die Absicherung einer IATA-Bürgschaft über eine Versicherung ist ein kostengünstiger und praktikabler Weg für die IATA-Abteilung eines Reiseveranstalters aber auch für einen Reisemittler. Die Versicherung ist nicht gesetzlich vorgeschrieben. Die Versicherung deckt das Ausfallrisiko bezüglich gegenüber der IATA abzugebenden Bürgschaft der IATA-Agentur.

- **Versicherung für gelegentliche Reiseveranstaltung**: Für Reiseveranstalter, die nur in geringfügigem Umfang Reiseveranstaltungen durchführen insbesondere für Reisemittler/Reisebüros mit gelegentlicher Veranstaltung. Die Versicherung hat denselben Umfang wie eine normale Personen- und Sachschadensversicherung für Reiseveranstalter, ist jedoch zahlenmäßig auf eine bestimmte Anzahl von Teilnehmer im Jahr begrenzt.

1.3.3.2 Kundengeldabsicherung nach § 651 k BGB

Absicherungspflicht nach § 651 k Abs. 6 BGB. Abschluss eines Versicherungsvertrages mit einem Kundengeldabsicherer oder entsprechende Vereinbarung mit der Bank und Ausgabe von Sicherungsscheinen. Ausgenommen von der Pflicht zu Kundengeldabsicherung sind: Reiseveranstalter, die nur gelegentlich und außerhalb ihrer gewerblichen Tätigkeit veranstalten, und Reiseveranstalter, die Reisen ohne Übernachtung, nicht länger als 24 Std. Dauer und unter 75,00 € veranstalten.

Abgesichert werden muss grundsätzlich eine Pauschalreise nach der gesetzlichen Definition. Nicht abzusichern sind mithin Einzelleistungen (reine Hotelunterkunft, nur eine Mietwagenbuchung – die rechtliche Bewertung kann unterschiedlich sein). Absicherungsmöglichkeiten nach § 651 k Abs. 1 Satz 2 BGB: durch eine Versicherung oder durch das Zahlungsversprechen einer Bank. Das Zahlungsversprechen einer Bank ist bei größerem Umfang der Veranstaltertätigkeit unpraktikabel. Versicherungslösungen sind stets Vorrang zu geben.

Die Sicherungsscheine werden von dem Kundengeldabsicherer gedruckt und zur Übergabe an die Kunden des versicherten Veranstalters übergeben. Bei der Bank-Lösung muss die Bank Sicherungsscheine drucken und an den Reiseveranstalter übergeben.

Pflichten der Reisemittler bei der Kundengeldabsicherung: § 147 b GewO – Verbot der Annahme von Pauschalreisegeldern ohne Übergabe eines Sicherungsscheines sowie die allgemeinen Haftungsgrundsätze aus dem Reisevermittlungsvertrag. Der Reisemittler darf keine Zahlungen entgegennehmen ohne dafür einen Sicherungsschein auszuhändigen. Er muss ferner prüfen, ob der Reiseveranstalter seiner Pflicht zu Kundengeldabsicherung nachkommt. Es gibt bereits Urteile, die Reisevermittler schadensersatzpflichtig gemacht haben, wenn sie Pauschalreisen vermittelt haben ohne zu prüfen, dass ein Sicherungsschein übergeben wurde, und der Kunde bei der Insolvenz des Reiseveranstalters seinen Reisepreis nicht zurück erhielt.

Bei **Incentive-Reisen** mit lediglich einem Auftraggeber genügt (nach verbreiteter Meinung) die Übergabe eines einzigen Sicherungsscheins an den Auftraggeber die den Reiseveranstalter mit der Durchführung der Incentive beauftragt hat. Im Vorfeld muss mit dem Versicherer geklärt werden, ob ein Sicherungsschein ausreicht (Gesetz verlangt für jeden Kunden jeweils ein Exemplar).

Bei **Gruppenreisen** ist die Rechtslage insoweit noch unklar: Teilweise wird die Auffassung vertreten, dass auch bei einer Gruppenreise ein Sicherungsschein für den Auftraggeber genügt. Nach dem Gesetz muss jeder Teilnehmer einer Gruppenreise einen Sicherungsschein bekommen. Die Übergabe eines Sicherungsscheines an jeden Teilnehmer ist in jedem Fall vorzuziehen.

Bei **zusammengesetzten Reisen (Paket-Reisen)** genügt im Regelfall nicht, wenn bei einer zusammengesetzten Reise Sicherungsscheine der einzelnen beteiligten Unternehmen durch den „letzten" Reiseveranstalter an den Kunden übergeben werden. Grundsätzlich muss die Kundengeldabsicherung, unabhängig vom Sicherungsschein der beteiligten Unternehmen, immer derjenige Reiseveranstalter vornehmen, der mit dem Kunden/Endverbraucher in eine vertragliche Beziehung tritt. Wer also seine Reise aus verschiedenen eingekauften Paketen zusammenstellt und von den beteiligten Reiseunternehmen erhält, muss gleichwohl seine eigene Pauschalreiseveranstaltertätigkeit durch eine eigene Kundengeldabsicherung und eigene Sicherungsscheine ausgeben bzw. absichern.

1.3.4 Informationspflichten des Reiseveranstalters

Jeder der im Sinne des BGB ein Reiseveranstalter ist, muss den Informationspflichten gemäß § 651 a Abs. 5 BGB nachkommen.

1.3.4.1 Informationspflichten im Prospekt

Stets deutlich lesbare, klare und genaue Angaben über:

- Reisepreis,

- Höhe der Anzahlung,
- Fälligkeit der Restzahlung.

Verweisungsmöglichkeit (soweit zwischenzeitlich keine Änderung eingetreten und soweit für die Reise von Bedeutung) auf:

- Bestimmungsort,
- Transportmittel (Merkmale und Klasse),
- Unterbringung (Beschreibung und Einstufung),
- Mahlzeiten,
- Reiseroute,
- Einreise- und Gesundheitsvorschriften,
- evtl. Mindestteilnehmerzahl (mit Terminbekanntgabe, wann diese Mindestteilnehmerzahl erreicht sein muss).

1.3.4.2 Informationspflichten bei Buchung

Stets Übermittlung von AGBs; Verweisungsmöglichkeit (soweit zwischenzeitlich keine Änderung eingetreten) auf die Einreise- und Gesundheitsvorschriften für Inländer.

1.3.4.3 Informationspflichten in der Reisebestätigung

Stets schriftliche Bestätigung über:

- die Höhe des **Reisepreises**,
- die **Höhe der Anzahlung**,
- die **Fälligkeit der Restzahlung**.

Verweisungsmöglichkeit (soweit zwischenzeitlich keine Änderung eingetreten) auf:

- endgültiger Bestimmungsort,
- Transportmittel (Merkmale und Klasse),
- Unterbringung (Beschreibung und Einstufung) und Mahlzeiten,
- Reiseroute,
- Einreise- und Gesundheitsvorschriften,
- Mindestteilnehmerzahl,
- Preisänderungs-Vorbehalt und zusätzliche Gebühren,
- Sonderwünsche des Kunden,
- Möglichkeit der Abschluss von Versicherungen,
- Obliegenheiten des Reisenden,
- Angabe der Stelle für Geltendmachung von Ansprüchen,
- bei Last Minute Reisen (weniger als sieben Werktage zwischen Buchung und Reisebeginn) entfallen o. g. Angaben.

1.3.4.4 Informationspflichten rechzeitig vor Reisebeginn

Verweisungsmöglichkeiten auf:

- Abfahrts- und Ankunftszeiten,
- Zwischenstationen,
- Sitzplatzreservierungen,
- Name und Anschrift der örtlichen Vertretung des Reiseveranstalters,
- Unterrichtung der Leistungsträger über Minderjährige

1.3.4.5 Umsetzung der Informationsverordnung (InfV) bei der Kataloggestaltung

- **Angaben zum Reisepreis:** Alle Preisbestandteile, die nicht optional sind, müssen in den Reisepreis eingerechnet werden (z. B. Flughafengebühren, Sicherheitszuschläge, Steuern). Nur saisonale Zuschläge dürfen gesondert ausgewiesen werden.
- **Bestimmungsort:** Keine Besonderheiten bei der Angabe des Reiseziels.
- **Beförderung:** Bei Flugreisen jeweils Charter oder Linie und die jeweilige Klasse, Angabe von Sternen bei Busreisen ist nicht zwingend vorgeschrieben.
- **Kategorien der Unterkunft:** Es dürfen eigene Symbole und Kategorien verwendet werden. Wenn jedoch offizielle Kategorien existieren, müssen diese angegeben werden. Merkmale der Unterkunft sind genau zu beschreiben, auch etwaige Nachteile.
- **Verpflegung:** Keine Besonderheiten, nur Klarstellung zur Darreichungsform ist empfehlenswert.
- **Reiseroute:** Angabe der Reiseroute ist nur erforderlich soweit sie reisespezifisch relevant ist. Es ist jedoch zulässig Orte und Besichtigungspunkte als optional vorzusehen und die Änderung des Reiseablaufs oder einer Allgemeinen Hinweisseite vorzubehalten. Aber keine pauschal formulierte, sondern nur konkrete Vorbehalte. Unzulässig ist die Formulierung: „Änderungen im Reiseablauf vorbehalten".
- **Länder-Informationen:** Länderinformationen müssen für alle Länder die der Reiseveranstalter anbietet, angegeben werden. Problematisch sind Online-Angebote im Internet, weil nicht alle Vorschriften aller Länder der Erde aufgeführt werden können.
- **Mindestteilnehmer:** Voraussetzung für die Möglichkeit eines Rücktrittes seitens des Reiseveranstalters wegen Nichterreichung der Mindestteilnehmerzahl: Der Hinweis auf die Zahl der Mindestteilnehmer muss bei der konkreten Reise abgedruckt sein und nicht irgendwo im Katalog. Die Rücktrittsfrist des Reiseveranstalters darf nicht nach der Frist für die Restzahlung durch den Kunden liegen.
- **„Vorbehaltssatz":** Vorbehaltssatz stehen nicht in den Reisebedingungen, sondern in der Einleitungsseite oder in einer extra Seite mit allgemeinen Hinweisen. Mögliche Formulierung: „Die Angebote in diesem Prospekt entsprechen dem Stand bei Drucklegung. Bitte haben Sie jedoch Verständnis dafür, dass bis zur Übermittlung Ihres Buchungswunsches aus sachlichen Gründen Änderungen von Preisen und Leistungen möglich sind. Über diese werden wir Sie selbstverständlich unterrichten."
- **Änderungen:** Verpflichtung, den Kunden über Änderungen der einschlägigen Vorschriften zu unterrichten die gegenüber den Angaben im Katalog bzw. der Reiseausschreibung eingetreten sind. Die Unterrichtung muss vor der Buchung erfolgen.
- **Gesundheitspolizeiliche Formalien** müssen dem Kunden vor der Buchung mitgeteilt werden.

- **Buchungsbestätigungen** müssen keine Angaben enthalten, die im Katalog bereits enthalten sind. Zwingend anzugeben sind in jedem Fall der Reisepreis und die Zahlungsmodalitäten.

- Der Kunde soll/muss in jedem Fall eine **Reisebestätigung** erhalten, auch wenn der Reisevertrag mündlich, telefonisch oder schriftlich abgeschlossen wurde. Die Bestätigung der Buchung über ein Reisebüro sollte in jedem Fall dem Kunden ausgehändigt werden (häufige Fehlerquelle).

- **Bestimmungsort** muss ausdrücklich in der Buchungsbestätigung bzw. im Katalog enthalten sein. Bei zusammengesetzten Reisen müssen die einzelnen Abschnitte und Termine angegeben werden.

- **Optionale Leistungen** müssen nur angegeben werden, wenn sie Bestandteil der Buchung sind.

- **Preiserhöhungsklausel**, so sie Bestandteil der Reisebedingungen ist, und diese wirksam vereinbart wird, bedarf es keiner Wiederholung in der Buchungsbestätigung.

- Unterscheidung zwischen **vereinbarten Sonderwünschen**, also auf die der Kunde einen Rechtsanspruch haben soll und einem unverbindlichen Sonderwunsch, der an den Leistungsträger weitergeleitet wird (letztere ist aus Reiseveranstalter- und Kundensicht als unverbindlich anzusehen).

- **Name, Anschrift und vollständige Firmierung** muss im Katalog und in jeder Buchungsbestätigung enthalten sein. Der Kundengeldabsicherer muss in der Buchungsbestätigung und im Katalog nicht enthalten sein.

- **Obliegenheiten des Reisenden**, sofern diese in den Reisebedingungen enthalten sind, müssen in der Bestätigung nicht wiederholt werden.

- So der Reisepreis keine **Reise-Rücktrittskosten-Versicherung** und keine **Reise-Kranken-Versicherung** enthält, ist nochmals bei der Buchungsbestätigung dringend darauf hinzuweisen.

- Die Pflicht zur vollständigen Übermittlung der **Reisebedingungen** vor Vertragschluss ist dadurch genügt, dass diese in der Reiseausschreibung und im Katalog bzw. auf der Rückseite des Anmeldeformulars abgedruckt sind.

- Die **Reisebestätigung** muss den Verweisungssatz enthalten, also den Hinweis, wonach die Informationen, die in der Buchungsbestätigung sein sollten, ebenfalls im Reisekatalog und in den Reisebedingungen zu ersehen sind.

- **Last-Minute Buchungen**; hier muss der Kunde keine schriftliche Buchungsbestätigung erhalten. Die Reisebedingungen sind jedoch wirksam zu vereinbaren, sonst kann man sich auf die unterlassene Mängelrüge und die Ausschlussfristen nicht berufen.

- **Abflugzeiten in den Flugscheinen** sind verbindlich, wenn nicht abermals Vorbehalte, auf sich ändernde Flugzeiten, enthalten sind.

- Unterrichtung nur für den Fall, dass **Platzreservierungen** im Flugzeug, Bus sich ändern – eher seltener der Fall.

- Es dürfte im eigenen Interesse des Reiseveranstalters liegen, dass der Kunde mit den Reiseunterlagen genaue Informationen darüber erhält, wohin er sich **bei Problemen, insbesondere bei Mängeln und somit mit seiner Mängelrüge** wenden kann. Theoretisch würde diese Information im Katalog genügen, praktisch sollte sie mit der Buchungsbestätigung und den Reiseunterlagen nochmals übermittelt werden.

1.3.4.6 Rechtliche Vorgaben für Produkt, Werbung und Kataloge

Bei der Produktion, der Werbung und der Kataloggestaltung sind weitere rechtliche Vorgaben zu beachten. Nachfolgend werden die wichtigsten Vorgaben und ihre Auswirkungen kurz erläutert.

- **Gesetz gegen den unlauteren Wettbewerb (UWG)**: Verbot sittenwidriger Werbung nach § 1 UWG, Verbot irreführender Werbung.

- **Preisangabenverordnung (PangVO)**: Pflicht zur Abgabe eines Gesamtpreises; besonders zu beachten bei Flugsicherheitsgebühren, Steuern, Nebenkosten bei Ferienwohnungen. Pflicht zur Gesamtpreisangabe muss beachtet werden, sonst droht eine Abmahnung.

- **Zugaben und Rabatte**: Verbot der Förderung des Warenabsatzes über kostenlose Zugabe. Neben dem Reisepreis werden z. B. kostenlos versprochen: Transferleistungen, wertvolle Reiseführer, Ermäßigungsgutscheine. Eine genaue Prüfung der Angebotsausschreibung ist zu empfehlen. Gilt nur noch im Verhältnis zwischen Reiseveranstalter und Reisemittler.

- **Gesetz zur Regelung der allgemeinen Geschäftsbedingungen (AGBG)**: Regelt, was als Inhalt von Geschäftsbedingungen zulässig ist und die Voraussetzungen, die vorliegen müssen, damit diese zum Inhalt eines Vertrages werden. Gilt für alle Geschäftsbedingungen im touristischen Bereich, soweit Verträge mit Verbrauchern betroffen sind: Reisebedingungen, Geschäftsbedingungen für Reisevermittler, Gastaufnahme- und Beherbergungsbedingungen von Hotels.

- **Markenzeichenrecht**: Ermöglicht einen effektiven Schutz von eigenen Marken, z. B. Firmennamen, Logos, Farbzeichen, Hörzeichen. Schutz von eigenen markenzeichenfähigen Bezeichnungen. Gefahr von Unterlassungs- und Schadensersatzansprüchen bei Verletzung fremder Markenzeichen. Der Schutz eigener Bilder, Logos, Namen ist unbedingt empfehlenswert; die Kosten für den Schutz sind im Verhältnis durch den Schaden durch Nachahmung gering.

- **Vorschriften des Urheberrechts**: Kunst- und Urhebergesetz – Problemfelder: unerlaubte Übernahme von Katalogtexten, Reiseausschreibungen, Reisebedingungen sowie die unerlaubte Verwendung von Bildern, Karten, Grafiken usw. Es drohen erhebliche Schadensersatzverpflichtungen bei Verstößen.

1.4 Ansätze zur Marktforschung eines Reiseveranstalters

Bedingt durch eine zunehmende Vermassung und Austauschbarkeit der Produkte und Dienstleistungen, die die Reiseveranstalter in Deutschland anbieten, bedarf es Informationen hinsichtlich künftiger Nachfrageentwicklungen aber auch zu besetzender Nischen in denen ein Unternehmen noch wachsen kann, bzw. seine Existenz sichern kann. Im heutigen Wettbewerb bedarf es jedoch einer genauen Information als Grundlage der Leistungserstellung und -vertrieb.

1.4.1 Prognosen im Tourismus

Prognosen im Tourismus sowie bei den Einzel- und Gesamtleistungsträgern sind notwendig, denn rationale Entscheidungen können nicht ohne Annahmen über die Zukunft getroffen werden. Das Risiko der Fehlentscheidungen ist im Tourismus besonders hoch, bedingt durch:

- mangelnde Lagerfähigkeit touristischer Dienstleistungen,
- Zeitpunkt der Leistungserstellung und Konsumation fallen zusammen,
- Kundenzufriedenheit hängt von externen Faktoren ab,
- hohe Investitionskosten in der touristischen Infrastruktur.

Die besonderen **Schwierigkeiten von Prognosen** im Tourismus und in der Pauschaltouristik im Besonderen sind:

- historische Daten sind oft nicht vorhanden,
- die Standardisierung von Tourismusstatistiken ist schlecht bzw. wird selten befolgt,
- Tourismusnachfrage ist oftmals sehr volatil,
- Tourismusnachfrage wird häufig sehr stark von außergewöhnlichen Ereignissen beeinflusst,
- das Tourismusverhalten ist komplex,
- geringes Methodenwissen der Branche.

Allgemeine Prognosemethoden, die im Tourismus insbesondere von Reiseveranstaltern angewendet werden können, sind:

- **qualitative und quantitative Prognosemodelle**,
- **kurzfristige Prognosemodelle:** z. B. Zeitreihen mit/ohne erklärenden Reihen (multiple Regression),
- **langfristige Prognosemodelle:** z. B. Zeitreihen – Trendextrapolation – Wachstums- und Sättigungsmodelle – subjektive Schätzungen – Heuristische Prognose (Szenario, Delphi).

Alternative Modelle, wie Tourismus gemessen werden kann, sind z. B.:

- Anzahl der Besucher, Touristen,
- Anzahl der Besuchergruppen,
- Anzahl der Übernachtungen,

- Anzahl der Tagesausgaben,
- Wertschöpfung des Tourismus,
- Marktanteil.

1.4.2 Marktforschung und Analyse

Marktforschung ist die systematische Datenbeschaffung, Datenverarbeitung und Daten-interpretation, mit dem Ziel der Informationsgewinnung über objektive (quantitative) und subjektive (qualitative) Marktsachverhalte und Marktentwicklungen, die zur Grundlage von Entscheidungen über den Einsatz der Marketinginstrumente werden.

Das **Aufgabenfeld der Marktforschung** bei Reiseveranstaltern umschließt im Wesent-lichen folgende Bereiche:

- Marktdiagnose,
- Marktdefinition,
- Nachfrageforschung,
- Infrastrukturforschung,
- Konkurrenzforschung,
- Absatzforschung,
- Werbe- und Werbewirkungsforschung.

Marktforschung kann unterschieden werden:

- nach ihrem **sachlichen Untersuchungsziel** in Tatsachen-, Meinungs- und Motivfor-schung,

- nach ihrem **zeitlichen Untersuchungsziel** in der Marktanalyse, bei der es um die Struktur des Marktes oder das Verhalten der Marktteilnehmer zu einem bestimmten Zeitpunkt geht und die Marktbeobachtung, die die Veränderung eines Marktes im Zeit-ablauf zum Inhalt hat.

Die **generellen Probleme der Markforschung** im Tourismus sind:

- Aktualität,
- Methode,
- Validität,
- Vollständigkeit.

1.4.2.1 Verfahren der Marktforschung

Grundsätzlich kann in der Marktforschung unterschieden werden in eine:

- **primäre Marktforschung**,
- **sekundäre Marktforschung**.

Primäre Marktforschung, auch „**field research**" genannt, bezeichnet den Vorgang der „Ersterhebung" von Daten. Dies erfolgt i. d. R. durch folgende Methoden:

- Befragung,
- Beobachtung,
- Experiment,
- Selbstaufschreibung.

Das Problem der primären Marktforschung liegt u. a. in der:

- mangelnden Gültigkeit,
- Repräsentativität,
- Bedeutsamkeit der Ergebnisse,
- dem hohen Zeit- und Kostenaufwand der Durchführung,
- geringen Rücklaufquote.

Sekundäre Marktforschung, auch **„desk research"** genannt, befasst sich mit der Auswertung bereits vorhandener Daten, Quellen und Informationen. Üblicherweise wird aus Kostengründen die sekundäre Marktforschung zuerst vorgenommen und die fehlenden Daten und Informationen durch eine eigene oder in Auftrag gegebene primäre Marktforschung ergänzt. Die Unternehmen im Tourismus (z. B. Reiseveranstalter, Fluggesellschaften, Reisemittler) können im Rahmen der sekundären Marktforschung auf zwei Quellenarten zurückgreifen:

- **interne Quellen**,
- **externe Quellen**.

1.4.2.1.1 Interne Quellen der Marktforschung

Interne Quellen der Marktforschung im Tourismus können u. a. sein:

- alle Zahlen aus der Finanzbuchhaltung,
- Kennzahlen des Unternehmens aus dem Controlling,
- Umsatzstatistiken,
- Teilnehmerstatistiken,
- Beschwerdestatistiken.

1.4.2.1.2 Externe Quellen der Marktforschung

Externe Quellen der Marktforschung im Tourismus können u. a. sein:

- Ergebnisse von Studien von Marktforschungsinstituten,
- Zahlenmaterial der Branchenverbände,
- redaktionelle Recherche der Fachzeitschriften,
- Auswertungen der Fach- und Publikumsmessen,
- Marktforschungsinstitute in Deutschland (eine Auswahl),
- Fach- und Branchenverbände,
- Fach- und Publikumszeitschriften,
- wichtige touristische Fach- und Publikumsmessen in Deutschland.

Wichtige touristische Reisemessen, Reisemärkte und Kongresse/Tagungen		
Reisemessen	Reisemärkte	Kongresse/Tagungen
C-B-R Freizeit und Reisen, München • CFT-Ausstellung Camping, Freizeit + Touristik, Freiburg • CMT – Internationale Ausstellung für Caravan-Motor-Touristik • Freizeit, Garten und Touristik, Nürnberg • IMEX – Worldwide Exhibition for incentive travel, meetings & events, Frankfurt • Internationale Tourismus-Börse ITB, Berlin • Reise/Camping – Internationale Messe für Reise & Touristik, Camping & Caravaning, Essen • Reisen & Caravan, Erfurt • Touristik & Caravaning International, Leipzig	• Berliner Reisemarkt, Berlin • Chemnitzer Reisemarkt, Chemnitz • Dresdener Reisemarkt, Dresden • Reisebörse Bremen • Reisebörse Frankfurt • Reisebörse Halle • Reisebörse Hannover • Reisebörse Leipzig • Reisebörse Mülheim • Reisebörse Nürnberg • Reisebörse Regensburg • Reisemarkt Rhein-Neckar-Pfalz, Mannheim • Reisemarkt Saarbrücken • Reise, Freizeit, Caravan, Halle/Saale • Reisen & Freizeit, Internationale Touristikmesse, Friedrichshafen • Reisen Hamburg Internationale Ausstellung Tourismus & Caravaning, Hamburg	• Travel Expo, Köln • FVW Zukunftskongress, Köln • DRV Deutscher Reisebürotag • RDA-Workshop Touristik, Köln • Travel Tour & Trends, Köln

Tab. B. 1.18: Deutsche Reisemessen, Reisemärkte und Tagungen/Kongresse
Quelle: in Anlehnung an TID, 2008

Am häufigsten werden jedoch Informationen von Marktforschungsinstituten bezogen. Nachfolgend eine Auswahl an Marktforschungsinstituten in Deutschland (*TID, 2005*):

- **Freizeit-Forschungsinstitut GmbH** (B.A.T), Hamburg,
- **Deutscher Reisemonitor** (DRM), c/o IPK International GmbH, München,
- **Deutsches Touristik-Institut** e. V. (DTI), Stockdorf/München,
- **DWIF** – Consulting GmbH, München,
- **DWIF** – Deutsches Wirtschaftswissenschaftliches Institut für Fremdenverkehr e. V. an der Universität München, München,
- **Europäisches Tourismus Institut** (ETI), Trier,
- **Europäischer Reisemonitor** c/o European Travel Intelligence Center, Luxemburg,
- **Forschungsgemeinschaft Urlaub und Reisen** e. V. (F.U.R.), Kiel,
- **GfK** AG, Nürnberg,
- **Ipsos** GmbH, Mölln,
- **Institut für Tourismus- und Bäderforschung in Nordeuropa** GmbH (NIT), Kiel,
- **Project M** Marketing Research GmbH, Lüneburg,
- **Reppel + Partner** GmbH, Karslruhe-Durlach,
- Studiengemeinschaft für Tourismus (SfT), Ammerland/Bayern,
- **Ulysses** – Web-Tourismus, München,
- **World-Travel Monitor** Ltd. Malta, c/o IPK International GmbH, München.

1.4.2.2 Methoden der Marktforschung

Die **Befragung** ist die wichtigste Methode im Rahmen der primären Marktforschung. Die Informationen und Daten bei der Befragung können wie folgt erhoben werden:

- mündlich,
- fernmündlich,
- schriftlich/elektronisch.

Nachfolgende Übersicht stellt die Situation, Merkmale, Vor- und Nachteile der der o. g. Erhebungsarten kurz gegenüber:

	Befragungs-Situation	Merkmale	Vorteile	Probleme und Nachteile
Mündliche Befragung	unmittelbarer Kontakt, persönlich-physischer Kontakt, Face-to-Face-Interview	persönliches Gegenüber, am gleichen Ort zur gleichen Zeit, Fragebogen, Befragte/r kann Fragebogen nicht einsehen	i. d. R. geringe Verweigerungsquote, Identität des Befragten sichergestellt, differenzierte Fragetechnik möglich	relativ teuer, zeitaufwendig, Interviewereinfluss, Schulung und Kontrolle der Interviewer teuer und aufwändig
Telefonische Befragung	mittelbarer Kontakt, persönlich-auditiver Kontakt, Voice-to-Voice-Interview	kein persönliches Gegenüber, kommunikatives Element = Stimme, zur gleichen Zeit an jedem beliebigen Ort, Fragebogen einsehbar	Kontaktaufnahme in relativ kurzer Zeit, intensivere Auswertung durch Aufzeichnung der Gespräche, beliebig wiederholbar	Repräsentativität schwierig, zeitliche Begrenzung, Gefahr des Abbruchs
Schriftliche Befragung	indirekter Kontakt persönlicher Kontakt fehlt völlig	kein persönliches Gegenüber, örtliche und zeitliche Distanz, Befragter kann Fragebogen einsehen, kommunikatives Element = Brief	leichte Erreichbarkeit der Zielperson, relativ kostengünstig, kein Interviewereinfluss, höhere Anonymität der Befragten, flächendeckende Erhebung	geringe Rücklaufquote, Repräsentativität schwierig, Identität des Befragten nicht kontrollierbar, Erhebungssituation nicht kontrollierbar

Tab. B. 1.19: Vergleich von Arten der Erhebung

Auch können Befragungen unterteilt werden nach der Häufigkeit der Erhebung. So kann unterschieden werden in:

- **einmalige Erhebungen,**
- **Mehrfacherhebungen,**
- **laufende Erhebung (Panel).**

Befragungen können ferner als:

- **standardisierte Befragung,**
- **strukturierte/unstrukturierte Befragung,**
- **offene oder geschlossene Befragung,**
- **harte oder weiche Befragung**

durchgeführt werden.

Die Beobachtung spielt im Tourismus dahingehend eine Rolle, dass sie da eingesetzt wird, wie es der Gesetzgeber erlaubt, nämlich als offene Beobachtung. Der Beobachtete wird in Kenntnis gesetzt, dass er „beobachtet" wird. Der Nachteil besteht darin, dass sich in Kenntnis dieses Wissens, der Beobachtete abnormal verhält. Konkrete Beispiele für Beobachtungen können beispielsweise sein:

- **Passantenzählung**: Diese kann z. B. bei der beabsichtigten Neueröffnung eines Reisebüros eingesetzt werden. Durch das Aufstellen einer Lichtschranke können im Zeitablauf z. B. eines Monats alle Passantenbewegungen täglich erfasst werden.

- **Kundenlaufanalyse**: Die Kundenlaufanalyse wird im Handel als Entscheidungshilfe für die Positionierung von Waren in einem Kaufhaus eingesetzt. In der Hotellerie, insbesondere in der Ferien- und Kettenhotellerie bedient man sich der Kundenlaufanalyse bei der Wahl bzw. bei der Positionierung von z. B. Shops, Bars, Ausflugs- und Mietwagenschaltern in den Hotelhallen. Eine gute Positionierung o. g. Einrichtungen steigert die Wertschöpfung des Hotels bzw. sorgt bei der Vermietung an die Anbieter für hohe Mieteinnahmen.

- **Testkäufe**: Sind eher im Bereich der Reisevermittlung oder als „Probewohnen" in einem Hotel anzutreffen; sog. „Mystery Shopper" testen die Beratungsleistung von Reisebüros bei bereits bestehendem Agenturverhältnis mit einem z. B. Reiseveranstalter oder die Leistungen eines Hotels, bevor der Gesamtleistungsträger in geschäftliche Beziehungen mit dem Unternehmen tritt.

Das **Experiment** spielt im Gegensatz zur Verbrauchs- und Gebrauchsgüterindustrie im Tourismus kaum eine Rolle.

Die **Selbstaufschreibung** beruht auf der Dokumentation von Ereignissen. Die Zielgebietsagenturen sowie das Betreuungspersonal im Zielgebiet beispielsweise können angehalten sein, Tätigkeits- und Tagesberichte über Vorkommnisse und Ereignisse zu führen/dokumentieren und diese an die Zentralen der Unternehmen zum Zweck der weiteren Planung des Produktes und der Dienstleistung weiterzuleiten. Vorkommnisse und Ereignisse können z. B. sein:

- Anzahl der gebuchten Ausflüge, Rundreisen, Rundgänge,
- Anzahl und Gegenstand von Reklamationen,
- Anzahl der gebuchten bzw. vermittelten Mietfahrzeuge,
- Anzahl der in Anspruch genommenen und vom z. B. Reiseveranstalter angebotenen Leistungen,
- Ursachen für Probleme zwischen dem Einzel- und dem Gesamtleistungsträger,
- Anzahl der Tages- und Übernachtungsgäste,
- Beobachtungen über die Freizeitaktivitäten der Urlauber und Gäste vor Ort.

1.4.2.3 Analysen des Käuferverhaltens

Das Konsumentenverhalten (Buchungs- und Reiseverhalten) ist von unterschiedlichen Faktoren abhängig:

- **kulturelle Faktoren**, dazu gehören u. a.: Kulturkreis, Subkultur, soziale Schicht,
- **soziale Faktoren**, dazu gehören u. a.: Bezugsgruppen, Familie, Rolle und Status,
- **persönliche Faktoren**, dazu gehören u. a.: Alter und Lebensabschnitt, Beruf, wirtschaftliche Verhältnisse, Lebensstil, Persönlichkeit und Selbstbild, Motivation, Wahrnehmung, Ansichten und Einstellung.

Durch die Markforschung erhalten wir auch Antworten auf folgende Fragen:

Wer bildet den Markt?	**Kunden**
Was wird gekauft?	**Kaufobjekt**
Warum wird gekauft?	**Kaufziele**
Wer spielt mit im Kaufprozess?	**Kaufbeeinflusser**
Wie wird gekauft?	**Kaufprozesse**
Wann wird gekauft?	**Kaufanlässe**
Wo wird gekauft?	**Kaufstätten**

Tab. B. 1.20: Fragen der Marktforschung

Im Rahmen der Käuferanalyse spielt die Untersuchung des Verbraucherverhaltens, insbesondere der Kaufprozess eine wichtige Rolle. Die zentralen Fragen bei der Untersuchung des Kaufprozesses sind:

- Warum kommt es zur Kaufentscheidung?
- Wer trifft die Kaufentscheidung?
- Welche Schritte führen zur Kaufentscheidung?

Ebenso wichtig ist es zu erfahren, welche Rolle die einzelnen Personen im Kaufprozess spielen; mögliche Rollen sind:

- **der Initiator,**
- **der Entscheidungsträger,**
- **der Benutzer,**
- **der Einflussnehmer,**
- **der Käufer.**

Aus Kostengründen wird häufig immer nur der „Käufer" untersucht. Untersuchungen haben jedoch gezeigt, dass dies bisweilen zu falschen Ergebnissen bei der Untersuchung von Kaufprozessen und Kaufentscheidungen führen kann. Der Entscheidungs- und Kaufprozess einer Familie mit Klein- und heranwachsenden Kindern kann beispielsweise folgendermaßen ablaufen: Die Mutter ist Initiatorin, die heranwachsenden Kinder sind maßgebliche Einflussnehmer, der Vater ist der Entscheidungsträger und Käufer und alle Familienmitglieder sind Nutzer.

Auch sollte aus Sicht eines touristischen Unternehmens die Art des Kaufverhaltens berücksichtigt werden. Konsumenten können zu folgenden Kaufverhalten neigen:

- **komplexes Kaufverhalten** (intensive Auseinandersetzung),
- **dissonanzminderndes Kaufverhalten,**
- **habituelles Kaufverhalten** (durch Markenvertrautheit),
- **Abwechslung suchendes Kaufverhalten.**

Bei der Erforschung der Kaufprozesse kann nach folgenden **Methoden** vorgegangen werden:

*   **introspektive Methode** (Nachsehen, wie man sich selbst verhalten würde),
*   **retrospektive Methode** (Kundenbefragung nach dem Erwerb des Produktes),
*   **prospektive Methoden** (Kunden befragen, die ein Produkt kaufen möchten),
*   **präskriptive Methode** (Kunden befragen, wie der Kaufentscheidungsprozess gestaltet werden soll).

Ebenfalls ein Gegenstand der Erforschung ist der Kaufprozess bzw. die **Phasen des Kaufprozesses**. Diese sind:

*   Problem- und Bedürfniserkennung (Wunschzustand und Problemlösung),
*   Informationssuche (Quellen),
*   Bewertung der Alternativen unter Berücksichtigung der Alternativen,
*   Kaufentscheidung,
*   Verhalten der Kunden nach dem Kauf (Zufriedenheit oder Unzufriedenheit, Abbau der Dissonanzen).

1.4.2.4 Marktanalysen

Märkte sind gedankliche Konstruktionen, die alle für bestimmte Güter und Dienstleistungen relevanten Angebots- und Nachfrageinformationen zusammenfassen.

Die **Inhalte von Marktanalysen** eines Reiseveranstalters können u. a. sein:

*   Abgrenzung des Gesamtmarktes, des relevanten Marktes und der Marktsegmente,
*   Kaufverhalten und Kaufentscheidungsprozesse der Abnehmer,
*   Nutzenerwartung und Bedürfnisstruktur der Abnehmer sowie deren Verhandlungsstärke,
*   Entwicklungsphasen des Marktes und des Marktlebenszyklus.

Der relevante Markt ist der Teil des Gesamtmarktes, auf den das Unternehmen seine Produkte und Dienstleistungen abstimmt und ausrichtet. Aus dieser Tatsache heraus erfolgt die Marktsegmentierung.

Die **Marktabgrenzung** des Gesamtmarktes im Tourismus wird vorgenommen nach:

*   räumlichen Kriterien,
*   zeitlichen Kriterien,
*   sachlichen Kriterien.

Die Marktsegmentierung ist die Aufteilung des Gesamtmarktes in klar abgrenzbare Untergruppen, von dem jeder als Zielmarkt (letztendlich auch als relevanter Markt) angesehen werden kann. Die **Kriterien der Marktsegmentierung** sind:

*   **allgemeine Käufermerkmale**, z. B. geografische, räumliche, sozio-demografische, psychologische,
*   **produktbezogene Einstellungen**, z. B. Produktanforderungen, Kaufverhalten, Reaktion auf Marketinginstrumente.

Analyse der Mitbewerber ist bedeutsam; der Reiseveranstalter soll stets seine Produkte, Preise, Absatzwege und Verkaufsförderungsmaßnahmen mit denen der Mitbewerber vergleichen. Das Unternehmen sollte stets wissen, wer die Mitbewerber sind, welche Ziele und Strategien sie verfolgen und wo deren Stärken und Schwächen liegen. Dazu eignen sich u. a. die SWOT-Analyse oder eine Benchmark-Studie.

Benchmarking inkl. Mitbewerber-Forschung: Benchmarking ist die Orientierung am „Klassenbesten". Bench bedeutet ein Orientierungspunkt oder eine Orientierungsmarke. Die sieben Schritte zum erfolgreichen Benchmarking sind:

- Festlegung des Bereiches, auf den Benchmarking angewendet werden soll,
- Feststellung der Leistungsfaktoren,
- Identifizierung des Unternehmens mit der besten Durchführungspraxis,
- Erfassung der Leistung und des Leistungsprozesses dieses Unternehmens,
- Gegenüberstellungen der Leistungen,
- Festlegen der Maßnahmen, um diese Leistungslücke in der eigenen Leistungserstellung zu schließen,
- Implementierung und Beobachtung der Ergebnisse.

1.5 Einkauf und Beschaffung von Fremdleistungen

Bedingt durch die Tatsache, dass ca. 60 % bis 80 % der gebündelten Leistungen eines Produktes/einer Dienstleistung eines Reiseveranstalter (z. B. Pauschalreise) dazu gekaufte Fremdleistungen sind, also Leistungen, die nicht selbst hergestellt werden, kommt der Beschaffung und dem Einkauf eine sehr wichtige Bedeutung zu.

1.5.1 Management der Beschaffung

Das Beschaffungsmanagement untergliedert sich im Wesentlichen in folgende Phasen (*Pompl*):

- **Beschaffungsvorbereitung und Beschaffungsplanung,**
- **Beschaffungsorganisation und Beschaffungsrealisierung,**
- **Beschaffungskontrolle.**

Beschaffungsvorbereitung und Beschaffungsplanung beinhaltet folgende Schritte:

- Formulierung von Bereichszielen,
- Bedarfsplanung,
- Informationsbeschaffung und Einholung der Angebote,
- Angebotsprüfung und Mengendisposition,
- Lieferantenauswahl und Verhandlungtaktik.

Beschaffungsorganisation und Beschaffungsrealisierung umfasst:

- Vertragsverhandlung,
- Vertragsabschluss,
- Ergebnisweitergabe.

Beschaffungskontrolle befasst sich mit:

* Prüfung der Leistungsqualität,
* Zielkontrolle,
* Audits und Feedback der Leistungsträger.

Bedeutend für das Beschaffungsmanagement eines Reiseveranstalters sind die beschaffungsstrategischen Optionen. Nach *Pompl* können grundsätzlich folgende Optionen verfolgt werden:

* **Anpassungsstrategie:** Beschaffung nach Katalog oder Preisliste; die Vertragsbedingungen der Leistungsträger werden als gegeben akzeptiert. Anwendung bei kleinerer Stückzahl oder bei gesetzlich geregelten Situationen.

* **Interne Beschaffungsstrategie:** Ansatzpunkte sind Rationalisierungs- und Verbesserungsmöglichkeiten oder Reduzierung der Abhängigkeit von einzelnen Leistungsträgern (z. B. Reduzierung der Zahl der angebotenen Hotels, Aussonderung wenig nachgefragter Leistungen), Bereitstellung von Alternativen zum vorhandenen Angebot bei Knappheit auf dem Beschaffungsmarkt. Folge: Änderung der Produktpolitik.

* **Externe Beschaffungsstrategie:** Beschaffung erfüllt die Aufträge mengen- und qualitätsmäßig exakt und beeinflusst die Beschaffungsmärkte so, dass optimale Preise und Konditionen erzielt werden können.

* **Integrierte Strategie:** Zweiseitige Beschaffungsstrategie, setzt Nachfragemacht auf den Beschaffungsmärkten und Durchsetzungskraft im eigenen Unternehmen voraus. Diese Strategie ist typisch für Produktmanagementkonzepte, in denen der Produktmanager für Planung, Verkauf und Beschaffungsaufgaben zuständig ist.

Diese Betrachtung ist deshalb bedeutsam, weil das Beschaffungsmanagement sich sowohl auf die Beeinflussung der externen Beschaffungsmärkte als auch auf die betriebsinterne Programm- und Produktionsplanung beziehen kann (*Hammann/Lohrberg*).

Weitere mögliche Beschaffungsstrategien sind (*Pompl*): Eigenerstellung der Leistung oder Fremdbezug, Kooperationsstrategien, gezielte Leistungsträgerpolitik.

1.5.2 Instrumente der Beschaffung

Um strategische Erfolgspotenziale in der Beschaffung zu sichern, bedarf es eines zielgerichteten Instrumentariums und Verhaltensweisen, die als Marketing der Beschaffung bezeichnet werden können. Die Instrumente des Beschaffungsmarketings lassen sich wie folgt systematisieren:

Programmpolitik	• Menge, Qualität, Bezugsquelle, Beschaffungswege, Beschaffungszeitpunkt
Entgeltpolitik	• Einkaufspreise, Rabatte , Zusatzleistungen
Konditionenpolitik	• Abnahmegarantien, Zahlungsabwicklung, Stornoregelungen, Finanzierungshilfen, Konkurrenzausschluss, Freistellungen
Kommunikationspolitik	• Kommunikationswege, Verhandlungsführung, Beschaffungsförderung, Werbung und PR

Tab. B. 1.21: Instrumente des Beschaffungsmarketings
Quelle: Pompl, 1997

1.5.3 Beschaffungsziele eines Reiseveranstalters

Die Beschaffungsziele können vielfältig sein. Sie können in folgende drei Oberziele zusammengefasst werden:

- **Versorgungsziele,**
- **Finanzziele,**
- **Marktziele.**

Versorgungsziele	Finanzziele	Marktziele
• Bedarfsdeckung • Qualitätssicherung • Absatzposition	• Kostenreduzierung • Risikominderung • Liquiditätssicherung • Wertschöpfungskette	• Verhandlungserfolg • Marktmacht • Image des Gesamtleistungsträgers (auch der Einzelleistungsträger)

Tab. B. 1.22: Beschaffungsziele eines Reiseveranstalters
Quelle: Pompl, 1997

Gerade an den o. g. Zielen kann aufgezeigt werden wie wichtig die Kombination der beschaffungsstrategischen Optionen, Beschaffungszielen und den Beschaffungsinstrumenten ist. Ein Reiseveranstalter kauft im Jahr bzw. in einer Saison mehrere hunderttausend Hotelbetten als Fremdleistung ein. Aufgrund der Marktmacht der Lieferanten kommt er nicht umhin, den Einkauf von langfristigen strategischen Überlegungen leiten zu lassen.

Eine gelungene Kombination externer Beschaffungsstrategien gekoppelt mit einer effizienten Leistungsträgerpolitik optimiert die Programm- und Entgeltpolitik eines Reiseveranstalters. Durch eine optimale Beteiligungspolitik an den Lieferanten von Hotelbetten, durch ein zielgerechtes Beschaffungsmarketing verfügt die TUI, z. B. über die größte steuerbare Hotelbettenkapazität eines Reiseveranstalters in Deutschland. Dieser Umstand ermöglicht es, bei einer zu starken Marktmacht der Lieferanten und einer starken Konkurrenzsituation im Einkauf um die begehrtesten Hotels einen Beschaffungsvorteil und einen Vorsprung gegenüber den Wettbewerbern zu haben.

Nachfolgende Tabelle zeigt die steuerbaren Bettenkapazitäten am Beispiel der TUI AG.

TUI AG/Hotels & Resort		
Hotel-Marken	**Objekte**	**Betten**
RIU Hotels S. A.	111	71.738
Iberotel	21	11.727
Sol y Mar S. A. E.	11	5.604
Grupotel Dos S. A.	35	13.736
Robinson Club GmbH	24	13.005
Dorfhotel GmbH	4	2.219
Magic Life	20	17.731
Nordotel S. A.	7	3.794
Paladien	19	5.803
Atlantica Hotel & Resorts S. A.	7	4.104
Gran Resort	1	796
Hotel Sumba	4	1.626
Gran Resort Hotels/Safeharbour Investmeng S. L.	k. A.	k. A.
Grecotel	k. A.	k. A.

Tab. B. 1.23: Steuerbare Bettenkapazität der TUI AG
Quelle: Pojer, 2005, TID 2008

1.5.4 Beschaffung der Übernachtungs- und Verpflegungsleistungen

Übernachtungsleistungen umfassen alle möglichen Formen der Beherbergung von Urlaubern im In- und Ausland. Die Abgrenzung der Beherbergungsformen ist im Kapitel Gastgewerbe (Hotellerie und Gastronomie) ausführlich dargestellt.

1.5.4.1 Vorüberlegungen beim Einkauf von Beherbergungsleistungen

Im Vorfeld des Einkaufs stehen einige **Vorüberlegungen**. So werden beispielsweise benötigt:

- Basisinformationen für die laufende Saison,
- Einkaufsraster des Vorjahres als Planungsgrundlage,
- Inhalte eines Hotelvertrages (Standardvertrag oder spezieller Vertrag mit dem jeweiligen Hotel) müssen bekannt sein.

Die **Basisinformationen** für die laufende Saison müssen mindestens beinhalten:

- Kettenlänge der Saison,
- Verkehrs- bzw. Bettenwechseltag,
- wöchentlich eingekaufte Flugkapazität,
- Bettenbedarf pro Woche.

Die **Inhalte des Hotelvertrages** müssen bekannt sein und folgendes beinhalten:

*   Vertragspartner und Gültigkeitsdauer,
*   Bettenwechseltag und Verkehrstag,
*   Vertragswährung,
*   Zahlungsbedingungen,
*   Vorauszahlungen und Abrechnungsverfahren,
*   Kontingent der R/N,
*   Zimmerart, Bettenart und Verpflegung,
*   Ausstattung der Zimmer,
*   Saisonzeit,
*   Einkaufspreis,
*   Kinderermäßigungen und Sonderangebote,
*   Werbekostenzuschüsse des Hotels für die Katalogdarstellung,
*   Leistungen des Hoteliers/Ausstattung des Hotels,
*   Konkurrenzklausel/Meistbegünstigten Klausel.

Das Einkaufsraster des Vorjahres als Planungsgrundlage ist an einem Beispiel in nachfolgender Tabelle abgebildet:

Einzukaufende Saison	Sommer 2008		
Hotelname/Kategorie	Bella Italia/4-Sterne		
Verpflegungsarten	AP, MAP, CP, EP		
Kontingent/Woche	DBLB/DBLS 50, SGLB/SGLS 30, S 5		
R/N (Vorjahr)	8.361 R/N		
Auslastung (Vorjahr)	80,00 %		
EK-Preis pro R/N auf ½ DBL	Saison A	Saison B	Saison C
Bei CP im ½ DBL in € oder USD	50.00	70.00	100.00
EZ-Zuschlag	15.00	15.00	50.00
MAP-Zuschlag	19.00	19.00	19.00
AP-Zuschlag	25.00	25.00	25.00
DB / DB in %			
Reklamationsquote Vorjahr	1,20 %	1,30 %	2,80 %
Bemerkungen			

Tab. B. 1.24: Einkaufsraster für Beherbergungsleistung
Quelle: in Anlehnung an Voigt, o. J.

Ferner sollte in diesem Zusammenhang eine Checkliste über das Hotel und das Zielgebiet angefertigt werden.

Zielgebiet	
Ort	
Hotelname	
Hotelkategorie	
Anzahl der Zimmer	DBLB, DBLS, DBL, SGLB, SGLS, SGL, TWNB, TWNS, TWN, S
Lage des Hotels	Haupt- oder Nebenstraße, Verkehrslärm
Entfernung zum Flughafen, Strand, Ortszentrum	km, m, Min., Std., Transferzeit
Verpflegungsmöglichkeiten	AP, MAP, CP, EP, Buffet, BBFST, ABFST, EBFST, CBFST, SBFST
Charakter/Atmosphäre des Hotels	z. B. Art der Gäste, gewünschte Garderobe
Zimmerstandard und Zimmerausstattung	Einfach, modern, gepflegt, komfortabel, Dusche, Bad, Telefon, TV, Klima, Meerblick, Heizung, Minibar
Hotelausstattung	Restaurant, Hallenbad, Pool, Boutiquen, Terrasse, Discothek
Sporteinrichtungen/Ausrüstung	Tennis, Golf, Tauchen, Surfen, Reiten,
Sonstige Leistungen	Begrüßungsdrink, kostenloser Shuttle-Service
Für welchen Kundenkreis besonders geeignet	Familien, Singles, Senioren

Zielgebiet	
Ortsname	
Lage	
Anreise zum Zielort	
Entfernung zum Flughafen	
Charakter des Ortes	
Strand und Strandqualität	Länge, Breite, Fels-, Kiesel-, Sandstrand, flach abfallend
Ausstattung des Strandes	Sonnenschirme, Liegen, Duschen, Toiletten
Wassersportmöglichkeiten	Segeln, Surfen, Tauchen
Sonstige Sportmöglichkeiten	Bowling, Tennis, Reiten, Golf
Freizeiteinrichtungen und Unterhaltungsangebot	Öffentl. Hallenbad/Freibad, Freizeitpark, Kino, Cafés, Restaurant, Bars, Discotheken
Regelmäßige Veranstaltungen	Konzerte, Feste, Veranstaltungen
Sehenswürdigkeiten im Ort	Museen, historische Gebäude, Altstadt
Ausflugsmöglichkeiten	Wasserfälle, Höhlen, Grotten

Tab. B. 1.25: Checkliste über das Hotel und das Zielgebiet
Quelle: in Anlehnung an Voigt, o. J.

1.5.4.2 Planungen des Einkaufs von Beherbergungsleistung (Hotel)

Der **Planungsprozess bei der Beschaffung** von Hotelleistungen wird von folgenden Überlegungen bestimmt:

*   grundsätzlicher Bedarf und die Höchstabnahmemenge pro Zielgebiet,
*   Beherbergungsart und die Klassifizierung,
*   Lage/Standorte der Häuser,
*   baulicher Zustand der Häuser,
*   Einrichtungen und Ausstattungsmerkmale der ausgewählten Häuser,
*   Bezugsquellen,
*   Vertragsarten.

Letztere zwei Überlegungen (Bezugsquellen und Vertragsarten) spielen im Einkauf eine große Rolle, hängt der Einkaufspreis doch stark davon ab.

Bezugsquellen für den Einkauf von Beherbergungsleistungen sind:

*   direkt beim Hotel,
*   Repräsentanten des Hotels,
*   Hotelkooperationen sowie Marketing- und Vertriebszusammenschlüsse,
*   Hotelvermittler und/oder Hotelmakler,
*   Zielgebietsagenturen.

Arten, nach denen Hotelverträge abgeschlossen werden können, liegen im Ermessen der Vertragspartner und in der jeweiligen Verhandlungsposition. **Vertragsarten** können unterschieden werden in:

*   **Free-Sale-Vertrag,**
*   **Allotment-Vertrag,**
*   **Termin-Garantie-Vertrag,**
*   **Kumulativer-Garantie-Vertrag,**
*   **Objektanmietungsvertrag.**

Free-Sale- oder Pro-Rata-Methode: Einkauf der Hotelleistungen je nach Bedarf, geringes Risiko beim Reiseveranstalter und i. d. R. nur in der Nebensaison praktizierbar.

Allotment-Vertrag, entspricht einem Kontingent-Vertrag und ist die üblichste und häufigste Variante des Hoteleinkaufs. Es wird ein festes Kontingent zu einem festen Preis mit vorgegebener Verfalls-Option eingekauft. Das Risiko liegt fast ausschließlich beim Reiseveranstalter, da er das Absatzrisiko trägt.

Termin-Garantie-Vertrag: Hier geht der Reiseveranstalter die Verpflichtung ein, ein vereinbartes Bettenkontingent zu einem bestimmten Termin zu belegen. Auch hier lastet auf dem Reiseveranstalter ein hohes Absatzrisiko, nicht zuletzt auch, weil dies als die teuerste Variante des Hoteleinkaufs gilt.

Kumulativer-Garantie-Vertrag: Hier geht der Reiseveranstalter die Verpflichtung ein, im Laufe der Saison eine bestimmte Anzahl von Room/Nights (R/N) abzunehmen. Die Abrechnung erfolgt zu Saisonende und kann zu Konventionalzahlungen (-strafen) seitens des Reiseveranstalters führen, für den Fall, dass nicht die vereinbarte Anzahl der Zimmer verkauft und abgesetzt wurde.

Objektanmietung/Garantieobjekt: Hier wird ein Objekt (Ferienhaus, Hotel, Pension, Appartement-Anlage) für die gesamte Saison eingekauft. Bei der Objektanmietung wird nicht wie üblich in R/N, sondern in Preis pro Objekt kalkuliert.

Bei den Termin-Garantie-Verträgen, den Kumulativen-Garantie-Verträgen und bei der Objektanmietung liegt das gesamte Risiko beim Reiseveranstalter. Um dieses Risiko abzufangen, kalkuliert der Reiseveranstalter üblicherweise einen Risikozuschlag (RZ) mit ein.

Beispiel für die Kalkulation eines **Risikozuschlages** (z. B.):

RZ = (100 % − geschätzte Auslastung) · Zimmerpreis : geschätzte Auslastung
RZ = (100 % − 80 %) · 40,00 € : 80 % = 10,00 €

Finanzierungskosten beim Einkauf von Hotelleistungen können Zinskosten und/oder Währungsverluste sein. Diese Kosten müssen abgesichert werden.

Hotelabrechnungsverfahren: Auf den Einkaufspreis wirkt sich auch das angewendete Hotelabrechnungsverfahren aus. **Formen von Hotelabrechnungsverfahren** können sein:

• Zahlung gegen Rechnung bei Anreise des Gastes,
• Zahlung gegen Rechnung bei Abreise des Gastes,
• A-conto-Zahlungen des Reiseveranstalters und monatliche Abrechnung,
• Scheckverfahren (Voucher kann auch die Funktion eines Verrechnungsschecks erfüllen und vom Hotelier bei der Bank eingelöst werden).

Weitere wesentliche Auswirkungen auf die Einkaufspreise und die Vertragsgestaltung zwischen Reiseveranstalter und Hotelier haben u. a.:

• Bindungsinstrumente des Reiseveranstalters,
• Hotelbeteiligungspolitik,
• Management- und Pachtverträge.

1.5.4.3 Beschaffung der Verpflegungsleistung

Den Verpflegungsleistungen werden oftmals steuernde Wirkungen nachgesagt, hängen die zu vereinbarenden Einkaufspreise doch sehr stark von dem Umfang der dazu gekauften Verpflegungsleistungen ab. Viele Hotels behandeln die Verpflegungsleistung optional, andere als Pflicht. Der Grund liegt in der Beschäftigung des Küchen- und Servicepersonals, dass in vielen Ländern eine andere arbeitsrechtliche Stellung, als in z. B. Deutschland, hat.

Arten der Verpflegung, die von einem Reiseveranstalter gebucht und vom Kunden in Anspruch genommen werden können sind (internationale Standards):

American Plan (AP)	Vollpension
Modified American Plan (MAP)	Halbpension
Continental Plan (CP)	Übernachtung mit Frühstück
European Plan (EP)	Übernachtung ohne Verpflegung
All Inclusive (I oder AI)	Alle Verpflegungsleistungen sind inbegriffen

Tab. B. 1.26: Internationale Verpflegungsstandards
Quelle: Berg, 2004

Besonderheiten können sich noch bei den Frühstücksarten ergeben, die im Einkauf preislich variieren können.

Buffet Breakfast (BBFST)	Selbstbedienungs-Frühstück (Vorsicht: Der Hinweis „Buffet" sagt nichts über die Reichhaltigkeit des Frühstücks aus.)
American Breakfast (ABFST)	Amerikanisches Frühstück, sehr rechhaltig an warmen Speisen
English Breakfast (EBFST)	Englisches Frühstück, sehr reichhaltig an warmen Speisen
Continental Breakfast (CBFST)	Europäisches Frühstück, viele süße Sachen, reichhaltig an ballaststoffreichen Lebensmitteln
Special Breakfast (SBFST)	Sonder-Frühstück, hierbei kann es sich um z. B. ein japanisches, asiatisches, vegetarisches, glutenfreies Frühstück handeln

Tab. B. 1.27: Besonderheiten bei den Frühstücksarten
Quelle: eigene Darstellung, 2004

1.5.5 Beschaffung der Beförderungsleistung

Die Beschaffung der Beförderungsleistung umfasst die Beförderung vom Quellgebiet/ Entsendegebiet ins Zielgebiet als auch die Beförderung im Zielgebiet selbst. Gegenstand der Beschaffung von Beförderungsleistungen sind:

- Beschaffung von Flugleistungen,
- Beschaffung von Straßen- und Schienenbeförderung,
- Beschaffung von Seebeförderung.

1.5.5.1 Beschaffung der Flugleistung

Gegenstand der Beschaffung sind Flugplätze auf den Flugstrecken zwischen dem Quellgebiet und dem Zielgebiet. Im Vorfeld sind folgende **Überlegungen** anzustellen:

- Auswahl der Fluggesellschaften (Linien- oder Bedarfsfluggesellschaften) sowie deren Struktur und Streckenführung,
- Sicherheit,
- Preiswürdigkeit und Preisgünstigkeit,
- Flexibilität der Fluggesellschaft,
- Anzahl der Frequenzen pro Tag/pro Woche,
- Verkehrswertigkeit,
- Pünktlichkeit und Zuverlässigkeit.

Die ausführliche Abgrenzung von Linien- und Bedarfsfluggesellschaft ist im Kapitel Verkehrsträger ausführlich beschrieben.

Besonderes Augenmerk legen Reiseveranstalter bei der Auswahl der Fluggesellschaft auf die Struktur und Streckenführung der jeweiligen Fluggesellschaft. Davon hängt u. a. ab, wie viel Betten/Hotelzimmer in einem Zielgebiet mit welchem An-/Abreisetag eingekauft werden können. Beispielsweise stehen auf der Kanareninsel Fuerteventura sehr viele Hotelbetten einem relativ geringen Flugangebot aus dem deutschen Markt gegenüber. Günstige Einkaufspreise würden das Absatzrisiko des Reiseveranstalters nicht mindern, da er nicht genügend Flugkapazitäten auf dem Markt erhält.

Es werden aus Reiseveranstaltersicht somit u. a. bewertet:

* Umläufe und Drehkreuze der Fluggesellschaft,
* Kettenlängen (sowohl technische als auch kommerzielle Kettenlänge),
* Größe der Flotte,
* Slots (Start-/Lande- als auch die Überflugslots),
* eingesetztes Fluggerät,
* ob die Gesellschaft in das jeweilige Zielgebiet Linien- oder Charterrechte besitzt.

Ebenfalls von Bedeutung im Einkauf von Flugleistungen sind die möglichen Vertragsarten, die mit den Fluggesellschaften abgeschlossen werden. Sie können unterschieden werden in:

* **Rahmenverträge für eine laufende Saison,**
* **Vollcharter-Verträge mit Sub-Charter-Berechtigung,**
* **Teil- oder Blockcharter-Verträge ebenfalls mit Sub-Charter-Berechtigung,**
* **Flugstunden-Verträge,**
* **Kumulative-Garantie-Verträge,**
* **Zubucher- bzw. Einbucher-Verträge.**

Vollcharter-Verträge mit Sub-Charter-Berechtigung: Der Reiseveranstalter chartert/ kauft die gesamte Sitzplatz-Kapazität eines Fluges von A nach B und geht somit ein maximales Absatzrisiko ein. Um dieses Absatzrisiko zu minimieren, behält er sich das Recht vor, absehbar nicht zu verkaufende Kapazitäten an andere Veranstalter oder Last-Minute-Anbieter weiter zu veräußern.

Teil- oder Blockcharter-Verträge ebenfalls mit Sub-Charter-Berechtigung: Der Reiseveranstalter kauft auf einzelnen Flügen oder gar jedem Flug eine bestimmte Anzahl von Sitzplätzen. Im Gegensatz zum Vollcharter ist das Absatzrisiko geringer. Auch hier wird dieses Risiko durch eine ggf. kurzfristige Weiterveräußerung an andere Reiseveranstalter minimiert.

Flugstunden-Verträge: Die Vertragsform wird immer häufiger angewendet, ermöglicht sie doch eine minutengenaue Abrechnung pro Sitzplatz. Das Prinzip ist einfach: Alle anfallenden Kosten pro Stunde für einen Flug von A nach B werden durch die Anzahl der Sitzplätze dividiert. Der Quotient wird sodann mit der tatsächlichen Flugzeit multipliziert.

Kumulative-Garantie-Verträge: Es werden Einkaufspreise für eine größere Anzahl von Sitzplätzen, verteilt über die gesamte Saison, vereinbart. Bei Nichterreichung der vereinbarten Abnahmemenge kann dies zu einer rückwirkenden Einkaufspreiserhöhung führen.

Zubucher- bzw. Einbucher-Verträge: Sind häufig anzutreffen, insbesondere zwischen Fluggesellschaften und kleineren Reiseveranstaltern. Es handelt sich hier um die schlichteste und am wenigsten restriktivste Art von Verträgen zwischen Reiseveranstaltern und Fluggesellschaften.

1.5.5.2 Beschaffung von Bus- und Mietwagenkapazitäten

Busbeförderungskapazitäten werden bei einer Flugreise als Nebenleistung der Hauptbeförderungsleistung Flugbeförderung im Zielgebiet betrachtet, und dienen dem Transfer bzw. der Beförderung der Gäste zwischen Flughafen und dem Hotel und organisierten Ausflügen im Zielgebiet.

Die Bezugsquellen sind die Busunternehmen/Verkehrsbetriebe vor Ort oder die Zielgebietsagenturen (unabhängige oder veranstaltergebundene), die ihrerseits ebenfalls bei den Busunternehmen die Leistungen einkaufen.

Gegenstand des Vertrages beim Einkauf von Busbeförderungsleistungen sind i. d. R.:

- Laufleistung in Kilometer oder Meilen,
- Zeitraum und Zeitpunkt der Anmietung,
- Versicherungsschutz.

Busbeförderungsleistungen können jedoch auch für die Hauptanreise eingekauft werden, beispielsweise wenn der Reiseveranstalter eine Pauschalreise/ein Zielgebiet im Umkreis bis ca. 1.000 km vom Wohnort des Kunden anbietet. So werden Teile der spanischen Küste, Küstenabschnitte an der oberen Adria und Küstenregionen in Istrien, Slowenien und Kroatien alternativ zu Flugreise auch als Pauschalreise mit Busanreise angeboten. Hier wird, so der Reiseveranstalter nicht über einen eigenen Verkehrsbetrieb verfügt, ein Verkehrsunternehmen mit der Beförderung der Kunden i. d. R. für die gesamte Saison beauftragt.

Mit dem Angebot von Mietfahrzeugen will der Reiseveranstalter seine Angebotspalette erweitern, dem Kunden ein Produkt aus einem Guss und einer Hand anbieten und gleichzeitig auch an dieser Wertschöpfungsstufe partizipieren. Hierbei werden Kooperationen mit lokalen oder internationalen Autovermietern eingegangen, die dem Kunden Pkws des jeweiligen Reiseveranstalters vergünstigt bzw. zu einem Paketpreis für die gesamte Zeit des Aufenthalts oder nur für einige Tage, überlassen. Der Reiseveranstalter übernimmt hierbei die Funktion eines Mietwagenmaklers.

Auch eine vertragliche Bindung eines Reiseveranstalters mit einem unabhängigen Mietwagenmakler, der wiederum die vermittelten Fahrzeuge bei den Autovermietern direkt einkauft, ist möglich, insbesondere da, wo der Mietwagenmarkt keinen optimalen und freien Marktzugang zulässt.

1.5.5.3 Beschaffung von Beförderungsleistungen auf See

Seebeförderungsleistungen werden heute primär von reinen Kreuzfahrtveranstaltern oder von Reiseveranstaltern, die ihre Produktpalette um Seereisen (z. B. Hochsee- oder Fluss-Kreuzfahrten) ergänzen, eingekauft. In geringem Umfang werden von Reiseveranstaltern Fähr-Beförderungs-Leistungen eingekauft.

Die **Bezugsquellen der Reiseveranstalter** für Beförderungsleistungen auf See sind u. a.:

* Reedereien,
* Schiffsmakler,
* Reiseveranstalter (die zu viel eingekaufte Kapazitäten weiter verkaufen).

Die Arten von Verträgen, die zwischen einer Reederei und einem Reiseveranstalter geschlossen werden können, sind:

* **Vertrag auf der Basis eines Vollcharters,**
* **Vertrag auf der Basis eines Teil- oder Blockcharters,**
* **Vertrag auf der Basis einer Generalvertretung (GV)/General Sales Agent (GSA),**
* **auf der Basis eines Provisionsvertrages.**

Vollcharter: Der Reiseveranstalter chartert die komplette kommerzielle Kapazität (alle Kabinen bzw. alle Betten) eines z. B. Kreuzfahrtschiffes für eine bestimmte Zeit (z. B. ein Tag, ein Jahr, drei Monate). Der Reiseveranstalter geht damit ein hohes Risiko ein, muss er doch versuchen eine Auslastung über 80 % zu erreichen um den Break-even-Point zu erreichen. Der Vorteil den der Reiseveranstalter für sich nutzen kann: Eine völlige Preis-Intransparenz aufgrund fehlender Vergleichsmöglichkeiten für dasselbe Schiff und eine gewisse Mitsprache bei der Planung der Route. In der Vollcharter-Rate sind üblicherweise folgende Leistungen enthalten i. d. R.:

* nautisches Personal,
* Trinkwasserversorgung,
* Treibstoffversorgung,
* ggf. Hafen- und Liegegebühren des Schiffes.

Teil- oder Blockcharter: Die Reederei plant die Route (z. B. für ein Jahr) des Schiffes und bietet die Kontingente allen interessierten Reiseveranstaltern an. Die Abnahmemenge für jeden Reiseveranstalter ist flexibel gestaltbar, jedoch ist eine Preis-Transparenz gegeben. Kunden können die Angebote der Reiseveranstalter für dasselbe Schiff vergleichen.

General-Vertretung/General-Sales-Agent: Die Reederei plant alle Routen und bietet ihr Produkt exklusiv über einen Reiseveranstalter z. B. in Deutschland an. Der Generalvertreter bekommt, um das Produkt im Markt zu etablieren bestimmte Geldmittel an die Hand. Ferner wird bei erfolgreichem Vertrieb noch eine Prämie ausbezahlt. Diese Vertragsart kommt insbesondere dann zum Tragen, wenn eine ausländische Reederei, die in einem Land nahezu unbekannt ist, die Nachfrager dieses Landes als mögliche Zielgruppe identifiziert, jedoch die Kosten für eine eigene Verkaufsorganisation scheut.

Provisionsvertrag: Die Reederei erstellt das gesamte Produkt und bietet es dem Reiseveranstalter zur Vermittlung an. Der Reiseveranstalter bedient sich wiederum des klassischen Reisemittlers (Reisebüro). Die Provision muss der Reiseveranstalter sodann mit dem Reisebüro teilen. Problematisch ist, wenn eine Kreuzfahrt von einem Reisebüro direkt von der Reederei ohne den Umweg über einen Reiseveranstalter an einen Kunden vermittelt wird. In diesem Fall wird der Reisemittler (Reisebüro) zum Veranstalter mit allen Rechten und Pflichten aus dem Reisevertrag.

1.5.5.4 Beschaffung von Beförderungsleistungen im Schienenverkehr

Der Schienenverkehr spielt im Vergleich zu früheren Jahren im Einkauf von Beförderungsleistungen heute keine signifikante Rolle mehr. Gründe für den Rückgang des Verkehrsmittels Zug im Rahmen von Urlaubsreisen sind u. a.:

- Zunahme und Ausbau des Flugverkehrs, neuerdings durch den Markteintritt etlicher Low-Budget-Airlines/Low-Cost-Carrier,
- Verteuerung der Zugbeförderungsleistungen,
- längere Reisedauer ins Zielgebiet als z. B. Busse oder Eigenanreise mit dem Pkw,
- Unflexibilität der Disposition aus Reiseveranstaltersicht,
- stärkere Motorisierung der Bürger,
- höhere Flexibilität und Mobilität durch Eigenanreise mit dem Pkw,
- höherer Organisationsbedarf am Zielort durch evtl. Weiterverteilung der ankommenden Gäste auf Busse, die die Kunden zum Hotel befördern.

1.5.6 Beschaffung der Betreuungsleistung

Die Rundum-Betreuung der Gäste und Kunden in einem Feriengebiet trägt in einer mittlerweile austauschbaren Umgebung und Urlaubsanlage wesentlich zum Erfolg einer Urlaubsreise, Kurzreise oder eines Cluburlaubes bei.

Viele Reiseveranstalter verfügen in den Zielgebieten über hochkonzentrierte **Organisationsstrukturen** für die Betreuung ihrer Gäste. Diese Positionen können in einem Massenzielgebiet (z. B. spanische Küstenabschnitte, Kanaren, Balearen) folgende sein:

- Gebietsbeauftragte,
- Abschnittsleiter,
- Zielgebiets- und Ortsreiseleiter,
- Verkehrsbeauftragte,
- Gästeführer,
- Kinder- und Seniorenbetreuer,
- Sportbetreuer,
- Animateure,
- Fahrer und sonstige Dienstleister.

Das Rückgrat bildet die Tätigkeitsgruppe der **Reiseleiter**. Diese können unterteilt werden in:

- Rundreiseleiter,
- Studienreiseleiter,
- Zielgebiets- und Zielortsreiseleiter,
- Gästeführer,
- Reisebegleiter.

Da es in Deutschland für diese Tätigkeiten keine staatlich anerkannte Ausbildung oder Studium gibt, qualifizieren die Reiseveranstalter ihre Reiseleiter in eigenen Studiengängen nach ihren Bedürfnissen. Ergänzt wird dieses Angebot durch Qualifizierungsgänge von Dach- und Fachverbänden. Grundsätzlich sollten folgende **Kompetenzen** gegeben sein:

- fachliche Kompetenzen,
- persönliche Kompetenzen,
- soziale Kompetenzen.

Die **Bezugsquellen für qualifizierte Betreuungskräfte** sind außer den veranstaltereigenen Ausbildungszentren u. a.:

- Vermittlungsagenturen,
- Zusammenschlüsse von Reiseleitern,
- Arbeitnehmer-Überlassung, Zeitarbeit,
- Arbeitnehmer-Leasing.

1.6 Produktmanagement der Reiseveranstaltung

Immer stärker beeinflussen **gesellschaftliche Trends** die Produkte und Dienstleistungen der Reiseveranstalter und ihre Kunden. Trends, die derzeit stark präsent sind und einen z. T. hohen Handlungsbedarf bei der Produkterstellung verlangen, sind u. a.:

- höheres Bildungsniveau und Reiseerfahrung,
- Individualisierung der Konsumentennachfrage,
- Verschiebung im Altersaufbau der Bevölkerung,
- Identifikation mittels Markenorientierung,
- flexiblere Arbeitswelten.

Da sich der Reiseveranstaltermarkt vom Anbieter- zu einem Käufermarkt entwickelt hat, die Jahre mit zweistelligen Wachstumsraten der Vergangenheit angehören und das Anspruchsdenken des Kunden durch Überangebote und Preiskämpfe geprägt ist, müssen Reiseveranstalter den Kunden für sich gewinnen und binden. Die „Erosion der Mitte" im Reiseveranstaltermarkt führt zu einer Polarisierung des Marktes in preis- und produktorientierte Segmente. Mit der Individualisierung der Nachfrage sind die Tage der klassischen Pauschalreise im gehobenen Volumenmarkt vorbei. Der Kunde will pauschal reisen, die Reise soll aber nicht „Pauschalreise" heißen, denn:

- nicht die Bestandteile der Reise sind neu, sondern das „Packaging",
- der Kunde will den Grad der Individualisierung selbst bestimmen,

- die Angebotsflexibilisierung stellt neue Anforderungen an die Steuerungssysteme der touristischen Unternehmen, dabei ist der Kunde durchaus bereit, die höhere Flexibilität zu honorieren (*Fankhauser*).

Daraus ergeben sich erste **Handlungsempfehlungen** an die Touristikmanager. Kundenorientierte und keine zahlen- oder erfahrungsorientierte Touristiker bestimmen die Weichenstellung für das Management eines Touristikkonzerns, denn:

- das Kennen und verstehen des Kunden ist der entscheidende Erfolgsfaktor,
- die Segmentierung der Kunden ist und soll Grundlage aller Aktivitäten sein,
- die genau definierten Bedürfnisse der relevanten Segmente werden in zielgruppengerechte Produkte umgesetzt,
- die Struktur der touristischen Unternehmen muss kundenorientiert sein.

Neue Wege der Produktgestaltung (*Fankhauser*) müssen demnach sein:

- die Pauschalreise sollte nicht mehr so genannt werden,
- die Bestandteile einer vorfabrizierten Reise sind nicht neu, aber sie müssen flexibler und individueller ausgestaltet, zusammengesetzt und mit Zusatzleistungen angereichert sein,
- die Ausrichtung der Produktgestaltung an den unterschiedlichen Kundenbedürfnissen.

1.6.1 Vorüberlegung zum Produktmanagement

Das **Produktmanagement** beschäftigt sich im Wesentlichen mit folgenden Bereichen:

- Phasen/Prozess des Produktmanagements/Reiseveranstaltung,
- Ziele des Produktmanagements,
- Inhalte des Produktmanagements,
- Funktionen des Produktmanagers,
- Produkthierarchie, Programmstrukturen und Produkttypen eines Reiseveranstalters,
- Elemente der Pauschalreise, Ansätze der Produktkonzeption eines Reiseveranstalters,
- Merkmale der Produktpolitik,
- Planungsansätze des Produktes,
- Reiseausschreibung, Abwicklung der Reise, Nachbearbeitung, Auswertung und Nachkalkulation,
- Ansätze zukünftiger Produktgestaltung.

1.6.1.1 Phasen des Produktmanagements

Das Produktmanagement eines Reiseveranstalters lässt sich u. a. in folgende Phasen gliedern.

Tab. B.1.28: Phasen des Produktmanagements
Quelle: eigene Darstellung, 2004

1.6.1.2 Ziele des Produktmanagements

Die Ziele des Produktmanagements bedürfen einer genauen Definition. Grundsätzlich unterscheidet ein Reiseveranstalter zwischen vier Zielen (*Pompl*):

- **Programmziele**, dazu gehören: Kundennutzen, Zukunftsorientierung, Risikoausgleich, Reisemittler-Anforderungen, Programmauftrag.

- **Marketingziele**, dazu gehören: Kundenpräferenz, Marktanteile, Mengenziele, Imageverbesserung.

- **Produktionsziele**, dazu gehören: Produktrealisierung, Qualitätsstandards, Produktivität, Umwelt- und Sozialverträglichkeit.

- **Finanzziele**, dazu gehören: Deckungsbeiträge, Liquiditäts-Sicherung, Kapitalrentabilität, Dynamisierung der Kosten.

1.6.1.3 Inhalte und Dimensionen des Produktmanagements

Produktmanagement beinhaltet bzw. beschäftigt sich nach *Pompl* mit folgenden Politiken:

- **Programmpolitik,**
- **Markenpolitik,**

- **Produktgestaltung**,
- **Kundenservice**.

Produktmanagement kann im Wesentlichen in drei Dimensionen unterteilt werden:

- **strategisches Produktmanagement**,
- **taktisches Produktmanagement (Produktgestaltung)**,
- **operatives Produktmanagement (Produktabwicklung)**.

Strategisches Produktmanagement beinhaltet die Festlegung folgender Strategien:

- Marktfeldstrategie,
- Marktarealstrategie,
- Marktstimulierungsstrategie,
- Platzierungsstrategie,
- Markenstrategie.

Taktisches Produktmanagement (Produktgestaltung) beinhaltet:

- Konkretisierung der Produktfelder,
- Festlegung der Breite und Tiefe des Jahres- oder Saisonprogramms,
- Planung neuer und Verbesserung bestehender Produkte.

Operatives Produktmanagement (Produktabwicklung) beinhaltet:

- Präzisierung der Zielvorgaben,
- Umsetzung des konkreten Programms,
- Abstimmung aller Maßnahmen anderer Funktionsbereiche (Beschaffung, Finanzierung, Personal),
- kontrollierende Begleitung der Produktelemente, Sicherstellung des optimalen Ablaufs,
- Leistungskontrolle.

1.6.1.4 Produkthierarchie und Programmstruktur eines Reiseveranstalters

Im Zuge des Erstellungsprozesses einer Pauschalreise ist es sinnvoll die Produkthierarchie festzulegen. Ein möglicher Ansatz der Festlegung ist in nachfolgender Darstellung nach *Pompl* und in Anlehnung nach *Kotler/Bliemel* aufgezeigt.

Ebene	Beispiele
Bedürfnisfamilie	Freizeitaktivitäten
Produktfamilie	Urlaubsreise
Produktklasse	Flugreise
Produktlinie	Badereise
Produkttyp	Badereise Kanaren
Artikel	Badereise Fuerteventura, Hotel Riu Palace
Artikelvariante	Badereise FUE, Htl. Riu Palace, 2 Wochen, MAP, Meerblick
Erzeugnis	Badereise FUE, Htl. Riu Palace, 2 Wochen, MAP, Meerblick am 15.07. für 2 Personen

Tab. B. 1.29: Produkthierarchien eines Reiseveranstalters
Quelle: Pompl, 1996

Die Programmstruktur definiert die Programmbreite, die Programmtiefe und das Angebot eines Reiseveranstalters. Nachfolgende Darstellung zeigt dies am Beispiel:

Busreisen	Berlin	Standort-Studienreisen	Luxusvillen	
Bahnreisen	London	Moderne Studienreisen	Bungalows	
Flugreisen	Paris	Klassische Studienreisen	Wohnungen	**Programm-Tiefe**
Badereisen	**Städtereise**	**Studienreisen**	**Ferienwohnungen**	
Spanien	Bus	Geschichte	Studios	
Griechenland	Flug	Länder	Appartements	
Türkei	Bahn	Kultur		
Tunesien	Eigene Anreise	Events		

⟶ **Programmbreite** ⟶

Tab. B. 1.30: Programmstruktur eines Reiseveranstalters
Quelle: Pompl, 1996

Grundsätzlich gilt: Volumenveranstalter verfügen über eine relativ große Programm- bzw. Sortimentsbreite, während Spezialisten bzw. Nischenveranstalter über eine geringe Programm- bzw. Sortimentsbreite verfügen; dafür aber das Sortiment in einer relativ hohen Programm- bzw. Sortimentstiefe angeboten wird. Die Programmtiefe gilt bei diesem Reiseveranstaltertypus als ein Abgrenzungs- und Präferenzmerkmal gegenüber einem Massen- bzw. Volumenveranstalter. Während ein breites, aber eher flaches Angebot in einem stärkeren Standardisierungsgrad in der Produktion herstellbar ist und somit kostengünstiger hergestellt werden kann.

1.6.1.5 Produkttypen eines Reiseveranstalters

Die Produkttypen definieren einerseits in welchem Organisationsgrad die Reise dem Kunden angeboten wird und andererseits welche Zielgruppen angesprochen werden. Grundsätzlich lassen sich die Produkte eines Reiseveranstalters nach folgendem Schema typisieren:

- **Vollpauschalreise**: alle Teilleistungen werden im Paket katalogmäßig angeboten,
- **Teilpauschalreise**: nur eine Teilleistung wird katalogmäßig angeboten,
- **Individuelle Pauschalreise**: Baukasten-Prinzip,
- **All-Inclusive-Reise** (AIT),
- **Dynamic-Packaging**,
- **Standardreise**: IT – Inclusive-Tour,
- **Kundenspezifische bzw. spezielle Reisearten**, dazu gehören: Geschäftsreisen, Incentive Reisen, Kur- und Gesundheitsurlaub, Clubreisen, Studienreisen, Städte-, Kultur- und Eventreisen, Kreuzfahrten, Fitness- und Sportreisen, Erlebnis- und Abenteuerreisen, Pilger-, Sprach-, Single-, Familien-, Zuschauer-, Senioren-, Kinder- und Jugend- und Behindertenreisen.

Bei der Auswahl der Länderwahl bieten *Weiermair/Peters* an einem Beispiel folgende Alternativen mit Begründung an:

Gewählte Alternative	Begründung der Wahl
Deutschland	keine kulturellen und sprachlichen Barrieren, große Ähnlichkeit mit der Schweiz und Österreich, bekannte Kundenschicht, geringes Risiko, geografische Nähe, Marktgröße, gute Unternehmenskontrolle ist möglich
Schweden	geringes Risiko, EU-Land, geringe Arbeitslosigkeit, hohes Einkommen
Kroatien	keine Begründung
Kanada	Klima, stabile Währung, hohes Pro-Kopf-Einkommen, multikulturelle Gegebenheiten, gute Entwicklungsmöglichkeiten
Thailand	Klima, hohes Entwicklungs- und Wachstumspotenzial, gute politische Rahmenbedingungen, multikulturell

Tab. B. 1.31: Begründung der Länderwahl
Quelle: Weiermair/Peters, 2003

1.6.1.6 Elemente einer Pauschalreise

Die Organisation und Produktion erfordert Kenntnisse über ihre Zusammensetzung. Dem verantwortlichen Produktmanager und den Mitarbeitern müssen die Elemente einer Pauschalreise bekannt sein, um sie kundenorientiert und absatzfähig zu erstellen. Die Elemente einer Pauschalreise lassen sich in Anlehnung an *Pompl* wie folgt unterteilen:

Organisatorische Elemente

- Buchung
- Reisezeitpunkt
- Reiseziel
- Reiseroute
- Beförderung
- Unterkunft

- Verpflegung
- Reiseleitung
- Versicherungen
- Aufenthaltsdauer
- Programm vor Ort
- Werbegeschenke

Wirtschaftliche Elemente

- Reisepreis
- Preis-Leistungs-Verhältnis
- Buchungs-Aufwand
- Service-Cards

- Kundenbindungsinstrumente
- Reisefinanzierung
- Neben- und Zusatzausgaben

Rechtliche Elemente

- Zahlungs-Bedingungen
- Umbuchungs-Bedingungen
- Storno-Bedingungen

- Haftung
- Garantien
- Rücktritt durch den Reiseveranstalter

Soziale Elemente

- Interaktion zwischen Kunden und Personal
- Image des Reiseveranstalters
- Image des Reisemittlers
- Image des Leistungsträgers

- Image des Zielortes
- Homogenität der Gruppe
- Gruppengröße
- Kontakte zu den Einheimischen und anderen Touristen

Informative Elemente

- Produktdarstellung
- Preisdarstellung
- Reiseunterlagen

- Werbung
- physische Erscheinung
- Kundenbindungsinstrumente

1.6.2 Ansätze zu Produktkonzepten/Produktpolitik eines Reiseveranstalters

Zunächst soll der Begriff Produkt kurz erläutert werden. Das Produkt kann aus der Sicht des Produzenten, des Verantwortlichen und des Verbrauchers unterschiedlich gesehen werden.

Allgemein kann unter dem Begriff Produkt folgendes subsumiert bzw. verstanden werden (*Pompl*):

- **Kernprodukt** – Was sucht der Kunde wirklich, wenn er eine Reise bucht?
- **Produkt/generisches Produkt** – Basisvariante – setzt der Kunde als Grundanforderung voraus,
- **das erwartete Produkt** – enthält über die Basisversion hinausgehende Leistungen,

- **das erweiterte Produkt** – stellt mehr als die Basisversion dar; neben dem Grundnutzen viele Zusatznutzen,
- **das potenzielle Produkt** – schließt Entwicklungs- und Umgestaltungsmöglichkeiten mit ein.

Aus **Sicht des Produktmanagers** kann sich das Produkt wie folgt charakterisieren:

- Problemlösungskompetenz,
- Leistungsbündel,
- Dienstleistungsversprechen,
- Risikoübernahme,
- Pauschalpreis,
- Vorfertigung und Standardisierung.

Aus **Kundensicht** ist das Produkt:

- Reise als Erlebnis: Push- und Pull-Faktoren (vgl. Weg-Von- und Hin-Zu-These des Reisens),
- Involvement und Entscheidungsverhalten: Zufallsverhalten, impulsive Entscheidung, gewohnheitsmäßige Entscheidung, vereinfachte Entscheidung, extensive Entscheidung,
- faktische und psychische Reisedauer: Einstellung des Kunden gegenüber einer Reise im Zeitverlauf (von der Buchung über das Reiseerlebnis und das Empfinden nach Beendigung der Reise),
- Reiseveranstalter aus Kundensicht: Reiseveranstalter muss die Rahmenbedingungen für ein optimales Erlebnis schaffen,
- Vor- und Nachteile einer Pauschalreise: Preis, organisatorische Entlastung, Fachkompetenz, Auswahlmöglichkeiten, Sicherheit, Kontakte, negativer Inbegriff.

1.6.2.1 Produktpolitik

Die Produktpolitik ist das Herz des modernen Unternehmens. Die Wichtigkeit der Produktpolitik resultiert aus dem Wandel vom Wachstums- zu einem Verdrängungswettbewerb in der Pauschaltouristik. Die Märkte sind dadurch beschränkter geworden und Marktanteile nur auf Kosten der Mitbewerber zu gewinnen.

Die Merkmale der Produktpolitik eines Reiseveranstalters sind:

- Sortimentsbreite und Sortimentstiefe,
- Produktgestaltung/Sortimentsgestaltung,
- Grundnutzen und Zusatznutzen der Pauschalreise,
- Leistungspolitik,
- Garantiegewährungen,
- Reisebedingungen,
- Produktstrategien und Produktpositionierungen,
- Programmplatzierung,
- Wettbewerbsplatzierung,
- Programmänderungsmöglichkeiten,
- Nutzenerwartung,

- Produktentwicklung,
- Diversifikation.

Am Beispiel der **Programmplatzierungsalternativen** können unterschiedliche Strategien verfolgt werden, wie Sie in nachfolgender Abbildung aufgezeigt werden:

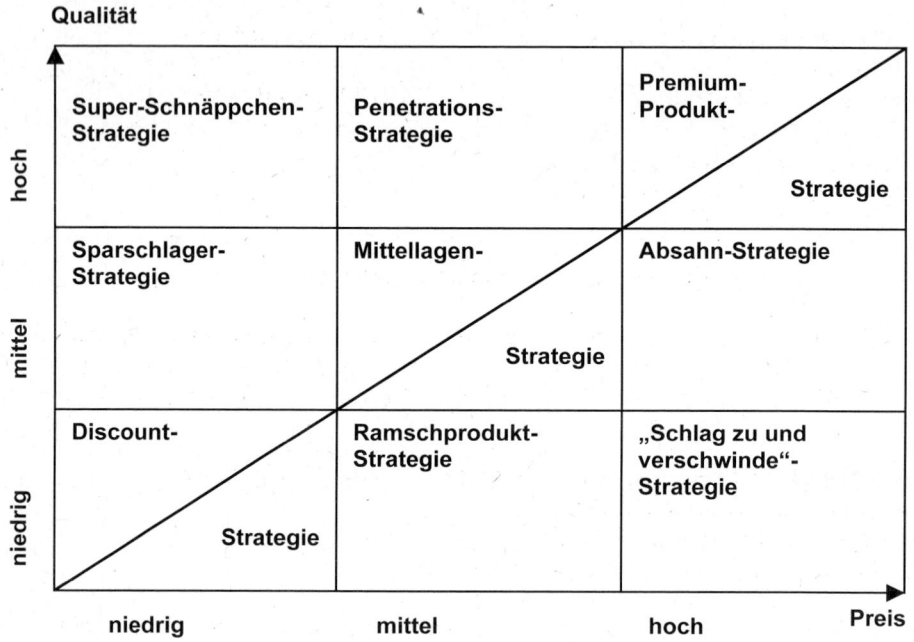

Abb. B. 1.32: Strategien der Programmplatzierung
Quelle: Pompl, 1996

Entscheidend bei der Produktpolitik eines Reiseveranstalters sind Kombinationen der Produktkomponenten. Eine Pauschalreise setzt sich üblicherweise aus vier Komponenten zusammen:

- **technische Komponente**: Material des Trägermediums, Professionalität der Warenpräsentation,
- **ästhetische Komponente**: Form, Farbe, Design des Kataloges und der Unterlagen,
- **symbolische Komponente**: Marke und Image des Reiseveranstalters, seiner Leistungsträger und des Zielgebietes,
- **Grundnutzen**: Zweck der Ware oder der Dienstleistung,
- **Zusatzleistungen**: Beratung, Garantie und Beschwerdemanagement.

Die produktpolitischen Aktivitäten eines Reiseveranstalters liegen in der dauerhaften Modifikation/Variation, Innovation und wenn nötig der Eliminierung von Produkten. In nachfolgender Darstellung wird angezeigt, in welcher Phase des Produktlebenszyklus welche produktpolitische Aktivität sinnvoll erscheint.

Innovation	**Einführungsphase**
Modifikation	**Wachstumsphase**
Differenzierung	**Reifephase**
Modifikation, Differenzierung, Diversifikation	**Sättigungsphase**
Elimination, Diversifikation	**Rückgangsphase**

Tab. B. 1.33: Produktlebenszyklus
Quelle: in Anlehnung an Schürmann, 1993

1.6.2.1.1 Die nächste Generation der Reiseproduktion

Die nächste Generation der Reiseproduktion findet ihren Ausdruck in der sich langsam anbahnenden **Realtime Enterprise Kollaboration** in der Reiseindustrie, d. h. technikgestützte Echtzeitprozesse mittels neuer Medien. Ausschlaggebend für diese Entwicklung sind z. B.:

- sozioökonomische und politische Megatrends in der heutigen Zeit,
- die rasante technische Entwicklung,
- Kostendruck der Reiseunternehmen,
- Zwang, das Einkaufsrisiko zu minimieren.

Zunächst sollen wichtige Megatrends anhand nachfolgender Tabelle aufgezeigt werden.

Einflussfaktoren	Megatrends	Trends
Menschen	Individualisierung	Flexibilität
Gesellschaft	Bevölkerungswachstum und Urbanisierung	Einfachheit
Wirtschaft	Globalisierung	Alterung der Gesellschaft
Politik	Verstärkter Wettbewerb zwischen den einzelnen Volkswirtschaften	Bedürfnis- und Erlebnisökonomie
	Sicherheit	„Age of Cheap"
		Life Services

Tab. B. 1.34: Einflussfaktoren, Megatrends und Trends
Quelle: Fresi, 2005

Eine Studie von Accenture und Siemens kommt zu dem Ergebnis, das auch der zunehmende Wettbewerb in der Reiseindustrie künftig effizientere Arbeitsabläufe und stark modifizierte Geschäftsmodelle sowohl auf Produzenten-, Lieferanten- und Nachfragerseite erfordert. Daraus ergeben sich aktuelle Herausforderungen für die Reisebranche als auch mögliche strategische Handlungsoptionen.

Aktuelle Herausforderungen, denen die Reiseveranstalter in zunehmenden Maße ausgesetzt sind u. a.:

* immer stärker werdende Planungsunsicherheit durch die gesamtwirtschaftliche Nachfrageschwäche und politischen Unsicherheiten in den Zielländern und -gebieten,
* neue Vertriebskanäle und intensivere Konkurrenz durch den Direktvertrieb der Zulieferer und Leistungsträger sowie sinkende Provisionen, z. B. der Fluggesellschaften,
* verändertes Reiseverhalten (z. B. Reisedauer wird kürzer, Zielgebiete werden hauptsächlich nach dem Kriterium Preis ausgewählt),
* zunehmende Differenzierung der Kundenwünsche,
* zunehmende Konzentration (vertikale Integrationen) und starker Preiswettbewerb, bedingt durch den steigenden Marktanteil großer Reisekonzerne und der Kampf um Marktanteile bei geringem Wachstum.

Die **strategischen Handlungsoptionen**, die sich aus den aktuellen Herausforderungen ergeben (*Accenture*) können beispielsweise sein:

* Einkauf und Produktion von Pauschalreisen muss im „Just-in-time"-Prinzip erfolgen,
* am Point of Sale (PoS) muss der Kundenservice signifikant verbessert werden; dies gelingt u. a. durch die optimale Nutzung von Backoffice-Systemen,
* in vielen Unternehmen muss ein Generationswechsel im Bereich Informations-Technologie stattfinden, dass u. U. auch eine Änderung tradierter Geschäftsmodelle zur Folge hat.

Die Arbeitsprozesse müssen sich von asynchron, langsam und fragmentiert hin zu synchroner, in Echtzeit und kollaborierend wandeln. Gerade Reiseveranstalter, die durch ihre mittel- bis langfristige Einkaufspolitik in hohem Umfang finanzielle Ressourcen binden und den Unsicherheiten des Marktes ausgeliefert sind, bedürfen einer Änderung ihres Geschäftsmodells. „Echtzeit" wird im Reiseveranstaltergeschäft künftig zum Erfolgsfaktor und über den langfristigen Erhalt des Unternehmens entscheiden.

Unternehmen, die ihre Arbeitsprozesse in **„Echtzeit"** durchführen bzw. dies versuchen, verfügen über folgende drei wesentliche **Fähigkeiten** (*Fresi*):

* die internen und externen Daten werden ohne Zeitverzögerung in Echtzeit in den wohlorganisierten betrieblichen Datenpool integriert.
* Analysen der Informationen im betrieblichen Datenpool können funktionsübergreifend und auf Knopfdruck in Echtzeit abgerufen werden.
* die Anzahl der Arbeitsschritte, die im Stapelbetrieb durchgeführt werden, reduziert sich drastisch durch sofortige Erledigung in Echtzeit.

Bei o. a. Problematik spielt die Echtzeit-Kommunikation eine entscheidende Rolle. Untersuchungen haben gezeigt, dass Durchlaufzeiten teilweise doppelt so hoch als nötig sind, da die notwendigen Kommunikationsergebnisse im Geschäftsprozess im Stapelbetrieb (z. B. E-Mail und Anrufe auf Anrufbeantworter) und nicht in Echtzeit ablaufen. Die Migration zum „Echtzeit-Unternehmen" ist für Reiseveranstalter ein längerer und weit reichender Umsetzungsprozess bei dem folgende wichtige Aspekte berücksichtigt werden müssen (*Fresi*):

* nahtlose Verzahnung der unternehmensinternen und unternehmensübergreifenden Geschäftsprozesse,

- lückenlose Aktualität und vollständiger Überblick über alle geschäftsrelevanten Daten,
- durchgängige, elektronische Geschäftsvorgänge über modularisierte und standardisierte Unternehmensdienste,
- ereignisgesteuerte Geschäftsprozesse durch ereignisorientierte Anwendungen,
- effiziente ad-hoc Kommunikation zwischen Mitarbeitern eines Reiseveranstalters, seinen Partnern und Kunden,
- Bereitschaft zur präsenz-basierter Kommunikation,
- Bereitschaft zu einer multi-ressourcen-basierten Zusammenarbeit der Mitarbeiter, Kunden und Lieferanten.

Für einen Reiseveranstalter können so Lösungen mit einem hohen Wertpotenzial entstehen; beispielsweise:

- Unterstützung bei Dienstreisen,
- Überwachung der Vertriebskanäle (z. B. Reisebürokette, Außendienstmitarbeiter),
- Einkauf von Beförderungs- und Beherbergungsleistungen,
- bessere Steuerung der Liquidität.

Das Zukunftsszenario eines Echtzeit-Reiseveranstalters könnte wie in nachfolgender Abbildung dargestellt werden, denn das Echtzeit-Unternehmen ermöglicht eine längere, differenzierte und flexiblere Wertschöpfungskette im Rahmen des Value Networks.

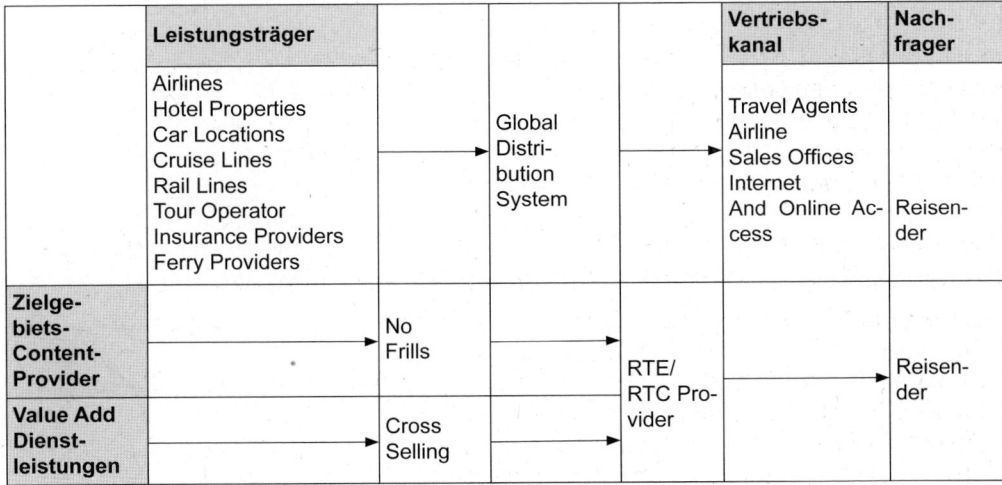

	Leistungsträger				Vertriebs-kanal	Nach-frager
	Airlines Hotel Properties Car Locations Cruise Lines Rail Lines Tour Operator Insurance Providers Ferry Providers		Global Distri-bution System		Travel Agents Airline Sales Offices Internet And Online Access	Reisen-der
Zielge-biets-Content-Provider		No Frills			RTE/ RTC Pro-vider	Reisen-der
Value Add Dienst-leistungen		Cross Selling				

Tab. B. 1.35: Zukunftsszenario eines Echtzeit-Unternehmens in der Reiseindustrie
Quelle: Fresi, 2005

1.6.2.1.2 Neue Produktionsformen der Pauschalreise

Die Pauschalreise muss sich den stetigen und sich ändernden Anforderungen des Kunden anpassen. Die neuen Technologien, machen es möglich, dass sich neue Produktionsformen entwickeln. In nachfolgender Darstellung werden drei neue Formen mit ihren Vor- und Nachteilen aufgezeigt.

Warenkorb	Dynamic Packaging	Pre-Packaging
Kunde wählt zunächst Flug, dann Hotel und anschließend ein Zimmer nach Wunsch mit der dazugehörigen Verpflegung.	Der Kunde äußert seinen Wunsch, anschließend prüft das System bei allen Airlines mögliche Flüge, sucht in den Hoteldatenbanken die passenden Zimmer und fertigt eine Pauschalreise.	Das System lädt alle Flüge und Hoteldaten in eine Datenbank. Wenn der Kunde seinen Wunsch genannt hat, werden die Kombinationen abgefragt und erst vor dem Buchen wird die Verfügbarkeit geprüft.
Vorteile	**Vorteile**	**Vorteile**
Beim Kunden entsteht der Eindruck, dass er absolut freie Auswahl hat. Die Angebote sind auf Vakanz und Preis geprüft.	Der Kunde erhält Pauschalreisen nach Wunsch und Preis sortiert und muss sie nicht selbst kombinieren. Die Angebote sind auf Vakanz und Preis geprüft.	Der Kunde erhält Pauschalreisen nach Wunsch und Preis sortiert, muss nicht selbst kombinieren und kann zielgebietsübergreifend abfragen. Schnelle Antwortzeiten.
Nachteile	**Nachteile**	**Nachteile**
Das beste Preis-Leistungs-Verhältnis ist nicht auf einen Blick darstellbar. Es gibt zu viele Kombinationsmöglichkeiten. Kunde gibt frustriert auf.	Die Abfrage muss stark eingeschränkt werden, Alternativprodukte werden nicht mit angefragt. Lange Antwortzeiten. Bei zu viel Traffic droht Systemüberlastung.	Zwischenzeitliche Preisänderungen werden dem Nachfrager erst am Schluss gezeigt. Einzelleistungen können in der Zwischenzeit ausgebucht sein.

Tab. B. 1.36: Die neue Produktion von Pauschalreisen
Quelle: fvw International, 2005

1.6.2.1.3 Virtuelle Reiseveranstalter

Nach gängiger Meinung versteht man unter virtuell etwas, dass nur scheinbar vorhanden ist. Dennoch existieren Veranstalter, die sich als virtuell bezeichnen wirklich und tatsächlich. Virtuelle Veranstalter etablieren sich zunehmend als Nische im hart umkämpften Reiseveranstaltermarkt. In der Regel bieten sie das Leistungsspektrum eines klassischen Reiseveranstalters (*Schneider*). Demnach bieten virtuelle Veranstalter:

- Pauschalreisen inkl. Flug, Hotel, Reiseleitung und Betreuung, Transferleistungen und Sicherungsscheine,
- ausführliche Beschreibung der Zielgebiete, Hotels als auch Länderinformationen,
- verfügen über ein eigenes Produktmanagement,
- sind i. d. R. 365 Tage im Jahr erreichbar,
- bieten Kundenbetreuung nach der Reise und weisen i. d. R. eine sehr niedrige Reklamationsquote aus,
- erstellen ausführliche Reiseunterlagen für die Kunden,
- gewähren den Handelsvertretern (z. B. Reisebüro) eine auskömmliche Provision (i. d. R. ca. 10 %).

Das Geschäftskonzept ist stringent an den Bedürfnissen des Marktes ausgerichtet und bestimmt die interne Organisation. Organisatorische und konzeptionelle Besonderheiten eines virtuellen Reiseveranstalters können sein (*Schneider*):

- **Real Time Packaging:** Kalkulation im Augenblick der Anfrage einer Reise seitens des Kunden/Reisemittlers.

- **Time to Market:** Preisänderungen werden sofort an den Kunden/Reisemittler weiter geleitet.
- **Customized Solutions:** Erstellung exklusiver Angebote, werden auf Bestellung sofort realisiert,
- **Lean Production:** Schlanke Geschäfts- und Erstellungsprozesse dominieren die Arbeit, dadurch wird eine hohe Risikominimierung erreicht.

Ein **Kernelement virtueller Veranstalter** ist die schlanke Produktion. Dies kann konkret bedeuten:

- die Abnehmer, soweit es sich um Handelsvertreter handelt, bieten das eingekaufte Produkt unter eigenem Label an,
- keine Katalogproduktion,
- keine Verknüpfung externer Datenbanken miteinander,
- ein virtueller Veranstalter ist kein „Lieferant" von Sicherungsscheinen für die Handelsvertreter (Reisebüros),
- keine Beteiligungs- und Diversifikationsstrategie,
- kein Auftreten unter einer eigenen Vertriebsmarke.

Auf die Frage, ob virtuelles oder reales Buchen künftig eine größere Rolle spielen wird, versuchen die Reiseveranstalter unterschiedliche Lösungsansätze zu finden. Nach Untersuchungen der GfK (Gesellschaft für Konsumforschung) und dem European Travel Monitor wird eine steigende Nachfrage nach flexiblen und immer vielfältigeren Angeboten erkannt, die zu neuen Wachstumsimpulsen im Reiseveranstaltergeschäft führt.

Bis zum Jahr 2010 werden ein Drittel aller Urlaube individuell als Baustein- und Do-it-Yourself-Reise zusammengestellt. Die Entwicklung der klassischen Paket-Reise wird hingegen rückläufig sein. Jedoch ist die Relevanz der Produkttypen sehr stark abhängig von der jeweiligen Destination. Ganz allgemein gilt: Je weiter das Land vom Entsendeland entfernt ist, desto größer ist der Organisationsgrad der Reise und somit weniger im Baukasten-Prinzip. Das Wettbewerbsumfeld wird durch neue Akteure am Markt sowie durch onlinebasierte Anbieter verschärft. Nachfolgende Darstellung zeigt dies auf:

Tendenz	Reiseform	Klassische Wettbewerber	Neue Wettbewerber
→	**Paket-Reise**	World of TUI Thomas Cook Alltours Neckermann L'tur	Vtours TUI.de
→	**Do-it-Yourself-Reise**	Airtours DERTOUR MEIERS	Expedia.de Lastminute.com
→	**Baustein-Reise**	INTER CHALET AIR BERLIN Condor	RYANAIR.com HRS Hotel Reservation Service

Tab. B. 1.37: Erweitertes Wettbewerbsumfeld – getrieben durch Online und neue Player am Markt
Quelle: TUI Deutschland

Aus der derzeitigen Marktentwicklung und dem Wettbewerbsumfeld ergeben sich Haupt-Stoßrichtungen für klassische Reiseveranstalter aber auch für Leistungsträger. Die derzeitige Marktentwicklung kann folgendermaßen zusammengefasst werden (*Böttcher*):

- steigende Nachfrage nach flexiblen und immer vielfältigeren Angeboten führt zu neuen Wachstumsimpulsen am Markt,
- Zunahme Kostendruck auf klassische Veranstalterprodukte,
- Packages auch in Zukunft attraktives Produktsegment, überproportionale Wachstumschancen für Bausteine und „Do-it-Yourself",
- Ausweitung des Wettbewerbsumfeldes getrieben durch neue Online-Player am Markt.

Die sich daraus ergebende Stoßrichtung für klassische Touristikunternehmen kann wie folgt zusammengefasst werden (*Böttcher*):

- **Produktion:** Ausbau der Marktposition im klassischen Veranstaltermarkt durch flexible, nachfrageorientierte und kostenoptimale Produktionssysteme,
- **Vermarktung und Vertrieb:** Nutzung zusätzlicher Wachstumschancen im Baustein- und Do-it-Yourself-Segment durch online-basierte Geschäftsmodelle.

Eine neue Produktionslogik muss zu erweiterten Marktchancen führen. Dabei geht es in erster Linie darum, der klassischen Produktionslogik die traditionell auf einer „Lagerproduktion" basiert durch eine „Just-in-time-Produktion" zu ersetzen. Nachfolgende Darstellung zeigt den Wandel von klassischer auf neue Produktionslogik auf:

Klassische Produktionslogik	Neue Produktionslogik
• Vorsaisonale „Lagerproduktion" aller buchbaren Produktvarianten mit komplexer Kalkulationslogik auf Paketebene • Manuelle Verkaufssteuerung auf Paketebene vor allem im Kurzfristbereich durch Generierung neuer Pakete • Direkte Leistungsträgeranbindung nur eingeschränkt möglich • Online-basierte Geschäftsmodelle existieren parallel zum Veranstaltermodell	• „Just-in-time-Produktion" zum Zeitpunkt der Kundennachfrage • Paketpreise entstehen aus dynamischen Komponentenpreisen, welche die Angebots- und Nachfragesituation direkt berücksichtigen • Möglichkeit der dynamischen Weitergabe der Einkaufspreise durch direkte Leistungsträgerbindung (beim Händler-Modell verbleibt die Margenkalkulation beim Veranstalter) • Steuerung der Geschäftsmodelle aus einer Hand: Katalog, untersaisonale Steuerung, virtueller Reiseveranstalter, Reisemittler

Tab. B. 1.38: Nutzung erweiterter Marktchancen durch neue Produktionslogik – „Just-in-time" löst „Lagerproduktion" ab
Quelle: TUI Deutschland

Für einen Reiseveranstalter, der sich als virtuelle Veranstalter etablieren will, ist eine starke Marke und langjährige Geschäftsbeziehung zu den Leistungsträgern die Basis des Erfolges für neue online-basierte Geschäftsmodelle.

Entscheidend ist für einen Reiseveranstalter wie er die vertriebsspezifischen Chancen der einzelnen Produktsegmente nutzt. Nachfolgende Tabelle zeigt dies am Beispiel der TUI.

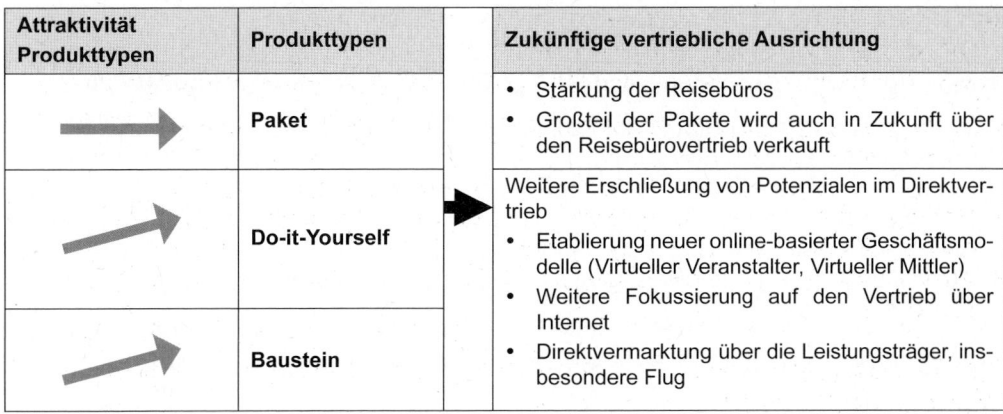

Attraktivität Produkttypen	Produkttypen	Zukünftige vertriebliche Ausrichtung
	Paket	• Stärkung der Reisebüros • Großteil der Pakete wird auch in Zukunft über den Reisebürovertrieb verkauft
	Do-it-Yourself	Weitere Erschließung von Potenzialen im Direktvertrieb • Etablierung neuer online-basierter Geschäftsmodelle (Virtueller Veranstalter, Virtueller Mittler) • Weitere Fokussierung auf den Vertrieb über Internet • Direktvermarktung über die Leistungsträger, insbesondere Flug
	Baustein	

Tab. B.1.39: Ausschöpfung der vertriebsspezifischen Chancen für die einzelnen Produktsegmente
Quelle: TUI Deutschland

1.6.2.2 Markenpolitik

Die Marke dient der Identifikation eines Produktes. Die Bedeutung der Marken wurde im touristischen Umfeld lange Zeit unterschätzt. Gerade im Dienstleistungsmarkt kommt der Marke eine besondere Bedeutung als Entscheidungshilfe zu, denn wenn man etwas im Voraus bezahlt und es erst später bekommt, muss man wissen, mit welchem Unternehmen man es zu tun hat.

Die **Markenbildung** der Produkte und Dienstleistungen eines Reiseveranstalters **erfolgt** über:

- Kernleistung,
- Namensgebung,
- Markenwert und Markendesign,
- Image,
- Positionierung,
- Zusatzleistung 1 (wahrnehmbar) und Zusatzleistung 2 (vorstellbar).

Auch hinsichtlich der Markenstrategien kann ein Reiseveranstalter zwischen vier Alternativen wählen. Die gewählte Alternative ist stark abhängig von seinem Angebot und dem Grad der Flächendeckung (Marktarealstrategie). Die Alternativen sind:

- **Einzelmarken**,
- **Familienmarken**,
- **Dachmarken**,
- **Globalmarken**.

Nachfolgende Tabelle zeigt am Beispiel die vier Markenstrategien.

Einzelmarken-Strategie	Familien-Marken-Strategie	Dachmarken-Strategie	Global-Marken-Strategie
Keine oder nur geringe Angebotsdifferenzierung	Differenzierung der Angebote durch Markenzusätze	Differenzierung der Angebote durch Marken (Submarken)	Differenzierung der Angebote nach Ziel- und Quellgebiet (Ziel-Gebiet-Spezialisten)
Beispiele: Frosch Reisen Rotel-Tours Wikinger Reisen	Beispiele: Studiosus Städtereisen Studiosus Wanderreisen Studiosus Sprachreisen Studiosus Young Line Studiosus Studienreisen	Beispiele: Thomas Cook (TC) = Dachmarke Submarken: Neckermann Aldiana Tomas Cook	Beispiele: TUI AG mit: TUI Belgium TUI India TUI China TUI Austria

Tab. B. 1.40: Markenstrategien von Reiseveranstaltern
Quelle: in Anlehnung an Hebestreit, 1993/Mundt, 1998

Die Strategien hinsichtlich der Wahl des Markenamens können sich auf folgende drei Alternativen beschränken:

- **Sortimentsmarkenstrategie:** Alle Produkte den gleichen Namen (Studiosus Reisen, Rotel-Tours),
- **Monomarkenstrategie:** Jedes Produkt hat einen individuellen Namen (REWE-Konzern),
- **Kombinationsmarkenstrategie:** Kombination aus Sortiments- und Monomarkenstrategie (TUI, TC).

Personenmarken (Kategorie Sortimentsmarkenstrategie) sind für das emotionale Reiseprodukt am leichtesten vermittelbar. Vor der Umbenennung der nach der TUI bekanntesten Marke Neckermann in TC – Thomas Cook, konnte mit dem Namen Neckermann viel emotionalisiert werden und neue Produktlinien „spielend" im Markt etabliert werden. Nach der Umbenennung in TC wurden viele Stammkunden verunsichert, vermuteten viele Kunden eine Abkehr von der bislang gewohnten Qualität. TC sollte als internationale Marke und als Symbol für den Pionier der Pauschalreise Synergien schaffen.

Das Problem: Produktinhalt und Kommunikation müssen deckungsgleich sein und sich immer an den Bedürfnissen der nationalen Märkte orientieren. Demzufolge schafften die „großen" und einige „mittlere" Reiseveranstalter ein klares Markenportfolio um den Markt in seiner ganzen Breite abzudecken. Am Markenportfolio der TC wird dies aufgezeigt:

AirMarin/Bucher	Neckermann	Thomas Cook	Aldiana
Low Budget	Value for money Breite Angebotspalette	Individuelle Bedürfnisse Pauschal- bzw. Baukasten-Prinzip Einzelplatz	Clubanlagen

Tab. B.1.41: Markenportfolio der Thomas Cook
Quelle: eigene Darstellung in Anlehnung an Thomas Cook

1.6.2.3 Marketingplanung – Planungsansätze

Die Ansätze der Marketingplanung unterscheiden sich zunächst kaum von anderen Branchen. Es werden die einzelnen Marketinginstrumente (**sieben P's des Marketings**) zielgerichtet eingesetzt. Nachfolgende Darstellung gibt einen Überblick über das Repertoire der verfügbaren Marketinginstrumente bei einem Reiseveranstalter.

Product (Produktpolitik)	Sortimentsbreite, -tiefe, Angebotsspanne, Produkthierarchie
Price (Preis- bzw. Kontrahierungs- politik)	Preispolitik, Preisdifferenzierungen, Preislagen, Preiswahrnehmung
Promotion (Kommunikationspolitik)	Verkaufsförderung, Werbung, Öffentlichkeitsarbeit, persönlicher Verkauf
Place (Vertriebspolitik)	Direkter und indirekter Vertrieb
Physical Evidence (Physische Erscheinung)	Gebäude, Räume, Ambiente, Touch-Points, Kontaktpersonal, Arbeitsmittel, Symbole
Process (Prozesse)	Leistungserstellung, zeitliche Abfolge, Herstellungsdauer, Erlebnisqualität, Erlebnisgehalt, Kundenbeteiligung, Interaktionsqualität
People (Personen)	Mitarbeiter, Mitkonsumenten, Erwartungsgruppen

Tab. B. 1.42: Marketinginstrumente eines Reiseveranstalters im Überblick
Quelle: Pompl, 1996

Größere Bedeutung jedoch kommt im Rahmen der Marketingplanung die Auswahl folgender Strategien zu:

- **Marktfeldstrategien,**
- **Marktstimulierungsstrategien,**
- **Marktparzellierungsstrategien,**
- **Marktarealstrategien.**

Zu den Marktfeldstrategien gehören:

- **Marktdurchdringung:** Ein „altes Produkt", also ein bereits bestehendes Produkt (z. B. eine Pauschalreise) wird in einem bestehenden Markt, einem „alten Markt" angeboten,
- **Marktentwicklung:** Ein „altes Produkt", also ein bereits bestehendes Produkt (z. B. eine Pauschalreise) wird in einem neuen Markt angeboten,
- **Produktentwicklung:** Ein neues Produkt wird in einem bestehenden Markt, einem „alten Markt" angeboten,
- **Produktdiversifikation (horizontal, vertikal, lateral):** Ein neues Produkt wird in einem neuen Markt angeboten; es kann sich dabei um ein Produkt auf gleicher (horizontal), auf einer vor- oder nachgelagerten (vertikal) oder einer komplett fremden (lateral) Produktionsstufe handeln.

Zu den Marktstimulierungsstrategien gehören die Präferenz-Strategie und die Preis-Mengen-Strategie. Die Präferenz-Strategie strebt die Qualitätsführerschaft in ihrem jeweiligen Segment an und ist bei Spezial- und Nischenveranstaltern anzutreffen. Die Preis-Mengen-Strategie strebt eine Kosten- bzw. Preisführerschaft an und findet ihre Ausprägung bei den Massen- bzw. Volumenveranstaltern. Eine ausführliche Abgrenzung dieser beiden Strategien gibt die folgende Darstellung wieder:

Merkmal	Präferenz-Strategie	Preis-Mengen-Strategie
Prinzip	**Qualitätswettbewerb**	**Preiswettbewerb**
Charakteristik	Hochpreis-Konzept durch Aufbau von Präferenzen, Entwicklung eines Marken-Images und eigenständige Positionierung	Niedrigpreis-Konzept durch Verzicht und Aufbau von Präferenzen, Marke, eigenständige Positionierung
Zielgruppe	Qualitäts- und Markenkäufer	Preiskäufer
Wirkungsweise	langfristiger Aufbau von Präferenzen, Marken-Image	schnelle Wirkung, jedoch kein Aufbau von Präferenzen
Dominanter Bereich im Unternehmen	Marketing-Bereich	Einkauf und Beschaffung
Typischer Marketing-Mix	Dominanz von Leistungspolitik, insbesondere Service- und Kommunikationspolitik, eigenständige Positionierung	durchschnittliches Leistungsangebot, schwach ausgeprägte Werbung, aggressive Verkaufsförderung und Preispolitik
Vorteile	Aufbau eigenständige Marken-Position = gute Ertragschancen	geringe Investition in Leistungs- und Kommunikationspolitik, Ertragschancen nur bei kostengünstigem Einkauf und Gesamtkostenstruktur
Nachteile	hohe Investitionen, langfristiges Konzept, Marktrisiko	Preiswettbewerb, austauschbar, Existenzgefährdung bei ruinösem Wettbewerb

Tab. B. 1.43: Gegenüberstellung Präferenz- und Preis-Mengen-Strategie
Quelle: Roth/Schrand, 2003

Marktparzellierungsstrategien werden unterschieden in:

- **Massenmarktstrategie:** Ist aufgrund des starken Wettbewerbs kaum noch durchzuführen,
- **Segmentierungsstrategie:** Diese Strategie ist die Strategie der Zukunft (one-to-one-business).

Marktarealstrategie: Beschreibt in welchem Grad der Flächendeckung die Produkte und Dienstleistungen eines Reiseveranstalters angeboten werden. Hierbei handelt es sich sowohl um das Angebot im Entsende- als auch im Zielland. Die **Marktarealstrategie** kann abgegrenzt werden in:

- lokal,
- regional,
- überregional,
- national,
- international,
- global.

1.6.3 Wettbewerbsanalyse eines Reiseveranstalters

Bei der **Analyse der Wettbewerbssituation** ergeben sich folgende Ansatzpunkte:

- **Probleme und Entwicklungen der Veranstalterreise**, damit sind gemeint:
  - Grenzen des touristischen Wachstums,
  - der technische Fortschritt,
  - Marktkonkurrenz,
  - Konsumstrukturen,
  - Raumverlust und Inszenierung.
- **Marktmacht der Lieferanten und Abnehmer,** zeigen die Problematik zwischen:
  - Einzelleistungsträger vs. Gesamtleistungsträger.
- **Eintrittsmöglichkeiten neuer Konkurrenten** zeigen den Ursprung neuer Wettbewerber auf:
  - internationale Konzerne,
  - branchenfremde Konzerne,
  - Staaten.
- **Wettbewerbsintensität** innerhalb der Branche:
  - über alle Stufen der Wertschöpfung,
  - im Einkauf, der Erstellung und im Verkauf.

1.6.4 Reiseausschreibung

Da die Pauschalreise eine Dienstleistung ist, benötigt sie, um vertrieben werden zu können, ein Trägermedium. Das gängigste Trägermedium ist der Reisekatalog. Auch eine Ausschreibung im Internet über die Seiten des Reiseveranstalters, aber auch in fremden Buchungsportalen ist immer häufiger anzutreffen. Die Reiseausschreibung muss nach den Informationspflichten (Informationsverordnung) vorgenommen werden, d. h. der Reiseveranstalter muss seinen Informationspflichten nachkommen. Ferner müssen im Trägermedium die AGBs veröffentlicht werden. Bei Zuwiderhandlung droht Strafe und Klage seitens des Kunden.

1.6.5 Abwicklung der Reise

Die Abwicklung der Reise beinhaltet:

- Erbringung aller Leistungen und der zugesicherten Eigenschaften,
- Betreuung im Zielgebiet durch eigene oder fremde Reiseleiter oder durch eigene oder fremde Zielgebietsagenturen,
- Fürsorgepflicht des Reiseveranstalters,
- Funktion und Qualifikation der Reiseleiter und Beauftragte des Reiseveranstalters im Zielgebiet,
- Reklamationsmanagement vor Ort und nach Rückkehr ins Quellgebiet/Entsendegebiet.

1.6.6 Nachbereitung, Nachkalkulation, Auswertung

Die Nachbereitung, Nachkalkulation und die Auswertung nach Rückkehr des Kunden bzw. am Ende der Saison oder Ende des Geschäftsjahres umfasst folgende Tätigkeiten:

* Qualitätsmessung anhand der Sichtweise der Qualitätsbeurteilung,
* Qualitätssicherung,
* Dialog-Marketing bzw. Beschwerdemanagement,
* nochmalige Kalkulation im Sinne eines Soll-Ist-Vergleichs.

1.7 Preispolitik eines Reiseveranstalters

Das Preismanagement eines Reiseveranstalters umfasst die Entwicklung, Festlegung und Durchführung von Preismaßnahmen zur Erreichung der kurz-, mittel- und langfristigen Unternehmensziele. Preisentscheidungen fallen an bei:

* Einführung neuer Produkte,
* zu Beginn der Angebotsperiode (Saisonbeginn),
* während einer Angebotsperiode als Reaktion auf Absatzrückgänge oder als Reaktion auf die Preisaktivitäten der Mitbewerber oder aber bei im Vorfeld nicht vorhersehbaren Marktentwicklungen und Kostenänderungen (z. B. Treibstoffaufschläge durch die Beförderungsträger oder Währungsschwankungen).

Die Preisbildung und -festsetzung bei Reiseveranstaltern ist auch noch durch nachfolgende Besonderheiten geprägt:

* Produkte und Dienstleistungen der Reiseveranstalter sind substituierbar,
* Leistungen der Reiseveranstalter sind untereinander austauschbar,
* kaum Möglichkeiten der Absage von Reisen wegen mangelnder Teilnehmerzahlen,
* vollständige Markttransparenz ist gegeben,
* Preisänderungen sind schneller durchführbar und leichter zu kommunizieren als Produktänderungen,
* Preisveränderungen aufgrund von Angebotsneuerstellungen für die neuen Perioden (Saison) müssen nicht besonders kommuniziert werden.

Das **Preismanagement** eines Reiseveranstalters umfasst:

* **strategisches Preismanagement**,
* **taktisches Preismanagement**,
* **operatives Preismanagement**.

Strategisches Preismanagement ist die Festlegung der von der Unternehmensplanung vorgegebenen Ziele, die mit Hilfe der Preispolitik erreicht werden können. Es werden die Ziele, Instrumente und deren Einsatzintensität mit einer Fristigkeit von zwei bis drei Jahren festgelegt. Grundsätzliche Entscheidungen des strategischen Preismanagements, welche gleichzeitig die Grundlage für das taktische und operative Preismanagement ist, sind (nach *Pompl*):

- **Preisziele und Preisstrukturen,**
- **Preisdynamik,**
- **Preisabfolge im Lebenszyklus,**
- **Platzierung und Preiswettbewerbsverhalten.**

Taktisches Preismanagement umfasst die konkrete Ausgestaltung des preispolitischen Instrumentariums und ihre Kombination mit anderen Instrumenten des Marketings (z. B. Kommunikations- oder/und Distributions- und/oder Produktpolitik). Die Basis der taktischen Preisgestaltung sind die Kosten der Reisevorleistungen (Fremdleistungen wie z. B. Beherbergung, Verpflegung und Beförderung). Die wichtigsten Instrumente des taktischen Preismanagements sind:

- **Preisdifferenzierungen,**
- **Preispromotionen (endverbrauchergerichtete Verkaufsförderungsmaßnahmen),**
- **Preisdarstellungen zur Beeinflussung der Kunden.**

Operatives Preismanagement umfasst die Festlegung des Reisepreises im Rahmen der Vorgaben durch das strategische und taktische Preismanagement und unter Berücksichtigung der Preisbeurteilung durch die Nachfrager. Eine präzise Kostenrechnung (z. B. Plankostenrechnung) ist beim operativen Preismanagement notwendig.

Die Preispolitik eines Reiseveranstalters umfasst folgende Grundüberlegungen und Handlungen im Vorfeld der Kalkulation:

- **Determinanten der Preisbildung,**
- **Ablauf des Preisbildungsprozesses,**
- **Preisabfolge im Lebenszyklus einer Pauschalreise,**
- **Modell der Preisbeurteilung,**
- **Yield-Management und Preisdifferenzierungen in der Reiseveranstaltung,**
- **Konditionenpolitik.**

1.7.1 Determinanten der Preispolitik

Die Preispolitik eines Reiseveranstalters wird von mehreren Determinanten bestimmt. Diese sind:

Preisziele, die mit dem Verkauf der Reisen verfolgt werden können:

- **Erfolg,** z. B. DB, Gewinn, Rentabilität, Liquidität,
- **Marktstellung,** z. B. Marktanteil, Preisführer, Teilnehmerzahl, Agenturloyalität,
- **Marktbearbeitung,** z. B. Image, Kundenbindung, Distributionseffizienz, Saisonverlängerung.

Nachfrage:

- Verbraucherverhalten in der Touristik,
- Motivation der Nachfrager,
- Urlaubertypologien,
- Lifestyle-Typologien.

Kosten für die Eigen- und Fremdleistungen:

* Volumen der Einkaufsleistung,
* Volumen der Eigenleistung,
* Kostenstruktur des Reiseveranstalters.

Preisvorschriften seitens des Gesetzgebers:

* gesetzliche Vorschriften: UWG, Pang.VO, HGB,
* interne Vorschriften und Gestaltungsrichtlinien.

Mitbewerber:

* Preisbildung ist abhängig von der Marktstellung der Mitbewerber: Marktführer, Marktherausforderer, Nachahmer (me-too), Marktmitläufer, Marktnischenbearbeiter.

Produktplatzierung:

* eigene Platzierung als Präferenz-Produkt oder Preis-Mengen-Produkt.

1.7.2 Ablauf des Preisbildungsprozesses

Der Preisbildungsprozess ist von vielen Variablen abhängig und erfordert eine genaue Kenntnis sämtlicher an der Produkterstellung beteiligten Erstellungsstufen. Nachfolgendes Schaubild soll den Preisbildungsprozess im Rahmen der Programmplanung eines Reiseveranstalters verdeutlichen.

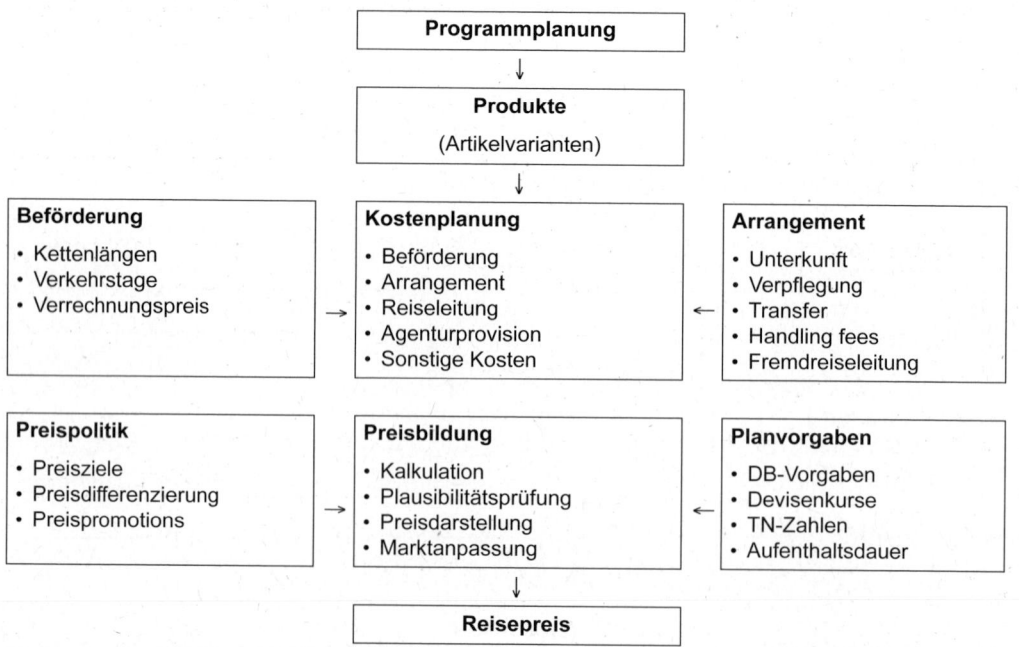

Tab. B. 1.44: Ablauf des Preisbildungsprozesses
Quelle: Pompl, 1996

1.7.3 Preisabfolge in Abhängigkeit des Produktlebenszyklus

Grundsätzlich können mehrere Preisabfolgen eines Produktes oder einer Dienstleistung eines Reiseveranstalters verfolgt werden. Die Preisabfolgen müssen in Abhängigkeit des Produktlebenszyklus festgelegt werden. Erschwerend kommt hinzu, dass es sich bei der Reise um ein verderbliches Gut handelt, welches nicht gelagert werden kann und mit der Erbringung vergeht. Insofern können nicht alle nachfolgenden Preisabfolgen stringent (im Gegensatz zu Gebrauchs- und Verbrauchsgüter, die ja lagerfähig und auf Vorrat produziert werden können) durchgesetzt werden; Preisabfolgen sind:

- **Premium Pricing:** ein gleich bleibender Preis auf hohem Niveau z. B. bei Präferenz-Produkten,
- **Skimming Pricing:** bei Markteintritt des Produktes, der Dienstleistung wird ein vergleichsweise hoher Preis verlangt; mit zunehmend verkaufter Menge oder aber mit voranschreitenden kürzeren Zeitabständen bis zum Erbringungszeitpunkt (Reise ist verderblich) wird der Preis gesenkt,
- **Cost plus Pricing:** stetig gleich bleibender Preis innerhalb einer bestimmten Bandbreite; wird angewendet bei Reisen die ganzjährig eine stetige Nachfrage generieren, und keine großen Preiskorrekturen nötig sind,
- **Penetration Pricing:** bei Markteintritt/Markteinführung wird ein vergleichsweise niedriges Preisniveau vorgegeben und mit steigender Abhängigkeit der Nachfrager nach diesem Produkt wird der Preis stetig erhöht; diese Preisabfolge ist bei Pauschalreisen nur für ein Produkt über mehrere Saisonen möglich,
- **Discount Pricing:** ein gleich bleibender Preis auf niedrigem Preisniveau, z. B. bei Massen- bzw. Preis-Mengen-Produkten.

Nachfolgende Darstellung verdeutlicht die Preisabfolgen in Abhängigkeit des Zeitablaufs.

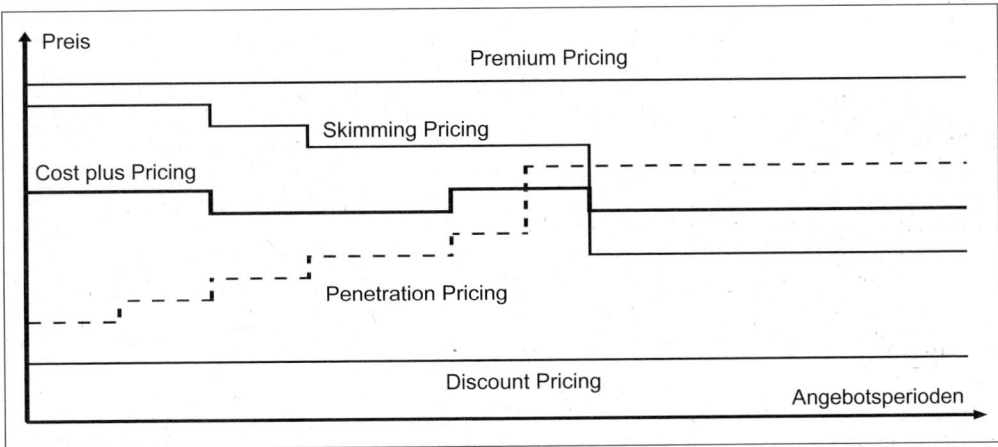

Abb. B. 1.45: Preisabfolgen im Lebenszyklus eines Produktes
Quelle: Pompl, 1996

1.7.4 Wirkungsweise der Preisbeurteilung

Die Preisbeurteilung eines Produktes, einer Dienstleistung ist zunächst abhängig von:

Angebots-Variablen, dazu zählen

*   Angebotstransparenz,
*   Problemlösungskapazität,
*   Preisumfeld,
*   Veranstalterimage.

Verbraucher-Variablen, dazu zählen

*   Preiskenntnisse des Kunden,
*   Nutzenerwartung des Kunden,
*   Verhaltensdisposition,
*   sozio-ökonomischer Status der Reise.

Diese Variablen beeinflussen die:

*   Preisinformation (Höhe und Präsentation),
*   Preisspanne des Angebotes (obere und untere absolute Preisschwelle),
*   Preiswahrnehmung,
*   Preisbeurteilung nach Preiswürdigkeit und Preisgünstigkeit,
*   Preisbereitschaft (zu teuer oder zu billig, da außerhalb der Preisbereitschaft),
*   Kauf.

Die Wirkungsweise zeigt nachfolgendes Schaubild:

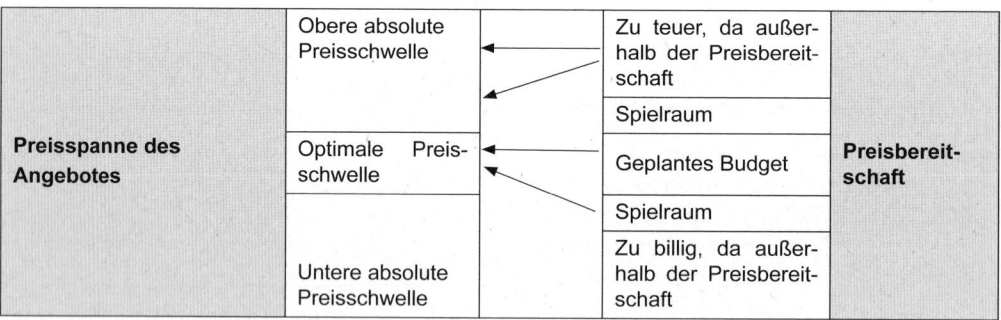

Tab. B. 1.46: Wirkungsweise der Preisschwellen
Quelle: Pompl, 1996

1.7.5 Yield-Management und Preisdifferenzierungen der Reiseveranstaltung

Unter Yield-Management, auch häufig Ertrags-Management, Revenue-Management oder Umsatz-Management genannt, verfolgt die Ertragsmaximierung durch eine gezielte Preis- und Kapazitätssteuerung. Diese Management-Form wird eingesetzt aufgrund:

- hohen Mitbewerberdruck,
- kurzfristig nicht variierbare Kapazitäten und damit einhergehende hohe Fixkosten,
- angebotene Kapazitäten nur begrenzt haltbar,
- Nachfrage gekennzeichnet durch: hohe zeitliche Schwankungen, unsicherer zukünftiger Verlauf und große Heterogenität.

Die Chancen, die das Yield-Management bietet, sind:

- Reduzierung ungenutzter Kapazitäten,
- zusätzliche Erträge und Gewinne,
- verbesserte informatorische Grundlagen (historische Daten) verbessern Entscheidungen (z. B. Leistungsgestaltung, Preisgestaltung),
- umfangreiches und differenziertes Leistungsangebot.

Die Instrumente des Yield-Managements sind:

- Yield-Management-System,
- Preisdifferenzierungen (Segmentierung und Selektierung),
- Produktdifferenzierung (tangible und intangible),
- Kontingentierung,
- Marketing-Kommunikation.

Das wichtigste Instrument jedoch ist die Preisdifferenzierung, d. h. dass für dasselbe/ gleiche Produkt oder Dienstleistung unterschiedliche Preise in Abhängigkeit unterschiedlicher Faktoren vom Reiseveranstalter verlangt werden. Die Preisdifferenzierung kann folgendermaßen abgegrenzt werden:

Nach der Erkennbarkeit:

- offene Preisdifferenzierung,
- verdeckte Preisdifferenzierung.

Nach dem Differenzierungsgrund:

- zeitliche Preisdifferenzierung,
- personen- oder/und gruppenbezogene Preisdifferenzierung,
- räumliche/örtliche Preisdifferenzierung,
- mengenbezogene Preisdifferenzierung,
- gestaltungsbezogene Preisdifferenzierung,
- distributionsbezogene Preisdifferenzierung,
- verwendungszweckbezogene Preisdifferenzierung.

Nach den Motiven der Differenzierung:

- Umsatzsteigerung,
- Erlösstabilisierung,
- Abschöpfen von Konsumentenrenten,
- soziale Motive,
- Kapazitätssteuerung,
- Risikostreuung.

1.7.6 Konditionenpolitik

Die Preispolitik beinhaltet bekanntlich auch die Kontrahierungs- bzw. Konditionenpolitik. Der Reiseveranstalter ist durch eine Vielzahl von Verträgen und Rechtsverhältnissen an Kunden, Lieferanten und Erfüllungsgehilfen gebunden.

Im Verhältnis zum Kunden greifen der Reisevertrag und die AGBs. Inhalte/Konditionen müssen im Katalog ausgewiesen sein. Dazu gehören u. a.:

* Abschluss des Reisevertrags,
* Bezahlung,
* Leistungen und Preis,
* Leistungs- und Preisänderungen,
* Rücktritt,
* Umbuchung,
* Ersatzpersonen,
* Reiseversicherung,
* Rücktritt durch den Veranstalter,
* höhere Gewalt,
* Gewährleistungsansprüche, Haftung und Verjährung,
* Pass-, Visa- und Gesundheitsbestimmungen,
* allgemeine Bestimmungen.

Im Verhältnis zu den Lieferanten und den Erfüllungsgehilfen werden Verträge (Vertragsfreiheit) abgeschlossen in denen das geschäftliche Miteinander sowie die Abnahmemengen, Zahlungsmodalitäten, Vertragsstrafen u. v. m. vereinbart werden können. Diese Verträge können z. B. sein:

* Agenturvertrag mit dem Reisebüro/Reisemittler,
* Kontingentvertrag mit Fluggesellschaften und Hotels,
* Dienstverträge mit den Reiseleitern und Gästebetreuern.

1.8 Kalkulationsansätze eines Reiseveranstalters

Im Vergleich zu industriellen Produkten ist die Kalkulation einer Pauschalreise vergleichsweise einfach. Es wird im Wesentlichen zwischen Eigenleistung und Fremdleistung unterschieden, wobei die Fremdleistungen (z. B. Hotelbetten, Flugsitze) den größten Anteil (zwischen 60 % bis 80 %) der Kosten ausmachen. Die Kalkulationsverfahren sind übersichtlich und einfach. Dennoch gibt es in der Reiseveranstaltung einige Besonderheiten.

1.8.1 Begriffsbestimmungen

Betriebskosten: Alle Kosten, die durch die Produktionstätigkeit und Produktionsfähigkeit des Veranstalters anfallen: Personal-, Werbe-, Kommunikationskosten u. v. m. (auch Gemeinkosten).

Touristische Kosten: Sind die Kosten, die durch den Einkauf von Fremdleistungen verursacht sind.

Deckungsbeitrag (DB)/Deckungsbeitragsvolumen (DBV): Der DB einer Reise ist die Differenz zwischen dem Verkaufspreis der betreffenden Reise und den auf sie direkt zurechenbaren, variablen Einzelkosten; durch den DB werden üblicherweise folgende Kalkulationsbestandteile abgedeckt: Gemeinkosten, Gewinn und manchmal die zu zahlende Provision für Reisebüros.

DBV = Betriebskosten + geplanter Gewinn + geplante Provisionszahlungen

---

Durchschnittlicher DB (absolut) je Reise = geplantes DBV : GTZ

Durchschnittlicher DB (relativ) je Reise = geplantes DBV : GTZ · 100

Mischen: Bezeichnet einen Rechenvorgang, bei dem zwei unterschiedliche Ausgangspreise (z. B. Einkaufspreise zweier Saisonzeiten) durch Bildung eines Mittelwertes zu einem neuen Einkaufspreis zusammengefasst werden.

Kippen: Bezeichnet einen Rechenvorgang, bei dem ein Ausgangspreis (z. B. der Netto-Flugpreis) schrittweise je nach erwarteter Teilnehmerzahl so weit abgeändert wird, bis er am Ende überhaupt nicht mehr mit den tatsächlichen Flugkosten übereinstimmt, aber dafür in höchster Vollendung marktgerecht eingesetzt werden kann.

Sprünge: Unter dem Begriff Sprünge versteht man die Differenz zwischen den Verkaufspreisen zweier Unterkunftsvarianten, z. B. den Verkaufspreis zweier Verpflegungsvarianten (Halb- und Vollpension) oder den Verkaufspreis von Grund- und Verlängerungswoche oder Doppel- und Einzelzimmerpreis. Die meisten Veranstalter kalkulieren die Sprünge „gerade"; das bedeutet, dass diese Differenzen in allen Saisonzeiten eines Hotels identisch sein müssen; d. h. unabhängig von der Saison ist beispielsweise die Differenz zwischen einer Übernachtung mit Frühstück und einer Übernachtung mit Halbpension immer gleich hoch, unabhängig von den tatsächlichen Kosten.

1.8.2 Steuerliche Besonderheit der Reiseveranstaltung

Bei der Veranstaltung von Reisen können zwei unterschiedliche Besteuerungsarten zum Tragen kommen:

* **Regelbesteuerung,**
* **Margenbesteuerung.**

Regelbesteuerung: Die Besteuerung des Nettopreises nach § 3 a UStG. Sie wird angewendet bei Reiseleistungen, im eigenen Namen, mit/ohne fremde Leistungsträger, an/für Unternehmen oder bei Reiseleistungen, im eigenen Namen, ohne fremde Leistungsträger für Private.

Magenbesteuerung: Besteuerung nach § 25 UStG. Sie wird angewendet bei Reiseleistungen, im eigenen Namen, mit fremden Leistungsträgern für/an Private. Die Marge entspricht dem Reisepreis abzüglich der Reisevorleistungen.

1.8.3 Methoden der Reisepreisermittlung

Die Reisepreisermittlung kann auf der Basis der Voll- oder Teilkostenrechnung erfolgen. Nachfolgende Darstellung gibt einen Überblick über mögliche Kalkulationsverfahren bei der Veranstalterkalkulation.

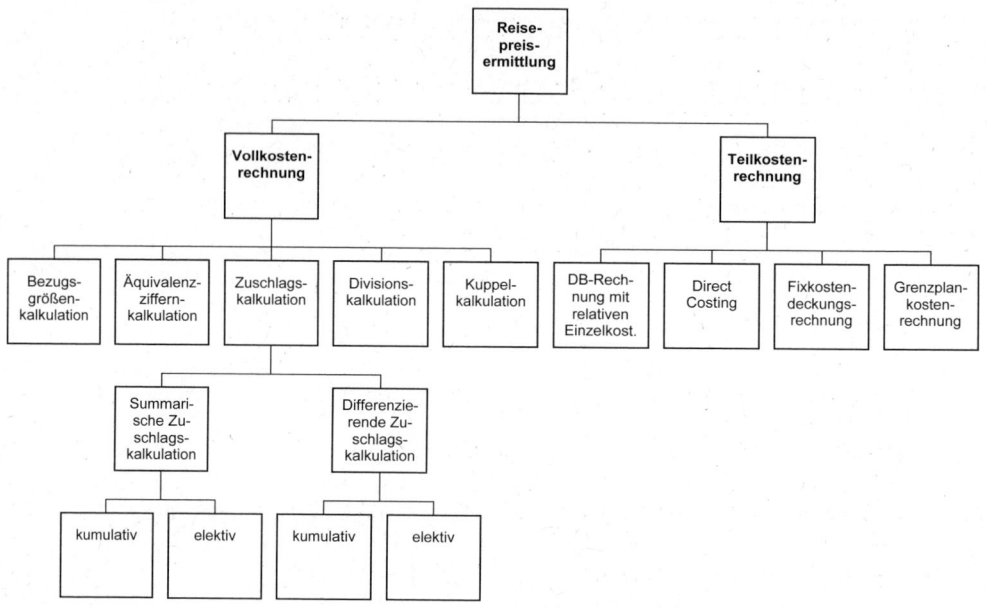

Abb. B. 1.47: Methoden der Reisepreisermittlung
Quelle: Pompl, 1996

Die am häufigsten vorkommenden Kalkulationsverfahren sind die:

- **Kumulative Zuschlagskalkulation**,
- **Mehrstufige Deckungsbeitragsrechnung**.

	Einkaufspreise Fremdleistungen
+	Sondereinzelkosten der Beschaffung
+	Sondereinzelkosten der Organisation
+	Sondereinzelkosten des Vertriebs
+	Gemeinkostenzuschlag
=	Selbstkosten
+	Gewinnzuschlag
=	Veranstalterpreis (netto)
+	Umsatzsteuer
=	Veranstalterpreis (brutto)
+	Agenturprovision
=	Reisepreis (Katalogpreis)

Tab. B. 1.48: Kumulative Zuschlagskalkulation
Quelle: Pompl, 1996

Kalkulationsschema	Beispiel Reiseveranstalter
Bruttoerlös − Erlösschmälerung	Reisepreis Reisemittlerprovisionen, USt-Rabatte
= Nettoerlös − variable Fertigungskosten	Unterkunft, Transfers, RL, Handling-Fees
= Rohertrag (Nutzen/DB 0) − Erzeugnisfixkosten	Zielgebietsbüro, eigene RL
= DB 1 − Erzeugnisgruppenfixkosten	Beförderung, anteilige Katalogkosten
= DB 2 − Kostenstellenfixkosten	Personalkosten, Miete etc.
= DB 3 − Unternehmensfixkosten	Werbung, interner Vertrieb, Verwaltung, sonst. Gemeinkosten
= Ergebnis	

Tab. B. 1.49: Mehrstufige Deckungsbeitragsrechnung
Quelle: Pompl, 1996

1.8.4 Ablauf des Kalkulationsprozesses

Der Kalkulationsprozess gliedert sich in mehrere Phasen/Schritte:

1. **Festlegung der Preisstrategie**
   - Strategische Preisgestaltung
2. **Teilnehmer Planung**
   - Aufgrund der Erwartungen bzw. der Vorjahreswerte
3. **Einrichten der Saisonzeiten**
   - Ankunftsorientierte oder aufenthaltsbezogene Festlegung der Saisonzeiten
4. **Planung und Berechnung der Kosten**
5. **Planung des Deckungsbeitragsvolumens**
6. **Abschluss der Kalkulation**
   - Erstellen der Katalogpreistabellen
   - Übernahme der Verkaufspreise in das EDV-Buchungssystem
   - Übernahme der Kostendaten ins Rechnungswesen
   - Erstellung der Budgets

Am Beispiel einer Flugkalkulation soll schematisch die Kalkulation des Flugpreisanteils gezeigt werden, welche Informationen für die Kalkulation benötigt werden und welche Schritte notwendig sind.

Zielgebiet	Ibiza	Fuerteventura
Angebotene Abflughäfen	HAM, DUS, FRA, STR, MUC	HAM, DUS, FRA, STR, MUC
Geplante Teilnehmerzahl (GTZ)	11.325 Plätze	30.000 Plätze
Technische Kettenlänge	27 Wochen	52 Wochen
Durchschnittliche Aufenthaltsdauer	2 Wochen	2 Wochen
Geplante Flugauslastung	90 %	80 %
Einzukaufende Gesamtkapazität	13.581 Plätze	26.000 Plätze
Flugstrecke	MUC-IBZ-MUC	HAM-FUE-HAM
Flugzeugtyp	B 737-800	A 320-300
Sitzplätze	230	245
Kommerzielle Kettenlänge	25 Wochen	52 Wochen
Ketteneinkaufspreis	35,00 €/Sitzplatzstunde	85,00 €/Sitzplatzstunde

Tab. B. 1.50: Basisangaben Flugkalkulation
Quelle: Voigt, o. J.

1. Schritt	Berechnung der einzukaufenden Gesamtkapazität pro Abflughafen
2. Schritt	Berechnung 90 % des Nettoflugpreises
3. Schritt	Festlegung der geplanten Teilnehmerzahl (GTZ) nach Reisezeiten
4. Schritt	„Kippen über Reisezeiten" – Berechnung des kalkulatorischen Flugpreises je Reisezeit
5. Schritt	„Kippen über Wochen" – Berechnung der kalkulatorischen Flugpreise je nach Aufenthaltsdauer
6. Schritt	Hinzurechnen der Hotel- und sonst. variablen Kosten; Ermittlung des kalk. Nettopreises
7. Schritt	Berechnung des kalkulatorischen Deckungsbeitrages; Ermittlung des endgültigen Verkaufspreises
8. Schritt	Ermittlung des realen Deckungsbeitrages

Tab. B. 1.51: Ablauf der Flugkalkulation
Quelle: Voigt, o. J.

1.9 Vertriebspolitik und Verkaufsförderung eines Reiseveranstalters

Der Kunde entscheidet nicht nur über das Produkt das er kauft, sondern auch wie er es kauft. Für die Reiseveranstalter bedeutet das, überall dort verfügbar zu sein, wo die Kunden die Produkte suchen.

Anspruchsvollere und souveräne Kunden bedeuten einen höheren Grad an Individualisierung in der Beratung, und somit eine höhere Beratungsintensität. Dafür eignet sich der stationäre Vertrieb (z. B. Reisebüros).

1.9.1 Arten des Vertriebs eines Reiseveranstalters

Die Absatzwege eines Reiseveranstalters müssen um das Absatzrisiko zu minimieren, möglichst flächendeckend sein. Grundsätzlich kann hier aus Sicht des Reiseveranstalters zwischen:

* **direkten Vertriebswegen** und
* **indirekten Vertriebswegen**

unterschieden werden. Das bedeutet, der Reiseveranstalter kann sich auf eigene oder fremde Verkaufsorganisationen stützen.

Die Distributionsorganisationen lassen sich abgrenzen nach dem rechtlichen Status des Vertreibers:

* **Mittler,**
* **Makler,**
* **Händler**.

Eine weitere sinnvolle Abgrenzung ist die der Zugehörigkeiten. Sie lassen sich unterscheiden in:

* **Brancheneigene Vertriebswege**
    - Reisebüro-Kooperationen
    - Franchise-Organisationen
    - Reisebüroketten

* **Branchenfremde Vertriebswege**
    - Kooperationen
    - Franchise-Organisationen
    - Tankstellen
    - Handelsunternehmen
    - Versandhäuser

1.9.1.1 Direkte Vertriebswege

Direkter Vertrieb ist gleichbedeutend mit dem **Direktvertrieb** des Reiseveranstalters. Beim Direktvertrieb ist zwischen dem Kunden und dem Reiseveranstalter kein Mittler oder Makler dazwischen geschaltet; das bedeutet rein rechnerisch, der Vertriebszuschlag, der bei fremdem Mittler in Form eines Provisionserlöses für die Vermittlungsdienste entrichtet werden muss, fällt an den Reiseveranstalter. Problematisch ist daher die Stellung der unabhängigen Reisemittler/Reisebüros. Einerseits sollen sie die Produkte ihres Handelsherren, des Reiseveranstalters verkaufen, andererseits tritt der Produzent auch als Vertreiber auf dem Markt auf.

Die **Vertriebskanäle** im Direktvertrieb sind u. a.:

* elektronische Medien, z. B. Internet,
* Call Center, telefonischer Verkauf,
* interaktives TV,
* postalischer/schriftlicher Verkauf.

Ziele und Intentionen eines Reiseveranstalters für den Direktvertrieb sind u. a.:

- Kosteneinsparung,
- bessere Kundenbindung,
- höhere Produktidentifikation,
- Flächendeckung des Produktes,
- Abbau von Abhängigkeiten seitens des indirekten Vertriebs (z. B. Reisemittler),
- aktive Eingriffsmöglichkeiten in den Vertrieb.

1.9.1.2 Indirekte Vertriebswege

Der indirekte Vertrieb bedeutet, dass der Reiseveranstalter sich der Mittler oder Makler für den Verkauf seiner Produkte an den Kunden, bedient. Unterschieden wird zwischen:

- **Eigenvertrieb,**
- **Fremdvertrieb.**

Eigenvertrieb bedeutet, der Reiseveranstalter bedient sich Verkaufsorganisationen (Reisemittlern), die wirtschaftlich oder finanziell an ihn gebunden oder ganz in seinem wirtschaftlichen Besitz und Eigentum sind, z. B. Reisebüroketten. Die Distributionsmethode bzw. das Vertriebskonzept beruht auf:

- **Filialisierung** (z. B. Reisebüroketten),
- **Franchising** (Reiseveranstalter ist Franchisegeber, Reisemittler ist Franchisenehmer).

Ziel des Eigenvertriebs aus Sicht des Reiseveranstalters ist: Schaffung einer neuen Wertschöpfungsstufe und Partizipation am Erfolg, Straffung des Absatzes.

Problematiken des Eigenvertriebs: Stellung und Marktaustritt der unabhängigen Reisemittler, marktbeherrschende Tendenzen.

Fremdvertrieb bedeutet, der Reiseveranstalter lässt seine Reise von unabhängigen Reisemittlern und Maklern vermitteln bzw. vertreiben mit dem Ziel, den Vertrieb flächendeckend zu optimieren.

Der Fremdvertrieb kann nach drei Vertriebsmethoden unterschieden werden:

- **generelle (intensive) Vertriebsmethode,**
- **selektive Vertriebsmethode,**
- **exklusive Vertriebsmethode.**

Die generelle Vertriebsmethode bedeutet, jeder Reisemittler kann, darf und soll die Produkte des Reiseveranstalters vermitteln und verkaufen. Ein Agenturverhältnis wird problemlos eingeräumt, Mindestumsätze und Sicherheiten sind i. d. R. nicht erforderlich. Die Vertriebsabhängigkeit des Reiseveranstalters wird durch diese Methode stark minimiert, jedoch die Vertriebs- und Verkaufsförderungskosten sind sehr hoch.

Die **selektive Vertriebsmethode** bedeutet, der Reiseveranstalter wählt sorgfältig aus der Zahl der Reisemittler aus. Kriterien für ein Agenturverhältnis können u. a. sein:

- Mindestumsatz,
- Sicherheiten,
- Lage und Ausstattung des Reisebüros,
- Repräsentativität des Reisebüros,
- Qualifikation der Mitarbeiter,
- Wettbewerber im Umkreis.

Das Vertragsverhältnis wird sehr restriktiv gehandhabt, sichert aber dem Reisemittler einen gewissen Wettbewerbsvorteil gegenüber den Reisemittlern, die diesen Reiseveranstalter nicht vertreiben dürfen. Mit dieser Vertriebsmethode hat der Reiseveranstalter seine Vertriebs- und Verkaufsförderungskosten stets im Überblick.

Die **exklusive Vertriebsmethode** bedeutet, der Reiseveranstalter vergibt z. B. pro Stadt, Region, Land nur eine einzige Verkaufs- und Vermittlungsagentur. Der Grund liegt oftmals in der hohen Beratungsbedürftigkeit des Produktes und in dem Streben nach geringen Vertriebs- und Verkaufsförderungskosten.

1.9.2 Instrumente des Vertriebs

Die Instrumente des Reiseveranstalters im Vertrieb, im Sinne einer optimalen Vertriebssteuerung sind:

- **Agenturvertrag**,
- **Provisionen bzw. Provisionssystematik**,
- **Verkaufsförderung**.

1.9.2.1 Agenturvertrag

Der Agenturvertrag ist nach §§ 84 ff. HGB die gesetzliche Grundlage zwischen Reiseveranstalter (Handelsherr) und dem Reisemittler (Handelsvertreter).

Vertragsgegenstand nach § 84 (1) HGB: „Handelsvertreter ist, wer als selbstständiger Gewerbetreibender ständig damit betraut ist, für einen anderen Unternehmer Geschäfte zu vermitteln oder in dessen Namen abzuschließen. (Selbstständig ist, wer im Wesentlichen frei seine Tätigkeit gestalten und seine Arbeitszeit bestimmen kann)."

Die Rolle und die Steuerungs-Funktionen des Agenturvertrages sind:

- Entgeltfunktion,
- Bonus-/Malusfunktion,
- Absatzfunktion,
- Auslastungsfunktion.

Agenturverträge können schriftlich oder mündlich formfrei vereinbart werden oder sich aus der tatsächlichen ständigen Geschäftsbeziehung ergeben. Im Interesse einer klaren Geschäftsbeziehung und zur Wahrung der Rechte des Reisebüros ist eine schriftliche Vereinbarung des Agenturvertrages ratsam.

Das Reisebüro kann verlangen, dass der Agenturvertrag in einer schriftlichen Urkunde aufgenommen wird.

Die Inhalte des Agenturvertrages sind im Wesentlichen:

* Präambel,
* Rechte und Pflichten des Reiseveranstalters,
* Rechte und Pflichten des Reisemittlers,
* Kündigungsklausel,
* Provisionsvereinbarung.

Der Schwerpunkt in der Ausgestaltung eines Agenturvertrages liegt in den Rechten und Pflichten der Vertragsparteien sowie in der Provisionsvereinbarung.

Rechte und Pflichten des Reiseveranstalters (exemplarisch):

* zur Verfügungstellung der zur Ausübung der Tätigkeit erforderlichen Unterlagen wie Kataloge, Preislisten, Geschäftsbedingungen und Buchungsformulare,
* unverzügliche Mitteilung der Annahme eines vermittelten Vertrages,
* Erteilung aller Informationen für Weiterleitung an den Reisenden zur Wahrnehmung der Verpflichtung gemäß Reisevertragsrecht (§ 651 a Abs. 5 BGB) und Informationsverordnung,
* unverzügliche Information über Änderung der Reiseleistungen am Urlaubsort,
* unverzügliche Information über Buchungsstopp wegen erreichter Höchstteilnehmerzahl,
* Zahlung der Provision für alle während des Vertragsverhältnisses vermittelten Buchungen (kein Provisionsanspruch des Reisebüros, wenn der Reisende die Reise nicht bezahlt und/oder für anteilige Stornokosten im Stornofall, sofern im Agenturvertrag nicht gesondert vereinbart).

Rechte und Pflichten des Reisemittlers (exemplarisch):

* Bemühung um den Abschluss von Reiseverträgen,
* Wahrnehmung der Interessen des Veranstalters,
* sichtbare Kennzeichnung der Geschäftsräume als „Verkaufsstelle" der Produkte des Veranstalters,
* Präsentation des Pauschalprogramms des Veranstalters ohne inhaltliche Veränderung,
* Einholen des Einverständnisses des Veranstalters bei abweichenden/zusätzlichen Leistungswünschen des Reisenden,
* unverzügliche Mitteilung über jeden Buchungsabschluss,
* Erfüllung der Informationspflichten des VA gegenüber dem Reisenden gemäß Reisevertragsrecht (§ 651 Abs. 5 BGB) und Informationsverordnung,
* Inkasso des Reiseentgeltes bei Inkassovollmacht,
* Durchführung des außergerichtlichen Mahnverfahrens gegenüber dem Reisenden (es besteht jedoch keine Haftung für die Forderung gegenüber dem Reisepreis, dessen Zahlung vom Reisenden nicht erbracht wird).

1.9.2.2 Provisionen bzw. die Provisionssystematik

Die Provisionen werden für die erfolgreiche Vermittlung der Reise eines Reiseveranstalters an den Kunden dem Mittler als Entgelt entrichtet. Sie sind wechselnder Bestandteil des Agenturvertrages. Die Provisionen lassen sich unterteilen in:

* **Grund- oder Basisprovision**
  - feste Basis- oder Grundprovision, z. B. 8 % für alle Reisearten eines Reiseveranstalters,
  - variable Basis- oder Grundprovision, z. B. 10 % für Kreuzfahrten, 8 % für Pauschalreisen, 9 % für Studienreisen, 5 % für Ferienhäuser,
* **Staffelprovision** (progressiv und retroaktiv),
* **Superprovisionen** (Leistungsprovisionen),
* **Sonderprovisionen**,
* **Zusatzprovisionen** (Kick-Back, Leistungs-, Einkaufsprovision),
* **Provisionsähnliche Leistungen** (Prämien für Expedienten, Werbekostenzuschüsse, Disagioübernahmen, CRS-Boni).

Die Höhe der Basis- oder Grundprovision kann für Reisemittler im Bundesgebiet unterschiedlich hoch sein. Sie bewegt sich in der Größenordnung zwischen 5 % und 10 % des Umsatzes bzw. des Katalogpreises einer Pauschalreise.

Üblicherweise muss das Reisebüro immer auch einen Mindestumsatz erzielen. Die Höhe ist von der Lage, Einzugsbereich, Bevölkerungsdichte und anderen Faktoren abhängig. Ferner setzt die Staffelung der Provision nicht unmittelbar nach Erreichung des Mindestumsatzes ein, sondern erst nach einer deutlichen Überschreitung selbiger.

Rechenbeispiel Provision
Ausgangsdaten: geforderter Mindestumsatz 100.000,00 €
Basisprovision (fest) 10 % vom Umsatz

Basisprovision: 10 % bis 200.000,00 €

Staffelprovision: + 0,2 % von 201.000,00 € bis 299.000,00 € (jeweils nur für diese Umsatzstufe)
+ 0,2 % von 300.000,00 € bis 399.000,00 €
+ 0,2 % von 400.000,00 € bis 499.000,00 €

Superprovision: + 1,0 % rückwirkend für den gesamten Umsatz

Als ein Korrektiv haben die Reiseveranstalter eine Regelung, bekannt unter der „Bonus/Malus-Regelung" eingeführt. Würde ein Reisebüro (nach obiger Modellrechnung) am Jahresende einen Umsatz von 700.000,00 € erzielen, müsste es um die Staffel- und Superprovision zu erreichen, eine 10 % bis 20 %-ige Steigerung im darauf folgenden Jahr erzielen; anderenfalls würde die Basisprovision auf 9 % oder 8 % herabgestuft werden. Es werden nicht nur die tatsächlichen Umsätze belohnt, sondern auch die Steigerungen.

1.9.2.3 Verkaufsförderung

Unter Verkaufsförderung sind alle Maßnahmen, die die Förderung des Abverkaufs der Produkte und Dienstleistungen einer Reise gewährleisten und beschleunigen, zu verstehen. Somit alle Maßnahmen, die den Abverkauf der Produkte, Dienst-, und Reiseleistungen mittels bestimmter Instrumente fördern sollen. Es wird unterschieden in:

- **direkte Verkaufsförderung**,
- **indirekte Verkaufsförderung**.

Bei der **direkten Verkaufsförderung** versucht der Produzent den Nachfrager mittels bestimmter Instrumente zu „bearbeiten", um ihn als Kunden zu gewinnen oder zu behalten. Instrumente der direkten Verkaufsförderung sind:

- Katalogversand an die Privatadresse,
- Treue-Gutscheine,
- Gratifikationen und Give-Aways sowohl im Quell- als auch im Zielgebiet,
- Upgrading bei der Unterkunft,
- Kundenkarten mit mehreren unterschiedlich integrierten Leistungen.

Bei der **indirekten Verkaufsförderung** wird der Reisemittler (Multiplikator) mittels ausgesuchter Instrumente „bearbeitet", um möglichst viele Produkte, Dienst- und Reiseleistungen des Reiseveranstalters abzusetzen und zu verkaufen.

Indirekte Verkaufsförderung lässt sich in monetäre und nicht-monetäre Instrumente unterteilen.

Monetäre Verkaufsförderungsmaßnahmen:

- Provisionen,
- Prämien für Verkäufer,
- Werbekostenzuschüsse (WKZ),
- Disagioübernahmen bei Kreditkartenzahlung,
- Beteiligung z. B. an Kommunikationskosten (CRS-Boni).

Nicht-monetäre Verkaufsförderungsmaßnahmen:

- Informationsreisen und Produkt-Erfahrungs-Programme (PEP),
- Produkt- und Verkaufsschulungen,
- Seminare, Anschauungsmaterial und Verkaufshilfen,
- Argumentationshilfen,
- Bereitstellung anwenderfreundlicher CRS/GDS,
- Help-Desk und IT-Beratung,
- Sonderangebote und Vakanzlisten.

1.10 Qualitätsmanagement eines Reiseveranstalters

„Die Qualität einer Dienstleistung entspricht dem Grad der Befriedigung, den sie für die Bedürfnisse, Erwartungen und Wünsche eines spezifischen Kunden erreichen kann"

(*Pompl* nach *Quartapelle/Larsen*). Eine weit verbreitete Annahme ist, dass Qualität mit Luxus gleich zu setzen wäre. Mitnichten ist dies der Fall; Qualität ist nicht gleich Luxus.

Die Merkmale des Begriffes Qualität (*Pompl*) können wie folgt unterteilt werden:

*   **Qualität ist relativistisch**: Alternativen von Produkten, Bewertung durch Personen und Situation bei Inanspruchnahme,
*   **Qualität ist mehrdimensional**; inhaltliche, zeitliche und formale Dimensionen,
*   **Qualität ist bipolar**: Endpunkte mit hoher und schlechter Qualität,
*   **Qualität ist dynamisch**: Veränderungen im Zeitverlauf,
*   **Qualität ist multiattributiv**: Gesamtheit von Merkmalen,
*   **Qualität ist kundenorientiert**: Vergleich zwischen Soll- und Ist-Leistungen bzw. zwischen Erwartung und Wahrnehmung.

Die **Qualitätsdimensionen** einer Dienstleistung werden bestimmt durch die:

*   **Potenzialdimension**: Meint die Fähigkeit und Bereitschaft der Dienstleistungserstellung,
*   **Prozessdimension**: Beinhaltet die Integration externer Faktoren und das uno-actu-Prinzip,
*   **Ergebnisdimension**: Diese beinhaltet die immaterielle Wirkung und das materielle Ergebnis.

1.10.1 Ansätze des Qualitätsmanagements eines Reiseveranstalters

Qualitätsmanagement ist der Managementansatz, der Qualität in den Mittelpunkt stellt und alle Geschäftsbereiche des Unternehmens umfasst (*Müller*). Qualitätsorientierung ist eine Notwendigkeit aufgrund:

*   Wandel vom Käufer- zum Verkäufermarkt,
*   verschärfter Wettbewerb,
*   zunehmende Vermassung,
*   veränderte Kundenbedürfnisse,
*   höhere Kundenerwartungen,
*   neue Betriebs- und Unternehmensgrößen (Konzernbildung).

Die derzeitige Wettbewerbssituation kann folgendermaßen wiedergegeben werden: Preiskampf unter den Reiseveranstaltern schadet der Qualität, dies schadet wiederum den Kunden, der Kunde übt Kaufzurückhaltung und schadet dem Reiseveranstalter, ein Kreislauf der zwangsläufig zum Verlust der Existenzberechtigung des Unternehmens führen kann. Die Qualitätsorientierung ist ein möglicher Ausweg aus diesem Kreislauf. Konsequent angewendet bedeutet er:

*   weniger Fremd- und mehr Eigenleistung,
*   weniger Austauschbares und mehr Unverwechselbares,
*   das Produkt selbst prägen; dies nicht den Anderen überlassen,
*   unverkennbare Qualität garantieren,
*   mehr Engagement, mehr Verantwortung und mehr Risiko.

> **Der Ansatz eines Reiseveranstalters kann lauten: Entscheidung für eine Zielgruppe, diesen ein Qualitätsversprechen geben, welches attraktiv, konkret und einlösbar ist.**

Die **Einführung der Qualitätsorientierung** im Pauschalreisepaket eines Reiseveranstalters bedeutet:

- Festlegung auf Qualitätsnormen,
- Handlungsanweisungen,
- Anforderungen; diese sollten messbar, kontrollierbar, reproduzierbar, verständlich, präzise und einleuchtend sein,
- homogene Qualität des Reisepaketes ist notwendig,
- Überprüfung der Qualität bei jedem Baustein,
- Qualität der Fremd- und Eigenleistung sicherstellen,
- Servicequalität.

Konzepte für erfolgreiches Qualitätsmanagement können z. B. sein:

- **ISO 9001 Norm**; diese führt zu Zertifizierung, Erkennen von Risiken, Fehlerkorrektur und -vermeidung, Prozessoptimierung,
- **EFQM – European Foundation for Quality Management**; Qualitätsstandard Modell mit einem TQM – Total Quality Management Ansatz,
- **Quality Awards**; Qualitätswettbewerb und TQM – Total Quality Management Ansatz.

Der **TQM – Total Quality Management Ansatz** verfolgt die Einbeziehung aller an der Dienstleistung Beteiligten, konsequente Qualitätsorientierung aller Aktivitäten und die Verantwortung und Initiative der Führungsebene für Qualitätssicherung und -verbesserung.

1.10.2 Probleme im Qualitätsmanagement eines Reiseveranstalters

Das Qualitätsmanagement eines Reiseveranstalters für seine Reisen ist dahingehend schwierig, als das es sich nicht um ein Gut handelt, welches angefasst, gewogen, gemessen und betrachtet werden kann, sondern es handelt sich um eine Dienstleistung, die mit dem Antritt des Kunden erst erstellt (produziert) bzw. erbracht wird.

Die **Probleme im Qualitätsmanagement** eines Reiseveranstalters liegen im Gegensatz zur Warenproduktion in:

- der konkreten Prüfung der „Produktteile" – ist nur möglich während des Erstellungsprozesses,
- der Überwachung des Produktionsprozesses – nur von den Lieferanten bzw. Herstellern der Teilleistungen möglich,
- der Sicherstellung des Qualitätsstandards – nur durch laufende Planung und Kontrolle möglich, daher sehr kosten- und zeitintensiv,
- der Qualität der Kooperationspartner – Verpflichtung nur aufgrund von Planvorgaben möglich (aber nicht sinnvoll),

- interkulturellen Unterschieden – verstärkte Beachtung nötig,
- der Kontrolle der gesamten Warenkette – nur mit hohem Aufwand realisierbar.

1.10.3 Qualitätsfaktoren am Beispiel Ferienflugverkehr

An den Qualitätsfaktoren am Beispiel des Ferienflugverkehrs lässt sich die gesamte Problematik des Qualitätsmanagements in der Veranstaltung erfassen. Was Qualität ist, bestimmen letztendlich:

- **der Reiseveranstalter**,
- **der Kunde**,
- **der Wettbewerber**,
- **die Fluggesellschaft**.

Der Reiseveranstalter beurteilt die Qualität einer Ferienfluggesellschaft nach:

- Eignung der Fluggesellschaft,
- Zuverlässigkeit,
- Bereitschaft der Mitarbeiter zu individuellen Problemlösungen,
- Verkaufskompetenz der Mitarbeiter,
- vertragsgerechter Leistungserbringung,
- angebotenen Zusatzleistungen.

Der Kunde beurteilt die Qualität einer Ferienfluggesellschaft nach:

- Erstkontakt,
- Zuverlässigkeit der Fluggesellschaft,
- Bereitschaft des Unternehmens zu individuellen Lösungen,
- Kommunikationsfähigkeit der Mitarbeiter,
- Fähigkeit kritische Situationen zu meistern,
- angebotenen Zusatzleistungen,
- Flugerlebnis.

Der Wettbewerber beurteilt die Qualität einer Ferienfluggesellschaft nach:

- Qualitätsniveau des Flugprozesses und Produktes des Hauptmitbewerbers,
- Qualitätsposition des Mitbewerbers,
- angestrebter Qualitätsstrategie,
- Qualitätsschwächen der Mitbewerber,
- Angebot qualitätsstarker Zusatzleistungen,
- Fähigkeit und Bereitschaft der Mitbewerber zur Verbesserung der Qualität.

Die Fluggesellschaft beurteilt die eigene Qualität nach:

- Bedeutung der Qualitätspolitik für die Fluggesellschaft,
- fachlicher Qualifikation und Motivation der Mitarbeiter,
- Kommunikationskompetenz der beim Passagierkontakt beteiligten Mitarbeiter,
- Dienstleistungsmentalität der Mitarbeiter,
- Stärken-Schwächen-Profil der bisher erbrachten Leistung,
- Erwartungshaltung der Passagiere durch Werbung und Kommunikation.

1.10.4 Beschwerdemanagement eines Reiseveranstalters

Die Aufgaben im Rahmen eines erfolgreichen Beschwerdemanagements eines Reise-veranstalters sind:

- **Beschwerdestimulierung,**
- **Beschwerdeannahme,**
- **Beschwerdebearbeitung und Beschwerdereaktion,**
- **Beschwerdeauswertung.**

Die Qualitätsdimension und Leistungsindikatoren aus der Sicht der Kunden werden in nachfolgender Darstellung verdeutlicht:

Aufgaben	Qualitätsdimensionen	Leistungsindikatoren aus Kundensicht
Beschwerde-stimulierung	• Beschwerdeartikulation unzufriedener Kunden • richtige Adressierung der Kundenbe-schwerden • Nutzung eingerichteter Beschwerde-gänge • leichte Zugänglichkeit	• Zufriedenheit mit der Zugänglichkeit
Beschwerde-annahme	• Kundenorientierte Gestaltung des Erstkontaktes • zügige Weiterleitung der Beschwerde-fälle • richtige Weiterleitung der Beschwerde-fälle • vollständige Erfassung der Beschwerdeinformationen • richtige Erfassung der Beschwerdein-formationen	• Zufriedenheit mit der Freundlichkeit • Verständnis • Hilfsbereitschaft
Beschwerde-bearbeitung und Beschwerde-reaktion	• Schnelligkeit der Beschwerdebearbei-tung • Einhaltung von Zusagen • termingerechte Bearbeitung • aktive Kontaktaufnahme mit dem Kunden • individuelle Behandlung des Falles • Ersterledigung • vollständige Problemlösung • faire Problemlösung	• Zufriedenheit mit der Schnelligkeit der Beschwerdebearbeitung • Zufriedenheit mit der Verlässlichkeit • Zufriedenheit mit der Kontaktaufnahme • Zufriedenheit mit der individuellen Be-handlung des Falles • Zufriedenheit mit der Problemlösung
Beschwerde-auswertung	• zielgruppengerechte Informationsbe-reitstellung • zeitgerechte Informationsbereitstel-lung • nutzungsgerechte Informationsbereit-stellung • zeitgerechtes Reporting	

Tab. B. 1.52: Qualitätsdimension und Leistungsindikatoren aus der Sicht der Kunden
Quelle: Pompl/Lieb, 1997

Ca. 85 % der unzufriedenen Kunden reden mit mindestens einer Person über das Problem. Nachfolgende Tabelle zeigt die Verhaltensweisen von Kunden in Abhängigkeit von Beschwerden.

Verhaltensweise	Angaben in Prozent
Abwanderung ohne Beschwerde	22,5
Abwanderung trotz Beschwerdezufriedenheit	5,4
Abwanderung aufgrund Beschwerdezufriedenheit	8,8
Markentreue ohne Beschwerdeäußerung trotz Problemen	27,5
Markentreue nach der Beschwerde	35,8

Tab. B. 1.53: Verhaltensweisen von Kunden bei Beschwerden

1.10.5 Kundenbindungs- und Kundenbeziehungsmanagement

Kundenzufriedenheit muss fundamentales Ziel der Marketingpolitik eines Reiseveranstalter sein, stringent umgesetzt kann sie den Gewinn um zwischen 25 % bis 80 % steigern. Zufriedene Kunden werben neue Kunden, dies führt zu einer höheren Wiederverkaufsrate und schafft somit im starken Wettbewerb Markteintrittsbarrieren. Wichtigste **Indikatoren** für eine Kundenbindung (anbieterseitige Loyalität) bzw. Kundenloyalität (nachfrageseitige Loyalität) sind:

* Kaufhäufigkeit,
* Weiterempfehlung,
* Wiederkauf/Wiederholungsaufenthalte,
* Zusatzkauf (Crossbuying),
* Dauer der Geschäftsbeziehung.

Erfolgreiche Kundenbindung garantiert dem Unternehmen mehr unternehmerische Sicherheit, mehr Wachstum und mehr Gewinn.

Die Kundenzufriedenheit ist abhängig von:

* **Kundenerwartungen;** dazu gehören das individuelle Anspruchsniveau, Image des Anbieters, Versprechungen des Anbieters und das Wissen um Alternativen,
* **wahrgenommenen Leistungen;** dazu gehören aktuelle Leistungen, subjektive Wahrnehmung der Leistung, individuelle Problemlösung.

Die Kundenpflege erfordert nur 15 % bis 20 % der Aufwendungen der Neukundengewinnung. Wiederkaufsabsicht ist nach einer Beschwerde höher als ohne Beschwerde. Kunden binden sich am häufigsten an das Reisebüro. Nach Meinung der Fachleute liegt der Schlüssel zu Kundenbindung jedoch im Zielgebiet. Einer Untersuchung von Infratest Burke zufolge entscheiden die Leistungen im Zielgebiet über die Zufriedenheit der Kunden.

Nachfolgende Tabelle zeigt den prozentualen Einfluss der einzelnen Faktoren auf die Kundenzufriedenheit.

Reisebüro	12 %
Fluggesellschaft	4 %
Reiseland	11 %
Hotel	40 %
Destination	33 %

Tab. B. 1.54: Einfluss auf die Kundenzufriedenheit
Quelle: Infratest Burke

Kundenbindung erfordert Kundensegmentierung und abgestimmte Kundenansprache. Kunden können nach Kategorien (z. B. A-, B-, C- und D-Kunden) segmentiert werden. Entscheidend bei der Segmentierung ist der Kundenwert. Wertvolle Kundensegmente können schon während der Urlaubsplanung gebunden werden. Dies kann z. B. durch folgende Maßnahmen erfolgen:

• dauerhafte Präsenz beim Kunden, z. B. Kundenkarte, Kundenevents, Rabattsysteme,
• gezielte Ansprache und Beratung, z. B. Mailings, E-Mails, Kataloge, Reiseauswahl, Reisebuchung.

Die durchgängige Qualität des Urlaubserlebnisses und somit alle Wertschöpfungsstufen stärkt die Kundenbindung und führt zu einem perfekten Urlaubserlebnis. So sind u. a. Qualitätsmerkmale bei:

Leistungsträger	Qualitätsmerkmale	
Fluggesellschaften	Sicherheit	Service
	Komfort	u. v. m.
Destinationsservice	Freundlichkeit	Lösung von Problemen
	Hilfsbereitschaft	u. v. m.
Hotels	Hotelanlage/Zimmer	Service
	Animation	u. v. m.

Tab. B. 1.55: Qualitätsmerkmale bei Leistungsträgern
Quelle: eigene Darstellung

Wichtig ist die Koordination der Vielzahl von Kundenkontakten, sog. „touch points", als Punkte, an denen der Kunde mit dem Unternehmen oder seinen Erfüllungsgehilfen in Berührung kommt. Dies können sein:

• erweitertes CRM – Customer Relationship Management führt zu individuellen Kundenbeziehungen,
• Erfahrungsaustausch führt zu nachhaltigen Kundenbeziehungen,
• Emotional Branding führt zu emotionaler Kundenbindung.

Ein wichtiges Instrument der Kundenbindung und der Pflege der Kundenbeziehung sind elektronische Chipkarten (Kundenkarten, Smart-Cards). Die Nutzen aus Anbieter- aber auch aus Kundensicht sind:

- einfachere Datenabwicklung,
- Prozente oder Prämien,
- individuelles Angebot,
- gute Marktanalysen,
- Kundenbindung und Markentreue,
- bargeldloses Zahlen,
- Zusatzleistungen.

2. Reisemittler

Reisemittler stellen für Reiseveranstalter und Leistungsträger (z. B. Hotels, Mietwagenunternehmen, Fluggesellschaften) eine Vertriebsschiene dar, werden aber auch als Anlaufstelle zur Beschaffung von Informationen und als Buchungsstelle von Reisewilligen und Reisenden genutzt. Reisemittler sind i. d. R. Handelsbetriebe, die im Auftrag der Produzenten touristische Leistungen an die Kunden vermitteln.

2.1 Grundlagen Reisemittler

Das Reisebüro kann sowohl vermittelnde als auch veranstaltende Tätigkeiten entfalten. Ist das Reisebüro Veranstalter einer Reise, gelten die gleichen rechtlichen und gesetzlichen Kriterien und Bestimmungen wie bei einem Reiseveranstalter. In der Fachliteratur wird oftmals nicht konsequent zwischen den Begriffen Reisemittler und Reisebüro getrennt. Die Begriffe werden oftmals synonym verwendet. Dies ist dem Umstand zu verdanken, dass es heutzutage kaum noch 100 %-ige Reisevermittler gibt. Ebenso gibt es nahezu keinen 100 %-igen Reiseveranstalter mehr. Der Reisemittler vermittelt nur noch ca. 80 % und weniger seiner Umsätze, während der Reiseveranstalter immer stärker seine eigenen Leistungen selbst vertreibt. In einigen Jahren wird es vermutlich nur noch „touristische Unternehmen" geben, die Tourismusprodukte (z. B. Pauschalreisen) vermitteln, veranstalten und handeln.

2.1.1 Der Reisemittlermarkt heute – Reisebüros unter Druck

Der Markt der Reisemittler ist nach wie vor unter Druck. Die Zahl der Reisebüros hat im Vergleich zu 2007 abermals abgenommen und wird sich in den Jahren 2008 bis 2010 weiter nach unten bewegen. Die Zahl der inhabergeführten Agenturen sinkt kontinuierlich. Die meisten Reisemittler/Reisebüros schließen sich derzeit einer Reisebüro-Kooperation oder einer Franchise-Kette an. Der Anschluss an ein Reisebüro/Reisemittlerverbund sichert den Inhabern nicht nur bessere Provisionen, sondern auch Hilfestellung und Professionalisierung in den Bereichen Reservierungssysteme, Werbung/Marketing und Weiterbildung. Auch die Nachfrager tragen zu der Entwicklung im Reisemittler-/Reisebüro-Markt bei; allgemeine Preissteigerungen, Kerosinzuschläge und eine allgemeine Reisemüdigkeit und Marktsättigung können hier genannt werden.

2.1.2 Der Reisemittler im Spannungsfeld

Reisemittler stehen aufgrund ihrer Rechtsverhältnisse zum Kunden einerseits, zum Reiseveranstalter und zu den Leitungsträgern andererseits in einem Spannungsfeld. Darüber hinaus muss der Reisemittler in zunehmendem Maß auch anderen Anspruchsgruppen gerecht werden. Zu den Anspruchsgruppen zählen:

- Leistungsträger (Einzel- und Gesamtleistungsträger),
- Kunden und Reisende,

- Mitbewerber,
- gesetzliches Umfeld,
- Ausland,
- sonstiges Umfeld.

Leistungsträger

- Ausbau der Marktmacht durch vermehrte Zusammenschlüsse, vertikale und horizontale Integrationen,
- Konzentrationsprozesse,
- Forcierung des Eigenvertriebs,
- verstärkter Zwang zu Kostensparprogrammen,
- stagnierende Reisepreise,
- stagnierende Provisionserlöse,
- u. v. m.

Kunden und Reisende

- verändertes Verbraucherverhalten durch z. B. kurzfristiges Buchen, Wunsch nach intensiver Beratung,
- Preissensibilität und Preisorientierung der Kunden,
- aufgeklärte und souveräne Kunden,
- starke Serviceorientierung,
- einerseits Wunsch nach Pauschalreise (Sicherheiten), andererseits Wunsch nach individualisierten Produkten,
- schrumpfendes bzw. stagnierendes Realeinkommen,
- mehr Freizeit,
- zunehmende Anzahl der Zielgruppe 50plus,
- u. v. m.

Mitbewerber

- vermehrte Zusammenschlüsse und Kooperationen der Reisemittler zu starken Verbündeten,
- vermehrte branchenfremde Anbieter und Vermittler von Reiseleistungen,
- Konzentration durch überdurchschnittliches Wachstum der Reisebüroketten und großen Reiseunternehmen,
- Zunahme der „Schwarz-Touristik" (Schulen, Kirchen, Betriebe, Volkshochschulen, Vereine),
- steigende Anzahl der Reisebüros,
- zielorientierte und systematische Wettbewerbsstrategie der Reisemittler,
- u. v. m.

Gesetzliches Umfeld

- gefährdeter Handelsvertreter-Status,
- drohender Wegfall der Preisbindung,
- Anpassung des Reiserechts an die EU-Richtlinien (z. B. Haftung),
- Lohn- und Gehaltsforderungen der Gewerkschaften,
- Deregulierung des Flugverkehrs,
- vereinfachte IATA-Zulassung,
- günstige Euro-Paritäten,
- u. v. m.

Ausland

- vermehrte Unternehmensaufkäufe durch ausländische Investoren,
- vereinfachter Marktzugang für ausländische Unternehmen in Deutschland,
- Markterweiterung durch die Erweiterung der Europäischen Union,
- neue Verkehrseinrichtungen, Beschränkungen im Flug- und Autoverkehr,
- u. v. m.

Sonstiges Umfeld

- zunehmende Bedeutung und Macht der Reservierungssysteme,
- komplizierte und leistungsfähige Kommunikationsnetze,
- unübersichtliches Aus- und Weiterbildungsangebot,
- Einschränkung staatlicher Förderungsprogramme,
- u. v. m.

2.1.3 Ausgangssituation

Die Ausgangssituation der Reisemittler-Branche stellt sich zurzeit wie folgt dar:

- der Wettbewerb wird härter,
- die Konzentration und vertikale Integration nehmen zu,
- der Geschäftsreisemarkt entwickelt sich zu einem eigenständigen Markt,
- Flächen deckender Eigenvertrieb der integrierten Konzerne,
- Ausbau des Direktvertriebs der Reiseveranstalter,
- der Handelsvertreterstatus verhindert die strategische Weiterentwicklung des Reise-büros,
- Handelsvertreter werden zu Handelsunternehmen,
- Provisionssenkungen seitens der Reiseveranstalter und Leistungsträger.

2.1.4 Reisemittlermarkt – Lernen von anderen Branchen

Was kann der Reisemittler von anderen Branchen lernen? Für das Reisemittlergewerbe/ Reisebüro ist es – wie für jeden anderen Industriezweig – wichtig, über den „Tellerrand" der Branche hinaus zu schauen. Hier lassen sich Trends und übertragbare Entwicklungen erkennen, die zu Rückschlüssen auf die eigene Branche führen können. Die Frage, was das Reisebüro und Reisemittlergewerbe von anderen Branchen lernen kann, lässt sich wie folgt beantworten:

- Konzentration von Einkaufsmacht,
- Marktschichtung,
- Einsatz von Elektronik (Banken, Versicherungen),
- neue Vertriebskanäle,
- Reisebüros als Konsum- und Erlebnistempel,
- Heimverkauf,
- Differenzierung und Markenprofilierung,
- Personalproduktivität steigern.

2.2 Strukturen und Funktionen des Reisemittlermarktes

Derzeit gibt es unterschiedlichen Quellen zufolge, zwischen 12.000 und 20.000 Reisebüros mit dem Schwerpunkt Reisevermittlung in Deutschland. Diese hohe Zahl verblüfft, setzt sie sich aus einigen Tausend Haupterwerbsreisebüros bzw. Haupterwerbsreisemittler und vielen Nebenerwerbsreisebüros bzw. Nebenerwerbsreisemittler sowie vielen Reisemittler- und Reisebüroähnlichen Unternehmen zusammen. Diese lassen sich strukturieren bzw. wie folgt systematisieren.

Ein **Haupterwerbsreisebüro bzw. Haupterwerbsreisemittler** ist das klassische Reisebüro, somit ein Unternehmen das Reisen selbst vermittelt und veranstaltet. Der Schwerpunkt liegt jedoch auf der Vermittlungstätigkeit.

Ein **Nebenerwerbsreisebüro** ist ein Unternehmen, welches das Vermitteln und Veranstalten von Reisen als ein Nebengeschäft betreibt. Nebenerwerbsreisebüros finden sich häufig im ländlichen Raum und sind u. a. in folgenden Ausprägungen bzw. Kombinationen anzutreffen:

- Lotto/Tabak und Reisen,
- Tankstelle und Reisebüro,
- Gemüsehändler und Reisebüro,
- Fahrschule und Reisebüro,
- Versicherungs- und/oder Immobilienagentur und Reisebüro.

Eine dritte Variante in der vermittelnden Touristik sind die **Consolidatoren**. Ein Consolidator ist gewissermaßen ein Großhändler von z. B. Flugscheinen, der sowohl auf eigene Rechnung und im eigenen Namen als auch auf Rechnung und Namens des Leistungsträgers touristische Leistungen vermittelt oder verkauft.

2.2.1 Arten von Reisemittler/Reisebüros

Die bekannteste Form von Reisemittlern ist das Reisebüro. Im Laufe der Jahre haben sich jedoch noch andere Institutionen in der Tätigkeit der Reisevermittlung etabliert. Dazu gehören u. a.:

- Vereine,
- Volkshochschulen,
- Versandhäuser,
- Buchclubs,
- Lotto-Annahmestellen,
- Fremdenverkehrsämter und Touristinformationen,
- Tankstellen.

Gegenstand der Betrachtung soll jedoch das Reisebüro in seiner Funktion als stationärer Reisemittler sein. Reisemittler/Reisebüros lassen sich nach unterschiedlichen Kriterien unterteilen. Legt man die wirtschaftliche und rechtliche Eigen- und Selbstständigkeit zu Grunde, können sie wie folgt unterteilt werden:

*   **konzerneigene/unternehmenseigene** Reisebüros oder Reisebüroketten,
*   **konzerngebundene/unternehmensgebundene** Reisebüros (meist Einzelbetriebe als Verkaufsstelle des Leistungsträgers),
*   **franchisegeführte** Reisebüros oder Reisebürokette (konzernabhängig oder konzern- unabhängig),
*   **selbstständige** Reisemittler/Reisebüros (Einzel- oder Kettenbüros),
*   **kooperationsgebundene** Reisemittler/Reisebüros.

Wird der dominierende Geschäftsbereich zu Grunde gelegt, lassen sich die Reisemittler unterteilen in:

*   Voll-Reisebüros,
*   Mehrbereichs-Reisebüro,
*   Spezial-Reisebüro,
*   Marken- bzw. veranstaltergebundene Reisebüros,
*   Touristik-Reisebüro,
*   Firmen-Dienst-Reisebüro,
*   Reisestelle (Implant),
*   Incoming-Agentur,
*   Last-Minute-Reisebüro.

Voll-Reisebüros zeichnen sich durch eine „volle" Lizenzierung aus. Das bedeutet, dieses Büro verfügt über eine IATA-Lizenz für den Verkauf und Ausstellung von Flugscheinen von Linienfluggesellschaften, eine Bahn-Lizenz, eine DER-Lizenz für die Linienschifffahrt sowie mindestens einen Leitveranstalter. Darüber hinaus vermittelt ein Voll-Reisebüro noch die gesamten für ein Reisebüro typischen Dienstleistungen, wie z. B. Reiseversi- cherungen, Theater- und Konzertkarten, Mietfahrzeuge, Ausflüge u. v. m.

Mehrbereichs-Reisebüros zeichnen sich durch eine „teilweise" Lizenzierung aus. Das bedeutet, das Reisebüro verfügt nur über eine Kombination zweier oder dreier Lizenzen wie z. B. IATA-Lizenz und Bahn-Lizenz oder aber eine IATA-Lizenz kombiniert mit einer Bahn-Lizenz und einer TUI-Lizenz. Diese Büros versuchen durch eine Spezialisierung auf der Angebotsseite und durch eine Zielgruppensegmentierung möglichst hohe Umsät- ze zu generieren.

Spezial-Reisebüros zeichnen sich durch eine noch höhere Kundensegmentierung in Form einer Spezialisierung aus. Sie können sich auf folgende Bereiche spezialisieren:

*   **Art und Form der Beherbergung** (z. B. Villen-Vermittlung, 5-Sterne-Hotels, Apparte- mentanlagen oder Bauernhöfe),
*   **Art und Form der Beförderung** (z. B. nur Flugreisen, Kreuzfahrten, Busreisen),
*   **Reisemotivation** (z. B. Urlaubs- und Regeneration, Pilgerreisen, Gesundheitsur- laub).

Oftmals belegen Spezial-Reisebüros auch nur sehr enge Nischen, beispielsweise: Rei- sen nur für Adelige, Ayurveda nur in Sri Lanka, Vermittlung von Kreuzfahrten auf nur einem bevorzugtem Kreuzfahrtschiff.

Marken- und veranstaltergebundene Reisebüros verfügen über eine enge Anbindung an eine bestimmte Marke oder einen Veranstalter. Diese Reisebüros besitzen i. d. R. ein Hauptagenturverhältnis mit dem Reiseveranstalter. Der Agenturvertrag verpflichtet diese Reisebüros zu mehr Umsätzen und größeren Steigerungen. Dafür sind die durchschnittlichen Provisionserlöse, die diese Reisebüros von den Reiseveranstaltern bekommen, höher. Marken- und veranstaltergebundene Reisebüros sind eher im ländlichen Raum als in Großstädten anzutreffen. Sie sind in der heutigen Marktsituation eher auf dem Rückzug.

Touristik-Reisebüros sind Reisebüros die sich ausschließlich auf die Vermittlung von Pauschalreisen konzentrieren. Sie verfügen über keine Beförderungslizenzen. Beförderungsleistungen werden zwar verkauft, aber die geldwerten Beförderungsdokumente werden als Unteragentur über IATA-Agenturen, Consolidator oder über die Beförderungsträger direkt bezogen. Touristik-Reisebüros gelten derzeit aufgrund ihrer stringenten Ausrichtung auf die vermittelnde Touristik als die profitabelsten Reisemittler-Einheiten.

Firmen-Dienst-Reisebüro ist auf die Vermittlung von Geschäftsreisen und den Geschäftsreiseverkehr spezialisiert. Ein Firmen-Dienst-Reisebüro kann eine Abteilung eines Voll-Reisebüros oder als eigenes Unternehmen auftreten. Neben der Organisation von Geschäftsreisen kann ein Firmen-Dienst-Reisebüro auch mit den Reisekostenabrechnungen sowie den Preisverhandlungen mit den Leistungsträgern von den Unternehmen beauftragt werden.

Reisestelle (Implant), ist die touristische Abteilung eines Unternehmens, das mit der Betreuung, Planung und Organisation von Geschäftsreisen sowie der Abrechnung der Dienstreisen betraut ist. Räumlich ist die Reisestelle im Unternehmen untergebracht. Reisestellen können Beförderungslizenzen beantragen oder aber die Beförderungsdokumente über Consolidator, IATA-Agenturen oder den Beförderungsträger direkt beziehen. Auch eine Unterteilung der Reisestelle in eine Geschäftsreisen- und eine Urlaubsreisen-Abteilung für die angestellten Mitarbeiter des Unternehmens ist mit entsprechenden Agenturenverhältnissen zu Reiseveranstaltern denkbar. Aus Kostengründen werden derzeit jedoch viele Reisestellen an bestehende und im Markt etablierte Firmen-Dienst-Reisebüros vergeben bzw. die Reisestelle werden nach einem Ausschreibungsverfahren an das Reise-Unternehmen vergeben, das die günstigsten Konditionen anbietet.

Incoming-Agentur ist ein Unternehmen das im Zielgebiet touristische Leistungen an ortsfremde Reiseveranstalter vermittelt. Incoming-Agenturen bemühen sich um Hotelzimmer, Beförderungsmöglichkeiten vor Ort (z. B. Reisebusse), verpflichten Reiseleiter und Gästeführer im jeweiligen Zielgebiet.

Last-Minute-Reisebüros und **Billigflug-Reisebüros** vermitteln Last-Minute-Reisen und Billigflugscheine. Sie zeichnen sich durch ein Geschäftskonzept das durch eine geringe Beratungsintensität, Kurzfristigkeit und schnellem Absatz von Reiseleistungen geprägt ist, aus. Bevorzugte Standorte sind die Reisemärkte an den Flughäfen, Innenstadtlagen mit einer hohen Laufkunden-Frequenz und die Nähe zu Universitäten.

Eine Sonderstellung nimmt der **Reiseberater/die Reiseberaterin** ein, der ohne stationären Vertrieb sein Vermittlungsgeschäft als „mobilen Vertrieb" organisiert hat. Reiseberater betreiben die Vermittlung hauptsächlich fernmündlich oder medial, sprechen einen mehr oder weniger großen Kreis von Freunden, Bekannten, Verwandten an und sind oftmals nur nebenberuflich tätig. Reiseveranstalter und Reisebürokooperationen bedienen sich der Reiseberater gerne in Gebieten mit einer niedrigen Reisebürodichte um eine hohe Flächendeckung im Vertrieb ihrer Produkte zu erreichen. Das Modell des mobilen Reiseberaters ist der Versicherungswirtschaft entlehnt worden.

2.2.2 Filialstrukturen im Reisemittlermarkt/Reisebüromarkt

Reiseveranstalter bauen derzeit den Eigenvertrieb aus. Eigenvertrieb bedeutet, dass Vertriebsorganisationen auf die der Reiseveranstalter Einfluss ausüben kann, aufgebaut werden. Dazu gehören:

* **Reiseveranstalter eigene Ketten-/Filialbetriebe**,
* **Franchiseorganisationen**.

Aber auch konzernunabhängige Kettenorganisationen erweitern ihr Filialnetz. Gerade die Filialbetriebe stellen heute bereits ca. 40 % aller Reisemittler/Reisebüros im deutschen Markt. Nachfolgend Beispiele wichtiger Filialbetrieb/Franchise-Unternehmen in Deutschland:

Name	Büros	Filialen/Franchise	Umsatz 2007
Atlasreisen und DER Reisebüro Derpart	1.048	k. A.	2,03 Mrd.
TUI Leisure Travel	1.125	465/660	k. A.
Lufthansa City Center Reisebüropartner (nur D)	300	0/300	1,78 Mrd.
Flugbörse	172	45/116	k. A.
FTI Ferienwelt	42	12/30	k. A.
5 vor Flug	15	0/15	k. A.
Sonnenklar TV Reisebüro	54	5/49	k. A.
Holiday Land Franchise Management, mobiler Reisevertrieb	300	0/300	440 Mio.
Karstadt Reisebüros	160	k. A.	k. A.
Reiseland	385	k. A.	621 Mio.
Neckermann Urlaubswelt/Reise Quelle	122	k. A.	k. A.
Thomas Cook Reisebüros	130	130/0	224 Mio.

Tab. B. 2.1: Die großen Ketten
Quelle: in Anlehnung an TID, 2008

2.2.3 Kooperationen im Reisemittlermarkt/Reisebüromarkt

Kooperationen können vertikale oder horizontale Zusammenschlüsse von Unternehmen sein, deren rechtliche und wirtschaftliche Eigenständigkeit gewahrt bleibt und die über einen begrenzten Zeitraum in einem oder mehreren Bereichen, sog. Kooperationsfelder, zusammenarbeiten. Mögliche Kooperationsfelder können beispielsweise sein:

* Bearbeitung bestimmter Geschäftssegmente,
* Einkauf von Reiseleistungen,

- Werbung, Marketing und Marktauftritt,
- Verwaltung, Buchhaltung und Controlling,
- Produktion von Eigenleistungen bzw. Eigenveranstaltung,
- Finanzierung,
- Management und Geschäftszweck,
- Schulung und Qualifikation der Mitarbeiter.

Kooperationen werden häufig als „Provisionssammelverein" bezeichnet, da unterstellt wird, dass der Zusammenschluss zu einer strategischen Partnerschaft mit hohem zentralen Steuerungsgrad erfolgt, um bei den Reiseveranstaltern über Sammelagenturverhältnisse möglichst schnell in den Genuss von hohen Staffel-, Sonder- und Superprovisionen zu kommen. Die Ebenen der Organisation von Kooperationen können sein:

- **regional**,
- **national**,
- **international**.

Wichtige und Große Kooperationen im Reisemittler/Reisebüro Markt sind in nachfolgender Tabelle aufgezeigt.

Name der Kooperation	Zahl der Büros	Zugehörigkeit zu einer „Mega-Kooperation"
Schmetterling Reisen	2.500	QTA*
RTK Raiffeisen-Tours-Kooperation	2.450	QTA
TSS Touristik Service System	2.000	TMCV**
Prima Urlaub	1.300	RSG***
AER Reisebüro Kooperation	730	TMCV
Pro Tours	550	RSG
TUI Travel Star	410	QTA
Best-RMG Reisen Management	410	QTA
Deutscher Reisering	100****	keine
Tour Contact Reisebüro Cooperation		RSG
* QTA Quality Travel Alliance, Burghausen, ** TMCV GmbH, Dresden, *** RSG Reisebüro Service GmbH & Co KG, **** zuzüglich 179 Vertriebsstellen		

Tab. B. 2.2: Die großen Kooperationen
Quelle: in Anlehnung an TID, 2008

Gerade im Bereich der Reisemittler/Reisebüros ist eine Bereitschaft zu erkennen, sich Kooperationen anzuschließen, um langfristig das Wachstum und ihre Existenz zu sichern oder schlicht um kurzfristig auf dem Markt zu überleben.

Die **Ziele** solcher Zusammenschlüsse zu Kooperationen können u. a. sein:

- Kooperieren statt sich gegenseitig zu konkurrenzieren,
- Ausschaltung von Mitbewerbern,
- bessere Einkaufskonditionen bei den Herstellern,
- Erzielung höherer Provisionen bei den Reiseveranstaltern/Handelsherren oder Produzenten,

- bessere Durchsetzbarkeit von Qualitätsstandards und Preisvorstellungen,
- bessere Identifizierbarkeit und Wiedererkennung bei den Konsumenten durch einen einheitlichen Marktauftritt,
- Standardisierung der Leistungen,
- Kostenreduktion durch Zusammenlegung von administrativen Tätigkeiten, Buchhaltung,
- einheitliche Pflege der Internet-Auftritte,
- bessere Finanzierbarkeit von Großprojekten durch die Menge der Kooperationspartner.

2.2.4 Franchisestrukturen im Reisemittlermarkt/Reisebüro- markt

Franchise ist eine besondere Vertriebsform und eine besondere Form des Marketing. Franchisesysteme können als horizontal oder vertikal organisierte Absatzsysteme, rechtlich selbstständiger Unternehmer auf der Basis eines Dauerschuldverhältnisses auftreten. Der Marktauftritt ist i. d. R. einheitlich und das System ist geprägt durch arbeitsteiliges Wirken der Systempartner. Die wirtschaftliche Selbstständigkeit des Franchise-Nehmers wird je nach Umfang der Leistungen mehr oder weniger stark durch den Franchise-Geber eingeschränkt. Franchiseorganisationen im Reisemittler-/Reisebüromarkt können als horizontales oder vertikales Franchise-Modell auftreten.

Beim **horizontalen Franchising** ist der Franchise-Geber eine Reisebüro-Betreibergesellschaft deren Interesse primär darin liegt, möglichst viele Reisemittler-/Reisebürobetreiber als Franchise-Nehmer zu gewinnen und so ein Flächen deckendes Vertriebsnetz aufzubauen.

Beim **vertikalen Franchising** ist der Franchise-Geber ein Leistungsträger, i. d. R. ein Reiseveranstalter dem es in erster Linie darum geht, einen möglichst hohen Einfluss und eine Vertriebssteuerung auf den Vertrieb und die Vermittlung seiner Produkte zu nehmen. Auch hier ist der Franchise-Geber stark daran interessiert, möglichst viele Franchise-Nehmer unter den (zum Teil bestehenden) Reisemittler/Reisebüros zu gewinnen, um einen möglichst Flächen deckenden Vertrieb seiner Produkte zu erreichen. Aus Sicht eines Reiseveranstalters ist dieser Weg der Vertriebssteuerung besonders bequem, partizipiert er doch als Franchise-Geber an der Wertschöpfungsstufe Vertrieb, baut eine Vertriebsorganisation mit geringen Kosten und Investitionen auf und hat zudem noch Einfluss auf die Vertriebssteuerung.

2.2.4.1 Arten und Spezifika des Franchisemodells

Zu unterscheiden sind drei Franchise-Arten:

- **Vertriebs-Franchising**, ist dann gegeben, wenn sich die Bemühungen des Franchise-Nehmers lediglich auf den Absatz/Vertrieb eines Produktes oder einer Dienstleistung konzentrieren; beispielsweise nur der Verkauf oder die Vermittlung von Gütern und Dienstleistungen, mithin also auch von Reiseleistungen.

- **Produktions-Franchising**, ist, wenn der Franchise-Nehmer lediglich das Produkt oder die Dienstleistung nach den Maßgaben, Vorschriften und Standards des Franchise-Gebers produziert.

- **Vertriebs- und Produktions-Franchising**, beinhaltet sowohl die Produktion als auch den Vertrieb der Produkte und der Dienstleistungen.

Im Tourismus ist die häufigste Franchiseform und Franchiseart das vertikale Vertriebs-Franchising. Franchise-Geber ist ein Reiseveranstalter und Franchise-Nehmer sind Einzelreisebüros oder Reisebüroketten. Auch eine Kooperationsorganisation kann Franchise-Nehmer sein. Für den Reiseveranstalter bietet diese Form des Vertriebs eine kostengünstige und dennoch Flächen deckende Möglichkeit, seine Produkte und Dienstleistungen zu verkaufen. Darüber hinaus hat der Reiseveranstalter über diese Art der Bindung zu seinem Vertrieb jederzeit die Möglichkeit, in den Vertrieb aktiv einzugreifen und eine Vertriebssteuerung zu Gunsten seiner Produkte vorzunehmen.

Das für die Vertriebssteuerung wichtigstes Instrument, neben den Provisionen, sind die Franchisegebühren. Bei einem entsprechend hohen Anteil der verkauften Reisen des Franchisegebenden Reiseveranstalters am Gesamtumsatz, ist eine Reduktion der laufenden Franchisegebühren und allen anderen Umlagen auf ein Minimum oder gar auf Null möglich.

Eine weitere häufig auftretende Variante ist die direkte finanzielle Beteiligung des Reiseveranstalters oder eines Leistungsträgers an einem Franchise-Nehmer. Auch hier steht immer die aktive Vertriebssteuerung im Vordergrund, wenngleich der Reiseveranstalter hier auch noch an der Wertschöpfung des Vertriebs partizipieren kann.

Inhalte eines Franchisevertrages sind sehr auf die jeweiligen Franchisepartner und auf die Branche abgestimmt; dennoch lassen sich ein paar allgemein gültige Inhalte definieren:

- rechtliche und wirtschaftliche Stellung des Franchise-Nehmers; denkbar sind hier die Varianten:
  - rechtlich selbstständig und wirtschaftlich unselbstständig,
  - rechtlich unselbstständig und wirtschaftlich,
- Laufzeit des Vertrages; i. d. R. fünf bis zehn Jahre,
- Vertragsgegenstand; Vertrieb, Produktion oder Vertrieb und Produktion eines Produktes oder einer Dienstleistung,
- Gebührenregelung; laufende Franchisegebühren vom Umsatz, Werbe- und Marketing-Umlagen sowie Verwaltungsgebühren für IT, Buchhaltung und sonstige Gebühren,
- Abnahmemengen, Mindestumsätze und Preisstaffelungen,
- Kündigung des Vertrages; Gründe für eine ordentliche und außerordentliche Kündigung,
- Rechte und Pflichten der Vertragspartner sowie die Regelungen über die Geschäftsabwicklung,
- Nebenabreden,
- Konkurrenzklauseln und Ausschlussklauseln,
- Gerichtsstand bei Streitigkeiten,
- salvatorische Klauseln.

2.2.4.2 Inhalte eines Franchisevertrages

Nachfolgend veranschaulicht eine Auflistung von „Muster-Franchise-Vertragsinhalten" die Inhalte und die Sprachregelung am Beispiel eines Vertrages zwischen einem Reise-veranstalter (Franchise-Geber) und einem Reisemittler (Franchise-Nehmer).

Präambel

In der Präambel zu Beginn des Franchise-Vertrages werden die Zielsetzungen und andere Bekundungen einer erfolgreichen Zusammenarbeit dienend festgehalten. Das Erfolgskonzept von Franchisesystemen besteht aus der Selektion von qualifizierten Reiseleistungen durch Auswahl, Optimierung von Kern- und Ergänzungs-Sortimenten und der Bündelung aller Umsätze mit den ausgewählten Veranstaltern und Leistungsträgern.

Das Franchisesystem kombiniert die Vorteile der Netzwerkkooperation auf horizontaler Ebene und die vertikalen Dienstleistungs- und Vertriebsstrukturen. Der Franchise-Geber ist verpflichtet, auf den Nutzen aller Beteiligten an der Wertschöpfungskette zu achten, vom Leistungsträger/Veranstalter über das Reisebüro bis hin zum Kunden.

Der Franchise-Vertrag bewirkt eine enge Systembindung zwischen dem Franchise-Geber und dem Franchise-Nehmer, sodass sich das Reisebüro als Franchise-Nehmer das bewährte Know-how des Franchise-Gebers zu Nutze machen kann. Dabei fördern gemeinsame Interessen und Zielsetzungen, wie zum Beispiel die Erschließung des Marktpotenzials, eine dynamische und stets positive Zusammenarbeit beider Vertragspartner.

Der Franchise-Geber hat die Aufgabe, den Franchise-Nehmer durch systemtypische Betreuung zu unterstützen und individuelle Beratung zu gewähren, insbesondere durch Betriebsvergleiche und Ergebnisanalysen.

Bei Rahmenabkommen mit Leistungsträgern und Veranstaltern ist der Franchise-Geber berechtigt und verpflichtet, sowohl die Interessen des Franchise-Nehmers und der Leistungsträger und Veranstalter, als auch die eigenen Interessen wahrzunehmen. Im Hinblick auf die verfolgte Zielsetzung erfordert die Kooperation insgesamt ein besonderes Maß an Treueverpflichtung und Wohlverhalten untereinander.

Wesentliche Inhalte eines Franchisevertrages

Vertragszweck

- Franchiserecht: Errichtung des Reisebüros nach charakteristischen Merkmalen.
- Teilhabe am Know-how und am Marktimage des Franchise-Gebers, Nutzung sonstiger gewerblicher Schutzrechte.
- Bindung an die Vermittlung bzw. an den Vertrieb von Reiseleistungen aus dem Kern- und Ergänzungssortiment des Franchise-Gebers (Leitveranstalter usw.).
- Bindung an das einheitliche Auftreten des Franchise-Nehmers nach dem markentypischen visuellen Erscheinungsbild des Franchise-Gebers (Corporate Identity und Corporate Design).
- Marktposition des Franchisesystems: Zielsetzung eines Franchisesystems ist der weitere Ausbau der Marktposition aller unter der Franchisemarke betriebenen Reisebüros; Einhaltung der strategischen Unternehmensführung und Unternehmensplanung durch Akzeptanz der Strategie und der Steuerungsmaßnahmen des Franchise-Gebers.

- Gebietsschutz: Zuweisung und Festlegung des Vertragsgebietes. Der Franchise-Geber ermöglicht eine exklusive Marktbearbeitung, dadurch dass weder der Franchise-Geber selbst ein Reisebüro in festgelegtem Vertragsgebiet betreibt, noch einem weiteren Franchise-Nehmer ein Franchiserecht eingeräumt wird.
- Expansion in andere Vertragsgebiete wird bestimmt von einzelnen Parametern wie die Reisebürodichte.
- Zielrichtung beider Parteien ist es die Vermittlung bzw. den Vertrieb von Reiseleistungen über Internet zu intensivieren, soweit der Vertrieb über eine eigene Website des Franchise-Nehmers erfolgt, werden die bereits festgelegten Vergütungsregelungen angewandt; erfolgt der Vertragsabschluss dahingegen über die Website des Franchise-Gebers, ist dieser verpflichtet, soweit der Kunde aus dem Vertragsgebiet des Franchise-Nehmers stammt, dieses dem Franchise-Nehmer mitzuteilen und diesen an der Provision hälftig zu beteiligen.
- Ergebnisbezogene Exklusivität: Aufgabe des Franchise-Nehmers ist es, festgelegte Planumsätze zu erreichen. Die Mindestumsätze werden jeweils nach Ablauf eines Vertragsjahres unter Berücksichtigung besonderer Marktverhältnisse neu definiert. Der Franchise-Nehmer verpflichtet sich ebenfalls, keine Konkurrenzprodukte zu vermitteln bzw. ausschließlich für den Franchise-Geber tätig zu sein. Diese Regelung entspricht dem Allein- oder Exklusivvertrieb.

Das Unternehmen des Franchise-Nehmers

- Selbstständiger Unternehmer: Der Franchise-Nehmer wird persönlich als selbstständiger Unternehmer mit eigenem Kapitaleinsatz zur Nutzung von Chancen und unter Übernahme von Risiken im eigenen Namen und für eigene Rechnung tätig.
- Die Unterstützung durch den Franchise-Geber geht über den reinen Vertrieb und die Vermittlung von Reiseleistungen hinaus und bietet dem Franchise-Nehmer ein Unternehmenskonzept. Die Verwirklichung dieses Unternehmenskonzeptes verlangt die Auswahl und das Angebot von Reiseleistungen des Franchise-Sortiments sowie die Ausrichtung des Reisebüros nach den bewährten Erfahrungen und Erprobungen, über die der Franchise-Geber verfügt. Der Franchise-Nehmer ist an die im Handbuch festgehaltenen Richtlinien und Grundsätze gebunden, und erkennt diese Richtlinien vollinhaltlich als für sein Unternehmen verbindlich an.
- Juristische Personen: Der Franchisevertrag wird mit dem Franchise-Nehmer, der entweder eine natürliche Person, eine Personenhandelsgesellschaft oder eine Kapitalgesellschaft ist, geschlossen.
- Standort: Der Franchisevertrag ist an den Betrieb des Reisebüros mit dem jeweils bestehenden Standort gebunden.
- Eigenverantwortung des Franchise-Nehmers: Der Franchise-Geber ist durch den Franchise-Nehmer von allen Schadenersatzansprüchen, die aus der Geschäftstätigkeit hergeleitet werden, freizustellen. Eine unmittelbare Haftung des Franchise-Gebers ist nur gegeben, wenn ihn selbst im Rahmen der Gesetze ein Verschulden trifft.

Corporate Identity, Corporate Design

- Zur Wahrung der gemeinschaftlichen Identität und des Markenimages des Franchise-Systems und zur Identifizierung und zur Qualifizierung seiner Leistungen werden vom Franchise-Nehmer alle systemtypischen Merkmale der Corporate Identity und des Corporate Design nach Maßgabe der entsprechend festgelegten Richtlinien eingesetzt.
- Einheitliches Image: der Franchise-Nehmer ist berechtigt und verpflichtet, Kennzeichnungen, Marke, Werbeslogans, Merkmale der Corporate Identity und des Corporate Design nach Maßgabe des Handbuchs und weiterer Richtlinien und Anforderungen des Franchise-Gebers für sein Reisebüro zu nutzen; die Nutzung der Kennzeichnung des Markennamens als Firma oder Firmenbestandteil ist dem Franchise-Nehmer nicht gestattet.

Betrieb des Franchisereisebüros

- Planung, Einrichtung, Eröffnung und Betrieb des Reisebüros erfolgt nach den hierfür im Handbuch enthaltenen Richtlinien, sowie nach den standortspezifischen Anforderungen, die von dem Franchise-Geber für das Reisebüro des Franchise-Nehmers festgelegt werden. Die Aufnahme des Geschäftsbetriebes bedarf der ausdrücklichen Betriebsgenehmigung des Franchise-Gebers nach Prüfung der einzuhaltenden Richtlinien und Anforderungen.
- Angebotene Reiseleistungen: Der Franchise-Nehmer hat das Recht und die Pflicht, aus dem zusammengestellten Leit-, Kern- und Ergänzungssortiment von ausgewählten Veranstaltern und Leistungsträgern Reiseleistungen anzubieten und ca. 80 % seines Jahresverkaufsbruttoumsatzes aus dem vorgenannten Sortiment zu erzielen. Der Franchise-Geber ist berechtigt, das Sortiment zu ändern, anzupassen und zu ergänzen unter Beachtung der Interessen des Franchise-Systems und des Franchise-Nehmers. Unabhängig davon bleibt der Franchise-Nehmer berechtigt, ca. 20 % seines Bruttoumsatzes mit Leistungsträgern zu erzielen, die nicht zum Franchise-Geber gehören und nicht im Leit-, Kern- und Ergänzungssortiment enthalten sind.
- Abgabepreise: Soweit der Franchise-Nehmer Reiseleistungen als Agent vermittelt, hat er die vom jeweiligen Leistungsträger/Veranstalter festgelegten Preise zu beachten. Bei Reiseleistungen, die der Franchise-Nehmer zu „Nettopreisen" einkauft, ist er in der Gestaltung seiner Abgabepreise frei. Der Franchise-Geber unterstützt den Franchise-Nehmer hierbei durch Kalkulationshilfen.
- Allgemeine Geschäftsbedingungen: Ergänzend zum Franchise-Vertrag gelten die Allgemeinen Geschäftsbedingungen der Reiseveranstalter und Leistungsträger für die betreffende Reiseleistung, die vom Franchise-Nehmer in den jeweiligen Vertrag mit den Kunden einbezogen sind.
- Einzugsermächtigung: Die zu entrichtenden Zahlungen an den Franchise-Geber sowie an Reiseveranstalter und Leistungsträger sind bei Fälligkeit zu Lasten des Kontos des Franchise-Nehmers vom Franchise-Geber durch Lastschriftverfahren einzuziehen; der Franchise-Nehmer ist verpflichtet, seiner Bank einen förmlichen Abbuchungsauftrag zu erteilen.

Information, IT und Controlling

- Information: Mitteilung des Jahresumsatzes des letzten Geschäftsjahres oder Kalenderjahres und Nachweis dessen durch Vorlage der Umsatzsteuermeldungen.
- IT: Soweit der Franchise-Geber Hard- und Software als Reservierungs-, Buchungs- und Finanzbuchhaltungssystem zur Verfügung stellt, ist der Franchise-Nehmer verpflichtet, ausschließlich diese IT zu nutzen und jeden in seinem Reisebüro getätigten Umsatz über dieses Reservierungssystem abzuwickeln.
- Controlling: Die übermittelten Daten und Informationen werden ausschließlich für die Bonitätskontrollen des Franchise-Nehmers und zur Weiterentwicklung des Franchise-Systems sowie zur Anpassung und Aktualisierung der Planung für Rahmenabkommen und Vertrieb im gesamten System verwendet. Entsteht der Verdacht von unvollständigen oder unrichtigen Informationen oder kommt der Franchise-Nehmer seinen Berichtspflichten nicht nach, oder verstößt er gegen die festgelegten Grundsätze und Richtlinien, hat der Franchise-Geber nach vorheriger Anmeldung Zutritt zu den Geschäftsräumen des Franchise-Nehmers und erhält Einsicht in alle Unterlagen, die den Reisebürobetrieb betreffen, insbesondere Umsatzsteuervoranmeldungen und Umsatzsteuererklärungen. Nimmt der Franchise-Geber seine Rechte zur Einsicht nicht wahr, bedeutet dies keinen Verzicht. Spätestens sechs Monate nach Abschluss eines jeden Geschäftsjahres hat der Franchise-Nehmer unaufgefordert seinen Jahresabschluss dem Franchise-Geber zu übersenden.
- Risikoinformation: Der Franchise-Nehmer trägt die kaufmännischen Risiken seines Reisebürobetriebs selbst. Der Franchise-Geber wird jedoch dem Franchise-Nehmer bei wirtschaftlichen Risiken beratend zur Seite stehen sowohl in seinem Interesse als auch, um Schaden von dem gesamten Franchisesystem fernzuhalten; hierzu verpflichtet sich der Franchise-Nehmer, den

Franchise-Geber unverzüglich über unbezahlte Forderungen gegen Kunden, und über eigene Zahlungsschwierigkeiten, insbesondere Nichteinhaltung von Zahlungszielen sowie drohenden oder eingetretener Illiquidität oder Überschuldung seines Reisebüros zu informieren.

Geheimhaltung und Wettbewerb

- Beide Vertragspartner sind verpflichtet, alle ihnen aufgrund der Zusammenarbeit bekannt gewordenen Betriebs- und Geschäftsgeheimnisse des anderen Vertragspartners gegenüber Dritten geheim zu halten.
- Tätigkeiten für andere Unternehmen, die mit dem Franchise-Geber konkurrieren, dürfen vonseiten des Franchise-Nehmers nicht ausgeübt werden.

Franchisegebühr

- Aufnahmegebühr: Die mit der Aufnahme in das Franchise-System verbundenen Aufwendungen werden durch Zahlung einer einmaligen Aufnahmegebühr vom Franchise-Nehmer gedeckt.
- Laufende Franchise-Gebühren, die monatlich an den Franchise-Geber zu entrichten sind, richten sich prozentual an die Höhe der Jahresverkaufsumsätze.
- Verkaufsumsatz: Für die Berechnung von laufenden Franchise-Gebühren und der nachfolgend genannten Marketinggebühr gilt folgende Definition des Verkaufsumsatzes; der Verkaufsumsatz errechnet sich aus dem gesamten Brutto-Verkaufsumsatz (ausgenommen Tax-Gebühren) aller im Rahmen des Franchise-Reisebüros vermittelten und/oder verkauften Reiseleistungen und der Nebenprodukte (einschließlich der Umsätze von nicht über den Franchise-Geber bezogenen Produkte). Maßgeblich für den Umsatz ist der Zeitpunkt der Abreise bzw. des Provisionsflusses.

Marketing, Werbung und Verkaufsförderung

- Der Franchise-Geber übernimmt das Marketing sowie die Durchführung der allgemeinen überregionalen (auch nationalen) und regionalen Werbung für das Franchise-System sowie PR-Maßnahmen; dafür werden dem Franchise-Nehmer vom Franchise-Geber z. B. ca. 0,5 % des jährlichen Verkaufsumsatzes als Marketinggebühr in Rechnung gestellt. Art und Intensität wird ausschließlich vom Franchise-Geber bestimmt. Der Franchise-Nehmer verpflichtet sich, an nationalen und regionalen Werbeaktionen teilzunehmen und lokale Werbung zu betreiben.
- Zur Durchführung von Absatz- und Verkaufsförderung setzt der Franchise-Nehmer das jeweils angebotene Material des Franchise-Gebers und der Veranstalter des Kernsortiments ein.

Fortbildung

- Die Qualität der Beratung und die quantitativ und qualitativ steigenden Anforderungen an den Franchise-Nehmer und sein Personal in Bezug auf die sachlich richtige Nutzung der Informationstechnologie haben entscheidende Bedeutung für den Erfolg des Vertriebs von Reiseleistungen nach dem System des Franchise-Gebers. Deshalb sind fortbildende Maßnahmen in Form von Schulungen für den Franchise-Nehmer und seine Mitarbeiter unerlässlich. Art, Umfang und Kosten aller Schulungen werden vom Franchise-Geber festgelegt und getragen.

Provisionen und Vergütungen

- Veranstalter- und Leistungsträger-Provisionen; der Franchise-Geber vereinbart in Rahmenabkommen mit Veranstaltern und Leistungsträgern, dass die Franchise-Nehmer die jeweiligen Grundprovisionen erhalten. Soweit Veranstalter und Leistungsträger in ihren allgemein bekannt gegebenen Provisionsstaffelungen neben der Grundprovision leistungsabhängige, nachträgliche Umsatzprovisionen ausloben, werden diese an den Franchise-Geber ausgezahlt. Der Franchise-Nehmer tritt insoweit seine Ansprüche an den Franchise-Geber ab.

- Provisionen des Franchise-Gebers; für die Leistungs- und Umsatzkumulation durch das Franchise-System zahlen die Veranstalter an den Franchise-Geber Provisionen. Diese bilden die Grundlage für die Ausarbeitung einer eigenen Provisionsstaffelung des Franchise-Gebers – Super- und/oder Staffelprovisionen – für die Leistungen des jeweiligen einzelnen Franchise-Nehmers. Die Staffelung und Details hierzu sind aus der Richtlinie Provisionen (Super- und/oder Staffelprovisionen) zu entnehmen. Super- und/oder Staffelprovisionen werden nur bei Erreichung der Planumsätze in der Zielvereinbarung ausbezahlt. Ist die Nichterreichung der Planumsätze in der Zielerreichung auf höhere Gewalt (z. B. Krieg, Umweltkatastrophen u. v. m.) zurück zuführen, wird die Auszahlung der Super- und/oder Staffelprovisionen dadurch nicht ausgeschlossen.
- Reiseleistungen zu Brutto- und Nettopreisen; die vom Franchise-Nehmer vermittelten und vertriebenen Reiseleistungen werden branchenüblich in zwei Bereiche gegliedert:
  - Reiseleistungen, die der Franchise-Geber/Franchise-Nehmer zu den von Veranstaltern und Leistungsträgern festgelegten Brutto-Verkaufspreisen den Kunden vermittelt, und bei denen für die Vermittlungstätigkeit eine Provision vom Verkaufspreis durch den Veranstalter/Leistungsträger gezahlt wird.
  - Reiseleistungen, die der Franchise-Geber/Franchise-Nehmer zu Nettopreisen von den Leistungsträgern und Veranstaltern bezieht, und die im Wege des Eigengeschäftes vertrieben werden und der eigenen Kalkulation unterliegen.

  Höhe, Fälligkeit und Bedingungen für die Provisionen sind der Richtlinie Provisionen zu entnehmen. Bei Reiseleistungen, die zu Nettopreisen bezogen werden, besteht die Vergütung des Franchise-Nehmers in dem eigens kalkulierten Aufschlag. Franchisenehmer partizipieren an den Vorteilen des Franchisesystems dadurch, dass die Veranstalter/Leistungsträger zu Gunsten aller Franchise-Nehmer bei Festlegung der Nettopreise bereits die Bündelung der Umsätze durch das Franchisesystem berücksichtigen.
- Vergütungssystem und Geschäftsgeheimnis; das vom Franchise-Geber erarbeitete und ständig aktualisierte System von Provisionen und Vergütungen für Leistungen der Franchise-Nehmer und für eigene Leistungen des Franchise-Gebers gegenüber Veranstaltern und Leistungsträgern unterliegt wegen seiner Bedeutung im Wettbewerb als Geschäftsgeheimnis der strengen Geheimhaltung auch im Verhältnis zu den Franchise-Nehmern. Der Franchise-Geber ist verpflichtet, dem Franchise-Nehmer insgesamt wirtschaftlich angemessene Vergütungen und Konditionen für seine unternehmerischen Leistungen zu vermitteln und selbst zu gewähren. Zur Auskunft und Rechenschaft über eigene Vergütungen, Einkaufsvorteile und Provisionen der Veranstalter/Leistungsträger ist der Franchise-Geber weder berechtigt noch verpflichtet.

Informationstechnologie (IT)

- Für die Nutzungsrechte an der IT sind IT-Gebühren monatlich an den Franchise-Geber zu entrichten; im Wesentlichen handelt es sich um folgende Nutzungsrechte:
  - den Anschluss an den Zentralrechner,
  - die einzelnen Touristik-Softwarepakete und deren systematische Weiterentwicklung,
  - die im Rahmen der Nutzung der Touristik-Softwareprogramme anfallenden Leitungskosten zwischen dem Zentralrechner des Vertrags-Softwarehauses und der Betriebsstätte des Franchise-Nehmers,
  - die Informations-Datenbanken für Linien- und Charterflüge und deren ständige Pflege,
  - das AMADEUS-, GALILEO-, Sabre-System bzw. ein anderes Computer-Reservierungssystem,
  - die bestehenden und alle weiteren Direktanbindungen an die Reservierungssysteme der Veranstalter,
  - die Leitungskosten der Direktanbindung zwischen dem Zentralrechner des Vertragssoftwarehauses und dem Rechner des Veranstalters sind – sofern sie nicht vom Veranstalter durch die Technikzuschüsse abgegolten werden – nicht enthalten.

Zahlungskonditionen

- Bedingungen der Veranstalter/Leistungsträger; die Provisions- und/oder Einkaufsbedingungen für die im Sortiment des Franchise-Gebers enthaltenen Veranstalter/Leistungsträger werden vom Franchise-Geber gesondert bekannt gegeben und gemäß den Ergebnissen der laufenden Verhandlungen über Rahmenabkommen ständig aktualisiert. Ein Anspruch auf Einhaltung bestimmter Konditionen der Veranstalter/Leistungsträger besteht nicht, da immer nur die letzten vom jeweiligen Veranstalter/Leistungsträger entsprechend den Marktverhältnissen angepassten Provisions- und Einkaufsbedingungen gelten. Soweit gesetzlich zulässig, wirkt der Franchise-Geber in den Rahmenabkommen darauf hin, dass die Franchise-Nehmer bei den Provisions- und Einkaufsbedingungen nicht schlechter gestellt werden, als ein unabhängiges, nicht an ein anderes System angeschlossenes Reisebüro bei gleichen Bedingungen und Umsätzen. Im Übrigen bleibt die Freiheit der Veranstalter/Leistungsträger zur Festlegung von Preisen und Konditionen unberührt.
- Zahlungen an Veranstalter und Leistungsträger; für Zahlungen an den jeweiligen Veranstalter und/oder Leistungsträger gelten die von diesen festgelegten Zahlungs- und Lieferungsbedingungen.
- Zahlungen an den Franchise-Geber; die Zahlungen des Franchise-Nehmers an den Franchise-Geber für die über ihn zu Nettopreisen bezogenen Produkte erfolgt mittels täglicher Abbuchungsverfahren durch den Franchise-Geber vom Konto des Franchise-Nehmers. Der Franchise-Nehmer bucht und bestellt im Normalfall die Reiseleistungen und Reiseunterlagen bei den Veranstaltern/Leistungsträgern, zu denen ein unmittelbares Rechtsverhältnis besteht, direkt. Falls diese die vom Franchise-Nehmer gebuchten Reiseleistungen direkt dem Franchise-Geber in Rechnung stellen, bzw. die dem Franchise-Nehmer in Rechnung gestellten Leistungen vom Konto des Franchise-Gebers abbuchen – obwohl keine entsprechende Verpflichtung des Franchise-Gebers besteht – stellt der Franchise-Geber dem Franchise-Nehmer diese Leistungen vor Zahlung an den jeweiligen Veranstalter/Leistungsträger zur Zahlung fällig. Solche fällig gestellten Zahlungen des Franchise-Nehmers an den Franchise-Geber müssen vor dem Zahlungsziel beim Veranstalter/Leistungsträger erfüllt werden. Eine Vorfinanzierung von Verbindlichkeiten des Franchise-Nehmers für vermittelte und/oder bezogene Reiseleistungen durch den Franchise-Geber ist vom Franchise-Geber nicht geschuldet.
- Abrechnungen; der Franchise-Nehmer übernimmt selbstständig die Überprüfung aller Abrechnungen von Veranstaltern/Leistungsträgern auf ihre Richtigkeit hin, vor allem bezüglich Inhalt, Reisedaten, Namen der Reisenden und Bruttoverkaufspreisen. Bei falsch bestätigten oder berechneten Leistungen aller Art hat der Franchise-Nehmer für die Korrektur Sorge zu tragen.
- Zahlungsverzug; der Franchise-Geber ist bei Zahlungsverzug des Franchise-Nehmers berechtigt Verzugszinsen zu erheben (ca. 3 % über dem jeweiligen Basiszinssatz der Europäischen Zentralbank).
- Sicherheitenpool; um den regelmäßigen Liquiditätsbelastungen und Liquiditätsproblemen vieler Reisebüros entgegenwirken zu können, bilden Franchise-Geber sog. Sicherheitenpools, in die der Franchise-Nehmer jährlich im Voraus Zuschüsse (z. B. ca. 0,03 % aus dem Verkaufsjahresumsatz) zu leisten hat. Aus dem Sicherheitenpool werden Forderungen des Franchise-Gebers gegen Franchise-Nehmer bei deren Zahlungsunfähigkeit abgedeckt, oder aber auch etwaige Forderungen anderer Gläubiger, wenn dies nach Ermessen des Franchise-Gebers im Interesse des gesamten Franchisesystems oder aus Imagegründen erforderlich erscheint.

Rechtsverhältnisse zu Vertragspartnern und Wettbewerbern

- Der Franchise-Nehmer ist im Verhältnis zu Veranstaltern/Leistungsträgern allein berechtigt und verpflichtet. Der Franchise-Geber ist lediglich Vermittler von deren Leistungen. Etwaige Gewährleistungsansprüche des Franchise-Nehmers und/oder seiner Kunden richten sich deshalb nur gegen den betreffenden Veranstalter/Leistungsträger, soweit Ansprüche nicht auf einer grob fahrlässigen oder vorsätzlichen Pflichtverletzung des Franchise-Gebers beruhen.

- Im Verhältnis zu den Kunden ist der Franchise-Nehmer ebenfalls allein berechtigt und verpflichtet, und zwar in der Funktion, die er jeweils ausübt, d. h. Vermittlung von fremden oder Erbringung von eigenen Leistungen.
- Etwaige eigene Mängelrügen und Schäden oder solche seiner Kunden hat der Franchise-Nehmer nach Kenntnis gegenüber dem Franchise-Geber unverzüglich, spätestens innerhalb von vier Wochen, und gegenüber dem Veranstalter/Leistungsträger innerhalb der diesem gegenüber zu beachtenden Frist nach Kenntniserlangung geltend zu machen. Bei Fristversäumung entfällt jegliche Haftung.
- Versicherungen; sowohl im eigenen als auch im Interesse aller Partner des Franchisesystems verpflichtet sich der Franchise-Nehmer, die branchentypischen Risiken durch Abschluss von Versicherungen abzudecken, insbesondere Folgende:
  - Vermögensschaden-Haftpflichtversicherung für Reisevermittler und Reiseveranstalter,
  - Betriebshaftpflichtversicherung mit Mietsachschäden,
  - gebündelte Geschäftsversicherung,
  - Betriebsunterbrechungsversicherung,
  - Glasbruchversicherung,
  - Elektronikversicherung.

Der Franchise-Geber kann dem Franchise-Nehmer Sonderkonditionen namhafter Versicherungsunternehmen anbieten. Eine Risikodeckung kann aber auch durch andere Versicherungen erfolgen.

Fairplay

- Die Parteien sichern sich ausdrücklich für die Dauer des Bestehens des Vertragsverhältnisses absolute Fairness in allen Angelegenheiten im Rahmen ihrer Kooperation zu.

Interessenvertretung

- Bildung einer Interessengemeinschaft der Franchise-Nehmer, um bei Entscheidungsfindungen in der Zentrale die Interessen der Franchise-Nehmer besser berücksichtigen zu können, sowie zur einfacheren und schnelleren gegenseitigen Kommunikation. Diese Interessengemeinschaft gliedert sich in folgende Sachgebiete: Informationstechnologie, Marketing und Verkaufsförderung, Buchhaltung und Finanzen, Produkte und Aus- und Weiterbildung.
- Transfer und Austausch von Know-how der Franchise-Nehmer untereinander und zwischen dem Franchise-Geber und Franchise-Nehmern durch regelmäßige Veranstaltung von Kommunikations- und Arbeitstreffen. Zweck dieser Treffen ist die gezielte Weiterentwicklung des Franchise-Systems, der Erfahrungsaustausch, die Kommunikation von Schwierigkeiten im täglichen Reisebüroalltag und die gemeinsame Erarbeitung von Lösungen.
- Der Franchise-Nehmer ist verpflichtet, am jährlichen Arbeitstreffen persönlich teilzunehmen.

Marktfähigkeit des Franchise-Systems

- Der Franchise-Geber ist verpflichtet, dem Franchise-Nehmer vor Vertragsabschluss umfassend über die Marktfähigkeit, d. h. die Umsatz- und Ertragsfähigkeit des Franchise-Systems, zu informieren.
- Angaben, Berechnungen und Schätzungen in Bezug auf den Betrieb des Reisebüros an dem vom Franchise-Nehmer ausgewählten Standort beruhen auf Erfahrungen des Franchise-Gebers und Erprobungen an anderen Standorten. Für die Richtigkeit von solchen Prognosen kann weder eine Haftung für die Richtigkeit der Beratung, noch für den Eintritt des gewünschten wirtschaftlichen Erfolgs übernommen werden.

Vertragslaufzeit

- Angaben über Vertragsbeginn und Vertragsdauer; beide Vertragspartner sind gesetzlich zur außerordentlichen Kündigung vor Ende des Vertrages berechtigt, sofern folgende Vertragsverstöße vorliegen, die die Erreichung des Vertragszweckes gefährden:
  - Verstoß gegen das Wettbewerbsverbot des Franchise-Nehmers;
  - Eröffnung eines Insolvenzverfahrens oder Ablehnung der Eröffnung eines Insolvenzverfahrens mangels Masse;
  - grober Verstoß gegen eine wesentliche vertragliche Verpflichtung durch den Vertragspartner, insbesondere Unterlassungen und Fehler bei der Mitteilung und Rechenschaft von angabepflichtigen Umsätzen durch den Franchise-Nehmer;
  - Verstoß gegen die Verpflichtung zur ordnungsgemäßen Buchführung, insbesondere Nichterstellen und/oder verspätete Vorlage des Jahresabschlusses durch den Franchise-Nehmer nach Ablauf der sechs Monate nach Abschluss des Geschäftsjahres.
- Das Vertragsverhältnis kann vom Franchise-Geber außerordentlich aus wichtigem Grund gekündigt werden, wenn ein heilbarer Vertragsverstoß vorliegt, der trotz Abmahnung mit angemessener Frist vom Franchise-Nehmer nicht beseitigt wird, insbesondere in folgenden Fällen:
  - wiederholte Verstöße gegen Handbücher, Richtlinien und Grundsätze des Franchise-Systems, die so schwer wiegen, dass dadurch die Erreichung des Vertragszweckes gefährdet wird,
  - wiederholter Verstoß gegen die Verpflichtung zum „Fair Play" gegenüber allen Mitgliedern und System-Partnern des Franchisesystems,
  - Nichterreichung des vorgegebenen Mindestumsatzes, spätestens drei Jahre nach Aufnahme des Geschäftsbetriebes.

Übertragung des Franchisevertrages

- Übertragung der Vorkaufs- und der Ankaufsrechte: Die Übertragung einzelner Rechte oder des Vertrags in seiner Gesamtheit bedarf zur Wirksamkeit der vorherigen schriftlichen Zustimmung des Franchise-Gebers. Dieser ist nur dann berechtigt die Zustimmung zu verweigern, wenn gegen den vorgeschlagenen Übernehmer ein wichtiger Grund vorliegt. Der Franchise-Geber ist berechtigt, das Vorkaufsrecht zu einem angemessenen Preis auszuüben, den auch ein Dritter unter Berücksichtigung des Ertragswertes, unter Ansatz eines Firmenwertes, zu zahlen bereit wäre.

Vertragsende

- Mit dem Tod des Franchise-Nehmers endet der Franchisevertrag.
- Mit Beendigung des Vertrages enden alle Rechte des Franchise-Nehmers mit sofortiger Wirkung, insbesondere die Rechte zur Nutzung der Marke, des Know-hows und der Corporate Identity und des Corporate Designs des Franchise-Systems. Jede Anlehnung an die systemtypischen Merkmale stellt vertraglich und gesetzlich unlauteren Wettbewerb dar und ist zu unterlassen.
- Der Franchise-Nehmer ist verpflichtet, während der Vertragsdauer Eintragungen in Verzeichnisse aller Art (Telefon, Fax, Internet etc.), die einen Hinweis auf seine Mitgliedschaft im Franchise-System geben, vorzunehmen. Ab Vertragsbeendigung ist er verpflichtet, solche Eintragungen auf den Franchise-Geber zu übertragen und/oder auf dessen Verlangen löschen zu lassen und dies dem Franchise-Geber nachzuweisen.
- Zum Schutz des Franchisesystems ist der Franchise-Nehmer verpflichtet, bei Vertragsbeendigung sämtliche Handbücher, Richtlinien und alles weitere vom Franchise-Geber erhaltene Material, insbesondere IT-Daten und Datenträger an diesen im Original, ohne vorherige Anfertigung von Kopien zurückzugeben.

Schlussbestimmungen

- Zahlungen verstehen sich jeweils zuzüglich gesetzlicher Mehrwertsteuer, auch wenn dies nicht ausdrücklich erwähnt ist.
- Mündliche Nebenabreden, Änderungen und Ergänzungen bedürfen zu ihrer Wirksamkeit der Schriftform. Änderungen und Ergänzungen von Handbüchern und Richtlinien werden durch einheitliche Rundschreiben und Übersendung von Neuauflagen bekannt gemacht und damit verbindlich.
- Anlagen und Nachträge sind Bestandteil des Franchise-Vertrages.
- Erfüllungsort und Gerichtsstand ist der Sitz des Franchise-Gebers, soweit der Franchise-Nehmer Kaufmann ist.
- Der Franchise-Vertrag unterliegt deutschem Recht.

2.2.5 Stellung und Funktionen der Reisemittler/Reisebüros

Reisemittler/Reisebüros nehmen die Stellung des stationären Vertriebs im Tourismus-Vertriebssystem ein. Aus Vertriebssicht der Leistungsträger sind sie dem Eigenvertrieb oder dem Fremdvertrieb (beides Formen des indirekten Vertriebs) zuzuordnen.

Eigenvertrieb bedeutet, die Vertriebseinheit Reisemittler/Reisebüro ist an den Einzel- oder Gesamtleistungsträger wirtschaftlich und/oder rechtlich gebunden. Erscheinungsformen des direkten Vertriebs sind:

- Reisebüroketten/Reisebürofilialen (konzerngebundene als auch nicht-konzerngebundene),
- Franchiseorganisationen bei denen der Einzel- oder Gesamtleistungsträger als Franchise-Geber auftritt,
- Reisemittler-Kooperationen (von Reiseveranstalter gesteuert).

Fremdvertrieb bedeutet, die Reiseleistungen werden über freie und unabhängige inhabergeführte Einzel- oder Kettenreisebüros vertrieben.

Funktionen des Vertriebes über Reisemittler/Reisebüros (aus Sicht der Leistungsträger und Produzenten):

- bringen Kunden und Produzenten zusammen,
- umsatzabhängige Provision ist eine variable Kostengröße und wird nur im Erfolgsfall bezahlt,
- Flächen deckendes Vertriebsnetz ohne eigene Investitionen,
- Reisebüros sind einer breiten Öffentlichkeit als branchenübliche Verkaufsstellen und Fachgeschäfte für Reisedienstleistungen bekannt,
- Reisebüros weisen häufig Standortvorteile (Erreichbarkeit) auf, sei es in bevorzugten Citylagen oder in Verbraucherschwerpunkten (Einkaufszentren),
- Reisebüros verfügen über Stammkundschaft, d. h. über einkaufsstättentreue Kunden; ein oft langjähriger Kundenkontakt erleichtert eine persönliche Beratung und schafft ein Vertrauensverhältnis, von dem auch die empfohlenen Veranstalter bzw. Leistungsträger profitieren.

Neben den o. g. Grundfunktionen kommen den Reisebüros als Mittler noch weitere **Filter-Funktionen** zu (*Freyer/Pompl*):

- **Distributionsfilter**; das Reisebüro entscheidet, welche Veranstalter und Leistungsträger im Sortiment aufgenommen werden ggf. auch durch Schwerpunktsetzung.
- **Imagefilter**; Image des Reisebüros bestimmt mitunter das Image einer Reise teilweise mit.
- **Platzierungsfilter**; das Reisebüro entscheidet, wie ein bestimmtes Produkt eines Veranstalters am POS (Point of Sale) präsentiert wird.
- **Beratungsfilter**; der Mitarbeiter eines Reisebüros entscheidet, welchen Anbieter er überhaupt vorschlägt und empfiehlt (sofern der Kunde nicht schon auf einen bestimmten Anbieter festgelegt ist).
- **Servicefilter**; die Qualität der Beratung (vor, während und nach der Reise) wirkt sich auch auf die Bewertung des Produzenten aus (Halo-Effekt).

Der Reisemittler/das Reisebüro ist unterschiedlichen und gegensätzlichen Interessenslagen ausgesetzt.

- Der Reisemittler/Reisebüro erwartet Provision, Verkaufsunterstützung und Schulungen (vom Reiseveranstalter) und Reisebürotreue vom Kunden.
- Der Kunde erwartet vom Reisemittler/Reisebüro ein umfangreiches Sortiment, neutrale Beratung und umfassenden Service vom Reisebüro und ein optimales Preis-/Leistungsverhältnis vom Reiseveranstalter.
- Der Reiseveranstalter erwartet vom Reisemittler/Reisebüro veranstaltertreue Kunden und Verkaufserfolge, eine adäquate Präsentation seiner Produkte und Produktkenntnisse der Mitarbeiter des Reisebüros.

2.2.6 Reisevermittlung als Dienstleistung

Das Reisebüro/Reisemittler ist die etablierteste aller stationären Formen für die Reisenden/Kunden bei der Umsetzung ihrer Reisewünsche. Zur Erfüllung seiner Wünsche erwartet der Reisende von den Reisemittler, Dienste, deren Listungsniveau über die Geborgenheit und das Ausleben seines persönlichen Erlebnishorizontes entscheidet. Der Kunde erwartet somit Folgendes vom Reisemittler/Reisebüro:

- vollständige, qualifizierte und ausführliche Beratung,
- individuelle sowie freundliche und hilfsbereite Beratung,
- Problemlösung für die „schönsten Wochen des Jahres",
- Zuverlässigkeit der Informationen,
- Schnelligkeit bei der Auskunft über Verfügbarkeiten und Preise,
- sehr gute Zielgebietskenntnisse,
- kurze Wartezeiten sowie eine zügige und schnelle Bearbeitung des Kundenwunsches,
- Kenntnisse des Beraters über Unterkunft, Beförderung und Einreisebestimmungen,
- Vermittlung und Verkauf von Einzelleistungen der Leistungsträger; Bahnfahrkarten, Flugscheine, Versicherungen,
- angenehme und störungsfreie Beratungsatmosphäre,
- Kenntnisse über Freizeit- und Gestaltungsmöglichkeiten am Urlaubsort,
- Angebot aller Reisearten und Reiseformen,
- Angebot exklusiver Nischen- und Spezialreisen,
- urlaubsvermittelnde Raumgestaltung des Reisebüros,

- Selbstbedienungsecke mit freiem Zugang zu den Katalogen,
- umfassendes Angebot von Reiseveranstalter und Leistungsträger,
- zügige und schnelle Bearbeitung von Reklamationen,
- kundenorientierte und durchgehende Öffnungszeiten,
- durchgehende telefonische Erreichbarkeit ggf. auch am Wochenende und an Feiertagen,
- Spielecke für die Kinder,
- kostenlose, kompetente und neutrale Beratung.

Um kundenorientiert zu agieren, bedarf es der Kenntnis von **gesellschaftlichen Trends** im Tourismus. Diese Trends sind beispielsweise:

- Zunahme der verfügbaren Zeit/Freizeit und somit die Umsetzung in „mobile Freizeit",
- Zunahme des verfügbaren Einkommens und abnehmende finanzielle Restriktionen, stärkere Akzeptanz hochwertiger und teuerer Güter, auch Zunahme der Reisehäufigkeit,
- steigendes Verkehrsvolumen und höhere Motorisierungsgrad,
- steigendes Bildungsniveau und Zunahme der Konsumerfahrung,
- veränderte Formen des Zusammenlebens (Zunahme von Singles und Ein-Personen-Haushalte),
- wachsende Zahl der Senioren und gleichzeitige Abnahme der „Jungen",
- Zunahme der Menschen mit hohem Bildungsniveau (Bildungstourismus),
- veränderte Werte und Einstellungen; Hybride Nachfrager (Arbeit steht nicht mehr im Mittelpunkt, Betonung von Unabhängigkeit, Individualität und Spontaneität),
- die neue Rolle der Frau als Entscheidungsträgerin,
- zunehmende Umweltsensibilisierung durch zunehmendes Konfliktpotenzial,
- fortschreitender Verstädterungsprozess, d. h. Stadtflucht in der Freizeit,
- die junge Konsumentengeneration; Einfluss der Kinder auf die Kaufentscheidungen.

Kundenorientierung bedeutet aber auch den Kunden zu „kennen", d. h. dass der künftige Reisende immer weniger in ein gängiges Schema passen wird, sondern sich durch eine Vielzahl von zum Teil widersprüchlichen Eigenschaften und Wesensmerkmalen kennzeichnet. Nach *Kaspar* zeichnet sich der zukünftige Reisende folgendermaßen aus:

- wird zunehmend qualitäts- und umweltbewusster,
- durch seine steigende Reiseerfahrung immer kritischer dem Produzenten gegenüber,
- wird ein immer größeres Informationsbedürfnis an den Tag legen,
- wird immer unberechenbarer in der Wahl, Entfernung und Qualität des Zielgebietes, der Übernachtungsmöglichkeiten und der Aktivitäten am Urlaubsort,
- wird zukünftig Reise- und Ausflugsentscheide noch emotionaler aus dem Bauch heraus treffen,
- wird sich vermehrt von unpersönlichen Massenarrangements distanzieren, aber gleichzeitig All-Inclusive Anlagen und Clubs verstärkt nachfragen,
- will seinen Individualismus ausleben können, braucht dazu aber die Masse,
- sieht seine Reise- und Ausflugsziele nicht mehr als Statussymbol, sondern rückt eher sanfte Faktoren wie Ruhe, Erholung und Entspannung in den Vordergrund,
- Trend zu kürzeren und flexibleren Reisezielen sowie zu Kultur- und Bildungsreisen.

Aus diesen Wesensmerkmalen lassen sich mehrere Chancen für das Reisebüro herleiten:

- durch das immer größer werdende Informationsbedürfnis des Kunden, durch die Einspeisung von Informationen ein und desselben Zielgebietes über viele Kommunikationskanäle wird das Reisebüro die Funktion haben, diese Vielzahl von Informationen für den Kunden sinnvoll zu kanalisieren, um eine Reiseentscheidung herbeizuführen,
- die Sortimentsbereinigung, die vor einigen Jahren zum Teil sehr undifferenziert in den Reisebüros umgesetzt wurde, die sich nur an Provisionen und Zuwächsen an einzelnen Reiseveranstaltern orientiert hat, in geringem Umfang und sehr differenziert wieder rückgängig zu machen; d. h. verstärkt Spezial- und Nischenveranstalter ins Sortiment aufnehmen, selbst wenn die Provisionserträge u. U. niedriger sind als die der Reisekonzerne.

Zusammenfassend ergeben sich für die Reisemittler/Reisebüros gute Zukunftschancen durch u. a.:

- Beitritt in Kooperationen oder in Franchiseorganisationen,
- Zufriedenstellende Einnahmen durch neue, umsatzunabhängige Vergütungsmodelle,
- schnelle, kundengerechte Abwicklung,
- technologisch neueste Kommunikationstechnik, integrierte Systeme im Reisebüro und im Geschäftsreisemarkt, Internetpräsenz,
- effiziente Personaleinsatzplanung und Personalproduktivität steigern,
- Konzentration auf Verkauf und Kundenberatung/Kundenbetreuung,
- Auslagerung von Verwaltungsarbeiten; können darauf spezialisierte Unternehmen und günstiger erledigen,
- die großen Touristikkonzerne können auf den Fremdvertrieb in absehbarer Zeit nicht verzichten,
- Einzelbüros erreichen immer noch den höchsten Stammkundenanteil,
- Erreichbarkeit am Wochenende und an Feiertagen über Call-Center,
- kritische Umsatzmasse erreichen; Reisebüros zwischen 4 bis 8 Mio. Euro Umsatz haben nach wie vor die beste Umsatzrendite,
- Handelsunternehmer werden, statt Handelsvertreter sein,
- starke Kundenbindung schaffen; die Kundenbindung ist beim Reisebüro/Reisemittler ohnehin größer als beim Reiseveranstalter,
- Markenaufbau und Markenbindung muss auch im Reisebüro erfolgen; das Reisebüro darf sich nicht länger nur über die von ihm verkauften Produkte definieren. Das Reisebüro stellt eine eigene Stufe in der touristischen Wertschöpfung dar,
- neue Vertriebsmethoden erproben, z. B. Heimverkauf,
- Erlebniswerte für den Kunden im Reisebüro schaffen,
- Automatisierung, Automatenräume, Selbstbedienungsecken einrichten,
- gezielter und nicht zufälliger Kundendialog pflegen,
- Cross Selling verstärkt und zielgerichtet fördern und ausbauen,
- schnelle Anpassung an veränderte Situationen und Bedürfnisse.

2.3 Rechtsgrundlagen für Reisemittler

Reisebüros/Reisemittler stehen in einem rechtlichen „Dreiecksverhältnis". Zum einen sind sie Handelsvertreter des Handelsherrn (Reiseveranstalter) und an diesen mittels eines Agenturvertrages gebunden. Zum zweiten sind sie dem Kunden gegenüber mittels eines Geschäftsbesorgungsvertrages verpflichtet, bzw. gebunden.

2.3.1 Rechtsformen von Reisebüros/Reisemittlern

Die Eröffnung bzw. die Gründung eines Reisebüros wird in Deutschland durch keine Rechtsvorschrift hinsichtlich der Unternehmens- bzw. Rechtsform eingeschränkt. Somit sind verschiedene Rechtsformen möglich.

- Einzelunternehmen (Inhabergeführt) – häufige Rechtsform, insbesondere bei selbst-ständigen Reisebüros,
- Gesellschaft bürgerlichen Rechts (GbR),
- Offene Handelsgesellschaft (OHG) – eher seltener anzutreffen,
- Kommanditgesellschaft (KG) – häufig anzutreffen bei Unternehmen mit Reisebüro und Verkehrsbetrieb (z. B. Busunternehmen),
- Gesellschaft mit beschränkter Haftung (GmbH) – häufigste Rechtsform,
- Kommanditgesellschaft, bei der der Vollhafter eine Gesellschaft mit beschränkter Haftung ist (GmbH & Co. KG).

2.3.2 Rechtliche Stellung der Reisebüros/Reisemittlern

Reisebüros/Reisemittler können in ihrer Funktion drei mögliche Rechtsstellungen im Ver-hältnis zum Reiseveranstalter und Kunden einnehmen; sie können auftreten als:

- **Handelsvertreter**,
- **Makler**,
- **Händler**.

Das Reisebüro als Handelsvertreter; das Reisebüro schließt i. d. R. mit einer Mehrzahl von Reiseveranstaltern Agenturverträge ab. Der jeweilige Reiseveranstalter ist der Han-delsherr, das Reisebüro der Handelsvertreter.

Ein Reisebüro/Reisevermittler ist im Verhältnis zum Reiseveranstalter Handelsvertreter im Sinne der §§ 84 ff. HGB und für den Kunden/Reisenden auf der Basis eines ent-geltlichen Geschäftsbesorgungsvertrages § 675 BGB mit Werkvertragscharakter und §§ 631 ff. BGB tätig.

Vertragsgegenstand zwischen Reisebüro und Kunde ist die:

- Vermittlung einer einzelnen Reiseleistung eines fremden Leistungsträgers oder die
- Vermittlung einer Pauschalreise eines fremden Reiseveranstalters.

Der Vertragsabschluss erfolgt i. d. R. formlos, indem der Reisende das Reisebüro münd-lich mit einer Buchung beauftragt und das Reisebüro entsprechend tätig wird. Die rechtliche Problematik liegt jedoch auf der Hand. Es wird bei der Beauftragung immer die Schriftform empfohlen.

Als Makler oder als Handelsmakler nach § 93 HGB wird das Reisebüro tätig, wenn es ausschließlich mit dem Reisenden/Kunden einen Vertrag zum Nachweis der Gelegenheit zum Abschluss von Verträgen hat und ausschließlich im Interesse des Reisenden/Kunden geeignete touristische Gesamt- oder Einzelarrangements empfiehlt. Der Makler verbindet i. d. R. keinen Vertrag mit dem jeweiligen Anbieter von Leistungen und er hat auch keine Verpflichtungen gegenüber den Leistungsträgern (*Nies*). Das Reisebüro als Makler tritt heute sehr selten in Erscheinung. Jedoch mit einem möglichen Wegfall des Handelsvertreterstatus und dem damit verbundenen und wahrscheinlichen Wegfall der Preisbindung seitens der Reiseveranstalter und anderer Leistungsträger, wird diese rechtliche Stellung eines Reisebüros wahrscheinlicher.

Das Reisebüro als Händler tritt dann auf, wenn das Reisebüro ein Kontingent von touristischen Einzelleistungen oder bereits gebündelten Gesamtleistungen (z. B. eine Pauschalreise) bei einem oder mehreren Einzel- oder Gesamtleistungsträgern einkauft und auf eigene Rechnung und eigenes Risiko an Reisende/Kunden weiterverkauft. Die Preisfestsetzung liegt allein beim Reisebüro in seiner Funktion als Händler und kann nach den Marktgegebenheiten frei festgesetzt werden. Verbindet jedoch ein Reisebüro mehrere Einzelleistungen zu einem Gesamtpaket, erhält das Reisebüro die rechtliche Stellung eines Reiseveranstalters. Auch diese rechtliche Stellung eines Reisebüros als Händler ist erst mit dem Wegfall des Handelsvertreterstatus wahrscheinlich. Zum jetzigen Zeitpunkt macht dies wenig Sinn, würde sich das Reisebüro in einen Haftungsbereich begeben, der nicht erforderlich und notwendig ist.

2.3.3 Die Vermittlung von Pauschalreisen

Zwischen dem Reisenden/Kunden kommt ein Geschäftsbesorgungsvertrag nach § 675 BGB zu Stande sobald der Kunde/Reisende den Reisemittler um die Vermittlung einer touristischen Leistung bittet. Der Geschäftsbesorgungsvertrag zwischen den Parteien kann Folgendes zum Inhalt haben (*Nies*):

- Beratung zur Auswahl einer Pauschalreise,
- Buchung einer Pauschalreise nach Weisung des Kunden,
- Beratung zur Auswahl einer touristischen Einzelleistung,
- Buchung einer touristischen Einzelleistung nach Weisung des Kunden,
- Beratung zur Auswahl von Einzelleistungen für eine sog. Individualreise und Buchung der Einzelleistungen.

Bei der Beratung und Buchung der „Individualreise" wird das Reisebüro/der Reisemittler zum Reiseveranstalter, wenn dieser ein Gesamtarrangement zusammenstellt, und der Kunde auf das Gelingen des Reisearrangements – aufgrund der Zusagen in der Beratung im Reisebüro – vertraut (*Nies*).

Der Reisemittler, das Reisebüro kann für die Beratung und für die Vermittlung von touristischen Leistungen vom Kunden ein Entgelt verlangen. Der Reisemittler/das Reisebüro muss jedoch vor Beginn der Beratung oder der Ausführung einer Vermittlungsleistung den Kunden auf die Entgeltpflicht hinweisen. Dies kann mündlich oder in Form eines Aushanges der allgemeinen Geschäftsbedingungen in den Räumen, noch besser am Beratungstisch (Counter) erfolgen. Rückwirkend kann der Reisemittler, das Reisebüro keine Honorare mehr einfordern. Der Reisemittler/das Reisebüro hat die Beratungs- und Vermittlungsleistungen stets mit der Sorgfalt eines ordentlichen Kaufmanns auszuführen.

2.3.3.1 Pflichten des Reisemittler/Reisebüros

Die Pflichten des Reisevermittler/Reisebüros liegen in der Beschaffung der Anrechtsscheine für die vermittelten Reiseleistungen: z. B. Flugscheine, Bahnfahrkarten, Hotelgutscheine u. v. m.; da es sich um einen Vertrag mit Werkvertragscharakter handelt, schuldet der Reisemittler/das Reisebüro eine erfolgreiche Geschäftsbesorgung. Diese besteht nach herrschender Meinung in einer umfassenden Sorgfalts- und Fürsorgepflicht bei Beratung, Buchung und Geschäftsabwicklung, sowie einer Hinweis- und Aufklärungspflicht, wobei folgender Grundgedanke im Mittelpunkt steht: der Reisende wendet sich an den Reisemittler/das Reisebüro als Fachagentur in der berechtigten Erwartung, dass dieses ihn durch sein professionelles Wissen fachkundig berät und informiert.

Die Pflichten des Reisemittlers/des Reisebüros sind im Einzelnen:

- am Kundenwunsch orientierte Auswahl der Reiseleistungen, z. B. kinderfreundliches Hotel und Strand,
- korrekte Errechnung des Reisepreises unter Berücksichtigung des für den Kunden günstigsten Tarifs, z. B. Rail & Fly Ticket,
- zutreffende Auskünfte über Abreisezeiten und Anschlussverbindungen, z. B. Mindestübergangszeiten bei Umsteigeverbindungen,
- sorgfältige Erstellung, Verwahrung und Weiterleitung von Buchungsunterlagen, z. B. Sonderwünsche des Kunden als „unverbindlicher Kundenwunsch",
- rechtzeitige Weiterleitung von Reiseunterlagen und vereinnahmten Geldbeträgen, z. B. Flugscheinhinterlegung am Flughafen,
- Kontrolle der Reisebestätigung und Reiseunterlagen auf Übereinstimmung mit den Buchungsunterlagen, z. B. Zimmer mit Meerblick,
- unverzügliche Weiterleitung von Informationen des Leistungsträgers bzw. Reiseveranstalters an den Reisenden, z. B. Umstellung des Routenverlaufs bei einer Studienreise,
- Verweisung des Reisenden an den richtigen Adressaten bei Reklamationen und Hinweis auf einzuhaltende Fristen, z. B. Geltendmachung einer Reisepreisminderung,
- zutreffende Beantwortung der Fragen des Kunden, z. B. Gepäckbestimmungen bei der Beförderung mit einer Linienfluggesellschaft.

Darüber hinaus ist der Reisemittler/das Reisebüro verpflichtet, dem Reisenden ungefragt Auskunft über folgende Informationen zu geben:

- besondere Ein-, Aus- und Durchreisebestimmungen, z. B. Visumspflicht,
- nicht allgemein bekannte Gefahren, z. B. Epidemien,
- Gesundheitsvorschriften, z. B. Gelbfieberimpfung,
- außergewöhnliche Transportbedingungen, z. B. Maximalhöhe inkl. Dachständer,
- Zweckmäßigkeit von Reiseversicherungen, z. B. Reise-Rücktrittskosten-Versicherung.

Der Reisemittler/das Reisebüro als Vermittler haftet nie für Mängel der touristischen Leistungen selbst, sondern immer nur für Vermittlungsfehler.

2.3.3.2 Die Auswahlberatung für Pauschalreisen

Vom Reisemittler/Reisebüro werden umfassende touristische Fachkenntnisse, Zielgebietskenntnisse und Verkaufsgeschick erwartet und sind dann gefordert, wenn der Kunde/Reisende noch keine konkrete Vorstellung darüber hat, welche Art von Reise zu welchem Ziel er unternehmen möchte. Die Auswahlberatung bzw. der Auswahlprozess umfasst:

- **Auswahl des Produktes,**
- **Auswahl des Reiseveranstalters oder der Leistungsträger,**
- **Auswahl des Kunden,**
- **Prüfpflichten des Reisemittlers.**

Die Auswahl des Produktes steht im Vordergrund der Auswahlberatung. Dazu hat der Reisemittler die Wünsche des Kunden zu allen wesentlichen Leistungsmerkmalen zu erfragen, über die ein Reiseveranstalter im Prospekt informieren muss. Der Reisemittler leistet eine gute Beratung, wenn er bereits bei der Auswahl die unterschiedlichsten Leistungsvorteile der Einzel- und Gesamtleistungsträger darstellt.

Die Auswahl des Reiseveranstalters oder der Leistungsträger verlangt vom Reisemittler, dem Kunden nur zuverlässige Vertragspartner zur Auswahl zu präsentieren. Vor allem muss auf die wirtschaftliche Zuverlässigkeit des Reiseveranstalters geachtet werden. Darüber hinaus hat der Reiseveranstalter entsprechend der Regelung des § 651 k BGB eine Kundengeldabsicherung zu bieten. Der Reisemittler ist gemäß § 651 k, Abs. 3, Satz 4 BGB verpflichtet, die Gültigkeit des Sicherungsscheines der betreffenden Reiseveranstalter zu prüfen. Der vom Reisemittler/Reisebüro empfohlene Reiseveranstalter oder Leistungsträger muss in der Lage sein, die ausgeschriebenen Reiseleistungen sicher und ohne Störung zu erbringen.

Auswahl des Kunden: Der Reisemittler/das Reisebüro hat auf der Grundlage seines Agenturverhältnisses gegenüber dem Reiseveranstalter die Verpflichtung, für die ausgeschriebenen Reiseleistungen nur solche Kunden/Reisende als Vertragspartner zu vermitteln, die nach Kenntnis des Reisemittlers/des Reisebüros auch in der Lage sind, an den ausgeschriebenen Reiseleistungen störungsfrei teilzunehmen. Der Reisevermittler/das Reisebüro verletzt seine Verpflichtungen aus dem Agenturvertrag, wenn er beispielsweise den Buchungswunsch eines offenkundig gehbehinderten Kunden zur Buchung einer anspruchsvollen Wander- und Trekkingtour ohne entsprechende Warnhinweise an den Reiseveranstalter weitergibt, oder die Buchung mehrerer Jugendlicher an einer vom Reiseveranstalter ausdrücklich vorbehaltenen Seniorenreise.

Prüfpflichten des Reisemittlers: Zu den wichtigsten Pflichten neben der Prüfung der wirtschaftlichen Zuverlässigkeit gehören auch die Prüfung der Vollständigkeit und Richtigkeit der Buchungsbestätigungen und der zugesandten Reiseunterlagen. Besondere Sorgfalt muss der Reisemittler/das Reisebüro bei der Bestätigung von Sonderwünschen walten lassen. Zusammengefasst gehören zu den Prüfpflichten des Reisemittlers/des Reisebüros:

- Erfasst die Buchungsbestätigung alle Kundenwünsche?
- Sind der Buchungswunsch des Kunden und die Buchungsbestätigung des Reiseveranstalters deckungsgleich?
- Sind die Reiseunterlagen (z. B. Hotelgutscheine, Flugdokumente) vollständig?
- Liegen alle notwendigen Informationen zu Abfahrts-/Abflugzeiten sowie An- und Abreiseort sowie für Einreisevorschriften, Pass, Visum und Impfungen vor?

Versäumt der Reisemittler/das Reisebüro diese zentralen Prüfpflichten, können daraus Schadensersatzansprüche des Kunden/Reisenden gegenüber dem Reisemittler/dem Reisebüro entstehen.

2.3.3.3 Vermittlung einzelner Reiseleistungen

Die Informationspflichten des Reisemittlers/des Reisebüros bei der Vermittlung einzelner Leistungen von Leistungsträgern beschränken sich zunächst auf die Informationen, die unmittelbar notwendig sind, damit der Kunde/Reisende die Leistung nutzen kann. Dies betrifft insbesondere Abfahrtszeiten und Abfahrtsorte (*Nies*). Auskünfte über weiter reichende Informationen sowie über das Gelingen, sollte der Reisemittler/das Reisebüro nicht erteilen. So sollte der Reisemittler/das Reisebüro bei einer Flugreise beispielsweise den Kunden/Reisenden darauf hinweisen, dass Informationen zu Pass, Einreise und Impfvorschriften, vom Kunden selbst einzuholen sind (*Nies*). Erteilt der Reisemittler/das Reisebüro dennoch Informationen, die über die reine Beratungspflicht hinausgehen, so müssen diese vollständig und zutreffend sein. Anderenfalls kann der Kunde/Reisende Schadensersatzansprüche geltend machen. Der Reisemittler/das Reisebüro haftet für alle erteilten Auskünfte.

Die Vermittlung einzelner Reiseleistungen kann sich beziehen auf:

- **Luftbeförderung**: Die rechtliche Beurteilung der Vermittlung von Flugleistungen ist derzeit problematisch. Durch die Kündigung der Agenturverträge und dem Angebot an die Reisemittler/die Reisebüros die Zusammenarbeit mit den Fluggesellschaften mit einer Provision von 0 % weiterzuführen und vom Kunden ein Vermittlungsentgelt zu verlangen, ist eine Beurteilung ob der Reisemittler/das Reisebüro nun Mittler, Händler oder Makler ist, schwierig. Aus Sicht des Kunden/Reisenden muss eindeutig erkennbar sein, dass es sich bei der Flugbeförderung nur um eine vermittelte und keine eigene Leistung des Reisemittlers handelt. Von Bedeutung ist auch wie ein Reisemittler/Reisebüro das Entgelt, welches er vom Kunden für die Vermittlung eines Fluges verlangt, bezeichnet. Es sollte lauten: Vermittlungsentgelt oder Serviceentgelt, keinesfalls aber Service- oder Vermittlungsgebühr, da Gebühren nur von öffentlich-rechtlichen Leistungsträgern verlangt werden können und eine Gebühr immer eine hohe Eigenleistung impliziert.

Die Vermittlung von Flugleistungen kann sich auf die Vermittlung von Linienflügen und von Charterflügen beziehen. Erstere sind unproblematisch da die Linienfluggesellschaften (die meisten) in der IATA (International Air Transport Association) zusammengeschlossen sind und der Agenturvertrag zwischen der IATA und dem Reisemittler/Reisebüro bei IATA-Agenturen geschlossen wird. Diese sind so gefasst, dass der Luftfrachtführer (Fluggesellschaft) sich verpflichtet, im eigenen Namen Personen oder Sachen auf dem Luftweg zu befördern. Bei der Vermittlung von Charterflügen kann der Kunde dem Reisemittler/dem Reisebüro gegenüber einen Leistungsanspruch auf Flugbeförderung ableiten, wenn er aus seiner Sicht eigenverantwortlicher Organisator der Einzelleistung ist, oder der Flug Teil einer vom Reisemittler/Reisebüro organisierten Pauschalreise ist. Der Reisemittler/das Reisebüro muss ausdrücklich als Vermittler der Flugbeförderung auftreten. Der Reisemittler/Reisebüro haftet jedoch dem Kunden gegenüber mit Schadenersatz wegen Schlechterfüllung des Vermittlungsvertrages, wenn wegen eines Beratungsfehlers des Mittlers der Flug vergangen ist. Typische Vermittlungsfehler können sein:

– der Reisemittler/das Reisebüro hat falsche Flugdaten, insbesondere falsche Abflugdaten dokumentiert und der Kunde/Reisende erscheint nicht rechtzeitig zum Abflug,
– der Reisemittler/das Reisebüro bestätigt und dokumentiert Flüge, die zum Zeitpunkt der Buchung bereits abgesagt oder verschoben waren,
– der Kunde/Reisende versäumt den Flug, weil der Reisemittler/Reisebüro eine unrichtige Auskunft zur Anreise zum Flughafen gegeben hat, oder gar den falschen Abflughafen (bei mehreren Flughäfen in einer Stadt) genannt hat.

Problemfall „**Scheinvoucher**": Bei der Vermittlung eines Fluges und der Herausgabe eines Scheinvouchers (Scheingutschein für eine weitere touristische Leistung) ist der Reisemittler/Reisebüro formal Reiseveranstalter, jedoch wird von den Gerichten die Rolle als Vermittler bestätigt. Vielmehr verstößt der Reisemittler/Reisebüro gegen die Beförderungsbedingungen der Fluggesellschaften, das jedoch nicht Gegenstand der Betrachtung in der Problematik Mittler/Veranstalter ist.

Bei Flugvermittlung von Flügen über einen Consolidator (Großhändler) hat der Reisemittler/Reisebüro die rechtliche Stellung eines Händlers, da die Flüge zu Nettopreisen eingekauft und zu Bruttopreisen an den Kunden verkauft werden. Der Reisemittler/das Reisebüro kann den Endpreis für die Flugleistung selbst bestimmen. Wird dieser Flug noch mit anderen touristischen Leistungen verbunden, so wird der Mittler Veranstalter.

• **Eisenbahnbeförderung**: Die Vermittlung von Bahnfahrkarten bzw. Bahnfahrausweisen ohne Einbindung in eine Pauschalreise geschieht stets auf der Grundlage eines Agenturvertrages zwischen dem Schienenbeförderungsträger und dem Reisemittler/Reisebüro. Es sind die tariflichen Vorgaben (ohne Ausnahmen) des Schienenbeförderungsträgers zu beachten. Der Reisende schließt mit dem Schienenbeförderungsträger einen Beförderungsvertrag und hat auf dieser Grundlage Anspruch auf Beförderung. Ansprüche wegen Schlechterfüllung des Vermittlungsvertrages sind jedoch an den Reisemittler/Reisebüro zu richten (z. B. wegen falscher Zugverbindung, unrichtige Beratung, falscher Beförderungsausweis).

• **Schiffsbeförderung und Bootscharter**: Die Buchung einer Seereise (z. B. Kreuzfahrt) umfasst i. d. R. die Reiseleistungen Verpflegung, Nutzung der Einrichtung und Beförderung. Daher sind Seereisen immer Pauschalreisen und die Regeln der Pauschalreiseverträge finden hier Anwendung. Somit muss der Reisemittler/das Reisebüro die Informations- und Sorgfaltspflichten bei der Vermittlung von Pauschalreisen beachten.

Die Vermittlung eines Bootschartervertrages bietet insofern eine Besonderheit, als das der Reisemittler/das Reisebüro im Hinblick auf die Voraussetzungen (z. B. gesetzliche Vorraussetzungen zum führen eines Bootes) des zu mietenden Bootes besondere Aufklärungspflichten nachkommen muss. Die Beachtung der Voraussetzungen ist Sache des Kunden bzw. des Bootscharterers. Insbesondere muss der Reisemittler/das Reisebüro sorgfältig auf die Möglichkeiten zum Abschluss von Haftpflichtversicherungen für das Führen eines Bootes hinweisen. Generell ist für Bootscharter sowie für die Anmietung von Segelyachten nach der Rechtsprechung Pauschalreiserecht anzuwenden, wenn die Leistungen wie eine Pauschalreise (gebündelt) angeboten werden. Als reiner Mietvertrag wird der Bootscharter nur dann behandelt, wenn der Reisende/Kunde den Charakter seiner Bootsreise selber frei gestaltet.

* **Busreisen**: Bei der Vermittlung von Busreisen ist von entscheidender Bedeutung, ob der Reisemittler/das Reisebüro tatsächlich nur aus dem Katalog eines Reiseveranstalters vermittelt oder den Bus selbst angemietet hat. Bei der reinen Vermittlung sind keine Besonderheiten zu beachten. Bei der Anmietung eines Busses gilt der Busunternehmer als Reiseveranstalter, der Reisemittler/das Reisebüro muss jedoch im Vorfeld vor allem darauf achten, ob der Busunternehmer alle vorgeschriebenen Genehmigungen gemäß §§ 48, 49 PBefG hat. Ebenso muss sichergestellt sein, dass für das eingesetzte Fahrzeug die notwendigen Fahrzeugversicherungen und eine Autohaftpflicht-Versicherung bestehen.

* **Mietwagen und Wohnmobile**: Der Reisemittler/das Reisebüro hat besondere Sorgfalt auf die Auswahl der Mietwagenunternehmen zu verwenden. Dabei stehen die Erfahrungen und die Verkehrssicherheit der Mietfahrzeuge vor Ort bei der Sorgfalt im Vordergrund. Auch muss der Reisemittler/das Reisebüro den Kunden darauf aufmerksam machen, dass der Versicherungsschutz im Ausland möglicherweise nicht dem Versicherungsschutz nach deutschem Standard entspricht. Der Reisemittler/das Reisebüro sollte, da in außereuropäischen Ländern oftmals ein unzureichender Versicherungsschutz besteht, Angebote über einen ergänzenden Versicherungsschutz bereithalten. Ebenso sollte der Reisemittler/das Reisebüro eine Verkehrsrechtsschutzversicherung für das Ausland anbieten.

* **Hotels und Ferienwohnungen**: Bei der Vermittlung von Hotels und Ferienwohnungen nimmt der Reisemittler/das Reisebüro nicht automatisch die Rolle eines Mittlers ein. Wird ein Hotel, eine Ferienwohnung im Rahmen eines Katalogs wie eine Pauschalreise angeboten, so nimmt der Reisemittler die Stellung eines Reiseveranstalters ein. Die Rechtssprechung geht bei der Vermittlung von Ferienobjekten vom Pauschalreiserecht aus, sofern diese wie eine Pauschalreise auf dem Touristikmarkt präsentiert werden und der Reisemittler/das Reisebüro aus Kundensicht der Organisator und somit das Gelingen des Aufenthalts schuldet. Deshalb muss der Reisemittler/das Reisebüro ausdrücklich auf seine Rolle als Vermittler hinweisen und den Kunden darauf aufmerksam machen, dass der Abschluss des Miet- bzw. des Beherbergungsvertrages zwischen ihm und dem Leistungsträger erfolgt. Vertragspartner ist der Vermieter bzw. der Unterkunftsgeber und somit für Ansprüche aus mangelhaften Leistungen zuständig.

2.3.4 Reisevermittlung vs. Reiseveranstaltung

Die Rechte und Pflichten eines Reisebüros bei der Vermittlungstätigkeit sind andere als bei der Veranstaltungstätigkeit. Das Reisebüro, in seiner Funktion als Veranstalter einer Reise muss dafür Sorge tragen, dass die zugesagten Reiseleistungen tatsächlich erbracht werden. Als Reiseveranstalter trägt das Reisebüro Produktverantwortung und muss für das Gelingen des Reisearrangement einstehen, da es auch die Gesamtleistung dann schuldet, wenn einzelne, an der Reise beteiligte Leistungsträger die vertraglich vereinbarten Leistungen nicht erbringen (*Nies*).

Als Reisemittler haftet das Reisebüro lediglich für die Richtigkeit der Beratung und korrekte Ausführung des Buchungsvorganges. Damit die Tätigkeit eines Reisebüros als Vermittlung anerkannt und als solche eingeschätzt wird, sind bestimmte Voraussetzungen zu beachten. Dadurch, dass sich neue Organisations- und Vertriebsformen einer Pauschalreise (z. B. Dynamic Packaging) entwickeln, gewinnt die präzise Abgrenzung zwischen Vermittler- und Veranstaltertätigkeit an Bedeutung.

2.3.4.1 Merkmale der Vermittlung

Bereits bei der Entgegennahme der Buchung eines Kunden ist ausdrücklich auf die Vermittlertätigkeit hinzuweisen. Für jede gebuchte Einzel- oder Gesamtleistung muss der Hinweis erfolgen und es muss ebenso dokumentiert werden. Die Dokumentation erfolgt üblicherweise mit folgenden Angaben im Buchungsformular:

- Bezeichnung des Leistungsträgers mit genauer Firmenbezeichnung, Anschrift und Kontaktmöglichkeiten,
- Erreichbarkeit des Leistungsträgers bei Reklamationen,
- Gegenstand der vermittelten Leistung, Zeitpunkt bzw. Zeitraum und Ort der Inanspruchnahme der Leistung,
- Preis für die Leistung (einzeln ausgewiesen), außer es handelt sich um die Vermittlung einer Pauschalreise aus dem Reisekatalog eines Reiseveranstalters,
- keine eigene Handels- bzw. Kalkulationsmarge zu dem Endpreis hinzurechnen (dies wird immer als Indiz für eine Eigenveranstaltung gewertet),
- Sicherungsschein des Leistungsträgers muss bei der Vermittlung eines Leistungsarrangements beigefügt werden,
- keinen Sicherungsschein bzw. Insolvenzschutz auf den Namen des Reisemittlers bzw. des Reisebüros ausstellen.

Bei einer Reisevermittlung muss das Reisebüro dem Kunden gegenüber ausdrücklich klarstellen, dass der Reiseveranstalter bzw. der Leistungsträger ausschließlich für das Gelingen der Reise verantwortlich ist und Schlechterfüllung der Leistung und die daraus resultierenden Reklamationen an den Leistungsträger zu richten sind.

2.3.4.2 Gerichtliche Wertungen der Produktverantwortung

Im Zweifelsfall, ob nun eine Vermittlungs- oder eine Veranstaltungstätigkeit vorliegt, prüfen Gerichte folgende Tatbestände:

- Welches Unternehmen ist aus der Sicht des Kunden für das Gelingen aller Leistungen verantwortlich?
- Art der Vermarktung, Produktpräsentation und Werbung durch das Reisebüro (erweckt das Reisebüro/der Reisemittler den Anschein, selbst für das Gelingen verantwortlich zu sein?)

- Name bzw. Firmierung des Reisebüros – erweckt bereits der Name aus Sicht des Kunden den Eindruck, dass es sich um einen Reiseveranstalter handelt (z. B. „Spezialist für Tauchreisen" statt „Spezialreisebüro für die Vermittlung von Tauchreisen")?
- Wird (bei einer individuell erstellten Reise) die gesamte Reise nach den Empfehlungen und Hinweisen des Reisebüros zusammengestellt und der Kunde vertraut darauf, kann die Gesamtreise als eine Veranstaltung des Reisebüros angesehen werden.

Eine Bezeichnung als Reisemittler verhindert nicht eine rechtliche Bewertung nach § 651 a BGB. Das Reisebüro/der Reisemittler sollte sich bei Eigenveranstaltertätigkeit die Rechtsform eines Reiseveranstalters geben, eine Kundengeldabsicherungsversicherung abschließen und für jede gebuchte Leistung und jede Annahme von Kundengeldern dem Kunden/Reisenden einen Sicherungsschein aushändigen. Ferner und als Schutz sollte das Reisebüro seine Allgemeinen Geschäftsbedingungen um Allgemeine Reisebedingungen erweitern und eine Reiseveranstalter-Haftpflichtversicherung abschließen.

2.3.4.3 Chancen und Risiken aus der Reisemittler- und Reiseveranstaltertätigkeit eines Reisebüros

Für das Reisebüro ergeben sich aus seiner Veranstaltungstätigkeit Chancen und Risiken. **Chancen** können beispielsweise sein:

- freie Gestaltung der Pauschalreisen nach eigener Erfahrung,
- freie Entscheidung über die Zielgruppen, denen die Veranstalterprodukte angeboten werden,
- Preishoheit der ausgeschriebenen Reisen, keine Preistransparenz und Preisvergleichbarkeit,
- individuelle Festlegung der Gewinnspanne.

Die **Risiken** eines Reisebüros als Reiseveranstalter sind ungleich höher:

- das Reisebüro ist in seiner Funktion als Veranstalter dem Kunden gegenüber für das Gelingen verantwortlich (Produktverantwortung),
- das Reisebüro muss für den Fall eines Ausfalls von Leistungen Dritter sowie einer Schlechtleistung für die Leistungsträger haften (Produkthaftung),
- erhöhtes wirtschaftliches Risiko der Absage einer Reise wegen höherer Gewalt und hälftigen Kosten der Rückbeförderung aus dem Ziel- ins Heimatgebiet bei Abbruch der Reise wegen höherer Gewalt,
- Auflagen und Kosten für die Reiseveranstalter-Haftpflichtversicherung,
- Kalkulations- und Preisrisiko (z. B. Währungsschwankungen, Gebührenerhöhungen, Kerosinpreiserhöhungen),
- Risiko der Zahlungsfähigkeit und Zahlungsbereitschaft der Kunden,
- steuerliche Risiken (z. B. Margen- statt Regelbesteuerung).

Auch aus der Sicht des Kunden können sich Vor- und Nachteile aus seiner Entscheidung, ob er nun eine Pauschalreise oder gesonderte Einzelleistungen bucht, ergeben:

Die **Vorteile der Pauschalreise für den Kunden** sind:

- der Reisende erhält alle Leistungen aus einer Hand,

- der Reiseveranstalter und somit das Reisebüro ist verantwortlich für das Gelingen und somit einziger Ansprechpartner des Kunden, um Ansprüche geltend zu machen,
- bei Schlechtleistungen oder bei Ausfall der Leistung ist der Kunde durch das deutsche Reiserecht geschützt und kann vor einem deutschen Gericht klagen,
- der Kunde ist durch den Sicherungsschein vor dem Verlust des Reisepreises bzw. der bezahlten Leistungen durch die Insolvenz des Reiseveranstalters geschützt.

Nennenswerte **Nachteile aus Sicht des Kunden** bei der Buchung einer Pauschalreise sind keine auszumachen. Der Kunde kann sich bestenfalls an der Organisationsform stören, denn Pauschalreisen werden häufig mit Massenreisen gleich gesetzt.

Die **Vorteile aus Kundensicht** bei der Buchung von Einzelleistungen können sein:

- individuelle Auswahl der Einzelleistungen (z. T. auch unterstützt durch das Internet),
- gelegentlicher Preisvorteil – manche Einzelleistungen können günstiger als im Paket sein.

Die **Nachteile** bei der Buchung von Einzelleistungen sind jedoch stärker zu bewerten:

- bei Schlechterfüllung oder Ausfall einer Einzelleistung kann sich der Reisende nur an die jeweilige (ausländische) Gerichtsbarkeit wenden bzw. muss seine Ansprüche an den Leistungsträger im jeweiligen Land richten,
- kein Sicherungsschein (Kundengeldabsicherung) für einzelne, gebuchte Leistungen,
- keine Informationspflichten und keine Gesamtverantwortung (Produktverantwortung) durch das Reisebüro,
- keine Fürsorgepflichten der Anbieter von Einzelleistungen,
- keine weitergehenden Verantwortungen (außer der ordentlichen Beratung und korrekten Buchung) des Reisemittlers.

2.3.5 Beratung durch Reisemittler nach Beendigung der Reise

Eine rechtliche Beratung des Kunden/Reisenden nach Beendigung der Reise ist grundsätzlich nicht die Aufgabe des Reisemittlers. Gerade im Hinblick auf die gängige Praxis der Reisemittler/der Reisebüros ist es bedeutsam, dem Kunden Hinweise und Ratschläge zu geben, wie er gegenüber dem Reiseveranstalter Minderungsansprüche geltend machen kann.

Der Reisemittler/das Reisebüro darf dem Kunden/Reisenden gar keine Auskünfte darüber geben, wie er Forderungen gegenüber dem Reiseveranstalter geltend machen kann, da es sich in einem Treue- und Loyalitätsverhältnis gegenüber seinem Handelsherren (Reiseveranstalter) befindet. Reiseveranstalter können solch unloyales Verhalten mit dem Entzug der Agentur ahnden. Der Reisemittler befindet sich zweifelsohne in einem Interessenskonflikt; er ist dem Kunden gegenüber aber auch dem Reiseveranstalter gegenüber verpflichtet. Daher sollten sich das Wohlverhalten und der Service des Reisemittlers/des Reisebüros lediglich auf die Weiterleitung der Beschwerde an den Reiseveranstalter (bei Enthaltung jedweder Kommentierungen) beschränken.

Der Reisemittler/das Reisebüro hat den Kunden lediglich auf die Frist zur Geltendmachung von Ansprüchen gegenüber dem Reiseveranstalter hinzuweisen.

Ansprüche des Kunden wegen mangelhafter Leistung müssen innerhalb eines Monats ab dem vertraglichen Reiseende beim Reiseveranstalter geltend gemacht werden (§ 651 g BGB). Nach Verstreichen dieser Frist können nur Mängelansprüche geltend gemacht werden, wenn der Kunde an der Einhaltung der Frist von einem Monat ab vertraglichem Ende ohne Verschulden gehindert worden war.

Hat der Kunde mehrere aufeinander folgende Pauschalreiseabschnitte bei unterschiedlichen Leistungsträgern bzw. Reiseveranstaltern gebucht, so beginnt die Frist jeweils an dem Tag zu laufen, an welchem die Leistungen aus dem jeweils vereinbarten Reiseabschnitt enden. Der Reisemittler/das Reisebüro muss bei Buchungen für Reisen, die länger als vier Wochen andauern, den Kunden über diese Regelung informieren.

Bereits bei der Buchung muss der Reisemittler/das Reisebüro dem Kunden/Reisenden die jeweils zuständigen Stellen für etwaige Mängelrügen mitteilen. Die Ausschlussfrist zur Geltendmachung vertraglicher Mängel gilt nicht für Schadensersatzansprüche des Kunden/Reisenden (*Nies*).

Der Kunde/Reisende muss die Mängel der Reiseleistung einzeln und konkret bezeichnen, ggf. Zeugen benennen, Nachweise in Form von Aussagen und/oder Fotos beilegen und einen konkreten Geldbetrag als Minderung benennen. Gibt der Kunde/Reisende sein Anspruchschreiben beim Reisemittler/Reisebüro mit der Bitte um Weiterleitung an den Reiseveranstalter ab, ist der Reisemittler/Reisebüro verpflichtet das Reklamationsschreiben rechtzeitig und innerhalb der Monatsfrist weiterzuleiten.

Gewährleistungsansprüche aus dem Reisevertrag auf Minderung wegen Schlechterfüllung und Mängel verjähren nach zwei Jahren ab dem vertraglich vereinbarten Reiseende. Durch einen Hinweis in den AGB's des Reiseveranstalters kann die Verjährungsfrist auf ein Jahr verkürzt werden. Die Verjährung ist solange gehemmt, solange Verhandlungen über die Höhe der Minderung oder der Entschädigung zwischen Kunden und Reiseveranstalter fortdauern. Unterbreitet der Reiseveranstalter ein abschließendes Angebot und der Kunde lehnt dies ab, beginnt die Verjährungsfrist weiter zu laufen.

2.3.6 Der Agenturvertrag

Der Agenturvertrag ist ein Handelsvertretervertrag und wird zwischen dem Reisevermittler/dem Reisebüro in seiner Funktion als Handelsvertreter und dem Reiseveranstalter als Handelsherrn abgeschlossen. Die Rechtsgrundlage des Agenturvertrages ist § 84 HGB. Ein Reisemittler/Reisebüro kann mit mehreren Reiseveranstaltern Agenturverträge schließen.

§ 84 (1) HGB formuliert: „Handelsvertreter ist, wer als selbstständiger Gewerbetreibender ständig damit betraut ist, für einen anderen Unternehmer Geschäfte zu vermitteln oder in dessen Namen abzuschließen (Selbstständig ist, wer im Wesentlichen frei seine Tätigkeit gestalten und seine Arbeitszeit bestimmen kann.)."

Agenturverträge können schriftlich oder mündlich formfrei vereinbart werden oder sich aus der tatsächlichen ständigen Geschäftsbeziehung ergeben. Im Interesse einer klaren Geschäftsbeziehung und zur Wahrung der Rechte des Reisebüros ist eine schriftliche Vereinbarung des Agenturvertrages ratsam. Das Reisebüro kann verlangen, dass der Agenturvertrag in einer schriftlichen Urkunde aufgenommen wird. Vermittelt ein Reisemittler eine Reise eines Reiseveranstalters an einen Kunden und es besteht kein Agenturverhältnis, der Reiseveranstalter bestätigt aber die Buchung durch den Reisemittler, so entsteht ein faktisches Agenturverhältnis.

2.3.6.1 Inhalte und Steuerungsfunktion von Agenturverträgen

Die **Inhalte** des Agenturvertrages sind:

- Präambel,
- Rechte und Pflichten des Reiseveranstalters,
- Rechte und Pflichten des Reisemittlers/Reisebüros,
- Kündigungsklausel,
- Provisionsvereinbarung (als Anhang).

Dem Agenturvertrag kommen mehrere **Steuerungsfunktionen** zu:

- **Entgeltfunktion,**
- **Bonus-/Malusfunktion,**
- **Absatzfunktion,**
- **Auslastungsfunktion.**

2.3.6.2 Pflichten der Reisemittler und Reiseveranstalter aus dem Agenturvertrag

Wichtige Pflichten des Reisemittlers/Reisebüros aus dem Agenturvertrag:

- Bemühung um den Abschluss von Reiseverträgen bzw. um die Vermittlung von Buchungen des jeweiligen Reiseveranstalters,
- Wahrnehmung der Interessen des Reiseveranstalters,
- sichtbare Kennzeichnung der Geschäftsräume als „Verkaufsstelle" der Produkte des Reiseveranstalters,
- Präsentation des Pauschalprogramms des Reiseveranstalters ohne inhaltliche Veränderung,
- Einholen des Einverständnisses des Reiseveranstalters bei abweichenden/zusätzlichen Leistungswünschen des Reisenden,
- unverzügliche Mitteilung über jeden Buchungsabschluss,
- Erfüllung der Informationspflichten des Reiseveranstalters gegenüber dem Reisenden gemäß Reisevertragsrecht (§ 651 Abs. 5 BGB) und Informationsverordnung,
- Inkasso des Reiseentgeltes bei Inkassovollmach,t
- Aushändigung des Sicherungsscheines des Reiseveranstalters,
- Durchführung des außergerichtlichen Mahnverfahrens gegenüber dem Reisenden (es besteht jedoch keine Haftung für die Forderung gegenüber dem Reisepreis, dessen Zahlung vom Reisenden nicht erbracht wird).

Wichtige Pflichten des Reiseveranstalters aus dem Agenturvertrag:

- zur Verfügungstellung der zur Ausübung der Tätigkeit erforderlichen Unterlagen, wie Kataloge, Preislisten, Geschäftsbedingungen und Buchungsformulare,
- unverzügliche Mitteilung der Annahme eines vermittelten Vertrages/Buchung,
- Erteilung aller Informationen für Weiterleitung an den Reisenden zur Wahrnehmung der Verpflichtung gemäß Reisevertragsrecht (§ 651 a Abs. 5 BGB) und Informationsverordnung,
- unverzügliche Information über Änderung der Reiseleistungen am Urlaubsort,
- unverzügliche Information über Buchungsstop wegen erreichter Höchstteilnehmerzahl,
- Zahlung der Provision für alle während des Vertragsverhältnisses vermittelte Buchungen (kein Provisionsanspruch des Reisemittlers/Reisebüros, wenn der Reisende die Reise nicht bezahlt und im Stornofall für anteilige Stornokosten, sofern im Agenturvertrag nicht anders vereinbart).

Eine Besonderheit im Regelungswerk des Agenturvertrages stellt das Inkasso dar. Im Agenturvertrag kann Direkt- oder Agenturinkasso vereinbart bzw. festgelegt werden.

Direktinkasso; der Reiseveranstalter zieht den zu zahlenden Reisepreis direkt beim Kunden ein bzw. der Kunde muss den Reisepreis auf das Bankkonto des Reiseveranstalters einzahlen. Der Reisemittler/Reisebüro bekommt sodann seine Provisionsgutschrift überwiesen.

Agenturinkasso; der Reisemittler/Reisebüro verlangt die Zahlung des Reisepreises vom Kunden. Der Reiseveranstalter bucht den Reisepreis abzüglich der dem Reisemittler zustehenden Provision vom Bankkonto des Reisemittlers/Reisebüros ab. Das außergerichtliche Mahnverfahren obliegt dem Reisemittler/Reisebüro. Im Falle eines Zahlungsverzuges oder einer Zahlungsverweigerung durch den Kunden, ist der Reisemittler verpflichtet, die Reiseunterlagen nicht an den Kunden auszuhändigen. Für das Risiko der Nichtbeibringlichkeit des Reisepreises oder der Stornokosten sind die Regelungen des Agenturvertrages zwischen Reisemittler/Reisebüro und Reiseveranstalter entscheidend.

Agenturverträge können auch mit Einzelleistungsträgern sowie mit touristischen Dienstleisters geschlossen werden. Agenturverträge mit Verkehrs- bzw. Beförderungsträger betreffen folgende spezifische Inhalte:

- Tarife und der Restriktionen der ausgeschriebenen Beförderungsleistungen,
- spezielle Regelungen zum Buchungsvorgang (z. B. Mindestvorausbuchungsfristen, Storno- und Umbuchungsvorschriften),
- Höhe der Provisionen, die der Reisemittler erhält,
- Beachtung der (nur bei Linienfluggesellschaften) IATA-Regeln sowie der dort vorgeschriebenen Sicherheitsleistungen.

Auch mit Reiseversicherern schließt der Reisemittler/Reisebüro Agenturverträge ab. Geregelt sind in diesen Agenturverträgen:

- Vermittlung der ausgeschriebenen Reiseversicherungsleistungen auf der Grundlage der bereitgestellten Informationen,

- bei Ausgabe des Versicherungsscheines an den Kunden gleichzeitiger Einzug der Reiseversicherungsprämie,
- keine Aussagen des Reisemittlers/Reisebüros zu Schadensfällen/Schadenssituationen (dazu ist ein Reisemittler/Reisebüro nicht befugt),
- im Schadensfall unverzüglicher Verweis des Kunden an den Reiseversicherer.

2.3.7 Rechte und Pflichten zwischen Kunde und Reisemittler/ Reisebüro

Auch aus dem Rechtsverhältnis Kunde Reisemittler ergeben sich für beide Vertragsparteien Rechte und Pflichten.

Die **Pflichten des Kunden/Reisenden**:

- Der Reisende zahlt für die Vermittlung ein angemessenes Entgelt als Teil des Reisepreises, den der Reiseveranstalter und/oder Leistungsträger bereits in den Gesamtpreis einkalkuliert hat und dem Reisebüro in Form der Vermittlungsprovision zukommen lässt.
- Bucht der Reisende doch nicht, kann das Reisebüro ein angemessenes Entgelt für seine Bemühungen sowie den Ersatz der erforderlichen Aufwendungen verlangen.

Die **Pflichten des Reisemittlers/Reisebüros**:

- Beschaffung der Anrechtsscheine für die vermittelten Reiseleistungen: z. B. Flugscheine, Bahnfahrkarten, Hotelgutscheine u. v. m.
- Da es sich um einen Vertrag mit Werkvertragscharakter handelt, schuldet das Reisebüro eine erfolgreiche Geschäftsbesorgung. Diese besteht nach herrschender Meinung in einer umfassenden Sorgfalts- und Fürsorgepflicht bei Beratung, Buchung und Geschäftsabwicklung, Hinweis- und Aufklärungspflicht; wobei folgender Grundgedanke im Mittelpunkt steht: der Reisende wendet sich an das Reisbüro als Fachagentur in der berechtigten Erwartung, dass dieses ihn durch sein professionelles Wissen fachkundig berät und informiert.

2.4 Reisemittler-/Reisebüro-Management

Das Führen eines Reisebüros ist zum einen durch externe und interne Faktoren stark geprägt. **Externe Faktoren** sind:

Interne Faktoren	Externe Faktoren
• Interessen der Mitarbeiter • Strategie der Geschäftsleitung • Finanzsituation	• Nachfragevolumen • konkurrierende Reisebüros • Gefahr neuer Wettbewerber • Marktmacht der Lieferanten • Marktmacht der Nachfrager • rechtliche Regelungen • Nachfragevolumen

Tab. B. 2.3: Führung von Reisebüros - interne und externe Faktoren
Quelle: eigene Darstellung

Zu den Faktoren kommen auch noch stark **divergierende Interessenslagen** hinzu. *Freyer/Pompl* definieren diese wie folgt:

- Reisemittler/Reisebüro steht im Zentrum unterschiedlicher, zum Teil gegensätzlicher Interessen,
- die Leistungsträger erwarten oder erhoffen adäquate Berücksichtigung ihrer Produkte beim Verkauf,
- die Kunden erwarten eine neutrale Beratung bei einem in Breite und Tiefe umfangreichen Sortiment,
- das Reisebüro möchte seine Position hinsichtlich Erträge, Image und Kundenzufriedenheit optimieren,
- innerhalb des Unternehmens selbst bestehen Zielkonflikte zwischen Strategie der Geschäftsleitung und Interessen der Mitarbeiter.

2.4.1 Markteintritte von Reisemittlers/Reisebüros

Angehende Reisemittler/Reisebüros können auf zwei Arten ihren Markteintritt vorbereiten. Folgende Möglichkeiten stehen zur Auswahl:

- **Gründung**,
- **Kauf**.

2.4.1.1 Die Gründung eines Reisemittlers/Reisebüros

Die Gründung eines Reisemittlers/Reisebüros ist relativ einfach, da die Markteintrittsbarrieren niedrig sind, jedoch die Marktaustrittsbarrieren sind dies auch. Dies ist auch der Grund für die relativ hohe Anzahl von Neugründungen/Neueröffnungen und Marktaustritte/Insolvenzen im Zeitraum von einem Jahr.

Gründungsvoraussetzungen sind formal und vom Gesetzgeber keine vorgegeben. Faktisch kann jeder Willige, sofern er geschäftsfähig ist, ein Unternehmen mit dem Geschäftszweck Reisevermittlung und Reiseveranstaltung eröffnen.

Dennoch sollten bei der Eröffnung im Vorfeld folgende Überlegungen angestellt werden:

- **Lage und Standort des Reisebüros/Reisemittler**,
- **angestrebte Größe des Unternehmens**,
- **Unternehmens- und Rechtsform**,
- **Anforderungen an den Inhaber/Betreiber**,
- **angestrebte Lizenzen/Angebotspalette**,
- **Personalsituation**,
- **rechtliche Absicherungen**,
- **evtl. Beitritte zu Kooperationen oder Franchiseorganisationen**.

Lage und Standort: Reisemittler/Reisebüros gehören zu den ältesten und etabliertesten Formen des stationären Vertriebs von Reiseleistungen aller Art. Außer bei Firmenreisediensten, die oftmals in Etagenbüros und/oder in Gewerbegebieten angesiedelt sind, spielen bei stationären und kundenorientierten Reisebüros/Reisemittlern die Lage und der Standort eine wichtige Rolle.

So sollte das Unternehmen gut erreichbar und für die Kunden wahrnehmbar in einem Ladenlokal oder in einer von Passanten stark frequentierten Innenstadtlage sein. Die Nähe von Behörden, Firmen, Büros und Arbeitsstätten ist anzustreben. Ebenso sollte auf eine gute Erreichbarkeit mit öffentlichen Verkehrsmitteln, Parkmöglichkeiten und die Nähe von Einkaufs- und Fußgängerzonen gesucht werden. Die Höhe des Mietzinses spielt zweifelsfrei bei der Auswahl des Standortes eine große Rolle. Jedoch ein Standort in einer Wohn- bzw. Schlafgegend, der zwar günstig ist aber kaum Kunden generiert, ist nicht sinnvoll.

Größe des Unternehmens: Eine Neugründung ist oftmals der Versuch, etwas Langfristiges und mit geringem Mitteleinsatz aufzubauen. Eine Neugründung mit einem von Anfang an hohen Mitarbeiterstamm ist eher eine Seltenheit. Lediglich Reiseveranstalter oder Vertriebsorganisationen bauen von Anfang an größere Einheiten an Unternehmen auf. Die meisten Neugründungen wachsen langsam, nehmen die Tätigkeit erst einmal mit einem Mitarbeiter (inkl. Inhaber/Geschäftsführer) auf und steigern sich langsam. Als Faustregel des Wachsens gilt (unter der Voraussetzung eines stetigen und kontinuierlichen Geschäftsaufkommens) ein neuer Mitarbeiter in jedem Jahr des Bestehens.

Unternehmens- und Rechtsform: Die Auswahl der Rechtsform ist stark abhängig von der Zielsetzung und der strategischen Ausrichtung des Inhabers/Gründers. Grundsätzlich bieten sich Personen- und Kapitalgesellschaften als Rechts- bzw. Unternehmensformen an.

Für die Option der stetigen Entwicklung und Vergrößerung im Zeitablauf und der fiskalischen Möglichkeiten ist die **Gesellschaft mit beschränkter Haftung** (GmbH) zweifelsohne die am meisten bevorzugte Rechtsform. Sie bietet durch ihr Konstrukt die Aufnahme weiterer Gesellschaften, beschränkt die Haftung der Gesellschaft und bietet dem geschäftsführenden Gesellschafter die Möglichkeit einer Anstellung mit regelmäßigen Gehaltszahlungen und sozialer Absicherung. Auch steuerrechtlich ist die Gesellschaft mit beschränkter Haftung für einen Unternehmenstypen wie die des Reisebüros/Reisemittlers, das kaum über Anlagevermögen verfügt, den Großteil seiner Betriebsmittel in Leasingform erwirbt, interessant.

Eine Alternative ist die **Gesellschaft bürgerlichen Rechts** (GbR) oder die Inhabergesellschaft. Diese Form eignet sich insbesondere für Neugründer, die eine dauerhaft kleine Unternehmung, ohne oder nur ein bis zwei Mitarbeitern anstreben. Die Problematik dieser Rechtsform liegt in der Tatsache, dass der Eigentümer/Neugründer von dem erwirtschafteten Überschuss lebt, sein „Gehalt" in Form von privaten Kassenentnahmen tätigt und als Nicht-Angestellter auch weniger Möglichkeiten der sozialen Absicherung im Falle einer Arbeitslosigkeit durch Insolvenz hat.

Andere Rechtsformen wie z. B. eine börsennotierte/nicht-börsennotierte **Aktiengesellschaft** (AG), eine **Offene Handelsgesellschaft** (OHG) oder eine **Kommanditgesellschaft** (KG) sind bei Reisemittlern/Reisebüros insbesondere im Zuge der Neugründung bzw. des Markteintrittes sehr selten anzutreffen.

Anforderungen an den Neugründer: Der Neugründer sollte über richtige „Entrepreneur" Eigenschaften verfügen. Der Erfolg hängt im Wesentlichen von einem überdurchschnittlichen Arbeitseinsatz, Risikofreude, fachlichen und organisatorischen Kompetenzen, Kundenorientierung und von soliden betriebswirtschaftlichen Kenntnissen, Fertigkeiten und Fähigkeiten ab. Er muss seine Mitarbeiter zu Leistungen motivieren können, Führungsqualitäten aufweisen und stets Vorbild sein.

Angestrebte Lizenzen/Angebotspalette: Die Auswahl der Anbieter und der benötigten/gewünschten Lizenzen/Agenturverhältnisse ist stark von den Präferenzen des Anbieters abhängig. Die Vergabe von neuen Agenturverhältnissen wird oftmals von beispielsweise nachfolgenden Kriterien abhängig gemacht:

- Lage und Standort (darf nicht den bereits bestehenden Agenturen Kundenpotenzial wegnehmen),
- Repräsentativität der Büroräume,
- Qualifikation und Branchenzugehörigkeit des Gründers und Qualifikation der Mitarbeiter,
- finanzielle Potenz,
- angestrebte Umsätze im ersten Jahr,
- Bereitschaft des Neugründers und Potenzial des Standortes bestimmte und vorgegebene Mindestumsätze zu erreichen,
- Vorhandensein eines bestimmten Reservierungssystems.

Auch werden bei der Vergabe von Agenturen und Lizenzen Bürgschaften und Kautionen verlangt, die die Liquidität eines Neugründers stark belasten. Bei Nichterreichung bestimmter Umsätze kann der Leistungsträger auch das Agenturverhältnis wieder kündigen, was zu einer Neuausrichtung der Tätigkeit führen kann bzw. dies zwangsläufig tut. Somit muss ggf. im zweiten oder im dritten Geschäftsjahr u. U. eine Umpositionierung auf eine Nische oder auf bestimmte Veranstalterprodukte vorgenommen werden. An dieser Stelle bietet sich sodann ein Anschluss an eine Reisebüro-Kooperation an, um als Sammelagentur in den Genuss der gewünschten Leistungsträger zu kommen oder aber dem Beitritt zu einer Franchiseorganisation, die ohnehin Verträge mit den gewünschten Leistungsträgern geschlossen hat und so ein Vertrieb bestimmter Produkte und Leistungen ermöglicht.

Personalsituation: In den letzten Jahren haben viele Reisemittler/Reisebüros ihre Mitarbeiter vorwiegend nach dem Kriterium Günstigkeit und Alter ausgewählt. Die Verkaufs- bzw. die fachlichen Qualifikationen wurden eher weniger berücksichtigt. Der touristische Personalmarkt ist geprägt durch eine Vielzahl gut ausgebildeter Mitarbeiter. Jedoch sinkt nach einigen Jahren Branchenzugehörigkeit die Bereitschaft der potenziellen Mitarbeiter im Verkauf und am „Kunden" tätig zu sein. Letztendlich wird durch die sich immer stärker zu Ungunsten der Reisemittler/Reisebüros wandelnden Provisionssysteme der Verkaufsdruck auf die Mitarbeiter immer stärker. Gerade touristische Berufe müssen sich immer stärker über den Vertrieb/Verkauf als Kenngröße der eigenen Leistung definieren. Für ein neu gegründetes Reisebüro gilt: verkaufsstarke und kundenorientierte Mitarbeiter zu gewinnen.

Rechtliche Absicherungen: Die rechtliche Absicherung eines neu gegründeten Unternehmens ist von existenzieller Bedeutung und ist bei Unterlassung existenzgefährdend. So sollten folgende Versicherungen für das Unternehmen abgeschlossen werden:

- Kundengeldabsicherung bei Pauschalreisen, die selbst veranstaltet werden (oftmals ist den Reisemittlern nicht bewusst, dass sie als Reiseveranstalter tätig sind),
- Reiseveranstalter-Haftpflichtversicherung,
- Reisemittler-Haftpflichtversicherung.

Gerade die **Reisemittler-Haftpflichtversicherung** ist unerlässlich, da sie einen Versicherungsschutz wegen eines Fehlers bei der Ausübung der Vermittlertätigkeit von einem Kunden auf Ersatz eines Vermögensschadens gewährt. So besteht ein Versicherungsschutz bei fehlerhaften Preisberechnungen und falschen Tarifangaben. Die Tätigkeit der Reiseveranstaltung ist bei dieser Versicherung nicht versichert. Deswegen wird auch der Abschluss einer Reiseveranstalter-Haftpflichtversicherung stets empfohlen.

Beitritte zu Kooperationen oder Franchiseorganisationen: Die Überlegungen zu einem Beitritt in eine Reisebürokooperation oder der Anschluss an eine Franchiseorganisation ist eher strategischer Natur. Nichts desto weniger kann ein neu gegründetes Reisebüro als Franchisenehmer in den Markt eintreten. Die Vorteile liegen auf der Hand. Die Franchiseorganisation ist bei der Auswahl des Standortes, der Auswahl von Mitarbeitern, bei der betriebswirtschaftlichen Beratung sowie bei der Auswahl und Beschaffung von Agenturverhältnissen behilflich, da sie ein starkes

Interesse am stetigen und erfolgreichen Markteintritt des Reisebüros/Reisemittlers hat. Oftmals übergibt die Franchiseorganisation dem Neugründer ein „schlüsselfertiges" Reisebüro. Auch der Schutz unter dem Dach einer Reisebüro-Kooperation kann von Anfang an angestrebt werden. Ist dies der Fall, so müssen alle Überlegungen in der Gründungsphase dies bereits berücksichtigen, da Reisebüro-Kooperationen die Neuaufnahme bzw. die Mitgliedschaft eines Reisebüros/Reisemittlers von einigen Kriterien abhängig machen können. Diese können z. B. sein:

- Rechtsform/Unternehmensform, z. B. eine Kapitalgesellschaft (i. d. R. eine GmbH),
- bestimmte Lizenzen, z. B. IATA, DB, TUI, Thomas Cook,
- bestimmte Betriebsgröße,
- ausreichende Liquidität,
- optimale Kostenstruktur,
- Vorhandensein eines bestimmten Reservierungssystems,
- Bereitschaft zur Mitarbeit und Erfahrungsaustausch,
- Weiterbildung und Qualifikation der Mitarbeiter.

Aus diesen vorangegangenen Überlegungen sollte sodann ein Geschäftsplan hervorgehen, in dem folgende Schritte/Punkte geklärt sein müssen:

1. Unternehmenskonzept
2. Planung des Geschäftsbetriebes
3. Planung der Finanzen
4. Planung der Finanzierung
5. Beschaffung
6. Anmeldeformalitäten
7. Betriebsnotwendige Versicherungen
8. Soziale Absicherung des Gründers.

Sodann erfolgt die Betriebsaufnahme des Reisemittlers/Reisebüros und es gilt erfolgreich zu agieren.

Eine wesentliche Überlegung ist die Auswahl der Anbieter bzw. des Sortiments, welches der Gründer oder der Käufer eines Reisebüros anzubieten gedenkt. Grundsätzlich verfügen Reisemittler/Reisebüros heute über ein mehr oder weniger straffes Sortiment. Die Angebotspalette kann sich (beispielhaft) folgendermaßen unterteilen:

- **A-Sortiment**: Leit- und Volumenveranstalter (i. d. R. die Reisekonzerne mit ihren umfangreichen Wertschöpfungsketten),
- **B-Sortiment**: Ergänzungsveranstalter zu den im A-Sortiment gelisteten Reiseveranstalter (i. d. R. Preis-Mengen-Veranstalter),
- **C-Sortiment**: Veranstalter mit lokalem oder regionalem Bezug, ebenso Spezialisten und Präferenz-Veranstalter.

Markt- und Branchenkenntnisse des Betreibers vorausgesetzt, sind folgende drei Kriterien bei der Auswahl der Agenturverhältnisse wichtig:

- **Produktvariationen des Gesamtleistungsträgers,**
- **Vertriebsmethode des Gesamtleistungsträgers,**
- **Zugänglichkeit zu den Agenturverhältnissen.**

Produktvariationen des Reiseveranstalters sind bei der Auswahl des Sortiments dahingehend von Bedeutung, als das diese Entscheidung die nachfragenden Zielgruppen stark beeinflussen kann. Grundsätzlich können folgende Produktvariationen unterschieden werden (*Freyer/Pompl*):

*   **Generalisten**; sie bieten i. d. R. Vollpauschalreisen mit einem hohen Organisationsgrad und Rund-um-Versorgung und Betreuung an. Die Individualität ist im Organisationsrahmen nicht gegeben,
*   **Sortimenter**; sie bieten i. d. R. Teilpauschalreisen an,
*   **Spezialisten**; sie bieten individuelle Pauschalreisen mit einem hohen z. T. anspruchsvollen Organisationsgrad und viel Individualität an.

Bezugnehmend zu o. g. Ausführungen zur Unterteilung des Sortiments und dieser Logik folgend, würden in ein A-Sortiment die Generalisten, in ein B-Sortiment die Sortimenter und in ein C-Sortiment die Spezialisten einsortiert werden.

Die Vertriebsmethode des Reiseveranstalters hat nur bedingt Einfluss auf die Wahl der Zielgruppe vielmehr aber Einfluss auf die Wettbewerbsintensität im Umfeld des Reisebüros/Reisemittlers. Aus Sicht der Reiseveranstalter können drei Methoden des Vertriebs angezeigt werden:

*   **Generelle Methode**; bedeutet, jedes interessierte Reisebüro/Reisemittler kann Reisen des Reiseveranstalters vermitteln. Die Zugangsvoraussetzungen zu einem Agenturverhältnis sind rein formaler Natur. Reiseveranstalter, die diese Methode bevorzugen sind entweder im Aufbau des Unternehmens begriffen oder gehen bewusst in den Flächen deckenden Vertrieb und nehmen hohe Vertriebs- und Verkaufsförderungskosten zu Gunsten von breit gestreuten Umsätzen in Kauf.

*   **Selektive Methode**; bedeutet, der Reiseveranstalter sucht sich seine Agenturen sehr genau aus. Die Zugänglichkeit des Agenturverhältnisses ist ungleich schwieriger und wird restriktiver gehandhabt. Ein Agenturverhältnis zu einem Reiseveranstalter mit selektivem Vertrieb kann zwar vom Reisebüro/Reisemittler gewünscht sein, kann dennoch vom Reiseveranstalter abgelehnt werden, u. U. auch mit Gründen, die nicht in der Natur des Reisebüros liegen, sondern mit allgemeinen Marktgegebenheiten zu tun haben (es gibt bereits mehrere Agenturen im Einzugsgebiet des Reisebüros/Reisemittlers).

*   **Exklusive Methode**; bedeutet, der Reiseveranstalter ist Spezialist oder Nischenanbieter, produziert ein sehr beratungsintensives Produkt, dass darüber hinaus von einer sehr speziellen und kleinen Zielgruppe nachgefragt wird. Die Vertriebs- und Verkaufsförderungskosten sollen/müssen gering gehalten werden, weswegen dieser Reiseveranstalter sich z. B. pro Stadt, Land, Region, Nationalstaat nur einen Vertriebspartner (Reisebüro/Reisemittler) sucht, diesen umfänglich schult und der mit einem Exklusiv-Agenturvertrag ausgestattet wird. Der Vorteil für das Reisebüro/Reisemittler liegt in der Exklusivität des Produktes, der Dienstleistung, die schon in einem gewissen Umfang eine Kundenfrequenz der angesprochenen Zielgruppe garantiert.

Zugänglichkeit zu den Agenturverhältnissen; wesentlich zum Erfolg eines Reisebüros/ Reisemittlers trägt die Angebotspalette, das Sortiment bei. Einerseits gilt der Reiseveranstaltermarkt als Käufermarkt, d. h. die Produzenten der Reisen haben ein Absatz- und Vertriebsproblem und müssten demzufolge jedem interessierten Reisebüro/Reisemittler einen Agenturvertrag anbieten. Auf der anderen Seite sind die Kosten, die mit einer Agentur verbunden sind, nicht zu unterschätzen. Eine Agentur muss regelmäßig betreut werden, muss mit Katalogen und Verkaufshilfen ausgestattet werden, die Mitarbeiter müssen geschult und qualifiziert sein sowie regelmäßig auf Informationsreisen geschickt werden. Um zwischen den Kosten und dem Nutzen eines Reisebüros/Reisevermittlers sorgfältig abzuwägen, werden die Agenturverhältnisse nach bestimmten und/oder besonderen Kriterien vergeben. Hier ist jedoch auch die Tatsache mit einzubeziehen, ob der jeweilige Reiseveranstalter eher die generelle oder die selektive Vertriebsmethode bevorzugt und welcher er den Vorrang gibt.

Mögliche Kriterien/Voraussetzungen (beispielsweise) für die Erteilung einer Agentur durch einen Reiseveranstalter können sein:

* Agenturfragebogen mit Fotos der Betriebsräume,
* Repräsentativität und Ausstattung der Geschäftsräume,
* Nachweis der Qualifikation des Betreibers und der Mitarbeiter,
* Bereitschaft, die Mitarbeiter ein bis zweimal im Jahr auf Schulungen oder Informationsreisen zu schicken,
* Einzugsgebiet und die Nachbarschaft des Reisebüros/Reisevermittlers,
* Erreichung von Mindestumsätzen,
* jährliche Umsatz- bzw. Teilnehmersteigerungen,
* Anbindung an ein bestimmtes Reservierungssystem,
* Rechtsform/Unternehmensform,
* Größe des Unternehmens,
* Bereitschaft Bürgschaften/Kautionen zu hinterlegen bzw. Vermögens-Schadens-Versicherungen und Forderungs-Ausfall-Versicherungen abzuschließen,
* Bonität und Referenzen,
* Lage und Standort,
* Zugehörigkeit zu einer Reisebürokooperation oder einer Franchiseorganisation,
* Anerkennung der jeweils gültigen Provisionsliste und der Inkasso-Regelungen.

2.4.1.2 Der Kauf eines Reisemittlers/Reisebüros

Eine weitere Möglichkeit des Markteintritts neben der Gründung eines Reisebüros/Reisemittlers ist der Kauf eines bestehenden Reisebüros. Im Prinzip gelten bei Kauf die gleichen Überlegungen wie bei der Gründung. Die Vor- und Nachteile dieser Art des Markteintrittes sind jedoch andere.

Vorteile bei Kauf eines Reisebüros:

* Übernahme eines Unternehmens, welches bereits im Markt bekannt und bewährt ist,
* Übernahme bestehender Verträge (jedoch nicht der Agenturverträge),
* Übernahme der Mitarbeiter als Ankerpunkt für die Kunden,
* Übernahme der Stammkunden bzw. der Kundendatei,
* Betrieb geht ohne Unterbrechung weiter.

Nachteile bei Kauf eines Reisebüros:

* die Investition (der Kaufpreis) kann ungleich höher sein als bei einem stetigen Aufbau durch eine Neugründung,

- der Kaufpreis muss i. d. R. bei Übernahme in voller Höhe bezahlt werden; schmälert bzw. belastet die Liquidität erheblich,
- der Kaufpreis kann zu hoch angesetzt worden sein – Käufer zahlt ggf. einen strategischen Preis,
- bestehende Kostenstrukturen können schwer optimiert bzw. verändert werden,
- die strategische Ausrichtung ist bereits durch den Vorbesitzer vorgegeben und nur sehr langsam veränderbar,
- Agenturverträge mit den Reiseveranstaltern werden nicht automatisch auf den neuen Besitzer/Inhaber übertragen, sondern müssen neu beantragt werden.

Grundsätzlich überwiegen bei Kauf die Nachteile, jedoch kann ein bestehendes Reisebüro auch aus strategischen Gründen, z. B. wegen der hervorragenden Lage erworben werden. Strategische Käufe werden i. d. R. von Reisebüroketten, Franchiseorganisationen oder Vertriebskooperationen getätigt, die eine Flächen deckende Vertriebspräsenz aufbauen wollen. Ebenso können sich Reiseveranstalter, die ihren Eigenvertrieb erweitern wollen, bereits bestehende und z. T. alt eingesessene Reisebüros kaufen, um den Vertrieb ihrer Produkte und Dienstleistungen schneller zu optimieren.

Die **Kaufpreisfindung** kann sich nach zwei Methoden berechnen:

- **Umsatzmethode**,
- **Gewinnmethode**.

Umsatzmethode; es wird der Umsatz der letzten fünf bis sieben Jahre gemittelt und davon werden ca. 5 % bis 10 % der Umsatzsumme als Kaufpreis angesetzt. Dieser Preis ist sodann die Basis für Verhandlungen. Problematisch bei dieser Methode ist die Tatsache, dass in Anbetracht einer Veräußerung die Umsätze ggf. mit branchenfremden Umsätzen „aufgehübscht" werden bzw. Umsätze dazu gekauft werden (z. B. durch befreundete Reisebüros), um einen möglichst hohen Verhandlungspreis zu erzielen.

Gewinnmethode; die Gewinne der letzten fünf bis sieben Jahre werden summiert und diese Summe wird als Kaufpreis angesetzt. Bei dieser Methode ist der angesetzte Kaufpreis i. d. R. niedriger als bei der Umsatzmethode, nicht zuletzt dadurch bedingt, dass die Umsatzrendite bei Reisemittler sehr gering ist (im Idealfall zwischen 0,5 % bis 1,5 %). Bei dieser Methode gilt es herauszufinden, ob und in welchem Umfang, z. B. gerade bei kleinen Unternehmen, der Anteil der „nicht bezahlten" Tätigkeit seitens des Inhabers oder seiner Familienangehörigen erfolgt ist. Wenn beispielsweise Familienangehörige Tätigkeiten wie z. B. Buchhaltung, Botendienste oder Reinigung der Betriebsräume ausführen, müssten dafür bei der Kaufpreisermittlung kalkulatorische Kosten angesetzt werden.

Ausgehend von dem angesetzten Kaufpreis (nach der Umsatz- oder Gewinnmethode) dienen als **Verhandlungsgrundlage** für die endgültige Kaufpreisfindung folgende Kriterien/Überlegungen:

- Verbindlichkeiten des Unternehmens mindern den Kaufpreis,
- Forderungen an Kunden erhöhen den Kaufpreis,
- Wert der Kundendatei auch nach der Übernahme,
- Laufzeit der Verträge (z. B. Mietvertrag, Leasingverträge, Versicherungsverträge),
- Möglichkeit, die Mitarbeiter zu übernehmen (was als Wettbewerbsvorteil bei einer optimalen Gehaltsstruktur anzusehen ist),

- keine Übernahme der Mitarbeiter, um die Kostenstruktur zu senken,
- Übernahmen von langfristigen Verbindlichkeiten und Aufwendungen,
- ob der Verkäufer sich weiter in der Reisevermittlung engagiert; die Gefahr, dass Kunden abgeworben werden ist nicht zu unterschätzen,
- Hilfestellung des Verkäufers bei der Beantragung bzw. Weiterführung der Agenturverhältnisse (manche Reiseveranstalter nutzen Inhaber- oder Geschäftsführerwechsel, um sich von Agenturen im Rahmen der Vertriebsoptimierung zu trennen),
- Bürgschaften, die abgelöst werden müssen,
- Übernahme von Soll-Ständen bei der Hausbank.

Letztendlich entscheidet sich durch die Finanzkraft des Investors/Käufers, seine Ziele, die mit dem Markteinstieg verfolgt werden, sowie durch seine langfristige Strategie, ob der Markteintritt durch Kauf eines bestehenden Reisebüros/Reisemittler oder durch eine Neugründung erfolgt.

Durch eine Neugründung vollzieht sich der Markteintritt langsamer; das Unternehmen wächst und bildet eine eigene Unternehmenspersönlichkeit. Es kann Fehlentwicklungen korrigieren und sich seinen Platz im Wettbewerb suchen. Durch den Kauf sind viele Tatbestände bereits vorgegeben. Der Übergang zwischen altem und neuem Inhaber/Unternehmen wird kaum von den Kunden beachtet.

2.4.2 Strategische Ausrichtung/Konsolidierung

Die strategische Ausrichtung eines Reisemittlers sowie die Konsolidierung können auf sehr unterschiedliche Arten einzeln oder nebeneinander erfolgen. Für ein Einzel- und/ oder Inhabergeführtes Reisebüro/Reisemittler können sich mehrere Optionen mit unterschiedlichem Bindungsgrad anbieten.

2.4.2.1 Beitritt zu einer Franchise-Organisation

Jedem Reisebürounternehmen/Reisemittler steht als strategische Option und bei Erfüllung bestimmter Umstände der Beitritt in eine Franchiseorganisation offen. Im Laufe der letzten zehn Jahre hat sich diese Vertriebs- und Marketingform in der vermittelnden Touristik stark verbreitet und etabliert. Der Reisemittler/das Reisebüro kann grundsätzlich in beschränktem Maße zwischen einem horizontalen oder einem vertikalen Franchisemodell wählen.

Horizontales Franchising bedeutet der Beitritt zu einer Franchiseorganisation, die ihr etabliertes Reisemittler- bzw. Reisebürokonzept in der Fläche zu verbreiten strebt. Der Franchise-Geber ist somit auch nur „Reisemittler" und gehört keinem Leistungsträger, z. B. einem Reiseveranstalter oder Fluggesellschaft. Es gibt keine Interessenskonflikte zwischen der produzierenden und der vermittelten Tätigkeit des Franchise-Gebers. Es ist aus Sicht des Reisemittlers mit einem Optimum an Leistungen seitens des Franchisegebers zu rechnen, da der Erfolg des einzelnen Franchise-Nehmers auch der Erfolg des Franchise-Gebers ist.

Vertikales Franchising bedeutet, der Reisemittler wird Franchise-Nehmer einer Franchiseorganisation, die i. d. R. einem Leistungsträger gehört und welche in dieser Marketing- und Vertriebsform eine Ergänzung des Vertriebs im stationären Eigenvertrieb sieht.

Grundsätzliche Vorteile und Nachteile des Franchisesystems bzw. durch den Beitritt zu einer Franchiseorganisation können nach den Angaben des *Deutschen Reisemittler- und Veranstalterverbandes (DRV)* für Franchise-Nehmer und Franchise-Geber Folgende sein:

Vorteile und Chancen für Franchise-Nehmer:

- entschieden schnellerer Marktzugang sowie geringeres Risiko der Selbstständigkeit,
- umfangreiche Hilfestellungen bei dem Schritt in die Selbstständigkeit, z. B. durch Marktforschung und Standortanalysen, Hilfestellung bei Kreditgebern,
- Franchisenehmer bekommt ein schlüsselfertiges Reisebüro obendrein professionell und funktionell ausgestattet,
- langfristig bessere Verdienst- und Renditemöglichkeiten des Franchise-Nehmers durch die Zugehörigkeit an einer rentablen Unternehmens- bzw. Franchiseorganisation,
- bewährtes und akzeptiertes Sortiment bei den Kunden,
- Übernahme von Tätigkeiten/Funktionen, z. B. Rechnungswesen, Buchhaltung, Steuer durch die Zentrale der Franchiseorganisation,
- Gebrauch eines geschützten und i. d. R. bekannten Markennamens sowie das Profitieren vom Image und der Marktpräsenz der Franchiseorganisation,
- Vorteile durch gepoolten Einkauf, Werbung und Marketing,
- aktuelles Know-how, Schulung und Qualifikation der Mitarbeiter,
- besseres Kredit-Rating bei den Kredit gebenden Banken.

Nachteile/Risiken des Franchise-Systems für Franchise-Nehmer:

- Aufgabe der rechtlichen oder wirtschaftlichen Selbstständigkeit,
- Koordinierungs- und Zeitaufwand für gemeinschaftliche Aktivitäten,
- unterschiedliche und nicht harmonierende Partnerschaft bzw. Unternehmenskulturen.

Vorteile und Chancen für Franchise-Geber:

- schnellere Markterschließung und dadurch sehr schneller Absatz der Produkte und Dienstleistungen,
- Sozialisierung der Kosten für Investitionen – diese werden von den Franchise-Nehmern aufgebracht,
- Franchisenehmer sind i. d. R. engagierte, motivierte und willige Unternehmer,
- durch stetiges Wachstum der Standorte ergeben sich Fixkostendegressionseffekte,
- Einkaufsvorteile durch Sammelbestellungen,
- Erhöhung der Marketing- und Verkaufspotenziale.

Die Franchiseorganisation als rechtliches Dauerschuldverhältnis kennt den Franchise-Geber und den Franchise-Nehmer als Partner, die einvernehmlich zusammenarbeiten müssen. In diesem Vertragsverhältnis wird für beide Parteien eine Win-Win-Situation angestrebt; dadurch muss jeder Partner seinen Beitrag leisten.

Die Leistungen, die ein neu gegründetes Reisebüro/Reisemittler vom Franchise-Geber bezieht, sind bzw. können laut *Deutscher Reisemittler- und Reiseveranstalterverband (DRV)* sein:

- Nutzungsrechte an der Marke bzw. dem Corporate Design in der Außendarstellung,
- Bereitstellung eines schlüsselfertigen Reisebüros – mit einer kompletten Betriebsausstattung,
- höhere durchschnittliche Provisionen bei den einzelnen Leistungsträgern durch Gruppenagenturverträge und gezielte Sortimentssteuerung,
- Bereitstellung von systemspezifischem Know-how, juristische und betriebswirtschaftliche Informationen, Vertriebskonzepte und -methoden sowie Prozessabläufe,
- Durchführung gemeinsamer Werbe- und Verkaufsförderaktionen,
- Übernahme zentralisierungsfähiger Funktionen wie z. B. Abrechnung mit den Leistungsträgern, Auswertungen, Finanzbuchhaltung,
- ggf. Gebietsschutz für die Franchise-Nehmer,
- exklusive Veranstalterprodukte nur für die Franchise-Nehmer,
- Bereitstellung von Reservierungssystemen und bestimmte Anwendungen exklusiv für die Franchise-Nehmer und diese zu Sonderkonditionen.

Der Franchisenehmer muss im Gegenzug bereit sein, folgende Leistungen zu erbringen:

- Bezahlung der Eintrittsgebühr oder Aufnahmegebühr; diese kann je nach Umfang der in Anspruch genommenen Leistungen bei Geschäftseröffnung zwischen 25.000 € bis 200.000 € betragen. Alternativ kann/muss (je nach Ausprägung) der Franchise-Nehmer sich auch am Stammkapital der Franchiseorganisation beteiligen.
- Laufende, i. d. R. jährliche Franchisegebühr; diese kann sich in der Größenordnung zwischen 0,2 % bis 0,8 % vom Umsatz bewegen. Wahlweise kann auch ein Festbetrag p. a. gewählt werden.
- Zahlung der Marketing- und sonstigen Umlagen; diese werden in einem Prozentsatz vom Umsatz berechnet.
- Ausstattung der Räumlichkeiten und Außendarstellung gemäß den Richtlinien des Franchise-Gebers.
- Einhaltung der Sortiments- und Umsatzvorgaben des Franchisegebers.
- Erfüllung aller vom Franchise-Geber verlangten Vorgaben, z. B. Lizenzen, Mindestumsätze, Lage und Standort, Qualifikation der Mitarbeiter, IT-Ausstattung sowie eine nachhaltig positive Liquidität.

Abschließend sollte genau abgewogen werden, ob dieses Modell für eine Neugründung bzw. auch für ein bestehendes Unternehmen eine strategische Option darstellt. Denn die Vertragslaufzeiten sind i. d. R. lang (zwischen fünf und mehr Jahren) und mit sehr eingeschränkten Kündigungsmöglichkeiten. Unternehmen bzw. Unternehmer, die eine langfristige Zukunftssicherung und eine stetige Verbesserung der Wirtschaftlichkeit bei eingeschränkten Entscheidungs- und Entfaltungsmöglichkeiten anstreben, sei dieser Weg empfohlen. Unangepasste Unternehmer mit dem Drang, stets etwas Neues auszuprobieren, werden aufgrund der vielen Restriktionen und Vorgaben seitens der Franchisezentralen kein glückliches Dasein als selbstständige Reisemittler führen.

2.4.2.2 Beitritt zu einer Kooperation

Auch der Beitritt eines neu gegründeten aber auch eines bereits bestehenden Reisebüros/Reisemittler in eine der vielen Reisebürokooperationen stellt eine strategische Option für den langfristigen Erhalt und eine bessere Wirtschaftlichkeit der Unternehmung dar. Im Gegensatz zu den Franchiseorganisationen ist die Zusammenarbeit bzw. die Zugehörigkeit von einer geringeren Bindung der Partner untereinander geprägt. Bei Eintritt in eine Kooperation muss der Reisemittler/Reisebüro mitnichten seine wirtschaftliche und/oder rechtliche Selbstständigkeit aufgeben. Die Bandbreite der Zusammenarbeit bzw. der Mitgliedschaft reicht von „Sammelvereinen für Provisionen" bis hin zu „strategischen Allianzen bzw. Partnerschaften". Durch einen mehr oder weniger hohen Steuerungsrad kann eine Kooperation eine kettenähnliche Struktur erreichen.

Die **Zielsetzung einer Reisebürokooperation** liegt vor allem in der:

- Stärkung des Reisemittlers/Reisebüros in seiner Funktion als Handelsvertreter und Beibehaltung des Status quo,
- Stärkung der Mitglieder, also des Reisebüros/Reisemittlers gegenüber den Einzel- und Gesamtleistungsträgern,
- Steigerung der Renditen, sowie auskömmliche Erlöse (Provision),
- Kostendegression durch Bündelung von Aktivitäten und Vermeidung von Mehrfachverrichtungen,
- gebündelter Einkauf,
- umfangreiche Hilfestellungen im Wettbewerb.

Durch die aktuelle Diskussion hinsichtlich des bevorstehenden Verlustes des Handelsvertreter-Status für Reisemittler/Reisebüros und der Tatsache, dass Reisebüros künftig die Rolle eines Händlers oder eines Maklers und damit einhergehende Risiken und Haftungen einnehmen sollen, versuchen die Reisebürokooperationen die Rolle des Reisemittlers als Handelsvertreter zu stärken und den Status quo beizubehalten.

Durch die stetigen Provisionskürzungen seitens der Leistungsträger einerseits und den andauernden Forderungen nach Steigerung der Umsätze und/oder der Teilnehmer kommt ein Reisemittler/Reisebüro in die Lage, nicht mehr kundenorientiert, sondern produzentenorientiert anzubieten und zu vermitteln.

Durch die Mitgliedschaft in einer Reisebürokooperation, die ihrerseits wiederum u. a. Sammelagenturverträge mit den Leistungsträgern vereinbart hat, ist der Druck hinsichtlich der Steigerung von Umsatz und Teilnehmer zwar nach wie vor für die Reisemittler/Reisebüros gegeben, die Erlössituation ist jedoch um einiges entspannter, d. h. durch das Einkaufsvolumen der gesamten Kooperation sind die Provisionssätze höher als bei einem nicht zu einer Kooperation gehörendem Reisebüro. Andererseits kann eine Kooperation, die die Interessen mehrerer hundert, manchmal sogar tausend Reisemittler/Reisebüros vertritt, andere Konditionen mit den Leistungsträgern vereinbaren, als Nicht-Kooperations-Reisebüros.

Kostendegressionen werden dadurch erreicht, dass bestimmte routine- und repetitive Tätigkeiten und Funktionen nicht mehr einzeln von den Reisemittler/Reisebüros erledigt werden, sondern von den Zentralen der Reisebürokooperationen zu einem geringen

Entgelt angeboten werden. Dies bedeutet, dass der Reisebüromitarbeiter aber auch die Geschäftsleitung sich ausschließlich auf den Vertrieb bzw. den Verkauf und somit auf Tätigkeiten, die Erträge und Erlöse generieren, konzentrieren kann. Ebenso können Kostenreduktionen durch den gebündelten Einkauf von Material und Bestellungen sowie Lizenzen für Software und Reservierungsanwendungen günstiger über die Kooperationen bestellt werden.

Aus diesem Verständnis über Reisebürokooperationen lassen sich die Felder, oder besser die **Kooperationsfelder einer Reisebürokooperation** wie folgt definieren:

* gemeinsamer Einkauf, z. B. von Betriebsmitteln, Beförderungsleistungen, Reiseleistungen, Lizenzen,
* gemeinsame und einheitliche Werbung, z. B. durch einheitliche Aktionen,
* optimale Sortiments- und Vertriebsteuerung, z. B. vorgegebene Auswahl von Reiseveranstaltern und Einzelleistungsträgern,
* exklusive Veranstaltung von Reisen nur für die Kooperations-Mitglieder,
* Administration und zentrale Dienste, z. B. Buchhaltung, Abrechnung, Unterlagen- und Katalogversand,
* Betriebs- und finanzwirtschaftliche Beratung der Mitglieder, z. B. um die Erträge zu steigern oder die Kosten zu optimieren.

Reisebürokooperationen sind so stark wie die Summe, das Potenzial und die Fähigkeiten der Mitglieder. An die Mitgliedschaft sind Bedingungen geknüpft, die ein an der Mitgliedschaft in einer Kooperation interessiertes Reisebüro/Reisemittler erfüllen muss bzw. den Erfüllungsgrad in Zukunft glaubhaft machen muss. Je nach Zielsetzung und Integrationsgrad können diese Aufnahmebedingungen sehr restriktiv oder sehr kulant sein. Manche Kooperationen begnügen sich mit geringen Verwaltungsentgelten seitens der Mitglieder und verhelfen diesen lediglich ihre Einnahmeseite zu verbessern. Andere Kooperationen haben bisweilen konzernähnliche Strukturen, bieten dem einzelnen Mitglied ein sehr breites Spektrum an Leistungen an, verlangen jedoch im Gegenzug auf die stringente Inanspruchnahme der vorgehaltenen Leistungen eine Gebühr; sie verstehen sich als Rundum-Dienstleister.

Eine Auswahl möglicher **Aufnahmebedingungen in eine Reisebürokooperation** können Folgende sein:

* Lage, Standort und Größe der Betriebsräume,
* Rechts- und Unternehmensform,
* Art des Reisebüros/Reisemittlers,
* Ausstattung der Betriebsräume,
* Vorhandensein bestimmter Reservierungssysteme, IT-Systeme,
* bestehende Agenturverhältnisse mit bestimmten Einzel- und Gesamtleistungsträgern,
* Qualifikation der Mitarbeiter,
* nachhaltig positives Betriebsergebnis,
* Bereitschaft zur Zusammenarbeit,
* gemeinschaftliche Aktionen der Kooperation mitzutragen und zu unterstützen,
* Bereitschaft zu einem von der Zentrale vorgegebenem Sortiment,
* Bereitschaft bzw. Verpflichtung, bestimmte Leistungen ausschließlich bei der Zentrale der Kooperation zu kaufen.

Reisebüros/Reisemittler, die sich einer Kooperation anschließen oder beitreten, verfolgen damit primär das Ziel, sich für den Wettbewerb besser zu rüsten und von dem Know-how anderer Mitbewerber zu profitieren und sich durch die Größe einer solchen Kooperation eine bessere Überlebenschance im Markt zu sichern. Darüber hinaus ist mit dem Beitritt in eine solche Kooperation immer ein sprunghafter Qualitätsanstieg durch z. B. Vereinheitlichung, Kontrolle, Konditionen, Professionalität gewährleistet.

Kooperationen sind mittlerweile zu personalintensiven Organisationen mit umfänglichen Dienstleistungen angewachsen. Ein gewaltiger Apparat, der auch finanziert werden muss. Kooperationen können sich über mehrere Modelle finanzieren. Folgende **Einnahmequellen** tragen zur Finanzierung **von Kooperationen**, wenn auch in einer unterschiedlichen Kombination, bei:

- Aufnahmegebühren oder zinslose Darlehen neuer Mitglieder,
- prozentuale Umsatzbeteiligung, die monatlich oder jährlich abgerechnet wird,
- Kapitaleinlagen bei Beteiligungsmodellen wie z. B. einer GmbH,
- eigene Dienstleistungen, die die Kooperation anbietet (Ticketabteilungen, Consolidator, eigene Pauschalreisen, Städte- und Geschäftsreisenprogramme),
- Umlagen für gemeinsames Marketing; Werbung, Mailings, Verkaufsförderungsaktionen,
- Erlöse aus der Differenz zwischen der vom Veranstalter erhaltenen Provision und der an die Reisemittler weitergereichten Provision, wobei ein Kooperationsmitglied hier im Durchschnitt immer noch eine bessere Erlössituation aufweist als ein Nicht-Kooperations-Mitglied.

2.4.2.3 Veräußerung eines Reisebüros/Reisemittlers

Eine weitere Option der Konsolidierung, insbesondere bei schlecht verlaufender Geschäftssituation, ist die Liquidation oder der Verkauf des Reisebüros/Reisemittlers. Gründe für den Verkauf können sein:

- negative Rendite mit der Aussicht auf Verschuldung,
- Überschuldung,
- veränderte Wettbewerbs- und Umfeldsituation,
- Änderung bzw. Wegfall des Handelsvertreter-Status,
- persönliche Gründe.

Bedingt durch die niedrigen Markteintrittsbarrieren sind die Marktaustrittsbarrieren auch als niedrig einzustufen. Der Verkauf kann ohne weiteres vom Inhaber/Geschäftsführer selbst eingeleitet werden. Bei Publikumsgesellschaften sind die Interessen der Gesellschafter/Aktionäre zu berücksichtigen, bei Personengesellschaften in geringem Umfang ebenfalls. Reisemittler/Reisebüros verfügen über nahezu kein Anlage- und Umlaufvermögen. Die einzigen Problempunkte könnten in der Verkaufsphase langfristige Dauerschuldverhältnisse (z. B. Leasing, Versicherungen, Lizenzen und ggf. Bürgschaften) sein.

Die Bestimmung des Verkaufspreises kann nach der Umsatz- oder der Gewinnmethode vorgenommen werden. Dennoch ist es problematisch, den Kaufpreis für ein Reisebüro/ Reisemittler festzusetzen, da es schwierig ist, das Kaufobjekt zu definieren. Anlage- und Umlaufvermögen ist i. d. R. keines vorhanden, Betriebsmittel sind abgeschrieben oder geleast, bestimmte Vertragsverhältnisse, wie z. B. Agenturverträge oder Mietverträge, sind von den Vertragspartnern bei Geschäftsaufgabe kündbar und gehen nicht automatisch an den Käufer über. Als Kaufobjekt bleibt somit der Name, die Kundendatei und ggf. der Firmenmantel (die Rechtsform).

Als Käufer von Reisemittlern/Reisebüros kommen Filialsysteme bzw. Reisebüroketten, die ggf. nur an dem Standort liegen und der Tatsache, dass an diesem Standort bereits ein Reisebüro betrieben wurde, infrage. Ferner können andere Vertriebsorganisationen wie z. B. Franchiseorganisationen oder Reisebürokooperationen an einem bestehenden Reisebüro Interesse haben, i. d. R. auch wegen des Standortes oder/und der Lage. Diese sind oftmals in der Lage, den geforderten Verkaufspreis oder sogar einen „strategischen", also einen überhöhten Verkaufspreis, zu bezahlen. Andere potenzielle Interessenten können Quereinsteiger und Branchenmitarbeiter sein, die den Weg in die Selbstständigkeit wagen wollen.

2.4.3 Liquiditätsplanung der Reisemittler und Verhandlungen mit den Banken

Reisemittler gelten als chronisch unterfinanzierte Unternehmen mit extremen Liquiditätsproblemen. Diese beruhen hauptsächlich auf den niedrigen Markteintrittsbarrieren. Oftmals wird das Reisebüro als eine Personengesellschaft (Inhaber) oder als eine Kapitalgesellschaft, i. d. R. eine GmbH mit der Mindesteinlage von 25.000,00 € gegründet. Dieses Kapital wird meist unzulässigerweise für Investitionen in Einrichtung und Ausstattung verbraucht. Aufgrund der nicht mehr vorhandenen Liquidität bedingt durch laufende Auszahlungen geraten Reisebüros oftmals in eine Liquiditätsfalle; sie können den laufenden Betrieb nicht mehr finanzieren.

Die klassischen **Liquiditätsfallen** eines Reisebüros können ausgelöst werden durch:

• Umsatzsteuer,
• Steuern (Nachzahlungen und Vorauszahlungen),
• Lohnsteuer,
• Sozialversicherungen,
• Bonus- und Sonderzahlungen,
• Provisionsrückforderungen.

Hinzu kommt die Tatsache, dass jeder ein Reisebüro eröffnen darf. Es werden keine fachlichen und persönlichen Qualifikationen und Kompetenzen seitens des Gesetzgebers verlangt.

Die Liquidität ist Teil der unternehmerischen Gesamtplanung, sie ist zukunftsbezogen und wird auf Wochen, Monate oder Jahre im Voraus in einem rollierenden Verfahren festgelegt.

Liquidität ist die vorausschauende Gegenüberstellung von Einzahlungen und Auszahlungen zur Sicherstellung der Zahlungsfähigkeit des Unternehmens zu jedem Zeitpunkt. Liquidität geht vor Rentabilität.

Die Liquiditätsplanung ist die letzte Phase im Rahmen der operativen Planung eines Reisebüros. Die Reihenfolge bzw. die Schritte sollten sein:

1.	Schritt:	**Operative Planung**
2.	Schritt:	**Plan-Ergebnis-Rechnung**
3.	Schritt:	**Plan-Bilanz**
4.	Schritt:	**Plan-Mittelherkunfts- und Verwendungsrechnung**
5.	Schritt:	**Liquiditätsplanung**

Tab. B.2.4: Sinnvolle Schritte im Rahmen der operativen Planung
Quelle: in Anlehnung an Turan, 2003

Voraussetzungen für eine **optimale Liquiditätsplanung** im Reisebüro sind:

* zeitnahe und aktuelle Buchhaltung,
* relative Planungssicherheit bei den Ein- und Ausgaben,
* regelmäßiger Soll/Ist-Vergleich,
* dauerhafte Fortschreibung der Planung.

Die Liquiditätsplanung gliedert sich in drei Phasen:

Phasen	Einzelmaßnahmen
Analyse-Phase	• Zahlungsströme der Vergangenheit • Debitoren- und • Kreditorenlaufzeiten • praktische Erfahrungen mit branchentypischen saisonalen Schwankungen
Planungs-Phase	• Erfassung aller Ein- und Auszahlungen aus dem Ertragsplan und der Investitionsplanung • alle Ein- und Auszahlungen auf monatlicher Basis für ein Jahr • Privatentnahmen bei Personengesellschaften müssen berücksichtigt werden • evtl. Kredittilgungen, Sonderzahlungen, Steuernachzahlungen, usw. einbeziehen • Kreditlinien und Kreditlimits erfassen
Kontroll-Phase	• regelmäßiger monatlicher Soll/Ist-Vergleich • Abweichungen analysieren • Entscheidungen treffen und ggf. gegensteuern • rollierende Weiterführung der Planung

Tab. B. 2.5: Phasen der Liquiditätsplanung
Quelle: in Anlehnung an Turan, 2003

Die **Vorteile**, die sich für ein Reisebüro aus einer **Liquiditätsplanung** ergeben, sind:

* finanzielle Sicherheit,
* rechtzeitige Reaktionsmöglichkeiten,
* Grundlage für Ziele,
* Grundlage für Entscheidungen,
* Basis für Bankengespräche.

Einflüsse auf die **laufende Liquidität** eines Reisebüros haben:

* Investitionen,

- Entnahmen (Personengesellschaften),
- Zahlungsverhalten der Kunden,
- Provisionsvereinbarungen bzw. Provisionsänderungen mit und durch den Reiseveranstalter,
- eigenes Zahlungsverhalten gegenüber den Gläubigern,
- Kredite,
- Leasingverhältnisse,
- Kostenreduktionen.

Das Reisebüro kann seine Liquidität verbessern durch:

- Bareinlage durch den Unternehmer oder/und Gesellschafter,
- Erhöhung des Kreditrahmens,
- Aufnahme von Beteiligungskapital,
- Vereinbarung von längeren Zahlungszielen,
- höhere Provisionsvorauszahlungen durch die Reiseveranstalter,
- spätere Verrechnung der Provisionsvorauszahlungen,
- Verkauf von Betriebsvermögen,
- besseres kurzfristiges Cash-Management.

Verhandlungen mit den Banken/Kreditgebern

Das derzeitige Verhalten der Banken und anderer Kreditgeber ist geprägt von starker Zurückhaltung, Desinteresse, Branchenunkenntnis, Unsicherheit und zu starkem, z. T. überzogenem Ertragsdenken. Die Umsatzrendite eines Reisebüros liegt mit 0,5 % bis 1,8 % am unteren Ende der einzelnen Branchen. Banken fragen bei der Vergabe von Krediten i. d. R. immer nach Sicherheiten, die ein Reisebüro i. d. R. nicht bieten kann, da kein Anlage- und Umlaufvermögen vorhanden ist und der Inhaber/Unternehmer auch nicht bereit ist, mit seinem Privatvermögen zu haften. Manche Banken vergeben überhaupt keine Kredite mehr an die Touristik, andere argumentieren mit der niedrigen Ertragskraft der Reisebüros. Die Gründe für das abwehrende Verhalten der Banken liegen in:

- hohen Kreditausfällen auch bei touristischen Unternehmen,
- Touristik hat einen Branchenmalus (aufgrund von Krisen in den Zielgebieten, Konjunktur u. v. m.),
- Restrukturierungs- und Konzentrationsprozessen im Bankenwesen,
- verstärktes Risikocontrolling,
- neue strategische Ausrichtung mancher Banken,
- Bestimmungen über die Kreditvergabe nach Basel II.

Gerade die Bestimmungen über die Kreditvergabe nach Basel II bereiten den Reisebüros enorme Probleme, da sie hohe Anforderungen an die Bonität des Kreditnehmers stellen, den Geschäftsplan stärker gewichten und die Eigenkapitalausstattung höher als 20 % bis 30 % sein muss (was kaum bei einem deutschen Unternehmen der Fall ist).

Um als Reisebüroinhaber/Unternehmer erfolgreiche Bankgespräche zu führen, bedarf es folgender Voraussetzungen:

Voraussetzungen/Schritte	Einzelmaßnahmen/Inhalte
Unterlagen und Informationen über das Reisebüro	• zeitnahe Bilanzen und GuV's • empfängerorientierte nachvollziehbare Aufbereitung der Zahlen • Darstellung der derzeitigen Marktsituation und Marktaussichten • Planungskonzept für die Zukunft • keine Phantasiezahlen und utopische Entwicklungen darstellen • Planbilanzen, Planertragsrechnungen, Liquiditätsplanungen • Darstellung der Controllinginstrumente
Verhalten des Reisebüro-inhabers/Unternehmers	• sicheres Auftreten • gepflegtes, aber nicht übertriebenes Äußeres • ruhiges Verhalten • keine Übertreibungen • nicht reagieren, sondern agieren
Präsentation des Reise-büroinhabers/Unterneh-mers	• Zusammenfassung aller Informationen • empfängerorientiert und nicht überladen • klar strukturiert und zielorientiert • keine Präsentation am Vormittag, am Montag oder am Freitag • Versuchen, die Entscheider an der Präsentation teilhaben zu lassen
Planungssicherheit signalisieren	• Zukunft muss aus der Vergangenheit nachvollziehbar sein • keine Jahresabschlüsse der Zukunft planen • Annahmen festhalten und dokumentieren • regelmäßige Plan-/Ist-Abweichungen vorlegen • Abweichungen plausibel erklären • Maßnahmen erklären • Forecasts erstellen
Pünktlichkeit der Information	• gemeinsame Informationszeiträume mit den Banken vereinbaren • rechtzeitig auf Veränderungen reagieren • pünktlich die vereinbarten Informationen liefern
Grundsätzliche Vorge-hensweise bei einer Liquiditätskrise	• Bestandsaufnahme • kurzfristige Liquiditätsplanung • Möglichkeiten der Kostenreduzierung prüfen • Hilfe von kompetenter Seite in Anspruch nehmen • Erfahrungsaustausch suchen • Probleme nicht „schön" reden • Krise gegenüber den Banken nicht vertuschen, nach Lösungen suchen • mit Gläubigern rechtzeitig sprechen • Zahlungsziele verlängern

Tab. B. 2.6: Schritte und Voraussetzungen für erfolgreiche Bankgespräche
Quelle: eigene Darstellung in Anlehnung an Turan, 2003

2.5 Wirtschaftliche Situationen der Reisemittler

„Reisebüros unter Druck": Diese Headline konnte in den vergangenen Jahren öfters mal in der Presse und auf Vorträgen der Branchenplattformen gelesen werden. Geraten Reisebüros unter Druck, so ist es die Aufgabe des Managements, die wirtschaftliche Basis des Unternehmens zu sichern. Um die Zukunft eines Reisebüros/Reisemittlers zu sichern, bedarf es einer Strategie zur Sicherung der Wirtschaftlichkeit.

2.5.1 Umweltfaktoren des Reisebüros/Reisemittlers

Zunächst einen Rückblick auf die letzten Jahre, die durch z. T. deutliche Nachfragerückgänge gekennzeichnet waren. Was waren/sind die Gründe für die Rückgänge?

Bei näherer und vergangenheitsbezogener Betrachtung, kann man Rückschlüsse auch auf die Zukunft ziehen. Gründe für Rückgänge, also eine rückläufige Nachfrage sind immer dieselben, lediglich die Gewichtung kann eine andere sein. Solche Gründe sind beispielsweise:

* Preissteigerungen aller Art,
* allgemein schlechte Wirtschaftslage,
* Marktsättigung und Reisemüdigkeit,
* Angst vor Anschlägen.

Weitere Gefahren können einem Reisebüro auch aus einer anderen Richtung, also nicht aus der Richtung der Nachfrager, drohen, so z. B. durch:

* stagnierende bzw. rezessive Konjunktur,
* Konkurrenzdruck,
* stärkere Präsenz der Leistungsträger im Internet,
* instabile Weltpolitik,
* Terroranschläge.

Strategien der Reisebüros/Reisemittler, diese Gefahren zu kompensieren, können u. a. sein:

* persönliche Beratung verbessern,
* Service deutlich verbessern,
* sich als Marke profilieren,
* viel mehr Werbung in eigener Sache machen.

Auch liegt es an den Aktivitäten der gesamten Reisebürobranche, wie sich künftig der Markt entwickeln wird.

2.5.2 Ausgabenseite der Reisemittler/Reisebüros

Die Ausgabenseite der Reisemittler/Reisebüros wird vor allem durch nachfolgende Kostenblöcke bestimmt. Der Anteil der einzelnen Kosten variiert von Betriebstyp zu Betriebstyp. Die angegebenen Werte sind als Circa-Werte zu verstehen, die sich letztendlich innerhalb einer bestimmten Bandbreite einpendeln können.

* **Personalkosten**   45 % bis 55 %
* **Raumkosten**   10 % bis 12 %
* **Kommunikations- und IT-Kosten**   8 % bis 12 %
* **Verwaltungskosten**   1 % bis 10 %
* **Werbe- und Marketingkosten**   1 % bis 4 %
* **Abschreibungen**   ca. 4 %
* **sonstige und kalkulatorische Kosten**   ca. 8 %

Die Umsatzrendite sollte idealer- und realistischerweise zwischen 1,5 % bis 3 % betragen. Allzu oft liegt sie im günstigsten Fall unter einem Prozent und im ungünstigsten Fall ist sie negativ, d. h. der Reisemittler/Reisebüro arbeitet nicht wirtschaftlich.

2.5.2.1 Personalkosten

Personalkosten sind bedingt veränderbare Kosten und sollten im Idealfall zwischen 45 % bis 55 % der Gesamtkosten eines Reisebüros nicht überschreiten. Es spricht nichts dagegen, dem einzelnen Mitarbeiter ein leistungsgerechtes und hohes Gehalt zu bezahlen, sofern der von diesem Mitarbeiter erwirtschaftete Deckungsbeitrag höher ist als die gesamten Lohn- und Lohnnebenkosten für diesen Mitarbeiter.

Personalkosten weisen eine sehr hohe Kostenremanenz aus. Die Personalproduktivität ist somit ein wesentlicher Erfolgsfaktor in einem Reisebüro.

Viel wichtiger jedoch erscheint jedoch bei den Personalkosten, die immer wieder als zu hoch bewertet werden, eine klare Differenzierung zwischen Lohn- und Arbeitskosten vorzunehmen.

Niedrige Lohn- und Arbeitskosten stellen im Wettbewerb keine mächtige und nachhaltig wirksame Waffe dar. Besser ist es einen Wettbewerbsvorteil durch Qualität, Kundenservice und Kundenorientierung, gute Beratung, schnelle Abwicklung, Reklamationsmanagement oder technische Führerschaft zu erlangen. Diese Stützen eines Wettbewerbsvorteils zu kopieren ist für Mitbewerber wesentlich schwieriger als nur Kosten abzubauen.

Individuelle Vergütungsanreize steigern nicht die Leistung, sondern untergraben den Leistungswillen des Einzelnen oder des Teams. Mitarbeiter arbeiten nicht nur für Geld, sondern auch für einen Sinn im Leben. Das Arbeitsklima, die Vertrauensbasis im Reisebüro und die Atmosphäre sind ebenso wichtige Motivationsfaktoren wie Geld. Lohn- und Arbeitskosten lassen sich auch durch eine bewusste und sinnvolle Personal-Einsatzplanung senken.

Optimaler Personaleinsatz muss der Wirtschaftlichkeit nicht widersprechen. Das Reisebüro sollte ein Service-Center im wahrsten Sinne des Wortes sein, z. B. durch:

* vier bis fünf Beratungsplätze, davon zwei für lange und beratungsintensive Kundengespräche,
* zwei Steh-Counter für Fahrkarten, Versicherungen, schnelle Auskünfte und Anfragen,
* ein Steh- oder Sitz-Counter für die Begrüßung der eintretenden Kunden, Katalogausgabe und Entlastung sowie deren Verteilung/Steuerung an die anderen Beratungsplätze,
* darüber hinaus sollte das Reisebüro über eine Selbstbedienungsecke, einer Sitzecke und zwei bis drei Automaten zur Gewinnung reisespezifischer Informationen verfügen; ein reger und zufriedener Kundenstrom wäre garantiert,
* eine stringente Wochen-, Monats- oder Jahrespersonaleinsatzplanung nach Tageszeit, würde hier für eine optimale personelle Abdeckung in den nachfragestarken Zeiten sorgen und nur drei bis dreieinhalb Arbeitsplätze benötigen.

2.5.2.2 Raumkosten

Raumkosten betragen laut Statistik ca. 10 % bis 12 % der Reisebürokosten und sind während eines laufenden Mietverhältnisses i. d. R. nicht veränderbar. Eine Veränderung dieser Position geht oftmals nur mit einem Standortwechsel einher und ist deshalb fragwürdig. Ferner sind die prozentualen Angaben zu den Mietkosten wenig aussagefähig, da die Lage und der Standort für die Geschäftstätigkeit oftmals für den Erfolg der Unternehmung ausschlaggebend ist. Ketten-, Franchiseorganisationen sowie Kooperationen aber auch Leistungsträger wählen oftmals aus Gründen der Präsenz und der Repräsentativität Geschäftsräume in Bestlagen/Citylagen der großen Städte und zahlen dafür einen Höchstmietzins. Dieser kann unter diesen Umständen 30 % bis 50 % der Kosten betragen. Andere Reisemittler/Reisebüros residieren in der eigenen Immobilie und setzen dafür einen kalkulatorischen Mietzins an, der z. B. aus fiskalischen und bilanztechnischen Gründen variieren kann.

2.5.2.3 IT- und Kommunikationskosten

IT- und Kommunikationskosten sind in hohem Maße veränderbare Kosten. Sie betragen i. d. R. zwischen 8 % bis 12 % und wären um die Hälfte reduzierbar, würde auf eine konsequente Nutzung vorhandener Technologie geachtet werden.

Diese Kosten ergeben sich aus der Investition und Bereithaltung der Hardware sowie den Lizenzgebühren für die Nutzung der benötigten Anwendungs-Software, z. B. GDS/CRS, andere Reservierungs- und Buchungssysteme. Eine Reduktion dieses Kostenblockes kann durch die geeignete Auswahl der Leistungsträger erreicht werden. So sollen nur Leistungsträger in das Sortiment aufgenommen werden, die über Reservierungs-Systeme buchbar sind (somit entfallen kostenintensive Telefonate für Anfragen und Buchungen) sowie dem Reisemittler/Reisebüro einen Bonus/Incentive für System-Buchungen bezahlen. Die Summe der Boni/Incentives kann dazu beitragen, die monatlichen Lizenzgebühren stark zu reduzieren (in der Theorie kann die monatliche Systemgebühr auch komplett amortisiert werden). Ansätze zur Reduzierung der Kommunikationskosten sind:

- möglichst hoher Anteil der Reiseveranstalter und Leistungsträger sollten über ein Reservierungssystem buchbar sein,
- Einschränkung aller Telefonate mit Reiseveranstalter und Leistungsträger,
- tarifgünstige Netze anwählen,
- laufend alle Mitarbeiter im Bereich Reservierungssysteme schulen,
- Arbeitsorganisation optimieren – eine falsche arbeitsorganisatorische Entscheidung hat möglicherweise mehrere Telekommunikationsvorgänge, z. B. Telefonate zur Folge,
- soviel wie möglich und vertretbar über Fax, Internet und E-Mail korrespondieren, da dieser Kommunikationsweg ein Bruchteil dessen kostet, was ein Telefonat kostet.

2.5.2.4 Kosten der Verwaltung/Administration

Dieser Kostenblock beträgt zwischen 1 % bis 10 %. Als Faustregel gilt: je kleiner die Unternehmenseinheit und je geringer der Umsatz desto höher sind die Kosten für Verwaltung/Administration. Durch Steigerung des Umsatzes und stetige Vergrößerung der Unternehmenseinheit tritt eine Kostendegression ein. Dadurch erklärt sich die Spannweite dieser Kosten.

Verwaltungskosten sind die Kosten, die am schnellsten und nachhaltigsten abgebaut bzw. reduziert werden. Anders als in der Industrie ist eine Kostenremanenz nicht in dem Maße gegeben. Mit 7 % im Durchschnitt liegen die Verwaltungskosten im Vergleich zu anderen Branchen relativ hoch. Möglichkeiten und Ansätze, die Verwaltungskosten zu reduzieren, sind:

* unsinnige und unnötige Statistiken, Listen, Planungsvorgänge zu unterlassen,
* alle Mitarbeiter sollen primär das tun, was Umsatz generiert und Tätigkeiten, die Ausgaben und Aufwendungen nachsichziehen, unterlassen,
* die einmalige Investition und Anpassung in Software für diverse Planungen (Urlaubsplanung, Schulungsplan, Info-Reise-Plan) kann über eine Terminierungssoftware hervorragend und kostengünstig sowie zeiteffektiv vorgenommen werden,
* Bereiche, die verwaltungsaufwändig sind, aus dem Unternehmen ausgliedern (z. B. Buchhaltung, Mailing-Versand) und an Unternehmen, die darauf spezialisiert sind und es deshalb kostengünstiger, schneller und professioneller erledigen, vergeben.

Jedoch kleine Reisebüros/Reisemittler scheitern gerade an diesen Kosten, da selbst diese Schritte nicht finanziert werden können und sie somit immer wettbewerbsunfähiger werden.

2.5.2.5 Kosten für Werbe- und Marketingaktivitäten

Kosten für Werbe- und Marketingaktivitäten betragen zwischen 1 % bis 4 % und sind beliebig veränderbar. Sie sollten jedoch nicht reduziert werden, sondern erhöht werden. Im heutigen Marktgeschehen, wo nahezu jedes Produkt und jede Dienstleistung austauschbar ist, gehört die Kommunikationspolitik mit der Werbung, die Verkaufsförderung und der Öffentlichkeitsarbeit sowie das gesamte Marketing zu überlebenswichtigen Maßnahmen einer erfolgreichen Geschäftspolitik. Werben im Kleinen kann genauso erfolgreich sein wie die Medienwerbung der Großkonzerne, kann aber preisgünstiger erfolgen.

2.5.2.6 Abschreibungen

Die Abschreibungen, ca. 4 % erfassen den Werteverzehr für materielle und immaterielle Gegenstände des Anlagevermögens, die nicht innerhalb einer Rechnungsperiode verbraucht werden. Neben mehreren Formen, Arten und Verfahren der Abschreibungen, sind die Ursachen für die Abschreibung Folgende:

* technisch bedingte Ursachen wie z. B. technischer oder natürlicher Verschleiß,
* wirtschaftlich bedingte Ursache wie z. B. Entwertung durch technischen Fortschritt, Preisänderung oder Fristablauf,
* zeitlich bedingte Ursache wie z. B. Fristablauf bei Lizenzen, Konzessionen und sonstige gewerbliche Schutzrechte.

Bei Reisebüros/Reisemittlern spielen Abschreibungen nur eine untergeordnete Rolle, da die bestehenden Büros entweder ihr Anlagevermögen (Büroeinrichtung, Computer, Firmenwagen) bereits abgeschrieben haben oder aber die Betriebsausstattung geleast haben.

2.5.2.7 Sonstige und kalkulatorische Kosten

Sonstige Kosten liegen bei ca. 8 % der Kosten und zählen zu Vertretungs-, Repräsentationskosten u. v. m. dazu. Dieser Kostenblock kann in hohem Maße durch folgende Maßnahmen verändert bzw. optimiert werden:

- Mitarbeiter von Verwaltungsaufgaben entlasten, d. h. Mitarbeiter soll sich auf die Beratung und den Verkauf konzentrieren,
- Rationalisierung von Verwaltungsvorgängen,
- durch IT-Einsatz das „papierlose Büro" verwirklichen,
- Tätigkeiten auslagern, Fremdaufträge erteilen.

2.5.3 Einnahmeseite der Reisemittler/Reisebüros

Die Einnahmeseite der Reisebüros/Reisemittler ergibt sich aus:

- Provisionserlöse durch Vermittlung von Produkten und Dienstleistungen der Einzel- und Gesamtleistungsträger, z. B. die Vermittlung von Pauschalreisen, Reiseversicherungen, Mietwagen und Beherbergungsleistungen,
- Handelsmarge aus Handelsgütern, z. B. der Verkauf von Reiseliteratur, Sprachführer und Reiseutensilien,
- Marge aus eigener Veranstaltung (Eigenveranstaltung) von Reisen,
- betriebsfremde Erlöse, z. B. Zinsen, Abgängen aus Anlagevermögen.

Wichtigste Kennzahl ist die Umsatz- bzw die Erlösrendite. Die Erlösrendite gibt an, wie viel Prozent von den Erlösen eines Reisebüros nach Abzug aller Kosten an Reingewinn vor Steuern bleibt. Nur größere Büros oder Büroorganisationen erreichen in der Regel eine angemessene Rendite.

Grundsätzlich lassen sich in Abhängigkeit der Umsätze folgende Aussagen treffen:

- bis zur Umsatzmarke 4 bis 5 Mio. € gilt: Je höher der Umsatz, desto höher die Rendite, die Erlöskurve weist einen progressiven oder einen linearen Verlauf auf,
- ab der Umsatzmarke 5 Mio. € und mehr nimmt die Erlöskurve einen degressiven Verlauf ein.

Umsatzgruppe	Umsatz- bzw. Erlösrendite
bis 1 Mio. €	- 5 % bis 0 %
1 bis 2 Mio. €	+ 0,3 %
2 bis 3 Mio. €	+ 0,7 %
3 bis 4 Mio. €	+ 1,0 %
über 4 Mio. €	+ 1,5 %

Tab. B. 2.7: Umsatzgruppe und Umsatzrendite eines Reisebüros
Quelle: eigene Darstellung

Die Erlösrendite ist als sehr gering einzustufen und weist eine entsprechend hohe Anfälligkeit bei Umsatzschwankungen aus. Die o. a. Werte stellen optimale Werte dar. Oftmals fällt die Erlösrendite noch geringer aus. Es ist offensichtlich, dass je kleiner das Reisebüro ist und je geringer der Umsatz ist, desto geringer ist die Erlösrendite.

2.5.3.1 Provisionserlöse aus der Vermittlung von Reiseveranstalterleistungen

Die Provisionssystematik bzw. die Vergütungssystematik für vermittelte Leistungen stellt sich für die Reisebüros/Reisemittler sehr unterschiedlich dar.

Die Provisionen und auch die vorgegebenen Mindestumsätze hängen sehr stark vom Reiseveranstaltertyp ab. Folgende Provisionsmerkmale lassen sich in Abhängigkeit des Reiseveranstaltertyps nach *Menekse* festlegen:

Reiseveranstalter-Typ	Provisionsmerkmale
„kleine" Reiseveranstalter	• geringe bis gar keine Mindestumsätze • i. d. R. hohe Basis- bzw. Grundprovisionen, z. B. zwischen 10 % bis 13 % • progressive Staffelprovisionen • Steuerungsprovisionen werden kaum angeboten • provisionsähnliche Leistungen sind die Informationsreisen für Reisebüro-/Reisemittler-Mitarbeiter
„mittelgroße" Reiseveranstalter	• Mindestumsätze in einer vertretbaren Höhe, z. B. zwischen 10.000 € und 25.000 € • Basisprovision i. d. R. bei ca. 7 % bis 9 %, bei Nichterreichung des Mindestumsatzes erfolgt eine Reduktion der Basisprovision um ein bis zwei Prozentpunkte • Provisionsanreiz-Systeme erfolgen durch retroaktive oder dynamische Staffelprovisionen • Steuerungsprovisionen werden mit Verkaufswettbewerben gekoppelt • sonstige provisionsähnliche Leistungen, z. B. CRS-/GDS-Boni, Werbekostenzuschüsse (WKZ), Mitarbeiterprämien, Informationsreisen
„große" Reiseveranstalter	• hohe Mindestumsätze, z. B. zwischen 50.000 € und 200.000 € • bei Nichterreichung der verlangten Mindestumsätze wird die Basisprovision, die bei ca. 5 % bis 7 % liegt, um ein bis zwei Prozentpunkte reduziert, bei starker negativer Abweichung vom geforderten Mindestumsatz kann auch das Agenturverhältnis gekündigt werden • Provisionsanreiz-Systeme erfolgen durch retroaktive und dynamische Staffelprovisionen • Steuerungsprovisionen werden in Form von Sonder- und Zusatzprovisionen ausgeschüttet • sonstige provisionsähnliche Leistungen, z. B. CRS/GDS-Boni, Werbekostenzuschüsse (WKZ), Mitarbeiterprämien, Informationsreisen

Tab. B. 2.8: Provisionsmerkmale nach Reiseveranstaltertyp
Quelle: in Anlehnung an Menekse, 1999

Die Provisionssystematiken der Großveranstalter gelten als die restriktivsten, jedoch kann es sich kein Reisebüro/Reisemittler leisten, auf einen Großveranstalter, der auch die Funktion eines Leitveranstalters einnimmt, zu verzichten. Großveranstalter können aufgrund ihrer hohen Marktdurchdringung und ihrem Image einen hohen Nachfragedruck bei Kunden erzeugen. Ebenso bieten sie dem Kunden und somit auch dem Reisebüro/ Reisemittler das umfassendste Leistungspaket (*Menekse*).

Die mittleren und kleinen Reiseveranstalter versuchen ihre Wettbewerbsnachteile, z. B. geringere Bekanntheit, Image, geringe Sortimentsbreite durch Anreize wie den Verzicht auf Mindestumsätze oder eben nur sehr geringe Mindestumsätze, hohe Basisprovisionen auszugleichen (*Menekse*).

Im Rahmen der Provisionssystematik kommt den **Mindestumsätzen** eine wichtige Rolle zu. Sie können in unterschiedlichen Ausprägungen und als Steuerungsfunktion für Umsätze und Provisionen eingesetzt werden. Mindestumsätze können festgelegt bzw. strukturiert werden nach:

- kein Mindestumsatz,
- fester Mindestumsatz für alle Reisemittler/Reisebüros im gesamten Verkaufsgebiet des Reiseveranstalters bzw. des Leistungsträgers,
- Mindestumsatz richtet sich nach der Zahl der Einwohner,
- Mindestumsatz richtet sich nach der Kaufkraft,
- Mindestumsatz richtet sich nach der Lage und dem Standort der jeweiligen Verkaufsstelle,
- Mindestumsatz richtet sich nach den Verkaufsgebieten und Abflughäfen der Reiseveranstalter,
- Mindestumsätze können sich nach weiteren und individuellen Kriterien der einzelnen Reiseveranstalter und Leistungsträger gestalten.

Die Festsetzung von Mindestumsätzen wird i. d. R. mit den Kosten für die Betreuung der Reisebüros / Reisemittler begründet. So trifft der Reiseveranstalter/Leistungsträger eine Vielzahl distributiver Verkaufsförderungsmaßnahmen die dem Reisebüro/Reisemittler bei der Beratung und dem Verkauf zugute kommen. Um dies kostendeckend zu ermöglichen, muss die Agentur eben einen Mindestumsatz erzielen. Zu den distributiven Verkaufsförderungsmaßnahmen gehören u. a.:

- Kataloge und Verkaufshilfen,
- Informationsreisen,
- Produkt- und Verkaufsschulungen,
- Werbe- und Marketingaktivitäten.

Nachfolgende Tabelle verdeutlicht die **Systematik der Reisebüroprovisionen** eines Reiseveranstalters. Die Tabelle zeigt grundsätzliche Möglichkeiten und Ausprägungen/ Ausgestaltungen von Provisionen auf.

Provisionsart	Ausprägung/Bemerkungen
Grund- oder Basis- provision	**Feste Grund- oder Basisprovisionen** • Euro-Betrag je Teilnehmer, z. B.30,00 € • Prozent-Satz vom Umsatz, z. B. 9,0 %
	Variable Grund- oder Basisprovisionen • Produktgruppe bzw. Produktabhängig, z. B. für Flugreisen 8,0 %, für Gruppenreisen 10,0 %, für Kreuzfahrten 12,0 % • Reise- und/oder Buchungstermin, z. B. 10,0 % für Frühbucher oder 13,0 % für einen weniger stark nachgefragten Reisetermin • Gruppengröße, z. B. bis 50 Teilnehmer: 10,0 %, ab 50 Teilnehmer: 11,0 % • Agenturstatus, z. B. bei Agenturinkasso 8,0 %, bei Reiseveranstalterinkasso 9,0 % • Agenturaufnahme 7,0 %, bei Erreichung des Mindestumsatzes im ersten Jahr rückwirkend 8,0 % • Komplementärabhängige Basisprovision, z. B. Reiseversicherungen 25,0 %, Mietwagen 15,0 %
Staffel- provision	**Umsatz-Staffelprovisionen** • Progressive Staffelprovision; sofortige Basisprovisionserhöhung auf den Mehrumsatz für das laufende Geschäftsjahr, z. B. Umsatz zwischen 100.000 € bis 200.000 €: 10,5 %, Umsatz zwischen 200.000 € bis 300.000 €: 11,0 % usw. • Retroaktive Staffelprovision; für das laufende Geschäftsjahr bei Erreichen der Staffel erfolgt eine rückwirkende Basisprovisionserhöhung auf den Gesamtumsatz • Dynamische Staffelprovision; der Provisionssatz bzw. die Provisionsstaffel richtet sich nach dem erzielten Gesamtumsatz des laufenden Jahres und gleichzeitig nach der prozentualen Veränderungsrate zum Vorjahr; dadurch kann zum einen eine erhöhte aber auch eine verminderte Basisprovision als Basis der Staffelrate gelten
Steuerungs- provisionen	• Sonderprovisionen (z. B. + 2,0 %) auf die Basisprovision, z. B. auf alle Reisetermine im Monat August • Sonderprovisionen (z. B. + 3,0 %) auf die Basisprovision, z. B. auf alle Buchungen im Monat April • Sonderprovision auf die Basisprovision für bestimmte Produkte, z. B. + 3,0 % für alle Kreuzfahrten • Sonderprovision / Zusatzprovision, z. B. nach Beendigung der Staffel wird ein Bonus in Höhe von z. B. + 1,0 % rückwirkend für alle Umsätze bezahlt • Leistungsprovisionen • Einkaufsprovisionen • Zeitbegrenzter Bonus • Kick-Backs (Bar-Rückzahlung)
Provisions- ähnliche Leistungen	• Prämien/Sonderprämien für Reisebüromitarbeiter, z. B. prozentuale Beteiligung am Umsatz, Freiflüge, Punktesystem, Informationsreisen • Beteiligung an den Kommunikationskosten, z. B. durch Boni und Incentives bei hoher Buchungsrate über die Buchungssysteme • Disagioübernahme bei Kreditkartenverkäufen durch den Leistungsträger • Werbekostenzuschüsse (WKZ) durch direkte Beteiligung an kundenbezogenen Verkaufsförderungsmaßnahmen oder prozentualer Anteil am Vorjahresumsatz (z. B. 0,5 %) • Provisionsanzahlungen zu Beginn eines neuen Geschäftsjahres, um die Liquidität der Reisebüros/Reisemittler zu stärken und anschließende Verrechnung mit der monatlichen Provisionszahlung • Provisionen oder Entgelte für eingenommene Storno- und Umbuchungsgebühren

Tab. B. 2.9: Provisionssystematik/Provisionsmerkmale
Quelle: in Anlehnung an Menekse, 1999

Möglichkeiten nicht-monetärer Verkaufsförderungsmaßnahmen durch die Leistungsträger an Reisemittler:

Maßnahmen zur Verbesserung des Wissenstandes	Verkaufsunterstützende Maßnahmen	Maßnahmen zur Verbesserung der betriebswirtschaftlichen Situation
• Informationsreisen • Produktschulungen • Informations-Veranstaltungen • Seminare	• Anschauungsmaterial • Rundschreiben • Vakanzlisten • Sonderangebote • Prospekte • Displaymaterial • Argumentationshilfen	• IT-Beratung • Anwenderfreundliche Reservierungssysteme • Kooperationen im Rahmen von Buchungs- und Reservierungssystemen

Tab. B. 2.10: Nicht-monetäre Verkaufsförderungsmaßnahmen
Quelle: in Anlehnung an Freyer/Pompl, o. J.

2.5.3.2 Erlöse aus sonstigen Geschäften

Neben der hauptsächlichen Einnahmequelle, den Erlösen aus der Vermittlung von Pauschal- und Individualreisen der Reiseveranstalter, verfügt der Reisemittler/Reisebüro noch über andere Einnahmequellen.

• Provisionen/Erlöse aus der Vermittlung von Reiseversicherungen (z. B. Reise-Rücktrittskosten-Versicherung, Reisekranken-Versicherung),
• Provisionen/Erlöse aus der Vermittlung von DER-Werten (z. B. Bahnfahrtscheine, Schifffahrtsscheine),
• Provisionen/Erlöse aus der Vermittlung von IATA-Flugscheinen und verwandte Leistungen,
• Provisionen/Erlöse aus der Vermittlung von Hotels, Mietwagen und sonstigen Dienstleistungen,
• Provisionen/Erlöse aus dem Verkauf von Konzert-, Musical-, Fußballeintrittskarten
• Entgelte aus Beratung, Serviceleistungen und Auskünften,
• Boni und Incentives bei Buchung von Leistungen über GDS/CRS,
• Margen aus der Kalkulation von eigenen Reisen (Eigenveranstaltung),
• Handelsmargen aus dem Verkauf von Reisezubehör, z. B. Koffer, Sonnencreme, Handtücher.

Abschließend betrachtet, sind die Chancen und Risiken hinsichtlich der Einnahmen für Reisebüros zukünftig folgendermaßen einzuschätzen (*fvw*). Mehr Einnahmen sind zu erwarten durch:

• **mehr Service**; gute Bezahlung für hervorragende Arbeit, denn Mehrwertdienste etwa in der Beratung oder im Einkauf werden extra in Rechnung gestellt,
• **neue Produkte**; wer exklusive Ware im Angebot hat (z. B. Eigenveranstaltung), kann auch exklusive Preise durchsetzen, am besten als Händler oder Makler,
• **schlanke Prozesse**; Ertragsoptimierung durch Einführung schlankerer Prozesse im Unternehmen und Outsourcing,
• **GDS-Alternativen**; Fluggesellschaften wollen schlanke Prozesse und fördern die Buchungen über GDS-Alternativen. Die GDS selbst müssen ihre Systemgebühren reduzieren.

2.6 Informations- und Reservierungssysteme im Reisebüro

Ein Reisemittler/Reisebüro kann unter konkurrierenden Informations- und Reservierungssystemen, z. B. Start/Amadeus, Galileo, Sabre, Worldspan für die tägliche Arbeit wählen. Die Wahl bzw. Entscheidung für ein System wird i. d. R. nach folgenden Kriterien getroffen:

- Installations- und Folgekosten, z. B. monatliche Miete oder Lizenzgebühren für die Nutzung des Systems,
- Funktionalität des Systems,
- Bediener- und Nutzerfreundlichkeit des Systems,
- Support- und Help-Desk,
- Höhe der Vergütungen für über das System abgeschlossene Transaktionen.

Der Aufgabenumfang eines solchen Systems muss weit reichend und somit auch multifunktional sein. Die Aufgaben, die mittels eines Systems erledigt werden müssen, sind (*Schulz*):

Bereiche	Aufgaben/Funktionen
Front-Office	• Informationsweitergabe; z. B. Auskünfte über Fahr- und Flugpläne, Informationen zu Ein- und Ausreisebestimmungen sowie über Länder, Versicherungsangebote und Gesundheit, Reiseangebote der Einzel- und Gesamtleistungsträger • Beratung; z. B. bedarfsgerechte Verbindungen, bedürfnisspezifische Angebote, optimale Reisewege und -zeiten • Reservierung; z. B. Buchung, Dokumentendruck, Vakanzüberprüfung, Rechnungsstellung, Inkasso
Mid-Office	• Marketing; z. B. Verwaltung von Kundendatenbanken, Statistiken, Durchführung von Mailingaktionen, Werbeerfolgskontrolle • Verkaufssteuerung; z. B. Übernahmen von Reiseveranstaltermodelle, Maximierung der Provisionen und Steuerung der Umsatzklassen • Verkaufsoptimierung; z. B. Einhaltung und Überwachung der Firmenrichtlinien, Buchungskontrolle
Back-Office	• Finanzbuchhaltung; z. B. Abgleiche mit dem Front-Office-Bereich, Anlagenbuchhaltung, Lohn- und Gehaltsabrechnung, Belegverwaltung und Belegarchivierung • Controlling; z. B. Managementinformationen, Planung und Kontrolle • Leistungsabrechnung; z. B. Leistungsträgerabrechnung, Schnittstelle zum Billing and Settlement Plan (BSP)

Tab. B. 2.11: Aufgaben und Funktionen des Front-, Mid- und Back-Office Bereichs
Quelle: in Anlehnung an Schulz, 1999

2.7 Prozessmanagement im Reisebüro

Das Prozessmanagement im Reisebüro befasst sich mit den kundenbezogenen Geschäftsprozessen und internen reisebürobezogenen Arbeitsabläufen/Geschäftsprozessen (*Heller*). Das Instrument für Prozessmanagement ist die Prozesskostenanalyse.

Die **Prozesskostenanalyse** untersucht die Prozesskosten der einzelnen Prozesse/Arbeitsschritte beispielsweise bei einer Flugbuchung, Buchung einer Pauschalreise oder einer Bahnreise. Sie basiert auf der Prozesskostenrechnung.

Die Prozesskostenrechnung ist ein Vollkostenrechnungssystem, mit dem inhaltlich berücksichtigt wird, dass die Produkte und Dienstleistungen unterschiedliche Tätigkeiten und Teilprozesse in Anspruch nehmen. Ziel der Prozesskostenanalyse ist es, Teilprozesse und Tätigkeiten unter dem Kostenaspekt zu optimieren und die Wettbewerbsfähigkeit zu stärken.

Im Einzelnen werden bei der Prozesskostenanalyse die an einem Prozess beteiligten Mitarbeiter, die Prozessvorgänge (z. B. Beratung, Buchung, Unterlagenerstellung) und Kosten, die damit verbunden sind, in eine Beziehung zueinander gesetzt. Das Ziel einer Prozesskostenanalyse ist es, Schwachstellen im Prozessablauf zu finden und Optimierungspotenziale zu erkennen, um eben die Kosten für den Prozess oder Vorgang zu senken.

Eine Unterscheidung der Prozesskosten kann wie folgt vorgenommen werden:

direkte Prozess-kosten	• Kosten, die direkt von einem Geschäftsprozess (z. B. Flugbuchung) verursacht werden • diesem Prozess direkt zugerechnet werden können (z. B. direkte Personalkosten, Kosten für die Datenverarbeitung und die Kommunikation)
indirekte Prozess-kosten	• sind nicht unmittelbar prozessabhängig, d. h. sie lassen sich nicht einzelnen Prozessen direkt zurechnen • im Wesentlichen sind es fixe Kosten (z. B. Gemeinkosten: Raumkosten und Werbekosten) und indirekte Personalkosten (z. B. Verwaltungs- und Reinigungspersonal) • diese Kosten werden im Umlageverfahren den Prozesskosten zugerechnet
beschäfti-gungs-abhängige Prozess-kosten	• werden bestimmt von der Art und der Verteilung der Tätigkeiten der Mitarbeiter im Reisebüro • sie sind abhängig von der Summe der direkten und indirekten Prozesskosten • werden bestimmt von dem prozentualen durchschnittlichen Zeitanteil, der auf unterschiedliche Tätigkeiten durch den Mitarbeiter entfällt; diese Verteilung könnte folgendermaßen aussehen: Zeit für Prozesse (ca. 47 %): Buchung, Auskunft, Stornierung, Bereitschaftszeit (ca. 38 %): Kapazitätsreserve, Erholungszeit, Rüstzeit, Zeit für Zusatztätigkeiten (ca. 15 %): Informationsbeschaffung, Büroorganisation, Postbearbeitung

Tab. B. 2.12: Prozesskosten
Quelle: eigene Darstellung

Die auf der Basis der Vollkosten ermittelten beschäftigungsabhängigen Prozesskosten errechnen sich aus den direkten und indirekten Prozesskosten, inklusive der Kosten für Zusatztätigkeiten und Bereitschaftszeit.

Nach einer Prozesskostenanalyse ergibt sich üblicherweise immer eine Möglichkeit, die Prozesskosten zu optimieren. Im Einzelfall sei jedoch zu prüfen, inwieweit solche Optimierungen sinnvoll und vor allem in der Interaktion mit den Kunden hilfreich und kundenfreundlich sind. Die Vorgehensweise einer Prozesskostenanalyse kann beispielhaft folgendermaßen dargestellt werden.

Beispiel: Buchungsanfrage eines Kunden für einen Linienflug von A nach B.

* Zunächst einmal wird dieser Prozess in Prozessabschnitte unterteilt und die jeweils benötigte Zeit in Sekunden für jeden Abschnitt erfasst.
* Die Zeit wird sodann in Geldeinheiten auf der Basis der Personal- und Gemeinkosten umgerechnet; verkürzt ausgedrückt: Zeit + Material = Geld.
* Analog werden sodann Verbesserungs- und Optimierungsvorschläge erarbeitet, die ebenfalls zeitlich festgehalten werden und mit den ersten (Ist-Werten) verglichen werden.
* Üblicherweise ergibt sich eine Zeitersparnis, die anschließend ebenfalls in Geldeinheiten umgerechnet wird und ein Einsparungspotenzial darstellt.
* Zu Grunde gelegt wird, dass jeder Prozessabschnitt im Vorfeld auch in Geldeinheiten definiert wurde; in unserem Fall wird die Minute mit 3,22 € angesetzt.

Annahme: Produktivitätssteigerung bei Nutzung mehrerer Instrumente zur Prozessoptimierung (z. B. schriftlicher Buchungseingang, Customer Profile, ETIX).

Prozessabschnitte	Standard-prozess in Sek.	Optimalpro-zess in Sek.	Zeit-differenz in Sek.	Kosten-ersparnis in €
1. Begrüßung	10	0	10	0,54
2. Prozess wieder aufnehmen	34	33	1	0,05
3. Buchungsdaten aufnehmen	47	0	47	2,52
4. Buchung vorbereiten	83	55	28	1,50
5. Kundendaten erfassen	25	22	3	0,16
6. Buchung durchführen	63	72	-9	-0,48
7. Buchung bestätigen	43	32	11	0,59
8. Klärung organisatorischer Fragen	47	0	47	2,52
9. Vorgang nachbearbeiten	19	16	3	0,16
10. Vorgang zur Wiedervorlage	23	23	0	0,00
11. Buchung aufrufen	14	18	- 4	- 0,21
12. Reiseplan drucken	11	0	11	0,59
13. Ausstellung Flugschein	95	49	46	2,52
14. Abrechnungsbeleg erstellen	57	37	20	1,07
15. Unterlagen zusammenstellen	8	7	1	0,05
16. Unterlagenversand	41	4	37	1,99
17. Vorgang ablegen	42	34	8	0,43
Kumuliert	**662**	**402**	**260**	**14,00**

Tab. B. 2.13: Prozesskostenanalyse
Quelle: in Anlehnung an Heller und Fried & Partner, 1999

Erläuterung

* bei den Prozessschritten 1, 3, 8 wird die Optimalprozesszeit durch die schriftliche Auftragserteilung durch den Kunden definiert,

- bei den Prozessschritten 2, 4, 5, 6, 7, 9, 10 wird das Optimum u. a. durch kombinierte schriftliche/mündliche Auftragsannahmen sowie durch die Nutzung der Customer Profile definiert,
- bei den Prozessschritten 11 bis 17 wird das Optimum über ETIX ohne Bestätigung mit Reiseplan per Fax definiert.

An diesem Beispiel ist die eingesparte Zeit (Zeitdifferenz) zwischen dem herkömmlichen Prozessschritt und dem optimierten Prozessschritt sowie die Einsparung in Euro zu erkennen.

Anwendungsbereiche, Sinnhaftigkeit und Problematiken der Prozesskostenanalyse

- in Bereichen mit einem hohen Technisierungsgrad und maschineller Fertigung sinnvoll und brauchbar,
- im Dienstleistungssektor sind manchmal Zweifel an der Umsetzbarkeit und Praktikabilität angebracht,
- Kundenkommunikation lässt sich im Regelfall nicht auf die Sekunde genau begrenzen,
- bisweilen wird vom Kunden erwartet, dass er bereits genau Kenntnis darüber hat, welche Verbindung er genau zu welchem Preis buchen will,
- Tätigkeiten, die eigentlich der Kunde von einem Reisebüro oder einem Firmendienst erwartet, muss er selber machen. Stellt sich sodann die Frage, wozu brauchen wir das Reisebüro oder den Reisemittler überhaupt noch,
- die Prozesskostenanalyse wird u. a. von den Leistungsträgern als Instrument genutzt, um die Provisionen für den Verkauf von Flugscheinen den Reisebüros gegenüber zu kürzen, mit der Begründung, bei Optimierung ihrer Teilprozesse würden die Kosten geringer und somit auch der Provisionsanspruch geringer.

2.8 Betriebswirtschaftliche Erfolgsfaktoren im Reisebüro

Der betriebswirtschaftliche Erfolg eines Reisemittlers lässt sich an folgenden Größen festmachen:

Betriebsergebnis	errechnet sich aus der Differenz zwischen sämtlichen Erlösen (Provisionen, Ticketgebühren und sonstigen Erlösen) und den Kosten eines Reisebüros
Liquidität	Bestand an liquiden Mittel am Ende der Periode = Anfangsbestand liquider Mittel (Kasse, Girokonto) + bevorstehende Einzahlungen einer Periode – bevorstehende Auszahlungen einer Periode; Liquidität muss > 0 sein, dann ausreichend
Kosten	Höhe der z. B. Personal-, Raum-, Kommunikations-, IT-, Werbungs-, Vertretungs- und sonstigen Kosten sowie Abschreibungen
Betriebsergebnis (BE)	Planung des BE anhand z. B. einer GAP-Analyse
Mitarbeiter	Produktivität der Mitarbeiter

Tab. B. 2.14: Messgrößen des betriebswirtschaftlichen Erfolgs
Quelle: eigene Darstellung

Bei Planabweichung bzgl. des Betriebsergebnisses ergeben sich folgende Reaktionsmöglichkeiten:

- **Steigerung der Erlöse** durch Marketing, Verkaufsschulungen, Verkaufssteuerung und konsequentes Erheben von Ticket- und Beratungsgebühren.
- **Vermeidung von Kosten** durch Personalabbau, Bildung von Einkaufsgemeinschaften, Abbau von Kundenrabatten.
- Bei einem Liquiditätsengpass ergeben sich folgende Reaktionen: **Steigerung der Einzahlung**, durch Kreditaufnahme und/oder Privateinlagen der Gesellschafter, **Vermeidung von Auszahlungen**, Verhandlung über längeres Zahlungsziel, Aufschiebung von Investitionen.

Die Herangehensweise zur Optimierung und deren Umsetzung werden in nachfolgender Tabelle aufgezeigt.

Schritte	Einzelmaßnahmen
Analyse des Büros auf den vier direkten Ebenen (Erlöse, Kosten, Einzahlungen und Auszahlungen)	• Welche Einzelposten fallen auf den vier Ebenen in welcher Höhe an (z. B. Personalkosten)? • Welche dieser Einzelposten können wir beeinflussen?
Erarbeitung von Maßnahmen	• Wodurch können die Einzelposten beeinflusst werden? • Priorisieren der Maßnahmen
Formulierung der Zielsetzungen	• Wie wirken sich die Maßnahmen auf die direkten und indirekten Reaktionsebenen aus (möglichst detaillierte Darstellung)? • Bis wann kann welche Wirkung erreicht werden? • Welche Widerstände/Probleme können auftauchen und wie können diese bewältigt werden?
Maßnahmendurchführung	• laufende Ergebniskontrolle und Abweichungsanalyse • Ist die erwartete Wirkung eingetreten? • Warum wurden Ziele nicht erreicht? • Können die Ursachen behoben werden?

Tab. B. 2.15: Herangehensweise zur Optimierung von Erlössteigerungen
Quelle: eigene Darstellung

Maßnahmen zur Erlössteigerungen können sein:

- **Marketing**; z. B. Kundenberatungstage, Stammkundenpflege, Sonderreisen, Kundenabende, Präsenz auf öffentlichen Veranstaltungen, Handzettelverteilung, Welcome-Back-Anrufe, Kundenfeedbacksysteme, Neukundengewinnung,
- **gezielte Verkaufssteuerung und Produktsteuerung**,
- **Mitarbeitermotivation und Verkaufsschulungen**,
- **Kostensenkung**
  - **Personalkosten**; z. B. Abbau von Resturlaub, unbezahlter Urlaub, Aussetzung der Zahlung von freiwilligen Sondervergütungen, Reduktion der Arbeitszeit, erfolgsorientierte Vergütung, Kurzarbeit, Abbau von Aushilfen, gemeinsame Nutzung von „Springer" zwischen mehreren Büros.
  - **Kostensenkung im Kommunikations- und IT-Bereich**; z. B. Nutzung billiger Vorwahlnummern, Wechsel der Telefongesellschaft, Kundenmitteilungen per E-Mail, Einholen der

Festnetznummern der Kunden (anstatt Mobilnummern), Nutzung kostenloser Servicenummern der wichtigsten Geschäftspartner, Überprüfung kostengünstiger Alternativen zum Internetprovider.

– **Sonstige Kosten**; z. B. Botengänge selbst erledigen, Gratifikationen an Kunden überprüfen, Einkaufsgemeinschaften mit anderen Reisebüros.

– **Raumkosten**; z. B. Nachverhandlung mit Vermieter (befristete Mietreduktion), Wechsel des Energieanbieters.

- **Maßnahmen zur Steigerung der Einzahlung**, z. B. Gespräche mit der Hausbank, Finanzhilfe vom Bund (Mittelstandsprogramme, KfW), Verbesserung des Mahnwesens und konsequente Mahnung der Schuldner, Verkauf nicht dringend benötigter Vermögensgegenstände (evtl. Sale-Lease-Back), Privateinlagen u. v. m.

- **Maßnahmen zur Vermeidung von Auszahlungen**, z. B. Gespräche mit der Hausbank, Verhandlung mit Geschäftspartnern über längeres Zahlungsziel, Ausnutzen von Zahlungsziel, Steuerstundung, Flexibilisierung der Arbeitszeit, Aufschiebung von Investitionen, Reduzierung der Privatentnahmen u. v. m.

- **Goldene Regeln in schwierigen Marktsituationen**, z. B. Ruhe bewahren, keine „Hau-Ruck-Maßnahmen" durchführen, Ergebnis- und Liquiditätsplanung mehrere Monate im Voraus planen (pessimistische Planung), Analyse des Büros auf Optimierungsmöglichkeiten (kurz- und mittelfristig), Geschäftsführer muss Optimismus zeigen und den Mitarbeitern ein Vorbild sein, Mitarbeiter am Optimierungsprozess beteiligen.

3. Verkehrsträger

Die Grundfunktion der Verkehrsunternehmen ist es, eine Beförderungs- bzw. eine Transportleistung zu erbringen. Beförderungsunternehmen können sich im Rahmen ihres Angebotes an einer regelmäßigen, öffentlichen und planmäßigen Linienbeförderung oder einer eher unplanmäßigen und bedarfsorientierten Gelegenheitsbeförderung (touristischer Verkehr) ausrichten. Die generellen Vorteile des Linien- und mit Einschränkung auch des Gelegenheitsverkehrs gegenüber dem Individualverkehr bestehen in der Tatsache, dass diese (*Rudolph*):

- allen Personen zugänglich sind (Öffentlichkeit),
- keine besondere Nutzungsbefähigung voraussetzen,
- Sicherheit, Regelmäßigkeit und Zuverlässigkeit durch Planung und Organisation gewährleisten,
- umweltschonend durch niedrigere Umweltbelastung und Ressourceneinsparung sind,
- sinnvolle Nutzung der verfügbaren Frei- und Reisezeit ermöglichen,
- zur Reduzierung des Reiserisikos beitragen.

Verkehrsunternehmen, die diese Vorteile gegenüber dem Individualverkehr voll geltend machen wollen, müssen über folgende Erfolgspotenziale aus ihrer definierten Strategie verfügen (*Rudolph*):

- Flächenerschließung und optimale Verkehrsnetzstrukturen aufbauen,
- Nachfrage- und bedarfsgerechte Fahrplangestaltung,
- Komfort durch Innovation und Technik,
- Verbundeffekte durch Kooperationen und Allianzen.

Ebenso spielen die Organisationsstrukturen und Führungssysteme der Verkehrsträger bei der Umsetzung ihrer Ziele und Strategien eine wichtige Rolle.

Grundsätzlich können die **Strategievarianten von Verkehrsunternehmen** von Richtlinien zur Entwicklung geprägt sein. Verkehrsunternehmen streben i. d. R. folgende Strategien an (*Kaspar*):

- **qualitative Konzeptstrategien**, z. B. Flächenerschließung, Konzentration auf Hauptverkehrsströme, einheitliches Leistungsangebot, differenzierte Leistungspalette,
- **quantitative Konzeptstrategien**, z. B. durch Bedienungshäufigkeit, Größenklassen,
- **Wettbewerbsstrategien**, z. B. durch spezifische Alleinstellungsmerkmale (USP) wie Komfort, Service, Reisesicherheit,
- **Kooperationsstrategien**, z. B. durch Verbünde, Zusammenschlüsse, Kooperationsverträge, Gemeinschaftsunternehmen.

3.1 Flugverkehr

Der Flugverkehr entwickelt sich seit dem Ende der sechziger Jahre stetig fast zu einem „Massenverkehrsmittel" und ist für viele Menschen heute eine Selbstverständlichkeit. Dieses schnelle Wachstum hat u. a. folgende Hauptgründe (*Pompl*):

- technologische Entwicklung und dadurch bedingte Produktivitätssteigerungen,
- zunehmende internationale Vernetzung der Nationalstaaten und eine damit einhergehende gestiegene Nachfrage nach Geschäfts-, Urlaubs- und Frachtverkehr,
- steigende Einkommen und stetiger Freizeitzuwachs der Bevölkerung in den Industrieländern,
- weltweite Liberalisierung (Abbau politischer Restriktionen im grenzüberschreitenden Verkehr) des Flugverkehrs.

3.1.1 Ausgangssituation – der Luftverkehr im Spannungsfeld

Der Luftverkehr steht in einem permanentem Spannungsfeld zwischen:

- **allgemeinen Trends**, z. B. abnehmende Markentreue, zunehmende Informationsflut, steigende Komplexität des Markenumfeldes, Veränderung im Kaufverhalten und multioptionale Verbraucher (kurzfristig, direkt, keine eindeutigen Konsummuster), zunehmende Marketinginvestitionen der Mitbewerber,
- **Kunde**, z. B. Megatrend Individualität, gewandeltes Selbstbild des Kunden,
- **Kommunikation**, z. B. durch Informationsüberflutung, neue Medienlandschaft, Internet,
- **Technologie**, z. B. Entwicklungsdynamik in allen Bereichen, Vernetzung dezentraler Kontaktpunkte, Verarbeitung riesiger Datenmengen,
- **Wettbewerb**, z. B. Liberalisierung des europäischen Luftverkehrs, Allianzbildung.

Die derzeitige **Ausgangssituation** wird hauptsächlich von nachfolgenden Determinanten bestimmt:

- Nachfrage und Angebot bedingt durch berufliche und private Nachfrage; berufliche Nachfrage abhängig vom Bevölkerungswachstum, Sozialprodukt, Welthandel; private Nachfrage abhängig vom Freizeitzuwachs,
- Freizügigkeit im Reiseverkehr,
- technische Verfügbarkeit und Entwicklung,
- konkurrierende Kommunikationssysteme,
- Verfügbarkeit der Produktionsfaktoren,
- Einkommen und soziale Entwicklung,
- Flugpreise.

Derzeit bieten ca. 3.000 Fluggesellschaften weltweit ihre Dienste an. Diese können wie folgt systematisiert werden:

- **Netzcarrier/Netzgesellschaften** (z. B. in den Ausprägungen: nationale, multinationale oder private Gesellschaften),
- **Commuter- und Feeder-Gesellschaften**: Zu- und Abbringerdienste zu großen Drehkreuzen der etablierten Netzcarrier. Durch den Feeder-Verkehr werden Langstrecken-Flüge nach Übersee von einem Drehkreuz wie beispielsweise Frankfurt/Rhein-Main mit Passagieren aus dem ganzen Bundesgebiet gefüllt,
- **Regionale Gesellschaften**,
- **Low-Cost-Carrier**.

Einige Gesellschaften haben sich in globale Allianzen zusammengeschlossen:

- **Star Alliance** (Marktanteil ca. 24 %), z. B. Lufthansa (LH), United Airline (UA), Austrian Airlines (OS), Polish Airline (LO), Scandinavian Airline systems (SK), Singapore Airlines (SQ), South African Airlines (SA), Thai Airways Int. (TG) u. v. m.
- **One World** (Marktanteil ca. 17 %), z. B. American Airlines (AA), British Airways (BA), Cathay Pacific (CX), Qantas (QF), Iberia (IB) u. v. m.
- **Sky Team** (Marktanteil ca. 21 %): Air France (AF), Delta Airlines (DL), Alitalia (AZ), Czech Airlines (OK), Korean Air (KE), Continental Airlines (CO) u. v. m.

3.1.2 Allgemeine Aspekte des Luftverkehrs

In der Umsetzung des Abkommens von Chicago/USA aus dem Jahre 1944 definiert das LuftVG den Fluglinienverkehr in Linienverkehr und Gelegenheitsverkehr. Der Luftverkehr lässt sich nach Merkmalen und Kriterien systematisieren. Zunächst wird eine Abgrenzung nach dem Linien- und Gelegenheitsverkehr sowie gewerblicher und nicht-gewerblicher Flugverkehr vorgenommen. Die **Merkmale des Linienflugverkehrs** sind:

- Gewerbsmäßigkeit,
- Öffentlichkeit,
- Regelmäßigkeit,
- Linienbindung,
- Betriebspflicht,
- Beförderungspflicht,
- Tarifpflicht.

Die **Arten von Linienverkehr** sind:

- regionaler Linienverkehr,
- Commuter- und Feeder-Verkehr,
- Low-Cost-Verkehr,
- nationaler und internationaler Linienflugverkehr.

Die **Merkmale des Gelegenheitsverkehrs** sind:

- Gewerbsmäßigkeit,
- bedingte Öffentlichkeit und bedingte Regelmäßigkeit,
- keine Beförderungs- und Tarifpflicht,
- keine Linienbindung,
- bedingte Betriebspflicht.

Die **Arten des Gelegenheitsverkehrs** sind:

- Ferienflugverkehr (die bekannteste Ausprägung ist der Pauschalreiseverkehr oder Charterverkehr),
- Tramp- und Anforderungsverkehr nach dem „plan load concept" (z. B. NAC, Gastarbeiter-, Affinitätsgruppen-, Selbstbenutzer-, Special Event-, Studenten- und Militär-Charter),
- Bedarfsflugverkehr mit festen Flugzeiten,
- Rund-, Taxi- und Reklameflüge,
- nicht-gewerblicher Flugverkehr (Hilfsflüge).

Der Luftverkehr kann nach mehreren Kriterien und deren Erscheinungsformen systematisiert werden:

- **Transportobjekt**: Personen, Fracht und Post,
- **Teilnehmer**: militärischer und ziviler Flugverkehr,
- **Zugänglichkeit**: öffentlicher und privater Flugverkehr,
- **Wirtschaftliches Ziel**: gewerbliche und allgemeine Luftfahrt,
- **Verkehrsart**: Linien-, Bedarfs- und Gelegenheitsverkehr,
- **Streckenlänge**: Kurz-, Mittel- und Langstrecke,
- **Luftraum**: nationaler und grenzüberschreitender Luftverkehr,
- **Verkehrsgebiet**: regionaler, interregionaler, nationaler, kontinentaler und internkontinentaler Luftverkehr,
- **Luftfahrzeug:** Motor- und Segelflugzeuge, Hubschrauber, Luftschiffe, Ballons und Flugdrachen.

3.1.3 Das System Luftverkehr

Das System Luftverkehr wird aufrechterhalten durch eine Vielzahl von Akteuren. Diese sind:

- **Luftverkehrsverwaltung**,
- **Infrastrukturträger**,
- **Luftfahrtindustrie**,
- **Finanzierungsinstitutionen**,
- **Internationale Institutionen**,
- **Private Organisationen**.

Zu den **Luftverkehrsverwaltungen** im weiteren Sinne gehören:

- **Bundes- und Länderministerien**; im Einzelnen können dies die Ministerien für Wirtschaft, Verkehr, Finanzen, Arbeit und Umwelt sowohl auf Landes- als auch Bundesebene sein.
- **Genehmigungs- und Aufsichtsbehörden**; sie überwachen im Auftrag des Bundes oder der Länder die Infrastrukturträger und sorgen für eine reibungslose und unfallfreie Abwicklung des Flugverkehrs in Deutschland. Zu den wichtigsten Genehmigungs- und Aufsichtsbehörden zählen das Luftfahrtbundesamt (LBA) und die Flugsicherung Air-Traffic-Controll (ATC).

Die **Infrastrukturträger** bilden das Rückgrat der Airline-Industrie. Dazu gezählt werden:

- **Fluggesellschaften**,
- **Flughäfen**,
- **Handling-Agents**: Erfüllungsgehilfen, die im Auftrag der Fluggesellschaften und/oder der Flughäfen für den boden- und luftseitigen Bereich an den Flughäfen Tätigkeiten wie z. B. Check-In, Gepäckabfertigung, Push- und Betankungsdienste übernehmen
- **Zulieferer**, z. B. Catering, Reinigung, Mineralölgesellschaften,
- **Datennetze und Computer-Reservierungs-Systeme (CRS) bzw. Global-Distributions-Systems**, z. B. SITA, Amadeus, Galileo, Sabre, Worldspan. Über diese Systeme wird einerseits die Kommunikation zwischen den am Flugverkehr beteiligten

aufrechterhalten und andererseits dienen sie als Abwicklungs-, Absatz- und Vertriebs-kanal der Fluggesellschaften,

- **Wetterdienste**,
- **IT-Dienstleister**.

Die zur Luftfahrtindustrie gehörenden Unternehmen liefern die Hardware und Dienstleistungen. Die wichtigsten Unternehmen sind:

- **Hersteller von Fluggeräten** (Air Frame), z. B. Boeing, Airbus, Bombardier, Britisch Aerospace, Embraer, Saab,
- **Hersteller von Triebwerken**, z. B. Rolls Royce, General Electric, Pratt & Withney, GFM, GE/Honeywell,
- **Produzenten von Abwicklungseinrichtungen**,
- **Versicherungen**.

Die Rolle der Finanzierungsinstitutionen wird angesichts der groß angelegten Flottenerneuerungen vieler großer Fluggesellschaften, insbesondere der Fluggesellschaften aus den ehemaligen Ost-Block-Staaten aber auch durch viele Start-Ups im Low-Cost-Bereich immer wichtiger. Dazu gehören:

- **Banken und Leasingunternehmen**; insbesondere die Rolle der Leasing-Gesellschaften wie z. B. GECAS, ILFC, oder BAE Systems wird immer wichtiger,
- **Luftfahrtindustrie** als Finanzier und Kreditgeber,
- **Öffentliche Haushalte**, z. B. durch Subventionen oder Befreiung von Abgaben (Steuern, Gebühren), um den Standort attraktiv zu gestalten.

Internationale Institutionen und **Private Organisationen** sind i. d. R. Dach- und Fachverbände oder aber Branchenverbände, die die Interessen ihrer Mitglieder aber auch die der Kunden vertreten. Dazu gehören:

- **EU-Gremien**,
- **Dachverbände und Organisationen**, z. B. IATA, ICAO, AEA,
- **Verbraucherorganisationen**, z. B. IAPA,
- **Berufgruppenvertretungen**, z. B. Vereinigung Cockpit (VC), Unabhängige Flugbegleiter Organisation (UFO),
- **Tourismusorganisationen**, z. B. DRV Deutscher Reisebüro und Reiseveranstalter Verband.

3.1.4 Staatliche Luftverkehrspolitik

Unter staatlicher Luftverkehrspolitik versteht man die bewusste Gestaltung und Beeinflussung des Luftverkehrs durch den Staat, öffentlich-rechtliche und private Körperschaften zur Erreichung gesamtwirtschaftlicher Ziele. Der Bezugsrahmen staatlicher Luftverkehrspolitik als auch der Ziele, und damit rechtfertigt der Staat auch sein Eingreifen in den Luftverkehr, umfasst:

- übergeordnete politische und wirtschaftliche Ziele,
- die gesamtwirtschaftliche Situation,
- übergeordnete politische und wirtschaftliche Ziele der nationalen Luftverkehrspolitik,

- internationale Abkommen und die Luftverkehrspolitik der Partnerländer,
- Aktionsrahmen des Luftverkehrssystems,
- Sicherheit und Wirtschaftlichkeit, mindestens jedoch die Kostendeckung im Bereich Flugverkehr.

Die **Instrumente und Möglichkeiten**, mit denen ein Staat in den Flugverkehr eingreifen kann, sind:

- **finanzpolitische Instrumente,**
- **infrastrukturelle Instrumente,**
- **ordnungspolitische Instrumente,**
- **administrative Instrumente.**

Die finanzpolitischen Instrumente der Luftverkehrspolitik eines Staates können sein:

- Kapitalbeteiligungen an Luftverkehrsgesellschaften oder ganz allgemein an der Luftverkehrsindustrie (z. B. alle großen deutschen Verkehrsflughäfen sind in öffentlicher Hand); der Grund für Kapitalbeteiligungen kann in einer Arbeitsplatzsicherungsfunktion oder einer Imagefunktion bestehen,
- Subventionen der Luftfahrtindustrie (direkte oder indirekte Subventionen), Befreiung von Abgaben (Steuern und Beiträge), sowie die Vergabe von Aufträgen.

Im Zuge der verstärkten Einflussnahme durch die EU-Gremien wird dieses Instrument künftig keine so große Rolle mehr spielen, da verstärkt auf Chancen- und Wettbewerbsgleichheit in der Gemeinschaft geachtet wird.

Infrastrukturelle Instrumente sind aus Sicht der Politik für die Optimierung des Standortes Deutschland wichtig. Denn ein Flughafenneubau oder eine Erweiterung sorgt immer auch für die Ansiedlung anderer Industrien (z. B. Logistik, Zulieferer). Zu den infrastrukturellen Instrumenten zählen:

- Ausbau der Verkehrswege durch die öffentliche Hand,
- Flughafenausbau/Flughafenneubau überwiegend durch die öffentliche Hand (zwar können sich Fluggesellschaften am Terminal-Neubau beteiligen, z. B. Bau des Terminal 2 in München durch die Lufthansa, werden aber nie die Kapital- oder Stimmenmehrheit an der Flughafen GmbH erlangen),
- Verkehrsintegration; Konzepte bei denen die einzelnen Verkehrsträger (z. B. Bahn, Straße und Flug) nicht mehr in direktem Wettbewerb zueinander stehen, sondern sich sinnvoll ergänzen. So gilt z. B. der Flugverkehr ab einer Entfernung von 400 bis 600 Kilometer als sinnvoll und kosteneffizient.

Die **ordnungspolitischen Instrumente** der staatlichen Luftverkehrspolitik zählen zu den Instrumenten, die ebenfalls im Zuge des Zusammenwachsens der Europäischen Gemeinschaft für den ganzen EU-Raum auf Einheitlichkeit für alle Mitgliedstaaten angepasst werden. Diese Instrumente sind:

- **Marktzulassung,**
- **Tarifgenehmigungen**: Sie werden auf ministerieller Ebene zwischen den Ländern in Staatsverträgen gefasst. Die Vorgaben aus den Verträgen werden sodann an die Fluggesellschaften weitergeleitet, die diese dann umsetzen müssen. Zu den vier Standard-Tarifgenehmigungsverfahren zählen:

- **Double Approval**: Beide Länder müssen einem von der Fluggesellschaft gewollten Tarif zustimmen, dann gilt der Tarif als genehmigt. Dieses Verfahren ist das heute meist Gewählte.
- **Double Disapproval**: Beide Länder müssen einen von der Fluggesellschaft gewollten Tarif ablehnen. Stimmt ein Land zu, gilt der Tarif als genehmigt.
- **Automatic Approval**: Fluggesellschaften melden ihre Tarife den Behörden, dadurch gilt er als genehmigt. Das heute üblichste Verfahren im innerdeutschen Raum und innerhalb der EU.
- **Country of Origin Rule**: Es handelt sich um einen richtungsgebundenen Tarif, der in dem Land als genehmigt wird, in dem die Flugstrecke beginnt.

- **Kapazitätsregelungen**: Sie werden auf ministerieller Ebene zwischen den Ländern in Staatsverträgen gefasst. Die Vorgaben aus den Verträgen werden sodann an die Fluggesellschaften weitergeleitet, die diese dann umsetzen müssen. Zu den Standard-Kapazitätsregelungsverfahren gehören:
  - **Pre-Determinations-Prinzip**: Der vermutete oder ermittelte Bedarf an Flugsitzen zwischen zwei Ländern wird so aufgeteilt, dass die Fluggesellschaften jedes Landes genau die Hälfte davon anbieten und befördern dürfen. Dieses Verfahren ist das heute Üblichste.
  - **Ex-Post-Facto-Prinzip** (Bermudas Klausel): Solange nicht gegen das Prinzip des Gleichgewichts zwischen Angebot und Nachfrage verstoßen wird, greifen die Staaten nicht in die Kapazitätsfestlegung ein.
  - **Administrative Behinderung**: Kommt zum Tragen, wenn ein Land über keine leistungsfähige Airline-Industrie oder über keine im Vertragsland zugelassene Fluggesellschaft verfügt, und dennoch am Marktgeschehen und -wachstum partizipieren will. Eine Fluggesellschaft bedient eine Strecke ausschließlich zwischen ihrem Heimatland und dem Vertragsland, muss aber im Vertragsland alle Leistungen (z. B. Betankung, Catering, Bodendienste) von der Gesellschaft des Vertragslandes kaufen. Die Gesellschaft des Vertragslandes ist der General Sales Agent (GSA).
  - **Open Sky Regelung**: Ist die Vereinbarung, dass es hinsichtlich der Regelung und Begrenzung von Kapazitäten keine Regelung gibt.

- **Kooperationsgestaltung**: Obwohl dies teilweise gegen die Regeln des freien Wettbewerbs verstößt, wird sie von den Staaten, als ein Instrument favorisiert, welches dafür sorgt, dass es zu keinen negativen oder gar „chaotischen" Auswüchsen im Flugverkehr kommt. Kooperationen erhöhen grundsätzlich die Markteintrittsbarrieren. Wichtige Kooperationen sind:
  - **Allianzen**: Z. B. Star Alliance, Oneworld,
  - **Code-Sharing-Abkommen**: Durch das Teilen (engl: to share) der Flugnummern der beteiligten Fluggesellschaften, kann eine Fluggesellschaft ihre eigene Flugnummer für eine bestimmte Flugverbindung anzeigen, obwohl eine andere Fluggesellschaft mit ihrem Fluggerät und eigener Flugnummer den Flug durchführt. Sie sind wichtige Instrumente innerhalb der Allianzen.
  - **Joint-Venture-Abkommen**: Kapitalmäßige Beteiligung einer Fluggesellschaft an einer anderen,
  - **Interlining-Abkommen**: Abkommen zur gegenseitigen Anerkennung von Flugscheinen (z. B. bei Durchgangstarifen),
  - **Uni-, Bi- und Multilaterale Agreements** im Bereich Technik, Verkauf, Wartung, Catering
  - **Poolabkommen**: Abkommen zweier Fluggesellschaften auf einer Strecke mit dem Ziel die Markteintrittsbarriere für weitere Mitbewerber auf dieser Strecke zu erhöhen.

Administrative Instrumente der staatlichen Luftverkehrspolitik werden meist an die Aufsichts- und Überwachungsorgane delegiert. Wichtige Instrumente sind:

- **technische Normen und Vorschriften**, z. B. die Einhaltung der Empfehlungen der ICAO, Vorschriften des LBA's,
- **Verkehrsvorschriften**, z. B. die Einhaltung der Freiheiten der Luft,
- **Personalzulassungen und Verwaltungsvorschriften**, z. B. Qualifikationsnachweise der am Flughafen oder der Fluggesellschaft beschäftigten Personen.

Weitere Gründe warum ein Staat bzw. die Bundesrepublik Deutschland in den Flugverkehr eingreift, ist die Funktion einer Fluggesellschaft innerhalb der Volkswirtschaft eines Landes und im globalen Verkehrsgeschehen. Danach nehmen Fluggesellschaften folgende Funktionen wahr:

- **Luftverkehr steht bzw. ist im öffentlichen Interesse**,
- **wirtschaftliche Funktion**: Grundvoraussetzung entwickelter Volkswirtschaften, Beitrag zur Bruttowertschöpfung (direkte, indirekte, katalysierte und induzierte Effekte), Beschäftigungseffekte, Wachstumsimpulse, Beitrag zum Außenhandel,
- **politische Funktion**: Transportautarkie, militärische Bedeutung,
- **gesellschaftliche Funktion**: Sicherstellung der freien Mobilität, Integration von Staat und Gesellschaft,
- **Luftverkehr und Umwelt**.

3.1.5 Organisationen, Abkommen und Rechtsquellen im Flugverkehr

Weltweit ist das System Luftfahrt durch Mitgliedschaften in ein Netz von Organisationen, Dach- und Fachverbände eingebunden. Diese Organisationen helfen mit Empfehlungen und Vorschlägen bei der Verabschiedung neuer Gesetze, Vorschriften und Verfahren. Im Vordergrund ihrer Tätigkeiten stehen z. B. Vertretung ihrer Mitglieder gegenüber der Politik und der Gesetzgebung, Sicherheit und Vereinheitlichung von Standards in der Luftfahrt oder die Vereinfachung von Abrechnungen und Tariffestsetzungen. Nachfolgend einige wichtige Organisationen der zivilen Luftfahrt:

- **IATA (International Air Transport Association)**: Wichtigster Dachverband der Fluggesellschaften mit Sitz in Montreal, ständige Ausschüsse der IATA: Legal Committee, Financial C., Technical C., Traffic C.,
- **IACA (International Air Carrier Association)**: Dachverband der Charterfluggesellschaften,
- **AEA (Association of European Airlines)**: Repräsentiert die europäischen Luftverkehrsgesellschaften,
- **ADV e. V. (Arbeitsgemeinschaft Deutscher Verkehrsflughäfen)**: Interessensvertretung deutscher Verkehrsflughäfen,
- **ACI (Airport Council International)**: Organisation weltweiter Verkehrsflughäfen,
- **ADL (Arbeitsgemeinschaft Deutscher Luftfahrt-Unternehmen)**: Verband der deutschen Charterfluggesellschaften,
- **BARIG (Board of Airline Representatives in Germany)**: Privatrechtliche Koordinationsstelle in Deutschland.

Eine Sonderstellung innerhalb der Organisationen nimmt die ICAO (International Civil Aviation Org.) ein. Zum einen können keine Fluggesellschaften, sondern nur souveräne Staaten, die in die UNO wählbar sind, der ICAO beitreten. Was die ICAO beschließt, ist für alle Fluggesellschaften eines Mitgliedslandes, so das Land das Abkommen ratifiziert bindend. Das wichtigste Abkommen der ICAO ist das **„Abkommen über die internationale Zivilluftfahrt vom 07.12.1944 über die Freiheiten der Luft":**

1. Freiheit: Das Recht einer Fluggesellschaft, das Hoheitsgebiet des Vertragsstaates ohne Landung zu überfliegen.

2. Freiheit: Das Recht einer Fluggesellschaft zur nicht-gewerblichen Zwischenlandung, nicht jedoch zum Absetzen oder Aufnehmen von Zahlfracht.

3. Freiheit: Das Recht einer Fluggesellschaft, Zahlfracht im Heimatland aufzunehmen und im Staatsgebiet des Vertragspartners abzusetzen.

4. Freiheit: Das Recht einer Fluggesellschaft, Zahlfracht im Vertragsstaat aufzunehmen, um sie in den Heimatstaat der Fluggesellschaft zu befördern.

5. Freiheit: Das Recht einer Fluggesellschaft, Zahlfracht zwischen zwei Vertragsstaaten außerhalb des Heimatstaates der Fluggesellschaft zu befördern. Der Flug muss im Heimatstaat beginnen oder enden.

6. Freiheit: Das Recht einer Fluggesellschaft, Zahlfracht zwischen zwei Staaten über das Hoheitsgebiet des Heimatstaates der Fluggesellschaft hinweg zu befördern, ohne dass Rechte der 5. Freiheit zur Verfügung stehen.

7. Freiheit: Das Recht einer Fluggesellschaft, Zahlfracht ausschließlich außerhalb des Heimatstaates der Fluggesellschaft zu befördern.

8. Freiheit (Kabotage): Das Recht einer Fluggesellschaft, Zahlfracht zwischen zwei oder mehreren Flughäfen desselben ausländischen Staates zu befördern.

Nationale Rechtsquellen mit den entsprechenden Rechtsvorschriften sind:

- Luftverkehrsgesetz (LuftVG),
- Gesetz über das Luftfahrtbundesamt (LBA-Gesetz),
- Flugunfalluntersuchungsgesetz (FUUG),
- Luftverkehrsordnung (LuftVO),
- Luftverkehrszulassungsordnung (LuftVZO),
- Verordnung über Luftfahrtpersonal (LuftPersV),
- Betriebsordnung für Luftfahrtgeräte (LuftBO),
- Verordnung zur Prüfung von Luftfahrtgeräten (LuftGerPV).

Internationale Rechtsquellen mit den entsprechenden, insbesondere Versicherungs- und Haftungsvorschriften sind:

- Warschauer Abkommen,
- Haager Protokoll.
- Montrealer Haftungsübereinkommen,
- Beförderungsbestimmungen der IATA-Fluggesellschaften.

3.1.6 Der Luftverkehr im Wandel – Ziele der Fluggesellschaften

Der Luftverkehr ist einem ständigen und rasanten Wandel ausgesetzt, der wie folgt beschrieben werden kann:

- **Wandel durch Wachstum:** Das Verkehrsaufkommen entspricht zzt. 25 % der Weltbevölkerung, eine Verdoppelung ist bis 2015 zu erwarten (ca. 3,5 Mrd. beförderte Passagiere),
- **Wandel aus Ergebnisdruck:** Airline Profitabilität lag 2002 bei ca. 15 Mrd. USD Verlust, das bedeutet, dass das kumulierte Ergebnis der letzten 20 Jahre dadurch aufgezehrt wurde,
- **Wandel durch Effizienzsteigerung:** Erlaubt Preisverfall bei steigenden Kosten; Beispiel: FRA-NYC durch Einsatz einer B 747 (600 % Effizienzsteigerung) bei der Lufthansa (LH),
- **Wandel im Kundenverhalten:** Der „kundige" Kunde übt Druck auf Preise, durch höhere Vergleichbarkeit und neue Absatzkanäle, höhere Reiseaktivität und größere Auswahl durch optimierte Hubs und Druck auf die Segmentierung; die Abdeckung der Produktsegmente erfolgt durch unterschiedliche Verkehrssysteme, z. B. Executive Jets, Netzcarrier, Regional-Carrier, Charter, No-Frills,
- **Organisationswandel:** Diversifikation, control costs, processes and technology
- **Strukturwandel:** Wandel von einer Luftverkehrsgesellschaft (z. B. Lufthansa) zum Aviation-Konzern mit strategischen Geschäftsfeldern, z. B. IT-Service, Passage, Touristik, Catering, Technik, Logistik,
- **Technologiewandel:** Fortschritt durch Technik für Kunden, Betreiber und Öffentlichkeit. Technik ist die Quelle für Produktivität, Sicherheit, Komfort und Umweltfreundlichkeit, z. B. Antriebstechnologie, Aerodynamik, Material, Emissionen, Kommunikation, Komfort, Flugführungstechnologie, IT,
- **Skalenwandel:** Z. B. Airbus A 380 - Kapazität Fluggäste, Fracht und Reichweite steigend, Stückkosten und Investitionen pro Sitz fallend,
- **Wandel im Wettbewerb:** Allianznetze (z. B. Star Alliance, Oneworld, Sky Team) vs. Einzelnetze,
- **im Wandel liegen Perspektiven** für Airlines und Partner: Mobilität erhöhen durch Verlässlichkeit, Preiswürdigkeit und Qualität, Sicherheit, Zuverlässigkeit und wirtschaftliche Solidität; Transformationsgeschwindigkeit steigern durch Technologie, Markt und Wertschöpfungskette.

Der Wandel bedeutet für viele Fluggesellschaften zunehmender Wettbewerb und ein Paradigmenwechsel in der Unternehmensführung. Fluggesellschaften in Europa werden mit folgenden **Problemstellungen** konfrontiert:

- stetiger Yieldverfall (Ertragsverfall),
- vermehrte Allianzbildung der Fluggesellschaften,
- Markteintritt neuer Fluggesellschaften, z. B. Low-Budget-Airlines,
- Privatisierung der Fluggesellschaften und Wettkampf ums Kapital z. B. durch Börsengang,
- Liberalisierung des Luftverkehrs,
- Anstieg der Substitutionsprodukte,
- sinkende First- und Business-Class Anteile,
- Zwang zur Stückkostenreduzierung,
- Stagnation der Produktivität.

Die **Ziele der Fluggesellschaften** sind eindeutig definiert:

- die Wirtschaftlichkeit des Unternehmens steht im Vordergrund,
- Gewinne müssen realisiert werden,

- der Aktienkurs soll sich günstig entwickeln,
- das Unternehmen muss rentabel und die Auslastung soll optimal sein.

Jedoch entsteht hier oftmals ein Interessenskonflikt zwischen Wirtschaftlichkeit und Sicherheit.

Die **Instrumente,** mit denen die Fluggesellschaften ihre Wirtschaftlichkeit erreichen bzw. sicherstellen können, sind:

- Internationalisierung der Kosten durch weltweite Fracht-Hubs, Erlösabrechnung in Billiglohnländer, regionale Flugbegleiter, Flugzeugüberholung (z. B. in Shannon, Budapest),
- gemeinsames Catering,
- Kundenbindungsprogramme, z. B. Miles & More,
- gemeinsamer Einkauf über Kooperationspartner,
- Hierarchien abbauen und flexible Strukturen einführen,
- Allianzen stärken,
- mehr Initiative – mehr unternehmerisches Denken bei den Mitarbeitern fördern,
- Kostenbewusstsein und Kostenmanagement,
- mehr Kundenorientierung,
- neue Produkt- und Dienstleistungsinnovationen,
- Zielvereinbarungs- und Vergütungssysteme abhängig von Erfolgsfaktoren wie Stückkosten, Qualität u. v. m. sowie Ausbau variabler Vergütungselemente,
- Honorierung von Leistung/Erfolg und Sanktionierung von schlechter Leistung/Misserfolg,
- erhöhtes Engagement der Mitarbeiter durch Total Quality Management-Qualitätsgruppen,
- hohe Mitarbeiterbeteiligung am Kapital.

3.1.7 Hypothesen zur künftigen Entwicklung der Luftverkehrsbranche

Die **Luftfahrtindustrie ist eine dynamische, aber strukturell schwierige Branche.** Sie ist geprägt von unsicherem politischen und wirtschaftlichen Umfeld, verändertem Kundenverhalten und neuen Wettbewerbern.

Luftverkehr historisch gesehen hat ein höheres Wachstum als die Weltwirtschaft (ca. plus 4 % bis 6 % p. a.). Als Wachstumstreiber sind Deregulierung des Luftverkehrs, Globalisierung und Verzahnung der Wirtschaftsräume, Wirtschaftswachstum, zunehmender Wohlstand der Bevölkerung, Kostensenkung durch neue Produktionsmittel zu erwähnen.

Große Netzgesellschaften (Net-Airlines) dominieren bislang den fragmentierten europäischen Markt. Sie bieten ein breites Streckenangebot durch Bündelung im Hub und breite Abdeckung aller Segmente. Regional-Airlines bieten Feeder-Verkehr an und erhalten kleine regionale Verkehrsströme aufrecht; Charter Airlines bedienen Tourismusdestinationen und Low-Cost-Carrier decken Sekundär-Strecken mit stimulierbarer Nachfrage und einem hohen Anteil an Leisure-Passagieren ab.

Da die Luftverkehrsbranche eine strukturell schwierige Branche ist und mit den Konsequenzen Preiskriege, Überkapazitäten und Kostenexplosionen zu kämpfen hat, ergibt sich folgende Situation:

- **regulatorische Zwiespälte:** Z. B. einerseits zunehmende Liberalisierung der Infrastruktur und andererseits staatliche Interventionen und Beihilfen,
- **komplexe Wirtschaftlichkeit:** Z. B. durch Netzeffekte, lange Vorlaufzeiten bei Investments, Nachfrageprognosen jedoch unsicher,
- **hohe Fixkosten bei variabler Nachfrage:** Z. B. 80 % der Kosten sind an Flugplan gebunden, elastische Nachfrage gerade im Low-End-Segment,
- **geringe Eintritts- und hohe Exitbarrieren:** Einfacher Markteintritt und Start einer Luftverkehrsgesellschaft (da in statistischer Betrachtung attraktiv), jedoch langsamer Kapazitätsabbau einer Luftverkehrsgesellschaft (i. d. R. mehr als 30 Jahre),
- **starke Lieferanten:** Starke Verhandlungsmacht der Piloten und Techniker angesichts der Spezialisierung. Flugsicherung, Flughäfen-Services sind natürliche Monopole,
- **Skalen- und Verbundvorteile:** Stückkostendegression (größere Flugzeuge, Hub).

Auch das **politische Umfeld** ist für Fluggesellschaften problematisch. Es ist gekennzeichnet durch:

- zunehmende geopolitische Unsicherheiten (z. B. Tunesien, Ägypten, Türkei), Verunsicherung der Bevölkerung durch Reformdiskussionen,
- erste globale Rezession seit 1974 verstärkt durch globale Sondereffekte (z. B. 11.09., SARS, Tsunami), Ölpreis auf historischem Höchststand,
- staatliche Eingriffe bringen weitere Belastungen hinsichtlich Sicherheit, Umwelt, Passagierrechte (u. a. Nachtflugverbot); diese staatlichen Interventionen verzögern die Beseitigung struktureller Defizite,
- Fazit: derzeitige Krise stärker als die Einbrüche in den vergangenen Jahrzehnten; derzeit wenig positive Signale.

Das **Kaufverhalten wird von zunehmender Preissensitivität bestimmt.** Dem Preis kommt mittlerweile eine dominierende Rolle in nahezu allen Segmenten zu. Die Erleichterung von Preisvergleichen durchs Internet ermöglicht eine höhere Transparenz. Fliegen wird immer mehr Commodity (Bequemlichkeitsprodukt) mit sehr begrenzten Möglichkeiten der Differenzierung.

Eine **Konvergenz (Annäherung) der Geschäftsmodelle** zwischen Net-Carrier, Charter-Airline und Low-Cost-Airlines findet statt. Dies wird durch zunehmende Überlappung beim Streckenportfolio und der Intensivierung des Wettbewerbs verschärft.

Dem **Preiswettbewerb** kann sich kaum eine Airline entziehen, mit der Notwendigkeit zu Stückkosten-Senkungen. Die Beurteilung der strategischen Stoßrichtung ist begrenzt und die Möglichkeit zur Differenzierung über Produkt- und Qualitätsstrategie fraglich. Der Wettbewerb wird weitgehend über Preis und der Notwendigkeit einer guten Kostenposition geführt; eine Spezialisierungsstrategie ist nur in Nischen erfolgreich (z. B. Business Jet). Kostensenkungspotenziale und Kostenvorteile zwischen Netzgesellschaften und Low-Cost-Airlines werden in nachfolgender Tabelle aufgezeigt.

Low-Cost-Airlines mit erheblichen Kostenvorteilen gegenüber Netzgesellschaften (traditionellen Fluggesellschaften)	
Stückkostenvergleich (bei 800 km Streckenlänge in Eurocent pro Stückkosten)	**Kostenunterschiede in Prozent**
Net Airline (z. B. Lufthansa, Air France) ca. 10 Eurocent	• Höhere Bestuhlung 16 % • Geringe Vertriebskosten und Reservierungsgebühren 9 %
Charter (z. B. Condor) ca. 6,6 Eurocent (- 35 %)	• Günstigere Flughäfen 8 %
Low-Cost-Carrier (z. B. Easyjet) ca. 5,9 Eurocent (- 40 %)	• Einfachere Abfertigungsprozesse 8 % • Geringere Crew-Kosten und Altersstruktur der Fluggesellschaft 7 %
Lowest-Cost-Carrier (z. B. Ryanair) ca. 3,9 Eurocent (- 60 %)	• Verzicht auf Catering 6 % • Höhere Produktivität des Flugzeuges 3 % • Flottenstandardisierung 3 %
Die Kostenvorteile in Summe:	• Summe = 60 %

Tab. B. 3.1: Kostenvorteile der Low-Cost-Carrier gegenüber traditionellen Fluggesellschaften
Quelle: Teckentrup, 2004

Das Wachstum der Low-Cost-Carrier wird sich stabilisieren, jedoch wird der Wettbewerb intensiver. Die zu erwartende Entwicklung ist:

*   Low-Cost-Carrier stoßen zunehmend an Grenzen bei der Erschließung neuer Märkte und bei der Stimulierung latenter Nachfrage,
*   zunehmende parallele Bedienung der Strecken,
*   Intensivierung des Wettbewerbs sowohl zwischen Low-Cost-Carrier als auch mit den Netzgesellschaften,
*   Rückgang der Wachstumsrate bei den Low-Cost-Carrier,
*   langfristige Annäherung an den Branchenschnitt von 4 % bis 6 % Wachstum in den nächsten Jahren,
*   Marktanteil von 25 % bis 30 % für Low-Cost-Carrier wahrscheinlich,
*   Konsolidierung mittelfristig zu erwarten; Rentabilität ausgewählter Low-Cost-Carrier (im Jahr 2003); Ryanair 19 %, EasyJet 4 %, HLX 0 %, Germanwings 0 %, Virgin Express -9 %, Deutsche BA (dba) -23 %.

Nachfolgende Tabelle macht den Aufstieg und die Wachstumsgeschwindigkeit der Low-Cost-Carrier von 1996 bis 2006 in Europa deutlich.

Starkes Wachstum der Low-Cost-Carrier in Europa (ca. 60 % Wachstum p. a.)		
	1996	**2006**
Low-Cost-Carrier	2	ca. 60
Airports	18	209
Airport-Pairs	19	1.022
Flugzeuge	35	ca. 600
Frequenzen pro Woche	804	ca. 20.000
Passagiere	2 Mio.	ca. 85 Mio.

Tab. B. 3.2: Wachstum der Low-Cost-Airlines in Europa
Quelle: in Anlehnung an Lufthansa, 2004

Die aktive Rolle der Condor (DE) zeigt z. B. die Anpassung am sich wandelnden Markt und die Behauptung der Wettbewerbsposition:

- Preiskonzept und Geschäftsmodell an Low-Cost-Carrier angenähert,
- Stärkung des Einzelplatzverkaufes,
- umfangreiches Kostensenkungsprogramm zur Erreichung wettbewerbsfähiger Struktur gestartet, deutliche Einsparungen bereits realisiert,
- starke traditionsreiche Marke mit hoher Bekanntheit, innovative Marketingkampagne beim Relaunch (z. B. aufmerksamkeitsstärkster TV-Spot 2004),
- Partizipation am Marktwachstum.

3.1.8 Ausgewählte Funktionen und Bereiche einer Fluggesellschaft

Die Angebotsseite einer Fluggesellschaft ist die Verkehrs- und Beförderungsleistung für Passagiere, Post und Fracht. Sie benötigen eine Infrastruktur, z. B. Flughäfen, Bodendienste, Infrastruktur. Das Management eines Luftverkehrsunternehmens ist u. a. abhängig von:

- Unternehmenstypen,
- Unternehmensstrategien,
- Unternehmensverbindungen,
- strategischen Allianzen,
- Unternehmensbeteiligungen und Fusionen.

3.1.8.1 Markteintritt und Marktzulassung einer Fluggesellschaft

Für die Marktzulassung einer Fluggesellschaft in Deutschland sind bestimmte Voraussetzungen nötig, die nachfolgend kurz skizziert werden:

- **Unternehmereigenschaften:** Z. B. charakterliche Zuverlässigkeit und Eignung
- **Allgemeine Voraussetzung** für die Erteilung einer Betriebsgenehmigung:
  - Sitz in der Bundesrepublik Deutschland bzw. Hauptgesellschafter (über 50 % Kapital- oder Stimmanteile) muss seinen Steuerwohnsitz in Deutschland haben
  - Haupttätigkeit muss Luftverkehr sein
  - mindestens ein Flugzeug
- **Finanzielle Voraussetzungen:**
  - Nachweis einer finanziellen Bonität über weitere 24 Monate
  - mindestens 3-monatiger Betrieb ohne Einnahmen
  - Wirtschafts- und Business-Plan, Bilanz-Plan und Finanzplan
  - Cash-Flow-Prognose, Anlaufkosten und Ausgangsdaten für geplante Aufwendungen
- **Weitere Voraussetzungen:**
  - Luftverkehrsbetreiberzeugnis (Airline Operation Certificate, AOC) für den technischen und wirtschaftlichen sicheren Flugbetrieb
  - Versicherungen für Personen, Gepäck, Fracht und Post im Rahmen des LuftVG und LuftV-ZO
- **Voraussetzungen bei erheblichen Veränderungen der Strukturen und Tätigkeiten:** Laufzeit der Genehmigung und Aussetzung/Widerruf sowie laufende Aufsichtsführungen

- **Genehmigungsbehörden**
  - Luftfahrtbehörden des Bundeslandes
  - Luftfahrtbundesamt LBA
  - European Aviation Safety Agency EASA
  - Erteilung der Streckengenehmigung nach Vorlage aller Genehmigungen.

3.1.8.2 Konsolidierung einer Fluggesellschaft

Durch den zunehmenden Wettbewerb und die begrenzten Möglichkeiten der Differenzierung hat bei vielen Fluggesellschaften eine Phase der Konsolidierung eingesetzt. Neben den Möglichkeiten Verkauf an einen oder Kauf eines Mitbewerbers, Streckenerweiterung oder -reduktion, Fusion, besteht die Möglichkeit einer Kooperation oder eines Beitritts in eine strategische Allianz.

Kooperationsmotive für eine Fluggesellschaft können sein:

- schnellerer Marktzugang,
- Reduktion des Wettbewerbs,
- Economies of Scale (Kostendegressionseffekte),
- Economies of Scope (Professionalisierung durch Konzentration),
- Economies of Density, Steigerung der Marktmacht auf Beschaffungsmärkten,
- Stärken-Schwächen-Ausgleich,
- Reduktion von Risiken, Existenzsicherung.

Mögliche Kooperationsformen sind:

- Interessens- und/oder Arbeitsgemeinschaften oder Kartelle,
- Wertschöpfungspartnerschaften,
- Joint Ventures,
- strategische Allianzen,
- airlinespezifische Kooperationen in den Bereichen:
  - technischer Bereich: Handling Agreements, Reparatur-, Wartungs- und Instandhaltungsabkommen, Informationstechnologie,
  - kommerzieller Bereich: General Sales Agent (GSA), IATA-Interlining, Royalty-Agreements, Poolabkommen, Interchange-Agreements (z. B. On-Behalf-Verkehr, Blocked Space, Aircraft Exchange), Franchise-Abkommen, Codeshare-Abkommen, Beschaffungsallianzen und elektronische Vertriebssysteme.

Eine besondere Bedeutung kommt den strategischen Allianzen wie z. B. den globalen Allianzsystemen Star Alliance, oneworld, Sky Team u. v. m. zu.

Ziele der strategischen Allianzen sind:

- Marktdurchdringung und Markterschließung,
- Bekanntheitsgrad und Image,
- Aufbau von Markteintrittsbarrieren,
- unternehmensgerichtete Allianzziele, z. B. Verbesserung der Flugverbindungen, Anerkennung des Frequent-Flyer-Programms (FFP), der niedrigerer Flugpreise, Standardisierung, verbesserte Auslastung, erweitertes Produkt- und Serviceangebot, zusätzliche Kapazitäten (z. B. Nur-Frachter), Aufteilung von Fixkosten (z. B. Abfertigung, Lounges).

Formen strategischer Allianzen:

- globale Allianzen,
- nationale Allianzen,
- bi- und multilaterale Allianzen,
- komplementäre Allianzen,
- streckenspezifische Allianzen,
- regionale Allianzen,
- vertikale, horizontale und laterale Allianzen sowie Auslagerungen.

Im Zuge der Allianzbildung, die neben vielen Vorteilen und Chancen für die einzelnen Mitglieder auch Risiken und Probleme bereithält, ist das größte Problem die Kommunikation zwischen den Allianzpartnern. Dies ist durch die unterschiedlichen Unternehmenskulturen, aber auch durch die unterschiedlichen Nationalitäten, geprägt.

Die **Ist-Situation in der Interairline-Communication** am Beispiel der Star Alliance soll dies verdeutlichen.

- Jede Luftverkehrsgesellschaft kommuniziert mit anderen Luftverkehrsgesellschaften über unterschiedlich entwickelte Schnittstellen oder Systeme, unterschiedliche Technologien, hohe Entwicklungskosten für die einzelne Luftverkehrsgesellschaften, lange Projektlaufzeiten, hohe IT-Betriebskosten, wenige verfügbare IT-Ressourcen, unterschiedliche Schnittstellen.
- Direkte Beziehungen der Internetportale sind ausschlaggebend für eine wirtschaftliche und effiziente Kooperation der Star Alliance Partner; jedes Buchungssystem eines Star Alliance Partners bietet nur sein eigenes Produkt an und dies ist teuer für alle Beteiligten.

Die **Vision** ist: Alle Star Alliance Partner nutzen eine gemeinsame IT-Plattform sowie ein einheitliches Buchungssystem mit einer Multihost-Datenbank. Eine gemeinsame IT-Plattform ist die Voraussetzung zur Kostenreduzierung und Effizienzsteigerung. Aus dieser Vision leitet sich der Soll-Zustand ab, der angestrebt wird. Die „Common IT-Plattform" bedeutet für die Star Alliance Partner einen **Wettbewerbsvorteil** gegenüber anderen Mitbewerbern:

- durch Unterstützung einer nahtlosen Reisestrecke,
- Schnelligkeit am Markt mit neuen Produkten,
- Zugang zu Welt umfassenden Annehmlichkeiten bei jeder Luftverkehrsgesellschaft,
- einheitliche Geschäftsprozesse,
- Informationen werden redundanzfrei verarbeitet,
- einheitliche Bereitstellung von Funktionalitäten,
- Unterstützung eines einheitlichen Ertragsmanagement-Systems.

Eine derartige Plattform ist die Basis für eine langfristige Absicherung von „economies of scale" sowie die Erreichung von zusätzlichen Erlöspotenzialen. Die gemeinsame Plattform ermöglicht es den Star Alliance Partnern:

- einen einheitlichen Service anzubieten,
- standardisierte Call-Center und Check-In Anwendungen,
- durch gemeinsame Kioske IT-Kosten zu reduzieren,
- Vermeidung von redundanten Daten und ungleichen Stammdatensätze und die Agenten haben volle Transparenz über die Flugrouten der Star Alliance Partner.

3.1.8.3 Strukturen der Luftverkehrsleistung

Die Struktur der Luftverkehrsleistung weist folgende besondere Merkmale in der Produktion, im Marktzutritt und in der Reservierung auf.

Produktion

- **Kuppelproduktion:** Passage- und Luftfrachtleistung, konstante und variable Proportionen bei Tag und bei Nacht,
- **Batch-Produktion:** Keine kontinuierliche Variation des Umfanges der Produktionsleistung möglich, unterschiedliche Reichweite der Flugzeuge,
- **Saisonalität:** Unterschiedlichkeit bei Passage und Fracht,
- **Direktionalität:** Unpaarigkeit im Aufkommen bei Passage und Fracht.

Beschränkter Marktzutritt: Hohe Kapitalintensität der Produktion durch:

- technische Komplexität (z. B. Flugsicherheit),
- diskriminierende Slot-Vergabe,
- konkurrierende Vertriebssysteme,
- staatliche Subventionen, insbesondere beim verbleibenden „National Carrier".

Reservierung

- elektronische Reservierungssysteme im Wettbewerb untereinander (z. B. zwischen Apollo, Amadeus, Galileo),
- Interlining: Verkauf zusammengesetzter Strecken, die von unterschiedlichen Luftlinien beflogen werden,
- Code-Sharing: zusammengesetzte Teilstrecken werden von verschiedenen Luftlinien bedient,
- Problematik der Überbuchungen (No-Show vs. Go-Show).

3.1.8.4 Angebotserstellung

Heute finden sich auf der Anbieterseite Netzcarrier, touristische Carrier, Regionalfluggesellschaften, Commuter-Carrier und Low-Budget-Airlines. Netzcarrier, zu denen beispielsweise so namhafte Fluggesellschaften wie die Deutsche Lufthansa, die Air France, die British Airways, United Airlines und die Singapur Airlines zählen, zeichnen sich durch ein weltweites Streckennetz und somit durch eine ausgeprägte Netzorientierung aus. Alle wichtigen kontinentalen und interkontinentalen Wirtschaftsmetropolen werden in einer hohen und dichten Flug-Frequenz bedient. Die Netzstruktur weist eine hohe Koordination und Synchronisation der nicht direkten Flugverbindungen über sog. Feeder-Traffic (Zu- und Abbringerdienste) der großen Drehkreuze. Auch gehen Netzcarrier umfangreiche Kooperationen und Allianzen mit anderen Netzcarrier zum Zweck der optimalen Auslastung der Flugzeuge und der Kostenreduktion ein. Die Angebotsstruktur orientiert sich primär an den weitgehend preisunsensiblen Geschäftsreisenden und den „Marken-Käufer" mit einem hohen Qualitätsanspruch und einer stark differenzierten Erwartungshaltung hinsichtlich Pre-Flight-Service (z. B. getrennte Check-In Schalter nach First-, Business- und Economy-Class, Lounges, Curb-Side-Service), In-Flight-Service (z. B. individuelle Bordunterhaltung über persönliche In-Seat-Screens, Menü-Verpflegung, Qualitätsweine und nicht zuletzt über Sitz- und Reisebequemlichkeit) und Post-Flight-Service (z. B. Gepäck-Abholdienste, bevorzugte und schnelle Gepäckausgabe).

Bei der Angebotserstellung einer Fluggesellschaft spielen folgende Kriterien eine Rolle:

- **Leistungsangebote**
  - Struktur der Passagetarife,
  - Normal-, Sonder- und Kombinationstarife (für Einzel- und für Gruppenreisende),
  - Zuschläge und Ermäßigungen,

- **Diversifikation der Wertschöpfungskette**
  - horizontale Diversifikation,
  - vertikale Diversifikation,
  - laterale Diversifikation,

- **Kostenstrukturen und Preisgestaltung**; diese sind abhängig von:
  - Unternehmenszielen auf dieser Strecke,
  - Produktionskosten,
  - Marktpotenzial,
  - Luftverkehrspolitische Ziele der Genehmigungsbehörden,
  - Interessen anderer Fluggesellschaften,
  - Wettbewerbssituation,
  - Zusammensetzung der Nachfrager.

Einflussfaktoren/Kostenfaktoren im Luftverkehr; diese sind abhängig von:

- wirtschaftlichen Rahmenbedingungen, z. B. Lohnniveau, Treibstoffkosten, Nutzungsgebühren, Nachfragesituation,
- Streckengestaltung, z. B. Bedienungsfrequenz, Streckenlänge, Struktur des Streckennetzes,
- Eigenschaften des Flugzeugs, z. B. Nutzlast, Geschwindigkeit, Reichweite und Verbrauch,
- Unternehmenspolitik, z. B. Produktqualität, Abschreibungen, Finanzierungspolitik, Vertriebs- und Werbestrategie,
- Qualität des Managements.

Die Angebotserstellung einer Fluggesellschaft ist in hohem Maße von den **branchenüblichen Produktionsfaktoren** abhängig. Dazu gehören:

- **dispositive Arbeit**,
- **Werkstoffe**,
- **Betriebsmittel**, z. B. Flugzeuge, Verkehrswege, Slots, Flughäfen,
- **ausführende Arbeitsleistung**, z. B. fliegendes und stationäres Personal,
- **Leistungsobjekte**, z. B. Passagiere, Fracht und Post.

3.1.8.5 Kostenstrukturen im Luftverkehr

Der Betrieb von Flugzeugen ist sehr kostenintensiv. Die Besonderheiten der Kostenstrukturen definieren sich über die:

- **Gemeinkosten und variablen Kosten pro Flug,**
- **direkten und indirekten operativen Kosten/Betriebskosten,**
- **hohe Auslastungssensitivität,**
- **Gewinnschwelle.**

Jedoch gibt es große Kostenunterschiede hinsichtlich der Kostenstruktur einer Netzgesellschaft und einer Low-Cost-Airline. Nachfolgend die wichtigsten Kostenpositionen einer Fluggesellschaft.

Gemeinkosten einer Fluggesellschaft sind:

- Abschreibungen,
- kalkulatorische Zinsen,
- Kosten für technische Prüfungen,
- Bodenpersonal und fliegendes Personal,
- Kosten für Verkaufsorganisationen und Reservierungssysteme,
- Unternehmensverwaltung,
- Mitgliedsbeiträge an nationale und internationale Institutionen.

Variable Kosten (pro Flug) einer Fluggesellschaft sind:

- Treibstoff,
- Flughafen- und Flugsicherungsgebühren,
- Bordverpflegung,
- Reinigung und Entsorgung,
- Enteisung und weitere spezielle Maßnahmen am Flugzeug,
- flugzeitabhängige Abschreibung,
- Crew-Nebenkosten.

Hohe Auslastungssensitivität: Bei gegebenem Flugplan sind rund 85 % der Kosten der Flugleistungsproduktion fix.

Gewinnschwellenpunkt (Break-Even-Point BEP): Erst bei hoher Auslastung (Personen und/oder Fracht) von ca. 70 % ist die Gewinnschwelle erreicht, d. h. Erträge = Kosten. Zur Ertragsoptimierung werden Yield- oder Revenue-Management Programme eingesetzt.

Nachfolgend sollen die direkten und indirekten operativen Kosten einer Netzgesellschaft hinsichtlich der prozentualen Verteilung betrachtet werden.

Direkte operative Kosten: Diese betragen ca. 48 % bis 58 %, davon entfallen auf:

- Flugbetrieb ca. 30 % bis 35 %: Z. B. Flugpersonalkosten, Treibstoff, Flughafen- und Streckengebühren, Versicherungen, Miet- bzw. Leasing-Aufwendungen,
- Instandhaltung und Wartung ca. 10 % bis 15 %: Z. B. Gehälter der technischen Angestellten, Ersatzteile, technische Verwaltung,
- Wertminderung und Abschreibung ca. 8 %: Z. B. Fluggeräte, Bodengeräte und Grundstücke, besondere Wertminderungs-Objekte, Abschreibung von PE-Kosten (auch Crew-Training).

Indirekte operative Kosten: Diese betragen ca. 40 % bis 58 %, davon entfallen auf:

- Stations- und Handlingskosten ca. 10 % bis 20 %: Z. B. Bodenpersonal, Gebäude, Ausstattung, Transport, Bodenabfertigungskosten für outgesourcte Aktivitäten,
- Passagier-Service ca. 10 %: Z. B. Gehälter der Kabinen Crew, sonstige Passagier-kosten, Versicherung für Passagiere,
- Ticketing, Verkauf und Werbung ca. 15 % bis 18 %,
- sonstige Betriebskosten.

An nachfolgendem Beispiel wird die prozentuale Verteilung der Kosten eines innereuropäischen Fluges bei einer europäischen Fluggesellschaft aufgezeigt.

Verteilung der Kosten pro Flug bei einer europäischen Fluggesellschaft	
Kostenpositionen	**Prozentualer Anteil (ca.)**
Aeronautical charge	7, 2
Station & ground handling	16,9
Administration & other	5,6
Ticketing & Service	16,9
Passenger Service	7,4
Crew	13,1
Maintenance	8,9
Aircraft Costs	11,6
Fuel & Oil	7,2
En-Route-Charges	5,4

Tab. B. 3.3: Kostenverteilung eines innereuropäischen Fluges
Quelle: Becker, 2004

Low-Cost-Carrier können durch ihr Konzept bei den direkten und indirekten operativen Kosten viele **Einsparpotenziale** freisetzen.

Einsparungen bei den direkten operativen Kosten können sein:

- **Flotte**: Z. B. durch einheitlichen Flugzeugtyp – B 737, enge Bestuhlung, hohe Sitzdichte, lange Nutzungsdauer der Fluggeräte, kurze Turnarounds, Leasing statt Kauf,
- **Instandhaltung**: Z. B. durch Outsourcing-Strategien, keine eigenen Kapazitäten für Maschinen, Personal für Wartung bereithalten,,
- **Flughafengebühren**: Z. B. durch Verwendung von Sekundärflughäfen und günstige Konditionen als Start-up-Unternehmen,
- **Flugpersonalkosten**: Z. B. durch junges Personal, niedrige Einstiegsgehälter sowie erfolgsorientierte Gehälter, kaum/kein Einfluss der Gewerkschaften, Folge: Piloten fliegen 25 % länger, bei 25 % weniger Gehalt.

Einsparungen bei den indirekten operativen Kosten können sein:

- **Passenger Service**: Z. B. durch entgeltpflichtige Bordverpflegung und einem Transfer fürPassagiere, keine Gepäckstücke,
- **Vereinfachtes Check-In**: Z. B. durch ETIX, keine freie Sitzplatzwahl an Bord und ein Ein-Klassen-System (Economy),

- **Stations- und Handlingskosten:** Z. B. durch Outsourcing von Check-In, Handling- und Verladetätigkeit, keine Business Lounge, Büroflächen u. v. m.
- **Distributions- und Werbeausgaben:** Z. B. durch Direktvertrieb über Call-Center und Internet, jedoch hohe Werbeausgaben,
- **Verwaltung**: Z. B. durch schlanke Strukturen, effektive Prozesse und wenig Bürokratie.

3.1.8.6 Ansätze der Beschaffung von Flugzeugen

Flugzeuge kosten viel Geld. Eine größere Bestellung von z. B. fünfzig Mittelstreckenflugzeugen kann durchaus ca. 1,2 Mrd. € kosten. Durch eine solche Investition kann die Liquidität einer Fluggesellschaft stark belastet werden. Andererseits, sind die Flugzeuge gekauft, gehören sie dem Unternehmen und die Gesellschaft verfügt über hohe Anlagewerte. Grundsätzlich kann zwischen zwei Beschaffungsmöglichkeiten unterschieden werden:

- **Kauf**,
- **Leasing.**

Beim Kauf eines Flugzeuges kommen zwei Alternativen in Frage:

- **Neu-Kauf eines Flugzeuges**
  - **Vorteile**: Neuwertigkeit, State-of-the-Art, Garantieleistungen, Ausstattung nach Wunsch, geringe Betriebskosten,
  - **Nachteile**: Zeitversetzte Lieferung, Kapazitätsdifferenzen (aufgrund von fehlerhaften Prognosen), Lieferengpässe, hohe finanzielle Aufwendungen,
- **Gebraucht-Kauf eines Flugzeuges**
  - **Vorteile**: Wirtschaftlich günstige Beschaffungsmöglichkeit, zeitnahe Beschaffung,
  - **Nachteile**: Keine Neuwertigkeit, Wegfall der Garantie, Umrüstung, zusätzliche technische Überprüfungen, hohe Betriebskosten.

Beim Leasing eines Flugzeuges, z. B. über die Leasingunternehmen ILFC und GECAS bieten sich folgende Leasingformen an:

- **Finanzierungsleasing**,
- **Operate Leasing**.

Das Finanzierungsleasing bietet folgende Möglichkeiten:

- **Deutsche Steuerleasing**: Vorgeschriebene Leasingdauer, Restwert.
- **Japanischer Leveraged Leasingvertrag (JLL)**: Auch oft als Mietkauf bezeichnet, hohe Bedeutung in der Praxis, Verträge gelten handelsrechtlich als Import; Folge: flexible Ausgestaltung der Verträge, Leasinggeber hat den Status eines Finanziers.
- **US-Steuer-Leasing**: Strenge Vorschriften, hohe Laufzeiten, hoher Restwert ungünstige Kündigungsbedingungen.
- **Sale-and-lease-back**: Fluggesellschaft verkauft das gekaufte Flugzeug, um es anschließend zurück zu leasen.
- **Cross-border-lease**: Nutzung von Vorteilen unterschiedlicher Steuergesetzgebungen verschiedener Länder; Bilanzierung des Flugzeuges sowohl beim Leasingnehmer als auch beim Leasinggeber, hohe Vertragskomplexität.

Das **Operate Leasing** bietet folgende Möglichkeiten:

- **Dry-Lease**: Lediglich das Flugzeug wird verleast, langfristige Verträge, evtl. Maintenance beim Leasinggeber.
- **Wet-Lease**: Flugzeug wird komplett mit Crew geleast (Damp-Lease nur mit Cockpit – nicht jedoch mit Cabin-Crew). Anbieter von Wet-Lease sind ausschließlich Fluggesellschaften und die Verträge sind von kurzer Dauer.

3.1.8.7 Verkehrswegeplanungen

Zu den Tätigkeiten und Kenntnisse im Rahmen der Verkehrswegeplanung gehören u. a.:

- **Errichtung der Verkehrswege**
  - Eigentümer der Luftverkehrswege ist der Staat, der den zu befliegenden Luftraum festlegt und kontrolliert,
  - auf europäischer Ebene liegt die Zuständigkeit bei der EUROCONTROL,
  - auf deutscher Ebene liegt die Zuständigkeit bei der Deutschen Flugsicherung,
  - Gebührenerhebung für die Nutzung des Luftraums erfolgt über die Central Route Charges Office (CRCO),
- **Routensysteme im Luftverkehr**
  - Point-to-Point-Verbindungen,
  - Hub-and-Spokes-Systeme: Z. B. Hinterland-Hub, Sekundär-Hub, Sanduhr-Hub, Mega-Hub, Multi-Hubbing, Rolling-Hub,
  - Netzverbindungen: Kombination aus Point-to-Point-Verbindungen und Hub-and-Spokes-Systeme; sie stellen die häufigste Art der Routenverknüpfung dar,
- **System der Verkehrswegesicherung – ATM (Air Traffic Management)**
  - Organisation und Management des Luftraums,
  - Verkehrsfluss und Kapazitätsmanagement,
  - Staffelungsoptimierung und -management,
  - Abstandsoptimierung und -management,
- **Flughäfen**
  - Flughäfen (Sicht- und Instrumentenflug, min. 20 t Startgewicht): Z. B. Verkehrsflughäfen und Sonderflughäfen,
  - Landeplätze (nur Sichtflug, max. 20 t Startgewicht). Z. B. Verkehrslandeplätze und Sonderlandeplätze,
  - Segelfluggelände.

3.1.8.8 Die Phasen des Netzmanagement einer Fluggesellschaft

Netzmanagement gilt als das Herz des Unternehmens. Es sorgt für die optimale Kapazitäts- und Flugplanung sowie Netzsteuerung. Netzmanagement gliedert sich in drei Ebenen:

Kapazitätsplanung (Netzentwicklung zwei bis fünf Jahre im Voraus)

- Kapazitätsdimensionierung,
- Flottenplanung,
- Flugzeugbestellrechnung.

Flugplanung (Netzplanung zwei Jahre bis vier Wochen im Voraus)

*   Reiseweggestaltung (Itinerary),
*   Kapazitätsoptimierung,
*   Festlegung der Preisstrukturen.

Yield-Management (Netzsteuerung ein halbes Jahr bis zum Abflug)

*   Preispolitik,
*   Buchungsklassensteuerung,
*   kurzfristige Tarif- und Preisanpassungen,
*   kurzfristige Flugplananpassung.

3.1.8.9 Strecken- und Netzergebnisrechnung

Die **Streckenergebnisrechnung (SER)** und **Netzergebnisrechnung (NER)** haben folgende Funktionen:

*   zentrale Bestandteile der Kosten- und Leistungsrechnung,
*   Ermittlungs-, Analyse-, Vorgabe-, Kontroll-, Prognose- und Sonderfunktionen.

Deckungsbeiträge (DB) haben im Rahmen des Flugverkehrsmanagements folgenden Aussagegehalt:

DB I = Wirtschaftlichkeitsmaßstab für ein einzelnes Flugereignis
DB II = Wirtschaftlichkeitsmaßstab für Fluggerät und Besatzung = Grundlage für Kapazitätsentscheidungen und Flugplanentscheidung
DB III = Wirtschaftlichkeitsmaßstab für Abfertigungsorganisationen = Grundlage für größere Änderungen der Streckenstruktur
DB IV = Wirtschaftlichkeitsmaßstab für Verkaufsorganisationen
Streckenergebnis = Beurteilung der gesamten Streckenwirtschaftlichkeit (zu Vollkosten).

Die Kostenstruktur am Beispiel eines Fluges einer Netzgesellschaft können aufgrund der Netzergebnis- und der Streckenergebnisrechnung wie folgt gegliedert werden: 45 % direkte variable Kosten (beförderungsabhängige Kosten ca. 15 % und flugereignisabhängige Kosten ca. 30 %), 25 % direkte Fixkosten, 7 % Stationsfixkosten, 8 % Verkaufsfixkosten, 15 % Verwaltungskosten.

3.1.8.10 Rolle der Verkehrszentrale (Operation Control Center – OCC) einer Fluggesellschaft

Die **Erwartungen an die Verkehrszentrale** einer Fluggesellschaft sind:

*   sichere und legale Durchführung aller Flüge,
*   Sicherstellung der Produktqualität; kundenorientiert, pünktlich, zuverlässig und wirtschaftlich,
*   Risk-Management und Schwachstellenanalyse.

Die **Aufgaben einer Verkehrszentrale** lassen sich wie folgt zusammenfassen:

- Überwachung des aktuellen Flugplans; min. zwei Tage vor Abflug und max. 28 Tage vor Abflug. Die Verantwortlichkeit endet mit dem abgeschlossen Flug bzw. mit der Nachbearbeitung,
- Unregelmäßigkeiten erkennen und analysieren (z. B. Wetterprobleme und Streckenführung, technische Einschränkungen, Auswirkungen von politischen Unruhen, Streiks, Attentaten),
- erforderliche Maßnahmen einleiten und umsetzen (z. B. steuern und optimieren des Flugzeugeinsatzes, Delaymanagement, Krisenmanagement, Initiierung des Krisenstabes),
- Schnittstellen des OCC sind die: Veranstalterzentralen, OCC's anderer Fluggesellschaften, Flughäfen, Handlingsgesellschaften, Informationssystem (z. B. des Auswärtigen Amtes, Nachrichten, Gesundheitsdienste, Versicherungen).

Problembereiche mit denen die OCC's permanent konfrontiert sind und denen sie gerecht werden müssen:

- **Verspätungen:** Verspätungsgründe z. B. durch Handling, Operations und Technik, Flughafen, Flugsicherung (ATC), Wetter und Folgeverspätungen. Warum der Himmel voll ist!? Europa hat 58 Kontrollzentren, die Flugsicherungsstellen benutzen: 31 verschiedene Computersysteme, 22 verschiedene Bedienungssysteme und 30 verschiedene Programmiersprachen; Folge: Luftraum = Airways ist überlastet.
- **Streiks:** Z. B. Busfahrer-Streik auf Mallorca – 0,5 Mio. betroffene Urlauber und 65 betroffene Flüge.
- **Krisen:** Bei Eintritt einer Krise wird nach folgendem Protokoll vorgegangen (Krisenmanagement): z. B. Hurricane, Terror, Entführung, Streik, außerplanmäßiger/unkontrollierter touch-down, Vulkanausbruch, Flugzeugentführung
  - „Krise ist ein produktiver Zustand. Man muss ihr nur den Beigeschmack einer Katastrophe nehmen". (*Max Frisch*)
  - Überblick verschaffen (Ausmaß der Störung, betroffene Flüge, Anzahl der betroffenen Gäste, Auswirkungen auf andere Flüge, Vorab Infos an betroffene Crews)
  - Szenarien entwickeln (Wetterkarte studieren, Windrichtung analysieren, wann wird der Hurricane wo sein, welche Ausweichflughäfen sind planbar?)
  - Kontakt zu Veranstaltern und anderen Fluggesellschaften aufnehmen
  - Informationskette bilden zwischen Zielgebiet, Fluggast, Abholer, Veranstalter und Crew
  - Passagierinfos schreiben, kopieren und verteilen
  - Crews, Dienstleister, Außenstationen informieren
  - was ist mit den Gästen im Zielgebiet?
  - ist die Sicherheit noch gewährleistet, wie ist die Betreuung?
  - sind die Landwege zum Flughafen überhaupt befahrbar?
  - Servicekosten
  - Kosten für außerplanmäßige Zwischenlandung
  - Umbuchungen
  - Bustransfers
  - Kosten für fehlgeleitetes Gepäck
  - Verpflegungskosten
  - Kommunikationskosten
  - Personalkosten (Überstunden)
  - Diversion (außerplanmäßige Zwischenlandung) durch technische Störung, medizinischer Notfall, Wetterbedingungen

- In-Flight: Todesfall, Geburt, Seuchen, gefährliche Erkrankungen, Lebensmittelvergiftung, starke Turbulenzen,
- extreme Wettersituation am anfliegenden oder abfliegenden Flughafen,
- Sonstiges: Streik, Flüge in politisch riskante Regionen, Runway-Sperrungen, Entführungen, Beschädigung des Flugzeuges während der Bodenzeit,
- methodische Erfassung von internen und externen Fehlern,
- Klassifizierung der Mängel in persönliche Mängel, organisatorische Mängel und technische Mängel.

Kundenerwartungen an das OCC

- **Abflug:** Klare Informationen, Personalverfügbarkeit, kurze Wartezeiten, Freundlichkeit, Pünktlichkeit,
- **Flug:** Sitzkomfort, Verpflegung, Freundlichkeit, abwechslungsreiches Unterhaltungsprogramm,
- **Ankunft:** Pünktlichkeit, kurze Wartezeiten bei der Gepäckausgabe.

Risk-Management bedeutet:

- potenzielle Risiken einschätzen und Szenarien entwickeln,
- Witterungseinflüsse, Streikgefahr, angedrohte politische Unruhen,
- kritische Flüge,
- Crewdienstzeit-Limitationen, Flughafenöffnungszeiten, enge Mindestübergangszeiten für Gäste oder Crews,
- Soft Facts,
- Gästestruktur.

EU Rechte des Passagiers

- die EU hat die Rechte für Flugreisende entwickelt und ist bemüht diese durchzusetzen,
- Informationen über gebuchte Flüge und Flugreservierungen,
- Situationen in denen ein Flug überbucht ist,
- Ausgleichszahlungen im Falle einer Überbuchung (Denied Boarding Compensation – DBC),
- Ausgleichszahlungen im Falle eines Unfalls,
- weitere Rechte.

Die Kernbereiche der Verkehrszentrale sind:

- **strategischer Bereich:** Z. B. zuständig für die Crew-Einsatzplanung und Flugzeug-Einsatzplanung,
- **taktischer Bereich**: Z. B. zuständig für die Durchführung des Flugplanes.

Die Säulen der Flugdurchführung sind die rechtlichen und organisatorischen Grundlagen des Fluggastes, der Crew, der Technik und Bodenbetriebe sowie der Luftraumstruktur.

Die **Entstehung und der Ablauf eines Flugplanes** gliedert sich in folgende Schritte bzw. Phasen:

- **Marktforschung** (sekundär-intern): Z. B. durch die Anzahl der Kundenbeschwerden, historische Daten, Saisonauswertungen, Pünktlichkeitsanalysen, Schwachstellenanalyse,

- **Phasen unter Einbeziehung der jeweiligen Abteilungen**
  - Phase 1 = Vorplanung (Marketing & Sales),
  - Phase 2 = Flugplangestaltung (Scheduling & Sales),
  - Phase 3 = Ressourcen Planung (Operations),
  - Phase 4 = Flugdurchführung (Operations),
- **Timing eines Fluges**: Z. B. unter Einbeziehung der Zeiten für Cleaning und Catering, Ent- und Beladung von Fracht und Gepäck, technische Wartung Tankvorgang, Cockpit & Crew Briefing, Cabin Preparation, Boarding, Startfreigabe, Take-off.

3.1.8.11 Preis- und Konditionenpolitik einer Fluggesellschaft

Die **Determinanten der Preisfindung** werden durch die Produktionskosten und die unternehmerischen Ziele der Fluggesellschaft bestimmt.

Die Grundlagen der Preisfindung sind folgende Verfahren:

- **Cost-based-Pricing** (Flugpreise decken die Kosten),
- **Competition-based-Pricing** (orientiert sich am Preis der Wettbewerber),
- **Value-based-Pricing** (orientiert sich am Nutzen der Leistung für Kunden und an deren Zahlungsbereitschaft).

Preispolitische Strategiekonzepte einer Fluggesellschaft beruhen auf der:

- Premium- und Promotionspreispolitik,
- Penetrations- und Skimmingpreispolitik,
- Preisdifferenzierungen.

Die **Determinanten der Tarifbildung** sind:

- Meilen- oder Leitwegesystem,
- Reisearten und Verkaufsarten,
- Anwendung des Tarifes und seine Ermäßigungsberechtigung,
- Höhe des Flugpreises und seiner Anwendungsperiode,
- Mindest- und Maximalaufenthalte,
- Zeitpunkt, Ort der Flugscheinausstellung,
- Reservierungs- und Reisewegänderungen,
- Transfers, Flugunterbrechungen,
- Restriktionen und Resolutionen.

Aufgrund der Tatsache, dass eine Flugleistung mit der Erbringung vergeht und für diese Beförderungsleistung bestimmte **Branchencharakteristika**, wie z. B.:

- nicht lagerfähige und verderbliche Güterart,
- identische Güter,
- Verkaufszeitpunkt vor Nutzungszeitpunkt,
- niedrige Grenzkosten,
- schwankende Nachfrage,
- eng begrenzte Möglichkeit der Kapazitätsanpassung,
- Marktsegmentierung gut möglich,
- Kapazitätssteuerung ist möglich,

gelten, wird die Preisfindung und -festsetzung mittels des Yield-Managements vorgenommen. Yield-Management, auch Revenue Management oder Ertragsmanagement genannt, ist ein Verfahren zur kurzfristigen Steuerung der Nachfrage mit dem Ziel, Kapazitäten und Preise eines einzelnen Flugsegmentes so zu steuern, dass der Ertrag im gesamten Streckennetz einer Fluggesellschaft optimiert wird. Eine **Anwendung des Yield-Managements** erfolgt, wenn folgende Merkmale im Produktionsprozess der Dienstleistung gegeben sind:

- fixe Kapazitäten,
- hohe Fixkosten,
- niedrige variable Kosten,
- ausgeprägte Nachfrageschwankungen,
- Klassifizierung des Inventory.

Das **Instrument Yield-Management** bei einer Fluggesellschaft wird eingesetzt für die:

- Marktsegmentierung und Preisdifferenzierungen,
- Nachfragelenkung im Zeitverlauf,
- Überbuchung,
- Bildung von Einzelsteuerung und Buchungsklassen,
- Nesting (Buchungsklassenschachtelung),
- Verkehrsstrombezogene Buchungsklassensteuerung,
- Verkaufsursprungsbezogene Buchungsklassensteuerung,
- Prognosemodelle.

3.1.8.12 Produktpolitik einer Fluggesellschaft

Produktpolitische Grundüberlegungen und Entscheidungstatbestände bei einer Fluggesellschaft sind:

- **Produktinnovationen**: Z. B. Anflug einer neuen Destination, Einsatz neuer Flugzeugmuster und neuer Servicekomponenten, Low-Cost-Geschäftssystem,
- **Produktvariationen**: Z. B. Variation der Serviceleistungen, Erweiterung der Abflughäfen und Zeitenlagen, Veränderung des Markennamens,
- **Produktdifferenzierungen**: Z. B. First/Business/Economy-Class, Erhöhung der Frequenzen, Einführung der Menueauswahl in der Economy-Class,
- **Produktelimination**: Z. B. Aufgabe einer Destination oder Aufgabe einer Beförderungsklasse,
- **Diversifikation**: Z. B. Angebot von Frachtdiensten, Betrieb von Hotels und Mietwagenunternehmen, Finanzdienstleistungen,
- **Produktgestaltung**: Z. B. Flugplan- und Streckenplangestaltung, Prozessdauer, Servicekette, Sicherheit.

3.1.8.13 Distributions- und Kommunikationspolitik einer Fluggesellschaft

Beim Verkauf ihrer Verkehrsleistungen sind Netzcarrier auf allen bekannten Vertriebsschienen präsent. Die Distribution erfolgt über den direkten und indirekten Vertrieb:

- **direkter Vertrieb:** Z. B. Call Center, Internet, eigene Verkaufsschalter am Flughafen, interaktives TV,
- **indirekter Vertrieb:** Z. B. über Eigenvertrieb (eigene Reisebüro-Franchise-Organisationen), Fremdvertrieb (Reisebüros, Reiseveranstalter),
- **Computer Reservierungssysteme/Global Distribution Systems**.

Die Instrumente des Vertriebs einer Fluggesellschaft sind:

- Kommunikationspolitik (Werbung, Verkaufsförderung, Public Relation),
- Produktpolitik,
- Preispolitik,
- Konditionenpolitik,
- Customer Relationship Management/Kundenbindungsmanagement.

Die **Kommunikationspolitik einer Fluggesellschaft** erfolgt über:

- Corporate Identity CI (CD, CC, CC, CB, CF, CG),
- Werbung,
- Verkaufsförderung,
- Staff Promotion, Dealer Promotion, Consumer Promotion,
- Direktkommunikation,
- persönlicher Verkauf,
- Öffentlichkeitsarbeit,
- Markenpolitik,
- Beschwerdemanagement,
- Kundenbindungsprogramme.

3.1.8.14 Markt- und Marketingforschung einer Fluggesellschaft

Die spezifischen Instrumente der Markt- und Marketingforschung einer Fluggesellschaft sind vielfältig. Nachfolgend sollen mögliche Instrumente am Beispiel der Lufthansa aufgezeigt werden:

- **Endverbraucherforschung:** Z. B. durch Bordbefragung, Fluggastbefragung am Flughafen, Conjoint Analysen, Productclinics, Customer Advisory Boards,
- **Konkurrenzforschung:** Z. B. durch Wettbewerbsstudien, Erfahrungsflüge, Befragung von Dienstreisenden, Benchmarking,
- **Qualitätsmonitoring:** Z. B. telefonische Erreichbarkeit, Produkte und Betreuung, interne Mängelstatistik, lokale Customer Service Indices,
- **Qualitätsstandards:** Z. B. durch Qualitätsstandards hinsichtlich Design, Sprache, Bordservice, Erreichbarkeit, Technik und Bodendienste nach DIN ISO 9000 ff.,
- **sonstige Maßnahmen:** Z. B. durch Serviceseminare, Frontdesk, Qualitätskonferenzen, Beschwerdemanagement.

Bei der Lufthansa leiten sich auch von diesen Erkenntnissen folgende Marketingstrategien ab:

- Kundenorientierung stellt den Mittelpunkt des Marketings dar,
- Marketing ist die Planung, Koordination und Kontrolle aller auf die aktuellen und potenziellen Kunden und Märkte ausgerichteten Unternehmensaktivitäten,

- die Markenstrategie legt fest, wie die Marketingziele einer Unternehmung zu errei-
  chen sind,
- Marketing im Ressort Netzmanagement: Z. B. durch
  - Zielkundenmanagement: Kundenanalyse, Marktforschung, Qualitätsmanagement, CRM,
  - Marketingkommunikation: Marketingsteuerung, Endkundenkommunikation, Vertriebskanä-
    le,
  - Kundenbindungsprogramme: Programme der Partner und der Non-Airline Partner, Miles &
    More,
  - Kundenbindungssysteme (Datenbankmanagement und Systeme).

3.1.9 Wirtschaftsfaktor Flughafen

Flughäfen gelten weltweit als wichtige Faktoren der lokalen und nationalen Wirtschaft.
Einem Flughafen kommt in erster Linie eine **wirtschaftliche Bedeutung** zu: z. B. ist
ein Flughafen Steuersubjekt, Dienstleistungs- und Wirtschaftsunternehmen, welches Beschäftigungseffekte generiert und wichtiger Standortfaktor ist. Die Auswirkungen dieser
Bedeutung lassen sich wie folgt zusammenfassen:

- **direkte Auswirkungen:** Z. B. am Standort und für die Flugzeugindustrie,
- **indirekte Auswirkungen:** Z. B. durch Wirtschaftsaktivitäten außerhalb des Flughafens (Reisebüros, Reiseveranstalter),
- **induzierte Auswirkungen:** Z. B. Multiplikatoreneffekte bei Konsumausgaben und Investitionen,
- **Beschäftigungseffekte:** Z. B. direkte, indirekte, induzierte und katalysierte Arbeitsplätze,
- **Einnahmen von Flughäfen:** Z. B. aus dem Bereich Aviation (traffic) wie beispielsweise Start- und Landegebühren, Passagiergebühren, Abstellgebühren, Abfertigungs-
  und Handlinggebühren, sonstige Gebühren; aus dem Bereich Non-Aviation (commer-
  cial) beispielsweise Mieten, Konzessionen, Pacht, Verkaufsaktivitäten, Parkgebühren
  und andere Erlöse.

Die **Funktionen eines Flughafens** lassen sich in Kern- und Hilfsfunktionen untergliе-
dern:

- **Kernfunktionen:** Z. B. Wegsicherungsfunktion, verkehrliche Abfertigung und betriebliche Abfertigung
- **Hilfsfunktionen:** Z. B. Serviceleistungen, Non-Aviation bzw. Travel Value Bereich.

Um seiner wirtschaftlichen Bedeutung gerecht zu werden, muss ein Flughafen attraktiv
sein. **Attraktivitätskriterien eines Flughafens** sind:

- Voraussetzungen für Zuverlässigkeit und Pünktlichkeit der Fluggesellschaften,
- Umsteigekomfort, Bequemlichkeit und Übersichtlichkeit,
- Orientierungssysteme und professionelle Transfer-Organisation (Quick-Transfer),
  Schnelligkeit der Umsteigeverbindungen,
- Sauberkeit, Ambiente und Servicefreundlichkeit,
- Vielfalt des Serviceangebotes,
- Einkaufsmöglichkeiten und umfangreiches gastronomisches Angebot,

- Lounges, Ruhezonen und Entertainment,
- medizinische Versorgung und Seelsorgestationen,
- sonstige Dienstleistungen wie z. B. Toiletten, Wasch- und Duschräume.

Airportmanagement und Finanzierung der Flughäfen verfügen in Deutschland im Gegensatz zu den angelsächsischen oder den amerikanischen Flughäfen über einige Besonderheiten. Flughafeneigner sind in Deutschland immer noch mehrheitlich der Bund, die Länder und Gemeinden. Dies hängt im Wesentlichen mit der Beschäftigungsfunktion der Flughäfen zusammen. Die von den Flughafengesellschaften betriebenen Dienste, wie z. B. Betankung, Push-Dienste, Transferdienste, Bereitstellungen und Enteisungsdienste kommen natürlichen Monopolen gleich. Die Finanzierung der Flughäfen erfolgt über Joint-Venture, Venture-Capital, Leasing, Factoring und über Kredite. Die Einnahmequellen sind der Aviation- (z. B. Nutzungs- und Bereitstellungsentgelte) und der Non-Aviation-Bereich (z. B. Mieten, Lizenzen, Umsatzbeteiligungen). Obwohl deutsche und europäische Flughäfen im Vergleich zu den amerikanischen Flughäfen an der Spitze bei der Höhe der Nutzungsentgelte liegen, ist der Ertrag weit geringer als bei diesen.

Der **Erfolg des Flughafenmanagements** lässt sich an drei Kriterien festmachen:

- Auslastung,
- optimale Operating-Processe,
- Kundennutzen (Grund- und Zusatznutzen).

Aktuelle Problematiken eines Flughafens in Deutschland sind:

- **Kapazitätsproblematik:** Z. B.: Start- und Landebahnen sowie Rollwege, Vorfeld und Betriebsflächen, Terminals und Frachtanlagen, landseitige Verkehrsanbindung, Verkehrsverlagerung,
- **Umweltproblematik:** Z. B.: Schadstoffemissionen, Lärmbelastung,
- **Abgeltungsproblematik:** Z. B.: Natürliche Monopole, Eigentumsverhältnisse.

3.1.10 Funktion der Flugsicherung

Die Flugsicherung (deutsche als auch die europäische) ist für die Überwachung des Luftraumes zuständig. Sie präsentiert sich heute durch:

- ineffizientes Management, was eine Überlastung des Luftraums und Staus am Himmel zur Folge hat,
- hohe Stückkosten durch Überbürokratisierung und zu vielen Systemen der Überwachung,
- Verweigerung eines einheitlichen Standards, welches zur Lösung von Innovationsstaus und der Sicherheit beitragen würde.

Im direkten Vergleich zwischen der Flugsicherung der USA und der Flugsicherung in Europa wird dies deutlich.

Vergleich Flugsicherung in USA und Europa (2002)		
Merkmale/Kriterien	USA	Europa
Luftraum in Mio. km²	9,8	10,5
Hubs (Drehkreuze)	31	27
ATC Organisationen (militärische und zivile)	1	47
En-Route-Center	21	58
Betriebssysteme	1	22
Programmiersprachen	1	30
Flüge pro Lotse	900	480
ATC-Kosten pro Flug in US Dollar	380,00	667,00

Tab. B. 3.4: Vergleich Flugsicherung in USA und Europa
Quelle: Klingenberg, 2002

Die Wachstumsprognosen werden mit 15,9 Mio. Passagiere im Jahr angegeben, was zu einem Verkehrskollaps führen wird. Schon jetzt sind 35 % aller Flüge verspätet.

Die **Forderungen an die Flugsicherung** lauten:

* effektive Luftraumstrukturen anhand von Automatisierungskonzepten,
* privatwirtschaftliche Effizienz durch Erhöhung der Produktivität (in Europa nur 50 % von USA),
* Erhöhung der Sicherheit und Effizienz durch:
  – Einsetzen eines durchsetzungsstarken und unabhängigen Regulierers,
  – Neuorganisation der Luftraumstrukturen nach Effizienzkriterien (grenzüberschreitend),
  – Einführung einer leistungsabhängigen Bezahlung,
  – Verbesserung der militärisch-zivilen Zusammenarbeit,
  – Einführung einheitlicher Standards,
  – Marktöffnung von Zusatzdiensten,
  – Neuordnung des Gebührensystems, da das heutige Gebührensystem die Fluggesellschaften in Krisenzeiten durch Gebührenerhöhungen zusätzlich belastet und die Gebührenkalkulation auf der Vollkostendeckung basiert,
  – Vollkostendeckung soll durch eine Budgetierung abgelöst werden.

3.1.11 Flugverkehr und Umwelt

Flugverkehr belastet die Umwelt und verbraucht nicht-regenerative Ressourcen. Fliegen ist die klimaschädlichste Fortbewegung. Ein Flug nach Teneriffa und zurück, ist so klimaschädlich wie ein Jahr Auto fahren; dies entspricht einer Emission von 2.000 kg CO_2 und 3.000 km fliegen entspricht 17.000 km Bahnfahrt oder 7.000 km Auto fahren. Die daraus resultierenden wichtigsten Umweltbelastungen und Folgen im Einzelnen sind:

* Abbau der Ozonschicht und Beschleunigung des Treibhauseffektes,
* Emission von CO_2: Zwar im Kyoto-Protokoll reguliert, jedoch die Treibhausgase derzeit noch nicht reguliert,
* Lärmbelastung durch die Lärmteppiche startender und landender Flugzeuge (0 dB Hörbarkeitsschwelle, ab 45 dB Schlafstörung, 100 dB Presslufthammer, 110 dB Dü-

senflugzeug bei Überflug, 120 dB Schmerzwelle, 140 dB Düsenflugzeug bei Start in 30 m Entfernung),

- Luft- und Bodenverschmutzung durch z. B. Ablassen von Kerosin, Enteisung der Flugzeuge bei Schnee und Eis sowie durch die Verbrennung von Kerosin,
- Eutrophierung und Versauerung der Luft durch Abgasemissionen,
- Wolkenbildung und Beeinflussung des Klimas durch Kondensstreifen; Bildung von Zirruswolken und diese tragen somit zur Hälfte der gegenwärtigen Klimaerwärmung bei,
- Flächenverbrauch durch Flughäfen, Landebahnen, Zubringer, Logistik, Komplementärindustrie,
- externe Kosten (soziale Kosten) z. B. durch Unfälle, Klimaveränderung, Lärm und Luftverschmutzung.

3.1.12 Exkurs Low-Budget-Airlines/Low-Cost-Airlines

Mit der Deregulierung und Liberalisierung der Flugmärkte zuerst in den USA und in Europa, fielen viele Beschränkungen hinsichtlich Strecke und Kapazitäten; die klassische Abgrenzung zwischen Linien- und Charterverkehr verwischte sich immer mehr. In dem Maße, wie sich die europäischen Nationalstaaten aus ihren Beteiligungen der sog. Flag-Carrier oder National-Carrier zurückzogen, diese als wirtschaftlich zu führende Unternehmen in (meistens) börsennotierte Aktiengesellschaften umwandelten, und somit durch politisch-rechtliche Reduktion der Markteintrittsbarrieren einen freien Marktzugang anderen Anbietern ermöglichten, konnten sich Fluggesellschaften mit neuartigen Konzepten (Low-Budget, No-Frills, Low-Cost) entwickeln.

3.1.12.1 Entwicklungsgeschichte der Low-Budget-Airlines

Der Legende nach war es eine Serviette, auf der die späteren Gründer der Southwest Airlines (SW) ihre Idee einer No-Frills-Airline im Jahre 1967 skizzierten. Die Idee war, interessante und nachfragestarke Destinationen mit vielen täglichen Flügen zu günstigen Preisen in Verbindung mit kostengünstigen Abläufen hinsichtlich Buchung, Abwicklung und minimalem Service anzubieten. Im Jahr 1971 wurde die Idee in Taten umgesetzt und es wurde die ersten Low-Budget- bzw. No-Frills-Airline in Texas/USA gegründet, die Southwest Airlines (SW). Mit seinen günstigen Tarifen sprach die Fluggesellschaft neue Zielgruppen an. Personen, die nie oder nur selten flogen, nutzen fortan häufiger das Flugzeug als Beförderungsmittel.

In Europa wurde das Prinzip Low-Budget bzw. Low-Cost-Airline erst Mitte der neunziger Jahre eingeführt, also eine Verkehrsleistung, die sich bei der Erstellung (Produktion) auf die Kernkompetenz „Luftbeförderung" und Direktvertrieb beschränkt. 1985 wurde die irische Ryanair gegründet, die alleine 27,5 Millionen Passagiere im Jahre 2004 beförderte und sich als „Lowest-Airline" No. 1 in Europa bezeichnet. Es folgten: easyjet, Go, Buzz, bmibay, Deutsche BA. Im deutschen Markt erfolgte die Umwandlung einiger Charterfluggesellschaften wie beispielsweise die Germania und die Air Berlin in Low-Budget-Airlines. Der TUI Konzern gründete neben der Chartergesellschaft Hapag Lloyd die Billiglinie HLX (Hapag Lloyd Express).

3.1.12.2 Spezifika einer Low-Budget-Airline

Die Nachfrage nach günstigen und preiswerten Flugreisen wurde durch eine Reihe von weiteren Faktoren begünstigt. Da die Grenzkosten im Flugverkehr relativ gering sind, sich hauptsächlich nur auf den variablen Anteil der Kosten beschränken (z. B. Catering, Sicherheitsgebühren) und nur einem geringen Grenzertrag gegenüber stehen, werden durch jeden zusätzlich beförderten Passagier Mehrumsätze generiert. Aus diesem Anlass haben in der Vergangenheit etablierte Linienfluggesellschaften durch den Einsatz preispolitischer Maßnahmen in Form von Preisreduktionen und Preisdifferenzierungen Passagiere, insbesondere die Privat- und Leisure-Kunden aber in einem geringen Umfang auch Geschäftskunden, preislich stark sensibilisiert. Low-Budget-Airlines hingegen orientieren sich an den preissensiblen Privat- und Leisure-Reisenden, bieten über den Grundnutzen der Beförderung kaum Zusatznutzen an. Ferner bedienen Low-Budget-Airlines nur ausgewählte, und mit einer hohen Nachfrage belegte, Strecken im Point-to-Point. So weist die Unternehmensführung der Low-Budget-Airlines eine starke und konsequente Konzentration auf den Aktionsparameter Preis aus. Obschon Charterfluggesellschaften über ein schlankes Kostenkonstrukt verfügen, verfügen Low-Budget-Airlines über eine noch schlankere Kostenstruktur. Diese ist gekennzeichnet durch:

* ein hohes Maß an Standardisierung der Leistungen,
* geringe Fertigungstiefen in der Produktion,
* die Anbindung bzw. die Netzstreckenplanung erfolgt von häufig wenig frequentierten Flughäfen in der Nähe von Wirtschaftszentren (auch Sekundär- bzw. Randflughäfen genannt) im Punkt-zu-Punkt (auch Point-to-Point) Verkehr.

Low-Budget-Airlines zeichnen sich auch durch neuartige Service- und Produktkonzepte aus. So können In-Flight-Service Leistungen, wie z. B. die Bordverpflegung, bei vielen Low-Budget-Airlines nur käuflich erworben werden, was wiederum im Erstellungsprozess Kosten einspart.

Das Produkt Flugbeförderung ist durch eine eher geringe Verkehrswertigkeit (z. B. enge Bestuhlung, lange Check-In Zeiten) gekennzeichnet. Im Vordergrund steht der Grundnutzen (also die Beförderung von einem Ort zu einem anderen Ort) und nicht der Zusatznutzen, wie z. B. das Image des Unternehmens, Prestigeleistungen wie Kreditkarten, Vielflieger-Status oder teure Kundenbindungsinstrumente. Auch eine sehr konsequent betriebene Outsourcing- und Virtualisierungsstrategie entlang der Wertschöpfungskette ist eine Besonderheit der Low-Budget-Airlines.

In nachfolgender Tabelle werden die spezifischen im Vergleich die Elemente einer Low-Budget-Airline und eines Netzcarrier entlang der Wertekette aufgezeigt.

Kriterien	Low-Budget-Airline	Etablierte Netzcarrier
	Merkmale	**Merkmale**
Vertriebskanäle	Internet, Call-Center	eigene Verkaufsbüros, Verkaufs-schalter am Flughafen, Reisebüro, Internet, Call-Center
Ticket-Merkmale	fast nur ETIX (Elektronisches Ticketing = paperless)	viele Tarifalternativen, kaum ETIX, Teilstrecken-Tickets
Flughafen	hauptsächlich nur Sekundärflug-hafen	große Verkehrsflughäfen, Drehkreu-ze, Regionalflughäfen
Boarding	(meist) keine Sitzplatzzuweisung	Sitzplatzzuweisung mit aufwändi-gem Steuersystem für ausgewählte Kundengruppen
Gepäckbehandlung	kein Durchchecken des Gepäcks zum Endziel, keine Beförderung von Transfergepäck, Gleichbe-handlung des gesamten Gepäcks	Durchchecken bis zum Endziel, Aufnahme von Transfergepäck, be-vorzugte Behandlung von First- und Business Passagieren
Zusammensetzung der Flotte	einheitliche Flotte	gemischte Flotte für alle Strecken-längen
Art der Bestuhlung	höhere Sitzdichte, nur eine Beför-derungsklasse	Drei-Klassen-Bestuhlung (First-, Business- und Economy-Class)
Produktivität	schlanke Organisation, kleinere Besatzung	
Entgeltfreie Leistungen	kaum Service	kompletter Service
Entgeltpflichtige Leis-tungen	Getränke, Imbiss und sonstige Zu-satzleistungen	nur Sonderdienste

Tab. B. 3.5: Vergleich einer Low-Budget-Airline und eines etablierten Netzcarriers entlang der Wer-tekette
Quelle: in Anlehnung an Hayes, 2002

3.1.12.3 Der Markt der Low-Budget-Airlines – ein Überblick

Das der Markt der Low-Budget-Airlines überdurchschnittlich wächst vermögen folgende Werte aufzeigen. So sind rund 17 % der Bestellungen der bis 2025 geplanten Produktion des derzeit zweitgrößten Flugzeugherstellers Boeing von Low-Budget-Airlines getätigt worden. Auch der Anteil der Low-Budget-Airlines am weltweiten gesamten Luftverkehr liegt mittlerweile bei 19 %. Alleine in den USA soll der Anteil der Low-Budget-Airlines bis 2010 bei 40 % (derzeit 27 %) Marktanteil liegen.

Nachfolgende Tabelle zeigt eine Kurzdarstellung wichtiger Low-Budget-Airlines nach Ländern bzw. nach Kontinenten klassifiziert.

Land	Low-Budget-Airlines
Irland	Ryanair, BudgetAir, Skynet
Deutschland	Air Berlin, Germania Express (GEXX), Deutsche BA (DBA), Hapag Lloyd Express (HLX), germanwings
Großbritannien	Air 2000, Air Southwest, Easyjet, bmibaby, Jet2, My Travel Lite, Thomson Fly, Air Wales, Monarch Airlines
Finnland	Air Finland
Portugal	Air Luxor
Polen	Air Polonia
Lettland	Air Baltic
Italien	Volare Web, Meridiana, Alpi Eagels
Schweiz	Baboo, Helvetic Airways
Holland	Basiq Air, Corendon
Bulgarien	Bexx Air
Griechenland	Hellas Jet
Island	Iceland Express
Norwegen	Norwegian Air
Dänemark	Maersk Air, Sterlin
Schweden	Nordic Airlink, Swedline
Belgien	Virgin Express, VLM
Österreich	InterSky, Nikki, Fairline

Land	Low-Budget-Airlines
Südamerika	Bra, Gol, U Air
USA	America West, AirTran, American Trans Air, Jet-Blue, Midwest Airlines, Southeast Airlines, Southwest Airlines, Spirit Airlines, Interstate Jet, Frontier Airlines
Kanada	Can Jet, HMY Airways, JetsGo, Tango Airlines, Westjet, Zip
Asien	Tiger Airways, Air Asia, Bouraq, Valuair
Australien	freedom air, Virgin Blue

Tab. B. 3.6: Kurzdarstellung wichtiger Low-Budget-Airlines
Quelle: eigene Darstellung, 2005, 2007

In folgender Tabelle werden die für Deutschland wichtigsten Low-Budget-Airlines kurz und anhand einiger Kriterien dargestellt. Um eine Vergleichbarkeit einer Low-Budget-Airline zu einer etablierten Linienfluggesellschaft herzustellen, wird als Referenz die Deutsche Lufthansa (LH) angegeben.

Unter-nehmen	Flotte	Mitarbeiter	Sonstige
Lufthansa (Referenzbeispiel)	347 (inkl. Frachter)	100.779	Umsatz 2007: 22,4 Mrd. € Fluggäste 2007: 62,9 Mio.
Air Berlin (inkl. Übernahmen/Beteiligungen von/an: NIKI, dba, Belair, LTU)	132	8.488 (inkl. Tochtergesellschaften)	Fluggäste 2007: 27,9 Mio.
TUIfly (Zusammenschluss aus Hapag Lloyd Express und Hapagfly)	48	1.600 (davon 1.000 Flugbegleiter und 600 Piloten)	Fluggäste 2007: 12,5 Mio.
germanwings	27	1.067	Fluggäste 2007: ca. 8 Mio. Umsatz 2007: ca. 630 Mio. €
Condor	36	2.200	Fluggäste: ca. 7,5 Mio.

Tab. B. 3.7: Wichtige deutsche Low-Budget-Airlines 2008
Quelle: eigene Darstellung

3.1.12.4 Erfolgsfaktoren der Low-Budget-Airlines

Die Erfolgsfaktoren einer Low-Budget-Airline liegen im Wesentlichen in ihrer starken Kostenorientierung und damit für den Nachfrager in einer attraktiven Preisgestaltung als auch in der Einfachheit und der zweckrationalen/pragmatischen Form der Unternehmensführung.

3.1.12.4.1 Kostensituation

Das bei Low-Budget bzw. Low-Cost-Airlines sich nahezu fast alles um die Kosten dreht, geht schon aus dem Namen dieses Geschäftstyps hervor. Bei der Betrachtung der Kostenstruktur einer Low-Budget-Airline ist es wichtig, zunächst die Kostenstruktur der Netzcarrier und die Kosten eines Fluges zu kennen, um tatsächlich festzustellen, wo Low-Budget-Airlines Kosten reduzieren und eine Kostenführerschaft übernehmen.

Die Kosten einer Fluggesellschaft können laut der IATA noch weiter in operative und nicht-operative Kosten differenziert werden. Die operativen Kosten werden weiter in direkte und indirekte Kostenblöcke aufgeteilt.

Direkte operative Kosten		%-Anteil
Flugbetrieb	Flugpersonalkosten, Treibstoff, Flughafen- und Streckengebühren, Versicherungen, Miet- bzw. Leasingaufwendungen	30 % bis 35 %
Instandhaltung und Wartung	Gehälter der technischen Angestellten, Ersatzteile und Wartung	10 % bis 15 %
Wertminderung und Abschreibung	Fluggeräte, Bodengeräte und Grundstücke, Abschreibung von Personalentwicklungskosten (auch Crew-Training)	8 %
Indirekte operative Kosten		**%-Anteil**
Stations- und Handlingskosten	Bodenpersonal, Gebäude, Ausstattung, Transport, Bodenabfertigungskosten für outgesourcte Aktivitäten	10 % bis 20 %
Passagier-Service	Gehälter der Kabinen Crew, sonstige Passagierkosten	10 %
Ticketing, Verkauf und Werbung	Flugscheine, Lizenzen, Provisionen	15 % bis 18 %
Allgemeine Verwaltung	sonstige Kosten der Verwaltung und andere Betriebskosten	5 % bis 10 %

Tab. B. 3.8: Betriebskosten einer Fluggesellschaft und ihre prozentualen Anteile
Quelle: Schweinschwaller, 2002

Anhand der o. g. Kostenaufstellung wird nun selektiv aufgezeigt, wo Low-Budget-Airlines eine bessere Kostenstruktur durch welche Maßnahmen aufweisen.

Der Erfolg der Low-Budget-Airlines liegt nicht nur in den niedrigen Kosten begründet, sondern vor allem auf der hohen Produktivität. Low-Budget-Airlines halten ihre Maschinen im Schnitt 10,5 Stunden pro Tag und somit drei Stunden länger als etablierte Netzcarrier in der Luft. Mehr Sitze an Bord und eine durchschnittliche Auslastung von 84 % (traditionelle Fluggesellschaften bringen es im Durchschnitt auf 67 %) tragen zum Erfolg bei.

Bei den direkten flugabhängigen Personalkosten (Kabine und Cockpit) sind die Kosten auf mehr Sitzkilometer verteilt aufgrund des Umstandes, das Low-Budget-Airlines eine höhere Nutzungsdauer pro Tag (kürzere Turnaround-Zeiten und höhere Flugfrequenz) erreichen.

Junges, weniger qualifiziertes und nicht gewerkschaftlich organisiertes Boden- und Kabinenpersonal (ausgenommen Piloten) hält das Lohn- und Gehaltsniveau niedrig. Die leistungsabhängige Bezahlung (nach Flugstunden) und der Verzicht auf soziale Nebenleistungen ist ein weiteres Kostenreduktionspotenzial. Aufgrund der Punkt-zu-Punkt Struktur des Streckennetzes fallen keine Reise- und Übernachtungskosten des Flugpersonals an.

Die Sitzdichte bei einer Low-Budget-Airline ist durch die einheitliche Bestuhlung und geringere Sitzabstände höher. So kann beispielsweise eine Boeing 737-300 mit fast 150 Sitzen bestuhlt werden, während eine etablierte Linienfluggesellschaft in einer Zwei-Klassen Konfiguration (Business und Economy) gerade mal mit 128 Sitzen bestuhlen kann.

Minimaler Bordservice benötigt weniger Raum und Gewicht, senkt somit die Lagerhaltungskosten und spart wegen der Gewichtsreduktion Treibstoff. Die meisten Low-Budget-Airlines erreichen eine bis 30 % längere Nutzdungsdauer ihrer Flugzeuge pro Tag, denn Flugzeuge erwirtschaften nur dann Deckungsbeiträge, wenn sie in der Luft sind und nicht am Boden stehen. Auch die Bodenzeiten (Turnarounds) liegen mit ca. 30 Minuten und noch weniger weit unter dem der etablierten Netzcarrier. Diese Spitzenzeiten werden durch flugzeugeigene Gangways, kein Austausch der Catering-Trolleys, Kabinenreinigung durch die Flugbegleiter, kein Umsteige-Gepäck, keine Fracht und weitere zeit- und prozessintensive Vorgänge möglich.

Veranschaulicht werden die Kostenvorteile der Low-Budget-Airlines in nachfolgender Tabelle.

Merkmale	Kosteneinsparungen (in Prozent)
engere Bestuhlung mit mehr Sitzen in den Flugzeugen	16 %
Nullprovision für Reisebüros und nur Vertrieb über das Internet und Call-Center	9 %
Anflug von abgelegenen und besonders günstigen Flughäfen	8 %
vereinfachte Passagierabfertigung an den Flughäfen	8 %
geringeres Gehaltsniveau in der Kabine und jüngere Belegschaft	7 %
Verzicht auf kostenloses Catering auf den Flügen	6 %
höhere Produktivität der Flugzeuge durch mehr Flugstunden am Tag	3 %
standardisierte Flotte mit nur einem Flugzeugtyp	3 %

Tab. B. 3.9: Kostenvorteile der Low-Budget-Airlines gegenüber Netzcarrier anhand ausgewählter Merkmale
Quelle: AEA, CAA, o. J.

Abschließend noch eine vergleichende Darstellung der Kosten pro Sitzkilometer zwischen einem Netzcarrier, einer Charter-Gesellschaft, einer Low-Cost-Airline und einer „Lowest-Cost Airline".

Airline-Typ	Kosten pro Sitzkilometer	Einsparungen
Netzcarrier (z. B. Lufthansa, Air France)	10 Eurocent	keine
Charter Airline (z. B. Condor)	6,6 Eurocent	35 %
Low-Cost-Airline (z. B. Easyjet)	5,9 Eurocent	40 %
Lowest-Cost Airline (z. B. Ryanair)	3,9 Eurocent	60 %

Tab. B. 3.10: Kosten pro Sitzkilometer und Kosteneinsparungen ausgewählter Airline-Typen
Quelle: AEA, CAA, o. J.

3.1.12.4.2 Preisstrukturen

Preise müssen einfach und nicht erklärungsbedürftig sein und auch so kommuniziert werden, da sie auch psychologisch auf den Kunden wirken. Sie sind eng mit den Konditionen verknüpft.

Da Kunden von heute Preise durchaus vergleichen, der Kunde aber aufgrund der Informationsflut teilweise überfordert ist, empfiehlt es sich, der Maxima der Einfachheit zu folgen. Low-Budget-Airlines verfolgen bei der Festlegung ihrer Preisstrukturen eine „Mental Convenience" Philosophie. *Esch* empfiehlt an dieser Stelle **„KISS" – Keep it simple and stupid**.

Während etablierte Netzcarrier bis zu 30 Preis- und Buchungsklassen pro Flug mit umfangreichen Restriktionen ausweisen, beschränken sich Low-Budget-Airlines auf maximal vier bis sechs Preis- und Buchungsklassen pro Flug. Auch sind die Preise der Low-Budget-Airlines nur als Hin- oder Hin-/Rückflug zu erwerben. Sie sehen auch keine Kombinationen mit anderen Preisklassen auf dem gleichen Flug vor. Die Maximierung des Ertrages pro Sitzplatz wird mittels eines Yield-Management-Systems (auch Revenue-Management-Systems) gesteuert.

Grundsätzlich orientiert sich die Preishöhe an den der etablierten Netzcarrier. So gestaltet Easyjet seine Preishöhen wie folgt: der höchste Preis beträgt nur ca. 50 % und der günstigste Preis nur ca. 20 % des günstigsten Preises einer etablierten Linienfluggesellschaft.

Low-Budget-Airlines schalten bei Buchungsfreigabe zuerst den günstigsten Tarif frei und bewerben diesen massiv in der Presse. Ist die Obergrenze (Kontingent) ausgeschöpft, wird die nächst höhere Preisklasse frei geschaltet. Je kürzer die Zeit zwischen Buchung und Abflug, desto teurer werden die Preise. Im Umkehrschluss bedeutet dies, je früher gebucht wird, desto günstiger ist der zu zahlende Flugpreis. Ist die Nachfrage in einem bestimmten Zeitraum geringer als erwartet, können die Preise wieder gesenkt werden. Weitere Kosteneinsparpotenziale werden durch die einheitliche Flotte und Einkauf über die Menge, durch Variabilisierung der Fixkosten (konsequentes Outsourcing aller Bodendienste), durch schlichte Verwaltungsgebäude, durch schlanke Organisationsstrukturen erzielt.

3.1.12.4.3 Flotten- und Streckenstrukturen

Im großen Gegensatz zu den derzeit sehr günstigen Ticket-Preisen stehen die Preise für neue Flugzeuge. Das noch größte Verkehrsflugzeug der Welt, die Boeing 747-400 kostete 1990 noch 30 Mio. USD, 2002 schon zwischen 194 bis 215 Mio. USD. Eine Boeing 737-800 (das bevorzugte Flugzeug der Low-Budget-Airlines) wird laut Listenpreis zwischen 57 und 65 Mio. USD angeboten.

Bei der Beschaffung gibt es zwei Ansätze: Den Kauf neuwertiger oder gebrauchter Flugzeuge oder das Leasing. Die **Vorteile** beim **Kauf** neuwertiger Flugzeuge liegen z. B. in der Neuwertigkeit, Garantieleistungen des Herstellers, Customization (Ausstattung nach dem Wunsch des Bestellers), State-of-the-art (neuester technischer Stand) und damit günstigen Betriebskosten.

Die **Nachteile** beim **Kauf** sind: Kapazitätsdifferenzen (aufgrund von Fehlprognosen bei der Bestellung), zeitversetzte Lieferung, mögliche Lieferengpässe, hohe finanzielle Aufwendungen.

Bei der Anschaffung gebrauchter Flugzeuge sind die zeitnahe Beschaffung und die günstige Beschaffungsaufwendung als Vorteil zu sehen. Dem gegenüber stehen keine Neuwertigkeit, Wegfall der Garantie, evtl. Umrüstung, höhere Betriebskosten (da nicht mehr auf dem neuesten Stand) und zusätzliche technische Überprüfungen.

Eine weitere Form der Beschaffung stellt das Leasing dar. Grundsätzlich können hier das Finanzierungsleasing und das Operate Leasing genannt werden.

Bei der Beschaffung von Flugzeugen spielen viele Entscheidungskriterien eine Rolle. Die für die Low-Budget-Airlines wichtigsten Entscheidungskriterien sind in nachfolgender Tabelle zusammengefasst.

Anschaffungskosten	Kaufpreis (neu oder gebraucht), Leasing-Raten (Finanzierungsleasing oder Operate Leasing), Nebenkosten der Beschaffung
Prognosen über die Verkehrsentwicklung	Bedeutsam nur für die Anzahl der Flugzeuge, nicht so sehr für die Größe und die Bestuhlung
Betriebskosten	Treibstoffkosten, Trainingskosten für Cockpit, Kabine und Wartungspersonal, Wartungskosten
Leistungsdaten des Flugzeuges	Nutzlast, Reichweite
Flotte	Homogenität wird angestrebt
Technische Einrichtungen	Startbahnlänge und Startbahnoberfläche der anzufliegenden Flughäfen, Navigationshilfen, Abfertigungseinrichtungen

Tab. B. 3.11: Wichtige Entscheidungskriterien einer Low-Budget-Airline bei der Beschaffung von Flugzeugen
Quelle: in Anlehnung an Sterzenbach/Conrady, 2003

Kriterien wie beispielsweise: Kundenakzeptanz, Umweltaspekte, angestrebtes Flottenalter, Kundenakzeptanz des Modells (Jet oder Turboprop) sowie Sicherheitsaspekte der Konstruktion spielen eine eher sekundäre Rolle.

Die wohl wichtigsten Kriterien bei der Beschaffung sind die Homogenität der Flotte und die Anschaffungskosten. Durch die Homogenität der Flotte (meistens Boeing 737-800, 737-500 und 737-400) fallen geringere Lagerhaltungskosten bei der Ersatzteillagerung an, das Personal (Cockpit, Kabine und Wartung) müssen nur auf einem Herstellermodell geschult werden und sind jederzeit auf allen Flugzeugen der Flotte einsetzbar.

Die Streckenstruktur der Low-Budget-Airlines unterscheidet sich grundlegend von der der etablierten Netzcarrier. Während etablierte Netzcarrier i. d. R. nach der Hub-and-Spokes oder dem Grid-Modell ihre Netzstruktur aufgebaut haben, bevorzugen Low-Budget-Airlines eine dezentrale Netzstruktur, die Point-to-Point oder Punkt-zu-Punkt Verbindung. Zum anderen konzentrieren sich Low-Budget-Airlines fast ausschließlich auf Kurzstrecken in West-Zentral- und neuerdings auch Osteuropa.

So werden die bedeutenden europäischen Wirtschaftszentren im Punkt-zu-Punkt-Verkehr verbunden. Da in unmittelbarer Nähe der Wirtschaftszentren vielfach kleinere Sekundärflughäfen liegen (z. B. Hahn in der Nähe von Frankfurt/Rhein-Main, Stansted bei London, Mönchengladbach im Rhein/Ruhr Gebiet), werden diese statt der großen Verkehrsflughäfen angeflogen. In den dadurch geringeren Kosten für die Low-Budget-Airlines aber auch für die Kunden (z. B. geringe Parkgebühren, kürzere Wege, geringere Passagierdichte und somit eine schnellere Abwicklung) liegt das Wachstum der Low-Budget-Airlines.

Das eigenständige Verkehrsaufkommen oder „Lokalverkehr" (Verkehr ohne Umsteigevorgang) zwischen den o. g. angeflogenen Destinationen ist hoch und die Nachfrage wächst stetig. Abschließend noch eine Aufzählung wichtiger Kriterien bei der Auswahl von Flugstrecken einer Low-Budget-Airline:

- bestehende Wettbewerbsintensität auf der Strecke,
- Angebot alternativer Verkehrsmittel und deren Attraktivität,
- Catchment-Area (Einzugsgebiet) ausreichend groß,
- Verfügbarkeit von Slots,
- Verfügbarkeit und Günstigkeit von Bodenabfertigungs- und Handlingsleistungen.

3.1.12.4.4 Zielgruppen und Passagierstrukturen

Die einfachste Form der Segmentierung von Zielgruppen sind die nach dem Anlass. Man unterscheidet berufliche Reisen und Privatreisen. Unter dem Begriff Privatreisen subsumieren sich Urlaubsreisen (Besuchsreisen) und sonstige Privatreisen. Dieses Segment ist die definierte Zielgruppe der Low-Budget-Airlines. Privatreisende sind sehr preissensibel und preiselastisch, sind Frühbucher, relativ flexibel in der Reiseplanung und zeichnen sich durch eine niedrige Ertragswertigkeit aus. Da Low-Budget-Airlines den Massenmarkt bedienen und Marktanteile gewinnen wollen, setzen sie auf eine „One-Time Transaction" – Champion ist nicht der Kunde, sondern das Produkt.

Geschäftsreisende würden zwar höhere Erträge dem Carrier bescheren, jedoch wäre dies für die Low-Budget-Airline mit einer Fixkostenprogression verbunden, da die Ansprüche dieser Zielgruppe höher sind. Sie sind zwar preisunelastisch, aber dafür Spätbucher und somit weniger berechenbar und benötigen mehr Flexibilität bei der Reiseplanung.

3.1.12.4.5 Die Rolle der Low-Budget-Airports

Wie bereits ausgeführt, bevorzugen Low-Budget-Airlines aus Gründen geringerer Kosten u. a. auch Flughäfen, die in Metropolregionen liegen. Diese Flughäfen besitzen oftmals eine weit weniger aufwändige Airport-Infrastruktur und zeichnen sich durch niedrige Benutzergebühren für Fluggesellschaften, etwa niedrigere Start- und Landegebühren, Mieten und Passgiergebühren aus. Ist nun der fehlende Marmor oder die fehlenden Annehmlichkeiten, die beispielsweise die Lufthansa ihren Kunden an den Flughäfen München (im neuen Terminal 2) oder in Frankfurt am Main gewährt, schon ein Kriterium einen Flughafen als Low-Cost oder Low-Budget einzustufen?

Low-Budget-Airlines benötigen eine Flughafen-Struktur, die stark an dem Point-to-Point Verkehr ausgerichtet ist. Dies impliziert schon, dass Flughäfen mit einer starken Hub-Orientierung (Drehkreuz-Funktion), aufgrund dieser Struktur teurer sind und von Low-Budget-Airlines nach Möglichkeit gemieden werden. Diese Flughäfen sind oftmals regionale Flughäfen oder nicht mehr vom Militär benötigte Flughäfen (oftmals auch als Sekundär-Flughäfen bezeichnet). Dadurch, dass diese Flughäfen für etablierte Netzcarrier aufgrund ihrer Entfernung zu den Wirtschaftszentren, zu kurzen Landebahnen, fehlender Annehmlichkeiten, zu geringe Anzahl von Parkplätzen, keine ausreichende Verkehrsanbindungen und andere Kriterien nicht attraktiv sind, ist demzufolge die Nachfrage gering und somit sind die Kosten niedrig. Dieser Umstand macht den Flughafen für eine Low-Budget-Airline interessant. Start-/Landegebühren, die um ein Vielfaches günstiger sind als z. B. in Frankfurt am Main, Passagiergebühren, die nur die Hälfte die der in München betragen, machen einen Flughafen wie Hahn im Hunsrück für Ryanair zu einem attraktiven und kostengünstigen Abflugs- und Zielort. Kunden, die preisbewusst ihre Fluggesellschaft auswählen, nehmen auch eine längere Anreise in Kauf, akzeptieren längere Abfertigungszeiten, legen weniger Wert auf freundliche Mitarbeiter und Sauberkeit.

Dadurch, dass das Geschäftskonzept der Low-Budget-Airlines sehr kosten-, preis- und wirtschaftlich orientierter ist als das der etablierten Netzcarriern, sind sie in geringerem Umfang bereit für Airport-Infrastruktur zu bezahlen, die sie nicht nutzen.

3.1.12.5 Marketing-Mix der Low-Budget-Airlines

Unter dem Begriff Marketing-Mix versteht man die zu einem bestimmten Zeitpunkt eingesetzte Kombination der marketingpolitischen Instrumente eines Unternehmens. Das Problem jedes Unternehmens ist in einer bestimmten Marktsituation die geeignete Kombination der Instrumente auszuwählen und einzusetzen.

3.1.12.5.1 Produktpolitik

Die Produktpolitik stellt das Herz des modernen Marketings dar und steht im Mittelpunkt aller absatzpolitischen Überlegungen und Bestrebungen. Das Kernprodukt einer Fluggesellschaft ist die Beförderungsleistung, ein homogenes Produkt mit kaum individuellen Gestaltungsmöglichkeiten für die einzelne Gesellschaft. Zusatzleistungen gelten in der Luftbeförderung als wichtigster Wettbewerbsfaktor und bietet viele Möglichkeiten für die einzelne Fluggesellschaft, sich über Produktdifferenzierungen von Mitbewerbern abzuheben.

Low-Budget-Airlines haben aufgrund ihrer selbst gewählten Kosten- und Preisführerschaft auf umfangreiche Möglichkeiten der Produktdifferenzierung und den Aufbau von Zusatzleistungen verzichtet.

Die Zusatzleistungen, die angeboten werden, sind meistens nur käuflich zu erwerben und sind nicht als „Added Value" für den Kunden gedacht, sondern vielmehr um weitere Einnahmen zu generieren. Insofern kann von einer breit gefächerten Produktpolitik nicht ausgegangen werden. Vielmehr verfolgt jede Low-Budget-Airline über das Maß an Gemeinsamkeiten (Beförderung, Sicherheit, relative Pünktlichkeit und Zuverlässigkeit) eine eher zufällig und wenig beabsichtigte Produktpolitik.

Die meisten Low-Budget Anbieter beispielsweise definieren und kommunizieren ihre Produktpolitik folgendermaßen:

*   Abflüge von primären Verkehrsflughäfen mit einem weiten und großen Einzugsbereich (z. B. Köln/Bonn) sowie sekundäre Flughäfen mit wenig Wettbewerb,
*   Ansprache der Zielgruppen Geschäfts- als auch Privatreisende, schnelle Check-In Vorgänge, einfaches und wenig erklärungsbedürftiges Produkt,
*   eine moderne Flotte einer einzigen Baureihe (Boeing 737-700) und freundliche, offene und flexible Mitarbeiter.

3.1.12.5.2 Preispolitik

Im Luftverkehr sind üblicherweise statische und dynamische Preis-Strategie-Konzepte anzutreffen. Die statischen Preis-Strategie-Konzepte umfassen eine Premium- und eine Promotions-Preis-Strategie. Low-Budget-Airlines setzen im Gegensatz zu etablierten Netzcarriern bei der Preisfestsetzung in den Bereichen der First- und Business-Class eher auf die Promotions-Preis-Strategie. Auch findet hier die Penetrations- und Skimmingpreispolitik Anwendung. Bei der Penetrationspreispolitik werden zunächst niedrige Preise, die jedoch im Zeitablauf erhöht werden, eingesetzt. Anders als bei etablierten Netzcarriern, deren Preispolitik durchschaubar und vorhersehbar ist, weil sie immer nach den gleichen Regeln angewendet wird und auch durch die Vorgaben und Regeln der IATA stark beeinflusst wird, entscheidet jede Low-Budget-Airline nach Kriterien wie Buchungstand, Auslastung, Tageszeit, ob hohe oder niedrige Einstiegspreise in die GDS / CRS gestellt werden.

Auch die gerade bei Dienstleistungen weit verbreiteten Preisdifferenzierungen, insbesondere die saisonale, die mengenmäßige, die personenbezogene und die zeitpunktbezogene Preisdifferenzierung, finden hier kaum Anwendungen. Günstige und in ihrer Höhe gleich bleibende Tarife sind ein Ausdruck dieser Strategie. Ein wichtiger Bestandteil der Preispolitik ist die Preisfindung. Diese erfolgt i. d. R. nach drei Vorgehensweisen:

*   **Cost-based-Pricing** ist gegeben, wenn die Kosten, die ja vergleichsweise niedrig sind, auch durch niedrige Flugpreise gedeckt sind.
*   **Competition-based-Pricing**, also die Orientierung am Preisniveau des Wettbewerbers, spielt bei Low-Budget-Airlines eine untergeordnete Rolle. Bestenfalls findet eine Orientierung an den Flugpreisen der etablierten Netzcarrier statt, um die eigene Preishöhe vergleichend in der Werbung besser darzustellen.
*   **Value-based-Pricing** orientiert sich am Nutzen der Leistung, die für den Kunden bestimmt ist; die Preishöhe orientiert sich primär an der Zahlungsbereitschaft der Kunden und spielt die wichtigste Rolle.

Die Umsetzung und die Kommunikation der Preispolitik kann wie folgt dargestellt werden:

*   das Preissystem ist einfach, fair und transparent,
*   die Preise sind Inklusiv-Preise,

- keine Verkehrsrestriktionen (z. B. keine Einschränkungen anhand von Mindest- und Maximalaufenthalten),
- die Gebühren sind transparent,
- zu einem bestimmten Zeitpunkt besteht nur ein Preis pro Flug und Vertriebsweg im Markt,
- der Headline-Preis stellt die normale Preiskategorie dar und ist mit ausreichendem Sitzplatzangebot unterlegt,
- Zusatzleistungen (sog. Frills, z. B. Catering, Bezahlung mit Kreditkarte bei Buchung im Reisebüro) kosten extra.

3.1.12.5.3 Distributionspolitik

Bei der Entscheidung des Absatzweges (direkter oder indirekter Absatzweg) bietet sich für eine Low-Budget-Airline zunächst der indirekte Absatzweg an. Ein Flug ist eine nicht lagerfähige und nicht auf Vorrat produzierbare Leistung. Es gilt dieses Produkt schnell, ohne Umwege und mit geringen Vertriebskosten an den Endverbraucher zu „transportieren".

Die Kosten der Distribution werden durch Internet und Call-Center stark reduziert. Ein Vertrieb über Mittler (Reisebüros) findet kaum statt, denn in diesem Fall wären Provisionen fällig. Auch findet keine oder eine nur sehr eingeschränkte Anbindung an die gängigen CRS/GDS statt, da diese Systeme für Low-Budget-Airlines überfunktional und damit zu kostenintensiv sind. Auch hat der direkte Vertrieb den Vorteil, das es ein Distanzkauf ist und der Kunde mithin mit seiner Kreditkarte zahlen muss; ein Umstand, der eine positive Liquiditätswirkung auf das Unternehmen hat, da die Einnahmen schneller beim Unternehmen sind als ein z. B. Reisebüroinkasso. Der Nachteil des direkten Vertriebs für Low-Budget-Airlines besteht darin, dass keine Multiplikatoren aufgebaut werden, die mit weniger Kommunikationsaufwendung die Leistungen verkaufen.

Die Vertriebspolitik der Low-Budget-Airlines ist sehr strukturiert und übersichtlich. Die Tarife sind einfach gegliedert, weisen keine Restriktionen auf und sind kaum erklärungsbedürftig. Die mit Abstand wichtigsten Vertriebskanäle sind On-Line und über Call-Center. Da wird der Kunde jedoch mit hohen Telefongebühren i. d. R. abgestraft. Auch werden keine Papierflugscheine (bei den meisten Low-Budget-Airlines) mehr ausgestellt, nur noch ETIX (Elektronisches Ticket).

3.1.12.5.4 Kommunikationspolitik

Die Kommunikationspolitik ist ein Hauptinstrument des Marketings. Die wichtigsten Subinstrumente der Kommunikationspolitik sind:

- **Werbung,**
- **Verkaufsförderung,**
- **Öffentlichkeitsarbeit,**
- **persönlicher Verkauf.**

Das definierte Ziel der Kommunikationspolitik nahezu aller Low-Budget-Airlines ist es, eine hohe Markenbekanntheit zu erlangen, eine hohe Markensympathie zu erreichen und das eigene Unternehmen den der Mitbewerber vorzuziehen und damit eine hohe Buchungs- und Kaufbereitschaft beim Kunden auszulösen.

Verkaufsförderung wird nur dann angestrebt, wenn der Kosten-Nutzenfaktor positiv ist, PR muss offensiv sein. Im persönlichen Verkauf gilt die Maxime: Untertreibung bei der Bestellung, Überraschung und Bereicherung bei der Lieferung.

Unter Einbeziehung und Zuhilfenahme der Medien gelingt es den Low-Budget-Airlines ihre günstigsten Preise in ganz hervorragender Weise zu inszenieren und in den Mittelpunkt öffentlichen Interesses zu positionieren. Die Prinzipien der Werbestrategien der Low-Budget-Airlines lassen sich wie folgt definieren: Klassische Medien (must-haves) wie Print und Poster finden eine weite Verbreitung, wettbewerbsorientierte Verwendung der Medien und neue Ideen und Specials (z. B. Attraktionen) werden stark instrumentalisiert. Die Methoden sind auch von schlichter Einfachheit. So setzen Low-Cost-Airlines auf klassische Werbung. Nachfolgende Darstellung zeigt am Beispiel der HLX die Zielsetzung der Werbemaßnahmen.

Werbemaßnahmen	Zielsetzung/Umsetzung
Klassische Werbung	Plakate, Poster, Radio und Anzeigen in der Region Köln/Bonn (großer Einzugsbereich) sowie in den Zielgebieten
PR/Öffentlichkeitsarbeit	Qualität wird groß geschrieben, Differenzierungen zu anderen Mitbewerbern werden herausgestellt, eine regionale Identität in verschiedenen Destinationen wird über Artikel entwickelt, PR-Events mit Politikern, Konsumenten und Reisebüros
CRM	Aktives CRM, Beschwerdemanagement, FAQs auf Website, Umleiten von Anrufen, Newsletter für einfache Werbekampagnen, Datensammlung und Marktforschung via Vertrieb, Nutzung von flexiblen Datenbanken
In-Flight Magazin	Promotions-Partner und Magazine zur Steigerung von Umsatz und Differenzierung
Partner Marketing	Leistungsfähiges Kommunikationsmittel zur Erhöhung der Kundentreue
On-Board Produkte	Umsatz erzeugen und Differenzierung erhöhen
Reisebüro-Marketing	Aktive Kommunikation, konstruktive Beziehung, Kampagnen und Expedientenflüge

Tab. B. 3.12: Übersicht über Werbemaßnahmen und ihre Zielsetzung/Umsetzung
Quelle: in Anlehnung an Hapag Lloyd Express, 2002

Die Zielrichtung im Rahmen der Kommunikationspolitik der Low-Budget-Airlines ist: Der Medieneinsatz setzt auf größtmögliche Wirkung zu niedrigsten Kosten.

3.1.12.5.5 People, Process & Physical Evidence

Umgesetzt werden diese Instrumente bei Fluggesellschaften üblicherweise durch z. B.:

* Auswahl geeigneter Mitarbeiter aller Nationalitäten und Ethnien,
* kundengerechte Automatisierung zur Steigerung der Effizienz und Problemlösung,
* technische Innovationen.

Bei Low-Budget-Airlines fanden sich keinerlei Hinweise auf den Einsatz dieser Instrumente.

3.2 Straßenverkehr

Deutschland verfügt und bietet mit seinen dicht ausgebauten Straßen (ca. 220.000 Kilometer) und Autobahnnetz (ca. 12.000 Kilometer) über eine hervorragende Infrastruktur für den Verkehrsträger bzw. für den touristischen Straßenverkehr. Nutzer dieser Infrastruktur zu touristischen Zwecken sind die Busunternehmen bzw. Busreiseveranstalter und Urlauber, die in eigener Anreise ihr Urlaubsziel mit eigenem Pkw oder einem Mietwagen (Individualverkehr) erreichen.

3.2.1 Busverkehr

In den sechziger Jahren, als der touristische Verkehr sich langsam zu etablieren begann, lange bevor die erste pauschale Urlaubsreise angeboten wurde, gehörte die Busreise neben der Bahn- und Eigenanreise zu den Protagonisten des Urlaubsverkehrs. Seit den achtziger Jahren haben die Busreisen einen stabilen Marktanteil im Reiseverkehr von zwischen 8 % bis 11 %.

Derzeit gibt es in Deutschland ca. 5.450 private Busunternehmen und ca. 1.100 vermarkten ihre Produkte bzw. Verkehrsleistungen über eigene Reisekataloge. Deutsche Busunternehmen sind vor allem kleine und mittelständische Betriebe mit zwischen 10 und 50 Mitarbeitern. Insgesamt sind ca. 65.000 Arbeitnehmer im Omnibusbereich tätig, weitere 170.000 Arbeitsplätze sind in Deutschland direkt von der Busbranche abhängig. Auf deutschen Straßen sind ca. 61.000 Busse unterwegs, ca. 20.000 davon sind Reisebusse, 17.000 sind Linienbusse und 24.000 sind gemischt einsetzbare Fahrzeuge. Jährlich werden insgesamt 120 Mio. Teilnehmer von Busfahrten gezählt, 6.8 Mio. entfallen auf längere und 15 Mio. auf Kurzreisen (*Allianz pro Bus*). Der Straßenpersonenverkehr setzte im Jahr 2005 4,3 Mrd. € um, davon entfielen 1,8 Mrd. € auf den touristischen Busreiseverkehr und der Rest auf den Linienverkehr (*bdo*).

3.2.1.1 Zielgruppenanalyse – Vor- und Nachteile der Busreise

Eine Analyse der Nachfrager zeigt, dass der typische Busreisende jugendlich ist oder er gehört schon der rentennahen Generation an bzw. ist deutlich über 65 Jahre alt. Die Akzeptanz von Busreisen bei mittleren Jahrgängen ist deutlich schlechter. Ebenso dominieren ausländische Zielgebiete gegenüber den inländischen, und der Anteil der Busreisen bei Kurzreisen liegt deutlich höher als bei anderen Verkehrsträgern. Das Buchungsverhalten der Busreisenden ist kurzfristig und die Hauptreisezeiten konzentrieren sich auf zwei Zeiträume (zwischen Ostern und den Sommerferien und zwischen September bis Oktober). Ganz generell werden dem Buspublikum Leute mit niedrigem Einkommen und bildungsferne Gesellschaftsschichten zugeordnet.

Gründe, die gerne als **Vorteile für Busreisen** in Anspruch genommen werden, sind:

* Reiseerlebnis in der Gruppe und die damit einhergehende Geselligkeit,
* gutes Preis-Leistungs-Verhältnis, Günstigkeit,
* stressfreies Reisen von Tür zu Tür und sehr flexibel,
* komfortabler Standard und bequeme Busse (im Vergleich zu einer Flugreise in der Economy Class),
* hohe Sicherheit (Busunternehmen verweisen gerne auf die Unfallstatistik und die geringe Unfallquote bei Busreisen),
* Umwelt schonende Reiseart,
* ideal für Rund- und Studienreisen, da Landschaften und Sehenswürdigkeiten aus nächster Nähe besucht und angefahren werden können.

Als **Nachteile einer Busreise** werden immer wieder angegeben:

* Image einer „Armen-Leute-Kutsche" oder eines „Rentnerjets",
* langsames Fortkommen, bedingt auch durch Staus im Straßenverkehr,
* lange Fahrtzeiten und unbequemes Reisen.

Die fünf wichtigsten **Busreiseziele** innerhalb Deutschlands sind (*Allianz pro Bus, 2008*):

* Bayern,
* Mecklenburg-Vorpommern,
* Baden-Württemberg,
* Niedersachsen,
* Sachsen.

Die fünf wichtigsten und **beliebtesten Reiseziele** der Deutschen bei Busreisen sind *(bdo, 2008):*

* Deutschland,
* Italien,
* Österreich,
* Polen,
* Frankreich.

3.2.1.2 Systematisierung und Träger des Busreiseverkehrs

Busreiseverkehr ist Personenverkehr, für den die folgenden grundsätzlichen **Kriterien** gelten:

* Personenverkehr ist ein genehmigungspflichtiger Verkehr,
* die Genehmigung wird durch die von der jeweiligen Landesregierung bestimmte Behörde erteilt und ist befristet (Linienverkehr acht Jahre und Gelegenheitsverkehr vier Jahre),
* Voraussetzungen für eine Genehmigung müssen erfüllt sein (z. B. Sicherheit und Leistungsfähigkeit des Betriebes, fachliche und persönliche Eignung der Tätigen im Unternehmen).

Die Verkehrsformen im Busreiseverkehr lassen sich untergliedern in:

- **Linienverkehr**,
- **Gelegenheitsverkehr**.

Nach der Definition des Personenbeförderungsgesetzes (PBefG) ist Linienverkehr (einschließlich ÖPNV – Öffentlicher Personen-Nah-Verkehr):

- ein genehmigungspflichtiger Personenverkehr für den genehmigten Zeitraum von acht Jahren (über die Genehmigung wird eine Urkunde ausgestellt und es werden Gebühren durch die Genehmigungsbehörde erhoben),
- zwischen zwei bestimmten Ausgangs- und Endpunkten herrscht regelmäßige Verkehrsverbindung,
- mit einer Beförderungspflicht (Personen müssen an Haltestellen ein- und aussteigen können) und einer Betriebspflicht versehen,
- öffentlicher Verkehr (unterliegt einem Kontrahierungszwang).

Sonderformen des Linienverkehrs sind:

- Berufsfahrten (Fahrten von Berufstätigen zwischen Wohnung und dem Arbeitsplatz),
- Theaterfahrten (Fahrten zum Besuch von Theateraufführungen, im ländlichen Raum stark verbreitet),
- Marktfahrten (Fahrten zum Besuch von Märkten),
- Schülerfahrten (Fahrten von Schülern zwischen der Wohnung und der Schule).

Gelegenheitsverkehr kennt folgende Formen der Personenbeförderung:

- Verkehr mit Taxen,
- Ausflugsfahrten,
- Ferienzielreisen,
- Mietomnibusverkehr,
- Mietwagenverkehr.

Gegenstand der Betrachtung sind die Ausflugsfahrten, Ferienzielreisen und der Mietomnibusverkehr.

Ausflugsfahrten/Ausflugsverkehr (als Oberbegriff für eine nach § 46 PBefG definierte Form der Personenbeförderung) zeichnet sich durch folgende Merkmale aus:

- die Durchführung erfolgt nach einem von Unternehmen aufgestellten Plan und Organisation,
- Unterwegsbedienungsverbot (außer an den ausgewiesenen Ausgangs- und Endpunkten dürfen keine Gäste zu- oder aussteigen) und Rückkehr zum Ausgangsort,
- gemeinsame Reise der Teilnehmer.

Die **Arten der Reisen**, die nach den Grundsätzen des Ausflugsverkehrs durchgeführt werden können, sind:

- **Ausflugsfahrten** (im engeren Sinne): Zielreise, Reisedauer von maximal 24 Stunden und ohne Übernachtung im Zielgebiet, keine Reiseleitung notwendig, Zielreise.
- **Kurzreise:** Zielreise, die Reisedauer beträgt üblicherweise zwei bis vier Tage, die Kurzreise kann thematisch bestimmt sein, eine Reiseleitung ist erforderlich, die Hotelkategorie sollte der Buskategorie angepasst sein.

- **Städtereise:** Zielreise, im Vordergrund steht die Besichtigung einer Stadt, d. h. die Anreise sollte auf kürzestem und schnellstem Weg erfolgen, Reiseleitung und örtliche Führer sind obligatorisch, die Qualität der Unterbringung muss dem Zuschnitt der Reise angepasst sein.
- **Rundreise:** Der Zweck der Reise ist der Besuch mehrerer Orte oder Regionen, dem ein ausführliches Besichtigungsprogramm zu Grunde liegt, die Dauer beträgt i. d. R. fünf Tage und mehr, eine ständige Reiseleitung und/oder Reisebegleitung ist obligatorisch und der Reisepreis kann sich in Abhängigkeit der Beförderungs- und Beherbergungsqualität und dem Umfang der Verpflegung im oberen Preissegment bewegen.
- **Studienreise:** Zielreise, die als die anspruchsvollste Busreise mit einer fest umrissenen und ausgeschriebenen Thematik gilt, sie kann als Ziel- oder Rundreise angeboten werden, Reisedauer beträgt fünf Tage oder mehr, eine thematisch geschulte Betreuung und Führung ist obligatorisch, das Preisniveau ist gehoben.

Weitere Reisearten können sein: Clubreisen, Gruppenreisen, kombinierte Reisen, Skireisen und Sonderreisen.

Die **Ferienzielreise** ist eine Reiseform, die sich durch folgende Merkmale auszeichnet (*Rudolph*):

- Reisezweck ist ein Erholungsaufenthalt,
- sie wird nach dem Plan und der Organisation des Unternehmens durchgeführt,
- die Ferienzielreise besteht aus einem Leistungsbündel (Pauschalreise) aus Beförderung, Beherbergung, ggf. Verpflegung,
- Unterwegsbedienungsverbot.

Die einzige Form der **Ferienzielreise** ist die **Urlaubsreise**. Der Zweck der Reise ist der Aufenthalt am gewünschten Urlaubsort des Gastes. Der Aufenthalt beträgt mindestens eine Woche und die Reise wird als Pauschalreise zu einem Pauschalpreis angeboten. Das Verkehrsmittel Bus erfüllt hier lediglich eine Beförderungsaufgabe und steht den Gästen während des Aufenthaltes am Zielort nicht zur Verfügung.

Beim **Mietomnibusverkehr** handelt es sich um eine Busreise, die nach dem Plan des Mieters durchgeführt wird. Das Fahrzeug kann zur Beförderung durch einen zusammengehörigen Personenkreis nur im Ganzen angemietet werden. Es kommt ein Werkvertrag zu Stande. Das Anmieten eines Busses ist meist zweckgebunden (z. B. für Werbefahrten, Klassenfahrten, Betriebsausflüge). Mieter von Omnibussen können z. B. Schulen, Firmen, Behörden, Vereine sein.

Die **Genehmigungsvoraussetzungen** eines Unternehmens für den Betrieb von Bussen im Linien- und Gelegenheitsverkehr sind:

- **Betriebssicherheit;** korrekte Betriebsführung und einwandfreie Fahrzeughaltung,
- **Leistungsfähigkeit;** erforderliches Kapital für die Betriebseinrichtung und Fortführung,
- **Zuverlässigkeit;** persönliche und charakterliche Zuverlässigkeit des Unternehmers,
- **fachliche Eignung;** angemessene Tätigkeit (mindestens drei Jahre) in einem Unternehmen des Straßenpersonenverkehrs oder Ablegung einer Fachkundeprüfung sowie ausreichende Erfahrung in einem Reiseverkehrsbetrieb.

Das **Genehmigungsverfahren** wird von der Genehmigungsbehörde (Landesregierung oder einer unterstellten Behörde) durch Antragstellung und Anhörung eingeleitet und entschieden. Die Genehmigung wird für einzelne Fahrzeuge unter Angabe des amtlichen Kennzeichens und der Anzahl der Plätze im Bus und nicht für den Betrieb erteilt.

Die Träger des Busreisemarktes sind:

- private Unternehmen mit erwerbswirtschaftlichem Ziel,
- öffentliche Betriebe ohne erwerbswirtschaftliche Ziele,
- Unternehmensorganisationen Dachverbände und Fachverbände,
- Hersteller von Omnibussen.

Private Unternehmen betreiben i. d. R. sowohl Gelegenheits- als auch Linienverkehr, da viele Linien von den Gemeinden und Städten ausgeschrieben werden und nicht in eigener Regie betrieben werden. Öffentliche Betriebe dagegen betreiben ausschließlich Linienverkehr. Dieser kann regional (z. B. Buslinie in einer Stadt), überregional (z. B. Buslinien von München nach Augsburg) oder international (z. B. Eurolines/Touring). Öffentliche und private Betriebe betreiben häufig im Auftrag der Bahn Schienenersatz- und Schienenergänzungsverkehr.

Die wichtigsten **Unternehmensorganisationen** in Deutschland sind:

- **BDO – Bundesverband Deutscher Omnibusunternehmer e. V.**; die Ziele und Aufgaben des Verbandes sind: Wahrnehmung der Interessen der privaten Busunternehmen, Beratung der Mitglieder und Hilfestellung bei der Sicherung der betrieblichen Existenz mittelständischer Busunternehmer,
- **RDA – Internationale Touristik Verband e. V.** (ehemals Reisering Deutscher Autobusunternehmer); gilt als der größte Verband der Bustouristik mit ca. 3.300 Mitgliedern aus mehreren Ländern. Die Aufgaben und Ziele des Verbandes sind Förderung und Erfahrungsaustausch innerhalb der Bustouristik, Interessensvertretung gegenüber den Behörden und der Öffentlichkeit, Betreuung der Mitglieder, Zusammenarbeit mit anderen Verkehrsträgern, Verbänden und Unternehmen,
- **gbk – Gütegemeinschaft Buskomfort e. V.**; sorgt durch die Klassifizierung für Transparenz und Standards des Angebotes an Reisebussen; enge Zusammenarbeit mit dem TÜV, dem RAL und mit den Herstellern, um die Qualität der Beförderung stetig zu verbessern und zu steigern.

3.2.1.3 Klassifizierung und Qualitätssicherung im Busreiseverkehr

Kein anderes im touristischen Reiseverkehr eingesetztes Verkehrsmittel wird nach den Kriterien bzw. den Anforderungen des RAL Deutsches Institut für Gütesicherung und Kennzeichnung e. V. überprüft bzw. zertifiziert. Die Klassifizierung der Reisebusse wird in Deutschland von der gbk – Gütegemeinschaft Buskomfort – auf der Basis der RAL vorgenommen. Das **Ziel und der Zweck der Klassifizierung** ist es:

- Transparenz des Angebotes zu schaffen und „schwarze Schafe" auszugrenzen,
- bessere Informationsgrundlage mit definierten Standards für die Busreisen zu schaffen,
- Qualitätsmerkmale zu definieren und diese stetig zu verbessern.

Die gbk überprüft die Fahrzeuge nach den Güte- und Prüfbestimmungen. Diese sehen vor, den Pflegezustand der Busse (innerer und äußerer Pflegezustand) und die Ausstattung der Busse (allgemeine Ausstattung und Zusatzausstattung) zu überprüfen. In der gbk sind derzeit ca. 500 Busunternehmen Mitglied und die Anzahl der klassifizierten Busse beträgt ca. 1.190. Nach Beendigung der Überprüfung werden Gütestufen (1 bis 5 Sterne) vergeben. Die Klassifizierung wird anhand von Aufklebern am Reisebus (Heckscheibe und seitlich jeweils an den Türen) dokumentiert. Die fünf Gütestufen sind:

Anzahl der Sterne	Gütestufe	Bezeichnung	Sitzabstand in Meter
*	1	Standard-Class	0,68
**	2	Tourist-Class	0,72
***	3	Komfort-Class	0,77
****	4	First-Class	0,83
*****	5	Luxus-Class	0,90

Tab. B. 3.13: Klassifizierung der Omnibusse
Quelle: eigene Darstellung in Anlehnung an gbk/RAL, 2005

Zu den **allgemeinen Ausstattungsmerkmalen,** die überprüft und bewertet werden, gehören u. a.:

- Höhe der Rückenlehne und Breite der Sitze,
- Bezüge der Sitze (Stoff, Plüsch, Leder),
- Fassungsvermögen der Gepäckablage (z. B. beim Luxus-Bus 20 Liter),
- Verstellbarkeit der Sitze und Fußstützen,
- keine in den Fußraum ragende Konstruktionen,
- individuelle Leselampe und Fahrgasttisch für jeden Sitz,
- Frischluftzufuhr durch Raumlüftung (z. B. beim First-Class Bus mindestens 30-facher Luftdurchsatz pro Stunde, individuell regelbar).

Zu den **Zusatzausstattungen** gehören u. a.:

- Miniküche oder Bordküche,
- Air-Condition (motorunabhängig),
- Toilette,
- Garderobe,
- Video-Anlage, Mehrkanal-Anlage,
- Telefon.

Im Jahr 1979 wurde durch den Zusammenschluss der damals größten privaten Bushersteller (Auwärter-Neoplan, Daimler-Benz, Kässbohrer-Setra, Magirus-Deutz und MAN) und deren Verbände BDO – Bundesverband Deutscher Omnibusunternehmer e. V., RDA – Internationaler Bustouristik Verband e. V. und der gbk die Gemeinschaftsaktion zur Förderung des Busses und der Busreise unter dem Motto **„Plus für Bus"** gegründet.

Der Förderkreis machte sich Gedanken zu intelligenten Busreiseprogrammen und entwarf sechs Thesen, die jeder Busveranstalter und Busunternehmer nunmehr versuchte umzusetzen. Die **sechs Thesen** sind:

- Reisen braucht Zeit,
- Hinschauen anstelle des Ausblendens,
- Kooperation mit „Bereisten",
- vielseitige Programme anstelle der Jagd nach Superlativen,
- Klasse statt Masse,
- im Mittelpunkt: der Mensch.

3.2.1.4 Rechtliche Aspekte im Busreiseverkehr

Für den Busreiseverkehr (Linien- und Gelegenheitsverkehr) gelten folgende wichtige Gesetze und Verordnungen:

- **Personenbeförderungsgesetz (PBefG)**,
- **Betriebsordnung Kraftverkehr (BOKraft)**,
- **Straßenverkehrszulassungsordnung (STVZO)**,
- **Straßenverkehrsordnung (STVO)**,
- **EU-Sozialvorschriften**.

Personenbeförderungsgesetz (PBefG); den Vorschriften dieses Gesetzes unterliegt die entgeltliche oder geschäftsmäßige Beförderung von Personen mit Kraftomnibussen (KOM = mehr als neun Personen einschließlich Fahrer). Dieses Gesetz ist der Kern der rechtlichen Grundlage für alle Busreisen. Es regelt bzw. definiert u. a.:

- Formen des Busreiseverkehrs (Linien- und Gelegenheitsverkehr),
- Unternehmereigenschaften,
- Genehmigungsumfang und Befristung der Genehmigung,
- Genehmigungsvoraussetzungen,
- Genehmigungsentscheidung.

Betriebsordnung Kraftverkehr (BOKraft); diese Verordnung über den Betrieb von Kraftfahrtunternehmen im Personenverkehr regelt die Führung und die Einhaltung der Vorschriften. Regelungstatbestände sind u. a.:

- Verhalten des Fahrpersonals gegenüber den Gästen im Busverkehr,
- Beförderungsverbote,
- Gepäckregelungen,
- Kennzeichnung von Kraftomnibussen,
- Sitz- und Stehplatzordnung,
- Grundsätze der Sicherheit und Ordnung während des Fahrbetriebs.

Straßenverkehrszulassungsordnung (STVZO); dieses Gesetz regelt u. a.:

- Regelung zur Technik des Busses:
  - Länge: max. 12,00 m, Gelenkbusse und Busse mit Anhänger 18,00 m,
  - Breite: max. 2,55 m,
  - Höhe: max. 4,00 m auch bei Doppelstockbussen (Doppeldecker),
  - zulässige Achsenlast: 10 t je Einzelachse, 16 t je Doppelachse; Gesamtgewicht: 22 t bei Gelenkbussen 28 t,
  - Einrichtung: sichere Sitze, Trittstufen, elektrische Innenbeleuchtung u. v. m.,
  - Besetzung: Anzahl der max. zu befördernden Personen laut Fahrzeugschein,

- Regelung der Verkehrssicherheit; das Verkehrsmittel wird durch folgende Maßnahmen geprüft:
  - Hauptuntersuchung (HU) alle 12 Monate,
  - Sicherheitsprüfung (SP) alle drei Monate, bei einem Neubus bis zwei Jahre halbjährlich,
  - Abgassonderuntersuchung (AU) alle 12 Monate,
- Regelung zur Fahrgastbeförderung: Regelung über den Erwerb des Führerscheins zur Fahrgastbeförderung, Befristung, vorgeschriebene Untersuchungen.

Straßenverkehrsordnung (STVO) regelt die zulässigen Geschwindigkeiten für Omnibusse

- innerhalb geschlossener Ortschaften 50 km/h,
- außerhalb geschlossener Ortschaften für KOM 80 km/h, im Linienverkehr wenn Fahrgäste stehen, nur 60 km/h,
- auf Autobahnen 80 km/h,
- auf Autobahnen mit Sondergenehmigung (Plakette) 100 km/h.

EU-Sozialvorschriften (EG-Sozialvorschriften): Sie gelten sowohl für das Unternehmen als auch für das Fahrpersonal. Geregelt sind in dieser Vorschrift u. a.:

- Arbeits-, Schicht- und Ruhezeit: Die Tagesruhezeit beträgt elf Stunden mit einer Möglichkeit der dreimaligen Verkürzung in der Woche auf neun Stunden,
- Lenkzeit (ununterbrochene und tägliche Lenkzeit): Sie beträgt täglich neun Stunden und zweimal in der Woche zehn Stunden. Bei zwei aufeinander folgenden Wochen dürfen 90 Stunden nicht überschritten werden.
- Pausenzeiten: Nach einer Lenkzeit von 4,5 Stunden ist eine Lenkzeitunterbrechung von mindestens 45 Minuten Pflicht (auch Aufteilung in drei mal 15 Minuten),
- Anwendungsbereiche,
- Überwachung der Vorschriften (z. B. durch das EG-Kontrollgerät, Tageskontrollblatt)
- Arbeitszeitnachweise.

3.2.1.5 Der Vertrieb von Busreisen

Die mit Abstand wichtigsten Vertriebskanäle sind die eigenen Verkaufsbüros (direkter Vertrieb), der Busreiseunternehmer und die Reisebüros/Reisemittler (indirekter Vertrieb). Jedoch ist der Anteil des Verkaufs über den Direktvertrieb ungleich höher, da Busreisen im Fremdvertrieb, also über fremde Agenturen, als problematisch gelten. Busreisen sind zu einem beratungsintensiven Produkt geworden (insbesondere die Rund- und Studienreise); die Busreise gilt aber immer noch als preisgünstig und somit für die Reisebüros als nicht gerade provisions- bzw. ertragssteigernd. Ein weiterer Vertriebskanal ist das Internet, das jedoch aufgrund der Kundenspezifikation (viele ältere Kunden) noch nicht die Buchungsanteile generiert, wie es seitens der Reiseunternehmen gewünscht wird.

Um den Verkauf über den indirekten Vertrieb zu verstärken, bedarf es seitens der Busunternehmer gezielter und massiver Verkaufsunterstützung und verkaufsfördernder **Maßnahmen**. So könnten beispielsweise:

- mehr Informationsreisen für Reisebüromitarbeiter,
- Handbücher und Verkaufshilfen für die Beratung,
- höhere Preise und/oder höhere Provisionen,

- Kundenbindungs- und Bonusprogramme,
- Incentives für Reisebüromitarbeiter

bessere Verkaufserfolge bringen.

3.2.2 Mietwagenverkehr

Mit steigender Mobilität, Ausbau der Flugnetze großer Fluggesellschaften ergab sich für einen Reisenden ein Transport- bzw. Mobilitätsproblem am Zielort. Gerade die Zielgruppe der Geschäftsreisenden wollte auf die gewohnte Mobilität und Flexibilität nicht verzichten und so entstand ein Markt für die zeitweise Anmietung und Nutzung von Fahrzeugen.

In Deutschland wurde das Mietwagengeschäft durch eine ganz andere Entwicklung beschleunigt. Versicherungsgesellschaften, bei denen Kunden ihre Pkws versicherten, zahlten im Zuge eines nicht selbstverschuldeten Unfalls und der entsprechenden abgeschlossenen Versicherung für die Dauer der Reparatur die Kosten für einen Ersatzwagen. Das Mietwagengeschäft wurde lange Jahre nur von dieser sog. Unfallersatzwagenvermietung getragen. Die internationalen Mietwagenunternehmen spielten bis dahin eine nur geringe Rolle. Erst im Zuge der Änderung der Allgemeinen Versicherungsbedingungen und die damit einhergehende restriktivere Handhabung bei Unfallersatzwagen fanden die ersten Marktaustritte und Konzentrationen im Mietwagenmarkt statt. Der Mietwagenmarkt in Deutschland ist seither starken Konzentrationsprozessen unterworfen. Derzeit gibt es ca. 570 Autovermieter (zum Vergleich: 1995 ca. 1.000 Autovermieter).

Die wesentlichen **Segmente** des Mietwagenmarktes sind (2007):

- **Unfallersatzwagenvermietung** (ca. 11 % Marktanteil mit sinkender Tendenz),
- **Geschäftsreisevermietung** (ca. 53 % Marktanteil mit steigender Tendenz),
- **touristische Vermietung** (ca. 18 % Marktanteil gleichbleibend),
- **sonstige Vermietung** (z. B. Umzüge, Nutzfahrzeuge, Wohnwagen, ca. 16 % Marktanteil).

Die Träger des Mietwagenmarktes sind:

- **Autovermieter (Mietwagenunternehmen)**,
- **Mietwagenmakler**,
- **Versicherungen**,
- **Leasinggesellschaften**.

Die Autovermieter (Mietwagenunternehmen) arbeiten national und international, verfügen über eigene Fuhrparks an den jeweiligen Standorten und werden i. d. R. als Franchiseunternehmen oder Filialen geführt. Die Flotte kann gekauft, geleast oder vorübergehend vom Hersteller der Fahrzeuge gegen Entgelt überlassen sein.

Der Einstieg über ein Franchisemodell ist u. U. an folgende Einstiegsvoraussetzungen gebunden:

- bevorzugte Lage der Anmietstation, z. B. Flughafen, Bahnhof, Ausfallstraßen, Gewerbegebiet,

- Affinität des Franchisenehmers zur Automobilbranche, z. B. verfügt er über Kenntnisse im Kfz-Handwerk, eigene Werkstatt,
- Einstiegskapital in Höhe und Wert des Neuanschaffungspreises von mindestens 20 Fahrzeugen,
- monatliche Franchisegebühr an den Franchisegeber, z. B. 30,00 USD pro Fahrzeug,
- Bereitschaft zum einheitlichen Marktauftritt, Teilnahme an gemeinsamen und zentral gesteuerten Preisaktionen (auch wenn diese nicht unbedingt im Interesse des Franchisenehmers sind, da die Nachfrage optimal ist),
- Integration in das weltweite Reservierungssystem und die damit verbundenen monatlichen Gebühren,
- Bereithaltung von qualifizierten Mitarbeitern für die Reparatur und Pflege der Fahrzeuge.

Die **wichtigsten Vermieter** mit nationaler als auch globaler Präsenz sind (auszugsweise):

- **Alamo** Autovermietung, Wiesbaden,
- **AVIS** Autovermietung GmbH & Co. KG, Oberursel,
- **Budget** Car and Van Rental, Dreieich,
- **City Car** Autovermietung, Nidderau,
- **Dollar Thrifty Rent a Car** Deutschland Car & Fly GmbH, Duisburg,
- **Europcar** Autovermietung GmbH, Hamburg,
- **Hertz** Autovermietung GmbH, Eschborn,
- **Sixt** GmbH & Co. Autovermietung KG, Pullach bei München,
- **Thrifty Car Rental Australia**, Frankfurt.

Die Geschäftsfelder eines Autovermieters haben sich in den letzten Jahren stetig erweitert. Dies ist dem Umstand zu schulden, dass das Vermietungsgeschäft eine immer geringere Rendite abwirft und alternative Geschäftsfelder bzw. Einnahmequellen erschlossen werden mussten. Zum Geschäftsportfolio eines Vermieters gehören:

- **Umsätze aus der Differenz aus dem Kauf und Verkauf** der Fahrzeuge nach einer bestimmen Zeit oder Laufleistung (z. B. nach 6 oder 12 Monaten oder nach 12.000 Kilometer), oftmals bestehen mit den Herstellern Rücknahmeabkommen nach Anzahl der Fahrzeuge und garantierte Rücknahmepreise. Anderenfalls verkauft der Vermieter die Fahrzeuge auf dem Gebrauchtwagenmarkt selbst; gute Margen beim Weiterverkauf sind durch die Mengenrabatte beim Einkauf gewährleistet.
- **Umsätze aus der Vermietung von**:
  - Fahrzeugen aller Kategorien einschließlich Kraftfahrrädern,
  - Fahrer für Limousinen,
  - Zubehör, z. B. Winterreifen, Schneeketten, Kindersitze, Dachgepäckträger,
  - Zubehör bei Nutzfahrzeugen, z. B. Decken, Sackkarren, Gurte,
  - Tankfüllungen,
- **Umsätze aus der Vermittlung von Versicherungen:**
  - Vollkaskoversicherung (mit oder ohne Selbstbeteiligung), Teilkaskoversicherung,
  - Haftpflichtversicherung (bei der Anmietung in Deutschland Pflicht),
  - Diebstahlversicherung,
  - Insassenversicherung,
- **Umsätze aus Sonstigen Leistungen:**
  - Gebühren für die Eintragung mehrerer Fahrer,
  - Zinserträge durch Sicherheitsleistungen, z. B. Baranzahlungen oder Kreditkarten,

- Betankungsservice,
- Abhol- und Bringservice des Mietfahrzeuges,
- Kilometergebühren ab einer bestimmten Laufleistung, wenn diese nicht durch den Mietpreis abgedeckt sind,
- Servicegebühren an Flughäfen und Bahnhöfen (bei denen eigentlich keiner so genau weiß, wofür sie erhoben werden, da keine erkennbare Gegenleistung dahinter steht),
- Rückführgebühren bei grenzüberschreitender An- und Abmietung.

Der Vertrieb von Mietfahrzeugen erfolgt i. d. R. (über):

- Abkommen mit Unternehmen, die eine hohe Anmietfrequenz haben,
- Reisebüros/Reisemittler,
- Abkommen mit Fluggesellschaften und Hotelkonzernen,
- Reiseveranstalter,
- direkt, z. B. an den Flughäfen, Bahnhöfen und Autowerkstätten,
- Mietwagenmakler,
- Listung in den gängigen Global Distribution Systems (GDS).

Die **Tarifgestaltung** weist stark differenzierende Merkmale auf. So basiert ein Mietwagen-Tarif, der in Deutschland angeboten wird, immer auf einem Tagessatz mit einer bestimmten Kilometer Laufleistung, einschließlich der Haftpflichtversicherung (Pflicht) und der gesetzlichen Mehrwertsteuer. Berechnet wird pro Tag, gerechnet werden 24 Stunden vom Zeitpunkt der Anmietung.

Weitere **Tarifarten**, die angeboten werden können, sind z. B.: Tages-Tarife mit oder ohne Kilometerleistung, Flughafen-Tarife, Stunden-Tarife, Wochenend-Tarife, Bahnfahrer-Tarife, Sieben-Tages-Tarife, Urlauber-Tarife, Langzeit-Tarife.

Die **Anmietbedingungen** werden aufgrund der hohen Missbrauchs- und Schadensquoten immer restriktiver. So werden bei vielen Mietwagenunternehmen keine Barzahlungen mehr akzeptiert, bestimmte Fahrzeugkategorien werden nur an Personen mit einem Mindestalter von z. B. ab 28 oder 32 Jahre vermietet, bestimmte Fahrzeugtypen dürfen nicht grenzüberschreitend benutzt werden, da ansonsten der Versicherungsschutz erlischt. Bei den hochpreisigen Fahrzeugen müssen darüber hinaus bis zu drei Kreditkartennummern als Sicherheit/Kaution hinterlegt werden. Auch die Selbstbeteiligung kann oftmals nicht mehr durch Abschluss einer Zusatzversicherung ausgeschlossen werden.

Das Geschäftsmodell der Mietwagenmakler beruht auf der Vermittlung von Fahrzeugen unterschiedlicher Vermieter. Mietwagenmakler verfügen über keine Fahrzeugflotte, sondern greifen auf die Fahrzeuge der nationalen und internationalen Autovermieter zurück. Mietwagenunternehmen sehen in den Maklern einen zusätzlichen Vertriebsweg und diese auch als Großabnehmer und Vermieter ihrer Flotte.

Der Schwerpunkt der Mietwagenmakler liegt bis dato eindeutig in der touristischen Vermietung hauptsächlich in europäischen Zielgebieten. Durch die Mietwagenmakler wurde für Urlauber eine Fahrzeuganmietung (z. B. auf den Kanarischen Inseln, Portugal) erst erschwinglich und bezahlbar, da die Mietwagenunternehmen selbst bislang keine großen Anstrengungen für die Zielgruppe unternommen haben.

Mietwagenmakler kaufen Kontingente/Kapazitäten in unterschiedlichen Vertragsvarianten ein, kalkulieren einen Preis auf Tages- oder Wochenbasis einschließlich Versicherungen, alle gefahrenen Kilometer und die gesetzliche Mehrwertsteuer. Sie tragen somit das Absatz- und Kalkulationsrisiko. Nachdem das Produkt (Kategorie und Zielgebiet) in diesem Geschäftsmodell austauschbar ist, denn drei Mietwagenmakler können zum selben Zeitraum auf den gleichen Vermieter am Ort zugreifen, müssen sich die Mietwagenmakler über Vertragsgestaltungen mit den Kunden abgrenzen. So bietet der Marktführer Holiday Autos kostenlose Eintragungen für den Zweit- oder Drittfahrer an bzw. diese sind im Anmietpreis bereits enthalten und übernimmt im Schadensfall die Selbstbeteiligung bei Abschluss einer Vollkaskoversicherung und bietet den Reisebüros Spitzenprovisionen für die Vermittlung von Fahrzeugen über Holiday Autos an.

Der Markt der Mietwagenmakler in Deutschland ist noch überschaubar. Wichtige Mietwagenmakler in Deutschland (auszugsweise) sind:

- **Auto Europe** Deutschland GmbH, München,
- **Car Del Mar**, Hamburg,
- **DERTOUR**, Frankfurt,
- **driveFTI**, München,
- **Holiday Autos** GmbH, München,
- **Sunny Cars** AG Mietwagenvermittlungsgesellschaft, München,
- **TUI Cars**, Hannover.

Mietwagenmakler bieten ihre Dienste bzw. vertreiben ihre Produkte (über):

- Reisebüros/Reisemittler,
- direkt, z. B. über Internet,
- Exklusivverträge mit Reiseveranstaltern,
- Reiseleiter am Ort,
- Hotels in den Zielgebieten,
- Fluggesellschaften,
- Listung in den gängigen Global Distribution Systems (GDS).

Die Tarif- und Preisstruktur ist weniger stark differenziert wie bei den Mietwagenunternehmen. Der Fokus liegt auf einfachen Abläufen und möglichst mehrtätigen Anmietungen, der Gewinn resultiert aus der Menge der Vermittlungen. Kosten vermeidend wirkt sich der Umstand aus, das Mietwagenmakler über keinen Fuhrpark verfügen und somit keine menschlichen und materiellen Ressourcen für Pflege, Reinigung und Reparatur bereithalten müssen.

Es kann durchaus zur paradoxen Situation kommen, dass eine Anmietung eines Fahrzeuges direkt beim Mietwagenunternehmen bis zu 50 % teurer und mit schlechteren Vertragskonditionen versehen ist, als bei der Anmietung der gleichen Fahrzeugkategorie im selben Zeitraum über einen Mietwagenmakler.

3.3 Schienenverkehr

Die Geschichte der Eisenbahn lässt sich bis zum Jahr 1836 zurückverfolgen. Am 7.12.1836 wurde die erste Eisenbahnstrecke mit einer Länge von sechs Kilometern zwischen Nürnberg und Fürth in Betrieb genommen. Im Jahr 1935 war das Streckennetz für Eisenbahnverkehr bereits auf einer Länge von ca. 58.400 Kilometer ausgebaut. Nach 1945 wurde das Streckennetz schrittweise wieder repariert und es wurden unwirtschaftliche Nebenstrecken stillgelegt. Der Fokus lag auf dem Ausbau des Fernverkehrsnetzes mit modern ausgebauten Trassen. Heute umfasst das Streckennetz ca. 34.000 Kilometer. Die Zielsetzung ist, die Fernstrecken noch weiter auszubauen und die Nebenstrecken stillzulegen.

Das heutige Fernverkehrsnetz wird durch ein Nebenstreckennetz ergänzt. Das Schienennetz der Bahn wird durch den Wechselverkehr ergänzt bzw. vernetzt. **Träger dieses Wechselverkehrs** sind:

- nicht-DB-eigene Bahnen,
- Seeverkehr,
- Flussschifffahrt und Bodenseeschifffahrt.

3.3.1 Die Bahn im Wettbewerb der Verkehrsträger

Der Schienenverkehr hat heute im Beförderungsmarkt eine nicht zu ersetzende Rolle und Funktion. Bis zum Jahr 2015 wird ein deutliches Marktwachstum erwartet.

Jedoch wird der Fernverkehr derzeit durch die Start-Ups und die Etablierung originärer Low-Cost-Airlines einerseits und durch eine aggressive Positionierung der Lufthansa andererseits, ebenfalls bedroht. Dies führte in der Vergangenheit zu starken Kundenrückgängen auf den einzelnen Relationen (z. T. bis zu 44 %). Auch die Angebotsmenge der Billigflugangebote der Low-Cost-Airlines ist im Vergleich zur DB-Angebotsmenge substantiell. Es treten immer mehr Eisenbahnbeförderungsträger als Wettbewerber gegeneinander an (z. B. Connex). Dies hat eine starke Preiserosion und eine geringere Fahrplanqualität zur Folge. Mehrere Akteure im Schienenverkehr erschweren z. B. die Sicherstellung von Bahnangeboten auf Randstrecken sowie zeitnahe Anschlüsse für Umsteigeverbindungen. Auch die Einführung der Lkw-Maut hat zu keiner signifikanten Entlastung der Straße und einer Verlagerung des Güterverkehrs auf die Bahn geführt.

Zusammenfassend können für die **Entwicklung des Schienenverkehrs** folgende Schlussfolgerungen gelten (*Büchy*):

- der Markteintritt von Low-Cost-Airlines stellt eine nachhaltige Veränderung mit großer Wirkung auf den Fernverkehr der Eisenbahnunternehmen, insbesondere der DB – Die Bahn – dar,
- in den folgenden Jahren ist in Deutschland mit einer Nachfrage- und Erlösreduktion im Fernverkehr zu rechnen,
- das derzeitige dynamische Wachstum auf innerdeutschen Relationen wird sich zukünftig abschwächen, da eine Verlagerung in Richtung internationaler Relationen antizipiert werden kann, insbesondere im Fernverkehr,
- Gegenmaßnahmen, vor allem ein gezieltes Preis- und Yieldmanagement können den Effekt der Billigflugangebote mindern, jedoch bleibt der „Sockeleffekt" der Billigflieger bei der Preisgestaltung dauerhaft,
- harmonisierte Startbedingungen für alle Verkehrsträger sind notwendig, soll die Schiene im Wettbewerbsmarkt konkurrenzfähig bleiben können.

Da der Schienenverkehr in Deutschland von einem Unternehmen beherrscht wird, der (früheren) Deutschen Bahn und heutigen DB (Bahn), und dieses Unternehmen trotz aller Bemühungen der Politik, Wirtschaft und Verbraucherorganisationen immer noch ein Quasi-Monopol im Schienenverkehr besitzt, werden alle weiteren Ausführungen an der DB als Referenzpunkt stellvertretend für Schienenverkehrsunternehmen anknüpfen.

Aufgrund der wirtschaftlichen Entwicklung (z. B. Rückgang der Gäste, Anstieg der Verluste und der Verschuldung sowie Anstieg der Zuschüsse durch den Bund) der Bahn wurde eine Bahnreform eingeleitet und es wurde ein neuer rechtlicher und institutioneller Rahmen für das deutsche Eisenbahnwesen geschaffen. **Diese Strukturreform hatte die Zielsetzung** (*Rudolph*):

* die Erhöhung der Wettbewerbsfähigkeit im Vergleich zu anderen Verkehrsträgern,
* Steigerung der Leistungsfähigkeit,
* Reduktion der staatlichen Abhängigkeit.

Die Umwandlung sollte in mehreren Phasen erfolgen (*Rudolph*):

* Fusion der Deutschen Bundesbahn mit der Deutschen Reichsbahn,
* Trennung des Sondervermögens Bundeseisenbahn in einen unternehmerischen und einen öffentlichen Bereich,
* Umwandlung des unternehmerischen Bereichs in die Bahn AG sowie die Umwandlung des öffentlichen Bereichs in das Eisenbahnbundesamt (hoheitliche Aufgaben) und das Bundeseisenbahnvermögen (Verwaltung der Altschulden),
* Ausgliederung der Deutschen Bahn AG in eine Holding mit den Tochtergesellschaften: Personenfernverkehr AG, Personennahverkehr AG, Güterverkehr AG, Fahrweg AG,
* Auflösung der Holdingstruktur (alle Tochtergesellschaften wären somit eigene selbstständige Aktiengesellschaften).

Der derzeitige Umwandlungsprozess stockt bei der Phase Umwandlung und Ausgliederung sowie Gang an die Börse. Hinzugekommen ist ein beträchtlicher Anteil von Neuschulden und der Entschuldungsprozess erreichte keineswegs die vorgegebenen Ziele.

3.3.2 Rechtliche Regelungen im Schienenverkehr

Die rechtlichen Regelungen wurden gemäß dem neuen institutionellen Rahmen angepasst. Folgende Gesetze und Verordnungen sind (nach *Rudolph*) bedeutsam:

- **Grundgesetz** Art. 87e (GG) bestimmt die Führung der Eisenbahnverwaltung in bundeseigener Verwaltung, die Übertragbarkeit von Aufgaben der bundeseignen Eisenbahnverkehrsverwaltungen auf die Länder durch Gesetze, Führung der Eisenbahnen des Bundes als Wirtschaftsunternehmen in privatrechtlicher Form,
- **Gesetz zu Neuordnung des Eisenbahnwesens** (ENeuOG) bestimmt die Einzelgesetze, die die Durchsetzung der Eisenbahnreform beschleunigen sollen,
- **Allgemeine Eisenbahngesetz** bestimmt die Eisenbahnaufsicht, Grundsätze der Geschäftsführung, Öffnung des Schienennetzes für Dritte, Betriebsgenehmigung, Tarifpflicht,
- **Eisenbahnverkehrsordnung** (EVO) bestimmt die Beförderungspflicht, Beförderungsbedingungen, Tarife, Personenbeförderung, Reisegepäckbeförderung, Beförderung von Expressgut,
- **Deutscher Eisenbahn-Personen-, Gepäck- und Expressguttarif** (DPT) bestimmt die allgemeinen Beförderungsbedingungen gemäß EVO sowie Ausführungs- und Zusatzbestimmungen zur Tarifbildung (DPT I), Fahrpreisermäßigungen, Ermittlungsgrundlage für Einzelpreise und Tarife für besondere Anwendungszwecke (DPT II).

3.3.3 Struktur eines Schienenunternehmens dargestellt am Beispiel der Deutschen Bahn AG (DB AG)

Die Deutsche Bahn AG wird als DB Management Holding geführt und weist eine vertikal integrierte Konzernstruktur mit folgenden Unternehmensbereichen auf:

- **Personenverkehr;** z. B. Schienenpersonenverkehr, öffentlicher Personen-Nah-Verkehr (ÖPNV), Busverkehr (Schienenergänzungs- und Schienenersatzverkehr),
- **Transport und Logistik;** z. B. Schienengüterverkehr, europäischer Landverkehr, Luft- und Seefrachtverkehr,
- **Infrastruktur und Dienstleistungen;** z. B. Schienennetz, Bahnhöfe.

Nachfolgende Tabelle zeigt die wichtigsten Zahlen und Fakten sowie die Geschäftsfelder der Deutschen Bahn AG auf.

Konzern	Deutsche Bahn AG (DB AG)		
Unternehmensbereiche/ Konzernstruktur (Kerngeschäft)	Personenverkehr Transport & Logistik Infrastruktur & Dienstleistungen		
Geschäftsportfolio	• Regio • Fernverkehr • Stadtverkehr • Transport Logistik • Ressort Infrastruktur und Dienstleistungen		
Geschäftszahlen 2007 (eine Auswahl)			
Umsatz	31,309 Mrd. Euro		
operatives Ergebnis	2,4 Mrd. Euro (EBIT)		
Bruttoinvestitionen	6,32 Mrd. Euro		
Mitarbeiter (Vollzeit)	237.200, davon 182.500 am Standort Deutschland		
Standorte	1.500 in 150 Länder		
Bahnreisende	1,835 Mrd.		
Busreisende	779 Mio.		
Infrastruktur	Betriebslänge Schienennetz Personenbahnhöfe Weichen & Kreuzungen Brücken Tunnel	33.896,6 km 5.718 71.144 27.165 778	
Zugfahrten/Verkehrsleistung	Nah- und Fernverkehrszüge: Güterzüge:	27.196 pro Tag 4.674 pro Tag	
Mobilitätsleistungen	Flottenmanagement Fahrradvermietung	100.000 PKWs 4.500 Fahrräder	
beförderte Güter	Güter auf der Schiene Seefrachtcontainer Luftfrachtvolumen	312,18 Mio. Tonnen 1,455 Mio. Container 1,291 Mio. Tonnen	

Tab. B. 3.14: Zahlen und Fakten Deutsche Bahn AG (DB AG) 2007
Quelle: Deutsche Bahn AG (DB AG), 2008

Regio: Im Geschäftsfeld Regio bietet die DB AG über ein weit verzweigtes Regionalverkehrsnetz Anschluss in Ballungsräumen und in der Fläche. Regional aufgestellte Verkehrsbetriebe der DB Regio AG und ihrer Tochterunternehmen verzahnen vor Ort Angebotsplanung und Leistungserbringung in Zusammenarbeit mit Bestellern und Verbünden. Das Ziel: ein den lokalen Verkehrsbedürfnissen angepasstes integriertes Nahverkehrsangebot von Schiene und Bus zu machen.

Im deutschen Schienenpersonennahverkehrsmarkt werden in den nächsten 15 Jahren sämtliche bestellte Verkehre am Markt platziert werden. Mit abgestimmten Verkehrskonzepten, einem zeitgemäßen Fahrzeugpark sowie überzeugender Qualität und gutem Service will die DB AG ihre Marktposition als größter Nahverkehrsdienstleister in Deutschland verteidigen (DB AG, 2008).

Fernverkehr: Das Geschäftsfeld Fernverkehr erbringt nationale und grenzüberschreitende Fernverkehrsleistungen auf der Schiene. Der Tageslinienverkehr der DB Fernverkehr AG ist das Kerngeschäft des Geschäftsfelds. Mit dem Versprechen, schnelle und komfortable Verbindungen direkt in die Städte hinein zu attraktiven Preisen anzubieten, will die DB AG Kunden gewinnen und ihren Marktanteil ausbauen. Daneben bieten die DB AutoZug GmbH und CityNightLine CNL AG Autoreise- und Nachtzugverkehre an. Mit der Eröffnung der Hochgeschwindigkeitsstrecke Frankfurt beziehungsweise Stuttgart – Paris und der Aufnahme der Verbindungen nach Wien sowie Kopenhagen und Aarhus wurden die europäischen Mobilitätsangebote ausgebaut. Dafür steht auch die Gründung von Railteam – eine Allianz zwischen DB, SNCF, Eurostar, NS Hispeed, ÖBB, SBB und SNCB und die Ausweitung des Engagements der DB AG bei Thalys (DB AG, 2008).

Stadtverkehr: Das Geschäftsfeld Stadtverkehr verantwortet die S-Bahnen in Berlin und Hamburg sowie 22 Busgesellschaften in Deutschland. Die DB AG bietet eigenwirtschaftlich oder im Auftrag von Städten und Landkreisen Verkehrsleistungen im öffentlichen Straßenpersonenverkehr an. Dieses Geschäftsfeld bietet Chancen bei der Öffnung und Weiterentwicklung des heute noch stark fragmentierten Markts. Die allmähliche Öffnung dieses Markts lässt eine Konsolidierung in den nächsten Jahren erwarten. Darüber hinaus richtet die DB AG ihren Blick auf Wachstumschancen in den benachbarten europäischen Märkten, da die Kooperationsmöglichkeiten in Deutschland aufgrund der derzeitigen kartellrechtlichen Auffassungen begrenzt sind (DB AG, 2008).

Transport und Logistik: Seit der erfolgreichen Integration von Schenker im Jahr 2002 ist die DB AG nicht nur führender Anbieter im europäischen Schienengüterverkehr, sondern auch im Bereich Spedition und Logistik. Unter der Marke „DB Schenker" positioniert sich die DB AG mit einem einheitlichen Marktauftritt in den internationalen Märkten als starker Partner von Transport- und Logistik-Kunden weltweit. DB Schenker bietet seinen Kunden vom Massengut bis zum Paket weltweite Lösungen über alle Verkehrsträger entlang der gesamten Logistikkette an. Dabei verknüpft der DB-Konzern seine Stellung im europäischen Schienengüterverkehr und im europäischen Landverkehr mit seinen starken Positionen im weltweiten Luft- und Seefrachtgeschäft sowie in Kontraktlogistik und Supply Chain Management (DB AG, 2008).

Infrastruktur und Dienstleistungen: Eine qualitativ hochwertige Infrastruktur und zuverlässige, bezahlbare Dienstleistungen sind die zentralen Voraussetzungen für einen reibungslosen Schienenverkehr und damit für die langfristige Wettbewerbsfähigkeit des Systems Bahn. Zur Optimierung der Strukturen der DB AG wurden die Aktivitäten rund um Infrastruktur und Dienstleistungen gebündelt. Das Ressort Infrastruktur und Dienstleistungen umfasst die Personenbahnhöfe, das Netz, die Energieversorgung und die umfangreichen Dienstleistungen in den Bereichen Service, Facility Management, Fuhrpark, IT, Telematik und Fahrzeuginstandhaltung (DB AG, 2008).

Die **Konzernstrategie** wird laut Unternehmensangaben wie folgt definiert:

- fokussiertes Konzernportfolio mit den Bereichen Mobilität, Transport und Logistik,
- umfassendes Wertemanagementsystem seit 1999 erfolgreich etabliert und fortgeführt,
- Personenverkehr: Starke Position im Heimatmarkt Deutschland mit dem Ziel der Verteidigung dieser Position (Expansion aufgrund der unterschiedlich weit fortgeschrittenen Deregulierung der Märkte noch nicht vorgesehen),

- Transport und Logistik: Partizipation am Marktwachstum und Nutzung von Chancen aus Marktöffnung im europäischen Schienengüterverkehr; Schenker (Logistik und Spedition) gut positioniert, strebt eine Marktkonsolidierung an,
- Infrastruktur und Dienstleistung: Weitere Kostensenkungen und Leistungsverbesserungen.

3.3.4 Produktmerkmale, Angebotstruktur und Preisstrukturen bei Bahnreisen

Das Bahnprodukt als eine Dienstleistung lässt sich in vier **Grundelemente** strukturieren (nach *Mundt*):

- **rechtliche Elemente**: Beinhalten die Rechtsgrundlagen für die Erstellung des Produktes (z. B. DPT I, DPT II, GG, EneuOG, AEG),
- **formale Elemente**: Beinhalten die technischen und organisatorischen Strukturen der Produktleistung sowie die Verknüpfung der Grund- mit den Zusatz- und Ergänzungsleistungen (z. B. Sicherheitsstandards, Logistik, Zuggattungen, Zugausstattungen, Service, Produkttypen),
- **wirtschaftliche Elemente**: Beinhalten die Ansätze der Preisgestaltung, Kalkulation, Kosten-Nutzen-Bewertungen, Preis-Leistungsverhältnis und Vertrieb,
- **soziale Elemente**: Hier wird die Dienstleistung nach folgenden Kriterien bewertet: Image, sozialpolitische Aufgaben der Beförderungsunternehmen, gesamtgesellschaftlicher Auftrag und gesellschaftliche Relevanz der Dienstleistung.

Das **Angebot der Bahn**, besser der Bahnen, differenziert sich i. d. R. nach folgenden Kriterien (*Rudolph*):

- **Bahnverbindungen**,
- **Zuggattungen**: Z. B. InterCity-Express (ICE), ICE-Sprinter, InterCityNight (ICN), City-NightLine (CNL), IC-Züge, DB-Nachtzüge, Interregio Züge (IR), Autozüge, Metropolitan, Eurostar und Thalys,
- **Reiseangebote und Serviceleistungen**.

Die **Stellhebel** zur Verbesserung der Qualität des Produktes Bahnverkehr liegen in der Kundenzufriedenheit. Im Fokus der Kundenzufriedenheit stehen:

- **Preise und Angebote:** D. h. Ausrichtung des Preissystems an den Kundenwünschen und eine enge Verknüpfung von Nah- und Fernverkehr,
- **Service:** D. h. eine Ausweitung der Servicekette von Haus zu Haus sowie eine Verbesserung des gastronomischen Angebotes in den Zügen und Bahnhöfen,
- **Qualität:** D. h. bessere Pünktlichkeit und weniger Fahrzeugausfälle sowie eine stetige Verbesserung der Kundeninformation,
- **Kosten senken:** D. h. zunächst eine Steigerung der Ressourceneffizienz und somit Senkung von Produktionskosten; weiterhin sollen die Overhead-, Marketing- und Vertriebskosten gesenkt werden.

Alle Aktivitäten müssen auf die Steigerung des Kundennutzens und der Kundenzufriedenheit ausgerichtet sein. Keinesfalls darf an Leistungen mit direktem und unmittelbarem Kundenkontakt gespart werden (*Büchy*).

Das 2002 neu eingeführte Preissystem der DB – Die Bahn welches mehr Transparenz und eine starke Vereinfachung anstrebte, stand nach einem erfolgreichen Start in der Dauerkritik.

Nach dem **alten Preissystem** wurde der Fahrpreis nach den gefahrenen Kilometern (ein fester Satz pro Kilometer), der Zuggattung und der gewünschten Klasse (1. oder 2. Klasse) berechnet. Als Preisdifferenzierungsinstrumente galten: die Inhaberschaft einer Bahn Card, das Alter der Gäste, die Gruppengröße, die Abnahmemenge und ggf. der Zweck der Reise.

Das neue Preis- und Tarifsystem basierte auf einer strikten Trennung zwischen Fern- und Nahstrecken. Die tatsächlich gefahrenen Kilometer waren nicht mehr Grundlage der Preisfestsetzung. Die Preisdifferenzierungsinstrumente wurden nach Zugnummer (Zugbindung), Alter der Fahrgäste, Vorausbuchungsfristen bei Sparpreise und Gruppengröße eingeteilt. Dieses neue System lehnte sich stark an den Preissystemen von Fluggesellschaften an, jedoch wurde nicht beachtet, das eine Übertragbarkeit von eins zu eins für den Schienenverkehr nicht realisierbar ist, da die Produktvielfalt (Produktmerkmale) bei Fluggesellschaften ungleich geringer ist als im Schienenverkehr. Die **produktpolitischen Grundlinien des neuen Tarifsystems** sind (*Rudolph*):

- Bahnfahren soll für viele Menschen preiswerter werden,
- Optimierung der Zugauslastung,
- Verbesserung des Reisekomforts.

Profiteure des neuen Tarifsystems sind:

- Inhaber der BahnCard,
- Nutzer von Plan & Spar-Preisen,
- Kunden, die lange Strecken mit der Bahn reisen,
- Nutzer von Familienregelungen,
- Nutzer, die Rabatte kombinieren,
- Klein-Gruppen (wenn mehrere Personen gemeinsam verreisen).

Das **Bahnpreissystem** basiert auf drei Säulen:

- **Normalpreise** sind Relationspreise, die auf der Basis von
  - Entfernungsdegression,
  - differenzierte Produktklassen,
  - Buchungszeitabhängigkeit,
  - Nachfragesituation auf der Strecke,
  - Flexibilität bei Umtauch und Erstattung,
  gebildet werden (*Rudolph*).

- **Plan & Spar-Preise** ersetzen im neuen Tarifsystem die Vielzahl der Sonderangebote aus dem alten Tarifsystem. Sie werden vom Normalpreis abgeleitet und können eine Ermäßigung bis zu 40 % gegenüber den Normapreisen enthalten. Die Plätze für diese Preise werden kontingentiert und nur solange verkauft wie das Kontingent reicht. Für diese Preise besteht eine unbedingte Zugbindung, eine Vorausbuchungsfrist und eine gebührenpflichtige Umtausch- und Erstattungsregelung vor Antritt der Reise. Nach Antritt der Reise ist eine Erstattung oder ein Umtausch nicht mehr möglich. Auch der Reiseweg unterliegt Restriktionen.

- **BahnCard-Tarife gelten unter folgenden Bedingungen:**
  - Geltungsdauer 12 Monate,
  - Kombinierbarkeit mit weiteren Rabatten,
  - unterschiedliche Rabattsätze,
  - Einsatzgebiet auch auf Omnibusgesellschaften, die mit der DB kooperieren.

3.3.5 Vertrieb des Produktes Bahnreisen

Die Eisenbahnunternehmen vertreiben ihre Produkte über den direkten und indirekten Vertriebskanal. Zu den direkten Vertriebskanälen zählt der **Direktvertrieb/Eigenvertrieb** über den:

- Fahrkartenverkauf im Zug,
- Verkauf über Fahrkartenautomaten,
- Verkauf über das Internet (mit Zahlungsfunktion),
- Fahrkartenschalter an den Bahnhöfen.

Indirekter Verkauf erfolgt lediglich über Reisebüros/Reisemittler und Firmenreisestellen. Reisemittler/Reisebüros müssen eine Lizenz für den Verkauf von Bahnfahrkarten bei der DERRAIL beantragen. DERRAIL betreut die Bahnagenturen und erstellt die Abrechnung und führt auch das Inkasso durch. Der Verkauf von Bahnreisen und -werte stellte in der Vergangenheit für die Reisemittler/Reisebüros einen unverhältnismäßig hohen Aufwand im Vergleich zu den Erlösen dar. Durch das neu eingeführte Tarifsystem 2002 und durch die Nutzung sämtlicher Prozessoptimierungen werden Optimierungseffekte beim Buchungsprozess von ca. 20 % freigesetzt. Durch die Einführung des neuen Vertriebssystems (NVS) wurden dem indirekten Vertriebsweg weitere Potenziale zur Verkürzung der Prozesse zur Verfügung gestellt. Zentrales Instrument ist die elektronische Ticketausstellung am Automaten (*Heller*).

Eine wichtige Entwicklung im Vertrieb ist das **bahn.corporate**, das Firmenkundenprogramm der DB. Dieses Instrument besteht aus drei zentralen Bausteinen: Preise & Rabatte, Prozesse und bahn.comfort. Dieses Programm verfolgt eine einfache Preis- und Rabattlogik und einen Abbau der Prozesskomplexität. Die Teilnahme an diesem Serviceprogramm für Vielfahrer ist kostenfrei und unverbindlich. Flexibles Reisen steht im Vordergrund (*Die Bahn*).

Künftig wird die DB verstärkt auf neue, direkte Vertriebskanäle im Selbstbedienungsverfahren ihren Fokus richten. Die Technologie, die hier zum Einsatz kommen soll, basiert auf der Technologie des Chip-Karten-Lesetelefons. Alle kundenrelevanten Informationen sollen auf eine Smart-Card aufgespeichert werden mit dieser sodann Verkauf von Bahnwerten, Reservierungen von Zügen, Sitzplatzvormerkungen, Hotelreservierungen, Gepäckträgerruf aus dem Zug heraus, Bahn-Taxi-Buchungen am Zielort u. v. m. vorgenommen werden können. Die Legitimation wird während der Reise vom Zugbegleiter mittels eines tragbaren Computers erfolgen. Die Smart-Card ist auch mit einer Zahlungsfunktion ausgestattet.

3.4 Schiffsverkehr

Die Geschichte der Schifffahrt lässt sich bis in das 4. Jahrtausend vor unserer Zeitrechnung zurückverfolgen. Sie lässt sich von der Frühzeit bis zu den Wikingern, vom Mittelalter bis ins 18. Jahrhundert relativ gut nachvollziehen. Lückenlos dokumentiert ist die Schifffahrt ab dem Beginn der Transatlantik-Schifffahrt mit dem Wechsel vom Segelschiff zum Dampfer. Bereits vor und während des ersten Weltkrieges liefen die ersten „Schwimmenden Paläste" Richtung Süd-, Mittel- und Nordamerika aus. Die Schifffahrt begann neben der Transport- auch Freizeitaufgaben wahrzunehmen. Den endgültigen Durchbruch schaffte die Schifffahrt ab 1945 mit der regelmäßigen transatlantischen Linienschifffahrt. Die Reedereien/Veranstaltern, die dem Kreuzfahrttourismus starke Impulse gaben, waren die Hapag und der Norddeutsche Lloyd, die später zur Hapag Lloyd verschmolzen.

Heute beträgt der Marktanteil der Kreuzfahrten am gesamten Reisemarkt ca. 2,5 %. Die Prognosen für das Jahr 2010 belaufen sich auf eine Million Passagiere für den Markt der Hochseekreuzfahrten. Auch durch die Osterweiterung der europäischen Union und der Öffnung europäischer Länder wird den Flusskreuzfahrten stetiges Wachstum durch neue Fahrtgebiete vorhergesagt.

Ein kurzer Überblick über die Marktakteure (Reedereien, Veranstalter) der Passagierschifffahrt in Deutschland soll nachfolgende (auszugsweise) Aufzählung geben:

- **AIDA Cruises**, Rostock,
- **Columbus Seereisen**, Langenhagen,
- **Costa Crociere SPA Genua**, Neu-Isenburg,
- **Cunard Seabourn Limited**, Hamburg,
- **Peter Deilmann Reederei GmbH & Co KG**, Neustadt in Holstein,
- **Delphin Seereisen GmbH**, Offenbach,
- **Hansa Kreuzfahrten GmbH**, Bremen,
- **Hapag-Lloyd Kreuzfahrten**, Hamburg,
- **Hurtigruten**, Hamburg,
- **KD Köln-Düsseldorfer Deutsche Rheinschifffahrt AG**, Köln,
- **MSC Kreuzfahrten**, München,
- **Nicko Tours GmbH**, Stuttgart,
- **Norwegian Cruise Line Ltd.**, Wiesbaden,
- **NSA Norwegische Schifffahrtsagentur GmbH**, Hamburg,
- **Royal Caribbean Cruise Line A/S**, Frankfurt,
- **Sea Cloud Cruises** GmbH, Hamburg,
- **Transocean Tours Touristik GmbH**, Bremen,
- **Viking Flusskreuzfahrten**, Köln.

3.4.1 Arten und Systematisierung der Personen-Schifffahrt

Die erste Unterscheidung betrifft die Aufteilung nach Fracht- und Personenschifffahrt. Gegenstand unserer Betrachtung ist die Personenschifffahrt einschließlich der Personenbeförderung auf Frachtschiffreisen, da in jüngster Zeit eine steigende Nachfrage nach Fahrten auf Frachtschiffreisen zu verzeichnen ist.

Die **Personenschifffahrt** lässt sich unterteilen in:

* **Linienschifffahrt,**
* **Bedarfsschifffahrt** (nach *Rudolph* auch noch als schiffstouristische Reisen bezeichnet).

Unter dem **Linienverkehr** ist der regelmäßige Dienst zwischen zwei oder mehreren See- oder Flusshäfen, die im regelmäßigen Turnus (nach Fahrplan) angelaufen werden, zu verstehen. Die Linienschifffahrt unterliegt der Betriebsgenehmigung, der Beförderungspflicht der nationalen Behörden und ist öffentlicher Verkehr. Die Linienschifffahrt tritt in folgenden Ausprägungen auf:

* **Küstenschifffahrt:** Z. B. Seebäderdienst Nordsee,
* **Hochsee:** Z. B. die Überquerung des Atlantiks von Southhampton nach New York,
* **Flüssen:** Z. B. auf dem Rhein, Main und der Donau,
* **Binnengewässer:** Z. B. auf dem Bodensee, Starnberger See,
* **Fährverkehr:** Z. B. zwischen Deutschland, Belgien, Frankreich nach Skandinavien und Großbritannien.

Die Unterteilung der **Bedarfsschifffahrt** kann unterteilt werden in:

* **klassische Kreuzfahrten:** Z. B. Küsten-, Hochsee- und Flusskreuzfahrten,
* **kombinierte Reisen:** Schiffsrundreisen kombiniert als Kreuzfahrt- und Linienschifffahrt, Fly & Cruise,
* **Sonderformen der maritimen Touristik:** Z. B. Kreuzfahrten auf Großseglern, Themen-, Studien-, Ausflugs-, Expeditionskreuzfahrten, Hurtigruten, Kreuzfahrten auf Frachtschiffreisen, Tall Ship,
* **Boots- bzw. Schiffscharten:** Z. B. für erfahrene Individualisten.

3.4.2 Produktgestaltung in der maritimen Touristik

Ein Blick auf den Hochseekreuzfahrtmarkt zeigt, dass der Anteil der Passagiere stetig steigt. Das höchste Wachstum verzeichnen die Fahrtgebiete Nordland, Ostsee und Mittelmeer. Karibik/USA, Übersee und Kanarische Inseln/Westeuropa verzeichnen zum Teil starke Rückgänge.

Hochseekreuzfahrten/klassische Kreuzfahrten

Die **klassische Kreuzfahrt** ist die ursprünglichste Form einer Vergnügungs- und Erholungsreise auf See. Die Vorteile einer Kreuzfahrt gegenüber anderen pauschalen Reiseformen und Reisearten bestehen darin, dass:

* ein Kreuzfahrtschiff, ein schwimmendes Hotel oder eine schwimmende Ferieninsel mit kurzen Wegen ist, da alles vertikal angeordnet ist,
* eine Kreuzfahrt eine optimale Kombination von Erlebnissen auf See und auf dem Land (z. B. durch Ausflüge) darstellt,
* eine Kreuzfahrt komfortabel ist, da viele Häfen, Länder besucht werden ohne lästiges Kofferpacken – das Schiff ist auch das vorübergehende „Zuhause" des Gastes,
* viele Unterhaltungsmöglichkeiten an Bord bestehen (z. B. Shows, Diskotheken),

- der Erholungswert auf See bekanntlich der Höchste ist,
- eine individuelle Gestaltung des Tagesablaufes möglich ist,
- kulinarische Highlights den Gast während seiner Seereise begleiten, wobei auch die Quantität sich nicht zu verstecken braucht (z. B. bis zu sieben Mahlzeiten am Tag),
- Kreuzfahrten im Vergleich mit einem Hotelaufenthalt in derselben Kategorie preisgünstiger sind.

Es halten sich auch sehr viele Vorurteile um die Seereise, die von potenziellen Kunden und Reiseinteressierten auch gerne als Nachteile gesehen und gewertet werden. So wird die Seereise u. U. als eine Urlaubsart empfunden, die geprägt ist von:

- dem Bild einer eher langweiligen Urlaubsform,
- überwiegend älterem Publikum („Alte Leute"),
- zu viel und zu reichhaltigem Essen,
- der Angst, Seereisen lösen Seekrankheit aus,
- Hektik durch andauerndes Umziehen und steifes Bordleben durch zu viele Konventionen, z. B. Kleider-Codex.

Das **Produkt** bzw. die Dienstleistung **Kreuzfahrt** bzw. Seereise (ausgenommen Fähren) setzt sich aus folgenden Produkt- bzw. Dienstleistungsbestandteilen zusammen:

- **Kreuzfahrtart:**
  - klassische Kreuzfahrt (7 bis 21 Tage),
  - Weltkreuzfahrt (bis zu 3 Monate),
  - Turnuskreuzfahrt (sich ständig wiederholende Route, zwischen 7 und 14 Tage),
  - Themenkreuzfahrten (z. B. Opernkreuzfahrten, „Auf den Spuren der Phönizier"),
  - eine klare Abgrenzung ist nicht immer gegeben,
- **Anreise zum Einschiffungs- und Abreise vom Ausschiffungshafen:**
  - die Anreise erfolgt meist in der günstigsten Variante und sollte sich der gebuchten Kategorie/Niveau anpassen,
  - europäischen Häfen werden i. d. R. mit dem Bus oder Zug erreicht,
  - außereuropäische Häfen mit dem Flugzeug,
- **Schiff:**
  - Größe der Schiffe (bis 120.000 BRZ und einer Kapazität von 3.000 Passagieren und 1.500 Besatzungsmitglieder),
  - Bauart des Schiffes (MS-Motor Ship, SS-Steam Ship, SY-Sail Yacht),
  - Kategorie des Schiffes (2-Sterne bis 5-Sterne plus Standard, Klassifizierung der Schiffe nach Douglas Ward (Berlitz) oder Int. Cruise Passenger Ass.,
- **Unterbringung auf dem Schiff:**
  - Suiten, De-Luxe-, Standard-, Economy-Kabinen in unterschiedlichen Größen,
  - Unterbringung in Einzel-, Doppel- oder Mehrbettkabinen als Innen- oder Außenkabinen,
  - ist für die Reederei/Kreuzfahrtveranstalter die einzige Möglichkeit, unterschiedliche Preise für dieselbe/gleiche Reise zu kalkulieren,
- **Gefahrene Route:**
  - Anzahl der Häfen,
  - Anzahl der Seetage,
  - unterschiedliche Fahrtgebiete,
- **Verpflegung:**
  - Mahlzeiten können in zwei Sitzungen eingenommen werden, Mahlzeiten in nur einer Sitzung ist ein Kriterium für gute Qualität,
  - üblicherweise vier bis sieben Mahlzeiten am Tag mit einer definierten Menge an Tischgetränken inklusive,

- **Bordprogramm:**
  - wichtiges Entscheidungskriterium für Kunden,
  - Sportangebote; Pool, Fitness, Wellness, Sauna, Jogging-Pfad,
  - Animation und Abendprogramm mit bekannten Künstlern, Lektoren,
- **Betreuung an Bord/Reiseleitung:**
  - Planung und Abstimmung des Personaleinsatzes an Bord im Bereich Betreuung,
  - Gästebetreuung und Gästebegleitung auf Landausflügen,
  - Reklamations- und Schadensfallbearbeitung,
- **Landausflüge:**
  - stellen eine wichtige Einnahmequelle des Kreuzfahrtveranstalters/Reederei dar, Kundenbedürfnis und das Geschäftsinteresse sind kongruent,
  - insbesondere ältere Reisende schätzen den Komfort eines sicheren organisierten Ausflugs,
  - sind bereits im Reisebüro buchbar.

Zu den **Produktmerkmalen** von Kreuzfahrten gehören die Fahrtgebiete sowohl für die Hochsee- und Küstenschifffahrt als auch für die Flussschifffahrt. Diese werden nach *Schüßler* wie folgt unterteilt.

Unterteilung in Kreuzfahrtgebiete (Hochsee- und Küstenschifffahrt) und die beste Reisezeit für diese Fahrtgebiete:

- **Ostsee** (Juni bis August),
- **Nordland, Island und Grönland** (Juni bis August),
- **Britische Inseln und europäische Atlantikküste** (Mai bis September),
- **Atlantische Inseln und Westafrika** (März bis Oktober),
- **Westliches Mittelmeer** (April bis Oktober),
- **Östliches Mittelmeer und Schwarzes Meer** (April bis Oktober),
- **Karibische See, Süd- und Mittelamerikas Karibikküste** (ganzjährig, allerdings Juni und Juli ist Hurrikan-Saison),
- **Ostküste der USA und Kanadas** (Mai bis Oktober),
- **Südamerika und Antarktis** (Südamerika: von Oktober bis März, Amazonas-Gebiet: Dezember bis März, Antarktis: November bis Februar),
- **Nordamerikas Westküste von Alaska bis Panama** (Nordamerika: November bis März, Alaska: Juni bis September),
- **Indischer Ozean und südliches Afrika** (Oktober bis März),
- **Australien und Neuseeland** (Oktober bis März, Zyklon-Saison im Dezember und Januar),
- **Südostasien und Fernost** (Südostasien: Oktober bis März, Fernost: April bis September),
- **Pazifischer Ozean, Südsee und Hawaii** (Dezember bis September, Zyklon-Saison von Dezember bis Februar),
- **Rund um die Welt** (Dezember bis April).

Flusskreuzfahrten

Der deutsche Flusskreuzfahrtmarkt ist nach Großbritannien der zweitgrößte Markt in Europa. An dritter Stelle folgen Frankreich, danach USA und Japan gemessen an den Passagierzahlen. Die Donau hält als Fahrtrevier mit ca. 42 % den größten Anteil des Marktes. Stark steigend ist auch die Nachfrage nach Reisen auf dem Nil, nicht zuletzt wegen der Günstigkeit der Preise für Nilkreuzfahrten.

Die durchschnittliche Reisedauer bei Flusskreuzfahrten liegt bei acht Tagen. Auch der Altersdurchschnitt liegt mit mehr als 59 Jahren deutlich höher als bei Hochsee-Kreuzfahrten.

Die Flusskreuzfahrten entwickelten sich u. a. aus den Frachtfahrten auf den europäischen Flüssen, Schiffen, die neben der Fracht auch Passagiere beförderten und aus der Tatsache, dass eine Flussfahrt viel reizvoller ist als eine Hochseekreuzfahrt. Eine Flusskreuzfahrt führt an einer Fülle idyllischer und malerischer Landstriche vorbei und bietet die Gelegenheit fast überall aussteigen zu können und Besichtigungen durchzuführen.

Die **Vorteile der Flusskreuzfahrten** können wie folgt zusammengefasst werden:

- ideale Verbindung zwischen Entspannung und Entdeckung, jeder Tag ein neues Ziel,
- Reisedauer liegt zwischen sieben bis einundzwanzig Tagen und somit auch für Kurzurlaube zwischendurch geeignet,
- die Anlegestellen der Flussschiffe sind i. d. R. sehr zentral und in der Nähe zum Zentrum der besuchten Städte,
- Schiffe haben nahezu familiäre Atmosphäre und Ausmaße (oftmals nur drei bis vier Decks mit einer Zuladung von 60 bis 250 Passagieren),
- kein Wellengang, stabile Fahrt, kaum Seekrankheit,
- sehr kurze Wege an Bord, Einrichtungen sind überschaubar,
- fast ausnahmslos Außenkabinen,
- Verhältnis zwischen Besatzung und Passagieren (ein wichtiges Qualitätskriterium) beträgt eins zu drei bis vier,
- die Küche ist auf die Bedürfnisse und Essgewohnheiten der Gäste eingestellt.

Auch für die **Flusskreuzfahrten** wurden „Fahrtgebiete" oder Reviere (Flüsse) festgelegt (*Schüßler*). Anbei die **wichtigsten Fahrtgebiete**, die im deutschen Markt angeboten werden:

- **Donau**, Deutschland – Rumänien (April bis Oktober),
- **Rhein/Mosel/Saar/Main/Neckar**, Schweiz – Niederlande (April bis Oktober),
- **Rhein/Main/Donau-Kanal/Donau**, Deutschland (April bis Oktober),
- **Elbe/Moldau**, Deutschland (April bis Oktober),
- **Havel/Oder/Mecklenburgische Seenplatte**, Deutschland (April bis Oktober),
- **Rhein/Schelde/Maas**, Niederlande – Belgien (April bis September),
- **Seine**, Frankreich (April bis Oktober),
- **Saone/Rhone**, Frankreich (April bis Oktober),
- **Douro**, Portugal (April bis Oktober),
- **Po**, Italien (April bis Oktober),
- **Newa/Swir/Moskwa/Wolga/Don**, Russland (Mai bis Oktober),
- **Dnepr**, Ukraine (Mai bis September),
- **Jenissej/Irtysch/Ob**, Russland (Juni bis September),
- **Jangtsekiang**, China (Mai bis Oktober, wobei Juli bis August heißes und feuchtes Klima),
- **Ayeyarwady**, Myanmar (Oktober bis März),
- **Nil**, Ägypten (Oktober bis April),
- **Murray River**, Australien (Oktober bis März),
- **Mississippi/Missouri/Ohio/Tennessee**, USA (ganzjährig aber mit Einschränkungen),
- **St. Lorenz-Strom und Große Seen**, Kanada – USA (Mai bis Oktober),
- **Amazonas**, Brasilien – Peru (Dezember bis März).

Fährverkehr

Entscheidend bei der Auswahl eines Fährschiffes sind Kenntnisse über die einzelnen Schiffstypen. Man unterscheidet zwischen konventionellen Fährschiffen und Schnellschiffen. Die konventionellen Fährschiffe, auch als Ro/Ro-Fähren (Roll on – Roll of) benannt, deren Reise-Geschwindigkeit zwischen 16 und 25 Knoten beträgt, lassen sich unterteilen in:

- **Passagierfähren:** Konventionelle, aus Stahl gebaute Schiffe mit einer Zuladung von zwischen 500 bis zu 3.000 Passagieren und zwischen 150 bis zu 900 Pkw, bilden das Rückgrat des Fährverkehrs in den meisten europäischen Fahrtgebieten,
- **Pax Schiffe oder Combicarrier:** Konventionelle Fährschiffe, die in erster Linie für den Transport von Fracht/Stückgute und Lkw's konzipiert wurden, aber auch Passagiere befördern. Im Gegensatz zu den Schnellfähren, die i. d. R. keine Lkws und nur begrenzt Pkws befördern, erfreuen sich Combicarrier immer größerer Beliebtheit bei Gästen mit Pkws und Wohnmobilen.

Die Schnellfähren, deren Reise-Geschwindigkeit deutlich über 30 Knoten beträgt, können unterteilt werden in:

- **Katamarane:** Der bis heute am häufigsten eingesetzte Schiffstyp in der Fährschifffahrt. Diese Zwei-Rumpf-Schiffe, die ursprünglich aus Australien stammen und eine Reisegeschwindigkeit von ca. 35 Knoten erreichen, verfügen über eine Zuladungskapazität bis zu 700 Passagieren und bis 150 Pkws.
- **Monohull-Schnellfähren:** Stromlinienförmiges und sehr wasserdynamisches Ein-Rumpf-Schiff mit einer Länge von 100 Metern und einer Zuladung von bis zu 150 Passagieren und 150 Pkws.
- **Hovercraft (Luftkissenboote):** Vergleichsweise sehr schnelle Fähren mit einer Geschwindigkeit von 60 Knoten, jedoch mit einer geringen Passagierzuladung von ca. 400 Passagieren und ca. 50 Pkws. Die ursprünglich als Wasser/Land konzipierten Fahrzeuge sind heute nur noch in den USA im Einsatz.
- **HSS (Highspeed Sea Service):** Die größten Fährschiffe mit einer Passagierzuladung von bis zu 1.500 Passagieren und ca. 400 Pkws durch Stena Line entwickelter Katamarantyp mit den Abmessungen 125 Meter Länge und 40 Meter Breite und einer Geschwindigkeit von 40 Knoten (ca. 73 Kilometer pro Stunde).
- **Hydrofoil/Jetfoil:** Reine Passagierschiffe für küstennahe Gewässer, bei denen durch eine starke Beschleunigung der Rumpf aus dem Wasser gehoben wird, der Rumpf gleitet sodann an den seitwärts angebrachten Kufen auf dem Wasser.

Die wichtigsten **Fahrtgebiete** in der europäischen **Fährschifffahrt** sind:

- Nordsee und Westeuropa,
- Ostsee und/nach Skandinavien,
- Westliches Mittelmeer und/nach Nordafrika,
- Östliches Mittelmeer.

Das **Produkt Fährschiffsreisen** hat sich den Ansprüchen und den Erfordernissen der Kunden und der Zeit angepasst. Alleine die Unterbringung bietet auf den meisten Schiffen mehrere Alternativen an. So werden heute folgende **Unterbringungsarten** angeboten:

- verschiedene Kabinenkategorien von Luxus bis Economy,
- unterschiedliche Belegung der Kabinen von Einzel- bis Vierer-Belegung oder mehr,
- Innen- oder Außenkabinen,
- Schlaf- und Pullmannsitze.

Fährgesellschaften verstehen sich in ihrem Verständnis nicht nur als Beförderer, sondern als Dienstleister. Es werden eine Vielzahl von kundenorientierten Zusatzleistungen für Fährkunden angeboten, die die Überfahrt kurzweiliger machen sollen und schon Teil des Urlaubes sein sollen, statt nur lästige An- oder Abfahrt in ein Zielgebiet. So werden u. a. angeboten:

- verschiedene und umfangreiche Verpflegungsmöglichkeiten an Bord,
- Hotelübernachtungen am An- oder Abfahrtshafen,
- Karten für Theater, Musicals, Verkehrsmittel am Zielhafen,
- Vermittlung von Hotels und Ferienhäuser sowie Stadt- und Ausflugsfahrten am Zielhafen oder im Zielgebiet,
- Vermittlung von Reise- und Transportversicherungen.

Ein wesentlicher Bestandteil der Produktpolitik ist die Sicherheit der Fährschiffe, nicht zuletzt durch die in den letzten Jahren spektakulären Havarien mit Verletzung von Personen und Verlust von mitgebrachten Objekten. Die Betreiber und die nationalen Behörden sind stets bestrebt, den Gästen ein Maximum an Sicherheit auf See zu bieten bzw. zu gewährleisten. Dies wird vor allem durch die Sicherheitsausrüstung und Sicherheitseinrichtungen an Bord der Fährschiffe dokumentiert. So verfügen Fährschiffe über folgende **Sicherheitsausrüstung**, die von der Navigations-, Signal-, Sicherheitszentrale oder dem Kommunikationszentrum gesteuert werden: Rettungswesten für Erwachsene und Kinder, Rettungsboote, Rettungsinseln mit Kälteschutzsäcken für den Aufenthalt in den Rettungsinseln und Rettungsbooten.

Auch verfügen Fährschiffe über folgende **Sicherheitseinrichtungen** an Bord:

- Alarmsignalgeber und Typhon,
- Telefon, UKW-Sprechfunk, Funkanlagen mit Sprechfunk über Grenzwellen, Walkie-Talkies,
- Radar-Responder, Sarsat-Kannad Funkboje (Satellit), EPIRB-Funkboje,
- tragbare Rettungsbootsender,
- Signalraketen, Leinenwurfgeräte, Gasspürgeräte,
- Auslösung und Anzeige der Hi-Fog Anzeige,
- Rauch- und Feuermeldeanlagen,
- Schottenschließanlage,
- Kameras zur Überwachung sicherheitsrelevanter Bereiche,
- Anzeigen über den Verschlusszustand des Schiffes mit akustischem Signal.

Frachtschiffsreisen erfreuen sich einer zunehmenden Nachfrage und gelten als interessante bisweilen außergewöhnliche Reiseerlebnisse. Einige Frachtschiffe, eigentlich für den Transport von Waren aller Art, besitzen eine Genehmigung für die Beförderung von Passagieren. Bedingt durch den technischen Fortschritt kommt ein Tramp- oder Containerschiff nur noch mit einem Minimum an Personal aus. Die Kabinen, die durch Crew-Reduzierung vakant wurden, werden nun an interessierte Seereisende vermittelt, die eine Seereise auf einem Luxus-Liner für nicht mehr erstrebenswert halten oder aber einen Hauch von Abenteuer fernab der überfüllten Kreuzfahrtlinien und Fahrtgebiete genießen wollen.

Besonderheiten bei der Produktgestaltung von Frachtschiffsreisen sind zu beachten:

So ist das **Höchstalter** auf (meistens) 65 Jahre beschränkt bzw. es muss bei fortgeschrittenem Alter ein ärztliches Attest den guten Gesundheitszustandes des Kunden bestätigen. Eine **Arzt-**

pflicht für ein Schiff besteht erst bei mehr als 12 Passagieren. Nachdem Frachtschiffe i. d. R. weniger als 12 Passagiere befördern, ist auch keine ärztliche Betreuung an Bord. Kunden müssen ebenso eine Deviationsversicherung abschließen. Sie wird leistungspflichtig, wenn das Schiff wegen Krankheit, Unfall oder Tod eines Passagiers die Routen ändern muss, um den nächstgelegenen Hafen anzulaufen damit der Kunde versorgt werden kann.

Die **Unterbringung** der Gäste erfolgt in Einzel- oder Doppelkabinen mit eigenen sanitären Einrichtungen, die aber klein und funktional ausgestattet sind, denn es handelt sich um ehemalige Besatzungsunterkünfte. **Mahlzeiten** werden in der Offiziersmesse eingenommen, die Mahlzeiten sind nicht vergleichbar mit den opulenten Buffets auf Kreuzfahrtschiffen, sind aber dennoch schmackhaft und reichlich. Die **Freizeitaktivitäten** an Bord sind in Ermangelung an den auf Kreuzfahrtschiffen üblichen Einrichtungen (z. B. Sauna, Fitness-Center, Kino, Bibliothek, Kino) stark eingeschränkt.

Ein wichtiger Aspekt ist die **Sicherheit an Bord**. Der Passagier lernt an Bord mit den wichtigsten Rettungsmitteln umzugehen. Bei Arbeiten an Deck sowie bei Be- und Entladungsvorgängen im Hafen muss der Passagier Abstand wahren. Auch als zahlender Gast, muss sich der Passagier der gleichen Borddisziplin unterwerfen wie ein Crew-Mitglied. Auch beim Landgang ist Vorsicht geboten, da die Frachtschiffe meistens im geschäftigen Teil des Hafens anlegen, um die Fracht zu löschen, denn auch hier besteht eine erhöhte Unfall- und Verletzungsgefahr.

Die Beförderung von Passagieren kann auf folgenden **Frachtschiffstypen** erfolgen:

- **Stückgutfrachter:** Gelten als die interessantesten Frachtschiffsreisen, da die Ladung sehr zeitaufwändig gelöscht wird und der Aufenthalt bzw. die Liegezeiten in einem Hafen recht lang sind. Stückgutfrachter fahren überwiegend Häfen in Afrika, Asien und Südamerika an, was ein gewisses Abenteuer garantiert.
- **Containerschiffe:** Verkehren i. d. R. nach einem festen Fahrplan (feste Häfen und Routen), die Aufenthalte in den einzelnen Häfen sind recht kurz, da die Be- und Entladung computergesteuert und sehr schnell vollzogen wird.
- **Massengutfrachter:** Verkehren meistens zwischen nur zwei Häfen, empfehlenswert für Einsteiger und zum Kennenlernen von Frachtschiffsreisen, da unspektakulär.
- **Autotransporter:** Fahren i. d. R. auch nach einem festen Fahrplan, sie bringen Autoteile auf einen anderen Kontinent und fahren mit den fertigen Autos wieder zurück. Reisen mit Autotransportern nehmen pro Reise schon mal drei bis vier Wochen Zeit in Anspruch.

Die **Routen** bzw. Fahrtgebiete für **Frachtschiffsreisen** von europäischen Häfen lassen sich am besten nach der Dauer der Reise unterteilen:

- **eine Woche**: Deutschland nach Polen, Norwegen, Schweden, England, Schottland, Portugal, Spanien,
- **zwei Wochen**: Deutschland nach Skandinavien, Kanarische Inseln, Mittelmeer,
- **vier bis sechs Wochen**: Deutschland an die Ostküste der USA, Karibik, Brasilien, Argentinien,
- **acht bis zehn Wochen**: Deutschland an die Westküste der USA, Südafrika, Karibik, Westküste Südamerikas, Ostasien,
- **zehn bis zwölf Wochen**: Deutschland/Europa nach Fernost, Australien,
- **vierzehn und zwanzig Wochen**: Frachtreise rund um die Welt.

3.4.3 Preis- und Konditionenpolitik von Seereisen

Bei der Preispolitik im Bereich der **Hochseekreuzfahrten** wird auf der Basis von Tagessätzen kalkuliert. Hier muss anders als bei Flusskreuzfahrten, Frachtschiffsreisen oder Fährreisen eine Segmentierung der Passagierzahlen vorgenommen werden. Es wird ermittelt, welchem Segment der einzelne Passagier zugeordnet werden kann. Nach *Pollak/Berg* können Passagiere in vier **Segmente** eingeteilt (segmentiert) werden:

- **Premium;** Anteil ca. 24 % mit einem durchschnittlichen Tagespreis von ca. 180,00 € bis 250,00 €,
- **De Luxe;** Anteil ca. 12 % mit einem durchschnittlichen Tagespreis von über 300,00 €,
- **Standard;** Anteil ca. 45 % mit einem durchschnittlichen Tagespreis von ca. 125,00 € bis 180,00 €,
- **Budget;** Anteil ca. 18 % mit einem durchschnittlichen Tagespreis von ca. 75,00 € bis 130,00 €.

Ein Schiff, welches profitabel betrieben werden soll, muss mindestens 350 Tage im Jahr im Einsatz sein. Das bedeutet, dass die Fahrtgebiete und Routen je nach Jahreszeit und Saisonzeit kombiniert werden müssen. Das Kalkulationsmodell bzw. die Kosten für den Einsatz eines Schiffes im Vollcharter eines Veranstalters für ein Jahr soll an folgendem Beispiel veranschaulicht werden.

Ausgangssituation/Annahme:
- Schiff mit einer Kapazität von 600 Passagieren
- Durchschnittliche Auslastung 80 %
- Durchschnittliche Reisedauer 14 Tage
- Einsatzzeit des Schiffes: 365 Tage
- Insgesamt 480 Passagiere pro Reise auf 25 Reisen im Jahr = 12.000 Passagiere/Jahr

Position	Einzelkosten	Gesamtkosten
Charterrate für 365 Tage (inkl. Treibstoff, Wasser-, Wartungs- und Reparaturkosten, Kosten für die Verpflegung der Besatzung)	75.000,00 €/Tag	27.375.000,00 €
Hafenkosten für durchschnittlich 280 Tage	2.500,00 €/Tag	700.000,00 €
Umbau des Schiffes nach den Vorstellungen des Veranstalters	1.500,00 €/Tag	4.110.000,00 €
Crew Bonus für die Besatzung für 365 Tage Fahrzeit	600,00 €/Tag	219.000,00 €
Versicherungsprämien pro Passagier	17,00 €/Tag	12.000,00 €
Gehälter für das eigene Personal (z. B. Hotel-Staff, Küchebrigade, Reiseleiter und Betreuer, Animateure, Künstler)	5.000,00 €/Tag	1.825.000,00 €
Reisespesen für das Personal	400,00 €/Tag	146.000,00 €
Ausstattungskosten für das Büro des Veranstalters an Bord, Druckkosten für das Manifest	600,00 €/Tag	219.000,00 €
Druckkosten für Menuekarten, Tagesprogramme, Dekorationsmaterial	400,00 €/Tag	146.000,00 €
Verpflegungssatz pro Passagier	55,00 €/Tag	660.000,00 €

Werbung, Werbekosten	7.000,00 €/Tag	2.555.000,00 €
Nützliche Aufwendungen in den Häfen (Schmier-gelder)	50,00 €/Tag	18.250,00 €
Gesamtsumme		35.985.250,00 €

Tab. B. 3.15: Kalkulationsmodell Vollcharter eines Schiffes für 365 Tage
Quelle: eigene Darstellung in Anlehnung an Mundt, 1998

Somit betragen die Kosten 35.985.250,00 €. Bei einer Auslastung von 80 % und 25 Reisen im Jahr ergibt sich ein durchschnittlicher Kalkulationspreis pro Reisender von zwischen 2.875,53 € oder 2.998,77 € (abhängig von dem angewandten Kalkulationsverfahren).

Zu diesem durchschnittlichen Kalkulationspreis müssen jedoch noch die Vertriebskosten (z. B. Reisebüroprovisionen), die Marge, Kreditkartendisagio und Versicherungskosten hinzu addiert werden.

Bei **Flusskreuzfahrten** wird, auch wenn in den Reisekatalogen die End- und Inklusiv-preise ausgewiesen sind, auf der Basis von Tagessätzen kalkuliert. Der durchschnittliche Tagessatz pro Person und pro Tag liegt bei ca. 160,00 €, abhängig von der Kategorie des Schiffes, des Fahrtgebietes, der Anzahl der Landausflüge und der Kabinenausstattung.

Bei **Fährschiffsreisen** stellt sich die Tarifsituation folgendermaßen dar, d. h. es werden folgende Tarifarten angeboten:

- **Einzeltarife** für Erwachsene, Kinder und Kleinkinder,
- **Gruppentarife**,
- **Spartarife**, z. B. PKW & Insassen (Autopaket), Ermäßigung für die Buchung von Hin- und Rückfahrt gleichzeitig, Kurzreise-Tarif, Durchgangstarif und Rundreisetarif.

Die Preisberechnung ist relativ transparent, d. h. für den Kunden ist es jederzeit nach-vollziehbar, für welche Leistungen er welchen Betrag bezahlt. Ermöglicht wird dies durch klare Angaben zur Preisberechnung, z. B. für Personen und Fahrzeuge, Tarifarten und Saisonzeiten sowie die Unterbringung in Kabinen oder Pullmannsitzen.

Bei **Frachtschiffsreisen** basiert der Reisepreis auf der Kalkulation auf Basis von Tages-sätzen. Als Faustregel kann abhängig von Schiffstyp, Ausstattung und gefahrener Route ein Tagessatz von zwischen 75,00 € bis 200,00 € pro Passagier und Tag angenommen werden. Die Kosten der Anreise zum Einschiffungshafen werden i. d. R. extra berech-net.

3.4.4 Vertriebs- und Kommunikationspolitik von Seereisen

Hochsee- und Flusskreuzfahrten werden zu 95 % über Reisebüros/Reisemittler ver-trieben. Wichtige Verkaufshilfen sind die Kataloge von Reedereien und Veranstalter. Das Produkt ist in hohem Maße beratungsintensiv und bedarf verstärkter Betreuung durch die Verkaufsabteilungen der Veranstalter und Reedereien. Weitere Quellen der Informations-beschaffung sind:

- **„Kreuzfahrten weltweit"**, ein einmal jährlich erscheinendes Magazin,
- **OAG Cruise & Ferry Guide**, Übersicht über Schiffe und Routen, erscheint dreimal jährlich,
- **Berlitz Complete Guide to Cruising & Cruise Ship** von Douglas Ward, einmal jährlich erscheinendes Handbuch zur Bewertung der Schiffe nach Qualität,
- **„an Bord – Das Magazin für Schiffsreisen"** und Seewesen, erscheint sechsmal im Jahr,
- **CD-Cruise**, einmal jährlich erscheinende CD-Rom mit den Programmen aller wichtigen Seereise-Veranstaltern und Reedereien.

Die **Betreiber von Fährschiffen** bedienen sich umfangreicher Vertriebs- und Kommunikationswege. Sie bieten ihre Produkte über:

- Reisemittler/Reisebüros,
- Fähragenturen (Makler-Status),
- Reiseveranstalter/Kreuzfahrtveranstalter,
- maritime Mittler,
- globale Distributions Systeme (GDS),
- andere Informations- und Vertriebsträger,
- Schienenbetreiber, z. B. DB an.

Als wichtigste **Informationsträger** für die Fährschifffahrt gelten:

- Prospekte und Verkaufshilfen/Fahrpläne der Reedereien,
- Handbuch „Fähren in Europa",
- OAG Cruise & Ferry Guide,
- Kursbücher der einzelnen Länder,
- DERTRAFFIC,
- elektronische Buchungssysteme, z. B. AMADEUS, Galileo, DCS Merlin Sabre.

Frachtschiffsreisen werden in Deutschland nur von einigen wenigen **Spezialagenturen** vermarktet und vertrieben:

- Frachtschiff-Reisezentrum, Hamburg,
- Internationale Frachtschiffreisen Pfeiffer, Wuppertal,
- Horn-Line, Hamburg,
- NSB Reisebüro GmbH, Bremen,
- Fachagentur für Frachtschiffreisen – Kapt. Hoffmann, Scharbeutz,
- Frachtschiff-Touristik – Kapitän Zylmann, Maasholm/Ostsee,
- Neptunia Schifffahrt GmbH, München,
- Internaves Frachtschiffsreisen Christina Horn, Baden-Baden.

3.4.5 Zusammenarbeit zwischen Reederei und Kreuzfahrtveranstalter

Die Anbieter von Kreuzfahrten und Seereisen sind sowohl Kreuzfahrtveranstalter als auch die Reedereien selbst. Die Formen der Beschaffung von Kapazität eines Kreuzfahrtveranstalters sind:

- **Vollcharter**: Hierbei chartert der Veranstalter das komplette Schiff für einen bestimmten Zeitraum (z. B. ein Jahr, einen Monat, eine Woche) inkl. des nautischen Personals ggf. auch der Küchen- und Hotel-Crew. Diese Form der Beschaffung ist bei großer Nachfrage sinnvoll. Die Verträge werden meist über mehrere Jahre geschlossen. Der Veranstalter kann eigenmächtig handeln, seine Routen selbst festlegen, trägt aber auch das Vermarktungs- und Absatzrisiko, da er die Kapazitäten unter eigenem Namen vermarktet. Dafür hat der Veranstalter die Produkt- und Preishoheit. Sein Preis ist für den Kunden nicht mit anderen Angeboten vergleichbar. Der Nachteil des Vollcharters liegt in der Kapitalbindung und dem Umstand, dass Vollcharter teuerer ist als Blockcharter. Einen Teil der Kapazitäten kann der Veranstalter auch über andere Veranstalter als Subcharter anbieten.

- **Bare boat charter**: Ist eine Form des Vollcharters bei dem der Veranstalter ein ganzes Schiff ohne Besatzung chartert und somit die Möglichkeit hat, dass Schiff unter dem eigenen Veranstalternamen zu vermarkten. Auch ist diese Variante, da ohne Personal, günstiger.

- **Blockcharter**: Die Reederei stellt das Schiff und das Personal, plant die Routen in den einzelnen Fahrtgebieten für i. d. R. ein Jahr. Veranstalter kaufen Kapazitäten/ Kontingente und vermarkten diese in eigenem Namen. Der Vollcharter oder die Reederei bleibt für die Planung und die Organisation verantwortlich. Der Veranstalter hat ein geringeres Risiko, denn er kann im Vorfeld über die Höhe der abgenommenen Kapazitäten entscheiden; er hat nur ein Haftungsrisiko dem Kunden gegenüber. Die relativ hohe Preistransparenz (Vergleiche sind möglich, da auch andere Veranstalter Kontingente/Kapazitäten auf demselben Schiff und dieselben Reisen haben) stellt ein Nachteil für den Veranstalter dar. Der Veranstalter hat eigene Reiseleitungen an Bord, um die Identifikation der Kunden mit dem Unternehmen zu unterstützen.

- **General Sales Agent**: Ein Reiseveranstalter vertreibt ein Schiff oder Schiffe einer Reederei exklusiv in einer definierten Verkaufsregion. Das Absatz- und Vermarktungsrisiko verbleibt bei der Reederei. Diese Form der Zusammenarbeit wird dann gewählt, wenn eine Reederei im Zuge einer Marktentwicklung neue Absatzmärkte anstrebt und einem bereits etablierten Veranstalter die Einführung des Produktes gegen Bezahlung überlässt. Diese Form ist aus Sicht des Reiseveranstalters am wenigsten risikoreich.

- Bei der **Zusammenarbeit auf Vermittlungs- bzw. Provisionsbasis** vermittelt der Veranstalter das Produkt eines Reeders an Endkunden oder an Reisemittler gegen eine Provision weiter. Hier hat der Veranstalter keinerlei Möglichkeit der Mitwirkung bei der Produkterstellung. Bei Vermittlung an ein Reisebüro muss die Provision mit diesem geteilt werden. Problematisch ist die rechtliche Stellung des Veranstalters gegenüber einem weiteren Mittler.

4. Destination

„Destination ist der geographische Raum (z. B. Ort, Region, Weiler), den der jeweilige Gast (oder Gästesegmente) als Reiseziel auswählt. Sie enthält sämtliche für einen Aufenthalt notwendige Einrichtungen für Beherbergung, Verpflegung, Unterhaltung/Beschäftigung. Destination ist somit die Wettbewerbseinheit im Incoming-Tourismus, die als strategische Geschäftseinheit geführt werden muss (*Bieger*).

Was können „Destinationen" im Sinne von Wettbewerbseinheiten sein? Sie können sein:

- **Kurorte**, z. B. Bad Tölz, Bad Kolbermoor, Bad Salzuflen, Bad Gastein u. v. m.
- **Kurregionen**, z. B. Niederbayerisches Bäderdreieck, Allgäu,
- **Erholungsorte** bzw. Orte in bevorzugter (landschaftlicher und klimatischer) Lage, z. B. Kitzbühl, St. Moritz, Cortina D'Ampezzo,
- **Orte, die besondere Veranstaltungen/Events** anbieten, z. B. Oberammergau, Bayreuth, Verona, Bad Segeberg, Hamburg,
- **Orte mit Freizeit- und Erlebniswelten, Naturparks**, z. B. Europa-Park-Rust, Lego-Land, Therme,
- **Regionen**, z. B. Tölzer Land, Chiemgau, Mecklenburgische Seenplatte, Oberengadin,
- **Städte**, z. B. München, Berlin, Hamburg,
- **Zusammenschlüsse und Arbeitsgemeinschaften**, z. B. Starnberger-Fünf-Seen-Land, Romantische Straße sowie nahezu alle touristischen Straßen.

Gegenstände der Betrachtungen dieses Kapitels sind:

- **Destinationsmanagement**,
- **Kur- und Bäderwesen**,
- **Freizeit- und Erlebniswelten**.

4.1 Destinationsmanagement

Die Destination als „Ort mit einem Muster von Attraktionen und damit verbundenen Tourismuseinrichtungen und Dienstleistungen" stellt als Leistungsbündel für einen bestimmten Gast ein Produkt dar. Die Destination kann für verschiedene Gästegruppen unterschiedliche Kernprodukte und Nutzen generieren. Als solche ist die Destination die Wettbewerbseinheit im Incoming-Tourismus (*Bieger*).

Was eine Destination für einen bestimmten Gast ist, hängt von seinen Bedürfnissen und seiner Wahrnehmung ab. Ein Golfspieler betrachtet als Destination seinen Golfplatz mit Hotel und dem Ort, für einen amerikanischen Touristen ist Europa eine Destination, für eine Familie mit Kindern, die einen dreiwöchigen Badeaufenthalt auf einer Kanareninsel bucht, ist die Destination die Inselgruppe Kanaren bzw. die gewählte Insel (z. B. Fuerteventura). Destination kann für den Gast somit sein:

- Ort, Weiler, Stadt,
- Bundesland, Kanton, Regierungsbezirk,
- Region, Küstenabschnitt, Seenlandschaft,
- Land, Staat, Insel,
- Kontinent, Kulturkreis.

4.1.1 Elemente und Merkmale einer Destination

Die Destination wird als eine Wettbewerbseinheit verstanden, die sich aus folgenden Elementen und Systemen zusammensetzt:

- **gesellschaftlich-wirtschaftliches System;** Bevölkerung, Märkte und Branchen,
- **ökologisches System;** Ressourcen, Umwelt und Umweltbeeinträchtigungen,
- **Staat;** Tourismuspolitik, Raum- und Umweltpolitik, Interessen der Bevölkerung und Interessen der Wirtschaft.

Zur Erklärung der Abläufe und Prozesse in einer Destination kann unter Berücksichtigung wirtschaftlicher, gesellschaftlicher, politischer Interessen und Prozesse, ein Unternehmensmodell herangezogen werden. Dies rechtfertigt sich aus folgenden Gründen: die Destination ist eine Wettbewerbseinheit, die Leistungen für Dritte mithilfe von Personen und Technologien (sozitechnisches System) gegen Entgelt erbringt (*Bieger*).

Eine **Destination ist die Summe seiner Teilnehmer, Akteure und Mitwirkende**. Diese können sein:

- einzelne Anbieter,
- Bevölkerung und die Gesellschaft,
- Gemeinde,
- politische Körperschaften,
- touristische Organisation der Destination,
- andere Tourismusorganisationen und Verbände,
- Geschäftsstelle der Tourismusorganisation,
- Gäste, Besucher und Touristen.

Ferner gehören zum **System Destination**:

- Nachfrager und die Märkte,
- ökonomische Umwelt,
- natürliche Umwelt,
- gesellschaftliche Umwelt,
- politische Umwelt
- Tourismusorganisationen als Koordinationsstelle,
- Hotels und andere touristische Anbieter,
- touristische Attraktionen,
- Gewerbe,
- Infrastruktur.

4.1.2 Aufgaben, Funktionen und Rahmenbedingungen einer Destination

Hinsichtlich der Aufgaben einer Destination gibt es unterschiedliche Ansätze. Zu den kooperativen Aufgaben innerhalb einer Destination nach *Freyer* gehören z. B.:

- Förderung des Erscheinungsbildes (der Attraktivität) des Ortes, z. B. durch Beratung und Mitwirkung bei örtlichen Maßnahmen zur Verbesserung der Infrastruktur und des Freizeitangebotes,
- Entwicklung eines Bebauungs- und Nutzungsplanes,
- Schutz der natürlichen Ressourcen,
- Beratung der am Ort ansässigen Betriebe und Bevölkerung, um eine möglichst optimale Entwicklung des Tourismus am Ort zu ermöglichen,
- Gästebetreuung am Ort,
- Gewinnung von Gästen durch ein geeignetes Marketing, das von der Marktforschung über ein einheitliches Erscheinungsbild des Ortes nach innen und nach außen bis zur Verkaufsförderung durch Werbung, PR, Teilnahme an Messen und Ausstellungen, Zusammenarbeit mit Reisebüros und Reiseveranstaltern reicht.

Nach *Kaspar* stellen sich die kooperativen Aufgaben innerhalb einer Destination folgendermaßen dar:

- **allgemeine orts- und regionalpolitische Tourismusaufgaben:** Z. B. Ausarbeitung und Durchführung eines Kurorts- bzw. Tourismuspolitischen Konzeptes, Wahrung der allgemeinen Verkehrsinteressen, Förderung des Tourismusbewusstseins, des kulturellen, sportlichen, gesellschaftlichen und folkloristischen Lebens, marktgerechte Vereinspolitik,
- **verwaltungsmäßige Aufgaben:** Z. B. Betrieb eines Tourismusbüros, Behandlung und Implementierung von Anregungen, Hinweisen und Beschwerden, die den Tourismus betreffen,
- **Mitgestaltung, Mitwirkung und Betrieb des touristischen Angebotes** durch Mitgestaltung und Koordinierung sowie die Beteiligung an Tourismuseinrichtungen,
- **Public Relation und Werbung**.

Health und *Wall* sehen im Gegensatz zu *Freyer* und *Kaspar* die Aufgaben eher als eine strategische Herausforderung. Danach können die kooperativen Aufgaben innerhalb einer Destination wie folgt beschrieben werden:

- Erarbeitung einer koordinierten Tourismusstrategie für die Region in Zusammenarbeit mit den lokalen Behörden und den anderen Parteien/Akteuren in der Region,
- Vertretung der Interessen der Region auf nationaler und internationaler Ebene,
- Vertretung der Interessen der Tourismusbranche in der Region,
- Förderung und Entwicklung der touristischen Vorzüge und Einrichtungen, die den wechselnden Ansprüchen des Marktes entsprechen,
- Marketing für die Region, Bereitstellen von Empfangs- und Informationsservice,
- Erarbeitung und Steuerung von Destinations-Publikationen und Initiierung von PR-Aktivitäten.

Die **Funktionen einer Destination** als Wettbewerbseinheit sind:

- **Planungsfunktion;** das Tourismusprodukt als System unternehmerischer Einzelleistungen,
- **Angebotsfunktion;** einzelne Teilleistungen und/oder öffentliche Güter,
- **Interessensvertretungsfunktion;** das Tourismusprodukt hat zahlreiche positive und negative interne als auch externe Effekte,
- **Marketingfunktion;** Tourismusprodukte sind abstrakte Kontaktprodukte.

Aus den Funktionen lassen sich folgende konkrete Aufgaben für eine Destination ableiten. Dabei bleibt es dem Destinations-Manager frei und offen, ob er die Aufgaben auf eine oder mehrere Organisationen verteilt oder durch Outsourcing erfüllt werden.

- **Planung:** Z. B. Erarbeitung eines Entwicklungsleitbildes sowie einer Destinationsstrategie (Wettbewerbs- und Unternehmensstrategie),
- **Angebotserstellung:** Z. B. Betrieb einer Informationszentrale, eines Informationsbüros, Gestaltung vermarktbarer Produkte, Sicherstellung von Gästebetreuungs- und Animationsleistungen, Betrieb eines Qualitätsentwicklungs- und -sicherungssystems über die Servicekette, Sicherstellung der Schulung der Betriebsleiter und des Frontpersonals, Sicherung eines Beschwerdedienstes, Organisation großer Veranstaltungen und Events,
- **Marketing:** Z. B. Erarbeitung einer Marketingstrategie, Sicherstellung von Marktforschung bzw. Auswertung von Marktforschungsresultaten auf die Destination bezogen, Sicherstellung eines Markenmanagements (Positionierung, Pflege, Kooperationsstrategien) je nach Reichweite der Marke und des Zielmarktes, Sicherstellung der Image-Werbung, der Verkaufsförderung und der PR, Festlegung von Preisstrategien für die Angebote im Verkaufssystem der Destination, Aktiver Verkauf und Betrieb einer Reservierungszentrale mit Sicherstellung eines Distributionssystems und Gestaltung vermarktbarer Leistungen,
- **Interessensvertretung:** Z. B. Information der Branche und der Bevölkerung, Förderung des Tourismusbewusstseins, politische Interessensvertretung für konkrete Projekte – aber keine politische Arbeit für Rahmenbedingungen.

Die Rahmenbedingungen, die für ein optimales Destinations-Management bedeutsam sind, in jedem Fall aber das Führen und Vermarkten einer Destination als Wettbewerbseinheit maßgeblich beeinflussen, sind:

- **Organisations- und Rechtsformen in der Destination:** Z. B. Regiebetrieb, Eigengesellschaft, ARGE, kleine AG,
- **Prädikatisierungen/Anerkennungen einer Destination,**
- **umsatzorientierte Betätigungsfelder einer Destination:** Touristik, Vermittlung, Merchandising,
- **tourismusspezifische Einnahmen und Ausgaben einer Destination:** Einnahmen aus Geschäftstätigkeit, Subventionen, Sponsorengelder,
- **touristische Aufenthaltsbedingungen einer Destination,**
- **Infrastruktur einer Destination.**

Besonderes Augenmerk kommt in diesem Zusammenhang den touristischen Aufenthaltsbedingungen und der Infrastruktur einer Destination zu. Denn diese sind weitgehend gegeben und werden durch Vorhandenes und durch die einheimische Bevölkerung gesteuert. Sie lassen sich abgrenzen in:

- **standortbegründete Angebotsfaktoren**,
- **kapazitätsbezogene Faktoren**,
- **standortfördernde Faktoren**.

Standortbegründete touristische Angebotsfaktoren sind:

- **naturnahe Landschaft und naturgeografische Angebotsfaktoren** (reizvolle landschaftliche Gegebenheiten), z. B: Oberflächengestaltung, Relief, hydrologische Verhältnisse (z. B. Meer, Flüsse, Seen), Vegetation und Tierwelt, Klima; Anziehung bzw. Reizwirkung beruht auf optisch-ästhetischen Eindrücken, direkte Einflüsse auf den Organismus, Benutzbarkeit und Zugänglichkeit der Landschaft und der Einrichtungen,
- **kulturhistorische Gegebenheiten**, z. B. Kulturschöpfungen aus der Vergangenheit, Einrichtungen der Gegenwart und sonstige Veranstaltungen,
- **sozio-kulturelle Gegebenheiten und Verhältnisse**, z. B. Volkstum, Brauchtum, Mentalität, Gastfreundschaft, regionale Esskultur, Religion und Sprache.

Das **kapazitätsbezogene touristische Angebot** ist:

- **das gewerbliche touristische Angebot**, z. B. Einrichtungen der Beherbergung, Verpflegung und der Animation/Betreuung, Kur-, Heil-, Erholungs-, Regenerations- und Erlebnisbetriebe, Unterhaltungs- und Vergnügungsbetriebe sowie verschiedene Versorgungs- und Dienstleistungsbetriebe,
- **das öffentliche touristische Angebot**, z. B. die touristisch bedingte Infrastruktur und überbetriebliche Einrichtungen.

Die **standortfördernden touristischen Angebotsfaktoren** sind:

- verkehrsbeschränkende Maßnahmen,
- erhaltungsbegünstigendes Siedlungsgefüge,
- morphologische Harmonie im örtlichen Aufriss.

4.1.3 Ansätze des Destinationsmanagement

Das Management einer Destination vollzieht sich unter folgenden Rahmenbedingungen bzw. Annahmen:

- **Destination als virtuelle Unternehmung**, d. h. Leistungssysteme werden nicht mehr durch einzelne Unternehmen, sondern durch Netzwerke erbracht. Daraus leiten sich zwei Modelle ab:
  - **Quasi-Externalisierung**, d. h. Outsourcing von Ressourcen und Kompetenzbereiche bei gleichzeitiger und weiterhin enger Zusammenarbeit und Kooperation mit den ausgegliederten Kompetenzbereichen sowie eine bessere Fokussierung auf die Kernaufgaben, reaktionsfähigere, bessere und schnellere Vermarktung,
  - **Quasi-Internalisierung**, z. B. durch Kooperationen und Zusammenarbeit werden weitere Ressourcen erschlossen, um komplexe Problemlösungen zu finden.

4.1.3.1 Besonderheiten des Destinationsmanagement

Die Besonderheiten des Destinationsmanagements begründen sich aus der Virtualität und aus der Vielzahl von Doppelfunktionen der einzelnen Leistungsträger und deren u. U. Zielkonflikte. Die Besonderheiten können im Einzelnen sein:

- **Doppelfunktion der Tourismusorganisation**, z. B. Tourismusmanagement vs. Destinationsmanagement,
- **unklare und schwer messbare Ziele**, z. B. Non-Profit-Organisation vs. Profit-Organisation oder Stakeholder-Value vs. Shareholder-Value,
- **beschränkende Einflussmöglichkeiten auf das Unternehmen Destination** und auf die Tourismusorganisation, z. B. öffentliche Funktion vs. wirtschaftliche Funktion,
- **großes Gewicht der Anspruchsgruppen**, z. B. der Hotellerie, Parahotellerie, Einheimische, Bürgergemeinde, Lieferanten, Feriengäste, Umweltschutzverbände, Baugewerbe, Einzel- und Großhandel, Verkehrsbetriebe, Banken, Kapitalgeber, Mitarbeiter, politische Gemeinde.

Auch die **Wettbewerbssituation** ist viel komplexer als bei Einzelunternehmen und Einzelleistungsträgernn. Auch hier befindet sich die Destination in einem **Spannungsfeld** zwischen dem Gesamten und den Einzelteilen.

- Lieferanten, Leistungsträger und Partner,
- abnehmende Solidarität am Ort und abnehmende Möglichkeiten der Verantwortlichen, die Destination strategisch zu führen,
- immer ähnlichere und austauschbarere Produktqualität der Leistungshersteller,
- potenzielle Konkurrenten und Markteintritte von Start-Up's,
- Billigdestinationen im In- und Ausland, in Entwicklungsländern, neue Destinationsmodelle,
- Verhalten anderer Destinationen,
- durch Marken- und Imagepflege sowie Erlebnisstrategie,
- Bedürfniswandel und Kaufverhalten der Abnehmer,
- Preis- und Zeitsensibilität und -sensitivität, wachsendes Kulturbedürfnis, zunehmendes Qualitätsbewusstsein, Bedürfnis nach Multioptionalität, Wiederentdecken der Nähe/Ferne, günstigere Flugpreise,
- Ersatzprodukte und branchenfremde Unternehmen,
- Kultur-, Natur- und Animationsangebote der Nahgebiete (Ferien von zu Hause aus), andere Freizeitaktivitäten (inkl. elektronische Welt), andere imageträchtige Luxusprodukte.

4.1.3.2 Ziele des Destinationsmanagement

Die Ziele des Destinationsmanagements sollen von Nachhaltigkeit in folgenden Bereichen geprägt sein:

- **wirtschaftliche Nachhaltigkeit**, z. B. Nutzung und Folgekosten der Infrastruktur, Optimierung der Marketingwirkung, Generierung und Wahrung von Wissen sowie Förderung von Netzwerken,
- **ökologische Nachhaltigkeit**, z. B. Entwicklung eines Umweltmanagementsystems, Vermeidung von Belastungen durch Bau, Infrastruktur und Events,

- **gesellschaftliche Nachhaltigkeit**, z. B. Stärkung regionaler Identität, Einbeziehen der Einwohner und Förderung von Gemeinschaftssinn, Schaffung von Handlungsoptionen für zukünftige Generationen.

4.1.3.3 Aufgaben des Destinationsmanagement

Die Aufgaben des Destinationsmanagements resultieren aus den Zielsetzungen und berücksichtigen die Rahmenbedingungen. Sie lassen sich wie folgt definieren:

- **Sicherstellung des normativen Rahmens**, um den langfristigen Zusammenhalt der verschiedenen Interessensgruppen sicherzustellen insbesondere durch:
  - Festlegung der Zwecksetzung des Unternehmens in Wirtschaft und Gesellschaft (z. B. Management-Philosophie),
  - Festsetzung der langfristigen Zielsetzung (z. B. Unternehmensphilosophie),
  - Festlegung der Verhaltensgrundsätze gegenüber den Anspruchsgruppen (durch die Unternehmenspolitik),
  - Festlegung des Wertesystems, dass für das Unternehmen/die Destination prägend sein soll (durch die Unternehmenskultur),
  - Festlegung der Grundsätze für die Entscheidungsabläufe und Zielsetzungsgebungsprozesse im Unternehmen bzw. der Destination (z. B. durch eine Unternehmensverfassung),
- **Sicherstellung der strategischen Wettbewerbsfähigkeit** und **Steigerung des Unternehmenswertes** durch:
  - Festlegung einer Unternehmens-/Destinationsstrategie (Identifikation und Entwicklung und Nutzung von Kernkompetenzen zur Schaffung von Wettbewerbsvorteilen), einer Geschäftsfeldstrategie (Markt- und Leistungsdefinition) sowie deren Wettbewerbsstrategie (Art der für den Konsumenten geschaffenen Werte),
- **Sicherstellung der für Absatz und Produktion** (Leistungserstellung) **maßgebundenen Ziele**, Mittel und Maßnahmen im Rahmen des leistungswirtschaftlichen Konzeptes durch die operative Führung,
- **Sicherstellung des finanziellen Gleichgewichtes** und der notwendigen Mittel durch Definition der Ziele, Mittel und Maßnahmen für die Finanzen im Rahmen des finanzwirtschaftlichen Konzeptes,
- Handhabung der entsprechenden Instrumente (**Marketing-Instrumente**, Finanzierungs-Instrumente u. v. m.).

4.1.3.4 Planungssystem einer Destination

- **Träger der Planung**, z. B. politische Körperschaften, Tourismusorganisationen als Träger des Destinationsmarketings, einzelne Unternehmer, Tourismusorganisationen als Anbieter,
- **Planungsinstrumente**, z. B. Entwicklungsleitbild und Entwicklungsplanung der politischen Körperschaft, Richtplan und Technologien wie Wirtschaftsleitbilder, Marketingstrategien und Aktionsplanung des Standortes und Strategie der touristischen Anbieter,
- **touristische Planungsinstrumente**, z. B. touristisches Marketingkonzept und Marketingplattform sowie Kommunikationskonzept, Aktionsplanung der Destination,
- **Ebene der Destinationsplanung**, z. B. normative/taktische, operative und strategische Ebene.

4.1.3.5 Marketing im Destinationsmanagement

Die Besonderheiten des Marketings einer Destination beruhen u. a. auf dem Dienstleistungscharakter, der Branchenstruktur und den **Besonderheiten der Tourismusorganisationen**. Sie kennzeichnen sich durch z. B.:

- Intransparenz, uno-actu Prinzip (Gleichzeitigkeit von Produktion und Konsum), Bedeutung externer Faktoren wie z. B. Natur, Kultur, soziale Kontakte, Image, Mythos,
- Besonderheiten des touristischen Produktes,
- Bedeutung der Mitwirkenden,
- Besonderheiten der KMU-Struktur im Tourismus,
- Kompetenzdefizite und langsame Wissensdiffusion,
- Komplementarität der Leistungsbündel,
- Notwendigkeit kooperativer Leistungen und Kooperationen im Marketing,
- Externalität und damit Tendenz zur Verpolitisierung.

Der **strategische Marketing-Planungsprozess** umfasst:

- Entwicklungsleitbild,
- Angebot und Eigenschaften der Destination (Nachfragetrends und Konkurrenz),
- Einteilung in strategische Geschäftsfelder (z. B. mittels einer Portfolio-Matrix, SWOT-Analyse),
- Analyse der Wettbewerbsposition pro SGF (strategische Erfolgspositionen),
- Auswahl des Zielmarktes und Verhalten am Markt,
- Marktsegmentierung und Notwendigkeit einer Positionierung,
- Einsatz der Marketing-Instrumente: Preis-, Produkt-, Distributions- und Kommunikationspolitik.

Die wohl wichtigste Rolle kommt im Destinationsmarketing der Kommunikationspolitik zu, dass eine Leistung erstellt wird, die eine Dienstleistung ist und somit kommuniziert werden muss. Dies erfolgt hauptsächlich über die Verkaufsförderung, Werbung und Öffentlichkeitsarbeit.

Die wichtigsten **Zielgruppen** und **Maßnahmen** der **Verkaufsförderung** sind:

- **Konsumenten,** z. B. Publikumsmessen, Wettbewerbe,
- **Tour Operator**, **Paket-Reiseveranstalter** und **Reisemittler**, z. B. Fachmessen, Veranstaltungen, Zahlung von Provisionen und Werbekostenzuschüsse (WKZ)m
- **Verkaufsmitarbeiter,** z. B. Wettbewerbe, Verkaufswettbewerbe, feste Veranstaltungen und Verkaufsboni.

Die **Instrumente** im Rahmen der Öffentlichkeitsarbeit sind **zielgruppenorientiert**, z. B.:

- **Gäste und allgemeine Öffentlichkeit,** z. B. Tag der offenen Tür, Blick hinter die Kulissen, des Ortes/der Destination, Kunden- und Stammgästezeitungen, Newsletter,
- **Mitarbeiter und Einwohner am Ort, in der Region,** z. B. öffentliche Orientierungsabende, Mitarbeiterzeitschrift, regelmäßige Berichterstattung in der Regionalpresse,
- **Medien,** z. B. Presse-Versand an Medien und PR-Agenturen, Presse-Konferenzen bei Neuerungen, persönliche Kontakte zu Redaktionen und Journalisten für Hintergrundinformationen, Pressereisen für vertieftes Problem- und Produktverständnis,
- **Partner und Tourismusbranche,** z. B. Orientierungsveranstaltungen, Info-Blätter, Produkt-Erfahrungs-Programme (PEP).

4.2 Kur- und Bäderwesen

Das Kur- und Bäderwesen nimmt im touristischen Angebot der Destinationen eine besondere wirtschaftliche und gesellschaftliche Stellung ein. Das Kur- und Bäderwesen blickt auf eine lange Tradition zurück. Schon die Römer, die Völker Asiens insbesondere die alten Chinesen und Japaner wussten die gesundheitsfördernde Wirkung von Klima, Heilquellen, Schlamm und Mineralquellen zu schätzen und erkannten, dass diese für das Wohlbefinden und der Gesundheit zuträglich waren. Auch im Altertum waren Mineralkuren, Schlammpackungen, Badekuren und Massagen bekannt und bei der besseren Gesellschaft geschätzt. Im asiatischen Raum entwickelten sich bereits in der Antike mehrere Lehren und Konzepte zur Förderung des Wohlbefindens und zur Heilung und Vorbeugung von Krankheiten. Dieses Lehren oder/und Philosophien sind heute noch unter den Namen: z. B. Ayurveda, die fünf Tibeter, Reiki u. v. m. bekannt und geschätzt.

Die Kur ist heute, anders als in den letzten Jahrhunderten, mehr als eine Kurmittelkur, d. h. lediglich die Ausnutzung von Heilquellen des Bodens, des Wassers und der Luft. Die Kur und die Kurortmedizin haben sich zu komplexen und systematisierten Therapien weiterentwickelt. Sie sind mittlerweile gesundheitsökonomisch und wirtschaftlich sinnvoll sowie gesellschaftlich und sozial unverzichtbar.

Das Kurwesen bietet die Möglichkeit der **Regeneration** und **Reorganisation** biologischer und psychologischer Grundprozesse des menschlichen Organismus bei Krankheit oder eingeschränkter Gesundheit.

In den letzten Jahren, bedingt durch Veränderungen und Anpassungen in der Finanzierung der Kuren durch die Krankenkassen durch staatliche Vorschriften einerseits und durch die Wellness & Spa Philosophie andererseits, vollzog sich ein tief greifender Wandel durch das gesamte Kur- und Bäderwesen.

Dieser Wandel offenbart sich in veränderten Produktpaletten, in den Begrifflichkeiten, den Formen der Finanzierung und des Managements. Allein unter dem Aspekt der Begrifflichkeit werden heute sehr unterschiedliche Begriffe wie Kuren, Wellness-Kuren, Spa oder Well-being verwendet, die jedoch alle eine oder mehrere Gemeinsamkeiten haben, nämlich die Vorbeugung, die Heilung und die Erzeugung eines Zustandes des sich ständig Wohlfühlens.

4.2.1 Das Kur- und Bäderwesen als Produktbündel bzw. Dienstleistungskette

In der Antike wussten die damaligen Menschen um die gesundheitsfördernde Wirkung bestimmter Orte. Warme Mineralwasserquellen, heiße Schlammpackungen, Massagen und viele andere Anwendungen von Kurmittel gehören seit Jahrtausenden zu den Methoden, die Gesundheit des Menschen zu Erhalten, zu Fördern und Wiederherzustellen.

Dieser Ort, der über die Möglichkeiten und die Mittel verfügte den Menschen zu heilen oder medizinisch, seelisch-psychologisch wiederherzustellen oder ganz allgemein eine sich ankündigende Krankheit vorzubeugen, wurde im 18. und 19. Jahrhundert als Kurort bezeichnet.

Diese Orte verfügten am Anfang nur über die natürlichen Quellen des Bodens, der Luft und des Wassers. Durch den stetigen und ansteigenden Besuch von Anwendern und Nutzern dieser natürlichen Quellen, entstanden im Laufe der Zeit die ersten Therapiezentren. Nach und nach bildete sich eine komplette Infrastruktur an diesen Orten heraus, deren Ziel es war und ist, den Kurgast nicht nur zu medizinisch zu betreuen, sondern ihm ein ganzheitliches Angebot für einen kurzweiligen Aufenthalt zu bieten.

Es entstanden neben den staatlichen Therapiezentren und Kliniken auch private Sanatorien. Die Beherbergungs- und Unterbringungsindustrie entwickelte sich für sehr unterschiedliche Zielgruppen. Es entstanden Luxusherbergen mit allen Annehmlichkeiten sowie Hotels und Beherbergungen für weniger finanzstarke Nachfrager. Auch die Privatvermietung für den vorübergehenden Aufenthalt wurden stark ausgebaut. Neben der Beherbergung wurde auch viel in die Gastronomie, in allgemeine Dienstleistungen, Unterhaltung und Betreuung der Gäste investiert. Das Ortsbild eines Kurortes ist heute geprägt von begrünten und verkehrsberuhigten Ortszentren, Erlebnis- und Spaßbädern, Haus des Gastes, Kurmittelhaus mit Kurpark, Spielkasinos und Festbühnen. Der Gast kann somit aus einer großen Auswahl an Möglichkeiten seine Freizeit gestalten.

Der Aufenthalt in Kurorten zu Erholungszwecken war die Keimzelle des modernen Tourismus. Die Kurorte gaben das bauliche, infrastrukturelle und soziale Modell für die Entwicklung der touristischen Orte ab. Ihr besonderes und später auch für den Tourismus gültiges Kennzeichen war, neben den therapeutischen Zwecken vor allem schichtspezifische Formen der Unterhaltung weitgehend frei von moralischen Bindungen und sozialer Kontrolle. Auch wurden Bestrebungen erkennbar, diesem Bereich einen ordnungspolitischen und wirtschaftspolitischen Rahmen zu geben.

Die Infrastruktur alleine macht noch keinen Kurort erfolgreich. Es bedarf eines professionellen Managements, um die Angebote zu bündeln, zu koordinieren, zu organisieren und zu vertreiben. Wurde in früheren Jahren nur ein Produkt, die Kur, die Anwendung oder die Heilung angeboten, wird heute ein Produktbündel mit in sich kombinierten Produktbestandteilen aus einem Guss angeboten und vertrieben.

Die Wichtigkeit und Notwendigkeit einer Schaffung von Produktbündeln und deren professionelle Vermarktung gewinnt vor dem Hintergrund der Abkehr der einheimischen Bevölkerung von der Landwirtschaft und regionalen Wertschöpfungsstufen und der Hinwendung zur dienstleistungsorientierten Tourismuswirtschaft an Bedeutung. Es fand ein Wandel weg von der Produktion und hin zum Handel und Dienstleistung statt. Somit musste die wirtschaftliche und ordnungspolitische Basis der Orte und Gemeinden neu definiert und neu justiert werden.

In Deutschland gibt es derzeit ca. 340 staatlich anerkannte Heilbäder, Kurorte und heilklimatische Kurorte. In Europa gibt es ca. 1.200 Heilbäder und Kurorte.

4.2.2 Definition, Abgrenzung und Klassifizierungskriterien von Kur- und Badeorten

Kur- und Bäderwesen; die Kur ist eine komplexe, unter ärztlicher Aufsicht geleitet Behandlung zur Vor- und Nachsorge für geeignete chronische Krankheiten und Leiden während bestimmter Phasen in einem längeren Krankheitsverlauf. Der Deutsche Kur- und Heilbäderverband definiert die Kur folgendermaßen:

„Die Kur als Begriff beschreibt den besonderen therapeutischen Prozess einer Heilbehandlung mit besonderen Mitteln, Methoden und Aufgaben in Heilbädern und Kurorten mit charakteristischen Strukturmerkmalen". Der Begriff Kur ist gesetzlich nicht geschützt und kann dazu führen, dass kosmetische Produkte oder alle denkbaren Therapien auch als Kur bezeichnet werden.

Im Zusammenhang mit der Kur wird dem Begriff Erholung eine große Bedeutung beigemessen. Auch hier definiert der Deutsche Kur- und Heilbäderverband den Begriff Erholung wie folgt. **„Erholung ist der umgangssprachliche Begriff für die spontane, primär nicht medizinisch gesteuerte Wiedererlangung (Rekompensation) körperlicher und seelischer Gleichgewichte, nach einseitiger Über- oder Unterforderung, in einer Entlastungssituation bei erhaltener Erholungsfähigkeit".**

Die Erholung im Sinne der Definition beruht physiologisch auf der Fähigkeit des Organismus zur Selbstregulierung. Natürliche Faktoren des Kurortmilieus können hier eine Komplementärfunktion erfüllen, indem Erholungsvorgänge zugleich medizinisch und physiologisch gezielt über Methoden der Körperpflege und Entspannung gesteuert und verbessert werden.

Der Begriff **Bäderwesen** leitet sich historisch und kausal von der Tatsache ab, dass in der Antike als auch im Mittelalter und in der Neuzeit die häufigsten Erscheinungsformen von Kuren und Heilbehandlungen im Zusammenhang mit Wasser standen und statistisch gesehen die meisten Kurorte am Meer, an Seen oder an Heilquellen lagen. Badekuren waren die bekanntesten Kuren im 18. und 19. Jahrhundert. Die überwiegenden Gründe zur Durchführung einer Badekur waren in der Vergangenheit Stoffwechselstörungen.

Heute werden häufig die Begrifflichkeiten Kur- und Erholungswesen, Kur- und Bäderwesen sowie Kurwesen und Wellness oder Wellness und Beautyness synonym verwendet. In Summe der Begriffe wird auch häufig von Gesundheitstourismus gesprochen, ohne eine spezifische Richtung von Anwendungen zu meinen.

Gesundheitsbetonter Tourismus stellt eine rein präventive Möglichkeit des Gesundheitstourismus dar, zumal nicht medizinische Leistungen, sondern Bewegung und Sport, gesunde Ernährung und therapeutische Beratung zu einer gesunden Lebensweise im Vordergrund stehen.

Wellness-Tourismus: Wellness ist eine praxisorientierte Lebensphilosophie, deren Ziel das größtmögliche körperliche und geistige Wohlbefinden ist. Ein sorgsam kultiviertes Umfeld (z. B. harmonische private Beziehungen und persönlichkeitsfördernde Einbindung in das Wirtschafts- und Gesellschaftsleben) gehört zu den maßgeblichen Rahmenbedingungen. Der Begriff Wellness stammt aus den USA, hat sich aber inzwischen international durchgesetzt. Besonders der Gesundheitstourismus kann sich mit Unterstützung qualifizierter Partner eine Multiplikatorenrolle bei der Hilfe zur eigenverantwortlichen Selbsthilfe der Patienten/Gäste erschließen.

Formen und Strukturen der Kur: Im Laufe der Jahre haben sich unterschiedliche Formen und Strukturen von Kuren entwickelt und etabliert. Die verschiedenen Kurformen übernehmen Therapieaufgaben für die medizinischen, sozialen und gesundheitspolitische Probleme, z. B.:

- **Prävention** (Vorbeugung) bei erkannten und aufziehenden Erkrankungen,
- **Kuration** (Heil- und Pflegebehandlung) bei chronischen Krankheiten,
- **Akutnachsorge** als kostensparende Anschlussheilbehandlung,
- **Rehabilitation** (Wiederherstellung) nach schweren Erkrankungen oder Unfällen,
- **Vermeidung** einer frühzeitigen Pflegebedürftigkeit durch Aktivierung von Leistungsreserven, besonders im Alter,
- **Stärkung** der Selbstverantwortung gegenüber der eigenen Krankheit.

Der Gesetzgeber bzw. die gesetzlichen Kranken- und Rentenversicherungsträger in Deutschland untergliedern das Kursystem in **ambulante** und **stationäre Kuren**.

Ambulante Kuren: Die Kostenerstattung umfasst die volle Übernahme der ärztlichen Behandlung und ca. 85 % (Höhe ändert sich in regelmäßigen Abständen) der Kosten für die verordneten Kurmittel und einen festen Zuschuss pro Tag für die Unterkunft, Verpflegung, Beförderungskosten und die Kurtaxe. Der Patient kann im Rahmen seiner persönlichen finanziellen Möglichkeiten die Wahl seiner Unterkunft auswählen. Arten ambulanter Kuren sind beispielsweise:

- ambulante Kindervorsorgekur,
- ambulante Präventionskur,
- ambulante Rehabilitationskur,
- ambulante Kompaktkur.

Stationäre Kuren: Hier wird eine volle Kostenübernahme, abzüglich eines geringen Tagessatzes als Verpflegungsausgleichszahlung, von den Versicherungsträgern übernommen. Im Rahmen der gesetzlichen Krankenversicherung und nach den Beihilfegesetzen des öffentlichen Dienstes können stationäre Kuren nur in staatlich anerkannten Heilbädern und Kurorten durchgeführt werden (Ausnahme sind die Privatkuren, die ohnehin vom Patienten zu 100 % selbst bezahlt werden).

Arten stationärer Kuren sind:

- stationäre Kuren in einer Vorsorgeeinrichtung,
- Vorsorgekuren für Mütter sowie die Müttergenesungskuren,
- stationäre Rehabilitationskuren und stationäre Heilverfahren,
- Anschlussrehabilitationen (AHB-Maßnahmen).

Die **heutige Struktur der Kur** in Deutschland ist nach Meinung des Deutschen Kur- und Heilbäderverbandes das Ergebnis normativer, interaktiver und fortdauernder dynamischer Prozesse in den Bereichen der Medizin und der Gesellschaft:

- die stetige Entwicklung der Medizin in ihrer Gesamtheit und in ihren Teilbereichen,
- die internationale Entwicklung in den Rehabilitationswissenschaften und in den Gesundheitswissenschaften, der Sportmedizin, der naturgemäßen Heilmethoden auch im Kontakt mit anderen Medizinkulturen, des Umweltschutzes, der Umweltmedizin und der Medizinmeteorologie,
- der zivilisatorischen Entwicklung der Arbeits- und Lebensbedingungen,
- der Entwicklung in der deutschen Sozialversicherung und im Sozialschutz in Deutschland und Europa,
- die Veränderung der versicherungsrechtlichen Rahmenbedingungen im deutschen Gesundheitssystem durch den Gesetzgeber,
- die eigenständige Fortentwicklung der Tradition der jeweils zeittypischen Gesundheitsstrukturen im Heilbäderwesen in Anpassung an die Veränderungen in der Medizin und der Gesellschaft,
- der Konzeption und der Veränderung der Kurortgesetze der Länder auf der Grundlage der „Begriffsbestimmungen des Deutschen Kur- und Heilbäderverbandes", als dem gültigen Normenwerk zur Qualitätssicherung.

Der Kurort bietet ein sehr differenziertes und gegliedertes System mit eigener und spezifischer Infrastruktur und versicherungsrechtlichen Rahmenbedingungen. Letztendlich bestimmt die genaue und zielgerichtete Abstimmung aller Einzelfaktoren über die erfolgreiche Einstufung der Kurbehandlung durch den Patienten.

Eine **Differenzierung zwischen Privat- und Sozialkurpatienten** ist dringend geboten, da sich diese von der Finanzierung der Kur und des Aufenthaltes, über die Wahl des Kurortes, über den Hintergrund und Anlass des Aufenthaltes, des Kurplanes und der Anforderungen an die Freizeitstruktur eines Kurortes unterscheiden.

Abgrenzung der Privatkuren zu Sozialkuren		
Kriterien	**Privatkuren**	**Sozialkuren**
Finanzierung	selbst finanziert, nur teilweise von Sozialversicherungsträgern bezuschusst	von Sozialversicherungsträgern finanziert
Wahl des Kurortes	selbst bestimmt	fremd bestimmt (vom Arzt oder Sozialversicherungsträgern)
Hintergrund des Kuraufenthaltes	Kur im Rahmen des Jahresurlaubes	Kur als Sonderzeit
Anlass für den Aufenthalt	Eigenmotivation	ärztliche Anleitung
Kurplan	frei gestaltbar	vom Arzt festgelegt
Anforderungen an die Freizeitinfrastruktur des Kurortes	hohe Erwartungen an das Kurumfeld	niedrige Ansprüche im Hinblick auf Freizeiteinrichtungen

Tab. B. 4.1: Abgrenzung Privat- und Sozialkuren
Quelle: in Anlehnung an Dehmer, 1996

Gesundheitstourismus: Umfasst alle Erscheinungsformen, die der Vorbeugung, der Heilung und dem allgemeinen Wohlbefinden dienen. Dazu gehören neben den bekannten Kuren auch alle Wellness und Beautyness Anwendungen und Therapien.

Der Markt für Gesundheitstourismus in Deutschland wächst beständig und ist viel versprechend. Die Gründe für das Wachstum des Segmentes Gesundheitstourismus sind begründet durch:

- Körperkult und Hedonismus,
- Verwöhn- und Erlebniskultur,
- gesteigertes und verändertes Gesundheitsbewusstsein der Bevölkerung,
- soziodemografischen Wandel der Gesellschaft,
- vielfältige Angebote aus der klassischen wie auch aus der Volksmedizin.

Wellness: Der Begriff Wellness wurde bereits 1654 im Oxford Dictionary als ein Zustand von Wohlbefinden und guter Gesundheit definiert. In den 70iger-Jahren erklärte und leitete der amerikanische Arzt Kenneth H. Copper den Begriff Wellness von den Begriffen „Well-being" und Fitness ab.

Die World Health Organisation (WHO) definiert Wellness als ein Zustand körperlichen, seelisch-geistigen und sozialen Wohlbefindens und nicht nur als Freisein von Krankheiten und Gebrechen. Allgemein werden die **Hauptdimensionen von Gesundheit und Wellness** wie folgt beschrieben:

- Störungsfreiheit,
- Leistungsfähigkeit,
- Rollenerfüllung im privaten, beruflichen und sozialen Umfeld,
- Gleichgewichtszustand mit dem Umfeld und der Umwelt,
- Flexibilität,
- Anpassung,
- Wohlbefinden.

Wellness kennt auch viele Erscheinungsformen. Nachfolgend einige Erscheinungsformen von Wellness und Spa: Medical Wellness, Medical Spa, Social Wellness, Öko-Wellness, aktives und passives Wellness, Anti-Aging, Club Spa, Cruise Ship Spa, Mineral Springs Spa, Day Spa, Resort/Hotel Spa, Destination Spa.

Einer Umfrage zufolge sind die wichtigsten **Gründe für das Bedürfnis nach Wellness**:

- Entspannung und Stressbekämpfung,
- Work-Life-Balance,
- Verwöhnung und Zuwendung,
- Harmonie und Steigerung der sinnlichen Wahrnehmung,
- körperliche Erfahrung und Abarbeitung,
- Beauty und äußere Attraktivität,
- erotische Lebensqualität,
- Lebensverlängerung und „ewige Jugend",
- kreative Selbstverwirklichung,
- Empowerment und Selbst-Kompetenz,
- spiritueller Sinn,
- Kontrolle der Lebensweise im Gesundheitskontext,
- Erhöhung der Lebensenergie.

4.2.3 Der staatlich anerkannte Kurort

Für die staatliche Anerkennung und Prädikatisierung der Kurorte und Heilbäder sind die Kurortgesetze der Länder maßgebend. Das Genehmigungsverfahren, dass vom Deutschen Kur- und Heilbäderverband unterstützt und begleitet wird, wird von den Wirtschaftsministerien der Länder durchgeführt. Nach erfolgreicher Anerkennung wird ein Prädikat verliehen und eine Urkunde ausgehändigt.

Artenbezeichnungen für Kurorte, Erholungsorte und Heilbrunnen setzen einen vorwiegend kennzeichnenden **Heil- und Erholungsfaktor, natürliche Heilmittel des Bodens, des Meeres und des Klimas** voraus.

Kurorte sind Gebiete (z. B. Orte und Ortsteile), die besondere natürliche Gegebenheiten, z. B. natürliche Heilmittel des Bodens, des Meeres und des Klimas, zweckentsprechende Einrichtungen und einen artgemäßen Kurortcharakter für Kuren zur Heilung, Linderung oder Vorbeugung menschlicher Krankheiten aufweisen.

Erholungsorte sind klimatisch und landschaftlich bevorzugte Gebiete (Orte und Ortsteile), die vorwiegend der Erholung dienen und einen artgemäßen Ortschaftscharakter aufweisen.

Heilbrunnen-Betriebe sind Unternehmen, die natürliche Heilwässer aus Heilquellen gewinnen, abfüllen und als natürliche Heilmittel zu Haustinkturen oder als gesundheitsdienliche Wässer in Verkehr bringen.

Die unterschiedlichen Prädikate der Begriffsbestimmungen, die eine Gemeinde bzw. einen Gemeindeteil erhalten kann, sind im Sinne einer Klassifikation zu verstehen. So müssen unterschiedliche Vorraussetzungen erfüllt sein, um einen bestimmten Titel zu erhalten.

Es bestehen dabei unterschiedliche **Anforderungen** an:

- die Art der natürlichen Heilmittel des Bodens, des Meeres und des Klimas,
- den Kurortcharakter,
- die artgemäßen Kurorteinrichtungen,
- die ärztliche Versorgung.

Unter **artgemäßer Kurorteinrichtung** versteht man Einrichtungen, die der Anwendung natürlicher Heilfaktoren als Kurmittel dienen. Die Träger der Kureinrichtung stellen die Kur- und Bäderbetriebe dar, die entweder öffentlich oder privat geführt sind. Bei den Badekurorten gehören je nach Art und Heilanzeige folgende Einrichtungen dazu:

- eine Trink- und Wandelhalle mit Kurpark,
- ein Kurmittelhaus zur Abgabe von Bädern,
- ein Inhalatorium zur Abgabe von Inhalationen,
- Einrichtungen der Bewegungstherapie im Heilwasser- und Trockenbereich und für Gymnastik,
- ausgedehnte Park- und Waldanlagen mit gekennzeichnetem Wegenetz,
- Wege für Terrainkuren und Sport-, Spiel- und Liegewiesen.

Kurorte müssen den Gästen einen **gewissen Ortscharakter/Kurortcharakter** bieten. Er beinhaltet:

* die medizinische Betreuung,
* eine kurgemäße Unterkunft und Verpflegung,
* Einrichtungen zur Unterhaltung und Betreuung der Gäste und eine Infrastruktur,
* einen verkehrsberuhigten Ortskern,
* eine apothekenmäßige Versorgung.

Zur medizinischen Betreuung der Gäste ist mindestens ein Kur- oder Badearzt vor Ort, der sich mit der Anwendung des natürlichen Heilmittels auskennt und die medizinische Überwachung der Gäste übernimmt. Zur Unterhaltung und Betreuung der Kurgäste werden Lesezimmer, verschiedene sportliche und kulturelle Veranstaltungen angeboten.

Im Folgenden erhalten Sie einen Überblick über die einzelnen **Prädikate** und deren Voraussetzungen für die Artbezeichnungen und Besonderheiten.

Heilbad

* natürliche, wissenschaftlich anerkannte und durch Erfahrung kurmäßig bewährte Heilmittel des Bodens,
* Überprüfung des Lage- und Witterungsklimas, des Bioklimas und der lufthygienischen Verhältnisse,
* artgemäße Kureinrichtungen und artgemäßer Kurortcharakter,
* Feststellung und Bekanntgabe der wissenschaftlich anerkannten Hauptheilanzeigen und Gegenanzeigen,
* Bereitschaft zur Erhebung einer Kurtaxe nach Maßgabe der mit der Kurtaxe abgegoltenen Leistungen,
* statt „Heilbad" kann auch die Bezeichnung „Soleheilbad", „Moorheilbad" o. Ä. entsprechend dem hauptsächlichen Kurmittel des betreffenden Heilbades geführt werden.

Heilklimatischer Kurort

* wissenschaftlich anerkannte und durch Erfahrung kurmäßig bewährte klimatische Eigenschaften (therapeutisch anwendbares Klima), die durch Klimastationen laufend überwacht werden,
* wissenschaftlicher Nachweis einer entsprechenden Luftqualität, deren quantitative Kennzeichen durch Luftgütegrade erfolgt,
* artgemäße Kureinrichtungen und artgemäßer Kurortcharakter,
* Feststellung und Bekanntgabe der ärztlich erprobten und wissenschaftlich anerkannten Heilanzeigen und Gegenanzeigen,
* Bereitschaft zur Erhebung einer Kurtaxe nach Maßgabe der durch die Kurtaxe abgegoltenen Leistungen,
* gepflegte Einrichtungen mit zweckentsprechenden therapeutischen Möglichkeiten zur Durchführung einer Klimakur,
* landschaftlich bevorzugt gelegene Liegehallen mit Sonnen- und Schattenlage,
* Kurpark,
* ausgedehnte Waldanlagen mit gekennzeichneten Kurübungswegen für Terrainkuren,
* Sport-, Spiel- und Liegewiesen,
* Einrichtungen der Bewegungstherapie (Krankengymnastik, Gymnastik und Sport),

- Kurmittelhaus,
- Sanatorium oder Kurklinik.

Seeheilbad

- weiträumiger, gepflegter und überwachter Badestrand mit ausreichenden Nebenein-richtungen,
- Voraussetzungen und Einrichtungen (Promenaden, Wege, Anpflanzungen, Schutz-hütten, Liegehallen) zur Dosierung des Heilklimas durch Spaziergänge und Freiluft-aufenthalte in der Brandungszone und in windgeschützten Bereichen,
- ein Kurmittelhaus zur Abgabe warmer Seebäder und zusätzlicher Behandlungen,
- Einrichtungen der Bewegungstherapie,
- Lage an der Meeresküste oder in deren unmittelbarer Nähe (Entfernung der Orts- und Ortsteilmitte nicht mehr als 2 km vom Strand),
- wissenschaftlich anerkannte und durch Erfahrung bewährte klimatische Eigenschaf-ten und eine entsprechende Luftqualität (therapeutisch anwendbares Klima),
- artgemäße Kureinrichtungen und artgemäßer Kurortcharakter,
- Feststellung und Bekanntgabe der wissenschaftlich anerkannten Hauptheilanzeigen und Gegenanzeigen,
- Bereitschaft zur Erhebung einer Kurtaxe nach Maßgabe der mit der Kurtaxe abgegol-tenen Leistungen.

Kneippheilbad

- vollständige Kureinrichtungen zur artgemäßen Durchführung einer Kneipptherapie,
- Wassertretstellen und Armbadanlagen, auch im Freien,
- ausgedehnte Waldanlagen mit gekennzeichnetem Wegenetz für Terrainkuren,
- Kurpark,
- Sport-, Spiel- und Liegewiesen,
- Bewegungstherapie,
- Vorhandensein von mehreren Kneippsanatorien, eines Kurhotels, Kurheimen und Kurpensionen.

Seebad

- Lage an der Meeresküste oder in deren unmittelbarer Nähe (Entfernung der Orts- und Ortsteilmitte nicht mehr als 2 km vom Strand),
- Überprüfung des Lage- und Witterungsklimas und der lufthygienischen Verhältnisse,
- artgemäße Kureinrichtungen und artgemäßer Kurortcharakter,
- Bereitschaft zur Erhebung einer Kurtaxe nach Maßgabe der mit der Kurtaxe abgegol-tenen Leistungen,
- gepflegter und überwachter Badestrand mit ausreichenden Nebeneinrichtungen,
- strandnahe Promenaden- oder Wanderwege,
- Möglichkeiten für Sport und Spiel.

Kneippkurort

- wissenschaftlich anerkannte und durch Erfahrung bewährte klimatische Eigenschaf-ten und eine entsprechende Luftqualität (therapeutisch anwendbares Klima),
- artgemäße Kureinrichtungen und artgemäßer Kurortcharakter,

- Feststellung und Bekanntgabe der wissenschaftlich anerkannten Haupttheilanzeigen und Gegenanzeigen,
- Bereitschaft zur Erhebung einer Kurtaxe nach Maßgabe der mit der Kurtaxe abgegoltenen Leistungen,
- zehnjähriges unbeanstandetes Bestehen als Kneippkurort.

Luftkurort

- wissenschaftlich anerkannte und durch Erfahrung bewährte klimatische Eigenschaften und eine entsprechende Luftqualität (therapeutisch anwendbares Klima),
- artgemäße Kureinrichtungen und artgemäßer Kurortcharakter,
- Bereitschaft zur Erhebung einer Kurtaxe nach Maßgabe der mit der Kurtaxe abgegoltenen Leistungen.

Erholungsort

- landschaftlich bevorzugte und klimatisch begünstigte Orte und Ortsteile mit geeigneten lufthygienischen Verhältnissen,
- Orte und Ortsteile mit einem artgemäßen Ortscharakter,
- artgemäße Erholungseinrichtungen.

4.2.4 Rechtliche Aspekte der Prädikatisierung

Beantragung, Genehmigung und Anerkennungsverfahren

Das Kurortrecht gehört nach dem Grundgesetz zur konkurrierenden Gesetzgebung. Da der Bundesgesetzgeber von seiner Gesetzgebungskompetenz keinen Gebrauch gemacht hat, haben die Bundesländer in Landesgesetzen bzw. in Landesverordnungen ein entsprechendes Anerkennungsverfahren festgelegt, dass sich an den Begriffsbestimmungen des Deutschen Kur- und Heilbäderverbandes e. V. anlehnt und entweder in der Zuständigkeit des Sozial- oder des Wirtschaftsministeriums angesiedelt ist. Dabei dient das Anerkennungsverfahren in erster Linie der Qualitätssicherung und wird dabei ständig durch die Begriffsbestimmungen des Deutschen Heilbäderverbandes e. V. und des Deutschen Tourismusverbandes e. V. (DTV) an die veränderten Rahmenbedingungen angepasst. Gemeinsame Kriterien aller Bundesländer für die Anerkennung sind:

- ausgewiesene Kurgebiete im Flächennutzungsplan,
- Kurortcharakter der Antrag stellenden Gemeinde mit einer angemessenen Bebauung,
- artgemäße Kurorteinrichtungen.

Weiterhin müssen mehrere **Überprüfungen für die Prädikatisierung** in Auftrag gegeben werden. Diese sind:

- Gutachten des Heilmittels (z. B. Heilmittel des Bodens, des Meeres und der Luft),
- lufthygienische Einschätzung durch das Gesundheitsamt,
- Gutachten für die Haupttheil- und Gegenanzeigen,
- Gutachten Bioklima und Luftqualität; Klimagutachten, Dauer 2 Jahre und Wiederholung alle 10 Jahre, Luftgütegutachten, Dauer 1 Jahr,
- Klimabeurteilung, medizinisch-klimatologische Begutachtung,

- Ortsbesichtigung,
- balneologisches Gutachten,
- Trink- und Badewasseruntersuchung durch das zuständige Landratsamt,
- wasserhygienisches, umwelthygienisches, krankenhaushygienisches und lebensmittelhygienisches Gutachten durch die zuständigen Stellen (z. B. Landratsämter).

Nach erfolgtem Anerkennungsverfahren darf der Ort bzw. der Ortsteil das Prädikat **„Staatlich anerkannter Kurort"** bzw. **„Staatlich anerkanntes Heilbad"** führen. Darüber wird eine Urkunde ausgestellt. In Bayern, mit der größten Anzahl staatlich anerkannter Kurorte und Heilbäder, erfolgt die Anerkennung auf Grundlage des Art. 7 Abs. 5 Kommunalabgabengesetzes.

Die Gliederung der Artbezeichnungen erfolgt in:

Heilquellen- (z. B. Peloid-, Moor-, Solequellen) und Kurbetrieb:

- natürliche Heilmittel des Bodens,
- artgemäße Kureinrichtungen und artgemäßer Kurortcharakter,
- Feststellung und Bekanntgabe der wissenschaftlich anerkannten Hauptheilanzeigen und Gegenanzeigen,
- sind die natürlichen Heilmittel des Bodens anstelle von Heilquellen Peloidvorkommen, so lautet die Artbezeichnung sinngemäß Peloid- (Moor- usw.) Kurbetrieb.

Folgende Voraussetzungen gelten für Kurorte:

- natürliches Heilwasser,
- Gewinnung des Wassers am Quellort der Heilquelle nach Erstellung der Quellenanalyse,
- Gewinnungs-, Abfüll-, Versand- und Kontrolleinrichtungen,
- Abfüllung am Quellort in die für den Verbraucher bestimmte Behältnisse,
- Nutzungs- und Abfüllgenehmigungen,
- Füllungsanalyse mit analytischer Begutachtung,
- Eignung des abgefüllten Heilwassers, Heilzwecken zu dienen durch Feststellung der Anwendungsgebiete und ggf. der Gegenanzeigen und Nebenwirkungen,
- Qualitätskontrollen der Heilquelle und des abgefüllten Heilwassers.

Kennzeichnung Natürlicher Heilwässer: Das in Verkehr bringen eines Natürlichen Heilwassers setzt die Beachtung folgender gesetzlicher Kennzeichnungsbestimmungen voraus:

- natürliches Heilwasser oder einen gleichsinnigen Ausdruck,
- Name des Heilwassers,
- Quellort und Quellname,
- Füllungsanalyse mit Angabe des Institutes und des Zeitpunktes der Entnahme,
- Heilanzeigen und Gegenanzeigen,
- sonstige gesetzliche Pflichtangaben,
- Angaben der erlaubten Einwirkungen,
- Name der Firma und die Anschrift des Heilbrunnen-Betriebes.

Art der Abfüllung: Im Falle der naturbelassenen Abfüllung kann auf diese Abfüllung durch die Angabe **„Naturbelassene Abfüllung"** hingewiesen werden.

Eine erlaubte Einwirkung (z. B. Dakantation, Enteisenung, Kohlendioxid-Zusatz aus abfülltechnischen Gründen) verpflichtet zur Kennzeichnung in unmittelbarem Zusammenhang mit der Artbezeichnung **„Natürliches Heilwasser"**. Bei der Verwendung von Koh-
lendioxid aus abfülltechnischen Gründen darf ein Kohlensäuredruck von 1 bar bei 15° C
nicht überschritten werden. Bei einem Säuerling darf ohne besondere Kennzeichnung
der abfülltechnische Kohlendioxid-Verlust ersetzt werden.

Kur- und Erholungseinrichtungen

Die in Kapitel „Voraussetzungen für die Artbezeichnungen" genannten „artgemäßen Kur-
und Erholungseinrichtungen" sind wie folgt ausgelegt:

* die Einrichtungen müssen von dem betreffenden Kurbetrieb in gebrauchsfähiger und
  entsprechend den gesetzlichen Vorschriften, hygienisch einwandfreier Form unterhalten sowie den Kurgästen mit geschultem, gesundheitlich überwachtem Pflegeperso-
  nal in genügendem Umfange zur Verfügung gestellt werden.
* für alle Artbezeichnungen außer beim "Seebad", beim „Luftkurort" und „Erholungsort"
  müssen Einrichtungen für Maßnahmen der Gesundheitserziehung vorhanden sein.

Artgemäße Kur- und Erholungseinrichtungen erfordern:

Beim Heilbad:

* je nach Heilanzeige eine Trink- und Wandelhalle mit Kurpark,
* ein Kurmittelhaus zur Abgabe von Bädern mit Heilwässern (in Wannen, Therapiebe-
  cken und Bewegungsbädern) oder Peloiden, Gasbädern und zusätzlichen Behandlungen,
* ein Inhalatorium zur Abgabe von Inhalationen,
* Einrichtungen der Bewegungstherapie für Krankengymnastik im Heilwasser- und Trockenbereich und für Gymnastik,
* ausgedehnte Park- und Waldanlagen mit gekennzeichnetem Wegenetz,
* Wege für Terrainkuren,
* Sport-, Spiel- und Liegewiese.

Beim Heilquellenbetrieb:

* je nach den Heilanzeigen Kureinrichtungen für die Abgabe der Kurmittel sowie ein
  Mindestmaß von Park- und Grünanlagen.

Beim Peloidbad und Peloid-Kurbetrieb:

* Möglichkeiten zum Bezug geeigneter Peloidvorkommen für eine langjährige Bedarfs-
  deckung,
* technische Anlagen zur Herstellung von Peloidbäder und Peloidpackungen verschiedener Temperatur (Vorratsbunker, Mahl- und Rührwerke, Förderanlagen für den ba-
  defertigen Peloidbrei, Einrichtungen zur Entsorgung des abgebadeten Peloids),
* Vorhandensein eines Kurmittelhauses zur Abgabe von Peloidanwendungen (zentrali-
  siert oder dezentralisiert),
* Einrichtungen der Bewegungstherapie (Krankengymnastik, Gymnastik und Sport)
* Park- und Grünanlagen.

Beim Luftkurort:

- Einrichtungen zur Durchführung einer Klimakur: u. a. Park- oder Waldanlagen mit gekennzeichneten Wanderwegen,
- Spiel-, Sport- und Liegewiesen,
- Frei- und Hallenbad in angemessener Entfernung.

Bei Erholungsorten an der See:

- einfache Strandeinrichtungen mit Möglichkeiten für An- und Auskleiden.

Kurortcharakter: Der Kurbetrieb muss für das Wirtschaftsleben des Kurortes von erheblicher Bedeutung sein. Der Kurortcharakter muss sich in Kureinrichtungen aller Art, in gepflegtem Ortsbild und aufgelockerter Bebauung und Einbettung von Grün in das Ortsbild widerspiegeln. Besondere Bedeutung kommt dabei dem Kurgebiet zu. Das Kurgebiet umfasst die Teile der Gemeinde, die den Kurortcharakter bestimmen. Der Kurortcharakter darf nicht durch örtliche oder benachbarte Industrieanlagen beeinträchtigt werden. In den Orten oder Ortsteilen müssen folgende Voraussetzungen beim Heilbad, beim heilklimatischen Kurort, beim Seeheilbad und beim Kneippheilbad gegeben sein:

- **Kurärzte**
  - für die Dauer der Kurzeit, die Ortsansässigkeit mindestens eines mit den örtlichen Kurmitteln und ihrer Anwendung vertrauten Kur- bzw. Badearztes der Antrag stellenden Fachrichtung, der eine sachgemäße und dem augenblicklichen Krankheitszustand der Kurgäste angepasste Kurüberwachung gewährleistet.
- **Kurgemäße Unterkunft und Verpflegung (Diät)**
  - hygienisch einwandfreie Unterkunftseinrichtungen in den Krankenanstalten, Kurkliniken und Sanatorien, den Kurheimen, Hotels, Pensionen und Privatunterkünften,
  - kurgemäße Verpflegung (sachgemäße Diätverpflegung aufgrund wissenschaftlicher Diätetik) auch in den Gaststätten entsprechend den Heilanzeigen der betreffenden Kurorte,
  - ständige Diätberatung durch anerkannte Diätfachkräfte als Mittler zwischen **Badeärzten, Kurheimen, Hotels, Pensionen und Gaststätten sowie den Kurgästen**,
  - Gründung eines örtlichen Diätausschusses zur Gewährleistung einer zweckmäßigen Zusammenarbeit zwischen den vorgenannten Stellen. Für Krankenanstalten und Sanatorien mindestens eine staatlich anerkannte Diätassistentin und für alle größeren Diätküchenbetriebe geprüfte Diätfachkräfte.
- **Unterhaltung und Betreuung der Kurgäste**
  - Lesezimmer, Gesellschaftsräume und dergleichen sowie Veranstaltungen (Kurmusik, sonstige kulturelle und sportliche Veranstaltungen).
- **Allgemeine gesundheitliche Voraussetzungen**
  - einwandfreie Trinkwasserversorgung, staubfreie Müllabfuhr, einwandfreie Abfallbeseitigung, Abwasserabführung und -reinigung in mindestens zweistufiger (mechanischer und biologischer) Kläranlage,
  - einwandfreie Lebensmittelversorgung sowie Überwachung der Einrichtungen und des Personals der Lebensmittelbetriebe auch in Hinsicht auf Infektionskrankheiten und Ausscheider von Krankheitserreger,
  - öffentliche Toiletten in einwandfreiem Zustand,
  - ausreichende Maßnahmen gegen Abgase, Rauch-, Ruß-, Staub-, Lärm- und Geruchseinwirkung,
  - Erstellung und Unterhaltung eines ausreichenden und einwandfreien Straßen- und Wegenetzes,
  - Einrichtungen für Erste Hilfe, Rettungswagen, Krankentransport, ärztliche und apothekenmäßige Versorgung in der Kurzeit, besondere Beachtung der Hygiene in Schwimmbädern.

4.2.5 Funktionsweise des Kur- und Bäderwesens

In dem Kapitel Funktionsweise des Kur- und Bäderwesens werden die Organisations- und Rechtsformen im Kur- und Bäderwesen aufgezeigt und Einblicke in spezifische Einnahmen, Interessensvertretungen und in die Produktpolitik gewährt.

4.2.5.1 Organisationsformen

Gemeindeeigene Organisationsformen im Fremdenverkehr können auf öffentlich-rechtlichen oder privatrechtlichen Grundlagen bestehen (*Luft*):

* **Öffentlich-rechtliche Organisationsformen**
  – **Fremdenverkehrsamt (reiner Regiebetrieb, d. h. „Non-Profit-Betrieb")**: rechtlich und wirtschaftlich unselbstständig, in den Haushaltsplan der Stadt/Gemeinde mit einem vorgegebenen Etat eingebunden, dispositive Betriebsführung, Rechtsgrundlagen sind die Gemeindeordnung, die Gemeindehaushaltsverordnung und die Gemeindekassenverordnung, kameralistische Buchführung.
  – **Kurverwaltung im Heilverkehr, i. d. R. Eigenbetrieb (verselbstständigter Regiebetrieb = Wirtschaftsbetrieb)**: rechtlich unselbstständig, wirtschaftlich selbstständig, nach der EigVO, d. h. Wirtschaftsführung entspricht einer kaufmännischen und wirtschaftlichen Betriebsführung; Wirtschaftsplan ist Steuerungs- und Kontrollmittel der Trägerkörperschaft, Rechtsgrundlagen sind die Gemeindeverordnung, die Eigenbetriebsverordnung, die Betriebssatzung und das HGB, kaufmännische Buchführung.
* **Privatrechtliche Organisationsformen**
  – **Fremdenverkehr GmbH, Kurbetriebsgesellschaft mbH** (öffentliche „Ein-Mann-Gesellschaft"): rechtlich und wirtschaftlich selbstständige GmbH, Kurbetriebsgesellschaft mbH, kaufmännische Buchführung.

4.2.5.2 Kur- und bäderspezifische Einnahmen und Finanzierung

Die Kur- und bäderspezifische Einnahmen eines prädikatisierten Ortes oder Gemeinde sind die:

* **Kurtaxe**,
* **Kurabgabe**.

Jeder Kurort gibt für sein gesamtes Kurgebiet, unabhängig von der Erhebungsform, eine Kurtaxordnung (Kurtaxsatzung) bekannt. In ihr sind die Bestimmungen festgelegt, aus denen sich die Kurtaxpflicht des Kurgastes und die Erhebungsform ergeben.

Die Kurtaxe ist, unabhängig von ihrer Erhebungsform, eine **Bringschuld**. Die Kurtaxeinnahmen dürfen nur für die Herstellung und die Unterhaltung der zur Kurzwecken getroffenen Veranstaltungen und Einrichtungen, d. h. im Interesse des Kurgastes selbst, verwendet werden. Erhebungsberechtigt für die Kurtaxe ist jeweils derjenige Kurbetrieb, der die tatsächlichen Aufwendungen für die Einrichtungen und Veranstaltungen zu Kur- und Badezwecken im Kurort macht. Rechts- und Vollzugsgrundlage sind das Kommunalabgabengesetz (KAG) und die Gemeindesatzung über die Erhebung einer Kurabgabe. Erhebungsberechtigt sind alle staatlich anerkannten Fremdenverkehrsorte (sowohl Kur- als auch Erholungsorte). Die Verwendung ist zweckgebunden, d. h. zur Herstellung, Verwaltung und Unterhaltung der zu Kur- und Erholungszwecken bereitgestellten öffentlichen Einrichtungen. Abgabepflichtig sind diejenigen, die sich im Erhebungsgebiet aufhalten, ohne dort ihren gewöhnlichen Wohnsitz zu haben.

Fremdenverkehrsabgabe (Tourismusabgabe): Die Fremdenverkehrsabgabe wird von den Ortsansässigen von der jeweiligen Gemeinde erhoben. Auch sie ist keine Steuer, sondern eine öffentlich-rechtliche Abgabe besonderer Art. Die Gemeinde hat dafür zweckgebunden eine Gegenleistung zu erbringen. Die jeweilige Fremdenverkehrsabgabensatzung bestimmt, dass alle natürlichen und juristischen Personen, denen durch den Tourismus in der Gemeinde besondere Vorteile unmittelbar oder mittelbar erwachsen, abgabepflichtig sind. Dazu zählen vor allem gewerbliche Betriebe, Einzelhandelsgeschäfte, Dienstleistungsbetriebe, Freiberufler usw. Die Höhe der Abgabe richtet sich nach einem Bemessungsmaßstab, der nach „betrieblichen Kennzahlen" (z. B. im Gastgewerbe: Anzahl der Betten oder Sitzplätze) zu entrichten ist. Rechts- und Vollzugsgrundlage sind das Kommunalabgabengesetz (KAG) und die Gemeindesatzung über die Erhebung einer Fremdenverkehrsabgabe. Erhebungsberechtigt sind alle staatlich anerkannten Fremdenverkehrsorte (sowohl Kur- als auch Erholungsorte). Eine zweckgebundene Verwendung für die Fremdenverkehrswerbung und zur Deckung von entstehenden Aufwendungen bei den zur Kur- und Erholungszwecken bereitgestellten öffentlichen Einrichtungen ist vorgeschrieben. Abgabepflichtig sind diejenigen, denen durch den Fremdenverkehr der Gemeinde besondere wirtschaftliche Vorteile geboten werden.

Weitere Formen der Einnahmen und Finanzierung können durch ein umsatzorientiertes Betätigen erfolgen. Diese Einnahmen können durch öffentliche Zuwendungen, Sponsoring, private Finanzierung, kommerzielle Verwertung von Namens- und/oder Markenrechten sowie Merchandising erfolgen. Die einzelnen Finanzierungsformen fließen in das umsatzorientierte Betätigungsfeld mit ein und werden in der gesamten Umsatzplanung mit berücksichtigt.

Öffentliche Finanzhilfen werden zweck- und projektgebunden für einen befristeten Zeitraum gewährt. Zielsetzung dieser finanziellen Zuwendungen ist die nachhaltige Förderung des Tourismus und der Erhalt bzw. Schaffung von Arbeitsplätzen.

Sponsoring und private Finanzierung erfolgt in der Regel bei Großveranstaltungen, bei welchen Firmen und Konzerne, aber auch mittelständische Betriebe gewonnen werden können, ein Projekt finanziell oder über Sachleistungen zu fördern bzw. zu finanzieren. Private Finanzierung erfolgt auch über Beteiligungen an örtlichen Unternehmen mit touristischem Bezug. Auch eine private Beteiligung eines Investors, eines Reisebüros an einer privatisierten Kurverwaltung ist denkbar und mittlerweile auch häufig anzutreffen. Ziel ist es, das finanzielle Risiko der Gemeinden auf Privatunternehmen zu verlagern.

Sponsoring spielt derzeit nur eine sehr untergeordnete Rolle. Typische Sponsoren im Bereich Kur- und Bäderwesen sind die Gesundheitskassen, Betreiber von Sportstätten (z. B. Golfplätze, Tennisveranstalter) und Unternehmen aus dem Bereich der medizinischen und pharmazeutischen Industrie.

Die **kommerzielle Verwertung von Namens- und Markenrechten** sowie das Merchandising finden derzeit faktisch nicht statt, auch wenn es gewünscht und erstrebenswert ·

wäre. Dies liegt zum einen in der Tatsache begründet, dass viele Kur- und Erholungsorte sich nicht als Marke präsentieren und daher unbekannt sind und zum zweiten die Vermarktung eines z. B. Ortswappens nicht attraktiv genug ist, um daraus eine zusätzliche und dauerhafte Einnahmequelle zu generieren. Dieser Kanal der Finanzierung ist und wird auf eine Nische beschränkt bleiben.

Das **umsatzorientierte Betätigungsfeld** (z. B. Erzielung von Einnahmen) eines Kur- und Erholungsortes kann sein:

- **Touristik Service**, z. B. durch Auskunfts-, Informations- und Beratungsdienste gegen Gebühr und Entgelt, Zimmernachweis gegen Schutzgebühr und Zimmervermittlung auf Provisionsbasis, Verkauf von Handelswaren mit Ortswappen oder Markenzeichen,
- **Vermittlungsaktivitäten**, z. B. durch Stadtführungen und Besichtigungen (nicht nur auf der Basis der Kostendeckung oder ehrenamtlich, sondern gewinnorientiert), Vermittlung von Reiseleitungen gegen Tagessätze,
- **Marketingservice**, z. B. durch Beratung der Hotellerie und Gastronomie sowie Zertifizierung, Marketingplanung (Produkt- und Leistungskoordination) für alle Leistungsträger am Ort, Zusammenstellung und Herausgabe des Gastgeber- oder Unterkunftsverzeichnisses sowie Erstellung des Ortsprospektes, Ausfertigung von Gemeinschaftsprospekten, Insertion Guides und Verkaufshandbücher, Gästezeitungen mit Anzeigen,
- **Eigentouristik bzw. Eigenveranstaltung**, z. B. durch Vollpauschal- und Teilpauschalangebote, Programmbausteine, Veranstaltung von Special Interest-Reise und Incentive-Reisen,
- **Verkaufsförderung und Verkauf**, z. B durch Eigenvertrieb, Direct-Mailing, Verkaufsanzeigen mit Coupons, Durchführung von Workshops, Beteiligung an Touristik- und Freizeitmessen, Verkauf durch fremde Veranstalter (z. B. Reiseveranstalter und Verkehrsträger), Absatzmittler (z. B. Reisebüros, Agenturen), Vertrieb über Organisationen, Verbände, Arbeitsgemeinschaften und Zusammenschlüsse,
- **Organisation und Abwicklung von Tagungen und Kongressen**, z. B. durch komplette Organisation und Abwicklung von Tagungen und Kongresse, Auftritt als Veranstalter mit allen haftungsrechtlichen aber auch Ertrag bringenden Konsequenzen.

Die Schwierigkeit und die Problematik der Finanzierung und Einnahmengenerierung liegen im Wesentlichen in der rechtlichen Konstruktion der Touristinformationen und Träger des örtlichen Fremdenverkehrs. Solange diese Einheiten nicht vollständig privatisiert sind, können aufgrund gesetzlicher Bestimmungen viele Möglichkeiten der Finanzierung gar nicht ausgeschöpft werden.

4.2.5.3 Produkt- und Angebotsentwicklung

Die Produkt- und Angebotspolitik umfasst alle Entscheidungstatbestände, die sich auf die marktgerechte Entwicklung und Gestaltung des kurtouristischen Angebots beziehen.

Die Produkt- und Angebotspolitik kann projektbezogen oder vermarktungsbezogen erfolgen. **Projektbezogene Produkt- und Angebotspolitik**:

- **Angebotspositionierung** (z. B. als Marktführer, Herausforderer, Nischenanbieter),
- **Angebotsstrukturierung** (z. B. Generalist oder Spezialist),

- **Angebotsdifferenzierung** (z. B. Produkt- und Leistungstiefe oder Produkt- und Leistungsbreite).

Vermarktungsbezogene Produkt- und Angebotspolitik:

- **Angebotskoordination** (im eigenen Ort mit den Leistungsträgern aber auch mit den benachbarten Orten, die ähnliche oder gleiche Leistungen anbieten),
- **Angebotsaufbereitung** (optische und mediale Gestaltung sowie die Bewerbung),
- **Angebotsabwicklung** (zentral oder dezentral),
- **Qualitätssicherung** (als permanenter Prozess extern oder durch die Qualitätsbeauftragten des Ortes).

Grundsätzlich lässt sich das **Angebotsspektrum** im Kur- und Bäderwesen in **traditionelle und innovative/neuartige Produkte** unterteilen.

Zu den **traditionellen Angeboten** gehören: Therapien (z. B. Balneo-, Kneipp-, Hydrotherapien), Diätbehandlung, Gesundheitstraining, Freizeittherapien, Sozialberatung, Klinische Physiologie (Entspannungsbehandlung, autogenes Training, Atemtherapien), Gästebetreuung (kulturelle Veranstaltungen, Ausflüge, Kurseelsorge, Hobbyangebote).

Um jedoch für die Zukunft und den immer stärker werdenden Wettbewerb gewappnet zu sein sowie die sinkenden Einnahmen aus den Gesundheitsreformen der letzten Jahre zu kompensieren, bedarf es auch innovativer und neuartiger Angebote. Diese Angebote berücksichtigen nicht nur den Krankheits- oder Gesundheitszustand der Gäste, sondern sie berücksichtigen auch die Finanzkraft, den Lebensstil und andere Umweltfaktoren. Diese neuartigen und innovativen Produkte verbinden Heilung und Vorsorge sowie Vorbeugung mit dem Wellness, Beautyness und Fitnessgedanken auf hervorragende Weise miteinander. Zu den **innovativen/neuartigen Angeboten** gehören beispielsweise Akupunktur, Algenbehandlungen, Aquarobic, Aromatherapie, Autogenes Training, Ayurveda, Bachblütentherapie, Beauty-Bäder, Edelsteintherapie, Farblicht-Therapie, Feldenkrais, Fünf Tibeter, Hamam, Frigidarium, Hydrojet, Jacuzzi, Kleopatrabad, Laconium, Lavastone Therapy, Lomi Lomi, Osmosebehandlung, Qi Gong, Rasulbad, Reiki, Shiatsu, Spa (Sanus per aquam – gesund durch Wasser), Step-Aerobic, Tai Chi Chuan, TCM (Traditionelle Chinesische Medizin), F. X.-Mayr-Kur, Wasserbett, Yoga und Zen-Meditation.

4.2.5.4 Strategien der Vermarktung von Kur- und Badeorten

Die Vermarktung eines Kurortes kann über mehrere Wege erfolgen. Die zentrale Problematik bei diesem Thema stellt sich bei der Zusammenarbeit der einzelnen Leistungsträger vor Ort. So kann sich ein Kur- oder Erholungsort gewissermaßen als eine Marke geschlossen vertreiben oder die einzelnen Leistungsträger vermarkten sich getrennt voneinander über unterschiedliche Vertriebskanäle. I. d. R. ist immer eine Kombination von beidem gegeben. Koordinator des direkten als auch des indirekten Vertriebes ist i. d. R. die Kurverwaltung, die Tourist-Info oder der Verkehrsverein.

Man kann im Wesentlichen zwei Vertriebsschienen unterscheiden:

- **Direktvertrieb,**
- **indirekter Vertrieb.**

Direkter Vertrieb bedeutet, dass der Kur- oder Erholungsort sich als Ganzes und unter Ausschaltung von Vertriebspartnern vertreibt. Maßnahmen des direkten Vertriebs sind:

- Präsentationen auf Tourismusmessen (überwiegend Publikums- und wenige Fachmessen),
- Präsentationen auf Tourismustagen in den jeweiligen Städten und Regionen,
- Printwerbung in den Medien der bevorzugten Regionen, aus denen man Gäste erwünscht (Zielgruppenwerbung),
- regelmäßige Direct-Mailingaktionen an Stammkunden und an Anfrager mit den neuesten Angeboten,
- Öffentlichkeitsarbeit in den Medien,
- Hervorhebung der Alleinstellungsmerkmale (USP) in den Medien und in der Werbung,
- Internetplattformen und Internetforen,
- verkaufsfördernde Aktionen und Maßnahmen,
- Direkt-Marketing (bislang eher seltener anzutreffen),
- Aktionstage und Road-Shows.

Indirekter Vertrieb bedeutet, dass die Kur- und Erholungsorte sich unter Zuhilfenahme von Reiseveranstaltern und Reisemittlern versuchen, ihre Produkte und Leistungen flächendeckend im deutschen und europäischen Markt zu vertreiben. Diese Vertriebsform ist theoretisch denkbar, in der Praxis jedoch sehr selten anzutreffen. Die Gründe dafür sind, dass sich die Preise durch die Provisionen für die Reisemittler erhöhen und die Gefahr der Abhängigkeit der Leistungsträger durch Reiseveranstalter besteht. Hinzu kommt noch die mangelnde Bereitwilligkeit der Beherbergungsindustrie, ihre Kontingente teilweise komplett an die Reiseveranstalter abzutreten und ggf. keinen Zugriff mehr auf das eigene Angebot zu haben. Der wichtigste Grund ist jedoch die Verteuerung des Produktes und des Vertriebs durch Reisemittlerprovisionen.

Indirekter Vertrieb bedeutet aber auch, dass die Kur- und Erholungsorte über niedergelassene Ärzte, Krankenkassen, den medizinischen Dienst der Krankenkassen und Verbände weiterempfohlen werden. Hier entstehen dem Kur- und Erholungsort keine direkten Vertriebskosten in Form von Provisionen, sondern bestenfalls indirekte Vertriebskosten in Form von anderen Zuwendungen (regelmäßiger Infoversand, Zugaben, Informationsaufenthalte).

Das **wichtigste Verkaufsmedium** ist der Ortsprospekt und das Unterkunftsverzeichnis. Im Ortsprospekt wird der Ort als Ganzes mit seinen umfänglichen Produkten und Dienstleistungen präsentiert. Das Unterkunftsverzeichnis stellt einen Verkaufs- oder für den Gast eine Orientierungshilfe dar, anhand dessen er sich über das Beherbergungsangebot einen Eindruck bezüglich Preis und Leistung verschaffen kann. Ortsprospekt und Unterkunftsverzeichnis werden in Katalogform von der Gemeinde bzw. dem Träger des örtlichen Tourismus initiiert und zentral erstellt. Finanziert wird dies im Umlageverfahren durch die Leistungsträger vor Ort.

Der Vertrieb der Kur- und Erholungsorte wird allgemein in der Öffentlichkeit, aber auch von Kunden als sehr unprofessionell wahrgenommen. Dies liegt zum Teil an der sehr unkoordinierten und uneinheitlichen Darstellung der Produkte und Leistungen, zum anderen auch an der mangelnden Finanzkraft der Träger des Tourismusses.

4.2.5.5 Interessenvertretungen und Kooperationen

Die Interessenvertretungen der Kur- und Erholungsorte sind in erster Linie die Dachverbände und an zweiter Stelle die lokalen und/oder regionalen Zusammenschlüsse, Kooperationen und Arbeitsgemeinschaften. Die **wichtigsten Dachverbände** sind:

Deutscher Heilbäderverband e. V.: Er hat die Aufgabe, die gemeinsamen Interessen seiner Mitglieder insbesondere gegenüber den Parlamenten des Bundes und der EU, den zuständigen Ministerien sowie gegenüber Behörden, Sozialversicherungen und Kostenträgern, Verbänden und Organisationen auf Bundesebene wahrzunehmen. Er berät und unterstützt seine Mitglieder in Fachfragen und fördert Forschung und Ausbildung.

Deutscher Tourismusverband e. V. (DTV): Im DTV sind die meisten touristischen Organisationen in den Bundesländern und mehr als 6.000 touristisch relevante Städte und Gemeinden organisiert. Der DTV versteht sich als zentraler Gesprächspartner der Bundesregierung, des Bundestages, der Parteien und andere politische Institutionen in tourismuspolitischen Fragen. Der DTV hat zum Ziel, den Tourismus in Deutschland als Wirtschaftsfaktor sowie als Arbeitsplatz schaffende und Arbeitsplatz fördernde Branche weiter zu stabilisieren und aufzuwerten. Er definiert Qualitätsstandards und die Klassifizierung z. B. für private Anbieter und Campingplätze und sorgt für einheitliche Regeln, wie z. B. die Touristische-Informations-Norm (TIN), allgemeine Geschäftsbedingungen oder Musterverträge für Ferienwohnungen und Ferienhäuser.

Deutscher Hotel- und Gaststättenverband (DEHOGA): Der DEHOGA ist die Interessensvertretung der Hotellerie und der Gaststätten auf Bundesebene für die ideellen, wirtschaftlichen, beruflichen, steuerlichen, sozial- und tarifpolitischen Belange.

Europäischer Heilbäderverband (EHV): In ihm sind 22 nationale Verbände zusammengeschlossen. Er nimmt folgende Aufgaben wahr: Interessenvertretung gegenüber EU-Institutionen, Gedanken- und Erfahrungsaustausch, Sicherung und Verbesserung der Standards in den Heilbädern und Kurorte.

Neben den Dachverbänden und Verbänden werden die einzelnen Kur- und Erholungsorte auch von den Zusammenschlüssen auf Länderebene und Ebene der Regionen vertreten. Auch können sich bestimmte und oftmals benachbarte Orte zu Arbeitsgemeinschaften zusammenschließen, die eine ganz pragmatische Zielsetzung verfolgen, nämlich ihre Werbebudgets zu bündeln und damit erfolgreicher und professioneller ihre Region anzupreisen, Kosten im Bereich Personal und Verwaltung zu sparen, z. B. durch Vermeidung von Mehrfachverrichtung. So werden alle Anfragen von Kunden zu einer Region zentral von einer Gemeinde bearbeitet, eine andere Gemeinde übernimmt die Zimmerreservierung oder den Zimmernachweis für die in der Arbeitsgemeinschaft zusammengefassten Orte.

Diese Zusammenschlüsse und Arbeitsgemeinschaften geben sich oft auch sehr griffige Namen oder verstehen sich als eine Marke mit der klaren Zielsetzung einer besseren Vermarktung. Die bekanntesten Zusammenschlüsse und Arbeitsgemeinschaften sind die touristischen Straßen, z. B. Romantische Straße, Schwarzwald Hochstraße, Burgenstraße u. v. m.

4.2.5.6 Leitbildentwicklung und strategische Ausrichtung

Ein Leitbild oder ein Schlüsselbild ist gewissermaßen der „rote Faden", an dem sich die gesamte strategische Ausrichtung eines Kur- und Erholungsortes ausrichtet. Man stellt sich die Frage: Was wollen wir dem Kunden bieten, wie wollen wir uns unseren Kunden und Gästen gegenüber verhalten, was wollen wir unseren Gästen bieten und was wollen wir in fünf Jahren erreicht haben? Ein Leitbild ist nicht statisch, sondern es muss gepflegt und ständig weiterentwickelt werden. Die einmalige Erstellung eines Leitbildes ist nur der Anfang. Auf dieser Basis muss sodann eine Weiterentwicklung und Aktualisierung stattfinden. Leitbildentwicklung ist ein dynamischer Prozess.

Empfehlungen für die strategische Ausrichtung des Produktbündels und der Schaffung eines Leitbildes sind:

- Professionalisierung forcieren,
- auf Aus- und Weiterbildung Wert legen, Niveau, Fachkompetenz und persönliche sowie soziale Kompetenz ausbauen,
- emotionale Kompetenz der Mitarbeiter und aller am Tourismus Beteiligten fördern,
- Bildung strategischer Allianzen und Kooperationen mit Verbänden, Unternehmern, Sponsoren,
- Herausstellung der eigenen Alleinstellungsmerkmale,
- Trends verfolgen und Benchmarking gegenüber Mitbewerbern betreiben,
- Marktorientierung beachten, Spezialisierung auf herausragende Themen vornehmen
- Individualität betonen,
- Qualitätsprüfung- und Sicherung betreiben,
- Service und Zusatzleistungen forcieren,
- Nachbetreuung der Gäste über den Einzelaufenthalt hinaus.

Der Erarbeitungsprozess eines Leitbildes kann durch Experten in Form einer rein analytischen Form erarbeitet werden. Grundlage für die Erarbeitung des Leitbildes von Experten ist eine im Vorhinein vorgenommene Stärken-/Schwächen-Analyse. Auf dieser Grundlage werden sodann die Stärken hervorgehoben und nach außen kommuniziert und die Schwächen versucht man zu kompensieren. Eine weitere Möglichkeit der Leitbilderstellung bietet sich über Sitzungen und öffentliche Veranstaltungen mit den Einwohnern eines Ortes an. Das Leitbild wird sozusagen in einem offenen Prozess gemeinsam erarbeitet. Ein Leitbild soll/muss in jedem Fall die Identifikation der eigenen Bevölkerung und der Kunden/Gäste mit dem Kur- und Erholungsort fördern und unterstützen.

4.2.5.7 Rechtliche Aspekte

Aufgrund der unterschiedlichen Organisationsformen und Rechtsformen im Kur- und Bäderwesen (z. B. Regiebetrieb, Kurverwaltung oder Eigenbetrieb und Eigengesellschaft), ist unterschiedliches Recht anwendbar. Rechtgrundlagen können sein:

- Gemeindeordnung,
- Gemeindehaushaltsverordnung,
- Gemeindekassenverordnung,
- Eigenbetriebsverordnung,

- Betriebssatzung,
- HGB,
- GmbH-Gesetz,
- BGB.

Auch findet bei Veranstaltungsleistungen der o. g. Betriebsformen § 651 ff. BGB Anwendung. Der Reisevertrag ist im Bürgerlichen Gesetzbuch (BGB) in den §§ 651 a bis 651 m geregelt. Das Reiserecht ist in den vergangenen Jahren wiederholt geändert und modernisiert worden. Insbesondere ist der Insolvenzschutz effektiver ausgestaltet worden. Die Verjährungsvorschriften von Reiseveranstaltern und das Schadenersatzrecht für Reisende wurden erweitert.

4.3 Freizeit- und Erlebniswelten

Bedingt durch die Austauschbarkeit klassischer Reiseprodukte und dem rapiden Wandel des Konsumverhaltens muss der touristische Konsum nicht mehr zwangsläufig in fernen Zielgebieten mit einem weitestgehend natürlichen Angebot (z. B. Dschungel, Sandstrände und romantische Sonnenuntergänge) stattfinden. Touristischer Konsum kann auch in künstlich geschaffenen Welten „vor der Haustür" stattfinden, nämlich in Erlebnis-, Freizeit- und Konsumwelten.

Der Trend zum thematisieren und gestalten ist unübersehbar und notwendig. **Tainments** stellen die Verknüpfung von **Primärnutzen Beschaffung** und dem **Sekundärnutzen Unterhalten** dar. Im Sinne einer erfolgreichen Umsetzung eines Freizeitprojektes muss der Primärnutzen immer klar im Zentrum der Planung stehen. Arten von Tainments sind u. a.:

- **Happytainment:** Dazu gehören Freizeit-, Themen- und Erlebnisparks für Spaß, Erlebniszirkel und Familie,
- **Entertainment:** Dazu gehören Shows und Musicaltheater für Unterhaltung und Kunstgenuss,
- **Edutainment:** Dazu gehören Museen, Zoos, Science-Center und Planetarien für die Vermittlung von Bildungsinhalten,
- **Infotainment:** Dazu gehören Sport- und Nachrichtensendungen, Talk-Shows für die unterhaltsame Berichterstattung und Informationsvermittlung,
- **Eatertainment:** Dazu gehören Erlebnisgastronomie und Erlebnishotellerie für die gastronomische Versorgung und lukullischen Genuss,
- **Shoptainment:** Dazu gehören Shopping Center, Brandlands zum Einkaufen und zur Beschaffung.

4.3.1 Bühnen des touristischen Konsums

Die neuen Orte und Bühnen des touristischen Konsums sind komplexe, multifunktionale Einrichtungen, mit vielfältigen und unterschiedlichen Angeboten, aus denen sich der Konsument eine individuelle Mischung, nach jeweils aktuellen Bedürfnissen zusammenstellen kann. Diese Einrichtungen werden auch **Mixed-Use-Center** (MUC) genannt (*Steinecke*).

Konsumenten sind anspruchsvoller und preissensibler geworden, fordern mehr Zusatznutzen und zeichnen sich durch eine gesteigerte Preis- und Markenorientierung aus.
Zwei treibende Einstellungen für die Entstehung künstlicher Freizeit- und Erlebniswelten
sind die **Erlebnis- und Convenienceorientierung** der Verbraucher.

Die **Angebotsstrukturen** bzw. das **Angebotsspektrum** der Mixed-Use-Center sind nicht
mehr eindeutig einem Handels- oder Dienstleistungsbereich zuzuordnen, sondern das
Angebotsspektrum kann zahlreiche Dimensionen aufweisen, z. B. (*Steinecke*):

- Einkaufsmöglichkeiten,
- Abendunterhaltung,
- Sportangebote,
- Serviceleistungen,
- Freizeit- und Kulturveranstaltungen,
- Übernachtungskapazitäten und anderes.

Die Faszination liegt in der Kultur der Simulation (Artificial-Crocodile-Effect), dem Bedürfnis nach künstlichen Erlebniswelten (neue Kathedralen des 21. Jahrhunderts), der Illusi-
onierung und Vorstellungen vom Paradies, Imagination, Attraktion und Perfektion. Dies
alles stellt ein Kontrast zur Alltagswelt her. Das Ereignis ist „Clean" und schafft Glückse-
ligkeit und es trifft den Geschmack der Masse. Ökologisch gesehen sind Freizeit- und
Erlebniswelten ein Segen für die Umwelt und die Problematik von Massenmobilität. Es
gelten die Grundsätze der inszenierten Ereignisse und Veranstaltungen, die multisensitiv
(starken emotionalen und physischen Reizen) dargeboten werden und ein einmaliges
Erlebnis vermitteln (*Steinecke*).

4.3.2 Typen von Mixed-Use-Center

Nach *Steinecke und Frank* lassen sich folgende Typen von Mixed-Use-Centern unterscheiden:

- **Urban Entertainment Center (UEC):** Dazu gehören Shopping Center mit Gastrono-
  miebetrieb mit einer Arena, einem Freizeitpark und einem Multiplex-Kino.
- **Freizeitparks**: Dieser verfügt kann über Freizeiteinrichtungen, Gastronomie, Events
  und einem oder mehrere Themenhotels verfügen.
- **Ferienpark** mit Beherbergung, Gastronomie, Ladengalerie, Events und Freizeitein-
  richtung.
- **Brand Land und Brand Parks** mit Firmenmuseum, Einzelhandelsgeschäften, Kunst-
  galerie und Events.
- **Themenhotels und Themenrestaurants:** Diese bieten Beherbergung, Gastronomie
  und zeichnen sich durch eine spezielle Architektur aus, verfügen über Therme.
- **Musical-Center** mit Theater, Hotel, Shop und Erlebnisgastronomie,
- **Infotainment-Center** mit Multimedia-Information, Events, Veranstaltungsräumen und
  Shops.
- **Museen:** Sie bieten Dauerausstellung, Sonderausstellung, Events, Gastronomie und
  Einkaufsmöglichkeiten.
- **Zoologische Gärten** mit thematisch gestaltetem Tiergehege, diversen Freizeitein-
  richtungen, Gastronomie, Shops, Events.

- **Parks- und Gartenanlagen** mit einem Standardangebot an Freizeiteinrichtungen, Gastronomie, Shops, Events.

4.3.3 Erfolgsfaktoren der Mixed-Use-Center

Der Erfolg der Mixed-Use-Center basiert auf dem Zusammenwirken zahlreicher Faktoren, vom Markencharakter der Einrichtung bis hin zur Dramaturgie und Themen. Die **Erfolgsfaktoren** liegen in:

- Marken, Illusionen und Normung,
- Dramaturgie, Stories, Themen und Cocktails,
- Allianzen, Prominente, Stars und Emotionen,
- Serien und Filialen.

Durch die Integration dieser Faktoren in ein Mixed-Use-Center entstehen aus Sicht der Kunden sog. **Mindscapes**. Mindscapes sind eine Art künstliche Urbanität und zeichnen sich aus durch:

- Traum- und Gegenwelten zu Alltag,
- Räume, in die man Konsum- und Lebenswelten projizieren kann,
- Bühnen, auf denen man sich in selbst gewählten Rollen präsentieren kann,
- Schauplätze, auf denen man etwas Ungewöhnliches erleben kann.

4.3.4 Das Urban-Entertainment-Center

Urban-Entertainment-Center (UEC) sind die Protagonisten der Mixed-Use-Center. Sie können wie folgt typisiert werden:

- **kombinierte Freizeit-, Einkaufs-, und Erlebnis-Center**, z. B. CentrO/Oberhausen, Rhein-Ruhr-Center/Mülheim, Forum Shops/LA, Saale-Park, Bluewater/London, Vita Center/Chemnitz,
- **große Fachmarktzentren**, z. B. Weser-Park/Bremen,
- **Mega- oder Multiplex-Kinos**,
- **Mega-Malls**, z. B. West-Edmonton-Mall/Edmonton, Mall-of-America/Minneapolis,
- **Factory-Outlet-Center**.

Gründe für die starke Marktpräsenz der Mixed-Use-Center bzw. der Urban-Entertainment-Center liegen in Folgendem:

Trends im Freizeitanlagenmarkt: Sie sind gekennzeichnet durch

- eine der wenigen Immobilienmärkte mit expansiver Entwicklung,
- hohes Investitionsvolumina insbesondere durch englische und internationale Investoren,
- Immobilienrendite über 7 %,
- positive Entwicklung sowie Basistrend des Freizeitmarktes.

Trends der Marktstrukturen der Angebotsseite

*   Kommerzialisierung und Professionalisierung des Freizeitanlagenmarktes,
*   Internationalisierung des Freizeitanlagenmarktes,
*   starke Diversifizierung.

Freizeitanlagenbezogene Trends

*   mediale Erlebniswelten,
*   Ausdifferenzierung des Freizeitanlagenmarktes,
*   Themenwelten und Verschmelzung von Freizeit und Einkauf,
*   Entwicklung von Indoor-Konzepten für klassische Outdoor-Aktivitäten, insbesondere im Sportbereich,
*   Freizeitgroßanlagen; big is beautiful,
*   Nutzung von Freizeitanlagen als Marketinginstrument der Unternehmenskommunikation,
*   Trend zur Bündelung von Freizeitaktivitäten, z. B. Center-Gedanken.

Zusätzliche Angebotsoptionen

*   Hotel und Übernachtungsleistungen,
*   zusätzliche Attraktionen, z. B. Bowling, Billard, Dart, Games & Arcades, Family-Entertainment-Center (FEC), Fitness- und Wellness-Center, Museum und Ausstellungen, Kongresshaus.

Die **Schlüssel- oder Kernkomponenten** eines Urban-Entertainment-Centers liegen im Bereich:

*   **Entertainment**, z. B. Multiplex-Kino, Cinetropolis, IMAX-Kino, Diskothek, Special Events, Veranstaltungen, Theater, Varieté, Kabarett, Cinque de Soleil,
*   **Food & Beverage**, z. B. Erlebnis- und Themen-Gastronomie, Fast Food, „Food Courts", Internet Cafe,
*   **thematisierter Handel & Merchandising**, z. B. Freizeithandel, unterhaltungsbezogener Handel, Interaktives Shopping, Gimmicks, Speciality Stores & Concept Stores, Festival Retail & Memorabilia.

4.3.5 Steuerungsfaktoren der Urban-Entertainment-Center

Die zentralen Steuerungsfaktoren sind der **Wertewandel und die Veränderung des Konsumverhaltens.**

Der **Wertewandel** ist Zeit des Übergangs von einem veralteten zu einem neuen System und kennzeichnet sich durch

*   Selbstentfaltung und Engagement,
*   idealistische Gesellschaftskritik, z. B. Emanzipation, Gleichbehandlung, Partizipation
*   Hedonismus, z. B. Genuss, Abenteuer, Spannung, Auslebung emotionaler Bedürfnisse,
*   Individualismus, z. B. Kreativität, Spontanität, Selbstentfaltung und Selbstverwirklichung, Ungebundenheit, Erlebnisorientierung,

- Tertiärisierung der Wirtschaft,
- Anstieg der selbstständigen Tätigkeiten,
- Verbesserung des Bildungsstandes,
- Erwerbstätigkeit der Frauen,
- Verbesserung der verfügbaren Einkommen,
- eine beinahe Vollversorgung der Grundbedürfnisse,
- Anstieg der Freizeit.

Veränderung des Konsumverhaltens manifestiert sich in den unterschiedlichen Konsumtypen, z. B.

- Normalkonsumenten,
- Versorgungskonsumenten,
- Sparkonsumenten,
- Anpassungskonsumenten,
- Erlebniskonsumenten
- Geltungskonsumenten,
- Kulturkonsumenten,
- Anspruchskonsumenten.

4.3.6 Akteure des Urban-Entertainment-Center-Sektors und ausgewählte Objekte

Die **Akteure** der Urban-Entertainment-Center sind gleichzeitig auch die Treiber dieses Sektors der Freizeit- und Konsumgestaltung. Es sind:

- **Betreiber**, z. B. Privatpersonen, Gesellschaften, Betreiber von Management- und/ oder Immobilien Companys,
- **Projektentwickler**, z. B. Beratungsgesellschaften, Tochterfirmen großer Grundstücks- und Immobilienverwalter, mittelständische Bauunternehmen, Architekten,
- **Investoren**, z. B. vermögende Einzelpersonen, Gesellschaften, Venture-Capital-Gesellschaften, Investment-Fonds, Städte und Kommunen.

Eine **Auswahl namhafter Urban-Entertainment-Center-Objekte** sind z. B. Hansa-Carre (Dortmund), Köln-Arena (Köln), Europa-Park, Ferienpark „Heide-Metropole" (Soltau), Gran-Dorado (Hochsauerland), CentrO (Oberhausen), Audi-Unternehmensauftritt (Ingolstadt), Autostadt Wolfsburg, König Ludwig II – Sehnsucht nach dem Paradies (Füssen), Zeppelin Museum (Friedrichshafen), Play Castle (Österreich), Gardaland (Italien), Sony Entertainment Center (Berlin), Aquarius-Wassermuseum der RWW (Mülheim-Ruhr), Zoo (Hannover), Mainau – die Insel der fünf Jahreszeiten, Metreon (San Francisco), Printworks (Manchester), Universal City Walk (Florida), Heron City (Madrid) und Star City (Birmingham).

5. Gastgewerbe (Hotellerie und Gastronomie)

Wirtschaftsfaktor Gastgewerbe

Das Gastgewerbe ist zweifelsohne eine der am schnellsten wachsenden Dienstleistungs-Industrien in der Bundesrepublik Deutschland. **„Hotellerie und Gastronomie spiegeln in geradezu einzigartiger Weise die regionale und kulturelle Vielfalt unseres Landes wider. Unsere Branche ist die Visitenkarte von Deutschland"** (*DEHOGA*). Ebenso ist der DEHOGA der Meinung, dass Hotellerie und Gastronomie für Service und Gastfreundschaft stehen und zur Sicherung der Lebensqualität in unserem Land erheblich beitragen. Dem Schicksal des Gastgewerbes eng verbunden sind Brauereien, Food-Lieferanten, Einrichter, Ausstatter und somit Wertschöpfungsstufen und Arbeitsplätze. Nachfolgende Zahlen sollen dies verdeutlichen.

Beschäftigte gesamt, davon:	**986.000**
Beherbergungsgewerbe	329.000
Gaststättengewerbe	562.000
Pachtkantinen und Caterer	95.000
Auszubildende gesamt, davon:	**107.041**
Koch/Köchin	43.466
Restaurantfachmann/-frau	16.450
Hotelfachmann/-frau	31.212
Hotelkaufmann/-frau	1.154
Fachmann/-frau für Systemgastronomie	6.273
Fachkraft im Gastgewerbe	6.488
Gastgewerbliche Betriebe (2006), davon:	**242.828**
Beherbergungsgewerbe	45.581
Gaststättengewerbe	186.535
Pachtkantinen und Caterer	10.712
Jahresumsatz Gastgewerbe (netto), davon:	**55,6 Mrd. €**
Beherbergungsgewerbe	18,5 Mrd. €
Gaststättengewerbe	32,8 Mrd. €
Pachtkantinen Caterer	4,3 Mrd. €

Tab. B. 5.1: Wirtschaftsfaktor Gastgewerbe 2007 für den Standort Deutschland
Quelle: DEHOGA 2008

Grundsätzlich wird das Gastgewerbe von Haupt- und Nebenbetrieben getragen und lässt sich, wie in nachfolgender Abbildung dargestellt, systematisieren:

Gastgewerbe (Hauptbetriebe)		
Gewinnerzielungsabsicht Haupterwerbsquelle Jedermann zugänglich Auf Dauer angelegt		
Schankwirtschaft	**Speisewirtschaft**	**Beherbergungsbetriebe**
Getränke werden an Ort und Stelle verabreicht und verzehrt	Speisen werden an Ort und Stelle verabreicht und verzehrt	Gäste werden beherbergt
Gastgewerbe (Nebenbetriebe)		
Gastgewerbliche Nebenbetriebe eines nicht gastgewerblichen Hauptbetriebes, oder Betriebe, die nicht zu Erwerbszwecken dienen, sondern sozialen oder religiösen Zwecken, oder Betriebe, die der Öffentlichkeit nicht zur Verfügung stehen. Nur eines der drei genannten Kriterien muss erfüllt sein.		
Eisenbahnerferienheim	Gewerkschaftsheim	Müttergenesungswerk

Tab. B. 5.2: Abgrenzung Gastgewerbe
Quelle: in Anlehnung an Dettmer/Gruner, 2003

5.1 Beherbergungsindustrie

5.1.1 Abgrenzung der Beherbergungsbetriebe

Die Abgrenzung der Beherbergungsbetriebe in Deutschland erfolgte nach den Empfehlungen nachfolgender Dachverbände und gilt nur für Deutschland:

- **DEHOGA** Bundesverband (Deutscher Hotel- und Gaststättenverband),
- **DTV** (Deutscher Tourismus Verband),
- **DIHK** (Deutsche Industrie- und Handelskammer-Tag).

So unterscheidet sich der Beherbergungsmarkt in eine:

- **nichtgewerbliche Beherbergung** bzw. Unterkunftsgewährung,
- **gewerbliche Beherbergung** bzw. Unterkunftsgewährung.

Merkmale der nichtgewerblichen Unterkunftsgewährung bzw. Beherbergung sind:

- maximal acht Betten,
- Privatvermietung/Raumvermietung privat mit Möbeln und Bettwäsche,
- für längere Dauer,
- mit Kündigungsfrist,
- Miete ist im Voraus zahlbar, Sicherheitsleistung (Kaution) kann verlangt werden,
- Kennzeichnung der Zimmer ist nicht vorgeschrieben,
- i. d. R. ohne oder mit nur sehr eingeschränkter Dienstleistung (z. B. Zimmerreinigung, Bettwäschewechsel),
- Mitnahme des Schlüssels durch den Vermieter bei Verlassen des Hauses,
- zwischen Mieter und Vermieter wird ein Mietvertrag geschlossen.

Merkmale der gewerblichen Unterkunftsgewährung bzw. Beherbergung sind:

- mehr als acht Betten; die Bezeichnung Hotel darf erst ab 20 Zimmern geführt werden,
- vorübergehende Unterkunftsgewährung für die Dauer der Bestellung und für kurze Zeit,
- für jedermann zugänglich,
- Kennzeichnung der Zimmer durch Symbole (Pflicht),
- allgemeine Dienstleistungen, insbesondere Reinigung,
- Berechnung erfolgt tageweise und zahlbar bei der Abreise,
- zwischen Vermieter und Mieter wird ein Beherbergungsvertrag geschlossen.

Eine weitere Unterteilung bzw. Gliederung wird bei der Abgrenzung zwischen der **klassischen Hotellerie** und der **Parahotellerie** vorgenommen.

Die Hotellerie meint die traditionellen Formen und Betriebsarten, die einem Gast eine Beherbergungsleistung zur Verfügung stellt. Die Parahotellerie, auch zusätzliche oder ergänzende Beherbergungsindustrie genannt, bietet dem Gast ebenfalls eine Beherbergungsleistung an, die jedoch gewisse Einschränkungen aufweist und ursprünglich einem anderen Zweck als der der Unterkunftsgewährung diente. Folgende Tabelle zeigt die jeweiligen Beherbergungsbetriebe auf:

Hotellerie traditionelle Beherbergung	Parahotellerie Zusätzliche/ergänzende Beherbergung
• Hotel (z. B. Individual-, Kettenhotel) • Hotel Garni • Hotelpension • Rasthof • Gasthof • Motel • Botel • Autobahnrasthäuser • Kurhotel • Kurheim • Aparthotel/Boardinghouse • Hospize	• Appartement • Ferienzentren, Ferienlager • Ferienwohnungen • Jugendherbergen • Bauernhof • Camping, Caravaning • Vereinsheime, Gästehäuser • Naturfreundehäuser • Sanatorien • Privatzimmervermietung • Kollektivunterkünfte • Berg- und Skihütten

Tab. B. 5.3: Abgrenzung Hotellerie und Parahotellerie
Quelle: eigene Darstellung in Anlehnung an Dettmer/Gruner, 2003

5.1.2 Träger des Beherbergungsmarktes und dessen Systematisierung

Die **Struktur des Beherbergungsmarktes** stellt sich wie folgt dar:

- **Hotel- und ergänzende Beherbergungsbetriebe**, z. B.
  - Individualhotels, Einzelhotels (i. d. R. nur einen Standort, familiengeführt, ggf. einer Kooperation angehörend),
  - Kettenhotels,
  - franchisegeführte Hotels

- managementgeführte Hotels,
- pachtgeführte Hotels,
- Kooperations- und Allianzhotels,
- **Kooperationen und Marketingzusammenschlüsse**, z. B.
  - Best Western, Ringhotel, Preferred Hotels, Leading Hotels of the World,
- **Reservierungszentralen**, z. B.
  - UTELL, HRS, hotel.com,
- **Lieferanten**.

Die Betriebsformen lassen sich, wie in folgender Tabelle angezeigt, systematisieren:

Hotelunternehmungen					
Individual-Hotellerie	**Markenhotellerie**				
	Hotel-kooperationen	**Hotelketten**			
		Filialsystem	**Franchise-System**	**Hotelkonzern**	
Einbetrieblich	Mehrbetrieblich	Mehrbetrieblich	Mehrbetrieblich	Mehrbetrieblich	
rechtlich und wirtschaftlich selbstständige Hotelunternehmung	horizontaler Zusammenschluss rechtlich und wirtschaftlich selbstständiger Hotelunternehmungen	Einheitsunternehmen mit mehreren rechtlich unselbstständigen Betrieben (Filialen)	vertikaler Zusammenschluss rechtlich und wirtschaftlich selbstständiger Hotelunternehmen	rechtlich selbstständige Hotelunternehmen unter einheitlicher Leitung	

Tab. B. 5.4: Systematisierung der Betriebsformen
Quelle: Gruner, 2003

Dass die **Markenhotellerie** mit ihren Marken sowohl national als auch international den höchsten Bekanntheitsgrad besitzt und wahrgenommen wird, zeigt nachfolgende Tabelle (alphabetisch geordnet).

Wichtige Hotelmarken in Deutschland 2007 (eine Auswahl)				
Nr.	**Gesellschaft**	**Markennamen**	**Hotels (BRD)**	**Hotels (Ausland)**
1.	ACCOR Hotellerie Deutschland GmbH	Formule 1, Etap, All Seasons, Ibis, Suitehotel, Mercure, Novotel, Pullmann, Sofitel	331	3.800
2.	Akzent Hotels	Akzent	86	3
3.	ArabellaStarwood Hotels & Resort GmbH	ArabellaSheraton, Four Points by Sheraton, Le Meridien, Sheraton, Westin	19	13
4.	Best Western Hotels Deutschland GmbH	Best Western, Best Western Partner	160	4.200
5.	Design Hotels AG	design hotels	15	155
6.	Flair Hotels e. V.	Flair Hotel	126	14
7.	Hilton Hotels	Hilton (14), Scandic	15	2.800
8.	Hospitality Alliance AG	Ramada, Ramada Plaza, Treff, Encore	59	9

9.	InterContinental Hotels Group	InterContinental, Crown Plaza, Holiday Inn, Express by Holiday Inn	65	3.698
10.	Kempinski AG	Kempinski	11	49
11.	The Leading Hotels of the World Ltd.	Leading Hotels of the World, Leading Small Hotels of the World	28	402
12.	Maritim Hotelgesellschaft mbH	Maritim	37	12
13.	Marriott International-Continental Europe	Marriott, Courtyard, Renaissance, The Ritz Carlton	35	2.900
14.	NH Hotels Deutschland GmbH	NH Hotels	60	323
15.	Preferred Hotel Group	Preferred Hotels & Resorts, Preferred Boutique, Summit Hotels & Resorts, Sterling Hotels	6	392
16.	The Real Hotel Company GmbH	Clarion, Comfort, Quality	58	5.021
17.	Rezidor Hotels Management GmbH	Radisson SAS, Country Inn & Suites by Carlson, Park Inn, Regent	35	238
18.	Small Elegant Hotels Worldwide	Small Elegant Hotels, Small Elegant Hotels Worldwide	50	351
19.	Sol Melia Deutschland GmbH	Innside Premium, Melia, Tryp Hotel	21	350
20.	Steigenberger Hotels AG	Steigenberger Hotels & Resorts, InterCity Hotels	69	13

Tab. B. 5.5: Auswahl wichtiger Hotelmarken 2007 in Deutschland
Quelle: IHA, 2008

5.1.3 Der Beherbergungsbetrieb – Hotellerie und Parahotellerie

Hotelbetriebe werden in der Literatur oftmals sehr unterschiedlich und umständlich definiert. Die Definition nach dem DEHOGA Bundesverband, dem Dachverband des Deutschen Hotel- und Gaststättengewerbes reicht jedoch völlig aus: **„Ein Hotel ist ein Beherbergungsbetrieb mit angeschlossenem Verpflegungsbetrieb für Hausgäste und Passanten. Er zeichnet sich durch einen angemessenen Standard seines Angebotes und durch entsprechende Dienstleistungen aus."**

Die bezeichneten Leistungen unterteilen sich in:

- **Beherbergungsleistung**
  - bauliche Anlage,
  - Gästezimmer mit Ausstattung,
  - Empfangs- und Aufenthaltsräume,
  - Verkehrs- und Etagenflächen,
  - Technik- und Betriebsräume,
  - sonstige Einrichtungen,

- **Verpflegungsleistung**
  - Restaurants,
  - Bars,
  - Cafés,
- **Sonstige Leistungen**
  - Bankettabteilung,
  - Tagungs- und Veranstaltungsräume,
  - Sportangebote,
  - Fitness- und Wellnessleistungen.

Darüber hinaus sollten (gilt nur für Deutschland) noch folgende Voraussetzungen erfüllt sein:

- mindestens neun Gästebetten müssen vorhanden sein und werden auch angeboten,
- ein erheblicher Teil der Gästezimmer verfügt über ein eigenes Bad/Dusche und WC,
- ein Hotelempfang steht zur Verfügung.

Gewerbliche Beherbergungsbetriebe grenzen sich von den nichtgewerblichen Betrieben ab, durch:

- Gewinnerzielungsabsicht,
- Haupterwerbsquelle,
- jedermann zugänglich,
- Unternehmung ist auf eine gewisse Dauer angelegt.

Eine genauere Systematisierung der Haupt- und nebengewerblichen Leistungen zeigt folgende Tabelle:

Gastgewerbliche Leistungen		
Handel	**Fertigung**	**Dienstleistung**
Kellerleistungen Nebenleistungen	Küchenleistungen	Beherbergungsleistungen Serviceleistungen Nebenleistungen
Gewerbliche Haupt- und Nebenleistungen		
Hauptleistungen		**Nebenleistungen**

• Verpflegungsleistungen:
  - Küchenleistungen (z. B. Zubereitung von Speisen, Kaffees, Tees)
  - Kellerleistungen (z. B. Verkauf von alkoholhaltigen und alkoholfreien Getränken)
  - Serviceleistungen (z. B. Servieren von Küchen- und Kellerleistungen)
  - Nebenleistungen
• Beherbergungsleistungen:
  - Zimmervermietung und Bereitstellung sanitärer Einrichtungen
		• branchenbezogene Leistungen gegen Entgelt
		• Besorgung der Gästewäsche
		• Garagenvermietung
		• Vermittlung von Telefongesprächen
		• Verkauf von Tabakwaren, Souvenirs und Zeitungen
		• Sauna, Solarium und Sporteinrichtungen

Tab. B. 5.6: Haupt- und nebengewerbliche Leistungen
Quelle: Dettmer/Gruner, 2002

5.1.3.1 Mindestanforderungen an ein Hotelzimmer

Durch den Umstand, dass es in Deutschland keine amtliche Klassifizierung der Hotelbetriebe gibt, jedoch aus Gründen des Verbraucherschutzes die Politik Handlungsbedarf feststellte, wurden die Verbände bzw. Organisationen DEHOGA, DTV, DRV und DIHK beauftragt, eine Liste mit Mindestanforderungen an ein Hotelzimmer zu erstellen.

Die Mindestanforderungen sind u. a.:

* Größe eines Einzelzimmers, gerechnet ohne Nasszelle und Verkehrsflächen, mindestens 8 qm,
* Mehrbettzimmer zusätzlich 4 qm pro Bett,
* ein Bett mit den Mindestabmessungen von 1,80 m Länge und 0,90 m Breite, mit Ablage und Leuchte pro Gast,
* das Zimmer muss einen eigenen Zugang haben (kein Durchgangszimmer), von innen und außen abschließbar sein und getrennt von anderen Räumen,
* eine Sitzgelegenheit pro Bett anbieten sowie über einen Kleiderschrank, Tisch, Papierkorb verfügen,
* über eine ausreichende Lüftung und über mindestens ein Fenster mit Verdunkelungsmöglichkeit verfügen,
* hygienisch einwandfreie, anderen Gästen nicht zugängliche Waschgelegenheit (i. d. R. ein Waschbecken) mit fließendem Wasser, zwei Handtüchern pro Gast und WC auf derselben Etage (Anzahl nach Bettenzahl gestaffelt),
* Zimmer müssen beheizbar sein,
* Zimmer müssen fortlaufend nummeriert sein,
* Zimmerpreise mit Preis für Frühstück, Telefoneinheit, Internetzugang und Pay-TV müssen im Zimmer ausgewiesen sein (gesetzliche Anforderung),
* Brandschutzhinweise und Verhalten bei Gefahr muss dem Gast ersichtlich sein (gesetzliche Anforderung).

Um eine bessere Marktabgrenzung zu ermöglichen, können Hotelbetriebe nach folgenden Kriterien eingeteilt werden:

* **Grad bzw. Vollständigkeit der Leistung:** Hotel, Hotel Garni, Vollhotel, Apartmenthotel,
* **Standortorientierung:** Stadthotel, Parkhotel, Ferienhotel,
* **Verkehrsmittelorientierung:** Flughafen-, Bahnhofs-, Hafenhotel, Motel,
* **Qualität, Güteklasse und Klassifizierung:** Sterne, Kategorien,
* **Aufenthaltsdauer:** Ferienhotel, Passantenhotel,
* **Anlassbedingt:** Geschäfts-, Wellness-, Urlaubshotel,
* **Unternehmensform:** Einzelunternehmen, familiengeführt, Gesellschaftsunternehmen,
* **Betriebsgröße:** Einzelhotel, Familienbetrieb, Kettenhotel, Kooperationshotel,
* **Wirtschaftsprinzip:** Erwerbswirtschaftliches, gemeinwirtschaftliches oder genossenschaftliches Prinzip, soziale Einrichtung, Nebenbetrieb.

5.1.3.2 Hotelklassifizierungen

Das Thema Hotelklassifizierung wird seit nahezu zwei Jahrzehnten immer wiederkehrend diskutiert. Dies liegt in der Tatsache begründet, dass es in Deutschland, im Gegensatz zu anderen Ländern keine amtliche Klassifizierung gibt. In Deutschland gibt es von der DEHOGA seit 1996 lediglich ein einheitliches Klassifizierungsmuster, welches auf der Basis der Freiwilligkeit beruht. Das bedeutet für die Hotellerie: jedes Unternehmen kann sich klassifizieren lassen oder auch nicht. Ferner kann jeder Hotelbetrieb in Deutschland auch auf Klassifizierungen anderer Länder oder von globalen Hotelketten, Hotelkonzernen, welche i. d. R. über unternehmenseigene Klassifizierungen verfügen, zurückgreifen. Grundsätzlich steht jedem Hotelbetrieb die Zuordnung seines Hauses nach folgender Unterteilung und Bezeichnung zur Verfügung:

Klasse L
- Luxushotels, Hotels der Extraklasse, All-Suite-Hotels, Kongresshotels,
- bieten internationalen Standard, sind luxuriös und bieten dem Gast eine mondäne Atmosphäre, Treffpunkt der Prominenz aus aller Welt,
- der Empfang der Gäste findet bereits vor dem Haus statt,
- sie verfügen über modernste Kommunikationseinrichtungen und bieten ein hohes Maß an technischer und personeller Dienstleistung an,
- bieten Unterkunft und umfängliche Verpflegung an Hausgäste als auch an Passanten,
- Preise sind am oberen Ende der Skala angesiedelt.

Klasse 1
- Erste-Klasse-Hotels, Tagungshotels, Kongresshotels,
- stellen die Mehrzahl der Hotelbetriebe, Kettenhotels mit einem großen Bettenangebot,
- bieten erstklassigen und gehobenen Komfort sowie umfangreiche und gediegene Dienstleistungen und verfügen über sprachkundiges Personal,
- bieten Unterkunft und umfängliche Verpflegung an Hausgäste als auch an Passanten,
- Preise sind gehoben bis hoch.

Klasse 2
- Mittelklassehotel, Appartementhotel, Aparthotel,
- sind solide, praktisch und zweckmäßig,
- Dienstleistungen sind i. d. R. auf das Notwendigste beschränkt,
- bieten Unterkunft und umfängliche Verpflegung an Hausgäste als auch an Passanten,
- Preise sind gehoben.

Klasse 3
- Hotel Garni,
- kleine Stadthotels, oft Familienbetriebe und personell stark eingeschränkt,
- bieten Unterkunft mit Frühstück, kleine Speisen und Getränke nur an beherbergte Hausgäste,
- Preise sind gehoben.

Klasse 4
- Pensionen, Hotelpensionen, Kurpensionen, Kurheime,
- einfache Einrichtungen, ohne besonderen Komfort, Nähe zu Kureinrichtungen,
- gelten als anspruchslos und ohne besondere Dienstleistungen,
- bieten Unterkunft mit Frühstück und i. d. R. eine weitere Mahlzeit an beherbergte Gäste, Abgabe von Speisen erfolgt zu festgelegten Uhrzeiten,
- Preise bürgerlich und abhängig von der Verweildauer der Gäste.

Klasse 5
- Gutshof,
- Speisewirtschaft und zusätzliche Gewährung von Unterkunft,
- schlicht, ländlich, rustikal und ohne Komfort,
- anspruchslos, oft Familienbetriebe mit eigener Fleischerei, Fischzucht oder Jagd,
- Preiswert, untere Preisklasse.

Sonstige
- Autobahn-Rasthäuser, Motel, Botel,
- Kurhotel, Sanatorium, Hospiz,
- Ferienhotel, Feriendorf, Ferienpark, Ferienzentrum,
- diese Einrichtungen lassen sich nicht nach qualitativ einheitlichen Kriterien katalogisieren, da die Motive seitens der Gäste, die diese Einrichtungen nachfragen, sehr unterschiedlich sind.

5.1.3.2.1 Internationale Hotelklassifizierung

Ein immer wiederkehrender Wunsch und die Forderung verschiedener Anspruchsgruppen, ist die Einrichtung einer weltweiten oder doch zumindest europaweiten harmonisierten Hotelklassifizierung. Dies wirft unterschiedliche Problematiken auf. Nachfolgend einige Überlegungen und Gepflogenheiten, die gegen eine weltweit/europaweit einheitliche Klassifizierung sprechen; sowohl aus Gründen der Umsetzbarkeit, Kostenintensität und der Verbraucherpräferenzen (*DEHOGA*). Denn die Kosten für eine einheitliche Klassifizierung und die regelmäßige Erneuerung würde zweifelsohne der Verbraucher tragen. Schon allein die Klassifizierung innerhalb eines Landes wie Deutschland wirft wegen der Unterschiedlichkeit der Regionen und den Gästegruppen erhebliche Probleme auf.

Ein weltweiter Standard würde wegen der Breite des Spektrums mehr Verwirrung stiften und diffus wirken. Nachfolgend einige Beispiele, die eine internationale Klassifizierung ad absurdum führen bzw. Anhaltspunkte an denen sie scheitern würde:

- unterschiedliche Zuständigkeiten und Systeme der Klassifizierung in den einzelnen Nationalstaaten,
- so wird z. B. in Griechenland und in vielen anderen südeuropäischen und asiatischen Ländern eine Klimaanlage gefordert, was z. B. in Österreich nicht verlangt und kein Mindest- oder Musskriterium ist,
- in Österreich wird beispielsweise eine Auswahl von Qualitätsweinen in einem 5-Sterne-Haus gefordert, in Großbritannien hingegen nicht,
- in Großbritannien spielt das „baked breakfast" eine Rolle bei der Klassifizierung, was hingegen in Portugal nicht verlangt wird,
- in Portugal wird an der Rezeption ein Tabakladen gefordert,
- in Frankreich wird großen Wert auf ein Bidet gelegt, was in den Niederlanden keine Rolle spielt, wohl aber die große Anzahl der Handtücher auf dem Zimmer,
- in den USA gehören Eismaschinen zum Standard gehobener Hotelkultur, was in Europa den meisten Hoteliers fremd ist,
- Südeuropäer legen i. d. R. weniger Wert auf die Länge der Betten als Nordeuropäer,
- in Tokio (eine der dicht besiedelten Städte der Welt und damit einhergehender Raum- und Platzmangel) können die Zimmer oder Badezimmer eines 5-Sterne-Hotels um einiges kleiner sein, als die in einem amerikanischen Motel der unteren Kategorie,
- ein griechisches 3-Sterne-Hotel kann kaum mit einem schwedischen Hotel gleicher Kategorie verglichen werden, in dem sogar Zimmer ohne Fenster zugelassen sind.

Daraus folgt: Eine einheitliche Definition über Ausstattung und Einrichtung würde aufgrund unterschiedlicher Erwartungen, Vorstellungen und Anforderungen durch die Reisenden eine international einheitliche Klassifizierung problematisch werden lassen. Die meisten Hotelmärkte sind von Einheimischen geprägt. Dies gilt insbesondere für die Länder Frankreich, Italien, Deutschland, USA und Japan. Aus diesem Grund ist es wichtig, dass die nationalen Klassifizierungssysteme den spezifischen Präferenzen der einheimischen Gästen Rechnung tragen und den nationalen und regionalen Gegebenheiten angepasst sind (*DEHOGA*).

Nachfolgende Tabelle zeigt auszugsweise die unterschiedlichen Klassifizierungssysteme und Ebenen der Klassifizierung in Europa; gewissermaßen die Vielfältigkeiten, die bei einer einheitlichen Klassifizierung auf einen gemeinsamen Nenner gebracht werden müssten:

Land	Offizielle Hotel- klassifizierung	Ebene	Freiwillig/ Unfreiwillig	Kontrolle durch/ Zuständigkeit
Belgien	Ja	National	Obligatorisch	Behörde
Dänemark	Ja	National	Obligatorisch	Fachverband
Deutschland	Ja	National	Freiwillig	Dachverband
Estland	Ja	National	Freiwillig	Fachverband und Behörde
Finnland	Nein	-	-	-
Frankreich	Ja	National	Freiwillig	Behörde
Griechenland	Ja	National	Obligatorisch	Fachverband
Irland	Ja	National	Freiwillig	Behörde
Italien	Ja	21 regionale Systeme	Obligatorisch	-
Litauen	-	-	-	Behörde
Malta	Ja	National	Obligatorisch	Fachverband
Niederlande	Ja	National	Obligatorisch	k. A.
Norwegen	Nein	-	-	Behörde
Österreich	Ja	National	Freiwillig	Fachverband
Polen	-	-	-	-
Portugal	Ja	National	Obligatorisch	Behörde
Schweden	Ja	National	Freiwillig	Fachverband
Schweiz	Ja	National	Obligatorisch für Vereinsmitglieder	Fachverband
Spanien	Ja	Regional	Obligatorisch	Behörde
Tschechien	Ja	National	Freiwillig	Fachverband
Ungarn	Ja	National	Obligatorisch	Behörde
Großbritannien	Ja	4 regionale Systeme	Freiwillig	Automobilclubs und Behörde

Tab. B. 5.7: Klassifizierungssysteme und Ebenen der Klassifizierung in Europa (auszugsweise)
Quelle: DEHOGA, 2008

5.1.3.2.2 Das System der deutschen Hotelklassifizierung nach DEHOGA

Wie eingangs schon erwähnt, gibt es eine offizielle jedoch nicht-amtliche Verbands-Klassifizierung seitens der DEHOGA seit 1996 in Deutschland. Nach Aussagen der DEHOGA bietet die Klassifizierung den Hotels bessere Absatzchancen und eine bessere Produktpositionierung, das Dienstleistungsangebot kann besser charakterisiert werden und die Hotel- und Leistungsübersicht ist sowohl für in- als auch ausländische Gäste und Hotelpartner (z. B. Reiseveranstalter) verlässlicher. Der Vorteil für die Kunden durch die Klassifizierung besteht darüber hinaus auch in einer Angebotstransparenz und einer gewissen Sicherheit über objektive Leistungen vor ihrer Anreise.

Merkmale der Klassifizierung

- seit 1996 bundesweit einheitliches, offizielles (jedoch nicht-amtliches) Klassifizierungssystem,
- die Klassifizierung ist ein dynamisches und marktgerechtes System nach internationalen Standards,
- stellt ein aussagekräftiges Raster über den Bestand an Beherbergungsbetrieben in Deutschland dar (sofern alle Hotels sich tatsächlich klassifizieren lassen),
- bewertet werden objektive, nicht jedoch subjektive Kriterien,
- die Klassifizierung genießt markenrechtlichen Schutz,
- Festlegung der Richtlinien erfolgt durch ein Gremium der Fachgruppe Hotels im DEHOGA,
- teilnahmeberechtigt sind alle konzessionierten Beherbergungsbetriebe mit mehr als acht Betten,
- die Klassifizierung wird durch, von der DEHOGA, beauftragte Gesellschaften (z. B. Gremien der IHKs, Landesverbände, Landestourismusorganisationen, Klassifizierungsgesellschaften) durchgeführt,
- es werden regelmäßige Plausibilitätskontrollen und Stichproben durchgeführt,
- die erfolgte Klassifizierung wird durch eine Urkunde und einer repräsentativen Plakette bzw. einem Schild dokumentiert.

Grundsätze der Klassifizierung

- **Freiwilligkeit:** Ein- und Ausstieg in und aus der Klassifizierung ist jederzeit möglich,
- **Transparenz:** Jeder Hotelbetrieb kann im Vorfeld feststellen, in welche Kategorie er eingestuft wird.

Kriterien der Klassifizierung

- 19 Mindestkriterien, die mit zunehmender Anzahl der Sterne schärfere Anforderungen stellen,
- Weiterhin entsprechende Punkteanzahl aus den Bereichen:
  - Gebäude/Raumangebot,
  - Einrichtung/Ausstattung,
  - Service und Freizeit,
  - Angebotsgestaltung,
  - hauseigener Tagungsbereich.

Die Einteilung/Klassifizierung der Hotelbetriebe erfolgt in fünf Sternekategorien. In nachfolgender Tabelle werden diese aufgezeigt.

Bezeichnung	Anzahl der Sterne	Bemerkung
Luxus	5 / * * * * *	Auch mit dem Zusatz Superior möglich
First Class	4 / * *.* *	Auch mit dem Zusatz Superior und Garni möglich
Komfort	3 / * * *	Auch mit dem Zusatz Superior und Garni möglich
Standard	2 / * *	Auch mit dem Zusatz Superior und Garni möglich
Tourist	1 / *	Auch mit dem Zusatz Superior und Garni möglich

Tab. B. 5.8: Klassifizierung der Hotelbetriebe in Sternekategorien
Quelle: DEHOGA, 2008

Zusatz Superior

Für Spitzenhotels innerhalb der einzelnen Kategorien, die insbesondere ein hohes Maß an Dienstleistungen anbieten und vorhalten, wurde der Begriff Superior eingeführt. Hotelbetriebe, die neben den Sternen den Zusatz Superior führen dürfen, erreichen bei der Gesamtpunktezahl die nächst höhere Kategorie, können jedoch dort nicht eingestuft werden, da sie die Mindestkriterien der höheren Kategorie nicht erreichen. 5-Sterne-Hotels benötigen mindestens 650 Punkte um den Zusatz Superior führen zu dürfen. Alle anderen Hotels aus den darunter liegenden Sternebereichen und den Zusatz Superior auf der Urkunde führen, haben, die für diese Kategorie notwendigen Wertungspunktzahlen, deutlich überschritten.

So müssen Hotels um in einer der fünf Sternekategorien eingestuft zu werden über folgende, in der Tabelle dargestellten, Anforderungen u. a. verfügen:

Kategorie	Anforderungen (eine Auswahl)
Luxus * * * * *	• Einzelzimmer 18 qm, Doppelzimmer 26 qm, Suiten • 24 Std. besetzte Rezeption mit Concierge, mehrsprachige Mitarbeiter • Doorman- oder Wagenmeisterservice • Empfangshalle mit Sitzgelegenheiten und Getränkeservice • personalisierte Begrüßung mit frischen Blumen oder Präsent auf dem Zimmer • Minibar und 24 Std. Speisen und Getränke im Roomservice • Körperpflegeartikel in Einzelflacons • Internet-PC auf dem Zimmer und qualifizierter IT-Supportservice • Kopfkissenauswahl, zentrale Bedienbarkeit der Zimmerbeleuchtung vom Bett, Safe im Zimmer • Bügelservice (innerhalb einer Stunde), Schuhputzservice • Abendlicher Turn-Down-Service
First Class * * * *	• Einzelzimmer 16 qm, Doppelzimmer 22 qm • 18 Std. besetzte separate Rezeption, 24 Std. erreichbar • Lobby mit Sitzgelegenheiten und Getränkeservice, Hotelbar • Frühstücksbuffet mit Roomservice • Minibar oder 24 Std. Getränke im Roomservice • Sessel/Couch mit Beistelltisch • Bademantel, Hausschuhe • Kosmetikartikel (z. B. Duschhaube, Nagelfeile, Wattestäbchen), Kosmetikspiegel, großzügige Ablagefläche im Bad • Internet-PC/Internet-Terminal • À la carte-Restaurant • systematische Gästebefragungen

Komfort * * *	• Einzelzimmer 14 qm, Doppelzimmer 18 qm,
	• 10 % Nichtraucherzimmer
	• 14 Std. besetzte separate Rezeption, 24 Std. erreichbar
	• zweisprachige Mitarbeiter, Sitzgruppe am Empfang, Gepäckservice
	• Getränkeangebot auf dem Zimmer
	• Telefon auf dem Zimmer, Internetzugang
	• Heizmöglichkeit im Bad, Haartrockner, Papiergesichtstücher
	• Ankleidespiegel, Kofferablage, Safe
	• Nähzeug, Schuhputzutensilien, Waschen und Bügeln der Gästewäsche
	• Zusatzkissen und -decke auf Wunsch
	• systematischer Umgang mit Gästebeschwerden
Standard * *	• Einzelzimmer 12 qm, Doppelzimmer 16 qm
	• Frühstücksbuffet
	• Sitzgelegenheit pro Bett
	• Nachttischlampe oder Leselicht am Bett
	• Badetücher
	• Wäschefächer
	• Angebot von Hygieneartikel (Zahnbürste, Zahncreme, Einmal-Rasierer etc.)
	• Kartenzahlung möglich
Tourist *	• Einzelzimmer 8 qm, Doppelzimmer 12 qm
	• alle Zimmer mit Dusche/WC oder Bad/WC
	• alle Zimmer mit Farb-TV samt Fernbedienung
	• tägliche Zimmerreinigung
	• Empfangsdienst
	• Telefax am Empfang
	• dem Hotelgast zugängliches Telefon
	• Restaurant
	• erweitertes Frühstücksangebot
	• ausgewiesener Nichtraucherbereich im Frühstücksraum
	• Getränkeangebot im Betrieb
	• Depotmöglichkeit

Tab. B. 5.9: Eine Auswahl der Anforderungen für die jeweiligen Sternekategorien
Quelle: DEHOGA, 2004

Ausnahmeregelungen und Sonderformen bei der Klassifizierung

Für **Hotels Garni, Fremdenheime, Frühstückspensionen** können nach der Klassifizierung durch die DEHOGA maximal vier Sterne vergeben werden. Für diese Häuser gelten die Mindestkriterien Restaurant und Speiseservice nicht. Dadurch wäre es z. B. einem Hotel Garni nicht möglich die ausreichende Gesamtpunktzahl zu erreichen um eine angemessene Klassifizierung zu erzielen. Um diesen Häusern keinen Wettbewerbsnachteil entstehen zu lassen, benötigen diese Betriebe bei der Gesamtpunktzahl eine niedrigere Mindestpunktzahl: 70 Punkte für einen Stern, 140 Punkte für zwei Sterne, 220 Punkte für drei Sterne und 350 Punkte für vier Sterne.

5.1.3.2.3 Klassifizierung der Parahotellerie in Deutschland

Eine amtliche Klassifizierung der ergänzenden und zusätzlichen Beherbergungsindustrie gibt es in Deutschland nicht. Vielmehr wird diese Aufgabe von regionalen Tourismusverbänden, Hotelverbänden und z. T. auch Landwirtschaftsverbänden wahrgenommen. Auch hier spielt die regionale Prägung der Unterkünfte eine große Rolle und verhinderte bislang eine amtliche Klassifizierung. Wegweisend sind die Bemühungen des DTV – Deutscher Tourismusverband, welcher Grundvoraussetzungen und Mindeststandards definierte, die ein Ferienhaus oder eine Ferienwohnung erfüllen müssen. Diese sind:

- Das Objekt muss eine abgeschlossene Einheit bilden, es muss eine separate Eingangstür zur vermieteten Einheit vorhanden sein.
- Bei der Abgabe der Anzahl der Räume ist zu beachten, dass jeder Raum mit einer Tür abschließbar sein muss, eine Abtrennung durch einen Vorhang genügt den Ansprüchen für einen separaten Raum nicht.
- Es ist ferner erforderlich, dass jeder Raum mindestens ein Fenster besitzt (Ausnahmen: Küche, Kochnische, Küchenzeile, Sanitärbereich).
- Es müssen eine Kochgelegenheit, ein Kühlschrank, eine Spüle und die bei einer max. Belegung erforderlichen Kochutensilien (Geschirr, Besteck, Kochtöpfe) in entsprechender Anzahl vorhanden sein.
- Es muss mindestens eine räumlich abgeschlossene Sanitäreinrichtung für jedes Objekt vorhanden sein, eine Mitbenutzung z. B. in der Wohnung des Vermieters, genügt den erforderlichen Mindeststandards nicht.
- Es muss eine zweckmäßige Beleuchtung vorhanden sein.
- Eine Ferienwohnung, die sich im Keller eines Hauses befindet und nur mit Kellerfenster ausgestattet ist, genügt den Mindestanforderungen der Klassifizierung nicht.

Weiterhin klassifizierte und systematisierte der DTV, in Anlehnung an das Sterne-System des DEHOGA, die Unterkünfte sowie einige Formen der ergänzenden und zusätzlichen Beherbergung nach einem Sternesystem um diesen Beherbergungssektor bundesweit für Kunden vergleichbar zu machen.

Nachfolgende Tabelle gibt einen Überblick über die Sterne-Systematisierung in der Parahotellerie:

Kategorie/Sterne	Anforderungen (eine Auswahl)
1 Stern *	• einfache und zweckmäßige Grundausstattung des Objektes mit einfachem Komfort, • die Grundausstattung ist vorhanden und in gebrauchsfähigem Zustand, • altersbedingte Abnutzung ist erlaubt, bei insgesamt vorhandenem, solidem Wohnkomfort.
2 Sterne * *	• zweckmäßige und gute Gesamtausstattung mit mittlerem Komfort, • die Ausstattung muss in einem gutem Erhaltungszustand, bei guter Qualität sein, • die Funktionalität steht im Vordergrund bei gepflegtem Gesamteindruck.
3 Sterne * * *	• gute und wohnliche Gesamtausstattung mit gutem Komfort, Ausstattung von besserer Qualität, • optisch ansprechender Gesamteindruck, wobei auf Dekoration und Wohnlichkeit Wert gelegt wird.
4 Sterne * * * *	• hochwertige Gesamtausstattung mit gehobenem Komfort, • Ausstattung in gehobener und gepflegter Qualität, • aufeinander abgestimmter optischer Gesamteindruck von Form und Materialien, • Lage und Infrastruktur des Hauses genügen gehobenen Ansprüchen.

| 5 Sterne * * * * * | • erstklassige Gesamtausstattung mit besonderen Zusatzleistungen im Servicebereich und herausragende Infrastruktur des Objektes,
• großzügige Ausstattung in besonderer Qualität,
• sehr gepflegter und exklusiver Gesamteindruck mit allem technischen Komfort, der das Objekt selbst und die Umgebung mit einschließt,
• sehr guter Erhaltungs- und Pflegezustand. |

Tab. B. 5.10: Klassifizierung der Parahotellerie nach Sternen (DTV)
Quelle: DTV, o. J.

Nachfolgende Tabelle zeigt die Systematisierung und Definition bestimmter Unterkunftsformen der ergänzenden/zusätzlichen Beherbergung.

Unterkunftsform/ Bezeichnung	Eigenschaften/Anforderungen (eine Auswahl)
FH – Ferienhaus	• freistehendes Haus oder ein Reihenhaus, dass jedermann zugänglich ist, • in dem Gästen gegen Entgelt vorübergehender Aufenthalt gewährt wird, • Grundstück oder Grundstücksanteil sind der alleinigen Nutzung durch die Gäste für die Dauer ihres Aufenthaltes vorbehalten, • den Gästen steht ein eigener Sanitärbereich und eine Kochgelegenheit zur Verfügung, • i. d. R. kein hotelmäßiger Service gegeben.
FW – Ferienwohnung	• eine abgeschlossene Einheit innerhalb eines Hauses, in der zum vorü-bergehenden Aufenthalt Gäste gegen Entgelt aufgenommen werden, • den Gästen steht ein eigener Sanitärbereich und eine Kochgelegenheit zur Verfügung, • die zum Objekt gehörende Terrasse oder der Balkon steht den Gästen für die Dauer ihres Aufenthaltes zur alleinigen Nutzung zur Verfügung.
Appartement	• ist eine Ein- oder Mehrraumwohnung, die in einer größeren Ferien-wohnungsanlage liegt, in der Gemeinschaftseinrichtungen (Trockner, Waschmaschine) vorhanden sind und in der Serviceleistungen angebo-ten werden, • werden in der Klassifizierung wie Ferienwohnung behandelt, • liegt der Schwerpunkt auf dem Service mit der zusätzlichen Möglichkeit der Selbstverpflegung, die Klassifizierung fällt in den Bereich der DEHO-GA.
Studio	• eine mögliche Bezeichnung für eine Ferienwohnung, die in einem Be-herbergungsbetrieb angeboten wird, • es werden Selbstversorgungsmöglichkeiten angeboten als auch die In-anspruchnahme aller Serviceleistungen des Betriebes gewährleistet.
Maisonette	• eine Maisonettewohnung ist eine Ferienwohnung, die sich über mindes-tens zwei Etagen erstreckt.
Penthousewohnung	• ist eine Wohnung bzw. Ferienwohnung, die sich im obersten Stockwerk (genau genommen, im 5. Stockwerk) eines mehrgeschossigen Gebäu-des oder Gebäudekomplexes befindet, • verfügt über eine Dachterrasse.

Tab. B. 5.11: Systematisierung der Unterkunftsformen der Parahotellerie
Quelle: DTV, o. J.

5.1.4 Dachverbände und Interessensvertretungen im Gastgewerbe

Das Gastgewerbe wird von mehreren nationalen und internationalen Dachverbänden/ Fachverbänden vertreten. Hauptaugenmerk der Tätigkeit dieser Verbände ist die Vertretung der Mitglieder gegenüber der Politik und den Verwaltungen als auch die Stärkung der Wettbewerbsposition der Mitglieder. Dies geschieht i. d. R. durch gemeinsame Aktionen, Zertifizierungen/Klassifizierungen, Schulungen und betriebswirtschaftlicher Beratung. Folgende (eine Auswahl) Dach- und Fachverbände werden kurz vorgestellt:

* **DEHOGA Bundesverband,**
* **HOTREC,**
* **HSMA,**
* **HSMAI,**
* **IHA,**
* **IH & RA,**
* **IHV.**

DEHOGA Bundesverband und seine Forderungen an die Politik

Der DEHOGA Bundesverband mit Sitz in Berlin vertritt das Gastgewerbe, eine stark wachsende Dienstleistungsbranche mittelständischer Prägung. Der DEHOGA setzt sich in seiner Struktur aus 17 Landesverbänden (HOGA's), drei Fachverbänden (IHA – Hotelverband Deutschland, UNIPAS – Union der Pächter von Autobahn-Service-Betrieben und dem V. I. C. – Verband der Internationalen Caterer in Deutschland) sowie aus vier Fachabteilungen (Systemgastronomie, Gemeinschaftsgastronomie, Bahnhofsgastronomie und Discotheken) zusammen. Über den DEHOGA formulieren ca. 80.000 Mitglieder aus ganz Deutschland ihre Anliegen und Forderungen an die Administration und die Politik. Als Unternehmens- und Berufsorganisation nimmt der DEHOGA die Interessen von Hotellerie und Gastronomie in Deutschland wahr. Der Dachverband setzt sich für die Verbesserung der politischen Rahmenbedingungen und um eine das Gastgewerbe fördernde Wirtschaftspolitik ein. Mit begleitenden Marketingaktionen will der Verband die Grundlage für Dienstleistung und Service auf höchstem Niveau legen. Das Ziel der Branchenpolitik ist es, die Gegenwart und die Zukunft des Gastgewerbes zu sichern.

Forderungen des DEHOGA an die Politik

(1) Besteuerung (Umsatzsteuer/Mehrwertsteuer) der Beherbergungs- und Gastronomieumsätze:
21 von 25 europäischen Staaten der europäischen Union haben von der Möglichkeit Gebrauch gemacht, für Beherbergungsumsätze den reduzierten Steuersatz anzuwenden. Die Beherbergungsindustrie in diesen Ländern entrichtet den ermäßigten Steuersatz zwischen 3 % bis 10 %. Die Hotellerie in Deutschland muss hingegen zwischen 6 % bis 13 % mehr an die Finanzverwaltung abführen. Dies führt zu einem Wettbewerbsnachteil und zu einem Investitionsstau und einem Abbau von Arbeitsplätzen.

(2) Abschaffung steuerfreier Zuschläge und Einführung von Mindestlöhnen im Gastgewerbe:
Die immer wiederkehrende Überlegung, die steuerfreien Zuschläge für Sonn-, Feiertage und Nachtarbeit abzuschaffen, führt zu einer erheblichen Verunsicherung des Gastgewerbes. Auf-

grund des Dienstleistungscharakters dieser Branche wird gerade hier gearbeitet, wenn andere Menschen sich vergnügen, speisen oder Urlaub machen wollen.

(3) Neuregelung/Neufassung des Antidiskriminierungsgesetzes:

Durch eine strengere Auslegung und Neufassung des, von der EU verabschiedeten, neuen Antidiskriminierungsgesetzes, sieht das Gastgewerbe künstliche Probleme entstehen, die bisher keine waren. So kann beispielsweise der kostenlose Eintritt für Frauen (Männer müssen zahlen) in eine Diskothek einen Tatbestand der Diskriminierung darstellen. Ebenso eine Party „30 plus" würde als eine Ungleichbehandlung wegen des Alters bewertet werden. Eine ausländische Arbeitskraft, die wegen mangelnder Deutschkenntnisse nicht eingestellt werden könnte, weil gerade der Dienstleistungssektor von Kommunikation und nicht repätitiver Tätigkeit geprägt ist, könnte auf Einstellung klagen.

(4) Kostentreiber Berufsgenossenschaft/gesetzliche Unfallversicherung:

Durch die in den letzten Jahren signifikant gestiegenen Beiträge zur Berufsgenossenschaft, trotz Rückgang der Arbeitsunfälle in den letzten Jahren, werden immer weniger akzeptiert. Auch das gestiegene Insolvenzgeld wird direkt an die Arbeitsagentur der Bundesregierung durchgereicht – eine Leistung, die auch hier den Unternehmer belastet.

(5) Gaststättengesetz:

Aufgrund einer seit dem 01. Juli 2005 bestehenden Änderung des Gaststättengesetzes, benötigt ein Gastronom, der keinen Alkohol mehr ausschenkt, keine Gaststättenkonzession mehr. Etablierte Gastronomen sehen darin einen Wettbewerbsnachteil, Jungunternehmen sehen dadurch einen Bürokratieabbau.

(6) Gebührenspirale Hotelfernsehen:

Die Hotellerie wird mit immer neuen und steigenden Zahlungsaufforderungen für das Hotelfernsehen konfrontiert. Viele Hoteliers können die Höhe als auch den Anspruch für was bezahlt werden soll, nicht mehr nachvollziehen. Allein die GEZ hat ihre Gebühren ab dem 01. April 2005 für Hotels mit mehr als 50 Zimmern um 58,2 % erhöht. Durch die Ansprüche der Verwertungsgesellschaften, wie z. B. GEMA, GVL, VG Media, VG Wort, CNN, werden Hotels wie Kabel- oder Sendeunternehmen behandelt.

HOTREC – Committee of the Hotel and Restaurant Industry in the European Community

Die HOTREC ist der Zusammenschluss des europäischen (nur EU) Hotel- und Gaststättengewerbes. Deutsches Mitglied ist der DEHOGA Bundesverband (*Schroeder*).

HSMA – Hospitality Sales and Marketing Association

Dieser Verband ist die deutsche Sektion der HSMAI und hat seinen Sitz in Eschenlohe, Bayern. Dieser Verband widmet sich der Förderung von Berufsinteressen sowie dem Erfahrungsaustausch seiner Mitglieder (*Schroeder*).

HSMAI – Hotel Sales and Marketing Association International

Diese internationale Vereinigung der Hotel-Verkaufs- und Marketing-Verantwortlichen mit Sitz in Washington D. C., betreibt u. a. die Förderung des Berufsnachwuchses und den internationalen Meinungsaustausch der Mitglieder. Die deutsche Sektion der HSMAI ist die HSMA mit Sitz in Eschenlohe, Bayern. Die HSMAI kooperiert mit dem DSFT – Deutsches Seminar für Tourismus zur Durchführung von Seminaren im Bereich des Gastgewerbes (*Schroeder*).

IHA – (International Hotel Association) Hotelverband Deutschland e. V.

Hotelverband Deutschland, ein Fachverband mit Sitz in Berlin, vertritt ca. 900 Mitgliedshotels aus dem mittleren und gehobenen Marktsegment. Ab dem Jahr 2001 übernahm der Fachverband die Hotelarbeit auf Bundesebene; dieser repräsentiert somit die Hotellerie in Deutschland gegenüber dem Parlament auf Bundesebene, gegenüber der Öffentlichkeit sowie als Mitglied in den Dachverbänden (*Schroeder*).

IH & RA – International Hotel & Restaurant Association
Der IH & RA mit Hauptsitz in Paris ist der Weltverband der Hotellerie und Gastronomie und vertritt ca. 300.000 Mitgliedsbetriebe in mehr als 150 Ländern. Deutsches Mitglied im IH & RA ist der IHA (*Schroeder*).

IHV – Internationale Hotelier-Vereinigung
Die IHV ist ein europäischer Zusammenschluss von Einzelmitgliedern des Hotel- und Gaststättengewerbes mit Sitz in Düsseldorf. Hauptzielsetzung des Verbandes ist der überregionale Erfahrungsaustausch sowie gemeinsame Marketingaktionen, insbesondere gemeinsame Werbung und eine Verbesserung der Berufsberatung (*Schroeder*).

Weitere Dach- und Fachverbände und Organisationen, die die Interessen des Gastgewerbes indirekt vertreten und an anderer Stelle ausführlicher behandelt werden, sind:

- **BTW** – Bundesverband der Deutschen Tourismuswirtschaft e. V.,
- **DHV** – Deutscher Heilbäderverband e. V.,
- **DRV** – Deutscher Reisebüro und Reiseveranstalter Verband e. V.,
- **DZT** – Deutsche Zentrale für Tourismus,
- **DTV** – Deutscher Tourismusverband e. V.,
- **IHKs** bzw. **DIHK** – Industrie- und Handelskammern bzw. Deutscher Industrie- und Handelskammertag,
- **diverse lokale und regionale Tourismusverbände**.

5.1.5 Expansions- und Wachstumsstrategien der Hotellerie

Expansion in der Hotellerie kann lokal, national sowie international sein. Oftmals wird für den Begriff international auch der Begriff global verwendet. In der touristischen Fachliteratur (*Freyer*) wird Globalisierung mit dem Vereinheitlichen von Standards bei Unternehmensprozessen charakterisiert.

Die Internationalisierung wird eher produktbezogen gesehen. Sie bezieht den länderübergreifenden Transfer von betrieblichen Produktionsfaktoren mit ein. Theoretisch expandiert jeder Hotelbetrieb irgendwann in seinem unternehmerischen Leben. Praktisch findet eine zielgerichtete, gewollte und forcierte Expansion nur bei Hotelketten und bei Hotelkonzernen (Konzernhotellerie) statt (*Seitz*).

Erst durch die Expansion gelingt es vielen Hotels die Steigerung ihrer Wirtschaftlichkeit über Rationalisierungseffekte und damit einhergehenden Kostenreduzierungen und über Skalenvorteile durch ihre Größe. Durch die Expansion wird der Name des Hotels bekannter und somit präsenter. Dadurch erhöht sich auch die Wettbewerbsfähigkeit der Häuser. Bei Hotelketten mit starkem Expansionsdrang tritt auch eine Verteilung des unternehmerischen Risikos auf Häuser mit gutem und weniger gutem Betriebsergebnis ein.

Die Chancen der Konzernhotellerie werden auch aus anderen Gründen als sehr günstig eingestuft (*Seitz*):

- erleichterter Zugang bei der Standortbeschaffung durch Größe, Name und Potenzial,
- erleichterte Personalbeschaffung in internationalen Märkten durch den Ruf und das Branding,
- erleichterter Vertrieb durch hauseigene Reservierungssysteme, die über Switch-Companies mit globalen Reservierungssystemen (GDS) verbunden sind.

Die meisten Hotelkonzerne bauen folgende Produktlinien (alle oder nur einzelne) aus:

- **Business-Hotels** – Standardtyp des Konzernhotels
- **Resort-Hotels** – Hotels in attraktiven Feriendestinationen
- **Ferien-Hotels** – Hotels, die im Zuge der vertikalen Integration und somit der Erweiterung der Wertschöpfungskette großer Reiseveranstalter in Feriengebieten gebaut und betrieben werden.

Folgende Übersicht zeigt das Ergebnis der Expansion; die zehn größten Hotelgruppen/ Hotelgesellschaften gemessen an der Anzahl ihrer Zimmer im Jahr 2007.

Hotelgruppe	Marken	Anzahl Zimmer	Anzahl Hotels
IHG Intercontinental Hotel Group	u. a. InterContinental, Holiday Inn, Crown Plaza	585.094	3.949
Wyndham Worldwide	u. a. Ramada, Travelodge, Super 8	550.094	6.544
Marriott International	u. a. Marriott, Courtyard, Ritz-Carlton	517.909	2.901
Hilton Hotels	u. a. Hilton, Hampton Inn, Conrad	497.365	2.959
Accor	u. a. Sofitel, Mercure, Novotel, Ibis	459.494	3.857
Choice International	u. a. Comfort Inn, Clarion, Sleep Inn	445.254	5.516
Best Western	Best Western	308.636	4.035
Starwood	u. a. Sheraton, Le Meridien, St. Regis	274.535	897
Carlson Hospitality	u. a. Radisson, Park Inn, Plaza	148.551	971
Global Hyatt	u. a. Grand Hyatt, Park Hyatt, Hyatt Regency	138.503	720

Tab. B. 5.12: Die zehn größten Hotelgruppen der Welt (nach Anzahl der Zimmer) zum 01.01.2008
Quelle: fvw Hotel Spezial, 2008

Internationale Hotelgesellschaften investieren im Zuge ihrer Expansion nicht nur in die Fläche, sondern auch in (prestigeträchtige) Höhe. Nachdem die Produkte in zunehmendem Maße austauschbarer werden, macht sich die Reklame, im höchsten Hotel der Stadt, des Landes oder des Kontinents zu wohnen, bezahlt. Nachfolgende Darstellung zeigt die derzeit höchsten, sowie die sich in Planung befindlichen Hotels der Welt.

Projekt/Hotel	Anzahl Zimmer	Eröffnung	Ort/Land
City Center Hotel & Casino	4.100	Jan. 2009	Las Vegas/USA
Cosmopolitan Hotel Resort & Casino	2.400	Aug. 2008	Las Vegas/USA
Gaylord National Resort & Convention Center	1.500	März 2008	Prince Georges Country Maryland/USA
Trump International Hotel & Tower	1.280	Aug. 2008	Las Vegas/USA
Maritim Dubailand	1.050'	Juli 2008	Dubai/VAE
Atlantis	1.000	Dez. 2008	The Palm, Dubai/VAE
Traders Hotel Macau	1.000	Jan. 2008	Macau/China

Tab. B. 5.13: Neue Superlative der Hotelgiganten (nach der Anzahl der Zimmer)
Quelle: fvw Hotel Spezial, 2007

Hotel	Höhe (Meter)	Eröffnung	Stadt/Land
Burj Dubai	560	2008	Dubai City/VAE
Ritz Carlton	480	2009	Hongkong/China
Federazija	440	eröffnet	Moskau/Russland
Grand Hyatt	421	eröffnet	Shanghai/China
Emirates Hotel	350	2008	Dubai City/VAE
Burj al Arab	312	eröffnet	Dubai City/VAE
Shangri-La	310	2009	London/UK
Emirates Tower Hotel	309	eröffnet	Dubai City/VAE

Tab. B. 5.14: Die höchsten Hotels der Welt
Quelle: fvw Hotel Spezial, 2005

Goldener Palast der Superlative – Emirates Palace: Eines der teuersten Investments in Sachen Expansion ist der „Goldener Palast der Superlative" – das Emirates Palace (Betreiber Kempinski), dass neue Wahrzeichen von Abu Dhabi. Dieses Hotel lässt keinen Rekord aus und ist mit geschätzten 3 Mrd. US-Dollar Baukosten (geschätzt, da die Betreiber über die tatsächlichen Baukosten bislang schweigen) das teuerste Hotel der Welt und stellt selbst die bislang als teuersten geltenden Hotels der Welt, das Mandalay (ca. 1,8 Mrd. US-Dollar) und das Venice (ca. 1,5 Mrd. US-Dollar) in Las Vegas in den Schatten. Der Palast der Superlative verfügt bzw. zeichnet sich durch folgende Superlative aus:

- die Gesamtanlage umfasst ein 100 ha großes Gelände, 60 ha sind Parkanlagen mit 8.000 Dattelpalmen aus Südafrika,
- der Weg um das Hotel beträgt 2,5 km,
- das Hotel besteht aus zwei Flügeln und jeder Flügel beherbergt 394 Zimmer,
- verbaut wurden 110 m^3 Marmor von 13 verschiedenen Sorten,
- in der Eröffnungsphase kümmerten sich 900 Mitarbeiter um das Wohl der Gäste, nach der offiziellen Eröffnung im Herbst 2005 kümmern sich 2.000 Mitarbeiter um das Wohl der Urlauber und Konferenzgäste,
- für das rechte Licht sorgen 1.002 Kronleuchter,
- für das leibliche Wohl stehen 128 Küchen zur Verfügung in denen 170 Köche rund um die Uhr die Gäste verwöhnen,
- alle Zimmer sind mit riesigen Plasmabildschirmen (755 an der Zahl) sowie mit Internet-Zugang und weltweitem TV-Empfang ausgestattet,
- der hoteleigene Sandstrand ist 1,3 km lang,

- die Länge der beiden Außenpools misst jeweils 150 m,
- unter anderem wurden 140 Aufzüge, 7.000 Türen und 114 Dome von insgesamt 12.000 Arbeitern eingebaut,
- die teuerste Suite ist 12.000 qm groß und kostet 35.000 US-Dollar pro Nacht.

5.1.5.1 Zielsetzung und Voraussetzungen für die Expansion

In erster Linie wird mit der Expansion das Ziel Wachstum und Steigerung der Gewinne verfolgt. Diese Ziele werden durch folgende Vorteile, die sich aus dem Wachstumsgedanken ergeben, begünstigt:

- so steigt mit der Anzahl der Häuser weltweit automatisch die Zahl der Vertriebsmultiplikatoren und es erfolgt eine stringente Umsetzung des Markennamens,
- durch die Standarisierung (Vereinheitlichung von Normen) des Expansions-Konzeptes wird eine Gleichheit in den einzelnen Häusern (z. B. Zimmergröße, Service-Standards, Angebote im F & B-Bereich) gewährleistet, die beim Gast, egal wo auf der Welt, eine Identifikation ermöglicht und erlaubt,
- Rationalisierungseffekte ergeben sich durch die Zentralisierung bestimmter Aufgaben wie beispielsweise der Einkauf, das Rechnungswesen, Controlling, Budgetierung, zentrale Marketingaktivitäten und zentral gesteuerte Buchungs- und Reservierungssysteme.

Die Voraussetzungen bzw. die bestimmenden Faktoren für eine erfolgreiche, internationale Expansion von Hotelkonzernen lassen sich in externe und interne Faktoren untergliedern. Externe Faktoren hängen und sind von dem künftigen Standort abhängig. Interne Faktoren beschreiben die Voraussetzung im eigenen Unternehmen/Konzern.

Externe Faktoren sind im Wesentlichen folgende:

- politische und wirtschaftliche Stabilität der Länder in denen expandiert werden soll,
- wirtschaftliche Prosperität und wirtschaftliche Bedeutung des Standortes,
- Rechtssicherheit und unternehmensfreundliche Gesetzgebung (z. B. Steuergesetze, Umweltgesetze, Handelsgesetze),
- Vorhandensein einer gut ausgebauten und funktionierenden Verkehrsinfrastruktur,
- Vorhandensein von betrieblichen Produktionsfaktoren und Ressourcen,
- Entfernung zum Entsendeland,
- touristische Attraktivität und klimatische Bedingungen des ausgewählten Standortes.

Interne Faktoren sind im Wesentlichen folgende:

- standardisierte Leistungen und Angebote in jedem Bereich,
- Unternehmensorganisation muss für eine weltweite Expansion geeignet sein,
- Trennung der Kapitalfunktion von der Managementfunktion,
- Konzeption einer Investor-Betreibergesellschaft, da eine Expansion sehr schnell die eigene Finanzkraft überfordert.

5.1.5.2 Die Rolle der Produktpolitik bei einer Expansion

Die Produktpolitik ist gerade für Hotelkonzerne mit deutlichem Expansionsdrang bedeutsam, gilt es doch eine standardisierte Leistung so zu erstellen, dass sie weltweit Anerkennung und Zuspruch findet.

Klassischerweise wurde in den vergangenen Jahren fast ausschließlich im 5-Sterne-Bereich expandiert. Diese Märkte sind weitgehend gesättigt. So gilt es nunmehr auch Produktlinien im 4-Sterne-, 3-Sterne-, 2-Sterne- und 1-Stern-Bereich zu entwickeln und zu standardisieren. Diese Entwicklung führte zu folgenden Leistungen und Angeboten in den Häusern eines Konzerns/einer Kette weltweit:

- **Größen- und Ausstattungsmerkmale im Beherbergungsbereich:** Dieser Bereich definiert sich über eine bestimmte Anzahl an Zimmern, Zimmergröße, Ausstattung und Einrichtung der Zimmer,
- **Verpflegungsbereich:** Dieser Bereich umfasst Arten und Anzahl der Restaurants (z. B. Tages-, Abend- und Spezialitätenrestaurant), Bankett- und Tagungsräume, Room-Service, Snack-Bar, Bistro,
- **Nebenleistungen:** Dieser Bereich umfasst beispielsweise Gesundheitsangebote, Sauna, Wellness, Fitnesseinrichtungen, Tagungs- und Seminarräume; mit fallender Anzahl der Sterne sind die Nebenleistungen, aufgrund ihrer hohen Personalintensität und der hohen Investitionskosten eingeschränkt.

Des Weiteren ist eine Begriffsbezeichnung (eine konzerninterne Klassifizierung der Häuser), die weltweit vom Gast einheitlich verstanden wird, nötig. Nötig um sich auch von den Mitbewerbern abzugrenzen und sich neben den lokalen/nationalen Standards und Klassifizierungen abzugrenzen. Ein Beispiel wie eine solche konzerneigene Klassifizierung/Standardisierung aussehen könnte ist von *Seitz* überliefert:

Kategorie		Zimmergröße in qm	Zimmeranzahl
* * * * *	luxury	> 38	300 - 400
* * * *	upscale	30 - 36	200 - 300
* * *	midprice	24 - 30	> 150
* *	economy	18 - 24	> 100
*	budget	> 16	> 80

Tab. B. 5.15: Standardisierung
Quelle: Seitz, 2002

5.1.5.3 Die Rolle der Markenpolitik bei der Expansion

Markenpolitik oder auch engl. Branding stellt den bedeutendsten Teil immateriellen Wertes eines Unternehmens dar. Der Markenwert eines Unternehmens lässt sich u. a. aus der Differenz zwischen dem Buchwert eines Unternehmens und dem Börsenwert erschließen (*Seitz*).

Durch die Globalisierung des Hotelmarktes, spielt das Branding eine immer wichtigere Rolle. Der Erfolg und der Bekanntheitsgrad der Hotelketten Hilton oder Marriott beispielsweise geht eben auf eine forcierte Markenpolitik zurück. Eine klare Kommunikation der Markenbotschaft führt in jedem Fall zu einer besseren Profilierung gegenüber denjenigen Mitbewerbern, die sich über den Preis im Wettbewerb einführen. Nachfolgende Tabelle verdeutlicht beispielhaft die Markenstrategie der jeweiligen Segmente:

Hotelgesellschaft	Economy	Midscale	Upscale	Anzahl der Marken
Accor	Formule 1 Ibis Etap Good Morning	Novotel Mercure Jardins de Paris Pannonia Parthénon	Sofitel	10
Best Western		Best Western		1
IHC – InterContinental Hotel Group	Express by Holiday Inn	Holiday Inn	Crowne Plaza InterContinental	4
Marriott		Courtyard by Marriott Ramada	Ritz Carlton Renaissance Marriott	5
Starwood Hotels & Resorts		Four Points	ArabellaSheraton Sheraton Westin St. Regis	6
Carlson Hospitality		Country Inns & Suites	Radisson/Regent	2
Sol Melia	Sol Inn Hotels Sol Hotels	Melia Comfort Sol Elite	Gran Melia Melia Hotels	6
Maritim			Maritim	1

Tab. B. 5.16: Hotelgesellschaften und ihre Marken
Quelle: in Anlehnung an TOP 50, o. J.

Marken schaffen i. d. R. gute bis sehr gute Wettbewerbsvoraussetzungen. Diese erlauben es dem Hotelkonzern seine Marktanteile zu erhöhen, die Kundenbindung zu stärken und einen höheren Durchschnittspreis pro Übernachtung zu erzielen. Ein Gast, der beispielsweise von der Hotelmarke „XY" überzeugt ist, diese kennt, wird bei einem Aufenthalt an einem fremden Ort genau dieser Marke den Vorzug vor allen anderen, unbekannten Marken geben (sofern sie an diesem Standort präsent ist). Für die Hotelkonzerne stellt sich die Frage nach der Auswahl der richtigen Markenstrategie. *PWC – Hospitality Directions* entwarf im Jahr 2000 ein Strategiemuster von Hotelmarken für Hotelkonzerne.

Bewertungs-kriterien	Einzel-marke	Dach-marke	Namens-marke	Zusatzmarke/ Cobranding	Marken-familie
Kunden-wünsche	Relativ einheitliche Attribute	Einige Gattungs-attribute	Sehr begrenz-te Eigen-schaften	Mangel an Glaubwürdig-keit	Wenig einheit-liche Attribute
Risiken	Gleiche Ri-sikenprofile	⟶				Breit divergieren-de Risikoprofile
Glaub-würdigkeit	Fähigkeiten mit relevantem Umfang	⟶				Unterschied-liche Fähigkeiten
Marktein-trittsbarrie-ren	Grundsätzlich stark	⟶				Stärke differiert durch Produkt, Markt und Kun-densegment
Beispiele	Hilton Maritim	Accor Marriott	Best Western	Radisson SAS, Ramada	Inter-Continental, Crowne Plaza, Express by Holi-day Inn

Tab. B. 5.17: Alternativen bei der Wahl der Markenstrategie
Quelle: Seitz, 2002

5.1.5.4 Vertragsarten bei einer Expansion

Wie zu Beginn dieses Abschnittes schon erwähnt, ist der finanzielle Rahmen für eine globale Expansion schnell erschöpft, gilt es doch möglichst viele Häuser ggf. auch unterschiedlicher Marken in der ganzen Welt anzubieten. Aus diesem Grund kommt der Managementpolitik eine ganz wesentliche Bedeutung zu. Gilt es doch über umfangreiche Vertragsverhältnisse das Kapitalrisiko auf Investoren zu übertragen. Diese wiederum haben lediglich ein Interesse an einer optimalen, d. h. einer angemessenen Verzinsung ihres Kapitals und ein geringes Risiko ihrer Investition. Die Hotelkonzerne/Hotelgesellschaften treten somit als Betreiber/Hotelbetreiber auf. Dies wird auf der Grundlage dreier Vertragsformen ermöglicht:

* **Managementverträge**,
* **Pachtverträge**,
* **Franchiseverträge**.

Die Vertragsart und Ausgestaltung hängen ab von:

* möglichen oder vorgegebenen Laufzeiten der Verträge,
* der steuerlichen und rechtlichen Behandlung der Verträge in den unterschiedlichen Ländern/Standorten,
* der Verzinsung des eingesetzten Kapitals, dem Risiko für Betreiber und Investor sowie Renditechancen,
* dem allgemeinen Risiko für den Investor und Betreiber.

International werden eher Managementverträge und Franchiseverträge bevorzugt. Gerade wenn es um die Expansion in politisch und wirtschaftlich instabilen Ländern oder Regionen geht, sorgt ein Managementvertrag oder ein Franchisevertrag für eine beschleunigte Expansion. Das Risiko wird einem örtlichen Investor übertragen und die Renditechancen können sehr hoch sein, nicht zuletzt durch die Tatsache, dass die Einnahmen in US-Doller erzielt, und die Ausgaben in Landeswährung getätigt werden.

5.1.5.4.1 Der Managementvertrag

- Managementverträge sind die **weltweit üblichste und gebräuchlichste Vertragsform**; Fachleute gehen davon aus, dass nahezu ca. 95 % aller nicht eigentümerbetriebenen Hotels mittels dieser Vertragsform geführt und betrieben werden.
- Das **Risiko** der Bewirtschaftung ist **gering**.
- Managementvertrag ist ein **Betriebsführungsvertrag** und somit ein **Geschäftsbesorgungsvertrag** nach § 675 BGB.
- Der **Managementvertrag besteht zwischen einem Investor** (Immobiliengesellschaft, Vermögensgesellschaft, Pensionsfonds, Venture Capital Unternehmen, Privat Equity Gesellschaft) **und einem Hotelbetreiber** (Hotelkonzern, Managementgesellschaft, Operator).
- Der **Betreiber operiert im Auftrag und auf Rechnung des Investors**, betreibt aber das Hotel im eigenen Namen; das unternehmerische Risiko (Gewinne und Verluste) gehen zu Lasten des Investors. Für das Betreiben des Hotels erhält er eine Managementgebühr, die sich wie folgt zusammensetzen kann:
  - eine umsatzabhängige Basisgebühr, die i. d. R. bei 2 % bis 4 % vom Nettoumsatz liegt,
  - eine Gebühr für Marketingaktivitäten, die in der Größenordnung 1 % bis 2 % vom Bruttoumsatz liegt,
  - eine sog. Incentive-Fee (für erfolgreiches Betreiben) von 7 % bis 14 % vom GOP – gross operating profit.
- Übliche **Laufzeit eines Managementvertrages 20 bis 25 Jahre** mit einer Option auf Verlängerung. Bei nicht erfolgreicher Führung und Betreibung des Hotels, kann von Seiten des Investors der Vertrag auch vor der vereinbarten Vertragslaufzeit gekündigt werden.

Folgende, **nicht standardmäßige Ausprägungen und Ausgestaltungen** eines Managementvertrages sind möglich und werden immer üblicher:

- der Betreiber kann/muss sich mit einem Darlehen am Eigenkapital an dem von ihm geführten Hotel beteiligen (gilt insbesondere bei schwindender Finanzkraft der Investoren in wirtschaftlich schlechten Zeiten),
- kürzere Laufzeiten der Verträge (beispielsweise auf fünf Jahre) mit einer einmaligen Verlängerungsoption,
- Managementgebühren werden nicht mehr nach alten Standards, sondern auf ein Objekt maßgeschneidert,
- zunehmende Eingriffe in das operative Geschäft durch den Investor; vertraglich wird festgelegt, das der Investor die geschäftspolitischen Richtlinien mitbestimmen darf, Budgets festlegen oder ändern darf und bei der Besetzung von Führungspositionen ein Mitspracherecht hat, ggf. sogar in alleiniger Personalhoheit Führungskräfte berufen und absetzen darf.

5.1.5.4.2 Der Pachtvertrag

In Deutschland und im deutschsprachigen Raum Europas finden die Pachtverträge in ihrer unterschiedlichen Ausprägung eher Anwendung. Für die Nutzung/Überlassung eines Gebäudes zahlt der Hotelbetreiber/Hotelgesellschaft (Pächter) dem Überlasser/Investor (Verpächter) ein sich an den Zinsansprüchen des Investors orientierendes Entgelt (Pacht).

Formen von Pachtverträgen sind:

- **Festpacht/Festverpachtung:** Die häufigste Form der Pacht, bei der der Pächter dem Verpächter eine fixe Pacht im Jahr/Monat und unabhängig vom Geschäftsverlauf und -entwicklung des Hotels bezahlt. Durch eine dynamische Vertragsgestaltung oder einer Indexierung können die jährlichen/monatlichen Entgelte an die allgemeine Preissteigerung angepasst werden. Um die hohen Investitionskosten für ein Hotel abzusichern, muss der Pächter auf eine möglichst lange Laufzeit des Pachtvertrages (i. d. R. 20 bis 30 Jahre) bestehen.
- **Festpacht kombiniert mit einer Staffelung:** Bei dieser Ausgestaltung wird die anfängliche und i. d. R. verlustreiche Anfangszeit eines Hotels berücksichtigt. Im Zeitablauf und an die Geschäftsentwicklung angepasst, steigt die Pacht in den darauf folgenden Jahren überdurchschnittlich. Der Pächter schont auf diese Art seine Liquidität bei Geschäftsaufnahme.
- **Festpacht kombiniert mit einer Umsatzpacht:** Der Pächter verlagert einen Teil seines Risikos auf den Verpächter. Der Pächter zahlt nur ca. 60 % bis 80 % der üblichen Pacht und beteiligt den Verpächter mit ca. 6 % bis 10 % vom Umsatz; dies stellt sozusagen die variable Komponente der Pacht dar. Diese Variante wird von Investoren/Verpächter bevorzugt, die vom guten Standort ihres verpachteten Objektes sowie von den unternehmerischen Fähigkeiten des Betreibers/Pächters überzeugt sind. Dadurch erreichen sie eine im Zeitablauf betrachtet, höhere Verzinsung ihres Kapitals.
- **Reine Umsatzpacht:** In der Anwendung ist die reine Umsatzpacht sehr selten anzutreffen. Das Risiko wird komplett auf den Verpächter übertragen. Diese Variante wird von Konzernen, die eigene Objekte oder die der Tochtergesellschaften zur Verfügung stellen und mit denen Beherrschungsverträge bestehen, praktiziert.
- **Umsatzpacht kombiniert mit einer Mindestpacht/Mindestgarantie**: Der Verpächter ist zwar in hohem Maße von der Geschäftsentwicklung abhängig, jedoch wird ihm eine (oftmals sehr geringe Pacht, ca. 10 % bis 25 % der üblichen Pacht) Mindestpacht ausgezahlt. Die Höhe dieser Mindestpacht richtet sich an der Höhe der Kreditzinsen aus.
- **Risk- and Profitsharing:** Hier wird eine Festpacht von ca. 40 % bis 70 % der üblichen Pacht vereinbart, der Gewinn wird um die Höhe der Pacht bereinigt und der verbleibende Gewinn wird zwischen Pächter und Verpächter in einem vorher festgelegten Verhältnis aufgeteilt.

5.1.5.4.3 Der Franchisevertrag

Das Franchisemodell ist eine Vertriebsmethode, die ihren Ursprung in den USA hat. Der Anteil der franchisegeführten Hotels macht in den USA ca. 93 % aus und liegt im Denkstil, Geschäftsdenken und der höheren Bereitschaft zur Existenzgründung und unternehmerischem Risiko zu tragen. In Europa und in Deutschland setzt sich diese Vertriebsform langsam durch, erreicht aber mit einem Anteil von ca. 30 % noch lange nicht amerikanisches Niveau.

Der Betreiber eines Hotels, der Franchise-Nehmer, erwirbt gegen eine einmalige und laufende Gebühr, das Recht den Markennamen, die Konzeption, das Know-how des Bereitstellers (Franchise-Gebers) zu nutzen.

Beim Franchisemodell bleibt der Franchise-Nehmer rechtlich selbstständiger Unternehmer, trägt somit das wirtschaftliche Risiko allein. Grundsätzlich lassen sich folgende Franchisemodelle unterscheiden:

- **Produktionsfranchise,**
- **Vertriebsfranchise,**
- **Produktions- und Vertriebsfranchise,**
- **Namensfranchise.**

In der Hotellerie am häufigsten anzutreffen sind:

- **Produktions- und Vertriebsfranchise,**
- **Namensfranchise.**

Das Franchisemodell basiert auf dem Gedanken, dass sowohl der Franchise-Geber als auch der Franchise-Nehmer Geber und Nehmer von Leistungen, Sachwerten und Geld sind. Die Leistungen und Sachwerte lassen sich in materielle und immaterielle systematisieren.

Franchise-Geber stellt bereit:	Franchise-Nehmer erfüllt/erbringt:
• Hilfestellung bei der Betriebsplanung • Hilfestellung bei Aufbau und Einrichtung • Belieferung mit Waren und Ausstattung • Nachweis von Lieferanten bei denen benötigte Betriebsmittel zu beziehen sind • Übernahme von Tätigkeiten im Rechnungswesen, Standortanalyse, Controlling • Unterstützung im Controlling • Hilfestellung bei der Personalbeschaffung und Personalschulung • Hilfestellung/Durchführung von Marketingaktionen (z. B. Werbung, Verkaufsförderung) • Überlassung von Systemen bzw. Know-how • gibt die Erlaubnis bzw. verpflichtet sich Name, Marken- und Firmenzeichen sowie Produktzeichen zur Verfügung zu stellen • Entwicklung von Marketingkonzepten und Schulung des Franchisepartners	• Abnahme des Leistungsprogramms (z. B. Betriebsausstattung, Einrichtung) des Franchise-Gebers • zur Verfügungsstellung seiner Arbeitskraft, unternehmerische Initiative und Engagement im Unternehmen • Zahlung der einmaligen Aufnahmegebühr (z. B. 400 US-Dollar pro Zimmer) • laufende Lizenzgebühren, sog. Royalty-Fee (z. B. ca. 3 % bis 6 % vom Umsatz) • Zahlung der Marketingumlagen (z. B. ca. 1 % bis 4 % pro Zimmer) • Zahlung der Gebühren für die Teilnahme und Listung im weltweiten Reservierungssystem des Franchise-Gebers (z. B. ca. 2 % bis 3 % des Umsatzes pro Zimmer) • Übernahme des Kapitalrisikos • Einhaltung der geforderten Qualitäts- und Service-Standards • Belieferung des Franchise-Gebers mit unternehmensrelevanten Informationen sowie Duldung von Kontrollen • regelmäßige Teilnahme an Fort- und Weiterbildungen des Franchise-Gebers • Führung, Pflege und positive Imagebildung der Marken des Franchise-Gebers

Tab. B. 5.18: Leistungen des Franchise-Nehmers und des Franchise-Gebers
Quelle: Seitz, 2002

Ziele des Franchise-Gebers:

- Sicherung eines langfristigen Wachstums, ohne das finanzielle und unternehmerische Risiko,
- Generierung von Einnahmen durch die Gebühren, die der Franchisenehmer entrichten muss,
- Bekanntheitsgrad der Marke, des Unternehmens ist innerhalb kürzester Zeit (bei einer zügigen Expansion) lokal, regional, national oder global bekannt, was wiederum zu mehr Wachstum und dadurch zu mehr Umsatz führt.

Ziele des Franchise-Nehmers:

- Eintritt in die Selbstständigkeit/Unternehmer innerhalb kürzester Zeit mit einem am Markt bestens etablierten/profilierten Produkt/Dienstleistung,
- bekannter Markenname und Markenzeichen,
- diverse Hilfestellungen und Beratungen seitens des Franchise-Nehmers, die sonst teuer eingekauft werden müssten,
- Übernahme eines bereits existierenden und funktionierenden Konzeptes.

5.1.5.4.4 Die Konsolidierung im Hotelmarkt

In Anbetracht der Tatsache, dass der Hotelmarkt sich weltweit zu einem Käufermarkt entwickelt, auch in fernen Länder und Kontinenten weltbekannte Marken vertreten sind und der Wettbewerb stetig zunimmt, findet seit einigen Jahren eine Konsolidierungsphase statt. Das bedeutet, dass namhafte Konzerne versuchen eine Politik der Stabilisierung und Absicherung ihrer Märkte zu verfolgen. Dies kann durch die bereits erläuterten Maßnahmen des Wachstums über Franchisemodelle, Pachtverhältnisse und Managementverhältnisse hinaus über z. B. folgende Maßnahmen erreicht werden:

- **Kauf**,
- **Fusionen**,
- **Allianzen und Kooperationen**,
- **Joint Venture**.

Über die Konsolidierung und weiteres Wachstum versprechen sich die Hotelgesellschaften mehrere Vorteile im Wettbewerb und in der Standortsicherung. Diese sind:

- Vorteile durch die Stärkung der Netzwerke,
- Kostendegression bei den Overheadkosten,
- Steigerung der Gästezahlen,
- stärkere Spreizung der Kosten-Umsatz-Spanne.

Der Kauf

Die einfachste Form, nicht jedoch die kapitalschonendste, der Konsolidierung und des Wachstums ist der Kauf. Folgende Beispiele sollen dies deutlich machen:

- im Jahr 2001 kaufte die japanische Investmentbank Nomura die Hotelkette Le Méridien Hotels von der englischen Granada-Compass Gruppe für 1,9 Mrd. englische Pfund,
- im Jahr 2001 kaufte die in Singapur ansässige Raffles Holding die Swissôtel Hotels & Resorts (23 Managementverhältnisse und sechs Eigentumshäuser) für 410 Mio. Schweizer Franken

sowie eine Schuldenübernahme von 122 Mio. Schweizer Franken. Durch diese Transaktion war Raffles allein in Europa nunmehr mit 39 Hotels (vormals nur zwei Häuser) vertreten.

Ein weiterer Grund Hotels zu kaufen, außer das eigene Portfolio zu vergrößern, besteht darin, den in den Metropolen, Groß- und Hauptstädten knapp werdenden Baugrund noch rechtzeitig vor Preissteigerungen zu erwerben, indem man ein bereits bestehendes Hotel mit Grundstück kauft, um es anschließend noch größer zu bauen.

Die Fusion

Eine Fusion bedeutet eine kapitalmäßige Verschmelzung zweier oder mehrerer Hotelgesellschaften, die jedoch die Aufgabe der rechtlichen Selbstständigkeit einer Hotelgesellschaft nach sich zieht. Fusionen werden im Hotelmarkt da interessant, wo Hotelgesellschaften in einem fremden Markt Hotelprojekte betreiben wollen und ein Kauf jedoch aus politischen, rechtlichen oder wirtschaftlichen Gründen nicht möglich ist. Oder aber um sich als Hotelbetreiber bei Besitzgesellschaften kapitalmäßig zu engagieren um interessante Hotelprojekte durchführen zu können.

Allianzen und Kooperationen

Allianzen sind strategische Partnerschaften bei denen die rechtliche und wirtschaftliche Selbstständigkeit der Partner in vollem Umfang erhalten bleibt. Auch die Marke der Hotelbetreibergesellschaft bleibt erhalten, bestenfalls wird sie um den Namen der Allianz oder Kooperation erweitert. Bei reinen Allianzen, also Zusammenschlüssen mit einem definierten Ziel, muss für die Partner eine Win-Win-Situation gegeben sein. Die im April geschlossene Vertriebsallianz zwischen der japanischen Nikko Hotels International Gruppe und den Le Méridien Hotels & Resorts hat das Japangeschäft von Le Méridien um ca. 30 % gesteigert und Nikko Hotels profitierte durch den Reservierungssupport von Le Méridien an allen Standorten weltweit, wo Le Méridien vertreten war.

Hotelkooperationen

Die Gründe für Zusammenschlüsse/Kooperationen von Hotels um ein bestimmtes Ziel zu erreichen oder einen bestimmten Zweck zu verfolgen sind vielfältig. Aus der u. a. Auswahl von Hotelkooperationen (siehe Tab. B. 5.19.: Hotelkooperationen (eine Auswahl, alphabetisch sortiert) in Deutschland 2004) geht die Orientierung dieser horizontalen und vertikalen Zusammenschlüsse hervor. Während nationale Marken eher zu Zusammenschlüssen und Kooperationen auf nationaler, regionaler oder lokaler Ebene neigen, ziehen internationale Marken eher eine globale Wachstumsstrategie vor.

Bei Kooperationen gilt der Grundsatz: „Gleiches zu Gleichem", d. h. sie sind sehr zweckorientiert und versuchen ihr Marktsegment als geschlossene Einheit zu vermarkten und zu verteidigen. Bemerkenswert bei Kooperationen, insbesondere bei lokalen, regionalen und nationalen, ist die Tatsache, dass die Mitglieder nahezu alles Individualhotels sind. Dadurch versuchen sich die Mitglieder einerseits gegen globale Hotelgesellschaften zu schützen, andererseits wird hier in effektiverem Maße das knappe Kapital für Werbung, Vertrieb und sonstige Marketingaktivitäten gebündelt. Kooperationen verstehen sich als ein Zweckbündnis auf Zeit mit einem klaren Ziel und einem gemeinsamen Außenauftritt.

Nachfolgende Übersicht stellt eine Übersicht wichtiger Hotelkooperationen in Deutschland dar.

Nr.	Hotelgesellschaft	Anzahl Hotels (Inland)	Anzahl Hotels (Ausland)
1.	AKZENT Hotelkooperation GmbH	86	3
2.	BAYERNWALD Hotels	10	0
3.	DESIGN Hotels	8	108
4.	EURO Familien HOTELS AG	82	37
5.	FAMILOTEL AG	33	21
6.	FLAIR Hotels e. V.	125	14
7.	GREENLINE Hotels GmbH	24	7
8.	„HOTELS MIT HERZ" Hotelkooperation GmbH	55	10
9.	KOLPING Hotels	5	0
10.	LANDIDYLL Hotels	24	1
11.	MINOTEL Deutschland e. V.	51	0
12.	RELAIS DU SILENCE – Silencehotel	9	230
13.	RINGHOTELS e. V.	157	2
14.	ROMANTIK Hotels & Restaurant GmbH & Co. KG	97	97
15.	SELECT MARKETING Hotels	98	60
16.	SMALL LUXURY Hotels of the World Ltd.	97	400
17.	SUPRANATIONAL Hotels	k. A.	750
18.	The LEADING Hotels of the World Ltd.	28	402
19.	THEATER – Hotels Deutschland e. V.	8	0
20.	TOP – International Hotels GmbH	110	48
21.	WELLNESS – Hotels Deutschland GmbH	44	0

Tab. B. 5.19: Wichtige Hotelkooperationen (eine Auswahl, alphabetische Reihenfolge) in Deutschland 2007
Quelle: IHA, 2008

Wie die Namensgebung der einzelnen Unternehmen bereits signalisiert, können die **Kooperationen** folgende **Orientierungen** aufweisen:

- Zusammenschlüsse/Kooperationen von Hotels in einer Stadt oder einer Region (z. B. MÜNCHNER HOTEL VERBUND, EUREGIO BODENSEE),
- themenorientierte Zusammenschlüsse von Hotels in einem oder in mehreren (z. T. angrenzenden) Ländern (z. B. THEATER Hotels, DESIGN HOTELS, FAMILOTEL),
- qualitative internationale und nationale Zusammenschlüsse (z. B. SMALL LUXURY),
- Zusammenschlüsse nach der gewünschten Urlaubsatmosphäre, der Einstellung und dem Lifestyle der Gäste (z. B. ROMANTIK Hotels, RELAIS DI SILENCE),
- Zusammenschlüsse bei dem der Gesundheits- und Wohlfühlaspekt im Vordergrund steht (z. B. WELLNESS-Hotels),
- Zusammenschlüsse, die durch ihre Internationalität und weltweite Präsenz Mitgliedshäuser zum gewohnten und bekannten Standard anbieten (z. B. SUPRANATIONAL, The LEADING Hotels of the World),
- Zusammenschlüsse, die durch einheitliche Vertriebs- und Marketingaktivitäten einen hohen Bekanntheitsgrad erreichen wollen (z. B. SELECT Marketing Hotels).

Joint Venture

Joint Ventures sind i. d. R. Gemeinschaftsunternehmen zwischen zwei Hotelgesellschaften mit der Zielsetzung der Expansion einer der beiden Hotelgesellschaften in einem fremden Markt und der Gewinnung von Expertenwissen oder/und der Sicherung der Unternehmensexistenz der anderen Hotelgesellschaft durch den Partner. Der Hotelkonzern Accor ging im Jahr 2001 diesen Weg. Accor schloss mit der chinesischen Hotelmanagementgesellschaft Zenith Hotels International ein Partnerschaftsabkommen. Die neun Zenith First Class Häuser wurden assoziierte Accor Hotels. Anschließend beteiligte sich Accor mit 25 % am Aktienkapital an der Century Hongkong Managementgesellschaft, die wiederum an der Zenith Hotels International beteiligt war. Alle Häuser der Gruppe (5.800 Zimmer) wurden fortan unter dem Namen „Novotel Century City" geführt. Für den Accor Konzern war dies eine sofortige Ausweitung seines Portfolios im asiatischen Markt.

5.1.6 Besondere rechtliche Aspekte im Gastgewerbe

Dem Recht kommt die zentrale Aufgabe zu, die Geschäftsbeziehungen zwischen Beherbergungsbetrieben, Gästen, Lieferanten und Geschäftspartnern zu ordnen. Das Recht soll helfen Konflikte zwischen o. g. Vertragspartnern zu lösen, und diese vor unbotmäßigen Forderungen, unfairem Verhalten und Vertragsstörungen zu schützen.

Die Rechtsquellen, die im Fall von Schlichtungsbedarf sprudeln, sind:

*   **Gesetze,**
*   **Rechtsverordnungen,**
*   **Satzungen,**
*   **Gewohnheitsrecht,**
*   **EU-Verordnungen/Richtlinien.**

Zunächst soll der Gaststättensektor im Gaststättengesetz (GastG) vom 05.05.1970 definiert werden. Dazu legt das Gaststättengesetz Folgendes fest:

§ 1 Gaststättengewerbe
„(1) Ein Gaststättengewerbe im Sinne dieses Gesetzes betreibt, wer im stehenden Gewerbe

1. Getränke zum Verzehr an Ort und Stelle verabreicht *(Schankwirtschaft)*
2. zubereitete Speisen zum Verzehr an Ort und Stelle verabreicht *(Speisewirtschaft)*
    oder
3. Gäste beherbergt *(Beherbergungsbetrieb),* wenn der Betrieb jedermann oder bestimmen Personenkreisen zugänglich ist.

(2) Ein Gaststättengewerbe im Sinne dieses Gesetzes betreibt ferner, wer als selbstständiger Gewerbetreibender im Reisegewerbe von einer auf Dauer der Veranstaltung ortsfesten Betriebsstätte aus Getränke oder zubereitete Speisen zum Verzehr an Ort und Stelle verabreicht, wenn der Betrieb jedermann oder bestimmten Personenkreisen zugänglich ist."

Weitere wichtige Regelungen sind in nachfolgende Paragraphen des Gaststättengesetzes festgehalten:

§ 3 Inhalt der Erlaubnis
Die Erlaubnis wird für eine bestimmte Betriebsart, bestimmte Räume an eine bestimmte Person erteilt.

§ 4 Versagungsgründe
Mangelnde Zuverlässigkeit, Nichteignung der Räumlichkeiten, Belästigung der Öffentlichkeit und Nichtvorliegen des Unterrichtsnachweises.

§ 5 Auflagen
Es können jederzeit Auflagen erlassen werden.

§ 6 Ausschank alkoholfreier Getränke

§ 7 Nebenleistungen
In Gaststätten dürfen der Gewerbetreibende oder Dritte auch während der Ladenschlusszeiten Zubehörwaren an Gäste abgeben.

5.1.6.1 Der Gastaufnahmevertrag

Der Gastaufnahmevertrag ist ein gastronomischer Vertragstyp aus dem sich laut Bürgerlichem Gesetzbuch spezielle Vertragsarten für das Gastgewerbe entwickelt haben. Dazu zählen insbesondere:

- **Bewirtungsvertrag,**
- **Beherbergungsvertrag,**
- **Pensionsvertrag.**

Nimmt ein Hotel einen Gast auf, beherbergt und bewirtet ihn, so schließt er mit dem Gast einen Beherbergungs- und einen Bewirtungsvertrag ab.

5.1.6.1.1 Der Bewirtungsvertrag

Der Bewirtungsvertrag ist nach herrschender Meinung ein Werklieferungsvertrag (§ 651 BGB) und beinhaltet Elemente des Werkvertrages (Kaufvertrag § 91 BGB).

Der Bewirtungsvertrag kommt durch zwei übereinstimmende Willenserklärungen zu Stande. Die Grundproblematik beim Zu-Stande-Kommen des Bewirtungsvertrages ist, ob ein Angebot in der Speisekarte bereits als eine Willenserklärung und ein Angebot zum Abschluss eines Vertrages angesehen werden kann. Nach herrschender Meinung sind Angaben in einer Speisekarte lediglich Aufforderungen zur Abgabe von Angeboten.

Ein Bewirtungsvertrag mit Minderjährigen: Ein Bewirtungsvertrag mit Minderjährigen ist dem Gastwirt grundsätzlich verboten, prinzipiell nach dem Taschengeldparagrafen auch problematisch, denn der Taschengeldparagraf schließt Kreditgeschäfte ausdrücklich aus. Der Bewirtungsvertrag jedoch führt wegen der gewohnheitsrechtlichen Vorleistung des Gastwirtes zwangsläufig zu einem Kreditgeschäft.

Abschlusszwang zum Bewirtungsvertrag: Grundsätzlich gilt, anderes als bei Geschäften der öffentlichen Hand, das Prinzip der Vertragsfreiheit bzw. Abschlussfreiheit. Der Gastwirt ist nicht an Art. 3 GG (Gleichbehandlungsgrundsatz) gebunden, d. h. er kann sich prinzipiell seine Vertragspartner aussuchen. Jedoch gibt es abweichend zu diesem Sachverhalt Ausnahmen. Ein Gastwirt, der eine Monopolstellung in einer z. B. einsamen Gegend hat, darf einen Gast nicht ohne weiteres abweisen. Hier greift das Bürgerliche Gesetzbuch. Es gelten:

- Grundsatz von Treu und Glauben (§ 242 BGB),
- Schikaneverbot (§ 226 BGB),
- sittenwidrige Schädigung.

Es ergibt sich somit ein faktischer Abschlusszwang für den Gastwirt.

Die **Pflichten** des Gastwirtes aus dem Bewirtungsvertrag (sie untergliedern sich in Haupt- und Nebenpflichten) sind folgende:

- Lieferung der bestellten Speisen und Getränke (Hauptpflicht),
- rechtzeitige Lieferung der bestellten Speisen und Getränke (Hauptpflicht),
- Lieferung der bestellten Speisen und Getränke in der bestellten Qualität und mit dem restaurantgerechten Service (Hauptpflicht),
- genereller Schutz des Gastes vor Schäden nach Betreten der Gaststätte, erst recht nach Abschluss des Bewirtungsvertrages (Nebenpflicht).

Zu **Leistungsstörungen** durch den Gastwirt gehören beispielsweise:

- Unmöglichkeit der Leistung anfänglich § 311 a BGB oder nachträglich § 275 BGB,
- Verzug des Schuldners/verspätete Erfüllung §§ 280, 281, 286, 323 BGB,
- sonstige gesetzlich geregelte Schlechterfüllung einer Hauptpflicht §§ 434, 437 BGB,
- Schlechterfüllung einer Nebenpflicht/Begleitschaden §§ 280, 282, 241 Abs. 2 BGB,
- Schaden bei Vertragsvereinbarungen §§ 311 II, III BGB.

Haftung des Gastwirtes für eingebrachte Sachen: Der Hotelier oder Beherbergungswirt haftet für eingebrachte Sachen, der Gastwirt haftet nicht für eingebrachte Sachen. Eine Haftung des Gastwirtes für eingebrachte Sachen, würde angesichts des ständigen Kommens und Gehens in einer Gastwirtschaft eine ungerechte Risikoverteilung zulasten des Gastwirtes darstellen

Pflichtverletzung des Gastes: Die Hauptpflicht des Gastes besteht in der Abnahme und Bezahlung der von ihm bestellten und vom Gastwirt servierten Speisen. Die Nebenpflicht des Gastes besteht in angemessenem Verhalten in den Räumlichkeiten des Gastwirts. Der Gastwirt kann, bei Verletzung der Haupt- und/oder Nebenpflicht Zahlungsanspruch und Schadensersatz geltend machen, als auch vom Vertrag zurücktreten.

Platzbestellung oder Reservierung: Platzbestellung/Reservierung ist nach herrschender Meinung kein Vertrag, sondern eine Handlung. Der Schadensersatz, den der Gastwirt geltend machen kann, stellt lediglich einen Aufwendungsersatz dar, aber keinen Ersatz für entgangenen Gewinn.

5.1.6.1.2 Der Beherbergungs- und Pensionsvertrag

Der Beherbergungsvertrag kommt ebenso wie der Bewirtungsvertrag durch zwei übereinstimmende Willenserklärungen zu Stande und kann nach den Grundsätzen der Vertragsfreiheit geschlossen werden. Der Pensionsvertrag ist ein Mischvertrag der Beherbergung und Verköstigung zusammenfasst.

Der Beherbergungsvertrag beinhaltet Elemente aus dem:

- **Mietvertrag** nach §§ 535 ff. BGB,
- **Kaufvertrag** nach §§ 433 ff. BGB,
- **Werklieferungsvertrag** nach § 651 BGB,
- **Verwahrungsvertrags** nach §§ 688 ff. BGB,
- **Dienstvertrag** nach §§ 611 ff. BGB,
- **Werkvertrag** nach §§ 631 ff. BGB.

Die Pflichten aus dem Beherbergungsvertrag und Pensionsvertrag, also des Hoteliers sind:

- Bereitstellung des gemieteten Zimmers, termingerecht ohne Mängel und mit einer der Hotelkategorie entsprechenden Ausstattung,
- Zimmerreinigung, Beleuchtung, Heizung,
- Bereitstellung von Gemeinschaftsräumen und sanitären Anlagen,
- Haftung für eingebrachte Sachen nach Maßgabe der §§ 701 ff. BGB (z. B. Kleidungsstücke des Gastes),
- genereller Schutz des Gastes vor Schaden als vertragliche Nebenpflicht und aufgrund der Verkehrssicherungspflicht (z. B. Schutz vor Schäden durch einen defekten Aufzug),
- Bereitstellung eines der Hotelkategorie entsprechenden Services (z. B. Zimmerservice eines exakt temperierten Weines in einem Spitzenhotel).

Leistungsstörungen seitens des Hoteliers liegen vor bei:

- Unmöglichkeit der Leistung,
- verspätete Leistung,
- mangelhafte Leistung,
- Verletzung des Gastes im Hotel.

Pflichten und Obliegenheiten des Gastes, die sich aus dem Beherbergungsvertrag ergeben, sind:

- Unterlassung eines vertragswidrigen Gebrauchs des Zimmers,
- Zahlung bzw. rechtzeitige Bezahlung des vereinbarten Hotelpreises,
- unverzügliche Anzeige von Mängeln,
- Rückgabe der Mietsache nach Beendigung des Mietverhältnisses.

Kündigung des Beherbergungsvertrages: Eine Kündigung des Beherbergungsvertrages ist:

1. Nicht erforderlich, da dieser für eine bestimmte Zeit abgeschlossen wurde. Ausnahme ist hierbei die fristlose Kündigung unter der Voraussetzung der schuldhaften Vertragsverletzung (§ 554 a BGB).

§ 554 a Fristlose Kündigung wegen Pflichtverletzung

„Ein Mietverhältnis über Räume kann ohne Einhaltung einer Kündigungsfrist gekündigt werden, wenn ein Vertragsteil schuldhaft in solchem Maße seine Verpflichtungen verletzt, insbesondere den Hausfrieden so nachhaltig stört, dass dem anderen Teil die Fortsetzung des Mietverhältnisses nicht zugemutet werden kann. Eine entgegenstehende Vereinbarung ist unwirksam."

2. Erforderlich, wenn der Vertrag auf unbestimmte Zeit geschlossen wurde. Somit gelten die Kündigungsfristen des § 565 BGB. Die Kündigungsfrist richtet sich nach der Einheit oder Frist, nach der die Miete üblicherweise berechnet wird. Oder dem Beherbergungspreis bei Hotels z. B. nach Tagen. Zulässig ist in diesem Fall eine Kündigung an jedem Tag, für den Ablauf des folgenden Tages.

Selbstverständlich kann eine fristlose Kündigung nach § 554 a BGB erfolgen, wenn die Fortsetzung des Mietverhältnisses unzumutbar ist.

Wichtig: Einen allgemeinen Kündigungsschutz genießt der Hotelgast im Übrigen nicht. Das folgt aus den §§ 556 a Abs. 8 und 564 b Abs. 7 Nr. 1 BGB.

§ 564 b Kündigungsschutz

„Ein Mietverhältnis über Wohnraum kann der Vermieter vorbehaltlich der Regelung in Absatz 4 nur kündigen, wenn er ein berechtigtes Interesse an der Beendigung des Mietverhältnisses hat ..." ... „(7) Diese Vorschriften gelten nicht für Mietverhältnisse 1. über Wohnraum, der nur zu vorübergehendem Gebrauch vermietet ist, ..."

§ 565 Kündigungsfristen

(1) „Bei einem Mietverhältnis über Grundstücke, Räume oder im Schiffsregister eingetragene Schiffe ist die Kündigung zulässig, 1. wenn der Mietzins nach Tagen bemessen ist, an jedem Tag, für den Ablauf des folgenden Tages, 2. wenn der Mietzins nach Wochen bemessen ist, spätestens am ersten Werktag einer Woche für den Ablauf des folgenden Sonnabends, ..."

5.1.6.1.3 Weitere typische Vertragsarten im Gastgewerbe

Bierlieferungsvertrag: Bierlieferungsverträge sind Mischverträge bestehend aus:

- Kaufvertrag §§ 433 ff. BGB,
- Darlehensvertrag §§ 607 ff. BGB,
- Mietvertrag §§ 535 ff. BGB.

Miet- und Pachtvertrag

Miet- und Pachtverträge sind ebenfalls Mischverträge bestehend aus:

- Mietvertrag §§ 535 ff. BGB,
- Pachtvertrag §§ 581 ff. BGB (außer Landpacht).

Automatenaufstellungsvertrag: Automatenaufstellungsverträge sind Dauerschuldverhältnisse, dazu gehören:

- Verkaufsautomaten (z. B. Zigarettenautomat),
- Leistungsautomaten (z. B. Schuhputzautomat),
- Unterhaltungsautomaten (z. B. Geldspielautomaten).

Verträge mit Dienstleistungsunternehmen

- Cateringvertrag,
- Dienstleistungsvertrag mit einem Wäschereiunternehmen,
- Dienstleistungsvertrag mit einem Reinigungsunternehmen.

Geschäftsbesorgungsvertrag: Geschäftsbesorgungsverträge nach §§ 611 ff. BGB werden geschlossen als:

- Arbeitsvertrag mit unselbstständigen, weisungsunabhängigen Arbeitnehmern,
- Dienstleistungsvertrag mit selbstständigen eingeschränkt weisungsunabhängigen Angehörigen eines freien Berufes.

Managementverträge: Managementverträge werden geschlossen mit:

- leitenden Angestellten,
- Gründung einer BGB-Gesellschaft.

Ferner sind zu berücksichtigen:

- Verbraucherkreditgesetz (Rücktrittsrecht),
- Gesetz gegen Wettbewerbsbeschränkung (GWB),
- AGB-Gesetz.

5.1.6.2 Konzessionsrecht

Nach § 2 des Gaststättengesetzes benötigt derjenige eine Erlaubnis, der ein Gaststättengewerbe betreiben will. Somit benötigen Gastwirte aber auch Hotelbetriebe mit Verpflegungsleistungen eine Erlaubnis, eine Konzession. Sie wird immer auf die Person ausgestellt, die ein Gaststättengewerbe betreibt.

Eine Konzession ist ein „Verbot mit Erlaubnisvorbehalt". Diese Regelung ist bei sog. gefährlichen Betrieben üblich. Die Gefahren, die vom Gaststättengewerbe ausgehen, sind u. a. Förderung des Alkoholmissbrauchs, aber auch gesundheitliche, z. B. durch nicht sachgerecht gelagerte und verdorbene Speisen.

Voraussetzungen für die Erteilung einer Konzession: Die zuständigen Stellen (Behörden, Ämter) erteilen eine Konzession nur wenn der Antragsteller seine persönliche Zuverlässigkeit nachweisen kann. Gründe für die Verweigerung einer Konzession können in der Person des Antragstellers (z. B. Trunksucht, Unerfahrenheit, Unzuverlässigkeit) aber auch am Zustand der Betriebsräume, der Lage des Betriebs oder der absehbaren Nichteinhaltung der Hygienevorschriften liegen.

Arten der Konzessionen

- **vorläufige Erlaubnis;** sie wird für drei Monate, um die Übergangszeit bis zur Gewährung der Dauererlaubnis erteilt (z. B. bei Betreiberwechsel),

- **Stellvertretererlaubnis;** ist nötig, wenn ein gastgewerblicher Betrieb von einem Stellvertreter betrieben wird (z. B. Kantinen, Hotelrestaurant),
- **Gestattung;** zeitweilige Gestattung (z. B. bei Straßen- und Sportfesten).

Eine weitere Abgrenzung der Konzessionen kann vorgenommen werden in:

- **Realkonzession;** auch **Realgewerbeberechtigung**: Träger der Konzession ist keine natürliche oder juristische Person, sondern ein Objekt (z. B. ein Gasthof oder ein Hotelrestaurant). Der Antragsteller der Konzession hat lediglich seine persönliche Zuverlässigkeit nachzuweisen.
- **Personalkonzession;** auch **Dauererlaubnis**: Eine auf Lebenszeit gültige Konzession, die nur erlischt, wenn länger als zwölf Monate davon kein Gebrauch gemacht wird (gilt nur für juristische Personen, denn deren Konzession ist unbegrenzt).

Neben den erlaubnispflichtigen Betriebsformen sieht das Gaststättengesetz auch erlaubnisfreie Betriebe vor. Diese Betriebe benötigen **keine Konzession** wenn:

- nur Milchgetränke und Milchmischgetränke, in jedem Fall alkoholfreie Getränke in Verkehr gebracht werden,
- unentgeltliche Kostproben verteilt werden,
- Getränke und Speisen nur an Mitarbeiter eines Betriebes verabreicht werden,
- alkoholfreie Getränke an Automaten verkauft wird,
- in Verbindung mit einem Ladengeschäft Stehplätze zum Verzehr von kleinen Speisen und alkoholfreien Getränken während der üblichen Ladenöffnungszeit angeboten werden,
- der Übernachtungsbetrieb nicht mehr als acht Gäste gleichzeitig beherbergt und diesen Gästen kleine Speisen anbietet,
- Straußenwirtschaften selbst gekelterte Weine und kleine Speisen anbieten,
- es sich um Kantinen handelt (Sonderregelungen).

Entziehung und Widerruf der Konzession: Eine bereits erteilte Konzession kann auch widerrufen werden, wenn z. B. nachfolgende Sachverhalte eintreten:

- wenn sie nie erteilt hätte werden dürfen,
- wenn bei der Antragstellung wahrheitswidrige Angaben gemacht worden sind,
- wenn im Nachhinein die persönliche Zuverlässigkeit des Antragsstellers zweifelhaft erscheint bzw. nicht mehr gewährleistet ist,
- dauerhafte Nichtbeachtung gesetzlicher Vorschriften (z. B. Jugendschutzgesetz),
- Änderung des Unternehmenszwecks, der Betriebsart und/oder Einbeziehung von nicht genehmigten Räumlichkeiten,
- unerlaubte Beschäftigung eines Stellvertreters, der gegen die Auflagen des Gaststättengesetzes verstoßen hat.

Der Widerruf liegt im Ermessen der Behörden und Aufsichtsämter und muss begründet werden. Auch kann bei schweren Verstößen gegen das Gaststättengesetz der Betrieb sofort geschlossen werden und eine Geldbuße verhängt werden. Eine erteilte Konzession erlischt ferner bei:

- Tod des Inhabers und wenn die Weiterführung des Betriebs durch einen Familienangehörigen nicht möglich oder wünschenswert ist,
- Verzicht des Inhabers auf weitere Ausübung seiner Tätigkeit,
- Nichtausübung des Gewerbes.

5.1.6.3 Versicherungen im Gastgewerbe

Jedem Unternehmer bzw. Unternehmen sei geraten sich gegen allgemeine und spezielle Risiken, die sich aus der gewöhnlichen Tätigkeit seines Wirkens ergeben, zu versichern. Versicherungen für die Person des Hotelbetreibers können eingeteilt werden in:

- **Individualversicherungen**,
- **Sozialversicherungen**.

Die **Individualversicherungen** dienen der freiwilligen Selbstvorsorge und der Absicherung der Person von Vermögensgegenständen oder Sachen. Individualversicherungen sind frei vereinbarte und privatrechtliche Verträge bei denen sich die Höhe der Prämie nach dem Risiko ausrichtet. Zu den Individualversicherungen im Gastgewerbe gehören:

- Personenversicherungen,
- Sachversicherungen,
- Vermögensversicherungen.

Die **Personenversicherungen** betreffen die Personen des Unternehmens, die nicht unter die Sozialversicherungspflicht fallen oder aber sich über den gesetzlichen Versicherungsschutz hinaus absichern wollen. Zu den Personenversicherungen die ein Hotelier und/oder ein Gastronom für sich und seine Mitarbeiter abschließen kann, gehören u. a.:

- Todesfallversicherung,
- Erlebensfallversicherung,
- gemischte Lebensversicherungen,
- private Krankenversicherung.

Die **Sachversicherungen** sind Schadensversicherungen. Gerade diese Versicherungen sind für ein gastgewerbliches Unternehmen von hoher Wichtigkeit; schützen sie ihn doch gegen die Risiken aus Feuerschäden, Einbruch und Diebstahl, Sturmschäden u. v. m. Eine Nichtversicherung kann für einen Unternehmer die Insolvenz des Unternehmens zur Folge haben. Zu den wichtigsten Sachversicherungen zählen:

- **Verbundene Wohngebäudeversicherungen (VWG):** Sie gewährt Versicherungsschutz bei Brand, Blitzschlag, Wasserschäden durch Schwimmbäder, Sprinkleranlagen, Rohrbruch, Sturm- und Hagelschäden und Glasschäden,
- **Feuerversicherung:** Schäden durch z. B. Kabelbrände durch Kurzschlüsse, Überlastung der Stromleitungen,
- **Einbruchdiebstahlversicherung:** Schäden durch Einbrüche, Zerstörung der Einrichtung und Diebstahl,
- **Glas- und Leuchtröhrenversicherung:** Insbesondere für Innen- und Außenverglasungen sowie Vitrinen, Schaukästen und verglaste Werbeanlagen,
- **Schwach- und Starkstromanlagenversicherung**, auch Elektronikversicherung: Diese trägt die Schäden an Kopiergeräten, Buchungsautomaten und allen anderen technischen Geräten aufgrund von Bedienungsfehlern, Feuchtigkeit, Kurzschlüssen u. v. m.
- **Datenträgerversicherung:** Übernimmt entstandene Schäden durch die Beschädigung und den Diebstahl von Datenträgern,
- **Softwareversicherung:** Übernehmen die Kosten bei einem Schaden durch fehlerhafte Bedienung eines Programms, allgemeinen Störungen, sowie Böswilligkeit (z. B.

durch magnetische Beeinflussung einer Rechnereinheit und dem damit einhergehenden Datenverlust),

- **Aufräumungs- und Abbruchkostenversicherung oder Bewegungs- und Schutzkostenversicherungen:** Dieser Versicherungsschutz kann ggf. hohe Folgekosten aus Bränden, Überschwemmungen, Wasserschäden und deren Folgen absichern; denn bei den meisten Versicherungen werden im Schadensfall i. d. R. die Wiederbeschaffungs- bzw. die Wiederherstellungskosten übernommen, nicht jedoch die Folgekosten (*Dettmer u. a.*).

Vermögensversicherungen schützen vor Schadensersatzansprüchen, Forderungen Dritter, Betriebsunterbrechungen und Forderungsverlusten. Zu den Vermögensversicherungen gehören:

- **Stornoversicherung:** Das Hotel oder aber ein Versicherungsanbieter, der spezielle Versicherungsprodukte der Reiseindustrie anbietet, bietet dem Gast bei Buchung eines Hotelaufenthaltes eine Stornoversicherung an um im Falle einer Stornierung die Kosten bzw. die entgangenen Erlöse des Hotels zu decken, da im Regelfall bei einem kurzfristigen Storno, dass Zimmer in den seltensten Fällen noch vermietet bzw. verkauft werden kann.
- **Betriebsunterbrechungsversicherung:** Sie übernimmt im Falle einer Betriebsunterbrechung ausgelöst z. B. durch einen Brand oder Wasserschaden, bei dem der Betrieb zum Stillstand kommt, die fortlaufenden Kosten, z. B. für das Personal, die Miete/Pacht. Diese Kostenübernahme kann von den Versicherungsunternehmen begrenzt werden auf den Zeitpunkt der Wiederaufnahme des Betriebes bzw. auf maximal 12 Monate.
- **Haftpflichtversicherung:** Sie ist die mit Abstand wichtigste und unerlässlichste Versicherung. Sie wird leistungspflichtig um den durch Vorsatz oder Fahrlässigkeit, zugefügten Schaden an einem Dritten wieder gutzumachen. Zu den wichtigsten Pflichten eines Hoteliers oder Gastronomen gehören die Verkehrssicherungspflichten um Kunden, Gäste aber auch die Allgemeinheit nicht zu schädigen. So müssen z. B. die Wege bei winterlicher Witterung geräumt und gestreut sein, die Zugänge und Notausgänge in einwandfreiem Zustand sein, mängelfreie Zimmer, Speiseräume, Toiletten sowie funktionsgerechte und nicht gefährdende Freizeit- und Sporteinrichtungen gewährleistet sein. Schädigungen der Kunden oder Gäste aus den o. g. Breichen führen zu einer Leistungspflicht der Haftpflichtversicherung. Aber auch Fehler im Service und bei der Lagerung von Speisen und Getränke führen zu Schadensersatzforderungen bzw. zu einer Haftung seitens des Hoteliers und/oder Gastronomen. Aus diesen vielfältigen Ursachen von Schäden ergeben sich auch verschiedene Arten von Haftpflichtversicherungen. Diese können sein (*Dettmer u. a.*):

– Privathaftpflichtversicherung	– Tierhaftpflichtversicherung
– Betriebshaftpflichtversicherung	– Gebäudehaftpflichtversicherung
– Berufshaftpflichtversicherung	

- **Kraftverkehrsversicherung:** Diese Versicherung deckt Schäden am den betriebseigenen Fahrzeugen (z. B. Lieferwagen, Limousinen für die Gästeabholung) aber auch für die Fahrzeuge der Kunden. Die Kraftverkehrsversicherung lässt sich unterteilen in folgende einzelne Versicherungen:

– Kfz-Haftpflichtversicherung	– Kraftfahrtunfall- und Gepäckversicherung
– Fahrzeugkaskoversicherung	

- **Rechtsschutzversicherung:** Sie soll die Kosten aus Rechtsstreitigkeiten zwischen dem Hotelier/Gastronomen und den Streitpartner übernehmen. Jedoch gilt diese Versicherung als fragwürdig, sind die Kosten aus jahrelangen Rechtstreitigkeiten so hoch, dass viele Versicherungen die Leistungspflicht der Rechtsschutzversicherung stark einschränken und bestimmte Streit-Tatbestände gänzlich ausschließen.

- **Spezielle Versicherungen:** Sie werden für ganz bestimmte Schadensfälle abgeschlossen, die genau definiert sind. Zu den häufigsten „Speziellen Versicherungen" zählen in der Hotellerie und Gastronomie:

  - Computer-Missbrauch-Versicherung: Bei vorsätzlichem und rechtswidrigem Gebrauch von immateriellen Werten durch die eigenen Mitarbeiter (z. B. Diebstahl der Kundenkartei durch einen gekündigten Mitarbeiter),
  - DV-Vermögensschaden-Versicherung: Schäden durch fehlerhafte Informationsverarbeitung.

Die Versicherungsprämie, die durch den Unternehmer oder das Unternehmen zu zahlen ist, richtet sich nach dem „Gesetz der großen Zahl". Die Versicherungen ermitteln i. d. R. die Wahrscheinlichkeit nach dem ein Schaden, in einem konkreten Fall, eintritt. Dieses Risiko wird auf die Gesamtheit der Unternehmer verteilt. Die konkrete Höhe der zu zahlenden Versicherungsprämie richtet sich u. a. auch an der Lage des Betriebes, der Bauartklasse, Gefahrenerhöhung durch die Umwelt und das Umfeld und die Höhe der Versicherungssumme. Dies bedeutet, dass die Versicherungsprämien auf den ersten Blick ähnlicher Betriebe, starke Höhenschwankungen aufweisen können.

5.1.7 Management des gastgewerblichen Betriebes

Das Management der Hotellerie beinhaltet den Regelkreis der Führung in seinen Funktionen als auch Ansätze der Unternehmensgründung. Der Führungskraft kommt hier eine wichtige Rolle zu. Sie sollte über folgende Qualitäten (*Dettmer*), Kenntnisse und Fertigkeiten verfügen:

- Integrationsfähigkeit und Flexibilität,
- Führungspersönlichkeit mit Überzeugungskraft,
- Know-how durch permanente persönliche Weiterbildung,
- Wille und Selbstdisziplin,
- Identifikation mit dem Unternehmen und den Tätigkeiten,
- Freude und Dynamik,
- Zukunftsorientiertheit und Visionen,
- Risikobereitschaft und Mut,
- Kreativität,
- Offenheit und Kooperationsbereitschaft,
- Menschlichkeit, integrer Charakter sowie ethisches Handeln,
- Organisations- und Delegationsfähigkeit.

5.1.7.1 Gründung eines gastgewerblichen Betriebes (Hotel)

Im Vorfeld der Gründung spielen folgende Kriterien bei der Entscheidungsfindung eine Rolle:

- **konstitutive Entscheidungsfindung,**
- **persönliche und fachliche Eignung,**
- **gesetzliche Voraussetzungen zum Führen eines Hotel- bzw. eines gastronomischen Betriebes,**
- **Betriebsart, Unternehmens- und Rechtsform,**
- **Finanzierung,**
- **Standortfaktoren,**
- **kurz-, mittel- und langfristige Unternehmensentwicklung.**

Konstitutive Entscheidungen bei Gründung sind grundlegende und bestimmende Entscheidungen, die auf die Festlegung der Strukturmerkmale eines Hotels abzielen. Grundlegende Überlegungen betreffen:

- **Wahl der Betriebsart**, z. B. Vollhotel, Hotel Garni, Pension, Gasthof,
- **Wahl des Betriebstyps**, z. B. Resort-Hotel, Geschäftsreise-Hotel, Kur-Hotel,
- **Wahl der Betriebsgröße**, Großhotel, kleines Familienhotel,
- **Wahl der Rechtsform**, z. B. inhabergeführtes Hotel, Personen- oder Kapitalgesellschaft.

Zur **persönlichen und fachlichen Eignung** gehören z. B.:

- robuster körperlicher Zustand des Gründers,
- Risikobereitschaft, Flexibilität und Kreativität,
- Zuverlässigkeit und Geschäftsfähigkeit im Sinne des Gesetzes,
- Ausbildung in einem gastgewerblichem Beruf sowie Branchenerfahrung,
- Nachweise über Teilnahme an Lehrgängen, z. B. Gaststättenrecht, Lebensmittelrecht.

Gesetzliche Voraussetzungen: Trotz der durch die Bundesrepublik Deutschland garantierten Gewerbe- und Berufsfreiheit werden vom Gesetzgeber bestimmte Voraussetzungen zum Schutz der Allgemeinheit und der Gäste verlangt. So muss ein gastgewerblicher Unternehmer eine Erlaubnis nach § 2 des Gaststättengesetzes besitzen, lebensmittelrechtliche Kenntnisse nachweisen und eine steuerliche Unbedenklichkeitserklärung durch das zuständige Finanzamt vorlegen.

Die **Betriebsart, Unternehmens- und Rechtsform** betreffend bieten sich dem Gründer mehrere Möglichkeiten und Optionen an. Die Gründung kann z. B. erfolgen durch:

- echte Neugründung (Planung des Gebäudes und Realisierung eines eigenständigen Betreiberkonzeptes),
- Übernahme einer bestehenden Immobilie in einem Pachtverhältnis,
- Übernahme eines bereits bestehenden und geführten Hotels mit gastronomischem Betrieb,
- Beteiligung an einem bestehenden Hotel; hier bietet sich die Möglichkeit einer aktiven oder stillen Beteiligung an.

Auch bei der Rechtsform bieten sich viele Alternativen an. So kann der Gründer jedoch nur bei einer echten Neugründung die Wahl der Rechtsform weitestgehend selbst bestimmen. Bei einem Kauf, einer Beteiligung oder einer Pacht ist die Rechtsform oftmals schon vorgegeben. Grundsätzlich bieten sich folgende Rechtsformen an:

- **Kapitalgesellschaften,**
- **Personengesellschaften,**
- **Mischformen.**

Zu den in der Hotellerie gewählten und geeigneten **Kapital- und Personengesellschaften** gehören z. B.:

- **Gesellschaft mit beschränkter Haftung (GmbH):** Die häufigste Rechtsform in Deutschland, komplizierte Gründungsformalitäten, jedoch leichtere Geschäftsführung als beispielsweise bei einer Aktiengesellschaft, Haftung nur mit dem gezeichneten Kapital, aber geringe Kreditwürdigkeit.
- **Aktiengesellschaft (AG):** Diese kann börsen- oder nicht börsennotiert sein und ist am ehesten geeignet für Unternehmer, die das Unternehmen bei Gründung bereits auf eine mögliche Expansion vorbereiten wollen.
- **Kommanditgesellschaft (KG):** Ist seltener anzutreffen, eignet sich bei einer Gründung, bei der das Unternehmen auf eine breite Kapitalbasis gestellt werden soll. Der Gründer als Komplementär haftet mit seinem gesamten Vermögen, hat aber alleiniges Entscheidungsrecht, während die Kommanditisten nur mit ihrer Einlage haften. Den Kommanditisten kommt die Funktion von Financiers zu.
- **Kommanditgesellschaft auf Aktien (KGaA):** Eine Sonderform der KG, die einen Zugang zur Börse ermöglicht und somit auf eine noch breitere Kapitalbasis angelegte Unternehmung ist, insbesondere mit der Absicht in moderatem Rahmen zu expandieren.
- **Offene Handelsgesellschaft (OHG):** Diese Personengesellschaft besitzt sehr vielfältige Formen der Vertragsgestaltung und verfügt i. d. R. über eine hohe Kreditwürdigkeit. Der Vorteil liegt auch in der Tatsache begründet, und anders als bei Kapitalgesellschaften, dass diese Rechtsform nicht der Einkommens- und Körperschaftssteuerpflicht unterliegt. Für risikoreiche Unternehmungen und Expansionsbestrebungen ist diese Rechtsform ungeeignet.
- **Gesellschaft bürgerlichen Rechts (BGB-Gesellschaft):** Eine Personengesellschaft für Nichtkaufleute mit der Möglichkeit einer breiten Vertragsgestaltung, die sich für kleine Stadt-, Landhotels und Pensionen besonders eignet. Gesellschafter haften unbeschränkt und die Geschäftsfähigkeit kann durch eine unpräzise Satzung erschwert werden, da jedes Geschäft durch die anderen Gesellschafter zustimmungspflichtig ist.
- **Stille Gesellschaft:** Der Inhaber hat die alleinige Geschäftsführungsmacht und haftet unbeschränkt und mit persönlichem Vermögen. Die stillen Gesellschafter können Verlustbeteiligungen ausschließen und sie haften nicht für Verbindlichkeiten des Unternehmens, haben aber auch kein Mitspracherecht bei der Geschäftsführung.
- **Einzelunternehmen:** Der Unternehmer hat keine Gründungsformalitäten zu beachten, haftet mit seinem gesamten Vermögen, hat die alleinige Geschäftsführung. Einzelunternehmen besitzen i. d. R. eine sehr begrenzte Kapitalkraft und haben durch mangelnde Kreditfähigkeit nur sehr begrenzte Möglichkeiten der Erweiterung.
- **Eingetragene Genossenschaft (eG):** Diese Rechtsform ist ein Zusammenschluss mehrerer Personen, bei der jeder Genosse seine eigene Position und Wettbewerbsfähigkeit durch die Klammer des Verbundes stärken will. Diese Rechtsform findet sich häufig bei bereits bestehenden Einzelunternehmen, die sich gegen die Macht und Dominanz der Markenhotellerie behaupten müssen.

Sonderformen, die die Vorteile der einzelnen Rechtsformen versuchen zu verbinden sowie die Risiken zu reduzieren bzw. zu sozialisieren, sind z. B.: GmbH & Co. KG, GmbH & Co. OHG, KGaA.

Eine grundsätzliche Überlegung bei der Wahl der Rechtsform und des Beteiligungsverhältnisses sollten die steuerlichen Möglichkeiten und Begrenzungen sein. Kapitalgesellschaften unterliegen der Kapitalertrags-, der Gewerbe- und der Körperschaftssteuer. Personengesellschaften sind i. d. R. davon befreit. Die Gewinne werden auf der persönlichen Steuerschuld nach dem Halbwertverfahren versteuert. Ferner spielt auch die Haftung des gastgewerblichen Betreibers, die Geschäftsführung und die Risikoeinschätzung bei der Wahl der Rechtsform eine Rolle.

Finanzierung und Investition: Bei der Finanzierung handelt es sich im Gegensatz zur Investition um die Beschaffung von Kapital. Die Investition hingegen bezeichnet die Verwendung des Kapitals, also die Umwandlung des Kapitals in langfristig nutzbare Anlagegüter und Sachvermögen, mit dem Ziel Gewinne zu erwirtschaften.

Der Ermittlung des Investitionsbedarfes kommt besondere Bedeutung zu, da Hotelbetriebe sehr anlage- und kostenintensiv sind, sie müssen immer einen hohen Standard (z. B. durch regelmäßige Modernisierungsmaßnahmen) aufweisen und die Ausstattung und Einrichtung steht immer unter dem Druck aktueller Modeerscheinungen.

Nachfolgendes Beispiel zur Ermittlung des **Investitionsbedarfes** anhand eines Beispiels soll aufzeigen, wie hoch der Bedarf nach unterschiedlichen Hotelkategorien und in Abhängigkeit der Lebensdauer steigen kann.

Hotelkategorie	1 – 2*		3*		4*		5*	
Wiederbeschaffungskosten (WBK)	CHF		CHF		CHF		CHF	
Ø WBK								
– Pro Zimmer	110.000		135.000		200.000		325.000	
– Pro Restaurantsitzplatz	15.000		17.500		21.500		25.000	
BKP Kategorien	%	LD in Jahren	%	LD in Jahren	%	LD in Jahren	%	LD in Jahren
Kat. I: Rohbau	35,0	95,0	32,5	95,0	30,0	65,0	25,0	65,0
Kat. II: Betriebstechnik	40,0	40,0	40,0	40,0	40,0	30,0	42,5	30,0
Kat. III: Ausstattung	25,0	25,0	27,5	15,0	30,0	12,5	32,5	10,0
Total	100,0		100,0		100,0		100,0	
Ø Lebensdauer (LD)		35,0		30,0		22,5		20,0

Tab. B. 5.20: Ermittlung des Investitionsbedarfs
Quelle: Nanzer, 2005

Die Überlegungen zur **Wahl der Finanzierung** eines gastgewerblichen Betriebes sollten sehr genau sein. Scheitern doch viele Entrepreneure an zu geringem Eigenkapital und zu teuren und risikoreichen Unternehmens- und Kreditfinanzierungen. Grundsätzlich kann die Gründung über Eigen- oder Fremdkapital erfolgen.

Die **Finanzierung über Eigenkapital** kann erfolgen über:

* Einlagen bzw. Beteiligungsfinanzierung,
* Finanzierung aus Gewinnen,
* Finanzierung aus Vermögensumschichtungen.

Die **Finanzierung über Fremdkapital** kann erfolgen über:

* Kreditfinanzierung durch z. B. den Bankensektor (Kredite und Darlehen), Nichtbankensektor (Darlehen, Obligationen und Schuldverschreibungen) und der öffentlichen Hand (Kredite aus Förderungsprogrammen),
* Finanzierung durch Pensionsrückstellungen,
* Fremdfinanzierung über den Leistungsprozess
  - Lieferanten durch einen Lieferantenkredit durch Kaufpreisstundung,
  - Kunden durch einen Kundenkredit in Form einer Kundenanzahlung.

Weitere **Sonderformen der Finanzierung** für die Hotelbranche können sein:

* Finanzierung über offene und geschlossene Immobilienfonds (z. B. für das Objekt bzw. das Gebäude),
* Leasing von Gebäuden, Zimmer und Anlagegüter,
* Contracting.

Neben diesen klassischen Formen der Finanzierung können z. B. eine Finanzierung auf Rentenbasis bei einer Übernahme eines z. B. bereits bestehenden Hotels und eine Übernahme durch Erbschaft (z. B. bei Familienbetrieben) auch eine Rolle spielen. Weiterhin können Fördermittel für eine Gründung beantragt werden. **Fördermittel** (*Dettmer*) können z. B. sein:

* **steuerliche Hilfen**, z. B. Sonderabschreibungen, Entlastung bei der Gewerbesteuer, Investitionszulagen für neuwertige und bewegliche Wirtschaftsgüter,
* **regionalpolitische Hilfen**, z. B. Förderungen des Gastgewerbes im Rahmen der Fremdenverkehrsförderung,
* **mittelstandspolitische Hilfen**, z. B. Eigenkapitalförderprogramme in Form von Darlehen, Beteiligungsprogramme durch die European Recovery Program (ERP), Förderung durch Kredite der Kreditanstalt für Wiederaufbau (KfW), der Deutschen Ausgleichsbank (DtA) sowie Übernahmen von Bürgschaften und Garantien durch die Hausbanken.

Die **Kapitalquellen** mittelständischer gastgewerblicher Betriebe sind (in absteigender Reihenfolgen):

- einbehaltene Gewinne bzw. Selbstfinanzierung,
- Finanzierung aus Abschreibungen und Rücklagen,
- Kreditfinanzierung und Kontokorrent,
- steuerliche Vergünstigungen und Investitionszulagen,
- Einlagen des Inhabers bzw. der Altgesellschafter,
- Lieferantenkredite,
- Verkauf nicht betriebsnotwendiger Vermögensgegenstände,
- staatlich bezuschusste Kredite und Gesellschafterdarlehen,
- Aufnahme neuer Kapitalgeber aus dem persönlichen Umfeld,
- Aufnahme sonstiger Kapitalgeber sowie Kapitalbeteiligungen durch Venture-Capital-Gesellschaften.

Eine Finanzierung aus eigener Kraft (Selbstfinanzierung) wird für Neugründungen und für mittelständische gastgewerbliche Unternehmer immer wichtiger, da bei einer Kreditfinanzierung, z. B. über Banken, künftig die Bestimmungen der Kreditvergabe-Richtlinien (Basel II) stärker zur Anwendung kommen werden, insbesondere für die gastgewerblichen Unternehmen, gilt doch die Hotel- und Gastronomiebranche als sehr risikoreich. Jeder Kreditnehmer muss sich einer Einzelbewertung (Rating) unterwerfen. Dabei spielen folgende Faktoren eine wichtige Rolle:

- **Hard Facts**
  - Liquidität
  - Rentabilität
  - Bilanzstruktur
  - Abschreibungsintensität
- **Soft Facts**
  - Qualität des Managements und dessen Know-how
  - Produkt und eingesetzte Technologien
  - Marktgegebenheiten der Branche
  - Unternehmensstrategien.

Die drei wesentlichen Schritte bei der Erstellung eines Finanzierungskonzeptes sind:

- **Businessplan**; dieser soll in allen Punkten schlüssig und glaubhaft nachweisen, dass sich die Investition durch Rentabilität auszeichnet,
- eine **Eigenkapitalquote** von ca. 20 % bis 35 % (wegen des Branchenrisikos) gegeben ist,
- Konzeption der **Fremdmittel**, den Absicherungsforderungen nach Laufzeit, Zinsbindung und Tilgungsdauer entspricht.

Nachfolgend soll am Beispiel die Finanzierung der Gründung eines kleinen Stadthotels verdeutlicht werden.

Die Gründung eines Hotels mit 80 Zimmern und vier Sternen wird geplant (Praxisbeispiel)	
Investitionssumme:	**12,0 Mio. €**
Rechtsform: **Kommanditgesellschaft**	
80 Zimmer/100.000,00 € pro Zimmer	8,0 Mio. €
3.000 m² Grundstück à 333,00 €/m²	1,0 Mio. €
Restaurant mit 60 Sitzplätzen à 20.000,00 €	1,2 Mio. €
Inventar (z. B. Einrichtung, Mobiliar, Geschirr u. a.)	0,5 Mio. €
Wellnessbereich	1,3 Mio. €
Gesamtinvestition	**12,0 Mio. €**
Finanzierung: Der Beleihungswert	
Gesamtinvestition – 20 % Bewertungsabschlag	12,0 Mio. €
Der Beleihungswert beträgt somit	9,6 Mio. €
50 % des Beleihungswertes ist die Beleihungsgrenze	4,8 Mio. €
Die Mittelzusammensetzung	
1. Eigenkapital	
Komplementärkapital	2,0 Mio. €
Kommanditkapital	1,5 Mio. €
ERP-Kapital für Gründung der KfW-Programm Unternehmerkapital	0,5 Mio. €
2. Fremdkapital	
Bankdarlehen (langfristig, 15 Jahre Laufzeit)	3,0 Mio. €
KfW-Unternehmenskredit (langfristig, 20 Jahre Laufzeit, zinsverbilligt)	5,0 Mio. €
Gesamtinvestition	**12,0 Mio. €**

Tab. B. 5.21: Finanzierungskonzept am Beispiel der Hotellerie
Quelle: in Anlehnung an Clausen, 2005

Wahl des Standortes und Standortfaktoren: Die Wahl des Standortes ist von entscheidender Bedeutung, da der Gast, um die Übernachtungs- und Verpflegungsleistung in Anspruch zu nehmen, das Hotel aufsuchen muss. Daher zählt die Auswahl des Standortes zu den wichtigsten und schwierigsten Aufgaben bei Hotelgründungen.

Standortfaktoren gliedern sich in:

- **physische Faktoren**, z. B. Grundstück, Erweiterungsmöglichkeiten, Infrastruktur, Sichtbarkeit, Lage und Standort des Objekts, Erreichbarkeit,

- **ökonomische Faktoren**, z. B. Entwicklung der gesamten ökonomischen Lage, Struktur der Industrie und des Gewerbes, Arbeitsmarkt (hinsichtlich der Beschaffung von qualifizierten und günstigen Mitarbeitern), Preisniveau, Günstigkeit und Qualität der Lieferanten,
- **rechtliche Faktoren**, z. B. Genehmigungsverfahren, Umweltschutzgesetze, steuerrechtliche Bestimmungen und Aspekte, Rechtssicherheit,
- **ökologische Faktoren**, z. B. Qualität der Luft, des Bodens und des Wassers,
- **politische Faktoren**, z. B. politische Stabilität des Landes, der Region,
- **geografische Faktoren**, z. B. natur- und kulturgeografische Faktoren,
- **sonstige Faktoren**, z. B. natürliches und abgeleitetes touristisches Angebot.

Standortfaktoren können mittels einer einmaligen Standortanalyse bewertet und gewichtet werden. Ein gängiges Instrument ist die **SWOT-Analyse** (Strength, Weakness, Opportunities, Threats – Stärken, Schwächen, Chancen und Risiken). Die Betrachtung sollte unter Kosten- und Ertragsgesichtspunkten erfolgen. Laufende Untersuchungen des Standortes und der Mitbewerber dienen der Qualitätssicherung.

Eine Nachfrage-, Mitbewerber-, Angebotsanalyse sowie die Kosten des Standortes dürfen nicht fehlen.

Gegenstand der **Nachfrageanalyse** ist z. B.:

- Gästestruktur und die Gästefrequenz,
- durchschnittliche Aufenthaltsdauer,
- saisonale Verläufe,
- Zahl der tatsächlichen und potenziellen Nachfrager,
- Ausgabeverhalten der Kunden und Nutzung der hoteleigenen Angebote.

Gegenstand der **Angebots- und Mitbewerberanalyse** ist z. B.:

- Anzahl der Mitbewerber, deren Lage und Standard,
- Qualität der angebotenen Zimmer der Mitbewerber,
- Dienstleistungsangebot der Mitbewerber,
- Abgrenzungskriterien und Alleinstellungsmerkmale,
- standortspezifische Auslastungsquote der Mitbewerber in der Region,
- Qualität und Quantität des verfügbaren Personals,
- Preisniveau und Preissituation,
- Image der Mitbewerber.

Gegenstand der **Betrachtung der Standortkosten** ist z. B.:

- Grundstückskosten,
- Erschließungskosten,
- Baukosten,
- Energie-, Wasser- und Stromkosten,
- Einrichtungs- und Ausstattungskosten,
- Vorinvestitions- und Eröffnungskosten,
- Gemeindekosten,
- Personalkosten,
- steuerliche Belastungen.

Stehen mehrere Standorte zur Auswahl, kann dies anhand einer **Nutzwertanalyse** untersucht und eine Entscheidung getroffen werden.

Standortanforderungen	Kriterien-gewichte	Standortalternativen			
		Standort A Stadtmitte		Standort B Stadtrand	
		Teilnutzen	gewichte-te Teilnut-zen	Teil-nutzen	gewichtete Teil-nutzen
Verkehrsanbindung	0,3	6	1,8	9	2,7
Attraktives Umfeld	0,2	9	1,8	3	0,6
Investitionskosten	0,2	3	0,6	6	1,2
Verfügbarkeit von Arbeitskräften	0,2	6	1,2	6	1,2
Öffentliche Förderung	0,1	6	0,6	9	0,9
Summe	1,0		6,0		6,6

Bewertungsskala: 0 = ungünstig; 3 = befriedigend; 6 = gut; 9 = sehr gut

Tab. B. 5.22: Nutzwertanalyse zur Standortwahl
Quelle: Henselek, 1999

Die Vorteile der Nutzwertanalyse bei der Gründung und Planung eines Hotels sind offenkundig. Sie führen zu einer rationalen und nicht zu einer intuitiven Entscheidung, Präferenzen sind nachvollziehbar, aktives Auseinandersetzen mit den Bewertungskriterien sowie Transparenz der Entscheidung. Der einzige Nachteil dieser Methode besteht in der Subjektivität bei der Auswahl und Gewichtung der Kriterien.

Eine weitere Möglichkeit der Bewertung (*nach Collrepp*) mehrerer Standorte wird in nachfolgender Bewertungsmatrix aufgezeigt.

Standortfaktor	Gewich-tung	Standort A		Standort B	
		Bewertung	Punkte	Bewertung	Punkte
Kundenpotenzial	16	4	64	3	48
Konkurrenzsituation	16	4	64	3	48
Verkehrslage	16	3	48	5	80
Miete, Mietnebenkosten	10	2	20	2	20
Kundenparkplätze	10	5	50	3	30
Arbeitskräftepotenzial	9	3	27	4	36
Erweiterungsmöglichkeiten	9	3	27	2	18
Waren-, Materialversorgung	8	3	24	4	32
Steuern, Abgaben	3	4	12	2	6
Umweltschutzauflagen	3	2	6	1	3
Summe	100		342		321
Rangplatz			1		2

Tab. B. 5.23: Bewertungsmatrix
Quelle: Collrepp, 2000

Die Betrachtung der **kurz-, mittel- und langfristigen Unternehmensentwicklung** sollte in jedem Fall folgende Überlegungen mit einschließen:

*   Mitteleinsatz bei der Gründung und des laufenden Betriebes,
*   Unternehmensziele (z. B. Expansion, Marktführer, Nischenbearbeiter, Qualitäten),
*   Einschätzung des Marktes und Analyse der Mitbewerber,
*   Umsatzentwicklungen gekoppelt an die zu erwartende Preisentwicklung,
*   Gewinnerwartung.

Empfehlenswert ist eine strukturierte Vorgehensweise und einer Visualisierung mittels Checklisten. Ebenso sollte ein ständiger Abgleich des eigenen Unternehmens mit den Mitbewerbern, mittels z. B. einer Benchmark-Studie, erfolgen.

5.1.7.2 Voreröffnungsmanagement für ein Hotelprojekt

Von der Qualität der Planung, die auf den Zielen des Unternehmens basiert, hängt der Erfolg eines Hotelprojektes (Neubau oder Übernahme) ab. Für die Phasen bzw. die Reihenfolge der Planungsaufgaben für einen Hotelneubau gibt es mehrere Ansätze. Zwei dieser Ansätze sollen nachfolgend dargestellt werden.

Beim **ersten Ansatz** wird zu Beginn eine **Feasibility-Study** (Durchführbarkeitsstudie) erstellt. Diese Studie sollte primär prüfen, ob das Projekt machbar und erfolgreich sein wird. Vorzugsweise wird diese Studie von externen und unabhängigen Beratern angefertigt. Der Aufbau der Studie kann wie folgt sein:

*   **Marktbeschreibung (allgemein):** Relevante Ist-Situation des Hotel- und Gaststättensektors, wirtschaftliche und demographische Entwicklung, rechtliche und steuerliche Stabilität,
*   **Marktanalyse:** Analyse der potenziellen Nachfrager hinsichtlich des Volumens, Informationen über die Stärken und Schwächen des Standortes, Analyse des Angebotes, Reiseentwicklung, Aufenthaltsdauer, Mitbewerber,
*   **Wertung und Würdigung des Standortes:** Systematische Beurteilung des Standortes/Projektplatzes mit den Vor- und Nachteilen, den Chancen und Risiken, Verkehrsanbindung, Strukturleistungen,
*   **Kennzeichnung des Projektes:** Art des Hotels, Anzahl und Größe der Zimmer, der Restaurants, Bars und sonstige Einrichtungen,
*   **Prognose hinsichtlich der Rentabilität:** Wirtschaftlichkeitsberechnung, Betriebsergebnis vor Steuern (Erlöse – Kosten = BE I),
*   **abschließende Wertung:** Ist das Projekt durchführbar oder nicht.

Nach der Durchführbarkeitsstudie müssen noch folgende Betrachtungen angestellt werden:

*   **Kostenaufstellung:** Bedeutet die Erfassung aller Projekt-Kosten, so z. B. Grundstücks-, Bau-, Einrichtungs- und Ausstattungs-, Vorinvestitions- und Pre-Opening-Kosten,
*   **Kredit- und Finanzplanung:** Eigenfinanzierung durch z. B. Barmittel, Wertpapiere, Grundstücke und/oder Fremdfinanzierung,

- **Partner der Finanzierung:** Z. B. Banken, Brauereien, Versicherungen, Leasinggesellschaften, Venture-Capital-Gesellschaften, Private-Equity-Gesellschaften und/oder öffentliche Förderprogramme,
- **Budgetierung**: Die Festlegung von definierten Geld- oder Mengengrößen für die einzelnen Abteilungen und Bereiche (z. B. Gastronomie-, Verwaltungs- und Logisbudgets) mit der Zielsetzung klar definierter Pläne und Vorgaben im Kosten- und Erlösbereich, um so die angestrebten Ergebnisse darzustellen.

Der **zweite Ansatz** (*nach Dettmer*) gliedert sich in sechs Schritte:

1. Schritt: Durchführung einer Standortanalyse
Diese umfasst:

- das Verhalten der Mitbewerber,
- die touristische Bedeutung meines Standortes,
- zukünftige Entwicklungen am Standort,
- geografische Lage, Infrastruktur und das natürliche und abgeleitete Angebot.

Dieser Schritt kann unter Zuhilfenahme der sekundären Marktforschung, also durch Auswertung bereits vorhandener Quellen und Statistiken erfolgen.

2. Schritt: Erstellung der Pläne und Zeichnungen für den Hotelneubau
Die Pläne für den Neubau basieren auf folgenden Vorgaben seitens des Investors/Hoteliers:

- Anzahl und Größe der Zimmer (z. B. 200 Zimmer, die als Einzel- als auch als Doppelzimmer genutzt werden können),
- Hotelkategorie (z. B. 4****),
- beabsichtigter Abgabepreis an die Kunden pro Einzel- und Doppelzimmer (z. B. 140,00 € für das DZ und 100,00 € für das EZ),
- maximale Bauzeit (z. B. 12 Monate),
- durchschnittliche Aufenthaltsdauer der Gäste (z. B. 5 bis 7 Tage pro Gast),
- Nationalitätendiversität (z. B. 50 % deutsche, 30 % europäische und 20 % asiatische Gäste).

3. Schritt: Zusammenstellung der zu erwartenden Kosten
Die zu erwartenden Kosten können sich wie folgt darstellen:

Position	Bezeichnung der Kosten	Höhe der Kosten in Euro
1.	Baugrundstück	2.000.000,00
2.	Hotelrohbau/Innenausbau	10.000.000,00
3.	Umgebungsarbeiten	500.000,00
4.	Gebühren, Honorare, Zinsen, Abgaben	1.200.000,00
5.	Einrichtung	1.100.000,00
6.	Kleininventar	700.000,00
7.	Pre-Opening-Kosten und Rücklagen	500.000,00
8.	**Gesamtsumme**	**16.000.000,00**

Tab. B. 5.24: Zusammenstellung der zu erwartenden Kosten für einen Hotelneubau
Quelle: eigene Darstellung in Anlehnung an Dettmer, 2002

4. Schritt: Erstellen der Wirtschaftlichkeitsberechnungen
Bei der Wirtschaftlichkeitsberechnung dienen drei Basiswerte als Grundlage:

*   Öffnungszeiten und Bereitstellung des Angebotes,
*   die prognostizierte und auf Erfahrungswerten beruhende durchschnittliche Auslastung in den ersten 12 Monaten,
*   die ebenfalls auf Erfahrungswerten basierten Abgabepreise sowie die Preispolitik,
*   auf der Grundlage dieser Werte wird nun eine Einnahmen- und Ausgabenberechnung für die ersten 12 Monate erstellt.

5. Schritt: Kredit- und Finanzplanung
Ausgehend von der unter dem 1. Schritt ermittelten Gesamtsumme für die Investition wird nun versucht das erforderliche Kapital bei einem Kreditgeber, z. B. einer Bank zu beantragen. I. d. R. müssen Eigenmittel in Höhe von mind. 25 % eingebracht werden, d. h. es müssen 75 % der Investitionssumme fremd finanziert werden. Um die 75 % von 16.000.000,00 € zu finanzieren werden zwei oder drei Hypotheken mit unterschiedlicher Laufzeit und unterschiedlichen Zinsbelastungen aufgenommen. Diese Form der Finanzierung bietet bzw. dient dem Investor als Möglichkeit einer gestaffelten Rückzahlung von Kredit und Zins. Die Laufzeiten der Hypotheken können auf z. B. 25 Jahre festgeschrieben werden.

6. Schritt: Budgetierung
Auf der Basis der Wirtschaftlichkeitsberechnung wird nun ein Betriebsbudget erstellt. Dieses Betriebsbudget muss realistisch sein und soll auf der Basis von Informationen aus u. a. folgenden Bereichen erstellt werden:

*   Öffnungszeiten (Präsenzzeiten) z. B. an 365 Tagen im Jahr steht das Angebot dem Gast zur Verfügung,
*   Festlegung der Angebots-Preise für Übernachtung mit Frühstück (wobei das Frühstück bereits im Preis eingeschlossen ist), Aufschläge für Halb- und Vollpension, Kinder-Ermäßigungen, Abschläge und Nachlässe für Firmen u. v. m.,
*   Auflistung und Darstellung der Einnahmen (Soll),
*   Personalbedarf für das erste Jahr (Sollbedarf) ausgehend von einer z. B. erwartenden Auslastung von 50 % in den ersten 12 Monaten,
*   detailliertes Ausgabenbudget nach dem Einzelberechnungsverfahren und nicht wie bei Kredit- und Finanzplanungen üblich, nach dem Durchschnittsverfahren. Es werden die Zahlen der Kostenstellen und der Fünf-Jahres-Finanzplanung zu Grunde gelegt.

5.1.7.3 Betriebsorganisation in der Hotellerie

Die Betriebsorganisation als Managementaufgabe hat zum Ziel, eine wirtschaftliche Leistung zu erbringen und anzubieten, damit die Kunden diese in Anspruch nehmen können. Ziele der Betriebsorganisation sind z. B.:

*   Zweckmäßigkeit,
*   Wirtschaftlichkeit,
*   Ausgewogenheit,
*   Sicherung von Kontinuität und Flexibilität.

In der Hotellerie und Gastronomie werden von der Unternehmensleitung Regelungen und Regelungstatbestände geschaffen und festgelegt. Diese Regelungen können unterschieden werden (*nach Dettmer*) in:

- **Ungeplante Regelungen (Improvisation)**: Diese provisorischen Regelungen sind keine echten Regelungen, denn diese sehen bei Eintreten einer Situation keine eigentliche Regelung voraus. Bei einem Küchenbrand oder einem Ausfall des Reservierungssystems werden z. B. die Entscheidungen zur Behebung des Schadens bzw. der Regelung situativ und spontan getroffen.
- **Fallweise Regelungen (Disposition)**: Dispositiv sind die Regelungen über die Lagerbestände bzw. die Auslastung des Hotels. Bei dispositiven Regelungstatbeständen herrschen keine dauerhaft gleichen Zustände. So muss z. B. der Lagerbestand stets optimal sein, der Verbrauch ist aber unterschiedlich. Somit muss bei jeder Bestellung fallweise die zu bestellende Menge neu festgelegt werden.
- **Generelle bzw. dauerhafte Regelungen (Dauerregeln)**: Dauerhafte Regelungen sind z. B. Verfahrensweisen, die immer nach derselben Routine ablaufen. Diese können sein: z. B. Kontenplan des Hotels, Herstellung von Gerichten nach vorgegebenen Rezepturen.

Nachfolgende Darstellung soll verdeutlichen, auf welchen Ebenen eines Hotels jeweils welche Regelungen vorherrschen.

Überwiegend fallweise und provisorische Regelungen	**Top Management**	**Management-aufgaben**	General Manager Vorstand Hoteldirektor Inhaber
	Middle Management		F & B Manager Wirtschaftsdirektor Leiter Beherbergung
Überwiegend generelle Regelungen	**Lower Management**	**Sachaufgaben**	Empfangschef Chefkoch Hauptbuchhalter Bankettleiter
	Ausführungsebenen		Reservierungsmitarbeiter Koch, Kellner, Spüler, Reinigungskräfte

Tab. B. 5.25: Betriebsorganisation und Regelungsebenen
Quelle: eigene Darstellung in Anlehnung an Bischoff/Zehnpfennig, 1993

Das Ziel der Organisation in Unternehmen ist es, fallweise Regelungen durch dauerhafte Regelungen zu ersetzen (Substitutionsprinzip der Organisation). Nicht so in der Hotellerie, da der Grad der Flexibilität mitentscheidend für die Zufriedenheit der Kunden ist.

Die **Betriebsorganisation** eines Hotels untergliedert sich in die:

- **Aufbauorganisation**,
- **Ablauforganisation**,
- **Projektorganisation**.

Als **Aufbauorganisation** wird die Festlegung der Organisationsstruktur bezeichnet. Sie beinhaltet:

- Unternehmensgliederung,
- Funktionsgliederung,
- Aufgabengliederung, d. h. die Zerlegung der Gesamtaufgaben in Teilaufgaben.

Besondere Bedeutung kommt im Rahmen der Aufbauorganisation, insbesondere bei der Ketten- und Markenhotellerie den Weisungs- und Entscheidungsystemen zu. Es werden folgende Entscheidungs- und Weisungssysteme unterschieden:

- **Direktoralsystem:** Eine Person, i. d. R. der Inhaber entscheidet in seiner Funktion als Geschäftsführer allein,
- **Kollegialsystem:** Mehrere Personen, i. d. R. das Führungsgremium, der Vorstand entscheiden gemeinsam; das Kollegialsystem kennt drei Ausprägungen: Primatkollegialität, Abstimmungskollegialität, Kassationskollegialität.

Die **Ablauforganisation** steuert die Arbeitsabläufe und definiert das Zusammenwirken zwischen Personen und Sachmitteln in einem gastgewerblichen Unternehmen. Sie beinhaltet:

- Warenfluss,
- Arbeitsablauf,
- Informationsfluss,
- Arbeitsgliederung nach Arbeitsinhalten, z. B. Arbeitsobjekt (Lagerdatei), Verrichtung (Kunden anrufen) und dem Arbeitsergebnis (aktuelle Umsätze).

Wichtigster Bereich der Ablauforganisation ist die Festlegung der Ordnungselemente des Arbeitsablaufs in einem gastgewerblichen Unternehmen. Dazu gehört (*nach Dettmer*):

- **Arbeitsinhalte:** Gegenstand der Tätigkeit, Verrichtung, Arbeitssubjekt, Betriebsmittel,
- **Arbeitszeiten:** Zeitpunkt der Erledigung der Teilaufgaben, Zeitdauer, Reihenfolge,
- **Arbeitsraum:** Räume, Anordnung der Betriebsmittel, Arbeitsplatzergonomie,
- **Arbeitszeitordnung:** Zuordnung der Tätigkeiten zu den einzelnen Personen und den Sachmittel.

Die **Projektorganisation** kommt nur gemäß der Definition eines Projektes (z. B. einmaliges Vorhaben, zeitlich begrenzt, komplex und finanzielles Risiko) zur Anwendung. So können Projekte in der Hotellerie z. B. sein: Neubau eines Kongresszentrums, Neubau/ Ausbau/Umbau der Küche, Kauf oder Neubau eines zweiten Hotels. Die Projektorganisation beinhaltet:

- Projektdefinition,
- Projektanalyse,
- Projektgestaltung,
- Projektdurchführung,
- Projektauswertung.

5.1.7.4 Personalmanagement in der Hotellerie

Personalmanagement in gastgewerblichen Unternehmen ist eine besondere Herausforderung für Führungskräfte. Das Arbeits- und Tätigkeitsfeld der Mitarbeiter in der Hotellerie und Gastronomie ist gekennzeichnet durch:

- hohe persönliche und fachliche Anforderungen an die Tätigkeit und an die Kunden,
- erfordert hohe zeitliche und geistige Flexibilität,
- hohe Arbeitszeitbelastung (saisonal bedingt),
- unattraktive Arbeitszeiten,
- multilingual,
- geringes Gehaltsniveau,
- stetig neue Kollegen durch hohe Branchenfluktuation,
- überschaubare Karriereaussichten,
- mangelnde Ressourcen (Zeit und Mittel) für Aus-, Fort- und Weiterbildung,
- stetige Ortsveränderungen bei Wechsel der Stelle und des Unternehmens.

Bevorzugt wird eine Tätigkeit in der Hotellerie und Gastronomie aus folgenden Gründen:

- sichere Arbeitsplätze,
- viele Möglichkeiten auch Auslandserfahrungen zu sammeln,
- sehr abwechslungsreiche Tätigkeiten,
- schnelle (bei Bereitschaft und Mobilität) Aufstiegschancen im Beruf,
- aufgeschlossene und freundliche Kollegen.

Mitarbeiter in gastgewerblichen Unternehmen sollten/müssen über folgende notwendige Persönlichkeitsmerkmale und Qualifikationen verfügen.

Notwendige Persönlichkeitsmerkmale	Notwendige Qualifikationen
• Individualität	• interdisziplinäres Denken und Handeln
• Belastbarkeit	• konzeptionelle Gesamtsicht
• Standfestigkeit und Sicherheit	• Menschenführung und Motivation
• seelische Kraft	• Kommunikationsfähigkeit u. -bereitschaft
• Durchhaltevermögen und Zähigkeit	• Marktorientierung
• Effektivität	• Sachkompetenz
• Urteilskraft u. -vermögen	• wirtschaftliches Grundverständnis
• Mobilisierungskraft	• Kreativität für neue Lösungen
• Gesprächsfähigkeit	• Lernfähigkeit und Flexibilität
• Aufgeschlossenheit	• Entscheidungsfähigkeit
• mitmenschliche Qualitäten	• Kooperations- und Kompromissbereitschaft
• Konfliktfähigkeit	• Organisationsfähigkeit
	• Technologieverständnis
	• Methodenwissen
	• Verantwortungsbewusstsein

Tab. B. 5.26: Notwendige Persönlichkeitsmerkmale und Qualifikationen
Quelle: Dettmer, 2000

Einer Umfrage *nach Vollmer* zufolge, was junge Mitarbeiter und Führungskräfte erwarten und nach welchen Kriterien sie ihren Arbeitsplatz auswählen, wurden folgende Kriterien (in fallender Reihenfolge) genannt:

- Aufgabenvielfalt,
- persönlicher Freiraum,
- Betriebsklima,
- Weiterbildungsangebot (innerbetrieblich oder extern),
- gelebter Führungsstil,
- Chancen für die Umsetzung eigener Ideen,
- Aufstiegschancen,
- sehr gute Einarbeitung in die Tätigkeitsfelder,
- anspruchsvolle Aufgaben,
- Verantwortung,
- Identifikation mit dem Produkt,
- flexible Arbeitszeiten,
- ethische Übereinstimmung mit dem Produkt,
- Arbeitsplatzsicherheit,
- Einkommen,
- Freizeit (Vereinbarkeit mit dem Privatleben).

Aus diesen Problematiken, Erwartungen der Unternehmen und der Mitarbeiter ergibt sich die Wichtigkeit aber auch die Handlungsanforderung eines modernen Personalmanagement-Konzeptes für ein erfolgreiches gastgewerbliches Unternehmen.

Der Erfolg eines gastgewerblichen Unternehmens liegt nicht nur in der erbrachten Leistung dem Gast gegenüber, sondern auch in der Person, die die Leistung erbringt. Aus diesem Grund ist ein modernes Personalmanagement erforderlich. Personalmanagement wird als eine **Führungsfunktion** verstanden, die folgende Tätigkeiten beinhaltet:

- Koordinierung der Mitarbeiter,
- Kontrolle der Mitarbeiter,
- Unterstützung der Mitarbeiter,
- Führungsverhalten,
- Führungsleistung.

Personalmanagement muss als Managementkonzeption verstanden werden, um den Mitarbeitern zum richtigen Zeitpunkt, am richtigen Ort mit der betriebsoptimalen Leistungsbereitschaft einzusetzen. Mittel, Konzepte und Ansätze um dies sicher zu stellen, sind:

- **Führungsprinzipien**, z. B. autoritär, kooperative, partnerschaftlich,
- **Führungsstile**, z. B.: repressiv-frustrierend FS, progressiv-motivierend FS,
- **Führungstechniken**, z. B. Management by Objectives (MbO), Management by Delegation (MbD), Management by Exception (MbE), Management by System (MbS),
- **Führungsmittel**, z. B. Lohn und Gehalt, Arbeitsanweisungen und Stellenbeschreibung, Lob und Kritik, Weiterbildung und Schulung, Beurteilung, Verantwortung, Statussymbole,
- **Führungsmodelle**, z. B. Teamkonzept (*Likert*), St. Galler Modell (*Ulrich*), Harzburger Modell (*Höhn*).

Das jeweilig angewendete Personalmanagement-Konzept kann aber von folgenden Faktoren abhängig sein:

- **Organisationsmodell des Unternehmens:** Z. B. die Hierarchie des Unternehmens (z. B. Ein-Linien-, Mehr-Linien-, Stablinien-Modell, Matrix),
- **Bildungsstand der Mitarbeiter,**
- **Entwicklungsphase des Unternehmens:** Z B. befindet sich das Unternehmen in einer Entwicklungs-, Konsolidierungs-, Integrations-, Wachstums- oder Differenzierungsphase.

Der Führungsform, also die Kombination der Mittel und Konzepte des Managements kommt eine entscheidende Bedeutung zu, entscheidet sie nicht zuletzt über Erfolg oder Misserfolg des Personalmanagements. Wichtige Führungsformen (*Dettmer*) können z. B. sein:

- **Überlebens-Management:** Starke Distanz zwischen Führungskräften und Mitarbeitern, keine Aufgaben- und Mitarbeiterorientierung, häufig in der Ketten- und Markenhotellerie anzutreffen, da Führungskräfte nach einem rollierenden Verfahren häufig ihre Positionen und Einsatzgebiete wechseln,
- **Team-Management:** Unternehmensziele werden mit den individuellen Zielen der Mitarbeiter in Einklang gebracht, in der Praxis kaum anzutreffen,
- **Glacehandschuh-Management:** Stark mitarbeiterorientierte Führungsform, Unternehmensziele werden den Mitarbeiterzielen untergeordnet, kommt häufig in Unternehmen mit schwachen Führungskräften zum tragen,
- **Befehl-Gehorsam-Management:** Starke Aufgabenorientierung der Führungskräfte, der Mitarbeiter ist lediglich Mittel zum Zweck, sehr häufige Form der Führung,
- **Organisations-Management:** Hohe Kompromissfähigkeit der Führungskräfte, Konsens zwischen Mitarbeiter- und Unternehmenszielen und Interessen, endet meistens in einer Unter- oder Überorganisation.

Das geeignete Personalmanagement hängt auch von der Organisationsform des Hotels ab. Bei kleinen Hotels wird das Personalmanagement vom General Manager wahrgenommen, insbesondere bei Ein-Linien-Organisationen. Bei größeren Hotels wird das Personalmanagement oftmals von einer der Geschäftsführung zugeordneten Stabstelle wahrgenommen (Stab-Linien-Organisation). Bei großen Hotels ist das Personalmanagement der Wirtschaftsabteilung oder der Personalabteilung zugeordnet (Mehr-Linien-Organisation). Bei der Ketten- und Markenhotellerie ist das Personalmanagement ein eigener Direktionsbereich in der zweiten Hierarchieebene.

Der Einsatz und die Einsatzplanung des Personals richtet sich nach den Leistungseinheiten und den Leistungsbereichen im Bereich der Beherbergung und dem F & B. Folgende Darstellung zeigt dies auf:

Bereiche	Leistungseinheiten
Empfang/Portier Empfangsherren Pagen Hoteldiener Telefondienst	Anzahl der Ankünfte und Abreisen Anzahl der belegten Zimmer pro Arbeitsschicht
Hausdamenabteilung Zimmermädchen Etagenbeschließerinnen Reinigungspersonal Fensterputzer	Anzahl der belegten Zimmer oder der zu reinigenden Quadratmeter Zimmeranzahl pro Arbeitsschicht Quadratmeter pro Arbeitsstunde Fenster pro Arbeitsschicht
Restaurant Service Oberkellner Kellner (Chef, Commis) Weinkellner	Gästeanzahl pro Essenszeit (Frühstück, Mittag, Abendessen) Couvertanzahl pro Essenszeit Getränkeumsatz pro Arbeitsschicht
Küchenproduktion Köche	Couvertanzahl pro Arbeitsschicht
Stewardabteilung Geschirrspüler	Couvertanzahl pro Abwaschmaschinenstunden
Bars Barkeeper	Getränkeumsatz pro Arbeitsschicht
Etagenservice Kellner	Anzahl der Rechnungen pro Arbeitsschicht (jede Rechnung = 1 Weg)
Bankettservice Oberkellner Kellner	Gästeanzahl pro Art der Veranstaltung (Mittag- und Abendessen, Bankett, Konferenzen, Ball, Cocktailparty)

Tab. B. 5.27: Kriterien der Personalplanung
Quelle: Schaetzing, 2004

Eine zentrale Rolle im Personalmanagement in der Hotellerie und Gastronomie spielt die Aus-, Fort- und Weiterbildung. Folgende **Ausbildungsberufe** (IHK geprüft) bietet das Gastgewerbe an:

- Koch/Köchin,
- Restaurantfachmann/-frau (Refa),
- Hotelfachmann/-frau (Hofa),
- Hotelkaufmann/-frau,
- Fachmann/-frau für Systemgastronomie,
- Fachkraft im Gastgewerbe.

Fort- und Weiterbildungsmöglichkeiten (formale Abschlüsse durch z. B. IHKs, staatl. Hotelfachschulen, Fachhochschulen) für gastgewerbliche Berufe bieten Hotelakademien, Berufsakademien, IHKs an und sind:

- Hotelmeister,
- Restaurantmeister,

- Küchenmeister,
- Staatl. geprüfter Hotelbetriebswirt,
- Staatl. geprüfter Hotelökonom,
- Staatl. geprüfter Gastronom,
- Betriebswirt (FH) für Hospitality Management.

5.1.7.5 Qualitätsmanagement im Gastgewerbe

Dem Qualitätsmanagement kommt die Bedeutung zu, die Qualitätsstandards auf der Basis der Kundenanforderungen zu definieren, diese zu sichern und stetig zu überprüfen und weiter zu entwickeln, denn „Qualität ist mehr als teuer".

Die Qualitäten in Hotellerie und Gastronomie können (*Dettmer*) in folgenden Bereichen bzw. auf folgenden Ebenen definiert werden:

- **Hardware**, z. B.:
  - Ausstattung der Zimmer, Lobby, des Restaurants,
  - Funktion und Funktionalität der Einrichtung,
  - Ästhetik,
- **Umwelt**, z. B.:
  - Landschaftsbild und Ressourcenverbrauch,
  - Beeinträchtigungen des Umfeldes und dessen Verschmutzung,
  - soziale und kulturelle Umfeld,
- **Software**, z. B.:
  - Qualität der Serviceleistungen,
  - Verbindlichkeit und Verlässlichkeit der Informationen,
  - Gastfreundlichkeit.

Die **Grundsätze der Qualitätsentwicklung** im Gastgewerbe können wie folgt festgelegt werden:

- Qualität definieren,
- messbare, spezifizierte und terminierte Ziele setzen,
- Prioritäten setzen,
- ständige Kommunikation mit den Mitarbeitern,
- Qualität umsetzen, Mitarbeiter unterstützen,
- Zielerreichung kontrollieren (regelmäßige Gästebefragung),
- neue Ziele setzen (Kreislauf).

Als wichtigstes und umfassendes Qualitätskonzept zur Umsetzung der Qualitätspolitik eines Hotels gilt das Total-Quality-Management Konzept (TQM). Dieses Konzept gilt als anwender- und herstellungsbezogen. Anwenderbezogen bedeutet, dass die Ergebnisqualität im Vordergrund steht und die Leistungen den Erwartungen des Kunden entsprechen. Herstellungsbezogen bedeutet die Qualität der Prozesse, d. h. wie der Kunde die angebotene Leistung erlebt hat.

Was Qualität ist und wie sie erlebt wird, definiert der Gast. Qualität hängt jedoch stark von der Mitarbeiterzufriedenheit ab und diese sorgt sodann für Gästezufriedenheit. **Mitarbeiterzufriedenheit erhöht die Qualität, daraus folgt:**

- höhere Leistungsbereitschaft,
- Motivation,
- persönliches Wohlbefinden der Mitarbeiter,
- Arbeitszufriedenheit,
- größere Attraktivität der Unternehmens,
- wachsende Flexibilität,
- zunehmende Selbstorganisation,
- wachsendes Verantwortungsbewusstsein,
- höhere Identifikation mit dem Unternehmen.

Die daraus resultierende Qualität erhöht die Gästezufriedenheit, daraus folgt:

- zunehmende Gästebindung,
- höherer Gästenutzen, da Kostenvorteile,
- höhere Attraktivität des Gastgebers,
- größeres Wachstum,
- größere Marktanteile,
- Rentabilität,
- höhere Leistungsfähigkeit.

Eine Möglichkeit der stetigen, bewussten und gesteuerten Qualitätsfortschreibung ist die Vornahme einer Zertifizierung nach DIN EN ISO 9000 ff. Norm für Dienstleistungsunternehmen. Der **Nutzen der Zertifizierung** liegt eindeutig und erwiesenermaßen in:

- der Verbesserung der Wettbewerbsposition,
- der Erhöhung der Produktivität,
- Qualitätssicherung,
- Mitarbeitermotivation.

5.1.7.6 Produktionsplanung in der Hotellerie und Gastronomie

Das Produkt bzw. die Dienstleistung eines gastgewerblichen Betriebes setzt sich zusammen aus:

- **Beherbergungsleistung:** Die bauliche Anlage, Gästezimmer, Empfangsbereich und Aufenthaltsräume, Verkehrs- und Etagenflächen, Technik- und Betriebsräume, sonstige Einrichtungen,
- **Zimmerarten:** Die nach internationalem Standard übliche Zimmercodierung ist folgende:
  - Single bed with bath (SGLB) – Einzelzimmer mit Bad (EZ),
  - Single bed with shower (SGLS) – Einzelzimmer mit Dusche (EZ),
  - Single bed (SGL) – Einzelzimmer mit fließendem Wasser (EZ),
  - Double bed with bath (DBLB) – Doppelzimmer mit Bad (DZ),
  - Double bed with shower (DBLS) – Doppelzimmer mit Dusche (DZ),
  - Double bed (DBL) – Doppelzimmer mit fließendem Wasser (DZ),
  - Twin bed with bath (TWNB) – Doppelzimmer mit Bad und mit getrennten Betten (DZ),
  - Twin bed with shower (TWNS) – Doppelzimmer mit Dusche und mit getrennten Betten (DZ),
  - Twin bed (TWN) – Doppelzimmer mit fließendem Wasser und getrennten Betten (DZ),
  - Suite (S) – getrennter Wohn- und Schlafbereich,

- **Qualität und Güte der Betten**: Dies ist ein zentrales Element der Produktgestaltung und folgt der int. Codierung:
  - King Size Bed (K),
  - Queen Size Bed (Q),
  - Twin/Double bed (T/D),
  - Water bed (W),
- **Verpflegungsleistung**, z. B. Restaurants, Bar, Café, Bankettabteilung; nach internationalem Standard werden die Verpflegungsleistungen wie folgt codiert:
  - American Plan (AP) – Vollpension (VP),
  - Modified American Plan (MAP) – Halbpension (HP),
  - Continental Plan (CP) – Übernachtung und Frühstück (ÜF),
  - European Plan (EP) – Übernachtung ohne Frühstück (Ü),
  - All Inclusive (AI/I) – alle Verpflegungsleistungen sind inclusive,
  - Breakfast (BFST) – Frühstück in folgenden Ausprägungen: Buffet Breakfast (BBFST), American Breakfast (ABFST), English Breakfast (EBFST), Continental Breakfast (CBFST), Special Breakfast (SBFST),
- **Sonstige Leistungen**.

Auch können gastgewerbliche Leistungen in folgende Leistungsstufen unterteilt werden:

- **Handel**, dazu gehören Keller- und Nebenleistungen,
- **Fertigungsleistungen**, dazu gehören Küchenleistungen,
- **Dienstleistungen**, dazu gehören Beherbergungs-, Service- und Nebenleistungen.

Eine weitere Einteilung kann vorgenommen werden in:

- **Hauptleistungen**, dazu gehören:
  - Verpflegungsleistungen, z. B. Küchenleistungen (Zubereitung von Speisen, Tees, Kaffee, Pâtisserieprodukten), Kellerleistungen (Verkauf von alkoholfreien und alkoholhaltigen Getränken),
  - Serviceleistungen (Servieren von Küchen- und Kellerleistungen),
  - Beherbergungsleistungen, z. B. Zimmervermietung und Bereitstellung sanitärer Einrichtungen,
- **Nebenleistungen** sind branchenbezogene Leistungen gegen Entgelt, z. B.:
  - Besorgung der Gästewäsche,
  - Vermittlung von Telefongesprächen,
  - Verkauf von Tabakwaren und Souvenirs,
  - Sauna, Solarium, Sporteinrichtungen,
  - Garagenvermietung.

Die **Produktions- und Programmplanung** kann in folgende Schritte unterteilt werden:

- **Planung des Produktionspotenzials**, z. B. die Wahl des betrieblichen Standortes (z. B. Stadthotel, Landgasthof oder Urlaubshotel),
- **Festlegung der Kapazitäten**, z. B. die Betriebsmittel und Arbeitskräfte nach Quantität und Qualität (z. B. Zahl der Betten, Sitzplätze im Restaurant, Grad der Serviceleistungen),
- **Planung des Produktionsprogramms**, z. B. die Festlegung der Art, Menge, Variantenvielfalt und Qualität der zu erstellenden Leistungen (z. B. Speisen- und Getränkeangebot, Veranstaltungen),
- **Planung des Produktionsprozesses**, z. B. die Festlegung von Art und Reihenfolge der erforderlichen Arbeitsgänge und des Materialflusses (z. B. Arbeits- und Dienstpläne).

Die **Produktionsplanung** erfolgt auf einer strategischen und einer operativen Ebene.

Die **strategische** Programmplanung umfasst:

- Marktanalyse, z. B. die Erkennung der Grundstruktur des Marktes, Marktgliederung, Marktgröße,
- Produktanalyse, z. B. die Überprüfung der Leistungen auf ihre Qualität, Aufmachung und Konkurrenzfähigkeit, Analyse der Beschaffungs-, Finanz- und Absatzmärkte.

Die **Beschaffungsmärkte** werden analysiert nach:

- Lieferanten,
- Beschaffungswege,
- Lieferfristen,
- Preise,
- Qualitäten,
- Arbeitsmarktlage.

Die **Finanzmärkte** werden analysiert nach:

- Kapitalmarkt,
- Geldmarkt,
- Devisenmarkt.

Die **Absatzmärkte** werden analysiert nach:

- Marktpotenzial,
- Marktvolumen,
- Bedarfsstrukturen,
- Marktanteil,
- Wettbewerber.

Zur **operativen** Produktionsplanung gehören, z. B.:

- Planung einer Saison, Erstellen von Speise- und Getränkekarten, Planen von Aktionen (z. B. Spezialitätenwochen, Veranstaltungen, Sonderessen), Planen der täglichen und wöchentlichen Speisemenge,
- Methoden des Rechnungswesens und der Kalkulation, z. B. Gewinnmaximierung, Kosten (variable, fixe und sprungfixe Kosten), Deckungsbeiträge, Periodendeckungsbeitrag, Stückdeckungsbeitrag/Deckungsbeitrag pro Portion, Monatsdeckungsbeitrag, engpassbezogener Deckungsbeitrag.

Ein wichtiger Bereich der Produktionsprogrammplanung ist die Rationalisierung und die Freisetzung von Kosteneinsparpotenzialen bzw. Kosteneinsparmaßnahmen. Die Rationalisierung strebt ein Optimum an Leistungen mit einem Minimum an Aufwand in materieller als auch in personeller Hinsicht an. Gerade für die Hotellerie mit ihrer hohen Personalintensität ist dies bedeutsam. Rationalisierungen sollen die Prozesse schneller und billiger und besser machen. Hier sei der Hinweis auf mögliche Konflikte erlaubt.

Die **Ziele der Rationalisierung** in der Hotellerie und Gastronomie lassen sich wie folgt zusammenfassen:

- Kostenoptimierung,
- Erwirtschaften von Gewinnen,
- Konkurrenzfähigkeit,
- stetiges Wachstum,
- marktfähige Preise.

Die Strategien, mit denen Kostenoptimierung und Rationalisierung erreicht werden können, sind:

- **Erzielen von Wettbewerbsvorteilen** durch Kosteneinsparungen im Bereich Einkauf, in der Produktion, durch Standardisierung,
- **Fokussierung des Leistungsangebotes,** Ausbau oder Reduktion der Angebotsbreite und Angebotstiefe, Konzentration auf cash cows und stars,
- **partnerschaftliche Zusammenarbeit** mit anderen Hotels, Verbänden und Kooperationen,
- **Prozessoptimierung** durch Effizienz und Effektivität,
- **Standortvorteile** besser nutzen durch Internationalisierung der Kosten und Auslagerung von Funktionen, globale Kostenvorteile nutzen,
- **gezielter Methodeneinsatz,** z. B. durch Benchmarking, Outsourcing, Kai Zen und Time-Management,
- **funktionelle Entkopplung,** also die Trennung der Kernbereiche Eigentum und Betrieb und die Spezialisierung auf einen der beiden Bereiche. Es muss eine Verantwortungs- und Risikoteilung beim Eigentümer und dem Betreiber stattfinden, insbesondere in der Ketten- und Markenhotellerie, die sich durch diverse Betreiber- und Kooperationsformen (z. B. Managementverträge, Pacht, Franchising) auszeichnet.

Beschaffung und Lagerung in der Hotellerie
Beschaffung, Warenannahme und Lagerung in der Hotellerie und Gastronomie muss eine Managementfunktion sein, denn was im Einkauf und der Beschaffung eingespart wird, braucht nicht erst verdient zu werden. Dieser Grundsatz gilt insbesondere für den F & B-Bereich eines Hotels aber auch für andere Gebrauchs- und Verkaufsgüter.

Beschaffung und Annahme der Ware
Ziel des Einkaufs und der Beschaffung ist es die beste und geeignete Qualität zum bestmöglichen Preis zu erwerben und anzunehmen, d. h. den besten Gegenwert (Kombination aus Preis, Lieferzeit, Qualität) zu erhalten. Für den Einkauf/Beschaffung bedarf es qualifizierter und loyaler Mitarbeiter, präzise Einkaufsspezifikationen und einsatzfähige, erprobte Methoden und Verfahren. Günstig wirkt sich ein zentralisierter Einkauf auf die Liquidität und Rentabilität aus. Das Management muss stets informiert sein über neue Produkte, Materialien, Lieferanten, die für das Hotel und dessen Ausstattung relevant sein könnten.

Die Beschaffung kann in drei Schritte gegliedert werden:

- **Beschaffungsplanung,**
- **Beschaffungsdurchführung,**
- **Beschaffungskontrolle.**

Die Beschaffungsplanung wird bestimmt durch die:

- Einflussgrößen auf die optimale Bestellmenge: Dazu gehören die Beschaffungskosten, Lagerkosten, Liquidität, Lagerbestand, Zahlungsbedingungen, Lieferbedingungen, Lagerkapazität, Rabatte, Lagerfähigkeit, Einkaufsbudget,
- Bestellzeitpunkt: Bestellrythmusverfahren mit fixer und variabler Bestellmenge, Bestellzeitpunktverfahren mit fixer und variabler Bestellmenge,
- Meldebestand = (eiserner Bestand + Beschaffungsziel) · Ø Tagesverbrauch.

Die **Beschaffungsdurchführung** wird bestimmt durch:

- wechselseitige Kontakte zwischen Lieferer und Besteller.

Die **Beschaffungskontrolle** wird bestimmt durch:

- Einhaltung der Lieferfristen,
- Wareneingangskontrolle/Wareneingangsbuch,
- Vorgehensweise bei der Warenannahme: Qualität, Quantität, Preis, Zustand der Waren, Verpackung müssen mit der Bestellung übereinstimmen, Artikel und Gewichte sollten stichprobenartig gewogen bzw. gezählt und überprüft werden.

Der **Einkauf** muss kostenmindernd sein. Daher empfiehlt sich folgende Vorgehensweise:

- Produktionsplanung im Verpflegungsbereich stringent befolgen,
- erforderliche Qualitäten dem Verwendungszweck anpassen,
- verstärkt saisonale Angebote nutzen,
- Einkauf unter Zeitdruck vermeiden, die Lieferzeiten berücksichtigen,
- laufend Informationen zwischen ihrem Unternehmen und den Lieferanten austauschen,
- Daueraufträge beim Einkauf unterlassen.

Lagerung
Lagerung bzw. Lagerhaltung bedeutet den Warenvorrat sachgemäß und fachmännisch nach den Lebensmittel- und Hygiene-Vorschriften zu lagern. Der Lagerhaltung kommen folgende Funktionen zu:

- **Ausgleichsfunktion,**
- **Sicherungsfunktion,**
- **Überbrückungsfunktion,**
- **Spekulationsfunktion,**
- **Umformungsfunktion,**
- **Sortierungsfunktion.**

In der Hotellerie sind unterschiedliche Lager notwendig um z. B. die Güte der Küchenleistung durch stets frische und einwandfreie Lebensmittel zu gewährleisten. Es wird eine Lagerkartei geführt, in der die Warenein- und Warenausgänge erfasst werden. Die Lager müssen so eingerichtet und gesichert sein, dass Schwund, Verderb verhindert wird.

Weitere entscheidende Determinanten der Lagerhaltung sind:

- **Lagerbauarten** im Gastgewerbe: Offenes Lager, halboffenes Lager, geschlossenes Lager, Speziallager,
- **Lagerobjekte** im Gastgewerbe: Eingangslager, Zwischenlager, Fertigwarenlager,
- **Lagerstandorte** im Gastgewerbe: Zentrallager, dezentrales Lager,
- **Lagergestaltungen** im Gastgewerbe: Eingeschosslager, Mehrgeschosslager, Hochregallager,
- **Lagerzugriffe** im Gastgewerbe auf: Hauptlager, Nebenlager, Handlager,
- **Wirtschaftlichkeit der Lagerhaltung** im Gastgewerbe abhängig von: Lagerkapazität, Lagermenge, Lagerdauer, Lagerorganisation.

Um eine stetige Kontrolle über die Lagerbestände sowie über die Notwendigkeit der weiteren Bestellung zu erfahren, wird mit folgenden wichtigen Lagerkennziffern gearbeitet:

- **durchschnittlicher Lagerbestand bei regelmäßigem Verbrauch:**
  - Ø Lagerbestand = (Bestellmenge : 2) + eiserner Bestand

- **bei unregelmäßigem Verbrauch:**
  - Ø Lagerbestand = Anfangsbestand + Schlussbestand : 2

- **Lagerumschlagshäufigkeit:**
  - Lagerumschlagshäufigkeit = Jahresverbrauch : Ø Lagerbestand

- **durchschnittliche Lagerdauer:**
  - Ø Lagerdauer = 360 : Lagerumschlagshäufigkeit

- **durchschnittliche Lagerkosten:**
  - Ø Lagerkosten = Ø Lagerbestand · Lagerkosten pro Stück

- **durchschnittliche Kapitalbindung:**
  - Ø Kapitalbindung = Ø Lagerbestand · Einstandspreis

- **Lagerzinssatz:**
  - Lagerzinssatz = Jahreszinssatz · Ø Lagerdauer : 360

Gründe für einen überhöhten Wareneinsatz, insbesondere in der Hotelgastronomie, können sein:

- zu umfangreicher Einkauf ohne Preisvergleiche,
- keinen Überblick über die Warenbestände, da keine Registrierung erfolgt ist,
- unsachgemäße Behandlung der Ware und dadurch Verderb,
- Diebstahl, mangelnde Kontrollen, fehlerhafte Lagerkartei,
- keine Kontrolle über die ausgegebene Ware,
- keine einheitlichen Rezepturen,
- Privatverbrauch und Personalessen wird nicht erfasst,
- keine Verkaufsanalysen.

Wareneinsatzkosten können signifikant gesenkt werden durch:

- verstärkter Einsatz von Convenience-Produkte,
- regelmäßige Portionskontrollen (Größe, Gewicht, Anzahl),
- Verkleinerung der Speisekarten aufgrund durchgeführter Verkaufsanalysen,

- saisonale und preisgünstige Angebote bei der Erstellung der Tageskarte berücksichtigen,
- Angebote verschiedener Lieferanten vergleichen, denn im fachkundigen und sorgfältigen Einkauf liegt ein wesentlicher Faktor für die Gewinnmaximierung bzw. Kostenreduzierung in der Hotellerie und Gastronomie.

5.1.7.7 Ökologiemanagement in der Hotellerie und Gastronomie

Unter dem Begriff Ökologiemanagement ist die zielgerichtete Gestaltung und Entwicklung eines gastgewerblichen Betriebes in seiner Beziehung zur ökologischen Umwelt zu verstehen (*Henschel*). Die Beeinträchtigung der Umwelt soll so gering wie möglich gehalten werden. Das Gleichgewicht zwischen der Umwelt, den Interessen der Gäste, den Interessen der Ortsansässigen und des Unternehmens soll gewahrt und erhalten bleiben.

Ein gastgewerblicher Betrieb kann die Umwelt beispielsweise wie folgt beinträchtigen (*Opaschowski*):

- **Landschaftsverschmutzung:** Die Landschaft wird durch das Unternehmen, aber auch durch die Gäste belastet und verschmutzt. Gerade First- und Luxus-Class-Hotels produzieren die höchste Restmüllmenge pro Gast (*Maschke*).
- **Wasserverbrauch und Wasserverschmutzung:** Auch hier steht die Luxus-Hotellerie an der Spitze des Wasserverbrauchs pro Gast. Hinzu kommen Wasserverbrauch steigernde Einrichtungen, wie z. B. Swimmingpool, Gartenanlage, eigene Wäschereien und ggf. ein Golfplatz (*Maschke*).
- **Luftverschmutzung:** Die Luft wird durch FCKW, Fuhrpark, Abgase der Kühlflüssigkeit der Klimaanlagen verursacht.
- **Gefährdung/Versiegelung und Zersiedelung der Landschaft:** Wird verursacht durch Anlage für die Freizeitgestaltung, Hotelneubauten. Der Raumbedarf liegt bei einem First-Class-Hotel pro Gast bei ca. 30 qm (*Krippendorf*).
- **Gefährdung/Beeinträchtigung der Fauna und Flora:** Durch Ausbau der Infrastruktur, beständiges Ansteigen der Temperatur in unmittelbarer Nähe der Hotelanlagen durch die Produktionsanlagen.

Als zentrale Elemente der Vermeidung, entlehnt aus dem Umweltrecht, hinsichtlich des Ökologiemanagements von gastgewerblichen Betrieben, gelten folgende Prinzipien:

- **Vorsorgeprinzip:** Vorbeugende Maßnahmen bedeuten Gefahrenabwehr, Risikovorsorge und Zukunftsvorsorge und sollen grundsätzlich Belastungen der Umwelt reduzieren helfen.
- **Verursachungsprinzip:** Verantwortung für die selbst verursachte Umweltbeschädigung und Umweltbeeinträchtigung. Es soll ein Ausgleich erfolgen und der Unternehmer muss die Kosten für seine Maßnahmen tragen.
- **Gemeinlastprinzip:** Stellt die Ausnahmen zum Verursacherprinzip dar. Der Unternehmer/Hotelier wird für Einzelmaßnahmen, die er verursacht hat aber der Allgemeinheit dienen, nicht zur Verantwortung gezogen und kommt für die Umweltschäden nicht auf.
- **Kooperationsprinzip:** Alle Erkenntnisse nutzbar machen und für einen stetigen Gedankenaustausch und Kommunikation sorgen.

Der DEHOGA hat im Rahmen des Ökologiemanagements und der Umweltinitiative 40 **Öko-Kriterien** für den gastgewerblichen Bereich definiert, die nachfolgend und beispielhaft einige Bereiche angeben, in denen es sich auch aus kostenrelevanten Überlegungen lohnt, Ökologiemanagement gezielt zu betreiben.

Wasser/Abwasser

- Ermittlung der betrieblichen Wasserqualität,
- Durchflussbegrenzer in den Handwaschbecken und Duschen,
- Ausstattung der Toilettenspülkästen mit Spartasten,
- regelmäßige Kontrolle der Wasserverbrauchsstellen,
- variabler Handtuchwechsel,
- Verwendung umweltschonender Waschmittel,
- Verzicht auf Vorwäsche und Kochwaschgang,
- Verzicht auf Weichspüler,
- Verzicht auf Desinfektionsmittel,
- Verzicht auf WC-Steine und Duftspender,
- Verzicht auf Sanitär- und Rohrreiniger,
- Verwendung von milden Reinigungsmitteln.

Müllvermeidung

- Verzicht auf Portionspackungen und Badeartikel,
- Verzicht auf „Betthupferl" in Kleinverpackung,
- Verzicht auf Einweg-Zahnbecher,
- Verwendung von Recyclingpapier und generelle sparsame Verwendung von Papier,
- Verzicht auf umweltschädliche Arbeitsmaterialien im Büro,
- Verwendung von Mehrwegbehältern und Großpackungen,
- Verzicht auf Einweggeschirr, Einwegbesteck, Einwegtischdecken,
- Verzicht auf Dosengetränke und Plastikflaschen,
- sparsame und sortenreine Verwendung von Kunststoffen,
- Verzicht auf Portionspackungen.

Mülltrennung

- Trennung nach Papier und Kartonagen, Glas, Werkstoffen, kompositierbaren Abfällen, Sondermüll, Restmüll,
- getrennte Entsorgung von Fetten und Ölen über spezielle Verwertungsfirmen,
- getrennte Rückgabe von Verpackungsmaterial an Lieferanten,
- Entsorgung von organischen Abfällen.

Energie

- Verwendung von Energiesparlampen,
- Einzelthermostate für die Heizung in allen Räumen,
- zentrale Warmwasserversorgung,
- regelmäßige Überprüfung von Heizungsanlagen zur Sicherung eines Wirkungsgrades von mindestens 90 %,
- Einsatz elektrischer Händetrockner prüfen,
- Verwendung von Zeitschaltuhren.

Sonstiges

- Durchführung von Neuinvestitionen unter ökologischen Gesichtspunkten,
- Gästeinformationen,

- Pflege und Ausbau von Außen- und Gartenanlagen,
- Angebot von Vollwertgerichten,
- Verwendung von Fisch- und Fleischprodukten aus der Region,
- Verzicht auf Spraydosen und FCKW,
- Personalschulung,
- Fahrtkostenzuschuss für Personal und Gästen bei Benutzung von öffentlichen Verkehrsmitteln.

Auch sind diverse **Fördermöglichkeiten für aktive Ökologieschutzmaßnahmen** bei folgenden Institutionen beantrag- und abrufbar:

- European Recovery Program (ERP),
- Deutsche Ausgleichsbank (DtA),
- Kreditanstalt für Wiederaufbau (KfW),
- Fördermittel der Länder.

Ein Ansatz für ein erfolgreiches Ökologiemanagement in der Hotellerie können folgende Schritte zu einer umweltorientierten Unternehmensführung sein (*Dettmer u. a.*):

1. **ökologische Bestandsaufnahme:** dauerhafte und systematische Überprüfung aller Betriebsbereiche anhand von Checklisten
2. **attraktive Maßnahmen:** Kosteneinsparungen, die dem Unternehmen zugute kommen und von den Kunden als auch den Mitarbeitern gleichermaßen akzeptiert werden
3. **Mitarbeiter sensibilisieren:** regelmäßige Qualitätszirkel einführen, Mitarbeiter sollen Vorschläge ausarbeiten wie das Ökologiebewusstsein gestärkt werden kann
4. **Gästen umweltbewusstes Verhalten zutrauen:** den Kunden umweltverbessernde Maßnahmen näher bringen und für deren Akzeptanz werben
5. **Kooperationen statt Alleingänge:** vernetztes Denken und die Förderung der Zusammenarbeit in unterschiedlichen Bezugsgruppen
6. **Umweltgedanke konkretisieren:** erfolgreich durchgeführte Maßnahmen der Öffentlichkeit mitteilen und sich neue Ziele setzen
7. **Umweltschutz als Managementaufgabe:** Ökologiemanagement muss als strategisches Ziel begriffen werden.

Daraus lassen sich sodann betriebliche Maßnahmen und konkrete Handlungsempfehlungen für die Praxis mit einem wirtschaftlichen Nutzen ableiten und formulieren:

- **Einkauf und Warenwirtschaft:** Geringe Lagerbestände senken den Energieverbrauch für Kühlung, Lebensmittel aus ökologischem Anbau in Kombination mit einer geringen Wareneinsatzquote vermeidet Verschwendung, Recyclingpapier für die Verwaltung,
- **Haustechnik:** Einsatz neuester Technologie in Küche, Facility Management, Zimmer und Verwaltung,
- **Abfallvermeidung:** Durch den Verzicht auf Einwegverpackungen und Einweggeschirr, weniger Abfall bedeutet auch geringere Entsorgungsgebühren,
- **Energie:** Einsparung durch Energiesparlampen, Leuchtstoffröhren, Bewegungsmelder, Zeitschaltuhren, Thermostate, regelmäßige Überprüfung der Heizkraftanlagen, Einsatz von Wärme- und Energiespeicheranlagen für Küche und Wohnbereich,
- **Wasser:** Zweifacher Wasserkreislauf (Trink- und Abwasser), Aufbereitung von Regenwasser, Bewegungsmelder bei Wasserhähnen, regelmäßige Kontrolle der Leitungs- und Kanalsysteme, variabler Wäschewechsel.

Ökologiemanagement in gastgewerblichen Betrieben, insbesondere in der Hotellerie befindet sich in einem permanenten Spannungsfeld. Es besteht Zielkonkurrenz zwischen folgenden Bereichen und Ebenen:

- Wirtschaftlichkeit der Unternehmung und deren Kostenbelastungen für Investitionen müssen sich in einer überschaubaren Zeitspanne amortisieren; die Leistungen und Bequemlichkeiten für die Gäste dürfen nicht teuerer werden als die der Mitbewerber,
- Unternehmensleitung und die Unternehmensphilosophie müssen dem Umweltgedanken Rechnung tragen; das Management muss dem Ökologiemanagement gegenüber aufgeschlossen sein, bereit sein zu investieren und ein Selbstverständnis für den Erhalt der Umwelt entwickeln,
- Ansprüche und Möglichkeiten der Industrie und der Lieferanten,
- Erwartungen der Verpächter, Vermieter und deren Bereitschaft für Investitionen in den Umweltschutz,
- Erwartungen der Gäste,
- Mitarbeiter; sie müssen sich an neue Prozesse und Arbeitsgegebenheiten anpassen und flexibel zeigen,
- Staat, Gesetzgebung und die ethischen Ansprüche durch die Gesellschaft.

Das bedeutet, dass es einer außerordentlichen Koordination bedarf um den Interessen der Anspruchsgruppen gerecht zu werden. Dieses Spannungsfeld definiert gleichzeitig auch die Grenzen des Ökologiemanagements im Gastgewerbe.

5.1.8 Marketing in der Hotellerie

Marketing ist eine unternehmerische Funktion, die die Planung, Koordination und Kontrolle aller auf die Märkte ausgerichteten Unternehmensaktivitäten beinhaltet (*Meffert*). Marketing ist nötig, da im Laufe der Zeit ein Angebotsüberhang entstanden ist. Der Angebotsmarkt wächst schneller als der Nachfragemarkt. Die Wettbewerbsintensität ist gestiegen, die Produkte sind austauschbar geworden und ein dadurch bedingter und zunehmender Kostendruck auf die Hotelbetriebe zwingt ihre Produkte und Dienstleistungen aktiver und zielgerichteter zu vermarkten.

Marketing kann verstanden werden als eine Erbringung der nachgefragten Hotelleistung zum, vom Kunden gewünschten Zeitpunkt und Ort, und zum gewünschten Preis.

Während in früheren Jahren der Hotelbetrieb sich eher als eine produktionsorientierte, im späteren Verlauf als finanz- und organisationsorientierte Unternehmung verstanden hat, versteht sich ein Hotelunternehmen heute als eine marktorientierte Unternehmung.

Die **Besonderheiten** der heutigen Marketingorientierung bei Hotelunternehmen lassen sich folgendermaßen zusammenfassen:

- systematische Marktforschung und Markterkundung,
- systematische Bearbeitung des Marktes mithilfe absatzfördernder Maßnahmen,
- Produktentwicklung ausgehend von einer stark differenzierten Nachfrage,
- preispolitische Instrumente um Märkte und Zielgruppen zu beeinflussen.

5.1.8.1 Besonderheiten der Hoteldienstleistungen

Hotelleistungen als Dienstleistungen unterscheiden sich ganz generell von Sachgütern. Somit ist das Hotelmarketing eher Dienstleistungsmarketing denn Sachgüter- bzw. Konsumgütermarketing. Die Dienstleistung der Hotels kann folgendermaßen beschrieben werden (*Henschel*):

*   **immateriell und abstrakt:** Durch die Immaterialität wird eine Visualisierung der im Hotel angebotenen Leistungen erschwert; das Produkt- bzw. Dienstleistungsbündel benötigt ein Trägermedium, welches die Inhalte dem Kunden zugänglich macht,
*   **nicht transport- und nicht lagerfähig:** Der Kunde muss motiviert werden den Standort des Hotels als Ort des Angebotes anzuerkennen und dort die Leistungen in Anspruch nehmen,
*   **substituierbar:** Übernachtungs- und Gastronomieleistungen sind vielfach ersetzbar,
*   **heterogen,**
*   **komplementär:** Eine Hotelleistung kann mit Leistungen anderer Einzel- oder Gesamtleistungsträger verbunden sein; somit wird das Marketing eines Hotels in hohem Maße auch durch das Marketing der anderen Leistungsträger beeinflusst,
*   **kundenpräsenzbedingt:** Der Kunde kann die Leistung nur dann in Anspruch nehmen, wenn er physisch im Hotel anwesend ist.

Diese o. g. Faktoren beeinflussen und erschweren ein zielgerichtetes Hotelmarketing in besonderer Weise.

5.1.8.2 Produktpolitik in der Hotellerie

Produktpolitik ist das „Herz" des Hotelbetriebs. Grundsätzlich lässt sich das Angebot bzw. die Leistung eines Hotelbetriebs unterteilen in:

*   **Standardleistungen:** Diese wird vom Kunden ganz selbstverständlich erwartet und unbedingt vorausgesetzt, z. B. saubere, zweckmäßige und wie in der Beschreibung angegebene Zimmer,
*   **Zusatzleistungen:** Diese werden vom Kunden erhofft und beziehen sich i. d. R. auf z. B. die Atmosphäre des Hauses, die Freundlichkeit und Dienstleistungsorientiertheit der Mitarbeiter, die Bereitschaft und Flexibilität Sonderwünsche zu ermöglichen und zu befriedigen,
*   **Spitzenleistungen:** Mit diesen Leistungen kann man Kunden angenehm überraschen und sie sorgen üblicherweise für eine starke Kundenbindung. Spitzenleistungen sind oftmals Alleinstellungsmerkmale eines Hotels und können z. B. der Limousinen-Transfer vom Flughafen zumm Hotel mit einem Rolls-Royce, eine Sterne-Gastronomie, übergroße Zimmer, Matratzen von allerbester Qualität u. v. m. sein.

    Spitzenleistungen lassen keinen Raum mehr für Dissonanzen zwischen Kunden und den Hotelleistungen. Gerade Hotels, die Spitzenleistungen erbringen, stehen vor dem Problem dauerhafte Innovationen zu generieren, da ihre Spitzenleistungen (Alleinstellungsmerkmale) gerne von den Mitbewerbern adaptiert werden und somit nach einer gewissen Zeit der Diffusion, zum Standard der Hotelleistungen gehören.

Das Produkt bzw. das Leistungsangebot eines Hotels setzt sich zusammen aus folgenden Bereichen:

- Beherbergungsbereich,
- Verpflegungsbereich,
- Nebenleistungen,
- Bereitstellung des Personals.

Dem **Beherbergungsbereich bzw. der Beherbergungsleistung** (Logisbereich, Room Division) zuzuordnen sind:

- **Zimmergröße** (nach internationalem Standard)
  - Luxury: > 38 qm, 300 – 400 R/U,
  - Upscale: 30 – 36 qm, 200 – 300 R/U,
  - Midprice: 24 – 30 qm, > 150 R/U,
  - Economy: 18 – 24 qm, > 100 R/U,
  - Budget: > 16 qm, > 80 R/U,
- **Zimmerausstattung**
  - Funktionalität,
  - Neuwertigkeit,
- **Dienstleistungen** rund um die Beherbergung sind z. B.
  - Zimmerreinigung (einmalig oder mehrmals am Tag),
  - Turn-Down-Service,
  - Shoe-Shine-Service.

Dem **Verpflegungsbereich** zuzuordnen sind z. B.:

- Abend-, Spezialitäten- und Tagungsrestaurant,
- Snack-Bar,
- Bistro,
- Bankettträume.

Den **Nebenleistungen** zuzuordnen sind (standortspezifisch) z. B.:

- Sporteinrichtungen,
- Fitnesseinrichtungen,
- Konferenzeinrichtungen,
- Entertainment-Center.

Bestimmen und klassifizieren lässt sich das Produktportfolio eines Hotels auch an seiner Produktbreite und Produkttiefe.

Produktbreite: I. d. R. ein Merkmal der Marken- und Kettenhotellerie, es wird dem Gast weltweit ein bekanntes, standardisiertes Übernachtungs- und Verpflegungsangebot geboten. Globale Hotelketten beispielsweise, sind in nahezu allen Ländern mit ihrem Angebot vertreten. Bedingt durch die Tatsache, dass der Gast das Produkt, dessen Qualität und Verlässlichkeit kennt, erwächst dem Hotelunternehmen ein Instrument der Kundenbindung.

Produkttiefe: Auch ein Kennzeichen der Markenhotellerie hinsichtlich des Angebotes für ganz unterschiedliche Zielgruppen. So kann ein Hotelkonzern sein Angebot für Urlauber (Resort-Hotels), für Geschäftsreisende (Business-Hotels), für Preisbewusste (Budget-

Hotels), für Spieler (Casino-Hotels), für Wellness-Urlauber (Wellness & Spa-Hotels), für Luxusurlauber (Luxus- und Superior-Luxury-Collection-Hotels) und weitere Produktlinien anbieten. Der Kunde kann sich je nach Anlass seiner Reise für eine Marke bzw. Produktlinie dieses Hotelkonzerns weltweit entscheiden. Auch bei einzel- und inhabergeführten Hotels kann von einer relativen Produkttiefe gesprochen werden, wenn diese ein umfängliches Repertoire an Einrichtungen und Produktelementen vorhalten, z. B. Tages-, Abends-, Kinder-, vegetarisches Restaurant, mehrere Bars, Wellnessbereich mit umfänglichen Dienstleistungen, diverse Sportmöglichkeiten.

Zur Produktpolitik in der Hotellerie gehört auch die **Markenstrategie**, die ein Hotel oder ein Hotelkonzern verfolgen. Folgende Markenstrategien sind von den Hotels oder Hotelkonzernen verfolgbar:

- **Einzelmarkenstrategie (Solitärmarke):** Eine Marke = ein Produkt = eine Produktaussage bzw. ein Produktversprechen, z. B. Brenners Parkhotel, Hotel Adlon,
- **Mehrmarkenstrategie:** Die Muttergesellschaft entwickelt im Rahmen der Marktsegmentierung mehrere Marken bzw. Produkte, z. B. Starwood mit den Marken bzw. Produkten ArabellaSheraton, Westin Hotels & Resorts, Sheraton Hotel & Resorts, Four Points Hotels, W-Hotels, St. Regis,
- **Markenfamilienstrategie:** Mehrere Produkte werden zu einer Produktgruppe zusammengefasst und mit einer Marke versehen (ggf. auch eine Differenzierung der Produktlinien), z. B. Mövenpick – Mövenpick Hotels, Mövenpick Hotel Jolie Ville, Mövenpick Hotels Cadett,
- **Dachmarkenstrategie:** Alle Leistungsangebote eines Unternehmens werden unter einem Dachmarkennamen zusammengefasst, z. B. Steigenberger – Steigenberger, Steigenberger Maxx, Steigenberger Esprix (Steigenberger Inter City).

Wie bei anderen Unternehmen in anderen Branchen werden auch in der Hotellerie die Strategischen Erfolgspositionen (SEP) anhand einer Portfoliomatrix regelmäßig oder kontinuierlich überprüft. Die Portfoliomatrix visualisiert die aktuelle Position eines Produktes, eines Hotels, einer Marke. Aus der Bewertung und dem jeweiligen Stand lassen sich sodann Handlungsempfehlungen ableiten, wie mit dieser Marke, diesem Produkt weiter zu verfahren ist. Grundsätzlich bieten sich zwei Portfolio-Darstellungen an:

- Vier-Feld-Portfolio (*Boston Consulting Group BCG*),
- Neun-Feld-Portfolio (*McKinsey*).

Die Betrachtung und Beurteilung des Portfolios sollte mit dem jeweiligen Produktlebenszyklus in Einklang gebracht werden, um z. B. die richtigen Strategien abzuleiten.

5.1.8.3 Preispolitik in der Hotellerie

Da sich die Hotelbranche in einem sehr volatilen Markt bewegt, kommt der Preispolitik eine besondere Bedeutung zu. Erschwerend auch der Umstand, dass ein nicht verkauftes Hotelzimmer oder Hotelbett eine verlorene und Verlust bescherende Tatsache ist. Preise müssen laufend an die Nachfrage aber auch an andere Kriterien angepasst werden; somit liegt der Fokus der Preispolitik auf den Kalkulations-, Preisfestsetzungsverfahren und der Gewinnoptimierung. Die wichtigsten Einflussfaktoren bzw. **Determinanten der Preisgestaltung** in der Hotellerie sind:

- Markttransparenz (Preis- und Leistungsvergleich),
- preisbewusstes Käuferverhalten,
- Nachfrageschwankungen,
- Saisonschwankungen,
- Intuition der Nachfrager,
- psychologische Momente,
- Produkt- und Service-Qualität,
- vermutliches Gästeverhalten,
- Konkurrenzverhalten (z. B. Preisführer),
- Standort (z. B. Luft, Wasser, Klima, Landschaft, Sehenswürdigkeiten),
- Kostenorientierung (z. B. Kostendeckung, Kalkulation),
- Angebotspolitik,
- Preisinterdependenzen der Produkte und Dienstleistungen,
- Absatzinstrumente,
- akquisitorische Wirkung (z. B. Preisargument),
- kurzfristige Variierbarkeit,
- Preisdifferenzierungsarten,
- Schaffung von Präferenzen,
- Gewinnmaximierung,
- Verlustminimierung.

Größen, die den Gewinn oder den Verlust eines Hotels stark beeinflussen:

- Zimmerbelegung,
- variable Kosten,
- fixe Kosten,
- Verkaufspreise für Speisen und Getränke,
- durchschnittlicher Zimmerpreis,
- Anzahl der Gäste,
- Preispolitik in den gastronomischen Einheiten eines Hotelbetriebs.

Jedes gastgewerbliche Unternehmen ist stets bestrebt, alle Möglichkeiten der Gewinnoptimierung auszuschöpfen. Um dies zu realisieren bedarf es einer Würdigung interner als auch externer Faktoren der Nachfrage; denn nur wer die Nachfrage kennt, kann Gewinne auch tatsächlich optimieren.

Interne Faktoren der Nachfrage können z. B. sein:

- Messen, Tagungen und Kongresse,
- Schul- und Betriebsferien,
- politische und wirtschaftliche Situation am Standort des Hotels.

Externe Faktoren der Nachfrage können z. B. sein:

- die Auslastung der Zimmer in einem Zeitraum,
- die Anzahl der Stornierungen und Umbuchungen in einem Zeitraum,
- die Anzahl der No-Show's und der Walk-in's in einem Zeitraum.

Nach Betrachtung und Bewertung der o. a. Faktoren bieten sich folgende Optionen an:

- **Übernachtungspreis pro Zimmer oder Bett unverändert beibehalten**,
- **Erhöhung des Übernachtungspreises pro Zimmer oder Bett;** dabei muss das Personal überzeugt werden, um wiederum die Kunden von einem höheren Preis zu überzeugen. Dies wird durch Verkaufsschulungen und eine geänderte Verkaufstaktik sowie durch Auszahlungen von Provisionen oder Boni erreicht,
- **Herabsetzung des Übernachtungspreises pro Zimmer oder Bett;** dabei muss stets im Auge behalten werden, wie viele Zimmer zusätzlich verkauft werden müssen um die Preisreduktion aufzufangen. Auch hier sollte der Mitarbeiter verkaufstaktisch geschult werden und über Provisionen oder Boni entsprechende Anreize geschaffen werden.

Überprüft werden können diese Maßnahmen über die Berechnung des Ergiebigkeitsgrades. Dafür bieten sich folgende Formeln an:

- **Ergiebigkeitsgrad (%)** = (realisierter Bruttogewinn : möglicher Bruttogewinn) · 100
- **Ergiebigkeitsgrad (%)**
  = (verkaufte Zimmer ÷ verfügbare Zimmer) · (tatsächlicher Bruttogewinn pro Zimmer : möglicher Bruttogewinn pro Zimmer) · 100
- **Ergiebigkeitsgrad (%)** = a · b
  - a = Auslastung in %
  - b = %-Anteil des Bruttogewinns pro Zimmer am möglichen Bruttogewinn

Die Verfahren der Preisbildung bzw. der Preisfestsetzung in der Hotellerie sind sehr wichtig, denn zu hohe Preise können die Nachfrage verringern, zu niedrige Preise können keine ausreichende Kostendeckung bieten. Im Rahmen der einzelnen Verfahren ist eine Orientierung an den Kosten, den Mitbewerbern und der Nachfrager geboten. Verfahren der Preisfestsetzung/Preisbildung können sein:

- **kostenorientierte Preisbildung,**
- **nachfrageorientierte Preisbildung (marktorientiert),**
- **konkurrenzorientierte Preisbildung (marktorientiert).**

Grundsätzlich sind marktorientierte Verfahren bei der Festsetzung der Preise beliebter, denn sie berücksichtigen im Gegensatz zu den rein kostenorientierten Verfahren auch die Zimmer- bzw. Übernachtungspreise, die Nachfragezeiten, die Gästegruppen bzw. die Zielgruppen und die Aufenthaltsdauer, gelegentlich auch die Situation in vergleichbaren Regionen bzw. Zielgebieten.

Kostenorientierte Preisbildung kann auf der Basis einer Preisbildung auf **Vollkostenbasis** erfolgen. Bei diesem Verfahren wird eher die retrograde als die progressive Preisermittlung bevorzugt, da die Preiselastizität berücksichtigt werden soll/muss. Im Beherbergungsbereich wird eine **kombinierte Divisions- und Zuschlagskalkulation** bevorzugt, während im F&B-Bereich klassischerweise die **Zuschlagskalkulation** genutzt wird.

Die Preisbildung kann auch auf **Teilkostenbasis** mittels einer Break-even-Analyse erfolgen. Ebenso kann die Preisfindung mittels Deckungsbeitragsrechnung, Bestimmung der kurz- und langfristigen Preisuntergrenzen sowie der relevanten Kosten erfolgen.

Die **nachfrageorientierte Preisbildung** ist eine marktorientierte Preisfindung. Bei diesem Verfahren wird die Struktur der Nachfragerseite, z. B. anhand der Elastizität, Gesamtnachfrage, Substituierbarkeit, den Preisvorstellungen und der Preisbereitschaft der Kunden sowie die mögliche Preissegmentierung der Nachfrager untersucht und berücksichtigt. Einfluss von Qualität und Image spielen bei der nachfrageorientierten Preisbildung eine wichtige Rolle.

Die **konkurrenzorientierte Preisbildung** ist auch ebenfalls ein marktorientiertes Verfahren zur Bildung eines Preises. Dabei orientiert sich das Hotel üblicherweise am Branchendurchschnittspreis und am Preisführer.

Bei den klassischen Kalkulationsverfahren wird unterschieden in:

- **Vorkalkulation:** Die Vorkalkulation ist die Grundlage der Preisbildung und wird zu Beginn einer Periode (Abrechnungsperiode) vorgenommen. Die zu erwartenden Kosten werden geplant. Kalkuliert wird der durchschnittlich notwendige Zimmerpreis.
- **Nachkalkulation:** Bei der Nachkalkulation wird am Ende einer Periode (Abrechnungsperiode) verglichen, ob der erreichte Preis auch dem notwendigen Preis entspricht. Die Nachkalkulation ist die Basis für die Vorkalkulation für die nächste Periode (Abrechnungsperiode).

Ein weltweit häufig, insbesondere in der internationalen Ketten- und Markenhotellerie, angewendetes Verfahren bzw. Standard ist das **Uniform System of Accounting for the Lodging Industries - USALI**. Es handelt sich um ein Kostenrechnungsverfahren, welches einzelne Kostenbereiche untersucht. Es werden zwei Abteilungen sehr detailliert untersucht und in feste Kontenrahmen für eine bessere Vergleichbarkeit gefasst:

- **operative Abteilungen** (Leistungsabteilungen) mit den direkt zurechenbaren Kosten, z. B. Beherbergung und F&B und
- **Serviceabteilungen** (Kostenstellen) mit den Gemeinkosten: z. B. Marketing, Verwaltung, Personal.

Dieser Standard bzw. dieses Schema wird sodann auf die einzelnen Verfahren angewendet. Nachfolgend werden zwei (einfache, aber gängige) Verfahren erläutert:

- **Kalkulationsverfahren nach Hubbart**,
- **Methode „1 für 1.000"**.

Das **Kalkulationsverfahren *nach Hubbart*** berücksichtigt die Kosten und die erwartete Zimmerbelegung. Ausgangspunkt der Kalkulation ist jedoch der gewünschte Gewinn den das Unternehmen anstrebt („bottom-up"-Methode). In nachfolgendem Kalkulationsbeispiel soll der Zimmerpreis auf der Basis des Umsatzes und der Auslastung errechnet werden, wobei die Ausgangssituation für das Hotel ein angestrebter Gewinn in Höhe von 250.000,00 € ist.

	Geplanter Gewinn	250.000,00 €
+	Kosten (anlagebedingt)	520.000,00 €
=	Deckungsbeitrag (DB) II	770.000,00 €
+	Nicht direkt verrechenbare Kosten	200.000,00 €
=	Deckungsbeitrag (DB) I	970.000,00 €
−	Deckungsbeitrag (DB) aus F&B	180.000,00 €
=	Notwendiger DB Beherbergung	790.000,00 €
+	Personalkosten Beherbergung	190.000,00 €
+	Sonstige Kosten Beherbergung	70.000,00 €
=	**Notwendiger Umsatz Beherbergung**	**1.050.000,00 €**

Tab. B. 5.28: Kalkulationsschema nach Hubbart
Quelle: in Anlehnung an Preugschat, 2005

Annahme: Das Hotel verfügt über 80 Zimmer die im Durchschnitt zu 65 % ausgelastet und an 365 Tage im Jahr geöffnet sind. Somit beträgt die Anzahl der Übernachtungen 18.980 (80 Zimmer · 365 Tage · 65 % Auslastung : 100).

Der Zimmerpreis beträgt somit € 55,32 (Umsatz Beherbergung 1.050.000,00 € : Anzahl der Übernachtungen 18.980).

Bei der **Kalkulationsmethode „1 für 1.000"** werden je 1.000,00 € Investitionskosten für das Hotel mit 1,00 € Zimmerpreis gerechnet. An nachfolgendem Rechenbeispiel soll dies verdeutlicht werden:

Investitionskosten	12.000.000,00 €
Anzahl der Zimmer	140
Investitionskosten pro Zimmer (gerundet)	85.715,00 €
Zimmerpreis (gerundet)	**86,00 €**

Diese Methode gilt als ein sehr schnelles Verfahren um Eckwerte und Anhaltspunkte für einen möglichen Zimmer- bzw. Übernachtungspreis zu ermitteln. Deckungsbeiträge bzw. das Deckungsbeitragsvolumen aus anderen Bereichen, z. B. F&B werden nicht berücksichtigt. Diese Methode eignet sich für Hotels ab 120 Zimmer und einer durchschnittlichen Auslastung von mehr als 75 %.

Eine in der Hotellerie ebenfalls gängige Methode der Preisfindung ist das **„Target Costing"**. Target Costing ist eine Zielkostenplanung für den Verkaufspreis eines Zimmers bzw. einer Übernachtung. Gerade in Käufermärkten, wie es die Hotellerie ist, die durch starke Kaufzurückhaltung, starken Druck durch Mitbewerber, von teueren und überfunktionalen Dienstleistungen geprägt, und der Preis für den Gast oftmals das wichtigste Kaufkriterium ist, wird Target Costing angewendet. Target Costing ermöglicht qualitativ hochwertige Produkte kostengünstig und somit markt- und kundenorientiert anzubieten.

Während bei der klassischen Kalkulation danach gefragt wird, was das Produkt **kosten wird**, wird bei der Zielkostenplanung danach gefragt was das Produkt **kosten darf**. Es wird ein Preis angesetzt, von welchem angenommen wird, dass er vom Kunden akzeptiert wird. Vom Target Price wird der Gewinn subtrahiert und es verbleiben die Kosten.

Sodann wird festgelegt was die einzelnen Prozessschritte der Produkterstellung kosten dürfen. Dadurch werden Kundenerwartungen berücksichtigt.

Die Funktionsweise von Target Costing basiert im Vorfeld auf der Marktforschung. Zunächst werden Informationen über die Preisbereitschaft der Gäste benötigt. Dies erfolgt über Expertenbefragungen, Preisexperimente (so warben die Hotels der Ibis-Ketten mit dem Slogan: „Zahlen Sie doch was Sie wollen" um herauszufinden, was der Kunde für eine Übernachtung bereit ist zu zahlen, ohne den Referenzpreis des Hotels zu kennen), direkte und indirekte Kundenbefragung und Auswertung von Marktdaten.

Die Vorgehensweise bei der Anwendung des Target Costing in der Hotellerie kann in drei methodischen Schritten erfolgen:

- **Zielkostenplanung**,
- **Zielkostenspaltung**,
- **Zielkostengestaltung**.

Bei der Zielkostenplanung werden der Markt und die Erwartungen der Kunden sehr genau untersucht. Auf der Grundlage von Marktanalysen werden Zielverkaufspreise, Absatzvolumina und Gewinnmargen festgelegt. Die Kosten werden in „erlaubte" und „prognostizierte" Kosten definiert und gegenübergestellt. Die aus diesem Vergleich resultierenden Zielkosten werden als Obergrenze der erlaubten Kosten definiert.

Bei der **Zielkostenspaltung** werden die gewichteten Kundenwünsche und die Kostenanteile weiter aufgeschlüsselt. Den einzelnen Kundenwünschen werden Produkt- und Dienstleistungskomponenten zugeteilt und für diese werden dann die Kosten ermittelt. Die Kundenwünsche und die Kostenanteile werden sodann in einem Zielkostendiagramm abgetragen, um fest zu stellen ob die Kosten optimal, die Kosten reduziert oder noch gesteigert werden können.

Bei der **Zielkostengestaltung** wird ermittelt, ob sich die einzelnen Produkt- und Dienstleistungskomponenten in einem Zielkorridor (Optimum) befinden. Ist dies der Fall, kann mit der „Produktion" der Übernachtungs- oder/und Verpflegungsleistung begonnen werden. Während des Produktionsprozesses sollte zur Absicherung eine Kalkulation (parallel) durchgeführt werden, um sicher zu stellen, dass die Zielkosten nicht überschritten werden.

Mit **Target Costing** verfolgt ein gastgewerblicher Betrieb eine marktorientierte Unternehmensführung mit dem Ziel Kosten zu reduzieren und sich den Abverkauf seiner Übernachtungs- und Verpflegungsleistungen durch marktgerechte Preise zu sichern, sowie auf Marktveränderungen kurzfristig und flexibel zu reagieren. Die **Vor- und Nachteile des Target Costing** für die Hotellerie und Gastronomie sind:

- Target Costing ist ein stark wettbewerbsorientiertes System,
- das Management wird unterstützt,
- starke Marktorientierung,
- bei richtiger Anwendung hohe Produktrentabilität,
- es ist kein geschlossenes Kostenrechnungssystem.

Dieses Instrument der Preisfindung eignet sich im internationalen Wettbewerb, nicht jedoch wenn die Preise und Dienstleistungen der lokalen und regionalen Mitbewerber überschaubar sind.

Ein weiteres preispolitisches Marketinginstrument in der Hotellerie sind die **Preisdifferenzierungen**. Preisdifferenzierungen stellen eine preispolitische Strategie dar, bei der, für – im Grunde genommen – gleiche/selbe Produkte (Leistungen) von verschiedenen Kunden an verschiedenen Orten, zu verschiedenen Zeiten unterschiedliche Preise gefordert werden.

Das Ziel der Preisdifferenzierung in der Hotellerie ist eine optimale Ausschöpfung des Marktpotenzials. Preisdifferenzierungen gelten als das wichtigste Arbeitsinstrument des Yield-Managements.

Die in der Hotellerie üblichen **Preisdifferenzierungen** können nach folgenden Arten systematisiert werden:

- zeitliche Preisdifferenzierung,
- räumliche Preisdifferenzierung,
- personelle Preisdifferenzierung,
- mengenmäßige Preisdifferenzierung,
- Preisdifferenzierung nach Produktvariationen,
- Preisdifferenzierung nach dem Verkaufsweg,
- Preisdifferenzierung nach dem Kriterium der Kommerzialisierung freier Güter,
- dem zu erwartenden Umsatz,
- der Nachfrage verschiedener Käuferschichten,
- dem Standort des Hotelbetriebes,
- dem Zeitpunkt der Bezahlung,
- den Qualitätserwartungen der Gäste.

Die grundsätzliche Problematik der Preisdifferenzierung ist, bei zu niedrigen Verkaufspreisen fällt das Betriebsergebnis suboptimal aus, d. h. notwendige Investitionen unterbleiben, und der Qualitätsstandard sinkt, was wiederum einen verstärkten Preisdruck nach sich zieht. Ferner tritt das Problem auf, dass Gäste sich ungerecht und unfair behandelt fühlen, wenn die Preisdifferenzierung ihnen nicht nachvollziehbar erscheint. Preisdifferenzierungsmaßnahmen sollten sich immer auf objektiv nachvollziehbare Kriterien beziehen (z. B. Zimmerkategorie, Vorsaison-, Hochsaison- und Nachsaisonpreise, Messezeiten, Last-Minute-Preise, Frühbucherpreise, Stand-by-Preise).

Eine Auswahl von Preisen bzw. Tarifstrukturen in der Hotellerie, die sich durch Preisdifferenzierungsmaßnahmen ergeben, werden in nachfolgender Tabelle beispielhaft dargestellt.

Tarifart	Beschreibung
RAC	Rack Rate („Schrank-Preis", Listenpreis), alle rabattierten Preise rechnen sich auf diesen Preis zurück, ist immer inkl. MwSt., i. d. R. Anhebung vor der neuen Saison
COR	Published Corporate Rate; allen Unternehmen auch ohne spezielles Abkommen zugänglich oder Preferred Corporate Rate Parity (auch Consortia Rate) und nur bestimmten Firmen (Konsortien, Reisemittler, Unternehmen) mit Abkommen zugänglich, voll kommissionsfähig
ROH	Run of House Rate, bester Tagespreis, kaum Spielräume bei Zimmerkategorien, sehr unterschiedliche Auslegung durch die Hotels
TVL	Travel Agent Rate, für Mitarbeiter der Reiseindustrie
GOV	Government Rate, für Politiker, Beamte, Regierungsmitarbeiter
MIL	Military Rate, für Militärpersonal und deren Angehörige
WKD	Weekend Rate, für Wochenendaufenthalte
SRS	Senioren Rate, i. d. R. gegen Altersnachweis, gilt meistens ab dem 65. Lebensjahr
FAM	Family Rate, Package für Familien
FIT	Rate (Netto) für Reiseveranstalter, Großhändler Rate (Wholesaler)

Tab. B. 5.29: Zimmerpreis- bzw. Tarifarten in der internationalen Hotellerie
Quelle: eigene Darstellung, 2005

Yield-Management in der Hotellerie: Der Begriff Yield (engl.): Ertrag, Gewinn, Rendite, Ausbeute, u. a. auch als Ertragsmanagement, Umsatz-Management oder Revenue-Management bezeichnet, bedeutet: der durchschnittliche Ertrag pro verkaufter Einheit bzw. den Gesamtertrag einer bestimmten Dienstleistung zu steigern. Grundsätzlich setzt die Erbringung und Fertigstellung einer Übernachtungs- oder Verpflegungsleistung eine Kundenpräsenz voraus. Ziel des Yield-Managements ist die Ertragsmaximierung durch Preis- und Kapazitätssteuerung.

Die **Situation in der Hotellerie** ist geprägt von:

- hohem Mitbewerberdruck,
- kurzfristig nicht variierbaren Kapazitäten und damit einhergehenden hohen Fixkosten,
- angebotene Kapazitäten nur begrenzt haltbar,
- Nachfrage gekennzeichnet durch hohe zeitliche Schwankungen,
- unsicherem zukünftigen Verlauf,
- großer Heterogenität der Zielgruppen.

Die **wichtigsten Instrumente des Yield-Managements** sind:

- Preisdifferenzierungen (Segmentierung und Selektierung),
- Produktdifferenzierung (tangible und intangible),
- Kontingentierung,
- Marketing-Kommunikation.

Die **Risiken des Yield-Managements** in der Hotellerie sind:

- ermäßigte Kontingente können langfristig den Referenzpreis der Nachfrager beeinflussen,
- reguläre Angebote werden als inakzeptabel bewertet,

- Yield-Management wird als unübersichtlich und unfair betrachtet; daraus resultierend: Verärgerung und Abwanderung von Kunden.

Die **Chancen des Yield-Managements** sind:

- Reduzierung ungenutzter Kapazitäten,
- zusätzliche Erträge und Gewinne,
- verbesserte informatorische Grundlagen (historische Daten) verbessern Entscheidungen (z. B. Leistungsgestaltung, Preisgestaltung),
- umfangreiches und differenziertes Leistungsangebot.

Gruner definiert u. a. drei Methoden des Yield-Managements im Logisbereich der internationalen Hotellerie, verweist gleichzeitig auf die Probleme und bietet auch einen Lösungsansatz.

Die **Methoden** des Yield-Managements sind u. a.:

- **computergestütztes Yield-Management**,
- **internetgestütztes Yield.Management**,
- **outgesourctes Yield-Management**.

Das Problem des Yield-Managements in der Hotellerie ist die optimale Nutzung der Bettenkapazitäten auf Käufermärkten. Der Lösungsansatz besteht in der gezielten Nachfragelenkung mittels einer ausgewogenen und vom Kunden als gerecht empfundenen Preispolitik. Das Ziel besteht in der Realisierung eines größtmöglichen Durchschnittsertrages pro Hotelzimmer (RevPAR); Optimierung der Kennzahl.

Yield = (tatsächlicher Logis-Umsatz : max. Logis-Umsatz) · 100

Die Voraussetzungen für angewandtes Yield-Management in der Hotellerie sind:

- flexible Preisstrukturen müssen eine Kapazitätssteuerung ermöglichen, d. h. die Möglichkeit, für dasselbe Angebot unterschiedliche Preise zu verlangen, denn die Nachfragewerte variieren hinsichtlich unterschiedlicher Zeitpunkte und im Zeitablauf,
- Kenntnis über das Nachfrageverhalten der relevanten Zielgruppen und entsprechende Datenspeicherung, sowie Informationsverarbeitung.

Die Preisstrategien im Rahmen des Yield-Managements in der Hotellerie lassen sich wie folgt zusammenfassen:

- **Discount-Komfort-Strategie**
  - X % der Zimmer werden zu einem relativ hohen Preis angeboten (Komfort) und
  - X % der Zimmer werden zu einem relativ niedrigen Preis vermietet (Standard),
  - Komfortzimmer können je nach Nachfrage in Standardzimmer und Standardzimmer in Komfortzimmer umgewandelt werden,
- **First-come, first-served Strategie**
  - den Frühbuchern werden besondere Raten eingeräumt; die Höhe des Preises hängt von der Buchungssituation des Hotels ab,
- **Mehr-Personen-Preisbildung**
  - der Preis orientiert sich an der Anzahl der Nachfrager,
- **nachfrageorientierte Preisstrategie**
  - der Preis orientiert sich ausschließlich an der Nachfrage.

Yield-Management-Maßnahmen dienen nicht der 100 %igen Auslastung des Beherbergungsbetriebes, sondern der Ermittlung der optimalen durchschnittlichen Zimmerrate (Average Room Rate) und daraus resultierend einem möglichst hohen Umsatz pro verfügbaren Zimmer (RevPAR).

5.1.8.4 Distributionspolitik

Distribution bedeutet die Verteilung der Leistung und beinhaltet alle Entscheidungen, die im Zusammenhang mit dem Weg eines Produktes oder einer Dienstleistung zum Verbraucher, anstehen. Die Besonderheiten des Produktes Beherbergung und Verpflegung sind:

- nicht lagerfähig,
- nicht bzw. sehr eingeschränkt auf Vorrat produzierbar,
- nicht transportfähig,
- muss am Ort der Leistungserstellung verbraucht werden.

Die Funktion der Distributionspolitik in der Hotellerie besteht in der Überbrückung der Distanz zwischen dem Angebot und dem Verbraucher. Die Wege der Distribution sind:

- **direkter Absatzweg**,
- **indirekter Absatzweg (distributiver Absatz)**.

Bei der direkten Distribution erfolgt der Verkauf durch weisungsgebundene Distributionskanäle, z. B. durch:

- interner Verkauf durch Mitarbeiter mit direktem Gästekontakt,
- externer Verkauf durch die Verkaufsabteilung oder den Unternehmer,
- externer Verkauf bei Hotelkooperationen, Hotelketten oder Franchisekonzepten durch zentrale Verkaufsabteilungen.

Den Fokus der Maßnahmen im Rahmen des Direktverkaufs betreffen die tatsächlichen und potenziellen Gäste. Aus Gelegenheitsgästen sollen Stammgäste werden und aus Stammgästen sollen Botschafter des Hauses werden. Hierbei helfen der persönliche Gästekontakt und die Erstellung von Kundenprofilen.

Potenzielle Gäste am Standort sollen in der näheren Umgebung den Bekanntheitsgrad steigern. Durch die Verkaufsabteilung sollen Gästeadressen gewonnen werden. Ein aktiver Verkauf soll durch die Salesmanager oder durch die Bankettabteilung erfolgen.

Beim indirekten Vertrieb erfolgt der Verkauf durch nicht weisungsgebundene Distributionskanäle, z. B. durch:

- Verkauf erfolgt durch Touristikunternehmen, z. B. Reiseveranstalter, Reisebüros, Firmenreisedienste, Beförderungsunternehmen, Reiseversicherungen, Automobilclubs,
- Verkauf erfolgt durch kooperative Verkaufsorganisationen, z. B. Tourismusverbände, Reservierungsgesellschaften, Reservierungssysteme,
- Verkauf erfolgt durch selbstständige Hotelrepräsentanten.

Indirekte Vertriebswege (Multiplikatoren) führen über partnerschaftliche Zusammenarbeit zu den Gästen. Anhand nachfolgender Tabelle wird beispielhaft gezeigt, wie Hotelkonzerne mit Reisebüros im Vertrieb zusammenarbeiten.

Reisemittler sind interessante Partner für Hotelketten (2007)				
Hotelkette	**Mindest-umsatz**	**Provision**	**Zahltag**	**Buchungs-Kanäle**
Accor	keinen	8 - 10 %	30 Tage nach Reiseantritt	CRS, Call-Center, Web, Fax, E-Mail
Best Western	keinen	10 %	monatlich	CRS, Web, Call-Center
InterContinental	keinen	10 %	15. des Folge-Monats des Reisebeginns	CRS, Web, Call-Center
Maritim	keinen	10 %	binnen 60 Tagen	CRS, Web, Call-Center, direkt
Marriott	keinen	10 %	15 Tage nach Abreise des Gastes	CRS, IDS, Telefon, Fax, Web
Steigenberger	keinen	10 %	nach Eingang der Buchung	CRS, Call-Center, direkt

Tab. B. 5.30: Hotelvertrieb über Reisebüros
Quelle: eigene Darstellung, 2007

Bedeutsam im indirekten Vertrieb ist die Anbindung der Hotels an die verschiedenen elektronischen Distributionskanäle der Computer Reservation Systems (CRS) und dem Global Distribution System (GDS) z. B. an lokale, regionale, nationale und internationale CRS bzw. GDS. Switch Companies, elektronische Dienstleister, haben die Aufgabe aus nicht kompatiblen Daten zwischen einem CRS und einem GDS, kompatible Daten zu modulieren.

Global Distribution System hat ebenso eine wichtige Funktion für das gesamte Marketing, insbesondere für die Kommunikationspolitik. Global Distribution Systems sind nicht nur Distributionskanal, sondern dienen auch z. B. als:

- Broadcast Message (Nachricht per elektronischem Nachrichtenkanal),
- Weather Message,
- Headline oder Point of Sale Message (destinationsgebundene Werbebotschaften),
- Reference Points.

5.1.8.5 Kommunikationspolitik

Zur Kommunikationspolitik gehören:

- **Werbung**,
- **Verkaufsförderung**,
- **Öffentlichkeitsarbeit (PR)**.

Welches Instrument der Kommunikationspolitik in der Hotellerie bevorzugt und in welchem Umfang eingesetzt wird, hängt stark von der Betriebsgröße, der Betriebs- bzw.

Betreiberform ab. Während die Individual- und Einzelhotellerie stark auf Werbung und Verkaufsförderung setzt, spielt bei der Ketten- und Markenhotellerie die Öffentlichkeitsarbeit eine ebenso große Rolle.

Werbung
Ein Sprichwort sagt: „Wer nicht wirbt, der stirbt." (o. V.). Werbung ist die absichtliche und zwangsfreie Form der Manipulation mit dem Ziel der Absatzförderung. In der Hotellerie werden folgende Arten der Werbung eingesetzt:

- **Einzel-/Individualwerbung,**
- **Kollektivwerbung** (auch Gemeinschaftswerbung) und **Sammelwerbung,**
- **Einführungs-, Expansions- und Erhaltungswerbung,**
- **Einzelumwerbung (direkte Werbung)** und **Mengenumwerbung (indirekte Werbung),**
- **Produkt- und Dienstleistungswerbung,**
- **Unternehmens- bzw. Firmenwerbung**.

Der Prozess der Werbeplanung bzw. der Werbekonzepte lässt sich in nachfolgende Schritte untergliedern:

- Werbeziele festlegen,
- Werbeetat erstellen,
- Werbeobjekt festlegen,
- Werbesubjekte auswählen,
- Werbebotschaft festlegen,
- Werbemittel auswählen,
- Werbeträger auswählen,
- Werbemittelstreuung festlegen,
- Werbedurchführung,
- Werbeerfolgskontrolle.

Die **Verkaufsförderung** beinhaltet alle Maßnahmen, die den Abverkauf der Produkte und Dienstleistungen fördern. Sie kann direkt also an den Kunden oder indirekt (distributiv) also an die Multiplikatoren gerichtet sein. In der Hotellerie sind folgende Formen der Verkaufsförderung üblich und erprobt.

- Verkaufsförderung im Haus (**In-House-Promotion**)
  - persönliche Verkaufsförderung,
  - sachliche Verkaufsförderung (Merchandising),
  - Verkaufsförderung durch Aktionen,
  - Einsatz von Verkaufsförderungsmaßnahmen,
- Verkaufsförderung außer Haus (**Out-House-Promotion**)
  - Verkaufsgespräche,
  - Gästekorrespondenz,
  - Service und Gästebetreuung.

Unter **Öffentlichkeitsarbeit (PR)** ist das Management von Kommunikation und Organisationen mit den Bezugsgruppen zu verstehen (*Grunig/Hunt*).

Der Öffentlichkeitsarbeit in der Hotellerie werden folgende Funktionen zugeordnet:

- **Informationsfunktion,**
- **Imagefunktion,**
- **Führungsfunktion,**
- **Harmonisierungsfunktion,**
- **Kommunikationsfunktion,**
- **Existenzsicherungsfunktion.**

Die Umsetzung der Öffentlichkeitsarbeit in der Hotellerie erfolgt über:

- Themenkreise,
- Anlässe,
- Zielgruppen,
- empfohlene Medien mit Instrumenten.

Eine wichtige Rolle spielt in der Öffentlichkeitsarbeit die **Corporate Identity (CI)**. Die Corporate Identity garantiert durch klare Gestaltungskonstanten, einen hohen Wiedererkennungswert. Dazu tragen bei:

- **Logo:** Identitätsmerkmal auf allen Drucksachen,
- **Schrift:** gut lesbar, harmoniert mit dem Stil des Hauses,
- **Farbe:** Dominanzfarben bestimmen das Farbklima,
- **weitere Bestandteile** der CI, wie z. B. Corporate Behaviour (CB), Corporate Design (CD), Corporate Communication (CC – oftmals auch als Corporate Culture interpretiert), Corporate Fashion (CF), Corporate Governance (CG).

Nicht zu den klassischen Kommunikationsinstrumenten gehörend, aber dennoch in der Hotellerie wesentlich und dem Kommunikationsbereich zuzuordnen, ist das **Erlebnis- und Eventmarketing**. Es findet seine Anwendung insbesondere in der Erlebnisgastronomie (inszenierten Gastronomie). Erlebnismarketing ist Marketing auf der Basis der Konsumbedürfnisse und Emotionen. Anlässe für Erlebnis- und Eventmarketing sind:

- Events; dauerhaft, wenn auch mit wechselnden Themen (Erlebnisgastronomie),
- Messeauftritte,
- Tagungen und Konferenzen,
- Kundenbindungsveranstaltungen,
- Produktpräsentationen,
- Betriebsfeste,
- Neueröffnungen,
- Jubiläumsfeiern,
- Hauptversammlung,
- Roadshows.

In der Kommunikationspolitik der Hotellerie spielen zunehmend die **neuen Medien** eine wichtige Rolle. Das Internet wird derzeit stark als Verkaufskanal und Präsenzplattform genutzt. Die Möglichkeiten der Internetpräsenz für Hotels sind:

- Online Auftritt,
- Reservierungssysteme im Internet,
- Videopräsentation der gastgewerblichen Leistung im Internet,

- 3-D-Hotel,
- Reservierungs- bzw. Buchungsmodul auf der hoteleigenen Homepage (mit SSL-Verschlüsselung).

Weitere Möglichkeiten zur Nutzung des Internets im Hotel können z. B. sein:

- Multimedia,
- Kiosksysteme,
- Point of Sale (POS), Point of Entertainment (POE), Point of Information (POI),
- Infotainment im Hotelzimmer.

5.1.9 Controlling im Gastgewerbe

Der Begriff Controlling kommt aus dem englischen „to control" und bedeutet: planen, steuern und leiten. Controlling ist eine Managementaufgabe. Die Schwerpunkte des Controllings in gastgewerblichen Unternehmen bilden:

- **Funktionscontrolling:** Marketing-, Finanz- und Personalcontrolling,
- **Bereichscontrolling:** Logistik- und F&B-Controlling,
- **Gesamtunternehmerisches Controlling:** Budget-, Kosten- und Erlöscontrolling.

5.1.9.1 Definition und Aufgaben des Controlling

Einleitend eine kurze Begriffsabgrenzung zwischen Controlling und Kontrolle. Kontrolle ist immer vergangenheitsbezogen und bedeutet das Suchen von Fehlern und deren Festlegung; es wird ein Schuldiger gesucht und bestraft. Controlling ist eine zukunftsorientierte Tätigkeit, die sich mit Planen, Steuern, Überwachen, Lenken und Leiten des Unternehmens versteht. Die **Aufgaben des Controllings** sind:

- **Planungsaufgaben**,
- **Steuerungsaufgaben**,
- **Überwachungsaufgaben**.

Schwerpunkte des Controllings im Gastgewerbe sind:

- **Zielorientierung**,
- **Entscheidungsvorbereitung**,
- **Informationsfunktion**,
- **Führungsfunktion**.

Ebenso kann und wird auch in gastgewerblichen Betrieben zwischen strategischem und operativem Controlling unterschieden. Das **strategische Controlling** ist langfristig und zukunftsbezogen, mit dem Ziel der Existenzsicherung des Unternehmens. **Operatives Controlling** ist eher mittel- und kurzfristig ausgerichtet und arbeitet mit Kennzahlen/Kennziffern bzw. Kennzahlensystemen (z. B. DuPont-, ZVEI-Kennzahlensystem). Hierbei stellt das Kennzahlensystem nach DuPont, das bekannteste und komplexeste System und Instrument für die Steuerung, Planung und Führung eines Unternehmens dar.

5.1.9.2 Kennzahlen im Gastgewerbe

Neben den allgemeinen Kennzahlen, die sich mit der Rentabilität, Liquidität, Ergebnis-
rechnung, Umsatz und der Finanzierung beschäftigen und nachfolgend im Überblick dargestellt sind, beschäftigt sich dieses Kapitel mit den für einen gastgewerblichen Betrieb
typischen Kennzahlen.

Allgemeine Kennzahlen	
Rentabilität	• Eigenkapitalrentabilität (%) • Gesamtkapitalrentabilität (%) • Return-on-Investment (ROI) (%) • Umsatzgewinnrate (%) • Kapitalumschlag
Ergebnisrechnung	• Betriebsumsatz • Warenkosten • Personalkosten • Sonstige betriebsbedingte Kosten • Anlagebedingte Kosten • Betriebsfremdes Ergebnis • Warenumschlag • Personalkosten je vollbeschäftigten Arbeitnehmer • Rohertrag • Betriebsergebnis I • Betriebsergebnis II • Unternehmensergebnis
Umsatzanalyse	• Betriebsumsatz je Öffnungstag • Betriebsumsatz je Betriebsstunde • Beherbergungsumsatz je belegtes Zimmer • Beherbergungsumsatz je belegtes Bett • Warenumsatz je Gast • Warenumsatz je Gast und Essenszeit • Sonstiger Betriebsumsatz je Gast • Betriebsumsatz oder Leistung je Vollbeschäftigter • Warenumsatz je Sitzplatz • Warenumsatz je Sitzplatz und Tag • Warenumsatz je qm Verkaufsfläche • Warenumsatz je qm Verkaufsfläche und Tag • Durchschnittlicher Wareneinsatz • Wareneinsatz Speisen • Wareneinsatz Getränke • Durchschnittlicher Rohaufschlag • Rohaufschlag Speisen • Rohaufschlag Getränke
Selbstfinanzierungskraft	• Cashflow • Cashflow-Kapital-Rate • Cashflow-Eigenkapital-Rate • Cashflow-Umsatz-Rate • Cashflow-Verschuldungskoeffizient

Finanzierungssituation	• Cashflow-Finanzbedarfs-Rate • Substanz-Finanzierungsrate • Fremdfinanzierungsrate • Entnahmen zur Eigenkapitalbildung • Vermögenserhaltungsquote • Eigenmittel zu Investitionen
Strukturelle Liquidität	• Durchschnittlich investiertes Kapital • Anlagevermögen • Anlageintensität • Eigenkapital • Eigenkapitalrentabilität • Langfristige Verbindlichkeiten • Anlagendeckung • Umlaufvermögen • Kurz- bis mittelfristige Verbindlichkeiten • Working Capital • Flüssige Mittel • Liquiditätsgrad 1 • Liquiditätsgrad 2 • Kurz- bis mittelfristig verfügbare Mittel

Tab. B. 5.31: Allgemeine Kennzahlen im Gastgewerbe
Quelle: Leiderer, 1995

Nachfolgend, die für ein Gastgewerbe **typischen Kennzahlen** (*nach Leiderer*) mit einer kurzen Erläuterung.

Anzahl Vollbeschäftigte: Diese Kennzahl gibt die personelle Gesamtkapazität des Betriebes in einem Berichtszeitraum an und ist eine maßgebliche Bezugszahl für weitere Kennzahlen.

Anzahl vollbeschäftigter Arbeitnehmer: Bestimmt die personelle Gesamtkapazität des Betriebes aus der Beschäftigung von Lohn- und Gehaltsempfängern sowie Auszubildenden. Bei dieser Kennzahl werden nur vollbeschäftigte und teilzeitbeschäftigte Lohn- und Gehaltsempfänger erfasst. Auszubildende sowie gegen Entgelt mithelfende Familienangehörige werden als Lohn- und Gehaltsempfänger erfasst und gezählt.

Öffnungstage: Geben die zeitliche Kapazität und Dienstbereitschaft des Betriebes in einem Berichtszeitraum (z. B. 365 Tage, sechs Monate) an. Diese Kennzahl zählt die tatsächliche Dienstbereitschaft des Betriebes. Sie ergibt sich aus der Zahl der Öffnungstage, aus der Zahl der Betriebsstunden pro Tag (je nach Betriebstyp verschieden) und damit Betriebsstunden pro Berichtszeitraum. Die Formel lautet:

Öffnungstage im Berichtszeitraum =	Kalendertage - Ruhetage - Ferien/Feiertage - Sonst. Stillegungstage

Abb. B. 5.32: Öffnungstage im Berichtszeitraum
Quelle: Leiderer, 1995

Anzahl Vollbeschäftigte in der Beherbergung: Gibt die personelle Gesamtkapazität des Beherbergungsbereiches in einem Berichtszeitraum an; d. h. Vollbeschäftigte, die ausschließlich oder überwiegend im Beherbergungsbereich tätig sind. Vollbeschäftigte Mitarbeiter, die neben einer Beschäftigung in anderen Betriebsbereichen regelmäßig nur mit einem bestimmten Teil ihrer Arbeitszeit für den Beherbergungsbereich tätig sind, sollte, mit dem entsprechenden Zeitanteil ebenfalls in die Kennzahl einbezogen werden, ggf. und notfalls durch eine Schätzung.

Anzahl Zimmer: Bestimmt die räumliche Übernachtungskapazität des Betriebes, die pro Öffnungstag verfügbar ist. Die Kennzahl ist Beurteilungs- und Vergleichsmaßstab für die Betriebsgröße, den Personalbedarf und die Belastung mit Kapazitäts- und Bereitschaftskosten. Ebenso hinzugerechnet werden alle für die Vermietung an Gäste verfügbaren und mit Betten ausgestatteten Zimmer und Wohneinheiten (z. B. Personalzimmer, sofern diese an Gäste vermietet werden). Bei dieser Kennzahl sind Räume, die z. B. renoviert oder anderweitig genutzt werden nicht hinzuzuzählen. In Suiten wird jeder Raum als Zimmer gezählt, der mit Betten ausgestattet ist.

Belegte Zimmer im Berichtszeitraum: Bestimmt die absolute Inanspruchnahme der Übernachtungskapazität in einem Berichtszeitraum durch zahlende Kunden. Gegenstand der Zählung ist, wie oft jedes verfügbare Zimmer im Berichtszeitraum von zahlenden Kunden belegt wurde. Auch Zimmer, in denen zahlende Kunden außerplanmäßig und zusätzlich beherbergt wurden, reservierte und bezahlte, jedoch nicht beanspruchte Zimmer werden mitgezählt. Gerade für die Kettenhotellerie sowie für größere Hotels ist die Kennzahl für die Folgekennzahl „Doppelbelegung in einem Berichtszeitraum" eine besonders interessante Planungshilfe für die Auslastung und Bereithaltung von Ressourcen. Die Formel für die Doppelbelegung lautet:

$$\text{Doppelbelegung im Berichtszeitraum} = \frac{\text{doppelt belegte Zimmer}}{\text{belegte Zimmer}} \cdot 100$$

Abb. B. 5.33: Doppelbelegung im Berichtszeitraum
Quelle: Leiderer, 1995

Anzahl Betten: Stellt den genauesten Maßstab für die effektive gästebezogene Beherbergungskapazität des Betriebes, die pro Öffnungstag angeboten werden kann. Die Anzahl der Betten ist die beste Beurteilungs- und Vergleichsgröße für den Personalbedarf und die Belastung mit Kapazitäts- und Bereitschaftskosten im zwischenbetrieblichen Vergleich von Beherbergungsbetrieben. Erfasst werden alle für die Vermietung an Gäste ständig und planmäßig angebotenen verfügbaren Betten. Besonderheiten der Zählung: Ein „Studiozimmer" vermietet wahlweise als Einzel- oder Doppelbett, wird immer als zwei Betten gezählt. Bei den Suiten ist die planmäßig vorgesehene Bettenzahl zu berücksichtigen. Nicht mitgerechnet werden Couches, Notbetten und Betten, die z. B. durch Renovierung längerfristig den Gästen nicht zur Verfügung/Vermietung stehen.

Belegte Betten im Berichtszeitraum: Diese Kennzahl bestimmt die absolute Inanspruchnahme der gästebezogenen Übernachtungskapazität eines Berichtszeitraumes durch zahlende Gäste, d. h. in der Zählung wird erfasst, wie oft jedes verfügbare Bett von zahlenden Kunden genutzt wurde. Hierbei werden auch Couches, Notbetten und zusätzlich aufgestellte Schlafstätten in Tageszimmern, in denen zahlende Gäste außerplanmäßig zusätzlich beherbergt werden, berücksichtigt. Auch reservierte und bezahlte, jedoch nicht in Anspruch genommene Betten werden gezählt.

Gästeankünfte: Stellt die Grundlage für die Berechnung der durchschnittlichen Aufenthaltsdauer pro Gast. Je mehr Übernachtungsgäste in einem bestimmten Zeitraum angereist sind, desto kürzer ist die Aufenthaltsdauer einzelner Gäste. Dadurch ist die Belastung des Betriebs durch Abfertigungsvorgänge im Empfang und durch die Bereitstellung neu beziehbarer Zimmer größer. Erfasst wird die Zahl der Übernachtungsgäste, die im Berichtszeitraum angereist sind. Auch diejenigen Gäste, die nicht angekommen sind, jedoch ein Zimmer reserviert und dafür eine Rechnung erhalten, werden gezählt.

Zimmer pro Vollbeschäftigtem: Diese Kennzahl gibt an, wie viele Zimmer pro Tag durchschnittlich auf einen Vollbeschäftigten im Beherbergungsbereich entfallen. Sie ist Beurteilungs- und Vergleichsmaßstab für die Personalausstattung Personalbelastung (Personalkostenbelastung, Leistungsanforderungen an das Personal, Servicestandards) des Beherbergungsbereichs. Die Formel für diese Kennzahl lautet:

$$\text{Zimmer pro Vollbeschäftigtem} = \frac{\text{Anzahl Zimmer}}{\text{Anzahl Vollbeschäftigte in der Beherbergung}}$$

Abb. B. 5.34: Zimmer pro Vollbeschäftigtem
Quelle: Leiderer, 1995

Betten pro Vollbeschäftigtem: Diese Kennzahl gibt an, wie viele Betten pro Tag durchschnittlich auf einen Vollbeschäftigten im Beherbergungsbereich entfallen. Diese Kennzahl ist ebenfalls Beurteilungs- und Vergleichsmaßstab für die Personalausstattung (Personalkostenbelastung, Leistungsanforderungen an das Personal, Servicestandards) des Beherbergungsbereichs. Die Formel für diese Kennzahl lautet:

$$\text{Betten pro Vollbeschäftigtem} = \frac{\text{Anzahl Betten}}{\text{Anzahl Vollbeschäftigte in der Beherbergung}}$$

Abb. B. 5.35: Betten pro Vollbeschäftigtem
Quelle: Leiderer, 1995

Belegte Zimmer pro Vollbeschäftigtem: Diese Kennzahl gibt an, wie viele belegte Zimmer pro Tag aufgrund der tatsächlichen Gästefrequenz durchschnittlich auf einen Vollbeschäftigten im Beherbergungsbereich entfallen. Sie dient als Maßstab für die Leistungsanforderungen an das Personal bzw. für die zeitliche und intensitätsmäßige Auslastung der Personalkapazität im Beherbergungsbereich sowie als Planungsgrundlage für die Bereitstellung des Personals. Es sollen Leerkostenanteile bei den Personalkosten vermieden werden. Die Formel für diese Kennzahl lautet:

$$\text{Belegte Zimmer pro Vollbeschäftigtem} = \frac{\text{belegte Zimmer im Berichtszeitraum}}{\text{Anzahl Vollbeschäftigte in der Beherbergung} \cdot \text{Öffnungstage}}$$

Abb. B. 5.36: Belegte Zimmer pro Vollbeschäftigtem
Quelle: Leiderer, 1995

Belegte Betten pro Vollbeschäftigtem: Diese Kennzahl gibt an, wie viele belegte Betten pro Tag aufgrund der tatsächlichen Gästefrequenz durchschnittlich auf einen Vollbeschäftigten im Beherbergungsbereich entfallen. Diese Kennzahl ist der Maßstab für die Leistungsanforderungen an das Personal bzw. für die zeitliche und intensitätsmäßige Auslastung der Personalkapazität im Beherbergungsbereich. Auch hier ist die Vermeidung von Leerkostenanteilen beim Personaleinsatz anzustreben. Die Formel für diese Kennzahl lautet.

$$\text{Belegte Betten pro Vollbeschäftigtem} = \frac{\text{belegte Betten im Berichtszeitraum}}{\text{Anzahl Vollbeschäftigte in der Beherbergung} \cdot \text{Öffnungstage}}$$

Abb. B. 5.37: Belegte Betten pro Vollbeschäftigtem
Quelle: Leiderer, 1995

Zimmer im Berichtszeitraum: Bedeutet die „Angebotenen Zimmertage". Diese sind der Maßstab für die räumliche Übernachtungskapazität des Betriebes, die im Berichtszeitraum insgesamt zur Verfügung stehen und angeboten werden. Die Formel für diese Kennzahl lautet:

$$\text{Zimmer im Berichtszeitraum} = \text{Anzahl Zimmer} \cdot \text{Öffnungstage im Berichtszeitraum}$$

Abb. B. 5.38: Zimmer im Berichtszeitraum
Quelle: Leiderer, 1995

Mögliche Beherbergungen: Bedeutet die „Angebotenen Bettentage". Sie sind der Maßstab für die gästebezogene Übernachtungskapazität des Betriebes, die im Berichtszeitraum insgesamt zur Verfügung stehen. Die Formel für diese Kennzahl lautet:

$$\text{Mögliche Beherbergungen} = \text{Anzahl Betten} \cdot \text{Öffnungstage im Berichtszeitraum}$$

Abb. B. 5.39: Mögliche Beherbergungen
Quelle: Leiderer, 1995

Aufenthaltsdauer pro Gast: Zeigt indirekt die Gästestruktur (z. B. Geschäftsreisende, Feriengäste) und den Typ bzw. Standort des Beherbergungsbetriebes auf und ermöglicht damit eine genauere Eingruppierung des Betriebes in Betriebsvergleichen. Diese Kennzahl ist der Maßstab für die Belastung des Beherbergungsbereiches durch Abfertigungsvorgänge am Empfang und durch die Bereitstellung neu beziehbarer Zimmer durch das Housekeeping. Mit abnehmender Aufenthaltsdauer pro Gast oder zunehmender Gästefrequenz steigt die personelle Belastung. Die Formel für diese Kennzahl lautet:

$$\text{Aufenthaltsdauer pro Gast} = \frac{\text{Gästeübernachtungen}}{\text{Gästeankünfte}}$$

Abb. B. 5.40: Aufenthaltsdauer pro Gast
Quelle: Leiderer, 1995

Kapazitätsauslastung der Zimmer: Sie ist der Maßstab für die prozentuale Inanspruchnahme der räumlichen Übernachtungskapazität eines Jahres durch zahlende Gäste. Als Prozentzahl ausgedrückt und berechnet auf 365 Tage, ermöglicht sie den Vergleich der Beschäftigung in Beherbergungsbetrieben verschiedener Art und Größe. Die Formel für diese Kennzahl lautet:

$$\text{Kapazitätsauslastung Zimmer (Jahreswerte)} = \frac{\text{belegte Zimmer} \cdot 100}{\text{Anzahl der Zimmer} \cdot 365}$$

Abb. B. 5.41: Kapazitätsauslastung Zimmer (Jahreswerte)
Quelle: Leiderer, 1995

Kapazitätsauslastung der Betten: Sie ist der Maßstab für die prozentuale Inanspruchnahme der gästebezogenen Übernachtungskapazität eines Jahres durch zahlende Gäste. Als Prozentzahl ausgedrückt und berechnet auf 365 Tage ermöglicht sie den Vergleich der Beschäftigung in Beherbergungsbetrieben verschiedener Art und Größe. Die Formel für diese Kennzahl lautet:

$$\text{Kapazitätsauslastung Betten (Jahreswerte)} = \frac{\text{belegte Betten} \cdot 100}{\text{Anzahl der Betten} \cdot 365}$$

Abb. B. 5.42: Kapazitätsauslastung Betten (Jahreswerte)
Quelle: Leiderer, 1995

Beherbergungsumsatz pro belegtem Bett bzw. Zimmer und pro Bett bzw. Zimmer: Dabei wird der Beherbergungsumsatz einschließlich Bedienungsgeld aber ohne evtl. zu zahlenden Provisionen, ohne Frühstück und sonstige Speisen- und Getränkeumsätze, ohne Telefonumsätze und ohne MwSt. errechnet. Die Formeln für diese Kennzahlen lauten:

$$\text{Beherbergungsumsatz pro belegtem Bett} = \frac{\text{Beherbergungsumsatz}}{\text{belegte Betten}}$$

Abb. B. 5.43: Beherbergungsumsatz pro belegtem Bett
Quelle: Leiderer, 1995

$$\text{Beherbergungsumsatz pro belegtem Zimmer} = \frac{\text{Beherbergungsumsatz}}{\text{belegte Zimmer}}$$

Abb. B. 5.44: Beherbergungsumsatz pro belegtem Zimmer
Quelle: Leiderer, 1995

$$\text{Beherbergungsumsatz pro Bett} = \frac{\text{Beherbergungsumsatz}}{\text{Anzahl der Betten}}$$

Abb. B. 5.45: Beherbergungsumsatz pro Bett
Quelle: Leiderer, 1995

$$\text{Beherbergungsumsatz pro Zimmer} = \frac{\text{Beherbergungsumsatz}}{\text{Anzahl der Zimmer}}$$

Abb. B. 5.46: Beherbergungsumsatz pro Zimmer
Quelle: Leiderer, 1995

Maximaler Logisumsatz: Diese Kennzahl ist der Maßstab für die Festlegung der maximalen Rate, die für ein Zimmer verlangt werden kann. Der Grundgedanke der Berechnung bzw. Kennzahl ist: Wenn jedes verfügbare Zimmer im Hotel mit der maximalen Rate (Rack Rate) verkauft wird, dann wird der maximale Logisumsatz erzielt. Die Formel z. B. für den max. Logisumsatz eines Tages lautet:

$$\text{Maximaler Logisumsatz} = \text{Rack Rate (DZ)} \cdot \text{Anzahl der Zimmer}$$

Abb. B. 5.47: Maximaler Logisumsatz
Quelle: Leiderer, 1995

Logisumsatz pro vermietetem Zimmer (in Euro): Diese Kennzahl gibt an, wie viel Umsatz pro vermietetem Zimmer durchschnittlich erzielt wurde. Außerdem gibt sie Aufschluss darüber, welche Kategorie und Gästestruktur (Einzel- oder Gruppenreisende) das Hotel hat. Die Formel für diese Kennzahl lautet:

$$\text{Logisumsatz pro vermietetem Zimmer (in Euro)} = \frac{\text{Logisumsatz netto}}{\text{vermietete Zimmer}}$$

Abb. B. 5.48: Logisumsatz pro vermietetem Zimmer (in Euro)
Quelle: Leiderer, 1995

Prozent-Yield (Auslastung, Ertrag Umsatz): Die Kennzahl zeigt den tatsächlich erzielten Logisumsatz im Verhältnis zum maximalen Logisumsatz. Diese Kennzahl ist die wichtigste Kennzahl für Hotelbetriebe um sich mit den Mitbewerbern zu vergleichen. Die Formel für diese Kennzahl lautet:

$$\text{Prozent-Yield} = \frac{\text{Logisumsatz} \cdot 100}{\text{max. Logisumsatz}}$$

Abb. B. 5.49: Prozent-Yield
Quelle: Leiderer, 1995

5.1.9.3 Budgetierung im Gastgewerbe

Die Budgetierung im Gastgewerbe ist ein zielbezogenes Erfolgsplanungssystem mit Vorgabecharakter für das Hotel oder Restaurant. Das Budget ist ein Führungsinstrument des Managements, welches Orientierungs- und Entscheidungshilfe als auch Kontrollinstrument ist.

Im Gastgewerbe lassen sich Budgets abgrenzen nach:

- **Geltungsdauer**: Jahres-, Quartals-, Monatsbudget
- **Wert**: Umsatz-, Kosten-, Deckungsbeitrag-, Erfolgsbudget
- **Entscheidungseinheit**: Logis-, F&B-Budget.

Die wichtigsten Budgets im Gastgewerbe sind das Kosten- und Umsatzbudget. Die **Grundlagen für die Erstellung des Kosten- und Umsatzbudgets** sind u. a.:

- Materialkosten, Materialeinzelkosten,
- Fertigungskosten, Fertigungslöhne,
- angefallene Gemeinkosten,
- Reservierungsstand nach Gästekategorien,
- Stand der Bankettbuchungen,
- wirtschaftliches Klima, saisonale Schwankungen,
- erwartete Buchungen,
- durchschnittlicher Barumsatz pro Wochentag,
- Veranstaltungen, Lage der Feiertage,
- geplante Marketingaktivitäten,
- Aktivitäten der Mitbewerber,
- prozentualer Anteil der Verpflegungsgäste pro Servicezeit an Hotelgästen.

Die **Erstellung eines Kostenbudgets am Beispiel aufgezeigt**: Fixe Personalkosten (z. B. Zeitlöhne) + direkte Kosten (Wäscherei, Dekoration, Gästezimmer, Provisionen u. v. m.) + variable Personalkosten (Leistungslöhne).

Die Budgeterstellung arbeitet mit **Zielgrößen**:

- **Beherbergungsbereich:**
  - budgetierte Anzahl der belegten Zimmer und Übernachtungen im Monat,
  - durchschnittlicher Nettozimmer- und Übernachtungspreis,
- **Gastronomiebereich:**
  - budgetierte Gästeanzahl pro Servicezeit und Monat,
  - durchschnittlicher Speiseumsatz pro Gast und Servicezeit,
  - prozentuales Verhältnis zwischen Speise- und Getränkeumsatz.

5.2 Gastronomie

„Die Gastronomie ist das Geschäft mit verzehrfertigen Speisen und Getränken" (*Dettmer u. a.*).

Im heutigen Sprachgebrauch wird die Gastronomie gerne auch als **F&B – Food & Beverage** bezeichnet. Der Gaststättensektor lässt sich in folgende **Betriebsarten** unterteilen:

Bewirtungsbetriebe	Unterhaltungsbetriebe
• Restaurant • alkoholfreies Restaurant • vegetarisches Restaurant • Wirtshaus • Café • Bahnhofsgaststätte • Autobahnraststätte • Schnellgaststätte • Systemgastronomie	• Bars • Tanzbars • Diskothek • Nachtlokale • Kabaretts • Varietés

Tab. B. 5.50: Abgrenzung der Betriebe
Quelle: Dettmer/Gruner u. a., 2003

Die heute üblichere Unterteilung bzw. **Systematisierung** der Gastronomie erfolgt wie in u. a. Tabelle:

Versorgungsgastronomie	Erlebnisgastronomie
• Bahnhofs-Restaurants • Autobahn-Restaurants • Imbisshallen • Trinkhallen • Fast-Food-Betrieb • Imbissecken • Steh-Cafés • Saftläden • Baguette/Sandwich Shops • Milchbars • Kantinen • Catering (Bankett- und Partyservice, Industrie- und Spezialcatering) • Systemgastronomie	• Spezialitäten Restaurants • Bars-, Tanz- und Vergnügungslokale • Diskotheken • Bistros • Pubs • Rock-Cafés • Kleinkunst Kneipen • Video- und Karaoke Discotheken • Eisdielen • Kneipen • Cafés • Gastwirtschaften • Biergärten • Strauss- und Besenwirtschaften

Tab. B. 5.51: Unterteilung der Gastronomie
Quelle: Dettmer/Gruner u. a., 2003

5.2.1 Abgrenzung Individual- und Systemgastronomie

Die Gastronomie lässt sich in zwei große Gruppen unterteilen: Die Individual- und Systemgastronomie. Die Individualgastronomie war in Deutschland die vorherrschende Gastronomie in den letzten 30 Jahren. Nachdem jedoch immer mehr bundesdeutsche Bürger und Haushalte für Essen und Getränke außerhalb der eigenen vier Wände Geld ausgegeben haben, erlebte die Individualgastronomie Ende der 80er-Jahre einen wahren Boom. Der großen Nachfrage an hungrigen und durstigen Gästen stand eine große Vielzahl einzelner Gastronomiebetriebe gegenüber. Die Marktform war und ist zweifelsohne ein Polypol. Jeder gastronomische Betrieb zeichnete sich durch die ihm eigenen Besonderheiten aus.

Der wachsende Wettbewerb, zu hohe Investitionen in Einrichtung und Ausstattung, zu geringe Eigenkapitalisierung der Gastronomen, mangelhafte oder fehlerhafte Konzepte, keine strategische Planung, häufiger Betreiberwechsel und eine sehr niedrige Rendite führte schließlich zu Betriebsschließungen. Hausgemachte Fehler in der Betriebsführung taten ihr Übriges.

Zeitgleich entwickelte sich die Systemgastronomie, als Gastronomie mit System. Das bedeutet, ein Gastronomiekonzept, welches sich durch folgende drei Kernelemente auszeichnet:

- **Standardisierung:** Z. B. durchdachte Abläufe im Betrieb und in Handbüchern niedergeschrieben,
- **Multiplikation:** Mindestens drei Betriebe erfolgreich (nach DEHOGA),
- **Zentrale Steuerung:** Zentrale Stelle stellt kontinuierliche Leistungen und durchgängige Qualität sicher.

Vorläufer dieses Gastronomietyps waren in Deutschland bereits in den 70er-Jahren vertreten. Die Protagonisten waren Unternehmen, wie z. B. Wienerwald, McDonalds, Wendy, Burger King von denen die meisten bis heute ihren Siegeszug fortsetzen.

Die Systemgastronomie baute auf die Fehler der Individualgastronomie erfolgreich auf und bot dem Gast, an jedem Standort eine durchgängige Speisequalität, vertraute Einrichtung und Ambiente sowie eine transparente und nachvollziehbare Markenphilosophie. Gäste waren nicht mehr der Tagesform und den wechselnden Qualitäten eines Individualgastronomen ausgeliefert, sondern konnten auf Bekanntes und Bewährtes vertrauen.

Die häufigsten **Fehler der Individualgastronomie** waren und sind nach *Dettmer u. a.*:

- hohe Konzentration auf das Ambiente bei schlechter gastronomischer Leistung, insbesondere der Kernleistung,
- zu starker Einsatz handelsüblicher und somit beliebig austauschbarer Convenience-Produkte,
- uncharmante, nachlässige bis schlampige Betriebsführung,
- mangelnde Übereinstimmung von Musik und original-ethnischem Anspruch (z. B. zu laut und chartorientiert),
- Bereitschaft zum Preiskampf mit übrigen Marktteilnehmern.

5.2.2 Kalkulations- und Preisfestsetzungsverfahren in der Gastronomie

In der Gastronomie können für die Kalkulation und die Preisfestsetzung folgende Verfahren angewendet werden:

- **Äquivalenzziffernkalkulation,**
- **Zuschlagskalkulation,**
- **Rohaufschlagskalkulation,**
- **Prime-Cost-Methode,**
- **Teilkostenkalkulation.**

Die Äquivalenzziffernkalkulation wird in der Gastronomie für die Fertigung von Speisen und Getränken, die eine aufsteigende Variation (z. B. Hamburger, Cheeseburger, Doppelburger) unter Verwendung (Sortenfertigung) z. T. gleicher Produkte aber mit unterschiedlichem Zeitaufwand verwendet.

Bei der **Zuschlagskalkulation** findet eine Trennung zwischen den Einzel- und Gemeinkosten statt. Man unterscheidet eine summarische und eine differenzierende Zuschlagskalkulation.

Bei der **summarischen Zuschlagskalkulation** werden alle Produkte mit demselben prozentualen Zuschlagssatz kalkuliert. Die Gemeinkosten werden im Ganzen auf die Warenkosten aufgeschlagen, der Arbeitsaufwand und die Summe der Investitionen bleiben unberücksichtigt.

Bei der **differenzierenden Zuschlagskalkulation** ist die Kostenstellenrechnung Voraussetzung. Speisen und Getränke werden mit unterschiedlichen Zuschlagssätzen kalkuliert. Ziel der differenzierenden Zuschlagskalkulation ist es, einzelne Kostenträger nicht mit den Kosten zu belasten, die in anderen Kostenstellen anfallen.

Rohaufschlagskalkulation: Der Rohaufschlag ist die Spanne zwischen Warenkosten und dem Netto-Verkaufspreis. Der Gewinn wird in den Zuschlagssatz mit einbezogen. Der Rohaufschlag kann als Gesamtheit für einen Betrieb und/oder nach Warengruppen ermittelt werden. Bei der **Rohaufschlagskalkulation mit absoluten Rohaufschlägen** erfolgt ein gleicher Aufschlag von Gemeinkosten für jedes Produkt unabhängig vom z. B. Wareneinsatz oder der Personalintensität. Der Vorteil besteht darin, dass es keine preisliche Benachteiligung für Gäste gibt, die Speisen mit einem hohen Wareneinsatz (z. B. Steak) verzehren. Nachteilig bei dieser Methode sind die Tatsachen, dass Personalkosten ohne Berücksichtigung bleiben und eine zu hohe Transparenz der Warenkosten für den Verbraucher.

Die **Prime-Cost-Methode** gilt als die unproblematischste, da einem Produkt lediglich die Materialkosten sowie die produktiven Löhne als Einzelkosten direkt zugerechnet werden.

Bei der **Teilkostenkalkulation** werden dem Kalkulationsobjekt nur die variablen Stückkosten zugeordnet. Diese Art der Kalkulation basiert auf der Umsatzplanung eines gastronomischen Betriebs. Der voraussichtliche Deckungsbeitrag (muss auch die Kosten der Betriebsbereitschaft und den Gewinn decken) bildet sich aus der Differenz von Umsatz, Warenkosten und Bedienungsgeld.

5.2.3 Kennzahlen der Gastronomie

Auch in der Gastronomie werden Kennzahlen für die Planung, Steuerung und Leitung des Unternehmens benötigt. Die wichtigsten und gebräuchlichsten Kennzahlen (*nach Leiderer*) werden nachfolgend erläutert.

Anzahl Vollbeschäftigte im Restaurantbereich: Kennzeichnet die personelle Gesamtkapazität (d. h. Vollbeschäftigte, die ausschließlich oder überwiegend im Restaurantbereich tätig sind) des Restaurantbereiches (Küche, Keller, Restaurant, Konferenzräume etc.) in einem Berichtszeitraum. Alle vollbeschäftigten Mitarbeiter, die neben einer Beschäftigung in anderen Betriebsbereichen regelmäßig nur mit einem bestimmten Teil ihrer Arbeitszeit für den Restaurantbereich tätig sind, sollten mit dem entsprechenden Zeitanteil ebenfalls einbezogen werden.

Anzahl Vollbeschäftigte im Restaurantbereich für den Teilbereich Bedienung und Service: Diese Kennzahl kennzeichnet das im Berichtszeitraum verfügbare Bedienungspersonal des Gastronomiebereiches. Es sollen alle Vollbeschäftigte einbezogen werden, die im Restaurantbereich eingesetzt sind und auch der selbst tätige Inhaber und mitarbeitende Familienangehörige. Ein Auszubildender gilt als ½ Vollbeschäftigter. Die vollbeschäftigten Mitarbeiter, die neben einer Beschäftigung in anderen Betriebsbereichen regelmäßig nur mit einem bestimmten Teil ihrer Arbeitszeit als Bedienungspersonen tätig sind, sollten, mit dem entsprechenden Zeitanteil ebenfalls einbezogen werden.

Anzahl Sitzplätze in Gastronomieräumen: Sie stellen die gesamte Sitzplatzkapazität des Gastronomiebereiches in einem Berichtszeitraum dar. Terrassen werden mit einem Flächenanteil von 25 % berücksichtigt. Sinnvoll ist die getrennte Erfassung der Anzahl der Sitzplätze in Restauranträumen, Bars, Konferenzräumen, sonst. Räumen und im Freien.

Verkaufsfläche in Quadratmeter (qm): Kennzeichnet direkt die flächenmäßige und damit raummäßige Ausdehnung des Restaurants und indirekt die Wegbelastung einzelner Bedienungspersonen, d. h. die Flächen, die den Gästen zur Einnahme von Speisen und Getränken zur Verfügung steht. Bei der Ermittlung dieser Kennzahl werden Terrassen nur mit einem Anteil von 25 % berücksichtigt. Garderoben- und Toilettenräume werden nicht hinzugerechnet.

Gäste im Restaurantbereich: Die gezählten Gäste – eine wichtige Kenngröße für die Ermittlung der Kapazitätsauslastung des Restaurantbereichs. Sie liefert wertvolle Hinweise für die Preiskalkulation und Budgetierung. Ermittelt wird die Zahl der Gäste, die im Restaurantbereich in der Berichtsperiode bewirtet wurden. Bei Beherbergungsbetrieben ohne Passantenrestaurant ist dies einfach. Bei Beherbergungsbetrieben mit Passantenrestaurants erfolgt die Gästeerfassung nach Möglichkeit durch das Guest-Cheque-Verfahren oder durch die Zählung durch das Bedienungspersonal. Erfasst werden sollen: Die durchschnittliche Zahl der Gäste pro Essenszeit und pro Tag in den einzelnen Monaten, die Gesamtzahl der Gäste in den einzelnen Monaten und die durchschnittliche Zahl der Gäste pro Monat in einem bestimmten Geschäftsjahr.

Gäste pro Essenszeit: Drückt die Kapazitätsauslastung des Restaurantbereiches während einzelner Essenszeiten aus. Die durchschnittliche Zahl der Gäste pro Tag sollte für die einzelnen Essenszeiten (Frühstück, Mittag, Abend) erfasst werden. Voraussetzung hierfür ist eine klare Festlegung von Zeitgrenzen für die einzelnen Essenszeiten.

Ausgegebene Hauptmahlzeiten (pro Schicht oder insgesamt): Der Verkauf und die Abgabe von Hauptmahlzeiten entspricht der Hauptleistung des Restaurantbereiches. Die Zahl der verkauften Hauptmahlzeiten ist eine wichtige Information für die künftige Angebotsgestaltung, die Programmplanung und die Materialdisposition in der Küche. Die Ermittlung erfolgt über die Erstellung einer Verkaufsstatistik über die Anzahl der verkauften Portionen.

Restaurantplätze pro Bedienungskraft: Die Kennzahl gibt an, welche Anzahl Sitzplätze in einem Berichtszeitraum durchschnittlich von einer Bedienungskraft betreut wird. Sie ist Leistungsmaßstab für die im Service Beschäftigten und Indiz für den Service-Standard des Restaurants. Die Formel für diese Kennzahl lautet:

$$\text{Restaurantplätze pro Bedienungsperson} = \frac{\text{Anzahl der Restaurantplätze}}{\text{Anzahl des Servicepersonals}}$$

Abb. B. 5.52: Restaurantplätze pro Bedienungsperson
Quelle: Leiderer, 1995

Sitzplatzdichte: Diese Kennzahl kennzeichnet die Ausnutzung der vorhandenen Verkaufsfläche mit Sitzplätzen. Sie ist wichtiger Anhaltspunkt zur gezielten Zuordnung eines Betriebes (z. B. Versorgungs- oder Erlebnisgastronomie) zur richtigen Gruppe bei Betriebsvergleichen. Die Formel für diese Kennzahl lautet:

$$\text{Sitzplatzdichte im Berichtszeitraum} = \frac{\text{Anzahl Sitzplätze}}{\text{Verkaufsfläche (qm)}}$$

Abb. B. 5.53: Sitzplatzdichte im Berichtszeitraum
Quelle: Leiderer, 1995

Sitzplatztage: Gibt an, wie viele Gäste im Berichtszeitraum bewirtet werden, wenn jeder Sitzplatz einmal pro Öffnungstag frequentiert/besetzt wird. Diese Vergleichszahl dient zur Beurteilung der Angebotskapazität von Restaurants. Die Formel für diese Kennzahl lautet:

$$\text{Sitzplatztage} = \text{Anzahl Sitzplätze in Gastronomieräumen} \cdot \text{Öffnungstage}$$

Abb. B. 5.54: Sitzplatztage
Quelle: Leiderer, 1995

Gäste pro Sitzplatz: Diese Kennzahl zeigt auf, wie oft ein im Restaurant vorhandener Sitzplatz pro Berichtszeitraum durchschnittlich von Gästen belegt ist. Sie ist Maßstab für den Vergleich der Auslastung von Restaurants in verschiedenen Berichtsperioden. Die Formel für diese Kennzahl lautet:

$$\text{Gäste pro Sitzplatz (im Berichtszeitraum)} = \frac{\text{Gäste im Restaurantbereich}}{\text{Anzahl Sitzplätze in Gastronomieräumen}}$$

Abb. B. 5.55: Gäste pro Sitzplatz (im Berichtszeitraum)
Quelle: Leiderer, 1995

Gästewechsel pro Essenszeit: Gibt einen Hinweis darauf, wie oft die vorhandenen Sitzplätze im Restaurant zu den verschiedenen Essenszeiten belegt sind. Diese Kennzahl wird für die Bestimmung der Aufenthaltsdauer des Gastes und den Servicestandard des Restaurants benötigt. Ferner ist sie wichtig für die Personaleinsatzplanung und den Servicetyp der verschiedenen Essenszeiten. Die Formel für diese Kennzahl lautet:

$$\text{Gästewechsel pro Essenszeit} = \frac{\text{Ø Zahl der Gäste pro Essenszeit}}{\text{Anzahl Sitzplätze in Gastronomieräumen}}$$

Abb. B. 5.56: Gästewechsel pro Essenszeit
Quelle: Leiderer, 1995

Sitzplatzumschlag: Ist der mengenmäßige Ausdruck, der die Auslastung der Beschäftigungsintensität bzw. die Leistungsfähigkeit des Restaurants, bezogen auf einen Öffnungstag beurteilen lässt. Die Formel für diese Kennzahl lautet:

$$\text{Sitzplatzumschlag (im Berichtszeitraum)} = \frac{\text{Gäste im Restaurantbereich}}{\text{Sitzplatztage}}$$

Abb. B. 5.57: Sitzplatzumschlag
Quelle: Leiderer, 1995

Durch Multiplikation des Ergebnisses mlt der Zahl 100 wird der durchschnittliche Sitzplatzumschlag in Prozenten ausgedrückt.

Eine andere Möglichkeit zur Berechnung des Sitzplatzumschlages kann erfolgen, durch:

$$\text{Sitzplatzumschlag} = \frac{\text{Gäste pro Sitzplatz}}{\text{Öffnungstage}}$$

Abb. B. 5.58: Sitzplatzumschlag, 2. Variante
Quelle: Leiderer, 1995

Umschlag an Hauptmahlzeiten: Bezeichnet den mengenmäßigen Ausdruck um die Auslastung, bezogen auf die Hauptleistung des Restaurants beurteilen zu können. Er gibt Auskunft darüber, wie oft die vorhandenen Sitzplätze im Restaurant durchschnittlich mit der Ausgabe von Hauptmahlzeiten genutzt werden. Die Formel für diese Kennzahl lautet:

$$\text{Umschlag an Hauptmahlzeiten} = \frac{\text{Anzahl der ausgegebenen Hauptmahlzeiten}}{\text{Sitzplatztage}}$$

Abb. B. 5.59: Umschlag an Hauptmahlzeiten
Quelle: Leiderer, 1995

Weitere und ergänzende Kennzahlen bzw. Formeln in der Gastronomie sind:

$$\text{Umsatz pro Sitzplatz} = \frac{\text{Warenumsatz}}{\text{Verkaufsfläche in qm (Terrasse mit 25 \% berechnen)}}$$

$$\text{bzw} = \frac{\text{Warenumsatz}}{\text{Sitzplätze}}$$

Abb. B. 5.60: Umsatz pro Sitzplatz
Quelle: Dettmer u. a., 2002

$$\text{Beliebtheitsgrad der Speisen (in Prozent)} = \frac{\text{Anzahl der verkauften Portionen}}{\text{Gesamtanzahl der bedienten Gäste}} \cdot 100$$

Abb. B. 5.61: Beliebtheitsgrad der Speisen in Prozent
Quelle: Dettmer u. a., 2002

$$\text{Verhältnis: Speisen- und Getränkeumsatz (in Prozent)} = \frac{\text{Getränkeumsatz}}{\text{Speisenumsatz}} \cdot 100$$

Abb. B.5. 62: Verhältnis der Speisen zum Getränkeumsatz in Prozent
Quelle: Dettmer u. a., 2002

$$\text{Leistungseinheiten im Restaurantbereich - Restaurantservice pro Essenszeit} = \frac{\text{Anzahl der servierten Couverts (Frühstück, Mittag, Abend)}}{\text{Restaurantfachleute, Chefs, Comiss im Dienst}}$$

Abb. B. 5.63: Leistungseinheiten im Restaurantbereich
Quelle: Dettmer u. a., 2002

$$\text{Küchenproduktion} = \frac{\text{Anzahl der servierten Couverts}}{\text{Köche im Dienst}}$$

Abb. B. 5.64: Küchenproduktion, Küchenleistung (Ausstoß der Küche)
Quelle: Dettmer u. a., 2002

$$\text{Etagenservice} = \frac{\text{Anzahl der Rechnungen}}{\text{Servicepersonal im Dienst (jede Rechnung = 1 Weg)}}$$

Abb. B. 5.65: Effizienz des Etagenservice
Quelle: Dettmer u. a., 2002

$$\text{Bars} = \frac{\text{Getränkeumsatz}}{\text{Barpersonal im Dienst}}$$

Abb. B. 5.66: Umsatz pro Mitarbeiter im Barbereich
Quelle: Dettmer u. a., 2002

$$\text{Bankettservice} = \frac{\text{Anzahl der bedienten Gäste pro Veranstaltung}}{\text{Servicepersonal im Dienst}}$$

Abb. B. 5.67: Effizienz des Bankettservice
Quelle: Dettmer u. a., 2002

5.2.4 Systemgastronomie

Zunächst einen Überblick über die wichtigsten und größten Systemgastronomiekonzepte in Deutschland. Nachfolgende Tabelle zeigt bedeutende Systemgastronomie-Unternehmen.

Unternehmen	Kategorie	Vertriebslinien
McDonald's Deutschland	FF	McDonald's
LSG Lufthansa Service	VG	LSG
Burger King, München	FF	Burger King
Autobahn Tank & Rast	VG	T&R Raststätten
Nordsee Fischspezialitäten	FF	Nordsee
Karstadt Quelle	HG	Karstadt, Le Buffet
Metro AG	HG	Dinea, Grillpfanne
Aral AG	FF	Petit Bistro
YUM! Restaurant International	FF	Pizza Hut, KFC
Mitropa AG	VG	Gastro & Handel
Gate Gourmet Dt.	VG	Gate Gourmet, LTC
Mövenpick Deutschland	AS	Mövenpick, Marché
Stockheim Unternehmensgruppe	VG	Flughafen-, Bahnhof- und Messerestaurants
Ikea Deutschland	HG	Ikea Gastronomie
Whitbread Rest.	AS	Maredo, Costa Coffee
Deutsche Bahn AG	VG	Zugcatering
Haus Kuffler, München	AS	Spatenhaus, Mangostin, Käfer's
Kamps AH	FF	Kamps
Block House Gruppe	AS	Block House, Elysee-Gastro, Jimmy's Hamburger
Shell AG	FF	Dea, Back-Frisch
Legende: FF = Fastfood, **VG** = Verkehrs- und Messegastronomie, **HG** = Handelsgastronomie, **FZ** = Freizeitgastronomie, **AS** = Fullservicegastronomie (ausgebautes Sortiment)		

Tab. B. 5.68: Wichtige Unternehmen in der Systemgastronomie
Quelle: eigene Darstellung

Die unter der Rubrik Kategorie angegebenen Abkürzungen in der vorhergehenden Tabelle geben die Segmentierung des jeweiligen systemgastronomischen Unternehmens an. Die Segmentierung wird in nachfolgender Tabelle kurz erläutert.

Kategorie/ Segment	Betriebstyp	Beispiele
FF	Fastfood, Imbiss, Heißverkauf, Home Delivery	McDonald's, DEA, Back-Frisch, Vinzenz Murr, Imbisse, Le CroBag, Call a Pizza, Segafredo
VG	Verkehrs- und Messegastronomie	LSG, Tank & Rast, Mitropa, Deutsche Bahn Catering, LTC
HG	Handelsgastronomie	Karstadt/Le Buffet, Metro, Ikea, Kaufland, Wal-Mart, toom-Gastro.
FZ	Freizeitgastronomie	Europa-Park Rust, G&T Eurogast, Cafe Extrablatt, Cinemaxx
AS	Fullservicegastronomie (ausgebautes Sortiment)	Mövenpick, Block House, Käfer, Kuffler, Hofbräuhaus, Augustiner

Tab. B. 5.69: Segmentierung der Systemgastronomie
Quelle: Dettmer, 2005

5.2.4.1 Erfolgsfaktoren und Erfolgskonzepte der Systemgastronomie

Die Erfolgsfaktoren der Systemgastronomie lassen sich nach *Dettmer u. a.* kurz und prägnant auf folgende fünf Faktoren zusammenfassen:

* **konsequente Spezialisierung**,
* **Hervorhebung und Problematisierung der Marke**,
* **Ausschöpfen von Kostenvorteilen**,
* **Möglichkeiten zur Expansion nutzen**,
* **starke Finanzkraft**.

Die Erfolgskonzepte der Systemgastronomie beruhen im Wesentlichen auf der Standardisierung. Standard, vom engl. Begriff Richtschnur abgeleitet, bedeutet, dass Arbeitsabläufe, Verhaltensweisen, Angebotspolitik immer gleich gehandhabt werden, um auf den Gast kontinuierlich zu wirken. So warb z. B. die Hotelkette Holiday Inn lange Zeit damit, dass alle Zimmer und Restaurants auf der ganzen Welt gleich aussehen.

Standardisierung lässt sich unterteilen in:

* Standardisierung im Rahmen der Richtlinie (nur Eckwerte sind festgelegt),
* Standardisierung von Modulen (z. B. nur der Reinigungsplan für den Gastraum oder die Zubereitung von Fleisch),
* Standardisierung von ganzen geschlossenen Abläufen; alternative Programmwege (z. B. Handling einer Autobahn-Raststätte, wenn ein Bus voller Gäste ankommt),
* komplette Standardisierung (gilt für alle Abläufe und Situationen).

Kennzeichen eines standardisierten Konzeptes in der Systemgastronomie sind:

* Eröffnungshandbuch für den Gastronomen,
* einheitliche Rezepturen, Handbuch für Speisezubereitung,
* Gerätetechnik,
* Staupläne für die einzelnen Restaurantwagen bzw. Betriebsstätten,
* Hygiene, Lebensmittelsicherheit und Reinigung des Arbeitsplatzes,

- Unfallverhütung,
- Verhalten bei Überfällen,
- Gästezufriedenheit für Groß und Klein,
- Einsatz von Werbemitteln,
- Ausbildung, Schulung neuer Mitarbeiter und Auszubildender,
- Richtlinien für die Finanz- und Einkaufsplanung,
- einheitliches Erscheinungsbild.

Nicht ganz unwichtig bei der Betrachtung der Erfolgsfaktoren der Systemgastronomie ist die Sortimentsentwicklung von „Gestern" zum „Heute" und zum „Morgen". Auf diesen Wandel kann ein klares Konzept, wie das der Systemgastronomie schneller und besser reagieren als die Einzel- und Individualgastronomie.

Gestern	Heute	Morgen
• starre Sortimentsstruktur	• kundenorientierte Sortiments- rhythmik	• saisonale Angebotspolitik
• bürgerliche Küche	• ethnische Küchen	• cross over Kitchen
• breite Sortimente	• straffe Sortimente	• Tagesangebote
• hohe Convenience-Stufe	• Convenience-Komponenten	• Frischprodukte mit Herkunfts- garantie
• Qualität/Quantität	• Qualität/Vielfalt/ Gesundheit	• Qualität/Wellness
• statische Warenpräsentation	• Dynamik des Produzierens am POS	• Genusswert/Vitalität
• Einhaltung der Tageszeiten	• Eating around the clock	• Frontcooking
	• straffe Sortimente	• Showkitchen

Tab. B. 5.70: Sortimentsentwicklung Gestern – Heute – Morgen
Quelle: Dettmer, 2005

Der Erfolg der Systemgastronomie beruht neben der Standardisierung auch auf folgenden Faktoren:

- **stringente Segmentierung und Sortimentspolitik,**
- **Sortimentsgestaltung bzw. in der Sortimentspolitik,**
- **Berücksichtigung der Essgewohnheiten der Wohnbürger,**
- **Trends in der Gastronomie,**
- **Formen der Produktpräsentation.**

Die Segmentierung erfolgt nach folgenden Kriterien:

- **Serviceform:** z. B. Fast-Food- und Full-Service-Gastronomie,
- **Sortimentsgestaltung:** z. B. produktorientierte-, speisen- und getränkeorientierte Gastronomie,
- **Standortauswahl:** z. B. Handels-, Verkehrs-, Freizeit- und Erlebnisgastronomie.

Die **Sortimentsbreite/-tiefe bzw. die Sortimentsgestaltung** in der Systemgastronomie kann wie folgt beschrieben werden (*Dettmer*):

- **Monokultur:** Profilierung durch Kompetenz, z. B. Steakhäuser, Pizza Hut,
- **Produkter:** Profilierung durch Spezialisierung, z. B. McDonalds, Burger King,

- **Sortimenter:** Profilierung durch harmonische Vielfalt, z. B. Marché, Handelsgastronomie,
- **kombinierte Betriebstypen:** Profilierung durch Synergien und neue Zusammenstellungen, z. B. Mangostin, Block House, Maredo,
- **komplexe Systeme:** Profilierung durch spezialisierte Vielfalt, z. B. Foodcourts im Münchener Hauptbahnhof,
- **Kombinationstypen mit Zusatzgeschäft:** Profilierung durch Dienstleistungskombination und Zusatznutzen, z. B. Mövenpick, Hotelkonzepte, Center-Parks-Europe.

Die **Sortimentsgestaltung** lässt sich am besten am Beispiel der Steakhäuser darstellen. Der Erfolg basiert im Wesentlichen auf z. B.:

- starkes Branding der Marke,
- der Stier als Markenkennzeichen,
- Image-Farben Rot und Schwarz,
- südamerikanische Atmosphäre im Restaurant,
- fröhliche Stimmung,
- straffes Sortiment,
- Fleisch aus Südamerika,
- starke Mittag- und Abendspitzen, kaum Vormittags- und Nachmittagsgeschäft,
- Grillstation und Salatbar im Restaurant,
- Durchschnittsbon pro Gast: ca. 13,00 € bis 17,00 €.

Beim Aufbau der Speisekarte verfahren Steakhäuser nach ganz bestimmten Grundsätzen, die den Erfolg des Unternehmens sowie die Effizienz der Betriebsführung beeinflussen. **Grundsätze der Speisekartengestaltung** können sein (*Dettmer*):

- 2-Gang-Menü,
- kleine Vorspeisen,
- unterschiedliche Portionsgröße (Steaks),
- für Familien und Andersdenkende: Karte für Kinder, vegetarische Gerichte, Fisch,
- für junge Zielgruppen: American Bistro,
- Mittagsgerichte (Business Lunch),
- Essen zu zweit (Rib Eye für zwei),
- straffes Sortiment: weniger ist mehr,
- Qualität und Frische,
- Schnelligkeit: time is money,
- Frontproduktion,
- alle Produkte vorproportioniert aus der eigenen Fleischerei bzw. eigener Produktion,
- Aktionen folgen nicht nahtlos aufeinander, somit restloser Abverkauf aller Aktionsgerichte,
- keine Billigangebote – Preis-Leistung muss für den Gast ersichtlich sein,
- Kernkompetenz „Fleisch" steht im Vordergrund,
- „Food Appeal": Food-Werbe-Fotos müssen brillant sein,
- Hauptkomponenten „Fleisch" werden „à la minute" gegrillt/gebraten,
- Gewichte der Hauptkomponenten weichen von den Gewichten der Standardkarte ab (Vergleichbarkeit),
- Aktionen bestehen i. d. R. aus drei Artikeln (1 x Food, 1 x Beverage, 1 x Vorspeise oder 1 x Dessert),
- Markenprodukt z. B. „Block House Brot" ist, wenn möglich, immer Bestandteil,
- Aktionen werden saisonal ausgerichtet,
- Erfahrungen aus durchgeführten Aktionen werden berücksichtigt,
- langfristige Planung ermöglicht günstige Einkaufspreise und optimale Werbemittel,

- Aktionen werden ca. zwei bis drei Wochen vorher per Rechnungshülle, Menagereinleger usw. angekündigt,
- Aktionen werden mit Food-Dekorationen unterstützt.

Durch Entscheidungsrichtlinien und eine regelmäßige Speisekartenanalyse wird die Speisekarte stets aktualisiert und optimiert. Nachfolgende Tabelle zeigt dies anhand einer Portfolio-Matrix auf:

Speisekartenanalyse – Entscheidungsrichtlinien zur Klassifikation durch Vergleich DB und Verkaufsmix (Beliebtheit, Verkaufszahlen)	
Gewinner: **> DB > Verkaufszahlen**	**Renner:** **< DB > Verkaufszahlen**
Produktpolitik nicht verändern, keine Experimente, standardisierte Produktion gewährleisten, weniger gute Platzierung auf der Speisekarte, Preise leicht erhöhen (wird ohnehin gekauft), Preiselastizität testen	Detaillierte Konkurrenzanalyse, geringe Preiserhöhungen, Platzierung an weniger verkaufsfördernder Stellen der Speisekarte, Kombination der Artikel mit deckungsfreundlichen Beilagen, Überprüfung der Arbeitsintensität
Schläfer: **> DB < Verkaufszahlen**	**Verlierer:** **< DB < Verkaufszahlen**
Platzierung des Artikels auf der besten Verkaufsfläche, Umbenennung des Artikels in z. B. „Spezialität…", nicht zu viele Schläfer auf der Speisekarte, Einsatz gezielter Verkaufsförderungsmaßnahmen, Streichung von der Karte, wenn damit kein Prestige-/Imageverlust verbunden ist	Überprüfung der Präsentation, Erhöhung der Inklusivpreise um einen „Schläfer-Status" zu erreichen, Streichung von der Speisekarte (bei zu hohen Lagerkosten), nach Streichung neue Testartikel auf die Karte setzen

Tab. B. 5.71: Speisekartenanalyse
Quelle: Dettmer, 2005

Die Essgewohnheiten und die Trends in der Gastronomie lassen sich folgendermaßen charakterisieren und beschreiben:

Gestern	Heute	Morgen
Traditionelle Essgewohnheiten	**Starke Dynamik der Essgewohnheiten**	**Auflösung der Essnormen**
• einheimische Gerichte • Anteil Außer-Haus-Verzehr am Nahrungsmittelverbrauch unter 10 % • Einhaltung der Tagesmahlzeiten • klassische Faktoren der Kundeneinschätzung – Speise/Angebot, Preise, Service	• ethnische Küchen, Geflügel, Seafood, weniger Fleisch • Fastfood, Convenience-Food • Anteil Außer-Haus-Verzehr ca. 20 % • mehr als 60 % der Kinder bevorzugen Fastfood bzw. Convenience-Food • steigender Anteil an Einpersonen-Haushalten	• Pluralisierung des Essstile • Nebeneinander von Natürlichkeit und Synthetik • Fastfood und kreativ designtem Essen • Anteil Außer-Haus-Verzehr ca. 30 % bis 40 % • zunehmende Bedeutung des emotionalen Mehrwertes neben der Kernleistung Essen und Trinken – „Produkt hinter dem Produkt"

Tab. B. 5.72: Entwicklung der Essgewohnheiten
Quelle: Dettmer, 2005

Die Trends werden die Speiseproduktion in der Systemgastronomie langfristig determinieren. Zu den wichtigsten Trends (*nach Dettmer*) zählen:

- **Cuisine d'assemblage:** Convenience Food (bequem und geringer Arbeitsaufwand) ergänzt mit individueller Vielfalt (Bsp. frische Zutaten, spezielle Gewürze – Kombinationen und Zubereitungsverfahren).
- **Regionale und nationale Spezialitäten:** „Deftiges" und „Exquisites" mithilfe von Convenience Food (Eintopf, Suppe, Schmor-, Brat- und Grillgerichte, „Hausrezepte").
- **Ethno Food:** Wunsch nach Abwechslung der Speisenzubereitung mithilfe unterschiedlicher ethnischer Landesküchen durch spezielle Kräuter und Gewürze (Bsp. Asien, Mexiko).
- **Finger Food:** Kaltes oder warmes Convenience Food, das bequem in zwei bis drei Happen mit den Fingern gegessen werden kann (Bsp. spanische Tapas, amerikanische Appetizer, asiatische Dim Sum, Tarteletts, Blätterteigtaschen, eingelegtes oder frittiertes Gemüse).
- **Functional Food:** Lebensmittel mit wirksamen Inhaltsstoffen (Bsp. Vitamine, die einen gesundheitlichen Zusatznutzen versprechen).
- **Fun Food and Fancy Food:** Abhängig von der Kreativität des Kochs/Food Designers.
- **Fusion Food** (frz.: cuisine éclectiquu): Die fernöstliche, mediterrane, mexikanische oder französische Küche werden mithilfe traditioneller Zubereitungsmethoden untereinander vermischt.
- **Hand Held Food:** Verschiedene Menükomponenten in „essbarer Verpackung" (Bsp. Wraps oder Sandwiches).
- **Junk Food:** Fettes, süßes Essen ohne Nährwert.
- **Novel Food:** Neuartige Produkte, die Rohstoffe enthalten, die entweder bisher in unserer Ernährung nicht bekannt waren oder nicht auf konventionelle Weise hergestellt werden.
- **Slow Food:** Produzenten und Restaurants, die sich als Gegenbewegung zum Fast Food in einem europäischen Verband vereinigt haben.

In diesem Zusammenhang gewinnt auch der Einsatz von Convenience Produkten aus betriebswirtschaftlichen, küchentechnischen und hygienischen Gründen immer mehr an Bedeutung. Die einzelnen Convenience Grade können wie folgt unterteilt werden:

- **Initial Grade (0 %):** Stellt die Grundstufe dar,
- **Ready for kitchen processing (15 %):** Bedeutet küchenfertig,
- **Ready for cook (30 %):** Bedeutet Garfertig,
- **Ready to mix (50 % bis 90 %):** Bedeutet mischfertig,
- **Ready to heat (> 80 %):** Regenerierfertig,
- **Ready to eat (100 %):** Entspricht einem verzehrfertigen Grad.

Die Formen der Produktpräsentation in der Systemgastronomie können wie folgt unterteilt werden (*Dettmer*):

- **Fullservice – Exklusiv:** Service à-la-Carte, Vorlegeservice (französische Methode), Servieren vom Beistelltisch (englische Methode),
- **Fullservice – Teilservice:** Tellerservice (amerikanische Methode),
- **Demi-Service – Buffetservice:** Selbstbedienung bei der die Servicemitarbeiter beraten, betreuen, Hilfe beim Zerlegen,

- **Selbstservice – Online:** Klassische Serviceform der Gemeinschaftsverpflegung – Gäste werden in Schlangen Richtung Kasse abgefertigt,
- **Selfservice – Freeline:** Gast hat zwischen zwei gegenüberliegenden Theken eine identische Auswahl,
- **Selfservice – Freeflow:** Gast hat die Möglichkeit zwischen unterschiedlichen Theken zu flanieren – Wegbereiter des Kochens vor dem Gast,
- **Counter:** Gast empfängt sein Gericht über einem Tresen und bezahlt sofort.

5.2.4.2 Erfolgskonzept der Systemgastronomie am Beispiel von McDonalds

Das Erfolgskonzept einer stringent standardisiert, rationalisiert und gelebten Systemgastronomie lässt sich am Beispiel einer bekannten Fast-Food-Kette (McDonalds) darstellen.

Die Fast-Food-Kette verfügt über ca. 30.000 Restaurants in 119 Ländern weltweit und verköstigt täglich ca. 50 Mio. Gäste. Allein in Deutschland besitzt dieses Unternehmen ca.1.250 Restaurants und verköstigt ca. 750 Mio. Gäste im Jahr.

Die Instrumente des Erfolges dieser Fast-Food-Kette liegt zum einen im Franchising (Konzessionsverkauf), also bei einer Geschäftsmethode bei der der Franchisegeber die regionale Nutzung eines Geschäftskonzeptes gegen Entgelt einem Franchisenehmer zur Verfügung stellt. Zum anderen liegt der Erfolg in der Preis-Mengen-Strategie, ein Niedrigpreiskonzept mit aggressiver Preispolitik, welche durch große Absatzmengen und hohe Marktpräsenz ermöglicht wird.

Die **Erfolgsfaktoren** lassen sich wie folgt ausführen:

- **Effizient (efficiency),**
- **Berechenbarkeit (calculability),**
- **Vorhersagbarkeit (predictability),**
- **Kontrolle (control).**

Effizienz (efficiency), d. h. ein optimaler Mitteleinsatz zum Erreichen eines Ziels. Der Effizienz wird Ausdruck verliehen durch:

- eine begrenzte Speisekarte, die Auswahl der Bestandteile einer Mahlzeit gestaltet sich sehr einfach,
- sehr stark standardisierte Arbeitsprozesse, bei der der Kunde Arbeitsschritte teilweise selbst übernimmt,
- Faktor Zeit; schnelle Abfertigung der Kunden und eine kurze Gesamtaufenthaltsdauer. Für diejenigen, die ihren Pkw nicht verlassen wollen, wurde die McDrive-Linie eingerichtet.

Berechenbarkeit (calculability), d. h. die Betonung liegt auf Dingen und Tatbeständen, die sich berechnen, zählen und quantifizieren lassen. Die Berechenbarkeit kann festgemacht werden an:

- kalkulierbarem Bedarf sämtlicher Produktionsfaktoren (z. B. Waren, Energie, Personal) eben durch die hohe Standardisierung,
- Sparmenüs, die auch als Baustein-Menüs zu einem Festpreis angeboten werden,

- Berechenbarkeit des Kaloriengehaltes der einzelnen Speisen und Getränke,
- Berechenbarkeit des Kunden hinsichtlich seiner Aufenthaltsdauer, Anzahl der bestellten Speisen und seiner durchschnittlichen Ausgaben pro Besuch.

Vorhersagbarkeit (predictability), die *Ritzer* in seinem Buch *„Die McDonaldisierung der Gesellschaft"* folgendermaßen beschreibt. „Wir wissen, dass der nächste McMaffin" nicht schrecklich schmecken wird; köstlich wird er ebenfalls nicht sein, auch das wissen wir." Die Vorhersagbarkeit bezieht sich auf:

- die Erfüllung der generierten Erwartungen ohne Überraschungen für den Kunden in Bezug auf den Preis, die Produktpalette und die Qualität sowie die Freundlichkeit und den Service.

Kontrolle (control), d. h. die ständige und dauerhafte Überprüfung der Arbeitsprozesse erleichtert die Standardisierung und lässt sich an folgenden Punkten dokumentieren:

- Kontrolle der Lebensmittelqualität und -produktion,
- Kontrolle der Mitarbeiter (Bildung spezieller Teams, z. B. Fritten-Team),
- Kontrolle der Kunden (geht nur indirekt, Aufenthaltsdauer der Kunden sehr kurz, da unbequeme Stühle).

Ziel dieser vier Erfolgsfaktoren ist es, die menschliche Arbeitskraft durch Technik und Maschinen zu ersetzen, um Fehler und Unvorhersagbarkeit zu vermeiden und schlussendlich noch erfolgreicher zu werden.

Der **Maßnahmenkatalog** zur erfolgreichen Umsetzung dieses Konzeptes der beschriebenen Fast-Food-Kette sieht folgendermaßen aus:

- niedriger Preis bei durchschnittlicher Produktqualität (Niedrigpreis-Konzept),
- kein übermäßiger Mitteleinsatz für Marketing und Vertrieb (bestenfalls übernimmt der Franchisegeber die Kosten für Produktmarketing und Werbung),
- rationale Einteilung der Arbeitsprozesse,
- gut begründete Standortwahl,
- hohe Marktpräsenz,
- durchgängiges Qualitätsmanagement,
- Mitarbeitercoaching um den Service und die Freundlichkeit zu verbessern,
- einheitliche Corporate Identity (CI),
- ständige Weiterentwicklung mit dem Ziel an das sich ändernde Konsumverhalten der Gäste, mit neuen Angeboten, anzupassen,
- kontinuierliche Marktforschung und Kundenbefragung.

6. Touristische Dienstleister

Neben den in den vorangegangenen Kapiteln behandelten klassischen Akteuren der Anbieterseite, Reiseveranstalter, Reisemittler/Reisebüros, Verkehrsträger, Destination und Gastgewerbe etablierte sich im Laufe der Jahre eine Industrie der Dienstleister und Zuarbeiter, die im Folgenden unter dem Oberbegriff „Touristische Dienstleister" gewürdigt werden.

Das **Entstehen dieser Dienstleister-Struktur** im Tourismus ist darauf zurückzuführen, dass:

- das touristische Geschäftsfeld immer komplexer wurde und die zu bewältigende Datenmengen immer größer,
- durch die Austauschbarkeit der Produkte und Dienstleistungen die Zusatznutzen und Alleinstellungsmerkmale im Fokus des Wettbewerbs stehen,
- Unternehmen sich auf ihre Kernkompetenzen beschränken und viele Bereiche und Funktionen ausgelagert haben,
- der komplizierte technologische Wandel, der von den klassischen Anbietern nicht mehr in Eigenregie bewältigt werden kann.

Die **Akteure des touristischen Dienstleister-Marktes** sind u. a.:

- Event- und Incentive-Agenturen,
- Messe- und Kongressveranstalter bzw. -agenturen,
- ausländische Tourismusbüros und -vertretungen,
- Visumsdienste,
- Verbände, Organisationen, Landes- und Regionalverbände sowie touristische Vertretungen von Städten,
- Musicals und Filmstudios,
- internationale Incoming- und Outgoing-Agenturen,
- Vertretungen/Repräsentanten von Fluggesellschaften, Hotelkonzernen und Reederein bzw. Schifffahrtslinien,
- Flughäfen und Schiffshäfen,
- Global Distribution Systems (GDS) und Computer Reservation Systems (CRS),
- touristische Hard- und Software-Anbieter für Front-, Mid- und Backoffice-Systeme,
- Multimedia-Agenturen und Call-Center,
- Reiseversicherungen,
- Aus-, Fort- und Weiterbildungseinrichtungen rund um den Tourismus,
- Ticket-Agenturen,
- Unternehmensberatungen und Marktforschungsinstitute,
- touristische Mailing-Dienste, Fullfilment Anbieter,
- Druckereien und Hersteller von Spezial-Formularen/Dokumente für Fluggesellschaften, Reiseveranstalter,
- Fachpresse und Fachverlage.

Eine Auflistung der einzelnen Unternehmen, die Dienste und Leistungen für die Touristik erbringen, würde an dieser Stelle zu weit führen. Darüber hinaus können sie im Touristischen-Informations-Dienst (TID) nachgelesen werden. Jedoch sollen im Folgenden zwei wesentliche Dienstleister-Bereiche aus o. g. Auflistung näher betrachtet werden:

- **Global Distribution Systems (GDS) und Computer Reservation Systems (CRS)**
- **Aus-, Fort- und Weiterbildungseinrichtungen rund um den Tourismus.**

6.1 Global Distribution Systems (GDS) und Computer Reservation Systems (CRS)

Global Distribution Systems (GDS) und Computer Reservation Systems (CRS) sind Reservierungs- und Reiseinformationssysteme, ohne diese die Datenmengen, Geschwindigkeit der Daten- und Informationsübermittlung, die Reservierungs- und Bestätigungsverbindlichkeit nicht möglich wäre.

Global Distribution Systems (GDS) und Computer Reservation Systems (CRS) sind von Fluggesellschaften, Reiseveranstalter, Hotels, Informations-Technologie-Anbieter oder Rechenzentren betriebene Systeme, die dem Einzel- als auch dem Gesamtleistungsträger sowie dem Endnutzer mit Hilfe der Datenfernübertragung (DFÜ), Reservierungs-, Kommunikations- und Informationsfunktion mit einheitlicher Benutzeroberfläche anbieten. Sie sind gleichzeitig:

- **Informationssystem**,
- **Kommunikationssystem**,
- **Reservierungssystem**,
- **Vertriebssystem**.

Heutige GDS/CRS-Systeme gehören zwar noch immer mehrheitlich einer oder mehreren international operierenden Fluggesellschaften, sie sind aber nicht mehr wie früher ausschließlich auf die Bedürfnisse von Luftverkehrsgesellschaften zugeschnitten, sondern stehen allen interessierten Leistungsträgern und Anbietern touristischer Dienstleistungen sowie den Vertriebseinheiten offen. Jeder Einzel- oder Gesamtleistungsträger kann gegen Entrichtung einer Nutzungsgebühr seine Angebote im System darstellen lassen. Zusätzlich verlangen die GDS-/CRS-Betreiber von den angeschlossenen Reisemittlern eine monatliche/jährliche Nutzungspauschale (Miet- oder Lizenzgebühren). Einzel- und Gesamtleistungsträger müssen ihrerseits noch zusätzlich eine Nutzungsgebühr nach Segmenten oder Anzahl der Buchungen an den CRS-Betreiber entrichten.

Ein GDS-/CRS-System lebt von der Buchungs-Segment-Produktion und von der Verbreitung von Informationen an die Nutzer. Diese Systeme sind als „Multi-Access-Systeme" konzipiert, d. h. als Rechnerverbünde, die den Nutzern direkten Zugriff auf die Reservierungssysteme mehrerer Einzel- und Gesamtleistungsträger gewähren.

6.1.1 Abgrenzung und Träger der Systeme

Global Distribution Systems (GDS) sind neutrale Plattformen, die zwar in ihren Anfängen von Fluggesellschaften initiiert und entwickelt wurden, im Laufe der Zeit jedoch gegen Gebühren grundsätzlich jedem Einzel- und/oder Gesamtleistungsträger zur Verfügung gestellt wurden. Ein GDS kann wie ein Marktplatz oder ein Einkaufszentrum betrachtet werden. Auf der einen Seite die Produkte oder das Sortiment unterschiedlichster Anbieter und Produzenten, auf der anderen Seite die Kunden, in unserem Fall der geschlossene Nutzerkreis der Reisemittler.

Computer Reservation Systems (CRS) sind im Gegensatz zu den GDS keine neutralen Plattformen, sondern sind die jeweiligen Einzelplattformen der jeweiligen Produzenten. Gewissermaßen ist das CRS die Verkaufstheke eines einzelnen Produzenten. Diese „Verkaufstheke" kann nun auf einem „Marktplatz" stehen oder in einem „Einkaufszentrum" oder für sich isoliert stehen. Das bedeutet, dass Einzelleistungsträger wie Hotelgesellschaften und -ketten, Fährgesellschaften, Kreuzfahrtveranstalter, Pauschalreiseveranstalter ihre Produkte sowohl in ein CRS einstellen können und gleichzeitig über ihr hauseigenes GDS weitere Vertriebskanäle erschließen können.

Umbrella-Systeme sind die kostengünstigen Varianten von elektronischen Systemen zum gemeinsamen Anschluss kleinerer und mittlerer Einzel- und Gesamtleistungsträger als auch kleinerer Reisemittler an die großen GDS- und CRS-Systeme.

Die Träger der Informationstechnologie sind:

*   **Content Provider:** Sie sind für die Inhalte Objektbeschreibung, Bilder, Preistabellen, Informationen über die Zielgebiete, Produkte zuständig,
*   **Leistungsanbieter:** Z. B. Fluggesellschaften, Bahngesellschaften, Mietwagen-Broker, Veranstalter, Hotelketten, Fremdenverkehrsämter,
*   **Service Provider:** Sie sind die Media Fabriken, die beispielsweise die Digitalisierung der Daten und Datenkompressionen vornehmen, Layouts entwerfen und weitere Dienste für die optisch ansprechende Darstellung der Informationen im System erbringen,
*   **Informationsbroker:** Sind die Betreiber GDS/CRS-Systeme und deren Partnersysteme,
*   **Infrastrukturbetreiber:** Sie stellen die Kommunikationswege zur Verfügung (Telekommunikationsnetze); diese sind z. B. Telefongesellschaften, geschlossene Datenkommunikationsnetze (z. B. SITA), Satelliten, Local-Area-Network (LAN), Wide-Area-Network (WAN),
*   **User:** Sie sind gewerbliche Nutzer wie beispielsweise die Reisemittler, Verkaufsbüros der Fluggesellschaften oder Endkunden (Privatreisende und Geschäftsreisende).

Nachfolgend einen Überblick über wichtige GDS/CRS weltweit:

Europäische GDS/CRS	Nordamerikanische GDS/CRS	Asiatische GDS/CRS
Amadeus Gründungsmitglieder: Lufthansa (LH), Air France (AF), Iberia (IB), United Airlines (UA) und entstanden aus den nationalen CRS e. g. Fluggesellschaften, Kooperation mit Abacus und Fusion mit System One	**Worldspan** Partner Delta Airlines (DL) Nothwest Airlines (NW), Abacus; entstanden durch die Fusion von Pars und Datas II	**Abacus** Partner: Malaysian Airways (MH), Cathay Pacific (CX), Singapore Airlines (SQ), China Airlines (CA)
	System One Eastern Airlines (EA), TAC-CO Fusion mit Amadeus	**Southern Cross** Kooperationspartner: Galileo

Galileo	Apollo/Covia	Fantasia
Wichtigste Partner United Airlines (UA) British Airways (BA), USAir (US) Fusion mit Apollo, Covia und Gemini sowie Kooperation mit Southern Cross	Fusion mit Galileo	
	Sabre Partner: American Airlines Kooperation mit Axxes und Fantasia	**Axxes** Partner: Japan Airlines (JL) und das CRS Sabre
	Gemini Fusion mit Galileo	**Infini** Partner: All Nippon Airways (NH) und das CRS Abacus

Tab. B. 6.1: Überblick über wichtige GDS/CRS
Quelle: eigene Darstellung, 2003

Die wichtigsten im deutschen Markt vertretenen GDS sind:

- Amadeus Germany GmbH,
- Galileo Deutschland GmbH,
- Sabre Travel Network,
- Worldspan Services Ltd.

6.1.2 Leistungsangebot, Funktionalität und Finanzierung der der GDS-/CRS-Systeme

Das **Leistungsangebot der GDS-/CRS-Systeme** umfasst:

- Angebotsdarstellung der Produkte und Dienstleistungen,
- Tarifinformationen, Tarifsysteme und Möglichkeiten der Tarifoptimierung,
- Zugriff auf globale Datenbanken, Informationsdienste und Kommunikationsnetze,
- Informations-, Reservierungs- und Dokumenten-Druck-Funktion sowohl für Primär- als auch für Komplementärleistungen und Komplementärprodukte,
- Verwaltungsmanagement und Yield-Optimierungsfunktion,
- Marketing- und Customer-Relationship-Management-Funktion,
- Help-Desk und Schulungsfunktion,
- Markttransparenz zwischen ähnlichen Produkten,
- Möglichkeiten des Verkaufsabschlusses für touristische Leistungsträger.

Bei dem Zugriff auf das Leistungsangebot werden unterschiedliche Zugriffsberechtigungen unterschieden. Es werden ebenso hohe technische und kaufmännische Sicherheits-Standards gewährleistet. Die Angebote verfügen über eine hohe Aktualität und werden nach kontrollierten und definierten Qualitätsstandards in das System eingespeist.

Die **Funktionalität der GDS-/CRS-Systeme** definiert sich über die:

- **Bereitstellungsfunktion** der Leistungsanbieter: Flug-, Bahn-, Bus-, Schifffahrts- und Fährgesellschaften, Hotelkonzerne, Reiseveranstalter und andere touristische Dienstleister (z. B. Reiseversicherungen, Ticket-Agenturen),
- **Informationsfunktion** der Leistungsanbieter: Wetter, Fahr- und Flugpläne, neutrale Produktinformationen, Preistabellen,
- **Reservierungsfunktion**: Echtzeitreservierung als feste oder optionale Buchung, Anfragemöglichkeit,

- **Vertriebsfunktion**: Sie sichert den Einzel- und Gesamtleistungsträgern einen flächendeckenden Vertrieb, sowohl regional als auch global, durch einerseits den sofortigen Zugriff auf alle Produkte und andererseits durch Mehrwerte des System; z. B. Front-, Mid-, Backoffice-Funktion, Verwaltung und andere Tools,
- **Marketingfunktion**: Ihr kommt derzeit die größte Bedeutung zu, z. B. durch Angebotsbündelung, Erschließung neuer Märkte, als Kommunikations- und Informationskanal, Auslastungssteuerung, Kosten- und Ertragsoptimierung sowie Kostentransparenz.

Das Betreiben von GDS-/CRS-Systemen erfordert hohe Investitionen und hohe laufende Kosten. Investitionen für Hardware, Basis-Software, Standortkosten, Kommunikationskosten und Datennetze. Laufende Kosten für permanente Weiterentwicklung, Programmierung, Leitungs- und Kommunikationsgebühren sowie aufwändige Abrechnungssysteme und hohe Personalkosten.

Die **Einnahmeseite** stellt sich wie folgt dar und die Systembetreiber erheben:

- **Bereitstellungsgebühren von den Anbietern:** Jeder Anbieter, der das GDS-/CRS-System als Plattform für den Vertrieb und Bekanntmachung seiner Produkte und Dienstleistungen nutzt, muss zunächst einmal eine Bereitstellungsgebühr entrichten. Damit ist üblicherweise die Bereitstellung einer bestimmten Datenmenge abgegolten
- **Umsatz- und Leistungsanhängige Gebühren:** Diese richten sich nach der verkauften Menge an Produkten und Dienstleistungen (z. B. Anzahl der Segmente, Anzahl der Teilnehmer, Umsatzstufen) und werden ebenfalls von den Anbietern erhoben.
- **Auflistungsgebühren** bezahlen ebenfalls die Anbieter für die optimale und standardisierte Darstellung in den jeweiligen Verkaufsplattformen (z. B. Bildschirmmasken).
- **Lizenzgebühren** werden im Zuge der Globalisierung von Rechenzentren in weiten Teilen der Welt verlangt, die in ihrer jeweiligen Region dieses System zur Verfügung stellen wollen, der Systembetreiber aber kein Risiko für diese Region eingehen will.
- **Service-Entgelte oder Nutzungsgebühren** werden von den Nutzern der Reisebüros, Reisemittler, Firmendienststellen, u. v. m. verlangt. Diese Gebühr wird für die kommerzielle Nutzung nach unterschiedlichen Kriterien erhoben. Maßgebende Kriterien sind z. B.:
  - Anzahl der Leitungen und Terminals in dem Betriebsstandort,
  - gewünschte Module (z. B. nur Flug und Bahn oder nur Touristik und Verwaltung u. v. m.),
  - Standleitung oder Web-Client-Variante,
  - Reservierungs- oder/und Dokumentendruckfunktion,
  - Buchhaltung und Vorgangsverwaltung.

6.1.3 Vor-, Nachteile und rechtliche Problematik der GDS-/CRS-Systeme

Die Vor- und Nachteile der GDS- /CRS-Systeme für die wichtigsten Benutzergruppen lassen sich wie folgt darstellen:

Vorteile für Reisebüro/Reisemittler

- Verbesserung der Beratungsqualität (Frontoffice-Funktion) u. a. durch erheblich größere Angebotsvielfalt und bessere Selektionsmöglichkeiten,

- Kundendatenbankverwaltung und Pflege von „Customer Profile" oder Kundenprofilen (Midoffice-Funktion) insbesondere für die Kundenpflege und eine gute Customer-Relationship-Management (CRM) Strategie,
- Buchhaltungs- und Controllingfunktion, Überwachung der Zahlungseingänge (Backoffice-Funktion),
- Umsatzsteigerung durch schnelle, gezielte Beratung und Geschäftsabwicklung,
- zuverlässige, kostengünstige und weltweite Kommunikation mit Partner-Büros und den Leistungsträgern,
- Unterstützung der Reservierungsabteilung, der Marketingabteilung und des Managements.

Vorteile für international operierende Reisebüroketten und Reisebürokooperationen sowie Reisebüro-Franchise-Systeme (zusätzlich zu den o. a. Vorteilen der Reisebüros):

- weltweiter Service,
- weltweite Kommunikation innerhalb der Organisationen, Datenaustausch und weltweiter Zugriff auf Passagier- und Kundendaten; der Kunde/Reisende kann weltweit optimal betreut werden,
- weltweite Kontaktpunkte insbesondere für Geschäftsreisende,
- Effizienzsteigerung durch Kundenprofile, höhere Buchungsqualität, Reiserichtlinien der Firmen, rationellere Arbeitsgänge und optimale Prozesskosten.

Vorteile für international-tätige Reiseveranstalter:

- vollautomatische Abwicklung und weltweite Buchbarkeit des gesamten Leistungsangebotes und der Produktpalette,
- Kontingentpflege, Auslastung und Steuerung,
- automatischer Dokumentendruck, Voucher-Druck mit zeitgleichem Datentransfer an die Clearing-Stelle,
- Vertrieb im In- und Ausland,
- kundengruppenunabhängige Funktionalität,
- standardisierte Vernetzung mit Leistungsträger-Systemen,
- Rund-um-die-Uhr Betrieb und Betreuung der Gäste im Zielgebiet,
- Vertriebssteuerung durch schnelle Eingriffsmöglichkeiten.

Vorteile für Fluggesellschaften:

- Fähigkeit zur raschen Reaktion auf die Wettbewerbssituation,
- Stärkung der Markposition gegenüber den Mitbewerbern,
- bessere Darstellung der Kooperationsprodukte (Allianz-Bildung),
- Erweiterung der Marktpräsenz,
- gezielter Vertrieb, höherer Umsatz,
- verbesserte Produktivität,
- Rationalisierungseffekte,
- Verkaufsfunktion durch schnelles und zügiges Up-Dating,
- optisch ansprechende Präsentation der Informationen und des Produktes.

Nachteile und rechtliche Aspekte der GDS-/CRS-Systeme:

Vor dem Hintergrund zunehmender Marktsättigung und härter umkämpfter Märkte einerseits und der nahezu monopolartigen Stellung einiger global agierender GDS-Systeme in nationalen und internationalen Märkten andererseits, ergeben sich Nachteile für die Anbieter und Nutzer als auch eine Vielzahl rechtlicher Aspekte und Probleme. Bedingt wird dies durch die Internationalität und somit die unterschiedlichen Rechtslagen und Gesetzeslagen der nationalen Staaten und Zusammenschlüsse wie beispielsweise die Europäische Union.

Internationale Verbände und Institutionen die rechtliche Empfehlungen abgeben bzw. Sorge tragen, dass den Anbietern und Nutzern keine Nachteile entstehen, werden nachfolgend kurz erwähnt.

International Civil Aviation Organisation (ICAO) veröffentlichte erstmals 1988 „CRS-Richtlinien" und gab diese im **Code of Conduct (COC)** bekannt. Dieser COC hatte jedoch für die Mitgliedsstaaten nur empfehlenden Charakter.

Die **European Civil Aviation Conference (ECAC)** verabschiedete den für Europa und die EU-Staaten maßgebenden COC der im Wesentlichen u. a. folgende Forderungen enthält:

- Darstellungskriterien der Flüge nach neutralen und verbrauchergerichteten Kriterien wie z. B. Reisezeit, Nonstop-Flüge, Stop-Flüge und Direkt-Flüge u. v. m.,
- Nutzern (Reisebüros) dürfen keine eigenen Selektionskriterien zur Verfügung gestellt werden, die die Reihenfolge der Darstellungsneutralität verändern,
- irreführende Informationen über Streckenführung müssen ausgeschlossen sein,
- es darf kein Teilnehmer am System durch Sonderzahlungen Vorteile erhalten,
- Systembetreiber dürfen keine Nutzer oder Anbieter daran hindern, ein anderes System mitzubenutzen,
- die Behörden der EU oder der nationalen Staaten haben das Recht, bei Verstößen die Systembetreiber mit erheblichen Geldbußen zu belegen.

Im nordamerikanischen Raum stellt sich bezüglich der rechtlichen Problematik und den daraus folgenden Sanktionsmöglichkeiten ein uneinheitliches Bild dar. Während die USA den Code of Conduct in einigen Punkten weniger streng auslegt und handhabt als die EU, pflegt Kanada eine sehr restriktive Gesetzgebung. Im internationalen Vergleich gelten die kanadischen CRS-Richtlinien als die strengsten. In Asien, Afrika und Südamerika existieren de facto noch keine Regeln und Vorschriften.

Die gängigsten **Probleme und somit Nachteile** für den Anbieter von Leistungen als auch für den Nutzer sind:

- **Display Bias** oder der „technisch eingebaute Vorteil" eines Anbieters ist das umstrittenste Thema im GDS-/CRS-Wettbewerbsbereich: Hierbei handelt es sich um eine bevorzugte Darstellung eines Anbieters durch z. B. manipulierte Flugzeit um auf der Anzeige eine bessere und bevorzugte Darstellung vor dem Konkurrenten zu erhalten.
- **Halo-Effekt:** Entscheidend für die Fluggesellschaften ist die Reihenfolge der aufgeführten Flüge für eine bestimmte Destination. Reisebüroinhaber neigen dazu, die Gesellschaften der Systembetreiber zu bevorzugen. Durch die bevorzugte Darstellung der Fluggesellschaften in den eigenen Systemen erfahren andere Anbieter als auch Kunden einen Nachteil durch mangelnde Transparenz und Beratungsneutralität.

- **Datenverkauf:** Oftmals stehen Systembetreiber in der Kritik, weil sie sensible Kundendaten von Reisebüros, Fluggesellschaften und Reiseveranstaltern weiterverkaufen.
- **Finanzielle Diskriminierung:** Gegen den Grundsatz „gleicher Preis für gleiche Leistungen" verstoßen viele Systembetreiber in der Form, dass die eigenen Gesellschaften preislich bevorzugt werden bzw. Konkurrenzgesellschaften höhere Gebühren für die Darstellung bezahlen müssen.
- **Scheinbuchungen oder passive Buchungen:** Fluggesellschaften gewähren den Reisebüros und Firmendienststellen zusätzliche Anreize in Form einer minimalen Gebühr (i. d. R. 0,50 Euro) pro gebuchtem Flugsegment. Viele Reisebüros verbessern ihre Einnahmeseite durch künstliche Buchungen bzw. durch Übertrag einer Buchung aus einem anderen System ins eigene System um so an den Boni zu partizipieren.
- **Haftung bei GDS-/CRS-Fehler:** Systembetreiber schließen grundsätzlich eine Haftung aus. Für korrekte Informationen sind die Anbieter verantwortlich. Jedoch können die Fehlerquellen (z. B. verlorene Buchungen, technische Fehler) durchaus auf der Seite der Systembetreiber zu finden sein.
- **Architectural Bias:** Bevorzugte Darstellung der Betreibergesellschaften eines GDS-/CRS-Systems.
- **Screen-Clutter:** Hierbei schöpfen die Fluggesellschaften alle Möglichkeiten aus, um einen Flug in mehreren Versionen anzubieten (z. B. als Nonstop-, als Stop- und als Direktflug) um möglichst oft hintereinander gelistet zu werden.
- **Liquidated Damage Clauses:** Hierbei sichern sich die Systembetreiber das Recht, hohe Abstandszahlungen, Schadensersatz für geschätzten Umsatzausfall von den Reisebüros, Reiseveranstaltern zu fordern.

6.1.4 Internet im Tourismus

Das Internet hat auch vor der Tourismusbranche nicht halt gemacht. Auch wenn sich im Jahre 2002 der Internet-Himmel etwas eingetrübt hat und die Erwartungen stets nach unten korrigiert werden mussten, wird E-Business zukünftig eine immer wichtiger werdende Rolle im Tourismus spielen. E-Business verändert die Beschaffungsprozesse, die Einkaufsorganisationen, das Lieferantenmanagement sowie die Wertschöpfungskette. Ebenso werden, bedingt durch das Internet, Konkurrenten zu Kooperationspartnern.

Die treibenden Kräfte für den Einsatz von Internet-Technologie sind eine Reihe von Veränderungen. Zum einen sei hier die Globalisierung genannt. Im zunehmenden Maße verfügen nicht nur mehr die großen Konzerne und Unternehmen über Kontakte zu Partnern auf der ganzen Welt, sondern dank Internet sind diese Kontakte jedem mittelständischen und kleinen Betrieb bis hin zu einem Ein-Mann-Unternehmen möglich.

Die westlichorientierten Industriestaaten wandeln sich von Produktions- zu Dienstleistungsgesellschaften. Dadurch, dass in einer Dienstleistungsgesellschaft Know-how der wichtigste Produktionsfaktor ist, wird auch darin eine treibende Kraft für die rasante Entwicklung und Verbreitung des Internets und seiner Anwendungsmöglichkeiten gesehen. Weitere beschleunigende Kräfte sind auch in der Deregulierung der Märkte im Bereich Telekommunikation als auch in der Liberalisierung der Medien-, Handel- und Finanzmärkte zu sehen. Die Erwartungen an das E-Business sind sehr hoch, Nutzer von E-Business versprechen sich vor allem in folgenden Bereichen eine Verbesserung:

- **Neue Märkte:** Unternehmen haben es einfacher, direkte Geschäftskontakte mit Hersteller, Lieferanten und Konsumenten aufzunehmen. Auch erlauben sinkende Prozesskosten und eine bessere Vergleichbarkeit die Erschließung neuer Absatz- und Beschaffungsmärkte. Für die Tourismusindustrie bedeutet dies eine bessere Auswahl an potenziellen Geschäftspartnern und Lieferanten, da die Kennenlern-Prozesse wesentlich kostengünstiger sind als zu den Zeiten, wo jeder potenzielle Partner in seinem Heimatland besucht werden musste.
- **Kundenbeziehungen:** Können durch einen höheren „Personalisierungsgrad" verbessert werden; Produkte können besser auf die Zielgruppen zugeschnitten werden. Beispiele finden sich in den unterschiedlichsten Buchungs-Baukasten-Modellen und -Modulen in den Produktpräsentationen der Reiseveranstalter via Internet-Portale.
- **Geschwindigkeit:** Heute gilt nicht mehr die Feststellung, dass die Großen die Kleinen verdrängen und schlucken, sondern die Schnelleren die Langsamen. Geschwindigkeit gilt heute auch in der Touristik als kritischer Wettbewerbsvorteil, sei dies im Erscheinungszeitpunkt der Werbeträger und Werbemittel oder aber in der Publikation im Internet begründet. Auch werden hier hohe Erwartungsstandards an die Kommunikationsgeschwindigkeit in und für die interne Unternehmenskommunikation gestellt. Gerade die Touristik, mit ihren vielen ausländischen Beteiligungen und dezentralen Betriebs- und Erfüllungsstandorten, ist auf einen schnellen Kommunikationsaustausch angewiesen.
- **Globalisierung:** Informationen, Produktpräsentationen sind weltweit präsent dadurch, dass das Internet ein globales Medium ist. Gerade im Tourismus spielt dies derzeit eine wichtige Rolle, da der heimische Markt kaum noch natürliches Wachstumspotenzial generiert, ist es wichtig neue Quellmärkte zu erschließen; dies ist mittels Internet in hervorragender Weise und zu ausgesprochen günstigen Prozesskosten möglich.
- **Rationalisierung:** Unternehmen wollen in zunehmenden Maße auch Prozesse im Einkauf und Verkauf komplett automatisieren. Die Kosteneinsparungen sind nur ein Teil dieses Bestrebens. Vielmehr sind es die manuellen Zwischenschritte im Ablauf der Tätigkeit, die die zeitliche Verzögerung und Fehleranfälligkeit mitbringen.
- **Kooperationsformen:** Kooperationen dienen gerade im Reisemittlermarkt als ein Instrument gegen immer stärker werdenden Wettbewerb. Reisebürokooperationen mit ca. 2.000 Mitgliedern sind bereits Realität. Diese Kooperationen sind wiederum Zusammenschlüsse aus vormals kleineren Zusammenschlüssen. Die Achillesferse solcher Kooperationen ist die Koordination und die Kommunikation. Undenkbar, dass eine Richtlinie der Zentrale heutzutage per Post an die einzelnen Büros versendet wird. Mal von den Portokosten abgesehen, würde eine solche Vorgehensweise eine solche Kooperation innerhalb kürzester Zeit in einen „Turm zu Babel" verwandeln.
- **Unternehmensgründungen:** Mittels Internet besteht heute relativ schnell die Möglichkeit, neue Geschäftspartner, Venture-Capital Geber, Anschluss an Kooperationen sowie innovative Unternehmen zu finden und ggf. neue Unternehmen/Firmierungen aus der Taufe zu heben.

Es fällt auf, dass es in diesem Bereich eine Vielzahl von Wortschöpfungen gibt, die teilweise nicht eindeutig definiert sind und oftmals in sehr unterschiedlichen Zusammenhängen verwendet werden.

E-Business ist der am weitesten gefasste Begriff und umfasst die Unterstützung sämtlicher Geschäftsprozesse und Funktionen in Unternehmen sowie die Unterstützung von Transaktionen und Interaktionen durch elektronische Medien, insbesondere durch das Internet und die damit zusammenhängende Technologie.

E-Commerce ist eine Teilmenge von E-Business und umfasst die elektronische Abwicklung von Geschäftsprozessen zwischen Unternehmen und deren Kunden über das Internet oder private Datennetze. Weitere Abgrenzungen, die aber im Tourismus eine sehr rudimentäre Bedeutung spielen sind: **E-Procurement** (Unterstützung aller vom Einkauf ausgehender Aktivitäten, auch als **E-Ordering** bezeichnet) und **E-Sourcing** (Unterstützung von strategischen Einkaufsprozessen). Innerhalb des E-Commerce wird differenziert nach den Teilnehmern und Beteiligten der Geschäftsbeziehungen. Unterschieden werden folgende Formen:

- **Business-to-Business (B2B)** bezeichnet Geschäftsbeziehungen zwischen Unternehmen (juristische Personen). Im täglichen geschäftlichen Miteinander zwischen den Leistungsträger, den Reiseveranstaltern und dem Vertrieb und/oder Vertriebsorganisationen findet die mediale Kommunikationsform B2B ihre häufigste Anwendung. Ob Hotelverträge, Kontingentverträge von Fluggesellschaften, Dienstverträge mit den Erfüllungsgehilfen eines Reiseveranstalters, eine Abwicklung ohne die Möglichkeiten der weltweiten Datenkommunikation und des Datenaustausches ist gerade in der sehr internationalen Branche wie der des Tourismus kaum noch denkbar.

- **Business-to-Consumer (B2C)** bezeichnet Geschäftsbeziehungen zwischen Unternehmen und privaten Haushalten. Auch hier haben die einzelnen Einzel- und Gesamtleistungsträger in vielfältiger Weise Innovationsfähigkeit gezeigt. Reiseleistungen können über die Buchungsportale der Reiseveranstalter, Fluggesellschaften, Hotelketten, Tour Operator und der Veranstaltungsanbieter gebucht werden. Auch haben sich viele Anbieter zu Anbieter- und Vertriebsgemeinschaften zusammengeschlossen. So lassen sich beispielsweise unter www.opodo.de, einem Buchungsportal von ca. 40 namhaften und weltweit operierenden Fluggesellschaften Flüge buchen und über ein ticketloses Abwicklungsprocedere (ETIX) erwerben.

- **Consumer-to-Consumer (C2C)** bezeichnet Geschäftsbeziehungen zwischen privaten Haushalten untereinander.

- **Administration-to-Business-Consumer (A2B/A2C)** bezeichnet Geschäftsbeziehungen zwischen dem Staat, Stadt, Gemeinde und den Unternehmen und privaten Haushalten.

Die Varianten C2C und A2B/A2C spielen in der Tourismusbranche eine noch sehr unterentwickelte und untergeordnete Rolle.

6.2 Aus-, Fort- und Weiterbildungseinrichtungen im Tourismus

Die Tourismusbranche war bis Ende der 80er-Jahre eine Branche mit einem sehr hohen Anteil an Quereinsteigern. Es waren Mitarbeiter, die vielfältige Berufe, nur keinen touristischen gelernt haben und ihre berufliche Erfüllung im Tourismus fanden. Heute ist die Ausbildungssituation durch einen hohen Standard und Vielfältigkeit gekennzeichnet, gleichwohl die Aus-, Fort- und Weiterbildung auch inhaltliche Problematiken aufweist. Die Ausbildungseinrichtungen im Tourismus erfreuen sich regen Zulaufs, da die „weiße Industrie" einer der größten Arbeitgeber der Welt ist und bleiben wird.

Der Aus-, Fort- und Weiterbildungssektor ist unterteilt in:

- **akademische Ausbildung** (z. B. Universitäten, staatliche und private Fachhochschulen),
- **„halbakademische" Ausbildung** (z. B. Berufsakademien),
- **Fortbildung** (z. B. durch IHKs und private Bildungseinrichtungen),
- **Berufsausbildung** (z. B. Duales System, schulische und betriebliche Umschulungen),
- **Weiterbildung** (z. B. durch private Bildungsträger, Seminaranbieter).

Das Ausbildungswesen im Tourismus in Deutschland ist stark „handwerklich" geprägt, d. h. Studien- und Berufsbilder gibt es nur für Bereiche wo konkrete Inhalte vermittelt werden können.

6.2.1 Akademische Ausbildung im Tourismus

Die wissenschaftliche Seite weist noch erhebliche Defizite in der Lehre auf. Der Grund liegt in der starken interdisziplinären Struktur des Tourismus. Tourismus ist eine Branche und muss mit einer Erkenntniswissenschaft gelehrt werden. In Deutschland kümmern sich Universitäten und Fachhochschulen (staatliche und private) um die touristische Lehre. Die Abschlüsse dieser Einrichtungen zeichnen die Absolventen mit einem Spektrum an akademischen Graden aus, aus denen jedoch der Schwerpunkt Tourismus selten hervorgeht. Eine Orientierung bietet hier nur die Universität oder Fachhochschule, von der bekannt ist, dass sie einen touristischen Schwerpunkt aufweist. Einen Überblick über wichtige Universitäten und Fachhochschulen gibt nachfolgende Tabelle (eine Auswahl).

Universitäten und Fachhochschulen	Besonderheiten und Merkmale
Freie Universität Berlin	Masterstudium „Tourismusmanagement und Regionale Tourismusplanung" als postgradualer weiterbildender Ergänzungsstudiengang
Technische Universität Dresden – Fakultät Verkehrswissenschaften	Studiengang Verkehrswirtschaft oder Tourismuswirtschaft Universitätsstudium
Universität Greifswald	Diplom-Geographie mit Schwerpunkt Tourismusgeografie Universitätsstudium
Universität Lüneburg	Studiengang BWL, Schwerpunkt Tourismusmanagement Universitätsstudium
Universität Paderborn	Magister, Ausrichtung Tourismus Magisterstudiengang mit dem Hauptfach Geografie
Universität Rostock Wirtschafts- und Sozialwissenschaftliche Fakultät, Institut für Verkehr und Logistik	Studiengang Betriebswirtschaftslehre: Spezielle Betriebswirtschaftlehre Tourismuswirtschaft
Universität Trier Geographie	Diplomstudiengang Geografie mit den Studienschwerpunkt u. a. Fremdenverkehrsgeografie
Internationale Fachhochschule Bad Honnef-Bonn	Hotel-, Tourismus-, Luftverkehrs-, Eventmanagement, Internationale Betriebswirtschaft Bachelor

Fachhochschule Deggendorf	Schwerpunkt Tourismusmanagement
	Diplom-Betriebswirt (FH)
Fachhochschule Gelsenkirchen	Schwerpunkt Tourismus am Fachbereich Wirtschaft
Fachhochschule Westküste	Internationales Tourismusmanagement (ITM)
Hochschule für Wirtschaft & Technik	ITM Bachelor, ITM Master, Diplom-Kaufmann
Fachhochschule Heilbronn	Studiengang Tourismuswirtschaft
Hochschule für Technik und Wirtschaft	Bachelor und Master
Fachhochschule München	Tourismus-Management, Touristik- und Dienstleistungs-management, Hospitality Management
	Diplom-Betriebswirt (FH)
Fachhochschule Stralsund	Leisure and Tourism Management
Fachbereich Wirtschaft	Bachelor of Business Administration in Leisure and Tourism Management
Hochschule Harz	Studiengänge Tourismusmanagement, Tourismuswirt-schaft
Fachhochschule Worms	Touristik/Verkehrswesen
	Diplom-Betriebswirt (FH)

Tab. B. 6.2: Auswahl an Universitäten und Fachhochschulen in Deutschland mit dem Schwerpunkt Tourismus
Quelle: eigene Darstellung in Anlehnung an TID, 2005

6.2.2 „Halbakademische" Ausbildung im Tourismus

Diese Art der Ausbildung kombiniert in hervorragender Weise die klassischen Ausbildungsinhalte mit der wissenschaftlichen Lehre in einer stark praxisrelevanten Form der Ausbildung. Sie kombiniert Verfügungs- und Orientierungswissen. Träger dieses Bildungsmarktes sind oftmals staatl. anerkannte Ersatz- und Ergänzungsschulen sowie private und öffentlichen Berufsakademien. Einen Überblick über wichtige Berufsakademien gibt nachfolgende Tabelle (eine Auswahl).

Einrichtungen	Besonderheiten/Schwerpunkte
Berufsakademie Ravensburg, Staatliche Studienakademie	Fachrichtung Tourismusbetriebswirtschaft mit den Schwerpunkten: Reisemittler und Reiseveranstalter, Hotellerie und Gastronomie, Destinations- und Kur- und Bädermanagement
Berufsakademie Sachsen – Staatliche Studienakademie Breitenbrunn	Hotel-, Reiseveranstalter-/Reisemittler-, Kur- und Bäder-, Destinations-, Event- und Travelmanagement
Berufsakademie Schleswig-Holstein	Betriebswirtschaft Schwerpunkt Tourismus
Berufsakademie Thüringen – Staatliche Studienakademie Eisenach	Tourismuswirtschaft
Int. Berufsakademie Bad Homburg	Diplom-Betriebswirt (BA)
ISM – International School of Management	Diplomstudiengang: Tourismus-, Event- und Hospitalitymanagement

Tab. B. 6.3: Auswahl an Berufsakademien in Deutschland mit dem Schwerpunkt Tourismus
Quelle: eigene Darstellung in Anlehnung an TID, 2005

6.2.3 Berufsausbildung im Tourismus

Die Berufsausbildung in den touristischen Berufen ist stark „handwerklich" geprägt und beschränkt sich auf die Vermittlung von Verfügungswissen. In den letzten Jahren wurde eine Vielzahl alter Ausbildungsordnungen aktualisiert sowie neuen Ausbildungsordnungen/Berufsbilder verabschiedet. Nachfolgende Gliederung zeigt die wichtigsten Berufsausbildungen im Tourismus.

Reisemittler/Reiseveranstalter/Freizeit
- Reiseverkehrskaufmann/-frau mit der Möglichkeit der Spezialisierung auf Verkehrsträger, Reisemittler oder Reiseveranstalter,
- Kaufmann für die Freizeitwirtschaft,
- Veranstaltungskaufmann/-frau,
- Kaufmann/-frau für das Gesundheitswesen,
- Dienstleistungskaufmann/-frau.

Hotellerie und Gastronomie
- Hotelkaufmann/-frau,
- Hotelfachmann/-frau,
- Restaurantfachmann/-frau.

Verkehrswesen
- Luftverkehrskaufmann/-frau,
- Servicekaufmann/-frau für den Luftverkehr,
- Kaufmann/-frau für den Straßen- und Schienenverkehr,
- Servicekaufmann/-frau für den Straßen- und Schienenverkehr.

Die Dauer der Ausbildung dauert zwischen zwei und drei Jahren, wird i. d. R. nach dem dualen Modell (Vermittlung der Fertigkeiten und Kenntnissen in den Betrieben und der Berufsschule) durchlaufen und schließt mit der Prüfung vor der zuständigen Stelle, i. d. R. die Industrie- und Handelskammer (IHK) ab. Eine weitere Form, einen touristischen Beruf zu erlernen stellt die Umschulung dar. Umschulungen sind für Quereinsteiger gedacht, die ihren bereits erlernten Beruf nicht mehr weiter ausüben können aber auch für Studienabbrecher oder bereits im Tourismus tätige Personen, die auf diese Art einen Ausbildungsabschluss absolvieren wollen. **Träger des Ausbildungsmarktes** sind:

- Unternehmen,
- Berufsschulen,
- private Ausbildungsbetriebe und Bildungseinrichtungen,
- Industrie- und Handelskammern (IHKs).

6.2.4 Fortbildung und Weiterbildung im Tourismus

Die Begriffe Fortbildung und Weiterbildung sorgen für eine gewisse Verwirrtheit, da sie häufig synonym verwendet werden. Nachfolgend eine Erläuterung der Begriffe.

Fortbildung stellt eine Weiterqualifizierung im ausgeübten und erlernten Beruf dar. **Weiterbildung** stellt eine allgemeine Qualifizierung, z. B. in Schlüsselqualifikationen, Sprachen oder im IT-Bereich dar.

Die Fortbildung kann formalisiert durch öffentlich-rechtliche Abschlüsse (z. B. durch die Industrie- und Handelskammern sein) oder nicht-formalisiert durch sog. Zertifikat freier Bildungsträger oder Seminaranbieter sein.

Formalisierte Fortbildungen im Tourismus können beispielsweise sein:

* Tourismusfachwirt/-in mit der Spezialisierung: Reiseveranstalter, Reisemittler, Hotel- und Gastronomie, Kur- und Bäderwesen, Destination, Freizeit- und Erlebniswelten, Verkehrsträger,
* Fachwirt/-in für die Tagungs-, Messe- und Kongresswirtschaft,
* Fachwirt/-in Gastronomie.

Nicht-formalisierte Fortbildungen im Tourismus können sein:

* Touristikfachkraft,
* Reiseleiter und Reisebetreuer,
* Gästebetreuer,
* Fachkraft für Callcenter,
* Verkaufsseminare,
* Anwenderschulungen, z. B. für Reservierungssysteme, Buchungsverfahren, Tarif- schulungen,
* Produktschulungen, z. B. für bestimmte Destinationen, Reiseformen und Reisearten.

Weiterbildung stellt eine Qualifikation für Tourismus-Mitarbeiter dar, die nicht tourismus- spezifisch ist, z. B.

* Sprachkurse,
* Rethorikkurse,
* Persönlichkeitsentwicklung,
* Kurse im Bereich IT.

Die **Träger der Fort- und Weiterbildung** sind:

* Unternehmen,
* private Bildungsinstitute,
* Industrie- und Handelskammern.

Kontrollfragen

Reiseveranstalter

1. Nennen Sie historische Gründe für die Entwicklung der Pauschalreise und die Entwicklung der Flugpauschalreise in Deutschland.

2. Welches sind die derzeitigen Rahmenbedingungen im Reiseveranstaltermarkt in Deutschland?

3. Welche Entwicklungen vollziehen sich auf der Anbieter- als auch auf der Nachfragerseite im Reiseveranstaltermarkt in Deutschland?

4. Geben Sie einen Überblick über den deutschen Reiseveranstaltermarkt und erläutern Sie die Notwendigkeiten von vertikalen Integrationen an einem selbstgewählten Beispiel.

5. Nach welchen Kriterien würden Sie den Reiseveranstaltermarkt klassifizieren?

6. Welche Funktionen erfüllt ein Reiseveranstalter im Leistungs- und Erstellungsprozess?

7. Welche Leistungen erbringt ein Reiseveranstalter?

8. Skizzieren Sie das touristische Geschäftsmodell eines Reiseveranstalters.

9. Wie hoch ist die Umsatzrendite auf den einzelnen Wertschöpfungsstufen (Flug, Hotel, Vertrieb, Zielgebiet und Veranstalter) eines vertikal integrierten Reisveranstalters?

10. Im Rahmen der Konsolidierung haben Sie mehrere Markteintrittsstrategien zur Auswahl. Wählen Sie eine und begründen Sie ihre Wahl.

11. Welche Vor- und Nachteile entstehen Ihnen aus einem vollständigen Integrationsgrad?

12. Was ist im juristischen Sinne unter einer Pauschalreise zu verstehen?

13. Wer ist im juristischen Sinne Reisevermittler?

14. Wie ist die Tätigkeit von Fremdenverkehrsämtern, Hotels und Pensionen bei der Erstellung von Pauschalprodukten einzustufen? Wer muss eine Kundengeldabsicherung vornehmen?

15. Unter welchen Voraussetzungen können ein Kunde und ein Reiseveranstalter eine Reise umbuchen und stornieren?

16. Welche vertraglich vereinbarte Leistung muss ein Reiseveranstalter erbringen?

17. Welche Rechte und Pflichten hat ein Kunde aus dem Reisevertrag?

18. Welche Rechte und Pflichten hat ein Reiseveranstalter aus dem Reisevertrag?

19. Welche Ansprüche kann ein Kunden nach § 651 a ff. BGB an den Reiseveranstalter richten?

20. Wie beurteilen Sie die Auswirkungen von Reisebedingungen auf das Nachfrageverhalten von Kunden?

21. Welche Informationspflichten muss ein Reiseveranstalter bei der Buchung, in der Reisebestätigung und vor Abflug der Reise erfüllen?

22. Worin liegt die Schwierigkeit im Tourismus Prognosen zu erstellen?

23. Welche Verfahren der Marktforschung kennen Sie?

24. Nennen Sie wichtige interne und externe Quellen der Marktforschung für einen Reiseveranstalter.

25. Nach welchen Kriterien analysieren Sie das Verhalten der Nachfrager?

26. Mit welchen Fragen beschäftigt sich die Marktforschung?

27. Was kann Gegenstand einer Marktanalyse eines Reiseveranstalters sein?

28. Wie hoch ist der Anteil der Fremdleistungen die ein Reiseveranstalter einkaufen muss?

29. Was ist Gegenstand des Beschaffungsmanagements?

30. Nennen Sie Beschaffungsinstrumente eines Reiseveranstalters.

31. Welche Vorüberlegungen müssen Sie beim Hoteleinkauf anstellen?

32. Welche Vertragsformen für den Einkauf von Beherbergungsleistungen kennen Sie? Erläutern Sie diese ausführlich.

33. Ist die Beschaffung von Verpflegungsleistungen aus Sicht eines Reiseveranstalters eine wichtige oder eine unwichtige Einkaufsleistung?

34. Welche Überlegungen stellen Sie bei der Beschaffung von Verkehrsleistungen an?

35. Über welche Quellen können Sie Flugleistungen beschaffen?

36. Die Beschaffung von Betreuungsleistung wird immer bedeutsamer. Nennen Sie Möglichkeiten der Beschaffung.

37. Welche Tätigkeitsfelder und Funktionen beinhaltet das Produktmanagement?

38. Skizzieren Sie die Phasen des Produktmanagements.

39. Unterscheiden Sie zwischen strategischem, taktischem und operativem Produktmanagement.

40. Wie ist eine Produkthierarchie aufgebaut?

41. Welche Produkttypen kann ein Reiseveranstalter erstellen?

42. Nennen Sie die Elemente einer Pauschalreise.

43. Ein Element der Pauschalreise ist das soziale Element. Welche Problematiken sind damit verbunden?

44. Welche Ansätze zu Produktkonzepten unterscheiden Sie?

45. Schildern Sie eine Pauschalreise aus Sicht des Kunden und aus der Sicht eines Reiseveranstalters.

46. Nennen Sie Merkmale der Produktpolitik eines Reiseveranstalters.

47. Beschreiben Sie die nächste Generation der Reiseproduktion.

48. Unterscheiden Sie zwischen einer Paket-Reise, einer Do-it-yourself-Reise und einer Baustein-Reise.

49. Unterscheiden Sie zwischen einer Sortimentsmarken-, Monomarken- und einer Kombinationsmarkenstrategie eines Reiseveranstalters.

50. Unterscheiden Sie zwischen einer Präferenz- und einer Preis-Mengen-Strategie.

51. Was beinhaltet eine Wettbewerbsanalyse?

52. Welche Preispolitiken eines Reiseveranstalters kennen Sie?

53. Wann setzen Sie eine Preisdifferenzierungsstrategie ein?

54. Welches sind Determinanten der Preispolitik eines Reiseveranstalters?

55. Bei welchen Produkten setzen Sie die Skimming-, wann die Penetrationsstrategie ein?

56. Unterscheiden Sie zwischen einer Premium- und einer Discount-Strategie.

57. Welche Produktmerkmale müssen vorliegen um sinnvoll Yield-Management einzusetzen?

58. Nennen Sie Arten und Motive der Preisdifferenzierung.

59. Nennen Sie Methoden der Kalkulation einer Pauschalreise.

60. Unterscheiden Sie zwischen den Begriffen: Mischen, Kippen und Kalkulation von Sprüngen.

61. Welchen steuerlichen Besonderheiten (Besteuerung) unterliegt eine kalkulierte Pauschalreise mit Fremdleistungen in ein außereuropäisches Zielgebiet für Endverbraucher?

62. Skizzieren Sie den Ablauf eines Kalkulationsprozesses.

63. Welche Möglichkeiten des Vertriebs stehen einem Reiseveranstalter zur Verfügung?

64. Wann bevorzugen Sie den Eigen-, wann den Fremdvertrieb?

65. Welche Funktion hat ein Agenturvertrag?

66. Nennen Sie Rechte und Pflichten eines Reiseveranstalters aus dem Agenturvertrag.

67. Geben Sie einen Überblick über die Systematik der Provisionen. Welche Rolle spielt dabei der Mindestumsatz?

68. Unterscheiden Sie zwischen distributiv-monetären und distributiv-nicht-monetären Verkaufsförderungsinstrumenten.

69. Welche Probleme im Qualitätsmanagement eines Reiseveranstalters kennen Sie?

70. Skizzieren Sie das Beschwerdemanagement eines Reiseveranstalters.

71. Zeigen Sie an einem Beispiel „optimales Kundenbindungsmanagement" eines Reiseveranstalters auf.

Reisemittler

72. Welche Tätigkeiten kann ein Reisebüro entfalten?

73. Worin unterscheiden sich Reisebüros von Reisemittlern?

74. Warum stagniert die Umsatzentwicklung im Reisemittlermarkt?

75. In welchem Spannungsfeld steht ein Reisemittler? Welchen Anspruchsgruppen muss er gerecht werden?

76. Was können Reisemittler von anderen Branchen, z. B. vom Handel, lernen?

77. Unterscheiden Sie zwischen einem Haupt- und einem Nebenerwerbsreisebüro. In welchen Erscheinungsformen treten Nebenerwerbsreisebüros auf?

78. Welche Funktion hat ein Consolidator?

79. Unterscheiden Sie zwischen einem Voll- und einem Mehrbereichsreisebüro.

80. Zeigen Sie die Funktion der marken- und veranstaltergebundenen Reisebüros auf.

81. Warum bauen Reiseveranstalter den Eigenvertrieb aus?

82. Welche Art von Kooperationen kennen Sie im Reisemittlermarkt?

83. Welche Kooperationsfelder bei Kooperationen im Reisemittlermarkt sind denkbar?

84. Welche Ziele verfolgen Reisebüros durch Zusammenschlüsse zu Kooperationen?

85. Zeigen Sie ausführlich die Franchisestrukturen im Reisemittlermarkt auf.

86. Nennen Sie wesentliche Inhalte eines Franchisevertrages bzw. Franchiseverhältnisses.

87. Unterscheiden Sie zwischen Eigen- und Fremdvertrieb.

88. Im Zuge der Grundfunktionen eines Reisemittlers wird davon gesprochen, es besitze Filter-Funktionen. Welche Filter-Funktionen kennen Sie?

89. Welche Anforderungen werden an die von den Reisemittlern erbrachte Dienstleistung gestellt?

90. Was bedeutet Kundenorientierung im Reisebüro?

91. Welche rechtliche Stellung kann ein Reisebüro einnehmen? Erläutern Sie diese jeweils ausführlich.

92. Wann und zwischen welchen Parteien kommt ein Geschäftsbesorgungsvertrag zu Stande?

93. Welche Pflichten dem Kunden gegenüber obliegen einem Reisebüro?

94. Nach welchen Kriterien findet die Auswahlberatung für Pauschalreisen eines Reisebüros statt?

95. Welche Leistungen kann ein Reisebüro vermitteln?

96. Wie können Reisevermittlung und Reiseveranstaltung abgegrenzt werden? Zeigen Sie typische Merkmale der Vermittlung auf.

97. Welche Chancen und welche Risiken ergeben sich aus der Vermittlung und der Veranstaltung von Reisen?

98. Welche Vorteile hat ein Kunde durch die Inanspruchnahme einer Reisevermittlung durch ein Reisebüro?

99. Zwischen welchen Parteien wird ein Agenturvertrag abgeschlossen? Nennen Sie die rechtlichen Grundlagen eines Agenturvertrages.

100. Welche Funktionen kommen einem Agenturvertrag zu?

101. Welche Rechte und Pflichten ergeben sich für die Vertragsparteien aus einem Agenturvertrag?

102. Unterscheiden Sie zwischen Direkt- und Agenturinkasso.

103. Durch welche internen und externen Faktoren ist das Führen eines Reisemittlers als Unternehmen geprägt?

104. Nennen Sie Arten von Markteintritten eines Reisemittlers?

105. Welche Überlegungen stellen Sie bei der Gründung eines Reisebüros an? Erläutern Sie ihre Überlegungen ausführlich.

106. Von welchen Voraussetzungen (Vorgaben) machen Reiseveranstalter die Vergabe von Agenturen abhängig?

107. Wie kann ein Reisemittler sich rechtlich gegen Risiken aus seiner Tätigkeit absichern?

108. Welche Informationen beinhaltet ein Geschäftsplan für die Eröffnung eines Reisebüros?

109. Unterscheiden Sie zwischen Generalisten, Sortimenter und Spezialisten.

110. Nennen Sie drei Vertriebsmethoden eines Reiseveranstalters und zeigen Sie die Relevanz dieser Methoden für einen Reisemittler auf.

111. Welche Vor- und Nachteile ergeben sich aus dem Kauf eines Reisebüros?

112. Welche Methoden der Kaufpreisfindung beim Kauf eines Reisebüros werden üblicherweise angewendet?

113. Welche Möglichkeiten der Konsolidierung bieten sich für ein Reisemittler/Reisebüro in einem immer härter werdenden Wettbewerb an?

114. Worin besteht der Vorteil eines Kooperationsbeitrittes gegenüber einem Franchisebeitritt eines Reisemittlers/Reisebüros?

115. Welche Problematiken ergeben sich im Rahmen von Liquiditätsplanungen mit Banken?

116. In welche Phasen gliedert sich die Liquiditätsplanung?

117. Welche Gegebenheiten beeinflussen die laufende Liquidität eines Reisebüros?

118. Durch welche Maßnahmen kann ein Reisebüro seine Liquidität verbessern?

119. Warum gestalten sich Kreditverhandlungen mit den Banken oder anderen Kreditgebern für Reisebüros als problematisch und schwierig?

120. Welche Unterlagen fordern Banken bei der Bearbeitung von Kreditanfragen vom Reisebüro als Kreditantragsteller?

121. Nennen Sie Umweltfaktoren, die die wirtschaftliche Situation der Reisebüros/Reisemittler negativ beeinflussen können.

122. Erläutern Sie die Ausgabesituation der Reisebüros ausführlich.

123. Wie lassen sich die Personalkosten senken?

124. Nennen Sie mögliche kalkulatorische Kosten im Reisebüro.

125. Zeigen Sie ausführlich die Einnahmeseite von Reisemittler/Reisebüros auf.

126. Welche Funktion und Rolle spielen Mindestumsätze?

127. Unterscheiden Sie zwischen Basis-, Staffel- und Steuerungsprovisionen.

128. Durch welche verkaufsfördernden Maßnahmen der Reiseveranstalter lassen sich die Umsätze der Reisemittler erhöhen?

129. Welche Erlöse kann ein Reisemittler/Reisebüro aus sonstigen Geschäften noch erwirtschaften?

130. Unterscheiden Sie zwischen der Front-, Mid- und Backoffice-Funktionalität eines Reservierungssystems.

131. Mit was befasst sich das Prozessmanagement im Reisebüro?

132. In welche Kosten können Prozesskosten unterteilt werden?

133. Worin grenzen sich indirekte und beschäftigungsabhängige Prozesskosten ab?

134. Unter welchen Voraussetzungen ist eine Prozesskostenanalyse sinnvoll?

135. Welche Kritik wird an der Prozesskostenanalyse geübt, wann ist ihr Einsatz weniger sinnvoll?

136. Anhand welcher Faktoren kann die Wirtschaftlichkeit eines Reisebüros gemessen werden?

137. Welche Möglichkeiten und Maßnahmen stehen Ihnen bei der Planabweichung zur Verfügung?

138. Zeigen Sie Maßnahmen zur Erlössteigerung bzw. Erlösstabilisierung auf.

140. Welche „goldenen Regeln" müssen Sie als Geschäftsführer eines Reisebüros in schwierigen Marktsituationen befolgen?

Verkehrsträger/Beförderungsträger
141. Worin bestehen der Unterschied und die Vorteile zwischen Individual- und Linien- bzw. Gelegenheitsverkehr?

142. Wie können Verkehrsunternehmen (durch welche Maßnahmen) ihre Vorteile gegenüber dem Individualverkehr zur Geltung bringen?

143. Nennen und beschreiben Sie Strategievarianten der Verkehrsträger.

Flugverkehr
144. Welche Hauptgründe führen zum rasanten Wachstum des Flugverkehrs in den letzten Jahren?

145. In welchem Spannungsfeld steht der Flugverkehr? Erläutern Sie das Spannungsfeld ausführlich.

146. Welches sind die bestimmenden Größen (Determinanten) die Nachfrage betreffend im Flugverkehr?

147. Systematisieren Sie die Angebotsseite der Fluggesellschaften.

148. Was sind Netzcarrier, was Commuter-Carrier? Beschreiben Sie diesen Typ jeweils ausführlich.

149. Welche wichtigen Allianzen kennen Sie? Nennen Sie Fluggesellschaften und ihre jeweilige Allianz-Zugehörigkeit.

150. Welches sind die charakteristischen Merkmale des Linienflugverkehrs? Nennen Sie Arten des Linienflugverkehrs.

151. Welches sind die charakteristischen Merkmale des Gelegenheitsflugverkehrs? Nennen Sie Arten des Gelegenheitsflugverkehrs.

152. Nach welchen Kriterien lässt sich der Flugverkehr systematisieren? Nennen Sie auch die jeweiligen Erscheinungsformen.

153. Welche Infrastrukturträger bilden das Rückgrat des Luftverkehrs?

154. Welche Rolle spielen die Finanzierungsinstitutionen im Luftverkehr? Erläutern Sie deren Rolle ausführlich.

155. Begründen Sie warum der Staat in den Luftverkehr eingreift.

156. Welche Instrumente stehen dem Staat für eine aktive Gestaltung des Luftverkehrs zur Verfügung?

157. Welche Formen der Kooperationsgestaltung im Flugverkehr kennen Sie? Erläutern Sie diese ausführlich.

158. Welche Organisationen, Dachverbände und Branchenverbände kümmern sich um die Belange der Luftfahrtindustrie?

159. Der Markt der Fluggesellschaften als auch der Luftverkehr befindet sich derzeit in einem Wandel. Beschreiben Sie, was zu diesem Wandel führt.

160. Mit welchen Problemstellungen wird das Management europäischer Fluggesellschaften derzeit konfrontiert?

161. Welche Instrumente stehen den Fluggesellschaften zur Verfügung um die derzeitigen Probleme zu lösen?

162. Wie wird sich in Zukunft der Flugverkehr entwickeln? Welche Hypothesen wurden von der Luftverkehrsbranche aufgestellt?

163. Welche Kostenvorteile haben Low-Cost-Gesellschaften gegenüber den etablierten Netzgesellschaften? Erläutern Sie ausführlich.

164. Welche Voraussetzungen sind nötig, um ein Flugunternehmen/Fluggesellschaft in Deutschland zu gründen?

165. Im Zuge der Konsolidierung wird stark auf das Instrument der Kooperation zurückgegriffen. Nennen Sie mögliche Kooperationsmotive für Fluggesellschaften.

166. Nennen Sie Ziele und Formen von strategischen Allianzen im Flugverkehr.

167. Warum ist das Produkt Beförderungsleistung ein Kuppelprodukt?

168. Nennen Sie wichtige Einfluss- und Kostenfaktoren bei der Angebotserstellung.

169. Unterscheiden Sie zwischen Gemein- und Einzelkosten bei einer Fluggesellschaft.

170. Grenzen Sie zwischen direkten und indirekten operativen Kosten ab.

171. Welche Formen der Finanzierung von Flugzeugen kennen Sie?

172. Welche Arten des Leasings sind heute gebräuchlich? Nehmen Sie ausführlich Stellung.

173. Welche Routensysteme im Rahmen der Verkehrswegeplanung sind Ihnen bekannt?

174. Welche Rolle und Bedeutung kommt dem Netzmanagement einer Fluggesellschaft zu?

175. Welche Funktion hat die Strecken- und Netzergebnisrechnung?

176. Welches sind die Aufgaben einer Verkehrszentrale (OCC) einer Fluggesellschaft?

177. Unterscheiden Sie im Rahmen der Preisstrategie einer Fluggesellschaft zwischen Cost-based-Pricing, Competition-based-Pricing und Value-based-Pricing.

178. Nennen Sie Determinanten der Tarifbildung einer Fluggesellschaft.

179. Welche produktpolitischen Überlegungen kommen im Rahmen der Produktgestaltung einer Fluggesellschaft zum Tragen?

180. Welche Rolle und Funktion kommt in Deutschland den Verkehrsflughäfen zu?

181. Warum wird die europäische Flugsicherung im Gegensatz zu der amerikanischen als teuer und ineffizient bewertet?

182. Begründen Sie warum der Flugverkehr das umwelt- und klimaschädlichste Fortbewegungsmittel ist.

183. Welches sind die Erfolgsfaktoren einer Low-Cost-Airline?

184. Wie grenzt sich die Flotten- und Nerzstruktur einer Low-Cost-Airline von einem Netzcarrier ab?

185. Findet ein Wettbewerb unter den Low-Cost-Airlines derzeit statt? Begründen Sie Ihre Antwort.

Straßenverkehr

186. Wodurch begründet sind Aussagen, Deutschland verfügt über ein optimales infrastrukturelles Verkehrswegenetz?

187. Welches sind die touristischen Nutzer dieser Verkehrswege?

Busverkehr

188. Geben Sie einen Überblick über den Busreisemarkt in Deutschland.

189. Beschreiben Sie kurz die Zielgruppen die im Busreiseverkehr von Bedeutung sind.

190. Welche Vorteile bzw. welche Verkaufsargumente nimmt die Busreise für sich in Anspruch?

191. Sind mit Busreisen auch Nachteile verbunden?

192. Welche Kriterien muss Personenverkehr (Linien- und Gelegenheitsverkehr) grundsätzlich erfüllen?

193. Definieren Sie – nach dem PBefG – Linien- und Gelegenheitsverkehr.

194. Nennen Sie die Sonderformen des Linienverkehrs.

195. Unterscheiden Sie zwischen Ausflugsfahrten/Ausflugsverkehr (als Oberbegriff) und Mietomnibus.

196. Unterscheiden Sie zwischen einer Ziel- und einer Rundreise.

197. Definieren Sie ausführlich eine Ferienzielreise.

198. Wer kommt als Mieter eines Omnibusses (Zweck der Anmietung) infrage?

199. Nennen Sie vier Genehmigungsvoraussetzungen für Busreiseverkehr.

200. Wer sind die Träger des Busreisemarktes?

201. Wer führt die Klassifizierung nach RAL durch und nach welchen Merkmalen wird klassifiziert?

202. Wie wird die Klassifizierung dokumentiert und welche Gütestufen werden vergeben?

203. Welche Gesetze und Verordnungen sind für den Busreiseverkehr bedeutsam?

204. Was regelt die Straßenverkehrszulassungsordnung (STVZO)?

205. Geben Sie einen Überblick über die Vertriebskanäle von Busreisen.

206. Welche Maßnahmen von Seiten der Busunternehmen würde mehr Umsatz aus dem indirekten Vertrieb generieren?

Mietwagen

207. Welches sind die vier wesentlichen Segmente des Mietwagenmarktes?

208. Nennen Sie die Träger des Mietwagenmarktes.

209. Nennen Sie die Geschäftsfelder eines Mietwagenunternehmens und zeigen Sie Einzelmaßnahmen der Generierung von Umsätzen auf.

210. Welche Vertriebskanäle wählen Mietwagenunternehmen aus um ihre Produkte und Dienstleistungen zu vertreiben?

211. Erläutern Sie das Geschäftsmodell der Mietwagenmakler in Abgrenzung zu einem Mietwagenunternehmen.

212. Welchen rechtlichen Status nimmt der Mietwagenmakler ein?

213. Warum können Mietwagenmakler bei der Vermietung von Fahrzeugen bessere Vertragsbedingungen und Preise anbieten?

Schienenverkehre

214. Was verstehen Sie unter Wechselverkehr im Schienenverkehr, welches sind die Träger des Wechselverkehrs?

215. Welche Probleme ergeben sich für die DB – Die Bahn durch die Billigfluggesellschaften und durch den Markteintritt von anderen Eisenbahnunternehmen?

216. Welche Zielsetzung hat die Strukturreform des Bahnwesens in Deutschland? Schildern Sie die Problematik.

217. Zeigen Sie die Phasen/Schritte des Umwandlungsprozesses der Strukturreform der Bahn auf.

218. Schildern Sie die rechtlichen Rahmenbedingungen des Bahnverkehrs in Deutschland.

219. Erläutern Sie anhand der DB – Die Bahn die Unternehmensstruktur eines Eisenbahnunternehmens.

220. Nennen Sie die Unternehmensbereiche und ihre jeweiligen Geschäftsfelder der DB – Die Bahn.

221. Welche Elemente bestimmen die Dienstleistung und das Produkt Bahnverkehr?

222. Wie können Angebote von Schienenunternehmen differenziert werden? Nennen Sie Beispiele.

223. Anhand welcher Instrumente lässt sich im Schienenverkehr maximale Kundenzufriedenheit erreichen?

224. Auf welchen Säulen basiert das Preissystem der DB? Erläutern Sie diese.

225. Wie vertreiben Eisenbahnunternehmen ihre Produkte und Dienstleistungen?

226. Geben Sie einen Überblick über zukünftige Vertriebsalternativen der DB.

Schiffsverkehr

227. Systematisieren Sie die Personen-Schifffahrt und in welchen Ausprägungen kann die Linienschifffahrt auftreten?

228. Was unterscheidet die Linien- von der Bedarfsschifffahrt?

229. Nennen Sie Beispiele für Sonderformen der maritimen Touristik.

230. Nennen Sie Vorteile einer klassischen Kreuzfahrt gegenüber einem Landurlaub in einem Hotel gleicher Kategorie wie das Schiff.

231. Welche Nachteile bzw. Vorurteile können mit dem Aufenthalt auf einem Kreuzfahrtschiff verbunden sein?

232. Aus welchen Produkt- und Dienstleistungsbestandteilen setzt sich eine Kreuzfahrt zusammen?

233. Worin unterscheiden sich Hochsee- und Flusskreuzfahrten hinsichtlich der Produktkomponenten?

234. Nennen Sie mögliche Schiffstypen, die im Fährverkehr eingesetzt werden.

235. Über welche Sicherheitsausrüstung und Sicherheitseinrichtung verfügt üblicherweise ein Fährschiff?

236. Nennen Sie die Besonderheiten bei Frachtschiffsreisen im Unterschied zur klassischen Kreuzfahrt.

237. Auf welchen Schiffstypen werden Frachtschiffsreisen angeboten? Welcher Schiffstyp ist in Abhängigkeit seines Einsatzgebietes am interessantesten?

238. Worin unterscheidet sich die Preisgestaltung bei Hochsee- und Flusskreuzfahrten von der der Fährschifffahrt?

239. Welches sind die wichtigsten Vertriebskanäle und Informationsträger der Hochsee- und Flusskreuzfahrten?

240. Welche Möglichkeiten der Zusammenarbeit zwischen Reederei und Reiseveranstalter sind möglich?

Destination
241. Definieren Sie den Begriff Destination.

242. Warum sind Destinationen Wettbewerbseinheiten? Nennen Sie Beispiele.

Destinationsmanagement
243. Welches Leistungsbündel (Produkt) stellt eine Destination her?

244. Von was hängt die Destination in der Wahrnehmung der Kunden ab?

245. Aus welchen Elementen setzt sich die Destination als Wettbewerbseinheit zusammen?

246. Erläutern Sie die Aussage „Die Destination ist die Summe seiner Teilnehmer", und geben Sie Beispiele für diese Teilnehmer.

247. Welche drei Ansätze zu den Aufgaben einer Destination gibt es?

248. Welche wichtigen Funktionen hat eine Destination als Wettbewerbseinheit? Erläutern Sie diese genauer.

249. Welche konkreten Aufgaben lassen sich aus den Funktionen einer Destination ableiten?

250. Welche Rahmenbedingungen beeinflussen das Management der Destination?

251. Welche touristischen Aufenthaltsfaktoren spielen im Rahmen eines erfolgreichen Destinationsmanagements eine Rolle?

252. Welche standortbegründeten touristischen Angebotsfaktoren kennen Sie?

253. Geben Sie Beispiele für standortfördernde touristische Angebotsfaktoren.

254. Unter welchen Annahmen vollzieht sich das Management einer Destination?

255. Warum sind die Destination und die Elemente des Managements eine „virtuelle Unternehmung"?

256. Was ist unter der Doppelfunktion und den Zielkonflikten der Leistungsträger im Zusammenhang mit dem Destinationsmanagement zu verstehen?

257. Welche möglichen Anspruchsgruppen beeinflussen das Destinationsmanagement?

258. Warum sollen die Ziele des Destinationsmanagements von Nachhaltigkeit geprägt sein?

259. Woraus resultieren die Aufgaben des Destinationsmanagements und was berücksichtigen sie?

260. Wie kann im normativen Rahmen einer Destination der langfristige Zusammenhalt der Interessensgruppen sichergestellt werden?

261. Was ist unter der Sicherstellung der strategischen Wettbewerbsfähigkeit einer Destination zu verstehen? Wodurch wird diese gesichert?

262. Welche Sicherstellungen gehören noch zu den Aufgaben eines Destinationsmanagers?

263. Welches sind die Träger des Planungsprozesses einer Destination?

264. Nennen Sie Planungsinstrumente (touristische und nicht-touristische), die im Planungssystem einer Destination enthalten sein müssen.

265. Welche Zielgruppen können im Rahmen der Public Relations bei der Vermarktung einer Destination angesprochen werden?

Kur- und Bäderwesen

266. Welche Stellung nimmt das Kur- und Bäderwesen im touristischen Angebot einer Destination ein?

267. Welcher Wandel und aufgrund welcher Gegebenheit vollzog sich in den letzten Jahren im Kur- und Bäderwesen?

268. Über welche „natürlichen Mittel" verfügen Kurorte?

269. Begründen Sie die Aussage: „Der Aufenthalt in Kurorten zu Erholungszwecken war die Keimzelle des modernen Tourismus".

270. Was bedarf es im Kur- und Bäderwesens eines professionellen Managements, welches die Angebote bündelt, koordiniert und vertreibt?

271. Definieren Sie den Begriff Kur. Was beschreibt dieser Begriff?

272. Grenzen Sie zwischen Kur und Erholung ab.

273. Was ist unter dem Begriff „Gesundheitsbetonter Tourismus" zu verstehen?

274. Zeigen Sie die unterschiedlichen Formen einer Kur auf.

275. Unterscheiden Sie zwischen einer ambulanten und einer stationären Kur.

276. Die heutige Struktur der Kur in Deutschland ist das Ergebnis welcher Prozesse?

277. Unterscheiden Sie ausführlich zwischen einer Privat- und einer Sozialkur.

278. Welche Gründe sind es, die den Markt für Gesundheitstourismus beständig anwachsen lassen?

279. Definieren Sie den Begriff Wellness. In welchen Erscheinungsformen tritt Wellness auf?

280. Welche Bedürfnisse des Menschen sind die wichtigsten Gründe für Wellness?

281. Wer ist für die staatlich-anerkannten Kurorte hinsichtlich Anerkennung und Überwachung zuständig?

282. Was setzen die Artenbezeichnungen für Kurorte Erholungsorte und Heilbrunnen voraus?

283. Unterscheiden Sie zwischen einem Kurort und einem Erholungsort.

284. Welche Funktion haben Heilbrunnen-Unternehmen?

285. Welche Einrichtungen werden unter dem Begriff „artgemäße Kurorteinrichtung" zusammengefasst?

286. Was muss ein Kurort haben, wenn er als „Ort mit Kurortcharakter" beschrieben wird?

287. Geben Sie einen Überblick über die möglichen Prädikate im staatlich anerkannten Kur- und Bäderwesen.

288. Welche Voraussetzungen müssen ein Heilklimatischer Kurort, ein Seeheilbad, ein Kneippheilbad und ein Heilbad erfüllen, um das Prädikat und somit die staatliche Anerkennung zu erlangen?

289. Unterscheiden Sie ausführlich zwischen einem Seeheilbad und einem Seebad.

290. Wodurch unterscheiden sich Kneippkurorte im Gegensatz zu Kneippheilbädern?

291. Unterscheiden Sie zwischen einem Luftkurort und einem Erholungsort.

292. Welche Auswirkungen zieht die Tatsache nach sich, dass das Kurortsrecht zur konkurrierenden Gesetzgebung gehört?

293. Welchem Zweck dient das Anerkennungsverfahren bzw. die Prädikatisierung?

294. Welche Verbände/Organisationen passen die Begriffsbestimmungen und Standards im Rahmen der Anerkennung den veränderten Rahmenbedingungen an?

295. Welche Überprüfungen bzw. welche Gutachten müssen im Auftrag einer Prädikatisierung in Auftrag gegeben werden?

296. Unterscheiden Sie zwischen einem Regiebetrieb und einem Eigenbetrieb anhand selbst gewählter Kriterien.

297. Geben Sie kur- und bäderspezifische Einnahmen eines prädikatisierten Ortes an.

298. Wodurch unterscheidet sich die Kurtaxe von der Fremdenverkehrsabgabe hinsichtlich der Abgabepflicht und der Verwendung?

299. Nennen Sie weitere Formen der Einnahmen und Finanzierung von Kur- und Badeorten.

300. Was gehört zum umsatzorientierten Betätigungsfeld eines Kur- und Erholungsortes?

301. Welche Besonderheiten zeichnet die Produkt- und Angebotsentwicklung im Kur- und Bäderwesen aus?

302. Was gehört zu innovativen/neuartigen Angeboten im Kur- und Bäderwesen?

303. Welche Möglichkeiten der Vermarktung bieten sich für Kur- und Erholungsorte an?

304. Welches sind die wichtigsten Dachverbände bzw. Organisationen, die sich um die Belange des Kur- und Bäderwesens annehmen?

305. Worin liegt der Vorteil für einen Erholungsort, Mitglied einer bestehenden Organisation oder Arbeitsgemeinschaft zu werden?

Freizeit- und Erlebniswelten

306. Wo kann touristischer Konsum, außer in fremden Zielgebieten, noch stattfinden?

307. Welche Funktion und Rolle kommt den Tainments im Zusammenhang mit Erlebnis- und Konsumwelten zu?

308. Welche Arten von Tainments kennen Sie? Beschreiben Sie sie.

309. Was wird unter „Bühnen des touristischen Konsums" verstanden?

310. Was sind Mixed-Use-Center?

311. Zeigen Sie Typen von Mixed-Use-Centern auf und beschreiben Sie diese.

312. Durch was zeichnen sich sog. Mindscapes aus?

313. Typisieren Sie die Erscheinungsform Urban-Entertainment-Center.

314. Durch welche Trends fand die rasche Verbreitung von Urban-Entertainment-Centern statt?

315. Welches sind die zentralen Steuerungsfaktoren der Urban-Entertainment-Center?

316. Durch was zeichnet sich der Wertewandel aus?

317. Welche Arten von Konsumenten hat die Veränderung des Konsumverhaltens hervorgebracht?

318. Welche Akteure bestimmen den Markt der Urban-Entertainment-Center?

Gastgewerbe

319. Geben Sie einen Überblick über die Bedeutung des Gastgewerbes als Wirtschaftsfaktor.

320. Unterscheiden Sie zwischen Haupt- und Nebenbetrieben im Gastgewerbe.

321. Unterscheiden Sie zwischen Bewirtungs- und Unterhaltungsbetrieben sowie zwischen Versorgungs- und Erlebnisgastronomie.

322. Unterscheiden Sie anhand selbstgewählter Merkmale zwischen nichtgewerblicher und gewerblicher Beherbergung.

323. Welche Beherbergungsarten sind der Hotellerie, welche der Parahotellerie zu zuordnen?

324. Welche Merkmale kennzeichnen ein Hotel?

325. Nach welchen Kriterien lassen sich Hotelbetriebe einteilen? Erläutern Sie diese anhand von Beispielen.

326. Erläutern Sie ausführlich die Systematik der deutschen Hotelklassifizierung, belegen Sie Ihre Ausführungen mit Beispielen.

327. Erläutern Sie ausführlich die Systematik der Klassifizierung der Parahotellerie in Deutschland.

328. Geben Sie einen Überblick über Dachverbände und Interessensvertretungen im Gastgewerbe.

329. Erläutern Sie ausführlich die Ziele, Vorteile von globalen Expansionsstrategien.

330. Zeigen Sie die bestimmenden Größen der Expansionsfähigkeit anhand von Beispielen auf.

331. Welche Rolle spielt das Branding der Marke im Zuge globaler Expansionen?

332. Ein expansionswilliger Hotelkonzern kann zwischen mehreren Strategie-Mustern wählen. Erläutern Sie diese anhand von Beispielen.

333. Unterscheiden Sie zwischen Pacht-, Management- und Franchiseverträgen in der Hotellerie im Rahmen der Expansion.

334. Welches sind die Besonderheiten eines Pachtvertrages? Nennen Sie Vorteile dieser Vertragsart.

335. Welches sind die Besonderheiten eines Managementvertrages? Nennen Sie die Vorteile dieser Vertragsart.

336. Welches sind die Besonderheiten eines Franchisevertrages? Nennen Sie die Vorteile dieser Vertragsart.

337. Zeigen Sie die unterschiedliche steuerliche Behandlung von Management- und Pachtverträgen auf. Inwiefern hat die ggf. unterschiedliche Behandlung Auswirkungen auf die Wahl der Rechtsform/Unternehmensform?

338. Die Bildung von Allianzen und von Kooperationen gilt heute als schnellster Weg zu konsolidieren und zu wachsen. Zeigen Sie die Vor- und Nachteile auf und belegen Sie ihre Ausführungen mit Beispielen.

339. Zeigen Sie die Besonderheiten folgender Vertragsarten auf: Bewirtungsvertrag, Beherbergungsvertrag.

340. Welche Bedeutung hat das Konzessionsrecht? Erläutern Sie die Arten der Konzessionserteilung ausführlich.

341. Welche Versicherungsverhältnisse sollte ein gastgewerblicher Betrieb üblicherweise eingehen, um sich und seine Gäste optimal zu schützen?

342. Welche Qualitäten erwarten Sie von einer Führungskraft in einem gastgewerblichen Betrieb?

343. Welche Möglichkeiten bei der Wahl der Finanzierung bei einem Hotel-Gründungsprojekt stehen Ihnen zur Verfügung?

344. Nennen Sie Standortfaktoren bei der Initiierung eines Hotelprojektes. Wie können diese bewertet werden?

345. Nennen und beschreiben Sie Ansätze des Voreröffnungsmanagements für ein Hotelprojekt.

346. Nennen Sie Kriterien der Personalplanung in einem Beherbergungsbetrieb im gehobenen Bereich.

347. In einem immer härter werdenden Wettbewerb spielt die vom Kunden wahrgenommene Qualität eine immer wichtigere Rolle. Zeigen sie auf, was von einem Hotelbetrieb als Qualitätsmanagement verstanden wird und wie dies umgesetzt wird.

348. Nach welchen Kriterien können die Dienstleistungen bzw. das Angebot eines Hotels differenziert werden?

349. Was umfasst die strategische Programmplanung eines Hotelbetriebes?

350. Welche Rolle spielt die Beschaffung und Lagerhaltung im Gastgewerbe? Welche Kennzahlen der stetigen Kontrolle von Lagerbeständen kennen Sie?

351. Nennen Sie Besonderheiten des Marketings von Hoteldienstleistungen.

352. Welche alternativen Markenstrategien stehen einem Hotelkonzern grundsätzlich zur Verfügung?

353. Erläutern Sie ausführlich die Produktpolitik eines gastgewerblichen Betriebes.

354. Nennen Sie die Besonderheiten und Determinanten der Preispolitik in der Hotellerie.

355. Nennen Sie Ansätze der Preisbildung bzw. Kalkulationsverfahren eines Vollhotels.

356. Die Preisdifferenzierung wird immer stärker genutzt, um sich im Wettbewerb zu behaupten. Was verstehen Sie unter einer Preisdifferenzierung und welche Arten der Differenzierung in der Hotellerie und Gastronomie kennen Sie?

357. Die Preisdifferenzierung gilt als wichtigstes Arbeitsinstrument des Yield-Managements. Zeigen Sie den Zusammenhang auf und erläutern Sie den Einsatz von Yield-Management in der Hotellerie ausführlich.

358. In Zeiten gesättigter Märkte verlagert sich die vordringliche Tätigkeit vom Produkt auf den Vertrieb. Zeigen Sie Funktionen, Besonderheiten und Wege der Distribution in der Hotellerie auf.

359. Wie und nach welchen Modellen kann der Vertrieb eines Hotels über Reisebüros erfolgreich funktionieren?

360. Welche Rolle spielt die Kommunikationspolitik im Marketing-Mix eines Hotelkonzerns mit weltweiter Präsenz? Erläutern Sie dies anhand des Marketing-Submixes.

361. Inwiefern spielt Erlebnis-Marketing heute noch in der Konzern-Hotellerie eine Rolle?

362. Welche Aufgaben fallen dem Controlling im Gastgewerbe zu? Welche Kennzahlen aus dem Gastgewerbe kennen Sie?

363. Welche Kennzahlen sind im Rahmen des Controllings für einen Beherbergungsbetrieb von besonderer Wichtigkeit? Erläutern Sie deren Aussagekraft.

364. Welche Funktion kommt der Budgetierung im Gastgewerbe zu?

365. Nennen Sie die Grundlagen und Zielgrößen eines Umsatzbudgets in einem gastgewerblichen Betrieb.

366. Grenzen Sie zwischen Bewirtungs- und Unterhaltungsbetrieben sowie zwischen Versorgungs- und Erlebnisgastronomie ab.

367. Grenzen Sie zwischen Individual- und Systemgastronomie ab und zeigen Sie die Problemfelder der Individualgastronomie auf.

368. Nennen und beschreiben Sie Kalkulations- und Preisfestsetzungsverfahren die in der Gastronomie angewendet werden.

369. Systemgastronomie steht für vielfältige Standardisierung, Multiplikation und zentrale Steuerung. Erläutern Sie diese Behauptung anhand von Beispielen.

370. Nennen Sie Beispiele für Segmente/Kategorien innerhalb der Systemgastronomie.

371. Welche Kriterien/Merkmale zeichnen ein standardisiertes Konzept in der Systemgastronomie aus?

372. Welche Möglichkeiten hat ein Systemgastronom seine Sortimentspolitik auszurichten?

373. Welche Formen der Produktpräsentation sind in der Systemgastronomie möglich?

374. Zeigen Sie die Entwicklung der Essgewohnheiten und die daraus resultierende Sortimentsentwicklung in der Systemgastronomie auf.

375. Zeigen Sie die Grundsätze der Sortimentsentwicklung anhand einer Speisekarte eines systemgastronomischen Betriebes Ihrer Wahl auf.

376. Convenience-Food ist heute in aller Munde. Definieren Sie diesen Begriff, nennen Sie bestimmende Faktoren für den Einsatz in der Systemgastronomie und zeigen Sie Convenience-Grade auf.

377. Bei der Analyse einer Speisekarte benötigen Sie Entscheidungshilfen bzw. Entscheidungsrichtlinien zur Klassifikation der Speisen. Fertigen Sie eine skizzierte Matrix der wichtigsten Klassifikationsansätze von Speisen an.

Touristische Dienstleister

378. Welches sind die Träger des touristischen Dienstleistungsmarktes?

379. Unterscheiden Sie zwischen einem GDS und einem CRS.

380. Was sind Umbrella-Systeme?

381. Geben Sie einen Überblick über wichtige europäische, nordamerikanische und asiatische GDS/CRS.

382. Beschreiben Sie das Leistungsangebos eines GDS/CRS.

383. Wer sind die Träger der Informationstechnologie? Beschreiben Sie diese ausführlich.

384. Über welche Funktionalität muss ein effizient und effektiv arbeitendes GDS/CRS verfügen?

385. Wie finanzieren sich die Betreiber von GDS-/CRS-Systemen?

386. Nach welchen Kriterien werden die Nutzungs- und Serviceentgelte von den Reisemittlern/Reisebüros erhoben?

387. Welche Vor- und Nachteile ergeben sich für die Reisemittler und Reiseveranstalter sowie Fluggesellschaften durch die Einstellung ihrer Produkte und Dienstleistungen in ein GDS?

388. Was beinhaltet der Code of Conduct der ECAC? Welchem Zweck dienen die Inhalte?

389. Was verstehen Sie unter einem Display Bias?

390. Was besagt die Liquidated Damage Clauses?

391. Welchen konkreten Nutzen verspricht sich die Tourismusbranche durch das Internet? Erläutern Sie diese ausführlich.

392. Wie ist der Ausbildungssektor in Deutschland gegliedert?

393. Worin liegen die Defizite der akademischen Ausbildung im Tourismus?

394. Worin liegt die Besonderheit einer Ausbildung an einer Berufsakademie?

395. Zeigen Sie mögliche Berufsausbildungen im Tourismus auf.

396. Worin liegt der Unterschied zwischen einer Fort- und einer Weiterbildung?

397. Unterscheiden Sie zwischen formalisierter und nicht-formalisierter Fortbildung.

C. Nachfrageseite

1. Einflussfaktoren auf die Nachfrage im Tourismus

„Die touristische Nachfrage stellt die Bereitschaft des Tourismus dar, verschiedene bestimmte Mengen touristischer Güter zu verschiedenen bestimmten Geldmengen einzutauschen bzw. zu erwerben." So formulierte einst *Kaspar* im Jahr 1991 seinen Kommentar zur Nachfrageseite im Tourismus. Heute wird jedoch nicht nur auf den Preis bzw. auf die Geldmenge geachtet. Der Preis spielt bis auf einige Ausnahmen im Nachfrageverhalten keine allzu große Rolle mehr. Nach *Freyer* gewinnen andere Einflussgrößen wie z. B. das Image des Reiselandes, die allgemeinen Umweltbedingungen im Reiseland, die Reiseart und Reiseform zunehmend an Bedeutung. Die touristische Nachfrage besteht im Wesentlichen in einer **Nachfrage nach folgenden Produkten/Dienstleistungen**:

* Beherbergungsleistung,
* Beförderungsleistung,
* Verpflegungsleistung,
* Betreuungsleistung, z. B. durch Reiseleiter, Reisebetreuer, Animateure,
* Vermittlungsleistung, z. B. durch das Reisebüro,
* Informationsleistung, z. B. durch die Leistungsträger,
* ergänzende Produkte und Leistungen, z. B. Kur-Behandlungen, Reiseführer, Bekleidung.

Nachfolgende Tabelle zeigt die wichtigsten **Einflussfaktoren** auf die Tourismusnachfrage auf.

Individuelle Einflüsse	• Wandertrieb des Menschen • Befriedigung eines Grundbedürfnisses • Neugier und Forscherdrang • Einsamkeit und Kontaktsuche • Suche nach Vergnügen und Aktivitäten • Erholung und/oder Regeneration • Geschäfte • Kommunikation
Gesellschaftliche Einflüsse	• Werte und Normen • Sozialstruktur • Gesellschaftsordnung • Freizeitverhalten • Mobilität
Ökologische Einflüsse	• Klima • Landschaft • Ökologie • Verstädterung • Wohnumfeld

Ökonomische Einflüsse	• gesamtwirtschaftliche Entwicklung • globale/internationale Handelsbeziehungen • Einkommenssituation und -verteilung • Preise und Wechselkurse • Produktionsbedingungen • Transport- und Transaktionskosten • Arbeitsplatzsicherheit
Einflüsse durch die Anbieter	• unterschiedliche Leistungen und Produkte • Preis, Werbung und Vertriebswege
Staatliche Einflüsse	• Gesetzgebung • Devisen-, Einreise-, Pass- und Zollvorschriften • politische Beziehungen zu den bereisten Ländern

Tab. C. 1.1: Einflussfaktoren auf die Nachfrage im Tourismus
Quelle: in Anlehnung nach Freyer, 2001

Einen anderen Ansatz über die Bedeutung der Einflussfaktoren auf die Reisentscheidung (nach *Kreilkamp*) zeigt nachfolgende Tabelle. Demnach ist die Reiseentscheidung abhängig von:

Gesellschaftliche Rahmenbedingungen	Umwelt und Angebot	Bezugsgruppen	Person
• Einkommens- und Besitzmerkmale • konjunkturelle Situation • kulturelle Normen und Werte	• Attraktivität der Reiseziele und Reiseformen • touristische Infrastruktur • Freizeitmöglichkeiten • Image • Preis- und Leistungsverhältnis • Verfügbarkeit	• Freundeskreis • Bekannte und Verwandte • Familie	• Persönlichkeit • Lebensstil • Reiseerfahrung • Reisemotive • Reisebedürfnisse • Erwartungen • Interessen • physische und psychische Einflüsse

Tab. C. 1.2: Einflussfaktoren auf die Reiseentscheidung
Quelle: Kreilkamp, 1998

2. Entwicklungsfaktoren des Reiseverhaltens und der Reisesozialisation

Die Faktoren, die zu dem heutigen Reiseverhalten der Bevölkerung beigetragen haben, lassen sich wie folgt zusammenfassen:

- **demografische und soziologische Faktoren**, z. B. Alter und Geschlecht, Lebensphasen und Familienzyklus, junge Eltern, Studenten, Austritt aus dem Erwerbsleben, dritte Lebensphase, Beruf, Einkommen, soziale Zugehörigkeit,
- **räumliche Faktoren**, z. B. Herkunft, Großstadt, Kleinstadt, Land, Küste, Gebirge, Kulturkreise (weltweit), Ballungsraum u. v. m.,

- **psychologische Faktoren**, z. B. Einstellungen, Religions- und Parteizugehörigkeit, Lebensstile (kommen eine wesentliche Bedeutung zu),
- **physische Faktoren**, z. B. Größe, Körperumfang, Haar- und Hautfarbe,
- **Lebensstile**, z. B. Identifikation von Zielgruppen nach Kriterien der max. Heterogenität (Unterscheidung zwischen Gruppen) und max. Homogenität (innerhalb der Gruppen), Ableitung von Reisestilen, Nachteile, Instabilität, Reliabilität, Wandel, Lebensstiltypen.

Unter der **Reisesozialisation** versteht man den Sozialisationsprozess, also der Prozess des Hineinwachsens in die Gesellschaft, in dem die Normen und Verhaltensschemata übernommen werden, die für das Leben in einer Gesellschaft von existenzieller Bedeutung sind. Geschmackspräferenzen wachsen mit und verändern sich nur wenig. Beispielsweise in den 60er-Jahren unternimmt die große Mehrheit der 20-jährigen noch keine Reise. In den 80er-Jahren wurde Reisen für fast alle zur sozialen Selbstverständlichkeit. Der Hintergrund für die Reisesozialisation ist: Das allgemeine Konsumverhalten, z. B. die ausgeprägte Inkonsistenz des Verhaltens (z. B. Aldi und Dallmaier), Kleider sagen nur noch wenig über die Schichtzugehörigkeit, ebenso die Essgewohnheiten (McDonald und Sternerestaurant).

Vor dem Hintergrund der Bedürfnispyramide von *Maslow* lassen sich zwei Ansätze zur Theorie des Reisens festmachen. Diese sind:

- **Weg-von-Reise-These:** Je weiter man sich auf den unteren Stufen der Pyramide befindet, desto stärker ist die Flucht aus dem Alltag, die Flucht aus Beruf und Stress ausgeprägt. Reisen bedeutet kein gezieltes Erlebnis, sondern mehr oder weniger Flucht.
- **Hin-zu-Reise-These:** Auf der Stufe der Selbstverwirklichung und der sozialen und gesellschaftlichen Anerkennung wird Reisen als ein Instrument der Selbstverwirklichung, ein bewusstes Erlebnis empfunden.

Andere übergreifende Erklärungsansätze zur Reisesozialisation und Reisemotivation sind:

- **Defizittheorie:** Reisen als Flucht vor den Verhältnissen (entfremdete Arbeit, beengte Wohnverhältnisse) mit dem Motto: Tapetenwechsel, „nix wie weg", Tun und Lassen können, was man will,
- **Reisen als Suche nach Authentizität:** Häufig die Suche nach unberührter Natur, intakten historischen Gebäuden als Ausdruck der „guten alten Zeit",
- **physiologischer Ansatz:** Urlaub zum Abbau der kumulierten Ermüdungsstoffe, Urlaub als Wiederherstellung verloren gegangener Arbeitsleistung (regenerativer Tourismus),
- **psychologischer Ansatz (1. Ansatz):** Selbstverbesserung und symbolische Selbstergänzung, Verstärkung der Anerkennung durch andere, Ausgleich von fehlender Anerkennung aus dem Alltag,
- **psychologischer Ansatz (2. Ansatz):** Urlaubsreisen als Kontrast zum Alltag,
- **psychologischer Ansatz (3. Ansatz):** Die Reise als Zeitverlängerung,
- **spezielle Ansätze:** Reisen zum Erhalt oder Förderung der Gesundheit, Kuren, Ausleben von Sexualität, Reisen selbst als Motiv für das Reisen, Flow-Erlebnisse.

Aus diesen Ansätzen der Reisesozialisation und den Reiseverhalten entstand die Typologisierung der Reisenden/Urlauber.

3. Strukturierung der Nachfrager nach dem touristischen Angebot und dem Anlass

Die Nachfrageseite ist stark abhängig von den Marktsegmenten im Tourismus. Diese lassen sich (nach *Kreilkamp*) nach folgenden Kriterien segmentieren:

- **Einstellungen, Motive und Aktivitäten**, z. B. Erholung, Baden, Strand, Bildungs- und Studienreisen, Sport, Wanderung, Kur, Gesundheit, Abenteuer, FKK, Pilgerreisen, Festspiele besuchen, Incentive Reisen,
- **Organisationsform**, Individual-, Sozial-, Pauschal- und Vereinstourismus,
- **Transportmittel**, z. B. Flug, Bahn, Bus, Schiff, Pkw, Wohnmobil, Camping, Motorrad, Fahrrad,
- **Zielgebiet**, z. B. Naherholung, Seebäder, Flachland, Mittelgebirge, Hochgebirge, Städte, Inseln, Fernreisen,
- **Reisehäufigkeit**, z. B. Mehrfach-, Intervall- und Nicht-Reisende,
- **Reisedauer**, z. B. Kurzurlaubs-, Langzeitreisende, Tagestourismus,
- **Bevölkerungsgruppe**, z. B. Jugend, Familie, Senioren, Behinderte, Singles,
- **Typologien**, z. B. Lebensstil, Aktivitäten, Urlaubstypen, Lebensphasen,
- **Unterkunft**, z. B. Hotels, Ferienwohnungen, Freizeitzentren, Bauernhöfe,
- **sonstige Kriterien**, z. B. Last-Minute, Incoming, Alternativ-Reisen.

Ableitend aus o. g. Strukturierung der Nachfrager kann grundsätzlich eine weitere Unterteilung vorgenommen werden in:

- **Privatreisen (privater Tourismus)**,
- **Geschäftsreisen (Geschäftstourismus)**.

Eine Unterscheidung zwischen Privat- und Geschäftsreisen kann grundsätzlich anhand folgender Kriterien erfolgen:

Kriterien der Unterscheidung	Geschäftsreisen	Privatreisen
Motiv der Teilnahme	wirtschaftlich, Gelderwerb und fremdbestimmt	unterschiedliche und vielfältige private Interessen
Ursache der Reise	wirtschaftliche Beziehungen räumlich getrennter Partner, produktions- und leistungsbedingt	private Bedürfnisse
Zeitpunkt der Reise	ganzjährig mit den Schwerpunkten Frühjahr, Herbst und in der Woche	ganzjährig mit den Schwerpunkten Sommer und Winter, Ferien, Betriebsferien, an freien Tagen und am Wochenende
Bevorzugte Ziele	wirtschaftliche Zentren	Urlaubsregionen mit natürlichem und abgeleitetem Angebot
Entscheidung der Zielwahl	ist durch Arbeitgeber und Geschäftsbeziehung vorgegeben	selbstbestimmt

Finanzierung	durch den Arbeitgeber	privat
Ausgabeverhalten	hoch	mittel bis niedrig

Tab. C. 3.1: Unterscheidungsmerkmale Geschäfts- und Privatreisen
Quelle: in Anlehnung an Dettmer u. a., 2000

3.1 Privatreisen

Privatreisen folgen dem zunehmenden Wunsch nach Erholung, Regeneration, Kultur, Religion, Sport, Gesundheit und gesellschaftlicher Teilnahme. Reisen haben ökonomisch gesehen etwas von einem Grundbedürfnis und psychologisch etwas von einem Luxusbedürfnis (*Füth*). Dabei kommt der Motivation mit bewusstem oder unbewusstem Ursprung eine wichtige Rolle zu. Nachfolgende Tabelle zeigt die unterschiedlichen Motivationen und die dazugehörigen Tourismusarten bzw. Tourismusgruppen.

Motivationen/Motivationsgruppen	Tourismusarten/Tourismusgruppen
Physische Motivation • Erholung (physische Regeneration der Kräfte) • Heilung (Herstellung der körperlichen Gesundheit) • Sport (aktive körperliche Betätigung)	• Erholungs- und Badetourismus • Kur- und Wellness-Tourismus • Sporttourismus
Psychische Motivation • Ausbruch aus der alltäglichen Isolierung, Suche nach Zerstreuung, Erlebnisdrang	• Erlebnistourismus wie er im Club-, Bildungs- und Erholungstourismus vorkommt, Weg-von-Reisen
Interpersonelle Motivation • Besuch von Freunden und Bekannten • Suche nach Geselligkeit und sozialen Kontakten • Eskapismus (weg vom allzu zivilisierten Alltag, zurück zur Natur)	• Verwandtentourismus • Clubtourismus, Busreisen • Campingtourismus
Kulturelle Motivation • Kennen lernen anderer Länder, ihre Sitten, Gebräuche, Sprachen • Interesse an Kunst • Interesse an Religion • Interesse an der Natur, Fauna und Flora	• Kultur- und Bildungstourismus in all seinen Ausprägungsformen (z. B. Städte-, Studien-, Rund-, Abenteuer-, Pilger-, Opern-, Wanderreisen u. v. m.)
Status- und Prestigemotivation • persönliche Entfaltung • Wunsch nach Anerkennung und Wertschätzung	• Erlebnistourismus, Hin-Zu-Reisen, Besuch von Veranstaltungen (auch Messen und Kongresse in der Freizeit als private Reisen), Sporttourismus in der passiven Form

Tab. C. 3.2: Motivationen und die dazugehörigen Tourismusarten
Quelle: in Anlehnung an Füth, 2001

3.1.1 Typologisierung der Nachfrager nach Privatreisen

Die Typologisierung der Nachfrager zeigt nachfolgende Tabelle. Sie erfolgt anhand der Bestimmungsmerkmale der Reisesubjekte (als der Kunde, der Gast) und der entsprechenden Tourismusform.

Bestimmungsmerkmale ausgehend vom Reisenden	Entsprechende Tourismusform
Herkunft	Inlandstourismus (Binnentourismus), Auslandstourismus
Zahl der Teilnehmer der Reise	Individualtourismus (individuelle Gestaltung von Reisen und Aufenthalt); Kollektivtourismus unterteilt sich in: • Gruppen- oder Gesellschaftstourismus (kollektive Abwicklung des Reisevorganges und des Aufenthaltes) • Clubtourismus (Reise und Aufenthalt vorwiegend im Kollektiv, die Integration des Gastes in eine Gruppe wird bewusst gefördert) • Massentourismus (massenhaftes Auftreten von Kunden/Touristen) • Familientourismus
Alter der Teilnehmer der Reise	• Jugendtourismus; Tourismus, der zwischen 15 bis 24-Jährigen, die nicht mehr gemeinsam mit den Eltern aber auch noch nicht mit der eigenen Familie verreisen • Seniorentourismus; Tourismus, der nicht mehr im aktiven Erwerbsleben stehenden über 60-jährigen Personen
Dauer des Aufenthaltes	• kurzfristiger Tourismus; z. B. Durchreise- und Passantentourismus, Tagesausflug- und Wochenendtourismus • langfristiger Tourismus; z. B. Urlaubstourismus mit mehr als vier Übernachtungen, Kurtourismus
Jahreszeit des Aufenthaltes	Sommer-, Winter-, Hochsaison und Zwischensaisontourismus
Beherbergungsform	• Hotellerie; traditionelle Beherbergung • Parahotellerie (z. B. Chalet, Appartement, Zweitwohnung, Camping, Wohnwagen)
Verwendetes Verkehrsmittel	Eisenbahn-, Auto-, Bus-, Schiffs- und Flugtourismus
Soziologische Inhalte (sinnstiftende Klammer)	Luxus- und Exklusivtourismus, Traditioneller Tourismus, Jugendtourismus, Seniorentourismus, Sozialtourismus, Sanfter Tourismus
Reiseform (Art der Organisation der Reise)	• Individualtourismus (mit oder ohne Zuhilfenahme von Reisebüros und/oder Reiseveranstalter) • Pauschaltourismus (von Reiseveranstaltern angebotene Pakete von Reise- und Aufenthaltsbedingungen zu einem Pauschalpreis) als Voll- oder Teilpauschalreise
Finanzierungsart	Sozialtourismus, d. h. Beteiligung kaufschwacher Bevölkerungsschichten am Tourismus, der durch besondere Vorkehrungen ermöglicht und erleichtert wird; durch Vor- oder Nachfinanzierung, z. B. Rechnung, bar oder Kreditkarte

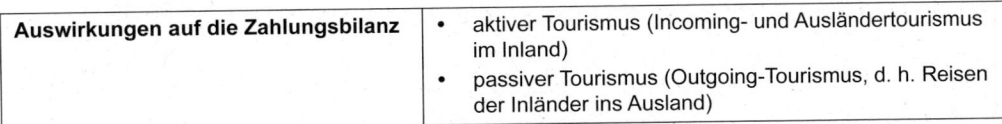

Auswirkungen auf die Zahlungsbilanz	• aktiver Tourismus (Incoming- und Ausländertourismus im Inland) • passiver Tourismus (Outgoing-Tourismus, d. h. Reisen der Inländer ins Ausland)

Tab. C. 3.3: Bestimmungsmerkmale der Tourismussubjekte und die entsprechende Tourismusform
Quelle: in Anlehnung an Füth, 2001

3.1.2 Urlaubertypologien und Lebensstile (Lifestyle)

Im Laufe der Jahre und mit stetig steigenden Reiseaktivitäten der Bundesbürger aber auch der deutschsprachigen Wohnbevölkerung in Europa, wurde die Erforschung der Urlauber- und Lifestyletypen zu einem Gegenstand der Wissenschaft. Nachfolgend eine Auswahl von Urlaubertypologien und ihren Merkmalen mit dem jeweiligen Verfasser bzw. Forscher:

- **Urlaubsaktivitäten** (Hahn, 1974),
- **Typen nach Landschaftspräferenzen** (Hartmann, 1981),
- **Aktionsräumliche Verhalten** (Fingerhut, 1973),
- **Lieblingsfarbe, als Indiz für das Freizeitverhalten** (Lüscher, 1973),
- **Interaktionspartner** (Meyer, 1978),
- **Grad der Anpassung von Touristen an lokale Gegebenheiten** (Smith, 1977),
- **Informationsverhalten** (Datzer, 1983),
- **Konträrhaltung – Alternativtourist** (Freyer, 1985),
- **Bereiste Länder** (G+J, 1988),
- **Reisehäufigkeit im Lebenszyklus** (Becker, 1992),
- **Weitere Typen** (Quelle unbekannt).

Die zeitgemäße und wichtigste Typologisierung ist die Typologisierung nach Urlaubsaktivitäten nach Hahn, Studienkreis für Tourismus. Zu unterscheiden sind folgende Urlaubertypen:

- **A-Typ:** Abenteuerurlauber, sucht einmaliges Erlebnis, kalkuliertes Risiko,
- **B-Typ:** Bildungs- und Besichtigungsurlauber, kann unterteilt werden in:
  - **B 1–Typ:** Sammelt Sehenswürdigkeiten und Orte,
  - **B 2–Typ:** Sammelt Gefühle und Stimmungen, naturinteressiert,
  - **B 3–Typ:** Natur-, kultur- und sozialwissenschaftlich interessiert,
- **F-Typ:** Ferne- und flirtorientierter Erlebnisurlauber, ist unternehmungslustig, liebt Geselligkeit, Abwechslung und Vergnügen in mondäner Atmosphäre,
- **S-Typ:** Sonne-, sand- und seeorientierter Erholungsurlauber, will dem Alltagsstress entfliehen, sucht Tapetenwechsel, Ruhe und Geborgenheit unter dem Sonnenschirm, Kontaktinteressen, nicht zu viel Fremdartiges,
- **W-Typ:** Bewegungsurlauber, er kann unterteilt werden in:
  - **W 1–Typ:** Wald- und wanderorientierter Bewegungsurlauber; körperliche Bewegung, Natur und frische Luft,
  - **W 2–Typ:** Wald- und wettkampforientierter Sporturlauber; Hobby entscheidet über Urlaubsziel.

Weitere Typologisierungen nach den unterschiedlichsten Merkmalen sind die nach:

- **Typen nach Landschaftspräferenzen** (*Hartmann, 1981*): Mittelgebirgs-, Hochgebirgs-, Mittelmeer-, Nordsee-, Flachlandurlauber,
- **Aktionsräumliche Verhalten** (*Fingerhut, 1973*): Wander-, Freiraum-, Landschafts-, Rundfahrer-, Promenier-, Sport-, Bildungstyp,
- **Lieblingsfarbe, als Indiz für das Freizeitverhalten** (*Lüscher, 1973*):
  - **Blau-Typ**; Ruhe, Entspannung und Zufriedenheit,
  - **Grün-Typ**; Festigkeit, Beharrung und Selbststeuerung,
  - **Rot-Typ**; Erregung, Bewegung und Aktivitäten,
  - **Gelb-Typ**; Lösung, Veränderung und Entfaltung,
- **Interaktionspartner** (*Meyer, 1978*): Partner-, Personal-, Urlauber-, Kolonisten-, Brückenkopf-, Kontakttyp,
- **Grad der Anpassung von Touristen an lokale Gegebenheiten** (*Smith, 1977*): explorer-, elite-, off-beat-, unusual-, charter-tourist,
- **Informationsverhalten** (*Datzer, 1983*): der informationsfreudige, interpersonelle, kommunikative, ... Tourist,
- **Konträrhaltung – Alternativtourist** (*Freyer, 1985*): Polit-, Globetrotter, Abhauer-Tourist,
- **Bereiste Länder** *(G+J, 1988)*: Globetrotter, Weitgereiste, Studienreisende, Sonne- und Erholungsreisende, Wenigreisende, Stubenhocker,
- **Reisehäufigkeit im Lebenszyklus** (*Becker, 1992*): Reisefanatiker, Ständig-, Intervall-, Häufig-, Wenig-, Selten-Reisende,
- **Weitere Typen** (*Quelle unbekannt*):
  - Wandertyp, Freiraumtyp, Landschaftstyp, Rundfahrertyp, Promeniertyp, Sporttyp, Bildungstyp,
  - der lächerliche, einfältige, organisierte, hässliche, kulturlose, reiche, ausbeuterische, der Umwelt verschmutzende und alternative Tourist,
  - SchniPoSa-Typ für Schnitzel-Pommes-Salat-Tourist,
  - GG-Typ für Girls & Gambling.

Lifestyle- oder Lebensstiltypologien stehen in einem kausalen Zusammenhang zu den Urlaubertypologien. Nachfolgend eine Auswahl:

- **Lebensstiltypologie nach *Opaschowski*** *(1987)*: Anpassungs-, Geltungs-, Erlebnis-, Kultur-, Anspruchs-, Versorgungs-, Sparkonsument,
- **Lebensstiltypologie vom *ADAC*** (*1989*): Aktive Genießer, der Trendsensible, der Familiäre, der Nur-Erholer
- **Österreich 2000 – Euro-Lifestyle**: Der vorsichtige Erholungsurlauber (Vorsichtige, Heimchen, Misstrauische, Abgekoppelte), der klassische Kultururlauber (Moralisten, Ordentliche, Puritaner), der anspruchsvolle Erlebnisurlauber (Karrieremacher, Protestler, Pionier, Wohltäter, gute Nachbarn), der junge Genuss-Urlauber (Rocker, Angeber), die junge Familie (Romantiker, Sorglose),
- **Reiseanalyse** (alte und neue Bundesländer 1990):
  - der gesundheitsbewusste, vielfältig Engagierte,
  - der anspruchsvolle und mobile Genießer,
  - der passiv, häuslich Unauffällige,
  - der aufgeschlossene Freizeitorientierte,
  - der gutsituierte Familienorientierte,
  - der genügsame Fleißige,
  - der dynamische Egozentriker,

- der kreative, unabhängige Aktive,
- der familiengebundene Passive,
- der bescheidene, häusliche Fleißige,
- der unzufriedene Interessenlose,
- der gutsituierte Geschäftige,
- der sportliche, erfolgreiche Genießer.

3.1.3 Ausgewählte Reisearten und ihre Nachfrager

Wie in den vorangegangenen Kapiteln bereits aufgezeigt, können Nachfrager durch die von Ihnen nachgefragten Reisen nach einer Vielzahl von Kriterien differenziert und systematisiert werden. Beispielhaft werden nachfolgend näher erläutert:

- **Erholungsreisen**,
- **Kulturreisen**.

3.1.3.1 Erholungsreisen

Die Erholungsreise dient in erster Linie der Erholung der physischen und psychischen Regeneration. Die Bedürfnisse der Nachfrager bei Erholungsreisen ergeben folgendes Bild.

Generelle Kundenbedürfnisse von Erholungsreisen (ca. 60 %)	Spezielle Kundenbedürfnisse von Erholungsreisen (ca. 40 %)	
• Baden	• Kultur	• Spaß
• Sonnen	• Abenteuer	• Vergnügen
• Ausruhen	• Sport	• Prestige
• Entspannen	• Gesundheit	• Komfort
	• Unterhaltung	• Ungezwungenheit
	• Geselligkeit	• Individualität

Tab. C. 3.4: Kundenbedürfnisse
Quelle: eigene Darstellung, 2005

Die Erholungsreise beträgt i. d. R. 12 Tage und wird meistens als Haupturlaubsreise bezeichnet, was nicht zwangsläufig bedeutet, das eine Kurzreise nicht einen Erholungszweck haben kann. Die **Erscheinungsformen von Erholungsreisen** sind z. B.:

- Bade- und Erholungsreise,
- Kreuzfahrt,
- Cluburlaub,
- Camping- oder Wohnwagenurlaub,
- Segel-, Surf- oder Golfreise,
- Urlaub auf dem Bauernhof,
- Kur- oder Rekonvaleszenz-Aufenthalt.

Nachfrager nach Erholungsreisen können abgegrenzt werden z. B. nach: Organisationsgrad der Reise und Zuhilfenahme von Reisemittler und/oder Reiseveranstalter, Zielwahl,

Verkehrsmittel, Entscheidungs- und Buchungszeitpunkt, durchschnittliche Aufenthaltsdauer, Ausgabeverhalten im Zielgebiet, Qualität und Art der Beherbergung und Verpflegung u. v. m.

3.1.3.2 Kulturreisen

Kultur umfasst geistige, materielle, intellektuelle und emotionale Merkmale, die eine Gesellschaft oder soziale Gruppe charakterisieren. Kulturtourismus bezeichnet alle Reisen, die als Reisemotiv schwerpunktmäßig kulturelle Aktivitäten aufweisen. Touristisch verwertbares Kulturpotenzial sind: Bauten, Bräuche und Relikte in der Landschaft, in den Orten und in Gebäuden (*Dettmer u. a.*). Erscheinungsformen des Kulturtourismus können sein:

- **Studienreisen**,
- **Sprachreisen**,
- **Eventreisen**,

- **Rundreisen**,
- **religiöse Reisen**,
- **Städtereisen**.

Die Zuordnung von Städte- und religiösen Reisen ist nicht immer eindeutig. Die Literatur verweist die Städte- und Pilgerreise oft in den Bereich der Erholungsreise. Jedoch weisen beide Erscheinungsformen eine hohe kulturelle Affinität auf. Gegenstand der Betrachtung ist die Studien-, Event- und Städtereise.

Studienreise
Die Studienreise hat ihren Ursprung in Forschungs- und Bildungsreisen. In der heutigen Form kombinieren Studienreisen Bildung, Weiterbildung und Erholung. Das Ziel der Studienreisen ist nachhaltiger Tourismus. Die Nachfrager/Zielgruppe sind gebildete, weltoffene Menschen zwischen 45 und 65 Jahren mit vergleichsweise hohem Einkommen, die das Reiseland intensiv und umfassend kennen lernen wollen (*Studiosus*). **Besonderheiten der Studienreise** aus Sicht der Nachfrager:

- gehobenes bis hohes Preisniveau,
- Reisen in kleinen Gruppen,
- individuelle und intensive Gästebetreuung,
- Einführungs- und Vorbereitungsabende,
- hochqualifizierte Studienreiseleiter,
- flexible Produkt- und Leistungsgestaltung,
- weltweite Zielgebiete.

Die thematischen Schwerpunkte einer Studienreise liegen in den Bereichen Natur, Kultur, Historie, Kunst und Menschen. Zu den Aktivitäten im Zielgebiet gehören typischerweise:

- Besichtigungen und Besuche von Sehenswürdigkeiten,
- landestypische Speisen,
- Wanderungen und Spaziergänge,
- Natur- und Tierbeobachtung,
- Boots- und Segeltouren,
- Erholung, Baden,
- Führungen und Vorträge.

Eventreise

Event wird im touristischen Sinne als ein speziell inszeniertes oder herausgestelltes Ereignis oder Veranstaltung von begrenzter Dauer mit touristischer Ausstrahlung definiert (*Dreyer*). Für Nachfrager aber auch für die Anbieter sind Events von allergrößter Aktualität. Die Nachfrage nach Kultur-Events stellt sich wie folgt dar (*Dreyer*):

* **Musik-Events:** Einmalige Konzerte, regelmäßige Musikfestivals, Sonderveranstaltungen,
* **Theater-Events:** Spezielle Theateraufführungen, Theater-Festivals,
* **religiöse Events:** Ansprachen und Segnungen des Papstes, Veranstaltungen an Feiertagen, Prozessionen,
* **Kunst-Events:** Ausstellungen, Happenings,
* **wissenschaftliche Events:** Nobel-Preis-Verleihungen, Vortragsreihen,
* **Traditions-Events:** Jahrestage, Jubiläen, Stadtfeste,
* **Brauchtum-Events:** Tänze und Feiern,
* **technische Events:** Laser-Show, Flugshow,
* **Medien-Events:** Übertragungen von Preisverleihungen, Auftritte von Künstlern.

Städtereise

Städtereisen liegen im Trend. Die tatsächliche Nachfrage in diesem Segment hat sich seit Anfang dieses Jahrzehnts verdoppelt und lag im Jahr 2007 bei ca. 14 Mio. Städtereisen. Die beliebtesten Städtereiseziele der Deutschen sind (F.U.R. 2008):

* in **Deutschland:** Berlin, München, Hamburg und Dresden,
* im **Ausland:** Paris, Rom, Wien, London.

Die Liste der beliebtesten/häufigsten Verkehrsmittel bei Städtereisen wird nach wie vor angeführt vom Pkw (eigener oder gemietet), gefolgt von Flugzeug, Bus und Zug. Nach dem Zweck und Grund des Besuches werden Städte mit folgender Ausrichtung gewählt:

* **Städte mit regionalem Bezug, Kunst und Kultur**, z. B. Rostock, Bayreuth, Dresden,
* **Messestädte**, z. B. Hannover, München, Leipzig, Frankfurt,
* **Städte mit historischem Hintergrund**, z. B. Heidelberg, Mainz, Tübingen, Potsdam,
* **Hauptstädte**, z. B. Berlin, Rom, Paris,
* **Musicalstädte**, z. B. Stuttgart, Hamburg, Bochum.

Die Nachfrager von Städtereisen lassen sich nach dem Besuchszweck unterteilen und anhand von Merkmalen abgrenzen. **Nachfrager von Städtereisen** nach dem Zweck des Besuches sind:

* klassische Städtereisende,
* Durchreisende,
* Besucher von Veranstaltungen, Events,
* Besucher von Verwandten und Bekannten,
* Besucher von religiösen Artefakten und Veranstaltungen,
* Einkaufsbesucher,
* Besucher von Bildungsveranstaltungen,
* Tagesbesucher.

Merkmale um diese Arten von Städtereisen untereinander abzugrenzen sind: Aktivitäten in der besuchten Stadt, Alter bzw. Altersgruppe der Nachfrager, Aufenthaltsdauer, Aktionsradius der Aktivitäten, Gruppengröße, Organisationsgrad der Reise durch z. B. Reisemittler oder Reiseveranstalter, Übernachtungs- und Verpflegungsstandard, Betreuungsintensität, Verkehrsmittel, Reisekategorie und Ausgabeverhalten.

3.1.4 Seniorenreisen – Problematiken der Nachfrageseite

Ein grundsätzliches Problem ist die Überalterung der Nachfrage im Tourismus in Deutschland und den Industrieländern. Folgende Entwicklungen zeichnen sich ab:

Demografische Entwicklung

* stagnierende und z. T. schrumpfende Bevölkerung in Deutschland und in fast allen Industrieländern,
* der Anteil der älteren Menschen wird immer höher, 2050 wird der Anteil ceteris paribus der über 60-Jährigen in der deutschen Bevölkerung über 37 % betragen.

Sozioökonomische Entwicklung

* finanzielle Entwicklungen sind fraglich,
* immer mehr Einzelhaushalte,
* bessere Schulbildung,
* höhere Bereitschaft zu Mobilität,
* künftige Senioren haben höhere Konsumerfahrungen.

Psychografische Entwicklung

* Wertewandel bei den Senioren – Werte werden mit ins Alter mitgenommen,
* Senioren bilden keine Einheit, der Seniorenmarkt ist heterogen,
* chronologisches Alter ist nicht gleich dem psychologischen Alter.

Das **Reiseverhalten der Senioren** lässt sich folgendermaßen charakterisieren:

* immer mehr ältere Menschen reisen,
* ausländische Ziele sind inzwischen attraktiver als inländische Ziele,
* Reisezeiten sind von Mai bis Dezember,
* Mittelklassehotels und Gasthöfe sind die beliebtesten Unterkunftsformen,
* das beliebteste Verkehrsmittel ist der Pkw, gefolgt vom Bus und einer steigenden Beliebtheit von Flugreisen,
* Senioren buchen immer häufiger die Leistungen von Reiseveranstalter,
* Senioren geben derzeit am meisten Geld für Reisen aus.

Die Hauptbeweggründe (Mehrfachnennungen) des Reisens von Senioren nach *Artho* **sind:**

- sich erholen 56 %,
- Land und Leute kennen lernen 53 %,
- Tapetenwechsel 33 %,
- Gesundheit und Fitness 30 %,
- Weiterbildung 22 %,
- neue Kontakte knüpfen 19 %,
- Verwandte besuchen 15 %.

Besonderheiten und Merkmale von Seniorenreisen

Reise-Angebote für Senioren, die bald mit Abstand größte Zielgruppe der Reisenden wird, werden derzeit von einigen der großen Reiseveranstalter (z. B. TUI Stars, TUI Vital, Country & Style TUI Ambiente & Flair, Wellness & Care, Lebensart-Reisen) sowie von einigen Spezialisten angeboten. Diese Zurückhaltung liegt an den Besonderheiten und Schwierigkeiten von Seniorenreisen, die im Einzelnen sein können:

- Die Bedürfnisse und Verhaltensweisen der Senioren werden immer differenzierter; die Differenzierung muss durch die Art und Weise der Zusammensetzung des Produktes und der Serviceleistung erfolgen.
- Das Produkt muss hohen individuellen biologischen als auch psychologischen Anforderungen gerecht werden, dadurch entstehen hohe Segmentierungskosten für die Produzenten von Reiseleistungen.
- Das Image von Seniorenreisen ist stets verbesserungswürdig.
- Bedürfniserkennung und Erfassung von neuen Senioren; Produkte müssen für Senioren gestaltet werden mit hochwertigen Hotels, Verpflegung nach freier Wahl, bequeme Transfers, Zusatzleistungen und Augenmerk auf der Betreuung dieser Zielgruppen; auch sollten vermehrt Fern- und Flugreisen angeboten werden.
- Die derzeitige Kommunikationspolitik der Leistungsträger spricht Senioren nur in begrenztem Maße an; die Kommunikationspolitik ist sehr wichtig, da sie die Eintrittschwelle der Senioren zum Reisemarkt ist. Die Werbung muss glaubhaft, sachlich, informativ, erlebnisorientiert, humorvoll und emotional sein; Produktvorteile müssen klar und deutlich dargelegt werden.
- Die Kataloggestaltung müssen dem Farb- und Kontrastempfinden der Senioren Rechnung tragen; Preise sollten direkt neben den Angeboten platziert werden.
- Der persönliche Verkauf spielt bei Seniorenreisen eine dominante Rolle, Mitarbeiter müssen auf den Verkauf von Seniorenreisen sensibilisiert werden.

Mögliche Chancen und Risiken der Seniorenreisen sind in nachfolgender Tabelle abgebildet:

These	Chance	Risiko
Senioren werden zur größten Bevölkerungsgruppe	Seniorentourismus boomt	Segment bisher relativ unbekannt
Große Anzahl an Senioren verfügt über immer mehr finanzielle Ressourcen	immer mehr Seniorenreisen	Entwicklung unklar
Immer mehr Ein-Personen-Haushalte	höhere Flexibilität und Unabhängigkeit	Vereinsamung, sind an Wohnung/Haus gebunden
Mobilität wird zu Selbstverständlichkeit	Reisen und insbesondere Fernreisen nehmen zu	ökologische Grenzen Nahdestinationen verlieren an Anziehungskraft
Bildungsniveau der Senioren steigt	Freizeit als Bildungszeit Alleinstehende Frauen reisen	Erfahrung und Selbstwertgefühl führen dazu, keine Reisen über Reiseveranstalter zu buchen
Konsumverhalten wird mit ins Alter genommen	geben aus Gewohnheit mehr Geld für Reisen aus	Entwicklung unklar Hybride Konsumenten
Entwicklung des Ruhestandes	verlängerter Ruhestand durch höhere Lebenserwartung	Ausgleich durch späteren Renteneintritt
Gut abgestimmte Angebote, neue Technologien	gehen ihrem Wunsch nach Reisen nach	geben sich mit Sofa-Tourismus zufrieden

Tab. C. 3.5: Chancen und Risiken des Seniorenreisemarktes
Quelle: Artho, 1996, 2005

3.2 Geschäftsreisen

Geschäftsreisen sind Reisen, die aufgrund eines dienstlichen Anlasses unternommen werden, mithin alle Reiseerscheinungen zum Zweck des direkten oder indirekten Gelderwerbs, dem Besuch von Tagungen, Messen, Konferenzen als auch der Aufrechterhaltung wirtschaftlicher Beziehungen u. v. m. Bei Geschäftsreisen werden gleiche Grundleistungen wie bei der Erholungs- und Kulturreise aber andere Zusatz- und Nebenleistungen in Anspruch genommen. In Deutschland entfallen ca. 40 % aller Reisen auf Geschäftsreisende. In Anlehnung an *Dettmer u. a.* besitzt der typische Geschäftsreisende folgendes Profil: männlich, mittleren Alters, verfügt über eine gehobene Ausbildung und übt einen leitenden oder zumindest qualifizierten Beruf aus.

Erscheinungsformen der Geschäftsreisen können sein:

- Besuch von Tagungen, Kongressen und Messen,
- Besprechungen und Verhandlungen mit räumlich getrennten Geschäftspartnern,
- Teilnahme an Incentive-Veranstaltungen,
- Vertreter-, Montage- und Servicebesuche bei Geschäftspartnern und Abnehmern.

Die Abgrenzungskriterien der Geschäftsreisenden kann z. B. erfolgen über den Organisationsgrad der Reise, Inanspruchnahme von Firmenreisedienste, Reisemittler und Implants, Kategorie der Unterkunft und Verpflegung, Reiseverkehrsmittel, Zweck, Wahl des Reiseziels, durchschnittliche Aufenthaltsdauer am Zielort u. v. m.

Nachfolgende Tabelle (VDR Geschäftsreiseanalyse 2008) zeigt die wichtigsten Daten und Fakten zum Geschäftsreisemarkt in Deutschland auf.

Anzahl der Geschäftsreisen 2007		166,6 Mio. (2004: 146,6 Mio.)
Gesamtkosten für Geschäftsreisen 2007 (in Euro) *zum Vergleich: Ausgaben für Urlaubsreisen 2007 (in Euro)*		**48,7 Mrd.** (2004: 44,0 Mrd.) *50,9 Mrd. (2004: 53,1 Mrd.)*
Verteilung der Gesamtkosten für Geschäfts- reisen 2007 (in Euro)	Flug	**14,7 Mrd.** (30 %)
	Bahn	**7,0 Mrd.** (14 %)
	Mietwagen	**4,1 Mrd.** (8,5 %)
	Übernachtung	**11,7 Mrd.** (24 %)
	Verpflegung	**6,1 Mrd.** (12,5 %)
	sonstige Kosten	**5,1 Mrd.** (11 %)
durchschnittliche Dauer einer Geschäftsreise 2007 (in Tagen)		**2,3** (2003: 2,6 und 2004: 2,4)
durchschnittliche Kosten pro Geschäftsreise 2007 (in Euro)		**316,00** (2005: 335,00)
durchschnittliche Ausgaben pro Person (Geschäftsreisenden) 2007 (in Euro) *zum Vergleich: durchschnittliche Ausgaben pro Person (Urlaubsrei sende) 2008 (in Euro)*		**137,00** (2004: 104,00) *65,00 (2004: 63,00)*
Anzahl Übernachtungen von Geschäftsreisenden 2007		**55,6 Mio.** (2004: 49,6 Mio.)

Tab. C. 3.6: Daten und Fakten zum Geschäftsreisemarkt in Deutschland 2007
Quelle: eigene Darstellung in Anlehnung an VDR Geschäftsreiseanalyse 2008

Kontrollfragen

1. Definieren Sie touristische Nachfrage.

2. Welches sind die wichtigsten Einflussfaktoren der touristischen Nachfrage? Welche Bedeutung kommt den Einflussfaktoren zu?

3. Erläutern Sie die Entwicklungsfaktoren des Reisens?

4. Worin liegt der Unterschied zwischen Weg-von-Reisen und Hin-zu-Reisen?

5. Welche Rolle spielt die Reisesozialisation?

6. Nach welchen Kriterien können Nachfrage und Angebot strukturiert werden?

7. Unterscheiden Sie zwischen Privat- und Geschäftsreisen.

8. Welche Motivation können Nachfrager bewegen, sich für unterschiedliche Tourismusformen zu entscheiden?

9. Welchen Zweck haben Urlaubertypologien? Erläutern Sie eine Typologisierung genauer.

10. Welche generellen und speziellen Bedürfnisse haben die Nachfrager nach Erholungsreisen?

11. In welchen Erscheinungsformen können Erholungsreisen auftreten?

12. Grenzen Sie eine Kulturreise von einer Erholungsreise ab.

13. Definieren Sie und zeigen Sie die Besonderheiten einer Studienreise auf.

14. Welche Besonderheiten weisen Eventreisen auf?

15. In welchen Erscheinungsformen können Städtereisen auftreten?

16. Nach welchen Kriterien können sich die unterschiedlichen Ausprägungen von Städtereisen abgrenzen?

17. Durch welche Faktoren oder Entwicklungen bedingt, gewinnen Seniorenreisen stark an Bedeutung?

18. Wie lässt sich das Reiseverhalten der Senioren charakterisieren?

19. Welche Gründe und Bedürfnisse bewegen Senioren zu verreisen?

20. Zeigen Sie die Besonderheiten und Merkmale von Seniorenreisen auf.

21. Welche Chancen und Risiken sehen Sie in der Nachfrage von Seniorenreisen?

22. In welchen Erscheinungsformen können Geschäftsreisen auftreten?

23. Nach welchen Kriterien können sich die unterschiedlichen Ausprägungen von Geschäftsreisen abgrenzen?

D. Ausgewählte Management-strategien im Tourismus

Management bedeutet Führung und umfasst alle notwendigen Vorgänge der Planung, Durchsetzung, Kontrolle und Steuerung, um ein Unternehmen auf übergeordnete Ziele zu lenken. Die Sichtweise des Managements können die Tätigkeit oder die Technik der Führung implementieren. Hilfsmittel des Managements sind:

- **Management-Informations-System (MIS)**,
- **Management-Support-Systeme (MSS)**.

Managementformen, die in dem touristischen Leistungserstellungsprozess eine besondere Rolle spielen und auf die in diesem Kapitel eingegangen wird sind:

- Yield-Management,
- Qualitäts-Management,
- Krisen-Management,
- Lean-Management,
- Projekt-Management,
- Change-Management,
- Personalmanagement,
- Risk-Management,
- Event- und Veranstaltungsmanagement,
- weitere Managementformen im Tourismus (Account-, Cash- und Umweltschutz-Management).

1. Yield-Management

Vor dem Hintergrund zunehmender Mitbewerber hat der Wandel von Verkäufer- zu Käufermärkten die Managementform Yield-Management zu einem preispolitischen Instrument der modernen Unternehmensführung werden lassen. So entwickelte, im Zuge der Deregulierung des US-amerikanischen Luftverkehrs, die amerikanische Fluggesellschaft American Airlines in den späten 70er-Jahren einen neuartigen Ansatz zur Preis- und Kapazitätssteuerung mit dem Ziel, die Kapazitätsauslastung und den Gesamtertrag zu steigern (*Kühne*). Die Grundidee des Konzepts bestand darin, die Sitzkapazitäten eines Flugzeuges in einzelne Kontingente aufzuteilen und an die verschiedenen Kundensegmente zu verkaufen. Zu diesem Zweck wurden einerseits stark ermäßigte Discountflugscheine angeboten, die den Siegeszug aggressiver Low-Budget-Airlines bremsen sollten. Auf der anderen Seite wurde für später buchende Geschäftsreisende gleichzeitig eine bestimmte Anzahl Sitzplätze freigehalten, damit dennoch ein Gewinn erwirtschaftet werden konnte. Um für jedes Teilsegment die optimale Kontingentgröße bestimmen zu können, legte American Airlines eine umfangreiche Datenbasis an und wertete diese mithilfe moderner Instrumente des Operation-Researchs aus.

1.1 Begriffsdefinition

Unter Yield-Management versteht man die dynamische Steuerung der Preise und Kapazitäten, um die vorhandene oder vorgegebene Gesamtkapazität ertrags- und gewinnoptimal zu nutzen (*Gabler*). Yield bedeutet aus dem engl. übersetzt Ertrag, Gewinn, Rendite, Ausbeute u. a.

Wörtlich übersetzt bedeutet Yield-Management soviel wie Ertragsmanagement, frei übersetzt Mehrwertschöpfung, die zu einem größtmöglichen Durchschnittsertrag führt (*Dettmer/Hausmann*). Die korrekte Bezeichnung ist Revenue-Management. In der Praxis werden dagegen ausschließlich die Begriffe Yield-, Ertrags- oder Umsatzmanagement verwendet (*Logins*). Yield bezeichnet nur den durchschnittlichen Ertrag pro verkaufter Einheit, hier geht es jedoch konkret darum, den Gesamtertrag einer bestimmten „Dienstleistungseinheit" (Beförderungs- und Beherbergungsleistung) zu steigern.

1.2 Anwendungsgebiete und Ziele des Yield-Management

Als klassische Anwendungsgebiete des Yield-Managements gelten die Luftfahrt (sowohl im Passagier- als auch im Frachtbereich) und die Beherbergungsindustrie. Darüber hinaus werden Yield-Management-Systeme in der Beförderungsindustrie (z. B. Schienen- und Busverkehr, Schifffahrt), bei Konzertveranstaltern, Internetprovidern oder den TV-Sendern für den Verkauf von Werbeblöcken eingesetzt. Eine verstärkte Ausbreitung des Yield-Managements ist in letzter Zeit bei Non-Profit-Organisationen (z. B. Gesundheitswesen, Bildung) sowie in der Auftragsfertigung bei Industrieunternehmen zu beobachten (*Kühne*).

Yield-Management ist bei vielen Beförderungsträgern und Beherbergungsunternehmen zu einem festen Bestandteil der Unternehmensführung geworden. Das Ziel, dass mit dem Einsatz des Yield-Managements verfolgt wird, ist in erster Linie die Ertragsmaximierung des Unternehmens und ferner die Umsatzmaximierung sowie die Auslastungsoptimierung. Der Ansatz des Yield-Management ist es, Preis und Kapazitäten zu steuern, indem eine gegebene Gesamtkapazität so in Teilkapazitäten aufgeteilt und Preisklassen gebildet werden, dass eine Ertrags- und Umsatzmaximierung erreicht wird. Voraussetzung für die Realisierung dieses Zieles ist der Aufbau und die Nutzung einer umfassenden Informationsbasis über das Nachfrageverhalten der Kunden/Gäste. Das ursprünglich aus dem Luftverkehr kommende Steuerungstool lässt sich problemlos auch auf andere Beförderungsträger und die Beherbergungsindustrie übertragen (*Becker*). Die Gründe dafür sind:

- Die Marktstrukturen in der Beherbergungs- und Beförderungsindustrien ähneln denen der liberalisierten Luftfahrt.
- Das Ziel der Auslastung der „verderblichen Ware" (Flugzeugsitz oder Hotelbett) verleitet viele Unternehmen zu einem ruinösen Preiskampf.
- Die elektronische Vermarktung im Beförderungs- als auch im Beherbergungssektor weist eine steigende Tendenz auf; erkennbar ist dieser Trend an der Präsenz der Fluggesellschaften und Hotels im Internet, dem Angebot der Buchungsmöglichkeiten

im Internet, sowie der steigenden Bereitschaft der Nachfrager auch über das Internet zu buchen.

- In elektronischen Medien lassen sich Preise und Kapazitäten schnell und kostengünstig anpassen.
- Yield-Management-Systeme sind nicht nur den Konzernen vorbehalten, sondern werden vermehrt auch von klein- und mittelständischen Unternehmen genutzt und für diese entwickelt.

1.3 Instrumente des Yield-Management

Die Instrumente des Yield-Managements sind die **Preisdifferenzierung** und gezielte **Kapazitätssteuerung durch Kontingentierung** der angebotenen Beförderungs-, Beherbergungs- und Dienstleistungen (z. B. Beförderungsklassen oder Hotelzimmerkategorien).

Unter **Preisdifferenzierung** ist eine preispolitische Strategie zu verstehen, bei der für im Grunde genommen gleiche Produkte/Leistungen von verschiedenen Kunden, an verschiedenen Orten, zu verschiedenen Zeiten unterschiedliche Preise gefordert werden (*Logins*). Beispiele für Preisdifferenzierungen im Zusammenhang mit dem Einsatz von Yield-Management können sein: Unterschiedliche Beförderungs- und Tarifklassen bei Fluggesellschaften mit einer zeitlichen Differenzierung nach Buchungstermin (je früher oder später gebucht wird, desto niedriger oder teurer ist der zu zahlende Preis). Aufgrund des verschärften Wettbewerbes in der Tourismusindustrie im Allgemeinen und in der Beherbergungs- und Beförderungsindustrie im Besonderen, muss mit einer gezielten Preisdifferenzierung gearbeitet werden. Diese sollte auf die Leistungen der einzelnen Unternehmen abgestimmt sein (*Dettmer*). Zwei wichtige Überlegungen spielen hierbei eine Rolle:

- **Segmentierung**,
- **Selektierung**.

Segmentierung bedeutet, den Tourismus-Markt nach differenzierten Kriterien aufzuteilen. Dies ist bedeutsam, um die differenzierten und angebotenen Preise dem Kunden gegenüber transparent darzustellen. Kriterien der Segmentierung sind:

- **Reisezweck** (z. B. Erholung, Regeneration, Geschäftsreise, Informationsreise),
- **Reisender** (z. B. Einzel-, Gruppen-, Familienreisen),
- **Kundenstruktur** (z. B. Geschäftleute, Senioren, Familien),
- **Reisezeitpunkt** (z. B. unterschiedliche Saisonzeiten, Messetermine, Wochenende, Feiertage),
- **Aufenthaltsdauer** (z. B. Ausflug, Kurzreise, Urlaubsreise, Langzeitreise).

Nach der Segmentierung wird eine **Selektierung** vorgenommen; eine marktgerechte Anpassung an die Nachfrage. Kriterien der Selektierung können sein:

- **temporäre Termine** (z. B. bestimmter Messetermin, Zwischensaisontermin, Feiertag),
- **Buchungstermin** (z. B. Frühbucher, Spätbucher, Dauertarif, Last-Minute-Tarif),
- **Gästebezug** (z. B. Senioren, Familien, Einzelreisende, Gruppen),
- **Buchungskanal** (z. B. Eigen-, Reisebürobuchung, Reservierungszentrale).

Unter **Kontingentierung** ist die Bestimmung der optimalen Kapazitätseinheit zu verstehen. Der Wert einer Buchungsanfrage ist abhängig von:

- Preis,
- Netz (z. B. bei Beförderungsträgern),
- Ort,
- Kanal,
- Kunde.

Dabei sind unterschiedliche Risiken und Kostengrößen zu berücksichtigen. Wird eine Kundenanfrage wegen begrenzter Verfügbarkeit abgelehnt, kann eine suboptimale Kapazitätsnutzung (d. h. eine Ertragseinbusse) daraus resultieren, wenn für die entsprechende Kapazität später keine Anfragen mehr erfolgen. Andererseits kann die frühzeitige Annahme einer Buchung eine zeitlich später auftretende höherwertige Nachfrage verdrängen. Zur Bestimmung und Steuerung der Teilkontingente wird deshalb der Wert jeder Kundenanfrage zu schätzen versucht, und es werden nur die „rentablen" Anfragen akzeptiert. Im Laufe des Planungshorizontes werden die Kontingente je nach Buchungsanfall kontinuierlich neu festgelegt. Berücksichtigt werden muss ein Aspekt der Produktdifferenzierung (*Logins*). Handelt es sich um tangible Elemente (z. B. Service, Convenience) oder um intangible Elemente (z. B. Vorausbuchungsfrist, Mindestübernachtung oder Mindestaufenthalt am Zielort).

1.4 Rahmenbedingungen des Yield-Management

Die betriebswirtschaftlichen Rahmenbedingungen, die bei den Beförderungsträgern und Beherbergungsanbietern zur Einführung des Yield-Managements führten, sind beispielsweise bei Fluggesellschaften:

- der starke Konkurrenzdruck durch z. B. etablierte Netzcarrier, sowie in den letzten Jahren verstärkt durch sog. Low-Cost-Airlines/Low-Budget-Airlines/No-Frills-Airlines,
- kurzfristig nicht variierbare Kapazitäten mit damit einhergehenden hohen Fixkostenanteilen,
- angebotene Kapazität kann nur während einer begrenzten Periode zur Ertragserzielung eingesetzt werden und „verdirbt" nach einem bestimmten Zeitpunkt, wenn sie nicht verkauft wird (z. B. ein leerer Flugzeugsitz oder ein nicht verkauftes Hotelbett),
- Nachfrage ist typischerweise gekennzeichnet durch hohe zeitliche Schwankungen, einen unsicheren zukünftigen Verlauf und große Heterogenität der Kundensegmente.

Yield-Management sollte unter folgenden Rahmenbedingungen am sinnvollsten praktiziert und angewendet werden:

- Nachfrage nach begrenzten Kapazitäten und Leistungen durch unterschiedliche Kundensegmente/Zielgruppen,
- Verhinderung des „Verderbens" ungenutzter Kapazitäten/Leistungen,
- Varianz der Nachfrage zu unterschiedlichen Zeitpunkten im Zeitablauf.

1.5 Voraussetzungen für ein erfolgreiches Yield-Management

Nahezu alle touristischen Unternehmen (z. B. Fluggesellschaften, Hotels, Reiseveranstalter) weisen eine hohe strukturelle Fixkostenbelastung auf. Die Leistungen müssen vorgehalten werden und „verfallen" bei Nichtnutzung zu einem bestimmten Zeitpunkt. Somit spielt der Aspekt der „verderblichen Waren" beim Yield-Management eine große Rolle. Ein weiterer Aspekt beim Einsatz des Yield-Managements ist die „Unmöglichkeit der nachträglichen Lieferung", denn eine Nachlieferung zum Zeitpunkt X ist obsolet, wenn der Kunde bereits von einem Mitbewerber „beliefert" wurde (*Dettmer/Hausmann*). Aus diesen zwei Tatsachen ergeben sich Voraussetzungen für ein erfolgreiches Yield-Management. Zum einen muss die Preisstruktur eine Kapazitätssteuerung ermöglichen, unterschiedliche Produktlinien werden zu unterschiedlichen Preisen angeboten. Auch muss die Möglichkeit gegeben sein, für dasselbe Produkt unterschiedliche Preise zu verlangen. Zum anderen spielt die IT-Informations-Technologie eine wichtige und besondere Rolle. Fachleute interpretieren Yield-Management als ein IT-gestütztes Expertensystem zur Optimierung einer preisgesteuerten Kapazitätsauslastung. Ein solches System muss von vielen anderen Systemen mit Informationen, die sodann verarbeitet werden, gespeist werden. Diese sind:

* interne Informationssysteme in denen die Vertragskonditionen, die eigenen Kapazitäten, ggf. Kapazitäts-Alternativen sowie Preise hinterlegt sind,
* CRS/GDS, aus denen noch verfügbare und bereits gebuchte Kapazitäten/Leistungen, Buchungsstände, Flugpläne hervorgehen,
* Buchungsdatenbanken, die historische Daten (Vergangenheitswerte) liefern,
* Check-In Systeme der Fluggesellschaften,
* Data-Management-Systeme der Leistungsträger, aus denen Buchungs-Historys abgerufen werden können,
* externe Informationssysteme, die die Preise und Kapazitäten der Mitbewerber vorhalten, sowie besondere Termine (z. B. Messen, Events) anzeigen.

Diese Informationen muss das Yield-Management-System in der Lage sein zu verarbeiten und daraus leiten sich die Funktionen des Systems ab:

* **Prognosefunktion:** Zu erwartender Buchungsverlauf, Nachfragestruktur und Stornoquote,
* **Bewertungsfunktion:** Erträge und Kostenstruktur je Kapazitätseinheit,
* **Optimierungsfunktion:** Kapazitätssteuerung, Klassen-, Kategorien-, Preis- und Buchungsmix,
* **Angebotsfunktion:** Preise und Angebote.

Als letzte Voraussetzung benötigt ein funktionierendes Yield-Management-System ein effektives und effizientes Vertriebssystem, um die Kapazitäten flächendeckend und Absatzoptimal zu vertreiben. Der Vertrieb erfolgt über folgende Vertriebskanäle (auch Vertriebsmix genannt):

* **Direktvertrieb:** Via Internet, Callcenter direkt an den Kunden,
* **Eigenvertrieb:** Über eigene Verkaufsbüros, ggf. auch outgesourct,
* **Fremdvertrieb:** Über Mittler (z. B. Reisebüros, Agenten), Makler und Händler.

1.6 Chancen und Risiken des Yield-Management

Für ein touristisches Unternehmen, sofern es sich für den Einsatz von Yield-Management entscheidet, ergeben sich aus dem Einsatz wesentliche Chancen und Risiken.

Chancen, die durch den Einsatz von Yield-Management einem Unternehmen erwachsen, sind beispielsweise:

- Reduzierung bislang ungenutzter Kapazitäten und dadurch zusätzliche Erträge und Gewinne für das Unternehmen,
- das Yield-Management-System verbessert informatorische Grundlagen im Unternehmen und unterstützt Entscheidungen der Unternehmensführung über Leistungs- und Preisgestaltung,
- Yield-Management führt zu einem umfangreichen und differenzierten Leistungsangebot und somit zu Wettbewerbsvorteilen.

Risiken, die durch den Einsatz von Yield-Management entstehen, können sein:

- durch das Yield-Management ausgelöste ermäßigte Angebote können langfristig den Referenzpreis, also den langfristig vom Kunden wahrgenommenen und auch akzeptierten Preis, der Kunden/Gäste beeinflussen,
- dadurch werden in Folge reguläre Angebote von den Kunden/Gästen als inakzeptabel bewertet, und dies führt zu einer unfairen Betrachtung,
- Yield-Management kann sowohl von den eigenen Mitarbeitern als auch von Kunden/Gästen als unübersichtlich betrachtet werden, führt zur Verärgerung und im Extremfall zu Abwanderungen.

Grundsätzlich gilt: Um Dissonanzen beim Kunden vorzubeugen, sollte der Einsatz der Instrumente des Yield-Managements, insbesondere die Preisgestaltung für die jeweiligen Zielgruppen möglichst transparent sein (*Gruner*). Preisdifferenzierungsmaßnahmen sollten sich auf objektiv nachvollziehbare Kriterien beziehen (z. B. eindeutige Kategorien der Leistung, Saisonzeiten, Früh- oder Spätbucherpreise, Messetermine). Yield-Management-Maßnahmen dienen nicht der 100 % Auslastung der Kapazitäten, sondern der optimalen Auslastung der Kapazitäten bei maximalem Ertrag.

2. Qualitäts-Management im Tourismus

Qualität von Produkten und Dienstleistungen ist nicht zeitpunkt-, sondern zeitraumbezogen als eine komplexe Erscheinung zu betrachten. Qualität kann in vielen Ausprägungen und in einer Gesamtheit von Merkmalen verstanden werden. Die Orientierung bzw. die Verwendung des Begriffes Qualität (*Pompl/Lieb* in Anlehnung an *Garvin*) kann unterteilt werden in:

- absolute Qualität,
- produktbezogene Qualität,
- kundenbezogene Qualität,
- herstellungsorientierte Qualität,
- wertebezogene Qualität.

Alle Qualitätsbegriffe können unter Total Quality, also der Gesamtqualität, zusammengefasst werden. Qualitäts-Management macht nur unter diesem Aspekt für das touristische Unternehmen Sinn. Zu den Eckpfeilern des Total-Quality-Management gehören nach *Pompl/Lieb*:

- **Kundenzufriedenheit,**
- **Mitarbeiterzufriedenheit,**
- **Umwelt- und Sozialverträglichkeit,**
- **Eigentümernutzen.**

2.1 Dimensionen der Qualität im Tourismus

Touristische Produkte und Dienstleistungen werden von *Pompl/Lieb* in folgende Dimensionen unterteilt:

- **inhaltliche Dimensionen,**
- **zeitliche Dimensionen,**
- **formale Dimensionen.**

Inhaltliche Dimensionen der Qualität werden bestimmt von der:

- **technischen Qualität** (z. B. Standards, Umfang der Leistung, Prestigezuwachs durch die gekaufte Leistung),
- **funktionalen Qualität** (z. B. zeitlicher Ablauf der Dienstleistungssequenz, Kommunikation/Interaktion zwischen Leistungsträgern und Kunde).

Zeitliche Dimensionen der Qualität lassen sich an folgenden Einzelqualitäten festmachen:

- **Potenzialqualität,**
- **Prozessqualität,**
- **Ergebnisqualität.**

- **Potenzialqualität:** Die Potenzialqualität spielt bei der Buchungsentscheidung eine Rolle und betrachtet den Anbieter einer touristischen Dienstleistung oder Produktes hinsichtlich seines Know-hows, Qualifikation der Mitarbeiter, Image, Lieferanten u. v. m.,
- **Prozessqualität:** Die Prozessqualität qualifiziert den Leistungsbezug eines touristischen Anbieters. Kriterien der Messung bzw. Betrachtung sind die Kompetenzen des Anbieters, die gebotene Sicherheiten, die Fähigkeit der Mängelbeseitigung, Erreichbarkeit u. v. m.,
- **Ergebnisqualität:** Die Ergebnisqualität ist das Ergebnis/Verhältnis zwischen der erwarteten und der wahrgenommenen Qualität und mündet im Reiseabschluss.

Formale Dimensionen der Qualität touristischer Produkte und Dienstleistungen sind abhängig von der:

- **Wahrnehmbarkeit,** d. h. wie nimmt der Kunde Qualitäten war, nach welchen Kriterien wählt er Produkte und Dienstleistungen aus, der Wirkungsgrad bzw. die Problemlösungskompetenz, sowie die Erfahrung mit den Produkten und Dienstleistungen eines

Herstellers spielen bei der Wahrnehmbarkeit eine wesentliche Rolle. Auch personen-
und situationsbezogene Kriterien spielen bei der Wahrnehmbarkeit eine wichtige Rolle,

- **Messbarkeit:** Qualität kann objektiv messbar und subjektiv einschätzbar sein,
- **Beurteilungsgrundlage:** Hierzu zählen aus Sicht des Beurteilers der Produzent, die
  Mitarbeiter, der Vertrieb, der Nutzen den das Produkt stiftet ebenso wie konkurrierende
  Produkte und Normen.

2.2 Total-Quality-Management (TQM) im Tourismus

Unter Total-Quality-Management (TQM) versteht man ein umfassendes Qualitäts-Management. Total-Quality-Management (TQM) basiert auf der Mitwirkung aller Teilnehmer
am Einkaufs-, Erstellungs- und Vertriebsprozess eines Unternehmens mit dem Ziel, die
Qualität der Leistungen/Produkte sowie die Zufriedenstellung der Kunden in den Mittelpunkt zu stellen. Der Grundsatz des Total-Quality-Management (TQM):

**Der Qualitätsgedanke/die Qualität kann nicht delegiert werden, sondern er muss
von allen Beteiligten gelebt werden.**

Total-Quality-Management (TQM) wird gefördert durch:

- eine überzeugende und nachhaltige Führung durch die oberste Führungsebene, denn
  der Total-Quality-Management (TQM) Gedanke muss von den Führungspersönlichkeiten vorgelebt werden,
- Ausbildung und Schulung aller Mitglieder des Unternehmens/der Organisation.

Total-Quality-Management (TQM) basiert auf:

- der Mitwirkung aller Mitglieder eines Unternehmens/einer Organisation,
- deren Kunden, Geschäftspartner und Lieferanten.

TQM ist eine umfassende Managementmethode, bei der die:

- Qualität in den Mittelpunkt rückt, wobei sich die Qualität auf das Erreichen aller Ma-
  nagement-Ziele versteht.
- Zufriedenstellung der Kunden darauf zielt, folgende Zielsetzungen zu erfüllen:
  - langfristiger Geschäftserfolg,
  - Nutzen für die Mitglieder des Unternehmens/der Organisation,
  - Eigentümernutzen,
  - Nutzen für die Gesellschaft,
  - Umwelt- und Sozialverträglichkeit der Produkte oder Dienstleistungen.

Die **Grundpfeiler des TQM** lassen sich aus der Bezeichnung in wunderbarer Weise ableiten.

„T" für Total; bedeutet die Einbeziehung aller Mitarbeiter, Kunden, Geschäftspartner
und Lieferanten. Hier wird ein ganzheitliches Streben und Denken durch eine isolierte
Betrachtungsweise ersetzt. Gerade im Tourismus spielen die Lieferanten und Geschäftspartner im Wirkungsprozess eine sehr wichtige Rolle. Der Anteil der Fremdleistungen ei-

nes Reiseveranstalters an einer Pauschalreise beträgt üblicherweise ca. 60 % bis 80 %. Das bedeutet, dass die Qualität einer Reiseleistung bis zu 80 % von den Lieferanten abhängt. Die in den letzten Jahren angeschobenen Integrationsprozesse im Tourismus wurden zum Teil auch mit der Sicherung der Qualität auf allen Wertschöpfungsstufen begründet. Dadurch, dass ein Reiseveranstalter sich an seinen ehemaligen Lieferanten beteiligt oder diese sogar aufkauft, hat neben dem Aspekt der Kapazitätssicherung auch sehr viel mit Qualitätssicherung zu tun.

„Q" für Quality; bedeutet die Qualität der Arbeit, der Prozesse, der Beratung und des Unternehmens, aus denen sodann die Qualität der Produkte wie selbstverständlich erwächst. Dies ist sowohl bei Reiseveranstaltern als auch bei Vertriebsorganisationen an der Gestaltung einheitlicher Produktionsplattformen erkennbar. Der Qualitätsgedanke soll sich von Anfang an wie ein roter Faden und eine permanente Anforderung durch den gesamten Erstellungsprozess des Produktes und/oder der Dienstleistung ziehen.

„M" für Management hebt die Führungsaufgabe Qualität hervor. Aus Sicht der Wissenschaft kann Total Quality Management (TQM) als Führungslehre und aus Sicht der Unternehmen als Führungsmodell gelten. Das bedeutet, dass der Qualitätsgedanke von den Führungspersönlichkeiten den Mitarbeitern gegenüber vorgelebt werden muss und nicht delegiert werden soll.

Verbesserte Qualität bedeutet verbesserte Produktivität. Daraus resultieren:

- sinkende Kosten,
- wettbewerbsfähigere Preise und somit erhöhte Marktanteile,
- Festigung des Unternehmens,
- sichere Arbeitsplätze.

Das alles führt zu einem langfristigen wirtschaftlichen Erfolg des Unternehmens und trägt zu dessen Existenzsicherung bei.

Die Schwierigkeit im Qualitäts-Management besteht im **Spannungsfeld** der Zielsetzung folgender Bereiche:

- **Qualität**,
- **Kosten**,
- **Zeit**.

Versucht ein Unternehmen Qualität, Kosten und Zeit als gleichwertige Ziele zu definieren, ergibt sich daraus ein unlösbares Optimierungsproblem. Die bessere Justierung eines Bereiches wird immer auf dem Rücken der anderen Bereiche ausgetragen.

Vielmehr muss die Qualität als oberstes Unternehmensziel betrachtet werden, dem sich die Zeit und die Kosten unterordnen. Dadurch erst werden Kosten und Zeit gespart und dennoch eine hohe Unternehmens-, Prozess und Produktqualität erzielt. **Gelebte und umgesetzte Qualität** im Tourismus bedeutet beispielsweise:

- glaubhafte, wahre, ansprechende und nutzerfreundliche Kataloge der Reiseveranstalter,
- kompetente, neutrale und sachliche Beratung im Reisebüro,

- gepflegte, saubere, ruhige und stressfreie Beratungsatmosphäre im Reisebüro,
- reibungsloser Ablauf am Check-In-Schalter der Fluggesellschaften an den Flughäfen,
- pünktlicher Abflug und Ankunft im Zielgebiet,
- freundliche und kompetente Flugbegleiter,
- freundlicher Empfang im Zielgebiet,
- reibungsloser und professioneller Ablauf bei der Verteilung der Gäste auf die Transfer-busse,
- freundlicher Empfang im Hotel, zügiges Check-In und Verteilung der Gäste auf die Zimmer,
- freundliche, saubere und technisch einwandfreie Zimmer,
- saubere und hygienische sanitäre Einrichtungen.

Die empfundene Qualität der Gäste kann sich von objektiver Qualität des touristischen Anbieters ganz erheblich unterscheiden.

An der Erstellung einer touristischen Leistung sind mehrere Glieder der touristischen Wertschöpfungskette beteiligt: Reisebüros, Reiseveranstalter, Fluggesellschaft, Hotel, Zielgebietsdestination, Transferunternehmen, Reiseleiter. Demzufolge liegt die Schwierigkeit darin, eine durchgängige und nachhaltige Qualität auf allen Stufen der Wertschöpfung bzw. bei allen am touristischen Leistungsprozess beteiligten Unternehmen zu erzeugen.

Im Phasenmodell nach *Pompl/Lieb* findet eine **qualitätsorientierte Markenpolitik** dann statt, wenn:

- in der Potenzialphase die **Potenzialqualität** durch z. B. Beratungs-, Informations- und Reservierungsqualität, Vertrauen, Glaubwürdigkeit, Sicherheit, Image gegeben ist,
- in der Prozessphase die **Prozessqualität** durch z. B. Verrichtungs-, Service- und Interaktionsqualität gegeben ist,
- in der Ergebnisphase die **Ergebnisqualität** durch z. B. Zufriedenheit nach innen und außen, Zertifizierungen und Prädikate, Beschwerdemanagement und Kundenbindung gegeben ist.

2.3 Sichtweisen der Qualitätsbeurteilung und deren Messung

Die Sichtweise der Qualitätsbeurteilung ist sehr differenziert zu betrachten und wird von jedem Teilnehmer anders beurteilt. So wird der Kunde die Qualität immer subjektiv und nach Empfindung beurteilen, während der Produzent eher objektiv beurteilt (*Pompl/Lieb*).

Aus Unternehmenssicht wird die Qualität der Dienstleistung anhand folgender Merkmale definiert:

- die Leistung entspricht den Vorgaben und Standards und ist „wie geplant" erstellt worden,
- die Leistung ist fehlerlos,

- die Leistung ist funktionstauglich,
- die Zielvorgabe und das Leistungsergebnis wurden erreicht.

Aus (subjektiver) Kundensicht wird die Qualität der Dienstleistung anhand folgender Merkmale definiert:

- Leistung erfüllt die Erwartungen des Kunden,
- der Kunde ist zufrieden,
- die Leistung wurde überdurchschnittlich erfüllt,
- sowohl der Leistungsprozess als auch das Leistungsergebnis wurden zur Zufriedenheit des Kunden erbracht.

2.4 Benchmarking

Die logische Folgerung der Qualitätssicherung ist die **Qualitätserhaltung** und **Qualitätsfortschreibung**.

Was macht Qualität eigentlich aus? Qualität ist die Summe guter Produkte und Dienstleistungen, qualifizierte und ständig lernende Mitarbeiter und Unternehmen und die Orientierung an den Wettbewerbern. Im heutigen Wirtschaftsgeschehen und Wettbewerb schlagen die großen Unternehmen und Konzerne nicht zwingend die kleinen und mittelständischen Unternehmen. Ausschlaggebend ist die Schnelligkeit, Innovation und intelligentes Handeln. Dies bedeutet wiederum, nur wer schnell lernt, Wissen adaptiert und absorbiert, sich ständig verändert, sich den Marktgegebenheiten laufend anpasst, wird im rauen Wettbewerb überleben.

Die Schwierigkeit besteht i. d. R. darin, die eigene Kompetenz richtig einzuordnen und sich an den Wettbewerbern zu orientieren. Eine unter mehreren Methoden für den Qualitätserhalt und die Qualitätsfortführung ist das **Benchmarking.**

Benchmark bedeutet „Bezugspunkt" oder „Referenzpunkt" einer gemessenen Bestleistung, an welchem sich Unternehmen und/oder Produkte orientieren können.

Benchmarking ist somit der methodische Vergleich von Unternehmen, Prozessen, Produkten und deren Vorgehensweisen mit dem Ziel, die Verfahren des jeweils Leistungsstärksten für sich zu nutzen. Benchmarking wird in der Unternehmensführung als Managementinstrument zur Gestaltung des Führungssystems eingesetzt.

Die zentrale Frage des Benchmarking lautet:

- Wo stehe ich aus der Sicht des Kunden und im Vergleich zum Wettbewerb?
- Wie und wo machen es andere Unternehmen besser?

Ziel des Benchmarking ist es, die wirkungsvollsten Methoden der Besten einer Branche herauszufinden und für das eigene Unternehmen zu nutzen.

Der **Nutzwert von Benchmarking** lässt sich kurz wie folgt gliedern:

- **Direkter Nutzen**
  - analysiert das Unternehmen,
  - vergleicht Unternehmensbereiche und Unternehmen,
  - definiert Bestleistungen,
  - identifiziert Leistungsdefizite,
  - bewertet Lösungsalternativen.

- **Indirekter Nutzen**
  - erzeugt Verständnis für die eigenen Geschäftsabläufe,
  - legt die Unternehmensziele fest,
  - überprüft die Unternehmensstrategien,
  - stärkt die Wettbewerbsfähigkeit,
  - initiiert einen kontinuierlichen Verbesserungsprozess.

Im Tourismus ist Benchmarking nur sehr begrenzt erkennbar. Bestenfalls große Einzel- und Gesamtleistungsträger orientieren sich sequenziell an den Konkurrenten. Große, international operierende Hotelketten und Fluggesellschaften praktizieren seit längerer Zeit Benchmarking bzw. analysieren ihre wichtigsten Konkurrenten regelmäßig und lernen auch aus deren Bestleistungen. Reiseveranstalter lernen auch durch Konkurrenz- und Umfeldanalyse, jedoch fällt ihnen die Umsetzung und das Akzeptieren von Bestleistungen anderer Unternehmen oftmals schwer, da sie zu sehr von der Güte ihrer eigenen Leistungen überzeugt sind.

3. Krisen-Management

Das Wort Krise entstammt dem Altgriechischen und bedeutet soviel wie „entscheidende Wendung". Krisen bringen i. d. R. Risiken aber auch viele Chancen. Einer Krise muss/soll man den Beigeschmack einer Katastrophe nehmen und schon kann man ihr etwas Positives abgewinnen (*Frisch*). Krisen-Management ist eine „Besondere Form der Führung, deren Aufgabe es ist, Prozesse zu bewältigen, die den Fortbestand der Unternehmung substanziell gefährden oder unmöglich machen" (*Krystek*); somit die beste Voraussetzung für angewandtes Change-Management oder Änderungs- und Veränderungsmanagement.

Charakteristisch für eine Krise ist:

- schwerwiegendes Ereignis von dem ein Unternehmen stark betroffen ist,
- hoher Entscheidungs- und Handlungszwang unter extremem Zeitdruck,
- mit anwachsendem Zeitraum ab dem Ereignis sinken die Handlungsoptionen,
- begrenzte Eingriffsmöglichkeiten.

3.1 Arten von Krisen

Im Sprachgebrauch wird der Begriff Krise oftmals mit Katastrophe gleichgesetzt. Eine **Katastrophe** ist ein Unglück mit tragischem Ausgang, welches nicht mehr abwendbar ist und geht meistens mit einer Kommunikations- und Vertrauenskrise für das Unternehmen einher. Eine **Krise** kann sich sowohl positiv als auch negativ entwickeln, jedoch kann sie bei rechtzeitiger und angemessener Reaktion positiv verlaufen. Krisen sind oftmals die Folgen von Katastrophen.

Krisen können Unternehmen in Not bringen, also zu einer Existenz bedrohenden Situation führen. Man kann zwischen beherrschbaren und nicht-beherrschbaren Unternehmenskrisen unterscheiden.

Krisen-Management ist eine besondere Form der Unternehmensführung und dient der **Vermeidung bzw. Bewältigung negativer Entwicklungen** wie beispielsweise:

- drohende Insolvenz wegen Zahlungsschwierigkeiten,
- Kundenrückgänge wegen schlechter Presse,
- Sabotage,
- nachlassende Konjunktur und Nachfrage,
- starker und harter Wettbewerb,
- Überschätzung der eigenen Unternehmenskompetenz,
- Vernachlässigung der Mitarbeiterqualifikation,
- Anschläge auf das Unternehmen oder auf Kunden des Unternehmens,
- fehlerhafte Produkte.

Im Tourismus gibt es **ausgeprägte und branchentypische Krisensituationen**, zu erwartende oder immer wieder eintreffende Krisen wie beispielsweise:

- Insolvenzen, Zahlungsunfähigkeiten und Unternehmensschließungen (teilweise oder vollständig),
- spektakuläre Pleiten und Schließungen,
- Flugzeugabstürze durch menschliches oder technisches Versagen oder gar höhere Gewalt (Blitzeinschlag, Stürme u. v. m.),
- Anschläge auf Touristen mit Körperverletzung und/oder Todesfolge,
- Umweltkatastrophen (klimatisch bedingt), Stürme, Erdbeben, Flutwellen,
- Unfälle von Reisebussen, Zugunglücke mit Körperverletzung und/oder Todesfolge,
- brennende Flughäfen, Hotels,
- (Massen-) Unfälle durch Lawinen, unsachgemäße Handhabung von Material, nicht genügend ausgebildete Bergführer.

Krisen können auch unter dem Blickpunkt des Krisenverlaufes betrachtet werden. Sie können unterschieden werden in folgende vier Phasen:

- **potenzielle Krise:** Die Krise ist noch ein gedankliches Gebilde über die Störung des Betriebsablaufes bis hin zur Existenzgefährdung,
- **latente Krise:** Die Krise ist ausgebrochen aber noch sind die Ursachen nicht feststellbar,
- **akute beherrschbare Krise:** Der Ausgang der Krise ist unklar, es wird von einem positiven Ausgang ausgegangen,
- **akute nicht beherrschbare Krise**, z. B. Liquidation von Amtswegen.

Die Tourismusbranche wurde in den letzten Jahren besonders hart von Krisen getroffen. Erstaunlicherweise stellte sich heraus, dass kaum ein Unternehmen mit einer möglichen und eintretenden Krise gerechnet hat, geschweige denn ein überzeugendes Konzept hatte, um die Krise schnell und professionell zu handhaben und zu meistern. Das typische an Krisen ist, das sie sich plötzlich ereignen und gar nicht ankündigen.

Ein Beispiel für eine **angekündigte Krise** kann die Insolvenz der schweizerischen Fluggesellschaft Swiss Air sein. Kaum jemand hielt es für möglich, dass ein solches „Urgestein" von Fluggesellschaft aus einem Land, welches weltweit als mit das Solideste im wirtschaftlichen Umgang mit Geld und Ressourcen galt, jemals insolvent werden würde. Das Management und alle politischen Verantwortlichen waren zu einem bestimmten Zeitpunkt nicht mehr in der Lage, eine Insolvenz abzuwenden. Ein Paradebeispiel für schlechtes und unprofessionelles Krisen-Management.

Unangekündigte Krisen für ein Reiseunternehmen sind in der Regel Verkehrsunfälle mit einer relativ hohen Zahl von Verletzten und Toten als auch Terroranschläge oder kriminelle Übergriffe sowie Involvierung der Reisenden und Kunden in Kriegshandlungen. Gegen diese unangekündigten Krisen nehmen sich angekündigte Krisen, meistens wirtschaftlicher Natur, für die Unternehmen relativ harmlos aus. Dennoch ist es immer wieder verblüffend zu beobachten, wie viele Krisen nicht erfolgreich gemeistert werden und somit zu Unternehmensinsolvenzen, zur Vernichtung von Arbeitsplätzen und Steuerausfällen führen. Ganz zu schweigen von den „sozialen Kosten", welche von der öffentlichen Hand, also dem Steuerzahler, aufgebracht werden müssen.

Manchmal drängt sich der Verdacht auf, das Touristikunternehmen nach dem Prinzip leben: alles Sonnenschein, Erholung, Vergnügen mit einer gehörigen Portion Optimismus gespickt. In der „weißen Industrie" in verantwortlicher Position tätig zu sein sollte einem nicht den Blick auf harte und unangenehme Realitäten versperren.

3.2 Ursachen für Krisen und ihre Auswirkungen im Tourismus

Die Ansätze der Klassifizierung von Krisen sind verschieden. Einem allgemeinen Ansatz zur Folge können **Ursachen nach internen und externen Faktoren** unterteilt werden.

Externe Ursachen können sein:

- konjunkturelle Fehlentwicklungen,
- Änderungen im Konsumverhalten,
- Naturkatastrophen,
- Terrorismus,
- politische Instabilität,
- Epidemien/Pandemien,
- Kriege und Unruhen.

Interne Ursachen können sein:

- Managementfehler,
- Qualitätsmängel,
- Sicherheitsmängel.

Im Tourismus wird eine Unterteilung in **exogene** und **endogene** Ursachen für Krisen vorgenommen.

Exogene Ursachen sind:

- Krisenursachen in den Zielgebieten, z. B. geophysische, soziokulturelle, politische, religiöse und gesundheitliche Faktoren (Krankheiten),
- Krisenursachen auf der Reise, z. B. Flugzeugentführungen, Überfälle auf Reisebusse, Bahnen.

Endogene Ursachen sind:

- Krisenursache Mensch, z. B. Managementfehler,
- Qualifikationsmangel beim Personal, z. B. kein bzw. nur unzureichendes Sicherheitswissen, Fahrlässigkeit, Nichtbeachtung von Vorschriften, Streik, Sabotage,
- Krisenursache Technik, z. B. fehlende bzw. mangelhafte Sicherheitsvorkehrungen, kostenbedingte Reduzierung der Sicherheit, technisches Versagen durch Material- oder Konstruktionsfehler, Verschleiß.

Die **Auswirkungen einer Krise** auf ein Unternehmen können materieller oder immaterieller Natur sein.

Materielle Auswirkungen:

- Stornierungen und Umbuchungen,
- Auslastungsrückgänge,
- sinkende Umsätze,
- zusätzliche Kosten für Beseitigung, Wiedergutmachung,
- Kapitalverlust.

Immaterielle Auswirkungen:

- Imageschäden am Unternehmen und an Personen,
- Vertrauensverlust,
- Kundenabwanderung,
- Motivationsverlust beim Personal.

3.3 Verfahren zur Identifikation potenzieller Krisen

Im Rahmen des Krisen-Managements bedient man sich unterschiedlicher Methoden der Betriebs- und Umfeldanalysen. Es werden systematische Verfahren (z. B. strategische Frühaufklärung und retrospektive Analysen) als auch kreative Verfahren (z. B. Expertenbefragungen und Szenariotechniken) eingesetzt. Nachfolgend einige Verfahren zur Identifikation potenzieller Krisen.

Kennzahlenorientierte Frühaufklärung; diese können in Systeme der 1., 2. und 3. Generation unterteilt werden.

Systemmerkmale der 1. Generation:

- quantitative Methoden,
- basiert auf Kennziffern und Kennziffernsysteme,
- Soll-/Ist-Abweichungen werden ermittelt,
- werden eher im operativen Einsatz angewandt,
- Krisenerkennung ist erst im latenten Stadium möglich,
- einfache Handhabung und daher vielfach angewendet.

Systemmerkmale der 2. Generation:

- quantitative Methoden,
- verwendete Indikatoren für
  - Länderrisiken (z. B. politische Faktoren, Störungen in der Zahlungsbilanz einer Volkswirtschaft),
  - ökologische Risiken (z. B. Satellitenbilder, Laserscanner),
  - betriebliche Risiken (z. B. Mitarbeiterfluktuation),
- computergestützte Analysen sind möglich.

Systemmerkmale der 3. Generation:

- qualitative Methoden,
- willkürliches Suchen nach Anzeichen,
- Krise bereits in der potenziellen Phase,
- ständige Suche nach „schwachen Signalen", z. B.
  - unerwartete Häufung gleicher Erscheinungen und Ereignisse,
  - Publikationen neuer Meinungen und Ideen,
  - Stellungnahme und Meinungsäußerungen wichtiger Personen,
  - Initiativen zur Änderung der Gesetzgebung.

Die **Strategische Frühaufklärung** kann in folgende Sequenzen zerlegt werden; sie geben die Richtung für die Vorgehensweise an (*Dreyer*):

1. signalorientierte Umweltanalyse; Signallokalisierung, Ursachenermittlung, Wirkungsprognose, signalspezifische Szenario-Erstellung
2. Vergleich der Prämissen der strategischen Planung und signalspezifischen Szenario-Ereignissen
3. Beurteilung der Abweichungsermittlung
4. Suche nach strategischen Handlungsalternativen
5. Beurteilung und Entscheidung über strategische Handlungsalternativen.

Kreative Verfahren bei der strategischen Frühaufklärung werden oft in Gruppenarbeit durchgeführt; sie verknüpfen Erfahrung mit Intuition und Fachwissen mit Fantasie. Die Quantität geht vor Qualität und die Probleme werden in einer subjektiven Wirklichkeit gelöst.

Die **Delphi Methode** zählt zu den qualitativen Methoden der strategischen Frühaufklärung. Es wird eine anonyme Expertenbefragung mittels Fragebogen einer zukunftsrelevanten Fragestellung durchgeführt. Es folgen mehrere Befragungsdurchgänge und eine Bewertung der Qualität von Extremurteilen/Extremmeinungen findet statt. Diese Methode dient oftmals der Unterstützung von Szenariotechniken.

Bei der **Szenario-Technik** werden qualitative als auch quantitative Methoden vereinigt. Es werden Zukunftsbilder in Teamarbeit anhand von Annahmen gebildet. Die Vorgehensweise erfolgt in folgenden Schritten:

1. Untersuchungsgegenstand definieren
2. zeitlichen Horizont bestimmen
3. Einflussfaktoren bestimmen und analysieren
4. zukünftige Entwicklung und den Zustand der Faktoren bestimmen
5. Szenarienbildung mit unterschiedlicher Berücksichtigung bzw. Gewichtung der Faktoren
6. Störfallanalyse.

3.4 Schwerpunkte des Krisen-Management

Krisen-Management kann differenziert werden in

- **aktives Krisen-Management** (Risikomanagement); kann antizipativ und präventiv sein,
- **reagierendes Krisen-Management**; kann repulsiv und liquidativ sein.

Die wichtigsten Ziele des Krisen-Managements von Tourismusunternehmen sind/müssen sein:

- Gesundheit der Menschen sichern, physischen und psychischen Schaden abwenden,
- Urlaub und Reiseerlebnis der Kunden sichern,
- Zukunft des Unternehmens sichern,
- eine Krise auch unter dem Aspekt der Kosten, auch Folgekosten abwenden,
- in der Krise auch eine Chance sehen.

Die zentralen Schwerpunkte des Krisen-Managements sind:

- **Krisenvermeidung**,
- **Krisenbewältigung**.

In jedem Fall muss von der Unternehmensseite ein Krisenkonzept mit genauen Anleitungen und ein Krisenstab installiert werden.

Krisenvermeidung bedeutet, kritische Entwicklungen erst gar nicht in ein akutes Stadium anwachsen zu lassen, sondern mit dem Einsatz von Früherkennungs- und Prognosetechniken vorbeugend bekämpfen oder entsprechende Gegenmaßnahmen einleiten. Dies setzt aber voraus, dass die sich anbahnende Entwicklung auch als Krise erkannt wird. Dies ist oftmals schwierig, weil Krisen kaum vorhersehbar bzw. vorausbestimmbar sind.

Krisenbewältigung bedeutet bei der bereits eingetretenen Krise und deren Erscheinungsformen zweckentsprechend zu reagieren. Dies setzt ein Krisenkonzept voraus. Inhalte eines solchen Krisenkonzeptes müssen sein:

- Krisenstab mit Personenkreis, die bei Eintritt der Krise bestimmte Aufgaben im Unternehmen übernehmen,
- Checklisten über die Vorgehensweise, Reihenfolge der Arbeiten, Aufgaben und Tätigkeiten,
- Kontakte zur Presse für die Information, Aufklärung betroffener Angehörigen und der Öffentlichkeit,
- Freischaltung von Notruf-Nummern und Betreuung von Angehörigen und berechtigter Personenkreise.

Krisen-Management ist vor allem für krisenanfällige Unternehmen und Branchen eine permanente Führungsaufgabe. In diesen Unternehmen sollten ständige Krisen-Management-Teams eingerichtet werden, welche die Aufgabe haben, alle denkbaren Arten von Krisen zu erkunden, Pläne und Handlungsrichtlinien zu deren Bewältigung und Bekämpfung auszuarbeiten und im Unternehmen Krisenbewusstsein zu entwickeln.

Gerade im Tourismus sind übergreifende Präventionskonzepte und gute Kommunikationsstrukturen bei Eintritt einer Krise lebensnotwendig. Die typischen Schwierigkeiten bei der Bewältigung einer touristischen Krise sind vor allem darin begründet, dass:

- eine stark verzweigte Struktur von Lieferanten und Erfüllungsgehilfen, die im Krisenfall optimal koordiniert werden müssen,
- durch die Nicht-Erreichbarkeit der Personen und die gegebenen Kommunikationsproblemen (technischer oder kulturelle Art), da die touristische Leistung in anderen Länder und Kontinenten erbracht wird.

3.5 Präventivkonzepte des Krisen-Management

Aufgrund der national und international zunehmenden Krisenentwicklungen in Unternehmen, Konzernen, Branchen kommt dem Krisen-Management künftig eine noch höhere Bedeutung zu. In der Tourismusbranche wurde im Jahr 2002 anlässlich einer Tagung des DRV – Deutsche Reiseveranstalter und Reisevermittlerverband – beschlossen, künftig ein unternehmensübergreifendes Krisenkonzept zu erarbeiten und im ersten Schritt eine einheitliche Kommunikation mit den Medien anzustreben. Dieses Bestreben ist zweifelsohne ein wichtiger Schritt in die richtige Richtung.

Um Präventivkonzepte zur Bewältigung von Krisen zu erarbeiten, bedarf es einiger Vorüberlegungen, die sich mit dem Zeitpunkt des Eintrittes der Krise, den personellen Ressourcen, der Größe des Unternehmens und anderen Variablen beschäftigen müssen.

Ausgehend von Krisen (z. B. Unfälle, politische Instabilität, Naturkatastrophen) bei Reiseveranstalter ergibt sich aufgrund einer Untersuchung der Fachhochschule München folgendes Bild:

Zeitpunkt des Eintritts eines Unfalles

- ca. 56 % aller Unfälle ereignen sich während der An-/oder Abreise,
- ca. 40 % aller Unfälle ereignen sich während des Aufenthaltes im Zielgebiet.

Überlegungen zu einer generellen Krisenprävention im Unternehmen:

- **Für eine Krisenvorsorge** sprechen aus Sicht der Unternehmen folgende Gründe:
  - ethische und moralische Gründe dem Kunden und dessen Angehörigen gegenüber,
  - wirtschaftliche Gründe des Unternehmens,
  - rechtliche Zwänge seitens des Gesetzgebers,
  - andere Gründe.
- **Gegen eine Krisenvorsorge** sprechen aus Sicht der Unternehmen folgende Gründe:
  - unzureichende Unternehmensgröße (kleines Unternehmen),
  - Risiko einer Krise wird als gering eingeschätzt,
  - fehlendes Personal,
  - keine Zeitreserven für den Aufbau eines Krisen-Präventionskonzeptes,
  - fehlende finanzielle Ressourcen,
  - fehlende Infrastruktur,
  - andere Gründe.

Ca. 48 % aller Reiseveranstalter halten für den Krisenfall bzw. schon im Vorfeld einen oder mehrere Mitarbeiter aus unterschiedlichen Abteilungen bereit. Psychologisch geschulte (eigene) Mitarbeiter für den Krisenfall stellen lediglich ca. 5 % aller Reiseveranstalter zu Verfügung. Jedoch bedienen sich ca. 17 % der Reiseveranstalter externer Psychologen oder Kriseninterventionsteams.

Um eine Krise zu kommunizieren bedarf es auch einiger Überlegungen über die eingesetzten Kommunikationsinstrumente und zwar sowohl für die interne als auch für die externe Kommunikation.

Für die **interne und externe Kommunikation** werden folgende Kommunikationsinstrumente, wenn auch in unterschiedlicher Reihenfolge, eingesetzt:

- persönliche Gespräche,
- E-Mail und Telefax, ggf. auch Telex,
- Telefon-Hotline,
- Betriebsversammlungen,
- Internet, Intranet, Rundbrief,
- Kundenzeitschrift, Mitarbeiterzeitschrift und Newsletter,
- Chatroom,
- Radio und TV.

Bei oder nach Eintritt einer Krise ist es für ein Unternehmen ausgesprochen ratsam, vertrauensbildende Maßnahmen dem Kunden, seinen Angehörigen sowie der Allgemeinheit/Öffentlichkeit gegenüber zu ergreifen. Solche vertrauensbildende Maßnahmen könnten beispielsweise sein:

- Kulanzen bei Umbuchungen und Stornierungen,
- erweiterte und geduldige telefonische Beratungsgespräche,
- Sicherheitsgarantien,
- Werbemaßnahmen und Öffentlichkeitsarbeit,
- schnelle und offene Aufklärung,
- Sonderangebote sowie Ersatzleistungen.

Der Bedarf an externen Beratungsleistungen für die Prävention einer Krise wird von lediglich ca. 12 % der Reiseveranstalter als notwendig angesehen. Ca. 21 % der Reiseveranstalter geben an, auf externe Beratungsleistungen im Krisenfall zurückgreifen zu wollen, um die Krise zu „managen".

Lediglich ca. 15 % der Reiseveranstalter sieht ein Bedarf an Versicherungsprodukten für Krisenfälle. Über diese Versicherungsprodukte bzw. Versicherungen werden im Krisenfall diverse Kosten für Beförderungen, Gutachter, Gebühren, Rückholaktionen, Einsatz von Krisenstabsmitarbeitern übernommen.

Gleichwohl ist die Erwartungshaltung der Reiseveranstalter an die touristischen Verbände bezüglich einer erwartenden Unterstützung sehr hoch. So wird von den Verbänden folgendes Leistungsbündel erwartet:

- Beratung zu Rechtsfragen,
- allgemeine Beratung,
- Bereitstellung von Checklisten, um eine Krise „abzuarbeiten",
- Seminare und Workshops,
- weitere der Krisenprävention und der Krisenbewältigung dienliche Maßnahmen und Unterstützung.

3.6 Die Bedeutung der Kommunikationspolitik im Krisenfall

Die Bedeutsamkeit einer Krise resultiert u. a. daraus, dass durch einen einzigen unglücklichen Vorfall das in jahrelanger Öffentlichkeitsarbeit aufgebaute, gute Image eines Unternehmens zerstört werden kann und oftmals auch wird. Die Öffentlichkeitsarbeit soll im Normalfall die Einstellung der Anspruchsgruppen zum Unternehmen positiv beeinflussen durch z. B.:

- Pressekonferenzen,
- Presseveröffentlichungen,
- Kontaktpflege zu den Medien,
- Geschäftsberichte.

Dieselben Kanäle werden/sollen auch in einem Krisenfall benutzt werden. Es bieten sich jedoch zunächst einmal zwei Vorgehensalternativen an; eine **defensive** und eine **offensive Vorgehensweise**.

Die Vorgehensweise bei der **defensiven Strategie** ist wenig erfolgsversprechend, jedoch häufig angewendet:

- Abwarten und Hinhalten,
- Gegendarstellungen aufbauen und vertuschen,
- Abschotten gegenüber den Medienvertretern,
- mit Verleumdungsklagen drohen.

Die Vorgehensweise bei der **offensiven Strategie** besteht in der:

* frühzeitigen Einleitung von Maßnahmen,
* freiwilligen und selbstständigen Information gegenüber allen Wirkungsbereichen,
* Bemühungen um Beseitigung der Problemursachen.

Die **Besonderheit der Krisen-PR** liegt in der Schadensbegrenzung, d. h.

* Schaffung von Verständlichkeit und Transparenz,
* Verdeutlichung der Zusammenhänge,
* Beteiligung und Identifikation der obersten Unternehmensleitung mit dem Vorfall, den Betroffenen und dem Schaden ist anzustreben,
* negative Ereignisse durch die Zwischenschaltung von Medien erfahrbar machen,
* alle Mitarbeiter müssen über die Kommunikationsstrategie informiert und einbezogen sein.

Grundsätzlich gilt: Offenheit, Klarheit und Gradlinigkeit, denn dies führt zur Glaubwürdigkeit und auch zu einer (durch die hohe Aufmerksamkeit, die das Unternehmen gerade genießt) Chance.

3.7 Probleme im Krisenfall

Eine Krise kündigt sich selten im Voraus an. Sie tritt irgendwann ein und trifft das Unternehmen (z. B. Reiseveranstalter, Fluggesellschaft, Busunternehmen) sodann auch mit voller Wucht. Das Unternehmen hat in diesem Moment keine Zeit mehr sich auf die Krise und deren Bewältigung vorzubereiten, sondern das Unternehmen muss bereits vorbereitet sein.

Vorbereitet sein bedeutet innerhalb kürzester Zeit nach Eintritt der Krise (z. B. einer missglückten Landung eines Flugzeuges mit Personenschaden) einen **Krisenstab** einzuberufen, in dem geschulte Mitarbeiter, nach genau festgelegten **Aufgaben, Tätigkeiten und Entscheidungshierarchien** sofort tätig werden, Folgendes zu leisten:

* alle nötigen Maßnahmen zur Rettung, Evakuierung zu organisieren und zu koordinieren,
* Kontakt mit Krankenhäuser und Hilfestellung der Geschädigten vor Ort,
* Überprüfung des Versicherungsschutzes der Betroffenen, um sicherzustellen, welche maximalen Leistungen dem Geschädigten zugute kommen können,
* 24-Stunden-Telefondienst, um die telefonischen Anfragen zur Katastrophe zu beantworten,
* Information der Familienmitglieder und Verwandten,
* Organisation von Maßnahmen, die von den jeweiligen lokalen Behörden sowohl im Zielgebiet als auch im Quellgebiet erbracht werden müssen,
* Organisation der Rückführung der verletzten, erkrankten und verstorbenen Personen,
* Organisation der Pressearbeit, um einen möglichen Imageschaden vom Unternehmen abzuwenden.

Nicht jedes Unternehmen ist ohne Vorbereitung in der Lage, innerhalb kürzester Zeit über eine derartige Infrastruktur und das dafür geeignete und geschulte Personal zu verfügen. Es muss also gewährleistet sein, dass innerhalb kürzester Zeit alle relevanten Mitarbeiter in die Zentrale einberufen werden und dort ihre Tätigkeit aufnehmen können.

Um eine solche Krise zu meistern kann man einerseits eigene Mitarbeiter abteilungsübergreifend auswählen und diese zu einem Krisenteam zusammenstellen und über regelmäßige Schulungen, Meetings, Durchspielen und Simulation von Krisen sicher stellen, dass das Team jederzeit einsatzbereit ist. Andererseits kann man im Krisenfall auf externe Interventionsteams zurückgreifen, die sozusagen als externe Task-Force-Einheit das Krisen-Management übernimmt.

Die dritte Variante ergibt sich aus den ersten zwei Möglichkeiten und stellt gewissermaßen das Optimum dar – eigene Mitarbeiter mit der zusätzlichen Unterstützung einer externen Task-Force-Gruppe, die auf Krisen-Management spezialisiert ist. Andere Partner für das Krisen-Management sind spezialisierte Unternehmens- und Krisenberatungen, die jedoch oftmals für touristische Unternehmen und deren mittelständische Prägung preislich nicht interessant sind.

In jedem Fall benötigt jedes Unternehmen einen „Fahrplan" für den Krisenfall. Es ist jedem Unternehmen dringend anzuraten, ein Handbuch zu erstellen, welches für alle Mitarbeiter den „Fahrplan" für die Bewältigung der Krise aufzeigt.

Zu beachten ist, dass das **Handbuch** von den Mitarbeitern mit erstellt und von externen Beratern mit unterstützt wird. Weiterhin sollten regelmäßige (mindestens einmal im Monat) Treffen stattfinden, um die Gültigkeit der Informationen (z. B. Telefonnummern, Ablaufpläne u. v. m.) zu überprüfen und permanent anzupassen.

Neben dem Handbuch für die Mitglieder des Krisenteams sollte auch noch ein Handbuch mit wichtigen Informationen für die Einsatzleiter erstellt werden und ebenso regelmäßig aktualisiert werden.

3.8 Krisenhandbuch

Inhalte des Handbuches sollten und könnten sein:

* verantwortliche (Einsatzleiter), Teammitglieder und alle sonstigen Ansprechpartner,
* Anzahl der Mitglieder und des Einsatzteams und der Teamleiter,
* genaue Auflistung der Abteilungen, der Personen und deren Funktion im Einsatzteam mit genauer Kontaktmöglichkeit (Telefon, Fax, Pager u. v. m.) auch während der Freizeit,
* weitere Personen, die benachrichtigt werden müssen/können/sollen aufgrund ihrer Entscheidungsbefugnis oder aufgrund ihrer unterschiedlichen Kompetenzen,
* Ablaufplan für die bei Krisenfällen notwendigen, immer einzuleitenden Schritte und Maßnahmen.

Regelung des Bereitschaftsdienstes

- Einteilung des Bereitschaftsdienstes mittels eines wöchentlichen Einsatzplanes, in welchem die Einsatzmitglieder rund um die Uhr Bereitschaft haben sowie deren Erreichbarkeit außerhalb der regulären Dienstzeit,
- Änderungsprocedere des Bereitschaftsdienstes,
- Bereitschaftspflichten (stetige Erreichbarkeit, Anforderungen an die Freizeitplanung, Zeitvorgaben, nach denen sich das Bereitschaftsmitglied nach Meldung einer Krise im Krisenzentrum einzufinden hat),
- Bereitschaftskontrolle; kann durch Testanrufe bei den einzelnen Bereitschaftsmitgliedern erfolgen, um sicherzustellen, dass jedes Mitglied stets auf den Ernstfall vorbereitet ist,
- Vergabe und Einsatz von Mobiltelefonen, Ladegeräten, Berücksichtigung von Funklöchern (z. B. am Wohnort eines der Teammitglieder), Einweisung Telefonanlagen,
- regelmäßiger Infodienst sowie Schulungen und Übungen; Einweisung in das Handbuch, regelmäßige Vorträge und Briefings durch den Betriebs-Psychologen, Ärzte, Rechtsanwälte,
- Organisation von ein bis drei Probealarmen im Jahr, um auch die Funktion der Computer und der für den Notfall vorgesehenen Software-Programme und Tools auf die Bereitschaftsfähigkeit zu überprüfen.

Alle benötigten Vertragspartner und sonstige Partner

- Vertragspartner können z. B. Versicherungen und Reiseversicherungen sein, über die das normale Tätigkeitsrisiko oder der betroffene Kunde abgesichert ist,
- Behörden (Polizei, Innenministerium, Auswärtiges Amt, Wirtschafts- und Verkehrsministerium), mit denen im Krisenfall die Zusammenarbeit zwingend sein kann,
- medizinische und psychologische Dienst einer Assistance,
- Psychologen-Teams,
- Medien- und PR-Agenturen.

Räumlichkeit

- es muss ein Raum bereit stehen, welcher im Krisenfall als Krisenzentrum dient; die Anforderungen an diesen Raum sollten sein: genügend Telefonanschlüsse, genügend PC-Arbeitsplatzmöglichkeiten, Roll-Container mit ausreichendem Büromaterial, Beamer, Fernseher,
- in jedem Roll-Container muss eine Grundausstattung an Formularen, Schreibzeug, Ersatztelefonen, Headsets sowie Ersatzbatterien für selbige, Kopien der Handbücher und des Einsatzleiterhandbuches, Stundenzettel, wichtige Informationen für die Mitarbeiter und Einsatzleiter, Anleitungen für Telefonanlagen, Passwörter für die Computer, Aufkleber mit Informationen die häufig verwendet werden (Telefon-, Faxnummer, Internetadressen) sein,
- sonstige Gerätschaften wie ausreichend Faxgeräte, Kopierer, Papiershredder,
- Sicherung des Raumes und Zugangskontrolle nur für Berechtigte.

Alarmierung aller Beteiligten im Krisenfall

- tritt der Krisenfall ein, wird der Dienst habende Einsatzleiter alarmiert (ggf. auch sein Stellvertreter),

- anschließende Benachrichtigung (im Schneeballsystem) aller Mitglieder des Einsatzteams,
- erste Auswertung der Information und Vornahme einer Einstufung der Krise,
- anschließende Benachrichtigung aller weiterer Partner und Mitglieder, die für die jeweilige Einstufung der Krise nötig sind.

Alle relevanten Maßnahmen sowie die Befehls- und Kommandostruktur

- Entscheidend ist die Festlegung mittels Organigramm/Diagramm der Befehls- und Kommandostruktur. Das bedeutet, dass im Krisenfall sehr viele Einzelentscheidungen getroffen werden müssen, die durchaus schwerwiegende Folgen finanzieller, rechtlicher als auch medizinischer Art haben können. In diesem Zusammenhang ist es für die professionelle Abwicklung ausgesprochen wichtig, eine klare Unter- und Überstellung zu haben. Es muss klar geregelt sein, wer welche Art von Entscheidungen in der Wirkung bis zu welcher finanziellen Höhe treffen darf und wer nicht. In dieser Entscheidungsstruktur müssen alle Entscheider (aus dem eigenen Unternehmen als auch die Entscheider aus den Partnerunternehmen, z. B. Unternehmensführung einer Reiseversicherung, die die Kunden versichert hat) beteiligt sein.
- Aufgabenfestlegung nach Teamleiter/Einsatzleiter und dem Team, Zuständigkeiten, wer Aufträge für Rückholung erteilen darf, wer Informationen an die Presse weitergeben darf, mit entscheidenden Stellen Kontakt hält und Arbeitsaufträge verteilt.
- Strengstens auf Datenschutz achten und nach Beendigung des Einsatzes werden alle Informationen datenschutzgerecht entsorgt.
- Der Einsatzleiter oder sein Stellvertreter hat für die reibungslose interne Organisation zu sorgen; Verstärkung und/oder Austausch von Mitarbeitern, Verpflegung, regelmäßige Versorgung mit Informationen, Einhaltung der Bestimmungen des Arbeitszeitgesetzes.
- Aufteilung der Aufgabenkette; Gesprächsannahme, weitere Bearbeitung, Aufnahme und Speicherung der Informationen, Weiterleitung zur Entscheidung, Ablage und Vernichtung der Informationen.
- Übergabe/Schichtwechsel während des Einsatzes.

Ende des Einsatzes

- Die Beendigung des Einsatzes erfolgt nach vorher genau definierter Situation und Überlegung.
- Der Einsatzleiter erstellt einen umfassenden Abschlussbericht zur Dokumentation aller Abläufe und durchgeführten Maßnahmen. Darin müssen u. a. folgende Informationen enthalten sein: Protokoll über den gesamten Einsatz, Übersicht über alle eingegangenen Anrufe, gesammelte Kontaktdaten, aufgenommene Gesprächsnotizen, schriftliche Vereinbarungen und Entscheidungsgrundlagen, detaillierte Übersicht über die Bereitschaftsstunden der Mitglieder des Krisenstabs.
- Auswertung und Briefing mit den Mitgliedern des Teams.

4. Lean-Management

Lean-Management (engl. lean = schlank, mager) ist ein „schlankes Management", das der Verbesserung der Produktivität und Wirtschaftlichkeit dient. Hierbei wird durch Vereinfachung von Arbeitsabläufen und durch Delegation von Verantwortung in die unteren Führungsebenen eine Verflachung von Hierarchien (Verringerung von Führungsebenen) angestrebt. Durch die „Verschlankung" von Strukturen, eine Beschleunigung von Arbeitsabläufen und Teamarbeit soll eine fortwährende Verbesserung für alle Bereiche und Funktionen des Unternehmens errichtet werden.

Lean-Management ist eine Sonderform der Führungstechnik „Management by Delegation". Lean-Management ist die Weiterführung des Lean Production (bedeutet schlanke Produktion) mit der a priori Zielsetzung Gewinn und Existenzsicherung des Unternehmens und wurde erstmals in den 50er-Jahren in Japan angewendet und war eine Gegenbewegung zur Massenproduktion (Fordismus). Diese Führungstechnik wurde erstmals im produzierenden Gewerbe eingesetzt (Automobilindustrie). Lean Production verschmilzt alle Funktionen vom Top-Management über die Angestellten und Arbeiter bis zu den Zulieferern zu einem geschlossenen System. Dieses System soll/kann schnell und wirtschaftlich auf die Änderungen von Konsumwünschen im Markt reagieren.

Groth und *Kammel* definieren Lean-Management folgendermaßen: „Ein pragmatisches, ganzheitliches, integratives Konzept der Unternehmensführung mit strikter Ausrichtung auf Kundenzufriedenheit, Marktnähe und Zeiterfordernissen, auf die Durchgängigkeit der auf Kernfunktionen konzentrierten Wertschöpfungskette, auf die kontinuierliche gleichzeitige Verbesserung von Produktivität, Qualität und Prozesse sowie auf die bestmögliche Nutzung des Humankapitals des Unternehmens".

4.1 Eigenschaften, Kernelemente und Probleme des Lean-Management

Die **Eigenschaften des Lean-Managements** lassen sich wie folgt zusammenfassen:

- diese Managementform beruht auf Ganzheitlichkeit und Integration aller Akteure eines Unternehmens,
- ist eine Kombination aus klassischem Handwerksbetrieb und Massenproduktion,
- strebt eine ständige kundenorientierte Verbesserung an,
- strebt die Elimination von Verschwendung an,
- versucht alle Arbeitsprozesse synchron und simultan zu erledigen,
- baut Überkomplexitäten ab,
- strebt nach Qualität zu geringen Kosten sowie durch gut ausgebildete und motivierte Mitarbeiter,
- Fokus liegt auf den Kernkompetenzen.

Die Mitarbeiter verfügen über ein hohes Maß an zeitlicher und sachlicher Selbstständigkeit. Sie übernehmen die Entwicklung, Materialdisposition, Fertigung, Instandhaltung, Kalkulation und Vertriebsplanung. Ausgangspunkt ist die Annahme, dass der Mitarbeiter den Sinn seiner Arbeit erkennt und für die Aufgaben motiviert wird. Deshalb wird jedem einzelnen Mitarbeiter auch die Mitverantwortung für das Produkt und seine Qualität übertragen.

Die **Kernelemente des Lean-Management** sind:

- bessere Produktqualität durch neue Produkt- und Dienstleistungsideen sowie mehr Verbesserungsvorschläge im Rahmen des betrieblichen Vorschlagswesens (BVW) und durch den kontinuierlichen Verbesserungsprozess (KVP),
- flachere Hierarchien und Reduzierung der Fertigungstiefe; Hierarchiestufen werden reduziert, Mitarbeiter bekommen mehr Verantwortung und ggf. mehr Entscheidungskompetenz,
- Integration der Zulieferer,
- Just-in-time-Produktion,
- Outsourcing,
- Total-Quality-Management,
- Simultaneous Engineering,
- Wettbewerbsvorteile durch Flexibilität gegenüber Kundenwünschen,
- Kosteneinsparungen durch weniger Nachbesserungen und Reklamationen,
- kürzere Lieferzyklen und geringe Lagerbestände.

Die **Probleme des Lean-Managements** sind:

- kein echter Wert an sich,
- keine Überzeugung der Unternehmensführung von dieser Managementform,
- Mitarbeiter müssen vorbereitet und sensibilisiert werden,
- starke interne Widerstände bei Outsourcing,
- fehlende Belohnungs- und Incentivesysteme für Mitarbeiter,
- Lean-Management ist nicht die Lösung des Hauptproblems, sondern nur Hilfsmittel zur Problemlösung bzw. Problemvermeidung.

4.2 Prinzipien und Leitgedanken des Lean-Management

Die **Prinzipien des Lean-Managements** sind:

- **Kaizen-Prinzip:** Kaizen kommt aus dem Japanischen und bedeutet der Weg/Wandel zum Guten (Kai = Wandel, Zen = das Gute). Das Kaizen-Prinzip strebt in allen Unternehmensbereichen permanente Veränderungen an. In deutschen Unternehmen wird dies durch den Kontinuierlichen Verbesserungsprozess – KVP – gewährleistet.
- **TQM – Total-Quality-Management Prinzip:** Das TQM geht von einer absoluten Fehlerfreiheit der Produkte und Dienstleistungen aus und setzt auf dauerhafte und verstärkte Mitarbeiterschulung.
- **Just-in-time-Prinzip:** Produktionssynchrone und kostengünstige Materialbeschaffung, um einen schnelleren Fertigungsfluss zu erreichen.

Die **Leitgedanken des „schlanken Denkens und Handelns"** lassen sich in fünf Leitgedanken des Lean-Managements zusammenfassen:

Proaktives Denken bedeutet, dass künftige Handlungen vorausschauend durchdacht und gestaltet werden. Weitere Kerngedanken sichern den Erfolg unternehmerischen Handelns:

- Agieren statt reagieren: Die Prozesse vorausschauend unter Kontrolle bringen,
- alle Handlungen umfassend vorbereiten: Probleme frühzeitig lösen,
- Prozess- statt Ergebnisorientierung; Proaktivität setzt auf dauerhafte Weiterentwicklung der eigenen Stärken und nicht auf kurzfristige Erfolge.

Eine gelungene Checkliste von *Bösenberg/Metzen* vermag den Unterschied zwischen proaktivem und reaktivem Denken zu dokumentieren.

Merkmal	Proaktives Denken	Reaktives Denken
Führungsverhalten	leistungsbetont	machtbetont
Führungsideale	Krisenvermeider	Krisenmanager
Aufgabenannahme	initiativ	abwartend
Aufgabenerledigung	gestaltend	ausführend
Zukunftssicht	optimistisch	pessimistisch
Übernahme von Verantwortung	bereitwillig	widerstrebend
Unternehmensklima	konstante Leistung	Aktionismus
Auftreten überraschender Probleme	selten	häufig

Tab. D. 4.1: Unterschiede zwischen proaktivem und reaktivem Denken
Quelle: Bösenberg/Metzen, o. J.

Sensitives Denken ist geprägt von einer Informationsoffenheit nach innen und nach außen; das bedeutet, dass alles Wissen im Unternehmen auch zirkulieren muss, um frühere Fehler zu vermeiden. Weitere Kerngedanken sind, das auch Gefühle und Stimmungen neben Fakten als Entscheidungsfaktoren akzeptiert werden und Störungen von außen als Anregungen für eine weitere Entwicklung akzeptiert werden.

Auch hier wurde von *Bösenberg/Metzen* eine Checkliste entwickelt, nach welcher prägnante Unterschiede zwischen sensitivem und repressivem Denken dargestellt werden.

Merkmal	Sensitives Denken	Repressives Denken
Informationsaufnahme	offen	gesteuert
Information Vorgesetzter	offen	glorifizierend
Kommunikation	vernetzt, 2-Weg	1-Weg
Anweisungen	Vorschlag	Befehl
Lernfähigkeit	hoch	gering
Veränderungsbereitschaft	hoch	gering
Reaktion auf Fehler	verbessernd	bestrafend
Reaktion auf Kritik	zuhörend	abwehrend
Eigenbild	realistisch, kritisch	glorifizierend

Tab. D. 4.2: Unterschiede zwischen sensitivem und repressivem Denken
Quelle: Bösenberg/Metzen, o. J.

Ganzheitliches Denken: Ganzheitliches Denken vermag, gerade in Zeiten der Marktliberalisierung und Globalisierung mehr Probleme und Problemlösungen zu erkennen.

Der Wert des eigenen Handelns und Denkens richtet sich nach dem Nutzen für das Unternehmen. Die Kommunikation beim ganzheitlichen Denken beruht auf Netzwerken und nicht auf dualen Beziehungen.

Potenzialdenken: Potenzialdenken bedeutet die Erschließung aller Ressourcen; Mitarbeiter, Lieferanten, Geschäftspartner, Kunden und Wettbewerber müssen als Ressourcen genutzt werden. Ferner werden bei diesem Denkansatz gleichgerichtete Interessen zwischen allen Interaktionspartnern geschaffen und der gemeinsam erzielte Nutzen muss gerecht verteilt werden.

Ökonomisches Denken: Ein wichtiges, vom Lean-Management verfolgtes Prinzip, besteht in der Vermeidung von Verschwendung. Dieses Prinzip schließt ökonomisches Denken mit ein. Ökonomisches Denken bedeutet Sparsamkeit nach innen und nach außen, aber nicht vor und am Kunden. Konflikte jedweder Art bedeuten Kosten, sowie alle nicht Wert schöpfenden Tätigkeiten Verschwendung bedeuten.

4.3 Grundstrategien und Arbeitsprinzipen des Lean-Management

Diese **Grundstrategien** können als „Musterlösung" für die wichtigsten internen Aufgaben eines Unternehmens gelten:

- **kunden- bzw. gastorientierte schlanke Fertigung der Produkte:** Durch Vermeidung kostspieliger Lagerhaltung aber auch durch gezielten Einsatz der Mitarbeiter zu dem Zeitpunkt wo die Kundenfrequenz am höchsten ist,
- **Unternehmensqualität in allen Bereichen:** TQM – Total Quality Management muss in allen Bereichen und auf allen Ebenen praktiziert werden. Qualität muss zur zentralen Größe im Unternehmen werden,
- **schnelle, sichere Entwicklung und Einführung neuer Leistungen:** Entwicklungszeit wird heutzutage als Wettbewerbsfaktor betrachtet, parallele statt sequenzielle Aufgabenerledigung,
- **Kunden gewinnen und erhalten**,
- **wachstumsfähig bleiben** durch gezielten Kapitaleinsatz, durch Vertrauen zwischen Kapitalgeber und Kapitalnehmer, durch attraktive Unternehmensentwicklung und massiven Einsatz bei strategischen Projekten,
- **Unternehmen in die Gesellschaft einbinden:** Das Unternehmen als eine Familie betrachten, die man in die Gesellschaft einbindet, in die gesellschaftliche und wirtschaftliche Umwelt aktiv einbezieht, denn Konflikte sind teuer und aufwendig. Konfliktvermeidung durch Kooperationen.

Die wichtigsten Arbeitsprinzipien des Lean-Managements stellen gewissermaßen die „Sprache" der Arbeitsorganisation dar. Diese Arbeitsprinzipien zeigen dem delegationsunabhängigen Mitarbeiter Lösungswege für neue Situationen auf. Sie geben Anweisungen für die Umsetzung. Diese Prinzipien sind:

- **Zusammenarbeit in der Gruppe und im Team:** Der Konsensgedanke sollte bei der Lösung der Aufgabe dominieren, kein Wettbewerb in der Gruppe, im Team,

- **Eigenverantwortung:** Jede Tätigkeit wird in Eigenverantwortung durchgeführt,
- **Feedback**: Die Rückkopplung und die Reaktionen von der Außenwelt, den Kunden, der eigenen Organisation dienen zur Steuerung des eigenen Handelns,
- **Kundenorientierung:** Die Wünsche der Kunden und Gäste haben Priorität,
- **Wertschöpfung hat oberste Priorität:** Wert schöpfende Tätigkeiten haben im Unternehmen oberste Priorität,
- **Standardisierung und Formalisierung** sollen durch einfache Dokumentation erfolgen,
- **ständige Verbesserung des Leistungsprozesses** soll das tägliche Denken bestimmen,
- **sofortige Fehlerbeseitigung:** Fehlerbeseitigung soll sofort an der Wurzel des Problems, des Fehlers erfolgen,
- **Vorausdenken und Vorausplanen:** Als ideal gilt die Vermeidung von Fehlern und nicht deren (sofortige) Beseitigung,
- **kleine aber sichere und beherrschte Schritte:** Das Feedback auf jeden Schritt steuert den nächsten,
- **Integriertheit und Systematik aller betrieblichen Prozesse,**
- **Interdisziplinarität,**
- **Permanenz, Konsequenz und Perfektion.**

Als **Hilfsinstrumente** des Lean-Managements gelten das Controlling und das Benchmarking. **Controlling** ist ein Konzept der Unternehmenssteuerung, das die Funktionen Information, Analyse, Kontrolle, Planung und Steuerung einschließt. Mit der Zielsetzung der Unternehmenssteuerung ist Controlling zukunftsorientiert, da es die Erreichung vordefinierter Ergebnisse überwacht und bei Abweichungen eingreift.

Benchmarking bedeutet „Lernen vom Besten" und wird von *Hillen* „als eine strukturierte Methode zur Aufdeckung eigener Leistungslücken durch Vergleiche mit Bestleistungen (Benchmark) mit dem Ziel, durch die gewonnenen Erkenntnisse die Leistungslücken zu schließen und durch ständige Verbesserung auf Dauer eine Spitzenposition zu bekleiden" definiert.

Nachfolgend einige konkrete Auswirkungen des gelebten und praktizierten Lean-Managements auf das Unternehmen, seine Führung, die Erstellung von Produkten und Dienstleistungen sowie deren Abläufe:

- bessere Produktqualität, durch mehrere Produktideen und Verbesserungsvorschläge,
- mehr Gruppenarbeit (Teams mit hohem Fachwissen und Teamgeist),
- kaum Lagerbestände (Anpassung an die Fertigungssituation) und kaum Über- oder Unterbesetzung durch Mitarbeiter,
- kürzere Lieferzyklen durch intensive Zusammenarbeit mit den Lieferanten,
- niedrige Fertigungskosten durch weniger Maschinenausfälle, kürzere Rüstzeiten,
- Wettbewerbsvorteile durch Flexibilität gegenüber Kundenwünschen,
- flachere Hierarchien durch Reduktion der Fertigungstiefen, Outsourcing und Trennung von unproduktiven Mitarbeitern.

4.4 Umsetzung des Lean-Management in einem Unternehmen der Tourismusbranche

In der Tourismusbranche wurde Lean-Management bis vor einigen Jahren kaum problematisiert. Der Grund dafür lag in der Tatsache, dass die Tourismusbranche (bis auf wenige Ausnahmen) sehr stark klein- und mittelständisch geprägt war und dies zum Teil auch heute noch ist. Vor einigen Jahren begann eine langsame „Industrialisierung" der Tourismusbranche. Industrialisierung bedeutete, dass Unternehmen sehr starken vertikalen Integrationsprozessen ausgesetzt waren. Diese Prozesse sind bis heute noch nicht ganz abgeschlossen. Reiseveranstalter hatten den Wunsch, an allen touristischen Wertschöpfungsstufen zu partizipieren. Sie kauften oder gründeten eigene Fluggesellschaften, Hotels, Zielgebietsagenturen, Mietwagen-Makler und bauten den Eigen- und Direktvertrieb aus. Die Folge dieser vertikalen Integrationsprozesse war und ist die Konzernbildung. Vormals in ihrer Größe überschaubare Unternehmen wuchsen nun zu Konzernen heran.

In diesem Stadium begann auch in der Tourismusbranche Lean-Management eine Rolle zu spielen. Durch die dazu gekauften oder neu gegründeten Unternehmen entstanden zwangsläufig unterschiedliche „Fertigungstiefen" und Produktionsplattformen. Auf Dauer bedeutet dies, dass diese Unternehmen kaum noch steuerbar sind, da durch die Kommunikation zu viele Reibungsverluste auftreten. Im Einzelnen bedeutet dies eine Reduktion der Fertigungstiefen, Zusammenlegung von Produktionsplattformen und Straffung des Vertriebs bzw. der Vertriebsorganisationen. Die geht sodann einher mit der Verflachung der Unternehmenshierarchien und einer schlankeren Struktur des Unternehmens.

- Teamarbeit bei Einzelleistungen, die vom Kunden als Einheit gesehen werden,
- Kundenorientierung stärker in den Vordergrund rücken; Kundenbefragungen durchführen, externe/endogene Faktoren mehr berücksichtigen und Beschwerde-Management professionalisieren,
- Informationsmanagement installieren und die Kommunikationskultur pflegen,
- Integration der Zulieferer (z. B. Beherbergungsbetrieb, Fluggesellschaften, Destinationen), denn die Qualität der Einzelleistungsträger entspricht (so wird sie vom Kunden wahrgenommen) der Qualität des Gesamtleistungsträgers (z. B. Reiseveranstalter),
- Outsourcing (weil Fokus auf Kernkompetenz) der Bereiche, z. B. Werbung, PR, Kataloggestaltung, Werbemittelproduktion, Buchhaltung.

5. Projekt-Management

Projekt-Management bedeutet die Planung und Durchführung einmaliger Vorhaben. Ein einmaliges Vorhaben könnte die Entwicklung eines neuen Produktes sein, die Umstellung auf eine andere Software, Umzug und Bezug eines neuen Bürogebäudes und Aufbau einer neuen Produktlinie. Projekte zeichnen sich durch folgende Merkmale aus:

- **Einmaligkeit**,
- **Dauer** – zeitliche Begrenzung,
- **Komplexität** – Schwierigkeitsgrad ist grundsätzlich hoch,
- **Umfang** – geht über einzelne Unternehmensbereiche hinaus,
- **Risiko**.

5.1 Projekt-Management im Tourismus

Im Tourismus als aufstrebende und sich in ständigem Wandel befindliche Branche ist Projekt-Management eine häufig anzutreffende Management Form, da viele Vorgänge erstmalig und mit einem hohen Komplexitätsgrad und Risiko verbunden sind. Nachfolgend werden für den Tourismus typische Beispiele für Projekt-Management genannt, sowie zwei Beispiele näher beschrieben.

- Fusionen im Reisemarkt,
- Planung von Events und Veranstaltungen,
- Einführung eines neuen IT-Systems,
- Aufbau einer neuen Destination,
- Aufbau einer neuen Produktlinie/Produktgruppe,
- Einführung von Lean-Management oder einer anderen Managementform.

Fusionen im Reisemarkt: Durch die starke Mittelstandsprägung und der damit einhergehenden Gefahr des Marktaustrittes kam es in der Vergangenheit zu Konzentrationsprozessen. Viele Unternehmen leiteten eine Phase der Konsolidierung ein. Eine Möglichkeit bestand in der Fusion mit anderen Unternehmen. Fusionen sind Verschmelzungen von z. T. schon gegenseitig beteiligten Unternehmen, um eine bessere Marktstellung zu erreichen. Da eine Fusion für jedes Unternehmen eine nicht alltägliche Aufgabe ist, ist die Unternehmensführung i. d. R. etwas überfordert. Es gilt Projektgruppen einzusetzen, die das Vorhaben prüfen und zu einer Entscheidungsvorlage für die Geschäftsleitung aufbereiten. So können für folgende Tätigkeiten, Aufgaben und Überprüfungen Projektgruppen eingesetzt werden:

- **Due Diligence Prüfung**,
- **Post Merger Integration**,
- **Prüfung der Integrationsgrade einer Fusionen**, z. B. Erhaltung, Symbiose oder Absorption mit den jeweiligen Chancen und Risiken,
- **Prüfung des Grades der Vereinheitlichung** der einzelnen Integrationsgrade,
- **rechtliche Prüfung der Möglichkeiten einer Fusion** hinsichtlich einer möglicherweise Kollision mit dem Kartellrecht,
- **Überprüfung der Chancen** (z. B. Realisierung von Synergien, Risikominimierung, Optimierung der Strategien),
- **Überprüfung der Risiken**, die durch eine Fusion entstehen (z. B. Probleme bei der Realisierung von Synergien, Verschlechterung des Unternehmenswertes),
- **Zusammenfassung/Entscheidungsvorlage**.

Die eingesetzten Projektgruppen werden in diesem Fall aus Führungs- und Fachkräften des Unternehmens aber auch aus externen Beratern zusammengesetzt.

Planung von **Events und Veranstaltungen;** gerade im Tourismus, wo eine Dienstleistung erstellt wird, die ein Trägermedium benötigt ,um den Kunden aber auch den Verkäufern die Leistung näher zu bringen, werden viele Events und Veranstaltungen durchgeführt.

Ein **Event** ist eine Veranstaltung, die durch die Einmaligkeit des Ereignisses in der Wahrnehmung der Besucher zu einer besonderen Veranstaltung wird. Demzufolge müssen die Organisation und die Inszenierung hervorragend sein. Events sind inszenierte Ereignisse im Rahmen der Unternehmenskommunikation, die durch erlebnisorientierte firmen- oder produktbezogene Darstellungen emotionale und physische Reize darbieten und einen starken Aktivierungsprozess beim Besucher auslösen.

Bei **„normalen" Veranstaltungen** stehen i. d. R. Daten, Fakten und Informationen im Vordergrund, sie dienen der Kontaktpflege und bedürfen einer sorgfältigen Planung, Vorbereitung, Durchführung und Nachbereitung. Beispiele für Veranstaltung im Tourismus sind:

- Messen, Ausstellungen und Verkaufsveranstaltungen,
- Kongresse, Konferenzen und Tagungen,
- Feste, Jubiläen und Feiern,
- Produktpräsentationen und Tourneen,
- Seminare, Schulungen, Informationsreisen, Vortragsreihen.

Jedes Event ist eine Veranstaltung aber nicht jede Veranstaltung ist ein Event. Die Organisation erfolgt bei beiden über Projekt-Management, d. h.

- es werden eindeutige Zielvorgaben formuliert,
- eine zeitliche, personelle und finanzielle Begrenzung ausgesprochen,
- die Veranstaltung/Event weist einen hohen Komplexitätsgrad auf,
- das Erste ist etwas Einmaliges (eine Messe, z. B. die ITB findet zwar jedes Jahr statt, dennoch ist der Auftritt von Jahr zu Jahr verschieden, die Pavillons sind anders gestaltet, der Standort kann ein anderer sein u. v. m.).

Die **Projektorganisation/Veranstaltungsplanung** erstreckt sich auf die

- Zielsetzung der Veranstaltung/Event,
- Teilnehmerkreis, z. B. intern und extern,
- Terminfestlegung, wenn nicht vorgegeben,
- Ortsfestlegung, wenn nicht vorgegeben,
- Personalkapazitäten, interne und externe Mitarbeiter,
- Rahmenprogramm, z. B. mit Künstlern, Vortragenden aus Wirtschaft und Politik,
- Budget, Finanzierung, Sponsoren,
- Nachbereitung.

5.2 Phasen des Projekt-Management

Totale Projektorganisation: Bedeutet, dass die Projektgruppe für die Dauer des Projekts vollständig aus der/den Fachabteilungen herausgelöst wird. Bei dieser Form der Projektführung hat der Projektleiter großen Einfluss, verfügt über weit reichende Kompetenzen und Befugnisse. Kompetenzabgrenzungsprobleme sind bei dieser Form gering, da die Projektgruppe voll dem Projektführer untersteht.

Stabs-Projektorganisation: Die Projektgruppe wird für die Dauer des Projektes nicht aus ihren Abteilungen herausgelöst, d. h. die Mitglieder des Projektes unterstehen nach wie vor ihren Fachabteilungen. Der Projektleiter hat nur die Aufgabe der Koordination und damit wenig Einfluss auf das Projektgeschehen. Die Entscheidungsbefugnisse und -kompetenzen liegen bei den Fachabteilungen.

Begrenzte Projektorganisation: Die Projektgruppe wird für die Dauer des Projektes aus der Fachabteilung zum Teil herausgelöst. Diese Form wird auch als Matrix-Projektorganisation bezeichnet, weil hier eine Doppelunterstellung des Projektmitarbeiters gegeben ist. In technischen Fragen untersteht er seiner Fachabteilung, in kaufmännischen Fragen untersteht er dem Projektleiter. Diese Doppelunterstellung kann zwischen den Aufgabenträgern u. U. zu Kompetenzproblemen führen.

5.3 Projektorganisation

Die Projektorganisation wird vom Projekt-Management vorgenommen und strukturiert die Gestaltung des Projekts in zwei Phasen; die Projektaufbauorganisation und die Projektablauforganisation. In der Phase der Projektaufbauorganisation werden die Formen der Projektführung vom Projektleiter festgelegt.

Projektaufbauorganisation

Projektleiter; der Projektleiter ist eine Führungskraft und er trägt die gesamte Verantwortung für das erfolgreiche Gelingen des Projektes und ist demzufolge mit umfangreichen Befugnissen ausgestattet. Anforderungen an den Projektleiter sind:

- **persönliche Qualifikationen:** Teamfähigkeit, Durchsetzungsvermögen, Kooperationsbereitschaft, Verhandlungssicherheit und Verhandlungsgeschick, Konfliktfähigkeit,
- **fachliche Qualifikationen:** Kenntnisse, Fertigkeiten und Erfahrungen im Umgang mit Organisationsmethoden sowie Organisationstechniken,
- als Projektmanager sorgt er für **laufende Projektabstimmung**, arbeitet Vorschläge zur Lösung auftretender Probleme aus, sammelt und wertet Informationen aus, koordiniert die Beiträge der Projektmitglieder,
- seine **Weisungs- und Entscheidungsbefugnisse** sind von der jeweiligen Form der Projektorganisation abhängig.

Merkmale der Projektleitung sind:

- die Planung, Steuerung und Kontrolle der Termine, des Budgets, des Personaleinsatzes, des sachgerechten Einsatzes von Sachmitteln,
- Verantwortung und das persönliche Eingestehen für die Folgen seiner Handlung,
- verfügt über Anweisungs-, Entscheidungs- und Informationsbefugnis. Ohne die erforderlichen Kompetenzen kann die Projektleitung die ihm übertragenen Aufgaben nicht erfolgreich erfüllen. Die Art der Befugnis hängt vom jeweiligen Projekt ab.

Projektgruppen sind in der Regel nur zeitlich begrenzt mit dem Projekt beschäftigt, oftmals hauptamtlich und vollzeitlich im Rahmen ihrer dienstlichen und beruflichen Verpflichtung. Maßgebend für die Planung und Festlegung einer Projektgruppe sind:

- die Projektaufgaben und ihre Komplexität,
- die Notwendigkeit zur Nutzung unterschiedlicher Kenntnisse und Erfahrungen,
- die Einbeziehung der Fachabteilungen in die Projektarbeit.

Projektablauforganisation

Die Projektablauforganisation, deren Struktur durch Prozesse geprägt ist, kann in folgenden **Phasen** ablaufen:

Projektauslösung: Der Ablauf eines Projektes beginnt mit der Projektauslösung, die nicht zufällig erfolgen sollte. Die Projektauslösung ist sehr sorgfältig zu planen, um die Projektkosten zu begrenzen. Die Projektauslösung umfasst drei Schritte:

- **Problemerkennung:** Die Problemerkennung ist Ausgangspunkt eines Projektes. Als Problem kann die Abweichung zwischen einem gewünschten Soll-Zustand und einem vorzufindenden Ist-Zustand gesehen werden. Der Problemerkennung kommt für den weiteren Verlauf des Projektablaufs und vor allem dem gewünschten Ergebnis große Bedeutung zu. Die Problemerkennung sollte nach objektiven Maßstäben erfolgen.
- **Problemanalyse:** Mit der Problemanalyse werden die wesentlichen Ausprägungen des Problems ermittelt. Diese können mittels einer Schwachstellenanalyse ermittelt werden. In der Praxis wird hier sehr häufig mit Checklisten und Kennzahlen gearbeitet (Vergleich zwischen den Vorgaben und dem tatsächlichen Zustand). Die Problemanalyse umfasst folgende Schritte:
  - sorgfältige Untersuchung des Problems
  - Feststellung und Bedeutung des Problems
  - Ermittlung der Ursachen für das Problem
  - Ausarbeitung von Ansätzen zur Lösung des Problems
- **Projektdefinition:** Die Projektdefinition baut auf die Ergebnisse der Problemerkennung und der Problemanalyse auf. Die Projektdefinition ist die genaue Festlegung der konkreten Projektaufgaben und der Projektziele.

Projektplanung; Projektplanung ist die vorausschauende Festlegung der Projektdurchführung im Rahmen der Projektablauforganisation. Sie umfasst folgende Planungen:

- **Aufgabenplanung:** Die Aufgabenplanung beinhaltet die Ermittlung aller anfallenden Aufgaben eines Projektes und die Festlegung der voraussichtlichen Arbeitsabläufe,
- **Personalplanung:** Mithilfe der Personalplanung wird der Personalbedarf für die Projektgruppe ermittelt, der zur Projektdurchführung eingesetzt werden soll,
- **Terminplanung:** Dient dazu, die benötigten Zeiten zu ermitteln, z. B. unter Verwendung der Netzplantechnik, oder der Balkendiagrammtechnik,
- **Sachmittelplanung:** Beinhaltet die Planung der Projektmittel, z. B. Arbeitsplätze, Arbeitsräume, Büromaschinen, Arbeitsmittel, Kommunikationsmittel,
- **Kostenplanung:** Plant nur die projektbezogenen Kosten für z. B. Personal, Material oder benötigtes Kapital. Ferner sind die Kosten als einmalige oder dauerhafte Systemkosten zu planen. Einmalige Kosten sind Kosten, die durch den Übergang vom alten auf das neue System entstehen und nur einmal anfallen. Dauerkosten sind laufende Systemkosten, die während der gesamten Projektdauer und ggf. darüber hinaus noch als regelmäßige Wartungs- und Überprüfungskosten anfallen,
- **Wirksamkeitsplanung:** Sie bezieht sich auf die Kontrolle der Projektdurchführung und der Systemgestaltung.

Projektentscheidung; folgt als dritte Stufe im Projektablauf. Auch diese Stufe umfasst mehrere Phasen:

- **Projektwertung:** Die Projektwertung dient als unmittelbare Vorbereitung der Projektentscheidung. Üblicherweise liegen für die Beseitigung eines Problems mehrere Alternativen zu Grunde. Zum Beispiel könnte dies eine Verbesserung des bisherigen Systems oder aber eine komplette Ablösung des alten und die Neueinführung eines neuen Systems bedeuten. Die Alternativen sind auf ihre Vorteilhaftigkeit hin zu untersuchen. Man bedient sich hier mehrerer Methoden; Nutzwertrechnungen, Wertkostenanalysen, statische oder dynamische Investitionsrechnungen,
- **Projektentscheidung:** Die unmittelbare Projektentscheidung für eine Alternative wird auf der Basis der Projektwertung getroffen. Die Entscheidung wird i. d. R. von der Unternehmensführung getroffen, da die Auswirkungen die Unternehmensziele kurz-, mittel- und langfristig direkt beeinflussen können. Sehr häufig wird hier in der betrieblichen Praxis ein Ausschuss eingesetzt, bestehend aus externen Beratern aber auch aus Mitarbeitern des Unternehmens, der die Vorlagen für die Entscheidungsfindung durch die Führung des Unternehmens erarbeitet,
- **Projektvorgabe:** Die Projektvorgabe gilt als Abschluss der Projektentscheidung und kann in einem Projektauftrag oder einem Organisationsauftrag bestehen. Hier sollten folgende Angaben in schriftlicher und präziser Form festgehalten werden: Auftragsdefinition, Anlass, Auftragsmittel und ggf. Hinweise zur Auftragsdurchführung.

Projektkontrolle: Die Projektkontrolle besteht in einem Vergleich der geplanten und realisierten Größen sowie der Analyse möglicher Soll/Ist-Abweichungen. Die Kontrolle der Projektdurchführung umfasst:

- Feststellung der Ist-Daten, die mithilfe des Berichtswesens gesammelt werden,
- Ermittlung der Abweichung zu den Soll-Daten (Vorgaben) als absolute Zahl als auch als Prozentwert,
- Analyse der Abweichungsursachen, die vom jeweils zu lösenden Problem abhängig sind,
- Feststellbarkeit der Beeinflussbarkeit von Abweichungsursachen. Sind die Abweichungsursachen beeinflussbar, werden Maßnahmen zu deren Beeinflussung eingeleitet. Eine Änderung des Projektplanes sollte jedoch nicht vorgenommen werden, denn er darf durch Korrekturen (möglicherweise ist dies ja nicht die einzige Korrektur) seinen Vorgabecharakter nicht verlieren,
- die Kontrolle der Systemgestaltung ist wesentlich schwieriger durchzuführen, da ein direkter Soll/Ist-Vergleich nicht möglich ist; vorgegebenes Ziel ist ein Ausdruck von Wunschvorstellung, deren Erreichbarkeit nicht immer sichergestellt ist.

Projektsteuerung: Die Projektsteuerung umfasst alle Maßnahmen, die der Erfüllung der Projektziele und der Beeinflussung von Störgrößen dienen. Sie ist ein projektbezogener Vorgang, bei dem eine oder mehrere Größen als Eingangsgröße andere Größen als Ausgangsgrößen beeinflussen. Die Projektsteuerung wird üblicherweise vom Projektleiter vorgenommen und zwar als:

- **Vorsteuerung:** Hier erfolgt eine Vorwärtskopplung. Dabei wird versucht, etwaige Störungen vor ihrem Eintritt zu eliminieren oder entgegenzuwirken. Die Schwierigkeit in der Vorsteuerung liegt in der mangelnden Vorausbestimmbarkeit und Voraussehbarkeit des Eintrittes von Störungen,
- **Nachsteuerung:** Hier erfolgt eine Rückwärtskopplung. Dabei wird vergangenheitsbezogen gehandelt. Das bedeutet, dass eine Reaktion oder die Einleitung einer Maßnahme nach dem Eintritt der Störung erfolgt.

6. Change-Management

Hinter dem Begriff Change-Management (Veränderungsmanagement) verbergen sich unterschiedliche Problemstellungen, die nur einen gemeinsamen Nenner haben; nämlich dass es um Veränderung geht, von denen eine größere Zahl von Mitarbeitern betroffen sind bzw. sein werden (*Berner*). So unterschiedlich wie die Problemstellungen sind auch die jeweiligen Veränderungsstrategien und Konfliktpotenziale.

6.1 Gründe und Notwendigkeiten für Change-Management

Veränderungen können/müssen vor dem Hintergrund einer gewandelten Unternehmens- und Lebensumwelt betrachtet werden. Sie folgen gleichsam den von *Kondratieff* postulierten „Theorien der langen Wellen", anhand derer sich wirtschaftliche Veränderungszyklen anschaulich erläutern lassen. Die **Gründe** für Veränderungen im Unternehmen sind vielfältig, z. B.:

* Internationalisierung und Globalisierung von Unternehmen und Branchen,
* Einzug neuer Technologien in alle Unternehmensbereiche,
* zunehmende Vernetzung der Branchen und Unternehmen,
* gewandelte und höhere Kundenansprüche,
* Konzentrationsprozesse und Unternehmensfusionen,
* veränderte nationale und internationale Gesetzgebung,
* neuartige Lebensumstände und eine stärkere Demokratisierung der Gesellschaft.

Die **Notwendigkeit** ergibt sich für ein Unternehmen aus Schwächen und Risiken, denen es in einer sich stark und stets veränderten Unternehmensumwelt ausgesetzt ist. Change-Management soll:

* den Wandel im Unternehmen und Organisationen unterstützen,
* die Umsetzungswahrscheinlichkeit erhöhen,
* das Risiko des Scheiterns reduzieren,
* eine neutrale Auseinandersetzung mit Veränderungen ermöglichen,
* Stimmungen kanalisieren und Übertreibungen verhindern,
* Veränderungen nachhaltig gestalten.

Die **Zielrichtung** des Change-Managements kann **extern oder intern** sein.

Externe Zielrichtungen des Change-Managements sind:

* Vertriebs- und marktorientiert sein,
* Fusionen und Zusammenschlüsse anstreben,
* neue Produkte oder Dienstleistungen anbieten,
* neue Standorte aufbauen, neue Quell- und Zielmärkte erschließen,
* Customer-Relationship Programme einführen.

Interne Zielrichtungen des Change-Managements sind:

- Kulturwandel beschleunigen und positiv beeinflussen,
- Kostensenkungsmaßnahmen populär machen,
- Reorganisationsmaßnahmen verständlich machen,
- Kundenorientierung optimieren,
- Einführung neuer Systeme,
- Integration neuer Bereiche.

6.2 Umsetzung von Change-Management im Unternehmen

Was bedeutet Change-Management? **Change-Management** bedeutet:

- Veränderungsprozesse auf Unternehmens- und persönlicher Ebene zu planen, zu initiieren, zu realisieren und zu stabilisieren,
- die planmäßige mittel- bis langfristige Veränderung von Verhaltensmustern und Fähigkeiten, um zielgerichtete Prozesse und Strukturen zu optimieren,
- eine ganzheitliche Betrachtung des Wirkens und des Organisierens,
- die Ausrichtung und Durchführung von Maßnahmen zur Persönlichkeitsentwicklung der Mitarbeiter,
- lernende Organisationen.

Für den permanenten Wandel genügt es nicht, eine Vision zu haben oder zu entwickeln, sondern es gilt vielmehr die Phasen von Veränderungsprozessen zu steuern und zu durchlaufen. *Kotter* empfiehlt einen „Sieben-Stufen-Veränderungsfahrplan", der teilweise oder zur Gänze auch in der Tourismusbranche seit einigen Jahren umgesetzt wird.

Veränderungen können nicht von einer einzelnen Person, sondern müssen von einem Team hochmotivierter Mitarbeiter, einer lebendigen Unternehmensorganisation und einem konstruktiven Miteinander herbeigeführt werden.

Sieben-Stufen-Veränderungsfahrplan nach *Kotter*:

1. Stufe: Bewusstsein für dringenden Änderungsbedarf schaffen
- Markt- und Wettbewerbssituation untersuchen und bewerten,
- Chancen und Risiken erkennen,
- potenzielle Krisen antizipieren,
- Konsequenzen frühzeitig ableiten.

2. Stufe: Visionär führen und messbare Strategien entwickeln
- Team zusammenstellen, welches genügend Überzeugung, Kompetenz und Macht besitzt, den Wandel zu gestalten,
- Vision schaffen, die für die Veränderungsbestrebungen richtungsweisend sind,
- Strategien entwickeln, die zur Realisierung der Vision beitragen,
- Kennzahlen, Richtwerte, Programme und Zielerreichungen ableiten.

3. Stufe: Visionen und Strategien kommunizieren
- alle Möglichkeiten nutzen, um die Visionen und Strategien zu kommunizieren,

- Vorbildwirkung der Führung eines Unternehmens; die Führung lebt das vor, was von Mitarbeitern erwartet wird.

4. Stufe: Kurzfristige, sichtbare Erfolge planen
- große Projekte in kleine Untereinheiten aufteilen, um an sichtbaren Verbesserungen die Erfolge aufzuzeigen,
- Erfolge kommunizieren und Mitarbeiter belohnen.

5. Stufe: Prozessorientierte Steuerung der Veränderungen durch Mitarbeiter
- Strukturen auf die veränderten Rahmenbedingungen ausrichten,
- Mitarbeiter an Neugestaltungen beteiligen,
- Hindernisse beseitigen,
- die Mitarbeiter zur Risikobereitschaft sowie Eigeninitiative und konkreten Handlungen ermutigen.

6. Stufe: Erfolge konsolidieren und Veränderungen institutionalisieren
- Mitarbeiter entwickeln, befördern ggf. neue Mitarbeiter einstellen, die den Wandel realisieren und helfen, die Visionen umzusetzen,
- die Veränderungsprozesse mit Themen besetzen und in Gang halten und beleben.

7. Stufe: Neue Verhaltensweisen kultivieren
- neues Verhalten muss in neuen Normen und Werten verwurzelt sein,
- Beziehungen zwischen veränderten Normen und Verhalten herausstellen und pflegen,
- Maßnahmen entwickeln, die die Führungs- und Unternehmensentwicklung sicherstellen.

6.3 Angewandtes Change-Management im Tourismus

Wie werden bzw. wie wurden diese sieben Stufen bislang in der Tourismusbranche umgesetzt. Betrachten wir diesen Veränderungsprozess am Reiseveranstaltermarkt bezogen auf die letzten Jahre:

Der dringende Wunsch bzw. die dringende Notwendigkeit offenbarte sich durch den veränderten und verschärften Wettbewerb. Reiseveranstalter haben durch ihre Risikoanalysen erkannt, dass offene und verdeckte sowie kurz-, mittel- und langfristige Risiken in ihren Organisationen schlummern. Nicht zuletzt auch bedingt durch die starken vertikalen Integrationsprozesse der letzten Jahre. Reiseveranstalter kauften sich bei Fluggesellschaften, bei Hotels, bei Zielgebietsagenturen und im Vertrieb ein. Durch diese Beteiligungen wurde das Bewusstsein für die Integration der gekauften Unternehmen und deren Konsolidierung geschaffen, sowie die Tatsache, dass ihre verschiedenen Unternehmenskulturen nebeneinander oder parallel existieren, die jedoch eine Weiterentwicklung in empfindlichem und hohem Maße stören würden.

Im **zweiten Schritt** wurden aus diesen „Gemischtwarenläden" Teams mit Mitarbeitern zusammengestellt, welche in hohem Maße flexibel und an Veränderungen im Sinne einer einzigen Unternehmenskultur interessiert waren. Langjährige Führungskräfte auch manchmal die Führungspersönlichkeiten der alten Schule, auch „Bauchtouristiker" genannt, aufgrund ihrer Fähigkeit, intuitiv richtige Entscheidungen zu treffen, wurden im

Zuge der Veränderungsprozesse in Sackgassen verschoben oder das Unternehmen trennte sich von diesen Führungskräften, weil man in ihnen keine Hilfe sah, die anstehenden Prozesse zu beschleunigen oder gar zu bewerkstelligen.

Im **dritten und im vierten Schritt**, die in der Praxis sehr nahe beieinander liegen, wurden neue Visionen und Strategien kommuniziert und durch veränderte Organisationsstrukturen auch kurzfristige Erfolge erzielt, um den langfristigen Erfolg dadurch zu dokumentieren und die Machbarkeit in Aussicht zu stellen. Diese Erfolge wurden sodann über ein professionelles Medienmanagement in der Branche kommuniziert. Dies schaffte zum Beispiel in der Reisemittlerbranche das Bewusstsein und die Erkenntnis, wiederum Veränderungsprozesse anzugehen oder zu beschleunigen, um sich überhaupt noch im Markt behaupten zu können.

Die **fünfte Stufe** führte sodann zu einer völligen Neuausrichtung der geschäftlichen Aktivitäten sowohl in der Produkt- als auch in der Sortimentspolitik (neue Marken, neue Produktlinien). Ebenso wurden neue Produkt- und Produktionsplattformen geschaffen. Stellenbeschreibungen wurden in dieser Phase neu definiert, Arbeitsprozesse verändert aber auch die Belastbarkeit und Strapazierfähigkeit der Mitarbeiter wurde erhöht. Bösartig betrachtet könnte man von einem bewusst herbeigeführtem Arbeits- und Unternehmensklima sprechen, in welchem diejenigen resignierten und letztendlich aus dem Unternehmen ausschieden, die sich mit der Veränderungsform und Veränderungsgeschwindigkeit nicht abfinden wollten.

In der **sechsten Stufe** wurden angefangene Prozesse verfeinert, modifiziert und konsolidiert. Es fand gewissermaßen eine Feinjustierung statt und es wurde das neue Unternehmenscredo geschaffen. In dieser Phase findet auch die Festigung der neu geschaffenen oder veränderten Strukturen statt. Ebenso werden Themen besetzt, um herauszufinden, wie groß die Akzeptanz in der Branche und in der Öffentlichkeit ist.

Als Beispiel sei hier die derzeitige Diskussion um die „Aldisierung" der Touristik oder die Etablierung und Problematisierung der LCA – Low-Cost-Airlines genannt. Hiermit wagt der eine oder andere integrierte Tourismuskonzern sich sehr weit aus seiner Deckung heraus, um u. a. festzustellen, ob die gesamte Branche und/oder die Öffentlichkeit wie reagiert.

In der **siebten Stufe** haben sich neue Unternehmenskulturen gefestigt, neue Gesichter, neue Ideen, neue Umgangsarten und -formen prägen die neue Unternehmenskultur. Gesetzmäßigkeiten, Verhaltensnormen, Geschäftsregeln sind eingeführt und läuten genau genommen bereits die nächsten Veränderungsprozesse ein.

In der Handlungsweise und an der Umsetzung dieser sieben Stufen ist durchaus auch berechtigte Kritik angebracht, denn oftmals wurde das langfristige Veränderungsziel durch konterkarierte kurzfristige Erfolge und hektischem Aktivismus gefährdet.

An den zwei folgenden Beispielen Reisebüro und Fluggesellschaft, sollen die aus der Notwendigkeit abgeleiteten Umsetzungen dargestellt werden. Im Reisebüro erfolgt der Change-Managementprozess anhand folgender ausgewählter Bereiche:

- Notwendigkeit zur Auseinandersetzung mit den Neuen Medien bestimmt den Markt,
- Online-Buchungen der Kunden bieten für die Reisebürokunden Einsparpotenziale,
- auch die Tourismusbranche kann von den Buchungen über Internet-Booking-Engines (IBE) profitieren,
- zunehmende Bedeutung des Internets als Kommunikationsmedium im Tourismus,
- Nutzung neuer Medien im Reisebüro bieten Potenziale für folgende Bereiche: Z. B. Information, Kommunikation, Buchung und Verkaufsunterstützung,
- Informationen, die das Beratungsgespräch optimieren, sollten höchste Priorität haben,
- die am häufigsten genutzten Web-Seiten dienen der besseren Beratungsqualität,
- Informationsverhalten der Kunden setzt den Reisebüromitarbeiter unter Druck,
- Motivation der Mitarbeiter ist ein beeinflussbarer Prozess und kein Charakterzug,
- die effiziente Nutzung der Neuen Medien bietet mehr Potenziale als auf den ersten Blick ersichtlich ist, z. B. Prozessoptimierung, Organisations- und Erlösoptimierung sowie Kundenbindung.

Am Beispiel der Personalentwicklung der deutschen Lufthansa wird gelebtes Change-Management dokumentiert.

| Internationalisierung der Personalentwicklung (Deutsche Lufthansa) ||
Früher	Heute
Deutschland-zentriertes Konzept	International ausgerichtetes Konzept
Rekrutierung in Deutschland	Internationale Rekrutierung
Entsendung der Mitarbeiter ins Ausland hauptsächlich aus Deutschland	Dreidimensionale Entsendung
Anforderungsprofile ohne internationalen Bezug	Auslandsvoraussetzung als wichtige Voraussetzung
Aufstiegsorientiertes Laufbahnsystem	Rotationsorientiertes Laufbahnsystem
Auslandslaufbahnen	Auslandseinsatz als Entwicklungsbaustein
Deutschland-zentriertes Trainingsystem	Kooperation mit ausländischen Partnern
Eindimensionale Potenzialerhebung	Potenzial-Gesprächsrunden

Tab. D. 6.1: Internationalisierung der Personalentwicklung
Quelle: in Anlehnung an Czapran, 2005

6.4 Risiken und Schwächen des Change-Management

Die Fehlschlagrisiken bei der Umsetzung von Change-Management sind beträchtlich. Die wichtigsten Risiken sind:

- Konfliktpotenziale,
- Widerstand der Mitarbeiter und Lieferanten,
- mangelnde Robustheit,
- Implementierungsfallen, z. B Aktionismus-, Panik-, Ultima-Ratio-, Frühstart- und Dopingfalle.

Zu ca. 60 % der Scheiterungs- und Fehlschlaggründe werden Barrieren (mental-kulturelle Barrieren) im Veränderungsprozess ausgemacht. Diese können sein:

- fehlendes bzw. mangelndes Problembewusstsein,
- fehlendes Netzwerk zwischen den Veränderern,
- keine klare Visionen seitens der Unternehmensführung,
- fehlende Vorbildwirkung der Führungskräfte und das Beharren auf Altbewährtem,
- mentale bzw. system-immanente Blockaden wie Angst vor Macht- und Prestigeverlust, Konflikte mit den bestehenden Organisationsstrukturen,
- kurzfristige Erfolgsorientierung ohne langfristige Zielorientierung,
- inkonsequentes Konzeptverständnis (versteht nur, was man verstehen will oder ist gerade für die persönliche/berufliche Entwicklung wertvoll),
- passive oder aktive Widerstände gegen die Veränderungsmaßnahmen,
- Veränderungsmentalität wird nicht in die Unternehmenskultur integriert.

Daher ist unter Change-Management ein Prozess der kontinuierlichen Planung und Durchführung tief greifender Veränderungen zu verstehen, bei denen sowohl die Führungskraft als auch der Mitarbeiter im Zentrum des Geschehens aller Aktivitäten stehen muss. Die Vorgehensweise für Change-Management in Anlehnung an *Mayershofer* ist von den Veränderungsfaktoren und dem Regelkreis der Führung abhängig. Veränderungsfaktoren sind:

- Mensch (Mitarbeiter und Führungskraft) mit seinen Fähigkeiten und Rollen,
- Strukturen des Unternehmens (Aufbau- und die Ablauforganisation),
- Strategie, die im Wesentlichen von Kooperationen, Partnerschaften abhängig ist und sehr stark von Auftraggebern und dem Markt (Kunde, Konkurrenten) beeinflusst wird,
- Ausstattung; Technologie und Ressourcen.

Für die erfolgreiche Gestaltung und Umsetzung von Veränderungsprozessen ist es notwendig, eine sehr umfassende und komplexe Sicht auf das Unternehmen und seine Umgebung zu werfen. Das Management hat die Aufgabe, die o. g. Veränderungsfaktoren ganzheitlich zu betrachten und sie zu verknüpfen. Die besondere Herausforderung besteht darin, alle Gegebenheiten und Faktoren zu berücksichtigen und die verschiedenen Methoden zur Qualitäts- und Produktsteigerung zu verknüpfen. Veränderungsprozesse müssen „gemanagt" oder „gehandelt" werden. Das bedeutet, dass für Planung und Durchführung nachhaltiger Veränderungen Folgendes benötigt wird:

- **herausragende Führung:** Unternehmenspersönlichkeiten, die schnell auf neue Herausforderungen reagieren, indem sie die Unternehmensstruktur verändern, frühzeitig neue Geschäftsfelder erschließen und okkupieren, Mitarbeiter für ihre Ideen begeistern und Bedürfnisse bei Kunden wecken,
- ein stufenweiser Veränderungsfahrplan – **Sieben-Stufen-Veränderungsfahrplan**,
- **flexibel einsetzbare Methoden:** Selbstbewertung nach dem EFQM – Excellence Modell, Balanced Scorecard – Integrative Kommunikation, Projekt-Management, Prozessmanagement, Hochleistungsteams und effektive Selbstführung.

7. Personalmanagement

„Find the right man for the right job" oder „Fragen Sie nicht wie ein Mitarbeiter motiviert werden kann, sondern wie er seine Motivation findet"! Die Organisation eines Unternehmens bewirkt durch ihre bekundeten und geteilten Werte Mitarbeiterzufriedenheit. Diese erzeugt Kundenzufriedenheit und trägt somit zur Realisierung der ökonomischen Ziele des Unternehmens bei (*Weiermair/Köhler*).

7.1 Merkmale der Personalsituation im Tourismus

Das Personalmanagement eines touristischen Unternehmens muss vor dem Hintergrund des Wandels betrachtet werden. In den 60er- und 70er-Jahren basierten die touristischen Leistungen auf natürlichen Voraussetzungen, Destinationen hatten noch Standortvorteile und der Beruf des Touristikers war noch traditionell geprägt. Die Personalpolitik war genau festgelegt und in eng umschriebene Aufgabenbereiche gegliedert. Es gab wenig Weiterbildungs- und Karrieremöglichkeiten und Personal wurde als eine Kostenbelastung angesehen. In den 80er- und 90er-Jahren wandelte sich diese Situation. Durch die zunehmende Reiseintensität, Abbau von Risikoperzeptionen aufgrund einer höheren Bereistheit und dem Verlangen nach mehr Abwechslung wurden Tourismuserlebnisse als „ganzheitlicher" Konsum wahrgenommen (*Weiermair/Köhler*). Dadurch änderten sich die Anforderungen an Mitarbeiter im Tourismus. Dieser Zustand ist bis heute unverändert.

Die Tourismusbranche gilt als jugendliche Branche und zeichnet sich durch folgende Merkmale aus (*Weiermair/Köhler*):

* weltweit das niedrigste Durchschnittsalter,
* hohe Fluktuationsrate durch Saisonalität,
* hoher Anteil an Quereinsteigern,
* überdurchschnittlich hoher Anteil an Frauenerwerbstätigkeit,
* ca. 3. Mio. Arbeitsplätze im Tourismus in Deutschland,
* touristische Berufe leben vom Applaus wie ein Künstler,
* touristische Dienstleistung = persönliche Dienstleistung, die Qualität ist geprägt durch das Kontaktpersonals des Produzenten, Beförderungsträger, Beherbergungsgeber,
* primäre Produktionsfaktoren sind die Qualifikation und Motivation der Mitarbeiter.

Eine Analyse von Stellenanzeigen der fvw hat Folgendes ergeben (*Kloos*): gesucht werden hauptsächlich Mitarbeiter für die Bereiche Reisebüro und Reiseveranstalter mit Allround-Kenntnissen und Fertigkeiten, mit einer abgeschlossenen Ausbildung zum/zur Reiseverkehrskaufmann/-frau mit Kenntnissen in IATA, Start und Amadeus. Ein absolutes Muss sind Englisch- und allg. IT-Kenntnisse.

7.2 Problembereiche im Personalmanagement im Tourismus

Mitarbeiter sind das größte und wichtigste Kapital eines Unternehmens. Die Personalsituation im Tourismus ist auch nicht besser oder schlechter als in anderen Branchen. Jedoch weist die Tourismusbranche einige typische Merkmale auf, die immer wieder Gegenstand kontroverser Diskussionen sind. Diese typischen Merkmale führen denn auch zu den personaltypischen Besonderheiten, wie z. B.:

- **Stark klein- und mittelständisch geprägte Branche** mit einem hohen Anteil weiblicher Mitarbeiter. Dadurch bedingt ergibt sich eine relativ hohe Personalfluktuation der Mitarbeiterinnen durch Familiengründung und Wiedereinstieg in den Beruf. Weiterhin ergeben sich durch die klein- und mittelständischen Strukturen wenig Aufstiegs- und Karrierechancen für die Mitarbeiter, was ebenfalls zu einer hohen Abwanderungsquote in zu größeren Unternehmen und Konzernen oder gar in andere Branchen führt.

- **Unattraktive Öffnungs- und Arbeitszeiten** einer Branche die im Bereich Dienstleistung angesiedelt ist. Dienstleistungsbranchen sollten eigentlich dann geöffnet haben, wenn ein Großteil der Arbeitnehmer Zeit hat, die Dienstleistung nachzufragen.

- **Mangelnde Aufklärung** und Darstellung des/der Berufsbildes/Berufsbilder im Tourismus sowie die Auswahlkriterien. Weithin verbreitet die Meinung, dass nur angehende Auszubildende mit dem Zeugnis der Allgemeinen Hochschulreife oder der Fachhochschulreife in der Lage sind, diese Berufe zu ergreifen. Oftmals ein Trugschluss denn viele Abiturienten, nach den Erfahrungen ihrer Ausbildung, oftmals etwas enttäuscht über Bezahlung, Arbeitszeiten und Aufstiegschancen, beginnen nach der Ausbildung ein Studium. Das bedeutet, der Betrieb hat Geld in Mitarbeiter investiert, die dem Unternehmen sodann nicht mehr zur Verfügung stehen. Oftmals denken angehende Auszubildende die Tätigkeit bestünde darin, es mit Menschen zu tun zu haben und viel zu Reisen. Mit Menschen zu tun zu haben wollen viele, den Menschen etwas verkaufen, nämlich die „schönsten Wochen des Jahres" wollen dann schon bedeutend weniger.

- **Entlohnung im Tourismus;** immer wieder keimt die Diskussion über die verbesserungsbedürftige Entlohnung im Tourismus auf. Die Schwierigkeit in der Entlohnung liegt zum einen darin, dass für eine stetig bessere Entlohnung in den derzeitigen Gehalts-Einstufungs-Modellen die Betriebs-Seniorität ausschlaggebend ist. Durch die vorhin schon erwähnte hohe Personalfluktuation erreichen sehr wenig Mitarbeiter diese hohen Entlohnungs-Stufen in einem Unternehmen. Zum anderen wurde hier lange Zeit versäumt, Zielvereinbarungen mit den Mitarbeitern zu treffen und sie in angemessener Weise auch am Erfolg zu beteiligen.

- **Irrtum vieler Betriebe:** Auszubildende und Praktikanten senken die Personalkosten. Durch diese Entscheidung findet auch gleichzeitig eine Negativauswahl an Personal statt. Langfristig kann dies dazu führen, dass kein gut qualifizierter Mitarbeiter mehr für diese Unternehmen tätig sein will.

- **Schulung und Qualifikation der Mitarbeiter:** Kaum eine Branche schult die Mitarbeiter so wenig wie die Tourismusbranche. Statistisch gesehen ist jeder Mitarbeiter nur 3,7 Tage im Jahr auf Fort- und Weiterbildung (Banken und Versicherungen bringen es pro Mitarbeiter auf 12,8 Tage). Auch die Bereitschaft, die Kosten für die Qualifikation der Mitarbeiter zu übernehmen und zu tragen hält sich in überschaubaren Grenzen.

Aus den o. g. Ausführungen ist ersichtlich, dass das Problem im Tourismus nicht darin besteht, dass es zu wenig Ausbildungs- und Qualifizierungsmöglichkeiten gibt, sondern zu wenig für die Personalentwicklung getan wird. Im Folgenden sollen Möglichkeiten aufgezeigt werden, wie auch in der Tourismusbranche sinnvolle und nachhaltige Personalentwicklung betrieben werden kann.

7.3 Inhalte und Grundlagen des erfolgreichen Personalmanagement

Die Schwierigkeit besteht häufig darin, die richtigen Mitarbeiter zu finden und die guten Mitarbeiter zu halten. Man muss sich schon in einen Mitarbeiter hineinversetzen können, um ihn zu verstehen. Mit einigen geeigneten Grundmaßnahmen und Grundvoraussetzungen können Voraussetzungen für eine optimale Motivation der Mitarbeiter geschaffen werden. Motivation ist kein Charakterzug, sondern ein beeinflussbarer Prozess. Bedürfnisse und Motive bilden die Basis für erfolgreiches motivieren.

Geeignete Grundmaßnahmen und Grundvoraussetzungen, die Motivation fördern:

*   Arbeitsumfeld und Arbeitsplätze, Betriebsklima, Führungsstil und Führungsverhalten,
*   soziale Maßnahmen; z. B. Sozialleistungen und soziale Events,
*   Entlohnung und Arbeitsentgelte sowie die Einsparung von Prozesskosten,
*   Aufgaben und Inhalte; z. B. Zusammenlegung von Arbeitsaufgaben (job enlargement), geplanter Arbeitsplatzwechsel (job enrichment), Gruppenarbeit,
*   Leistungsmotive; z. B. Training, Aufstiegschancen, betriebliches Vorschlagswesen.

Inhalte und Grundlagen der Personalentwicklung für Mitarbeiter im Tourismus können z. B. sein:

*   Motivation,
*   Zielvereinbarungsgespräche,
*   Leitbild und Rolle von Personalbereichen,
*   emotionale Intelligenz,
*   Mitarbeitergespräche,
*   Job descriptions,
*   Potenzialanalyseverfahren.

7.3.1 Motivation

Die **Motivation,** Leistung zu erbringen bedeutet sich im Regelkreis von Bereitschaft, Möglichkeit und Fähigkeit zu bewegen. Bereitschaft wird mitgebracht und bedeutet *Wollen*, Fähigkeit bedeutet *Können* und Möglichkeiten bedeutet *Dürfen*. Die Inhalte werden in nachfolgender Tabelle aufgezeigt.

Wollen	Können	Dürfen
• Wille	• Fertigkeiten	• Spielregeln
• Kraft	• Wissen	• Rahmenbedingungen
• Temperament	• Kenntnisse	• Strukturen
• Dynamik	• Erfahrungen	
• Entschiedenheit	• Eignung	
• Motivation und „Motiviertheit"	• Kompetenz	

Tab. D. 7.1: Inhalte zum Regelkreis von Bereitschaft, Fähigkeit und Möglichkeit
Quelle: eigene Darstellung

Fazit: Mitarbeiter „**Wollen**", „**Können**" und müssen „**Dürfen**". Mitarbeiter motivieren sich i. d. R. selbst, wenn sichergestellt wird, dass sie nicht unterfordert (z. B. durch Langeweile) oder überfordert (z. B. durch Angst, ein gesetztes Ziel nicht zu schaffen) werden.

Motivation basiert auf zwei Kernfragen:

Was motiviert?

• individuelle Bedürfnisse,
• berufliche Motive,
• Ziele,
• Nutzen,
• Inhalte.

Was spielt sich in der Person ab, die ein bestimmtes Ziel erreichen möchte?

• Identifikation der Bedürfnisse und Motive,
• Festlegung von Zielen und Maßnahmen,
• Realisierungsprozess,
• Bewertung und Rückmeldung.

Motivation ist die Bereitschaft, eine besondere Anstrengung zur Erfüllung bestimmter Ziele auszuüben. Durch die Anstrengung wird auch die Befriedigung individueller Bedürfnisse ermöglicht. Der Grad der Anstrengung drückt die Intensität aus, wie hart jemand an der Erfüllung eines bestimmten Zieles arbeitet. Die Identifikation der Bedürfnisse und Motive bilden die Basis für erfolgreiches Motivieren.

• Wie kann ich meine Mitarbeiter individuell unterstützen und fördern?
• Kenne ich die Bedürfnisse und Motive meiner Mitarbeiter?
• Wie kann ich z. B. im Rahmen von Mitarbeitergesprächen die Motive identifizieren?

Festlegung von Zielen und Maßnahmen für die Motivation von Mitarbeitern bedürfen erst der Beantwortung folgender Fragen:

• Wie viel Verantwortung übertrage ich meinem Mitarbeiter?
• Wie attraktiv sind die Aufgaben, die mit der Nutzung bestimmter Instrumente (z. B. Technik, Internet, andere Medien) verbunden sind?
• Welche Entwicklungsperspektiven bieten z. B. das Arbeiten mit Neuen Medien für Mitarbeiter?
• Mit welchem Vorbild gehe ich als Führungskraft voran?

Der **Realisierungsprozess** kann von folgenden Fragestellungen geprägt sein:

*   Welche geplanten Veränderungen werden umgesetzt?
*   Wie nehmen Mitarbeiter Veränderungen und Fortschritte auf und erkennen Sie den Nutzen?
*   Welche Probleme treten in der Realisierung auf, und sind diese ggf. zu lösen?
*   Fördere ich meine Mitarbeiter tatsächlich hinsichtlich des Umgangs mit Neuerungen?

7.3.2 Zielvereinbarungen

Zielvereinbarungen lassen sich ableiten aus:

*   Unternehmenszielen und Bereichszielen,
*   Mitarbeiterqualifikation,
*   Ziele der Mitarbeiter.

Eigenschaften der Ziele im Rahmen der Zielvereinbarungen (*Niemeyer*) sind: SMART, PURE und CLEAR und werden in nachfolgender Tabelle dargestellt.

SMART		
S	Specific	d. h. Ziele müssen spezifisch sein
M	Measurable	d. h. Ziele müssen messbar sein
A	Attainable	d. h. Ziele müssen erreichbar sein
R	Realistic	d. h. Ziele müssen realistisch sein
T	Timed phased	d. h. Ziele müssen zeitlich untergliedert sein
PURE		
P	Positively stated	d. h. Ziele müssen positiv formuliert sein
U	Understood	d. h. Ziele müssen verstanden werden
R	Relavant	d. h. Ziele müssen relevant sein
E	Ethical	d. h. Ziele müssen moralisch sein
CLEAR		
C	Challenging	d. h. Ziele müssen herausfordernd sein
L	Legal	d. h. Ziele müssen legal sein
E	Environmental sound	d. h. Ziele müssen umweltverträglich sein
A	Agreed	d. h. Ziele müssen akzeptiert werden
R	Recorded	d. h. Ziele müssen protokolliert werden

Tab. D. 7.2: Eigenschaften der Ziele
Quelle: eigene Darstellung in Anlehnung an Niemeyer

Ablauf eines Zielvereinbarungsgespräches:

Vorbereitung

*   Voreingenommenheit überprüfen,
*   mit wem, wo und wann?

- innerjährige Beobachtungen zusammenstellen, Dritte befragen, Schwächen des MA erkennen,
- Unterlagen des letzten Gespräches,
- Zieldefinition,
- was soll das Ergebnis des Gespräches sein?
- angenehme, stressfreie Atmosphäre,
- wie reagiere ich in kritischen Situationen?

Durchführung

- Begrüßung und Aufwärmen,
- Sinn und Zweck des Gespräches,
- Beurteilungsphase
  - Rückblick auf gesetzte Ziele,
  - Selbsteinschätzung des Zielerreichungsgrades,
  - Beurteilung durch Vorgesetzte,
  - Gespräch,
    abschließende Erläuterungen,
  - Erläuterung der Zieltantieme,
- Zielvereinbarungsphase
  - Unternehmensziele erörtern,
  - Standardaufgaben überprüfen,
  - Entwicklung von Zielen abgeleitet aus der Beurteilungsphase, den Zielen und Vorschlägen des Mitarbeiters, den Unternehmenszielen,
  - Ziele und Rahmenbedingungen festlegen,
  - persönliche Entwicklungsmöglichkeiten aufzeigen,
  - Protokoll erstellen,
  - nach einer Reflexionsphase in einem zweiten Gespräch die Zielvereinbarung beschließen.

Nachbereitung

- Follow-up Termine einhalten,
- Protokoll überprüfen,
- Zusagen umsetzen,
- Geschäftsleitung bzw. Vorstand informieren,
- kritische Punkte und Fälle klären,
- Zwischen-Inventuren machen.

7.3.3 Leitbild und emotionale Intelligenz

Dem Leitbild des Unternehmens kommt im Zusammenhang mit Mitarbeiterführung eine bedeutende Rolle zu. Die im Leitbild bekundeten Werte werden vom Mitarbeiter mit den geteilten Werten verglichen, gewissermaßen wird ein Soll-/Ist Vergleich durchgeführt und die Glaubhaftigkeit der Werte und Inhalte eines Leitbildes überprüft. Jeder Mitarbeiter muss sich in diesen Inhalten wieder finden bzw. sich mit den Werten identifizieren. Diese Inhalte und Werte sind:

- **Vision:** Unser Traumziel und Leit-Stern ist…,
- **Mission:** Unser Auftrag ist …,
- **Zielfelder:** Unser Oberziel ist … und wir wollen erreichen …,
- **Selbstverständnis:** Wir wollen sein …

Die Kernbereiche der emotionalen Intelligenz sind:

- **Selbst-Management:** Eigene Emotionen beeinflussen und gestalten,
- **Selbstbewusstsein:** Eigene Emotionen bewusst wahrnehmen und erkennen,
- **Selbst-Motivation:** Eigene Emotionen zur Verwirklichung der eigenen Ziele nutzen,
- **Empathie:** Sich in andere Menschen einfühlen können,
- **Engagement:** Beziehungen gestalten und mit Konflikten umgehen können.

7.4 Das Mitarbeitergespräch

Mitarbeitergespräche sind Plattformen für wechselseitige Rückmeldungen zwischen Vorgesetzten und Mitarbeitern über z. B.:

- Probleme am Arbeitsplatz,
- Leistungen und Arbeitsverhalten,
- Arbeits- und Entwicklungsziele,
- Perspektiven für die berufliche Entwicklung,
- geeignete Qualifizierungs- und Fördermaßnahmen.

Mitarbeitergespräche sind zentrale Elemente des Beurteilungs- und Fördersystems. **Varianten des Mitarbeitergespräches** können sein:

- Kritikgespräch,
- Informationsgespräch,
- Beurteilungsgespräch,
- Zielgespräch,
- Motivationsgespräch,
- Überzeugungsgespräch,
- Feedbackgespräch.

Für die **Vorbereitung eines Mitarbeitergespräches** sollten folgende Schritte, Themenbereiche und Inhalte berücksichtigt werden:

- Thema über das gesprochen werden soll,
- Ziele, die es gilt zu erreichen,
- Verfahren, wie vorgegangen werden soll,
- Erwartungen, welche an den Mitarbeiter gestellt werden,
- Erfahrungen, die der Mitarbeiter mitbringt,
- Widerstände, die zu erwarten sind,
- Ablauf und Struktur des Gespräches,
- Ergebnisse, die denkbar sind.

8. Risk-Management

Risk-Management bedeutet, die Handhabung der Risiken, die sich aus der unternehmerischen Tätigkeit und dem Handeln ergeben. Risiken sind die mit der Ungewissheit der Zukunft begründeten und durch Störungen verursachten Gefahren, geplante Ziele zu verfehlen. Mögliche **Störungen und Risken im Tourismus** können sein:

- sehr starke Währungsschwankungen, die die Kalkulation eines Reiseveranstalters zunichte machen,
- Erhöhungen der Kerosinpreise für Flugzeuge,
- gesetzliche Änderungen bezüglich der Besteuerung von Unternehmen und Leistungen,
- Tarifabschlüsse für Mitarbeiter,
- neue Bewertung und Einstufung von Krediten nach den Basel II Kriterien,
- plötzliche wirtschaftliche und politische Instabilität im Zielgebiet bis hin zum Marktaustritt der gesamten Destination,
- Insolvenz eines Leistungsträgers (z. B. Fluggesellschaft, Hotelkette), der für die gesamte Saison vertraglich verpflichtet wurde,
- Kündigungswelle von Mitarbeitern, die für das Unternehmen als unverzichtbar gelten,
- Kündigung der Mieträume, in denen sich das Unternehmen befindet,
- Erhöhung des Mietzinses,
- Erweiterung der Ladenöffnungszeiten (z. B. bei Unterbringung von Reisebüros in Einkaufzentren) und die daraus resultierenden höheren Lohnkosten.

Mögliche Risiken im Tourismus gibt es viele; sowohl große und lebensbedrohende als auch mittelschwere bis hin zu alltäglichen, kleinen Risiken. Für jedes Unternehmen ist es notwendig, Risk-Management auf der Führungsebene anzusiedeln und aktiv zu betreiben.

8.1 Aufgaben des Risk-Management

Dem Risk-Management kommen im Wesentlichen drei **zentrale Aufgaben** zu:

Identifikation der Risiken: Erkennung der Risiken, denen das Unternehmen ausgesetzt ist. Hier ist eine umfassende Bestandsaufnahme aller Risiken, denen sich das Unternehmen ausgesetzt sieht, vorzunehmen. Die Schwierigkeit besteht hier in der Tatsache, dass viele Tatbestände und Gegebenheiten nicht mal ansatzweise als Risiko empfunden werden und somit als solche gar nicht erkannt werden. Sinnvoll an dieser Stelle wäre es gerade für kleine und mittelständische Unternehmen, sich eine Checkliste mit allen Tatbeständen, Verträgen, Abhängigkeiten, Verpflichtungen zu erstellen und die daraus resultierenden Konsequenzen sich als mögliches Risiko vorzustellen. Es sei hier ein ganz alltägliches Beispiel genannt. Einem kleineren Reisebetrieb wird durch die Hausbank (die von einer Großbank übernommen wurde) die Kreditlinie mit der Fristsetzung von einem Monat halbiert. Wenn der Reisebetriebsinhaber darauf vertraute, das die Kreditlinien für immer auf dem gleichen Stand bleiben und keine Vorsorge für den Fall einer Kürzung der Kreditlinie getroffen hat, ja eine solche Möglichkeit noch nicht einmal in Erwägung gezogen hat, kann dies existenzbedrohend und unternehmensgefährdend sein oder werden.

Bewertung der Risikowirkung: Das bedeutet eine Bewertung hinsichtlich ihrer Höhe und Eintrittswahrscheinlichkeit. Kleinere Risiken und Störungen können ggf. leicht gelöst und bekämpft werden. Für komplexe Störungen und Risiken, für die keine Handlungsanleitungen und Vorgehensweisen definiert sind, empfiehlt sich die Zerlegung des Problems in kleine Einheiten und die Bewältigung der „kleineren Risiken". Hierbei sollten alle Möglichkeiten der Improvisation und der Disposition ausgeschöpft werden.

Bewältigung des Risikos: Die Bewältigung erfolgt durch Beeinflussung der Risikosituation. Dabei gelten unterschiedliche Regeln zu beachten:

- **Unnötige Risiken sind zu vermeiden:** Das bedeutet keine zu hohe, am besten gar keine Verschuldung, keine riskanten Handlungen im Sinne von Kalkulationen, Erschließung neuer Destinationen mit noch einem ungewissen Risikofaktor, zu üppige Personaldecke u. v. m.
- **Bekannte Risiken sind zu vermindern**, z. B. durch neue Vertragsgestaltung, Wechsel der Geschäftspartner. Hier sollten ggf. Rücklagen und Rückstellungen gebildet werden für den Fall, dass das Risiko akut wird.
- **Vertragliche Risiken:** Durch die Allgemeinen Geschäftsbestimmungen, wobei eine totale Absicherung durch die AGB's in der Regel alleine schon durch die gesetzlichen Bestimmungen kaum möglich ist.
- **Längerfristige Risiken:** Können durchaus durch langfristige Verträge mit Öffnungsklauseln und entsprechenden Versicherungen abgesichert werden; eine Absicherung des Unternehmerrisikos ist jedoch nicht versicherbar.
- **Produktbezogene Risiken:** Diese können gestreut werden, beispielsweise durch eine Produkt- oder Sortimentsdiversifikation. Das bedeutet eine entsprechende Ausweitung der Produkt- und Sortimentspalette auf gleicher Produktstufe oder auf der vor- und/oder nachgelagerten Produktstufe. Laterale Diversifikationen (Produktstufenerweiterung um branchenfremde Produkte) können auch angedacht und umgesetzt werden. Jedoch besteht hier die Gefahr, neue Risiken einzugehen, da man in den jeweiligen Branchen u. U. keine Kompetenz besitzt.

Aus diesen Regeln ergibt sich Handlungsbedarf, der abhängig von dem jeweiligen Unternehmen unterschiedlich umgesetzt wird. Touristik-Konzerne gehen diese Probleme analytisch und pragmatisch an, haben eine sehr breite Produktstreuung, flexible Verträge mit Geschäftspartnern, strategische Vertragsbindungen, ändern ihre Kalkulationsansätze und -methoden, sichern sich ihre Einkaufs-Währungs-Kurse durch Banken ab und wenn ein Beschaffungs- und Kapazitätsengpass ausgemacht wird, wird ggf. eine Fluggesellschaft gekauft, gegründet oder sich an ihr beteiligt. Ebenso kann im Bereich der Beherbergung verfahren werden. Dies zeigt sich an der Menge der steuerbaren Bettenkapazitäten über die heute vertikal-integrierte Touristik-Konzerne verfügen.

8.2 Risikoverminderung und Risikovermeidung

Risikoverminderung und Risikovermeidung kann erfolgen durch:

- **Umwandlung von fixen Kosten in variable Kosten**, z. B. durch Outsourcing von Abteilungen oder Unternehmensbereichen (z. B. Reinigung, Druckerei, Buchhaltung). Variable Kosten dürfen durchaus etwas höher sein, sie fallen jedoch nur dann an, wenn ein Arbeitsauftrag vorliegt.

- **Diversifikation:** Ausweitung der Produkt- und Dienstleistungspalette, um somit Nachfrageeinbrüche in einem Bereich oder Geschäftsfeld zu kompensieren. Spezialisten und Nischenveranstalter haben durchaus ihre Vorzüge (z. B. verfügen sie über eine gewisse Produkt- und Sortimentstiefe, Kompetenz, hohe Beratungsqualität), jedoch können jederzeit Umstände eintreten, die das Unternehmen nicht beeinflussen kann.
- **Leasing (Finanz- oder Kaufleasing) statt Kauf:** Somit wird die Kapitaldecke geschont, Leasing ist steuerlich interessant, keine Soll-Zinsen für Beschaffung, gute Liquidität, jedoch keine Möglichkeiten die Verträge ohne Abstandszahlungen zu kündigen.
- **Gutes Qualitäts-Management:** Sichert hohen Anteil an Stammkunden, geringe Reklamationsquote, gutes Image bei Kunden und Nichtkunden.
- **Schlanke Unternehmensstrukturen** und **klare Entscheidungs- und Kommunikationshierarchien** helfen viel Geld zu sparen und somit Risiken zu vermeiden bzw. minimieren.
- **Intelligente Verträge:** Viele Verträge, die heute geschlossen werden, sind Standardverträge, die die jeweilige Zielsetzung, die mit der Vertragsschließung verbunden ist, nicht genügend berücksichtigt. Hier ist es sinnvoll, immer im Rahmen der gesetzlichen Möglichkeiten, Verträge individuell zu gestalten.

Risk-Management sollte mit der gleichen Selbstverständlichkeit und Hingabe wie andere Führungsaufgaben erledigt und wahrgenommen werden.

9. Event- und Veranstaltungs- management

Der Begriff Event leitet sich vom lateinischen Wort „eventus" oder „eventum" ab und bedeutet so viel wie ein „Ereignis". Mitte der achtziger Jahre kam dieser Begriff ebenso wie der Begriff Incentives aus dem Angelsächsischen in unseren Sprachgebrauch. Im heutigen Geschehen werden die Begriffe Events und Veranstaltung häufig und einheitlich verwendet. Dem Event- und Veranstaltungsmanagement liegt immer ein Projekt-Management zu Grunde. Die einzelnen Phasen des Event- und Veranstaltungsmanagements sind dem Projekt-Management entlehnt.

9.1 Events und Veranstaltungen

Grundsätzlich lassen sich Events und Veranstaltungen nach Inhalten, Zielgruppen und/ oder Anlässen unterscheiden:

- **nach Inhalt**, z. B. arbeitsorientierte Veranstaltungen, Produktschulungen, Produktvorführungen,
- **nach Anlass**, z. B. Einweihung eines neuen Bürogebäudes, Jubiläum,
- **Zielgruppen**, z. B. Public Events (breiter heterogener Kundenkreis, Konsumenten, Endverbraucher, Öffentlichkeit), Corporate Events (interne Adressaten, Mitarbeiter, Branchenzugehörigkeit) und Expo/Exhibition Events (Messen, Ausstellungen).

Ausgangssituation für Eventmanagement oder vielfach auch Event-Marketing ist die Tatsache, dass die Marktkommunikation und -situation von Unternehmen einem ständigen Wandel unterworfen ist. Ursachen für diesen Wandel sind:

- Veränderung der Konsumgewohnheiten durch Reiz- und Informationsüberflutung,
- Wandel der Wertvorstellungen,
- gesellschaftliche Veränderungen,
- u. v. m.

Eventmanagement und Event-Marketing ist die Inszenierung von Ereignissen sowie deren Planung, Organisation, Durchführung und Kontrolle im Rahmen der Unternehmenskommunikation. Bei Events oder „erlebnisorientierten Veranstaltungen" werden durch emotionale sowie physische Reize starke Aktivierungsprozesse ausgelöst. Diese haben zur Folge, so der Wunsch der Produzenten, dass der Verbraucher Produkte wieder nachfragt, Produkte, bei denen die tradierte Kommunikationspolitik wirkungslos verpuffte. Die herkömmliche Kommunikationspolitik (z. B. Werbung, Verkaufsförderung und Öffentlichkeitsarbeit) wird somit durch eine innovative Zielgruppenansprache ersetzt und/oder erweitert.

Events sind inszenierte Ereignisse von Unternehmen und Marken mit der Zielsetzung der Vermittlung von Erlebnissen und Auslösen von Emotionen zur Durchsetzung der Markenstrategie. Die Abgrenzung zu Kunst- und Unterhaltungsveranstaltungen ist relativ klar. Kunst ist sinngerichtet und Unterhaltung genügt sich selbst.

Arten von Events:

- **wirtschaftliche Events**, z. B. Expo, Messen, Kongresse, Incentives, Seminare, Aktionärsversammlungen, Pressekonferenzen, Jubiläen, Tag der offenen Tür, Galas und Festakte, Außendienstmitarbeiterkonferenzen, Produktpräsentationen, Symposien, Aktionen am Point-of-Sale (POS) und Sampling-Aktionen, Workshops, Roadshows, Kick-Off Meetings, Startveranstaltung, Ausstellungen, Motivationsveranstaltungen,
- **gesellschaftspolitische Events**, z. B. politische und wissenschaftliche Events, Parteitage, Wahlveranstaltungen, Paraden und Umzüge, Verbandstagungen, Staatsbesuche, Eröffnungen, Sport Events, Kultur Events.

Die **Konzeption eines Events und einer Veranstaltung** setzt sich aus sechs Phasen zusammen:

- Ideenfindung,
- Strukturierung,
- Recherche,
- Konzeption,
- Präsentation,
- Entscheidung.

Organisation und Konzeption von Events und Veranstaltungen lässt sich am besten anhand einer Checkliste mit den wichtigsten Eckdaten, z. B. Zielgruppe, Ort und Zeitpunkt, Anforderungen an die Technik u. v. m. darstellen.

9.2 Incentives

Incentives zählen zu den gängigen Führungsinstrumenten vor allem in Unternehmen mit sehr starken Vertriebsorganisationen (z. B. Versicherungen, Banken, Autohäusern u. v. m.).

Unter Incentives versteht man einerseits Anreize zur Förderung erhöhter Leistungsbereitschaft für Einzelpersonen oder Gruppen, die durch Gewährung einer Geld-, Sach- oder immateriellen Prämie ausgelöst werden. Andererseits werden Incentives auch als Belohnung für besondere Leistungen gewährt. Auch hierbei können Geld-, Sach- und immaterielle Prämien zum Einsatz kommen.

Der Incentive-Gedanke wurde, wie schon so viele Ideen, aus den USA in nach Deutschland gebracht. Abgeleitet von dem lateinischen Begriff „incendere" = „anzünden" = „zünden", verwendete man diesen Begriff im Zusammenhang mit Schaffung von Anreizen, um bessere Leistungen zu erbringen. Im Laufe der Zeit wurde der Begriff Incentives nicht mehr nur als Anreiz gesehen, also eine Form der Gewährung von Gratifikation vor Erbringung der Leistung, sondern auch als Belohnung für bereits erbrachte und oftmals besondere Leistungen.

Historisch betrachtet lassen sich mehrere Formen der Leistungsgewährung feststellen. In der Anfangszeit wurden eher Sachprämien und Geldprämien gewährt. Ab einem Zeitpunkt war die motivierende und belohnende Wirkung von Sachleistungen und Geldprämien nicht mehr gegeben. Gewissermaßen war hier eine Sättigung eingetreten. Auf der Suche nach neuen Prämienformen wurde die **„Incentive-Reise"** als Anreiz und Belohnung entdeckt. Weiterhin wurde als Belohnung und Anreiz die Mitgliedschaft in Clubs (z. B. Golfclub, Rotary Club, Lyons Club) gewährt und die Mitgliedsbeiträge wurden und werden von den Unternehmen übernommen. Die wohl höchste Form der Anerkennung, der Belohnung und der Auszeichnung stellt wohl die Aufnahme in die Geschäftsführung/Geschäftsleitung dar.

Ausgangspunkt für die Gewährung von Incentives sind die Bedürfnisse und Erwartungen der Mitarbeiter. Ausgehend von der Annahme, das die Gesamtheit der Belegschaft eines Unternehmens sich prozentual in drei Gruppen einteilen lässt:

- ca. 10 % Spitzenkräfte (z. B. Spitzenverkäufer, Vertriebsvorstände, Top- und Middle-Management),
- ca. 80 % Mittelfeld (z. B. Leitende Angestellte, Sachbearbeiter),
- ca. 10 % Mitarbeiter, die eine unternehmens- und branchenneutrale Tätigkeit ausführen (z. B. Pförtner, Boten, Reinigungskräfte).

Unter Zuhilfenahme der Bedürfnispyramide von *Maslow* in Bezug auf Incentives und der Notwendigkeit überhaupt, Incentives-Aktionen durchzuführen, ergibt sich folgendes Bild:

Stufen der Bedürfnispyramide	Ansprüche an Incentives
5. Selbstverwirklichung	höchste Ansprüche, Ehrungen, Auszeichnungen, Aufnahme in die Geschäftsleitung, Mitspracherecht VIP-Clubs
4. Wertschätzung	hohe Ansprüche an Incentives, Top-Reiseprämien mit Siegerehrung
3. soziale Bedürfnisse	gesellige Veranstaltungen, „tolle Erlebnisse", Reiseprämien
2. Sicherheit	kaum Ansprüche an Incentives, Sachprämien
1. Grundbedürfnisse	keinen Anspruch an Incentives

Tab. D. 9.1: Ansprüche an Incentives
Quelle: in Anlehnung an Mundt, 1998

Grundregeln, die für eine Incentive-Aktion zu beachten sind: nicht der reelle Wert, sondern die Idee zählt, die Aktionsstory muss kommuniziert werden, Überraschungen sollen die Effekte verstärken und nicht an den falschen Stellen sparen.

Die **Funktionsweise einer Incentive-Aktion**; sie beinhaltet nicht nur die Prämierung und Auszeichnung sowie die Belohnung mit Sach-, Geld- und immateriellen Werten, sondern unter einer Incentive-Aktion ist üblicherweise ein **Wettbewerb** zu verstehen, welcher ein Unternehmen ausschreibt und der über einen längeren und vorher definierten Zeitraum läuft und eine klare Zielsetzung hat.

Zunächst einmal muss ein Konzept-Entwurf der Incentive-Aktion bestehen. Dieses Grundkonzept kann produktbezogene, leistungsbezogene oder incentivebezogene Assoziationen auslösen. Abgestimmt auf dieses Grundkonzept muss die „Aktionsstory" sein. Die „Aktionsstory" muss sich wie ein roter Faden konsequent durch den gesamten Ablauf ziehen. Auf die Aktionsstory muss sein: die Auftaktveranstaltung oder eine Bekanntmachung, sämtliche Nachfassaktionen, evtl. Zwischenprämien und die Hauptprämien für die Gewinner. **Die konzeptionellen Planungsschritte einer Incentive-Aktion** bzw. eines Incentive-Wettbewerbs sind:

- Es sollten Vorgespräche im Unternehmen stattfinden und eine klare Aussage getroffen werden, ob die Aufgabe (Planung, Durchführung und Kontrolle) im Haus und von eigenen Mitarbeitern erledigt werden soll/kann oder an eine externe Agentur vergeben werden soll.
- Entgegennahme eines exakten Briefings über Ziel, Dauer, Budget, Anforderungen, Besonderheiten, Rücksichten und Erstellung eines Kontaktberichtes mit genauen Anweisungen für den Auftraggeber und den Auftragnehmer (Abteilung im Haus oder externe Agentur).
- Genaue Budget-Planung für die gesamte Incentive-Aktion einschließlich der Incentive-Reise.
- Ausarbeitung der Wettbewerbskonzeption in ihren Details:
  - Kurzanalyse bezüglich Unternehmen, Markt, Branche, Alters- und Gehaltsstruktur der Mitarbeiter,
  - Zielsetzung des Wettbewerbs, z. B. Teamarbeit fördern, Umsätze/Absatz steigern, neue Produkte einführen, Firmentreue verstärken, Abwesenheiten und Ausfallszeiten minimieren, Mitarbeiterfluktuation senken.

- Auf den Wettbewerb müssen abgestimmt sein:
  - Aktionszeitraum: Der ideale Zeitraum liegt zwischen drei und neun Monaten. Die Evaluierung durchgeführter Wettbewerbe hat gezeigt, das eine kürzere Dauer als drei Monate, die Bemühungen Mitarbeiter zu sehr auf kurzfristiges Geschäft lenkt und die Stornowelle nicht mehr berücksichtigt werden kann, da sie sich schon außerhalb der Wettbewerbsdauer befindet. Ein Wettbewerb der länger als neun Monate dauert birgt die Gefahr, dass die teilnehmenden Mitarbeiter ab einem gewissen Zeitpunkt das Ziel und den Sinn aus den Augen verlieren,
  - Aktionsstory – die Aktionsstory muss sich wie ein roter Faden über den gesamten Wettbewerbszeitraum hinziehen,
  - grafische Darstellung der Aktionsmedien wie Folder, Poster, Grafiken,
  - Bewertungssysteme festlegen und bekannt machen,
  - Zwischenmotivation/Gimmicks/Give aways für alle Teilnehmer sowie Zwischenprämierungen für Teilnehmer, die aus dem Wettbewerb ausgestiegen sind,
  - Nachfassaktionen (follow-ups),
  - exakter Ablaufplan (z. B. Auftaktveranstaltung, Start, Rennlisten, Zwischenauswertungen und Zwischenprämierungen, Mailings).
- Durchführung und Abwicklung der gesamten Incentive-Aktion inklusive der Incentive-Reise,
- Budgetkontrolle, Endabrechnung und Erfolgskontrolle.

10. Weitere Managementformen im Tourismus

Drei weitere Managementformen, die in jedem touristischen Unternehmen in sehr geringem Umfang problematisiert werden aber dennoch Gegenstand der Betrachtung sein müssen, sind:

- **Account-Management**,
- **Cash-Management**,
- **Umweltschutz-Management**.

10.1 Account-Management

Account-Management ist ein kundenorientiertes Management und ist üblicherweise in der Marketing-Abteilung oder in der Vertriebs-Abteilung als Stabs- oder als Linienstelle. angesiedelt. Account aus dem Englischen übersetzt, bedeutet „Ansehen als..." (vgl. Key-Account).

Account-Management findet seinen Ursprung in der Investitionsgüterindustrie und wird heute auch in der Konsumgüter- und Dienstleistungsindustrie praktiziert. Erfordernisse an ein erfolgreiches Account-Management sind:

- besondere und langfristig ausgerichtete Beziehungen zu pflegen mittels Kenntnis ihrer Bedürfnisse und Erwartungen sowie die Fähigkeit auf geeignete Weise zu reagieren (diese sind von existenzieller Bedeutung),

- durch den hohen Umsatzanteil der Key Accounts, ergibt sich die Notwendigkeit, die Kontaktpflege besonders kompetenten und qualifizierten Mitarbeitern zu übertragen,
- im Tourismus wird Account-Management im Bereich Kundenbetreuung von Firmen-Reise-Diensten sowie im Bereich Großkundenbetreuung von Reiseversicherungen, Reiseveranstaltern und im Einkauf praktiziert.

10.2 Cash-Management

Cash-Management bedeutet Finanzdisposition der Finanzen des Unternehmens. Cash-Management dient der Überwachung und Steuerung des Dispositionsbestandes an liquiden Mitteln (z. B. Bargeld, Sichtguthaben, nicht ausgenutzte Kreditmöglichkeiten und kurzfristig monetisierbare Finanzanlagen).

Im Gegensatz zur Finanzplanung (Festlegung der Höhe des Dispositionsbestandes) erfolgt mithilfe des Cash-Managements die Feinabstimmung im Hinblick auf die Möglichkeiten (z. B. Kapitalbeschaffung, um die Kapitalkosten zu minimieren, Anlage der liquiden Mittel u. v. m.).

Die Anforderungen an das Cash-Management sind geprägt von einer hohen Aktualität und permanenten Verfügbarkeit der finanzwirtschaftlichen Daten. Zu unterscheiden sind einfache Cash-Managementsysteme (z. B. Electronic Banking), Umsatz- und Saldenübersichten, Kontobewegungen sowie erweiterte Cash-Managementsysteme für zusätzliche Liquiditätsprognosen, Risikoanalysen und standardisierte Transaktionen.

10.3 Umweltschutz-Management

Umweltschutz-Management befasst sich mit dem Teil der Unternehmensführung, der den Umweltschutz zum Gegenstand hat. Es gilt hier das Prinzip der Umweltschonung bei allen betrieblichen Prozessen und Aktivitäten soweit wie möglich zu verwirklichen.

Mögliche Verhaltensweisen des Managements zum Thema und Problematik Umweltschutz-Management und Umweltmanagement können sein:

- **passives Umweltschutzverhalten:** Defensives Verhalten, da die grundsätzliche Bereitschaft zum Umweltschutz fehlt,
- **angepasstes Umweltschutzverhalten:** Anpassung an die rechtlichen Gegebenheiten und Anforderungen ohne Eigeninitiative zu entwickeln,
- **gestaltendes Umweltschutzverhalten:** Aktiver Einbau des Umweltschutzes in das Zielsystem des Unternehmens. Es wird versucht, die Umweltschutzanforderungen des Marktes und des Staates möglichst frühzeitig und umfassend in die Betriebsabläufe zu integrieren.

Die Weiterentwicklung des Umweltschutz-Managements ist das Umweltmanagement. Umweltmanagement geht über das Umweltschutz-Management hinaus, indem es die gesamte Umwelt in die Unternehmenspolitik einbezieht. Als Führungsinstitution beschäftigt sie sich mit der ganzheitlichen und vorausschauenden Integration der gesamten Umweltproblematik.

10.4 Corporate Social Responsibility (CSR)

Der Begriff Corporate Social Responsibility (CSR) bzw. Unternehmenssozialverantwortung oder auch unternehmerische Sozialverantwortung umschreibt den freiwilligen Beitrag der Wirtschaft zu einer nachhaltigen Entwicklung, der über die gesetzlichen Forderungen (Compliance) hinausgeht. CSR steht für verantwortliches unternehmerisches Handeln in der eigentlichen Geschäftätigkeit (Markt), über ökologisch relevante Aspekte (Umwelt) bis hin zu den Beziehungen mit Mitarbeitern (Arbeitsplatz) und dem Austausch mit den relevanten Anspruchsgruppen (Stakeholdern).

Die Europäische Union definiert CSR als ein System, *„das den Unternehmen als Grundlage dient, auf freiwilliger Basis soziale Belange und Umweltbelange in ihre Unternehmenstätigkeit und in die Wechselbeziehungen mit den Stakeholdern zu integrieren“*. Dies bedeutet nicht nur, die gesetzlichen Bestimmungen einzuhalten, *„sondern über die bloße Gesetzeskonformität hinaus mehr zu investieren in Humankapital, in die Umwelt und in die Beziehungen zu anderen Stakeholdern“*. Diese Sichtweise ist auch die Grundlage der CSR-Strategie touristischer Unternehmen in Deutschland. Gründe für eine CSR-Strategie touristischer Unternehmen sind u. a.:

- verantwortliches unternehmerisches Handeln stärkt die soziale und ökologische Dimension der Globalisierung,
- die Übernahme gesellschaftlicher Verantwortung soll auch in Zukunft ein Markenzeichen deutscher Tourismusunternehmen im In- und Ausland sein,
- verlässliche Unternehmenswerte steigern die nationale und internationale Wettbewerbsfähigkeit aller touristischer Unternehmen,
- Unternehmenswerte fördern die Solidarität in unserer Gesellschaft,
- das verantwortungsbewusste Handeln von Unternehmen soll auch für die Verbraucherinnen und Verbraucher sichtbarer werden.

Die Bereiche (Handlungsfelder), in denen Unternehmen gesellschaftliche Verantwortung übernehmen, sind:

- **gute Arbeit;** wenn Unternehmen gesellschaftliche Verantwortung übernehmen, dann gilt dies auch für den Umgang mit den eigenen Mitarbeiterinnen und Mitarbeitern, Familie und Beruf miteinander zu vereinbaren, Vielfalt zu fördern und jungen wie älteren Menschen eine Chance zu geben - das nützt der Gesellschaft und dem eigenen Unternehmen,
- **Verbraucherinformation;** immer mehr Verbraucherinnen und Verbraucher wollen wissen, unter welchen Bedingungen „ihr“ Produkt oder „ihre“ Dienstleistung hergestellt wurde oder wie ein Unternehmen arbeitet. Verschiedene Gütesiegel und Initiativen geben Orientierung und fördern den Wettbewerb zwischen den Unternehmen,
- **Umwelt;** nachhaltiges Wirtschaften und Umweltmanagement sind die relevanten Kriterien für die ökologische Verantwortung von Unternehmen,
- **Globalisierung;** fairer Handel verbessert die Lebens- und Arbeitsbedingungen von Arbeitnehmerinnen und Arbeitnehmern insbesondere in Entwicklungsländern.

Für all diese Handlungsfelder gilt: Transparenz ist eine entscheidende Grundlage.

CSR ersetzt nicht politisches Handeln und Gesetzgebung. CSR bietet aber die Chance, weitergehende gesellschaftliche Ziele zu verfolgen und Standards zu setzen. Die Forderung eines Unternehmens an seine Zulieferer aus Entwicklungsländern, dass ihre Produkte ausschließlich ohne Kinderarbeit hergestellt werden, ist nur ein Beispiel. Die Politik hat die Aufgabe, Unternehmen bei ihren CSR-Aktivitäten zu unterstützen und die Gesellschaft zu ermutigen, mehr Verbindlichkeit von der Wirtschaft zu verlangen.

Kontrollfragen

Managementstrategien im Tourismus

1. Definieren Sie den Begriff Management? Welche Tätigkeiten umfasst Management?

2. Nennen Sie wichtige Hilfsmittel des Managements.

3. Welche Managementformen spielen im touristischen Leistungsprozess u. a. eine Rolle?

Yield-Management

4. Welcher Wandel hat Yield-Management zu einem preispolitischen Instrument der modernen Unternehmensführung werden lassen?

5. Wer entwickelte erstmalig ein System mit dem Ansatz, die Kapazitätsauslastung und den Gesamtertrag zu steigern?

6. Definieren Sie Yield-Management. Welches Ziel wird mit dem Einsatz des Yield-Managements verfolgt?

7. In welchen Branchen kommt Yield-Management häufig zur Anwendung?

8. Warum lässt sich Yield-Management, das seinen Ursprung im Luftverkehr hat, mühelos auf die Beherbergungsbranche übertragen?

9. Nennen Sie wichtige Instrumente, die eine Umsetzung des Yield-Managements ermöglichen.

10. Beschreiben Sie ausführlich, was unter einer Preisdifferenzierung verstanden wird. Nennen Sie Beispiele für den Einsatz von Preisdifferenzierungsmaßnahmen.

11. Welche Überlegungen spielen im Zusammenhang mit der Preisdifferenzierung die Segmentierung und Selektierung? Warum sind diese wichtig?

12. Was bedeutet Kontingentierung und welche Funktion hat sie im Yield-Management?

13. Welche Rahmenbedingungen bei Fluggesellschaften und Beherbergungsträgern haben zum massiven Einsatz von Yield-Management geführt?

14. Unter welchen Rahmenbedingungen kann Yield-Management am sinnvollsten praktiziert werden?

15. Welche Funktionen kommen dem Yield-Management zu?

16. Welche Chancen und Risiken sind den Unternehmen durch den Einsatz von Yield-Management erwachsen?

Qualitäts-Management

17. Welche Arten von Qualitäten kennen Sie?

18. Welches sind die Eckpfeiler des Total-Quality-Managements?

19. Im Tourismus werden drei Dimensionen der Qualität unterschieden. Nennen Sie diese und beschreiben Sie sie ausführlich.

20. Wodurch begründet sich die Tatsache, das TQM eine umfassende Managementmethode ist?

21. Zeigen Sie auf, was gelebtes und umgesetztes Qualitäts-Management anhand von Beispielen bedeutet.

22. Was beinhalten die Potenzial-, Prozess- und Ergebnisqualität?

23. Zeigen Sie auf, wie Qualität gemessen werden kann.

24. Was bedeutet Qualitätsfortschreibung?

25. Nennen Sie eine Methode für den Qualitätserhalt und -fortführung und beschreiben Sie diese.

26. Wie ist die Vorgehensweise beim Benchmarking? Wie lauten die zentralen Fragen des Benchmarking?

27. Worin liegen die Nutzwerte einer Benchmark-Studie für ein Unternehmen das diese durchführt?

Krisen-Management

28. Warum ist Krisen-Management für ein Unternehmen wichtig?

29. Was ist für eine Krise typisch?

30. Unterscheiden Sie zwischen Krise und Katastrophe.

31. Was soll angewandtes Krisen-Management eines Unternehmens vermeiden helfen?

32. Zeigen Sie typische Krisensituationen im Tourismus auf.

33. Unterscheiden Sie zwischen einer angekündigten und einer unangekündigten Krise und geben Sie jeweils ein Beispiel an.

34. Nennen Sie externe und interne Ursachen für Krisen.

35. Im Tourismus wird eine Unterteilung in exogene und endogene Ursachen für Krisen vorgenommen. Unterscheiden Sie diese anhand von Beispielen.

36. Welche Auswirkungen können Krisen auf ein Unternehmen im Tourismus haben?

37. Welches sind die Schwerpunkte des Krisen-Managements?

38. Unterscheiden Sie ausführlich zwischen Krisenvermeidung und Krisenbewältigung.

39. Welche Bedeutung kommt der Kommunikationspolitik eines Unternehmens im Krisenfall zu?

40. Welche Probleme können bei einem Unternehmen im Krisenfall auftreten?

41. Welche Inhalte sollten in einem Krisenhandbuch fixiert werden?

Lean-Management

42. Was verstehen Sie unter Lean-Management?

43. Welche Zielsetzung verfolgt Lean-Management?

44. Welches sind die Probleme des Lean-Managements in der Umsetzung?

45. Schildern Sie ausführlich die Prinzipien des Lean-Managements.

46. Wodurch unterscheiden sich proaktives und sensitives Denken? Warum sind diese Denkarten für Lean-Management bedeutsam?

47. Welchen Grundstrategien und Arbeitsprinzipien folgt Lean-Management?

48. Zeigen Sie auf, wie Lean-Management im Tourismus umgesetzt wird.

Projekt-Management

49. Was bedeutet Projekt-Management und durch welche Merkmale zeichnet es sich aus?

50. Zeigen Sie Beispiele für angewendetes Projekt-Management im Tourismus auf.

51. Begründen Sie, warum eine Fusion zweier touristischer Unternehmen Projektcharakter hat.

52. Warum werden Event und Veranstaltung, obwohl sie wiederkehrende Ereignisse sind, als Projekt durchgeführt?

53. Unterscheiden Sie zwischen einer totalen Projekt-, einer Stabs-Projekt- und einer begrenzten Projektorganisation.

54. Nach welchen Kriterien wird ein Projektleiter ausgewählt?

55. Welche Tatbestände können ein Projekt auslösen?

56. Zeigen Sie die Stufen/Phasen der Projektentscheidung auf.

57. Mittels welcher Hilfsmittel können Projektkontrolle und Projektsteuerung erfolgen?

Change-Management

58. Welche Problemstellungen verbergen sich hinter dem Begriff Change-Management oder Veränderungsmanagement?

59. Warum ist in der heutigen Zeit für touristische Unternehmen eine Veränderung der Betriebsabläufe und der Einstellungen der Mitarbeiter notwendig?

60. Warum gilt die Anwendung des Sieben-Stufen-Plans nach *Kotter* bei der Umsetzung von Change-Management als empfehlenswert?

61. In welchen Schritten wird Change-Management im Tourismus umgesetzt? Erläutern Sie die Umsetzung und belegen Sie sie mit Beispielen.

62. Welche Chancen ergeben sich für ein Unternehmen durch Change-Management?

63. Welche Risiken ergeben sich für ein Unternehmen durch Change-Management?

Personalmanagement

64. Durch was wird Mitarbeiterzufriedenheit erreicht?

65. Skizzieren Sie kurz die Personalsituation im Tourismus.

66. Welche Voraussetzungen sind erforderlich, um die Motivation von im Tourismus beschäftigten Mitarbeitern zu fördern?

67. Nehmen Sie zu folgender Aussage Stellung. Was bedeutet sie? Mitarbeiter „Wollen", „Können" und müssen „Dürfen".

68. Welche Maßnahmen können einen Mitarbeiter motivieren?

69. Anhand welcher Kriterien bewertet ein Mitarbeiter die von ihm gewünschte Zielerreichung?

70. Ziele müssen: SMART, PURE und CLEAR sein. Welche Botschaft steht dahinter?

71. Nach welchen Kriterien bereiten Sie ein Zielvereinbarungsgespräch mit einem Mitarbeiter vor?

72. In welchem Zusammenhang stehen Leitbild und emotionale Intelligenz?

73. Welche Funktionen haben Mitarbeitergespräche? Was ist bei der Vorbereitung zu beachten?

Risk-Management
74. Was bedeutet Risk-Management? Wodurch ist Risk-Management begründet?

75. Welche zentralen Aufgaben kommen dem Risk-Management zu?

76. Wie gehen Sie bei der Bewältigung von Risiken vor?

77. Was sind vertragliche Risiken?

78. Was sind mögliche produktbezogene Risiken?

Event- und Veranstaltungsmanagement
79. Unterscheiden Sie zwischen einem Event und einer Veranstaltung.

80. Was umfasst Eventmanagement?

81. Unterscheiden Sie zwischen wirtschaftlichen und gesellschaftlichen Events.

82. Zeigen Sie stichpunktartig die Konzeption eines Events im Rahmen des Eventmanagements auf.

83. Definieren Sie den Begriff Incentives ausführlich. Welche Formen von Incentives lassen sich unterscheiden?

84. Wie können Ansprüche an Incentives unter Zuhilfenahmen der Bedürfnisskala nach *Maslow* untergliedert werden?

85. Erläutern Sie stichpunktartig die Funktionsweise einer Incentive-Aktion.

Weitere Managementformen
86. Beschreiben Sie Account-Management.

87. Wo liegt der Ursprung von Account-Management?

88. Was bedeutet Cash-Management?

89. Worin unterscheidet sich Cash-Management von der Finanzplanung?

90. Unterscheiden Sie zwischen einfachen und erweiterten Cash-Management Systemen.

91. Zeigen Sie Verhaltensweisen des Managements zum Thema Umweltschutz auf.

92. Unterscheiden Sie zwischen angepasstem und gestaltendem Umweltschutzverhalten.

Übungsteil

Aufgaben

A. Grundlagen

Aufgabe 1

Berechnen Sie das Volumen der Urlaubsreisen eines Landes mit einer Gesamteinwoh-
nerzahl von 70 Mio. Bürgern, einem 20 %igen Anteil der unter 14-Jährigen, mit einer
Reiseintensität von 65 und einer Reisehäufigkeit von 1,2.

Aufgabe 2

Berechnen Sie die Fremdenverkehrsintensität einer Destination (z. B. eines Kurortes in
den Alpen) mit 1,2 Mio. Übernachtungen und einer Einwohnerzahl von 17.000. Was sagt
diese Kennzahl aus und welche Problematik ergibt sich für einen Ort mit saisonalem
Tourismusgeschäft?

B. Angebotsseite

Reiseveranstalter

Aufgabe 3

Beschreiben/Formulieren Sie die derzeitigen Entwicklungen auf der Nachfrage- sowie
auf der Anbieterseite des Reiseveranstaltermarktes. Welche Rollen spielen in diesem
Wandel die Substitutionsmärkte und potenzielle Konkurrenten der klassischen Reiseveranstalter?

Aufgabe 4

Ein Reiseveranstalter übernimmt im Rahmen seines Wirkens mehrere Funktionen. Erläutern Sie stichpunktartig die:

a) Produktionsfunktion
b) Handels- und Absatzfunktion
c) Risikoübernahmefunktion
d) Zielgebietserschließungsfunktion
e) Emanzipatorische Funktion

Aufgabe 5

Sie sind im Einkauf von Beherbergungsleistungen bei einem Reiseveranstalter beschäftigt und sollen für ein Zielgebiet mit einer nicht-homogenen Beherbergungsstruktur für
die kommende Saison (April bis Oktober) 40.000 Room/Night einkaufen. In die engere

Auswahl kommen lediglich zwei Hotels, die Ihren Qualitätsvorstellungen entsprechen. Ein Hotel gehört zu einer namhaften Kette, mit denen Sie ohnehin schon in anderen Zielgebieten zusammenarbeiten. Sie beschließen alle Room/Night auf dieses Haus zu steuern. Begründen Sie für welche Einkaufsvertragsart Sie sich entscheiden auch unter dem Gesichtspunkt, dass Sie nicht wissen, zu welchem Termin wie viele Gäste Ihre Reise buchen werden.

Aufgabe 6

Bei einer Objektanmietung wird üblicherweise ein Risikozuschlag kalkuliert.

a) Kalkulieren Sie einen Risikozuschlag mit folgenden Angaben: Geschätzte Auslastung 75 %, Zimmerpreis € 56,00 pro Person.
b) Warum und bei welchen Vertragsarten im Hoteleinkauf wird ein solcher Risikozuschlag kalkuliert?

Aufgabe 7

Reiseveranstalter sind einem starken Wettbewerb ausgesetzt. Sie überprüfen laufend welche Strategieoptionen kurz-, mittel- und langfristig den maximalen Gewinn und die dauerhafte Sicherung des Unternehmens sichern. Ein Reiseveranstalter kann auf mehreren Strategieebenen Tätigkeiten entfalten. Innerhalb jeder einzelnen Strategieebene stehen ihm zwei oder mehrere Strategiealternativen zur Verfügung. Nennen Sie mindestens fünf Strategieebenen und erläutern Sie kurz (ggf. anhand von Beispielen) die dazugehörigen Strategiealternativen und deren Auswirkungen bzw. Wirkungsweisen.

Aufgabe 8

Sie etablieren sich als Spezial- bzw. Nischenveranstalter. Sie beabsichtigen, Ihr Produkt bzw. Ihre Produkte über Reisemittler zu vertreiben. Sie überlegen, wie Sie den Vertrieb am besten steuern können. Im Rahmen Ihrer Überlegungen beschäftigen Sie sich mit dem Agenturvertrag, den gängigen Provisionssystemen, der Verkaufsförderung und den Arten und Methoden des Vertriebs.

a) Nennen Sie drei Vertriebsarten, geben Sie an für welche Sie sich entscheiden würden und begründen Sie Ihre Entscheidung.
b) Nennen und erläutern Sie anhand selbstgewählter Beispiele drei Methoden des Fremdvertriebs.
c) Geben Sie zehn wichtige Inhalte eines Agenturvertrages an (Rechte und Pflichten der Vertragsteilnehmer) sowie die Funktion des Agenturvertrages.
d) Zeigen Sie die gängige Provisionssystematik der Reiseveranstalter im Überblick auf.
e) Erläutern Sie ausführlich die Zielsetzung und die Möglichkeiten der Verkaufsförderung eines Reiseveranstalters.

Aufgabe 9

In Ihrer Funktion als künftiger Produktmanager Abteilung Eigenveranstaltung, beabsichtigen Sie Ihren Mitarbeitern eine kurze Zusammenfassung wichtiger Begriffe aus dem Umfeld der Veranstalterkalkulation zu vermitteln. Erklären bzw. definieren Sie mit touristischem Bezug ausführlich folgende Begriffe:

a) Betriebskosten
b) Touristische Kosten
c) Deckungsbeitrag

Aufgabe 10

Die Preispolitik eines Reiseveranstalters orientiert sich an den eigenen Kosten, an der Nachfrage, an den vorhandenen Kapazitäten und nicht zuletzt an der Konkurrenz. Was gehört aus der Sicht des Reiseveranstalters zu:

a) Determinanten der Preisbildung
b) Preisdifferenzierungen (Arten und Motive/Ziele)
c) Preislagen und mögliche Preisabfolge im Lebenszyklus eines Produktes
d) Preisbeurteilung?

Aufgabe 11

Zeigen Sie das Kalkulationsschema einer mehrstufigen Deckungsbeitragsrechnung eines Reiseveranstalters auf und nennen Sie zu jeder Kostenart bzw. jeden Kostenschritt zwei Beispiele.

Reisemittler

Aufgabe 12

Nachfolgend geschilderte Situation ereignet sich sehr häufig. Erarbeiten Sie einen Ansatz/Problemlösung zum optimalen Einsatz der Mitarbeiter für u. g. Fall.

Ein Kettenreisebüro in einer deutschen Großstadt in der Mittagszeit, fünf Beratungsplätze (Counter), drei davon mit Mitarbeitern besetzt. Alle drei Mitarbeiter waren mit Kundenberatungen beschäftigt. Hinter den Beratungsplätzen bildete sich eine Ansammlung von Kunden. Nach etwa zehn Minuten wurde den Wartenden die Zeit zu knapp. Sie gingen hinter den Counter bzw. unterbrachen das Beratungsgespräch mit dem Hinweis nur Kataloge zu benötigen, ließen sich diese von dem Mitarbeiter geben bzw. bedienten sich selbst. Zwei der drei Kunden die beraten wurden, beschwerten sich daraufhin wegen der vielen Störungen. Denn Katalogabholer waren nicht die einzige Störungsquelle, sondern das Telefon läutete auch unablässig und die Mitarbeiter telefonierten während der Beratung auch noch mit anderen Kunden. Nach ca. einer Stunde, die Mittagszeit der Kunden war beendet, herrschte im Reisebüro wieder Ruhe und die Mitarbeiter beschwerten sich über die Kunden, die sich beschwert und keine Reise gebucht haben.

Aufgabe 13

Sie beabsichtigen ein bestehendes Reisebüro in einer süddeutschen Großstadt in einer 1 b Lage zu erwerben. Das Reisebüro zeigt über die letzten zehn Jahre folgende Umsatz- und Gewinnentwicklung auf (siehe Tabelle):

a) Welche Methoden der Preisermittlung sind für die Errechnung des Kaufpreises möglich?
b) Ermitteln Sie nach diesen zwei Methoden die Spanne des Verkaufspreises, der als Verhandlungsgrundlage für die endgültige Preisermittlung dient.
c) Durch welche Gegebenheiten kann der unter b) ermittelte Kaufpreis noch verändert werden?

Jahr	Umsatz in Mio. EUR	Gewinn in TEUR
1996	4,5	28,0
1997	3,7	19,0
1998	4,2	30,0
1999	5,1	38,0
2000	4,9	25,0
2001	4,3	38,0
2002	2,8	-5,0
2003	3,1	-2,0
2004	3,4	18,0
2005	3,6	20,0

Aufgabe 14

Sie eröffnen ein Reisebüro in der Fußgängerzone einer mittelgroßen Stadt in Süddeutschland mit drei Arbeitsplätzen, die Sie im Laufe der nächsten zwei Jahre besetzen wollen. Sie überlegen nun, welche Reiseveranstalter Sie vermitteln wollen und wie Sie Ihr Sortiment gestalten.

a) Nach welchen Kriterien wählen Sie die Reiseveranstalter aus?
b) Welche Leistungen außer der Vermittlung von Pauschalreisen könnten Sie im Sinne einer Generierung von weiteren Umsätzen noch anbieten?

Aufgabe 15

Sie stellen im Jahr 2005 fest, das die Erlösstruktur Ihres Reisebüros/Reisemittler stabil geblieben ist, die Gewinne trotzdem gesunken sind. Nach einer genauen Analyse der Situation stellen Sie fest, dass die Kosten signifikant gestiegen sind. 95 % Ihrer Umsätze erzielen Sie durch die Vermittlung von Reiseveranstalterprodukten.

a) Warum können/dürfen Sie Ihre Kostensteigerung nicht über Preissteigerungen an den Kunden weitergeben?

b) Welche Möglichkeiten stehen Ihnen zur Verfügung um folgende Kostenpositionen zu senken: Personal-, Raum-, Kommunikations- und sonstige Kosten?

c) Welches Instrument der Kostenanalyse können Sie zur Optimierung der Kosten einsetzen?

Verkehrsträger

Aufgabe 16

Im Management der Verkehrsträger werden im Rahmen der Wettbewerbspositionierung unterschiedliche Strategien verfolgt. Auf welche Strategievarianten kann ein Verkehrsunternehmen zurückgreifen? Zeigen Sie dabei auch die Erfolgspotenziale und die Vorteile von Linienverkehrsunternehmen gegenüber Gelegenheitsverkehrsunternehmen auf.

Aufgabe 17

Eine neu gegründete deutsche Fluggesellschaft beabsichtigt folgende Strecke mit zahlender Ladung zu befliegen: München – Frankfurt – Bangkok – Phuket – Bangkok – Singapur – Sydney v. v. An jedem Flugunterbrechungsort beabsichtigen Sie zahlende Ladung abzusetzen und aufzunehmen. Als leitender Mitarbeiter in der Verkehrszentrale müssen Sie nun die Flugrechte nach den Freiheiten der Luft beantragen, um diese Strecke in der von Ihrem Unternehmen gewünschten kommerziellen Zweck zu bedienen.

a) Welche Freiheiten der Luft benötigen Sie für jeden Streckenabschnitt, um diese Strecke in der von Ihrem Unternehmen gewollten Form zu bedienen?

b) Was verstehen Sie unter dem Begriff „zahlende Ladung" oder „Zahlfracht"?

c) Warum benötigen Sie bei dieser Streckenführung nicht die 2. Freiheit der Luft?

Aufgabe 18

Sie sind bei einer Fluggesellschaft beschäftigt, die neben dem Linienflugverkehr auch noch Charterflugverkehr anbietet. Wettbewerbsbedingt beschließt die Geschäftsleitung den Charterflugverkehr in ein selbstständiges Tochterunternehmen auszulagern. Sie werden als Bevollmächtigter für die neu gegründete Tochter mit dem Auftrag betraut, die bestehende Charter- in eine Low-Cost-Struktur umzuwandeln. Wie gehen Sie dabei vor, welche Maßnahmen werden Sie ergreifen um in einem Zeitraum von zwei Jahren Ansätze für einen Low-Cost-Carrier zu schaffen?

Aufgabe 19

Ein neu gegründetes Busunternehmen beabsichtigt sowohl Linien- als auch Gelegenheitsverkehr anzubieten.

a) Entwickeln Sie eine These für eine Broschüre in dem Sie die Vorzüge einer Busreise im Gelegenheitsverkehr anpreisen.

b) Erstellen Sie eine Liste über die Genehmigungsvoraussetzungen eines Unternehmens für den Betrieb von Linien- und Gelegenheitsverkehr.

Aufgabe 20

Im Zuge der Erweiterung der Wertschöpfungskette eines Reiseveranstalters soll den eigenen Gästen im Zielgebiet die Anmietung von Fahrzeugen ermöglicht werden. Soll der Reiseveranstalter sich nun für eine klassische Vermietung oder für den Status eines Mietwagenmaklers entscheiden? Argumentieren Sie.

Aufgabe 21

Erläutern Sie von welchen Determinanten ein modernes Schienenunternehmen wie die DB – Die Bahn – ihre Preis- und Produktpolitik abhängig machen muss. Wie kann eine Strategie eines Schienenunternehmens wie der DB – Die Bahn – aussehen um trotzdem erfolgreich sein?

Aufgabe 22

Ein Reiseveranstalter beabsichtigt anlässlich des fünfundzwanzigsten Firmenjubiläums eine Sonderreise mit einem Kreuzfahrtschiff durchzuführen. Ein Schiff soll im Vollcharter für zwei Wochen für den Reiseveranstalter zur Verfügung stehen.

a) Welcher Vertrag wird zwischen dem Reiseveranstalter und der Reederei geschlossen? Zeigen Sie dessen Besonderheiten auf.
b) Welche Kostenpositionen muss der Reiseveranstalter bei der Kalkulation der Reise berücksichtigen?

Destination

Aufgabe 23

Die Wettbewerbssituation bei Destinationen bzw. im Destinationsmanagement wird als viel komplexer empfunden als bei Einzelunternehmen oder Einzelleistungsträger. Gerade wenn es um die Markenpolitik einer Destination geht, stellt sich heraus, dass diese in einem Spannungsfeld steht. Führen Sie eine Analyse durch, wonach Sie in nachfolgende Tabelle eintragen, ob die angegebenen Kriterien bzw. Elemente jeweils eine Stärke, eine Schwäche, eine Chance oder ein Risiko für die Markenpolitik einer Destination darstellen.

Elemente/Kriterien	Stärken	Schwächen	Chancen	Risiken
Mäßige Qualität der Leistungen von Lieferanten und Leistungsträgern vor Ort				
Abnehmende Solidarität der Verantwortlichen vor Ort, eine Destination strategisch zu führen				
Natürliches Angebot der Region				
Abgeleitetes Angebot der Region				

Start-Ups von Billigfluggesellschaften				
Substitutionsprodukte branchenfrem-der Anbieter				
Lokale Klassifizierung der örtlichen Ho-tellerie				
Wachsende Kultur- und Qualitätsbe-dürfnisse der Gäste				
Verhalten anderer Destinationen				
Eigene Marken- und Erlebnisstrategie				
Professionelle PR-Aktivitäten der für die Destination Verantwortlichen				

Aufgabe 24

Welche Ansätze und Aspekte muss ein Hotel, welches sich auf Gesundheits- und Wellness-Tourismus spezialisiert hat, bei der werblichen Gestaltung besonders herausarbeiten um erfolgreich Kunden zu gewinnen?

Aufgabe 25

Im Zuge der Beantragung eines Prädikates bei der Landesregierung über die Anerkennung eines Orts des Prädikates Heilklimatischer Kurort muss u. a. der Nachweis erbracht werden, dass der Ort über kurorttypische Einrichtungen verfügt und einen gewissen Kurortcharakter aufweist. Durch welche Maßnahmen sind diese Anforderungen zu erreichen?

Aufgabe 26

Ein umsatzorientiertes Betätigungsfeld in Kur- und Erholungsorten entfaltet die Touristen-Information oder das Verkehrsamt.

a) Über welche Aktivitäten können hier Umsätze generiert werden?
b) Warum sind Kur- und Badeorte bei der Vermarktung von Namensrechten, Lizenzen und Merchandising wenig erfolgreich?

Aufgabe 27

Die Angebotsstrukturen bzw. das Angebotsspektrum der Mixed-Use-Center sind nicht mehr eindeutig einem Handels- oder Dienstleistungsbereich zuzuordnen, sondern das Angebotsspektrum kann zahlreiche Dimensionen aufweisen. Zeigen Sie mögliche Dimensionen der MUC auf sowie durch was Ihre Künstlichkeit bestimmt ist.

Gastgewerbe

Aufgabe 28

Die Hotellerie, insbesondere die Markenhotellerie befindet sich auf stetigem und rasantem Expansionskurs. Beschreiben/Begründen Sie die Möglichkeiten bzw. die Chancen aber auch die Risiken, die sich aus einer Expansion für die Hotellerie ergibt.

Aufgabe 29

Die Expansion der Hotellerie ist von Determinanten abhängig. Nennen und beschreiben Sie die Auswirkungen der Determinanten einer Expansionsstrategie in der Markenhotellerie.

Aufgabe 30

Sie sind in der Baubranche tätig und verfügen über ein zehnstöckiges Gebäude, welches Sie zur wirtschaftlichen Nutzung hinführen wollen, der Mietmarkt jedoch keine Alternative bietet, da derzeit die Konjunktur lahmt. Sie beschließen, das Haus dem Hotelmarkt zuzuführen. Sie beauftragen einen bekannten Hotelkonzern mit dem Betrieb und Management des Hauses.

a) Was für einen Vertrag nach BGB schließen Sie als Investor mit dem Hotelkonzern?
b) Auf wessen Rechnung handelt der Hotelbetreiber/Hotelkonzern?
c) Mit welchen laufenden Gebühren muss der Investor für die Dienste des Managements durch den Hotelbetreiber rechnen?
d) Angenommen es herrschen ungünstige konjunkturelle und wirtschaftliche Zeiten. Welche Möglichkeiten bieten sich dem Investor, von einer Standardvertragsgestaltung abzuweichen?

Aufgabe 31

Sie sind Verpächter einer Immobilie, die sich in ganz hervorragender Weise für den Betrieb eines Hotels eignet. Diesbezügliche Anfragen von Hotelkonzernen bestätigen Sie in Ihrem Vorhaben die Immobilie an einen Hotelkonzern zu verpachten.

a) Nach welchen möglichen Kriterien wählen Sie aus der Vielzahl von Bewerbungen den geeigneten Hotelbetrieb aus?
b) Sie haben den Ihrer Meinung nach passenden Hotelkonzern gewählt und überlegen nun welche Art des Pachtvertrags Sie als nicht-risikoscheuer und renditeorientierter Verpächter abschließen.

Aufgabe 32

Die 13-jährige Anna (die aber wesentlich älter aussieht) bekommt zum Geburtstag von der Großmutter 200,00 € geschenkt. Ohne das Wissen der Eltern lädt sie ihre Freundinnen zum Abendessen in ein Speiselokal ein. Die Eltern erfahren davon und betreten das Lokal bevor die Tochter den Verzehr bezahlt hat. Die Eltern bestehen darauf die Rechnung nicht zu bezahlen, da der Wirt die Minderjährigen gar nicht hätte bedienen dürfen. Wie ist die Rechtslage? Kann der Wirt auf die Bezahlung der Rechnung bestehen?

Aufgabe 33

Ein seit zehn Stunden verzweifelter und ohne Verpflegung umherirrender Wanderer im Hochgebirge trifft kurz vor Einbruch der Dunkelheit auf die einzige noch geöffnete Alm-Gaststätte. Er bittet um Einlass und begehrt zu speisen. Der Wirt lehnt diesen Gast mit der Begründung ab, für einen einzelnen Gast wird die Küche nicht mehr geöffnet und wenn, so müsste der Gast sich verpflichten Speisen in einem Wert (Mindestumsatz) von 30,00 € zu konsumieren, oder der Gast müsse gehen, da er, der Wirt ohnehin vorhatte das Lokal zu schließen. Darf der Gastwirt den Gast ablehnen? Wie ist die Rechtslage?

Aufgabe 34

Sie planen die Eröffnung eines Hotels mit 400 Zimmern für Durchreisende. Somit entfallen teure Investitionen und Anschaffungen wie z. B. Wellness- und Konferenzeinrichtungen. Die Investitionssumme beträgt 20. Mio. €. Da Sie über kein bzw. nur sehr geringes Eigenkapital verfügen, benötigen Sie Fremdkapitalgeber. Eine Alternative ist ein Bankkredit. Die Hausbank gibt an, Ihnen aber nur einen Kredit bis zu maximal 50 % des Beleihungswertes zu gewähren.

a) Wie hoch ist der Beleihungswert bei dem von Banken üblicherweise gerechneten Abschlag von 20 %?
b) Wie hoch ist die Beleihungsgrenze?
c) Welche Möglichkeiten der Kapitalbeschaffung für die fehlende Investitionssumme haben Sie?
d) Wie viel Euro beträgt die Investition pro Zimmer bei 400 Zimmern und einer Gesamtinvestition von 20 Mio. € (Gebäude und Grundstück)?

Aufgabe 35

Sie beabsichtigen ein Hotel zu eröffnen und führen zu diesem Zweck eine umfangreiche Analyse der Standortfaktoren durch. Bestandteil dieser Analyse ist u. a. die Nachfrage-, Angebots- und Mitbewerberanalyse sowie die Betrachtung der Standortkosten.

a) Was genau ist Gegenstand der Nachfrageanalyse?
b) Was genau ist Gegenstand der Angebots- und Mitbewerberanalyse?
c) Was genau ist Gegenstand der Standortkostenanalyse?
d) Bei diesem Projekt haben Sie mehrere Standortalternativen. Wie finden Sie heraus, welches der geeignetste Standort ist?

Aufgabe 36

Die Personalplanung in der Hotellerie richtet sich nach den zu verrichtenden Tätigkeiten und Leistungseinheiten in den einzelnen Leistungsbereichen. Anhand welcher Leistungseinheiten wird die Personalkapazität geplant für: den Empfang, Zimmermädchen, Fensterputzer, Oberkellner, Etagenkellner, Geschirrspüler?

Aufgabe 37

Bestimmen Sie nach der Kalkulationsmethode „1 für 1.000" den Zimmerpreis eines Hotels mit einer Investitionssumme von 33 Mio. € und 280 Zimmern.

Aufgabe 38

Was ist der Ausgangspunkt bei dem Kalkulationsverfahren nach Hubbart? Was wird zudem noch berücksichtigt?

Aufgabe 39

Sie beabsichtigen einen Imbiss auf dem Gelände eines Reifenherstellers zu eröffnen, haben jedoch nur Stehplätze und bieten Ihren Gästen zwischen 08:30 Uhr bis 19:00 Uhr folgende Speisen und Getränke an.

Speisen: Hamburger, Cheeseburger, Doppel-Cheeseburger, Chicken-Burger, Pommes frites mit Ketchup oder Mayonnaise, einfacher grüner Salat, griechischer Salat, Hühnchen-Salat.

Getränke: Die üblichen Kaltgetränke (Cola, Spezi, Fanta, Wasser jedoch keine alkoholischen Getränke) werden über einen Kaltgetränkeautomaten vertrieben. Die warmen Getränke (Kaffe, Cappuccino, Milchkaffee, Latte Macciato, Espresso, doppelter Espresso) werden frisch zubereitet.

a) Welches Kalkulationsverfahren wählen Sie um die von Ihnen angebotenen Speisen zu kalkulieren?
b) Welche Kalkulationsverfahren wählen Sie um die von Ihnen angebotenen Getränke zu kalkulieren?
c) Benötigen Sie für den Betrieb des Imbisses eine Genehmigung?

Aufgabe 40

Zeigen Sie drei Trends in der Speiseproduktion auf, die in den nächsten Jahren stark an Bedeutung gewinnen werden, beruhend auf der Tatsache, dass heute die Nachfrage nach diesen Produkten schon sehr stark ist.

Touristische Dienstleister/GDS und CRS

Aufgabe 41

Als Unternehmen gründen Sie einen Reiseveranstalter und überlegen nun, für welches GDS/CRS Sie sich entscheiden sollen. Erstellen Sie einen Katalog von Kriterien, die Ihnen bei der Auswahl eines geeigneten GDS/CRS helfen sollen, die richtige Entscheidung zu treffen.

C. Nachfrageseite

Aufgabe 42

Sie sind in der Produktabteilung eines Reiseveranstalters beschäftigt und bekommen den Auftrag von der Geschäftsleitung eine neue Produktlinie für Seniorenreisen (60plus) aufzubauen. Zeigen Sie auf, welche Ansätze der Produkt- aber auch der Kommunikationskonzeption Sie verfolgen, d. h. welche Besonderheiten Sie bei der Produkterstellung aber auch bei der Kommunikation berücksichtigen.

D. Managementstrategien

Yield-Management

Aufgabe 43

Erläutern Sie am Beispiel einer Fluggesellschaft die vorliegenden betriebswirtschaftlichen Rahmenbedingungen im Linienflugverkehr, die zur Einführung von Yield-Management führen können.

Zur Verfügung stehen 200 verkaufbare Flugzeugsitze denen 250 Nachfrager gegenüber stehen. Die Nachfrage ist somit größer als das Angebot.

Kategorie	Nachfrager	Preis/Flugsitz in €
1	40	600,00
2	90	300,00
3	120	150,00

a) Errechnen Sie den Optimalumsatz (wenn die Nachfragekapazität voll zur Verfügung stehen würde).
b) Errechnen Sie den Umsatz im günstigsten Fall.
c) Errechnen Sie den Umsatz im ungünstigsten Fall.

Qualitäts-Management/Benchmarking/Hotellerie

Aufgabe 44

Im Rahmen Ihrer Tätigkeit als Qualitätsbeauftragter einer Hotelkette werden Sie von der Geschäftsleitung aufgefordert eine Benchmark-Studie zu erstellen. Dies sind die Basisinformationen zu Ihrem Unternehmen:

– 680 Hotels weltweit, mehr als die Hälfte davon in Europa
– jedes Haus verfügt über durchschnittlich 500 Zimmer und 1.080 Betten
– klassifiziert sind die Häuser im 4-Sterne-Bereich
– Standort der einzelnen Häuser ist im Innenstadtbereich von Großstädten (> 1. Mio. Einwohner)
– ein großer Teil der Häuser wird von Franchise-Nehmern geführt, einige werden vom Konzern selbst geführt und ein geringer Teil in Form von Managementverträgen.

a) Zeigen Sie nun den direkten und indirekten Nutzen auf, dass Ihr Unternehmen durch diese Studie erfährt.
b) Erstellen Sie einen Kriterienkatalog (Tabelle) anhand derer Sie Ihr Unternehmen und Ihre Häuser mit denen der drei wichtigsten Mitwerber vergleichen können.
c) Welche der von Ihnen erstellten Kriterien halten einem sinnvollen Vergleich nicht stand, da diese Kriterien zwar Auskünfte über die Mitbewerber geben, jedoch kurz- und mittelfristig nicht änderbar sind?
d) Zeigen Sie auf, aus welchen Quellen Sie die Informationen für die Vergleiche bekommen.

Krisen-Management

Aufgabe 45

Krisen können u. a. unter dem Blickpunkt des Krisenverlaufs betrachtet werden.

a) Untergliedern Sie eine Krise in die vier Phasen des Krisenverlaufs.
b) Definieren Sie jede Phase und belegen Sie sie mit einem Beispiel.

Aufgabe 46

Sie bekommen von der Geschäftsleitung Ihres Unternehmens (Reiseveranstalter) den Auftrag eine Checkliste/Matrix zur Identifikation potenzieller Krisen zu entwickeln. Welche Methoden und Möglichkeiten bieten sich an? Anhand welcher Indikatoren erstellen Sie Ihre Checkliste?

Lean-Management

Aufgabe 47

Durch die Verschlankung von Strukturen, eine Beschleunigung von Arbeitsabläufen und Teamarbeit soll eine fortwährende Verbesserung für alle Bereiche und Funktionen im Unternehmen erreicht werden. Fassen Sie die Grundeigenschaften und die Kernelemente des Lean-Managements zusammen.

Projekt-Management

Aufgabe 48

Ihr Arbeitgeber, ein Reiseveranstalter, hat beschlossen auf der nächsten Internationalen Tourismus Börse (ITB) in Berlin die Präsentation des Unternehmens anders zu gestalten als die Jahre zuvor. Aus dieser Zielsetzung (Projektdefinition) wurde ein 1.000 qm großer Pavillon in der Halle H angemietet. Sie sind beauftragt, eine Checkliste mit den wichtigsten Inhalten einer Projektplanung zu erstellen.

Change-Management

Aufgabe 49

Veränderungen können und müssen vor dem Hintergrund einer gewandelten Unternehmens- und Lebensumwelt betrachtet werden. Die Gründe für Veränderungen in touristischen Unternehmen sind vielfältig. Zeigen bzw. nennen Sie wichtige Gründe und die daraus erwachsende Notwendigkeit für das Change-Management.

Personalmanagement

Aufgabe 50

Die Personalsituation im Tourismus ist nicht besser oder schlechter als die anderer Branchen. Jedoch gibt es einige branchenspezifische Problembereiche, die das Personalmanagement erschweren. Zeigen Sie diese branchenspezifischen Problembereiche auf und erläutern Sie sie.

Risk-Management

Aufgabe 51

In Ihrer neu angetretenen Arbeitsstelle als Controller, bekommen Sie als erstes die Aufgabe eine Bewertung der Risiken vorzunehmen und der Geschäftsleitung Vorschläge (allgemein) zu unterbreiten wie die Risiken gemindert bzw. zukünftig ganz vermieden werden können.

Event- und Veranstaltungsmanagement

Aufgabe 52

Ihr Unternehmen, ein Reisemittler/Reisebüro mit einer eigenen Abteilung für Tagungen, Kongresse, Messen und Incentives bekommt von einem Unternehmen der Versicherungsbranche den Auftrag einen Wettbewerb und die anschließende Incentive-Reise für die Gewinner des Wettbewerbs zu organisieren. Sie werden mit der Aufgabe betraut, die konzeptionellen Planungsschritte der gesamten Aktion zu erstellen.

Lösungen

Lösungen

Lösung 1

Anteil der Bevölkerung älter als 14 Jahre liegt bei 56 Mio. Bürgern (70 Mio. − 20 %);
Anteil der Reisenden Bevölkerung beträgt 36,4 Mio. (56 Mio. − 35 %);
Anzahl der Reisen/Volumen der Urlaubsreisen beträgt 43,68 Mio. Reisen
(36,4 Mio. · Reisehäufigkeit 1,2).

Lösung 2

FI = (Anzahl der Übernachtungen : Einwohner) · 100
FI = (1,2 Mio. Übernachtungen : 17.000 Einw.) · 100 = 7.058,82
Auf jeden Einwohner kommen 7.058,82 Übernachtungen im Jahr. Diese Kennzahl drückt
die Belastung und den Grad der Überfremdung eines Ortes durch Touristen aus. Handelt
es sich um Orte mit saisonaler Tourismusnachfrage, so ist in der nachgefragten Zeit der
Wert deutlich höher, d. h. die Belastung ist um ein Vielfaches höher.

B. Angebotsseite

Reiseveranstalter

Lösung 3

Entwicklungen auf der Nachfragerseite: soziodemografische Veränderungen, Änderung
des Kaufverhaltens, Wertewandel, schnellerer Lebensrhythmus, Einkommen und Besitz,
Entwicklung des Freizeitverhaltens u. v. m.

Entwicklungen auf der Anbieterseite: Konzentrationsprozesse, neue Technologien, die
Rolle der CRS/GDS, Internationalisierung des Wettbewerbes, Profilierung der Reisemittler, Wegfall des HV-Status, der Preis- und Vertriebsbindung u. v. m.

Substitutionsmärkte: Freizeitindustrien, Erlebnis- und Konsumwelten etablieren ihre Produkte als Alternative zur Pauschalreise.

Potenzielle Konkurrenten: Low-Budget-Airlines, Low-Budget-Hotels bündeln auf ihren
Webseiten eigene Pauschalen.

Lösung 4

a) Produktionsfunktion: RVA erstellt ein Produkt mit einem Mehrwert (Nutzenvorteil) gegenüber der selbstorganisierten Reise, Ergebnis der Produktion des RVA: Kostenvorteil für den Kunden, Produktion: Planung, Reservierung, Beratung, Reiseleitung.

b) Handels- und Absatzfunktion: RVA übernehmen die Handelsfunktion durch Einkauf eines Teils der Kapazitäten von Leistungsträgern über einen längeren Zeitraum zu einem festen Preis, RVA ist Bindeglied zwischen Anbietern und Nachfragern, zur Erfüllung der Handelsfunktion ist die Produktstandardisierung Voraussetzung, Prinzip der Bündelung von Einzelnachfrage durch Vorgabe eines konkreten Angebotes.

c) Risikoübernahmefunktion: RVA haftet für die Mängel, Absatzrisiko; beim Einkauf von Festkontingenten übernimmt der RVA das Absatzrisiko der Leistungsträger, Produktrisiko; der RVA bietet mit seiner Erfahrung und Fachkompetenz die Gewähr für die Qualität der Reise und Abwicklung.

d) Zielgebietserschließungsfunktion: Oft entwickeln sich Zielgebiete erst durch die Tätigkeit der RVA, Pauschalreisen setzen eine touristische Infrastruktur voraus an deren Entwicklung und Bereitstellung der RVA maßgeblich mitwirkt. Der von den RVA geförderte Tourismus führt i. d. R. zu relativen Prognosen, hohen Gästezahlen und mehr Investitionen.

e) Emanzipatorische Funktion: Großer Beitrag der RVA zur Entwicklung touristischer Leistungsträger im Transport und Unterkunftsbereich, RVA ermöglichen durch Pauschalierung der Angebote Reisen auch für weniger kaufkräftige Bevölkerungsschichten und Personen, die sich aus sprachlichen und organisatorischen Gründen scheuen würden zu reisen.

Lösung 5

Die Entscheidung fällt auf den Kumulativen-Garantie-Vertrag: Hier geht der Reiseveranstalter die Verpflichtung ein, im Laufe der Saison eine bestimmte Anzahl von Room/ Nights (R/N) abzunehmen. Die Abrechnung erfolgt zu Saisonende und kann zu Konventionalzahlungen (-strafen) seitens des Reiseveranstalters führen, für den Fall, dass nicht die vereinbarte Anzahl der Zimmer verkauft und abgesetzt wurde.

Lösung 6

a) Formel für Risikozuschlag
   RZ = (100 % - geschätzte Auslastung) · Zimmerpreis : geschätzte Auslastung
   RZ = (100 % - 75) · (56,00 : 75) = 18,67 Euro. Dieser Betrag fließt als Zuschlag in die Kalkulation mit ein.

b) Bei den Termin-Garantie-Verträgen, den Kumulativen-Garantie-Verträgen und bei der Objektanmietung liegt das gesamte Risiko beim Reiseveranstalter. Um dieses Risiko abzufangen, kalkuliert der Reiseveranstalter üblicherweise einen Risikozuschlag (RZ) mit ein.

Lösung 7

Strategieebenen:	Strategiealternativen
Markteintritt:	Pionier, Folger
Marktfeld:	Massenmarkt- und Marktsegmentierungsstrategie
Marktstimulierung:	Präferenz- und Preis-Mengen Strategie

Marktstellung:	Marktführer, Herausforderer, Marktmitläufer und Marktnischen-Bearbeiter
Differenzierung der Marktbearbeitung:	Undifferenzierte, konzentrierte und differenzierte Marktbearbeitung
Strategiestil:	offensives und defensives Wettbewerbsverhalten
Marktposition:	Beibehaltung der Position, Umpositionierung und Neupositionierung
Marktareal:	Lokal, regional, national, international, global
Strategie-Absicherung:	Anpassung, Konflikt, Kooperation, Umgehung

Lösung 8

a) Vertriebsarten: Direkt-, Eigen- und Fremdvertrieb, Entscheidung für Direkt- und Fremdvertrieb. Direktvertrieb um sich einen hohen Anteil an Stammkunden zu sichern bei geringen Vertriebskosten (keine Provision) und Fremdvertrieb, um flächendeckend die Produkte zu vertreiben – gegen Provision.

b) Methoden des Fremdvertriebs: Generelle Methode – flächendeckend über alle Reisebüros und Mittler, geringe Zugangsrestriktionen der Vermittlung der Produkte (geringen Mindestumsatz, keine Bürgschaften, Agenturvertrag hat keinerlei Steuerfunktion u. v. m.); Selektive Methode – nur ausgewählte Büros dürfen mein Produkt verkaufen, Zugangsrestriktionen wie hohe Mindestumsätze, streng formulierte Vertragsinhalte, Bürgschaften, qualifiziertes Personal, gute Lage der Büros u. v. m.; Exklusive Methode – Auswahl eines einzigen Partners in der Stadt, Region, Land, welcher Ihr Produkt mit einem hohen Anspruch vermittelt – keine Flächedeckung, möglicherweise hohe Vertriebskosten.

c) Funktion des Agenturvertrages: Steuerfunktion für Umsatz, Umsatzsteigerungen, Verkaufsaktivitäten u. v. m.; Inhalte: Vertragspräambel, Gerichtsort, Laufzeit des Vertrages, Kündigungsgründe und Kündigungsfristen, Höhe der Bürgschaften oder sonstige Absicherungsmodelle der Gelder (Versicherungen), aktuelle Provisionsliste, verkaufsfördernde Maßnahmen, Rechte und Pflichten, insbesondere Pflicht auf kostenlose, neutrale Beratung, Weiterleitung der vom Kunden bezahlten Anzahlungen und Restzahlungen, Weiterleitung der Unterlagen, Informationen, kurzfristige Änderungen. Pflicht des Veranstalters zur Zahlung einer Provision, Versorgung mit Unterlagen, Katalogen und andere Hilfsmittel, rechtzeitige Lieferung von Reiseunterlagen, Hinterlegungen, Vertragserfüllung u. v. m.

d) Provisionssystematik: Basis- oder Grundprovision, Staffel-, Sonder-, Zusatz- und Superprovision, provisionsähnliche Leistungen. Provisionen abhängig von Mindestumsätzen, Steigerungen im Vergleich zum Vorjahr sowohl Umsatz und/oder Teilnehmerzahl, bestimmte Produktgruppe, bestimmte Preisgruppen u. v. m.

e) Verkaufsförderung (VF): monetäre (Provisionen, Prämien für Mitarbeiter, WKZ – Werbekostenzuschüssen u. v. m.); nicht-monetäre VF (Inforeisen, Produktschulungen, alle Maßnahmen zur Verbesserung des Wissenstandes der Mitarbeiter, Sonderangebote, Verkaufshilfen, Handbücher, Vakanzen, IT-Beratung, anwenderfreundliche CRS, Help-Desk, Argumentationshilfen).

Lösung 9

a) Betriebskosten: Alle Kosten, die durch die Produktionstätigkeit und Produktionsfähigkeit des Veranstalters anfallen; Personal-, Werbe- und Kommunikationskosten. Diese werden häufig als Gemeinkosten (GK) bezeichnet.

b) Touristische Kosten: Kosten für den Einkauf von Fremdleistungen (Beherbergung, Beförderung, Betreuung).

c) Deckungsbeitrag (DB): Der DB einer Reise ist die Differenz zwischen dem Verkaufspreis der betreffenden Reise und den auf sie direkt zurechenbaren, variablen Einzelkosten. Durch den DB werden üblicherweise folgende Kalkulationsbestandteile abgedeckt: Gemeinkosten, Gewinn und manchmal die zu zahlende Provision für die Reisemittler.

Lösung 10

a) Determinanten der Preisbildung: Preisziele, Nachfrage, Kosten, Preisvorschriften, Produktplatzierung und Konkurrenz.

b) Preisdifferenzierungen: offene und verdeckte Preisdifferenzierung, Umsatzsteigerungen, soziale Motive, Erlösstabilisierung, Kapazitätsauslastung, Abschöpfung von Konsumentenrenten, Erlösstabilisierung.

c) Premium-, Skimming-, Cost-Plus-, Penetration- und Discount-Pricing.

d) Preisinformation, Preiswahrnehmung, Preisgünstigkeit und Preiswürdigkeit.

Lösung 11

Kalkulationsschema	Beispiel Reiseveranstalter
Bruttoerlös	Reisepreis
− Erlösschmälerung	Reisemittlerprovisionen, USt, Rabatte
= Nettoerlös	
− variable Fertigungskosten	Unterkunft, Transfers, RL, Handling-Fees
= Rohertrag (Nutzen/DB 0)	
− Erzeugnisfixkosten	Zielgebietsbüro, eigene RL
= DB 1	
− Erzeugnisgruppenfixkosten	Beförderung, anteilige Katalogkosten
= DB 2	
− Kostenstellenfixkosten	Personalkosten, Miete etc.
= DB 3	
− Unternehmensfixkosten	Werbung, interner Vertrieb, Verwaltung, sonstige Gemeinkosten
= Ergebnis	

Reisemittler

Lösung 12

Die Problemlösung des Falles ist eigentlich recht einfach. Sie muss dennoch gut durchdacht werden. Erwünschter Nebeneffekt: Höhere Wirtschaftlichkeit:

*   Besser zwei Mitarbeitern und den Kunden eine ungestörte Beratung zukommen lassen und eine oder zwei Buchungen realisieren und dazu noch zufriedene Kunden zu verabschieden.
*   Der dritte Mitarbeiter verteilt Kataloge und versucht durch eine „Schlangen-Führung" wie sie mittlerweile an Flughäfen, an Bankschaltern, im Handel üblich ist die wartenden und begehrenden Kunden zu bedienen.
*   Darüber hinaus bearbeitet der dritte Mitarbeiter auch die eingehenden Telefonate und Anfragen.
*   Da es sich um ein Kettenbüro mit mehreren Filialen in dieser Stadt handelt, wäre zu Spitzen- und Stoßzeiten eine Hotline angebracht auf welche bei großem Kundenandrang alle Mitarbeiter ihre Leitung vorübergehend aufschalten könnten und diese ein oder zwei Mitarbeiter in dieser Zeit nur telefonische Anfragen, Zusendungen von Katalogen oder einfache Informationen an die Nachfrager weitergeben.

Lösung 13

a) Methoden der Preisermittlung: Umsatz- und Gewinnmethode
b) Umsatzmethode: 5 % bis 10 % des durchschnittlichen Umsatzes der letzten 5 bis 7 Jahre, Gewinnmethode: Summation der Gewinne der letzten 5 bis 7 Jahre

Jahr	Umsatz in Mio. EUR	Gewinn in TEUR
1996	4,5	28
1997	3,7	19
1998	4,2	30
1999	5,1	38
2000	4,9	25
2001	4,3	38
2002	2,8	-5
2003	3,1	-2
2004	3,4	18
2005	3,6	20
Durchschnittlicher Umsatz der letzten 7 Jahre	3,89	
Durchschnittlicher Umsatz der letzten 5 Jahre	3,44	
Kumulierter Gewinn der letzten 7 Jahre		132
Kumulierter Gewinn der letzten 5 Jahre		69

Umsatzmethode:
Bandbreite des Kaufpreises der letzten 7 Jahre: 389.000,00 € bis 194.500,00 €
Bandbreite des Kaufpreises der letzten 5 Jahre: 344.000,00 € bis 172.000,00 €

Gewinnmethode:
Kaufpreis bei der Bewertung von 7 Jahren: 132.000,00 €
Kaufpreis bei der Bewertung von 5 Jahren: 69.000,00 €

c) Der ermittelte Kaufpreis kann durch folgende Positionen nach oben oder unten verändert werden:
- Verbindlichkeiten des Unternehmens, sie mindern den Kaufpreis
- Forderungen an Kunden, sie erhöhen den Kaufpreis
- Wert der Kundendatei auch nach der Übernahme
- Laufzeit der Verträge (z. B. Mietvertrag, Leasingverträge, Versicherungsverträge)
- ungekündigte Mitarbeiterverträge
- Übernahme von langfristigen Verbindlichkeiten und Aufwendungen
- ob der Verkäufer sich weiter in der Reisevermittlung engagiert; die Gefahr, dass Kunden abgeworben werden, ist nicht zu unterschätzen
- Hilfestellung des Verkäufers bei der Beantragung bzw. Weiterführung der Agenturverhältnisse (manche Reiseveranstalter nutzen Inhaber- oder Geschäftsführerwechsel um sich von Agenturen im Rahmen der Vertriebsoptimierung zu trennen)
- Bürgschaften, die abgelöst werden müssen
- Übernahme von Soll-Ständen bei der Hausbank.

Lösung 14

a) Bekanntheit, Image und Leitveranstalterfunktion bei den Kunden, geforderte Mindestumsätze, geforderte Bürgschaften, Höhe der Basis-, Staffel- und Steuerungsprovisionen, Schnelligkeit und Kompliziertheit der Agenturvergabe, Restriktionen aus dem Agenturvertrag, Art des Inkassos, Reklamationsquote des Reiseveranstalters, Abflughäfen, Sortimentsbreite und Sortimentstiefe, verkaufsunterstützende Maßnahmen, Informationsreisen u. v. m.
b) Vermittlung von DER- und IATA-Werten, Vermittlung von Hotels, Mietwagen und Karten (cross selling), Eigenveranstaltung, Gebühren und Entgelte aus der Beratung, Service und Auskünften, Verkauf von Reiseaccessoires.

Lösung 15

a) Als Vermittler sind Sie an die Preise der Reiseveranstalter gebunden (Preisbindung)
b)
- Personalkosten: Abbau von Resturlaub, unbezahlter Urlaub, Aussetzung der Zahlung von freiwilligen Sondervergütungen, Reduktion der Arbeitszeit, erfolgsorientierte Vergütung, Kurzarbeit, Abbau von Aushilfen, gemeinsame Nutzung von „Springer" zwischen mehreren Büros.
- Raumkosten: Nachverhandlung mit Vermieter (befristete Mietreduktion), Wechsel des Energieanbieters.

- Kommunikationskosten: Nutzung billiger Vorwahlnummern, Wechsel der Telefongesellschaft, Kundenmitteilungen per E-Mail, Einholen der Festnetznummern der Kunden (anstatt Mobilnummern), Nutzung kostenloser Servicenummern der wichtigsten
  Geschäftspartner, Überprüfung kostengünstiger Alternativen zum Internetprovider.
- Sonstige Kosten: Botengänge selbst erledigen, Gratifikationen an Kunden überprüfen,
  Einkaufsgemeinschaften mit anderen Reisebüros.
c) Prozesskostenanalyse.

Verkehrsträger

Lösung 16

Strategiealternativen sind: Qualitative Konzeptstrategien, Z. B. Flächenerschließung,
Konzentration auf Hauptverkehrsströme, einheitliches Leistungsangebot, differenzierte
Leistungspalette.
Quantitative Konzeptstrategien, z. B. durch Bedienungshäufigkeit, Größenklassen.
Wettbewerbsstrategien, z. B. durch spezifische Alleinstellungsmerkmale (USP) wie Kom-
fort, Service, Reisesicherheit
Kooperationsstrategien, z. B. durch Verbünde, Zusammenschlüsse, Kooperationsverträ-
gen, Gemeinschaftsunternehmen.

Erfolgspotenziale: Flächenerschließung und optimale Verkehrsnetzstrukturen aufbau-
en, Nachfrage- und bedarfsgerechte Fahrplangestaltung, Komfort durch Innovation und
Technik, Verbundeffekte durch Kooperationen und Allianzen

Vorteile Linienbeförderungsunternehmen: Ist allen Personen zugänglich (Öffentlichkeit),
keine besondere Nutzungsbefähigung vorausgesetzt, Sicherheit, Regelmäßigkeit und Zuverlässigkeit durch Planung und Organisation ist gewährleistet, umweltschonend durch
niedrigere Umweltbelastung und Ressourceneinsparung, sinnvolle Nutzung der verfügbaren Frei- und Reisezeit möglich, trägt zur Reduzierung des Reiserisikos bei.

Lösung 17

a) Für München/Frankfurt nach Bangkok/Thailand benötigen Sie die 1. Freiheit (Über-
   flugsrecht von Vertragsstaaten, die auf der Route von Europa nach Thailand liegen,
   z. B. Österreich, Ungarn, Rumänien, Bulgarien, Türkei, Iran, Pakistan, Indien, Myanmar). Für die 3. und 4. Freiheit (zahlende Ladung von Deutschland nach Thailand und
   zurück zu befördern). Für Bangkok – Phuket – Bangkok benötigen Sie die 8. Freiheit
   (Beförderung von Zahlfracht innerhalb eines fremden Staates). Für Bangkok – Singapur benötigen Sie die 1. Freiheit und die 5. Freiheit (das Recht einer Fluggesellschaft,
   Zahlfracht zwischen zwei Vertragsstaaten außerhalb des Heimatstaates der Fluggesellschaft zu befördern). Für Singapur – Sydney benötigen Sie die 1. Freiheit und die
   5. Freiheit (das Recht einer Fluggesellschaft, Zahlfracht zwischen zwei Vertragsstaaten außerhalb des Heimatstaates der Fluggesellschaft zu befördern).
b) Zahlende Ladung oder Zahlfracht = Passagiere, Post und Fracht
c) Die 2. Freiheit der Luft wird nicht benötigt, weil jeder Flugunterbrechungsort gewerb-
   lich angeflogen wird.

Lösung 18

Vorgehensweise: Die Entscheidung treffen, eine einheitliche Flotte (nur ein Flugzeugtyp) zu schaffen; durch Verkauf der Flugzeugtypen, die alt und technologisch überholt sind. Leasing des bevorzugten Flugzeugtyps, dadurch Reduktion der Technik- und Ersatzteil-kosten; Sitzabstände in den Flugzeugen vermindern um so eine höhere Kapazität zu erzielen. Punkt-zu-Punkt-Verbindungen in hoher Frequenzanzahl auf lukrativen Strecken anbieten, mit geringen Übernachtungskosten für die Crew; fester Flugplan, keine um-ständliche Umlaufplanung mehr, keine Umsteiger mehr, keine Drehkreuze mehr; Boden-dienste auslagern um Fixkosten einzusparen. Bei Neueinstellung die Löhne leistungs-orientierter (nach Anzahl der Flugstunden pro Monat) staffeln. Vertrieb nur noch über das Internet, bei Schalterverkauf nur noch Barzahlung, keine Kreditkarten mehr akzeptieren; Einzelplatzverkauf forcieren, Reisebüroverkauf reduzieren (um Provisionen zu sparen).

Lösung 19

a) Reiseerlebnis in der Gruppe und die damit einhergehende Geselligkeit, gutes Preis-Leistungs-Verhältnis, Günstigkeit, stressfreies Reisen von Tür zu Tür und sehr flexibel, komfortabler Standard und bequeme Busse (im Vergleich zu einer Flugreise in der Economy Class), hohe Sicherheit (Bus ist das sicherste Verkehrsmittel mit den ge-ringsten Unfallquoten), umweltschonende Reiseart, ideal für Rund- und Studienreisen da Landschaften und Sehenswürdigkeiten aus nächster Nähe besucht und angefah-ren werden können.
b) Betriebssicherheit: Korrekte Betriebsführung und einwandfreie Fahrzeughaltung, Leistungsfähigkeit: Erforderliches Kapital für die Betriebseinrichtung und Fortführung, Zuverlässigkeit: Persönliche und charakterliche Zuverlässigkeit des Unternehmers, fachliche Eignung: Angemessene Tätigkeit (mindestens drei Jahre) in einem Unter-nehmen des Straßenpersonenverkehr oder Ablegung einer Fachkundeprüfung sowie ausreichende Erfahrung in einem Reiseverkehrsbetrieb.

Lösung 20

Mietwagenmakler verfügen über keine Fahrzeugflotte, sondern greifen auf die Fahrzeu-ge der nationalen und internationalen Autovermieter zurück; d. h. keine Investitionen für Fahrzeugpark, Wartung, überschaubares Absatzrisiko, jederzeit Ausstieg möglich.

Lösung 21

Die Determinanten sind:
Rechtliche Elemente: Beinhalten die Rechtsgrundlagen für die Erstellung des Produktes

Formale Elemente: Beinhalten die technischen und organisatorischen Strukturen der Produktleistung sowie die Verknüpfung der Grund- mit den Zusatz- und Ergänzungsleis-tungen

Wirtschaftliche Elemente: Beinhalten die Ansätze der Preisgestaltung, Kalkulation, Kosten-Nutzen-Bewertungen, Preis-Leistungsverhältnis und Vertrieb
Soziale Elemente: Hier wird die Dienstleistung nach folgenden Kriterien bewertet: Image, sozialpolitische Aufgaben der Beförderungsunternehmen, gesamtgesellschaftlicher Auftrag und gesellschaftliche Relevanz der Dienstleistung.

Die Konzernstrategie könnte z. B. sein:

- Fokussiertes Konzernportfolio mit den Bereichen Mobilität, Transport und Logistik
- Umfassendes Wertemanagementsystem seit 1999 erfolgreich etabliert und fortgeführt
- Personenverkehr: Starke Position im Heimatmarkt Deutschland mit dem Ziel der Verteidigung der Position im Heimatmarkt (Expansion aufgrund der unterschiedlich weit fortgeschrittenen Deregulierung der Märkte noch nicht vorgesehen)
- Transport und Logistik: Partizipation am Marktwachstum und Nutzung von Chancen aus der Marktöffnung im europäischen Schienengüterverkehr; Schenker (Logistik und Spedition) gut positioniert, strebt eine Marktkonsolidierung an
- Infrastruktur und Dienstleistung: Weitere Kostensenkungen und Leistungsverbesserungen.

Lösung 22

a) Vollcharter: Hierbei chartert der Veranstalter das komplette Schiff für einen bestimmten Zeitraum inkl. des nautischen Personals ggf. auch der Küchen- und Hotel-Crew. Der Veranstalter kann eigenmächtig handeln, seine Route selbst festlegen, trägt aber auch das Vermarktungs- und Absatzrisiko, da er die Kapazitäten unter eigenem Namen vermarktet. Dafür hat der Veranstalter die Produkt- und Preishoheit. Sein Preis ist für den Kunden nicht mit anderen Angeboten vergleichbar. Eine andere Möglichkeit, jedoch vom logistischen Aufwand umständlicher ist der Bare boat charter. Es ist eine Form des Vollcharters bei dem der Veranstalter ein ganzes Schiff ohne Besatzung chartert und somit die Möglichkeit hat, dass Schiff unter dem eigenen Veranstalternamen zu vermarkten.

b) Charterrate pro Tag, Hafenkosten, Kosten für einen ggf. Umbau des Schiffes für diese exklusive Reise, Versicherungsprämien, Gehälter und Crew-Boni, Reisespesen für das Personal, Ausstattungskosten für die Vertreter der Reiseveranstalters auf dem Schiff für die Dauer dieser Sonderreise, Druckkosten, Verpflegungskosten für die Gäste, Werbung, nützliche Aufwendungen.

Destination

Lösung 23

Elemente/Kriterien	Stärken	Schwächen	Chancen	Risiken
Mäßige Qualität der Leistungen von Lieferanten und Leistungsträgern vor Ort		X		X

Abnehmende Solidarität der Verantwortlichen vor Ort, eine Destination strategisch zu führen		X		X
Natürliches Angebot der Region	X			
Abgeleitetes Angebot der Region	X			
Start-Ups von Billigfluggesellschaften				X
Substitutionsprodukte branchenfremder Anbieter				X
Lokale Klassifizierung der örtlichen Hotellerie	X		X	
Wachsende Kultur- und Qualitätsbedürfnisse der Gäste			X	
Verhalten anderer Destinationen			X	
Eigene Marken- und Erlebnisstrategie	X			
Professionelle PR-Aktivitäten der für die Destination Verantwortlichen	X			

Lösung 24

Die Hauptansätze von Störungsfreiheit, Leistungsfähigkeit, Rollenerfüllung im privaten, beruflichen und sozialen Umfeld, Gleichgewichtszustand mit dem Umfeld und der Umwelt, Flexibilität, Anpassung, Wohlbefinden garantieren.

Den Bedürfnissen der Kunden nach Entspannung und Stressbekämpfung, Work-Life-Balance, Verwöhnung und Zuwendung, Harmonie und Steigerung der sinnlichen Wahrnehmung, körperliche Erfahrung und Abarbeitung, Beauty und äußere Attraktivität, erotische Lebensqualität, Lebensverlängerung und „ewige Jugend", kreative Selbstverwirklichung, Empowerment und Selbst-Kompetenz, spiritueller Sinn, Kontrolle der Lebensweise im Gesundheitskontext und Erhöhung der Lebensenergie entsprechen.

Lösung 25

Kurorteinrichtungen sind Einrichtungen, die der Anwendung natürlicher Heilfaktoren als Kurmittel dienen. Dazu gehören: eine Trink- und Wandelhalle mit Kurpark, ein Kurmittelhaus zur Abgabe von Bädern, ein Inhalatorium zur Abgabe von Inhalationen, Einrichtungen der Bewegungstherapie im Heilwasser- und Trockenbereich und für Gymnastik, ausgedehnte Park- und Waldanlagen mit gekennzeichnetem Wegenetz, Wege für Terrainkuren und Sport-, Spiel- und Liegewiesen.

Kurortcharakter muss beinhalten/aufweisen: die medizinische Betreuung, eine kurgemäße Unterkunft und Verpflegung, Einrichtungen zur Unterhaltung und Betreuung der Gäste und eine Infrastruktur, einen verkehrsberuhigten Ortskern, eine apothekenmäßige Versorgung.

Lösung 26

a) Durch Auskunfts-, Informations- und Beratungsdienste gegen Gebühr und Entgelt, Zimmernachweis gegen Schutzgebühr und Zimmervermittlung auf Provisionsbasis, Verkauf von Handelswaren mit Ortswappen oder Markenzeichen.

b) Dies liegt zum einen in der Tatsache begründet, dass viele Kur- und Erholungsorte sich nicht als Marke präsentieren und daher unbekannt sind und zum anderen daran, dass die Vermarktung eines z. B. Ortswappens nicht attraktiv genug ist, um daraus eine zusätzliche und dauerhafte Einnahmequelle zu generieren.

Lösung 27

Dimensionen sind grundsätzlich die Verbindung zwischen Nützlichkeit und Vergnüglichkeit der Aktivität, z. B. Einkaufsmöglichkeiten, Abendunterhaltung, Sportangebote, Serviceleistungen, Freizeit- und Kulturveranstaltungen, Übernachtungskapazitäten und Ähnliches an einem Ort.

Künstlichkeit beruht auf: Traum- und Gegenwelten zum Alltag. Räume, in die man Konsum- und Lebenswelten projizieren kann. Bühnen, auf denen man sich in selbst gewählten Rollen präsentieren kann. Schauplätze, auf denen man etwas Ungewöhnliches erleben kann.

Gastgewerbe

Lösung 28

- Erleichterter Zugang bei der Standortbeschaffung durch ihre Marktmacht, den Markennamen und dem akquisitorischen Pozenzial.
- Wegen der Reputation des Konzerns bessere Möglichkeiten bei der Personalbeschaffung (auch bessere Aus-, Fort- und Weiterbildungsmöglichkeiten).
- Konzerneigene Reservierungssysteme werden als globale Verkaufsinstrumente genutzt.
- Expansionsstrategie führt zu: Steigerung der Wirtschaftlichkeit; Wettbewerbsfähigkeit, Verteilung des unternehmerischen Risikos.
- Möglichkeiten zur Generierung von internationalen Wettbewerbsvorteilen; nicht Imitierbarkeit, nicht Substituierbarkeit, Unternehmensspezifität, Fähigkeit zur Nutzenstiftung am Markt.
- Hauptziele sind Wachstum und Gewinn.
- Verbreitungsmultiplikatoren zur Durchsetzung des Markennamens (mit steigender Anzahl der Betriebe).
- Ausmaß der Standardisierung bestimmt die Identität untereinander und damit die Wirksamkeit und Verbreitung der Marke; Standardisierung = Einheitlichkeit bestimmter Normen (z. B. Zimmergröße, Zimmerausstattung, F & B-Angebot, Service- und Qualitätsstandards).
- Rationalisierungseffekte und effizientere Führung durch zentrales Rechnungswesen, Controlling und Budgetierung.
- Operative Kostenvorteile durch Produktivitätsstandards im Housekeeping, Küche (Rezepturen), Instandhaltung und Renovierung.

- Einkaufsvorteile durch Verhandlungsmacht und entsprechende Kostenvorteile.
- Generierung von Umsatzsteigerungen durch zentrale Marketingaktivitäten und zentrale CRS.

Lösung 29

Voraussetzung in den Zielländern: Wachstumsaussichten und Wirtschaftsdynamik in den betreffenden Volkswirtschaften, politische und ökonomische Stabilität des Gastlandes, vorhandene Infrastruktur, wirtschaftliche Bedeutung des Standortes, Steuergesetze, Umweltgesetze des Gastlandes, unternehmerische Handlungsautonomie, Berücksichtigung der heimischen Wirtschaft bei Auslandsinvestitionen, Existenz von Betriebsmitteln (z. B. Wasser, Energie, Baustoffe), Werkstoffe und Arbeitskräfte zusätzlich für die Ferienhotellerie, touristische Attraktivität des Standortes/Landes, klimatische Bedingungen, Entfernung zur Quellregion.

Voraussetzungen in der Hotellerie: Hohe Standardisierung im Leistungsangebot, eine auf Expansion ausgelegte Organisation, Bekanntheitsgrad der Marke, Funktionstrennung: Trennung zwischen Kapital- und Management-Funktion (bedingt durch die unterschiedlichen wirtschaftlichen Anforderungen), hohes Kapitalaufkommen für die Errichtung eines Hotels und die dafür zu lösenden Finanzierungs- und Kapitalbeschaffungsmaßnahmen, besondere Managementaufgaben zur Führung eines Hotels, Produktpolitik, Branding, Distributionspolitik und E-Business, Managementpolitik.

Lösung 30

a) Es wird ein Betriebsführungsvertrag und somit ein Geschäftsbesorgungsvertrag nach § 675 BGB geschlossen.
b) Der Betreiber operiert im Auftrag und auf Rechnung des Investors, betreibt aber das Hotel im eigenen Namen; das unternehmerische Risiko (Gewinne und Verluste) geht zu Lasten des Investors.
c) Für das Betreiben des Hotels erhält er eine Managementgebühr, die sich wie folgt zusammensetzen kann: Eine umsatzabhängige Basisgebühr, die i. d. R. zwischen 2 % und 4 % vom Nettoumsatz liegt, eine Gebühr für Marketingaktivitäten, die in der Größenordnung 1 % bis 2 % vom Bruttoumsatz liegt, eine sog. Incentive-Fee (für erfolgreiches Betreiben) von 7 % bis 14 % vom GOP – gross operating profit.
d) Der Betreiber kann/muss sich mit einem Darlehen am Eigenkapital an dem von ihm geführten Hotel beteiligen (gilt insbesondere bei schwindender Finanzkraft der Investoren in wirtschaftlich schlechten Zeiten). Kürzere Laufzeiten der Verträge beispielsweise auf fünf Jahre mit einer einmaligen Verlängerungsoption, Managementgebühren werden nicht mehr nach alten Standards, sondern auf ein Objekt maßgeschneidert. Zunehmende Eingriffe in das operative Geschäft durch den Investor; vertraglich wird festgelegt, dass der Investor die geschäftspolitischen Richtlinien mitbestimmen darf, Budgets festlegen oder ändern darf und bei der Besetzung von Führungspositionen ein Mitspracherecht hat, ggf. sogar in alleiniger Personalhoheit Führungskräfte berufen und absetzen darf.

Lösung 31

a) Kriterien für die Auswahl: Größe und Finanzkraft des Unternehmens, Beständigkeit in der Standortpolitik bei bereits bestehenden Standorten, Konzept des Betreibers, durchschnittliche Auslastung der Häuser, Gesellschafterstruktur, Geschäftspolitik, Segment in welchem der jeweilige Hotelbetreiber vertreten ist, Markt- und Wettbewerbssituation der der Hotelbetreiber ausgesetzt ist.

b) Es kommen nur zwei Arten von Pachtverträgen infrage: Festpacht kombiniert mit einer Umsatzpacht und ein Risk- and Profitsharing.

Lösung 32

Ein Bewirtungsvertrag mit Minderjährigen ist dem Gastwirt grundsätzlich verboten, prinzipiell nach dem Taschengeldparagrafen auch problematisch, denn der Taschengeldparagraf schließt Kreditgeschäfte ausdrücklich aus. Der Bewirtungsvertrag jedoch führt wegen der gewohnheitsrechtlichen Vorleistung des Gastwirtes zwangsläufig zu einem Kreditgeschäft. Somit kann der Wirt nicht auf die Bezahlung des Verzehrs bestehen.

Lösung 33

Grundsätzlich gilt das Prinzip der Vertragsfreiheit bzw. Abschlussfreiheit. Der Gastwirt ist nicht an Art. 3 GG (Gleichbehandlungsgrundsatz) gebunden, d. h. er kann sich prinzipiell seine Vertragspartner aussuchen. Jedoch gibt es abweichend zu diesem Sachverhalt Ausnahmen. Ein Gastwirt, der eine Monopolstellung in einer z. B. einsamen Gegend hat, darf einen Gast nicht ohne weiteres abweisen. Hier greift das Bürgerliche Gesetzbuch. Es gelten: Der Grundsatz von Treu und Glauben (§ 242 BGB), Schikaneverbot (§ 226 BGB) und sittenwidrige Schädigung des Gastes.

Lösung 34

a) Beleihungswert = Gesamtinvestition 20 Mio. € – 20 % = 16 Mio. €
b) Beleihungsgrenze = Beleihungswert 16 Mio. € – 50 % = 8 Mio. €, d. h. die Bank finanziert ihnen das Projekt mit max. 8 Mio. € über Kredite.
c) Durch die Aufnahme von stillen oder aktiven Gesellschaftern, evt. Beitritt zu einer Franchiseorganisation
d) Die durchschnittliche Investition pro Zimmer beträgt 50.000,00 € (= 20 Mio. € : 400 Zimmer).

Lösung 35

a) Nachfrageanalyse: Gästestruktur und die Gästefrequenz, durchschnittliche Aufenthaltsdauer, saisonale Verläufe, Zahl der tatsächlichen und potenziellen Nachfrager, Ausgabeverhalten der Kunden und Nutzung der hoteleigenen Angebote.
b) Angebots- und Mitbewerberanalyse: Anzahl der Mitbewerber, deren Lage und Standard, Qualität der angebotenen Zimmer der Mitbewerber, Dienstleistungsangebot der

Mitbewerber, Abgrenzungskriterien und Alleinstellungsmerkmale, standortspezifische Auslastungsquote der Mitbewerber in der Region, Qualität und Quantität des verfügbaren Personals, Preisniveau und Preissituation, Image der Mitbewerber.

c) Betrachtung der Standortkosten: Grundstücks-, Erschließungs-, Bau-, Energie-, Wasser- und Stromkosten, Einrichtungs- und Ausstattungskosten, Vorinvestitions- und Eröffnungskosten, Gemeinde- und Personalkosten, steuerliche Belastungen.

d) Indem man den Standortanforderungen, z. B. Verkehrsanbindung, Investitionskosten, Attraktivität des Umfeldes, Verfügbarkeit von Arbeitskräften einen Teilnutzenwert zuordnet und diese dann unterschiedlich gewichtet.

Lösung 36

Empfang	Anzahl der Ankünfte und Abreisen
Zimmermädchen	Anzahl der belegten Zimmer oder der zu reinigenden Quadratmeter
Fensterputzer	Fenster pro Arbeitsschicht
Oberkellner	Gästeanzahl pro Essenszeit (Frühstück, Mittag, Abendessen) Couvertanzahl pro Essenszeit
Etagenkellner	Anzahl der Rechnungen pro Arbeitsschicht
Geschirrspüler	Couvertanzahl pro Abwaschmaschinenstunden

Lösung 37

Investitionssumme 33 Mio. € : 280 Zimmer = 117.857,14 € Investition pro Zimmer; 117.857,14 € entspricht einem Zimmerpreis von (gerundet) 118,00 €.

Lösung 38

Ausgangspunkt der Kalkulation ist der gewünschte Gewinn, den das Unternehmen anstrebt. Berücksichtigt werden die Kosten und die erwartete Zimmerbelegung.

Lösung 39

a) Für die Kalkulation der Speisen wähle ich die Äquivalenzziffernkalkulation, da sie in der Gastronomie für die Fertigung von Speisen und Getränken, die eine aufsteigende Variation (z. B. Hamburger, Cheeseburger, Doppelburger) unter Verwendung (Sortenfertigung) z. T. gleicher Produkte aber mit unterschiedlichem Zeitaufwand verwendet.

b) Für die Heißgetränke (Kaffee, Cappuccino, Latte Macciato, Milchkaffee, Espresso) wähle ich ebenfalls die Äquivalenzziffernkalkulation. Bei den Kaltgetränken wähle ich entweder die summarische Zuschlagskalkulation oder die Rohaufschlagskalkulation.

c) Nein, Ihr Betrieb benötigt keine Konzession, wenn nur Milchgetränke und Milchmischgetränke, in jedem Fall alkoholfreie Getränke in Verkehr gebracht werden, die Getränke und Speisen nur an Mitarbeiter eines Betriebes verabreicht werden, alkoholfreie

Getränke an Automaten verkauft wird, Stehplätze zum Verzehr von kleinen Speisen und alkoholfreien Getränken angeboten werden.

Lösung 40

Cuisine d'assemblage: Convenience Food (bequem und geringer Arbeitsaufwand) ergänzt mit individueller Vielfalt (Bsp. frische Zutaten, spezielle Gewürze – Kombinationen und Zubereitungsverfahren).

Ethno Food: Wunsch nach Abwechslung der Speisenzubereitung mithilfe unterschiedlicher ethnischer Landesküchen durch spezielle Kräuter und Gewürze (Bsp. Asien, Mexiko).

Novel Food: Neuartige Produkte, die Rohstoffe enthalten, die entweder bisher in unserer Ernährung nicht bekannt waren oder nicht auf konventionelle Weise hergestellt werden.

Touristische Dienstleister/GDS und CRS

Lösung 41

Für die Entscheidung wichtige Kriterien sind:
Bereitstellungskosten, Anschlussgebühren, Kapazitäten des Systems, Sitz des Systembetreibers (ob EU oder Non-EU), Anerkennung eines Code of Conducts, Anzahl der aufgestellten Terminals in den Märkten in denen ich meine Reisen verkaufen will, Service- und Nutzungsentgelte für mich als Reiseveranstalter als auch für die Reisemittler/Reisebüros, Leistungsangebot, Funktionalität, Vertragsdauer und Vertragsgestaltung, laufende Kosten und Gebühren, Zusatzleistungen.

C. Nachfrageseite

Lösung 42

Produktpolitik: Ausgewogene Differenzierung zwischen den Haupt- und Zusatzleistungen vornehmen, dabei auf die Spezifika der Senioren eingehen, z. B. durch vielseitige und selbstbestimmbare Verpflegungsmöglichkeiten, hochwertige aber dennoch Senioren gerechte Hotels, den Ängsten und Bedenken der Senioren Rechnung tragen, Ausgewogenheit in den möglichen Aktivitäten im Zielgebiet, viele organisierte und betreute Ausflüge anbieten, viele Empfehlungen für die Freizeitgestaltung abgeben, Senioren-Single-Club gründen, Service-Paket schnüren, das für die Senioren Vorteile bringt; z. B. mehr Freigepäck im Flugzeug, Check-Out bis 18:00 Uhr, Sitzplätze in einem bestimmten Bereich im Flugzeug.

Ausgewogenheit zwischen Erholungs- und Kulturreisen, Fern- und Nahreisen, Flug- und Busreisen.

Kommunikationspolitik: Die Werbung muss glaubhaft, sachlich, informativ, erlebnisorientiert, humorvoll und emotional sein. Produktvorteile müssen klar und deutlich dargelegt werden. Die Kataloggestaltung muss dem Farb- und Kontrastempfinden der Senioren

Rechnung tragen, Preise sollten direkt neben den Angeboten gut sichtbar platziert werden, deutlich, verständlich und inklusive sein.

Öffentlichkeitsarbeit muss glaubhaft sein. Das negative Image von Seniorenreisen muss abgebaut werden, da diese Zielgruppe verschlossen bleibt.

Vertrieb: Möglichst viel über den indirekten Vertrieb (also über Reisemittler) versuchen zu verkaufen, da Senioren gerne Beratung in Anspruch nehmen. Die Mitarbeiter des Vertriebs gut und intensiv schulen und für diese Zielgruppe sensibilisieren. Internet-Vertrieb vermeiden.

D. Managementstrategien

Yield-Management

Lösung 43

Die betriebswirtschaftlichen Rahmenbedingungen, die zum Einsatz von Yield-Management bei einer Fluggesellschaft führen können, sind:

- Starker Konkurrenzdruck durch die etablierten Netzcarrier aber auch durch Start-ups wie beispielsweise Low-Budget- oder Low-Cost-Airlines
- Hohe zeitliche Schwankung der Nachfrage
- Große Heterogenität der Zielgruppen bzw. Kundensegmente
- Die angebotenen Kapazitäten sind kurzfristig nicht variierbar und mit hohen Fixkostenanteilen belegt
- Das angebotene Produkt ist eine „verderbliche Ware", die nur während einer bestimmten/begrenzten Periode zur Ertragserzielung eingesetzt werden kann.
  a) 69.000,00 € (40 · 600 + 90 · 300 + 120 · 150)
  b) 61.500,00 € (40 · 600 + 90 · 300 + 70 · 150)
  c) 42.000,00 € (120 · 150 + 80 · 300).

Qualitäts-Management/Benchmarking/Hotellerie

Lösung 44

a) Direkter Nutzen für das Unternehmen: Analysiert das Unternehmen indem es Unternehmensbereich mit denen anderer Unternehmen vergleicht, erkennt Leistungsdefizite und bewertet Lösungsalternativen.
   Indirekter Nutzen: Erzeugt Verständnis bei den Mitarbeitern für die eigenen Geschäftsabläufe und das Unternehmen, legt Unternehmensziele fest und überprüft laufend die Unternehmensstrategien, stärkt die Wettbewerbsfähigkeit, löst einen kontinuierlichen Verbesserungsprozess aus.

b) Kriterienkatalog/Kriterientabelle: Sinnvoll wären hier zwei Tabellen: Eine, die das eigene Unternehmen mit den drei nächsten Mitbewerbern vergleicht und eine zweite Tabelle, die die Häuser des eigenen Unternehmens untereinander (in einzelnen Bereichen) vergleicht. Hier eine vergleichende Bewertung Ihres Unternehmens mit denen der drei wichtigsten Mitbewerber:

Vergleichskriterien	eigenes Unternehmen	Mitbewerber		
		A	B	C
Konzernumsatz				
Umsatz/Haus				
Konzerngewinn				
Gewinn/Haus				
Kapitalisierung (z. B. AG, inhabergeführt)				
Anzahl der Häuser weltweit				
Anzahl der Betten weltweit				
Durchschnittliche Anzahl der Betten/Haus				
Durchschnittliche Zimmergröße				
Anzahl der Franchise-Nehmer				
Anzahl der Managementverträge				
Attraktivität des Standortes/Lage				
Durchschnittliche Auslastung des Unternehmens				
Durchschnittliche Auslastung an den gemeinsamen Standorten				
Anzahl der Mitarbeiter des Unternehmens				
Anzahl der Mitarbeiter/Haus an den gemeinsamen Standorten				
Angesprochenes Zielgruppensegment				
Freundlichkeit des Service				
Höhe der durchschnittlichen Gehälter				
Komfort und Wertigkeit des Wohnens				
u. v. m.				

Interne Bewertung: Bewertung der einzelnen Häuser des Unternehmens untereinander:

Vergleichskriterien	Standorte/Häuser des eigenen Unternehmens					
	a	b	c	d	e	f
Umsatz/Haus						
Umsatz/Mitarbeiter						
Gewinn/Haus						
Gewinn/Mitarbeiter						
Zimmergröße						
Anzahl der DZ						
Anzahl der EZ						
Sauberkeit/Hygiene						
Zeitaufwand für die Reinigung eines Zimmers						
Durchschnittliche Auslastung der Häuser						
Letzte Renovierung						
Erreichte Zielgruppe						
Anzahl der Verpflegungseinrichtungen pro Haus						
Umsatz pro Rechnung im F&B-Bereich						
u. v. m						

c) Folgende Kriterien sind für einen sinnvollen Vergleich nicht ausschlaggebend, da kurz- und mittelfristig keine Änderungen vorgenommen werden können, z. B. Größe der Zimmer, Kapitalisierung, Qualität und Lage des Standortes, Vertragsformen.

d) Informationen für derartige Vergleiche können beschafft werden, z. B. durch Branchenzahlen der Verbände, Angaben der Unternehmen, Markforschungsinstitute (durch in Auftrag gegebene Untersuchungen), Mystery-Shopper, Handelsregisterauszüge, Betriebsspionage.

Krisen-Management

Lösung 45

a) und b)

Phasen der Krise nach dem Verlauf	Beispiele
Potenzielle Krise	Gedankliches Gebilde über mögliche Störungen des Betriebsablaufes; z. B. brennende Hotels, Flugzeugabstürze, Anschläge auf das Unternehmen oder Kunden des Unternehmens
Latente Krise	Plötzliche Umsatz- und Teilnehmerrückgänge, Sabotage, fehlerhafte Produkte und Dienstleistungen
Akute beherrschbare Krise	Terroranschläge in einem Zielgebiet, Umweltkatastrophen, Rückgänge der Teilnehmer wegen schlechtem Service, stärkerer und härterer Wettbewerb
Akute nicht beherrschbare Krise	Verfahren gegen das Unternehmen wegen Insolvenzverschleppung, Liquidation von Amtswegen, Zahlungsunfähigkeit

Lösung 46

Ihnen stehen folgende Methoden zur Verfügung: Betriebs- und Umfeldanalyse, systematische Verfahren (z. B. strategische Frühaufklärung), kreative Verfahren (z. B. Expertenbefragungen, Szenariotechnik); Checkliste zur Erkennung potenzieller Krisen im Zeitablauf:

Kriterien	Zeitablauf in Jahren oder in Saisonen, z. B.		
	SS 2004	WS 2004/2005	WS 2005/2006
Soll-/Ist-Abweichungen bei: Umsätzen, Gewinnen, Teilnehmern, Reklamationen			
Betriebliche Risiken: Mitarbeiterfluktuation, Verschlechterung der Liquidität			
Länder- bzw. Destinationsrisiken: politische Stabilität, wirtschaftliche Stabilität			
Ökologische Risiken: Wasserverschmutzung, Luftverschmutzung			
Sonstige Signale: unerwartete Häufung gleicher Erscheinungen in kurzen Zeitabständen, schlechte/gute Presse über Länder, Produkte und Destinationen, Initiativen zu Gesetzesänderungen			

Lean-Management

Lösung 47

Lean-Management beruht auf folgenden wichtigen Grundeigenschaften:
- Diese Managementform beruht auf Ganzheitlichkeit und Integration aller Akteure eines Unternehmens
- Ist eine Kombination aus klassischem Handwerksbetrieb und Massenproduktion,

- Strebt eine ständige kundenorientierte Verbesserung an
- Strebt die Elimination von Verschwendung an
- Versucht alle Arbeitsprozesse synchron und simultan zu erledigen
- Baut Überkomplexitäten ab
- Strebt nach Qualität zu geringen Kosten durch gut ausgebildete und motivierte Mitarbeiter
- Fokus liegt auf den Kernkompetenzen.

Die Kernelemente mit denen die Ziele des Lean Managements erreicht werden können sind:

- Bessere Produktqualität durch neue Produkt- und Dienstleistungsideen sowie mehr Verbesserungsvorschläge im Rahmen des betrieblichen Vorschlagswesen (BVW) und durch den kontinuierlichen Verbesserungsprozess (KVP)
- Flachere Hierarchien und Reduzierung der Fertigungstiefe: Hierarchiestufen werden reduziert, Mitarbeiter bekommen mehr Verantwortung und ggf. mehr Entscheidungskompetenz
- Integration der Zulieferer
- Just-in-time-Produktion
- Outsourcing
- Total-Quality-Management
- Simultaneous Engineering
- Wettbewerbsvorteile durch Flexibilität gegenüber Kundenwünschen
- Kosteneinsparungen durch weniger Nachbesserungen und Reklamationen
- Kürzere Lieferzyklen und geringe Lagerbestände.

Die Mitarbeiter verfügen über ein hohes Maß an zeitlicher und sachlicher Selbstständigkeit. Sie übernehmen die Entwicklung, Materialdisposition, Fertigung, Instandhaltung, Kalkulation und Vertriebsplanung. Ausgangspunkt ist die Annahme, dass der Mitarbeiter den Sinn seiner Arbeit erkennt und für die Aufgaben motiviert wird. Deshalb wird jedem einzelnen Mitarbeiter auch die Mitverantwortung für das Produkt und seine Qualität übertragen.

Projekt-Management

Lösung 48

Die Projektplanung ist für den Auftritt auf der ITB in Berlin die vorausschauende Festlegung der Projektdurchführung. Sie umfasst folgende Planungselemente:

- Aufgabenplanung: Sie beinhaltet die Ermittlung aller anfallenden Aufgaben eines Projektes und die Festlegung der voraussichtlichen Arbeitsabläufe, z. B. Pavillon-Aufbau, Einladungen versenden, Auswahl der Ausstatter.
- Personalplanung: Hier wird der Personalbedarf für die Projektgruppe ermittelt, die zur Projektdurchführung eingesetzt werden soll, z. B. eigene Mitarbeiter und externe Kräfte.
- Terminplanung: Dient dazu, die benötigten Zeiten für den Aufbau, die Bestellungen, die Abnahmen zu ermitteln, z. B. unter Verwendung der Netzplantechnik oder der Balkendiagrammtechnik.

- Sachmittelplanung; beinhaltet die Planung der Projektmittel, z. B. Arbeitsplätze, Arbeitsräume, Büromaschinen, Arbeitsmittel, Kommunikationsmittel.
- Kostenplanung: Plant nur die projektbezogenen Kosten für z. B. Personal, Material oder benötigtes Kapital.
- Wirksamkeitsplanung: Sie bezieht sich auf die Kontrolle der Projektdurchführung. Werden z. B. alle Ablaufpläne, Personalpläne und Vorgaben für die Sachmittel eingehalten?

Change-Management

Lösung 49

Die Gründe aus denen die Notwendigkeit für Change-Management resultieren, sind:

- Internationalisierung und Globalisierung von Unternehmen und Branchen
- Einzug neuer Technologien in alle Unternehmensbereiche
- Zunehmende Vernetzung der Branchen und Unternehmen
- Gewandelte und höhere Kundenansprüche
- Konzentrationsprozesse und Unternehmensfusionen
- Veränderte nationale und internationale Gesetzgebung
- Neuartige Lebensumstände und eine stärkere Demokratisierung der Gesellschaft.

Die Notwendigkeiten für ein stringentes Change-Management sind:

- Den Wandel im Unternehmen und Organisationen unterstützen
- Die Umsetzungswahrscheinlichkeit erhöhen
- Das Risiko des Scheiterns reduzieren
- Eine neutrale Auseinandersetzung mit Veränderungen ermöglichen
- Stimmungen kanalisieren und Übertreibungen verhindern
- Veränderungen nachhaltig gestalten.

Personalmanagement

Lösung 50

- Klein- und mittelständisch geprägte Branche mit einem hohen Anteil weiblicher Mitarbeiter. Dadurch bedingt: Relativ hohe Personalfluktuation der Mitarbeiterinnen durch Familiengründung und Wiedereinstieg in den Beruf, wenig Aufstiegs- und Karrierechancen für die Mitarbeiter, was ebenfalls zu einer hohen Abwanderungsquote führt.
- Unattraktive Öffnungs- und Arbeitszeiten einer Branche, die im Bereich Dienstleistung angesiedelt ist.
- Mangelnde Aufklärung und Darstellung des/der Berufsbildes/Berufsbilder im Tourismus sowie die Auswahlkriterien.
- Entlohnung im Tourismus: Die Schwierigkeit in der Entlohnung liegt darin, dass für eine stetig bessere Entlohnung in den derzeitigen Gehalts-Einstufungs-Modellen die Betriebs-Seniorität ausschlaggebend ist. Durch die vorhin schon erwähnte hohe Per-

sonalfluktuation erreichen sehr wenige Mitarbeiter diese hohen Entlohnungs-Stufen in einem Unternehmen.

- Irrtum vieler Betriebe, Auszubildende und Praktikanten senken die Personalkosten. Durch diese Entscheidung findet auch gleichzeitig eine Negativauswahl an Personal statt. Langfristig kann dies dazu führen, dass kein gut qualifizierter Mitarbeiter mehr für diese Unternehmen tätig sein will.
- Schulung und Qualifikation der Mitarbeiter; kaum eine Branche schult die Mitarbeiter so wenig wie die Tourismusbranche.

Risk-Management

Lösung 51

Risikoverminderung und/oder -vermeidung kann erfolgen durch:

- Umwandlung von fixen Kosten in variable Kosten, z. B. durch Outsourcing von Abteilungen oder Unternehmensbereichen (z. B. Reinigung, Druckerei, Buchhaltung). Variable Kosten dürfen durchaus etwas höher sein, sie fallen jedoch nur dann an, wenn ein Arbeitsauftrag vorliegt.
- Diversifikation: Ausweitung der Produkt- und Dienstleistungspalette um somit Nachfrageeinbrüche in einem Bereich oder Geschäftsfeld zu kompensieren. Spezialisten und Nischenveranstalter haben durchaus ihre Vorzüge (z. B. verfügen sie über eine gewisse Produkt- und Sortimentstiefe, Kompetenz, hohe Beratungsqualität), jedoch können jederzeit Umstände eintreten, die das Unternehmen nicht beeinflussen kann.
- Leasing (Finanz- oder Kaufleasing) statt Kauf: Somit wird die Kapitaldecke geschont, Leasing ist steuerlich interessant, keine Soll-Zinsen für Beschaffung.
- Gutes Qualitätsmanagement: Sichert einen hohen Anteil an Stammkunden, geringe Reklamationsquote, gutes Image bei Kunden und Nichtkunden.
- Schlanke Unternehmensstrukturen und klare Entscheidungs- und Kommunikationshierarchien helfen viel Geld zu sparen und somit Risiken zu vermeiden bzw. minimieren.
- Intelligente Verträge: Viele Verträge, die heute geschlossen werden, sind Standardverträge, die die jeweilige Zielsetzung die mit der Vertragsschließung verbunden sind, nicht genügend berücksichtigen. Hier ist es sinnvoll, immer im Rahmen der gesetzlichen Möglichkeiten, Verträge individuell zu gestalten.

Event- und Veranstaltungsmanagement

Lösung 52

Die konzeptionellen Planungsschritte für eine Incentive-Aktion enthalten:

- Vorgespräche im Unternehmen mit einer klaren Aussage ob alle Aufgaben (Planung, Durchführung und Kontrolle) vom Reisebüro erledigt werden sollen oder ob eine weitere externe Agentur eingeschaltet werden soll.
- Entgegennahme eines exakten Briefings über Ziel, Dauer, Budget, Anforderungen, Besonderheiten, Rücksichten und Erstellung eines Kontaktberichtes

- Genaue Budget-Planung für die gesamte Incentive-Aktion einschließlich der Incentive-Reise
- Ausarbeitung der Wettbewerbskonzeption in ihren Details
  - Kurzanalyse bezüglich Unternehmen, Markt, Branche, Alters- und Gehaltsstruktur der Mitarbeiter
  - Zielsetzung des Wettbewerbs; z. B. Teamarbeit fördern, Umsätze/Absatz steigern, neue Produkte einführen, Firmentreue verstärken, Abwesenheiten und Ausfallszeiten minimieren, Mitarbeiterfluktuation senken
- Auf den Wettbewerb müssen abgestimmt sein
  - Aktionszeitraum zwischen drei und neun Monaten
  - Aktionsstory – die sich wie ein roter Faden über den gesamten Wettbewerbszeitraum hinziehen muss
  - Grafische Darstellung der Aktionsmedien wie Folder, Poster, Grafiken
  - Bewertungssysteme festlegen und bekannt machen
  - Zwischenmotivation/Gimmicks/Give-aways für alle Teilnehmer sowie Zwischenprämierungen für Teilnehmer, die aus dem Wettbewerb ausgestiegen sind
  - Nachfassaktionen (follow-ups)
  - Exakter Ablaufplan (z. B. Auftaktveranstaltung, Start, Rennlisten, Zwischenauswertungen und Zwischenprämierungen, Mailings)
- Durchführung und Abwicklung der gesamten Incentive-Aktion inklusive der Incentive-Reise
- Budgetkontrolle, Endabrechnung und Erfolgskontrolle.

Literaturverzeichnis

Literaturverzeichnis

A. Grundlagen

Ahrens, A., Die Wertschöpfung im Fremdenverkehr, Limburghof 1997

Bartl, H./Eck, H./Heinzler, W./Lang, H. R., GeoLex, 2. Aufl., München 1996

BAT Germany, 24. Tourismusanalyse 2007, Hamburg 2008

Beat, B./Bieger, Th., Finanzierung im Tourismus, Bern, u. a. 1999

Becker, Ch./Hopfinger, H./Steinecke, A., Geographie der Freizeit und des Tourismus, 2. Aufl., München 2004

Bieberstein, I., Dienstleistungsmarketing, 4. Aufl., Ludwigshafen 2005

Bieger, T., Management der Destination, 5. Aufl., München 2002

Buggert, W./Wielpütz, A., Target Costing, München 1995

Bütow, M., Grundlagen Tourismus – Studienheft 2, Frankfurt a. M. 2006

Dettmer, H. (Hrsg.), Tourismus 1 – Tourismuswirtschaft, Köln 1998

Dettmer, H./Glück, E./Hausmann, Th./Kaspar, C./Logins, J./Opitz W./Schneid, W., Tourismustypen, München 2000

Deutscher ReiseVerband (DRV), Fakten und Zahlen zum deutschen Reisemarkt 2007, Berlin 2008

Deutsche Zentrale für Tourismus (DZT), Incoming Tourismus Deutschland – Zahlen, Fakten, Daten 2007, Frankfurt a. M. 2008

Freyer, W., Tourismus, 7. Aufl., München 2001

Forschungsgemeinschaft Urlaub und Reisen (F.U.R.), RA 2008, Die 38. Reiseanalyse RA 2008, Kiel 2008

Forschungsgemeinschaft Urlaub und Reisen (F.U.R.), RA 2007, Die 37. Reiseanalyse RA 2007, Kiel 2007

Füth, G., Spezielle Betriebswirtschaftslehre für Reiseverkehrs- und Tourismusunternehmen, 2. Aufl., Frankfurt a. M. 2001

G+J, Branchenbilder Tourismus 2008, Marktanalyse Special, Hamburg 2008

Hafner, H., Profitabilität durch Kundenzufriedenheit – Tourismusmarketing, Wien 1998

Heiderich, K., Die kleine Aktiengesellschaft als neue Rechtsform im Fremdenverkehr, Limburghof 1997

Kahlenborn, W./Kraack, M./Carius, A., Tourismus- und Umweltpolitik, Berlin, u. a. 1999

Kamphausen, R. E., Reiseverkehrsbetriebslehre, Wiesbaden 1992

Kaspar, C., Die Fremdenverkehrslehre im Grundriss, 3. Aufl., Bern 1986

Kaspar, C., Einführung in das Tourismus-Management, Bern 1992

Kaspar, C., Management im Tourismus, 2. Aufl., Bern 1995

Kaspar, C./Kunz, B., Unternehmensführung im Fremdenverkehr, Bern 1982

Kirstges, T., Sanfter Tourismus, München 1992

Kirstges, T./Pfeiffer, Ch., Auswirkungen der europäischen Währungsunion und des Euro auf Tourismusunternehmen, Limburghof 1997

Kurte, B., Der Ökotourismus-Begriff, Heft 59, Trier 2002

Lohmann, M./Sierck, A., Urlaubsmotiv, Forschungsgemeinschaft Urlaub und Reisen (F.U.R.), Kiel 2005

Lohmann, M./Aderhold, P./Zahl, B., Urlaubsreisetrends 2015 – Die RA-Trendstudie, Entwicklung der touristischen Nachfrage der Deutschen, Forschungsgemeinschaft Urlaub und Reisen (F.U.R.), Kiel 2005

Luft, H., Grundlagen der kommunalen Fremdenverkehrsförderung, 2. Aufl., Limburghof 1995

Luft, H., Fremdenverkehr im Wangerland, Limburghof 1998

Medlik, S., Managing Tourism, Oxford, u. a. 1991

Müller, H., Tourismus und Ökologie, 2. Aufl., München 2003

Ortlepp, R., Geographie für Touristiker, Frankfurt 2001

Opaschowski, H. W., Deutschland 2000, Hamburg 1997

TID – Touristik Informationsdienst, 40. Jahrgang, Hamburg 2005

Reuber, P./Schnell, P., Postmoderne Freizeitstile und Freizeiträume, Berlin 2006

Ritter, W., Allgemeine Wirtschaftgeographie, München 1991

Roth, P., Die Touristiknachfrage in: Touristikmarketing, 4. Aufl., Roth, P./Schrand, A., München 2003

Schroeder, G., Lexikon der Tourismuswirtschaft, 4. Aufl., Hamburg 2002

Schugk, M., Interkulturelle Kommunikation, München 2004

Schwark, J., Tourismus und Industriekultur, Berlin 2001

Steinecke, A., Erlebnis- und Konsumwelten, München 2000

Viegas, A., Ökomanagement im Tourismus, München 1998

Wöhler, K. H., Marktorientiertes Tourismusmanagement, Berlin, u. a. 1997

WTO, Einnahmen im Tourismus nach Regionen weltweit, 2004, 2007

Woitschützke, C. P., Verkehrsgeographie, Köln 1994

B. Angebotsseite

Ahrens, A., Die Wertschöpfung im Fremdenverkehr, Limburghof 1997

Albers, L., Qualitätsorientierte Weiterbildung im Tourismus, Hamburg 2004

Bamberger, I./Wrona, Th., Strategische Unternehmensführung, München 2004

Barth, K./Benden, S./Theis, H. J., Hotel-Marketing, Wiesbaden 1994

Bastian, H./Born, K., Der integrierte Touristikkonzern, München 2004

bdo – Bundesverband Deutscher Omnibusunternehmer, Berlin 2005

Becker, P., Service Management im Luftverkehr am Beispiel einer Verkehrszentrale, Düsseldorf 2003

Beiderwieden, A./Pürling, E., Projektmanagement für IT-Berufe, Troisdorf 2001

Bernhard, E., Touristik-Recht, Gastwirts-Recht, Stuttgart 1998

Bieberstein, I., Dienstleistungsmarketing, 4. Aufl., Ludwigshafen 2005

Bieger, T., Management der Destination, 5. Aufl., München 2002

Brenneis, F. J., EDV-Einsatz in Hotel- und Gastronomiebetrieben, Schaetzing, E. E. (Hrsg.), Stuttgart 1996

Brittner, A./Kolb, J./Steen, A./Weidenbach, N., Kurorte der Zukunft, Heft 49, Trier 1999

Brömmelhaus, H., Verkehrsträger Omnibus & PKW, Münster 1999

Böttcher, V., Virtuell oder real? Wie stellen sich Touristikkonzerne auf neue Technologien und verändertes Kundenverhalten ein?, Köln 2005

Büchy, J., Warum soll der Kunde Bahn fahren – Die Bahn im Wettbewerb der Verkehrsträger, Köln 2003

Buschert, W.,/Rockenmayer, B., Betriebswirtschaftslehre für gastronomische Berufe, Köln 1995

Clausen, E., Die richtige Finanzierung bei der Gründung eines Beherbergungsbetriebes, Heide 2005

Cleveland, B./Mayben, J. /Greff, G., Call Center Management, Wiesbaden 1998

Collrepp von, F., Handbuch Existenzgründung, 3. Aufl., Stuttgart 2000

DEHOGA, Das Budget in der Hotellerie, 2. Aufl., Frankfurt a. M. 1997

DEHOGA, Finanzierung in Hotellerie und Gastronomie, Frankfurt a. M. 1996

DEHOGA, Hoteliers und Gastronomen fordern, Berlin 2005

Dettmer, H. (Hrsg.), Tourismus 1 – Tourismuswirtschaft, Köln 1998

Dettmer, H. (Hrsg.), Tourismus 2 – Hotellerie und Gastronomie, Köln 2000

Dettmer, H. (Hrsg.), Tourismus 3 – Reiseindustrie, Stuttgart 2001

Dettmer, H. (Hrsg.), Fachbegriffe der Küche, Stuttgart 2002

Dettmer, H. (Hrsg.), Gastgewerbliche Berufe in Theorie und Praxis, 3. Aufl., Hamburg 1999

Dettmer, H. (Hrsg.), Betriebswirtschaftslehre für das Gastgewerbe, 3. Aufl., Hamburg 2002

Dettmer, H. (Hrsg.), Systemgastronomie, 2. Aufl., Hamburg 2005

Dettmer, H. (Hrsg.), Tourismus 2 Hotellerie und Gastronomie, Köln 2000

Dettmer, H./u. a. (Hrsg.), Managementformen im Tourismus, München/Wien 2005

Dettmer, H./Hausmann, Th. (Hrsg.), Organisations-/Personalmanagement in Hotellerie und Gastronomie, Hamburg 2005

Dettmer, H./Hausmann, Th. (Hrsg.), Rechnungswesen/Controlling in Hotellerie und Gastronomie, Hamburg 2003

Dettmer, H./Hausmann, Th./Kloos, I. (Hrsg.), Gästemarketing, Hamburg 2005

Dettmer, H./Hausmann, Th./Kaufner, M./Wilde, H., Controlling im Food & Beverage Management, München 1998

Dettmer, H./Glück, E./Hausmann, Th./Kaspar, C./Logins, J./Oppitz W./Schneid, W., Tourismustypen, München 2000

Dettmer, H./Hausmann, Th./Kaspar, C./Oppitz, W./Schneid, W., Tourismusbetriebswirtschaft 1 – Unternehmensgründung im Tourismus, Wien 1999

Dettmer, H./Hausmann, Th./Kaspar, C./Oppitz, W./Schneid, W., Tourismusbetriebswirtschaft 2 – Managementformen im Tourismus, Wien 1999

Deutsche Bahn AG, Zahlen und Fakten zum Konzern 2007, Berlin 2008

Doganis, R., The Airline Business in the Twenty-first Century, London 2001

Deutsches Verkehrsforum, Fakten zum Luftverkehrsstandort Deutschland, Berlin 2003

Dröscher, J., Bundesweiter umweltorientierter Hotelbetriebsvergleich, Limburgerhof 1997

Deutscher Tourismusverband e. V., Praxisleitfaden Wellness – Neue Fachreihe, Heft 27, Bonn 2002

Die Bahn, Finanzpräsentation 2005, Berlin 2005

Die Bahn, Personenverkehr, Transport und Logistik, Infrastruktur und Dienstleistungen, Berlin 2005

Eberhardt, M./Papke, G., Gesetzes- und Textsammlungen, Schwäbisch Gmünd 2004

Echtermeyer, M., Elektronisches Tourismus-Marketing, Berlin/New York 1998

Eisenstein, B./Rast, Ch., Wettbewerb der Destination, Fontanari, M. L./Scherhag, K. (Hrsg.), Wiesbaden 2000

Eisner, H., Reiserecht Entscheidungen, München 1987

Englisch, K., Neuzeitliche Kalkulations- und Preisfestsetzungsverfahren im Verpflegungsbereich, 2. Aufl., Schaetzing, E. E. (Hrsg.), Stuttgart 1994

Fankhauser, P., Wenn der Kunde nicht kommt – geht der Veranstalter zum Kunden. Aber wie?, Thomas Cook AG, Wiesbaden 2002

Finkbeiner, J., Informationsgewinnung im Destinationsmanagement, Heft 51, Trier 1999

Friedmann, S. A., Messen und Ausstellungen, Frankfurt 2000

Frenzel, M., Kundenbindung – das Erfolgsrezept der Zukunft in der Touristik?, World of TUI, Wiesbaden 2001

Fresi, A., Die nächste Generation der Reiseproduktion – Realtime Enterprise Kollaboration in der Reiseindustrie, Siemens, Köln 2005

Freyer, W., Tourismus, 7. Aufl., München 2001

Freyer, W./Pompl, W., Reisebüro-Management, München 1999

Freyer, W./Tödter, N., Kurortgesetzgebung in den Neuen Bundesländer, Bonn 1993

Fried, Dr. H. & Partner, Die Produktivität steigern 1, 2 und 3 – Ein praxisbezogener Leitfaden, München o. J.

Führich, E., Recht im Gastgewerbe, Tourismus und Betrieb, München 1988

Führich, E., Reiserecht, Heidelberg 1990

Füth, G., Spezielle Betriebswirtschaftslehre für Reiseverkehrs- und Tourismusunternehmen, 2. Aufl., Frankfurt a. M. 2001

fvw, Hotel Spezial 2007, Neue Superlativen der Hotelgiganten, Hamburg 2007

fvw, Hotel Spezial 2008, Wer ist eigentlich ... die größte Hotelgruppe der Welt?, Hamburg 2008

fvw, Spezial Veranstalter, Hamburg 2004

fvw, Spezial Kreuzfahrt, Hamburg 2004

fvw International, Dokumentation Deutsche Veranstalter 2004, 31/04, Hamburg 2005

fvw International, Dokumentation Deutsche Reiseveranstalter 2007, 31/07, Hamburg 2007

fvw International, Schritte in die Zukunft, in: 22/05, Hamburg 2005

fvw Spezial Sales & Technology, So verdient das Reisebüro der Zukunft, Hamburg 2005

Ganswindt, C., Common IT-Plattform, Lufthansa Information Management Passage, Köln 2003

Gardini, M. A., Marketing-Management in der Hotellerie, München 2004

Gastgewerbe Magazin, Nr. 6, Juni 2003, o. O. 2003

gbk, Gütegemeinschaft Buskomfort, Böblingen 2005

Geest, D., Low-Cost-Airlines im europäischen Luftverkehrsmarkt, Kronshagen 2003

Geml, R./Geisbüsch, H. G./Lauer, H., Das Kleine Marketinglexikon, 2. Aufl., Düsseldorf 1999

Gewald, S., Hotel-Controlling, 2. Aufl., München 2001

Glaeßer, D., Krisenmanagement im Tourismus, Frankfurt a. M. 2001

Gran, A., Die IATA aus der Sicht deutschen Rechts, (Hrsg.) Ruhwedel, E., Frankfurt a. M. 1998

Gruner, A., Markenloyalität in der Hotellerie, Hamburg 2003

Gruner, A., Hotellerie und Gastronomie für Touristikfachwirte, München 2002

Gruner, A., Neue Medien im Marketing-Mix der Hotellerie und Gastronomie, in: Tourismusjahrbuch, Heft 1 und 2, Limburghof 1999

Gruner, A., Internet und Gastgewerbe, in: Betriebswirtschaftslehre im Gastgewerbe, Dettmer, H. (Hrsg.), Hamburg 1999

Gruner, A., Neue Medien im Marketingmix der Hotellerie und Gastronomie, in: Tourismus Jahrbuch Heft 1, Limburghof 1999

Gütegemeinschaft Buskomfort, Gütesicherung RAL-GZ 791, Sankt Augustin 2005

Haedrich, G./Kaspar, C./Klemm, C./Kreilkamp, E., Tourismus-Management, 3. Aufl., Berlin/New York 1998

Hafner, H., Profitabilität durch Kundenzufriedenheit – Tourismusmarketing, Wien 1998

Hänssler, K. H., Management in der Hotellerie und Gastronomie, 4. Aufl., München/Wien 2000

Hanlon, P., Global Airlines – Competition in A Transnational Industry, Oxford 1999

Hayes, A., Analyse und Bewertung von Marktpositionen ausgewählter Low-Cost Airlines in Europa, Frankfurt 2002

Hebestreit, D., Touristik Marketing, 3. Aufl., Berlin 1993

Heiderich, K., Die kleine Aktiengesellschaft als neue Rechtsform im Fremdenverkehr, Limburghof 1997

Heinz, Th., Reisevertragsrecht in der Praxis, Herne 1990

Helget, G./Krampe, K./Pfützenreuter, M., Hotellerie- und Gastronomiemanagement, Düsseldorf 2003

Heller, M., Veränderungsmanagement – Wie motiviere ich meine Mitarbeiter, die Chancen der Technik zu nutzen? Dr. Fried & Partner, München 2001

Heller, M., Effizienter Bahnverkauf im Reisebüro, Dr. Fried & Partner, Köln 2003

Heller, M., Der neue Ertragsmix für Reisebüros, Dr. Fried & Partner, Köln 2004

Heller, M., Prozessmanagement im Reisebüro in: Reisebüro-Management, Freyer, W./ Pompl, W., München 1999

Henschel, K., Begeistern, Beraten, Buchen – Guter Service, das Erfolgsrezept der Reisebüros?, Köln 2004

Henschel, U. K., Hotelmanagement, München 2001

Henselek, H. F., Hotelmanagement – Planung und Kontrollen, 2. Aufl., München 1999

Hofe, K. G., Praktisches Werbe- und Marketing ABC, Freiburg 1995

Hole, G., BO Kraft Kommentar, 10. Aufl., München 1990

Hopfenbeck, W./Zimmer, P., Umweltorientiertes Tourismus-Management, Landsberg am Lech 1993

Hoyler, K./Kegele, M., Die Hotel- und Gastromacher, o. O., o. J.

Huckemann, M./Weiler, D., Messen Messbar Machen, Neuwied 1999

Hüske, M., bahn.corporate – Neue Buchungswege, bessere Förderung, Köln 2003

Hungenberg, H., Strategisches Management in Unternehmen, 3. Aufl., Wiesbaden 2004

IHA, Hotelmarkt Deutschland 2008, Berlin 2008

Janiszewski, M., Reisemittler und Reisebüro, o. O., o. J.

Kastin, K. S., Marktforschung mit einfachen Mitteln, 2. Aufl., München 1999

Kaufmann, E. L., Wellness-Tourismus, Bern 2002

Kerger, P., Werben mit Konzept 1, 3. Aufl., Offenbach 1997

Kerger, P., Werben mit Konzept 2, 2. Aufl., Offenbach 1997

Kerger, P., Werben mit Konzept 1, Offenbach 1998

Kirstges, T., Sanfter Tourismus, München 1992

Klamm, F., Gastgewerbliche Betriebslehre, 28. Aufl., Stuttgart o. J.

Klingenberg, Ch., Pünktlichkeit als Determinante der Kundenzufriedenheit, Köln 2001

Klingenberg, Ch., Private Airport Financing – the Munich example, Berlin 2002

Klingenberg, Ch., Marktorientierung im europäischen Air Traffic Management – die Sicht einer Airline, Berlin 2002

Klingenberg, Ch., Die Zukunft der europäischen Flugsicherung aus Sicht einer Fluggesellschaft, Berlin 2002

Klophaus, R./Schaper, T., Was ist ein Low-Cost Airport? Internationales Verkehrswesen, Gießen 2004

Klutmann, M. F. M., Beraten und Verkaufen im Reisebüro, Hamburg 1992

Köpf, J., Call Center Concept, Neuwied 1998

Konken, M., Stadtmarketing Handbuch für Städte und Gemeinden, Limburgerhof 2000

Kotler, P./Bliemel, F., Marketing-Management, 10. Aufl., Stuttgart 2001

Kreilkamp, E., Reisebüros unter Druck, Wiesbaden 2002

Kreilkamp. E., Die Zukunft der Reisebüros, München 1999

Krümpelmann, B., Management der Reisevermittlung, 03/2003

Kurth, W., Hapag-Lloyd-Express – Low-Cost-Markt und Marketing, Berlin 2002

Laepple, K., Die erste Bilanz des Vertriebs, Köln 2004

Leiderer, W., Kennzahlen zur Steuerung von Hotel- und Gaststättenbetrieben, 4. Aufl., Schaetzing, E. E. (Hrsg.), Stuttgart 1995

Lettau, H. G., Grundwissen Marketing, 9. Aufl., München 1998

Lentz, Ch./Fritz, H., Gastgewerbliche Berufe, Bad Homburg v. d. Höhe 1994

Logins, J., Target-Costing, München 2004

Logins, J., Yield-Management - Arbeitspapier, München 2004

Logins, J., Pro und Contra Outsourcing, München 2005

Luft, H., Grundlagen der kommunalen Fremdenverkehrsförderung, 2. Aufl., Limburghof 1995

Masaaki, I., Kaizen – Der Schlüssel zum Erfolg der Japaner im Wettbewerb, 9. Aufl., München 1993

Mason, K., Pricing Strategies Of Low Cost Airlines – Air Transport Group, Cranfield 2002

Matzen, H./Mittmann, H., Hotel- und Gaststättengewerbe Fachrechnen, 10. Aufl., Köln o. J.

Maurer, P., Luftverkehrsmanagement, Gewald, St.(Hrsg.)., München/Wien 2001

Mayrhuber, W., Luftverkehr im Wandel, Wiesbaden 2002

McKinsey & Company, Business Breakfast – Billigflieger in Europa, Frankfurt 2003

Medlik, S., Managing Tourism, Oxford, u. a. 1991

Meffert, H., Marketing, 9. Aufl., Wiesbaden 2000

Menekse, B., Leistungspalette und Kundengruppen in Reisebüros in: Reisebüro-Management, Freyer, W./Pompl, W., München 1999

Morin, K. P., Franchising, Stuttgart 1999

Müller, H. R., Qualitätsorientiertes Tourismus-Management, Bern 2000

Müller, H. J., Direktmarketing im Reisebüro, Darmstadt 1993

Mundt, J. W., Reiseveranstaltung, 4. Aufl., München 1998

Nies, I., Reisebüro, Rechts- und Versicherungsfragen, 2. Aufl., München 2005

Olfert, K./Rahn, H. J., Lexikon der Betriebswirtschaftslehre, 5. Aufl., Ludwigshafen 2004

Opaschowski, H. W., Deutschland 2000, Hamburg 1997

Ortner, W., PR im Fremdenverkehr, Wien 1989

Pagel, H. S., Zeitgemäße Gästebetreuung im Hotel und Kurhaus, München 1985

Pauli, K. S., Leitfaden für die Pressearbeit, 2. Aufl., München 1999

Pechlaner, H., Tourismus-Destinationen im Wettbewerb, Wiesbaden 2003

Pepels, W., Lexikon der Marktforschung, München 1997

Pojer, K. J., Was kommt nach All-inclusive, Herr Pojer? in: Travel One, 32/33, 10.08.2005, Hamburg 2005

Pollak, A./Pollak-Lenke, G., Studie Kreuzfahrtmarkt DRV 2001, Frankfurt 2001

Pompl, W., Luftverkehr, 4. Aufl., Berlin/Heidelberg 2002

Pompl, W., Touristikmanagement 1, 2. Aufl., Berlin/Heidelberg 1997

Pompl, W., Touristikmanagement 2, Berlin/Heidelberg 1996

Pompl, W./Lieb, G. M., Internationales Tourismusmanagement, München 2002

Pompl, W./Lieb, G. M., Qualitätsmanagement im Tourismus, München 1997

Porter, M. E., Wettbewerbs-Strategien, 10. Aufl., Frankfurt/New York 1999

Preugschat, T., Kalkulations- und Preisfestsetzungsverfahren in der Hotellerie, Heide 2005

Probst, H. J., Controlling leicht gemacht, Wien 2000

Reick, H., Management des Kur- und Bäderwesens, Düsseldorf 2002

Rieke, G. O. (Hrsg.), Modernes Geschäftsreise-Management 2006, München 2005

Ritzer, G., Die McDonaldisierung der Gesellschaft, o. O., o. J.

Roth, P./Schrand, A., Touristikmarketing, 4. Aufl., München 2003

Roth, S., Marketing von Reiseveranstalter, Wiesbaden 2004

Rotz von, B., Multi-Channel – der weite Weg vom Konzept zur Praxis, Wiesbaden 2002

Rudolph, H., Tourismus-Betriebswirtschaftslehre, Dorn, D./Fischbach, R. (Hrsg.), München/Wien 1999

Rudolph, H., Management der Verkehrsträger, o. O., 2003

RYANAIR.COM, Ryanair Leading Europe's Low Fares Revolution, Köln 2004

Sack, D., Deutsche Bahn Konzern – Highlights 2004 und strategische Ausrichtung, München, u. a. 2005

Schaetzing, E. E., Management in Hotellerie & Gastronomie, 6. Aufl., Frankfurt a. M. 2004

Schaetzing, E. E., Qualitätsorientierte Marketingpraxis in Hotellerie und Gastronomie, 3. Aufl., Stuttgart 1997

Schaetzing, E. E., Lean Management in Hotellerie und Gastronomie, Frankfurt a. M. 1995

Schilling, G., Projektmanagement, Berlin 1999

Schmeer-Sturm, M. L., Gästeführung, 3. Aufl., München 1996

Schmeer-Sturm, M. L., Reiseleistung, 3. Aufl., München 1997

Schiava della, M./Hafner, H., Service Marketing im Tourismus, Wien 1998

Schmidt, E. G. H., Handbuch Airlinemanagement, Gewald, St. (Hrsg.), München 2000

Schneider, A., Virtuelle Veranstalter im Praxistest, Vtours, Köln 2005

Schnyder, W., Die Zukunft der Airline-Vergütung, Wiesbaden 2002

Schroeder, G., Lexikon der Tourismuswirtschaft, 4. Aufl., Hamburg 2002

Schüßler, O., Passagierschifffahrt, Frankfurt a. M. 2001

Schulte-Strathaus, U., AEA - State of die European Airline Industry, 2003

Schulz, A., Potentialmanagement: Informations- und Reservierungssysteme in: Reisebüro-Management, Freyer, W./Pompl, W., München 1999

Seebohn, J., Kompaktlexikon Werbepraxis, Wiesbaden 1999

Schweinschwaller, U., Perspektiven der Low-Cost Airlines am europäischen Markt – eine Analyse, Wien 2002

Seitz, E., Fallstudien zum Tourismus-Marketing, München 2001

Seitz, G., Internationale Expansionsstrategien in der Hotelbranche, in: Internationales Tourismusmanagement, (Hrsg.) Pompl, W./Lieb, M. G., München 2002

Seitz, G., Hotelmanagement, Berlin/Heidelberg/New York 1997

Selinksi H./Sperlin, U. A., Marketinginstrument Messe, Köln 1995

Simon, H., Preismanagement, Wiesbaden 1992

Stadtfeld, F., Europäische Kurorte, Limburghof 1993

Steinecke, A., Erlebnis- und Konsumwelten, München 2000

Sterzenbach, R./Conrady, R., Luftverkehr, 3. Aufl., Freyer, W. (Hrsg.), München/Wien 2003

Schmengle, H. J., Internationales Marketing-Lexikon, Köln 1996

Stumm, K. B., Franchise- und andere Kooperationsverträge, Band 3, Voigt, P. (Hrsg.), München 1989

Teckentrup, R., Alles „low-cost" oder was? Hypothesen zur Entwicklung der Airline-Industrie, Köln 2004

Teisman/Birker, K., Handbuch der Betriebswirtschaft, 2. Aufl., Berlin 1997

Thomas, F. P., Flugzeugleasingfonds, Frankfurt a. M. 1998

TID – Touristik Informationsdienst, 40. Jahrgang, Hamburg, 2005, 2007

TID – Touristik Informationsdienst, 43. Jahrgang, Hamburg 2008

Turan, J., Liquiditätsplanung und Verhandlungen mit den Banken, o. O. o. J.

Usbeck, R., Smarte Reiseproduktion für Veranstalter und Reisebüros, Köln 2005

Viegas, A., Ökomanagement im Tourismus, München 1998

VDR, Geschäftsreiseanalyse 2008, Frankfurt a. M. 2008

VFF, Fährschifffahrt, 8. Aufl., Hamburg 2003

Vogel, Ch., Krisenmanagement mittelständischer Reiseveranstalter, Lohne 2005

Vollmuth, H., Kennzahlen, 2. Aufl., Planegg 2002

Waarts, E./Koster, J./Lamperjee, N./Peelen, E./Godefroid, P./Schmengle, H. J., Internationales Marketing-Lexikon, Köln 1996

Weiermair, K./Pikkemaat, B., Qualitätszeichen im Tourismus, Berlin 2004

Weil, A., Umweltorientiertes Management in Hotellerie und Gastronomie, Schaetzing, E. E. (Hrsg.), Stuttgart 1994

Weis, Ch., Marketing, Olfert, K. (Hrsg.), 11. Aufl., Ludwigshafen 1999

Wieske-Hartz, H. C., Airline Operation, 2. Aufl., Allershausen 1997

Wrangell, von N., Globalisierungstendenzen im internationalen Luftverkehr, (Hrsg.) Gornig, G., Frankfurt a. M. 1999

Wöhler, K. H., Marktorientiertes Tourismusmanagement, Berlin, u. a. 1997

Wölm, D., Kreatives Marketing, Stuttgart 1998

Wolf, J./Seitz, E., Tourismus- Management und – Marketing, Landsberg a. L. 1991

Würthner, C., Lufthansa, Marketingstrategie der Lufthansa Passage Airline, Frankfurt 2000

Zentes, J., Grundbegriffe des Marketing, 4. Aufl., Stuttgart 1996

Zerres, M., Marketing, Stuttgart 2000

Zuck, R., Fachkunde Busreiseverkehr, Frankfurt a. M. 1993

Xylander, J. K., Kapzitätsmanagement bei Reiseveranstaltern, Wiesbaden 2003

C. Nachfrageseite

Artho, S., Auswirkungen der Überalterung im Tourismus, Bern, u. a. 1996

Böttcher, V., Virtuell oder real? Wie stellen sich Touristikkonzerne auf neue Technologien und verändertes Kundenverhalten ein?, Köln 2005

Brückner, M./Pryzklenk, A., Event-Marketing, Frankfurt 2000

Dettmer, H. (Hrsg.), Tourismus 1 – Tourismuswirtschaft, Köln 1998

Dettmer, H./Glück, E./Hausmann, Th./Kaspar, C./Logins, J./Opitz W./Schneid, W., Tourismustypen, München 2000

Dreyer, A., Kulturtourismus, München 1996

Dreyer, A./Krüger, A., Sporttourismus, München 1995

Eisenhut, C. M., Konzeption und Erfolgskontrolle von Incentive-Aktionen, Band 1, Voigt, P. (Hrsg.), München 1989

Freyer, W., Tourismus, 7. Aufl., München 2001

FUR-Forschungsgemeinschaft Urlaub und Reisen, RA 2007, Kiel 2007

Füth, G., Spezielle Betriebswirtschaftlehre für Reiseverkehrs- und Tourismusunternehmen, Frankfurt a. M. 2001

Hafner, H., Profitabilität durch Kundenzufriedenheit – Tourismusmarketing, Wien 1998

G+J Media Sales, Marktanalyse Special – Trendanalyse und Branchenbilder Tourismus 2008, 2008

Greischel, P., Grundlage des Touristikmarketing 1 und 2, München, o. J.

Kahlenborn, W./Kraack, M./Carius, A., Tourismus- und Umweltpolitik, Berlin, u. a. 1999

Kamphausen, R. E, Reiseverkehrsbetriebslehre, Wiesbaden 1992

Kaufmann, E. L., Wellness-Tourismus, Bern 2002

Köpf, J., Call Center Concept, Neuwied 1998

Konken, M., Stadtmarketing Handbuch für Städte und Gemeinden, Limburghof 2000

Kreilkamp, E., Strategische Planung im Tourismus in: Tourismus-Management, 3. Aufl., Haedrich, G./Kaspar, C./Klemm, C./Kreilkamp, E. (Hrsg.), Berlin/New York 1998

Lanzendorf, M., Freizeitmobilität, Heft 56, Trier 2001

Opaschowski, H. W., Deutschland 2000, Hamburg 1997

Rieke, G. O. (Hrsg.), Modernes Geschäftsreise-Management 2004, München 2003

Rieke, G. O. (Hrsg.), Modernes Geschäftsreise-Management 2006, München 2005

Schröder, A., Tourismus und demographischer Wandel in Deutschland – Entwicklungen, Prognosen und Folgen, o. O. 2005

Schroeder, G., Lexikon der Tourismuswirtschaft, 4. Aufl., Hamburg 2002

Steinecke, A., Erlebnis- und Konsumwelten, München 2000

TID – Touristik Informationsdienst, 40. Jahrgang, Hamburg 2005

Verband Deutsches Reisemanagement (VDR), Geschäftsreiseanalyse 2008, Frankfurt a. M. 2008

Zimmermann, A., Wirksame Reiserichtlinien, München 2000

D. Managementstrategien

Albers, L., Qualitätsorientierte Weiterbildung im Tourismus, Hamburg 2004

Bamberger, I./Wrona, Th., Strategische Unternehmensführung, München 2004

Bastian, H./Born, K., Der integrierte Touristikkonzern, München 2004

Behrens-Schneider, C./Birven, S., Events und Veranstaltungen perfekt organisiert, Frankfurt a. M. 2003

Beiderwieden, A./Pürling, E., Projektmanagement für IT-Berufe, Troisdorf 2001

Berg, W., Managementstrategien/Qualitätsmanagement, Fechler, J. & Partner; Autorengemeinschaft, Frankfurt 2004

Berg, W., Reisemittler der Zukunft in: Tourismus 3, Dettmer, H. (Hrsg.), Stuttgart 2001

Berthel, J., Personal-Management, Stuttgart 1997

Bösenberg, D./Metzen, H., Lean Management, 4. Aufl., Landsberg/Lech 1993

Bundesministerium für Arbeit und Soziales (BMAS), Unternehmens-Werte, Corporate Social Responsibility (CSR) in Deutschland, Berlin 2008

Cleveland, B./Mayben, J./Greff, G., Call Center Management, Wiesbaden 1998
Czapran, N., Change Management – Chancen und Risiken, Heide 2005
Dettmer, H, u. a. (Hrsg.), Managementformen im Tourismus, München/Wien 2005
Dettmer, H./Hausmann, Th. (Hrsg.), Yield-Management – Ertragssteuerung über den Preis, Bad Harzburg 2001
Dettmer, H./Hausmann, Th./Kaspar, C./Oppitz, W./Schneid, W., Tourismusbetriebswirtschaft 1 + 2 – Unternehmensgründung im Tourismus, Wien 1999
Dreyer, A., u. a., Krisenmanagement im Tourismus, München 2001
Drumm, H. J., Personalwirtschaftslehre, 2. Aufl., Berlin, u. a. 1992
Ebel, B., Qualitätsmanagement, Däumler/Grabe (Hrsg.), Berlin 2001
Eisenhut, C. M., Konzeption und Erfolgskontrolle von Incentive-Aktionen, Band 1, Voigt, P. (Hrsg.), München 1989
Eisenstein, B./Finkbeiner, J., Lean Management und seine Anwendbarkeit in der Tourismusbranche, Trier 1994
Fischbach, S., Lexikon der Wirtschaftsformeln und Kennzahlen, 2. Aufl., München 2002
Fischbach, S., Kriseninformation als Controllingaufgabe in: Controlling Konzepte, 6. Aufl., Freidank, C./Mayer, E. (Hrsg.), Wiesbaden 2003
Fresi, A., Die nächste Generation der Reiseproduktion – Realtime Enterprise Kollaboration in der Reiseindustrie, Siemens, Köln 2005
Freyer, W., Tourismus, 7. Aufl., München 2001
Gabler Wirtschaftslexikon, 15. Aufl., Wiesbaden 2000
Glaeßer, D., Krisenmanagement im Tourismus, Frankfurt a. M. 2001
Gran, A., Die IATA aus der Sicht des deutschen Rechts, 22. Band, Frankfurt a. M. 1998
Groth, U./Kammel, A., Lean Management, Wiesebaden 1994
Haedrich, G./Kaspar, C./Klemm, C./Kreilkamp, E., Tourismus-Management, 3. Aufl., Berlin/New York 1998
Heider, A., Krisenbewältigung durch Unternehmenskommunikation, o. O. 2003
Heller, M., Veränderungsmanagement – Wie motiviere ich meine Mitarbeiter, die Chancen der Technik zu nutzen? Dr. Fried & Partner, München 2001
Hemmrich, A./Harrant, H., Projektmanagement, München 2002
Hentze, J./Kammel, A., Personalcontrolling, Bern 1993
Hesselmann, G., Veränderungsmanagement – Von der Vision zur Realität, Bangkok 1999
Hinterhuber, H. H., Strategische Unternehmensführung, I. Strategisches Denken, 7. Aufl., Berlin/New York 2004
Hinterhuber, H. H., Strategische Unternehmensführung, II. Strategisches Handeln, 7. Aufl., Berlin/New York 2004
Holzbauer, U./Jettinger, E./Knauss, B./Moser, R./Zeller, M., Eventmanagement, 2. Aufl., Berlin 2003
Hummel, Th./Malorny, Ch., Total Quality Management, 3. Aufl., München 2002
Hungenberg, H., Strategisches Management in Unternehmen, 3. Aufl., Wiesbaden 2004
Josse, G., Strategische Frühaufklärung im Tourismus, Wiesbaden 2004
Kaspar, C./Kunz, B., Unternehmensführung im Fremdenverkehr, Bern 1982
Kirstges, T., Management von Tourismusunternehmen, München 1994
Köpf, J., Call Center Concept, Neuwied 1998
Kostka, C./Mönch, A., Change Management, 2. Aufl., München 2002
Kotler, P./Bliemel, F., Marketing-Management, 10. Aufl., Stuttgart 2001

Kreilkamp, E., Strategische Frühaufklärung im Rahmen des Krisenmanagements im Tourismusmarkt in Risiko und Gefahr im Tourismus, Pechlaner, H./Glaeßer, D. (Hrsg.), Berlin 2005

Krystek, U./Günther, M. S., Frühaufklärung für Unternehmen, Stuttgart 1993

Kühne, R., Yield-Management, München 2003

Lisges, G./Schübbe, F., Personalcontrolling, München 2005

Logins, J., Target-Costing, München 2004

Logins, J., Yield-Management - Arbeitspapier, München 2004

Logins, J., Pro und Contra Outsourcing, München 2005

Mag, W., Einführung in die betriebliche Personalplanung, Darmstadt 1986

Masaaki, I., Kaizen – Der Schlüssel zum Erfolg der Japaner im Wettbewerb, 9. Aufl., München 1993

Medlik, S., Managing Tourism, Oxford, u. a. 1991

Morin, K. P., Franchising, Stuttgart 1999

Müller, H. R., Qualitätsorientiertes Tourismus-Management, Bern 2000

Müller, H., Qualitätsorientiertes Tourismus-Management, Bern 2004

Müller, H., Tourismus und Ökologie, 2. Aufl., München 2003

Müller-Stewens, G./Lechner, Ch., Strategisches Management, 2. Aufl., Stuttgart 2003

Pagel, H. S., Zeitgemäße Gästebetreuung im Hotel und Kurhaus, München 1985

Pauli, K. S., Leitfaden für die Pressearbeit, 2. Aufl., München 1999

Pompl, W./Lieb, G. M., Qualitätsmanagement im Tourismus, München 1997

Porter, M. E., Wettbewerbs-Strategien, 10. Aufl., Frankfurt/New York 1999

Olfert, K./Rahn, H. J., Lexikon der Betriebswirtschaftslehre, 5. Aufl., Ludwigshafen 2004

Olfert, K./Rahn, H. J., Einführung in die Betriebswirtschaftslehre, 8. Aufl., Ludwigshafen 2005

Olfert, K., Personalwirtschaft, 11. Aufl., Ludwigshafen 2005

Schaetzing, E., Lean Management in Hotellerie und Gastronomie, Frankfurt a. M. 1995

Schilling, G., Projektmanagement, Berlin 1999

Schiava della, M./Hafner, H., Service Marketing im Tourismus, Wien 1998

Schmidt, E. G. H., Handbuch Airlinemanagement, Gewald, St. (Hrsg.), München 2000

Schreiber, M. T., Kongress- und Tagungsmanagement, München 1999

Schreyögg, G., Organisation, 4. Aufl., Wiesbaden 2003

Schroeder, G., Lexikon der Tourismuswirtschaft, 4. Aufl., Hamburg 2002

Seeger, W., Krisenmanagement von Reiseveranstaltern und Verkehrsträgern, München 2003

Seitz, E., Fallstudien zum Tourismus-Marketing, München 2001

Siebert, G./Kempf, S., Benchmarking, 2. Aufl., München 2002

Steinbuch, P. A., Organisation, 9. Aufl., Ludwigshafen 1995

Steinmann, H./Schreyögg, G., Management, 5. Aufl., Wiesbaden 2000

Steinmetz, P./Weis, H. Ch., Marktforschung, 6. Aufl., Ludwigshafen 2005

Stopp, U., Betriebliche Personalwirtschaft, Stuttgart 1992

Stumm, K. B., Franchise- und andere Kooperationsverträge, Band 3, Voigt, P. (Hrsg.), München 1989

Teisman /Birker, K., Handbuch der Betriebswirtschaft, 2. Aufl., Berlin 1997

Theden, P./Colsman, H., Qualitätstechniken, 3. Aufl., München 2002

TID – Touristik Informationsdienst, 40. Jahrgang, Hamburg 2005

Viegas, A., Ökomanagement im Tourismus, München 1998

Vogel, Ch., Krisenmanagement mittelständischer Reiseveranstalter, Lohne 2005

Weiermair, K./Wöhler, K. H., Personalmanagement im Tourismus – Konzepte und Strategien, Limburghof 1998

Weiermair, K./Pikkemaat, B., Qualitätszeichen im Tourismus, Berlin 2004

Weiermair, K./Peters, M./Pechlaner, H./Kaiser, M. O. (Hrsg.), Unternehmertum im Tourismus, Berlin 2003

Wöhler, K. H./Schertler, W., Touristisches Umweltmanagement, Limburghof 1993

Xylander, J. K., Kapzitätsmanagement bei Reiseveranstaltern, Wiesbaden 2003

Zimmermann, A., Wirksame Reiserichtlinien, München 2000

Stichwortverzeichnis

Das **Kompakt-Training Praktische Betriebswirtschaft** ermöglicht es Studierenden, Fortzubildenden sowie Fach- und Führungskräften, sich rasch und fundiert betriebswirtschaftliches Wissen anzueignen oder bereits erworbenes Wissen zu reaktivieren.

Es eignet sich auch sehr gut zum Selbststudium, nicht zuletzt wegen seiner besonderen Gestaltungsmerkmale:

- Kompakte, praxisbezogene Darstellung
- Systematischer und lernfreundlicher Aufbau
- Viele einprägsame Beispiele, Tabellen und Abbildungen
- 50 praxisbezogene Übungen mit Lösungen
- MiniLex mit 150–200 Stichworten

Einführung in die BWL
Olfert/Rahn

Personalwirtschaft
Olfert

Organisation
Olfert/Rahn

Unternehmensführung
Olfert/Pischulti

Projektmanagement
Olfert

Dienstleistungsmanagement
Biermann

Risikomanagement
Ehrmann

Controlling
Ziegenbein

Marketing
Weis

Finanzierung
Olfert/Reichel

Investition
Olfert/Reichel

Internationale Rechnungslegung nach IFRS
Ditges/Arendt

Buchführung
Zschenderlein

Kostenrechnung
Olfert

Bilanzen
Grefe

Bilanzanalyse
Langenbeck

Produktionswirtschaft
Ebel

Logistik
Ehrmann

Materialwirtschaft
Oeldorf/Olfert

Balanced Scorecard
Ehrmann

Leasing
Bender

Wirtschaftsrecht
Steckler

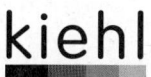

Kiehl Verlag · 67021 Ludwigshafen · www.kiehl.de

Das **Kompendium der praktischen Betriebswirtschaft** vermittelt das anerkannte und praktisch verwertbare Grundlagenwissen der modernen Betriebswirtschaftslehre. Es führt systematisch in die betriebswirtschaftlichen Teilgebiete ein und gewährleistet eine praktische Umsetzung des Erlernten.

Einführung in die Betriebswirtschaftslehre
Olfert/Rahn

Lexikon der Betriebswirtschaftslehre
Olfert /Rahn

Lexikon Finanzierung & Investition
Olfert

Buchführung
Bussiek/Ehrmann

Bilanzen
Ditges/Arendt

Kostenrechnung
Olfert

Finanzierung
Olfert/Reichel

Investition
Olfert/Reichel

Controlling
Ziegenbein

Unternehmenssteuern
Grefe

Marketing
Weis

Personalwirtschaft
Olfert

Buchführung
Zschenderlein

Organisation
Olfert/Steinbuch

Unternehmensführung
Rahn

Unternehmensplanung
Ehrmann

Außenhandel
Jahrmann

Materialwirtschaft
Oeldorf/Olfert

Produktionswirtschaft
Ebel

Logistik
Ehrmann

Wirtschaftsinformatik
Holey/Welter/Wiedemann

Leseproben und Inhaltsverzeichnisse zu allen Titeln finden Sie auf www. kiehl.de

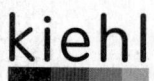

kiehl

Kiehl Verlag · 67021 Ludwigshafen · www.kiehl.de